Oliver Baltes, Martin Daniel, Jens Rosenhauer, Petra Spieß

Materialwirtschaft mit SAP S/4HANA®

Rheinwerk Publishing

Liebe Leserin, lieber Leser,

in der Materialwirtschaft kommt es auf vieles an: punktgenaue Bedarfsplanung, reibungslose Beschaffungsprozesse, korrekte Bestandsführung, und nicht zuletzt zuverlässige Rechnungsprüfung. An diesen Zielen ändert sich auch beim Übergang von SAP ERP zu SAP S/4HANA nichts. Und wie das neue System Sie dabei unterstützen kann, dass wirklich immer alles (und nicht mehr!) zur richtigen Zeit am richtigen Ort ist, das lernen Sie in diesem Buch.

Unser Autorenteam lässt Sie an seiner langjährigen Erfahrung in Logistik und Finanzwesen teilhaben und begleitet Sie durch alle Prozesse von MM in SAP S/4HANA. In vielen praxisnahen Anleitungen und Beispielen lernen Sie, worauf es hier bei der Stammdatenpflege ankommt, welche Möglichkeiten die SAP-Fiori-Apps Ihnen bieten und wie Sie die bekannten Transaktionen im WebGUI sinnvoll nutzen. Ob als Key-User, als Beraterin oder als Trainer, in diesem Buch finden Sie alle Antworten auf Ihre Fragen. Ich wünsche Ihnen viel Spaß bei der Lektüre!

Wir freuen uns stets über Lob, aber auch über kritische Anmerkungen, die uns helfen, unsere Bücher zu verbessern. Scheuen Sie sich nicht, mich zu kontaktieren; Ihr Feedback ist jederzeit willkommen.

Ihre Stefanie Häb
Lektorat SAP PRESS

stefanie.haeb@rheinwerk-verlag.de
www.rheinwerk-verlag.de
Rheinwerk Verlag · Rheinwerkallee 4 · 53227 Bonn

Auf einen Blick

Wir hoffen, dass Sie Freude an diesem Buch haben und sich Ihre Erwartungen erfüllen. Ihre Anregungen und Kommentare sind uns jederzeit willkommen. Bitte bewerten Sie doch das Buch auf unserer Website unter **www.rheinwerk-verlag.de/feedback**.

An diesem Buch haben viele mitgewirkt, insbesondere:

Lektorat Stefanie Häb
Korrektorat Monika Klarl, Köln
Herstellung Stefanie Meyer
Typografie und Layout Vera Brauner
Einbandgestaltung Bastian Illerhaus
Coverbild Shutterstock: 1118846726 © beejung; iStock: 181100117 © kupicoo
Satz SatzPro, Krefeld, gesetzt aus der TheAntiquaB (9,35/13,7 pt) in FrameMaker
Druck Beltz Grafische Betriebe, Bad Langensalza

FSC www.fsc.org MIX Papier | Fördert gute Waldnutzung FSC® C089473

Dieses Buch wurde mit mineralölfreien Farben auf chlorfrei gebleichtem, FSC®-zertifiziertem Offsetpapier (90 g/m²) gedruckt.

Hergestellt in Deutschland.

Bibliografische Information der Deutschen Nationalbibliothek:
Die Deutsche Nationalbibliothek verzeichnet diese Publikation in der Deutschen Nationalbibliografie; detaillierte bibliografische Daten sind im Internet über *http://dnb.dnb.de* abrufbar.

ISBN 978-3-8362-7948-2

1. Nachdruck 2023

Informationen zu unserem Verlag und Kontaktmöglichkeiten finden Sie auf unserer Verlagswebsite **www.rheinwerk-verlag.de**. Dort können Sie sich auch umfassend über unser aktuelles Programm informieren und unsere Bücher und E-Books bestellen.

Inhalt

3 Stammdaten 43

8 Logistik-Rechnungsprüfung 589

9 Auswertungen 687

Anhang 715

Einleitung

SAP hat mit SAP S/4HANA Sourcing & Procurement eine Lösung entwickelt, die dem besonderen Stellenwert der Warenwirtschaft gerecht wird. Auf der einen Seite erwarten Geschäftspartner absolute Zuverlässigkeit, und auf der anderen Seite muss völlige Transparenz sowohl im Innenverhältnis als auch im Außenverhältnis, insbesondere gegenüber Behörden, sichergestellt werden. Zugleich ist eine exakte Bedarfsplanung Voraussetzung dafür, unter der Maßgabe einer möglichst geringen Lagerhaltung, aber dennoch mit hoher Flexibilität auf alle Anforderungen reagieren zu können. All dies wird durch den Einsatz von SAP S/4HANA Sourcing & Procurement gewährleistet.

In diesem Buch wird den neuen Funktionen und Möglichkeiten, die mit SAP-Fiori-Apps in der SAP-S/4HANA-Umgebung zur Verfügung stehen, besonderes Augenmerk geschenkt. Natürlich kann auch in diesem Umfeld weiterhin mit dem altbekannten SAP GUI gearbeitet werden. Die SAP-GUI-Transaktionen werden aber im Regelfall von SAP nicht mehr weiterentwickelt. So werden dort zunehmend neue Erweiterungen und Funktionen fehlen, die nur über das SAP Fiori Launchpad für SAP S/4HANA bereitgestellt werden.

Zielgruppen des Buches

Die Hauptzielgruppe sind Key User und fortgeschrittene Endanwender in den Bereichen Einkauf, Bestandsführung und Rechnungsprüfung. Das Buch ist darüber hinaus für SAP-Trainer interessant, die es in Schulungen einsetzen möchten. Auch Junior-Beratern, die sich in die Prozesse einarbeiten müssen, kann das Buch eine Hilfe sein.

Das Buch setzt betriebswirtschaftliche Grundkenntnisse in den behandelten Bereichen voraus. Die grundlegende Bedienung des SAP-Systems sollte Ihnen als Leser vertraut sein. Für das Arbeiten mit den SAP-Fiori-Apps erhalten Sie zusätzlich eine Reihe hilfreicher Tipps.

Aufbau des Buches

Das Buch behandelt zunächst die SAP-Fiori-Grundlagen und stellt anschließend die notwendige Organisation und den Aufbau des SAP-Systems vor. Danach werden die Stammsätze präsentiert, die notwendig sind, um die betriebswirtschaftlichen Prozesse im SAP-System abzubilden. Auf die Erläuterung der Grundlagen folgt in verschiedenen Hauptkapiteln die Behandlung der einzelnen betriebswirtschaftlichen Prozesse.

In **Kapitel 1**, »Einführung in SAP Fiori«, wird zunächst ein wichtiges Tool vorgestellt, mit dem Sie jederzeit herausfinden können, mit welchen SAP-Fiori-Apps die aus SAP ERP bekannten Funktionen ausgelöst werden können: Die SAP Fiori Apps Reference Library. Sie erhalten darüber hinaus Informationen über wichtige Begriffe im Zusammenhang mit der neuen browserbasierten Oberfläche und erfahren, wie Sie sich diese Oberfläche nach Ihren eigenen Bedürfnissen einstellen und aufbereiten können. Dabei zeigen wir Ihnen auch den Umgang mit dem sogenannten App Finder.

In **Kapitel 2**, »Unternehmensstruktur«, wird das Verständnis darüber, wie Unternehmen im SAP-System abgebildet werden, geweckt. Dieses ist elementar, um die Zusammenhänge zwischen den einzelnen Prozessen richtig zu verstehen und das System zu bedienen. Unserer Erfahrung nach ist das Wissen in den wenigsten Fällen in der erforderlichen Tiefe vorhanden, sodass für die geringsten Abweichungen von Standardprozessen Support durch eine Beratung angefordert werden muss. In diesem Kapitel erhalten Sie als Leser die Informationen, die Sie benötigen, um Ihre Prozesse im SAP-System abbilden zu können.

In **Kapitel 3**, »Stammdaten«, wird der Produktstammsatz als zentraler Stammsatz für die Materialwirtschaft vorgestellt. Sie lernen, wie die Stammdaten mit den Organisationsebenen zusammenspielen und machen sich mit Pflichtfeldern und optionalen Feldern vertraut. Aus Kreditoren werden Geschäftspartner! Dies ist eine wesentliche und unumgängliche Änderung in SAP S/4HANA gegenüber einem SAP-ERP-System. In diesem Buch erhalten Sie eine Einführung in die Besonderheiten der Abbildung der Lieferanten als Geschäftspartner. Darüber hinaus werden die Besonderheiten des Einkaufsinfosatzes erläutert, und es wird erklärt, wie die Vorschlagswerte aus dem Lieferanten- und Materialstammsatz zusammenwirken. Schließlich lernen Sie, wie Sie mithilfe des Orderbuchs die Bezugsquellenfindung durchführen und die Quotierung zusätzlich nutzen können.

In **Kapitel 4**, »Beschaffungsprozess im Überblick«, wird der Gesamtprozess der Beschaffung im Überblick und mit den SAP-Fiori-Apps dargestellt. Je nach Größe und Struktur des Unternehmens werden die Aufgaben in Einkauf, Bestandsführung und Rechnungsprüfung entweder in einer Abteilung gebündelt oder aber auf verschiedene Fachabteilungen verteilt. Besonders wenn Sie für alle oder mehrere Prozesse verantwortlich sind, hilft Ihnen die Darstellung eines Standardeinkaufsprozesses in diesem Kapitel, die Zusammenhänge zwischen den einzelnen Aufgaben nachzuvollziehen. Sind Sie in Fachbereichen organisiert, erhalten Sie auf der anderen Seite einen Einblick in die angrenzenden Bereiche und lernen, woher die Daten in Ihrem System kommen bzw. welche Auswirkungen ihre Eingaben für andere Nutzer haben. Für Sonderprozesse wird auf die folgenden Kapitel verwiesen.

Kapitel 5, »Grundlagen der verbrauchsgesteuerten Disposition«, beschreibt die Vorgehensweise, mit dem SAP-System genau den richtigen Zeitpunkt für eine Bestellung oder den Beginn einer Fertigung zu finden. Denn bevor um Konditionen gefeilscht wird, muss zunächst ermittelt werden, was überhaupt beschafft werden muss. Dieses Kapitel zeigt, wie diese Ermittlung in der Materialwirtschaft (Materials Management, MM) umgesetzt werden kann. Da in der Disposition häufig auch Premium-Tools eingesetzt werden, die nicht Thema dieses Buches sind, fällt das Kapitel vergleichsweise kurz aus.

Kapitel 6, »Einkauf«, widmet sich den Kernprozessen des Einkaufs. Es wird gezeigt, wie in der Bezugsquellenfindung der günstigste Lieferant ermittelt werden kann und wie Bestellanforderungen manuell oder automatisch abgebarbeitet werden können. Anschließend wird auf besondere Einkaufsprozesse eingegangen, die in vielen Unternehmen eingesetzt werden.

In **Kapitel 7**, »Bestandsführung und Inventur«, werden alle Warenbewegungsprozesse vom Wareneingang bis zum Warenausgang erläutert. Dabei werden auch Sonderbestände, die Bestandsbewertung und die Inventur thematisiert.

Kapitel 8, »Logistik-Rechnungsprüfung«, behandelt die Prüfung auf sachliche und rechnerische Richtigkeit und ihre systemseitige Abbildung. Neben den Standardprozessen, der Erfassung, dem Sperren und dem Freigeben von Rechnungen, gehen wir in diesem Kapitel auch auf den Umgang mit Abweichungen, Skonto und Rechnungskürzungen ein. Gutschriften, nachträgliche Be- und Entlastungen sowie die Behandlung von Bezugsnebenkosten spielen ebenfalls eine Rolle. Auf die Automatisierung der Rechnungserfassung gehen wir in diesem Buch nicht ein.

Es gibt zahlreiche Möglichkeiten, die Auswertungen von Belegen und Stammdaten in SAP S/4HANA Sourcing & Procurement mit SAP-Fiori-Apps zu erstellen. Am Beispiel von vier Standard-SAP-Fiori-Apps werden diese in **Kapitel 9**, »Auswertungen«, beschrieben. Wie Listen erstellt werden, welche Selektionskriterien genutzt werden können und wie diese mit unterschiedlichen Techniken und Möglichkeiten dargestellt werden, wird dabei ausführlich behandelt.

In **Anhang A** erhalten Sie ein instruktives Glossar, und **Anhang B** liefert das Literaturverzeichnis zum Buch.

Wichtige Darstellungselemente

Sie finden in diesem Buch viele grau hinterlegte Informationskästen, die Ihnen wichtige und interessante Zusatzinformationen bieten. Neben diesen Kästen sehen Sie verschiedene Symbole zur Orientierung:

In Kästen, die mit diesem Symbol gekennzeichnet sind, finden Sie Informationen zu *weiterführenden Themen* oder *wichtigen Inhalten*, die Sie sich merken sollten. [«]

Die mit diesem Symbol gekennzeichneten *Tipps* geben Ihnen spezielle Empfehlungen, die Ihnen die Arbeit erleichtern können. [+]

Dieses Symbol weist Sie auf *Besonderheiten* hin, die Sie beachten sollten. Es dient außerdem als *Warnung* vor häufig gemachten Fehlern oder möglichen Problemen.

Mit diesem Symbol werden *Beispiele* kenntlich gemacht, die auf Szenarien aus der Praxis hinweisen und die dargestellten Funktionen verdeutlichen.

Danksagung

Vielen Dank an den Rheinwerk Verlag für die gute Zusammenarbeit. Vielen Dank an Eva Tripp, die als Programmleiterin SAP PRESS unser Projekt initiiert hat. Danke auch an Maike Lübbers, die uns als Lektorin lange begleitet hat. Und ein herzliches Dankeschön an Stefanie Häb, die das Buchprojekt im Januar 2022 lektoratsseitig übernommen hat und uns bis zum Abschluss gut beiseitegestanden hat.

Zuletzt möchten wir noch das TOBA-Team erwähnen, unser Trainernetzwerk »Training and Organization of Business Applications/Training und Organisation Betriebswirtschaftlicher Anwendungen«. Danke für die technische Unterstützung und den einen oder anderen Tipp!

Wir sind froh und dankbar, unser Buch nun endlich zu einem Abschluss gebracht zu haben. Es gab viele Hürden zu überwinden, und am Ende ging es nur, indem aus drei aktiven Autoren vier wurden! Danke deshalb auch ganz besonders an Jens Rosenhauer, der kurzfristig einspringen und Kapitel 4 und einen Großteil von Kapitel 6 erarbeiten konnte! Jetzt hoffen wir sehr, dass unser Werk Ihnen, liebe Leserinnen und Leser, dabei hilft, sowohl im Überblick als auch im Detail die meisten Fragen zu klären. Wir wünschen Ihnen allen: Behalten Sie bei den Bestell- und Einkaufsprozessen auch in der neuen SAP-S/4HANA-Welt den Kopf oben!

Kapitel 1
Einführung in SAP Fiori

In diesem ersten Kapitel behandeln wir zunächst einige grundlegende Dinge über den Zugang zum SAP-System mit SAP Fiori. Sie erhalten einen Überblick über das SAP Fiori Launchpad und erfahren, wie Sie SAP-Fiori-Apps finden und zuordnen können.

Das Angebot an SAP-Fiori-Apps wird in SAP S/4HANA kontinuierlich ausgebaut. SAP verfolgt damit das Ziel, allen Nutzern in einem Unternehmen eine »einheitliche Benutzererfahrung« über alle Komponenten und alle Endgeräte hinweg zu ermöglichen. Dazu gehören strenge Designprinzipien und der Zugang über das SAP Fiori Launchpad. Mehr dazu erfahren Sie unter *https://www.sap.com/germany/products/fiori.html*.

In diesem Buch verwenden wir, soweit vorhanden, die in den jeweiligen Gruppen ausgelieferten SAP-Fiori-Apps. In Einzelfällen gehen wir auch auf die bekannten SAP-Transaktionen ein, die weitestgehend als WebGUI-Apps im Launchpad zur Verfügung stehen.

In diesem Grundlagenkapitel gehen wir zunächst auf die Benutzung der SAP Fiori Apps Reference Library ein. Anschließend stellen wir Ihnen das SAP Fiori Launchpad mit seiner Gruppenstruktur vor und zeigen Ihnen zu guter Letzt, wie Sie Ihr eigenes SAP Fiori Launchpad einrichten.

Literaturhinweis
Eine detaillierte Beschreibung der SAP-Transaktionen finden Sie bei Baltes et al.: »SAP-Materialwirtschaft – Das Praxishandbuch«, SAP PRESS 2017.

1.1 SAP Fiori Apps Reference Library

Einleitende Bemerkung
Da die SAP Fiori Apps Reference Library derzeit (Stand: Anfang 2022) nur englischsprachig zur Verfügung steht, sind die Screenshots, die sich mit der Library beschäftigen,

im Original aufgezeichnet. Im weiteren Verlauf des Buches sind die Screenshots ausnahmslos deutschsprachig.

Anders als das Menü im SAP GUI zeigt das SAP Fiori Launchpad nur die Kacheln und Gruppen an, für die Sie berechtigt sind. Einen vollständigen Überblick über die verfügbaren SAP-Fiori-Apps bietet die *SAP Fiori Apps Reference Library* im Web, zu erreichen unter *https://fioriappslibrary.hana.ondemand.com/* (siehe Abbildung 1.1).

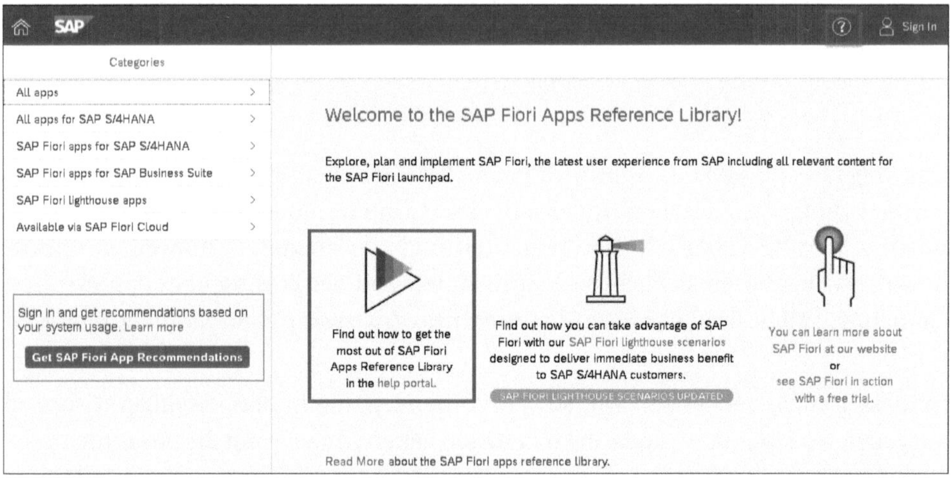

Abbildung 1.1 SAP Fiori Apps Reference Library

Hier können Sie die gesamten zur Verfügung stehenden Apps zu Ihrer installierten SAP-Version (SAP S/4HANA, SAP Business Suite (SAP R/3, SAP ERP), SAP Fiori Cloud) zu den verschiedenen Releaseständen erkunden und deren jeweiligen Einsatz planen (siehe Abbildung 1.2).

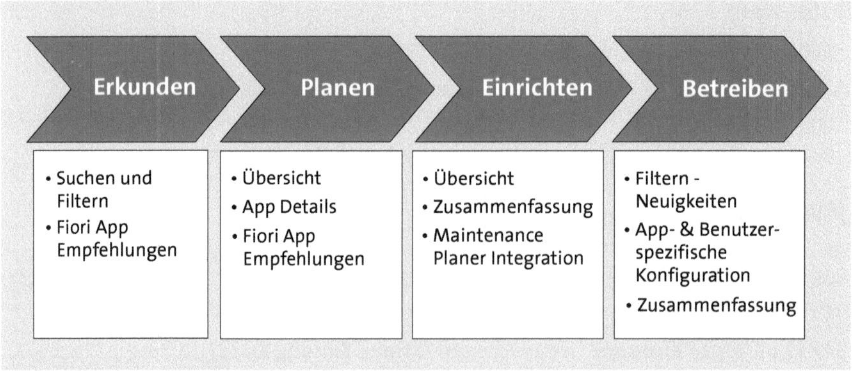

Abbildung 1.2 Empfohlenes Vorgehen bei der SAP-Fiori-Implementierung (Quelle: SAP)

Unterstützung für die Nutzung der SAP Fiori Apps Reference Library finden Sie im SAP Help Portal, direkt über den Link auf der Startseite oder über das Fragezeichensymbol (siehe Abbildung 1.1). Hier finden Sie z. B. auch Hilfe bei der effektiven Nutzung der Kombination aus Filtern und Sucheingaben (siehe Abbildung 1.3).

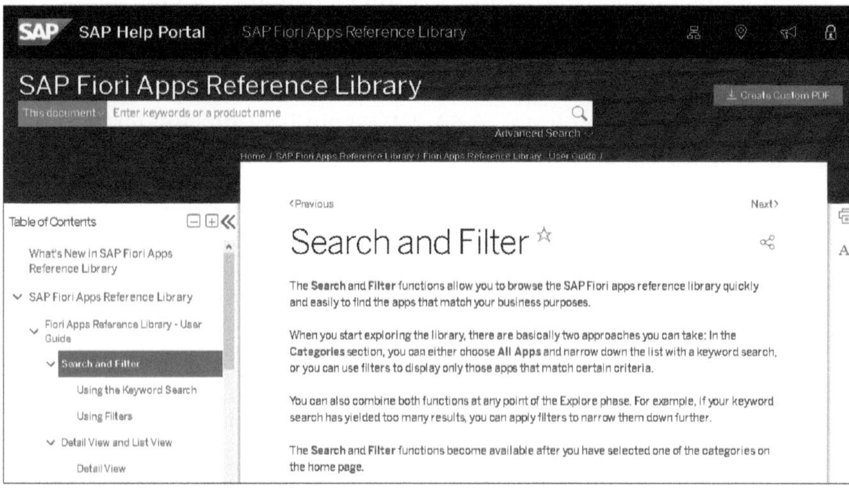

Abbildung 1.3 SAP Fiori Apps Reference Library im SAP Help Portal

Nutzen Sie, wie in der Hilfe beschrieben, die Suche und die angebotenen Filter. In Abbildung 1.4 wurden beispielsweise zuerst die Kategorien **All apps for S/4HANA • by Line of Business • Sourcing and Procurement** gewählt und anschließend nach dem Begriff »Purchase« (Einkaufen) gesucht.

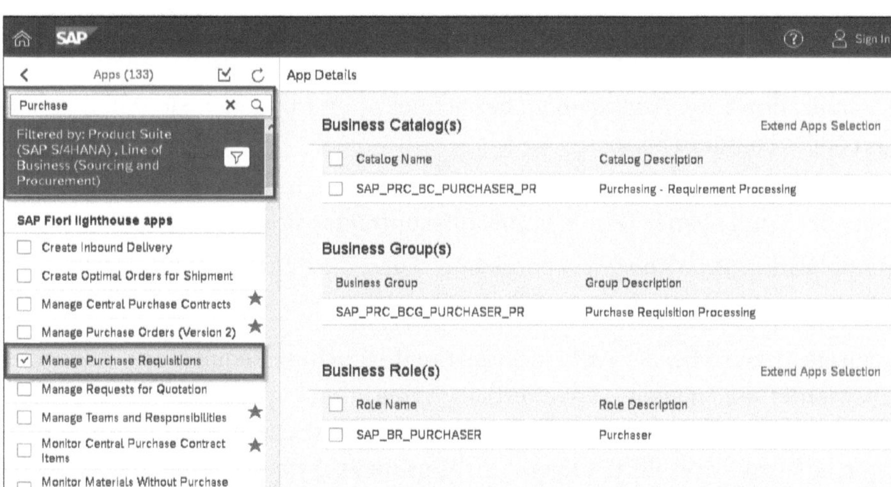

Abbildung 1.4 Eintrag »Manage Purchase Requisitions« (Bestellanforderungen verwalten) in der SAP Fiori Apps Reference Library

Durch entsprechend gesetzte Filter können nun Apps, die im Bereich Sourcing & Procurement (Beschaffungswesen) in SAP S/4HANA zur Verfügung stehen und den Begriff »Purchase« (Einkaufen) im Titel tragen, ermittelt werden.

Neben den **PRODUCT FEATURES** finden sich im Bereich **IMPLEMENTATION INFORMATION** im Bereich **Configuration** wichtige Informationen für den Zugang zu dieser App.

Sie erhalten hier die Information, dass es sich bei dieser App um eine transaktionale SAP-Fiori-App handelt, die als User Interface (UI, deutsch: Benutzeroberfläche) die Technik *SAPUI5* nutzt (siehe Abbildung 1.5). SAPUI5 ist ein Tool, um auf der Basis von JavaScript, CSS und HTML5 benutzerfreundliche Benutzeroberflächen zu entwickeln.

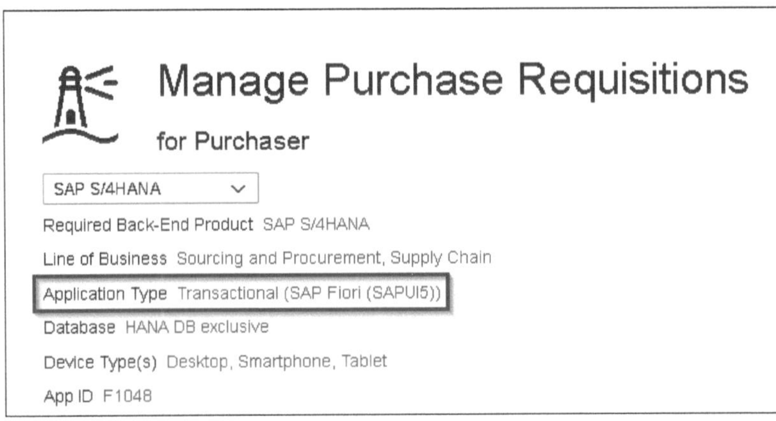

Abbildung 1.5 Grunddaten der SAP-Fiori-App »Manage Purchase Requisitions« (Bestellanforderungen verwalten)

Es gibt unterschiedliche Arten von SAP-Fiori-Apps, die sich nach dem sogenannten *Application Type* unterscheiden:

1. Der Application Type *Transactional* bezeichnet Apps, mit denen Sie Daten hinzufügen oder verändern können.
2. Der Application Type *Fact Sheet* bezeichnet Apps, die Informationen zu Stammdaten oder Vorgängen liefern, z. B. **Einkaufskontraktposition überwachen**.
3. Der Application Type *Analytical* bezeichnet Apps, die dynamische Auswertungen zur Verfügung stellen (z. B. **Materialbelegübersicht**).

Im Gegensatz dazu ist bei der SAP-Fiori-App **Create Purchase Requisition – Advanced (Bestellanforderung anlegen – Erweitert)** als Application Type **SAP GUI** (siehe Abbildung 1.6) angegeben. Mit dieser SAP-Fiori-App wird Transaktion ME51N (Bestellanforderungen anlegen – Erweitert) aufgerufen. Apps dieses Typs starten in der browsergeeigneten Darstellungsvariante für das lokal installierte SAP GUI, das als WebGUI bezeichnet wird. Sie zeigen also letztlich im Look-and-Feel der SAP-Fiori-Apps genau das, was Sie im SAP GUI auch sehen würden.

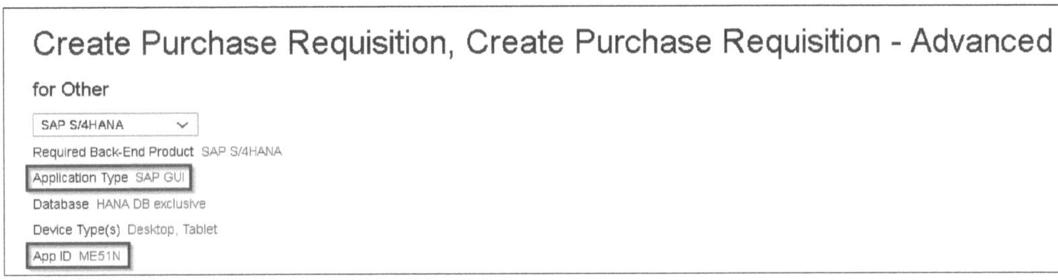

Abbildung 1.6 Grunddaten der SAP-Fiori-App »Create Purchase Requisition – Advanced« (Bestellanforderung anlegen – Erweitert, Transaktion ME51N)

SAP-Fiori-Applikationen werden dem Benutzer über einen *Business Catalog* zur Verfügung gestellt. Dabei sind die Apps jeweils unterschiedlichen *Kachelgruppen* (*Business Groups*) zugeordnet.

Über den Business Catalog und die Kachelgruppen können Applikationen im SAP Fiori Launchpad schnell aufgefunden und für die Gestaltung der eigenen Startseite genutzt werden.

SAP liefert im SAP-S/4HANA-Standard *Benutzerrollen* aus, die kundenspezifisch übernommen oder modifiziert werden können. Dieses auch bisher schon bekannte Rollenkonzept ist hilfreich, um eventuell fehlende Berechtigungen zu ergänzen. Zum Beispiel steht die Business Role SAP_BR_PURCHASER für eine solche ausgelieferte SAP-Berechtigungsrolle, die den Zugriff auf alle Apps und Transaktionen ermöglicht, die SAP für einen Einkäufer vorgesehen hat. In der Regel werden diese ausgelieferten Rollen im Rahmen der Aktivierung der Anwendungen in den Kundennamensraum kopiert und nicht direkt einem Benutzer zugeordnet. Die hier aufgeführten SAP-Standard-Rollen können aber helfen, einem Nutzer die entsprechenden Berechtigungen zuzuweisen bzw. zuweisen zu lassen.

Der benutzerspezifische Business Catalog, den Sie über den App Finder durchsuchen können, enthält dabei jeweils nur die Apps, die Ihnen über Rollen zugewiesen wurden.

1.2 Kachelgruppen im SAP Fiori Launchpad

Das *SAP Fiori Launchpad* ist der zentrale Einstiegspunkt für das Arbeiten mit dem SAP-S/4HANA-System. Über Transaktion /UI2/FLP aus dem SAP GUI oder direkt über die Adresse *https://<URL_des_SAP_Servers>:8001/sap/bc/ui2/flp* kann das SAP Fiori Launchpad aufgerufen werden.

Je nach Ihren Berechtigungen stehen Ihnen im SAP Fiori Launchpad verschiedene Kachelgruppen zur Verfügung. Hier werden neben SAP-Fiori-Apps auch Transaktionen im WebGUI auf Kacheln in Gruppen angeordnet, dargestellt. Darüber hinaus bietet das SAP Fiori Launchpad die Möglichkeit, Kacheln in individuellen Gruppen zusammenzufassen (siehe Abbildung 1.7).

Abbildung 1.7 SAP Fiori Launchpad mit der individuell angelegten Kachelgruppe »Einkaufsprozess«

Die in Abbildung 1.4 per Filter gefundene SAP-Fiori-App **Bestellanforderungen verwalten – Professionell** der Business Group SAP_PRC_BCG_PURCHASER_PR ist beispielsweise in der Kachelgruppe **Bestellanforderungsbearbeitung** enthalten (siehe Abbildung 1.8).

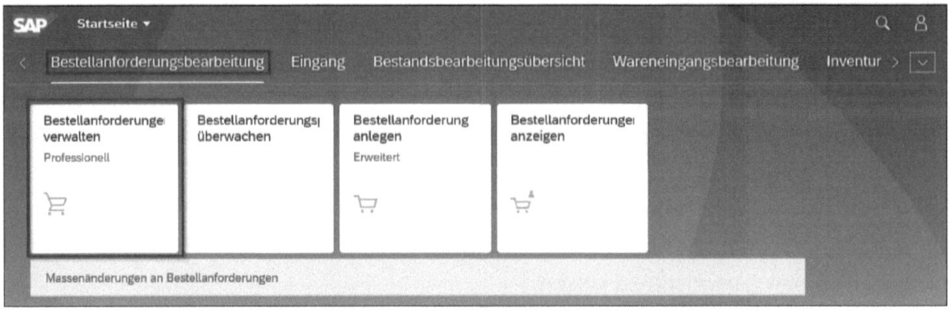

Abbildung 1.8 SAP-Fiori-App »Bestellanforderungen verwalten – Professionell«

1.3 Das eigene SAP Fiori Launchpad einrichten

Aus der Arbeit mit dem SAP GUI sind Sie es gewohnt, benutzerspezifische Voreinstellungen für Organisationseinheiten (Werk, Einkaufsorganisation, Buchungskreis) und weitere Parameter über Parameter-IDs hinterlegen zu können. Auch für das SAP Fiori Launchpad ist eine solche Funktion vorgesehen. Über die Schaltfläche (**Benutzer**) öffnet sich ein Menü, in dem Sie den Eintrag Einstellungen auswählen können. Wie Sie in Abbildung 1.9 sehen, können daraufhin verschiedene Einstellungen vorgenommen werden.

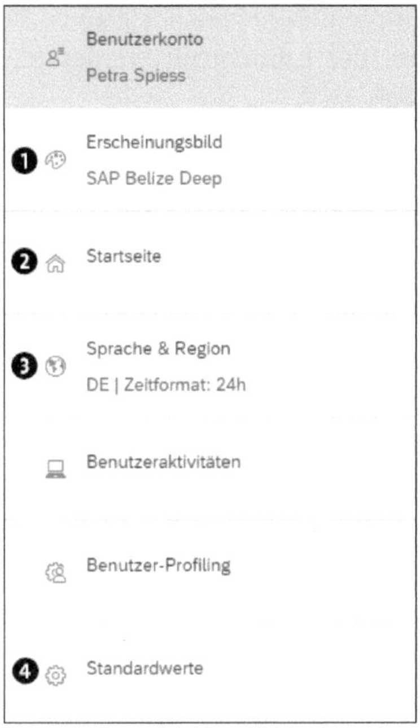

Abbildung 1.9 Einstellungen im SAP Fiori Launchpad

Sie können das **Erscheinungsbild** ❶ individuell einstellen. Da diese Einstellung selbsterklärend ist, wird sie hier nicht weiter ausgeführt. Auch die Einstellung von **Sprache & Region** ❸ ist intuitiv zu schaffen.

Eine Möglichkeit, um die Performance beim Start des SAP Fiori Launchpads zu verbessern, befindet sich hinter dem Eintrag **Startseite** ❷. Die Einstellungen für die Startseite werden in Abbildung 1.10 gezeigt.

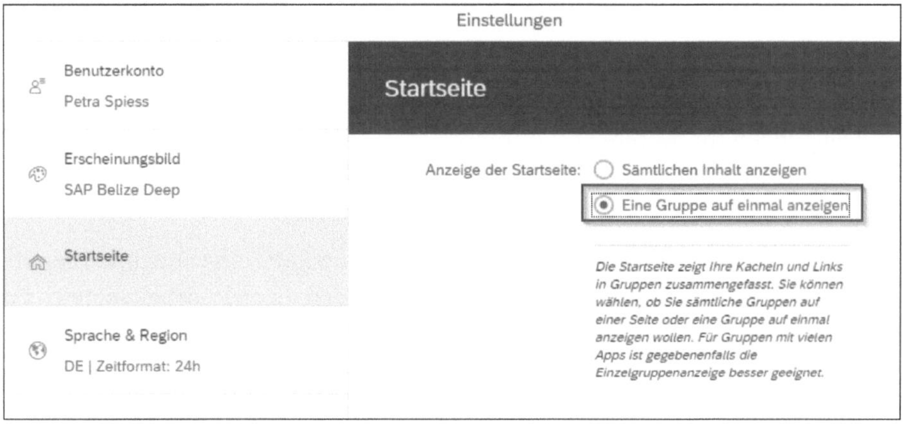

Abbildung 1.10 Einstellungen für die Startseite des SAP Fiori Launchpads

Die umrahmte Einstellung in Abbildung 1.10 ist zu empfehlen. Jede Kachelgruppe ist über eine eigene Registerkarte aufrufbar. Beim Start des Launchpads werden zunächst nur die Kacheln der ersten Kachelgruppe aufgebaut.

In Abbildung 1.11 können Sie sehen, wie Sie die Vorbelegung von Standardwerten (❹ in Abbildung 1.9) für verschiedene Module vornehmen können. Sie sehen hier lediglich die Komponente Controlling (CO) mit der Vorbelegung **4000** für den Kostenrechnungskreis. Je nach Bedarf können hier für weitere Arten von Stammdaten ebenfalls Vorbelegungen vorgenommen werden. Diese Möglichkeit kennen wir aus dem SAP GUI nicht.

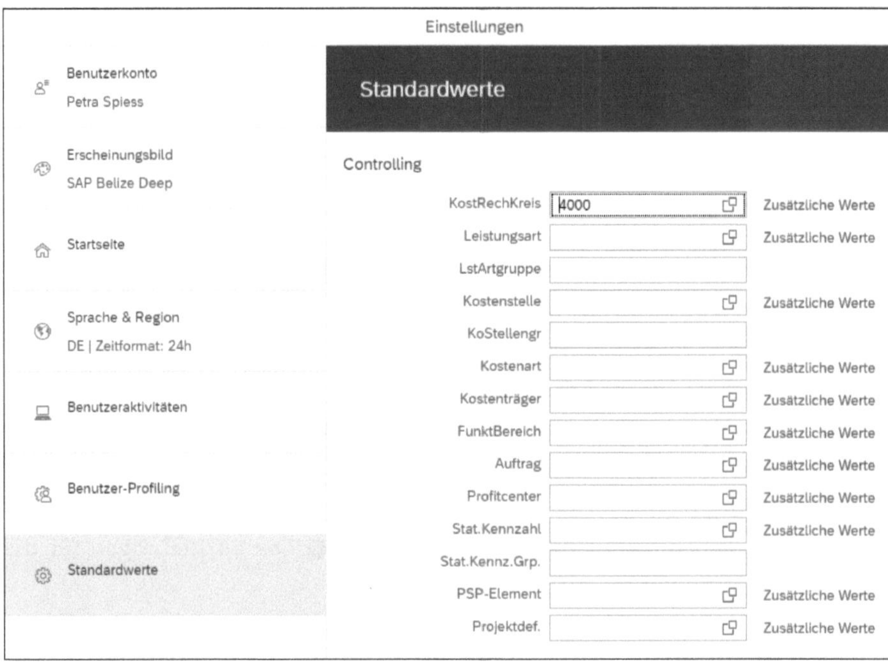

Abbildung 1.11 Vorbelegung von Standardwerten

Die Vorbelegungen für weitere SAP-Komponenten können hinterlegt werden, wenn in der Maske nach unten gescrollt wird. Über die Schaltfläche Sichern können sämtliche Einstellungen für den SAP-Benutzer gespeichert werden.

Wie es bereits erläutert wurde, stellt SAP für die Arbeit im SAP Fiori Launchpad bereits vorkonfigurierte Kachelgruppen zur Verfügung. Um den eigenen Arbeitsbereich zu organisieren, sind diese Kachelgruppen flexibel pflegbar. Darüber hinaus können Sie Ihre eigene Startseite als Kachelgruppe mit Ihren wichtigsten Apps ausstatten und bearbeiten (siehe Abbildung 1.12).

Abbildung 1.12 Benutzermenü des SAP Fiori Launchpads

Mit dem Eintrag **Startseite bearbeiten** im Benutzermenü starten Sie die Einrichtung Ihres SAP Fiori Launchpads. Beim ersten Start erzeugt SAP automatisch eine neue Kachelgruppe **Meine Startseite** (siehe Abbildung 1.13). Sie ist beim ersten Start noch leer. Falls Sie keine Apps hinzufügen, wird die Kachelgruppe **Meine Startseite** nicht gespeichert.

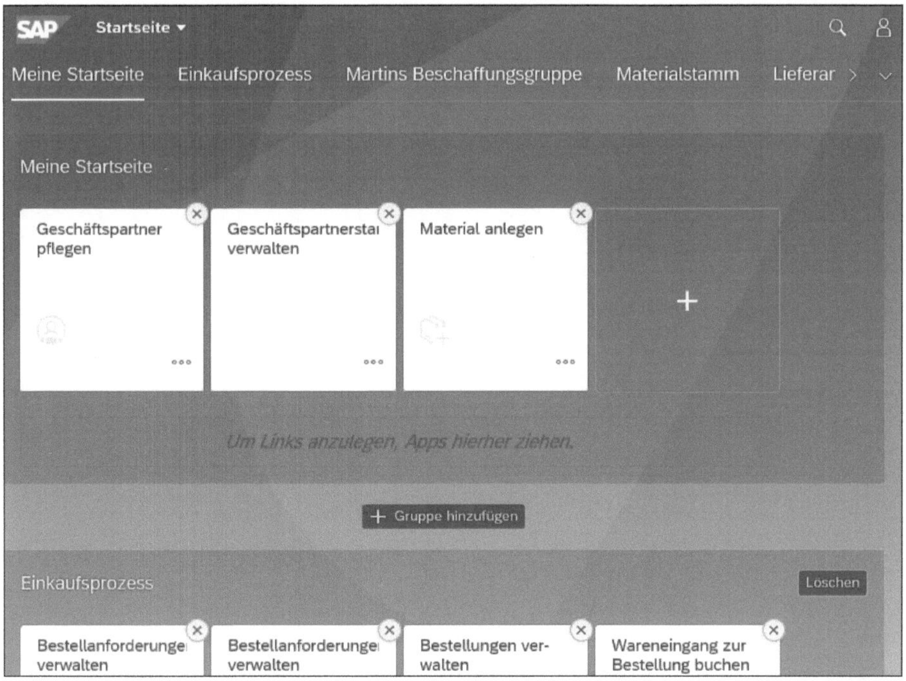

Abbildung 1.13 Kachelgruppe »Meine Startseite« bearbeiten

Es werden Ihnen die Kachelgruppen Ihres SAP Fiori Launchpads mit den jeweiligen Apps angezeigt. Sie können eigene Gruppen definieren, löschen und ordnen. Über die Schaltfläche ⊗ (**entfernen**) oben rechts an der Kachel können Sie die App aus der Kachelgruppe entfernen, und über das leere Kachelfeld mit dem Pluszeichen fügen Sie Apps hinzu. Dazu bietet SAP Ihnen den App Finder in Form der in Abbildung 1.14 dargestellten Hilfe an.

Abbildung 1.14 App Finder

Der App Finder startet mit dem Katalog der durch die Benutzerrollen zugewiesenen SAP-Fiori-Apps. Darüber hinaus können Sie Ihrer Startseite über die Registerkarte **SAP-Menü** SAP-Transaktionen als WebGUI-Apps hinzufügen (siehe Abbildung 1.15).

Abbildung 1.15 App Finder – SAP-Menü

In Abbildung 1.16 ist die App-Sammlung zum SAP-Untermenü **Material** dargestellt. Über den Apps ist der jeweilige Menüpfad im SAP GUI zu sehen.

Abbildung 1.16 Beispielmenü »Material«

Mit einem Klick auf die Schaltfläche mit dem Pin (**anheften**, in Abbildung 1.16 fett umrandet) fügen Sie der Kachelgruppe die ausgewählte SAP-Fiori-App hinzu.

Kapitel 2
Unternehmensstruktur

Damit ein Unternehmen überhaupt funktionieren, d. h. wirtschaftlich tätig werden kann, müssen der betriebliche Aufbau sowie die betrieblichen Prozesse definiert werden. Dieser Grundsatz gilt ebenso für das gesamte SAP-System.

Als Voraussetzung dafür, dass die betrieblichen Strukturen eines Unternehmens im SAP-System wiedergegeben werden können, sind in jeder Komponente eigene Organisationseinheiten vorgesehen. Korrespondierend mit ihren realen Vorbildern sollen sie die betrieblichen Prozesse unterstützen. Dabei ist es für eine realistische Wiedergabe im SAP-System unabdingbar, dass die Organisationseinheiten den aufgabenteiligen Abteilungen und Funktionsbereichen des jeweiligen Unternehmens bestmöglich nachempfunden sind. Entsprechend sorgfältig muss das Customizing vorgenommen werden. In diesem Kapitel erhalten Sie die erforderlichen Informationen, um Ihre Organisationsstruktur im SAP-System korrekt abbilden zu können.

2.1 Mandant

Zunächst müssen Sie sich aber erst einmal am SAP-System anmelden. Dies geschieht – wie in Abbildung 2.1 dargestellt – auf der Mandantenebene.

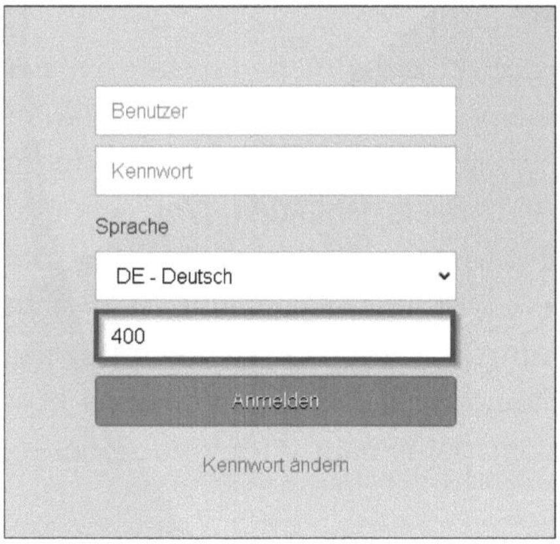

Abbildung 2.1 Anmeldebild des SAP-Systems

Der *Mandant* ist die höchste Hierarchieebene und die wichtigste technische und organisatorische Einheit innerhalb des SAP-Systems. Alle weiteren Strukturen werden hier definiert und gepflegt.

2.2 Controlling

Der Kostenrechnungskreis ist eine Hierarchieebene im Controlling, die von der Profit-Center-Rechnung und dem Gemeinkostencontrolling genutzt wird. In Abbildung 2.2 sehen Sie die relevanten Organisationsstrukturen *Kostenrechnungskreis, Profit-Center* und *Kostenstelle*.

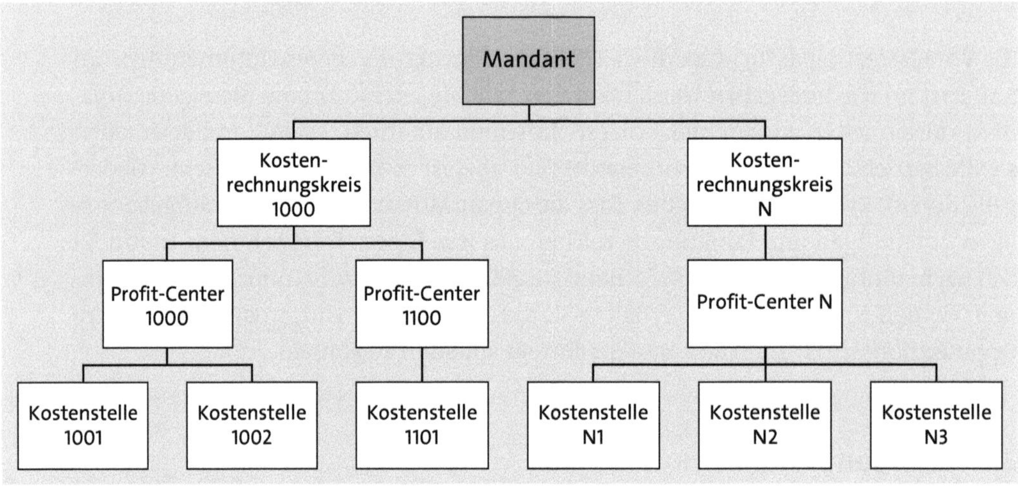

Abbildung 2.2 Organisationsstrukturen im Controlling

2.2.1 Kostenrechnungskreis

Zuerst werden die Kostenrechnungskreise des Konzerns definiert. So kann z. B. der Kostenrechnungskreis »EU« die Firmen in den einzelnen Ländern der EU und der Kostenrechnungskreis »Amerika« die Firmen auf dem amerikanischen Kontinent umfassen. Diese werden dann konzernintern als Einheit behandelt, gesteuert und ausgewertet. Den automatischen Datentransfer zwischen Finanzbuchhaltung und Controlling erreichen Sie über eine eindeutige Zuordnung der Buchungskreise zu den Kostenrechnungskreisen. Die Erfolgsbuchungen werden anschließend in das Controlling übernommen, in dem zu den Sachkonten der Finanzbuchhaltung Kostenarten definiert werden. Das Gemeinkostencontrolling baut immer nur eine Gewinn- und Verlustrechnung (GuV) auf, und in der Profit-Center-Rechnung kann zusätzlich eine Bilanz erzeugt werden.

2

2.2.2 Profit-Center

Mit den *Profit-Centern* gliedern Sie das Unternehmen für die interne Steuerung des Unternehmenserfolgs sowie für den Aufbau von internen Bilanzen. Für ein Profit-Center können betriebswirtschaftliche Ergebnisse ermittelt und ausgewiesen werden. Diese Ergebnisse unterliegen internen Definitionen und können von der Buchhaltung abweichen.

In der Unternehmensstruktur ordnen Sie die Profit-Center Buchungskreisen zu (siehe Abbildung 2.3). Die Buchungskreise sind wiederum Kostenrechnungskreisen zugeordnet.

Abbildung 2.3 Die Profit-Center den Buchungskreis(en) im Profit-Center-Stammsatz zuordnen

2.2.3 Kostenstelle

Durch die Organisation des Unternehmens in *Kostenstellen* können Sie feststellen, an welchen Stellen im Unternehmen welche Kosten anfallen und wie es um die Wirtschaftlichkeit der einzelnen Kostenstellen bestellt ist. Die Kostenstellen können dabei in Hierarchien aufgenommen werden, die das gesamte Unternehmen in Unternehmensbereiche gliedern (in Abbildung 2.4 ist beispielhaft eine Standardhierarchie abgebildet), oder in Hierarchien, die nur Teile eines Unternehmens beinhalten. So lassen sich die betriebswirtschaftlichen Ergebnisse für die gewünschten Einheiten ermitteln. Es handelt sich hierbei um eine Kostenrechnung für die interne Struktur, die allerdings nicht Teil des buchhalterischen Jahresabschlusses ist.

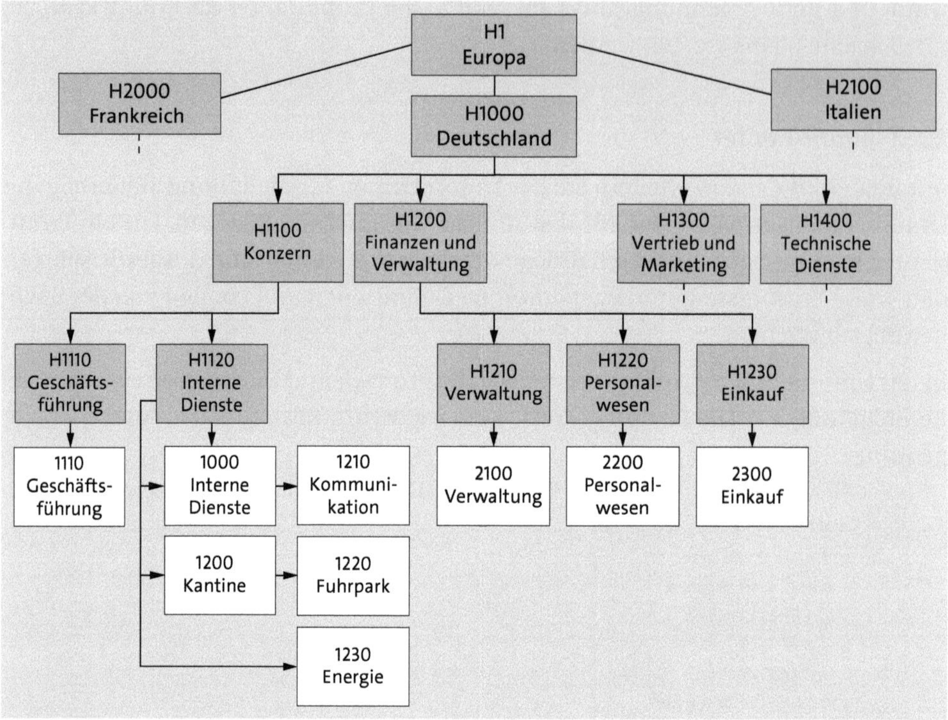

Abbildung 2.4 Standardhierarchie der Kostenstellen

2.3 Finanzbuchhaltung

In der Komponente *Finanzbuchhaltung* (FI) erfolgt die laufende Buchführung. Dort werden die zu veröffentlichenden Geschäftsberichte und Jahresabschlüsse erstellt. Abbildung 2.5 zeigt die Organisationsebenen von SAP S/4HANA Finance.

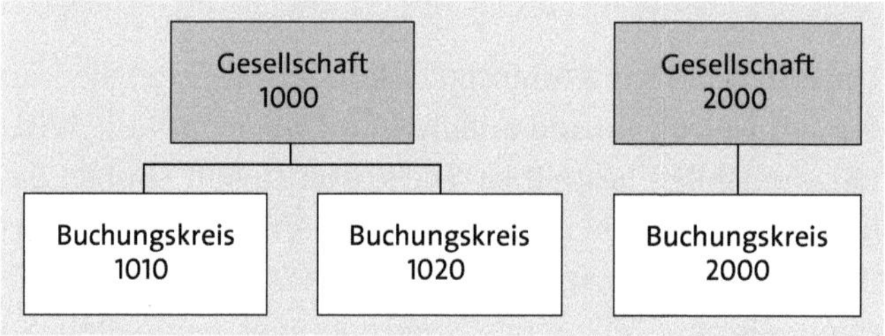

Abbildung 2.5 Organisationsebenen der Komponente FI

2.3.1 Buchungskreis

Der *Buchungskreis* ist als selbständig bilanzierende Einheit das zentrale Organisationselement des externen Rechnungswesens. Auf dieser Ebene erfolgt die laufende Buchführung, und dort wird auch der Jahresabschluss erstellt.

2.3.2 Gesellschaft

Die *Gesellschaft* ist die Konsolidierungseinheit im SAP-System. Sie umfasst üblicherweise nur einen Buchungskreis innerhalb des SAP-Systems oder eine rechtlich selbständige Einheit in einem externen System. Sie wird in Lieferanten- oder Kundenstammsätzen mitgeführt, die zu den verbundenen Unternehmen Ihres Unternehmens gehören. Die Organisationseinheit Gesellschaft müssen Sie nicht verwenden; es ist jedoch immer ratsam, wenn Sie in Ihrem Unternehmen konsolidieren müssen. Denn die Konsolidierungssoftware anderer Anbieter greift häufig auf die Gesellschaft im SAP-System zurück.

2.3.3 Geschäftsbereich

Mit *Geschäftsbereichen* können Sie die Tätigkeitsbereiche Ihres Unternehmens definieren. Für diese Einheiten können Sie eigene Abschlüsse für den internen Gebrauch erstellen (siehe Abbildung 2.6).

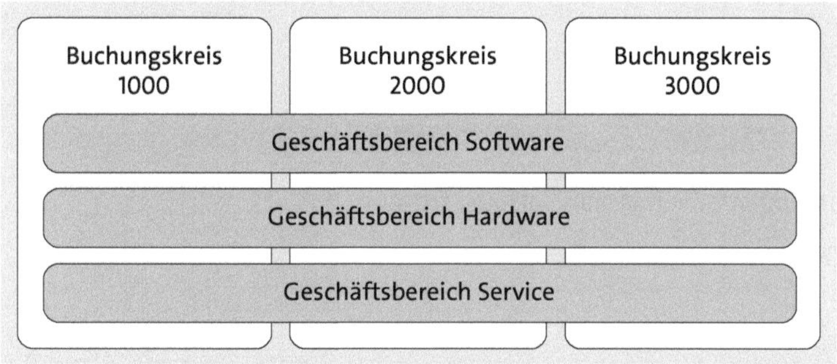

Abbildung 2.6 Einordnung der Geschäftsbereiche im Finanzwesen

2.4 Logistik allgemein

In SAP S/4HANA sind die Prozesse in Geschäftsbereichen organisiert. In der Logistik sind dies:

- SAP S/4HANA Asset Management: Instandhaltung von technischen Systemen
- SAP S/4HANA Manufacturing: Fertigungssteuerung
- SAP S/4HANA Sourcing & Procurement: Einkauf und Beschaffung

- SAP S/4HANA Sales: Verkauf
- SAP S/4HANA Supply Chain: Verwaltung der Lieferketten
- SAP Extended Warehouse Management (SAP EWM) als empfohlene Komponente zur Lagerverwaltung oder das deutlich weniger umfangreiche SAP S/4HANA Stock Room Mangement (Nachfolger von SAP Warehouse Management (SAP WM), siehe SAP-Hinweis 2881166 – FAQ: SAP S/4HANA Stock Room Management).

Abbildung 2.7 zeigt den hierarchischen Aufbau der Organisationseinheiten in der Logistik.

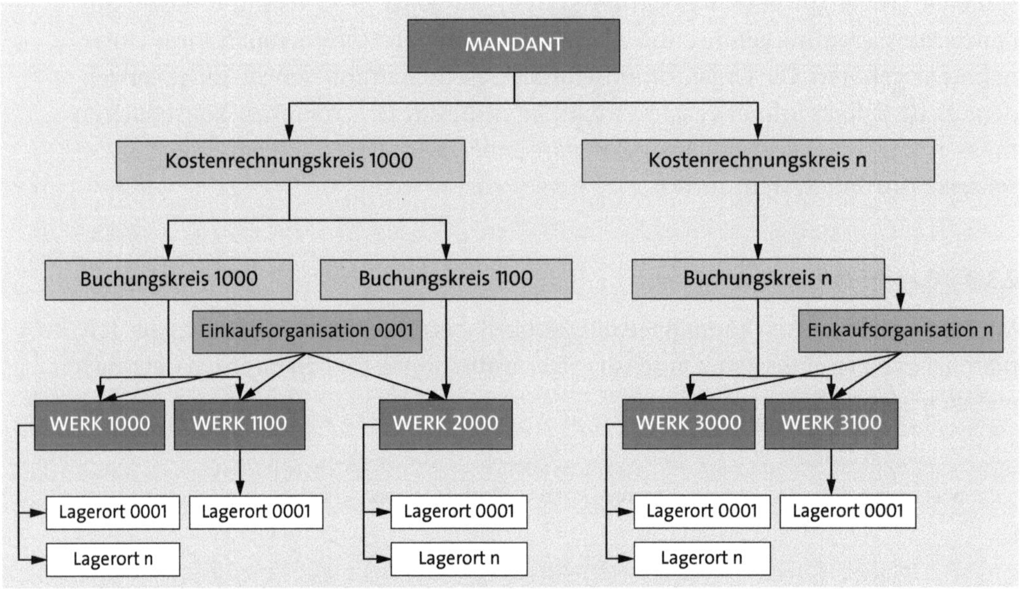

Abbildung 2.7 Aufbau der logistischen Organisationsstruktur

2.4.1 Werk

Das *Werk* ist die höchste logistische Ebene, die wiederum einem Buchungskreis zugeordnet ist. Dadurch wird über die Kontenfindung jeder Materialbeleg automatisch im Rechnungswesen verbucht. In MM ist somit der Mengenfluss und in FI und CO der Wertefluss dokumentiert.

2.4.2 Bewertungsebene

Im Customizing der Unternehmensstruktur legen Sie fest, auf welcher Ebene die Bewertung der Materialbestände erfolgt. Dies kann auf der Buchungskreisebene oder auf der Werksebene festgelegt werden (siehe Abbildung 2.8). Wird die SAP-Komponente PP eingesetzt, ist zwingend die Bewertungsebene *Werk* festgelegt.

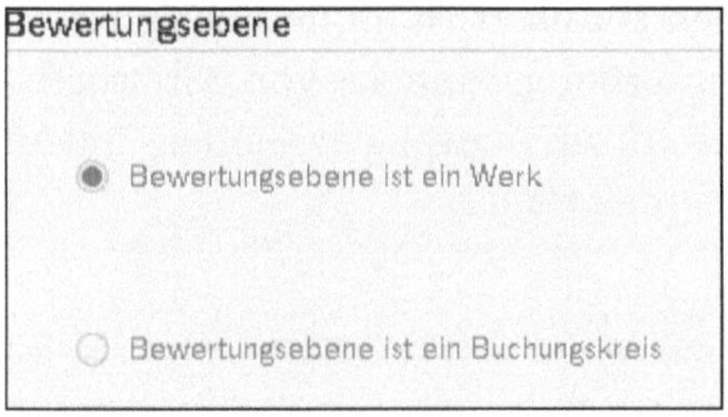

Abbildung 2.8 Einstellung der Bewertungsebene im Customizing der Unternehmensstruktur

2.4.3 Disponent

Der *Disponent* oder die *Disponentengruppe* ist für die Bedarfsplanung eines Materials zuständig. Diese Information wird im Materialstamm, u. a. in der Sicht **Disposition 1**, hinterlegt. Damit dies geschehen kann, muss die Tabelle mit den Disponenten im Customizing der Bedarfsplanung auf der Werksebene gepflegt werden.

2.4.4 Dispositionsbereich

Für die Disposition im SAP-System werden Dispositionsbereiche auf der Werks- oder Lagerortebene definiert. Ebenso können für Lohnbearbeiter Dispositionsbereiche eingerichtet werden. Dies geschieht im Customizing der Bedarfsplanung. Dazu wird jedem Dispositionsbereich ein Typ zugeordnet (siehe Abbildung 2.9).

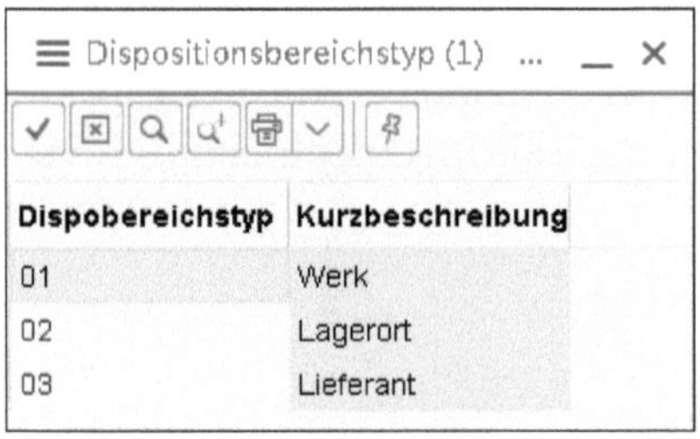
Dispositionsbereichstyp (1)

Dispobereichstyp	Kurzbeschreibung
01	Werk
02	Lagerort
03	Lieferant

Abbildung 2.9 Dispositionsbereichstypen

2.5 Materialwirtschaft

Die *Materialwirtschaft* wird in der Komponente MM abgebildet. Sie ist die zentrale Logistikkomponente. Die wichtigsten Bereiche der Materialwirtschaft sind Bedarfsplanung/Disposition, Einkauf, Bestandsführung, Inventur und Rechnungsprüfung. Bei diesen Tätigkeiten ist eine enge Verknüpfung mit anderen Komponenten – z. B. mit dem Rechnungswesen – erforderlich. Durch die Einstellungen im Customizing sorgen Sie z. B. dafür, dass Materialbewegungen automatisch im Rechnungswesen dokumentiert werden. Schon bei der Rechnungsprüfung kann das von Wirtschaftsprüfungsgesellschaften geforderte Vier-Augen-Prinzip erzwungen werden, indem eine Rechnung nur mit Bestellbezug gebucht werden kann.

2.5.1 Einkaufsorganisation

Die *Einkaufsorganisation* ist die Organisationseinheit, die für die externe Beschaffung zuständig ist. In ihr werden die Einkaufskonditionen mit den Lieferanten ausgehandelt. Sie ist im Außenverhältnis für alle Einkaufsvorgänge verantwortlich.

Da die Einkaufsverantwortlichkeit auf verschiedenen Ebenen liegen kann, können mehrere Einkaufsorganisationen einem Werk oder einem Buchungskreis zugeordnet werden. So kann der strategische Einkauf werksübergreifend und der Einkauf von Verbrauchsmaterialien werksbezogen organisiert sein. Dazu werden verschiedene Arten von Einkaufsorganisationen gebildet.

Im SAP-System können der zentrale und der dezentrale Einkauf getrennt nebeneinander existieren. Der dezentrale Einkauf kann Kontrakte und Konditionen nutzen, die vom Zentraleinkauf angelegt wurden. Dies wird mithilfe der *Referenzeinkaufsorganisation* abgebildet. Der Vorteil einer Referenzeinkaufsorganisation liegt darin, dass umfangreiche Kontrakte verhandelt und im SAP-System gepflegt werden können. Diese Kontrakte sind Zentralkontrakte und können von den Einkaufsorganisationen, die für einzelne Werke zuständig sind, abgerufen werden. Des Weiteren können mithilfe des Application Link Enablings (ALE) auch einzelne, konzernverbundene Unternehmen mit separaten SAP-Systemen Kontrakte gemeinsam nutzen. Es handelt sich dabei um verteilte Kontrakte, denn sie verwenden eine eigene Belegart. Damit verteilte Kontrakte genutzt werden können, müssen Sie im Customizing das Verteilungsmodell einstellen (siehe Abbildung 2.10).

2.5.2 Einkäufergruppe

Der Schlüssel **Einkäufergruppe** benennt den oder die Einkäufer, die für die betreffende Einkaufstätigkeit zuständig sind. Wenn der entsprechende Wert im Materialstammsatz gepflegt wird, wird dieser in den Belegpositionen des Einkaufs als Vorschlagswert übernommen.

2.5.3 Lagerort

Auf der Ebene des *Lagerorts* werden in der Bestandsführung die Materialbestände geführt. Jedem Werk können Sie beliebig viele Lagerorte zuordnen, mindestens aber einen.

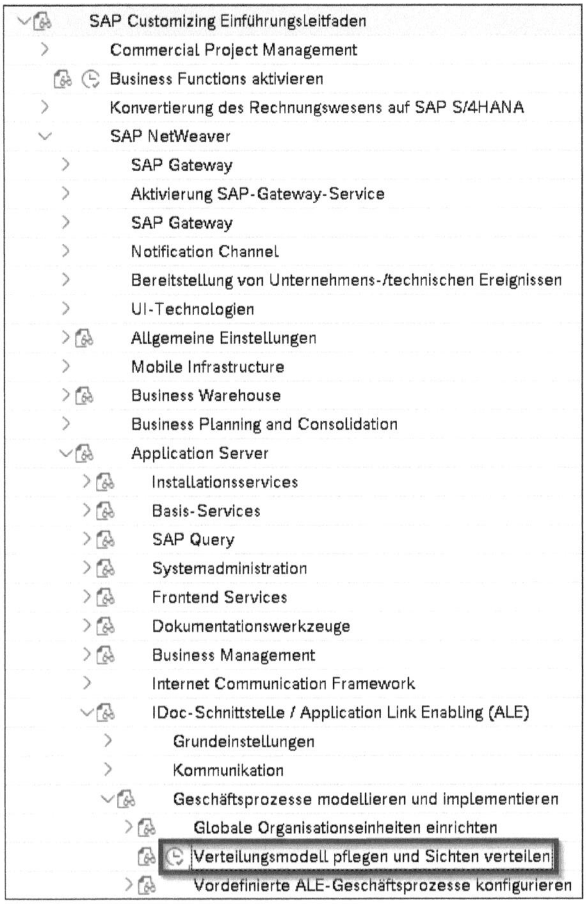

Abbildung 2.10 Einstellung des Verteilungsmodells im Customizing

2.6 Logistics Execution System

Mit dem Logistics Execution System (SAP LES), dem Lagerverwaltungssystem von SAP, werden alle Bewegungen in einem Lager abgewickelt. Dazu muss die Bestandsführung auf der Lagerortebene mit der Lagernummer aus SAP WM verknüpft werden. Abbildung 2.11 zeigt die mögliche Anbindung eines Lagerverwaltungssystems.

Es werden hier nur die Lagerorte mit der Lagerverwaltung verknüpft, denen im Customizing der Unternehmensstruktur eine Lagernummer zugeordnet worden ist. Der betriebswirtschaftliche Prozess ist in Abbildung 2.12 dargestellt.

Nachdem wir Ihnen gezeigt haben, wie Sie Ihr Unternehmen im SAP-System richtig abbilden, stellen wir Ihnen im nächsten Kapitel die verschiedenen Stammsätze vor.

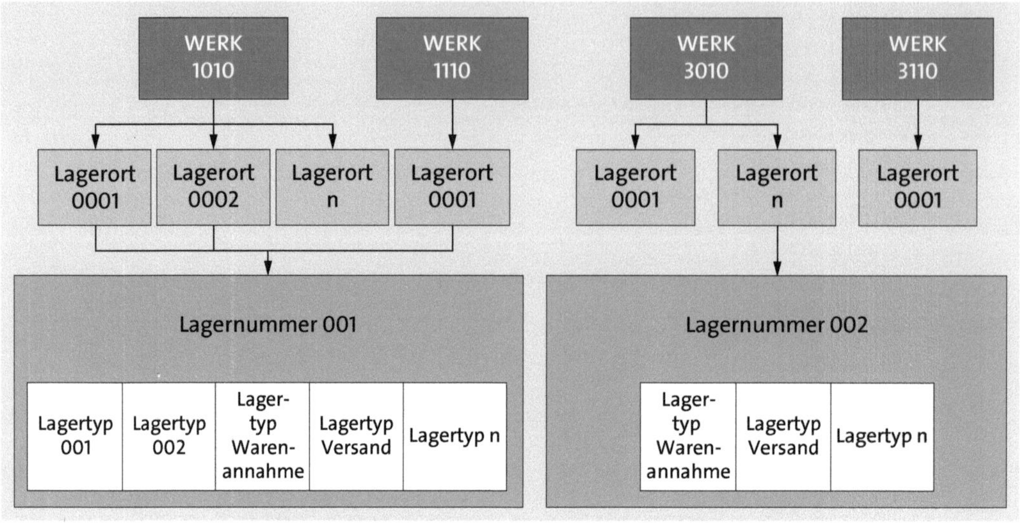

Abbildung 2.11 Mögliche Anbindung eines Lagerverwaltungssystems

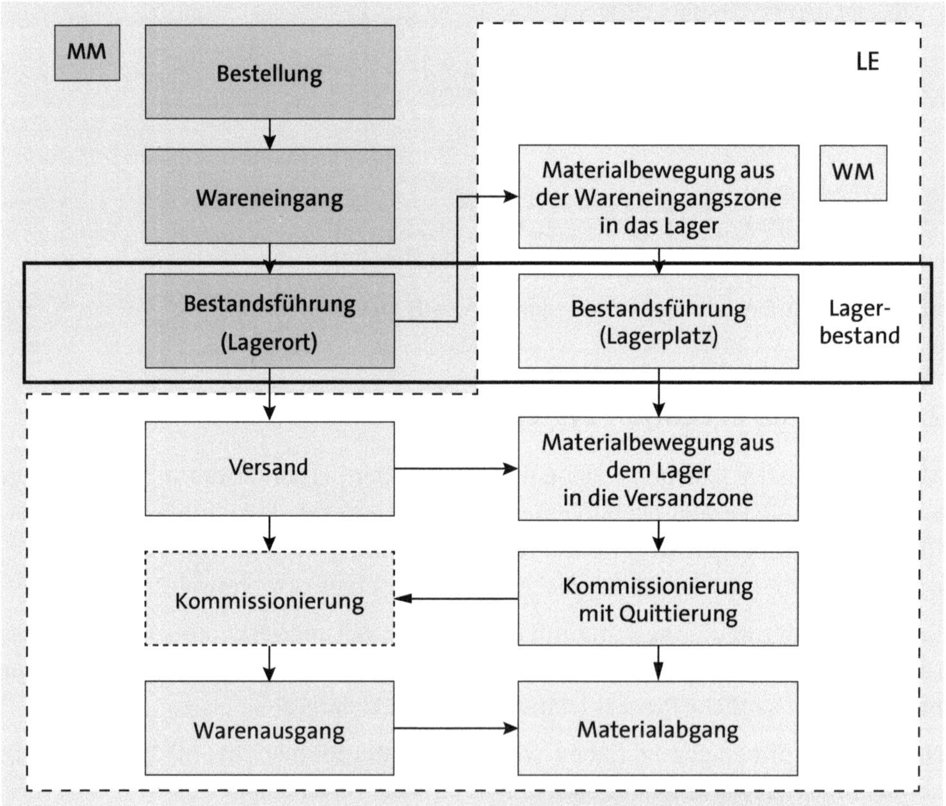

Abbildung 2.12 Zusammenarbeit der Bestandsführung mit der Lagerverwaltung

Kapitel 3
Stammdaten

Die Stammsätze enthalten alle Informationen, die Sie und das System benötigen, um die betrieblichen Prozesse abzubilden. Wie schon Georg Cristoph Lichtenberg sagte, lässt sich die Klugheit eines Menschen aus seiner Sorgfalt ermessen. Diese Klugheit ist bei der Pflege von Stammsätzen gefragt.

3.1 Produktstammsatz

Die in den Stammsätzen gepflegten Stammdaten bilden die Basis aller Geschäftsprozesse. Denn jeder Prozessschritt benötigt unterschiedliche Informationen, die aus den Stammsätzen gelesen werden. Daher ist eine gute Stammsatzpflege unerlässlich, um die Stärken des SAP-Systems nutzen zu können.

Um ein anschauliches Bild zu verwenden: SAP liefert einen leistungsstarken Sportwagen aus – nur leider ohne Räder. Diese müssen Sie selbst in Form von Stammsätzen, insbesondere von Produktstammsätzen bereitstellen. In diesem Kapitel stellen wir Ihnen die Stammsätze vor, die für einen reibungslosen Ablauf der betriebswirtschaftlichen Prozesse in der Materialwirtschaft notwendig sind.

Produkt oder Material?

Die Begriffe *Produkt* und *Material* werden synonym verwendet.

3.1.1 Materialart

Das Standardsystem wird mit einer ganzen Reihe unterschiedlicher Materialarten ausgeliefert. So sind beispielsweise Rohstoffe als Materialart wichtig für die Fertigung und müssen gelagert werden. Allerdings fehlen die Vertriebsdaten, da mit ihnen nicht gehandelt wird. Dienstleistungen können hingegen nicht gelagert, sehr wohl aber am Markt angeboten werden. Dementsprechend sind hier Vertriebsinformationen, jedoch keine Daten zur Lagerhaltung vorhanden.

Wenn Sie eine eigene Materialart definieren, empfiehlt es sich, im Customizing (den Pfad finden Sie in Abbildung 3.1) eine der Standardmaterialarten zu kopieren und zu modifizieren. Sie können aber auch eine neue Materialart entwickeln.

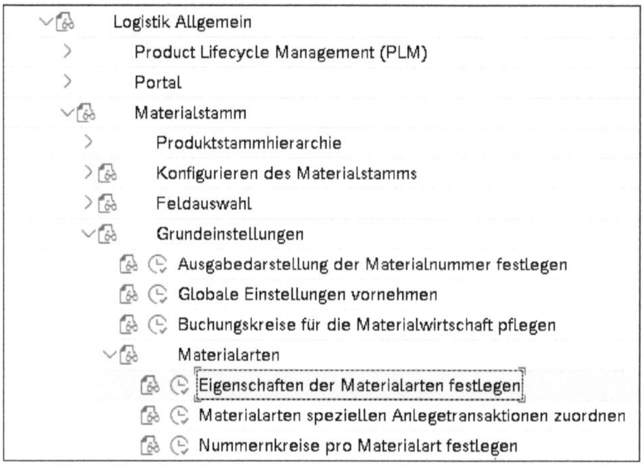

Abbildung 3.1 Pfad für das Customizing der Materialart

Im Folgenden stellen wir Ihnen die Einstellungsmöglichkeiten vor.

Die Materialart beschreibt eine Gruppe von Produkten mit gleichen Eigenschaften. Dadurch ist es möglich, dass verschiedene Produkte einheitlich nach den Anforderungen des Unternehmens verwaltet werden. Die Materialart ist für die folgenden Entscheidungen relevant:

- Welche Berechtigungsprüfung bei der Arbeit mit Produkten dieser Materialart vorgenommen wird (Feld **Berechtigungsgruppe** in Abbildung 3.2). Damit können Sie einen Zugriffsschutz für Produkte ermöglichen. Wenn dieses Feld leer gelassen wird, führt das System für Produkte dieser Materialart keine spezielle Berechtigungsprüfung durch.
- Ob die Nummernvergabe intern (vom System automatisch vergeben) oder extern (vom Benutzer vergeben) erfolgt. Für Letzteres wird das Kennzeichen **Externe Nummernvergabe ohne Prüfung** gesetzt.
- Wie eine Klassifizierung der Produkte aussehen kann.
- Welche Sichten im Produktstamm gepflegt werden können (**Fachbereiche** in Abbildung 3.2). Die markierten Fachbereiche werden im Produktstamm als Sichten angeboten. Die nicht markierten Fachbereiche können im Stammsatz auch nicht gepflegt werden.
- Welche Feldauswahl (Feld **Feldreferenz** in Abbildung 3.2) im Produktstamm zur Verfügung steht. Die einzelnen Bildsequenzen einer Sicht werden aus mehreren Einflussfaktoren ermittelt. Dazu gibt es neben der Feldreferenz der Materialart auch noch Feldreferenzen in der Transaktion, dem Benutzer sowie der Branche. Im Customizing nehmen Sie die Zuordnungen vor. Der Pfad im Customizing ist in Abbildung 3.3 dargestellt.

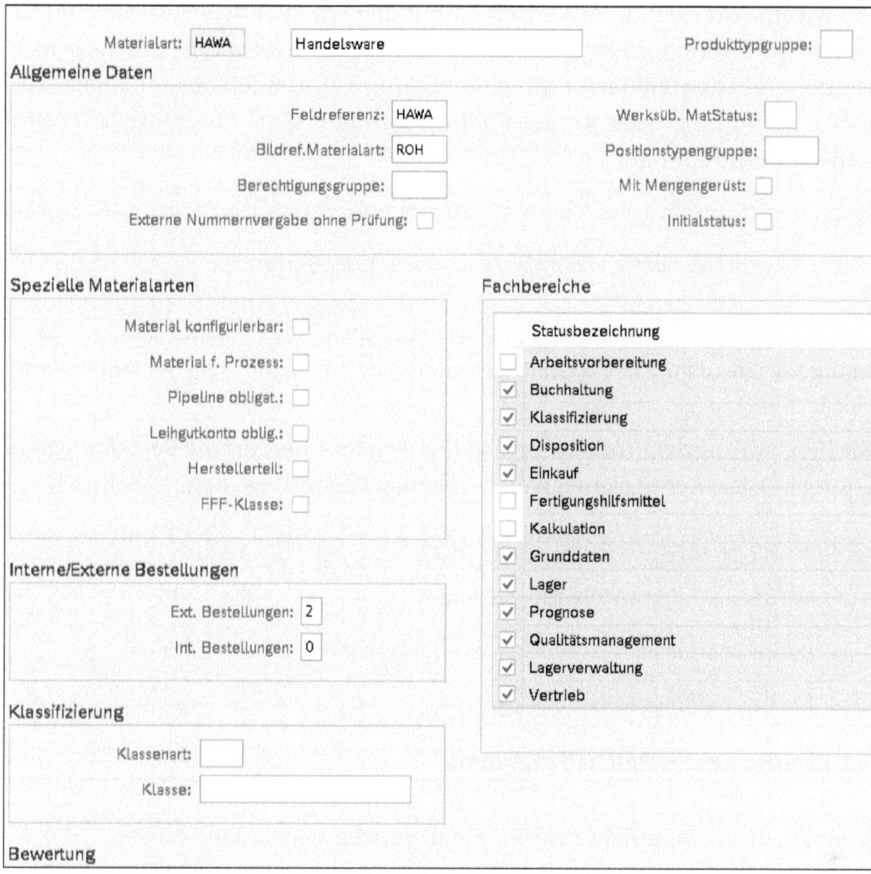

Abbildung 3.2 Einstellungen der Materialart im Customizing

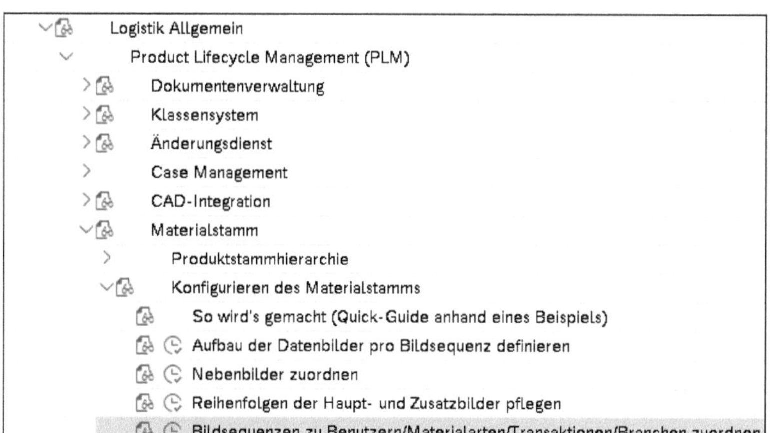

Abbildung 3.3 Customizing-Pfad zu den Bildsequenzen

- Ob und wo eine Mengen- und Wertfortschreibung erfolgt. Dabei wird auch ermittelt, welche Sachkonten in der Finanzbuchhaltung bei Bewegungen fortgeschrieben werden (Feld **Kontenklassenref.** in Abbildung 3.4). Mit den Einstellungen zum Werk wird die automatische Kontenfindung definiert (siehe Abschnitt 7.8, »Automatische Kontenfindung«).

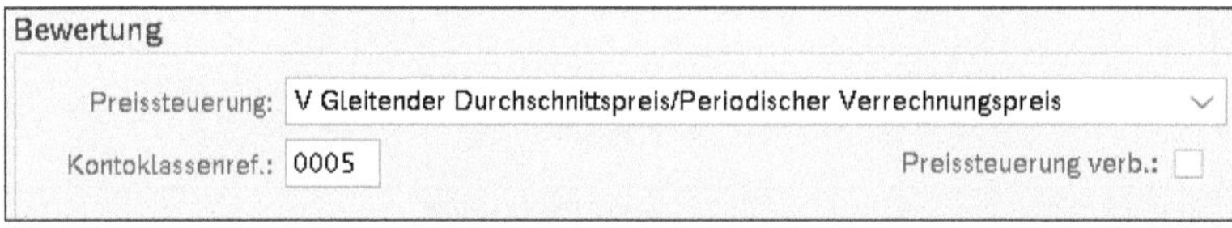

Abbildung 3.4 Einstellung der Kontenklassenreferenz im Customizing der Materialart

- Wie die Beschaffung der Produkte erfolgt (Bereich **Interne/Externe Bestellungen** in Abbildung 3.2). Die Kennzeichen haben folgende Bedeutung (siehe Tabelle 3.1):

Kürzel	Bedeutung
0	Die Beschaffungsart ist nicht zulässig.
1	Die Beschaffungsart ist zulässig, es erfolgt aber eine Warnmeldung.
2	Die Beschaffungsart ist zulässig.

Tabelle 3.1 Kennzeichen der Beschaffungsarten

- Ob Produkte dieser Materialart in SAP Retail verwendet werden können.

3.1.2 Branche

Nachdem Sie mindestens eine Materialart definiert haben, muss noch mindestens eine Branche im Customizing definiert werden, damit Sie die Produktstammsätze anlegen können (siehe Abbildung 3.5). Die Branche gibt an, welchem Industriezweig das jeweilige Produkt zugeordnet ist.

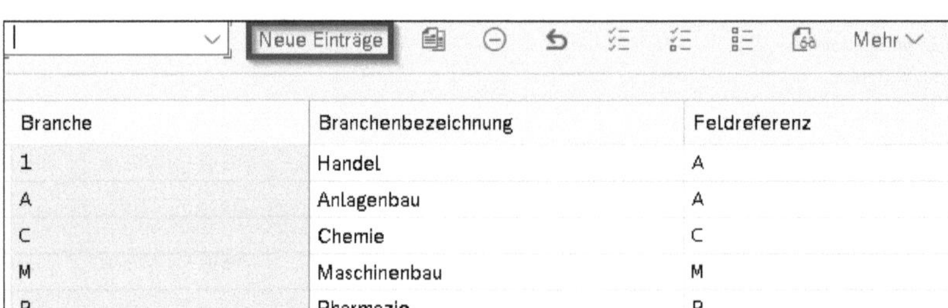

Abbildung 3.5 Branchen im Customizing definieren

Wie es Abbildung 3.5 zu entnehmen ist, können beliebig viele weitere Branchen definiert werden. Jeder Branche muss eine Feldreferenz zugeordnet werden, die darüber entscheidet, welche Felder im Produktstamm enthalten sein werden. Auch diese Feldreferenzen können im Customizing gepflegt werden. Dazu empfiehlt es sich, vorhandene Feldreferenzen zu kopieren und zu modifizieren. So können Sie Produkte planen, die genau den Anforderungen entsprechen, die Sie an ein Produkt haben. Zudem beeinflusst die Feldreferenz die Bildfolge. So müssen in der Standardeinstellung für einen Rohstoff keine Vertriebssichten existieren, für eine Handelsware hingegen schon. Dafür fehlen hier die Fertigungssichten, die bei Produkten des Maschinenbaus wiederum benötigt werden.

Nachdem die benötigten Materialarten und Branchen im Customizing eingestellt worden sind, können Sie jetzt im System Produktstammsätze anlegen. Im Folgenden erläutern wir das Vorgehen zur Anlage. Anschließend beschreiben wir den Aufbau und Inhalt eines Produktstammsatzes.

3.1.3 Produkt anlegen

Produktstammsätze werden angelegt, wenn für das Produkt noch kein Stammsatz vorhanden ist oder die Stammdaten eines Fachbereichs (Sicht) fehlen. Für Arbeiten am Produktstamm findet sich die SAP-Fiori-App **Produktstammdaten verwalten** (siehe Abbildung 3.6) in der SAP Fiori Apps Reference Library. Nach dem Ausfüllen der Kopffelder listet Ihnen das SAP-System die vorhandenen Produkte, die Ihren eingegebenen Kriterien entsprechen, auf. Mit der Schaltfläche **Anlegen** erzeugen Sie einen neuen Produktstamm.

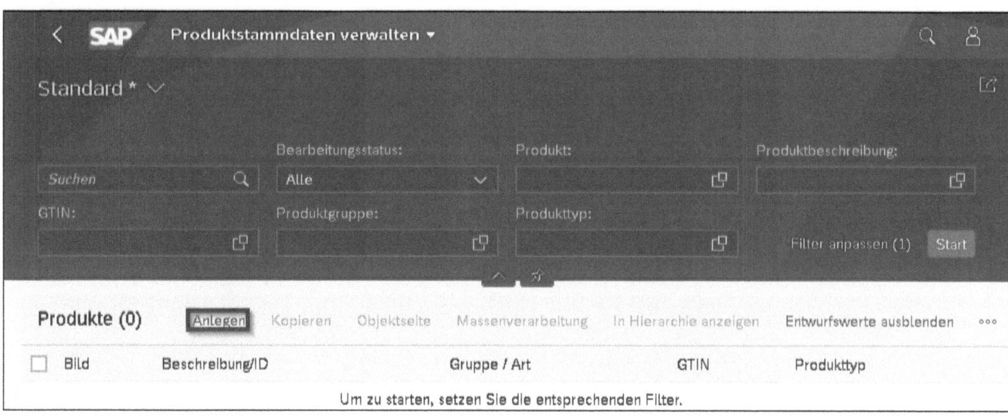

Abbildung 3.6 Startbild der SAP-Fiori-App »Produktstammdaten verwalten«

Wenn ein Produktstammsatz angelegt wird, kann das Produkt mit sofortiger Gültigkeit oder mit Gültigkeit ab einem bestimmten Zeitpunkt angelegt werden. Nachfolgend zeigen wir Ihnen, wie Produkte zur sofortigen Verwendung angelegt werden. Dazu nutzen wir die in Abbildung 3.7 dargestellte SAP-Fiori-App.

Abbildung 3.7 SAP-Fiori-App für die Produktbearbeitung in der SAP Fiori Apps Reference Library

Zunächst beschreiben wir allgemein, wie ein Produkt angelegt wird. Bevor ein neuer Produktstammsatz angelegt wird, sollte geprüft werden, ob nicht schon ein Stammsatz vorhanden ist. Dazu kann das Materialverzeichnis oder die Suchhilfe für das Feld **Material** verwendet werden (siehe Abbildung 3.8).

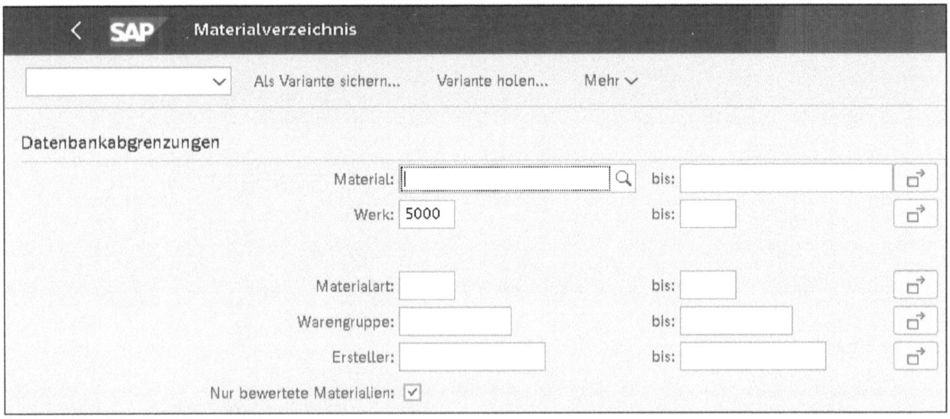

Abbildung 3.8 Einstiegsbild des Materialverzeichnisses

Jedes Unternehmen muss vorab grundsätzlich festlegen, wie Produktstammsätze angelegt werden. Dabei kann zwischen der zentralen und der dezentralen Anlage gewählt werden.

Bei der *zentralen Anlage* legt eine Stelle ein Minimum der Fachbereichsdaten an. Die Sachbearbeiter in den einzelnen Abteilungen erweitern diese durch die SAP-Fiori-App **Produkt ändern**.

Um für alle Fachbereiche Daten anlegen zu können, benötigt die zentrale Stelle die Rollen zum Bearbeiten aller fachbereichsspezifischen Daten.

Bei der *dezentralen Anlage* legt jeder Fachbereich seine eigenen Produktstammsätze an.

Die Sachbearbeiter benötigen je nach Erfordernis die Rollen zum Bearbeiten einzelner oder mehrerer Fachbereichssichten. Andere Fachbereiche ergänzen dann ihre Sichten über die SAP-Fiori-App **Produkt anlegen**.

Im Einstiegsbild der SAP-Fiori-App **Produkt anlegen** müssen Sie die grundlegenden Informationen zu dem neuen Produkt eingeben. Die Produktnummer wird je Materialart entweder intern oder extern vergeben.

Dazu muss im Customizing des Produktstamms festgelegt werden, ob die Produktnummer vom SAP-System automatisch vergeben wird oder manuell durch die Sachbearbeiter. Wenn das System die Nummer vergibt, wird das Feld Produkt leer gelassen.

Die **Produktnummer** ist der primäre Schlüssel des Produktstammsatzes und kann nachträglich nicht mehr geändert werden. Zudem müssen die Materialart und die Branche angegeben werden, die in Abschnitt 3.1.1 und Abschnitt 3.1.2 erläutert werden. Die Produktverwaltung wird in Abschnitt 3.2, »Produktverwaltung«, beschrieben.

Anschließend wählen Sie die **Organisationsebenen** aus, für die Sichten angelegt werden sollen. Dazu können Sie Daten aus anderen Organisationseinheiten als Vorlage verwenden (siehe Abbildung 3.9).

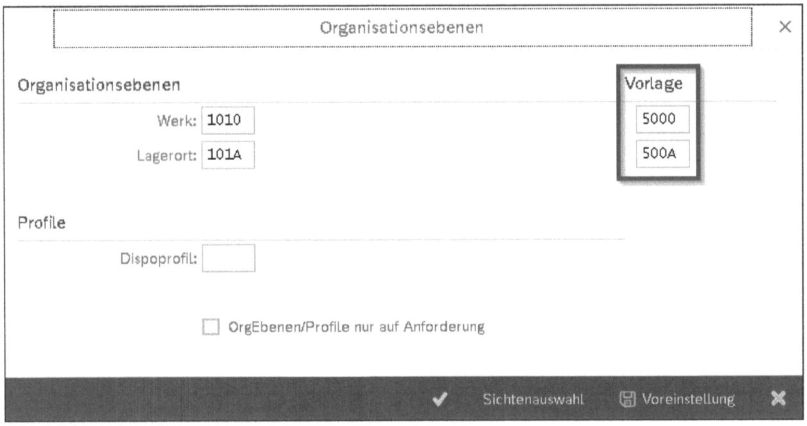

Abbildung 3.9 SAP-Fiori-App: »Produkt anlegen«: Organisationsebenen

Wenn Sie das Produkt in der SAP-Fiori-App **Produkt anlegen** speichern, stehen die Informationen sofort für das Tagesgeschäft zur Verfügung. Falls Sie ein Produkt um

Informationen weiterer Fachbereiche erweitern wollen, können Sie sich einen schnellen Überblick dazu verschaffen, welche Sichten bereits gepflegt sind.

Mit der SAP-Fiori-App **Erweiterbare Produkte** erzeugen Sie eine Übersicht über die im Produktstamm gepflegten Sichten und Organisationsebenen (siehe Abbildung 3.10).

S	Erstellt	Material	MArt	B	BuKr	Werk	LOrt	VkOr	VW	LNr	Materialkurztext
D	25.01.2021	R234609	HAWA	M		4000	400A				Kupplung
P	25.01.2021	R234609	HAWA	M		4000					Kupplung
Q	25.01.2021	R234609	HAWA	M		4000					Kupplung
V	25.01.2021	R234609	HAWA	M		4000					Kupplung

Abbildung 3.10 Die im Werk 4000 gepflegten Sichten anzeigen

Wenn ein Fachbereich bereits Daten zu einem Produkt in einem Produktstammsatz gespeichert hat und ein anderer Fachbereich Daten zu diesem Produkt eingeben möchte, muss kein neuer Produktstammsatz angelegt werden. Vielmehr wird der vorhandene Produktstammsatz mit der SAP-Fiori-App **Produkt anlegen** um die Informationen des neu zu pflegenden Fachbereichs erweitert.

Der Pflegestatus wird automatisch vom SAP-System fortgeschrieben. Der Pflegestatus bezieht sich auf Sichten im System. Folgende Status werden verwendet:

- **A** (Arbeitsvorbereitung)
- **B** (Buchhaltung)
- **C** (Klassifizierung)
- **D** (Disposition)
- **E** (Einkauf)
- **F** (Fertigungshilfsmittel)
- **G** (Grunddaten)
- **K** (Kalkulation)
- **L** (Lagerung)
- **P** (Prognose)
- **Q** (Qualitätsmanagement)
- **S** (Lagerverwaltung)
- **V** (Vertrieb)
- **X** (Werksbestände)
- **Z** (Lagerortbestände)

Die Sichten **X** (Werksbestände) und **Z** (Lagerortbestände) werden automatisch vom System fortgeschrieben; eine manuelle Fortschreibung ist nicht möglich.

Im Unterschied zur sofortigen Verfügbarkeit des Produktstamms können Sie mit der entsprechenden App ein Produkt für die künftige Nutzung einplanen. Den Einstieg in die SAP-Fiori-App **Produkt geplant anlegen** sehen Sie in Abbildung 3.11.

Abbildung 3.11 SAP-Fiori-App »Produkt geplant anlegen«

Mit der Angabe des Datums im Feld **Änd. gepl. zum** wird festgelegt, ab wann das entsprechende Produkt für die betrieblichen Prozesse zur Verfügung stehen soll.

3.1.4 Produkt fixieren

Wenn Sie das Produkt nach dem Anlegen vor unbefugten Änderungen schützen wollen, können Sie das Produkt fixieren. Damit ist die Bearbeitung der im Customizing des Produktstamms als fixierungsrelevant gekennzeichneten Felder nur noch mit einer speziellen Berechtigung möglich.

3.1.5 Produkt ändern

Die SAP-Fiori-App **Produkt ändern** wird immer dann benötigt, wenn eine oder mehrere Sichten eines vorhandenen Produkts geändert, ergänzt oder vervollständigt werden müssen. Wird für einen neuen Fachbereich eine Sicht benötigt, muss der Produktstamm mit der SAP-Fiori-App **Produkt anlegen** erweitert werden.

[»]

Sicht ändern

Eine Sicht, die nicht vorhanden ist, kann auch nicht geändert werden!

Wie bei der Anlage eines Produktstamms haben Sie bei der Änderung des Produktstammsatzes die Möglichkeit, ihn mit sofortiger Wirkung zu ändern oder das Inkrafttreten der Änderung zu einem späteren Termin einzuplanen.

In beiden Fällen kann die Änderung mit Bezug auf eine Änderungsnummer vorgenommen werden. Eine Änderungsnummer identifiziert einen Änderungsstammsatz im Änderungsdienst. So können z. B. Änderungen, die sich aufgrund einer Reklamation zu einem Produkt an den dazugehörigen Produkten, Stücklisten, Arbeitsplänen usw. ergeben, unter einer Änderungsnummer dokumentiert werden.

3.1.6 Produkt löschen

Produkte können zum Löschen eingeplant werden oder sofort ein Löschkennzeichen gesetzt bekommen. Die Löschung erfolgt dann mit dem nächsten Archivierungslauf.

Wird die Löschvormerkung auf Mandantenebene gesetzt, gilt diese für alle Sichten und Organisationsebenen des Produktstammsatzes. Wenn die Löschvormerkung auf Werksebene oder tiefer gesetzt worden ist, werden nur die entsprechenden Sichten beim Archivierungslauf aus dem Produktstamm gelöscht.

Wenn alle Voraussetzungen erfüllt sind, werden in einem Archivierungslauf alle Daten zu dem Produktstammsatz archiviert und komplett aus dem System entfernt. Eine Voraussetzung ist z. B., dass keine bewerteten Bestände zu diesem Produktstammsatz mehr vorhanden sein dürfen.

Wird im Eingabebild in der SAP-Fiori-App **Material zum Löschen vormerken** nur die Produktnummer in das Feld **Material** eingegeben, wird das Löschkennzeichen auf Mandantenebene gesetzt (siehe Abbildung 3.12).

Werden weitere Angaben vorgenommen, öffnet das System ein Auswahlfenster (siehe Abbildung 3.13).

Das Löschkennzeichen kann auch zu einem späteren Zeitpunkt eingeplant werden. Dazu muss die SAP-Fiori-App **Produkt zum Löschen einplanen** aufgerufen werden. Zu den Feldern in Abbildung 3.12 erscheint zusätzlich ein Datumsfeld **Änd. gepl. zum** (siehe Abbildung 3.14).

Sollte ein Produkt irrtümlich zur Löschung vorgemerkt sein, können durch Aufruf der zuvor beschriebenen Transaktionen die Löschkennzeichen einfach wieder entfernt werden.

Abbildung 3.12 Einstiegsbild zum Setzen einer Löschvormerkung

Abbildung 3.13 Sicht »Material zum Löschen vormerken: Datenbild«

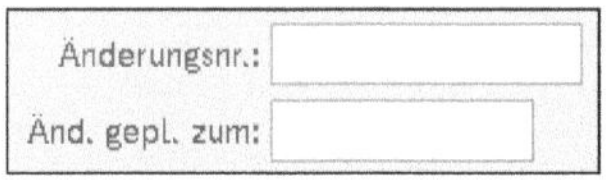

Abbildung 3.14 Löschen des Produkts zu einem Termin einplanen

3.1.7 Massenpflege

Mit der WebGUI-App **Massenpflege Material** haben Sie die Möglichkeit, viele Produktstammsätze in einem Schritt zu ändern. Dies sollte allerdings nur von sehr erfahrenen Benutzern durchgeführt werden.

Der erste Schritt besteht in der Auswahl der Tabelle und/oder der Felder, die geändert werden sollen (siehe Abbildung 3.15).

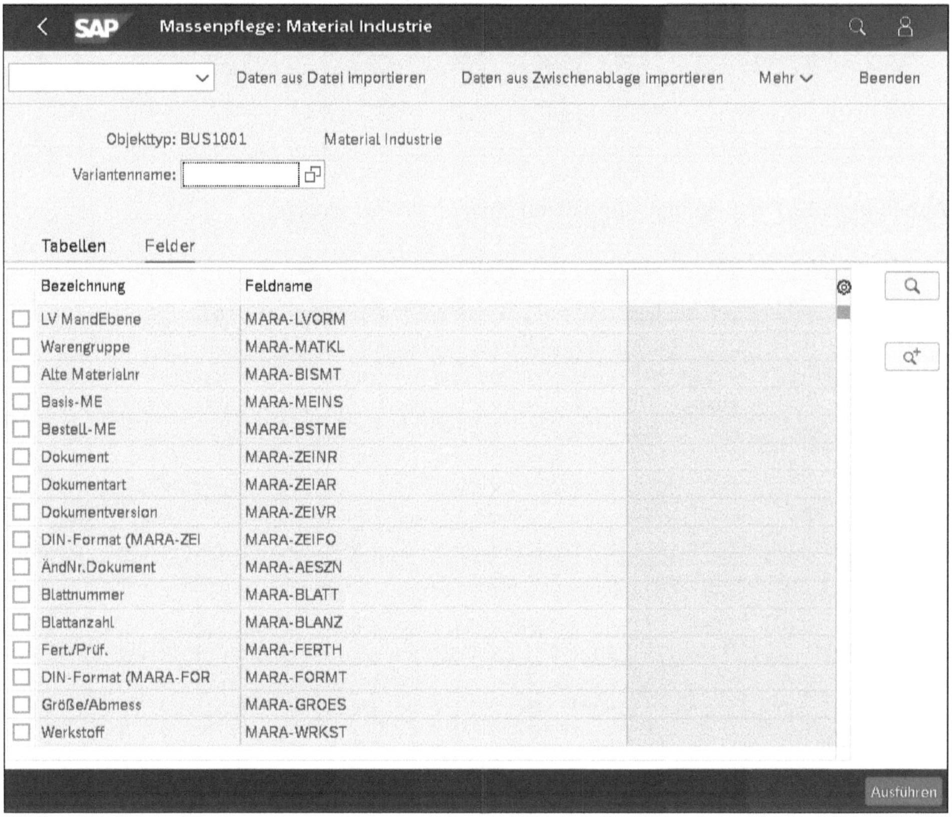

Abbildung 3.15 WebGUI-App »Massenpflege Material«

Nachdem Sie Ihre Auswahl getroffen haben, klicken Sie auf die Schaltfläche **Ausführen**. Das System öffnet nun die Auswahl der Produkte, für die die Änderung greifen soll. In Abbildung 3.16 ist die Vorauswahl für die Tabelle **MARA** dargestellt.

Wenn Sie die Einstellungen vor dem Ausführen sichern, legt das System eine Variante an, auf die Sie in Zukunft zurückgreifen können (siehe Abbildung 3.17).

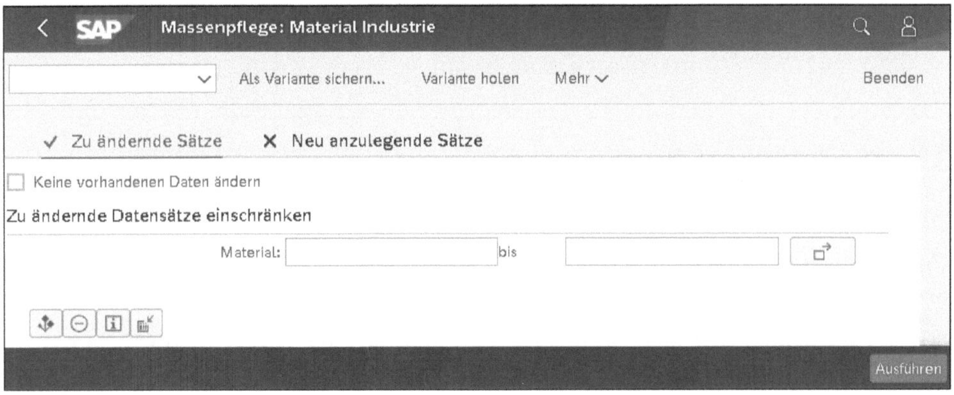

Abbildung 3.16 Massenpflege: Produktauswahl

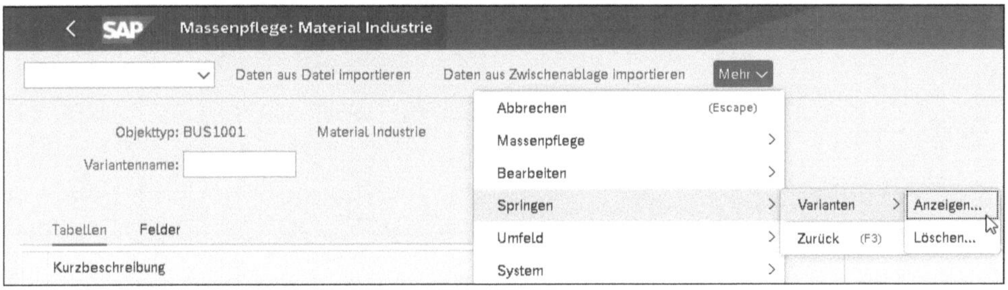

Abbildung 3.17 Variante in der Massenpflege auswählen

3.1.8 Produktverzeichnis

Nutzen Sie die SAP-Fiori-App **Materialverzeichnis**, um einen Überblick über die vorhandenen Produktstammsätze zu erhalten (siehe Abbildung 3.18).

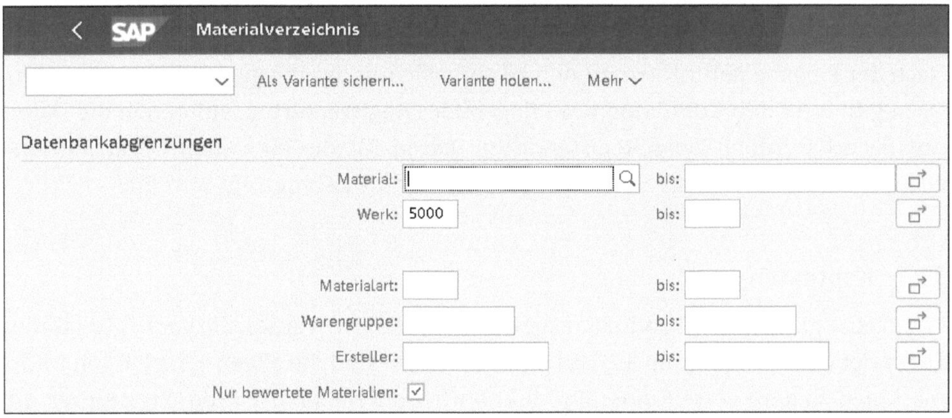

Abbildung 3.18 Materialverzeichnis

Nach der Eingabe der Selektionsparameter erzeugt das System eine Liste mit den vorhandenen Produkten.

3.2 Produktverwaltung

Um mit Produkten zu arbeiten, starten Sie die App **Produktstammdaten verwalten** (App-ID F1602). Sie können mit dieser App Produkte anlegen, ändern, ansehen und erweitern.

Nachdem Sie die Schaltfläche **Anlegen** (in Abbildung 3.19 eingerahmt) betätigt haben, geben Sie die notwendigen (mit Stern gekennzeichneten) und optionalen Informationen zu dem entsprechenden Produkt ein (siehe Abbildung 3.20).

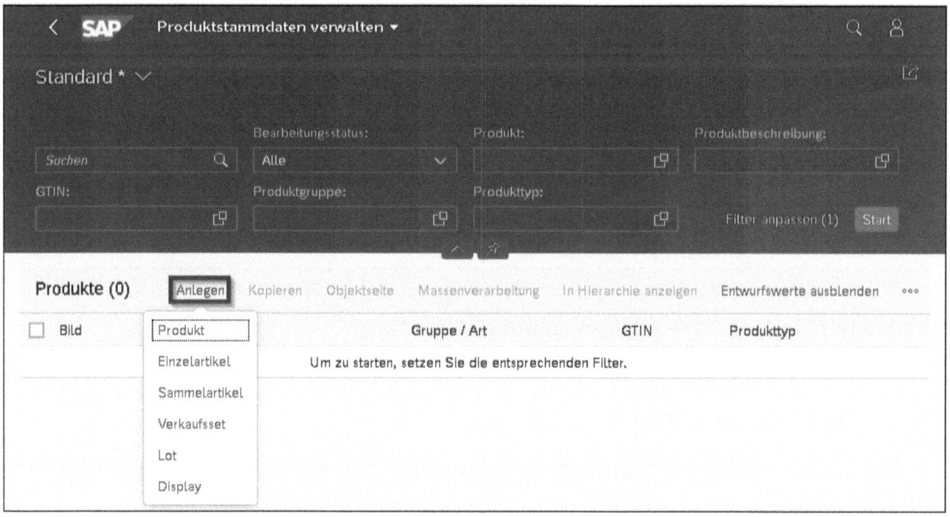

Abbildung 3.19 Produkt anlegen: Einstiegsbild

Nach der Eingabe der Informationen können Sie mit der Pflege der Daten beginnen. Dazu gibt es in den Kopfdaten des Pflegebildes **Registerkarten**, auf denen die Daten organisiert werden. Diese Registerkarten gelten für die einzelnen Organisationsebenen, z. B. Einkaufsorganisation oder Werk, für die sie angelegt werden.

3.2.1 Kopfdaten

Wenn ein vorhandenes Produkt ausgewählt worden ist, werden die gepflegten Daten angezeigt (siehe Abbildung 3.21). In den Kopfdaten sind die allgemein gültigen Informationen zu dem betreffenden Produkt enthalten. Neben der Produktnummer, die nicht mehr geändert werden kann, und der Produktbezeichnung wird auch die Materialart angezeigt.

Abbildung 3.20 Produktpflege: Einstiegsbild

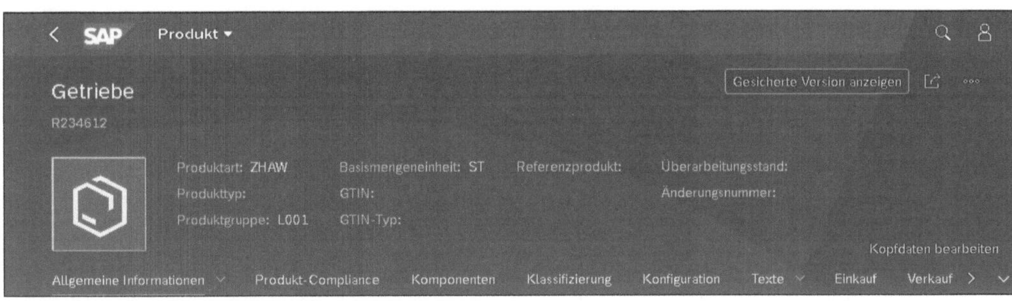

Abbildung 3.21 Produkt anzeigen: Kopfdaten

Solange keine bewerteten Bestände des Produkts existieren, kann die Materialart noch geändert werden. Die Basismengeneinheit wird im Produktstamm unter der gleichnamigen Registerkarte eingestellt.

Zudem ist den Kopfdaten Folgendes zu entnehmen:

- **Referenzprodukt**
  Das Referenzprodukt dient als Vorlage beim Anlegen eines neuen Produkts. Für die Nutzung von Referenzprodukten müssen Sie die Registerkarte **Klassifizierung** nutzen und das Customizing vornehmen.
- **Überarbeitungsstand**
  Mit dem Überarbeitungs- oder Revisionsstand können Sie die Entwicklung eines Produkts festhalten.

- **Änderungsnummer**
  Die Verwendung der Änderungsnummer legen Sie im Customizing fest. Sie dient der Synchronisierung von Daten in unterschiedlichen Systemen.
- **Produkttyp**
  Für unterschiedliche Produkttypen müssen unterschiedliche Nummernkreise im Customizing eingestellt werden, die sich nicht überschneiden dürfen. Mit den Produkttypen können Sie die unterschiedlichen Verwendungen wie Handel oder Garantieleistung unterscheiden.
- **GTIN**
  Bis 2009 wurde die Europäische Artikelnummer (EAN) verwendet. Sie wurde von der Global Trade Item Number (GTIN) abgelöst. Die Daten werden auf der Registerkarte **Allgemeine Informationen** gepflegt.
- **GTIN-Typ**
  Um welches Format es sich bei der GTIN handelt, wird mit dem GTIN-Typ festgelegt.

Um das Produkt weiter bearbeiten zu können, klicken Sie auf die Schaltfläche **Kopfdaten bearbeiten** (siehe Abbildung 3.21). Es erscheint nun an gleicher Stelle die Schaltfläche **Gesicherte Version anzeigen**. Die vorhandenen bzw. pflegbaren Informationen finden Sie auf den Registerkarten, die Sie im unteren Bereich von Abbildung 3.21 sehen. Einzelne Registerkarten, wie z. B. **Allgemeine Informationen**, sind in verschiedene Bereiche unterteilt (siehe Abbildung 3.22).

Im Folgenden werden die pflegbaren Felder des Produktstamms erläutert.

Abbildung 3.22 Registerkarte »Allgemeine Informationen«

3.2.2 Allgemeine Informationen

Die Informationen und Daten eines Produkts werden im Bereich **Verwaltungsdaten** gepflegt. Die Grunddaten rechts in Abbildung 3.23 enthalten einen Link zum entsprechenden Benutzer.

Abbildung 3.23 Registerkarte »Allgemeine Informationen«: Bereich »Grunddaten«

Folgende Felder können gepflegt werden:

- **Sparte**
  Die Sparte dient der Gruppierung von Produkten. Anhand der Sparte werden die Geschäfts- und Vertriebsbereiche ermittelt, denen das Produkt zugeordnet ist. So ist es z. B. möglich, Preisvereinbarungen mit einem Kunden auf die Sparte zu begrenzen.
- **Alte Produktnummer**
  Wurde ein Produkt in einem Alt- oder Parallelsystem geführt, wird in diesem Feld die alte Produktnummer erfasst. Mit der Suchhilfe F4 können Sie nach Produktstammsätzen mit alter Produktnummer suchen.
- **Chargenpflichtig**
  Mit diesem Kennzeichen machen Sie das Produkt chargenpflichtig (siehe Abschnitt 3.3, »Charge«).
- **Zum Löschen vorgemerkt**
  Ist dieses Kennzeichen gesetzt, wird das Produkt beim nächsten Archivierungslauf aus dem System entfernt.
- **Wettbewerber**
  Sind Wettbewerber angelegt, können Sie sie hier eintragen. Dazu muss die Wettbewerberklassifizierung mit Wettbewerbsinformationen gepflegt sein, um die Wettbewerbsstufen zu klassifizieren.

Allgemeine Informationen – Beschreibungen

Im Bereich **Beschreibungen** (siehe Abbildung 3.24) können Sie die Produktbezeichnungen in jeder im System vorhandenen Sprache hinterlegen.

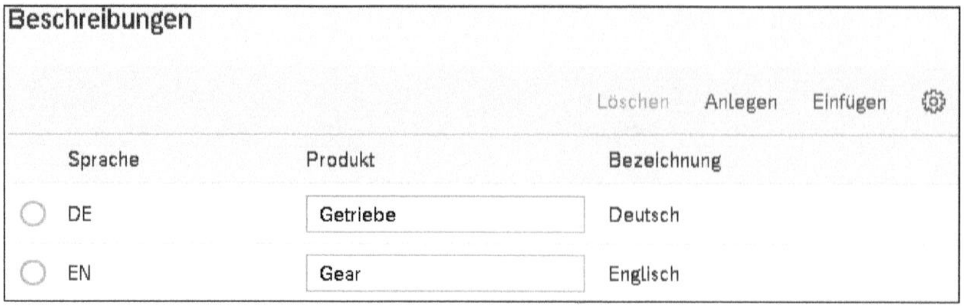

Abbildung 3.24 Registerkarte »Allgemeine Informationen«: Bereich »Beschreibungen«

Allgemeine Informationen – Basismengeneinheit

Die Basismengeneinheit wird in den Kopfdaten gepflegt. An dieser Stelle werden die Informationen zu Gewicht, Abmessungen und Volumen erfasst. Unten rechts in der Abbildung 3.25 sehen Sie die Schaltfläche **Weniger**, mit der Sie die Angaben zu Gewicht usw. ausblenden können. Sind sie ausgeblendet, ist stattdessen die Schaltfläche **Mehr** zu sehen.

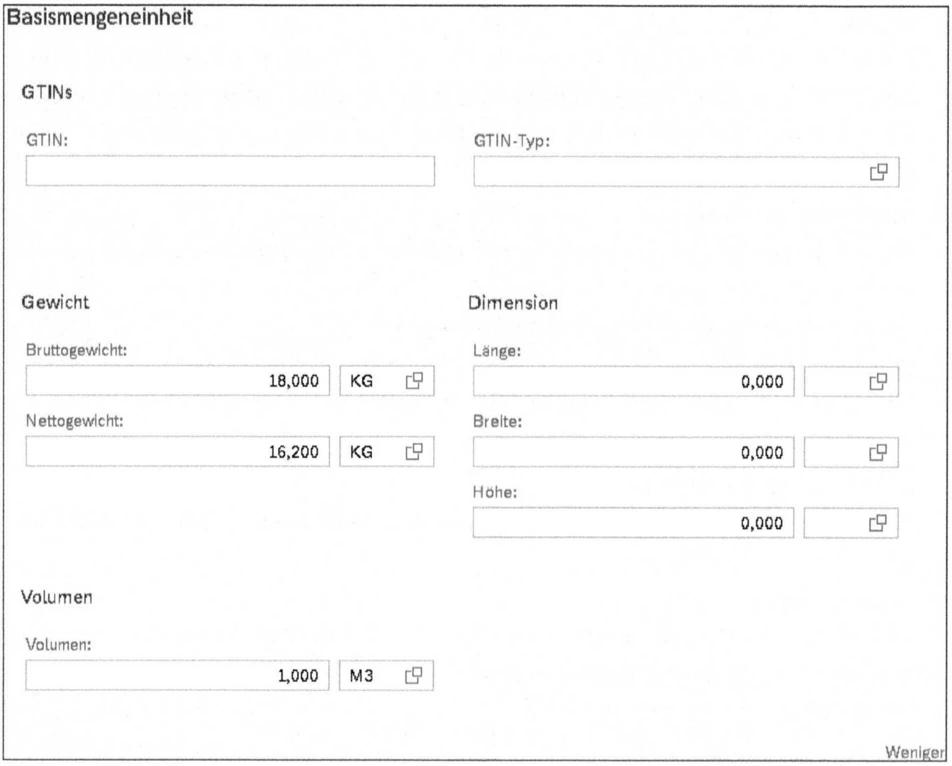

Abbildung 3.25 Registerkarte »Allgemeine Informationen«: Bereich »Basismengeneinheit«

Die GTIN hat 2019 die EAN abgelöst (siehe Abschnitt 3.2.1, »Kopfdaten«).

Allgemeine Informationen – Mengeneinheiten

Im Bereich **Mengeneinheiten** (siehe Abbildung 3.26) werden alle Mengeneinheiten, mit denen das Produkt geführt wird, mit ihren Umrechnungsfaktoren zur Basismengeneinheit gepflegt.

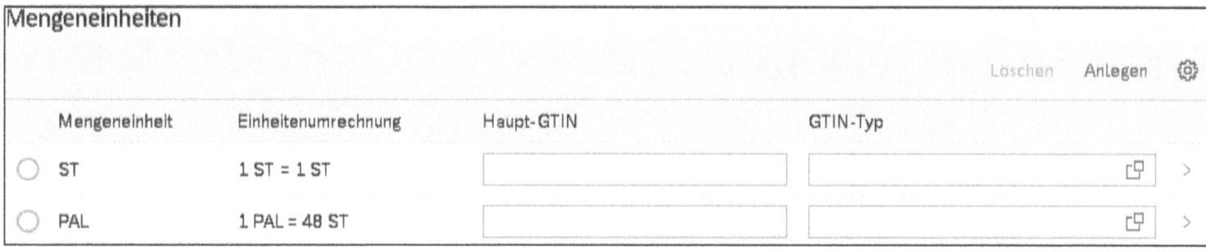

Abbildung 3.26 Registerkarte »Allgemeine Informationen«: Bereich »Mengeneinheiten«

Alle Mengeneinheiten müssen mit Umrechnungsfaktor zur Basismengeneinheit gepflegt werden. Die Bestände des Produkts werden in der Basismengeneinheit geführt. In der Bestandsführung ist die Basismengeneinheit gleichbedeutend mit der Lagermengeneinheit.

3.2.3 Produkt-Compliance

Für die Produkt-Compliance muss die Produkt-Compliance-Lösung SAP S/4HANA for Product Compliance eingesetzt werden. Damit können Sie in SAP S/4HANA alle regulatorischen und Nachhaltigkeitsanforderungen an das Produkt verwalten. An dieser Stelle haben Sie die Auswahl zwischen **Ja**, **Nein** und **Nicht entschieden** (siehe Abbildung 3.27).

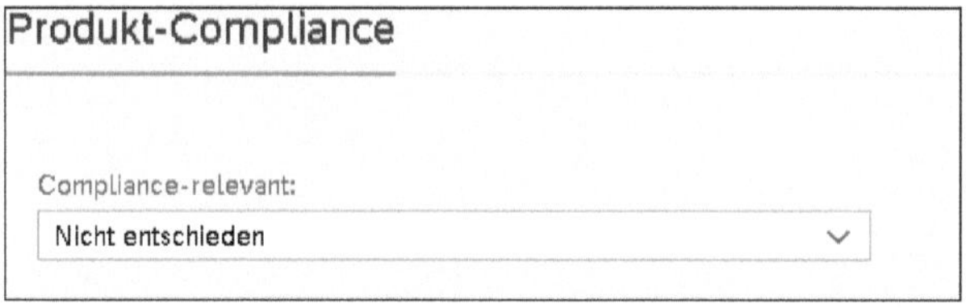

Abbildung 3.27 Registerkarte »Produkt-Compliance«: Relevanz

3.2.4 Komponenten

Wenn für das Produkt eine Stückliste existiert, dann werden im Bereich **Komponenten** die Komponenten aufgeführt und können dort von Ihnen gepflegt werden (siehe Abbildung 3.28).

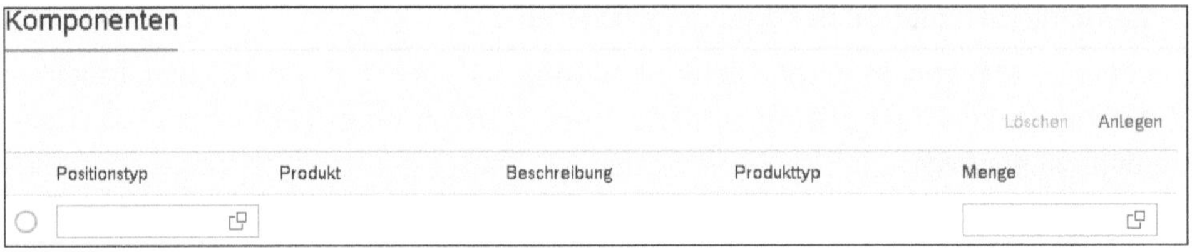

Abbildung 3.28 Registerkarte »Komponenten«

3.2.5 Klassifizierung

Wenn Sie das Produkt klassifizieren wollen, müssen Sie zunächst die notwendigen Informationen in der Klassifizierung pflegen. Wenn das erfolgt ist, werden hier im Bereich **Klassifizierung** (siehe Abbildung 3.29) die Klassen, Merkmale und Merkmalsausprägungen hinterlegt.

Abbildung 3.29 Registerkarte »Klassifizierung«

3.2.6 Konfiguration

Wenn Sie die SAP-Komponente Produktionsplanung (PP) im Einsatz haben, können Sie im Bereich **Konfiguration** (siehe Abbildung 3.30) die Daten für die Variantenkonfiguration hinterlegen. Soll die Konfiguration werksübergreifend gelten, muss hier der mandantenweit gültige alphanumerische Schlüssel eingegeben werden.

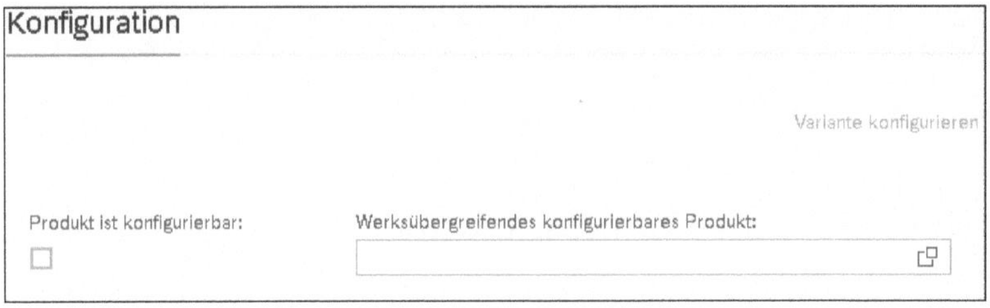

Abbildung 3.30 Registerkarte »Konfiguration«

3.2.7 Texte

Texte können in jeder im System verfügbaren Sprache angelegt werden. So ist eine sprachunabhängige Verwaltung der Produkte möglich. Sie können somit mit allen Geschäftspartnern in der von ihnen präferierten Sprache kommunizieren. Folgende Texte können gepflegt werden (siehe Abbildung 3.31):

- **Grundtexte**
  Im den Grundtexten pflegen Sie allgemeine Informationen zum Produkt. Sie sind für den internen Gebrauch bestimmt.
- **Einkaufstexte**
  Die Einkauftexte werden im Einkaufsbeleg unter der jeweiligen Position angedruckt. Sie können auf verschiedenen Ebenen wie dem Einkaufsinfosatz (siehe Abschnitt 3.8) oder im Beleg gepflegt werden. Dadurch ist eine flexible Steuerung möglich, was für ein Produkt und/oder einen Lieferanten auf dem Beleg angedruckt wird.
- **Prüftexte**
  Mit dem Prüftext können Sie Informationen zum Prüfverfahren usw. im Produkt hinterlegen.

Abbildung 3.31 Registerkarte »Texte«

3.2.8 Einkauf

Auf der Registerkarte **Einkauf** pflegen Sie die für den Einkauf im gesamten Konzern gültigen Einstellungen (siehe Abbildung 3.32). Die werksspezifischen Einstellungen werden im Bereich **Einkauf** auf der Registerkarte **Werke** gepflegt. Diese Einstellungen werden in Abschnitt 3.2.13, »Werke«, beschrieben.

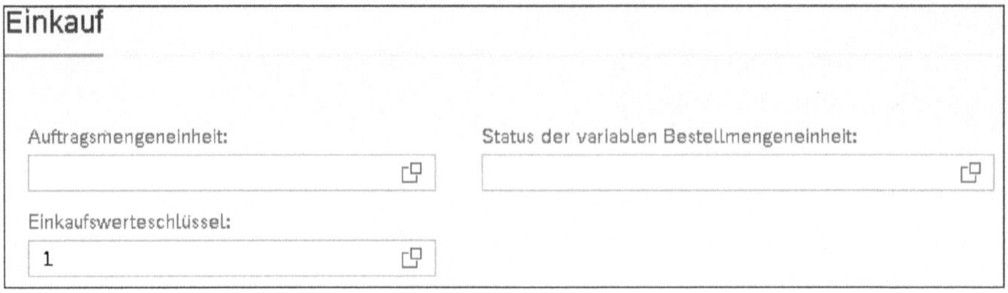

Abbildung 3.32 Registerkarte »Einkauf«

Folgende Felder stehen zur Verfügung:

- **Auftragsmengeneinheit**
  Das Feld **Auftragsmengeneinheit** enthält die Information, in welcher Mengeneinheit das Produkt beschafft wird. Der Umrechnungsfaktor zur Basismengeneinheit wurde im Bereich **Mengeneinheiten** eingetragen (siehe Abschnitt 3.2.2, »Allgemeine Informationen«).
- **Status der variablen Bestellmengeneinheit**
  Die variable Bestellmengeneinheit im Produktstammsatz wird in den Einkaufsinfosatz übernommen. Dadurch ist es möglich, in der Bestellung oder im Orderbuch eine vom Einkaufsinfosatz abweichende Bestellmengeneinheit zu verwenden. Über die Information in diesem Feld wird auch gesteuert, ob mit Konditionen pro Bestellmengeneinheit gearbeitet werden soll. In diesem Feld stellen Sie ein, ob die variable Mengeneinheit aktiv (**1**), nicht aktiv (leeres Feld) oder aktiv mit eigenem Preis (**2**) sein soll.
- **Einkaufswerteschlüssel**
  Die Einkaufswerteschlüssel (siehe Abbildung 3.33), die Sie hier auswählen können, werden im Customizing eingestellt. Diese entscheiden über Mahntage, Toleranzgrenzen, Versandvorschrift und Auftragsbestätigungspflicht des Produkts im Einkauf. Der Eintrag im Produktstammsatz wird in die Einkaufsbelege übertragen und kann dort angepasst werden. Ist im Einkaufsinfosatz ein abweichender Einkaufswerteschlüssel hinterlegt, übersteuert dieser den Wert aus dem Produktstamm.

Einkaufswer-teschl.	1. Mahnung	2. Mahnung	3. Mahnung	Tol.Unter lieferung	Tol.Überl ieferung	Unbe-grenzt e Überl.	Ver-sand-vor-schrift	Bestä-ti-gungs-pflicht	Mindest-Liefer-Proz	Norm-LiefzAb-weichung
1	10	20	30	0,0	0,0	Nein		Nein	0,0	0

Abbildung 3.33 Einkaufswerteschlüssel

3.2.9 Verkauf

Im Bereich **Verkauf** (siehe Abbildung 3.34) werden die für den Verkauf notwendigen Daten gepflegt.

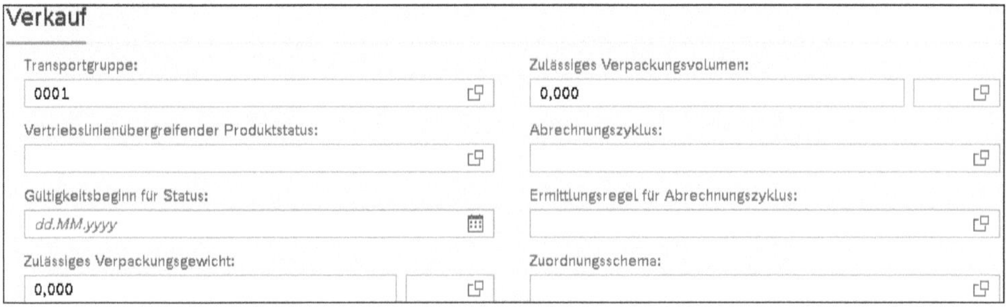

Abbildung 3.34 Registerkarte »Verkauf«

Folgende Felder stehen zur Verfügung:

- **Transportgruppe**
  Die Transportgruppe organisiert Produkte mit gleichen Anforderungen hinsichtlich des Transports oder der Route.
- **Zulässiges Verpackungsvolumen**
  Für jedes Packmittel muss ein Handling-Unit-Stammsatz angelegt werden. Mit diesem Feld wird gesteuert, ab welcher Menge das System eine Meldung ausgibt, die darauf hinweist, dass gegebenenfalls ein neuer Verpackungsvorgang mit einer neuen Handling Unit begonnen werden muss.
- **Vertriebslinienübergreifender Produktstatus**
  Die Status werden im Customizing eingestellt und steuern die Verwendbarkeit des Produkts im Verkaufsprozess.
- **Abrechnungszyklus**
  Mit dem Abrechnungszyklus legen Sie fest, zu welchen Daten oder mit welchen zeitlichen Abständen Sie mit Ihren Geschäftspartnern abrechnen.
- **Gültigkeitsbeginn für Status**
  Nomen est omen: Hier wird definiert, ab wann der Status gültig ist.
- **Ermittlungsregel für Abrechnungszyklus**
  Die Abrechnungsregeln werden im Customizing definiert. Hier im Stammsatz wird in diesem Feld der Schlüssel des gewählten Zyklus eingetragen.
- **Zulässiges Verpackungsgewicht**
  Wie beim Feld **Zulässiges Verpackungsvolumen** wird mit diesem Feld die Ausgabe einer Systemmeldung gesteuert.
- **Zuordnungsschema**
  Mit dem Zuordnungsschema steuern Sie die Nachrichtenausgabe.

3.2.10 Lagerung

Im Bereich **Lagerung** (siehe Abbildung 3.35) werden die für die Lagerung notwendigen Daten gepflegt.

Abbildung 3.35 Registerkarte »Lagerung«

Folgende Felder stehen zur Verfügung:

- **Periodenkennzeichen Mindesthaltbarkeit**
  Mit dem Periodenkennzeichen steuern Sie, ob ein Tages-, Wochen-, Monats- oder Jahresdatum verwendet wird.
- **Gefahrstoffnummer**
  Sollte es sich bei dem Produkt um einen Gefahrstoff handeln, wird hier die Gefahrstoffnummer hinterlegt. Damit steuern Sie, dass im weiteren Umgang mit dem Produkt besondere Vorkehrungen getroffen werden.
- **Raumbedingungen**
  Die Raumbedingungen, die das Produkt benötigt, werden mit diesem Schlüssel eingestellt.
- **Etikettenart**
  Die Etikettenverwaltung wird im Customizing eingestellt. Damit wird gesteuert, für welche Verpackung welches Etikett verwendet wird. In der Customizing-Einstellung bestimmen Sie z. B., ob es sich um eine statische, dynamische oder kundenspezifische Etikettenermittlung handelt. Mit der Etikettierungsart steuern Sie die Erzeugung von Etiketten. Sie entscheiden damit, bei welcher Bewegung wie viele Etiketten auf welchem Drucker ausgegeben werden.
- **Etiketten-Form**
  Wenn Sie eine Etikettierungsart gewählt haben, müssen Sie auch das Layout im Feld **Etiketten-Form** pflegen.

- **Kennzeichen für Temperaturbedingungen**
  Dieses Feld enthält den Klassifikationshinweis zu den Lagerbedingungen des Produkts. Der mögliche Wertebereich wird in der Tabelle T143 hinterlegt.
- **Behältervorschrift**
  Die Behältervorschrift ist der Schlüssel der Vorschrift, die festlegt, in welcher Art von Behälter das Produkt gelagert und versendet werden muss.
- **Anzahl der Warenbegleitscheine**
  Dieses Feld ist selbsterklärend und nennt die Anzahl der Warenbegleitscheine.
- **Bereich »Vorausplanung für Haltbarkeit, Haltbarkeit«**
  In diesem Abschnitt werden die MHD-Daten gepflegt.
- **Bereich »Vorausplanung für Haltbarkeit, Erweiterte Planung«**
  Dieser Bereich enthält die MHD-Steuerung des Produkts.

3.2.11 Lagerverwaltung

Die Lagerverwaltung in SAP ERP (Komponente WM) ist zu 2025 abgekündigt. Kunden, die bislang WM nutzen, sollen bis dahin auf SAP Extended Warehouse Management (SAP EWM) umgestiegen sein.

Da aber nicht immer eine vollständige Lagerverwaltung benötigt wird, bietet SAP künftig das *SAP Basic Warehouse Management* als integralen Bestandteil der SAP-Komponente MM an. Auf das SAP Basic Warehouse Management gehen wir im Folgenden ein. Zu SAP EWM empfehlen wir entsprechende Fachbücher, z. B. Käber, André: »Warehouse Management mit SAP«, SAP PRESS 2021.

In der Sicht **Lagerung im Produktstamm** pflegen Sie die globalen, sprich überall gültigen Informationen zum Produkt.

Die Daten zur Lagerverwaltung sind in die Registerkarten **Ausführung**, **Verpackung** und **Lager** unterteilt.

Lagerverwaltung – Ausführung

Abbildung 3.36 zeigt Ihnen die Bereiche **Ausführungsdaten** und **Qualitätsmanagement** auf der Registerkarte **Ausführung.**

In der Lagerverwaltung können folgende Ausführungsdaten erfasst werden):

- **Handhabungskennzeichen**
  Über das Feld **Handhabungskennzeichen** legen Sie fest, wie das Produkt behandelt werden muss. So muss z. B. ein Produkt mit dem Handhabungskennzeichen **zerbrechlich** besonders vorsichtig, aber ein Produkt mit dem Kennzeichen **aufrecht** nur aufrecht gelagert und transportiert werden. Die Kennzeichen werden im Customizing definiert.

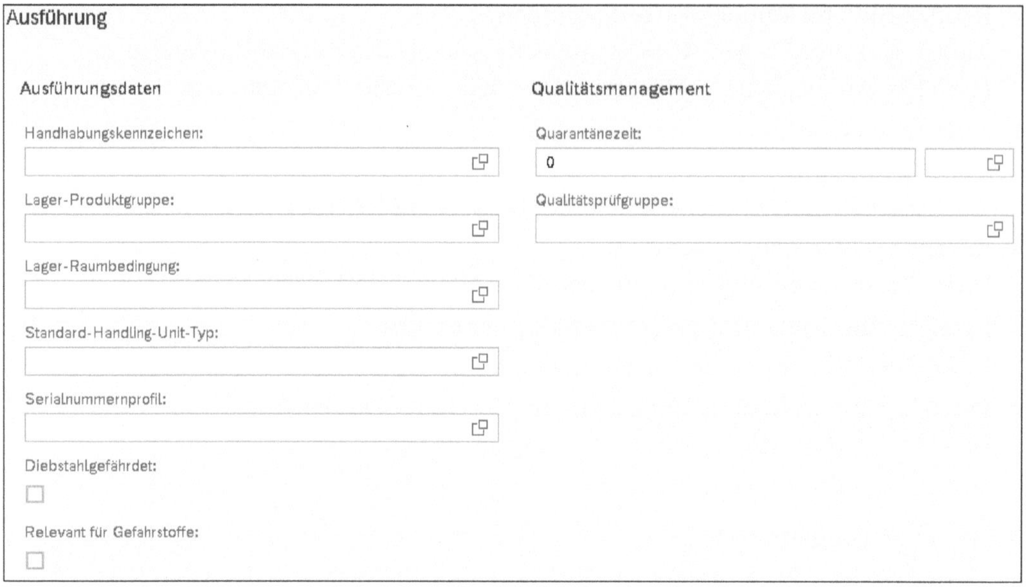

Abbildung 3.36 Lagerverwaltung: Bereiche »Ausführungsdaten« und »Qualitätsmanagement« auf der Registerkarte »Ausführung«

- **Lager-Produktgruppe**
  Die Lager-Produktgruppe fasst Produkte unter dem Aspekt der gleichartigen Lagerung zusammen.
- **Lager-Raumbedingung**
  Mit den Raumbedingungen können Sie z. B. gekühlte Lagerung bestimmen.
- **Standard-Handling-Unit-Typ**
  Dieses Feld enthält die Information zum Standardpackmittel, z. B. Europalette.
- **Serialnummernprofil**
  Sie bestimmen mit diesem Profil, wo im Unternehmen eine Serialnummerpflicht besteht, z. B. für Belegpositionen oder Lagerung.
- **Kennzeichen »Diebstahlgefährdet« und »Relevant für Gefahrstoffe«**
  Hier können Sie ankreuzen, ob ein Material besonders diebstahlgefährdet ist oder Gefahrstoffe enthält.

Im Bereich **Qualitätsmanagement** können folgende Daten erfasst werden:

- **Quarantänezeit**
  Die Quarantänezeit ist der Zeitrahmen, in dem ein Produkt vor der Auslieferung zum Kunden verwahrt werden muss.
- **Qualitätsprüfgruppe**
  Mit der Qualitätsprüfgruppe werden Produkte unter QM-(Qualitätsmanagement-)

Gesichtspunkten gruppiert. Dadurch können Sie auch bei unterschiedlichen Produkten, die den gleichen Qualitätsprüfregeln und -bedingungen unterliegen, vereinfachen. Ordnen Sie bei diesen Produkten dieselbe Qualitätsprüfgruppe zu.

Lagerverwaltung – Verpackung

Die Handling-Unit-Typen (siehe Abbildung 3.37) sind nach gleicher Eigenschaft organisiert (z. B. Paletten). Mit den übrigen Feldern dieses Bereichs pflegen Sie die technischen Ausprägungen für dieses Produkt. Da die Bezeichnungen dieser Felder selbsterklärend sind, verzichten wir an dieser Stelle auf weitere Erläuterungen.

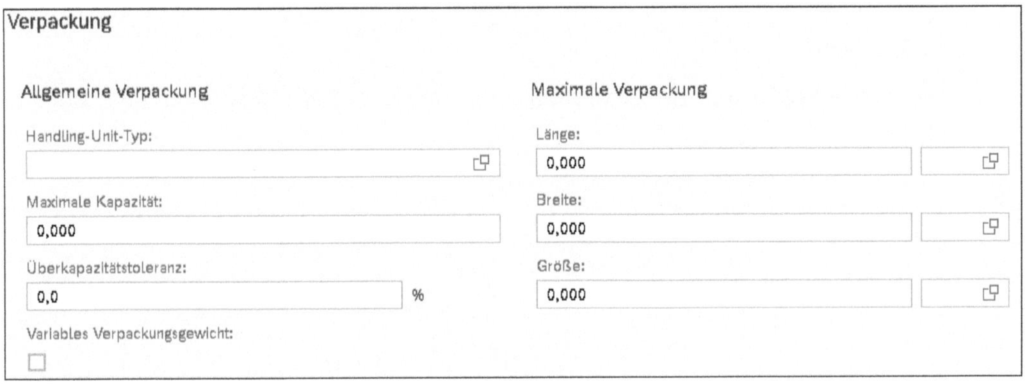

Abbildung 3.37 Lagerverwaltung: Registerkarte »Verpackung«

Lagerverwaltung – Lager

Mit der Lagernummer stellen Sie die Verknüpfung zum SAP-EWM-System her (siehe Abbildung 3.38). Da die Bezeichnungen der Felder selbsterklärend sind, verzichten wir an dieser Stelle auf weitere Erläuterungen.

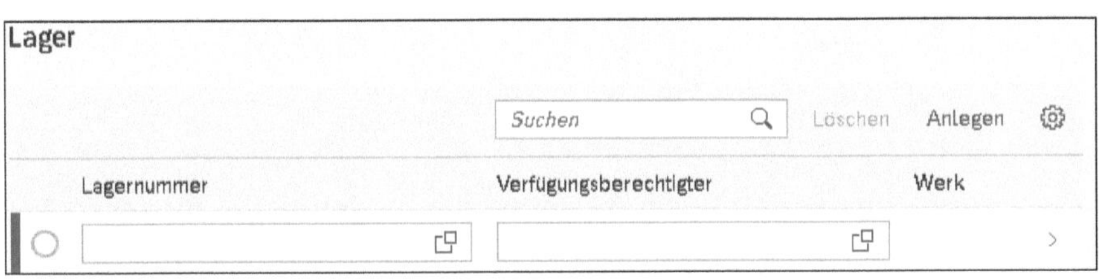

Abbildung 3.38 Lagerverwaltung: Registerkarte »Lager«

3.2.12 Vertriebslinien

In der Sicht **Vertriebslinien** (siehe Abbildung 3.39) hinterlegen Sie, auf welchen Wegen Sie dieses Produkt vertreiben, z. B. an Groß- oder Einzelhändler als Bau- oder Ersatzteil.

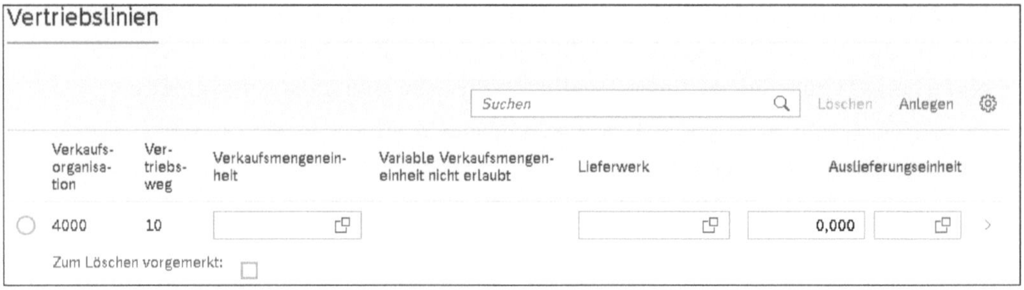

Abbildung 3.39 Sicht »Vertriebslinien«

3.2.13 Werke

In der Sicht **Werke** werden die werksspezifischen Informationen hinterlegt (siehe Abbildung 3.40).

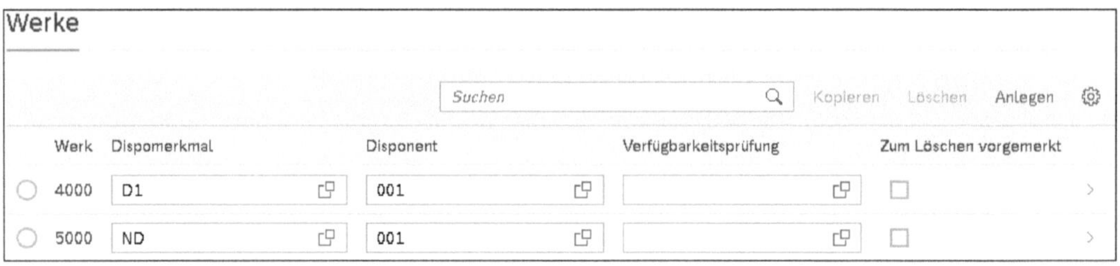

Abbildung 3.40 Sicht »Werke«

Wenn Sie die Schaltfläche **Anlegen** anklicken, öffnet sich die Pflegeoberfläche (siehe Abbildung 3.41). Auch in diesem Bereich beschreiben wir nur die Felder, die nicht selbsterklärend sind.

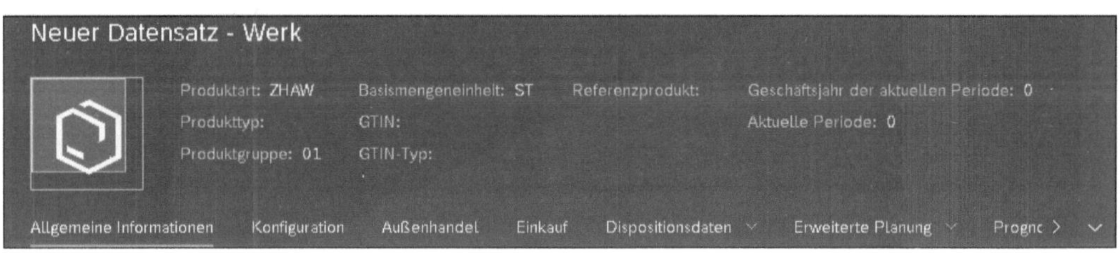

Abbildung 3.41 Werksinformationen im Produktstamm anlegen

Im Kopf werden wieder die allgemein gültigen Daten zum Produkt angezeigt. Darunter finden Sie die Registerkarten, die die werksspezifischen Informationen enthalten. Wenn Informationen, wie z. B. das Serialnummernprofil, bereits in den allgemeinen Daten gepflegt worden sind, werden abweichende Daten in den Werkssichten bei

Bedarf vom System vorrangig gezogen. Hierbei gilt der Grundsatz »speziell vor allgemein«.

Die allgemeinen Daten in den Werkssichten gelten für alle Tätigkeiten mit diesem Produkt in diesem Werk (siehe Abbildung 3.42). Daher ist notwendigerweise die Werksnummer die einzige Pflichteingabe in diesem Bild. Der Eintrag unter **Werksspezifischer Produktstatus** übersteuert den allgemeinen Produktstatus. Die **Bestandsfindungsgruppe** ist die Schnittstelle zum SAP-EWM-System.

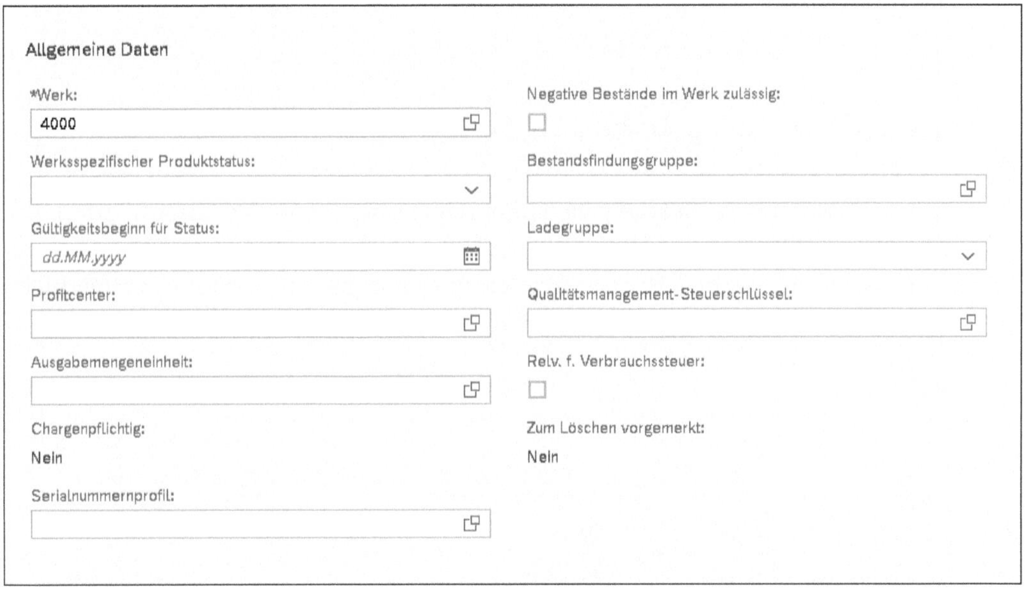

Abbildung 3.42 Werk: Registerkarte »Allgemeine Daten«

Auf der Registerkarte **Konfiguration** können Sie die Informationen zur Variantenkonfiguration in diesem Werk hinterlegen (siehe Abbildung 3.43). Für weitere Informationen zur Variantenkonfiguration empfehlen wir das Praxishandbuch »Variantenkonfiguration mit SAP« von Uwe Blumöhr, Michael Neuhaus und Marin Ukalovic, SAP PRESS 2018.

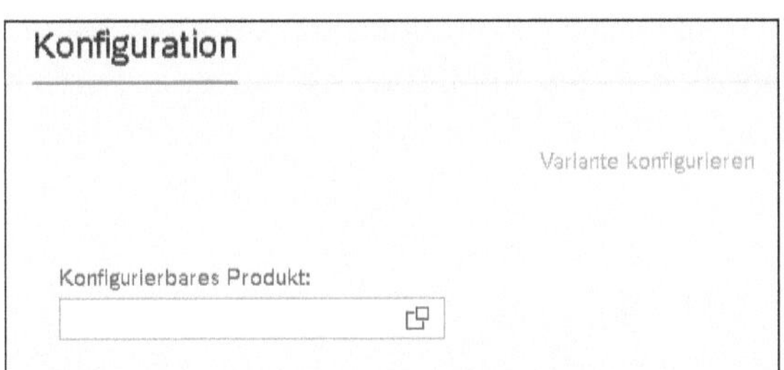

Abbildung 3.43 Werk: Registerkarte »Konfiguration«

Wenn Sie dieses Produkt im Ausland beschaffen, hinterlegen Sie auf der Registerkarte **Außenhandel** die Daten für die steuerliche Behandlung sowie die Informationen, die gegebenenfalls bei der Chargenbildung benötigt werden (siehe Abbildung 3.44).

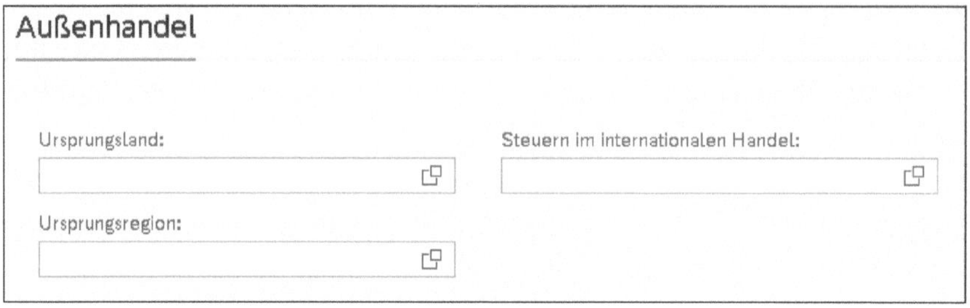

Abbildung 3.44 Werk: Registerkarte »Außenhandel«

Auf der Registerkarte **Einkauf** (siehe Abbildung 3.45) können Sie die zuständige Einkäufergruppe für diese Werk-Produkt-Kombination einstellen. Sie wird in dem Einkaufsbeleg mit angedruckt. Das Arbeiten mit automatisch erzeugten Bestellungen sowie das Verwenden von Orderbüchern wird in Kapitel 6, »Einkauf«, behandelt.

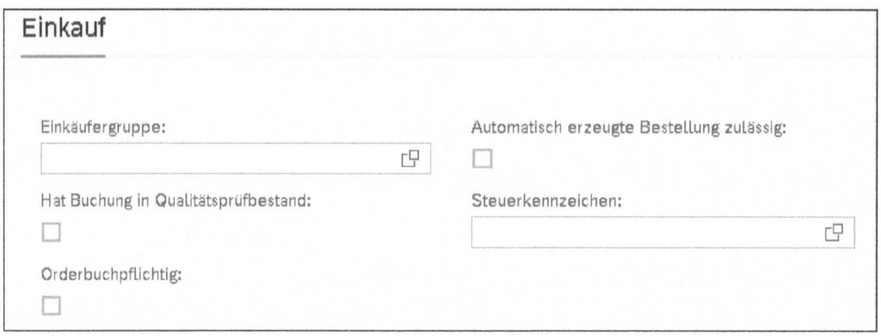

Abbildung 3.45 Werk: Registerkarte »Einkauf«

Die verbrauchsgesteuerte Disposition wird ebenfalls in einem eigenen Kapitel behandelt (siehe Kapitel 5, »Grundlagen der verbrauchsgesteuerten Disposition«). Auf der Registerkarte **Disposition**, die wir Ihnen in den folgenden Abbildungen im Detail zeigen, hinterlegen Sie die für die Bedarfsplanung des Produkts notwendigen Daten. Abbildung 3.46 zeigt den Bereich **Dispositionsdaten**. Abbildung 3.47 zeigt den Bereich **Losgrößendaten**.

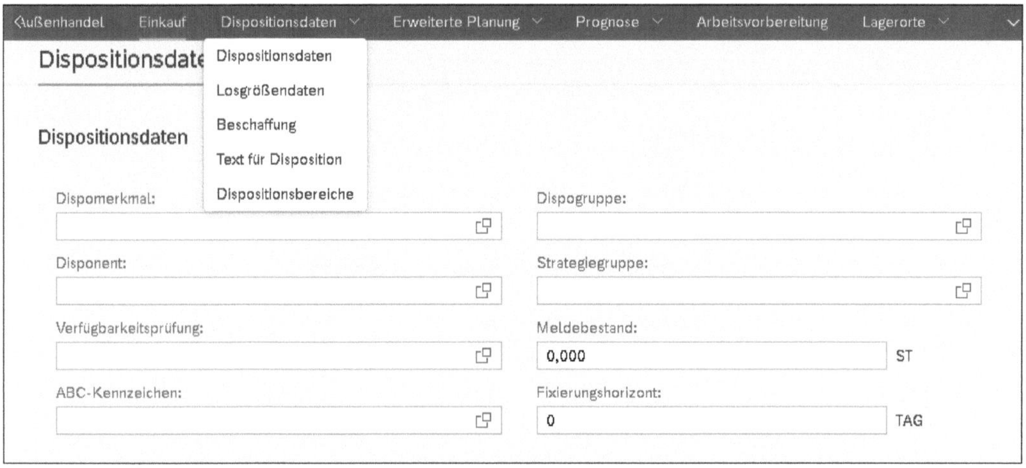

Abbildung 3.46 Werk: Registerkarte »Dispositionsdaten«

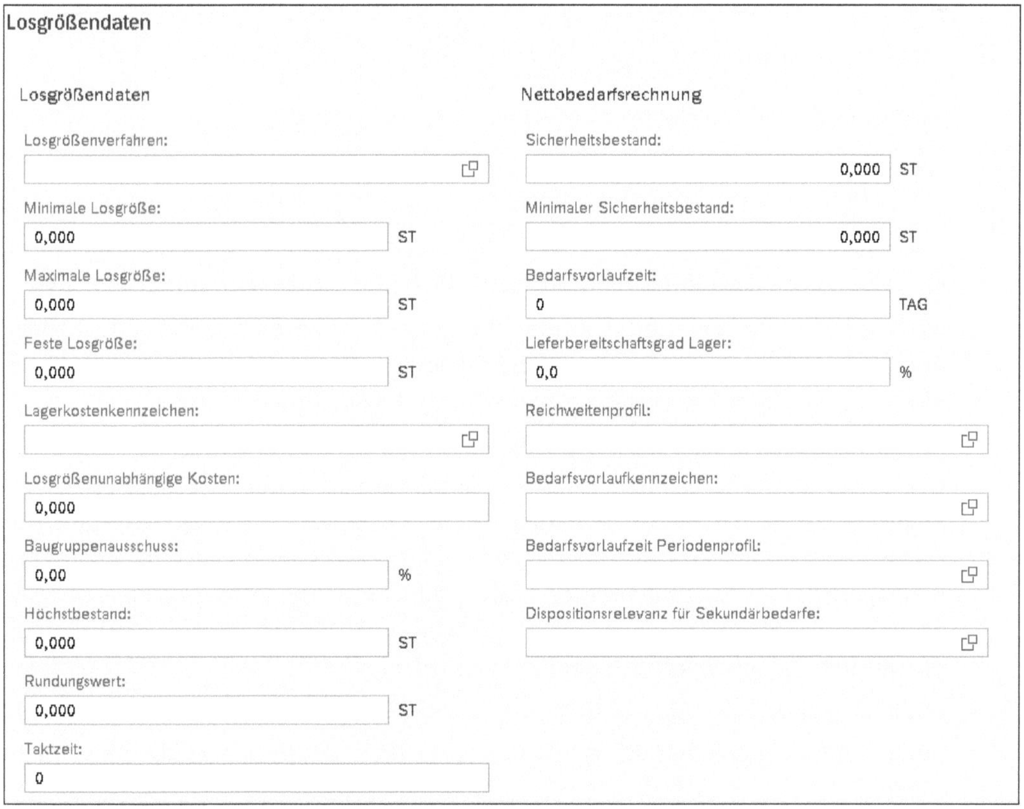

Abbildung 3.47 Werk, Dispositionsdaten und Losgrößenverwaltung

SAP stellt die folgenden Losgrößenverfahren zur Verfügung (siehe Tabelle 3.2).

Kürzel	Beschreibung
EX	Exakte Losgröße
FX	Feste Losgröße
H1	Auffüllen bis zum Höchstbestand (hier: Höchststand nach Befriedigung des Bedarfs)
HB	Auffüllen bis zum Höchstbestand (hier: Höchststand vor Befriedigung des Bedarfs)
MB	Monatslosgröße
PB	Periodenlosgröße analog Buchhaltungsperiode
PK	Periodenlosgröße nach Planungskalender
TB	Tageslosgröße
W2	Woche – 2
WB	Wochenlosgröße

Tabelle 3.2 Losgrößenverfahren in der Disposition

Die selbsterklärenden Einträge werden wir nicht weiter beschreiben, die Erläuterung der Felder, die wir für interpretationsbedürftig halten, erläutern wir im Folgenden:

Nach der Wahl des Verfahrens werden die Losgrößeninformationen gepflegt (siehe Abbildung 3.47). Informationen zu den Profilen und Kennzeichen erhalten Sie in Kapitel 5, »Grundlagen der verbrauchsgesteuerten Disposition«.

Mit dem Lagerkostenkennzeichen pflegen Sie den prozentualen Wert der Lagerkosten. Dieser Wert wird bei dem Losgrößenverfahren nach Groff benötigt. Das Losgrößenverfahren nach Groff nutzt die Tatsache, dass nach der klassischen Losgrößenformel beim Kostenminimum zusätzlich anfallende Lagerkosten gleich der Losfixkostenersparnis sind. Zusätzliche Lagerkosten, die durch eine Erhöhung der Losgröße entstehen, werden daher der daraus resultierenden Losfixkostenersparnis gegenübergestellt. Details werden in Kapitel 5 beschrieben.

Das Feld **Taktzeit** wird nur bei der Losgrößenberechnung mit Splittung und Überlappung benötigt. Es gibt die Zeit an, um die sich die Beschaffungsvorschläge überlappen sollen.

In den Daten zu der Art der Beschaffung werden die Informationen hinterlegt, die für die Disposition benötigt werden (siehe Abbildung 3.48). Der mögliche Beschaffungstyp wird in der Materialart festgelegt. Möglich sind die Eigen- und Fremdbeschaffung oder beides. Mit der Sonderbeschaffungsart können Sie festlegen, ob es sich z. B. um Konsignationsprodukt handelt. Für fremdbeschaffte Produkte können Sie in dieser Sicht im Feld **Wiederbeschaffungszeit** und bei eigengefertigten Produkten im Feld **Eigenfertigungszeit** Eingaben vornehmen.

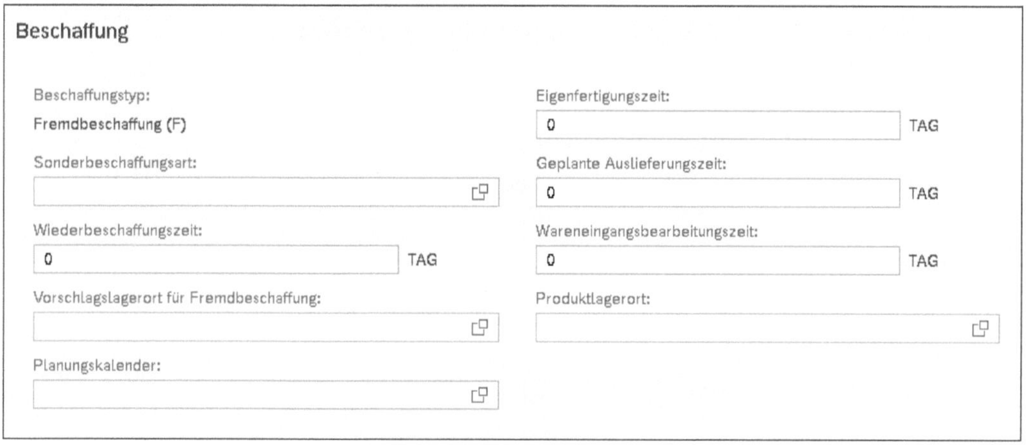

Abbildung 3.48 Werk, Dispositionsdaten und Beschaffung

Ein Dispositionsbereich kann auf Werks- oder Lagerortebene gebildet werden (siehe Abbildung 3.49). Er ist eine selbstständig disponierende Organisationseinheit, die eine eigenständige Bedarfsplanung durchführt.

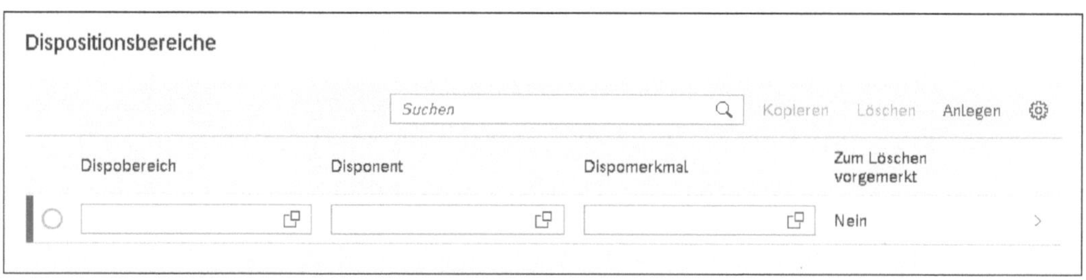

Abbildung 3.49 Werk, Disposition und Dispositionsbereiche

Die Daten für den Dispositionsbereich werden in gesonderten Sichten gepflegt (siehe Abbildung 3.50).

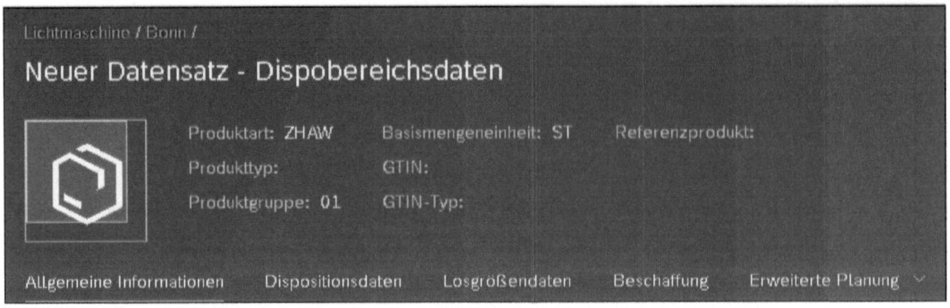

Abbildung 3.50 Werk, Disposition und Dispositionsbereichsdaten

In Abbildung 3.51 können Sie die erweiterte Planung aktivieren. Bei eigengefertigten Produkten stehen Ihnen mit der erweiterten Planung in der Produktsicht verschiedene Funktionen zur Bearbeitung von Bedarfen und Bedarfsdeckern zur Verfügung.

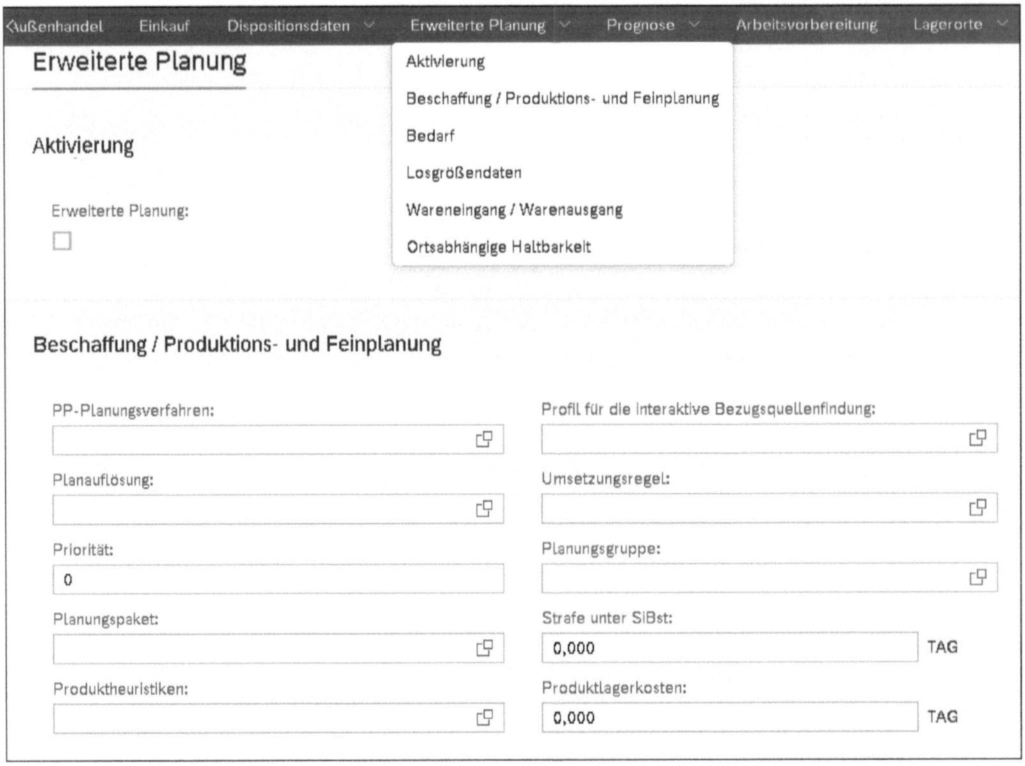

Abbildung 3.51 Werk, erweiterte Planung und Beschaffung

Die Produktionssicht hat folgende Sichten (siehe Tabelle 3.3).

Registerkarte	Inhaltsverzeichnis
Elemente	Diese Registerkarte zeigt die Bestands-, Zugangs-, und Bedarfselemente für das Lokationsprodukt an. Doppelklicken Sie auf ein Element, um die Auftragsbearbeitungssicht zu öffnen.
Perioden	Diese Registerkarte zeigt periodenbezogene Daten an, z. B. die gesamte Zugangsmenge, die gesamte Bedarfsmenge oder die verfügbare Menge in einer Periode. Doppelklicken Sie auf **Summe Bedarfe** oder **Summe Zugänge**, um eine Liste der einzelnen Bedarfs- und Zugangselemente anzuzeigen.
Mengen	Diese Registerkarte zeigt Kurven für den zeitlichen Verlauf der kumulierten Bedarfe und Zugänge an.
Bestand	Diese Registerkarte zeigt Bestandsdaten an. In dieser Sicht können Sie sehen, wie viel Bestand eines Produkts sich in jeder der Lokationen, denen das Produkt zugeordnet ist, befindet. Kontierter Bestand wird separat aufgeführt. Lagerort, Charge, Kategorie und Mengeneinheit werden ebenfalls angezeigt. Durch einen Doppelklick auf einen Lokationsknoten können Sie die Produktsicht für das Produkt in dieser Lokation anzeigen.
Produktstamm	Diese Registerkarte zeigt den Lokationsproduktstamm an.
Pegging-Übersicht	Diese Registerkarte gibt einen Überblick über die Pegging-Beziehungen, die zwischen den Zugangs- und Bedarfselementen eines Produkts bestehen. Sie können in der Pegging-Übersicht fixierte Pegging-Beziehungen zwischen Bedarfs- und Zugangselementen manuell einstufig anlegen und löschen.

Tabelle 3.3 Sichten der Produktionssicht (Quelle: SAP)

Wenn Sie benachrichtigt werden wollen, müssen Sie die Einstellungen in Abbildung 3.52 vornehmen. Der Alert-Monitor ist als Teilbild in der Produktplantafel verfügbar. Er informiert Sie über Ausnahmesituationen in Ihrer Planung.

Die Daten in der Sicht **Losgrößendaten** sind die Grundlage für die Mengenberechnung in der Disposition (siehe Abbildung 3.53).

In der Sicht **Wareneingang/Warenausgang** sind zum einen die Grundlagen für die zeitlichen Aspekte der Disposition enthalten (siehe Abbildung 3.54). Zum anderen finden Sie hier die Schwundmengen für Prozessschritte.

Abbildung 3.52 Werk, erweiterte Planung und Bedarf

Abbildung 3.53 Werk, erweiterte Planung und Losgrößendaten

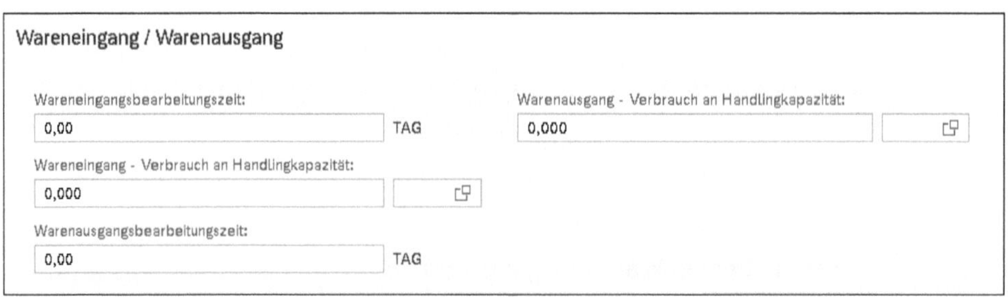

Abbildung 3.54 Werk, erweiterte Planung und Warenein- und -ausgang

In der Sicht **Ortsabhängige Haltbarkeit** geben Sie die Informationen zur Mindesthaltbarkeit ein (siehe Abbildung 3.55).

Abbildung 3.55 Werk, erweiterte Planung und ortsabhängige Haltbarkeit

Für künftige Verbräuche bietet SAP verschiedene Prognosemodelle an, die Sie in Abbildung 3.56 sehen können. Die von SAP zur Verfügung gestellten Prognosemodelle können Sie Abbildung 3.57 entnehmen.

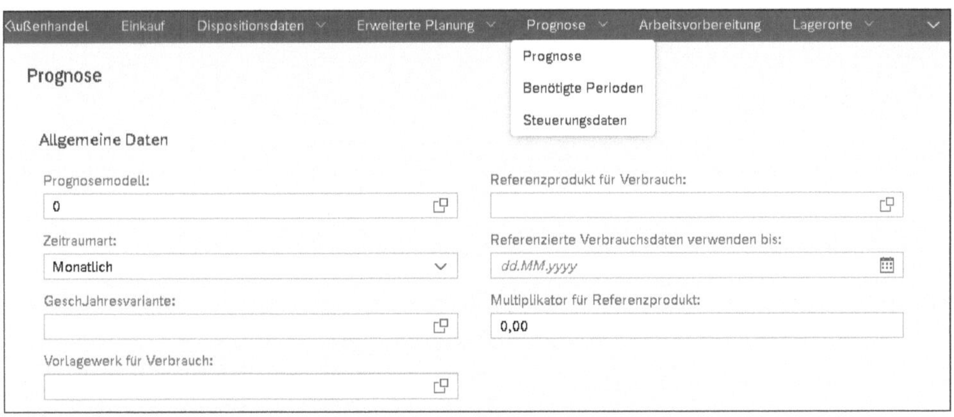

Abbildung 3.56 Werk und Prognose

Prognosemodell	Kurzbeschreibung
0	Keine Prognose / Kein externes Modell
B	Trend 2. Ordnung
D	Konstantmodell
G	Gleitender Mittelwert
J	Maschinelle Modellauswahl
K	Konstantmodell mit Anpassung des Glättungsfaktors
N	Keine Prognose / Externes Modell
O	Trend 2. Ordnung mit Anpassung des Glättungsfaktors
S	Saisonmodell
T	Trendmodell
W	Gleitender gewichteter Mittelwert
X	Trend-Saison-Modell

Abbildung 3.57 Prognosemodelle

Die weiteren Parameter für die erwarteten Verbräuche pflegen Sie in den in Abbildung 3.58 und Abbildung 3.59 dargestellten Sichten.

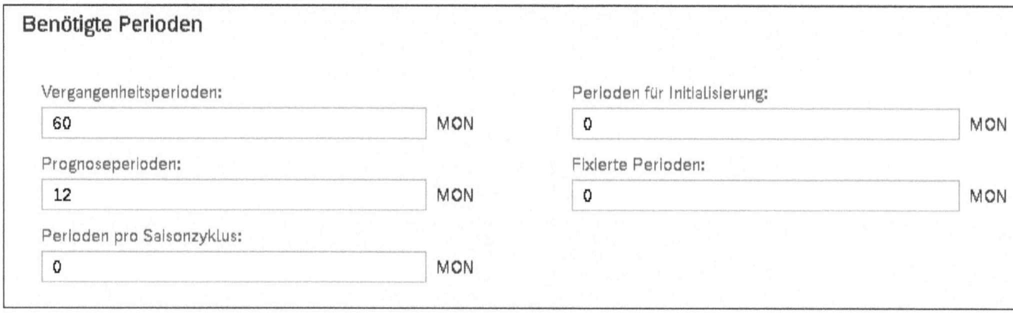

Abbildung 3.58 Werk, Prognose und benötigte Perioden

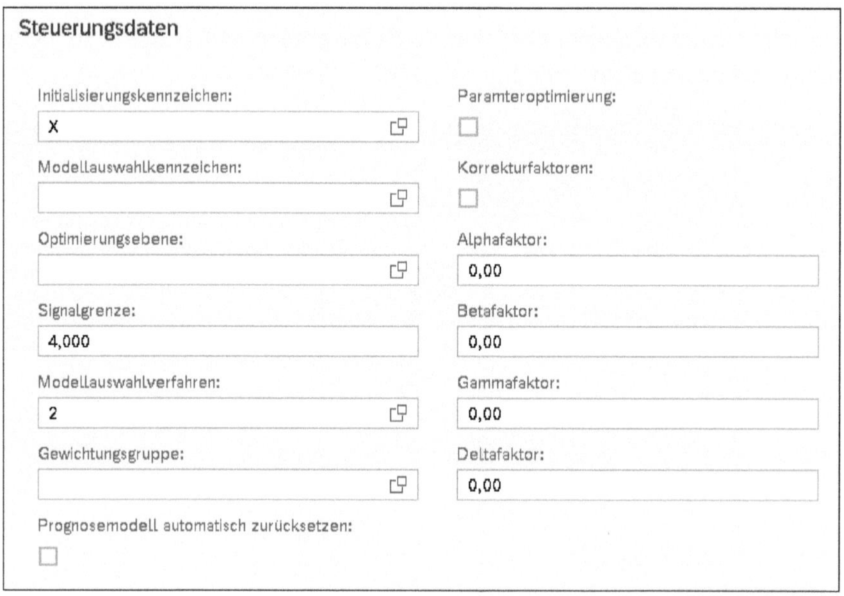

Abbildung 3.59 Werk, Prognose und Steuerungsdaten

Wenn Sie mit der SAP-Komponente PP arbeiten, können Sie in der Sicht **Arbeitsvorbereitung** die notwendigen Daten für die Arbeitsvorbereitung des entsprechenden Produkts in diesem Werk pflegen (siehe Abbildung 3.60).

Abbildung 3.61 gibt Information darüber, in welchen Lagerorten ein Produkt geführt wird. Sie können für das betreffende Produkt in diesem Lagerort einen **Lagerplatz** benennen. Der Eintrag in diesem Feld ist frei formulierbar (maximal 10 Zeichen) und hat keine steuernden Funktionen.

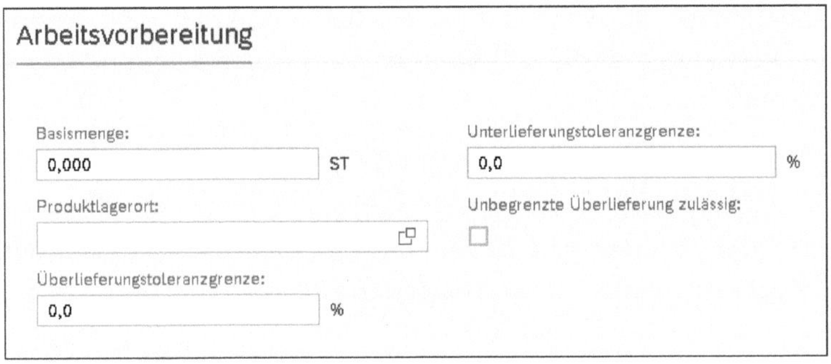

Abbildung 3.60 Werk und Arbeitsvorbereitung

Abbildung 3.61 Werke und Lagerorte

3.2.14 Bewertungskreise

Um die Buchhaltungsdaten zu pflegen, müssen Sie die Informationen zum Bewertungskreis anlegen (siehe Abbildung 3.62).

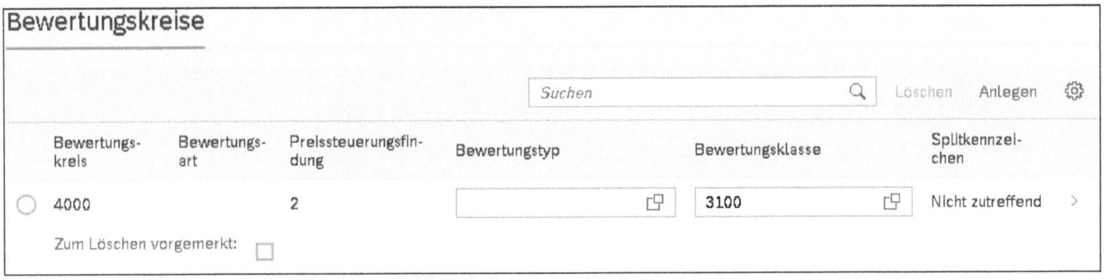

Abbildung 3.62 Bewertungskreise

Im Customizing legen Sie fest, ob die Bewertung auf Buchungskreis- oder Werksebene stattfinden soll. Verwenden Sie die SAP-Komponente PP, ist die Bewertung auf der Werksebene obligatorisch.

Mit der Schaltfläche **Anlegen** legen Sie einen neuen Bewertungskreis an, und mit dem Pfeil rechts starten Sie die Bearbeitung eines vorhandenen Bewertungskreises.

In Abbildung 3.63 sind drei obligatorische Felder zu erkennen. Natürlich muss der Bewertungskreis gepflegt sein, für den die im Folgenden eingegebenen Daten gültig sind:

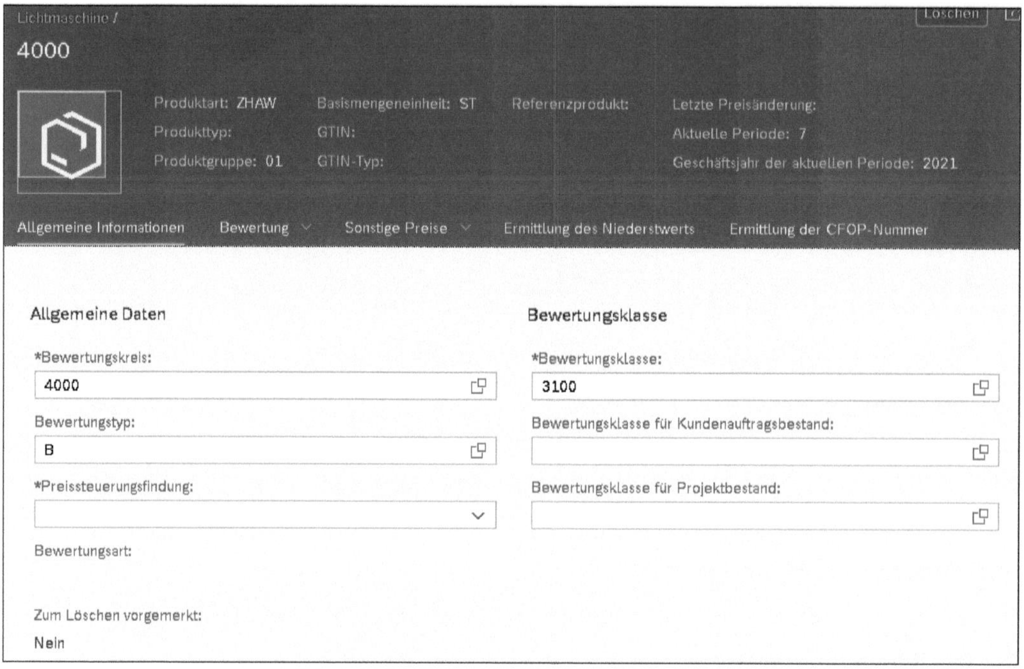

Abbildung 3.63 Bewertungskreis: Detailbild

- **Bewertungstyp**
  Die zulässigen Bewertungstypen müssen pro Bewertungskreis im Customizing gepflegt werden. Typische Bewertungskriterien sind z. B. Eigen-, Fremdbeschaffung oder Zustand.
- **Preissteuerungsfindung**
  In der vorgangsbezogenen Materialpreisermittlung wird bei der V-Preissteuerung das Material mit dem gleitenden Durchschnittspreis bewertet. Das Material wird bei der S-Preissteuerung zum Standardpreis bewertet, und der gleitende Durchschnittspreis wird zu Informationszwecken berechnet.

Bei der ein-/mehrstufigen Preisermittlung (Option 3 im Materialstamm) bleibt der Bewertungspreis (Standardpreis) unverändert, und es wird für die Materialbewertung der abgeschlossenen Periode ein periodischer Verrechnungspreis errechnet. Diese Option ist nur für Materialien mit der Preissteuerung S (Standardpreis) möglich und wird nur empfohlen, wenn Sie neben mehreren Währungen bzw. Bewertungen die ein-/mehrstufige Materialpreisermittlung einsetzen. Bei der ein-/mehrstufigen Materialpreisermittlung wird ein periodischer Verrechnungspreis zu Informationszwecken fortgeschrieben, kann aber nur für die Materialbewertung der abgeschlossenen Periode herangezogen werden.

- **Bewertungsklasse**
  Die Bewertungsklasse steuert die Zuordnung der Produkte zu den Sachkonten der Finanzbuchhaltung. Über diesen Schlüssel können Sie Produkte unterschiedlicher Materialarten auf einem Bilanzkonto zusammenführen oder die Werte von unterschiedlichen Produkten der gleichen Materialarten bilanziell trennen. Für unterschiedliche Bestandsarten können Sie unterschiedliche Bewertungsklassen wählen.

Die Bewertungspreise werden in der Bewertungskreis- und Konzernwährung ausgewiesen (siehe Abbildung 3.64). Der Preis in der aktuellen Periode ergibt sich aus der Formel *Menge * Preis*. Der zukünftige Preis enthält Informationen darüber, wie sich zu einem Stichtag die Bewertung ändert.

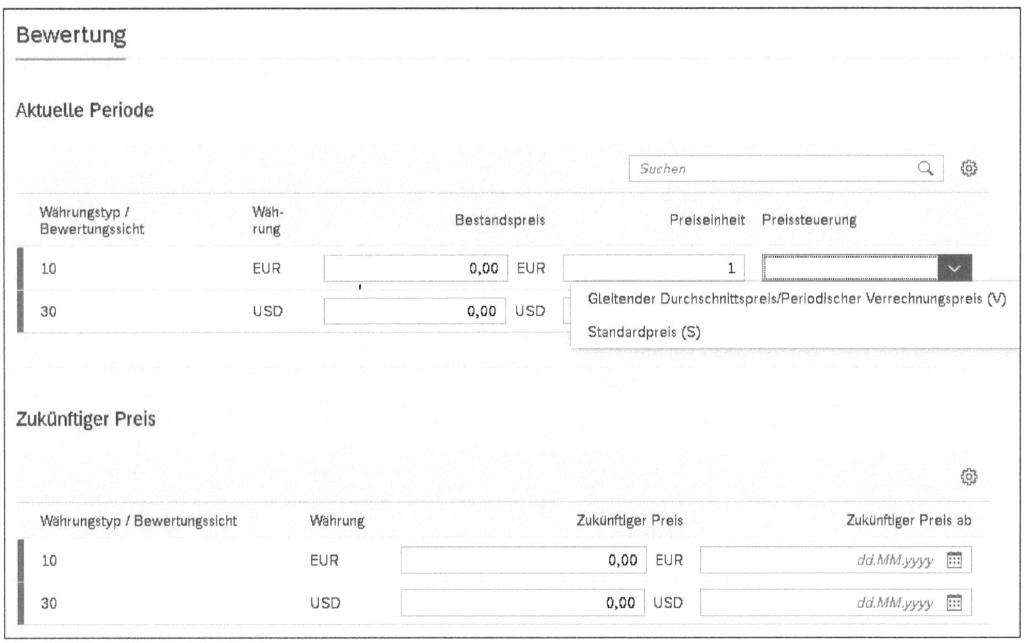

Abbildung 3.64 Bereich »Bewertung«

Die Preissteuerung kann auf zwei verschiedene Arten erfolgen:

- **V – gleitender Durchschnittspreis, gleitender Preis**
  Mit jeder Warenbewegung oder Rechnungserfassung wird der Produktpreis neu ermittelt und im Produktstamm fortgeschrieben.
- **S – Standardpreis**
  Beim Standardpreis wird ein konstanter Wert gesetzt, bei dem Warenbewegung oder Rechnungserfassung keine Veränderungen des Produktpreises bewirken.

In der Sicht **Sonstige Preise** können Planpreise sowie Plankalkulationspreise gepflegt werden. Die Ermittlung des Niederstwertes enthält die Information zur steuerlichen Behandlung des Produktbestands. Die CFOP-Nummer wird nur bei Geschäften mit brasilianischen Geschäftspartnern benötigt.

3.2.15 Anhang

Sie können beliebige Dokumente im Anhang hinterlegen (siehe Abbildung 3.65). In den generischen Objektdiensten können Sie über RFC (Remote Function Call) Anhänge hinzufügen.

Abbildung 3.65 Anhang

3.3 Charge

Eine Charge ist eine Teilmenge eines Produkts, deren Eigenschaften sie eindeutig identifizieren. Die das Produkt betreffenden Eigenschaften sind im Produktstamm enthalten; der Chargenstammsatz enthält allgemeine Informationen und die Daten, die nur für diese eine Charge gelten.

3.3.1 Sicht »Grunddaten 1«

Die Verwaltung der Mindesthaltbarkeitsdaten (MHD) wird auch im Produktstamm gepflegt (siehe Abbildung 3.55 weiter vorne).

Ist das betreffende Produkt chargenpflichtig, sind die MHD-Daten des Chargenstammsatzes maßgeblich (siehe Abbildung 3.66). Wenn für die Charge keine Dokumentationspflicht besteht, kann auch die Löschvormerkung gesetzt werden. Mit diesem Kennzeichen werden alle Daten der Charge auf der Ebene des Mandanten beim Reorganisationslauf gelöscht. Das SAP-System prüft zuvor, ob die Charge gelöscht werden darf.

Abbildung 3.66 MHD verwalten

3.3.2 Sicht »Grunddaten 2«

Sie können die Verwendung der Datumsfelder aus Abbildung 3.67 frei definieren. So ist es Ihnen möglich, die Weiterverwendung der Charge in Arbeitsschritten zu organisieren.

Abbildung 3.67 Datumsangaben zur freien Verwendung

3.3.3 Sicht »Klassifizierung«

Die Klassifizierung der Charge muss der Klassifizierung des Produkts entsprechen, kann aber weitere Ausprägungen enthalten (siehe Abbildung 3.68).

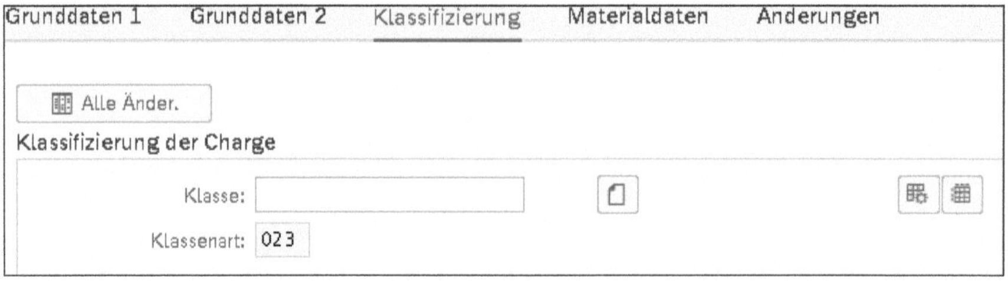

Abbildung 3.68 Klassifizierung der Charge

3.3.4 Sicht »Produktdaten«

In der Sicht **Produktdaten** wird Ihnen ein Ausschnitt aus dem Produktstamm angezeigt, der die Daten enthält, die für die Chargenverwaltung relevant sind (siehe Abbildung 3.69).

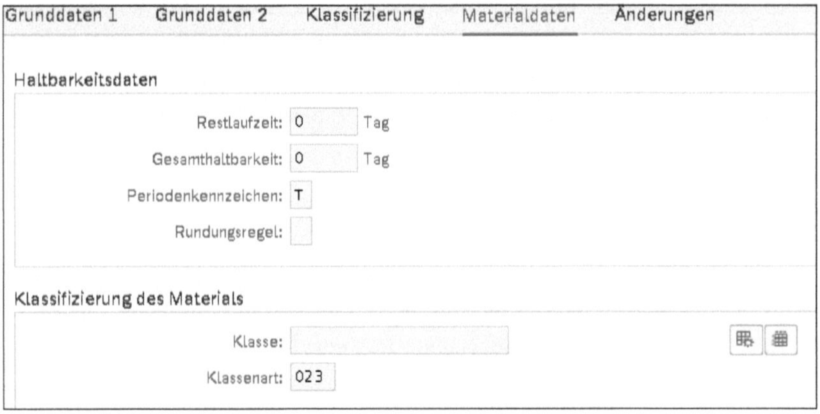

Abbildung 3.69 Wichtige Materialdaten anzeigen

3.3.5 Sicht »Änderungen«

Jede Charge führt ein Änderungsprotokoll, wie in Abbildung 3.70 gezeigt, in dem alle Bearbeitungsschritte dokumentiert sind.

Abbildung 3.70 Änderungsprotokoll aufrufen

3.4 Geschäftspartner

SAP führt mit der Einführung von SAP S/4HANA den Business Partner (Geschäftspartner) als verpflichtendes Element bei der Pflege und Verwaltung von Geschäftspartnern ein. Die bisherige Unterscheidung von Kreditor und Debitor entfällt. Die Organisation eines Geschäftspartnerstammsatzes wird über Rollen definiert. So kann jetzt ein Stammsatz alle Funktionen eines Geschäftspartners abbilden. Im SAP GUI werden die alten Transaktionen zur Kreditoren- und Debitorenpflege auf Transaktion BP umgeleitet. In diesem Buch zeigen wir Ihnen allerdings die Geschäftspartnerpflege über das SAP Fiori Launchpad.

[»]

Business Catalog und Business Role

Die hier gezeigten SAP-Fiori-Apps sind dem Business Catalog SAP_CMD_BC_BP_MAINT (Geschäftspartnerdaten – Bedarfsverarbeitung) und der Berechtigungsrolle SAP_BR_BUPA_MASTER_SPECIALIST (Master Data Specialist – Business Partner Data) zugeordnet.

In der Benutzeroberfläche von SAP Fiori ist die Kachelgruppe **Geschäftspartnerstammdaten** enthalten. In ihr befindet sich eine WebGUI-App zur Ausführung von Transaktion BP (Geschäftspartner pflegen) und die neue SAP-Fiori-App **Geschäftspartnerstammdaten verwalten** (siehe Abbildung 3.71).

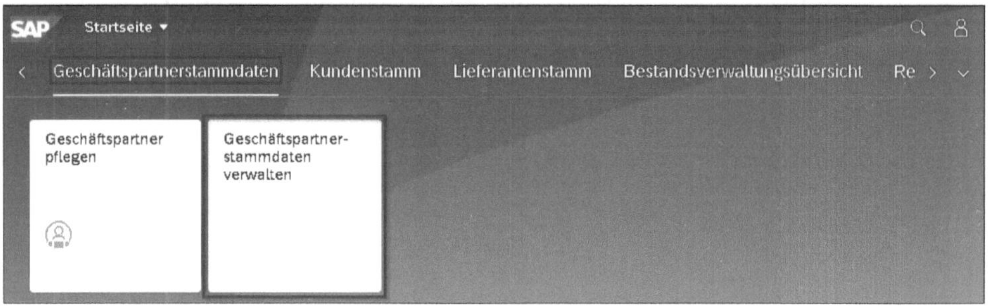

Abbildung 3.71 Kachelgruppe »Geschäftspartnerstammdaten«

Die neue SAP-Fiori-App bietet deutlich mehr Bedienkomfort und Möglichkeiten zur Arbeit mit Geschäftspartnern. Wir reißen sie an dieser Stelle nur aus der Rolle eines Kreditors an.

Ein neuer Stammsatz wird mit der Schaltfläche **Anlegen** erzeugt (siehe Abbildung 3.72). Vorhandene Stammsätze können durch das Befüllen der Felder im Kopf gefunden werden.

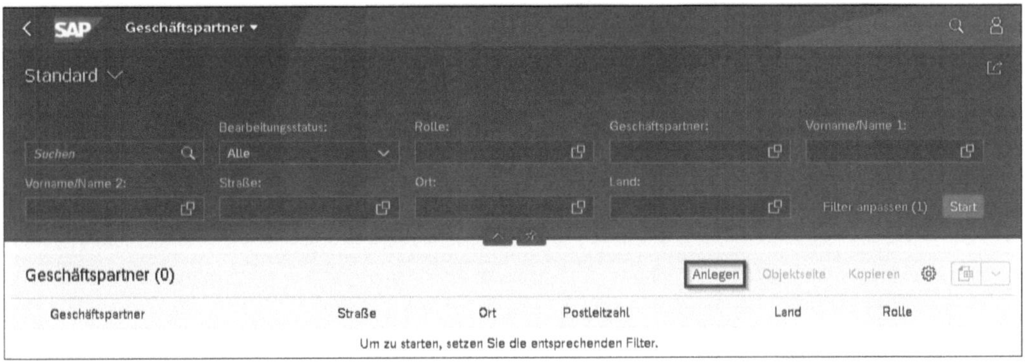

Abbildung 3.72 Geschäftspartner anlegen

Dafür muss nach der Eingabe der Filterkriterien die Schaltfläche **Start** betätigt werden (siehe Abbildung 3.73).

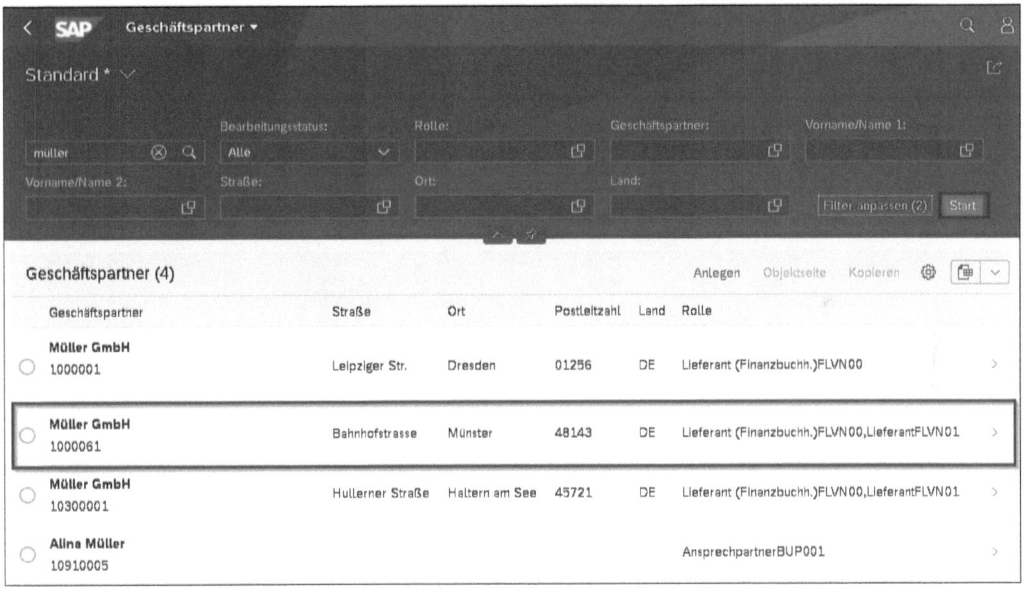

Abbildung 3.73 Geschäftspartnersuche

Mit einem Doppelklick öffnen Sie den gesuchten Stammsatz. Er wird mit den Grunddaten im Kopf geöffnet und zeigt die Rollen des Geschäftspartners an (siehe Abbildung 3.74).

Mit einem Klick auf den Pfeil rechts werden die Registerkarten mit den Organisationsebenen, für die die Rolle gilt, angezeigt (siehe Abbildung 3.75). Durch die Auswahl einer Rolle werden also die notwendigen Organisationsebenen auswählbar.

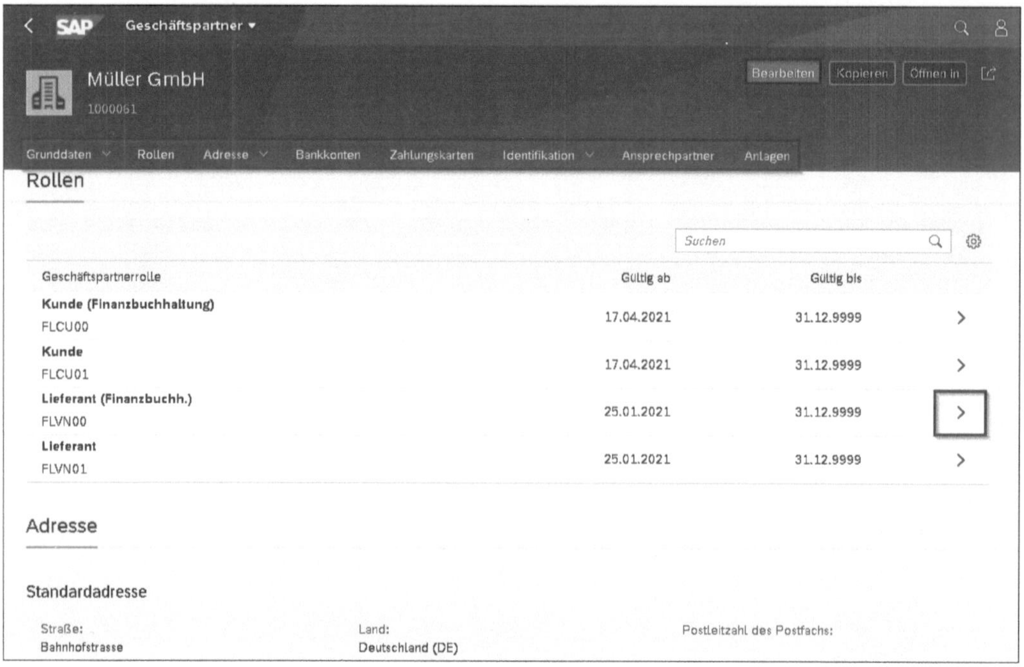

Abbildung 3.74 Geschäftspartnerrolle »Grunddaten«

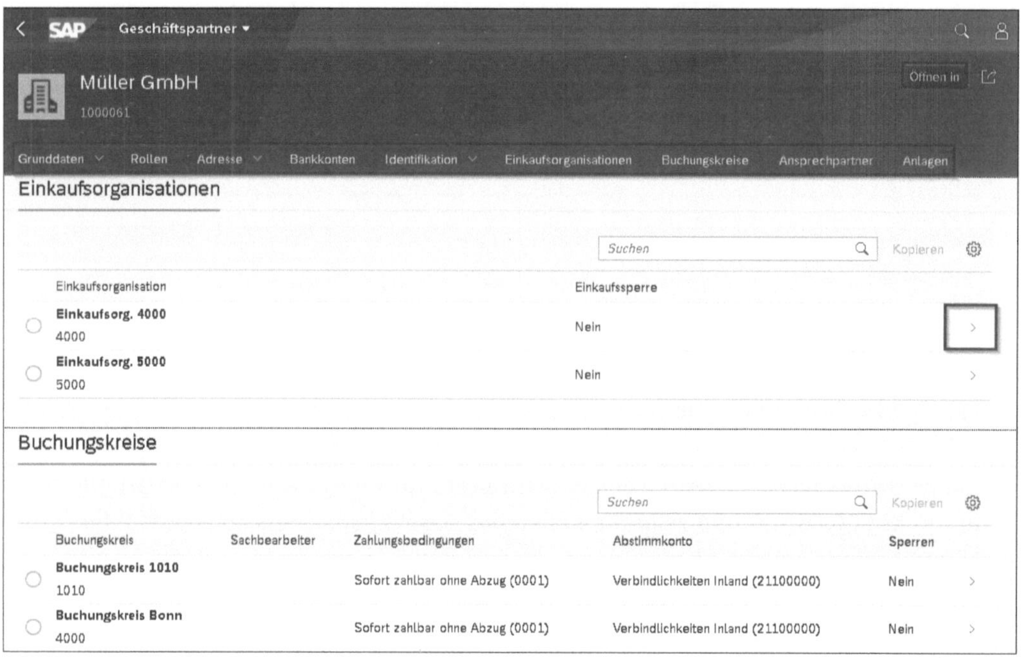

Abbildung 3.75 Geschäftspartnerrolle »Lieferant«

In dem in Abbildung 3.75 gezeigten Bild werden alle Einkaufsorganisationen und Buchungskreise, in denen dieser Geschäftspartner als Lieferant angelegt ist, angezeigt. Wird in dem Einstiegsbild die Rolle **Kunde** ausgewählt, werden nach dem gleichen Prinzip die Verkaufsorganisationen und Buchungskreise angezeigt (siehe Abbildung 3.74).

Die speziell für den Einkauf notwendigen Informationen werden auf der Ebene der Einkaufsorganisationen im System hinterlegt (siehe Abbildung 3.76). Dadurch ist es möglich, flexibel die für den Einkauf notwendigen Informationen wie Zahlungsbedingungen und Währung bereichsabhängig zu definieren.

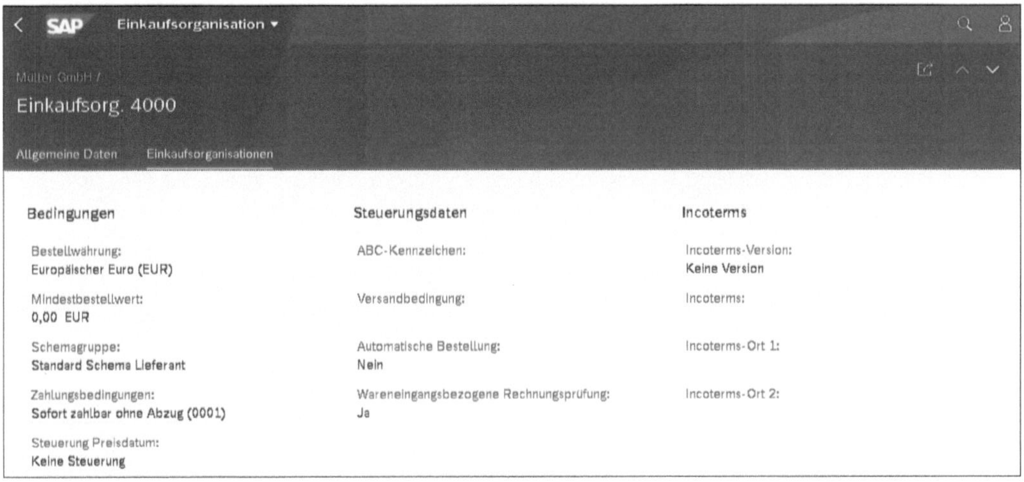

Abbildung 3.76 Geschäftspartner: Einkaufsorganisationsdaten

Neu in SAP Fiori sind die umfangreichen Möglichkeiten, unmittelbar aus dem Geschäftspartnerstamm heraus unterschiedliche Prozessarbeitsschritte zu starten oder Informationen zu erhalten. Dazu klicken Sie auf die Schaltfläche **Öffnen in** und wählen das gewünschte Objekt aus (siehe Abbildung 3.77).

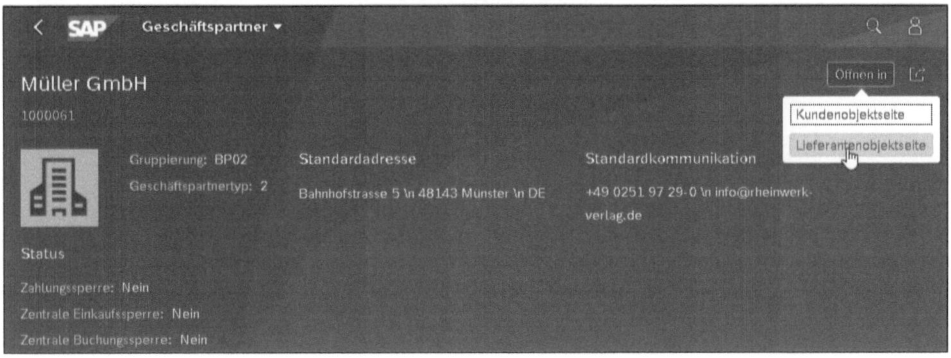

Abbildung 3.77 Geschäftspartner: Lieferantenobjektseite (Fact Sheet »Lieferant«) aufrufen

Es öffnet sich eine Übersichtsseite mit den allgemeinen Informationen. Wie es Abbildung 3.78 zu entnehmen ist, können mit einem einfachen Klick alle weiteren, den Lieferanten betreffenden Informationen aufgerufen werden.

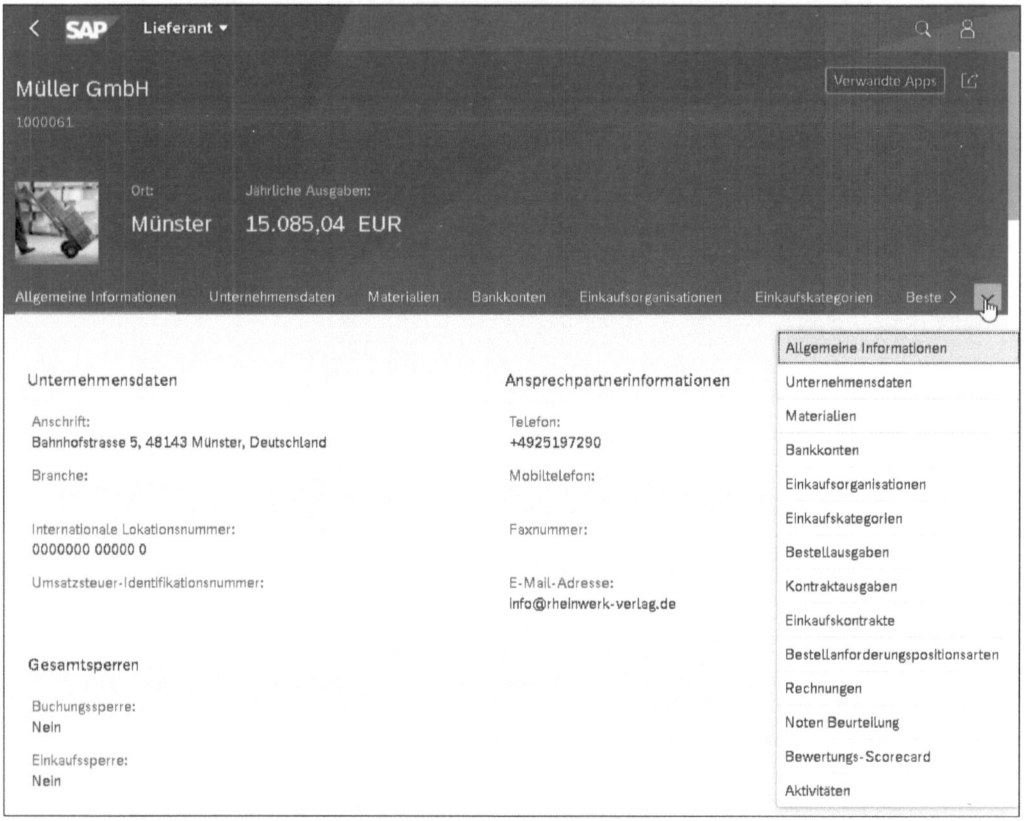

Abbildung 3.78 Fact Sheet »Lieferant«: Abschnitte

Mit der Schaltfläche **Verwandte Apps** können die für weitere Prozessschritte notwendigen Apps gestartet werden (siehe Abbildung 3.79). Die zur Verfügung stehenden SAP-Fiori-Apps werden durch die Benutzerrollen im Benutzerstammsatz bestimmt.

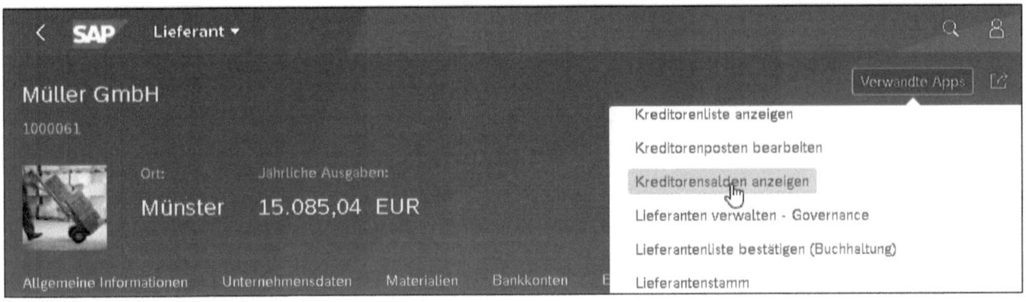

Abbildung 3.79 Fact Sheet »Lieferant«: Schaltfläche »Verwandte Apps«

3.5 Konditionen

Damit das System die korrekten Produktpreise ermittelt, sind eine Reihe von Vorarbeiten und Einstellungen notwendig.

3.5.1 Konditionsarten

Zunächst müssen Sie im Customizing des Einkaufs die Tabelle mit den Konditionsarten pflegen. Mit einer Konditionsart bilden Sie einen Sachverhalt ab, der Einfluss auf die Preisfindung hat. Sie können für jede Konditionsart eine Standardversion nutzen oder eigene, auf Ihr Unternehmen zugeschnittene Konditionsarten anlegen.

Abbildung 3.80 zeigt einen Ausschnitt aus den zu Verfügung stehenden Konditionen. Die Konditionsarten bilden die betriebswirtschaftlichen Vorfälle bei der Preisfindung ab.

Konditionsart	Beschreib.	Konditionsklasse	Rechenregel
M1V	Absolutrabatt	Zu- oder Abschläge	Fester Betrag
MAR1	Neutrale % Rückstel.	Zu- oder Abschläge	Prozentual
MM00	Mindermenge (/Menge)	Zu- oder Abschläge	Menge
MM01	Mindermenge (proz)	Zu- oder Abschläge	Prozentual
MP01	Marktpreis	Preise	Menge
MVK0	VKP incl. Steuer	Preise	Menge
MVK1	VKP excl. Steuer	Preise	Menge
MVK2	VKP excl. Steuer	Preise	Fester Betrag
MVST	Vorsteuer	Steuern	Prozentual
MWAS	AusgSteuer manuell	Steuern	Prozentual

Abbildung 3.80 Konditionsarten im Customizing des Einkaufs

Daher sollte für jede Aktivität, z. B. Zu- und Abschläge, eine eigene Konditionsart definiert sein. Als Beispiel ist die Konditionsart **PB00** (Bruttopreis) in Abbildung 3.81 abgebildet.

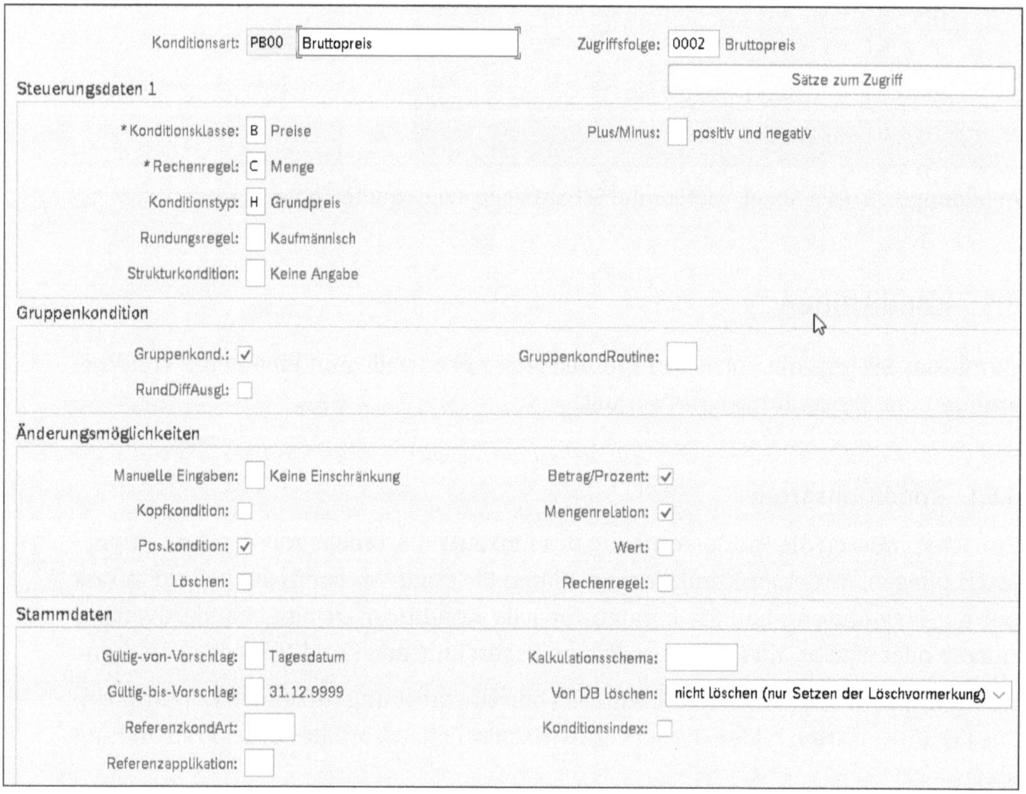

Abbildung 3.81 Einstellung der Konditionsart PB00 (Bruttopreis)

3.5.2 Kalkulationsschema

Im Kalkulationsschema definieren Sie, in welcher Reihenfolge das System auf die Konditionsarten zugreifen soll, welche Zwischensummen gebildet werden und inwieweit manuell in die Preisfindung eingegriffen werden darf. Des Weiteren sind die Bedingungen zu definieren, die für die Berücksichtigung einer Konditionsart erfüllt sein müssen.

Dieses Thema wird in Kapitel 6, »Einkauf«, ausführlicher behandelt. Zudem empfehlen wir zu diesem Thema das Buch »Preisfindung und Konditionstechnik mit SAP«, SAP PRESS 2020.

3.6 Quotierung

Die Quotierung wird im Rahmen der Bezugsquellenfindung angesprochen. Mit ihr regeln Sie die Verteilung von Bestellmengen bei unterschiedlichen Bezugsquellen. Mit der SAP-Fiori-App **Quotierungen verwalten** können Sie die Quotierung einstellen (siehe Abbildung 3.82).

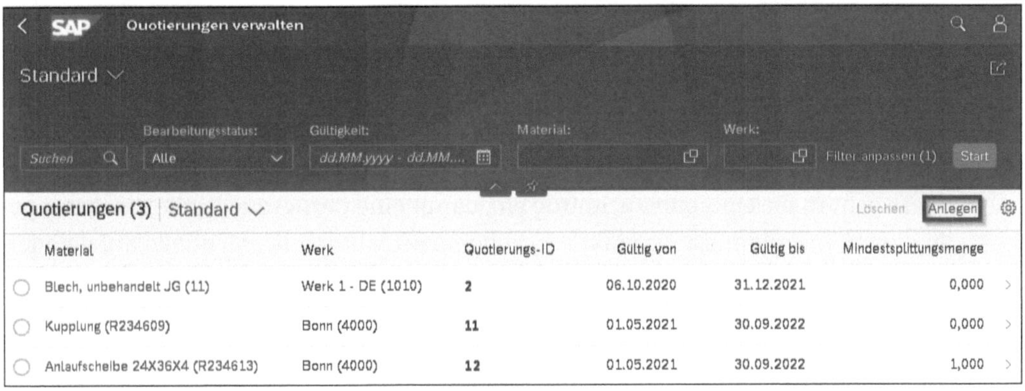

Abbildung 3.82 SAP-Fiori-App »Quotierungen verwalten«

Die Pflege einer vorhandenen Quotierung starten Sie mit einem Klick auf den Pfeil rechts des entsprechenden Eintrags. Um eine neue Quotierung anzulegen, klicken Sie auf die entsprechende Schaltfläche **Anlegen** (siehe Abbildung 3.82). Nachdem Sie die allgemeinen Informationen der Quotierung erfasst haben, werden die Positionsinformationen über die Schaltfläche **Anlegen** der Abbildung 3.83 gepflegt. Die eingegebenen Werte gelten auf der Werksebene für den gepflegten Zeitraum.

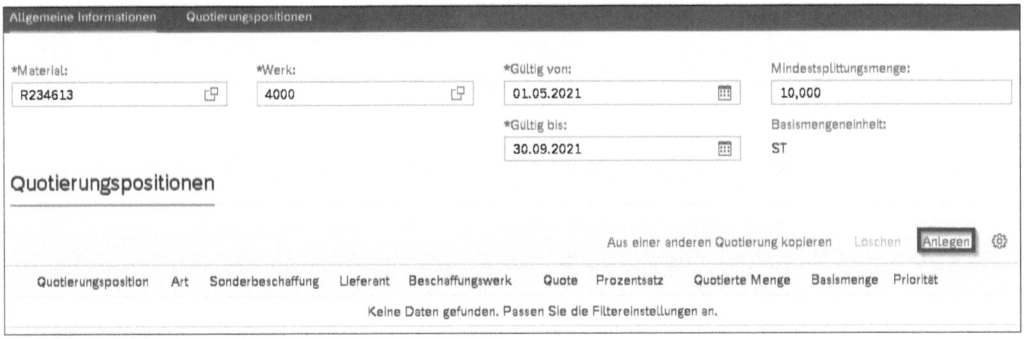

Abbildung 3.83 Quotierungspositionen anlegen

Im Feld **Mindestsplittungsmenge** geben Sie an, ab welcher Losgröße der Bedarf auf verschiedene Bestellungen gesplittet werden soll. Die Splittung wird ausschließlich im Planungslauf berücksichtigt.

Nachdem Sie die Schaltfläche **Anlegen** angeklickt haben, erfassen Sie die Informationen der Quotierungsposition. Ihre Gewichtung im Rahmen der Quotierung erfolgt zu einem späteren Zeitpunkt.

Bei der Pflege der Quotierungsposition geben Sie lediglich die Informationen an, auf deren Grundlage die Quotierung berechnet wird. Die erste wesentliche Information ist, ob das Produkt von dieser Bezugsquelle in Eigen- oder Fremdbeschaffung beschafft wird. Für die Eigenbeschaffung muss das Lieferwerk und für die Fremdbeschaffung ein Lieferant angegeben werden. Hier pflegen Sie auch die Quotenbasismenge. Diese geht in die Quotenberechnung ein, damit eine Bezugsquelle, die erst hinzugefügt wird, nachdem das Produkt schon beschafft worden ist, nicht alle anfallenden Bestellungen zunächst zugeordnet bekommt. Mit der Maximalmenge legen Sie fest, wie viel die Bezugsquelle in einem Zeitraum höchstens liefern darf (oder kann). In den Detaildaten werden die Informationen zu den Einzellieferungen erfasst (siehe Abbildung 3.84).

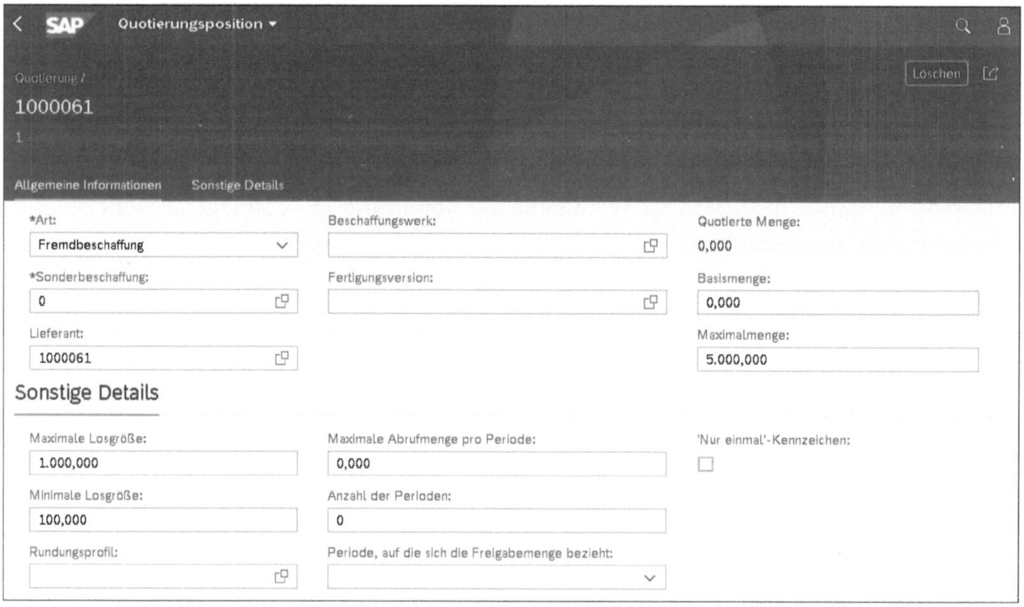

Abbildung 3.84 Quotierungsposition pflegen

Nachdem alle Quotierungsinformationen eingegeben worden sind, wird die jeweilige Gewichtung gepflegt (siehe Abbildung 3.85).

Abbildung 3.85 Quotenpflege

Abbildung 3.86 zeigt eine fertig gepflegte Quotierung. Nachdem Sie diese Einstellungen vorgenommen haben, berechnet das System für jede Zeile, also mögliche Bezugsquelle, eine Quotenzahl. Die Formel lautet:

quotierte Menge + Quotenbasismenge) ÷ Quote = Quotenzahl

Die quotierte Menge umfasst alle Bestellanforderungen, Bestellungen, Kontraktabrufe, Lieferplaneinteilungen und Planaufträge zu der Bezugsquelle.

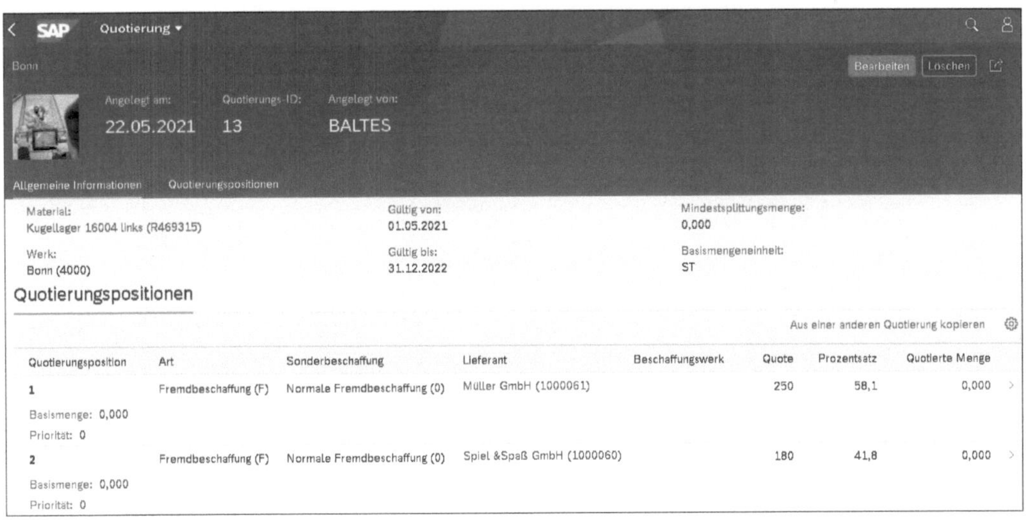

Abbildung 3.86 Quotierung

Die Bezugsquelle mit der niedrigsten Quotenzahl wird für den nächsten Beschaffungsvorgang ausgewählt.

3.7 Orderbuch

Mit dem Orderbuch entscheiden Sie darüber, welche Bezugsquellen in einem Zeitraum zugelassen, fixiert oder gesperrt sein sollen. Die Pflege des Orderbuches starten Sie mit der in Abbildung 3.87 dargestellten App.

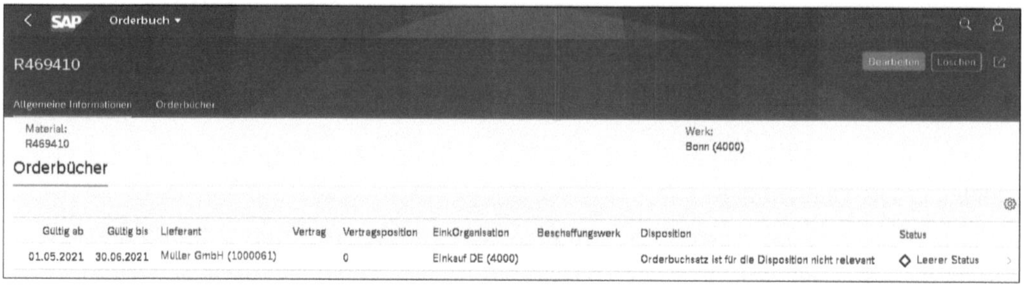

Abbildung 3.87 Orderbuch verwalten

Das Orderbuch wird beim ersten Beschaffungsvorgang des Produkts automatisch vom System angelegt. Es enthält allerdings keine Einträge. Wenn in der Sicht **Einkauf** des Produktstamms das Kennzeichen **Orderbuchpflicht** gesetzt ist, kann eine Bestellung erst dann angelegt werden, wenn im Orderbuch für den entsprechenden Zeitraum mindestens ein Eintrag vorhanden ist.

Einträge können von Ihnen manuell vorgenommen werden (siehe Abbildung 3.88). Der schnellere Weg ist es allerdings, mit der Schaltfläche [Generieren] (**Erzeugen Sätze**) das Orderbuch automatisch zu befüllen.

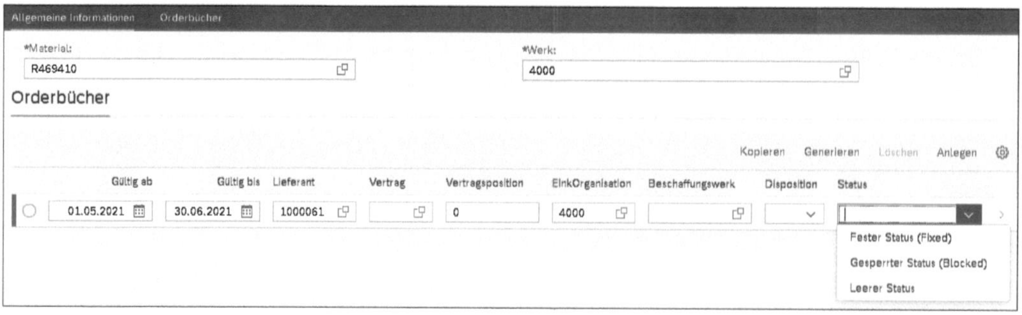

Abbildung 3.88 Orderbuch manuell anlegen

In Abbildung 3.89 sehen Sie eine Übersicht über die vom SAP-System generierten Orderbücher. Der Gültigkeitszeitraum wird vor dem Start abgefragt. Danach füllt das System das Orderbuch mit den Informationen aus, die aus den zu dem Produkt in diesem Werk erzeugten Infosätzen ausgelesen wurden.

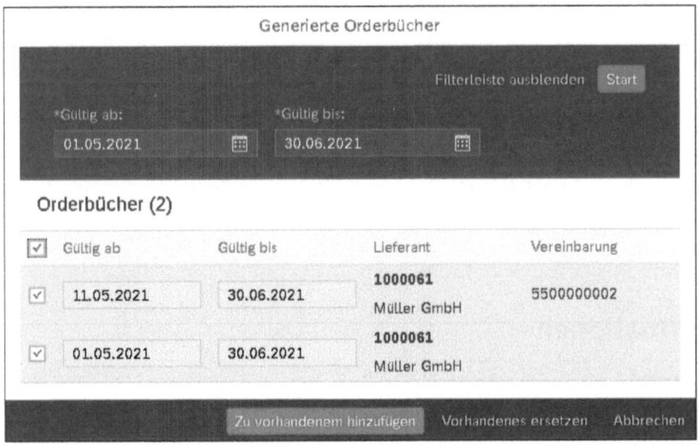

Abbildung 3.89 Automatisch erzeugte Sätze im Orderbuch

Sie haben außerdem die Möglichkeit, Orderbucheinträge direkt bei der Anlage eines Rahmenvertrags oder eines Infosatzes zu erzeugen.

Im Customizing des Einkaufs kann auch auf Werksebene eine generelle Orderbuchpflicht eingestellt werden.

3.8 Einkaufsinfosatz

Der Einkaufsinfosatz enthält die Informationen, die im Einkauf für ein Produkt bei einem Lieferanten gelten. Damit haben Sie die Möglichkeit festzustellen, welche Lieferanten ein bestimmtes Produkt zu welchen Konditionen angeboten oder geliefert haben bzw. welche Produkte von einem bestimmten Lieferanten angeboten oder geliefert wurden. Sie können Einkaufsinfosätze mit der SAP-Fiori-App **Einkaufsinfosätze verwalten** ansehen oder bearbeiten (siehe Abbildung 3.90).

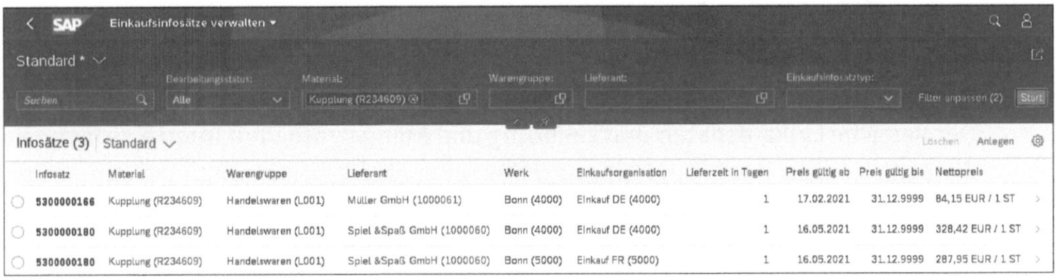

Abbildung 3.90 Einkaufsinfosätze verwalten

In der Regel wird der Infosatz in dem Moment vom System erzeugt, wenn erstmalig eine Lieferanten-Produkt-Beziehung entsteht. Dies kann durch ein Angebot, eine Bestellung oder einen Rahmenvertrag geschehen.

Bei der Erzeugung und Fortschreibung des Infosatzes werden der Produktstammsatz, der Lieferantenstammsatz und der letzte Beleg ausgelesen und die relevanten Daten in den Infosatz übernommen.

Da der Einkaufsinfosatz auf Werks- und Einkaufsorganisationsebene gepflegt wird, enthält er auch die für die jeweilige Organisationseinheit gültigen Daten. So sind im Infosatz die Konditionen hinterlegt, die nur für diese Lieferanten-Produkt-Beziehung gelten.

3.8.1 Sicht »Allgemeine Informationen«

In der Sicht **Allgemeine Informationen** werden die relevanten Informationen aus dem Produktstamm der Sicht **Einkauf** vorbelegt (siehe Abbildung 3.91). Sie können für diese spezielle Produkt-Lieferanten-Kombination geändert werden.

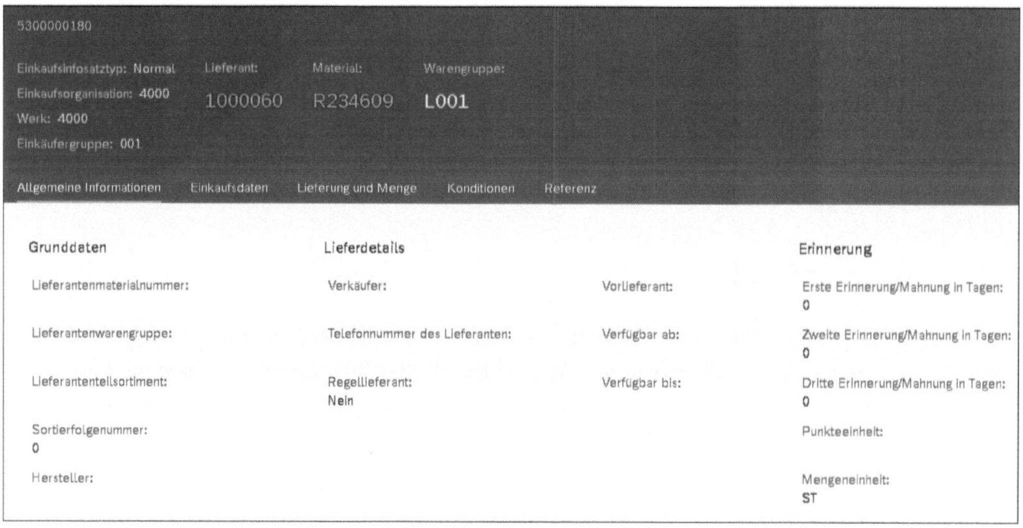

Abbildung 3.91 Sicht »Allgemeine Informationen«

3.8.2 Sicht »Einkaufsorganisationsdaten«

Der Bereiche **Einkaufsdaten** und **Lieferung und Menge** enthalten Informationen, die die Bedingungen des Bezugs eines Produkts bei einem bestimmten Lieferanten regeln (siehe Abbildung 3.92). Die Vorschlagswerte werden aus dem Produktstamm übernommen.

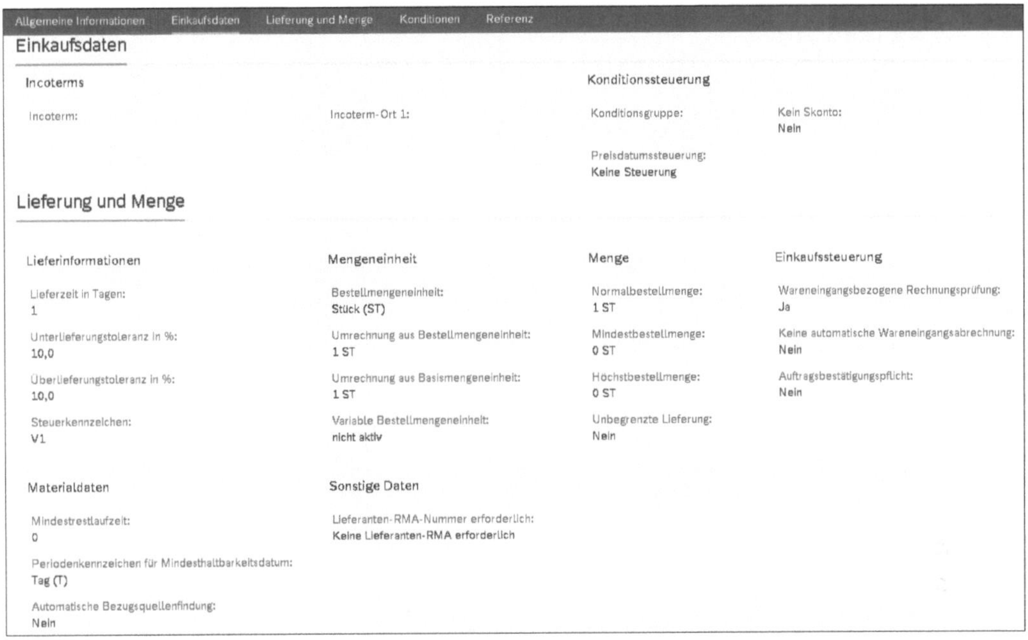

Abbildung 3.92 Bereich »Steuerung« in der Sicht »Einkaufsdaten«

Der Bereich **Konditionen** in der Sicht **Einkaufsdaten 1** ist eine Übergabe des Eintrags aus dem Produktstammsatz der Sicht **Buchhaltung 1** (siehe Abbildung 3.93). Er ist im Infosatz in der Sicht **Konditionen** änderbar.

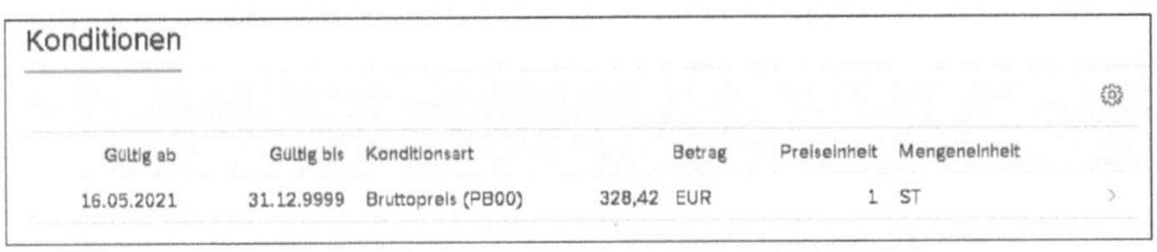

Abbildung 3.93 Bereich »Konditionen« in der Sicht »Einkaufsdaten 1«

3.8.3 Sicht »Konditionen«

Mit der SAP-Fiori-App **Einkaufsinfosätze verwalten** pflegen Sie die in einem Zeitraum gültigen Bruttopreisinformationen. Einen neuen Gültigkeitszeitraum erfassen Sie wieder über die Schaltfläche **Anlegen**.

Wenn Sie weitergehende Informationen zu Rabatten oder Zuschlägen erfassen wollen, starten Sie die WebGUI-App **Einkaufsinfosatz ändern**. Nachdem Sie den Gültigkeitszeitraum ausgewählt haben, gehen Sie zu den **Konditionen**.

Die Schaltfläche **Andere Konditionsart** (siehe Abbildung 3.94) öffnet ein Fenster, in dem Sie die gewünschte Konditionsart auswählen (siehe Abbildung 3.95 und Abbildung 3.96).

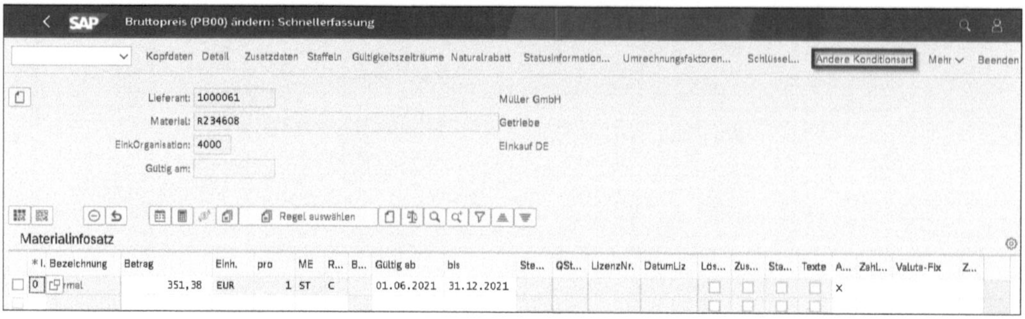

Abbildung 3.94 Zusätzliche Konditionsart pflegen

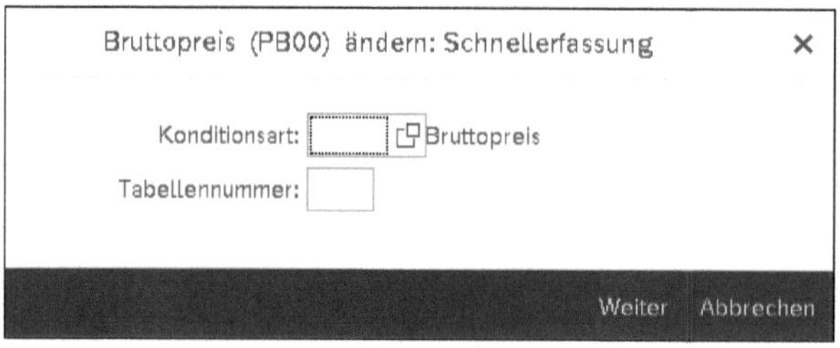

Abbildung 3.95 Schnellerfassung der Konditionsart starten

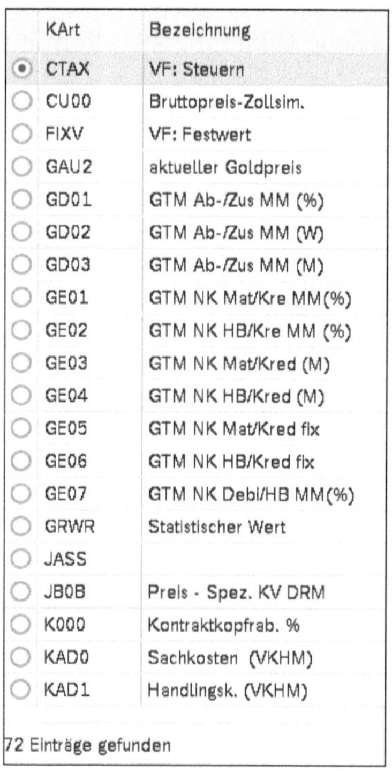

Abbildung 3.96 Konditionsarten auswählen

Hier pflegen Sie die Konditionsarten, die bei der Preisfindung herangezogen werden. So können Sie alle Vereinbarungen, die Sie mit dem Lieferanten für den Bezug eines Produkts vereinbart haben, in dieser Sicht hinterlegen. Abbildung 3.97 zeigt Ihnen das Beispiel einer Staffelvereinbarung.

Staffeln

Staffelart	Staffelmenge	ME	Betrag	Einh.
von	10,000	ST	2,000-	%
	50,000		5,000-	
	100,000		10,000-	

Abbildung 3.97 Beispiel einer Staffelvereinbarung

Kapitel 4
Beschaffungsprozess im Überblick

Dieses Kapitel beschreibt den Beschaffungsprozess im Überblick. Es wird auf die Ausprägung und den logistischen Zusammenhang der SAP-Komponenten Einkauf, Bestandsführung und Rechnungsprüfung eingegangen.

Die Beschaffung ist in SAP S/4HANA der Komponente *Materialwirtschaft* bzw. *Sourcing and Procurement* zugeordnet. In diesem Kapitel geben wir Ihnen zunächst einen Überblick über den Prozess der Beschaffung. Anschließend führen wir Sie in die Teilbereiche Einkauf, Bestandsführung sowie in die logistische Rechnungsprüfung ein.

4.1 Beschaffungsprozess

Einen kurzen Überblick über den hier vorgestellten Beschaffungsprozess gibt Ihnen Abbildung 4.1.

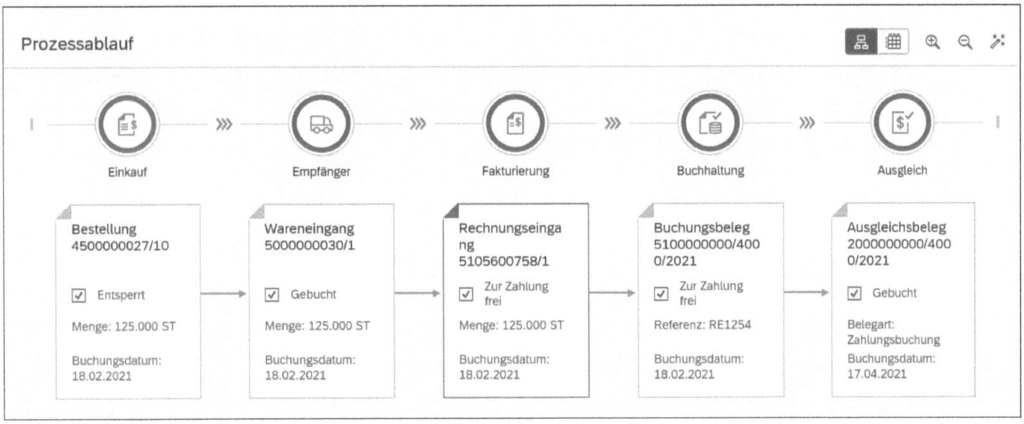

Abbildung 4.1 Prozessablauf: von der Bestellung bis zur Zahlung

Durch die vollständige Abbildung dieser Prozessschritte im SAP-System kann eine maximale Transparenz und Nachvollziehbarkeit erreicht werden.

Die verschiedenen Komponenten und Prozessschritte sind im SAP Fiori Launchpad in verschiedenen Kachelgruppen abgebildet (siehe Abbildung 4.2).

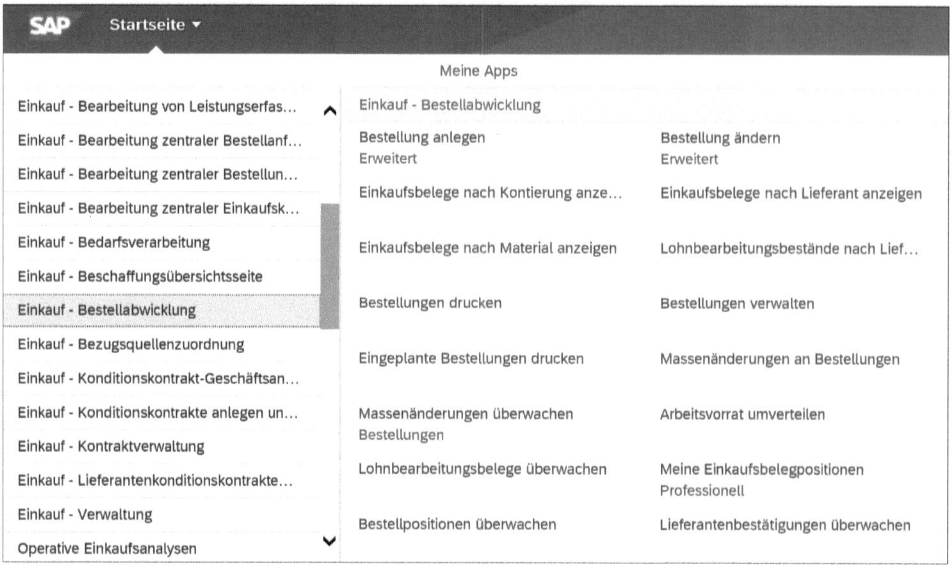

Abbildung 4.2 Im SAP Fiori Launchpad enthaltene Kachelgruppen

SAP-Fiori-App oder WebGUI?

Für viele Funktionen stehen im SAP Fiori Launchpad in den entsprechenden Kachelgruppen sowohl SAP-Fiori-Apps als auch die aus SAP ERP bekannten Einbildtransaktionen als Kacheln (z. B. Transaktion ME21N, Bestellung anlegen – Erweitert) zur Verfügung. Diese Transaktionen starten im WebGUI. Sofern sie verfügbar sind, stellen wir Ihnen die in SAP S/4HANA angebotenen SAP-Fiori-Apps vor.

4.2 Einkauf

Die ersten fünf Prozessschritte in der Beschaffung gehören zum Einkaufsprozess. Der Einkauf befasst sich mit den folgenden Themen:

- Bedarfsermittlung
- Ermittlung der Bezugsquelle
- Lieferantenauswahl
- Bestellabwicklung
- Bestellüberwachung

4.2.1 Bedarfsermittlung

Die Bedarfe können durch die Materialbedarfsplanung (Disposition, MRP-Lauf) ermittelt oder durch die Fachabteilung manuell im SAP-System erstellt werden. Im Folgenden beschreiben wir den manuellen Prozessschritt.

Die zuständige Fachabteilung meldet einen Bedarf für Materialien und/oder Dienstleistungen in Form einer Bedarfsanforderung (BANF) an den Einkauf.

Wir wählen den Einstieg über die SAP-Fiori-App **Bestellanforderungen verwalten – Professionell** (siehe Abbildung 4.3).

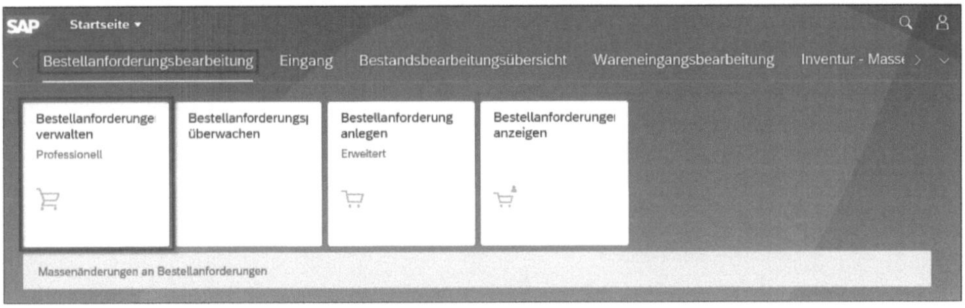

Abbildung 4.3 Kachelgruppe »Bestellanforderungsbearbeitung« (SAP-Fiori-App »Bestellanforderungen verwalten – Professionell«)

Über der Listanzeige der BANFen befindet sich auf der rechten Seite neben dem Icon für die Einstellungen die Schaltfläche + (**Anlegen**), siehe Abbildung 4.4.

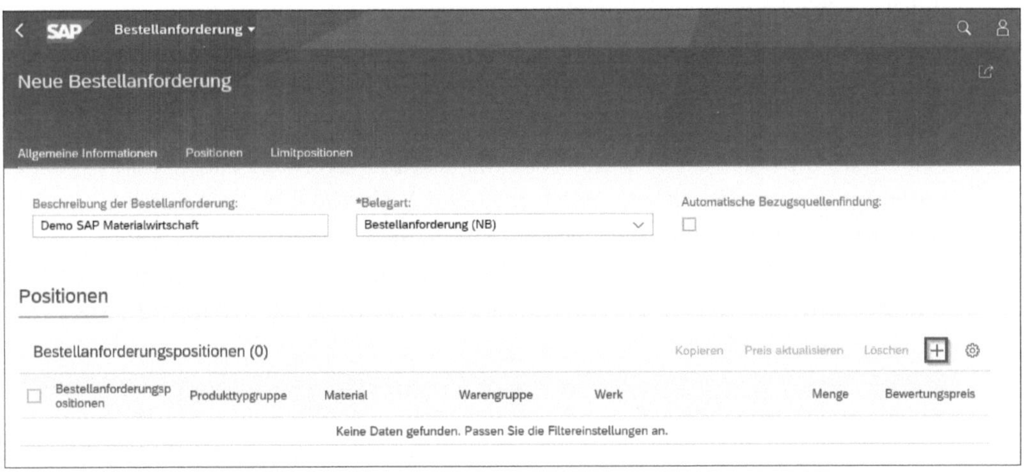

Abbildung 4.4 SAP-Fiori-App »Bestellanforderungen verwalten – Professionell« (Kachelgruppe »Bestellanforderungsbearbeitung«)

In dem folgenden Bereich können Sie nun zu dem Material, das angefordert werden soll, die erforderliche Menge, den gewünschten Liefertermin usw. eingeben (siehe Abbildung 4.5).

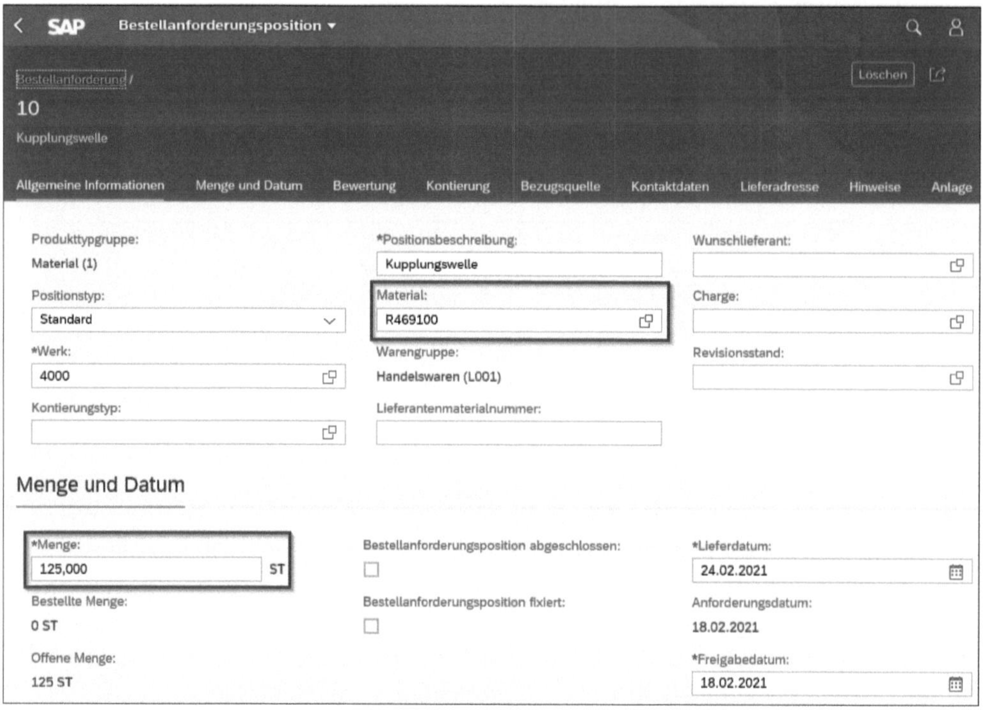

Abbildung 4.5 BANF-Position erfassen

Die Bedarfe können auf die Anforderung von Lager- oder Verbrauchsmaterial und Dienstleistungen (Service) ausgerichtet sein.

Haben Sie im Materialstammsatz ein Dispositionsverfahren eingestellt, kann das SAP-System automatisch eine BANF erzeugen. Während eine automatisch erzeugte BANF bereits über die korrekten Daten verfügt, müssen Sie die Daten in einer manuell erstellten BANF manuell erfassen. Tabelle 4.1 zeigt die unterschiedlichen Daten für die Erfassung von Lager- oder Verbrauchsmaterial in einer Bestellanforderung.

Erforderliche Daten	Lagermaterial	Verbrauchsmaterial	Bedeutung
Materialnummer	ja	nicht erforderlich, aber möglich	Für häufig benötigtes Verbrauchsmaterial können Materialstammsätze angelegt werden.

Tabelle 4.1 Unterschiede in der Datenerfassung für die Lager- und Verbrauchsmaterialbeschaffung

Erforderliche Daten	Lagermaterial	Verbrauchsmaterial	Bedeutung
Kontierungstyp	nein	ja	Zuordnung zu einem Objekt im Rechnungswesen.
Wareneingang (WE)	ja	optional	Der Wareneingang kann für Verbrauchsmaterial auch unbewertet erfolgen.
FI-/CO-Buchung	Bestandskonto	Verbrauchskonto	Bei unbewertetem Wareneingang wird die FI-/CO-Buchung bei Rechnungseingang auf dem Verbrauchskonto gebucht.
Wertfortschreibung	Materialstammsatz	keine	Wird in das Finanzwesen fortgeschrieben.
Mengen- und Verbrauchsfortschreibung	Materialstammsatz	Bei Verwendung eines Materialstammsatzes möglich.	Wird in das Finanzwesen fortgeschrieben.
Anpassung des gleitenden Durchschnittspreises	ja	–	Bewertung in der Bilanz.

Tabelle 4.1 Unterschiede in der Datenerfassung für die Lager- und Verbrauchsmaterialbeschaffung (Forts.)

Bedarfe für Dienstleistungen können mit einem Leistungsverzeichnis (Bill of Services, BoS) für komplexere Dienstleistungen oder mit einem geeigneten Materialstammsatz (in der Regel in einer separaten Materialart abgebildet) für einfache Dienstleistungen im SAP-System erfasst werden. Das Unternehmen entscheidet auf Basis der Komplexität der Bedarfe für Dienstleistungen, welches Verfahren geeignet ist.

Bestellanforderungen können einem Freigabeverfahren unterliegen.

[«]

Business Catalog und Business Role

Die hier gezeigten Apps sind dem Business Catalog SAP_PRC_BC_PURCHASER_PR (Einkauf – Bedarfsverarbeitung) und der Berechtigungsrolle SAP_BR_PURCHASER (Einkäufer) zugeordnet.

4.2.2 Ermittlung der Bezugsquelle

Das SAP-System unterstützt den Einkauf durch verschiedene Stamm- und Bewegungsdaten in der Bezugsquellenermittlung.

Eine Bezugsquelle kann sein:

- Infosatz
- Orderbuch
- Quotierung
- Werk
- Rahmenvertrag (Mengen- oder Wertkontrakt, Lieferplan)

Bezugsquellen können über die Kachelgruppe **Bezugsquellenverwaltung** gepflegt werden (siehe Abbildung 4.6).

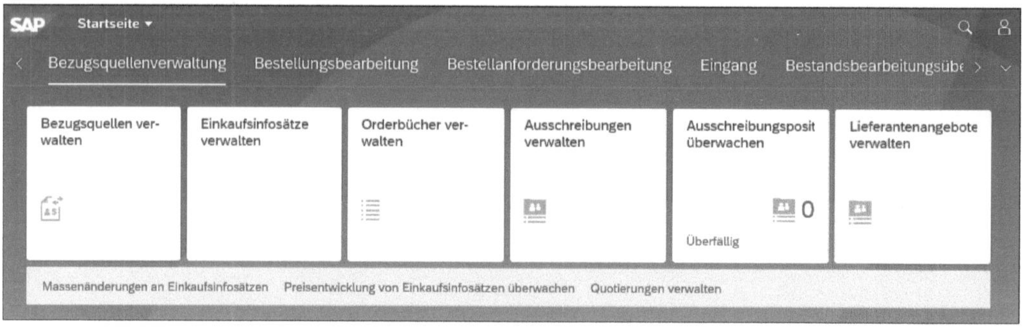

Abbildung 4.6 Kachelgruppe »Bezugsquellenverwaltung«

Rahmenverträge und Lieferpläne werden in einer separaten Gruppe, der Kachelgruppe **Einkaufskontraktbearbeitung**, bearbeitet (siehe Abbildung 4.7).

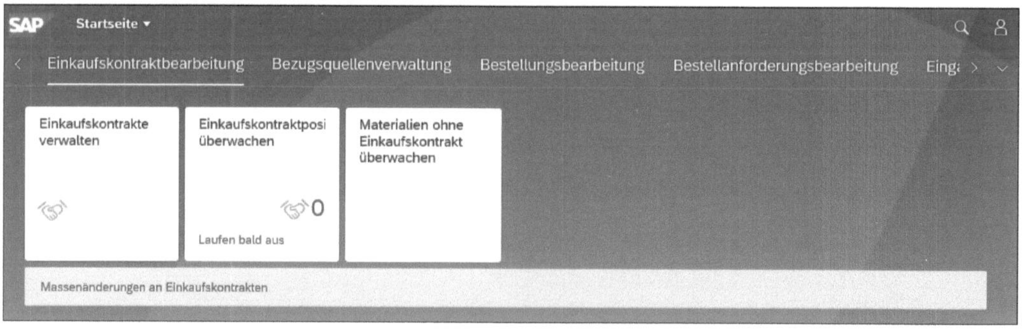

Abbildung 4.7 Kachelgruppe »Einkaufskontraktbearbeitung«

Einer Bezugsquelle ist immer ein Lieferant oder ein Lieferwerk zugeordnet.

Soll der Einkauf automatisiert erfolgen, muss das SAP-System alle erforderlichen Daten eindeutig aus den Stamm- oder Bewegungsdaten ermitteln können. Dazu gehören die Bezugsquelle (Lieferant oder Lieferwerk), die Konditionen und die Kontierungsinformationen.

Konditionen erfassen Sie in den Einkaufsinfosätzen auf der Basis von Materialstammsätzen oder Warengruppen in Kombination mit Lieferant oder Lieferwerk.

Existieren mehrere Bezugsquellen zu einem Bedarf, pflegen Sie ein Orderbuch. Für den automatisierten Einkauf legen Sie im Orderbuch einen Regellieferanten fest.

Möchten Sie ein Material regelmäßig von mehreren Lieferanten beziehen, verwenden Sie die Quotierung.

Soll ein Lieferant langfristig als Bezugsquelle genutzt werden, erfassen Sie einen Mengen- oder Wertkontrakt. Erst mit einer Bestellung, die mit Bezug zum Kontrakt angelegt wird, kommt eine verbindliche Aufforderung zur Lieferung von Waren oder Dienstleistungen zustande.

Möchten Sie regelmäßig Lagermaterial von einem Lieferanten oder einem Lieferwerk beziehen, können Sie einen Lieferplan anlegen. Anders als mit dem Mengen- oder Wertkontrakt haben die übermittelten Liefertermine verbindlichen Charakter, ebenso wie eine Bestellung.

[«]

Business Catalog und Business Role

Die hier gezeigten Apps sind dem Business Catalog SAP_PRC_BC_PURCHASER_PR (Einkauf – Bezugsquellenzuordnung) und der Berechtigungsrolle SAP_BR_PURCHASER (Einkäufer) zugeordnet.

4.2.3 Lieferantenauswahl

Existiert zu einem Bedarf noch keine Bezugsquelle, können Sie eine Ausschreibung (früher: Anfrage) anlegen, die Sie an potenzielle Lieferanten senden (siehe Abbildung 4.8).

Durch Preisvergleiche zwischen den verschiedenen Angeboten werden Sie bei der Lieferantenauswahl vom SAP-System unterstützt. Mit einem Angebotsvergleich können Sie z. B. den günstigsten Lieferanten ermitteln. Absageschreiben können Sie aus dem SAP-System heraus automatisch verschicken.

Die Anlage einer Bestellung ist erst nach erfolgter Lieferantenzuordnung möglich.

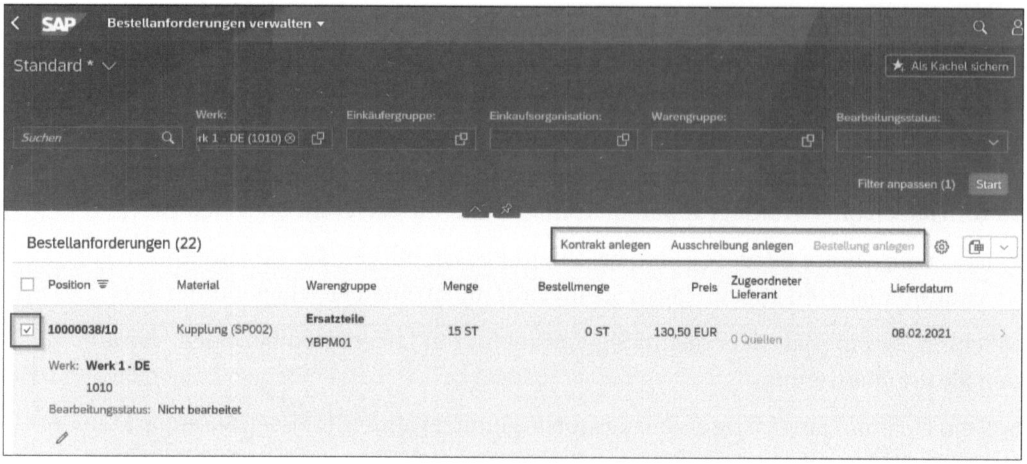

Abbildung 4.8 SAP-Fiori-App »Bestellanforderungen verwalten« (Kachelgruppe »Bestellungsbearbeitung«)

4.2.4 Bestellabwicklung

Nachdem ein Lieferant zugewiesen worden ist, kann aus der BANF eine Bestellung erzeugt werden (siehe Abbildung 4.9).

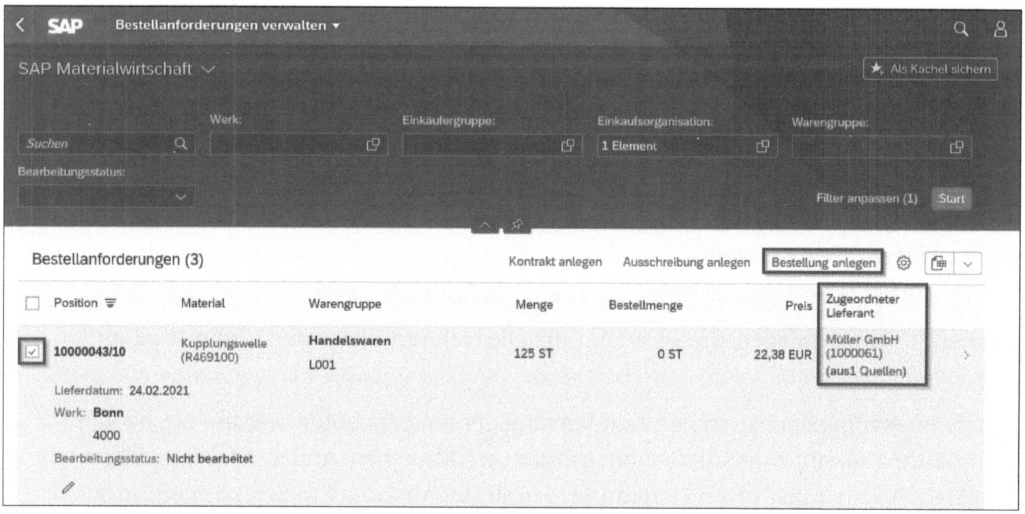

Abbildung 4.9 Bestellung aus einer BANF erzeugen

Bereits in der BANF erfasste Informationen werden in die Bestellung übernommen und können ergänzt werden (siehe Abbildung 4.10).

In diesem Beispiel wird eine Bestellung für Lagermaterial (Kontierungstyp ist leer) angelegt.

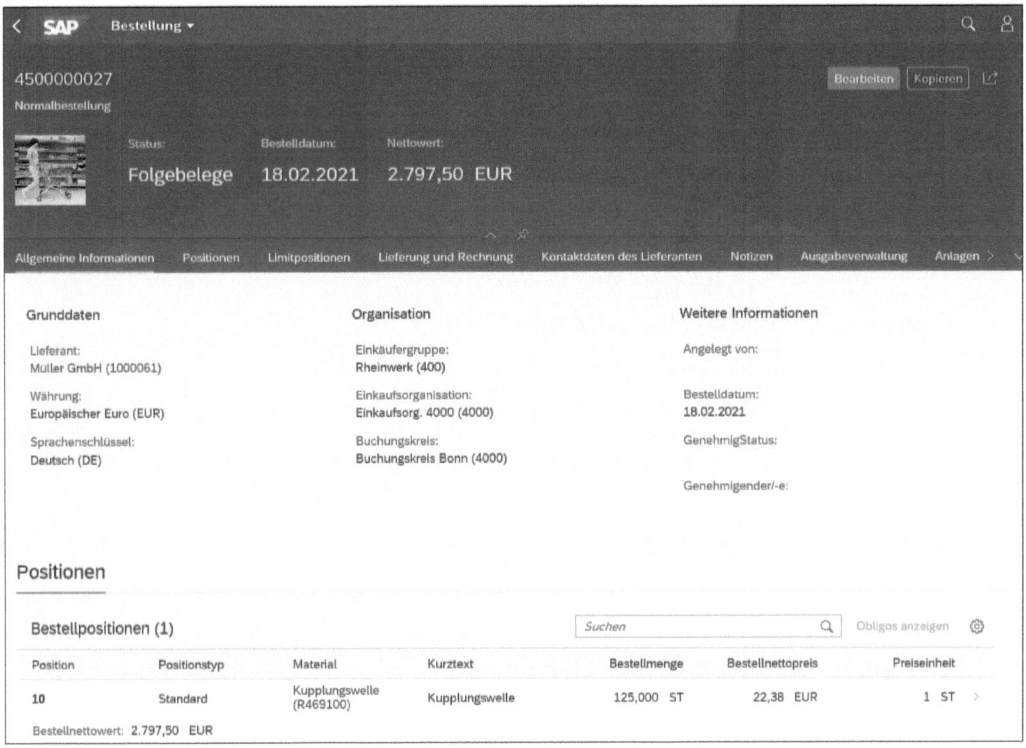

Abbildung 4.10 Aus BANF erzeugte Bestellung

Für Verbrauchsmaterialien legt der Einkäufer mit der Eingabe von Kontierungstypen fest, welche Kontierungsobjekte mit den Kosten der Beschaffung bebucht werden sollen. Die Kostenzuweisungen erfolgen im SAP-System automatisch auf die Kontierungsobjekte mit der Fortschreibung des Einkaufsprozesses im Hintergrund (bei bewertetem Wareneingang mit der Wareneingangsbuchung und bei einem unbewerteten Wareneingang oder im Falle von Differenzen mit der Buchung der Eingangsrechnung).

Unterliegt die Bestellung einem Freigabeverfahren, wird die Nachricht an den Lieferanten erst übermittelt, wenn der Kostenverantwortliche die Bestellung freigegeben hat.

Über die Eingabe eines Positionstyps legt der Einkäufer fest, auf welche Art die Ware oder Dienstleistung geliefert werden soll (siehe Abschnitt 6.6, »Positionstyp«).

In der Bestellung legen Sie fest, ob ein Wareneingang gebucht werden und ob ein gebuchter Wareneingang Voraussetzung für die Rechnungsprüfung sein soll (wareneingangsbezogene Rechnungsprüfung).

Wird ein Wareneingang oder eine Eingangsrechnung in Bezug zu einer Bestellung erfasst, erzeugt das SAP-System die Registerkarte **Bestellentwicklung** in den Positionsdetaildaten und legt eine Buchungszeile an.

Automatisch wandelt das SAP-System das Bestell-Obligo auf den Kontierungsobjekten in Höhe des Wareneingangswerts in Ist-Kosten um. Ohne Wareneingangsbuchung werden Bestellentwicklung und Ist-Kostenbuchung erst mit dem Rechnungseingang zur Bestellung fortgeschrieben.

[»]

Business Catalog und Business Role

Die hier gezeigten Apps sind dem Business Catalog SAP_PRC_BC_PURCHASER_PO (Einkauf – Bestellabwicklung) und der Berechtigungsrolle SAP_BR_PURCHASER (Einkäufer) zugeordnet.

4.2.5 Bestellüberwachung

Als Einkäufer können Sie den Bearbeitungsstand der Bestellung jederzeit online überwachen. Alle relevanten Belegarten sind in der SAP-Fiori-App **Beschaffungsübersicht** zusammengefasst (siehe Abbildung 4.11).

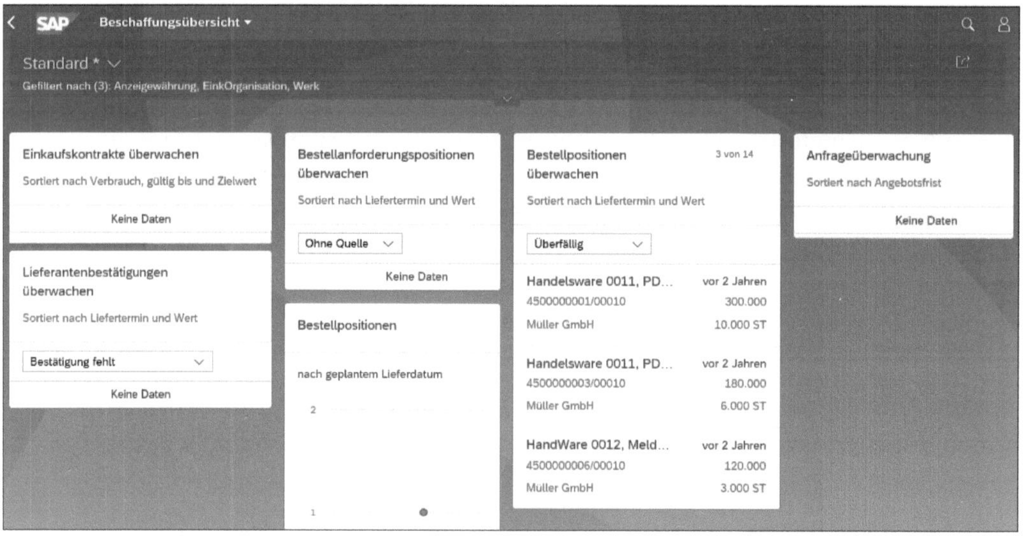

Abbildung 4.11 SAP-Fiori-App »Beschaffungsübersicht«

So können Sie z. B. feststellen, ob bereits ein Wareneingang oder ein Rechnungseingang zu der entsprechenden Bestellposition erfolgt ist. Nutzen Sie hierzu die SAP-Fiori-App **Bestellpositionen überwachen** (siehe Abbildung 4.12).

Abbildung 4.12 SAP-Fiori-App »Bestellpositionen überwachen«

Hält der Lieferant einen vereinbarten Termin nicht ein, können Sie eine Mahnung versenden.

Nachdem wir Ihnen die wesentlichen Elemente der Komponente Einkauf vorgestellt haben, erhalten Sie im nächsten Abschnitt einen Überblick zur Bestandsführung.

> **Business Catalog und Business Role**
>
> Die hier gezeigten Apps sind dem Business Catalog SAP_PRC_BC_PURCHASER_PO (Einkauf – Bestellabwicklung) und der Berechtigungsrolle SAP_BR_PURCHASER (Einkäufer) zugeordnet.

4.3 Bestandsführung

Die Bestandsführung in der Materialwirtschaft (MM) ist direkt mit der Disposition, dem Einkauf und der Rechnungsprüfung verknüpft.

Die Bestandsführung hat die Aufgabe, die Warenbewegungen mengen- und wertmäßig zu erfassen, zu überwachen, auszuwerten und die Ergebnisse in den vorangegangen bzw. nachfolgenden Prozessen zu dokumentieren. Außerdem ist sie für die Durchführung der Inventur verantwortlich.

Als Ebenen für die Bestandsführung dienen:

- Mandant
- Buchungskreis
- Werk
- Lagerort

Als Sonderform ist auch der Projektbestand (Kontierungstyp **Q**) möglich.

In Abbildung 4.13 sind die in der Komponente Bestandsführung möglichen Warenbewegungen dargestellt.

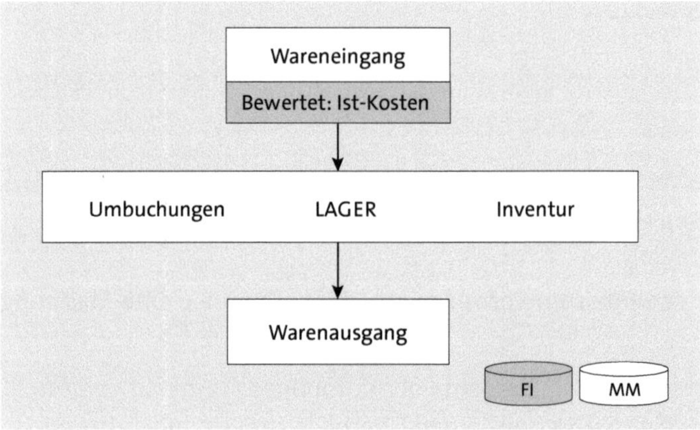

Abbildung 4.13 Warenbewegungen in der Komponente Bestandsführung

4.3.1 Warenbewegungen

Warenbewegungen werden in externe und interne Warenbewegungen unterschieden:

- **Externe Warenbewegungen**
  Dies sind z. B. Zugänge aus Bestellvorgängen von Lieferant oder Lieferwerk oder Abgänge infolge von Aufträgen.
- **Interne Warenbewegungen**
  Dies können Zugänge aus der Produktion, Materialentnahmen für innerbetriebliche Zwecke, Umbuchungen und Umlagerungen sein.

Die Warenbewegungen in der Bestandsführung bewirken eine Veränderung des physischen Bestands und/oder der Bestandsidentifikation. Es werden die folgenden Arten von Warenbewegungen unterschieden:

- **Wareneingang mit oder ohne Bezug zu Referenzbelegen**
  Ein Wareneingang führt zu einer Erhöhung des Lagerbestands. Den Wareneingang können Sie mit Bezug zu einem Referenzbeleg (z. B. Wareneingang mit Bezug zu einer Bestellung) oder ohne Bezug zu einem Referenzbeleg (z. B. sonstiger Wareneingang) erfassen.
- **Umbuchung/Umlagerung**
  - Umbuchungen bewirken z. B. eine Änderung der Bestandsidentifikation oder -qualifikation eines Materials, unabhängig von einer physischen Bewegung (z. B. die Buchungen »Material an Material«, »Qualitätsprüfbestand an frei verwendbaren Bestand« usw.)
  - Umlagerungen sind physische Bewegungen von Materialien zwischen Buchungskreisen und/oder Werken und/oder Lagerorten (z. B. Umlagerung einer ausgewählten Menge eines Materials von einem Lagerort wie Produktionslager in einen anderen Lagerort wie Auslieferungslager).
- **Warenausgang**
  Ein Warenausgang führt zu einer Minderung des Lagerbestands. Warenausgangsbuchungen können mit oder ohne Bezug zu Referenzbelegen vorgenommen werden. Nachfolgend sind einige Beispiele von Warenausgangsbuchungen aufgeführt:
  - Warenausgang mit Bezug auf verschiedene Kontierungsobjekte (Kundenauftrag, Fertigungsauftrag, Kostenstelle usw.)
  - Warenausgabe ohne Bezug auf verschiedene Kontierungsobjekte, für Stichproben oder Verschrottung
  - Rücklieferungen an Lieferanten
- **Reservierung**
  Mit einer Reservierung stellen Sie sicher, dass ein Material verfügbar ist, wenn es gebraucht wird. Reservierungen von Materialien können für Warenausgangs-, Wareneingangs- und Umbuchungen im SAP-System geplant werden.

Für alle Warenbewegungen können Sie im Customizing die Nachrichtenfindung einstellen. So können z. B. bei der Erfassung von Warenbewegungen Nachrichten automatisch erzeugt oder manuell eingegeben werden.

Ist für die gewählte Warenbewegung eine Nachrichtenart vorgesehen, wird automatisch eine Nachricht erzeugt sowie im Falle des Wareneingangs ein Warenbegleitschein (siehe Abschnitt 7.9.4, »Nachrichten«). Je nach eingestelltem Zeitpunkt kann die Ausgabe der Nachricht direkt beim Erfassen der Warenbewegung automatisch erfolgen oder muss nachträglich manuell angestoßen werden. Zusätzlich zu den Warenbegleitscheinen können Sie Etiketten drucken.

4.3.2 Bestandsarten

Die Bestandsführung unterscheidet *Bestandsarten*, die einen Hinweis auf die Verwendbarkeit des Materials geben. Die Bestandsart ist für die Ermittlung des verfügbaren Bestands in der Disposition sowie für die Materialentnahmen und die Inventur relevant. Im Folgenden finden Sie einige Bestandsarten mit ihren wesentlichen Ausprägungen:

- **Frei verwendbarer Bestand**
  Firmeneigener Bestand, der sich im Lager befindet, bewertet ist und keinerlei Verwendungseinschränkungen unterliegt.
- **Qualitätsprüfbestand**
  Firmeneigener Bestand, der sich in der Qualitätsprüfung befindet. Der Qualitätsprüfbestand ist bewertet, aber nicht frei verwendbar. Je nach Systemeinstellung ist er aus Sicht der Disposition verfügbar oder nicht verfügbar.
- **Gesperrter Bestand**
  Bestand, der nicht verwendet werden soll. Dieser Bestand ist für die Bestandsführung nicht frei verwendbar und in der Regel für die Disposition nicht verfügbar.
- **Wareneingangssperrbestand**
  Bestand, der weder bewertet noch frei verwendbar ist. Aufgrund avisierter Bestellungen erfolgt die Annahme der angelieferten Mengen eines Materials unter Vorbehalt.
- **Umlagerungsbestand**
  Bestand, der bei einer Umlagerung (im Zweischrittverfahren) aus dem Bestand der abgebenden Stelle (Werk, Lagerort) bereits entnommen wurde aber an der empfangenden Stelle (Werk, Lagerort) noch nicht eingetroffen ist. Der Umlagerungsbestand wird im bewerteten Bestand der empfangenden Stelle geführt, ist aber noch nicht frei verwendbar.
- **Retourensperrbestand**
  Bestand, der vom Kunden zurückgeschickt und unter Vorbehalt angenommen wurde. Er ist weder bewertet noch frei verwendbar.
- **Bestellbestand**
  Summe aller offenen Bestellmengen zum Material. Der Bestellbestand erhöht den verfügbaren Bestand in der Disposition, nicht aber den frei verwendbaren Bestand in der Bestandsführung
- **Reservierter Bestand**
  Bestand, der z. B. für eine Entnahme reserviert ist. Dieser Bestand ist noch frei verwendbar, aber aus der Sicht der Disposition nicht mehr verfügbar.

- **Nicht freier Bestand**
  Bestand eines chargenpflichtigen Materials, der sich körperlich im Lager befindet und bewertet ist, jedoch Verwendungseinschränkungen unterliegt. Der nicht freie Bestand wird nur bei einer aktiven Chargenzustandsverwaltung verwendet.

Mit welcher Bestandart die Bestände geführt werden sollen, kann zum Teil im Materialstamm bzw. Produktstamm festgelegt (siehe Abschnitt 3.2, »Produktverwaltung«) und/oder bei der Erfassung der Warenbewegung entschieden werden.

4.3.3 Wareneingang zur Bestellung

Aus der Vielzahl der möglichen Warenbewegungen soll hier auf eine Warenbewegung – den Wareneingang zur Bestellung eines Lagermaterials – beispielhaft eingegangen werden. In Kapitel 7, »Bestandsführung und Inventur«, werden weitere Warenbewegungen beschrieben.

Wareneingänge zur Bestellung können in der Kachelgruppe **Lagerabwicklung** erfasst werden (siehe Abbildung 4.14).

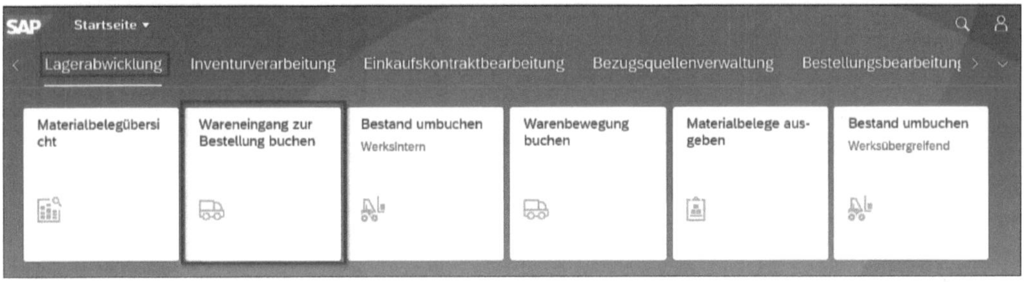

Abbildung 4.14 Kachelgruppe Lagerabwicklung (SAP-Fiori-App »Wareneingang zur Bestellung buchen«)

Die SAP-Fiori-App **Wareneingang zur Bestellung buchen** ermöglicht, anders als Transaktion MIGO, keine Auswahl anderer betriebswirtschaftlicher Vorgänge. Bei der Eingabe der Bestellnummer werden Sie durch intelligente Suchen unterstützt (siehe Abbildung 4.15).

Auch die Erfassung der Lieferdaten ist übersichtlich gestaltet (siehe Abbildung 4.16).

Neben den Referenz- und Buchungsdaten im Kopf können auf der Positionsebene die Mengen aus der Bestellung angepasst bzw. verteilt sowie Lagerort und Bestandart gewählt werden.

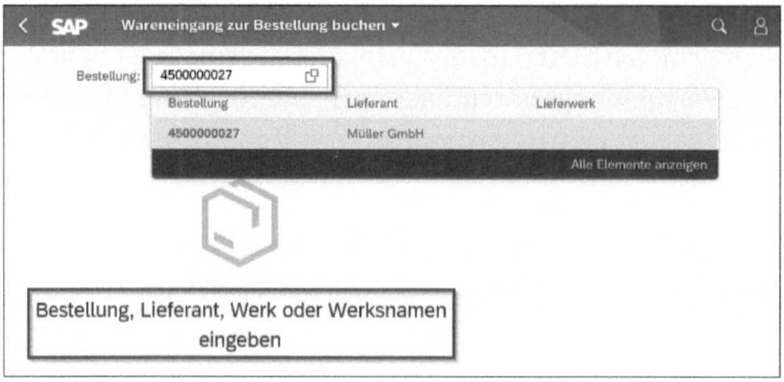

Abbildung 4.15 Bestellnummerneingabe in der SAP-Fiori-App »Wareneingang zur Bestellung buchen«

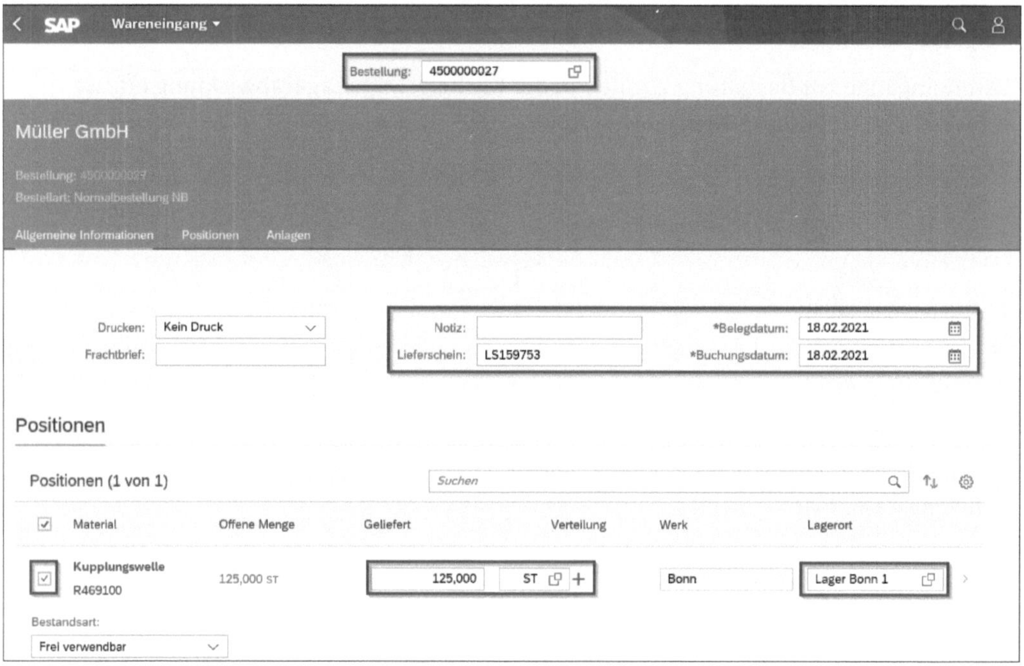

Abbildung 4.16 Lieferdaten erfassen

Weitere Eingaben, z. B. ein Wareneingang zu mehreren Bestellungen, sind nicht vorgesehen. Die bekannte Transaktion MIGO verbirgt sich hinter der Kachel **Warenbewegung buchen** in der Kachelgruppe **Lagerabwicklung** (siehe Abbildung 4.17).

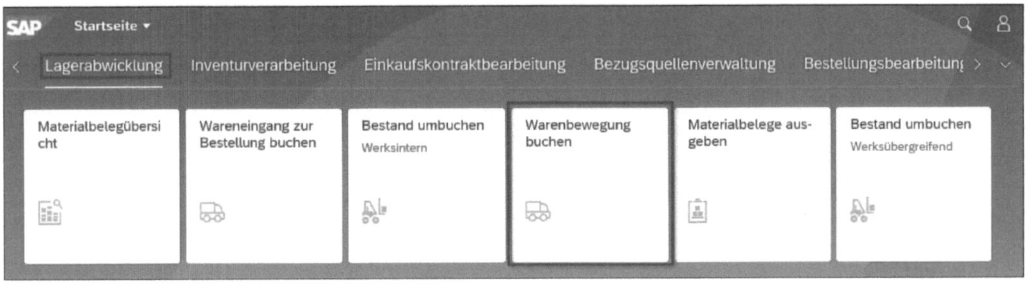

Abbildung 4.17 Kachelgruppe »Lagerabwicklung« (SAP-Fiori-App »Warenbewegung buchen«)

Ein Wareneingang zu einer Bestellung kann auch alternativ über die SAP-Fiori-App **Bestellungen verwalten** der Kachelgruppe **Bestellungsbearbeitung** direkt aus der Liste der Bestellungen erfasst werden (siehe Abbildung 4.18).

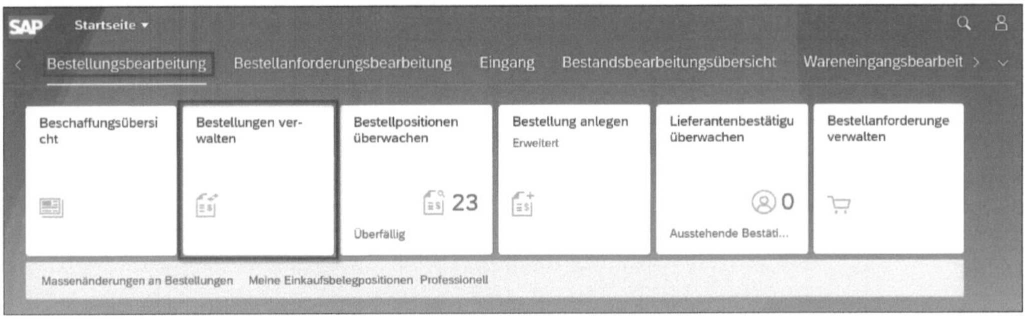

Abbildung 4.18 Kachelgruppe »Bestellungsbearbeitung« (SAP-Fiori-App »Bestellungen verwalten«)

In der Liste der Bestellungen können Sie bequem direkt in die Erfassung des Wareneinganges abspringen (siehe Abbildung 4.19). Die Bestellpositionen werden automatisch als Wareneingangspositionen vorgeschlagen.

Abbildung 4.19 Wareneingang zur Bestellung aus der SAP-Fiori-App »Bestellungen verwalten« starten

4.3.4 Auswirkungen der Warenbewegungen und der Folgebelege

Jede Warenbewegung im SAP-System bewirkt eine Fortschreibung bestimmter Daten in den Stammdaten, Belegen und den angrenzenden Komponenten. Welche Daten wo und wie fortgeschrieben werden, hängt von den eingesetzten Komponenten, den gewählten Bewegungsdaten sowie den Merkmalen der Stammdaten und dem Customizing ab.

Bei einem bewerteten Wareneingang wird neben dem Materialbeleg auch ein Buchhaltungsbeleg erzeugt.

Materialbeleg

Der Materialbeleg dient als Nachweis für die Warenbewegung und beinhaltet die Mengenfortschreibung. Eine Übersicht der Materialbelege finden Sie z. B. in der Kachelgruppe **Lagerabwicklung** (siehe Abbildung 4.20).

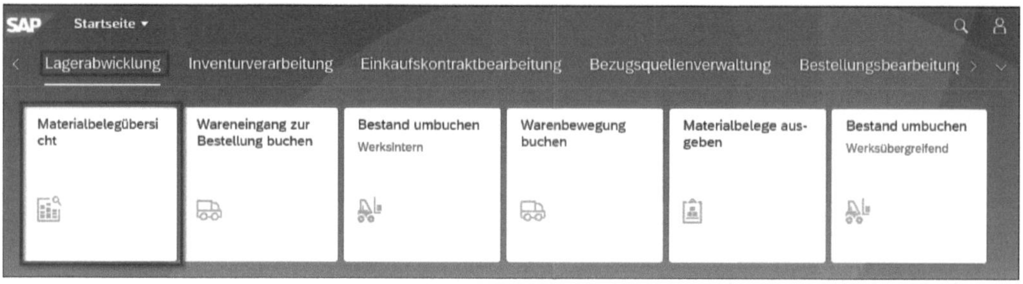

Abbildung 4.20 Kachelgruppe »Lagerabwicklung« (SAP-Fiori-App »Materialbelegübersicht«)

Ein Materialbeleg wird durch die Belegnummer und das Belegjahr identifiziert (siehe Abbildung 4.21).

> **Transaktionen (WebGUI)**
>
> Viele altbekannte Transaktionen zum Bearbeiten bzw. zur Ansicht von Materialbelegen (z. B. MB01, MB02 und MB03) sind in SAP S/4HANA nicht mehr verfügbar (siehe SAP-Hinweis 2210569).

Buchungsbeleg zum Materialbeleg

Ein bewerteter Wareneingang erzeugt auch einen Buchhaltungsbeleg, der die Wertfortschreibung dokumentiert und in der Finanzbuchhaltung fortschreibt.

Abbildung 4.21 Beispiel für einen Materialbeleg

Sie erreichen den Buchhaltungsbeleg über den Prozessablauf des Materialbelegs (siehe Abbildung 4.22).

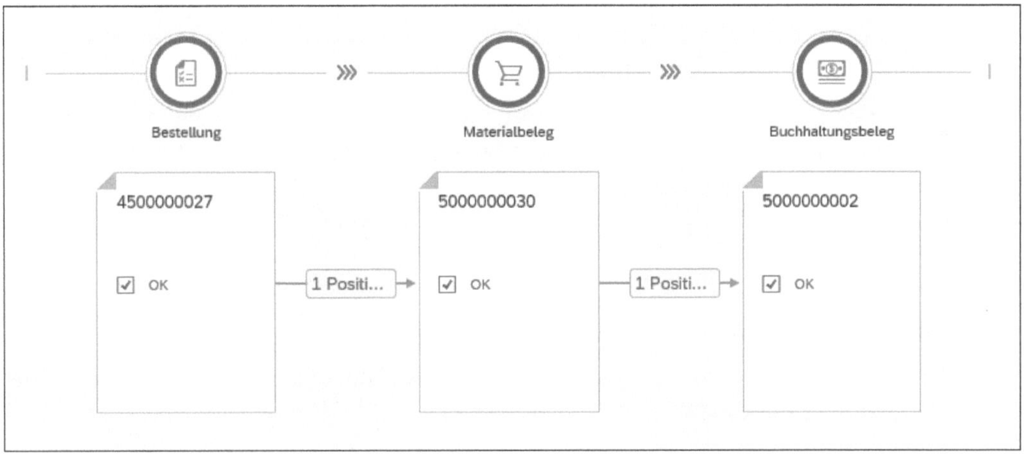

Abbildung 4.22 Prozessablauf: Einkaufsbeleg – Materialbeleg – Buchhaltungsbeleg zum Materialbeleg

Die für die Buchung benötigten Konten werden im Customizing der automatischen Kontenfindung im Customizing der Materialwirtschaft eingestellt (siehe Abschnitt 7.8, »Automatische Kontenfindung«). Der Buchungsbeleg wird durch Buchungskreis ❶, Belegnummer ❷ und Geschäftsjahr ❸ identifiziert (siehe Abbildung 4.23).

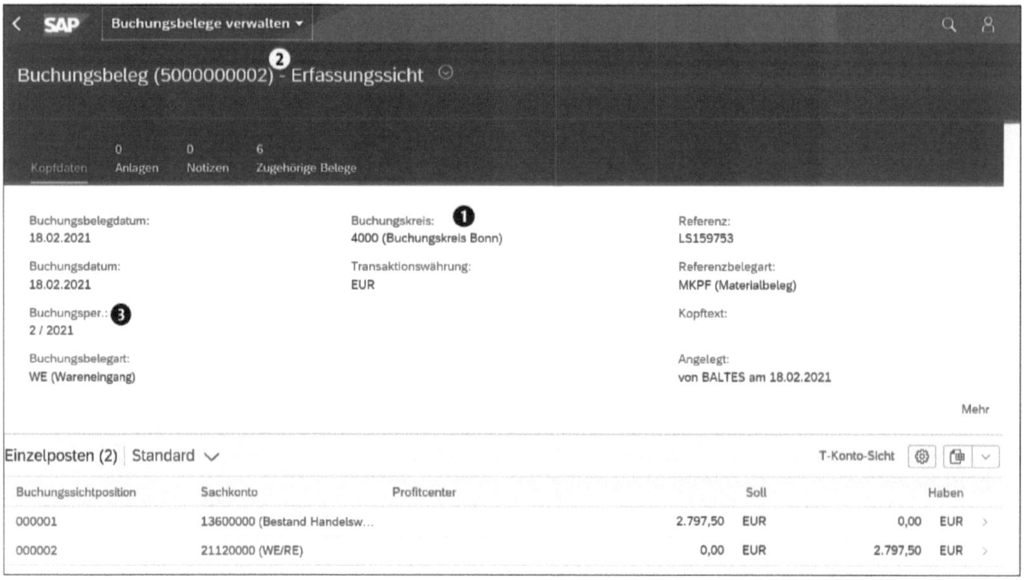

Abbildung 4.23 Buchungsbeleg zum Materialbeleg

[»]

Business Catalog und Business Role

Die gezeigten Apps sind dem Business Catalog SAP_MM_BC_IM_PROCESS (Materialwirtschaft – Lagerabwicklung) und der Berechtigungsrolle SAP_BR_INVENTORY_MANAGER (Dispositionsverantwortlicher) oder auch SAP_BR_WAREHOUSE_CLERK (Lagerist) zugeordnet.

Prozessablauf/Bestellentwicklung

Der Materialbeleg (Wareneingang) wird im Prozessablauf der Bestellposition ergänzt (siehe Abbildung 4.24).

Bestandsfortschreibung

Die mit der Wareneingangsbuchung verbundene Erfassung der gelieferten Mengen können Sie über verschiedene Apps auswerten. Eine Übersicht der in einem Werk erfassten Bestände vermittelt z. B. die SAP-Fiori-App **Bestand – Mehrere Materialien** in der Kachelgruppe **Bestandsüberwachung** (siehe Abbildung 4.25).

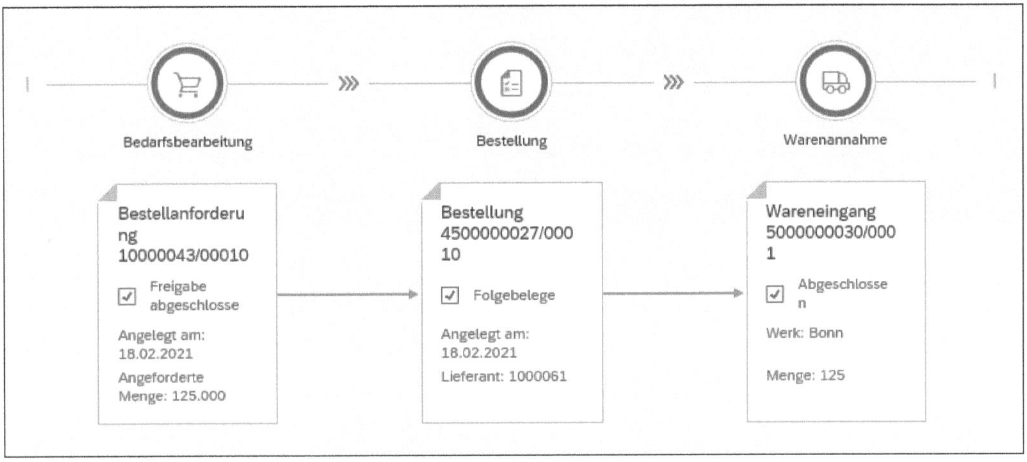

Abbildung 4.24 Prozessablauf: Bestellposition nach Wareneingang

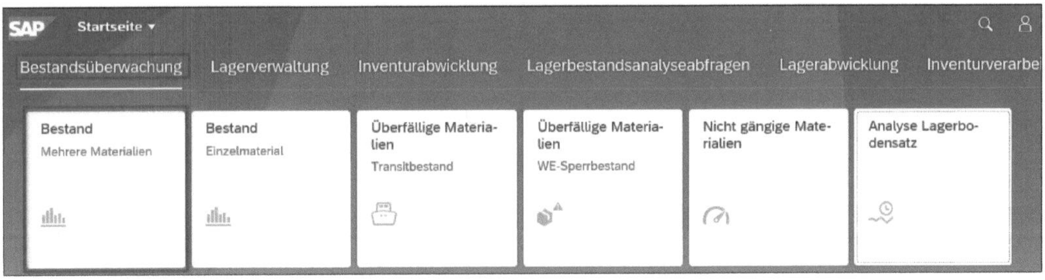

Abbildung 4.25 Kachelgruppe »Bestandsüberwachung« (SAP-Fiori-App »Bestand – Mehrere Materialien«)

Neben der Menge wird auch der Bestandswert in der Bestandsübersicht angezeigt. Die verschiedenen Bestandsarten, z. B. **Frei verwendbar** oder **Gesperrter Bestand** können über die Anzeigeeinstellungen ein- oder ausgeblendet werden. Ebenso können sinnvolle Gruppierungen und Summen eingestellt werden (siehe Abbildung 4.26).

Auch in den Stammdaten des Materials werden Bestände, Bewertung und Bewertungspreis (der gleitende Durchschnittspreis, Preistyp **V**) fortgeschrieben. Da diese Sichten in der SAP-Fiori-App **Produktstammdaten verwalten** nicht angeboten werden, zeigen wir hier die Buchhaltungssicht von Transaktion MM03 (siehe Abbildung 4.28), die sich hinter der Kachel **Material anzeigen** in der Kachelgruppe **Produktstamm** verbirgt (siehe Abbildung 4.27).

Abbildung 4.26 Bestandsübersicht über mehrere Materialien

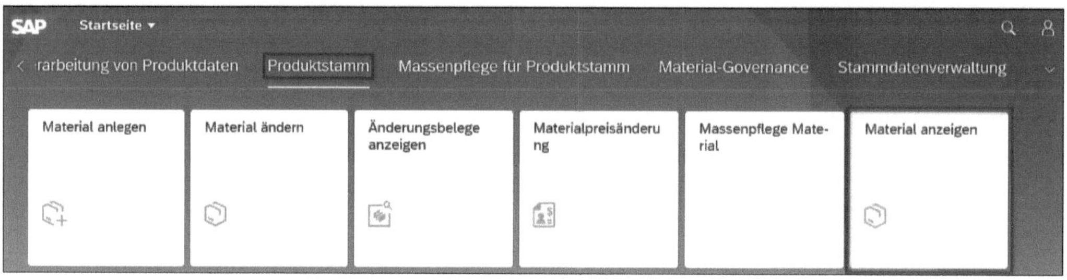

Abbildung 4.27 Kachelgruppe »Produktstamm« (SAP-Fiori-App »Material anzeigen«)

[»]

Business Catalog und Business Role

Die gezeigten Apps sind dem Business Catalog SAP_MM_BC_IM_MONITORING (Materialwirtschaft – Bestandsüberwachung) und der Berechtigungsrolle SAP_BR_INVENTORY_MANAGER (Dispositionsverantwortlicher) zugeordnet.

Transaktion MM03 ist dem Business Catalog SAP_CMD_BC_PR_MAINT (Stammdaten – Produkt) und der Berechtigungsrolle SAP_BR_PRODMASTER_SPECIALIST (Stammdatenverwaltung – Produkt) zugeordnet.

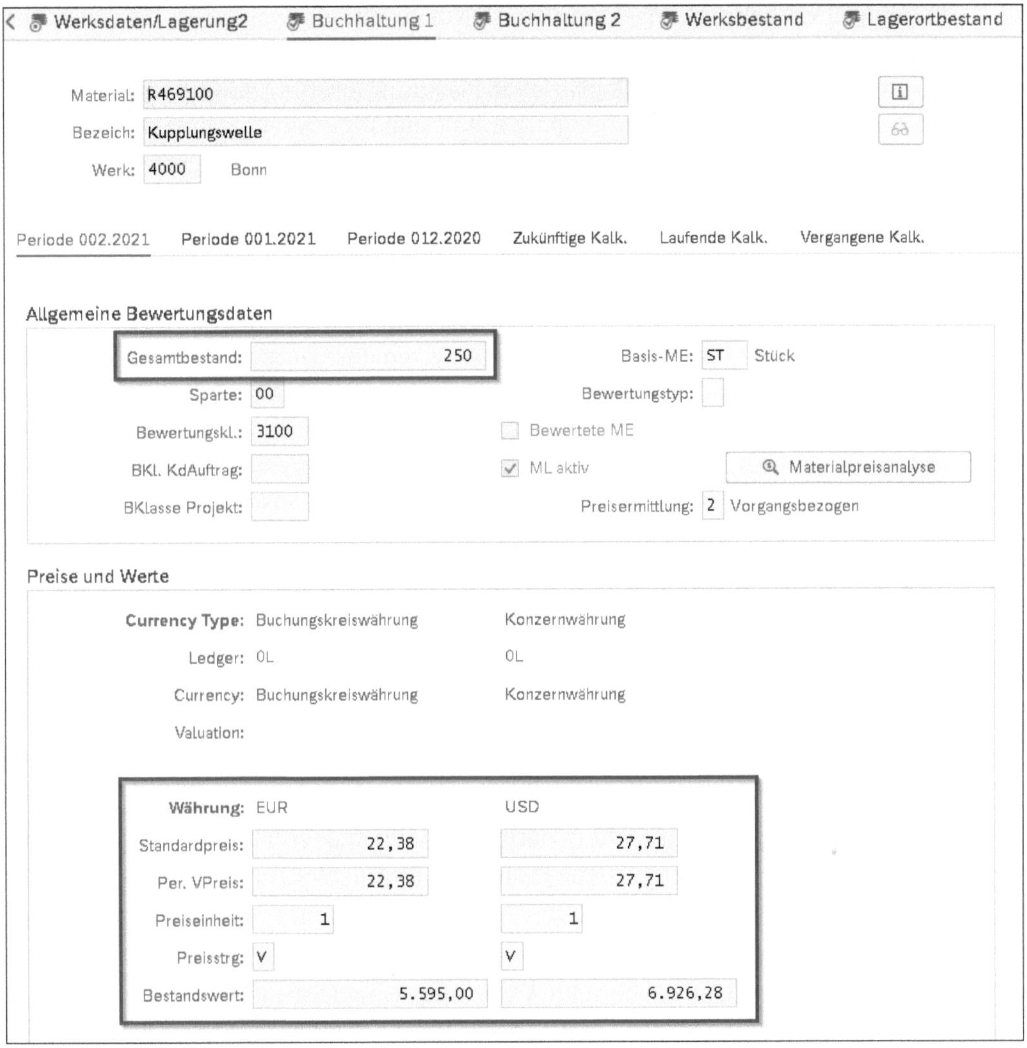

Abbildung 4.28 Stammdaten eines Materials in der Buchhaltungssicht

4.4 Logistische Rechnungsprüfung

Die logistische Rechnungsprüfung steht am Ende des Einkaufsprozesses in MM. Die Rechnungsprüfung wird in aller Regel durch die Buchhaltung durchgeführt, da nur dort das erforderliche Wissen über die formale Richtigkeit von Lieferantenbelegen vorliegt. Dennoch besteht natürlich ein hoher Abstimmungsbedarf mit dem Einkauf, um sicherzustellen, dass die Ware in der berechneten Menge und Qualität tatsächlich in Ihrem Unternehmen angekommen ist. Nur so können eventuelle Abweichungen geklärt und bei der Einbuchung der Rechnung berücksichtigt werden. Nachfolgend wird kurz auf das Umfeld der logistischen Rechnungsprüfung eingegangen und einer der Kernprozesse »Rechnungseingang mit Bestellung« bereits einmal aus der Sicht der Rechnungsprüfung angerissen. Details und weitere Ausprägungen erhalten Sie in Kapitel 8, »Logistik-Rechnungsprüfung«.

Mit der Rechnungsprüfung befinden wir uns im Einkaufsprozess an der Schnittstelle zwischen Einkauf und Buchhaltung. In der Buchhaltung wird der Prozess dann mit der Zahlungsabwicklung abgeschlossen. Diese grundsätzlichen Aussagen behalten auch bei der Arbeit in einem SAP-S/4HANA-System ihre Gültigkeit. Sie haben hier jedoch die Wahl, ob Sie die Prozesse in einer SAP-GUI-Umgebung, via Browser über den SAP Business Client oder über SAP-Fiori-Apps ausführen möchten. SAP-Anwender treffen diese Entscheidung in der Regel im Rahmen ihres SAP-S/4HANA-Einführungs- oder Umstellungsprojekts. Wir werden in diesem Abschnitt ein einem Überblick die Prozessschritte aus einer SAP-Fiori-App heraus kurz anreißen. In Kapitel 8, »Logistik-Rechnungsprüfung«, werden die Aufgaben im Zusammenhang mit der Rechnungsprüfung mit SAP-Fiori-Apps im Detail vorgestellt.

Hier möchten wir vorab kurz und knapp die Aufgabe und das Umfeld der logistischen Rechnungsprüfung klären.

4.4.1 Umfeld der logistischen Rechnungsprüfung

Bei der Rechnungsprüfung geht es darum, bestellte und erhaltene Ware auch zu bezahlen. Dabei gibt es verschiedene Stufen der Prüfung, bevor der Zahlungsvorgang ausgelöst wird:

- **Prüfung auf sachliche Richtigkeit**
  Hier wird geprüft, ob die bestellte Ware oder Dienstleistung mit der entsprechenden Qualität und in der entsprechenden Menge eingegangen ist und auch so berechnet wird. Zur sachlichen Prüfung gehört auch der Abgleich der Konditionen (Preise, Zu- und Abschläge usw.). Die Prüfung wird vom Einkauf durchgeführt, der die Konditionen und Zahlungsmodalitäten mit dem Lieferanten vereinbart hat.
- **Prüfung auf rechnerische Richtigkeit**
  Hier prüft die Rechnungsprüfung, ob die Summenberechnung und die Mehrwertsteuerberechnung stimmen, ob die Rechnung formal korrekt ist und ob die Adressdaten Ihrer Firma korrekt in der Rechnung ausgewiesen sind.

Erst nachdem beide Prüfungen erfolgreich verlaufen sind, werden die Rechnungen bezahlt. Hierbei gibt es in den Unternehmen unterschiedliche Vorgehensweisen. Nachfolgend beschreiben wir einige unterschiedliche Prozesse:

- Rechnungsdaten werden manuell direkt im SAP-System erfasst und geprüft.
- Rechnungsdaten werden automatisch aus den Bestellungen heraus generiert. Als Folgefunktion gibt es die Möglichkeit, die Rechnungsprüfung maschinell anzustoßen und lediglich stichpunktartig oder bei Abweichungen die Buchhaltungsmitarbeiter eingreifen zu lassen. Je nach voreingestellten Toleranzen können Abweichungen akzeptiert und Zahlungsvorgänge ausgelöst werden.
- Die Rechnungsprüfung wird in vorgelagerten Systemen durchgeführt, aus denen die Verbuchung im SAP-System über eine Schnittstelle erfolgt. Die Rechnungsprüfung dient hier nur noch der Verbuchung in der Buchhaltung.
- Rechnungen werden über einen automatischen Eingangs-Workflow verarbeitet, an dessen Anfang das elektronische Einlesen der Rechnung über die OCR-Erkennung (OCR = Optical Character Recognition – optische Zeichenerkennung) mit elektronischer Archivierung steht. Mittels OCR werden bestimmte Daten der Rechnung – wie Rechnungsdatum, Leistungsdatum, Betrag, Artikel, Bestellnummer usw. – in die SAP-Rechnungserfassungsbilder übertragen und können dann überprüft und freigegeben werden.

Sicher kennen Sie das Vorgehen der Rechnungserfassung in Ihrem Unternehmen und finden sich in einem der genannten Prozesse wieder.

Je nach firmeninternen Compliance-Regeln sind, abhängig vom Rechnungsbetrag, gegebenenfalls Freigaben erforderlich, bevor eine Rechnung zur Auszahlung gelangen kann. Diese Freigaben können zu unterschiedlichen Zeitpunkten erfolgen: bereits bei der Rechnungserfassung über einen Rechnungsfreigabe-Workflow oder erst im Zuge der Genehmigung des Zahlungsvorschlags und der entsprechenden Freigabe der Auszahlung.

Nachfolgend möchten wir Ihnen einen ersten Eindruck von der manuellen Rechnungsprüfung mit Bezug auf eine Bestellung im SAP-System geben.

Business Catalog und Business Role

Die hier gezeigten Apps sind dem Business Catalog SAP_PRC_BC_INVOICER_PR (Kreditorenbuchhaltung – Lieferantenrechnungen) und der Berechtigungsrolle SAP_BR_AP_ACCOUNTANT_PROCUREMT (Kreditorenbuchhalter – Beschaffung) zugeordnet.

4.4.2 Rechnungseingang mit Bezug

Die Rechnungsprüfung wird im SAP-S/4HANA-System mit der SAP-Fiori-App **Lieferantenrechnung anlegen** aus der Kachelgruppe **Lieferantenrechnungsbearbeitung** gestartet (siehe Abbildung 4.29).

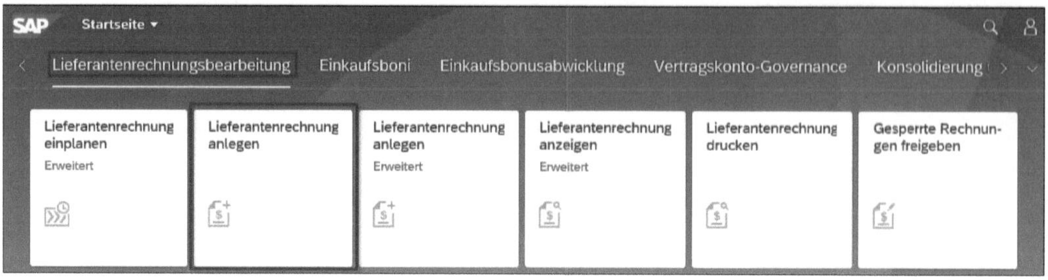

Abbildung 4.29 Kachelgruppe »Lieferantenrechnungsbearbeitung« (SAP-Fiori-App »Lieferantenrechnung anlegen«)

In der SAP-Fiori-App **Lieferantenrechnung anlegen** können Sie eine Lieferantenrechnung mit Bezug zu einer Bestellung bzw. zu einer Warenlieferung anlegen (siehe Abbildung 4.30).

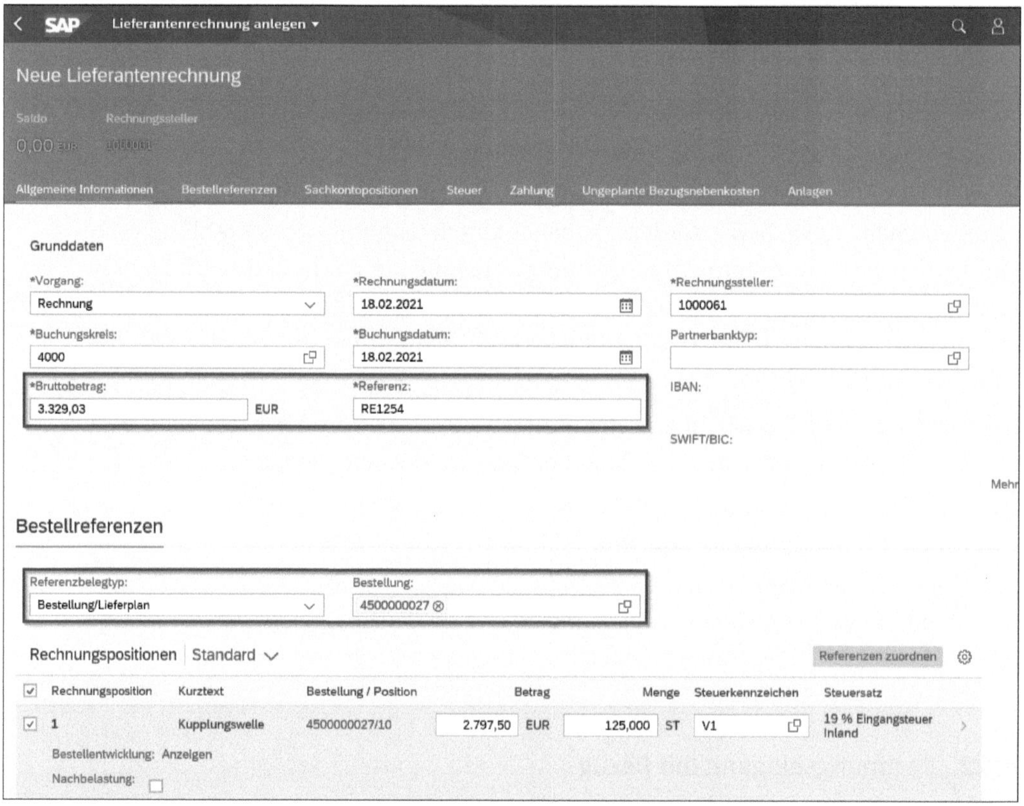

Abbildung 4.30 Lieferantenrechnung mit Bestellbezug erfassen

Die Kopfdaten der Rechnung (Rechnungsbetrag und Referenznummer) müssen manuell erfasst werden. Die zu buchenden Sachkontenzeilen werden über den Bezug zu der Bestellung (Felder **Referenzbelegtyp** und **Bestellung**) ermittelt und in den Beleg übernommen (siehe Abbildung 4.30).

Alternativ kann der Bezug zu einem erfassten Lieferschein (Felder **Referenzbelegtyp** und **Lieferschein**) hergestellt werden (siehe Abbildung 4.31).

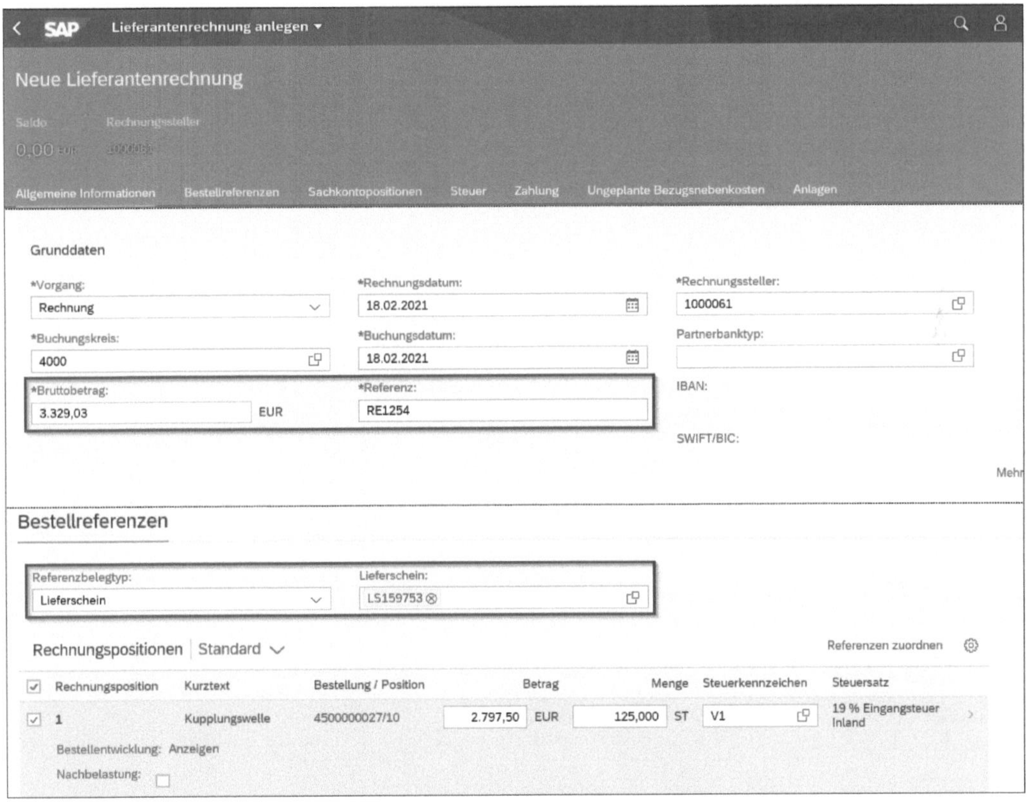

Abbildung 4.31 Lieferantenrechnung mit Lieferscheinbezug erfassen

Mit der Buchung der Lieferantenrechnung mit Bezug zu der Bestellung bzw. zum Lieferschein ist der logistische Teil des Einkaufsprozesses abgeschlossen, und der Prozessablauf der Bestellposition führt alle Belege aus dem Bereich der Materialwirtschaft auf (siehe Abbildung 4.32).

Mit der Buchung der Lieferantenrechnung (logistischer Rechnungsbeleg) wird automatisch ein kreditorischer Beleg in der Finanzbuchhaltung erzeugt. Sie erreichen den Beleg der Finanzbuchhaltung aus der Lieferantenrechnung über die Schaltfläche **Buchungsbelege** (siehe Abbildung 4.33).

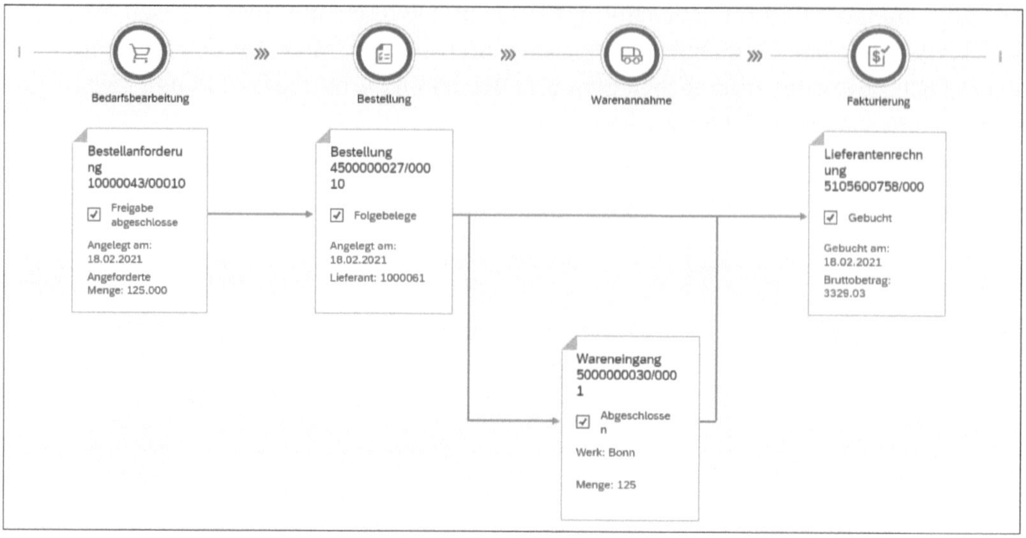

Abbildung 4.32 Vollständiger logistischer Prozessablauf

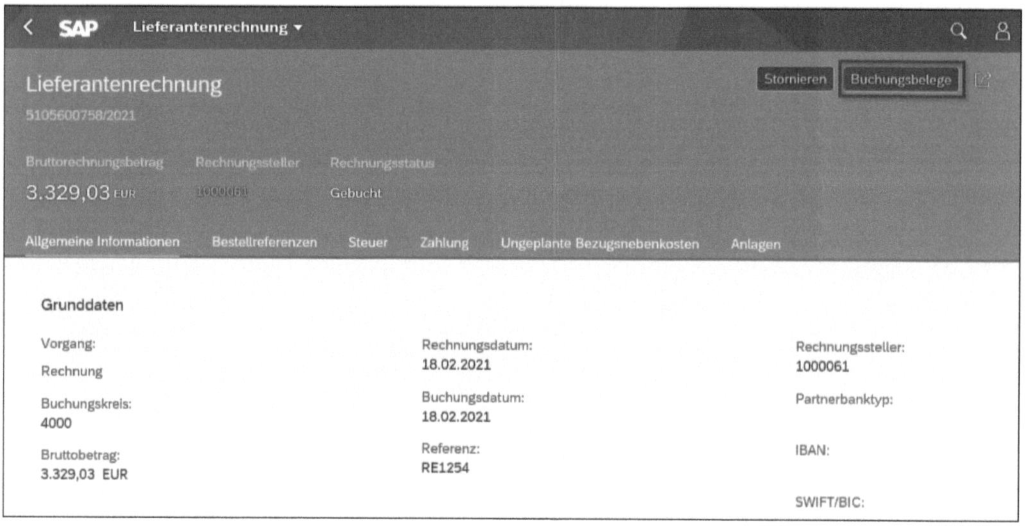

Abbildung 4.33 Buchungsbeleg zur Lieferantenrechnung anzeigen

Aus dem Prozessablauf heraus, wie er z. B. in Abbildung 4.32 gezeigt wird, können Sie in den eigentlichen Buchungsbeleg abspringen. Beispielhaft ist dies in Abbildung 4.34 zu sehen.

In der Erfassungssicht zum Buchungsbeleg werden Ihnen die einzelnen Positionen des Belegs angezeigt (siehe Abbildung 4.35).

Abbildung 4.34 Prozessablauf »Lieferantenrechnung«

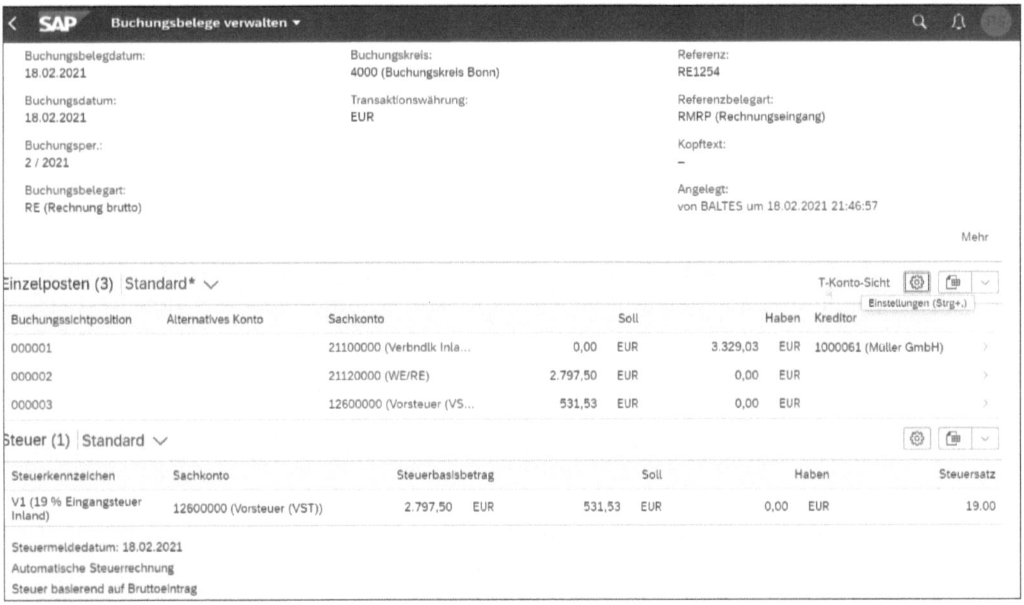

Abbildung 4.35 Erfassungssicht des Buchungsbelegs

Business Catalog und Business Role

Die App **Buchungsbelege verwalten** ist in dem Business Catalog SAP_SFIN_BC_AP_DOC_PROC (Kreditorenbuchhaltung – operative Verarbeitung) und der Berechtigungsrolle SAP_BR_AP_ACCOUNTANT (Kreditorenbuchhalter) zugeordnet.

Die Zahlung der Lieferantenrechnung als Abschluss des Purchase-to-Pay-Prozesses ist zwar nicht Teil der SAP-Materialwirtschaft, der Vollständigkeit halber stellen wir den Prozess der Bezahlung einer Lieferantenrechnung im nächsten Abschnitt aber dennoch kurz vor.

4.4.3 Zahlungsabwicklung

Im Folgenden gehen wir noch auf das Bezahlen der Rechnungen ein. Die entsprechende Zahlungsabwicklung findet ausschließlich in der Buchhaltung durch dafür berechtigte Sachbearbeiter aus der Kreditorenabteilung statt.

[»]

Einflussfaktoren bei der Zahlungsabwicklung

Folgendes sollten Sie bei der Zahlungsabwicklung im Hinterkopf behalten:

- Zahlungen können vorgenommen werden, wenn entweder im Lieferantenstammsatz oder in der Rechnung eine gültige Kontoverbindung hinterlegt wurde (siehe z. B. Abschnitt 3.4, »Geschäftspartner«).
- Über die Zahlungsbedingungen wird gesteuert, wann die Auszahlung erfolgen soll. Die Unternehmen sind immer bestrebt, so spät wie möglich zu zahlen und dennoch maximal von möglichen Vergünstigungen zu profitieren, z. B. von Skonto-Regelungen mit dem Lieferanten. Auf die Zahlungsbedingungen wird in Abschnitt 8.4.3, »Skonto«, vertiefend eingegangen.
- Rechnungen können zur Zahlung gesperrt sein. Im Zahllauf werden nur solche Rechnungen berücksichtigt, die mit keiner Sperre versehen sind. Auf Rechnungssperren wird ebenfalls in Abschnitt 8.5, »Sperren und Freigaben«, detailliert eingegangen.
- Ist der Lieferant im Kreditorenstammsatz zur Zahlung gesperrt, spielen Zahlsperren in der Rechnung keine Rolle mehr.

Zahlungen werden in der Kreditorenbuchhaltung mit dem Zahllauf über die SAP-Fiori-App **Automatische Zahlungen verwalten** vorgenommen. Der Zahllauf wird technisch im SAP-System in den folgenden drei Schritten vorgenommen:

1. Anlegen des Zahllaufs
2. Erstellen eines Zahlungsvorschlags
3. Ausführung der Zahlungen

[»]

Business Catalog und Business Role

Die SAP-Fiori-App **Automatische Zahlungen verwalten** ist in dem Business Catalog `SAP_SFIN_BC_APAR_PAYM` (Kreditoren und Debitoren – Zahlungen) und der Berechtigungsrolle `SAP_BR_AP_ACCOUNTANT` (Kreditorenbuchhalter) zugeordnet. Die App ist ebenfalls in dem Business Catalog SAP_SFIN_BC_AP_PAY_PROC (Kreditorenbuchhaltung – Zahlungen) zu finden und der Berechtigungsrolle SAP_BR_AR_ACCOUNTANT (Debitorenbuchhalter) zugeordnet.

Anlegen des Zahllaufs mit allen Parametern

Wir legen den Zahllauf für diesen Überblick mit der SAP-Fiori-App **Automatische Zahlungen verwalten** an, die Sie über die Kachelgruppe **Zahlungen** finden (siehe Abbildung 4.36).

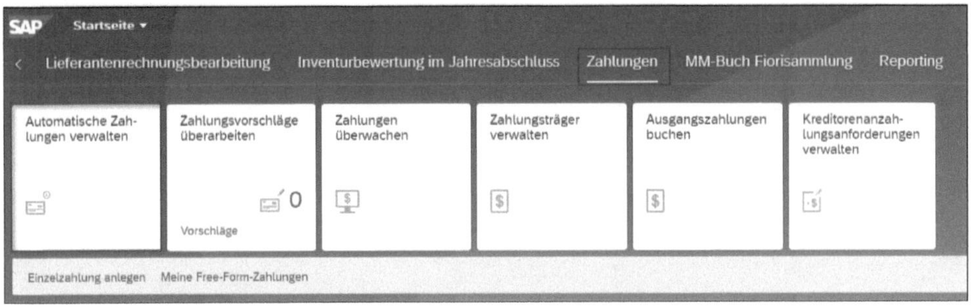

Abbildung 4.36 Kachelgruppe »Zahlungen« (SAP-Fiori-App »Automatische Zahlungen verwalten«)

In Abbildung 4.37 können Sie die Selektionsparameter für einen Zahllauf sehen. Im Beispiel wird der Zahllauf nur für den Kreditor 1000061 im Buchungskreis 4000 ausgeführt, und es werden nur solche Belege selektiert, die mit den Zahlweg **U** gebucht wurden bzw. bei denen der Zahlweg **U** in den Buchhaltungsdaten des Lieferantenstammsatzes (Geschäftspartnerrolle FLVN00) hinterlegt ist.

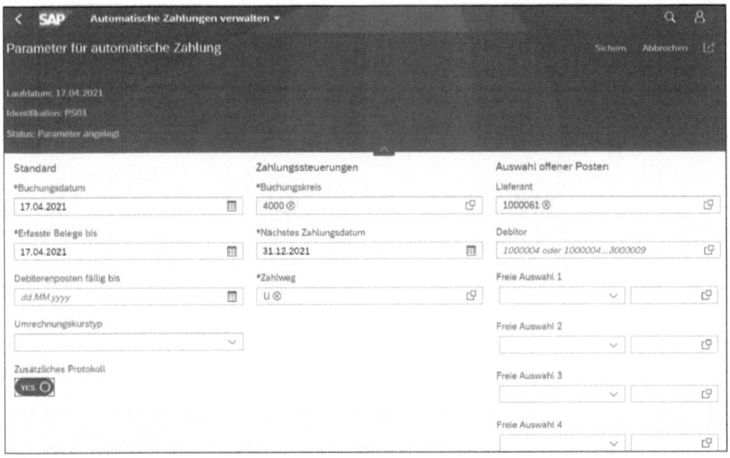

Abbildung 4.37 Wesentliche Zahllaufparameter in der SAP-Fiori-App »Automatische Zahlungen verwalten«

Erstellen eines Zahlungsvorschlags und eventuelles Nachbearbeiten (Setzen temporärer Sperren, Aufheben von Sperren)

Wenn die Parameter zum Zahllauf festgelegt sind, werden diese anschließend gesichert. Für die Ausführung des Zahllaufs mit den voreingestellten Parametern können Sie weiterhin die SAP-Fiori-App **Automatische Zahlungen verwalten** nutzen (siehe Abbildung 4.38).

Aus dem gesicherten Zahllauf heraus können Sie über den Menüpfad **Einplanen • Vorschlag** aus der Parametersicht den Zahlungsvorschlag erzeugen.

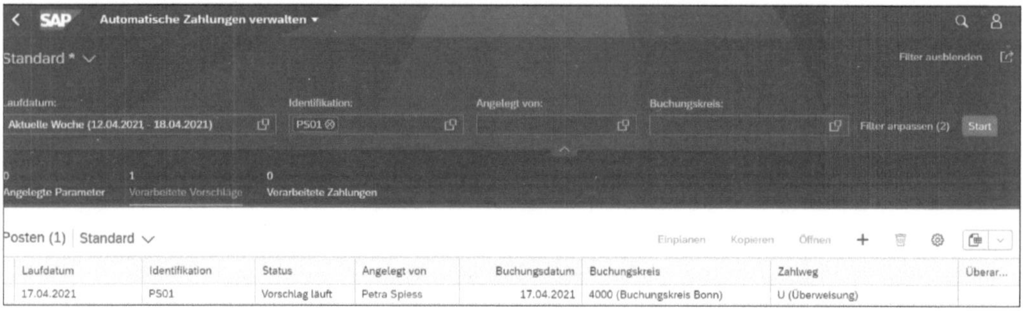

Abbildung 4.38 Laufender Zahlungsvorschlag

Ob der Zahlungsvorschlag erstellt worden ist, können Sie erkennen, wenn Sie auf die Schaltfläche **Verarbeitete Vorschläge** klicken. Der Status ändert sich, und in der letzten Spalte erhalten Sie eine Schaltfläche für die weitere Bearbeitung des Zahlungsvorschlags (siehe Abbildung 4.39).

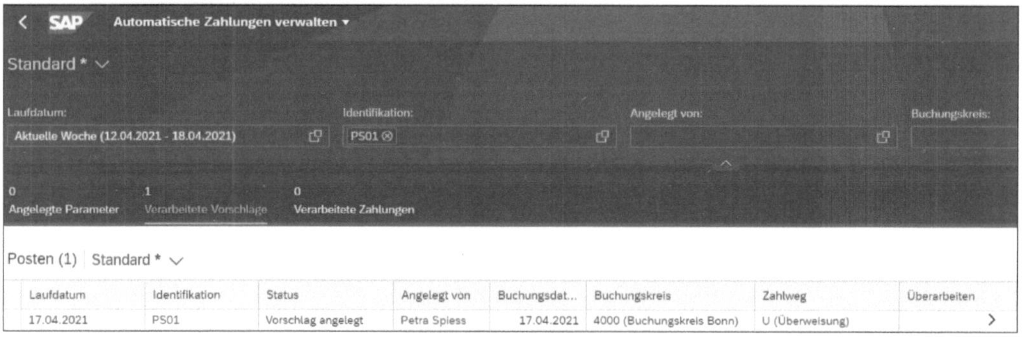

Abbildung 4.39 Angelegter Zahlungsvorschlag

Klicken Sie auf die Schaltfläche [>] in der Spalte **Überarbeiten**, um sich den Zahlungsvorschlag anzuschauen. Per Doppelklick springen Sie in das Protokoll des Zahlungsvorschlags sowie in die Details. Eine Vorschlagsliste zu unserem Beispiel sehen Sie in Abbildung 4.40.

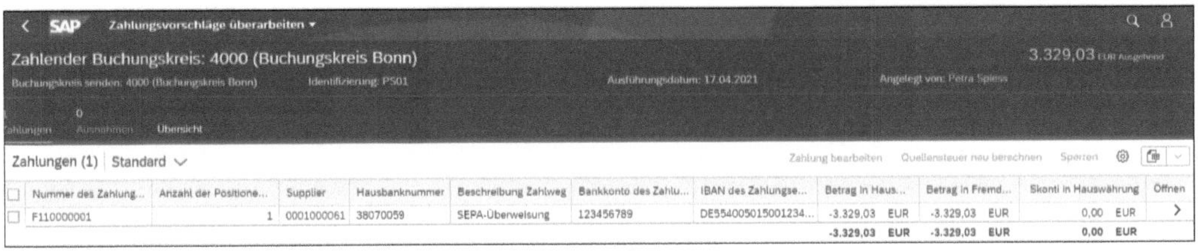

Abbildung 4.40 Zahlungsvorschlagsliste

Ausführung der Zahlungen

In diesem Schritt werden die offenen Rechnungen buchhalterisch bereits ausgeglichen und auf ein Bankverrechnungskonto umgebucht. In Abbildung 4.41 sehen Sie das Ergebnis des Zahllaufs.

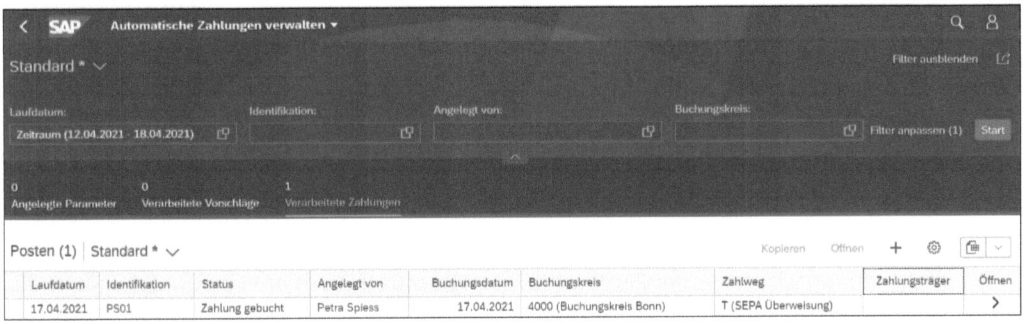

Abbildung 4.41 Ergebnis des Zahllaufs

Nachdem der Zahllauf ausgeführt worden ist, wird in unserem Beispiel ein Buchungsbeleg erstellt. Das Ergebnis der Buchung können Sie in Abbildung 4.42 sehen. Mit diesem Beleg wird das Kreditorenkonto 1000061 ausgeglichen, und Sie haben nunmehr keine offene Verbindlichkeit mehr. Allerdings wird zunächst ein neuer offener Posten auf dem Bankverrechnungskonto 11001020 erzeugt, der so lange besteht, bis dieses Verrechnungskonto im Rahmen der automatischen Kontoauszugsverarbeitung ausgeglichen wird.

Im Zusammenhang mit dem Zahllauf spielen Berechtigungen eine wichtige Rolle. So dürfen Sie nur dann einen Zahllauf durchführen, wenn Ihnen die Berechtigung zum Pflegen von Kreditorenstammdaten fehlt. Damit soll verhindert werden, dass kurz vor dem Zahllauf noch Manipulationen an den Kontoverbindungen vorgenommen werden.

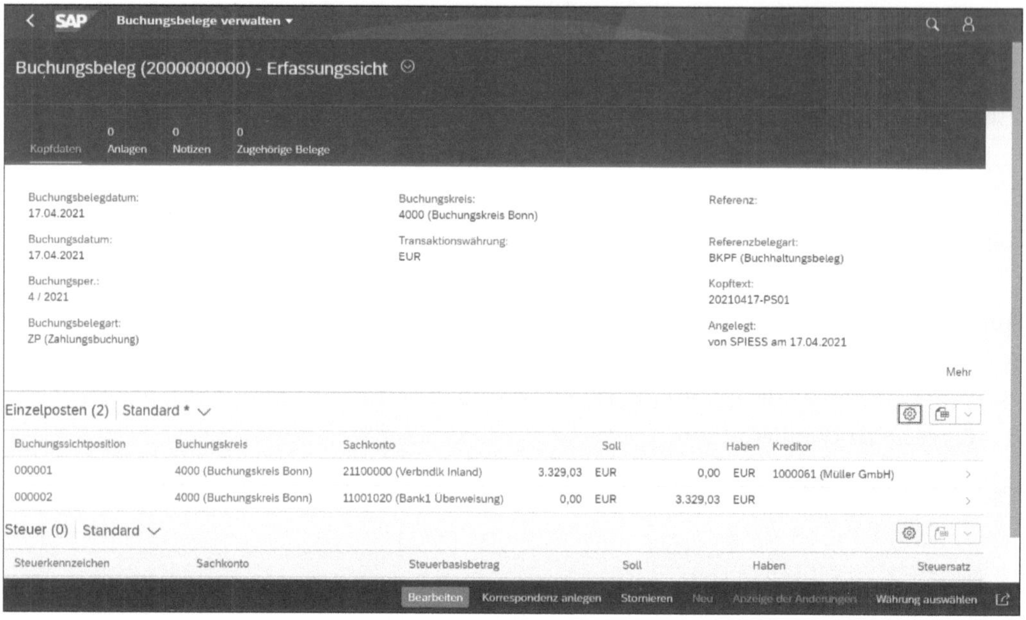

Abbildung 4.42 Buchungsbeleg aus dem Zahllauf

Die Person, die den Zahlungsvorschlag erstellt und bearbeitet hat, führt in der Regel nicht den anschließenden Zahllauf durch. Hierdurch wird aus technischer Sicht das Vier-Augen-Prinzip gewahrt. Organisatorisch kann dies aber auch so geregelt werden, dass der Zahlungsvorschlag vor der Durchführung des Zahllaufs von einem Vorgesetzten schriftlich genehmigt werden muss.

Sie haben jetzt einmal den kompletten Einkaufsprozess in einer einfachen Form kennengelernt. In Kapitel 5 werden Sie in die Grundlagen der verbrauchsgesteuerten Disposition eingeführt und lernen dabei, wie Beschaffungsprozesse maschinell angestoßen werden können.

Kapitel 5
Grundlagen der verbrauchsgesteuerten Disposition

In diesem Kapitel beschreiben wir den Ablauf der verbrauchsgesteuerten Disposition, für die nur das SAP-S/4HANA-System genutzt wird. Die verbrauchsgesteuerte Disposition basiert auf den Verbrauchswerten der Vergangenheit und schließt mithilfe der Prognose oder statistischer Verfahren auf den zukünftigen Bedarf.

Die zentrale Aufgabe der Disposition ist die Überwachung der Bestände und die automatische Generierung von Beschaffungsvorschlägen (Bestellanforderungen, Planaufträgen und/oder Lieferplaneinteilungen) für Einkauf und Fertigung. Hierzu stehen die plangesteuerten und verbrauchsgesteuerten Dispositionsverfahren zur Verfügung.

In diesem Buch wird auf das *verbrauchsgesteuerte Dispositionsverfahren* eingegangen. Entsprechend werden in diesem Kapitel die Einordnung und der Ablauf der Disposition (Materialbedarfsplanung) in der Beschaffungsprozesskette beschrieben.

Es werden die die Disposition beeinflussenden Parameter, die Dispositions- und Prognoseverfahren und die Planungsergebnisse erläutert.

Das Kapitel wird mit einem Überblick über die Customizing-Einstellungen für die Disposition abgeschlossen.

5.1 Verbrauchsgesteuerte Disposition

Die verbrauchsgesteuerte Disposition basiert auf den Verbrauchswerten der Vergangenheit. Hierbei werden die Verbrauchswerte analysiert und mithilfe statistischer Verfahren oder Prognoseverfahren der zukünftige Bedarf ermittelt.

Die Verfahren der verbrauchsgesteuerten Disposition haben keinen Bezug zu einem Produktionsplan. Dies bedeutet, dass die Nettobedarfsrechnung auf der Unterschreitung eines festgelegten Bestellpunkts (Meldebestand) oder auf Prognosebedarfen, die aus den Verbrauchswerten der Vergangenheit ermittelt werden, basieren.

In den folgenden Abschnitten werden die Einflussgrößen, die Bearbeitungsschritte und das Ergebnis der Disposition dargestellt.

5.1.1 Einsatz und Umfeld der Disposition

Unter *Disposition* wird – um es einfach zu formulieren – der Abgleich des in der Bedarfsermittlung errechneten Bruttobedarfs mit dem verfügbaren Bestand verstanden.

Das Ergebnis der Disposition ist der zu beschaffende Nettobedarf. Es muss also ermittelt werden, welches Material in welcher Menge zu welchem Termin benötigt wird. Dazu muss ein *Planungslauf* (siehe Abschnitt 5.3, »Planungslauf«) angestoßen werden.

Im Ergebnis des Planungslaufs werden zu den unterschiedlichsten Bedarfen – dies sind die *Bedarfsverursacher* – bei Unterdeckung und in Abhängigkeit von der im Customizing eingestellten Verfügbarkeitsprüfung die entsprechenden *Bedarfsdecker* automatisch erzeugt. Letztere schlüsseln sich wie folgt auf:

- **Bestellanforderungen**
  Bedarfsdecker, die die Fremdbeschaffung (Kennzeichen F) anstoßen, sind Bestellanforderungen (BANF). Sie dienen dem Einkauf als Arbeitsvorrat.
- **Planaufträge**
  Bedarfsdecker, die die Eigenfertigung (Kennzeichen E) anstoßen, sind Planaufträge (PL-AUF). Sie dienen der Fertigung als Arbeitsvorrat und, bei der Verwendung des Kennzeichens X für beide Beschaffungsarten, bedingt auch dem Einkauf.

Abbildung 5.1 veranschaulicht dies nochmals.

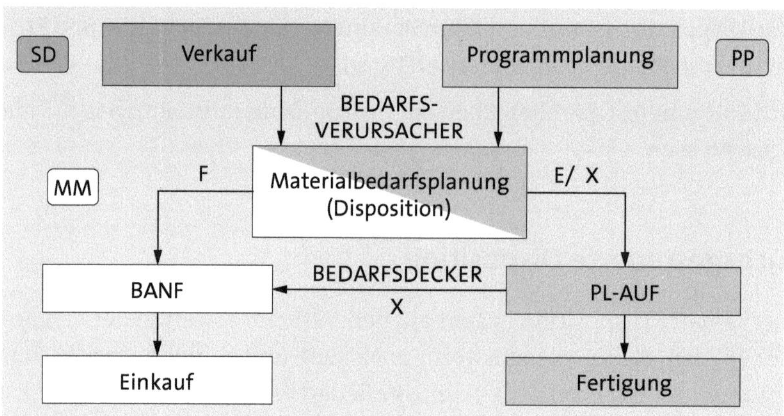

Abbildung 5.1 Umfeld der Disposition

5.1.2 Voraussetzungen für die Disposition

Die verbrauchsgesteuerte Disposition setzt voraus, dass die Verbrauchsentwicklung annähernd konstant ist oder linear verläuft. Die Bestandsführung sollte stets aktuell sein. Da die Materialien auf der Werksebene disponiert werden, muss festgelegt werden, in welchen Werken und/oder Dispositionsbereichen die Disposition durchgeführt werden soll. Für Materialien, die disponiert werden sollen, müssen die dispositiv relevanten Produktstammdaten gepflegt werden.

In den folgenden Abschnitten gehen wir auf diese Thematik im Detail ein.

5.1.3 Werksbezogene Parameter

Die Festlegung, in welchem Werk die Disposition durchgeführt werden soll, erfolgt im Customizing über den Menüpfad **Materialwirtschaft • Verbrauchsgesteuerte Disposition • Planung • Bedarfsplanung aktivieren**. Wählen Sie das Objekt **Bedarfsplanung**. Mit dieser Aktivierung wird gleichzeitig gewährleistet, dass dispositiv relevante Materialien in die Planungsvormerkdatei eingetragen werden. Die Prüfung der Planungsvormerkdatei ist der erste Prozessschritt, der im Rahmen der Bedarfsplanung durchgeführt wird. Es werden der Planungsablauf und der Planungsumfang gesteuert, d. h., dass festgelegt wird, welche Materialien mit den verschiedenen Arten des Planungslaufs geplant werden. Wenn Materialien angelegt wurden, bevor für ein Werk die Bedarfsplanung aktiviert worden ist, ist es erforderlich, für alle dispositionsrelevanten Materialien in diesem Werk einen Eintrag in der Planungsvormerkdatei zu generieren.

Dies können Sie im Customizing über den Menüpfad **Materialwirtschaft • Verbrauchsgesteuerte Disposition • Planung • Bedarfsplanung aktivieren** vornehmen. Wählen Sie das Objekt **Vormerkdatei aufbauen**; alternativ können Sie dies im SAP-Menü mittels Transaktion MDAB (Hintergrund aufbauen) erreichen.

5.1.4 Produktstammbezogene Parameter

Für Materialien bzw. Produkte (diese Begriffe werden seit SAP S/4HANA synonym verwendet), die disponiert werden sollen, müssen Sie auf der Werksebene die Daten in den Dispositionssichten des Produktstamms pflegen.

In den nachfolgenden Beschreibungen und Abbildungen wird, wenn möglich, die SAP-Fiori-App **Produktstammdaten verwalten** verwendet. Nur wenn Funktionen über diese App nicht möglich sind, wird auf die Apps **Material anlegen, ändern, anzeigen** verwiesen.

Sollen die betreffenden Materialien auch in die Dispositionsbereichsdisposition einbezogen werden, müssen auch die dispositionsbereichsspezifischen Daten im Produktstamm gepflegt werden.

Die wichtigsten Daten, d. h. die steuernden Parameter und ihre Bedeutung, finden Sie in Tabelle 5.1. Diese werden im Bereich **Disposition** gepflegt.

Steuergröße	Bedeutung
Dispositionsgruppe	Zuordnung von Steuerungsparametern
Werksspez.Produktstatus	Verwendungsentscheid
Dispomerkmal	Art der Disposition
Meldebestand	für Bestellpunktdisposition
Dispolosgröße	Mengenberechnung
Beschaffungsart / -typ	**E** (Eigenfertigung) **F** (Fremdbeschaffung) **X** (beide Beschaffungsarten)
Sonderbeschaffungsart	Sonderbeschaffungsschlüssel, genauere Festlegung der Beschaffungsart
Planlieferzeit	Terminierung beim Dispositionslauf in Kalendertagen
Wareneingansbearbeitungszeit	Terminierung beim Dispositionslauf in Arbeitstagen
Sicherheitsbestand	Fehlmengenvermeidung
Verfügbarkeitsprüfung	Prüfgruppe für die Verfügbarkeitsprüfung

Tabelle 5.1 Materialbezogene Parameter

Die Produktstammdaten pflegen Sie mittels der SAP-Fiori-App **Material anlegen** oder mittels der SAP-Fiori-App **Produktstammdaten verwalten**.

Nachstehend werden die in Tabelle 5.1 aufgeführten Steuergrößen und ihre Bedeutung für die Disposition beschrieben.

Die *Dispositionsgruppe* ist ein Organisationsobjekt, mit dem einer Gruppe von Materialien spezielle Steuerungsparameter für die Planung zugeordnet werden können.

Sie verwenden Dispositionsgruppen, wenn für Ihre betrieblichen Belange die Steuerung der Planung pro Werk zu grob ist und Sie bestimmten Materialgruppen von der Werksdefinition abweichende Steuerungsparameter zuordnen möchten. Hierzu zählen z. B. die Erstellungskennzeichen für Bestellanforderungen, Lieferplaneinteilungen usw.

Dispositionsgruppen werden mit diesen spezifischen Steuerungsparametern im Customizing über den folgenden Menüpfad definiert: **Produktion • Bedarfsplanung • Dispositionsgruppen • Gesamtpflege der Dispositionsgruppen durchführen**. Sie können den entsprechenden Produkten im Produktstammsatz (Bereich **Dispositionsdaten**) zugeordnet werden. In Abbildung 5.2 sehen Sie beispielsweise die Customizing-

Einstellung für die Dispositionsgruppe (Feld **Dispogruppe**) 0040 mit den zugeordneten Erstellungskennzeichen und deren Bedeutung.

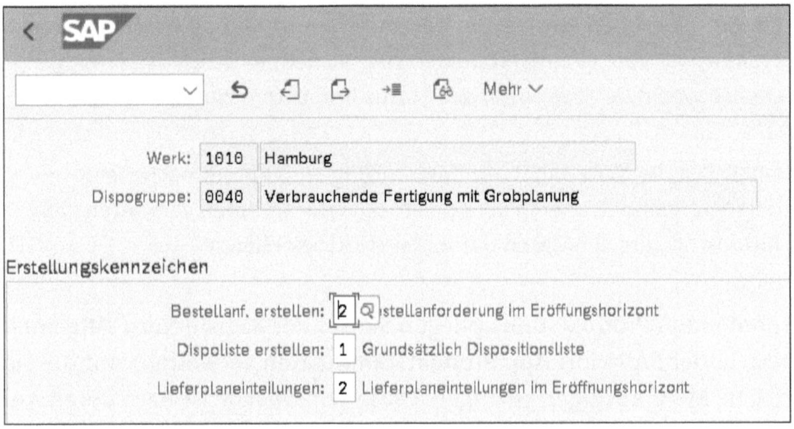

Abbildung 5.2 Dispositionsgruppe: Erstellungskennzeichen

Wie Sie in Abbildung 5.3 sehen können, nehmen Sie die Zuordnung der Dispositionsgruppe im Produktstamm (Bereich **Dispositionsdaten**) vor.

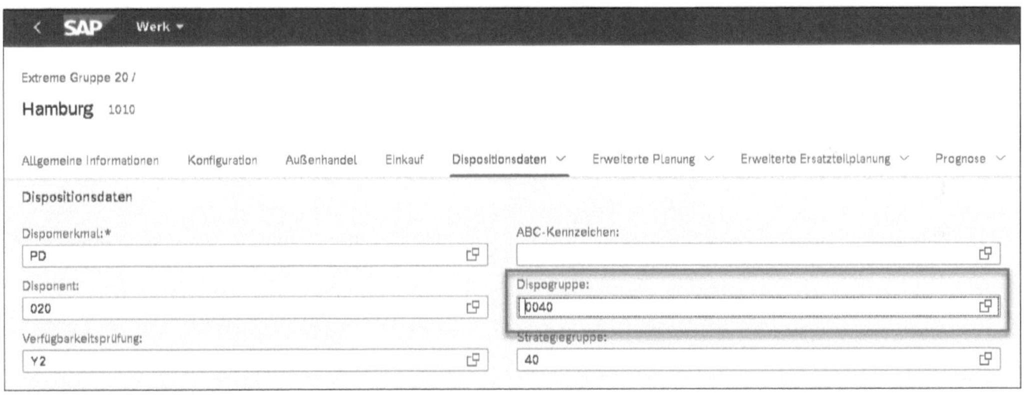

Abbildung 5.3 Dispositionsgruppe zuordnen

Beachten Sie, dass während des Gesamtplanungslaufs bei den Parameterwerten – sofern sie gepflegt sind – die materialbezogenen Werte die höchste, die Werte der Dispositionsgruppe die zweithöchste und die werksbezogenen Werte die niedrigste Priorität haben.

Für die Einzelplanung wird immer mit den Parametern geplant, die im Einstiegsbild des Planungslaufs eingegeben worden sind. Die Parameter, die in der Dispositionsgruppe bzw. auf der Werksebene festgelegt worden sind, werden nicht berücksichtigt.

Der *Produktstatus* kann werksübergreifend bzw. werksspezifisch gesetzt werden.

[»]

Material oder Produkt?

In den neuen Apps wurde der Begriff *Material* bereits häufig durch den Begriff *Produkt* ersetzt. Ein Beispiel sehen wir hier: In der SAP-Fiori-App **Produktstammdaten verwalten** sprechen wir von einem Produktstatus. In »alten« Apps ist hingegen immer noch, ebenso wie in der Definition des Status im Customizing, vom *Materialstatus* die Rede.

Ein weiteres Beispiel ist die Materialart. Im Customizing wird immer noch die Definition der Materialart verwendet, aber in der App **Produktstammdaten verwalten** kann man über die Produktart (die der Materialart entspricht) selektieren.

Den werksübergreifenden Produktstatus pflegen Sie auf der Registerkarte **Allgemeine Informationen** (in der SAP-Fiori-App **Produktstammdaten verwalten**), auf die Sie über die Schaltfläche **Mehr anzeigen** gelangen. Diese Schaltfläche ist nach deren Anklicken im Bild nicht mehr sichtbar (siehe Abbildung 5.4).

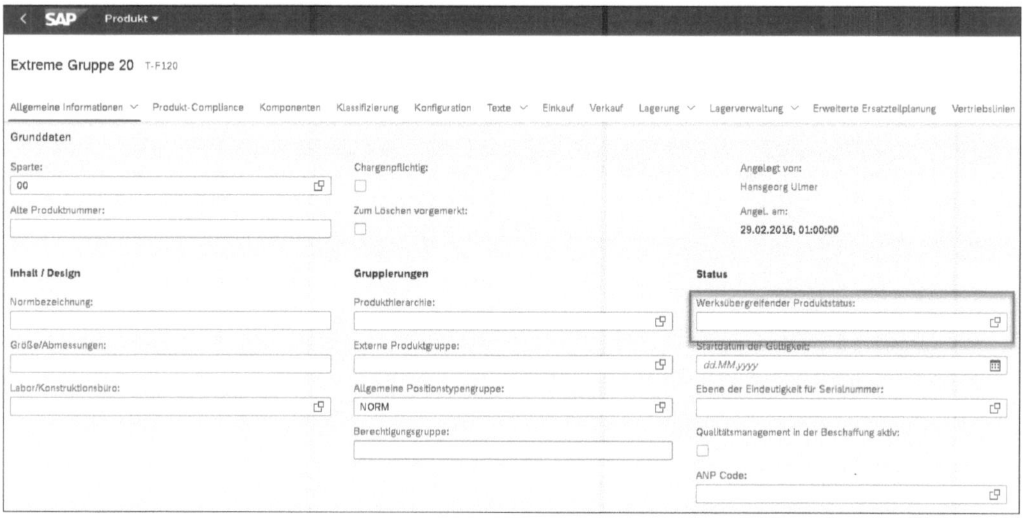

Abbildung 5.4 Werksübergreifender Produktstatus

Den werksspezifischen Produktstatus pflegen Sie auf der Registerkarte **Allgemeine Informationen** im Bereich **Allgemeine Daten** auf der Ebene des Werks (siehe Abbildung 5.5).

Sie können damit über die Verwendbarkeit des Materials entscheiden. So bedeutet z. B. der Werteintrag **gesp. EK+Dispo+BF** im Feld **Werksspezifischer Produktstatus**, dass das betreffende Material im Werk 1010 für die Bereiche Einkauf, Disposition und Bestandsführung nicht verwendet werden kann. Diese Möglichkeit kann z. B. genutzt werden, wenn es sich in dem betreffenden Werk um Auslaufmaterial handelt.

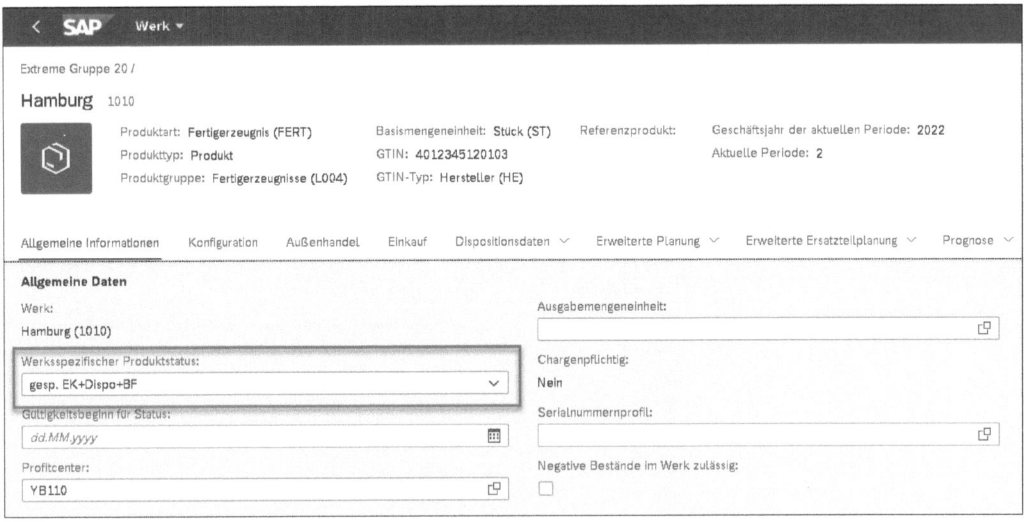

Abbildung 5.5 Werksspezifischer Produktstatus

Das *Dispositionsmerkmal* steuert, ob und wie ein Material disponiert werden soll und bestimmt damit das Dispositionsverfahren. Das Dispositionsmerkmal ist material- und werksbezogen und kann somit für jedes Werk unterschiedlich vergeben werden. Es kann manuell oder mittels eines Dispositionsprofils eingegeben bzw. geändert werden.

Die Eingabe des Dispositionsmerkmals nehmen Sie im Produktstamm auf der Registerkarte **Dispositionsdaten** im Feld **Dispomerkmal** vor (siehe Abbildung 5.6).

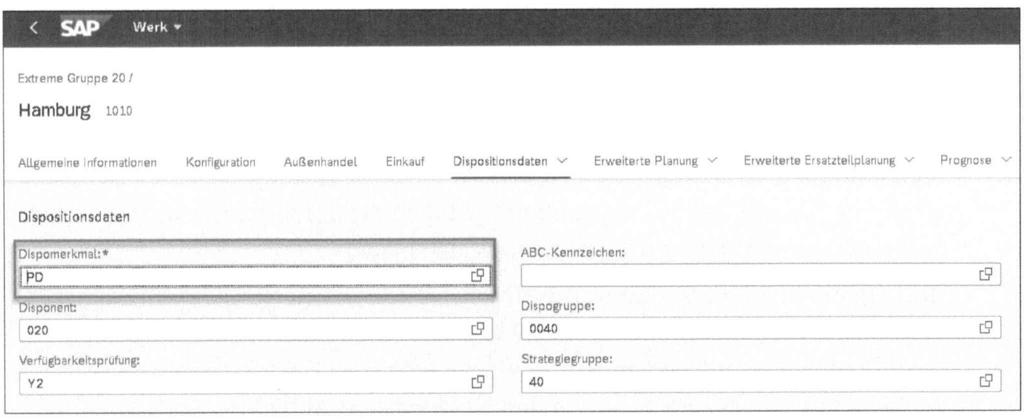

Abbildung 5.6 Dispositionsmerkmal pflegen

In Abbildung 5.7 ist dargestellt, welche Dispositionsmerkmale vom SAP-System angeboten werden. Die Dispositionsmerkmale, die für die verbrauchsgesteuerte Disposition zugelassen sind, werden in Abschnitt 5.2, »Übersicht der Dispositionsverfahren«, näher erläutert; dabei wird auch auf die konkreten Auswirkungen auf das Planungsergebnis eingegangen.

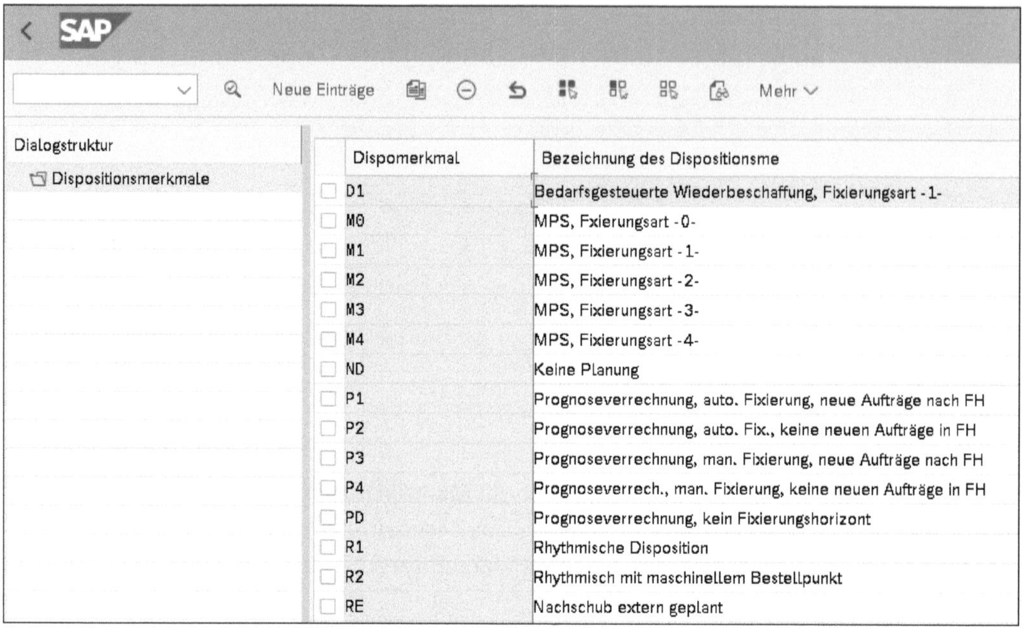

Abbildung 5.7 Dispositionsmerkmale

Auch können Sie eigene Dispositionsmerkmale im Customizing definieren. Wählen Sie dafür den Menüpfad **Materialwirtschaft • Verbrauchsgesteuerte Disposition • Stammdaten • Dispositionsmerkmale überprüfen.**

Die *Dispositionslosgröße* bestimmt bei einer Bestandsunterdeckung den Mengenvorschlag der Bedarfsdecker. Auch bestimmt sie das bei der Disposition genutzte Losgrößenverfahren.

Hierdurch können Sie optimale Mengen je Beschaffungsvorschlag und somit ihren Bedarf und die verfügbaren Kapazitäten gezielt planen.

Das **Losgrößenverfahren** (Dispositionslosgröße) kann manuell oder mittels eines Dispositionsprofils (das Dispositionsprofil kann im Produktstamm nur mittels der SAP-Fiori-App **Material anlegen ändern** gepflegt werden) im Produktstamm (Bereich **Losgrößendaten**) eingegeben bzw. geändert werden (siehe Abbildung 5.8).

In Abbildung 5.9 ist dargestellt, welche Losgrößenverfahren vom SAP-System angeboten werden.

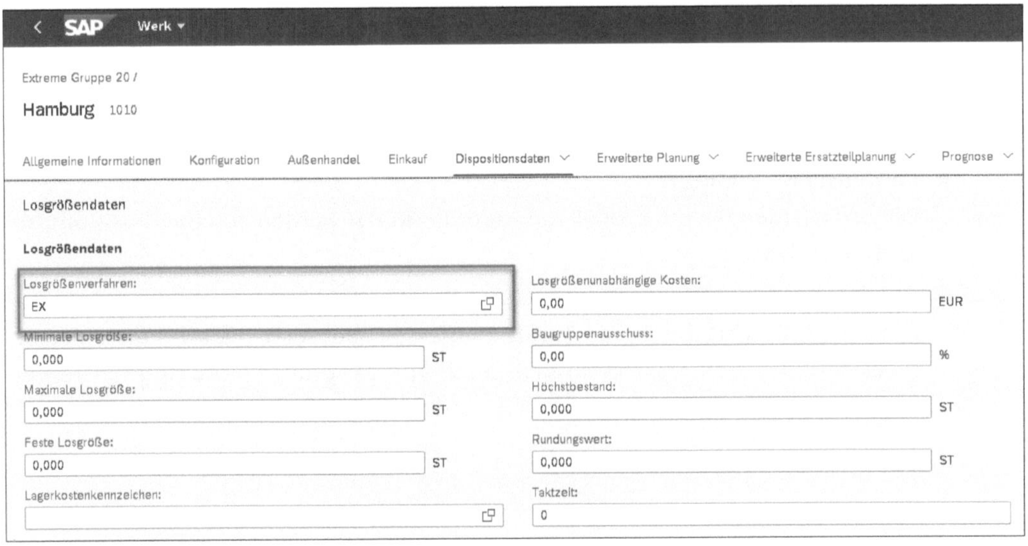

Abbildung 5.8 Losgrößenverfahren pflegen

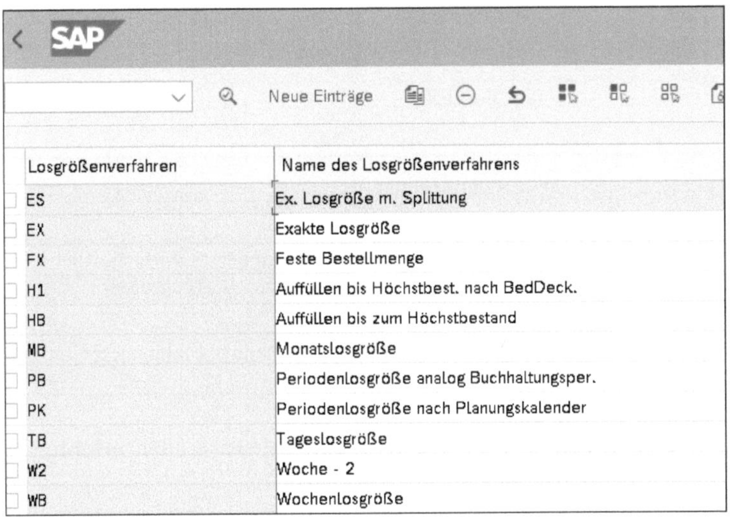

Abbildung 5.9 Losgrößenverfahren

Sie können auch eigene, prozessspezifische bzw. kundenspezifische Losgrößenverfahren im Customizing über den Menüpfad **Materialwirtschaft • Verbrauchsgesteuerte Disposition • Planung • Losgrößenrechnung • Losgrößenverfahren festlegen** definieren. Nachstehend soll ein Überblick über die Losgrößenverfahren gegeben und daraus ableitend die Aussage getroffen werden, welche Losgrößenverfahren für die verbrauchsgesteuerte Disposition relevant sind (siehe Abbildung 5.10).

Die Losgrößenverfahren werden untergliedert in:

- **Statische Verfahren**
  Die Losgröße wird anhand von Mengenvorgaben im jeweiligen Produktstammsatz gebildet.
- **Periodische Verfahren**
  Die Bedarfsmengen einer oder mehrerer Perioden werden zu einer Losgröße zusammengefasst.
- **Optimierende Verfahren**
  Die Losgröße wird durch das Zusammenfassen mehrerer Bedarfe unter der Berücksichtigung von losgrößenfixen Beschaffungs- und Lagerhaltungskosten errechnet.

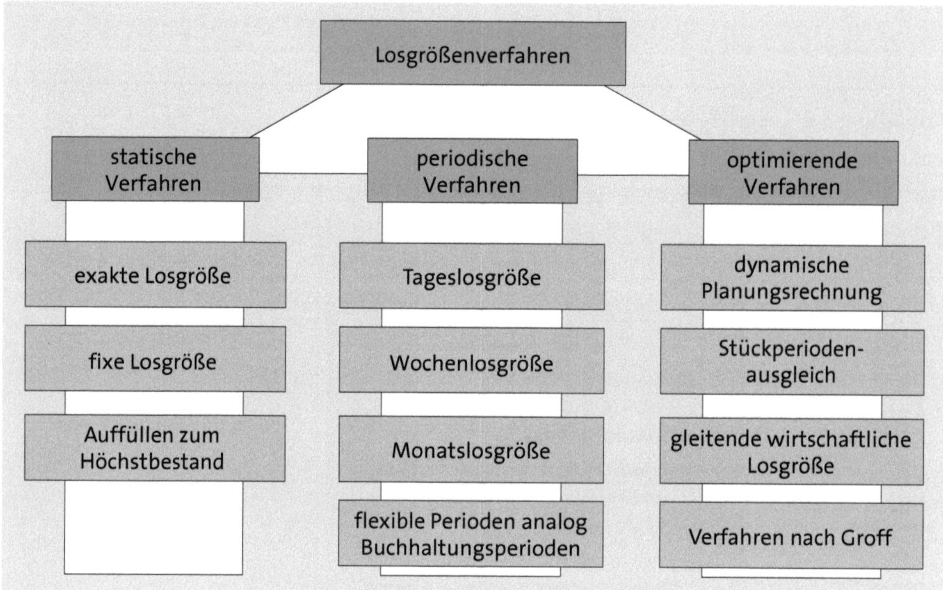

Abbildung 5.10 Für die verbrauchsgesteuerte Disposition relevante Losgrößenverfahren

In Abhängigkeit von dem eingestellten Losgrößenverfahren müssen Sie bei der Produktstammpflege weitere Pflichtfelder pflegen. So können Sie zusätzliche Restriktionen – wie Mindestlosgröße, maximale Losgröße oder Rundungswerte – angeben, die das SAP-System bei dem Beschaffungsvorschlag berücksichtigt.

Bei der verbrauchsgesteuerte Disposition werden die statischen Losgrößenverfahren genutzt (siehe Abbildung 5.11).

Bei den *statischen Losgrößenverfahren* werden zukünftige Unterdeckungen nicht berücksichtigt, d. h., dass bei Unterdeckung ein Bestellvorschlag in Höhe der statischen Losgröße gebildet wird, ohne zu prüfen, wann eine zukünftige Unterdeckung erfolgt.

Bei der *exakten Losgröße* (EX) wird ein Bestellvorschlag in Höhe der Unterdeckung gebildet. Gibt es an einem Tag mehrere Abgänge, die zur Unterdeckung führen, wird trotzdem nur ein Bestellvorschlag in Höhe der Unterdeckungsmenge zu diesem Termin gebildet.

Bei der *fixen Losgröße* (FX) wird bei einer Unterdeckung ein Bestellvorschlag in Höhe der fixen Losgröße gebildet. Reicht dieser Vorschlag zur Bedarfsdeckung nicht aus, generiert das SAP-System mehrere Bestellvorschläge zum gleichen Termin.

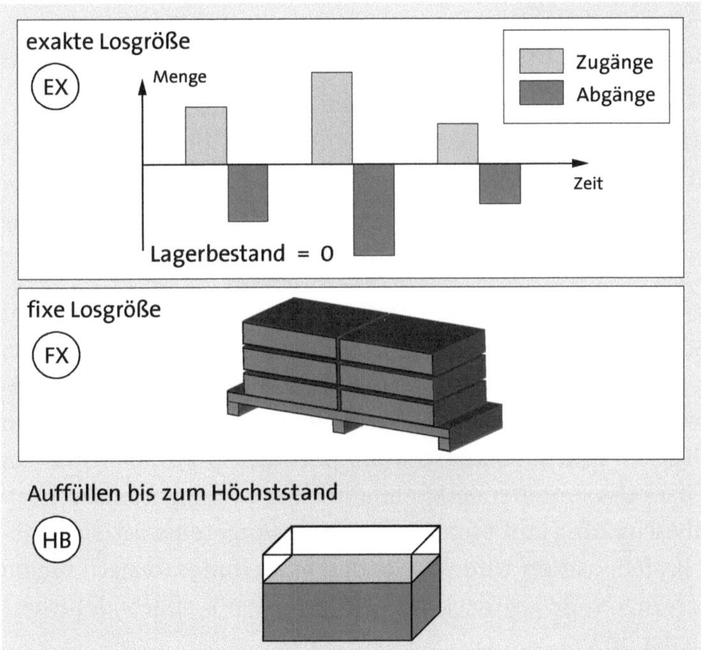

Abbildung 5.11 Statische Losgrößenverfahren

Über einen Schwellenwert kann verhindert werden, dass das SAP-System zu viele einzelne Beschaffungsvorschläge mit fester Bestellmenge generiert.

Bei der Losgröße *Auffüllen bis Höchstbestand* (HB) wird bei Unterdeckung ein Bestellvorschlag in Höhe des im Produktstammsatz festgelegten Höchstbestands generiert.

Weiterführende Ausführungen, wie sich die Losgrößenparameter auf das Dispositionsergebnis auswirken, finden Sie in Abschnitt 5.2.1, »Bestellpunktdisposition«.

Die *Beschaffungsart* bzw. der *Beschaffungstyp* ist in der Materialart voreingestellt, kann aber auch manuell oder über ein Dispositionsprofil eingegeben bzw. geändert werden.

[»]

Beschaffungsart

Die Beschaffungsart wird heute in der Pflege des Produktstammsatzes mittels der SAP-Fiori-App **Produktstammdaten verwalten** als Beschaffungstyp bezeichnet. Im Customizing der Materialart und auch in der Pflege mit der SAP-Fiori-App **Material anlegen / ändern / anzeigen** wird immer noch der Begriff *Beschaffungsart* verwendet.

Sie steuert die Art der Beschaffung und beeinflusst damit die Ausprägung der Bedarfsdecker (Bestellanforderung und/oder Planaufträge) als Ergebnis eines Planungslaufs. Die folgenden Beschaffungsarten stehen Ihnen für die verbrauchsgesteuerte Disposition zur Verfügung:

- Für die Fremdbeschaffung von Materialien wählen Sie den Beschaffungstyp **F** (Fremdbeschaffung).
- Sollen stattdessen sowohl Eigenfertigung als auch Fremdbeschaffung zulässig sein, können Sie das Kennzeichen **X** (beide Beschaffungsarten) verwenden.

Eine weitere Steuergröße, die die Art der Beschaffung unterstützt bzw. noch exakter gestaltet, ist im Feld **Sonderbeschaffungsart** hinterlegt. Es handelt sich hierbei um keine autonome Steuergröße, sondern diese Steuergröße muss immer in Verbindung mit der Beschaffungstyp (bzw. Beschaffungsart) angegeben werden. So können Sie z. B. aus der Werteliste im Feld **Sonderbeschaffungsart** die Option **10** auswählen und legen damit fest, dass das betreffende Material für die Konsignationsbeschaffung (**F 10** – **F** für Fremdbeschaffung und **K** für Konsignation) vorgesehen ist (siehe Abbildung 5.12). In einer Bestellposition wird der **Sonderbeschaffungsart** nach einem Planungslauf in dem erzeugten Bedarfsdecker als Positionstyp **K** abgebildet (siehe Abschnitt 6.9.5, »Konsignation«).

Sie können u. a. die nachstehenden Sonderbeschaffungsarten im Produktstamm (Bereich **Beschaffung**) auswählen, die für die verbrauchsgesteuerte Disposition relevant sind (siehe Abbildung 5.12):

- **10** (Konsignation)
- **20** (Fremdbeschaffung)
- **30** (Lohnbearbeitung)
- **40** (Sonderbeschaffung Eigen)

Die Terminierung der durch den Planungslauf erzeugten Bedarfsdecker basiert bei den fremdbeschafften Materialien auf der Planlieferzeit und der Wareneingangsbearbeitungszeit (*produktstammbezogene Zeit*) sowie auf der Bearbeitungszeit des Einkaufs (*werksbezogene Zeit*).

Abbildung 5.12 Beschaffungstyp und Sonderbeschaffungsart

Die Einträge in den Feldern **Planlieferzeit** (in Kalendertagen) und **Wareneingangsbearbeitungszeit** (in Arbeitstagen) nehmen Sie im Bereich **Beschaffung** des Produktstamms vor (siehe Abbildung 5.13).

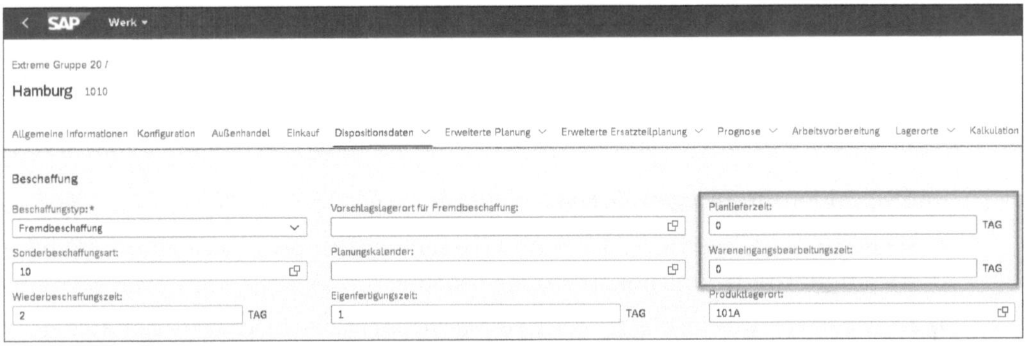

Abbildung 5.13 Planlieferzeit und Wareneingangsbearbeitungszeit

Die werksbezogene Bearbeitungszeit können Sie im Customizing über den Menüpfad **Materialwirtschaft • Verbrauchsgesteuerte Disposition • Planung • Beschaffungsvorschläge • Fremdbeschaffung festlegen** pflegen.

Der Wert in dem Feld **Verfügbarkeitsprüfung** gibt an, ob und wie das SAP-System die Verfügbarkeit prüft und Bedarfe als Ergebnis der Disposition erzeugt (siehe Abbildung 5.14).

Den konkreten Prüfumfang für die einzelnen Anwendungsbereiche müssen Sie im Customizing festlegen. Dort legen Sie in Kombination von Prüfgruppe und Prüfregel fest, welche Bestände und welche Zu- und Abgänge zur Berechnung der verfügbaren Menge in den Prüfumfang einbezogen werden sollen. Des Weiteren können Sie festlegen, ob die Wiederbeschaffungszeit berücksichtigt oder nicht berücksichtigt werden soll.

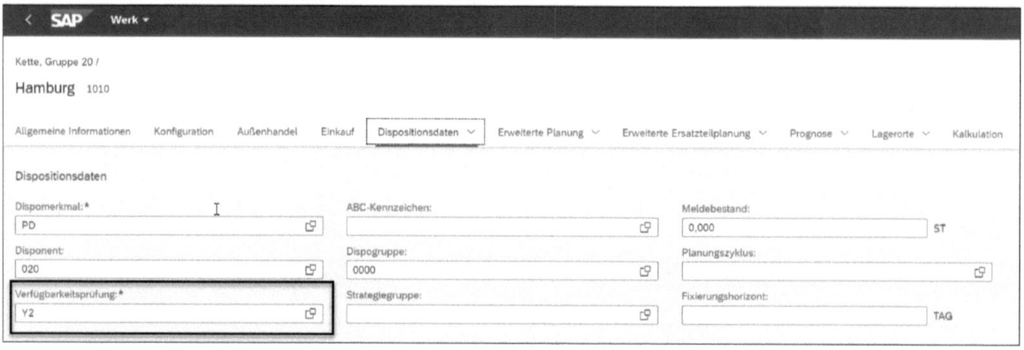

Abbildung 5.14 Prüfgruppen für die Verfügbarkeitsprüfung

Die genannten Dispositionsparameter können Sie – wie schon erwähnt – in einem *Dispositionsprofil* hinterlegen.

[»]

Nutzung des Dispositionsprofils

Das Dispositionsprofil kann nicht in der aktuellen Version der SAP-Fiori-App **Produktstammdaten verwalten** verwendet werden. Möchten Sie das Dispositionsprofil verwenden, müssen Sie die SAP-Fiori-App **Material anlegen / ändern** verwenden.

Im Dispositionsprofil legen Sie Folgendes fest:

- Sie bestimmen, welche Felder beim Erfassen der Dispositionsdaten im Produktstammsatz mit Werten befüllt werden sollen.
- Sie geben vor, welche dieser Felder Festwerte oder Vorschlagswerte sein sollen.
- Sie befüllen diese Felder mit für die Disposition relevanten Werten.

Die in einem Dispositionsprofil hinterlegten Informationen sind Standardinformationen, die bei der Pflege von Produktstammsätzen immer wieder in ähnlicher Konstellation benötigt werden. Das Dispositionsprofil dient somit als Erfassungshilfe und erleichtert die Verwaltung der Dispositionsdaten.

Sie legen das Dispositionsprofil über die SAP-Fiori-App **Dispositionsprofil anlegen** an (siehe Abbildung 5.15).

Geben Sie einen Dispositionsprofilnamen in das Feld **Dispositionsprofil** ein, und verwenden Sie bei Bedarf ein vorhandenes Profil als Vorlage. Anschließend klicken Sie auf die Schaltfläche **Selektionsbild**.

Nun gelangen Sie in das Selektionsbild (siehe Abbildung 5.16). Hier können Sie festlegen, welche Tabellenfelder in den Produktstamm als Festwerte (nicht überschreibbar) bzw. Vorschlagswerte (überschreibbar) übernommen werden sollen.

Abbildung 5.15 Dispositionsprofil anlegen

Abbildung 5.16 Festlegung und Ausprägung der zu übernehmenden Tabellenfelder

Klicken Sie auf die Schaltfläche **Datenbild 1**, und geben Sie dort die gewünschten Werte ein (siehe Abbildung 5.17).

Die Zuordnung des Dispositionsprofils zum Produktstamm nehmen Sie in der SAP-Fiori-App **Material anlegen** im Organisationsebenenbild vor. Damit werden die im Dispositionsprofil festgelegten Werte in den Produktstamm kopiert (siehe Abbildung 5.18).

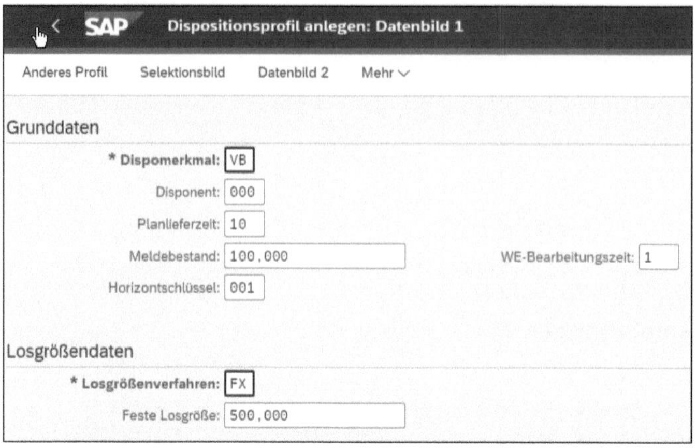

Abbildung 5.17 Dispositionsprofil: Datenbild 1: Werte eingeben

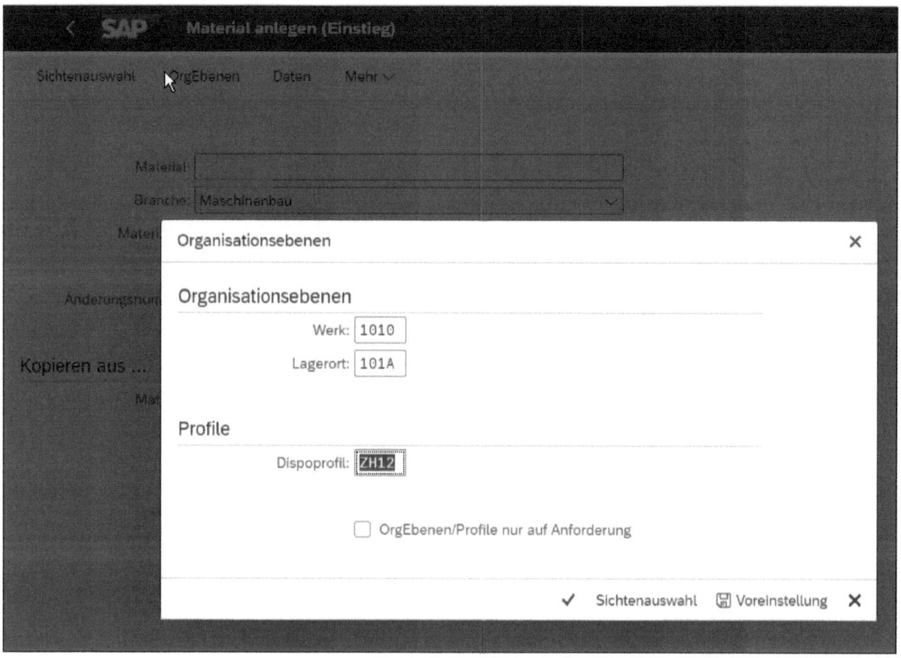

Abbildung 5.18 Dispositionsprofil zuordnen

Wenn Sie einen oder mehrere der kopierten Festwerte ändern möchten, ist dies nur durch die Zuordnung eines anderen Dispositionsprofils mittels der SAP-Fiori-App **Material ändern** in den werksspezifischen Daten möglich (siehe Abbildung 5.19).

Wählen Sie **Mehr • Bearbeiten • Dispoprofil**, und wählen Sie im sich öffnenden Dialogfenster das Dispositionsprofil aus. Sie können dann das gewünschte neue Dispositionsprofil, das Sie in der Werteliste auswählen, zuordnen.

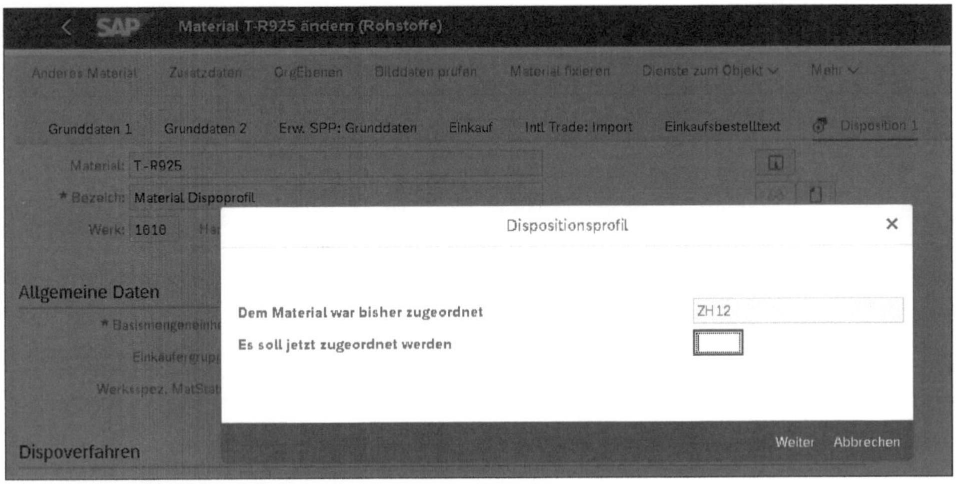

Abbildung 5.19 Dispositionsprofil neu zuordnen

Mit den folgenden SAP-Fiori-Apps haben Sie weitere Möglichkeiten, um das Dispositionsprofil zu verwalten:

- SAP-Fiori-App **Dispositionsprofil ändern**
- SAP-Fiori-App **Dispositionsprofil anzeigen**
- SAP-Fiori-App **Dispositionsprofil löschen**
- SAP-Fiori-App **Anzeige Dispositionsprofilverwendung**

Damit sind die produktstammbezogenen Parameter gepflegt.

5.1.5 Planungsebenen der Disposition

Zu SAP S/4HANA hat sich die für die Disposition relevante Planungsebene geändert. Die mit SAP S/4HANA relevante Organisationsebene für die Disposition ist der *Dispositionsbereich.*

Dispositionsbereiche (im Folgenden auch Dispobereiche genannt) können nur innerhalb eines Werks, aber nicht werksübergreifend definiert werden.

Aktivierung der Dispositionsbereiche

In SAP ERP müssen die Dispositionsbereiche im Customizing aktiviert werden. Dies bedeutet, dass Sie sich entscheiden können, ob Sie mit oder ohne Dispositionsbereichen arbeiten möchten. Sind in SAP ERP keine Dispositionsbereiche aktiviert, findet die Disposition auf der Werksebene statt. In SAP S/4HANA ist der Dispositionsbereich standardmäßig aktiviert und kann auch nicht deaktiviert werden. Daher ist der Dispositionsbereich die einzige Planungsebene in SAP S/4HANA.

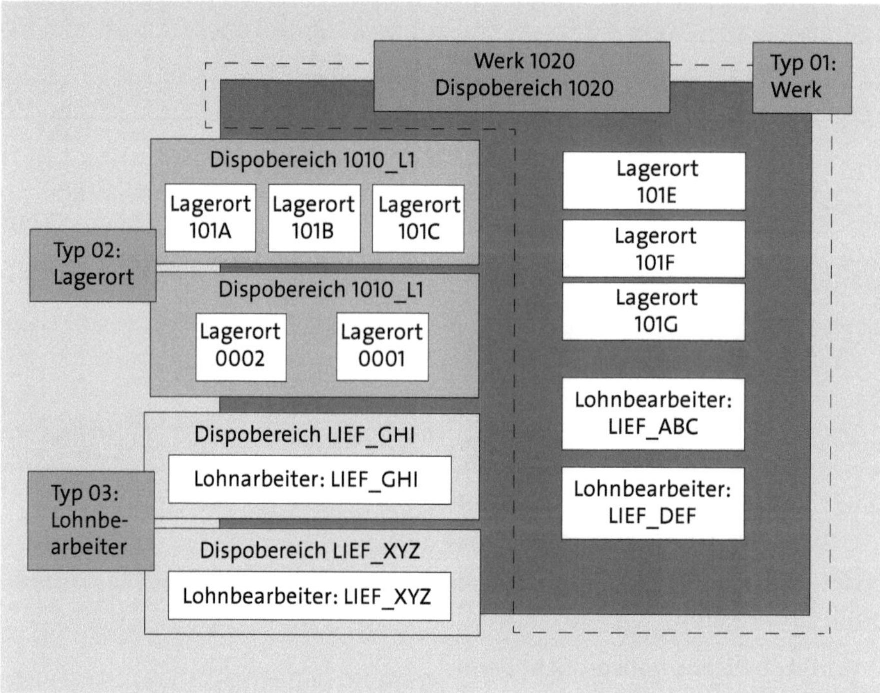

Abbildung 5.20 Dispositionsbereichstypen

Da die Disposition nun auf der Ebene der Dispositionsbereiche stattfindet, unterscheidet man drei Typen von Dispositionsbereichen (siehe Abbildung 5.20):

- **Werk (Typ 01)**
  Für jedes Werk wird automatisch ein Werksdispositionsbereich angelegt. Der Schlüssel des Werksdispositionsbereichs entspricht dem Schlüssel des Werks. Wenn keine weiteren Dispositionsbereiche vorhanden sind, deckt der Werksdispositionsbereich das ganze Werk ab. Soll die Disposition nur auf der Werksebene stattfinden sind keine weiteren Customizing-Aktivitäten notwendig.
- **Lagerort (Typ 02)**
  Dispositionsbereiche für Lagerorte können für einen oder mehrere Lagerorte definiert werden. Wenn Lagerorte separat disponiert werden sollen, müssen die Dispositionsbereiche entsprechend den Anforderungen konfiguriert werden.

  Dispositionsbereiche für Lagerorte definieren Sie, indem Sie einen Dispositionsbereich anlegen und diesem einen oder mehrere Lagerorte zuordnen. Diese Lagerorte werden dann (einer oder mehrere) gemeinsam disponiert. Ein Lagerort kann immer nur einem Dispositionsbereich zugeordnet werden.

- **Lohnbearbeiter (Typ 03)**
  Soll der Beistellbedarf eines Lohnbearbeiters separat disponiert werden, wird hierzu ein Lohnbearbeiterdispositionsbereich angelegt und diesem ein Lohnbearbeiter zugeordnet.

Um die Disposition innerhalb eines Werks zu differenzieren, können Lagerort- und Lohnbearbeiterdispositionsbereiche verwendet werden. Der Werksdispositionsbereich schließt zunächst alle Lagerorte und Lohnbearbeiter ein. Werden nun Dispositionsbereiche für Lagerorte und Lohnbearbeiter definiert, wird der Werksdispositionsbereich um genau diese Bestände reduziert, da diese nun individuell disponiert werden. Abbildung 5.21 zeigt Beispiele, wie die Disposition mittels der Planungsebenen in einem Werk definiert werden kann.

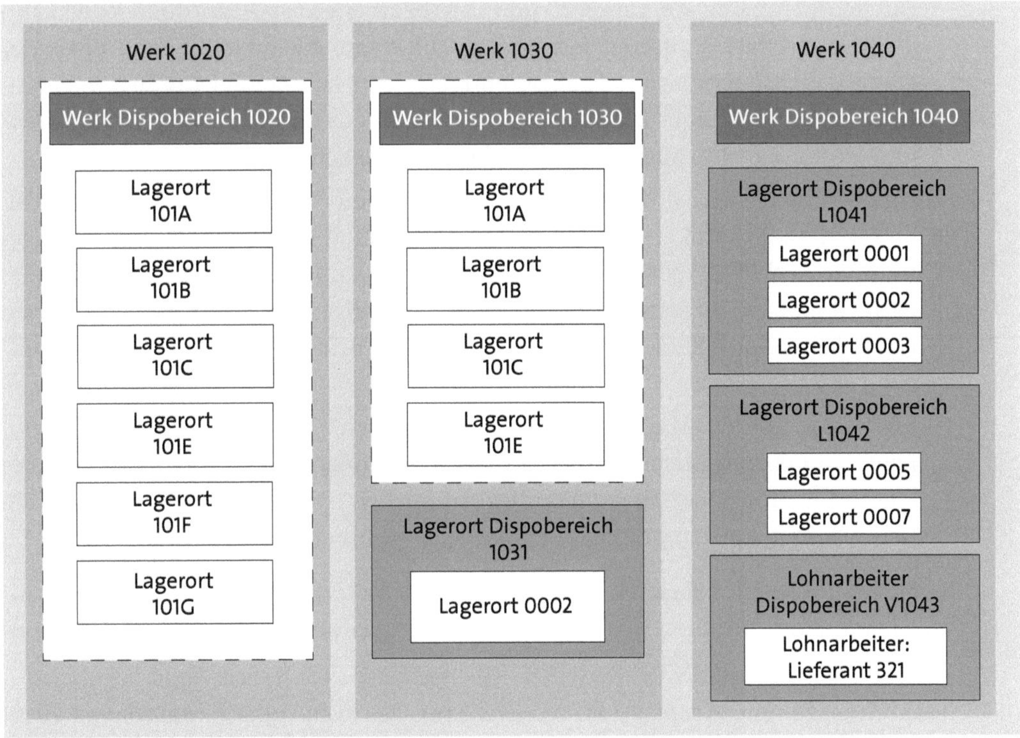

Abbildung 5.21 Beispiele für Planungsebenen

Lagerortdispositionsbereiche und Lohnbearbeiterdispositionsbereiche werden im Customizing angelegt. Hierzu wählen Sie den Menüpfad **Materialwirtschaft • Verbrauchsgesteuerte Disposition • Stammdaten • Dispositionsbereiche • Dispositionsbereiche für Werk/Lagerorte definieren** bzw. **Dispositionsbereiche für Lohnbearbeiter**

definieren. Die Nummer wird manuell zugeordnet und muss mindestens fünf alphanumerische Stellen umfassen.

Der Werksdispositionsbereich wird automatisch angelegt, und die Nummer entspricht dem Werksschlüssel.

Die Nutzung der unterschiedlichen Dispositionsbereiche erfolgt folgendermaßen:

- **Nur Werksdispositionsbereiche**
  Sind nur Werksdispositionsbereiche vorhanden, findet die Disposition ausschließlich auf der Werksebene für alle Lagerorte statt. Die in den Dispositionssichten des Produktstamms gepflegten Dispositionsdaten gelten für das gesamte Werk.
- **Lagerort- und Lohnbearbeiterdispositionsbereiche**
  Durch die Nutzung von Lagerort- und Lohnbearbeiterdispositionsbereichen kann die Planung stärker differenziert werden. Die Planung kann in diesem Fall auf der Ebene der Dispositionsbereiche getrennt erfolgen. Hierdurch kann für eine Fertigungslinie, einen Lagerort für Ersatzteile oder einen Lohnbearbeiter eine mengen- und termingerechte Materialbereitstellung ermöglicht werden.

  Ein oder mehrere Lagerorte werden zu einem Lagerortdispositionsbereich zusammengefasst. So kann eine differenzierte Disposition für diesen Bereich durchgeführt werden. Die Zugangselemente (Beschaffung) und die Abgangselemente (Bedarfe) werden über den Lagerort dem Lagerortdispositionsbereich zugeordnet. Daher kann ein Lagerort immer nur einem Lagerortdispositionsbereich zugeordnet werden.

  Über einen Lohnbearbeiterdispositionsbereich kann die Beistellung von Komponenten für einzelne Lohnbearbeiter separat disponiert werden. Für einen Lohnbearbeiter kann ein Lohnbearbeiterdispositionsbereich definiert werden, und die Beistellkomponenten werden diesem Dispositionsbereich zugeordnet.

Für jeden Dispositionsbereich können Sie einem Material unterschiedliche Dispositionsparameter zuordnen, um die Materialbedarfsplanung speziell für diesen Dispositionsbereich anzupassen.

Beim Anlegen eines Dispositionsbereichs kann das Kennzeichen **Materialien automatisch zuordnen** markiert werden (siehe Abbildung 5.22). Durch dieses Kennzeichen wird die automatische Zuordnung der Materialien zum Dispositionsbereich aktiviert, sobald das Material für einen der Lagerorte des Dispositionsbereichs gepflegt wird. Wenn dieses Feld aktiviert ist, muss zusätzlich ein Dispositionsbereichsprofil gepflegt werden.

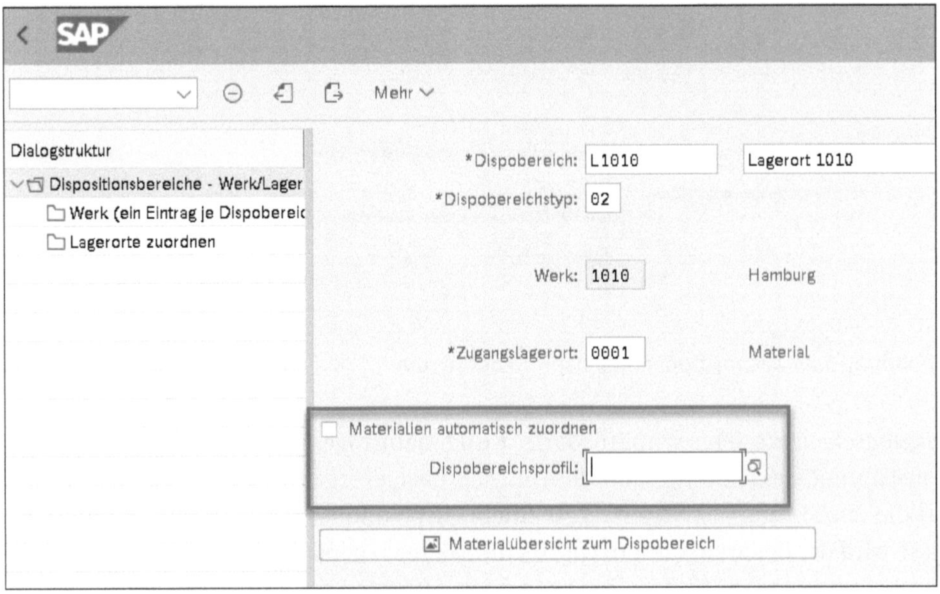

Abbildung 5.22 Dispositionsbereiche definieren

Das *Dispositionsbereichsprofil* pflegen Sie über den Menüpfad **Materialwirtschaft • Verbrauchsgesteuerte Disposition • Stammdaten • Dispositionsbereiche • Dispositionsprofile pflegen**.

Wenn in der Definition des Lagerortdispositionsbereichs das Kennzeichen **Material automatisch zuordnen** gesetzt ist, wird das Dispositionsbereichsprofil verwendet, um die Standardparameter festzulegen, die beim Anlegen der Materialzuordnung zum Lagerortdispositionsbereich verwendet werden.

Sie verwenden das Dispositionsbereichsprofil, wenn Sie bestimmte Lagerorte von der Disposition ausschließen oder Sonderbeschaffungsprozesse (z. B. Umlagerung von Werk) für alle Materialien im Lagerortdispositionsbereich definieren wollen.

Wollen Sie beispielsweise einen Lagerort von der Disposition ausschließen, definieren Sie einen Lagerortdispositionsbereich für den Lagerort, setzen das Kennzeichen **Material automatisch zuordnen** und setzen im zugeordneten Dispositionsbereichprofil das Dispositionsmerkmal auf den Wert **ND** (siehe Abbildung 5.23).

Beim Planungslauf werden *Zugangselemente* (z. B. Planaufträge oder Bestellanforderungen) dem Zugangslagerort zugeordnet. Gehört der Zugangslagerort zum Dispositionsbereich, wird das Zugangselement dem Dispositionsbereich zugeordnet.

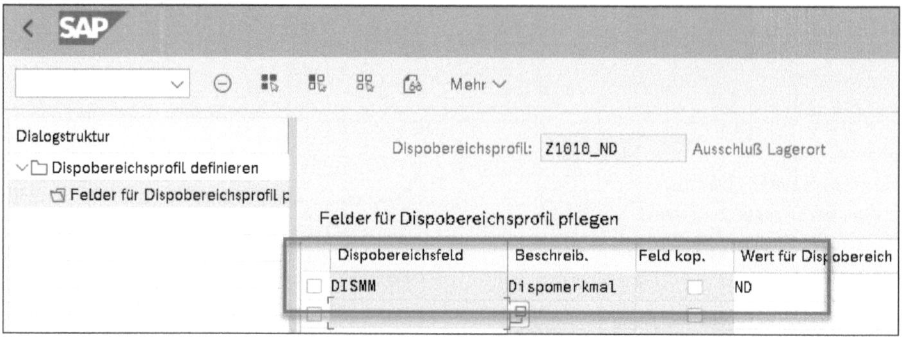

Abbildung 5.23 Dispositionsbereichsprofil definieren

Abgangselemente (Planprimärbedarfe, Kundenaufträge, Reservierungen usw.) werden während des Planungslaufs dem Entnahmelagerort zugeordnet. Wenn der Lagerort die Zuordnung des Materials zu einem Dispositionsbereich dieses Materials zulässt, wird der Bedarf in diesem Dispositionsbereich geplant. Kann das Material nicht zugeordnet werden, findet die Disposition auf der Ebene des Werksdispositionsbereichs statt.

Haben Sie das Kennzeichen für die automatische Zuordnung nicht gesetzt, können Sie den Dispositionsbereich den Produkten auch manuell zuordnen.

Sie ordnen die Materialien den Dispositionsbereichen zu, indem Sie im Produktstammsatz (Bereich **Dispositionsdaten**) den Eintrag **Dispositionsbereiche** anklicken. Im Dispositionsbereich wählen Sie die Schaltfläche **Anlegen**. Im sich nun öffnenden Detailfenster kann nun ein Dispositionsbereich ausgewählt werden (siehe Abbildung 5.24). In diesem Dispositionsbereichssegment können Sie eigene Dispositionsparameter – z. B. die Losgröße, das Dispositionsmerkmal oder die Parameter für die Prognose für die Bedarfsplanung auf der Dispositionsbereichsebene – festlegen. Mit dem Anklicken der Schaltfläche **Übernehmen** ist das betreffende Material dem gewünschten Dispositionsbereich zugeordnet.

[»]

Mehrfache Zuordnung eines Materials möglich

Ein Material kann verschiedenen Dispositionsbereichen zugeordnet werden.

Nach der Zuordnung des Dispositionsbereichs wird auf der Registerkarte **Dispositionsdaten** im Bereich **Dispositionsbereiche** der zugeordnete Dispositionsbereich angezeigt (siehe Abbildung 5.25).

Die Bedarfsplanung für die Dispositionsbereiche kann mit allen Dispositionsverfahren und allen Losgrößenverfahren durchgeführt werden. Die Materialverbräuche werden für jeden Dispositionsbereich getrennt fortgeschrieben; für jeden Dispositionsbereich wird eine eigenständige Verfügbarkeitsprüfung durchgeführt.

Abbildung 5.24 Dispositionsbereiche zuordnen

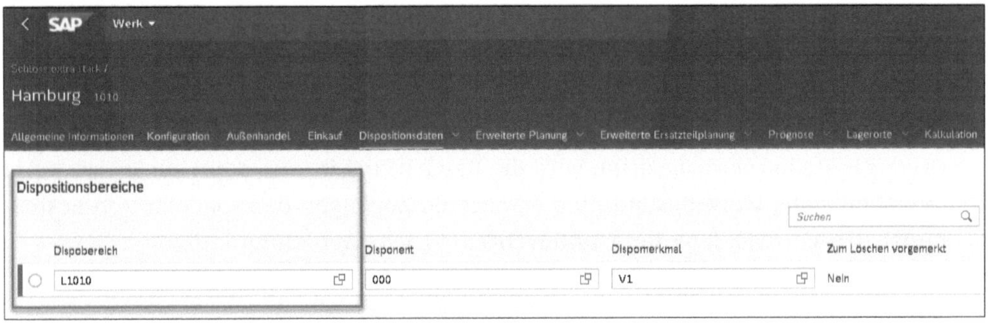

Abbildung 5.25 Zugeordneter Dispositionsbereich

5.2 Übersicht der Dispositionsverfahren

Das Dispositionsverfahren wird durch das Dispositionsmerkmal im Produktstamm festgelegt. Damit bestimmt das Dispositionsmerkmal, ob und wie das Material disponiert werden soll. Die Dispositionsverfahren sind in Abbildung 5.26 dargestellt.

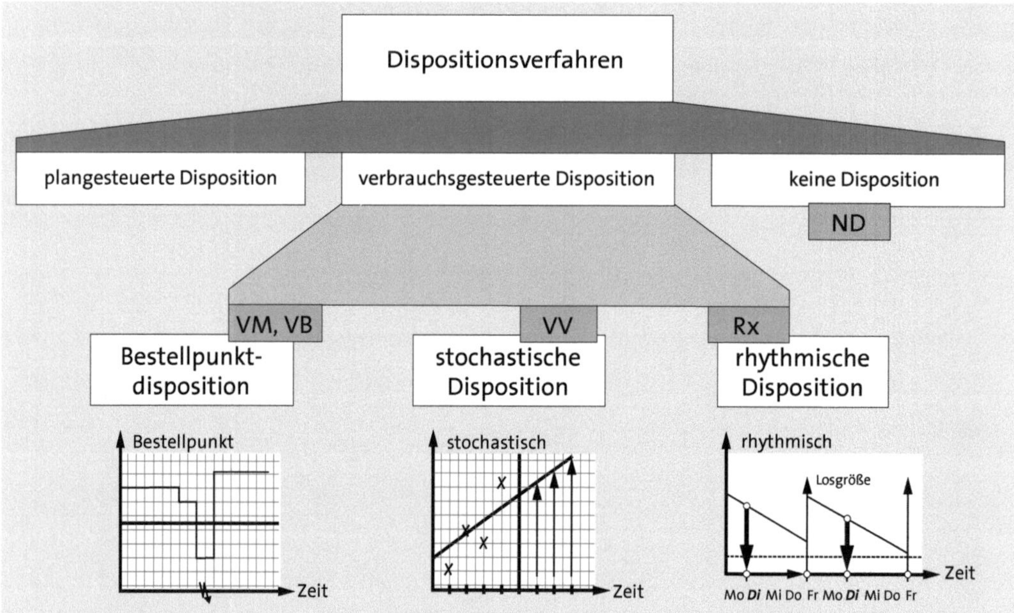

Abbildung 5.26 Die verschiedenen Dispositionsverfahren

Für die verbrauchsgesteuerte Disposition sind dies die folgenden Verfahren:

- Bestellpunktdisposition
- stochastische Disposition
- rhythmische Disposition

Für die in Abschnitt 5.1.5, »Planungsebenen der Disposition«, aufgeführten Planungsebenen können die Dispositionsverfahren unterschiedlich sein.

5.2.1 Bestellpunktdisposition

Bei der Bestellpunktdisposition wird die Beschaffung immer dann ausgelöst, wenn die Summe aus Werksbestand und erwarteten Zugängen den sogenannten Bestellpunkt, d. h. den Meldebestand, unterschreitet (siehe Abbildung 5.27).

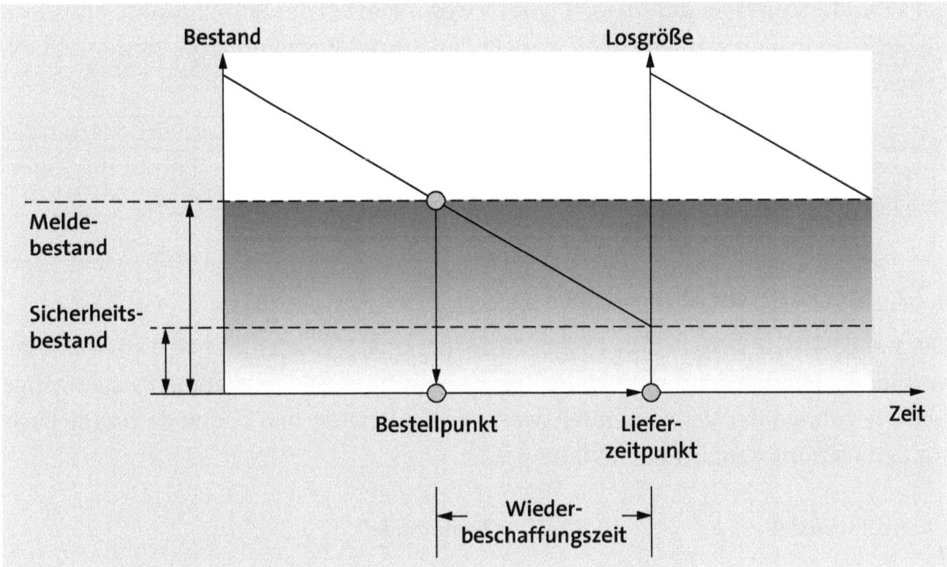

Abbildung 5.27 Prinzip der Bestellpunktdisposition

Der *Meldebestand* soll den zu erwartenden durchschnittlichen Materialbedarf während der Wiederbeschaffungszeit abdecken.

Der *Sicherheitsbestand* hat die Aufgabe, sowohl den Materialmehrverbrauch während der Wiederbeschaffungszeit als auch den Zusatzbedarf bei Lieferverzögerungen abzudecken. Der Sicherheitsbestand ist Bestandteil des Meldebestands.

Es werden bei der Bestellpunktdisposition die folgenden Verfahren unterschieden:

- manuelle Bestellpunktdisposition
- maschinelle Bestellpunktdisposition

Die Festlegung des jeweiligen Verfahrens treffen Sie – wie schon erwähnt – durch das Dispositionsmerkmal im Produktstamm.

Für die *manuelle Bestellpunktdisposition* verwenden Sie das Dispositionsmerkmal **VB** (Manuelle Bestellpunktdisposition). Des Weiteren müssen Sie den Meldebestand (Bereich **Dispositionsdaten**), und je nach Festlegung im Unternehmen, den Sicherheitsbestand (Bereich **Losgrößendaten**) als feste Werte im Produktstamm eintragen.

Das *maschinelle Bestellpunktverfahren*, Dispositionsmerkmal **VM**, erlaubt die dynamische Anpassung von Meldebestand und Sicherheitsbestand an die aktuelle Verbrauchssituation. Hierbei nutzt das SAP-System zur Berechnung integrierte Prognosemodelle, für die sowohl die durchschnittliche Wiederbeschaffungszeit als auch ein Lieferbereitschaftsgrad anzugeben sind.

Falls Kundenaufträge und manuelle Reservierungen bei der Bestellpunktdisposition dispositiv wirksam werden sollen, verwenden Sie das Bestellpunktverfahren mit externen Bedarfen.

Hierzu müssen Sie für das manuelle Bestellpunkverfahren mit externen Bedarfen das Dispositionsmerkmal **V1** und für das maschinelle Bestellpunktverfahren mit externen Bedarfen das Dispositionsmerkmal **V2** im Produktstamm eintragen.

5.2.2 Stochastische Disposition

Die stochastische Disposition, Dispositionsmerkmal **VV**, orientiert sich am Materialverbrauch. Hierbei werden mithilfe des ausgewählten Prognosemodells zukünftige Bedarfe anhand der Vergangenheitswerte prognostiziert und bilden damit die Basis für den Planungslauf (siehe Abbildung 5.28).

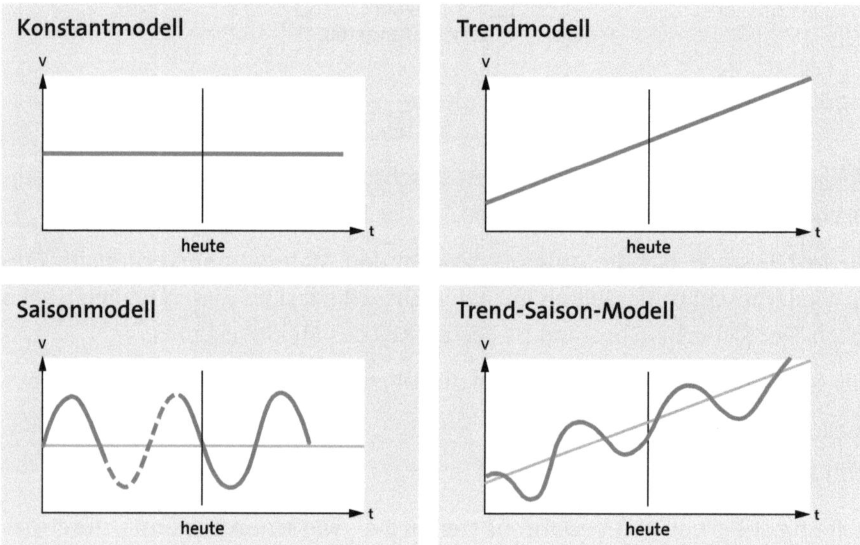

Abbildung 5.28 Prognosemodelle

Die ermittelten Prognosewerte werden damit direkt als *Prognosebedarfe* in der Bedarfsplanung wirksam.

Die Prognose kann in verschiedenen Zeitrastern (Tag, Woche, Monat oder Buchhaltungsperiode) erfolgen.

Voraussetzung für die Anwendung der Prognoseverfahren ist die Pflege der Prognoseparameter im Materialstamm im Bereich **Prognose** (siehe Abbildung 5.29). Diese Pflege können Sie manuell oder mithilfe eines Prognoseprofils vornehmen.

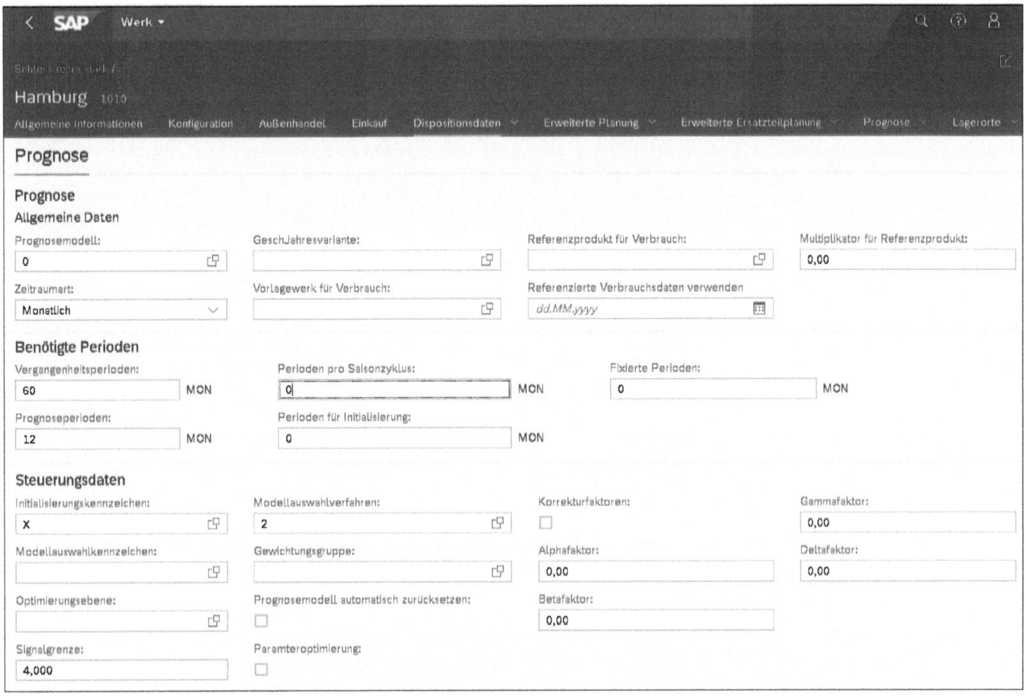

Abbildung 5.29 Prognosedaten im Produktstamm

5.2.3 Rhythmische Disposition

Die rhythmische Disposition, Dispositionsmerkmal **R1** bzw. **R2**, sollten Sie anwenden, wenn ein Lieferant das betreffende Material immer an einem bestimmten Wochentag anliefert. In solchen Fällen ist es sinnvoll, die Disposition des Materials im gleichen Rhythmus, verschoben um die Wiederbeschaffungszeit, vorzunehmen. Dies bedeutet, dass das Material nur an den Tagen disponiert wird, die durch den Dispositionsrhythmus vorgegeben sind (siehe Abbildung 5.30).

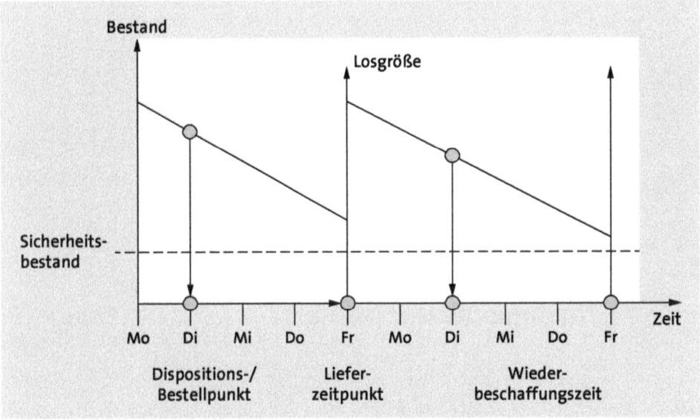

Abbildung 5.30 Rhythmische Disposition

Den Wert für den Dispositionsrhythmus müssen Sie im Produktstamm (Bereich **Dispositionsdaten**) in das Feld **Planungszyklus** eintragen (siehe Abbildung 5.31).

Abbildung 5.31 Planungszyklus für den Dispositionsrhythmus

Den Wert für den Feldeintrag im Feld **Planungszyklus** pflegen Sie im Planungskalender (siehe Abbildung 5.32).

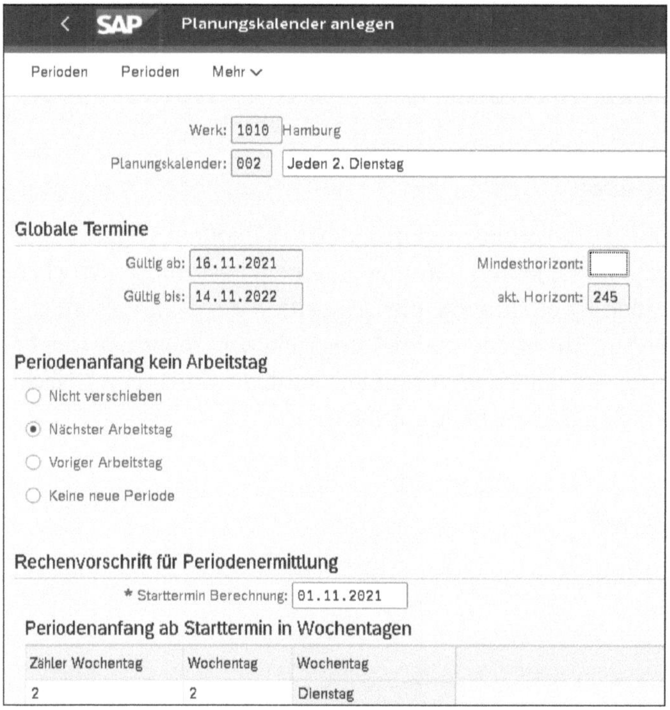

Abbildung 5.32 Planungskalender für die rhythmische Disposition

Damit legen Sie auch gleichzeitig den *Lieferrhythmus* fest.

Sie pflegen den Planungskalender über die SAP-Fiori-App **PPS-Perioden hinzufügen** Mit der SAP-Fiori-App **PPS-Perioden ändern** (Perioden ändern) können Sie selbige ändern und sie sich mit der SAP-Fiori-App **PPS-Perioden anzeigen** anzeigen lassen.

Die zu disponierenden Materialien werden in der Planungsvormerkdatei in dem Feld **DispoDatum** mit einem Dispositionsdatum versehen. Die Planungsvormerkdatei rufen Sie mit der App **Planungsvormerkung anzeigen** auf (siehe Abbildung 5.33).

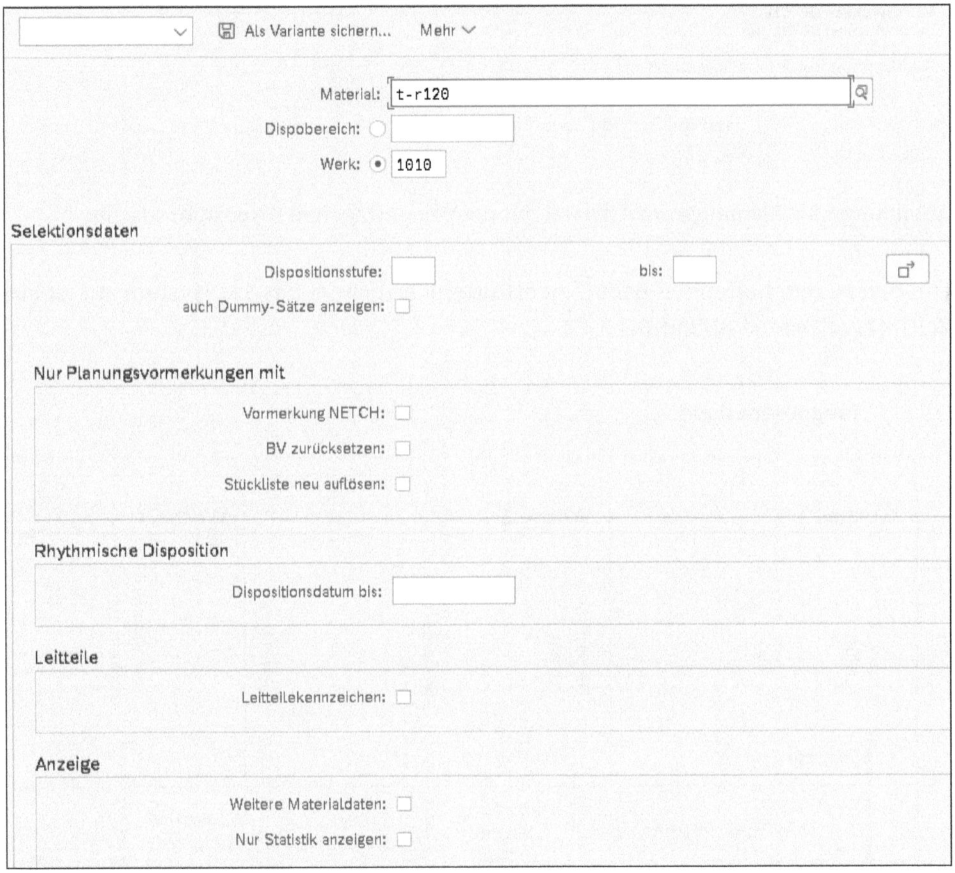

Abbildung 5.33 Planungsvormerkungen anzeigen

Nun betätigen Sie die Schaltfläche **Ausführen** und erhalten das in Abbildung 5.34 dargestellte Ergebnis. Wie Sie sehen, ist nun das Dispositionsdatum eingetragen.

Dieses Datum wird beim Anlegen eines Materialstamms und später nach jedem Planungslauf neu gesetzt. Es entspricht dem Tag, an dem das betreffende Material zum nächsten Mal disponiert wird, und berechnet sich auf der Grundlage des im Materialstamm angegebenen Dispositionsrhythmus. Das Kennzeichen **Vormerkung NETCH** wird nicht gesetzt.

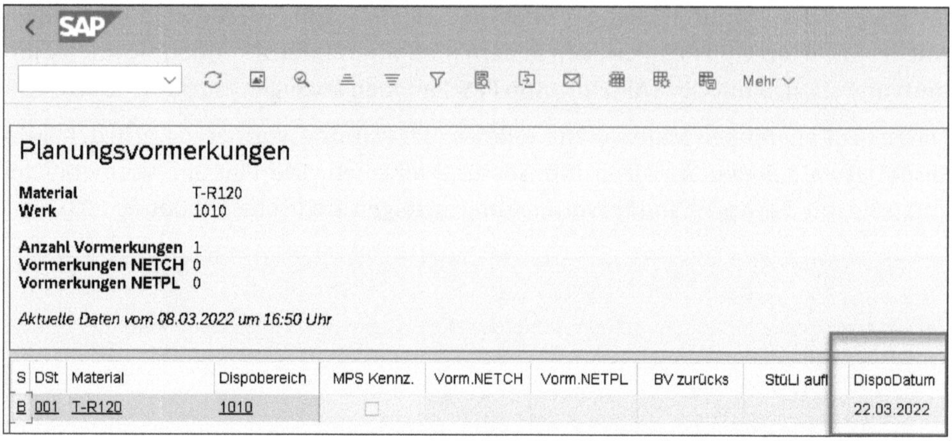

Abbildung 5.34 Planungsvormerkdatei mit dem eingetragenen Dispositionsdatum

Um den zu beschaffenden Bedarf zu ermitteln, errechnet das SAP-System zuerst ein Zeitintervall (siehe Abbildung 5.35).

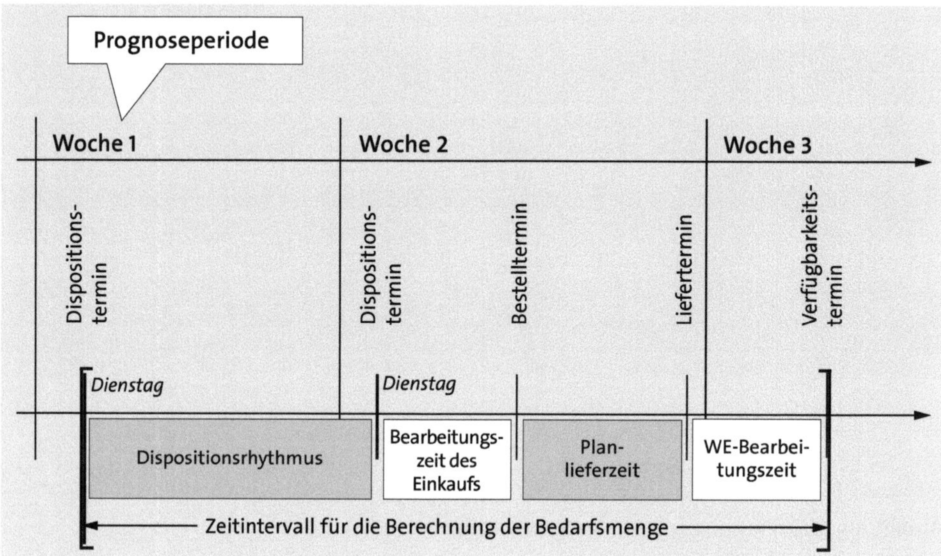

Abbildung 5.35 Zeitintervall für die rhythmische Disposition

Da das Material mindestens bis zum nächsten Dispositionstermin ausreichen muss (zuzüglich der Lieferzeit), errechnet sich das Zeitintervall nach der folgenden Formel:

Dispositionsrhythmus + Einkaufsbearbeitungszeit + Planlieferzeit + Wareneingangsbearbeitungszeit

Das SAP-System vergleicht den Prognosebedarf in diesem Zeitintervall mit dem Bestand sowie den festen und fixierten Zugängen in diesem Zeitintervall und berechnet hieraus die zu bestellende Materialmenge.

5.3 Planungslauf

In SAP S/4HANA wurde mit der Funktion **MRP Live** ein für SAP HANA optimierter Bedarfsplanungslauf eingeführt. Mit der Funktion MRP Live kann aufgrund einer besseren Performance der Planungslauf in kürzeren Zyklen ausgeführt werden. Auf diese Weise können Sie den Planungslauf mehrmals am Tag online ausführen oder im Hintergrund einplanen.

MRP Live hat mehrere Vorteile:

- Flexibilität bei der Definition des Planungsumfangs
- MRP Live bestimmt die Reihenfolge der Planung
- MRP Live ist die Voraussetzung für die Produktionsfeinplanung PP/DS in SAP S/4HANA

MRP Live unterstützt noch nicht alle vorhandenen Geschäftsprozesse. So werden beispielsweise optimierende Losgrößenverfahren oder auch die rhythmische Disposition nicht unterstützt. Ebenso muss die klassische Disposition noch genutzt werden, wenn Dispositionslisten erstellt werden sollen.

Um die Vorteile von MRP Live zu nutzen, wo immer es möglich ist, kann der Dispositionslauf mit MRP Live gestartet werden. Das System plant dann automatisch alle Materialien, die mit MRP Live geplant werden können, auf diese Art und Weise. Alle anderen Materialien werden mit der klassischen Methode bearbeitet.

Während des Planungslaufs werden die Materialien gemäß der durch die Dispositionsstufen festgelegten Reihenfolge geplant. Hierbei werden dann pro Dispositionsstufe zuerst die Materialien ermittelt, die mit MRP live bearbeitet werden können. Diese Materialien werden dann geplant. Danach werden die Materialien der Dispositionsstufe geplant, die nach der klassischen Methode bearbeitet werden müssen. Sind alle Materialien der Dispositionsstufe geplant, werden die Materialien der nächsten Dispositionsstufe in Planung genommen. Diese Vorgehensweise bedeutet, dass die Materialien während des Planungslaufs in Gruppen aufgeteilt werden:

- Materialien, die mit MRP Live geplant werden können
- Materialien, die noch mit der klassischen Disposition geplant werden müssen:
  - Sie benutzen Planungsfunktionen, die mit MRP Live noch nicht unterstützt werden.

- Sie haben über Transaktion MD_MRP_FORCE_CLASSIC manuell festgelegt, dass mit klassischer Disposition geplant werden soll.

Der Planungslauf hat die Aufgabe, die Materialbedarfsplanung für alle Materialien durchzuführen, die eine Planungsvormerkung aufweisen.

Den Planungslauf für die verbrauchsgesteuerte Disposition können Sie als einstufige Einzelplanung, als Gesamtplanung oder als MRP Live ausführen.

Im folgenden Abschnitt beschreiben wir die Steuerungsparameter, die den Ablauf und das Ergebnis des neuen Planungslaufs MRP Live entscheidend beeinflussen. Danach gehen wir noch auf die Steuerungsparameter des klassischen Planungslaufs ein.

5.3.1 Steuerungsparameter für MRP Live

Die folgenden Abbildungen zeigen die Definition eines neuen MRP-Live-Jobs.

Um einen MRP-Live-Lauf zu starten, nutzen Sie die SAP-Fiori-App **MRP-Lauf einplanen**. Hierbei wird in der App ein MRP-Lauf zur Verarbeitung im Hintergrund eingeplant. Im Übersichtbild der SAP-Fiori-App **Anwendungsjobs** wählen Sie die Schaltfläche **Anlegen** und gelangen in die Jobdefinition der Materialbedarfsplanung.

Im ersten Schritt wählen Sie die Vorlage **Materialbedarfsplanung (MRP)** und geben dem MRP-Live-Lauf einen Jobnamen (siehe Abbildung 5.36).

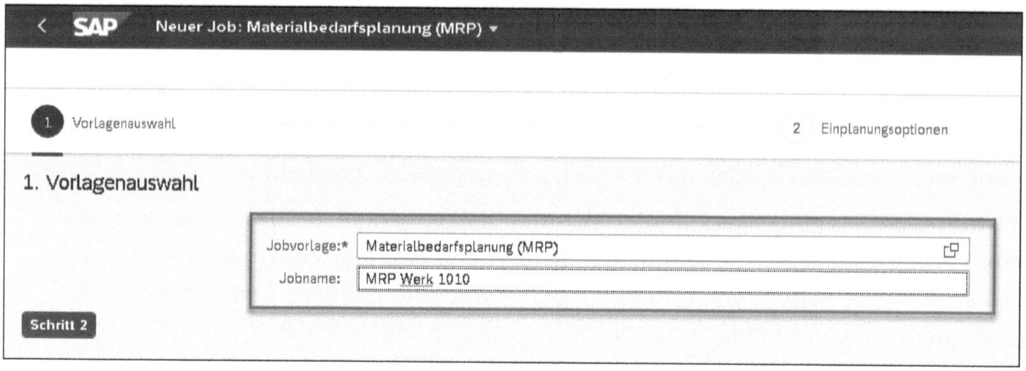

Abbildung 5.36 Jobdefinition der Materialbedarfsplanung (MRP)

Im zweiten Schritt definieren Sie die Startzeit und gegebenenfalls das Wiederholungsmuster (siehe Abbildung 5.37).

Im dritten Schritt legen Sie dann die Selektion der zu planenden Materialien (Planungsumfang) und die Steuerungsparameter fest (siehe Abbildung 5.38).

Abbildung 5.37 Einplanungsoptionen der Materialbedarfsplanung (MRP)

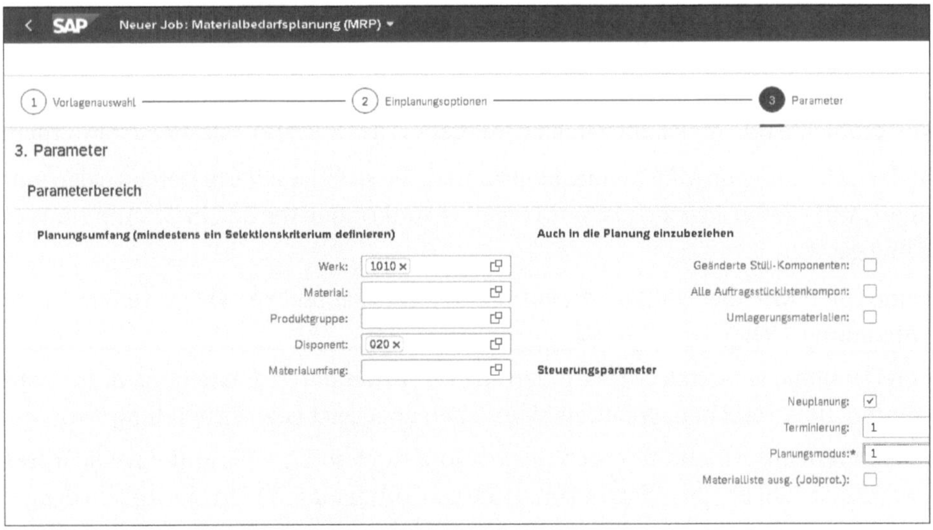

Abbildung 5.38 Parameter der Materialbedarfsplanung (MRP)

Im Bereich **Steuerungsparameter** stehen die folgenden Parameter zur Verfügung (siehe Abbildung 5.38):

- **Neuplanung**
  Planung aller vom Planungsumfang ausgewählten Materialien, unabhängig vom NETCH-Kennzeichen in der Planungsvormerkdatei.
- **Terminierung**
  - **1** (Eckterminbestimmung für Planaufträge)
  - **2** (Durchlaufterminierung und Kapazitätsplanung)
- **Planungsmodus**
  - **1** (Planungsdaten anpassen)
  - **3** (Planungsdaten löschen und neu erstellen)

Im Bereich **Auch in die Planung einzubeziehen** (siehe Abbildung 5.38) stehen die folgenden Kennzeichen zur Verfügung:

- **Stücklistenkomponenten**
  Zusätzlich zu den selektierten Materialien im Planungsumfang werden die Stücklistenkomponenten mit einbezogen.
- **Umlagerungsmaterialien**
  Planung von Umlagerungsmaterialien in den Lieferwerken für Umlagerungen, zusätzlich zu den im Planungsumfang festgelegten Werken.

MRP Live legt für fremdbeschaffte Materialien mit Lieferplänen stets Lieferplaneinteilungen an und für sonstiges fremdbeschafftes Material immer Bestellanforderungen.

5.3.2 Auswertungen zu MRP Live

Nachdem MRP Live ausgeführt worden ist, kann mit den SAP-Fiori-Apps **MRP Stammdatenprobleme** und **MRP Kennzahlen** das Ergebnis des MRP-Laufs untersucht werden.

Mit der SAP-Fiori-App **MRP Kennzahlen** können Sie sich detaillierte Daten zu den einzelnen MRP-Läufen anzeigen lassen. Folgende Funktionen werden in der App zur Verfügung gestellt:

- Eine Übersicht aller MRP-Läufe, aus der in das Detailbild verzweigt werden (siehe Abbildung 5.39).
- Im Detailbild werden Informationen zu den verwendeten Einstellungen, zur Dauer und die Anzahl der geplanten Materialien angezeigt (siehe Abbildung 5.40).
- Detaillierte Informationen nach Dispositionsstufe und Art des MRP-Live-Schrittes wie die Anzahl der pro Dispositionsstufe geplanten Materialien, die Anzahl der gelöschten und angelegten Aufträge und die Laufzeit (siehe Abbildung 5.41).

Abbildung 5.39 MRP-Kennzahlen anzeigen

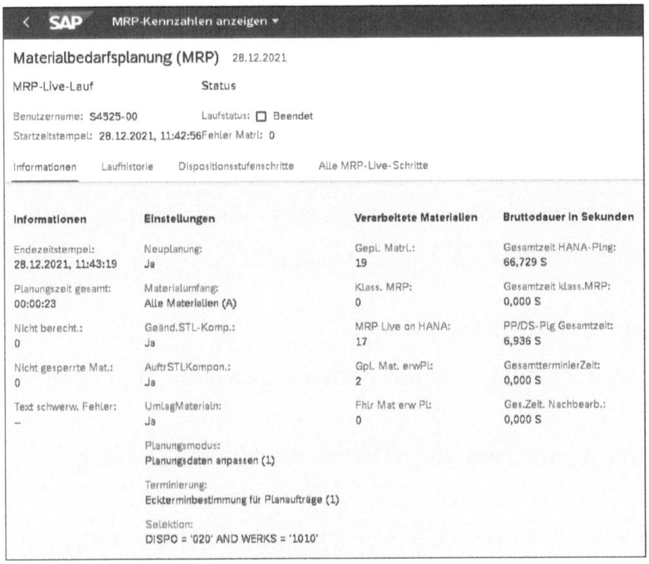

MRP-Kennzahlen anzeigen

Materialbedarfsplanung (MRP) 28.12.2021

MRP-Live-Lauf | Status

Benutzername: S4525-00 | Laufstatus: Beendet

Startzeitstempel: 28.12.2021, 11:42:56 | Fehler Matrl: 0

Informationen | Laufhistorie | Dispositionsstufenschritte | Alle MRP-Live-Schritte

Informationen	Einstellungen	Verarbeitete Materialien	Bruttodauer in Sekunden
Endezeitstempel: 28.12.2021, 11:43:19	Neuplanung: Ja	Gepl. Matrl.: 19	Gesamtzeit HANA-Plng: 66,729 S
Planungszeit gesamt: 00:00:23	Materialumfang: Alle Materialien (A)	Klass. MRP: 0	Gesamtzeit klass.MRP: 0,000 S
Nicht berecht.: 0	Geänd.STL-Komp.: Ja	MRP Live on HANA: 17	PP/DS-Plg Gesamtzeit: 6,936 S
Nicht gesperrte Mat.: 0	AuftrSTLKompon.: Ja	Gpl. Mat. erwPl: 2	GesamtterminierZeit: 0,000 S
Text schwerw. Fehler: –	UmlagMaterialn: Ja	Fhlr Mat erw Pl: 0	Ges.Zeit. Nachbearb.: 0,000 S
	Planungsmodus: Planungsdaten anpassen (1)		
	Terminierung: Eckterminbestimmung für Planaufträge (1)		
	Selektion: DISPO = '020' AND WERKS = '1010'		

Abbildung 5.40 Jobinformationen anzeigen

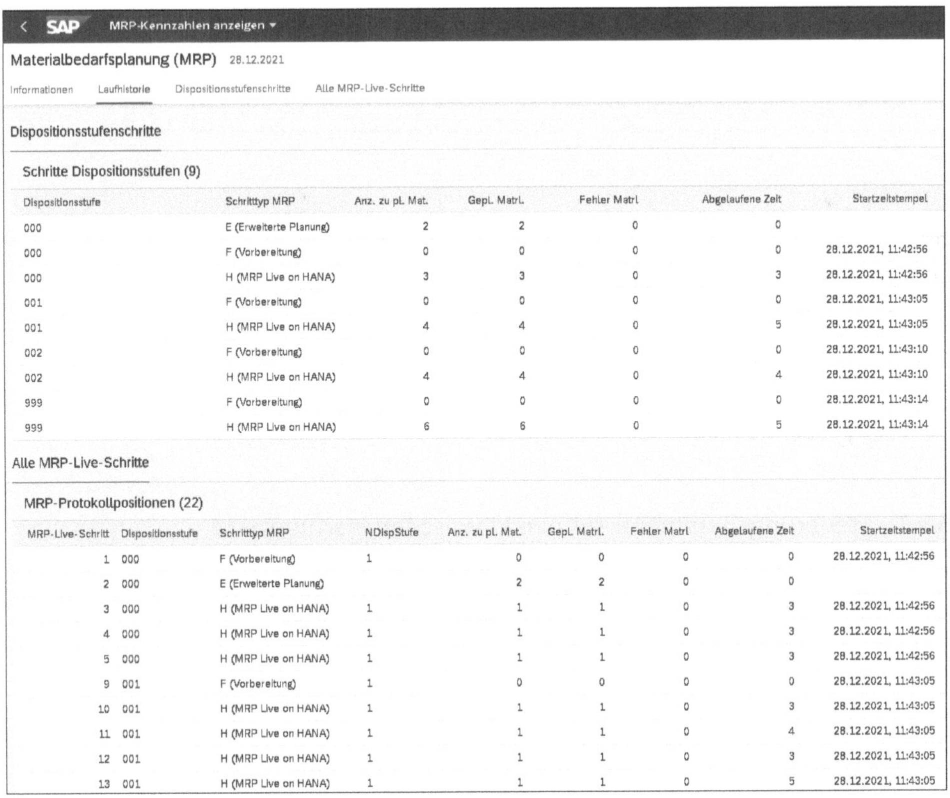

MRP-Kennzahlen anzeigen

Materialbedarfsplanung (MRP) 28.12.2021

Informationen | Laufhistorie | Dispositionsstufenschritte | Alle MRP-Live-Schritte

Dispositionsstufenschritte

Schritte Dispositionsstufen (9)

Dispositionsstufe	Schritttyp MRP	Anz. zu pl. Mat.	Gepl. Matrl.	Fehler Matrl	Abgelaufene Zeit	Startzeitstempel
000	E (Erweiterte Planung)	2	2	0	0	
000	F (Vorbereitung)	0	0	0	0	28.12.2021, 11:42:56
000	H (MRP Live on HANA)	3	3	0	3	28.12.2021, 11:42:56
001	F (Vorbereitung)	0	0	0	0	28.12.2021, 11:43:05
001	H (MRP Live on HANA)	4	4	0	5	28.12.2021, 11:43:05
002	F (Vorbereitung)	0	0	0	0	28.12.2021, 11:43:10
002	H (MRP Live on HANA)	4	4	0	4	28.12.2021, 11:43:10
999	F (Vorbereitung)	0	0	0	0	28.12.2021, 11:43:14
999	H (MRP Live on HANA)	6	6	0	5	28.12.2021, 11:43:14

Alle MRP-Live-Schritte

MRP-Protokollpositionen (22)

MRP-Live-Schritt	Dispositionsstufe	Schritttyp MRP	NDispStufe	Anz. zu pl. Mat.	Gepl. Matrl.	Fehler Matrl	Abgelaufene Zeit	Startzeitstempel
1	000	F (Vorbereitung)	1	0	0	0	0	28.12.2021, 11:42:56
2	000	E (Erweiterte Planung)		2	2	0	0	
3	000	H (MRP Live on HANA)	1	1	1	0	3	28.12.2021, 11:42:56
4	000	H (MRP Live on HANA)	1	1	1	0	3	28.12.2021, 11:42:56
5	000	H (MRP Live on HANA)	1	1	1	0	3	28.12.2021, 11:42:56
9	001	F (Vorbereitung)	1	0	0	0	0	28.12.2021, 11:43:05
10	001	H (MRP Live on HANA)	1	1	1	0	3	28.12.2021, 11:43:05
11	001	H (MRP Live on HANA)	1	1	1	0	4	28.12.2021, 11:43:05
12	001	H (MRP Live on HANA)	1	1	1	0	3	28.12.2021, 11:43:05
13	001	H (MRP Live on HANA)	1	1	1	0	5	28.12.2021, 11:43:05

Abbildung 5.41 Dispositionsstufenschritte und MRP-Live-Schritte

Mit der SAP-Fiori-App **MRP Stammdatenprobleme** können Sie sich alle stammdatenbezogenen Probleme anzeigen lassen, die während des MRP-Live-Planungslaufs aufgetreten sind.

[»]

Meldungen – Probleme

Mit der SAP-Fiori-App werden nicht nur die Probleme sondern auch die Erfolgsmeldungen des letzten MRP-Live-Laufs angezeigt.

Die App bietet u. a. den folgenden Funktionsumfang:

- Alle Stammdatenprobleme im eigenen Zuständigkeitsbereich werden in einer Liste angezeigt.
- Die Liste der Stammdatenprobleme kann nach Disponent, Material, Werk usw. gefiltert werden.
- Sie können Probleme akzeptieren sowie die Akzeptanz der Probleme widerrufen.
- Sie erhalten Detailinformationen zu den angezeigten Problemen.

Abbildung 5.42 zeigt eine Übersicht der während eines MRP-Live-Laufs aufgetretenen Probleme.

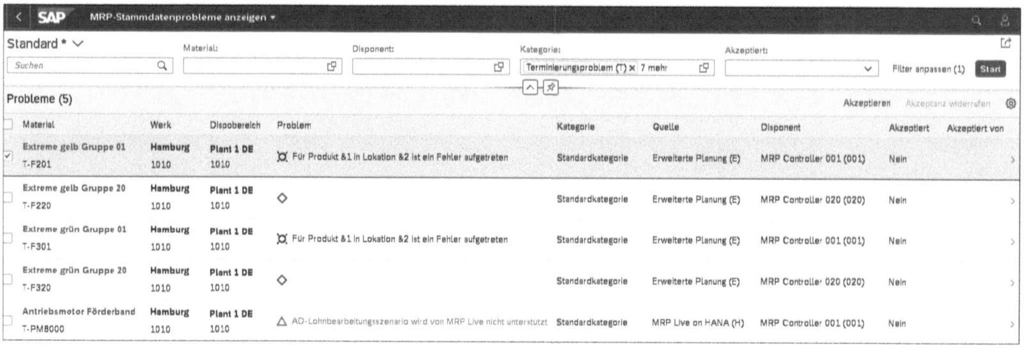

Abbildung 5.42 MRP-Stammdatenprobleme

5.3.3 Steuerungsparameter für den klassischen Planungslauf

Neben der neuen Planung mittels MRP Live steht der klassische Materialbedarfsplanungslauf weiterhin zur Verfügung. Sollten Sie weiterhin eine Dispositionsliste benötigen, nutzen Sie auch künftig den klassischen Lauf.

Für die Planung eines Materials wählen Sie die *Einzelplanung* mit der SAP-Fiori-App **MRP-Einzelplanung – einstufig**.

Möchten Sie den Planungslauf für ein Werk, mehrere Werke, einen Dispositionsbereich oder mehrere Dispositionsbereiche durchführen, müssen Sie den Planungslauf als *Gesamtplanung* (für die verbrauchsgesteuerte Disposition einstufig) durchführen. Hierzu müssen Sie den Planungsumfang, d. h. den Schlüssel festlegen, mit dem Sie eine Gruppe von Werken oder Dispositionsbereichen zusammenfassen. Hierzu wählen Sie im Customizing den Menüpfad **Materialwirtschaft • Verbrauchsgesteuerte Disposition • Planung • Planungsumfang für Gesamtplanung festlegen**.

Zur Durchführung der Gesamtplanung wählen Sie im SAP-Menü den Pfad **Logistik • Materialwirtschaft • Materialdisposition • Bedarfsplanung • Planung • Gesamtplanung • Online** oder Transaktion MD01 (MRP-Planungslauf) bzw. Transaktion MDBT (Als Hintergrundjob), wenn Sie die Planung im Hintergrund durchführen möchten.

In den weiteren Ausführungen beziehen wir uns auf die einstufige Einzelplanung.

Sie rufen mit der SAP-Fiori-App **MRP – Einzelplanung – einstufig** das Einstiegsbild für die einstufige Einzelplanung auf (siehe Abbildung 5.43).

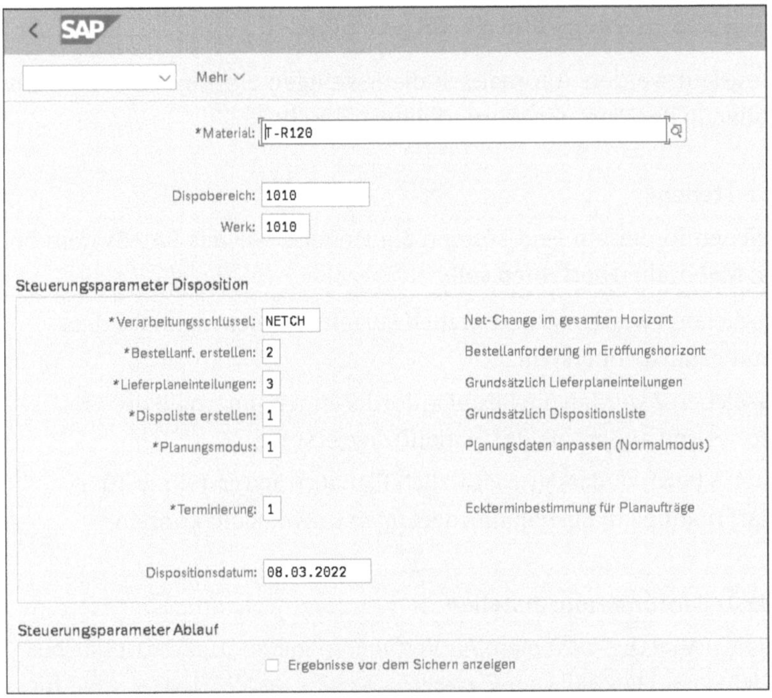

Abbildung 5.43 Einstiegsbild in die einstufige Einzelplanung

Sie legen in den Kopfdaten in den entsprechenden Feldern fest, für welches Material in welchem Werk und gegebenenfalls in welchem Dispositionsbereich (für den Sie eine gesonderte Bedarfsplanung durchführen möchten) die Materialbedarfsplanung durchgeführt werden soll.

Als Nächstes müssen Sie im Bereich **Steuerungsparameter Disposition** die nachfolgend beschriebenen Feldinhalte pflegen (siehe Abbildung 5.43).

Feld »Verarbeitungsschlüssel«

Der Eintrag in diesem Feld spezifiziert die Art des Planungslaufs und legt damit fest, welche Materialien geplant werden sollen. Es gibt die folgenden Verarbeitungsschlüssel:

- **NEUPL (Neuplanung)**
  Es werden alle Materialien für ein Werk geplant, d. h. auch die, die keine dispositiv relevante Änderung erfahren haben. Die Neuplanung ist extrem rechen- und damit zeitintensiv und wird in der Regel nur bei der Einführung von SAP ERP (sicher auch bei SAP S/4HANA) oder wesentlichen Änderungen durchgeführt.
- **NETCH (Veränderungsplanung)**
  Es werden nur die Materialien geplant, die eine dispositiv relevante Änderung z. B. Lagerab- bzw. -zugänge, in Bestellungen umgewandelte Bestellanforderungen, Änderungen im Materialstamm usw. erfahren haben und bei denen in der Planungsvormerkdatei das Kennzeichen **Vorm.NETCH** gesetzt ist.

Nach dem Planungslauf werden automatisch die jeweiligen Einträge der dispositiv erfassten Materialien in der Planungsvormerkdatei gelöscht.

Feld »Bestellanf. erstellen«

Über das Kennzeichen in diesem Feld können Sie steuern, wie das SAP-System bei fremdbeschafften Materialien verfahren soll:

- Mit dem Kennzeichen **1** werden grundsätzlich Bestellanforderungen für den gesamten Planungshorizont erstellt.
- Mit dem Kennzeichen **2** werden die Bestellanforderungen innerhalb des Eröffnungshorizonts und außerhalb der Planaufträge erstellt.
- Das Kennzeichen **3** bewirkt, dass grundsätzlich Planaufträge erstellt werden, die Sie bei Bedarf manuell in Bestellanforderungen umwandeln können.

[»]

Kennzeichen Bestellanforderung erstellen

Diese Option steht in MRP Live nicht mehr zur Verfügung. Sollten Sie diese Option benötigen, muss der klassische MRP-Lauf verwendet werden. In MRP Live werden für fremdbeschaffte Materialien grundsätzlich Bestellanforderungen erstellt.

Feld »Lieferplaneinteilungen«

Das Kennzeichen in diesem Feld steuert, wie das SAP-System beim Planungslauf verfahren soll:

- Ist das Kennzeichen **1** gesetzt, erfolgen grundsätzlich keine Lieferplaneinteilungen.

- Ist das Kennzeichen **2** gesetzt, erfolgen Lieferplaneinteilungen im Eröffnungshorizont.
- Ist das Kennzeichen **3** gesetzt, erfolgen grundsätzlich Lieferplaneinteilungen.

[«]

Kennzeichen »Lieferplaneinteilungen«

Diese Option steht in MRP Live nicht mehr zur Verfügung. Sollten Sie diese Option benötigen, muss der klassische MRP-Lauf verwendet werden. In MRP Live werden für lieferplanrelevante Materialien grundsätzlich Lieferplaneinteilungen erstellt.

Damit anhand der Bedarfsplanung automatisch Lieferplaneinteilungen erstellt werden können, müssen die folgenden Voraussetzungen erfüllt sein:

- Sie haben für das betreffende Material einen Lieferplan angelegt.
- Es gibt für das betreffende Material einen gültigen, dispositiv relevanten Eintrag im Orderbuch (siehe Abschnitt 6.8.2, »Orderbuch«).

Feld »Dispoliste erstellen«

Das Kennzeichen in diesem Feld steuert, ob und wie das SAP-System eine Dispositionsliste erstellen soll:

- Ist das Kennzeichen **1** gesetzt, wird grundsätzlich keine Dispositionsliste erstellt.
- Ist das Kennzeichen **2** gesetzt, wird eine Dispositionsliste in Abhängigkeit von der Ausnahmemeldung erstellt.
- Ist das Kennzeichen **3** gesetzt, wird keine Dispositionsliste erstellt.

[«]

Erstellungskennzeichen

Für die Einzelplanung wird immer mit dem Erstellungskennzeichen geplant, das im Einstiegsbild eingegeben wird. Das Erstellungskennzeichen, das in der Dispositionsgruppe gepflegt wurde, wird nicht berücksichtigt.

Feld »Planungsmodus«

Dieses Kennzeichen legt fest, wie die Beschaffungsvorschläge aus dem letzten Planungslauf behandelt werden sollen. Es gibt die folgenden Möglichkeiten:

- Ist das Kennzeichen **1** gesetzt, werden die vorhandenen Planungsdaten gegebenenfalls in Menge und Termin an die neue Planungssituation angepasst; fixierte Planungsdaten werden nicht berücksichtigt.
- Ist das Kennzeichen **2** gesetzt, werden Stückliste und Arbeitsplan neu aufgelöst.
- Ist das Kennzeichen **3** gesetzt, werden alle Planungsdaten gelöscht und nicht fixierte Beschaffungsvorschläge neu angelegt.

Feld »Terminierung«

Das Kennzeichen in diesem Feld legt Folgendes fest:

- Ist das Kennzeichen **1** gesetzt, werden nur die Ecktermine ermittelt.
- Ist das Kennzeichen **2** gesetzt, wird eine Durchlaufterminierung und Kapazitätsplanung durchgeführt.

[»]

Eckterminbestimmung

Bei der verbrauchsgesteuerten Disposition wird in der Regel die Eckterminbestimmung verwendet, da es sich um fremdbeschafftes Material handelt.

Feld »Ergebnisse vor dem Sichern anzeigen«

In dem Kennzeichen **Ergebnisse vor dem Sichern anzeigen** im Bereich **Steuerungsparameter Ablauf** können Sie festlegen, ob das Dispositionsergebnis vor dem Speichern nochmals im Bild angezeigt werden soll (siehe Abbildung 5.43). Damit erhalten Sie die Möglichkeit, vor dem Speichern Änderungen an dem Planungsergebnis vorzunehmen. Bei nicht gesetztem Kennzeichen wird das Dispositionsergebnis ohne Anzeige sofort gespeichert.

Damit sind alle Kennzeichen, die Einfluss auf den Planungslauf haben, aufgeführt und deren Bedeutung erläutert.

Die von Ihnen gewählten Feldeinträge im Einstiegsbild können Sie speichern. Wählen Sie in der Menüleiste den Menüpunkt **Einstellungen** und im sich öffnenden Untermenü die Schaltfläche **Sichern**. Sie erhalten nun die Warnmeldung »Bitte Eingabeparameter überprüfen«. Nach der Überprüfung bestätigen Sie diese Meldung mit der Schaltfläche ✓ (**Weiter**) Sie erhalten dann die Informationsmeldung »Die Selektionsparameter wurden gesichert«. Die nun folgende Warnmeldung bestätigen Sie abermals mit der Schaltfläche ✓ (**Weiter**). Mit erneutem Anklicken der Schaltfläche ✓ (**Weiter**) stoßen Sie schließlich den Planungslauf an.

5.3.4 Prozessschritte des Planungslaufs

In diesem Abschnitt stellen wir Ihnen die einzelnen Prozessschritte vor, die bei einem Planungslauf durchlaufen werden.

Im Einzelnen sind dies:

1. Prüfen der Planungsvormerkdatei
2. Nettobedarfsrechnung
3. Losgrößenberechnung

4. Terminierung
5. Ermitteln der Beschaffungsvorschläge

Schritt 1: Prüfen der Planungsvormerkdatei

Das Prüfen der Planungsvormerkdatei ist der erste Prozessschritt, der im Rahmen des Planungslaufs durchgeführt wird. In der Planungsvormerkdatei sind alle dispositiv relevanten Materialien eingetragen. Dabei prüft das SAP-System, ob ein Material aufgrund einer dispositiv relevanten Änderung geplant werden und wie gegebenenfalls bei bestehenden Beschaffungsvorschlägen verfahren werden soll. Die Materialien, die Sie mit gültigen Dispositionsmerkmalen angelegt haben, werden automatisch in die Planungsvormerkdatei aufgenommen. Die Informationen, die in der Planungsvormerkdatei enthalten sind, steuern den Planungsablauf und den Planungsumfang. Die Planungsvormerkdatei rufen Sie über die App **Planungsvormerkung anzeigen** auf (siehe Abbildung 5.44).

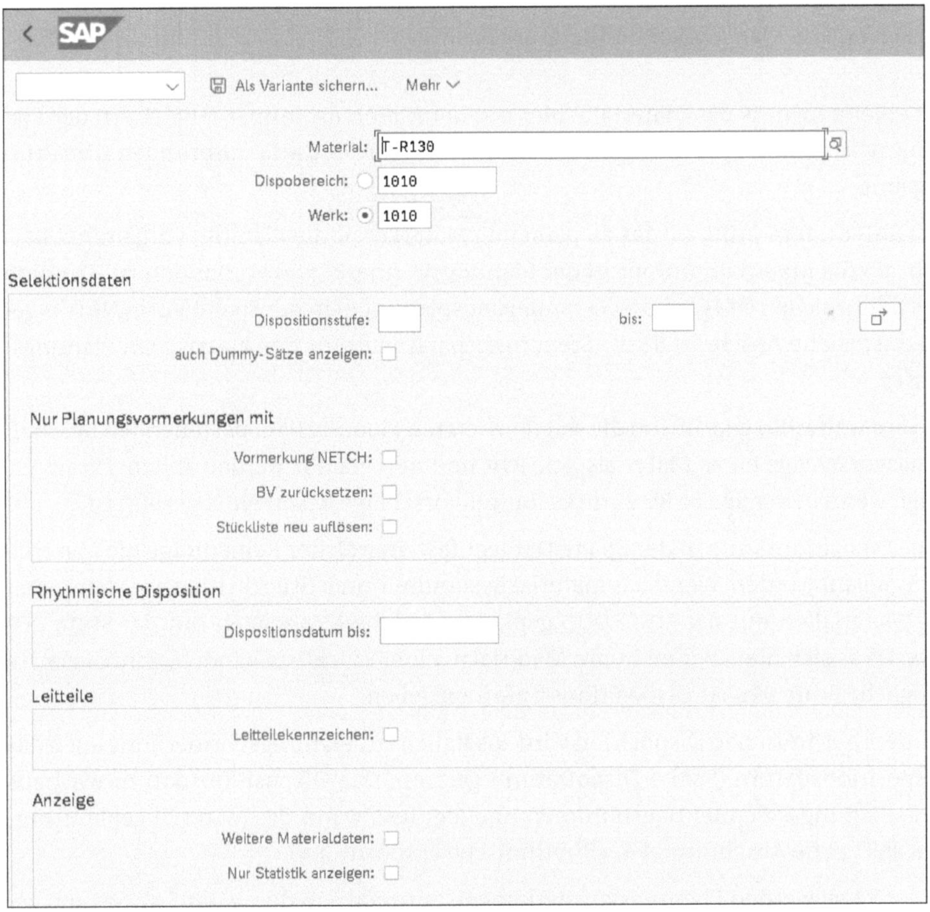

Abbildung 5.44 SAP-Fiori-App »Planungsvormerkdatei anzeigen«: Einstiegsbild

Geben Sie das Material und das Werk und gegebenenfalls weitere Selektionskriterien ein, und klicken Sie Sie anschließend auf die Schaltfläche (**Ausführen**), um sich über die Ausprägungen in der Planungsvormerkdatei zu informieren (siehe Abbildung 5.45).

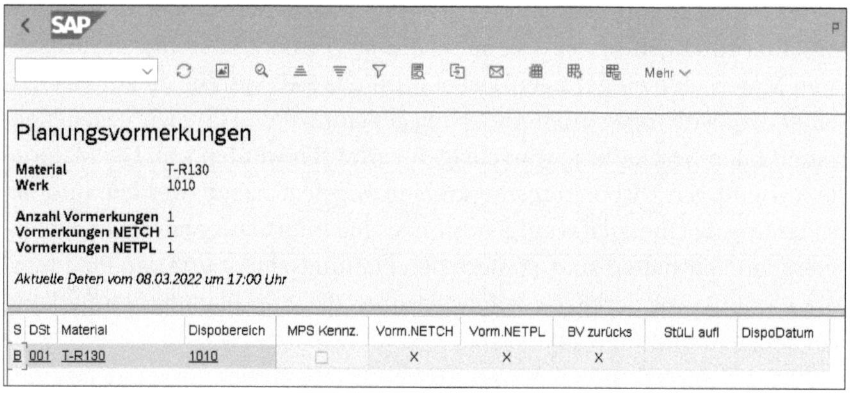

Abbildung 5.45 Planungsvormerkdatei anzeigen

Sie erkennen, dass das Material – hier mit der Materialnummer T-R130 – in der Planungsvormerkdatei eingetragen ist. Darunter finden Sie die Erläuterungen zum Prüfergebnis.

Das SAP-System prüft, ob das zu planende Material für die Planung vorgemerkt ist – d. h., ob die Materialnummer in der Planungsvormerkdatei vorhanden ist – und ob das Kennzeichen **NETCH** (für »Veränderungsplanung«) in der Spalte **Vorm.NETCH** gesetzt ist (siehe Abschnitt 5.3.3, »Steuerungsparameter für den klassischen Planungslauf«).

Es wird weiterhin geprüft, ob die seit dem letzten Planungslauf bestehenden Beschaffungsvorschläge eines Materials gelöscht und neu erstellt werden sollen. Dieses erfolgt, wenn in der Spalte **BV zurücks** (Bestellvorschläge Reset) ein **X** gesetzt ist.

Die Dispositionsstufe in der Spalte **DSt** legt fest, in welcher Reihenfolge die Materialien geplant werden. Wenn das Material Bestandteil einer Stückliste ist, werden zuerst die Materialien mit der Stufe 000 geplant, dann die Materialien mit der Stufe 001 usw. Da es sich hier aber nicht um Material in einer Stückliste handelt, wird die letzte mögliche Stufe 999 als Dispositionsstufe angegeben.

Bei der rhythmischen Disposition wird zusätzlich zur Planungsvormerkung auch das Dispositionsdatum (Spalte **DispoDatum**) gelesen. Das Dispositionsdatum wird aus dem Planungskalender übernommen und legt fest, wann das Material geplant werden soll (siehe Abschnitt 5.4.4, »Rhythmische Disposition«).

In der Regel werden Planungsvormerkungen automatisch durch das SAP-System gesetzt. In Ausnahmefällen kann es jedoch vorkommen, dass Sie eine Planungsvormerkung für ein Material manuell in die Planungsvormerkdatei eintragen möchten. Dies erreichen Sie mithilfe von Transaktion MD20 (Planungsvormerkung anlegen).

Alternativ steht in SAP S/4HANA die App **Planungsvormerkungen anlegen** zur Verfügung. Mit dieser App kann mittels einer Jobvorlage das Anlegen von Planungsvormerkungen als Hintergundjob eingeplant werden.

Wenn Materialien angelegt wurden, bevor für ein Werk die Bedarfsplanung aktiviert worden ist, müssen Sie für alle dispositionsrelevanten Materialien in diesem Werk einen Eintrag in der Planungsvormerkdatei generieren. Dafür nutzen Sie Transaktion MDAB (Aufbauen Hintergrund).

Schritt 2: Nettobedarfsrechnung

Nach der Prüfung der Planungsvormerkdatei führt das SAP-System als nächsten Schritt die Nettobedarfsrechnung durch.

Das SAP-System prüft für jeden Bedarfstermin, ob der Bedarf durch den Werksbestand und/oder durch einen oder mehrere Zugänge abgedeckt ist.

Bei einer Unterdeckung generiert das SAP-System einen oder mehrere entsprechende Beschaffungsvorschläge. Nachfolgend finden Sie einige Erläuterungen zum Werksbestand und zu der Ausprägung des verfügbaren Bestands.

Unter *Werksbestand* sind alle Bestände der Lagerorte zu verstehen, die zu diesem Werk gehören und nicht von der Disposition ausgeschlossen sind bzw. separat disponiert werden. Folgende Bestände können u. a. – entsprechend dem in der Verfügbarkeitsprüfung eingestellten Prüfungsumfang – den Werksbestand abbilden:

- frei verwendbarer Bestand
- Qualitätsprüfbestand
- gesperrter Bestand
- Umlagerungsbestand

Des Weiteren werden entsprechend dem eingestellten Prüfungsumfang Zugänge und Abgänge für ein Material einbezogen. Der Prüfungsumfang wird im Customizing festgelegt. Entsprechend dem festgelegten Prüfungsumfang errechnet das SAP-System den *verfügbaren Bestand* und vergleicht diesen mit den Bedarfen. Der verfügbare Bestand wird allgemein nach der folgenden Formel berechnet:

Verfügbarer Bestand =
Werksbestand
+ erwartete Zugänge (z. B. Bestellanforderungen, Bestellungen, Planaufträge, Fertigungsaufträge usw.)
– erwartete Abgänge (z. B. Reservierungen, Kundenaufträge, Lieferungen, usw.)
– Sicherheitsbestand

In Abbildung 5.46 ist eine Möglichkeit der Einstellung der Verfügbarkeitsprüfung dargestellt.

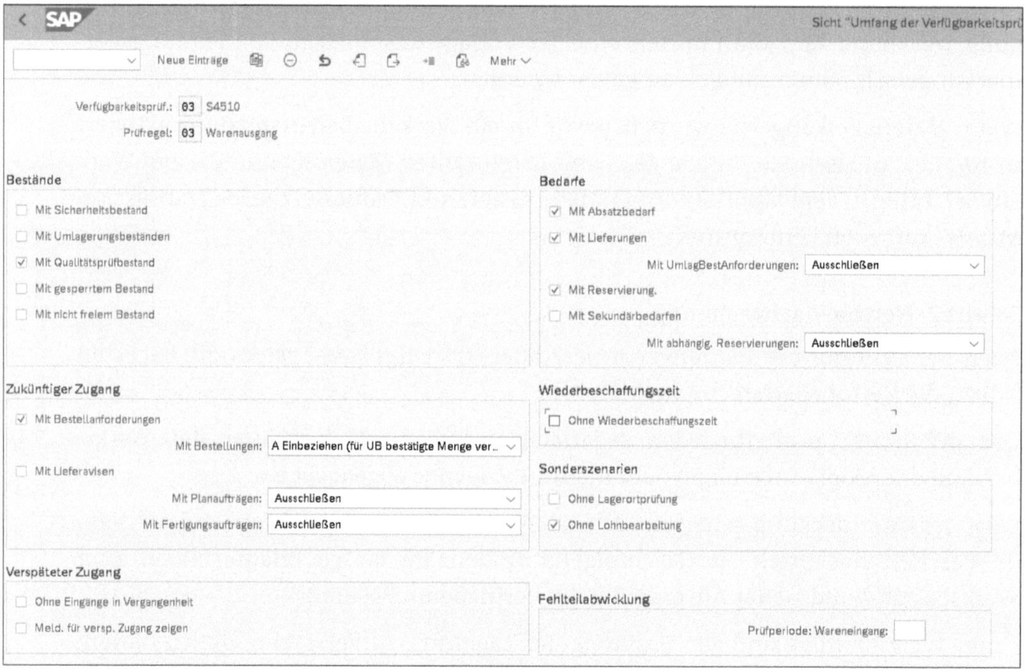

Abbildung 5.46 Steuerung der Verfügbarkeitsprüfung

[»]

Einstellen der Verfügbarkeitsprüfung

In Abbildung 5.46 ist eine Möglichkeit der Steuerung der Verfügbarkeitsprüfung dargestellt. Sie erreichen dieses Datenbild im Customizing über den Pfad **Vertrieb • Grundfunktionen • Verfügbarkeitsprüfung und Bedarfsübergabe • Verfügbarkeitsprüfung • Verfügbarkeitsprüfung nach ATP-Logik und gegen Vorplanung • Steuerung der Verfügbarkeitsprüfung vornehmen**.

Der Eintrag **03** im Feld **Verfügbarkeitsprüf.** ist im Materialstamm (Sicht **Disposition 3** im Feld **Verfügbarkeitsprüf.**) festgelegt worden.

Der Eintrag **03** im Feld **Prüfregel** wird im Customizing in Abhängigkeit mit der Anwendung festgelegt. Die Prüfregel bestimmt immer zusammen mit der Prüfgruppe den Prüfungsumfang.

- **Fallbeispiel: Nettobedarfsrechnung für die manuelle Bestellpunktdisposition**
  Sie haben im Produktstamm die im Bereich **Dispositionsdaten** vorhandenen Daten mittels der SAP-Fiori-App **Produktstammdaten verwalten** gepflegt (siehe Abbildung 5.47).

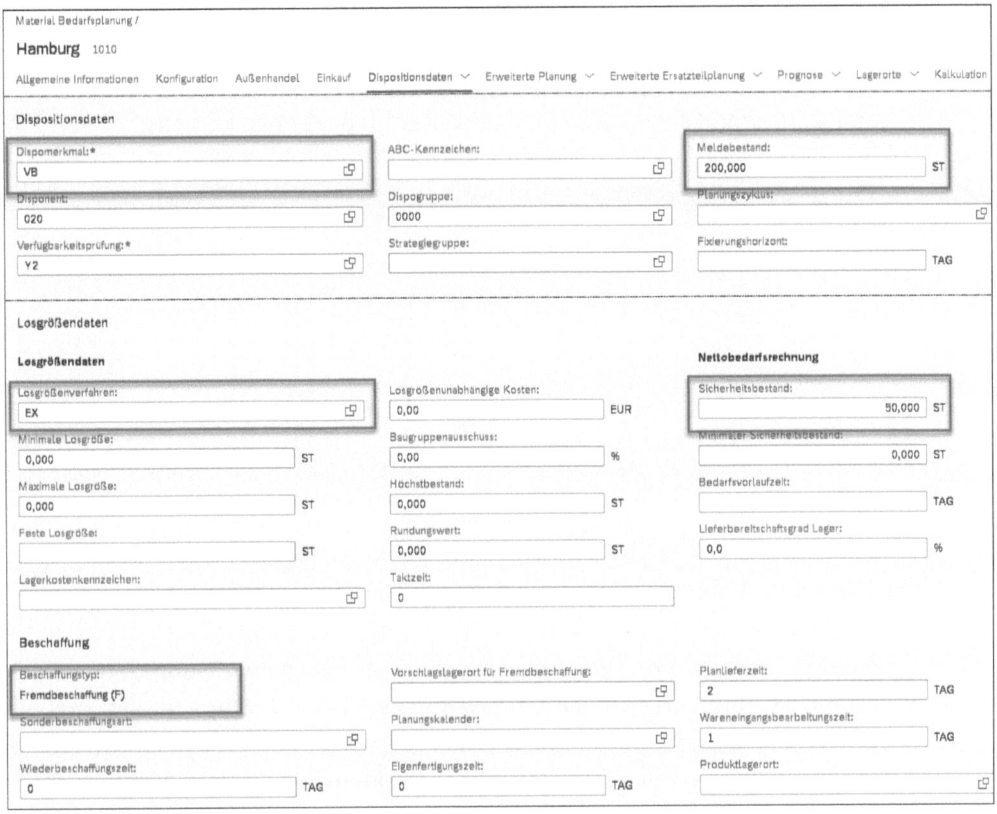

Abbildung 5.47 Parameter für die manuelle Bestellpunktdisposition

Sie führen für dieses Material den Planungslauf aus. Die Ausgangssituation ist aus Abbildung 5.48 ersichtlich.

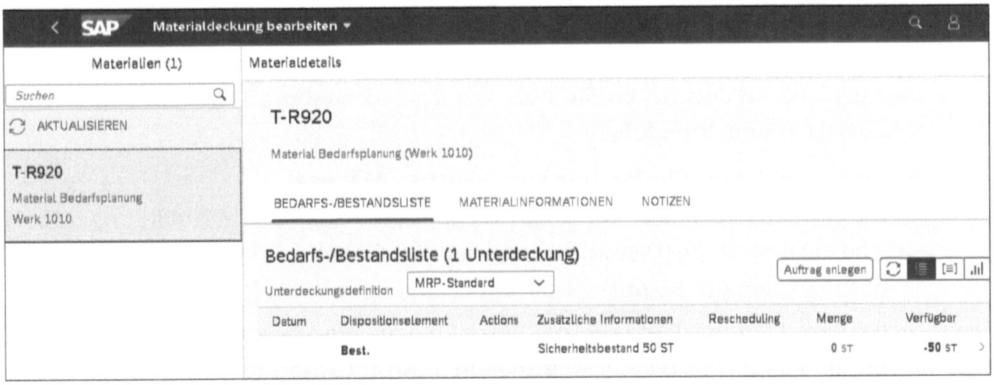

Abbildung 5.48 Materialdeckung vor dem Planungslauf bearbeiten

Das Ergebnis sehen Sie in der SAP-Fiori-App **Materialdeckung bearbeiten** (siehe Abbildung 5.49) und weitergehend in Abschnitt 5.3.6, »Planungsergebnis und Auswertung – klassisch«. Die SAP-Fiori-App **Materialdeckung bearbeiten** ersetzt die Bedarfs-/Bestandsliste. Diese ist aber weiterhin per Transaktion MD04 verfügbar.

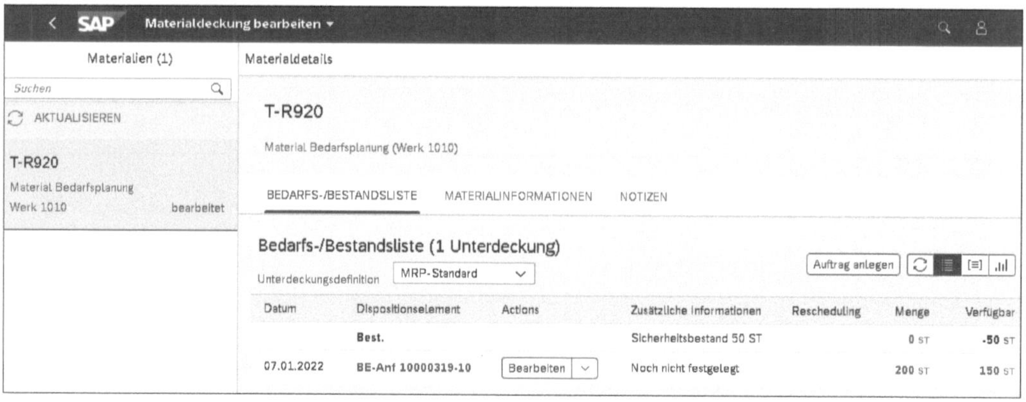

Abbildung 5.49 Materialdeckung nach dem Planungslauf bearbeiten

Sie sehen, dass die *verfügbare Menge* kleiner als der manuell eingegebene Meldebestand ist. Somit erkennt das SAP-System eine Unterdeckung und erzeugt einen Bestellvorschlag, abgebildet durch das Dispositionselement **BE-Anf** (Bestellanforderung). In diesem Fall ist die Zugangsmenge identisch mit dem Meldebestand, da als Losgröße **EX** (Exakte Losgrößenberechnung) eingetragen ist. Sie erkennen auch, dass der Sicherheitsbestand bei der Berechnung der Zugangsmenge nicht berücksichtigt wird, aber bei der Berechnung der verfügbaren Menge von der Zugangsmenge subtrahiert wird.

In Weiterführung des vorangegangenen Beispiels soll Ihnen nun gezeigt werden, wie das SAP-System reagiert, wenn eine Bestellung zum gleichen Material erfasst wird. Dies wird als dispositiv relevante Änderung erkannt, und das Material wird bzw. kann neu geplant werden. Sehen Sie nun, wie das SAP-System in diesem Fall die Nettobedarfsrechnung durchführt.

- **Fallbeispiel: Bestellerfassung zum gleichen Material**

  Die Ausgangssituation vor dem Planungslauf sehen Sie in Abbildung 5.50. Hier sind die Bestellung (Dispositionselement **BS-Ein**) und die Bestellanforderung (Dispositionselement **BE-Anf**) als erwartete Zugänge ersichtlich.

  Bei dem Planungslauf wird die Bestellung als erwarteter Zugang berücksichtigt. Damit wird die Bestellanforderung um diese Zugangsmenge reduziert, sodass die Summe aus **BS-Ein** und **BE-Anf** dann wieder den Meldebestand ergibt (siehe Abbildung 5.51).

Abbildung 5.50 Bedarfs-/Bestandsliste vor dem Planungslauf

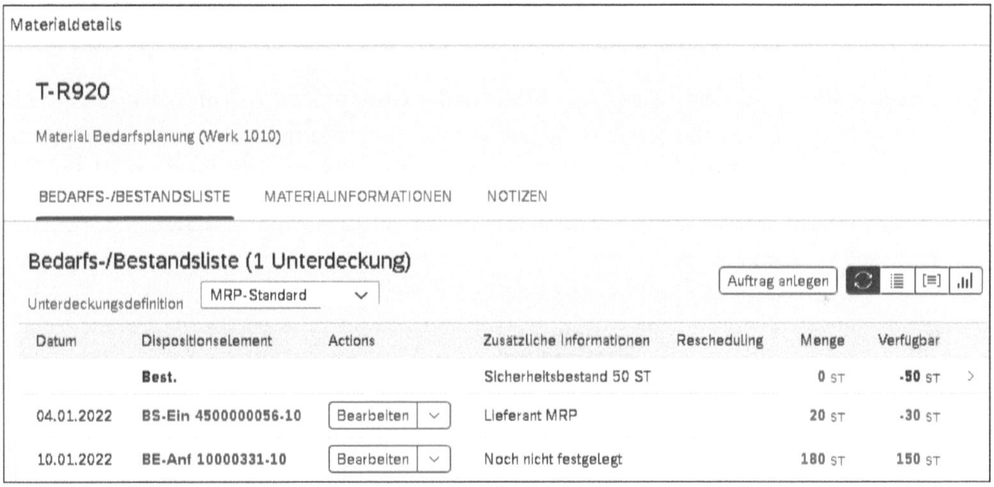

Abbildung 5.51 Bedarfs-/Bestandsliste nach dem Planungslauf

Schritt 3: Losgrößenberechnung

Das SAP-System führt anschließend die Losgrößenberechnung durch. Wie Sie bereits gesehen haben, erkennt das SAP-System in der Nettobedarfsrechnung eine Unterdeckung, wenn der Meldebestand unterschritten ist. Diese Unterdeckungsmenge muss nun durch die schon bekannten Zugangselemente (**BE-ANF** und **BS-EIN**) gedeckt werden. Sie haben im Produktstamm (Bereich **Disposition**) die Parameter für das gewünschte Losgrößenverfahren und weitere Restriktionen – wie Rundungswert, maximale Losgröße usw. eingegeben und somit die Voraussetzung dafür geschaffen, dass das SAP-System die Beschaffungsmenge für das Material im Werk in Abhängigkeit von den eingetragenen Losgrößenparametern ermittelt.

- **Fallbeispiel: Losgrößenberechnung für das Losgrößenverfahren mit der festen Losgröße FX**
  Nehmen Sie an, dass Sie im Produktstamm die in Abbildung 5.52 dargestellten Daten eingepflegt haben.

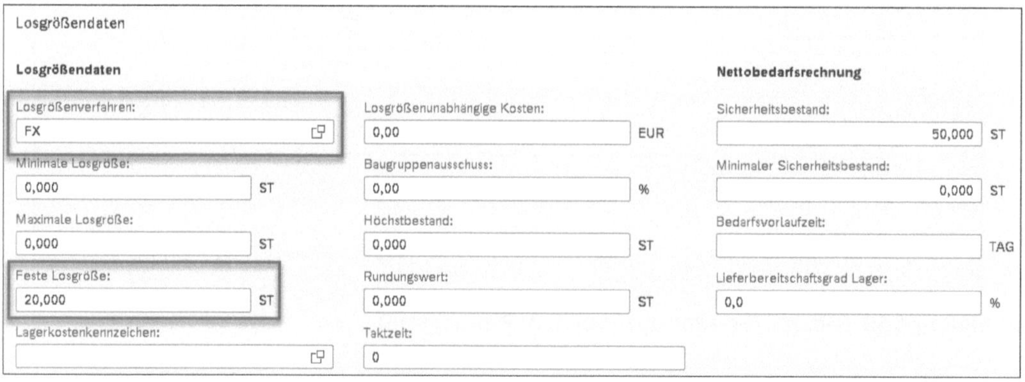

Abbildung 5.52 Parameter für die feste Losgrößenberechnung

Wenn Sie nun die SAP-Fiori-App **Materialdeckung prüfen** aufrufen, finden Sie die in Abbildung 5.53 dargestellte Situation vor. Sie erkennen ein weiteres Dispositionselement **MR-Res** (Manuelle Reservierung) in der Bedarfs-/Bestandsliste: Diese Reservierung führt jetzt zur Unterdeckung der verfügbaren Menge.

Abbildung 5.53 Bedarfs-/Bestandsliste vor dem Planungslauf

Der Planungslauf, der die Unterdeckung erkennt, erzeugt die Bedarfsdecker (**BE-Anf**) mit dem Mengenvorschlag von je 20 Stück (siehe Abbildung 5.54). Diesen Wert ermittelt das SAP-System aufgrund des eingestellten Losgrößenverfahrens (Eintrag im Feld **Dispolosgröße: FX** (Feste Losgrößenberechnung); Wert im Feld **Feste Losgröße: 20** (Stück)). Die Summe aus den Zugangsmengen der Bestellanforderungen (**BE-Anf**) und der Bestellung (**BS-Ein**) ergibt wieder den Meldebestand (Eintrag im Feld: **Meldebestand**, Wert im Feld **Meldebestand: 200** (Stück), siehe Abbildung 5.47).

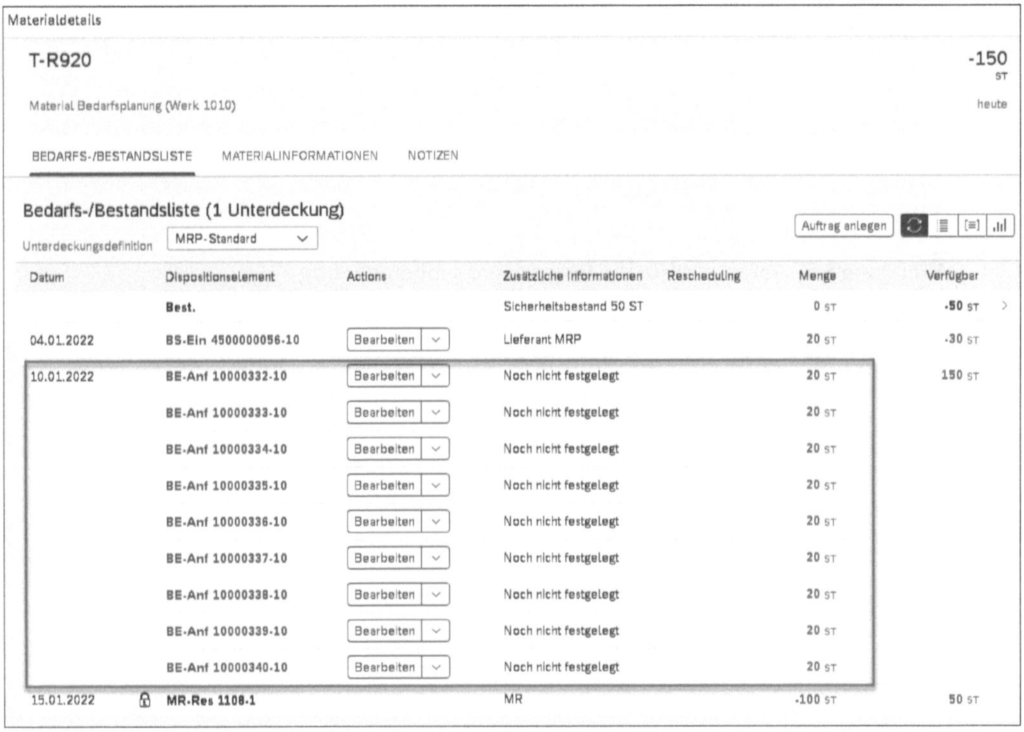

Abbildung 5.54 Bedarfs-/Bestandsliste nach dem Planungslauf

Dass die Bestellanforderungen (**BE-Anf**) zu einer Bestellung zusammengefasst werden können bzw. müssen oder auch im Inhalt geändert werden können, ist in Abschnitt 6.5.1, »Bestellanforderungen«, beschrieben.

- **Fallbeispiel: Die feste Losgröße übersteigt den Meldebestand**
  Es kann auch der Fall auftreten, dass die feste Losgröße – z. B. bei Behälterformaten, Verpackungseinheiten usw. – größer sein muss als der Meldebestand. Dieser Fall soll wieder anhand eines Beispiels erläutert werden. Dazu pflegen Sie im Produktstamm die in Abbildung 5.55 dargestellten Daten ein.

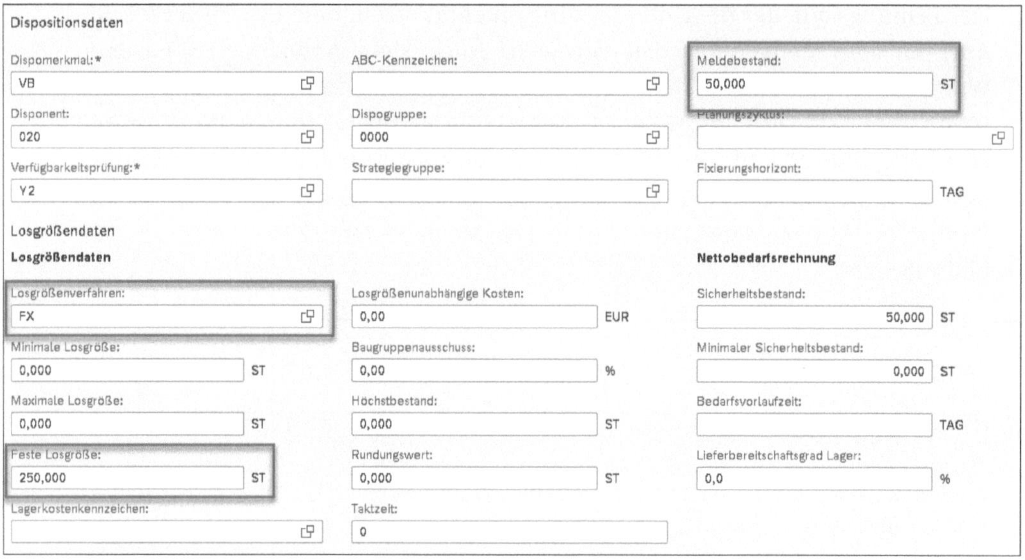

Abbildung 5.55 Parameter für die feste Losgrößenberechnung

Zudem gehen Sie von der in Abbildung 5.56 dargestellten Bestandssituation vor dem Planungslauf aus.

Abbildung 5.56 Materialdeckung vor dem Planungslauf bearbeiten

Der Planungslauf, der die Unterdeckung erkennt, erzeugt den Bedarfsdecker (**BE-Anf**) mit dem Mengenvorschlag von 250 Stück. Diesen Wert ermittelt das SAP-System aufgrund der entsprechend in Abbildung 5.55 eingestellten Werte im Produktstamm:

- Feld **Dispolosgröße**: **FX** (Feste Losgrößenberechnung)
- Feld **Feste Losgröße**: **250** (Stück)

Dies bedeutet, dass der eingestellte Meldebestand im Feld **Meldebestand** in Höhe von 50 Stück überschritten wurde. Beachten Sie, dass in diesem Fall die zur Verfügung stehende Lagerort- bzw. Lagerplatzkapazität bei der weiteren logistischen Bearbeitung der Bestellanforderung (**BANF • Bestellung • Wareneingang**) nicht überschritten wird.

Der Sicherheitsbestand wird wieder von der Zugangsmenge subtrahiert und reduziert somit die verfügbare Menge auf 200 Stück (siehe Abbildung 5.57).

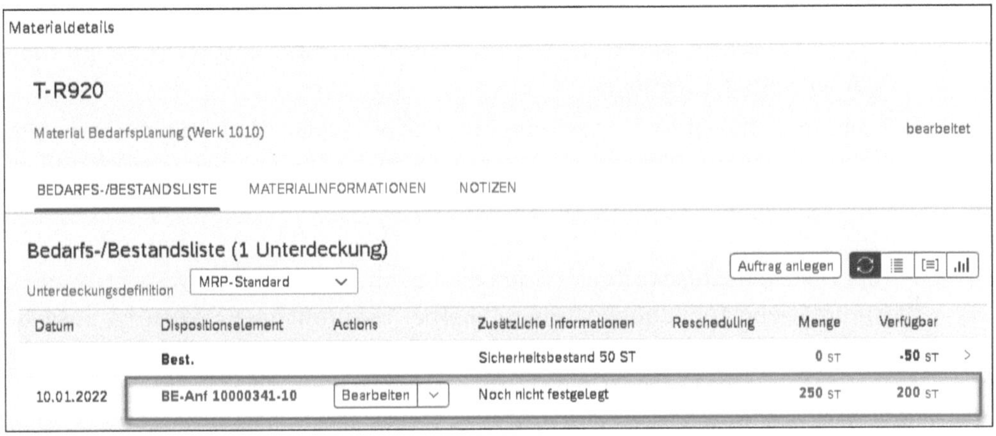

Abbildung 5.57 Materialdeckung nach dem Planungslauf bearbeiten

Das Losgrößenverfahren **HB** (Auffüllen bis zum Höchstbestand) zur Losgrößenberechnung sollten Sie wählen, wenn Sie das Lager bis zum höchstmöglichen Bestand auffüllen möchten oder wenn Sie Behälter – wie z. B. Fässer – entsprechend ihrem Fassungsvermögen füllen möchten.

Schritt 4: Terminierung

Nachdem die zu beschaffende Menge mithilfe der Losgrößenberechnung ermittelt worden ist, führt das SAP-System anschließend die Terminierung für die Fremdbeschaffung durch. Es werden die Eckstart- und Eckendtermine der Beschaffungselemente ermittelt.

Sie müssen dafür die nachfolgend aufgeführten Daten pflegen:

- Planlieferzeit (Feld **Planlieferzeit**) in Kalendertagen im Produktstamm (Bereich **Disposition**).
- Wareneingangsbearbeitungszeit (Feld **Wareneingangsbearbeitungszeit**) in Arbeitstagen im Produktstamm (Bereich **Disposition**), siehe Abbildung 5.58.
- Bearbeitungszeit für den Einkauf (Standard: 1 Arbeitstag, werksbezogen)

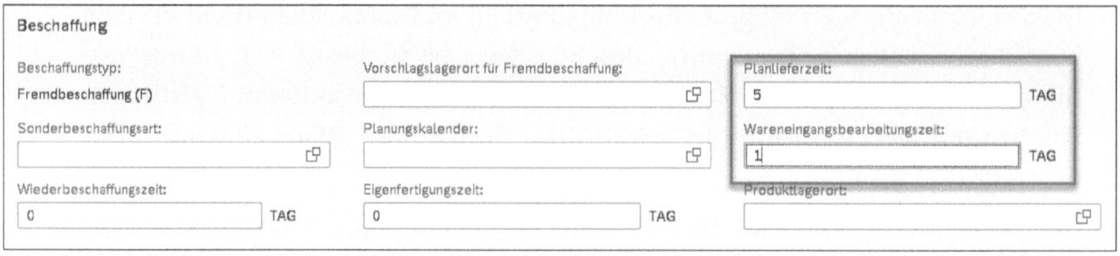

Abbildung 5.58 Terminierungszeiten im Produktstamm

[»]

Bearbeitungszeit festlegen

Sie legen diese Zeit im Customizing über den Menüpfad **Materialwirtschaft • Verbrauchsgesteuerte Disposition • Werksparameter • Gesamtpflege der Werksparameter durchführen** fest.

Bei der *Bestellpunktdisposition* werden die Termine durch die Vorwärtsterminierung bestimmt (siehe Abbildung 5.59 oben). Hierbei bestimmt das SAP-System, ausgehend vom Zeitpunkt des Planungslaufs, vorwärts den Termin, an dem das betreffende Material für die Weiterverarbeitung zur Verfügung stehen soll.

Bei der *stochastischen Disposition* (siehe Abschnitt 5.4.3, »Stochastische Disposition«) werden die Termine durch die Rückwärtsterminierung bestimmt (siehe Abbildung 5.59 unten).

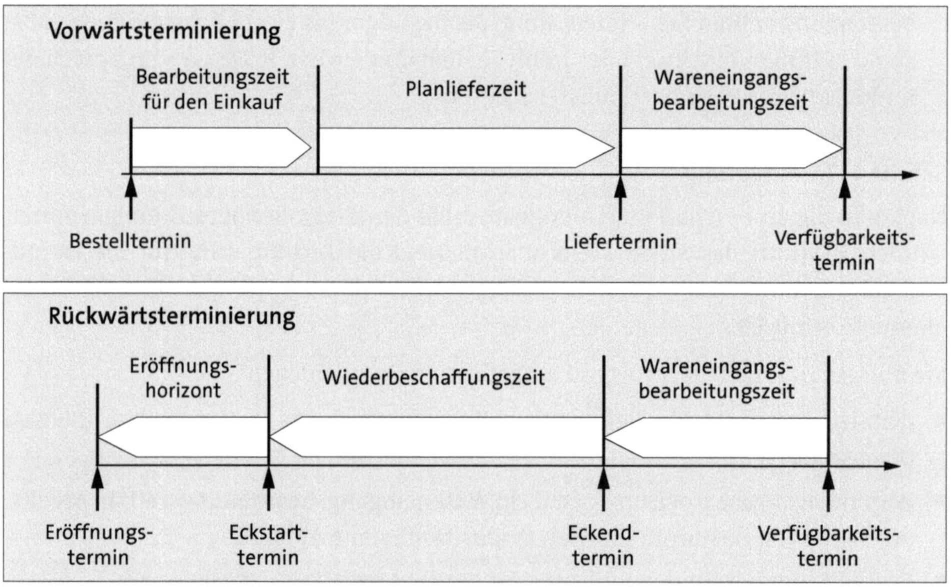

Abbildung 5.59 Terminierung bei der Fremdbeschaffung

Der Eröffnungshorizont stellt die Anzahl von Arbeitstagen dar, die vom Eckstarttermin abgezogen werden und somit den Eröffnungstermin bestimmen. Dieser Zeitraum dient dem Disponenten als zeitlicher Puffer, der ihm beim Umwandeln eines Planauftrags in eine Bestellanforderung zur Verfügung steht, und ist als eine der Pufferzeiten im Horizontschlüssel des Produktstamms gepflegt.

- **Fallbeispiel: Terminierung für die manuelle Bestellpunktdisposition**
  Sie haben im Produktstamm die Terminierungsdaten, Wareneingangsbearbeitungszeit = 1 Arbeitstag und Planlieferzeit = 5 Kalendertage, sowie im Customizing die Bearbeitungszeit im Einkauf mit 1 Arbeitstag im Werk 1010 gepflegt (siehe Abbildung 5.58).

  Sie finden in der Bedarfs-/Bestandsliste, aufgerufen mit der SAP-Fiori-App **Materialdeckung prüfen**, die folgende Situation vor (siehe Abbildung 5.60).

Abbildung 5.60 Bedarfs-/Bestandsliste vor dem Planungslauf

Nach dem Planungslauf ergibt sich die in Abbildung 5.61 dargestellte Situation. Das SAP-System hat die Unterdeckung erkannt und erzeugt eine Bestellanforderung (**BE-Anf**) mit dem ermittelten Zugangstermin.

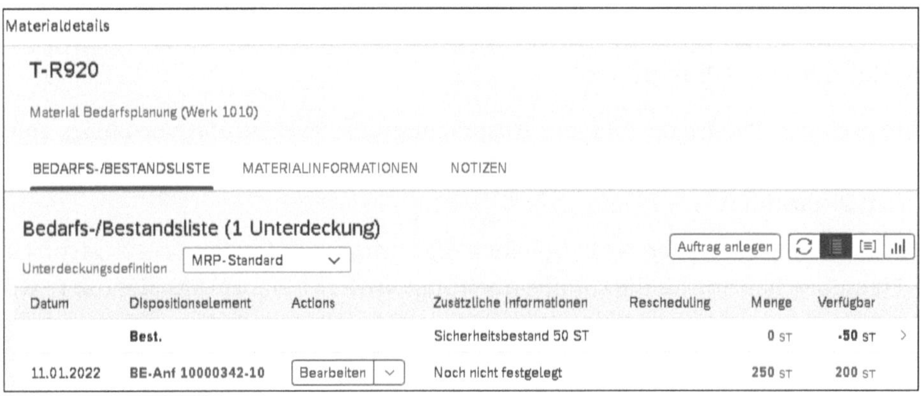

Abbildung 5.61 Bedarfs-/Bestandsliste nach dem Planungslauf

[»]

Berechnung des Termins

Die Terminierung wird vom SAP-System wie folgt bestimmt:

Der Planungslauf wurde am 30.12.2021 gestartet. Das SAP-System berechnet nun den Liefertermin nach folgender Formel:

> Unterdeckungstermin + Bearbeitungszeit Einkauf (1 Arbeitstag) + Planlieferzeit (5 Tage in Kalendertagen) = Liefertermin

Für unser Beispiel ergibt sich damit die folgende Rechnung:

> 30.12. + 1 Arbeitstag + 5 Kalendertage = 10.01.

Den Verfügbarkeitstermin berechnet das SAP-System wie folgt:

> Liefertermin + Wareneingangstermin = Verfügbarkeitstermin

Auf unser Beispiel bezogen, ergibt sich damit die folgende Rechnung:

> 10.01 + 1 Arbeitstag = 11.01.2022

Schritt 5: Ermitteln der Beschaffungsvorschläge

Im letzten Prozessschritt des Planungslaufs ermittelt das SAP-System die Beschaffungsvorschläge (Bedarfsdecker). Dieses können Bestellanforderungen, Planaufträge (nur klassische Disposition) oder die Lieferplaneinteilung sein.

Beschaffungsvorschläge dienen dazu, die Unterdeckungsmenge wieder zu beschaffen. Beschaffungsvorschläge sind interne planerische Elemente, die verändert, umterminiert oder gelöscht werden können. Welche Art des Beschaffungsvorschlags erzeugt wird, hängt von mehreren Parametern ab. Ein Parameter ist der Beschaffungstyp. Der Beschaffungstyp wird durch den entsprechenden Eintrag im Produktstamm im Feld **Beschaffungstyp** (Bereich **Disposition**) bestimmt. Die folgenden Kennzeichen sind möglich:

- **F** (Fremdbeschaffung)
- **E** (Eigenfertigung)
- **X** (Beide Beschaffungsarten)

Ein weiterer Parameter, der die Ausprägung des Beschaffungsvorschlags mitbestimmt, ist der Sonderbeschaffungsschlüssel im Feld **Sonderbeschaffungsart** (Bereich **Disposition**).

In Abbildung 5.62 finden Sie beispielhaft die Einträge für den Beschaffungsvorschlag »Fremdbeschaffung für die Lohnbearbeitung«. In der Literatur wird dies mit F 30 dargestellt.

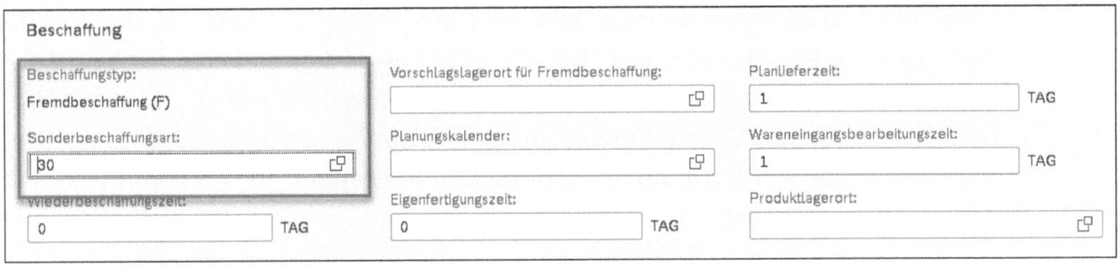

Abbildung 5.62 Beschaffungstyp F und Sonderbeschaffungsart 30

Diese Einträge erzeugen im Ergebnis des Planungslaufs – Unterdeckung vorausgesetzt – eine Bestellanforderung (**BE-Anf**) mit dem Positionstyp **L** (Lohnbearbeitung), siehe Abschnitt 6.6.1, »Sonderbeschaffungsschlüssel im Materialstammsatz«.

Planauftrag bei der Fremdbeschaffung – nur klassischer MRP

Wird auch bei der Fremdbeschaffung zunächst ein Planauftrag erstellt, hat dies den Vorteil, dass der Disponent zusätzliche die Kontrolle über die Beschaffungsvorschläge hat. Der Einkauf kann das betreffende Material erst dann bestellen, wenn der Planauftrag in eine Bestellanforderung umgewandelt worden ist. Andernfalls steht dem Einkauf unmittelbar eine Bestellanforderung zur Verfügung; hierdurch übernimmt er teilweise die Verantwortung für die Materialverfügbarkeit und die Lagerbestände.

Nach der Durchführung dieser Prozessschritte bei der Materialbedarfsplanung werden die ermittelten Daten in den unterschiedlichsten Ergebnislisten zur weiteren Bearbeitung gespeichert. Im folgenden Abschnitt beschreiben wir die verschiedenen Listen und die damit verbundenen Auswertungen.

5.3.5 Planungsergebnis und Auswertung – SAP Fiori

Zu SAP S/4HANA wurden verschiedene Apps zur Auswertung zur Verfügung gestellt. Da diese Apps zum jetzigen Zeitpunkt immer noch Änderungen unterzogen werden, sollen nachfolgend einige der zum jetzigen Zeitpunkt zur Verfügung stehenden Apps etwas ausführlicher beschrieben werden.

Es stehen aber nach wie vor die bekannten Auswertungen aus SAP ERP zur Verfügung (siehe Abschnitt 5.3.6, »Planungsergebnis und Auswertung – klassisch«):

- **Materialdeckung ermitteln: Nettoabschnitte**
  Mit dieser SAP-Fiori-App können Sie innerhalb eines ausgewählten Zuständigkeitsbereichs alle für die Lagerfertigung benötigten und anonym geführten Materialien vom System ermitteln und in einer Übersicht darstellen lassen.

Damit die Zuständigkeit definiert werden kann, verfügt die App über eigene Einstellungen zur Personalisierung. Hier kann der Zuständigkeitsbereich in Form der Kombination aus Werk und Disponent ausgewählt werden. Neben der Zuständigkeit können hier auch Einstellungen zu dem Planungslauf hinterlegt werden. Diese Einstellungen werden dann im Planungslauf verwendet, der aus der App heraus gestartet werden kann.

Das System listet die Materialien mit einem Nettobedarfsabschnitt auf, die laut Unterdeckungsdefinition nicht ausreichend gedeckt sind.

Die Unterdeckungsdefinitionen enthalten die spezifischen Regeln zum Berechnen der Materialunterdeckungen. Diese Regeln definieren sowohl den Umfang der Unterdeckungsberechnung, also die zu berücksichtigenden Zugangs- und Bedarfselemente, als auch die Kriterien, die erfüllt sein müssen, um als Unterdeckung zu gelten.

Folgende Unterdeckungsdefinitionen stehen zur Auswahl:

- MRP-Standard: vergleicht alle Zugänge mit allen Bedarfen
- Bestandsreichweite: vergleicht den verfügbaren Bestand mit den geplanten Bedarfen
- Bestellte Bedarfe: berechnet ob die geplanten Zugänge zur Deckung der bestellten Bedarfe ausreichen
- Bestellte Zugänge: berechnet, ob die bestellten Zugänge zur Deckung der geplanten Bedarfe ausreichen

Diese App bietet Ihnen alle Informationen, um auf kritische Situationen rechtzeitig reagieren zu können. Dadurch können Sie Verzögerungen in der Produktion vermeiden und Ihre Kundenbedarfe erfüllen (siehe Abbildung 5.63).

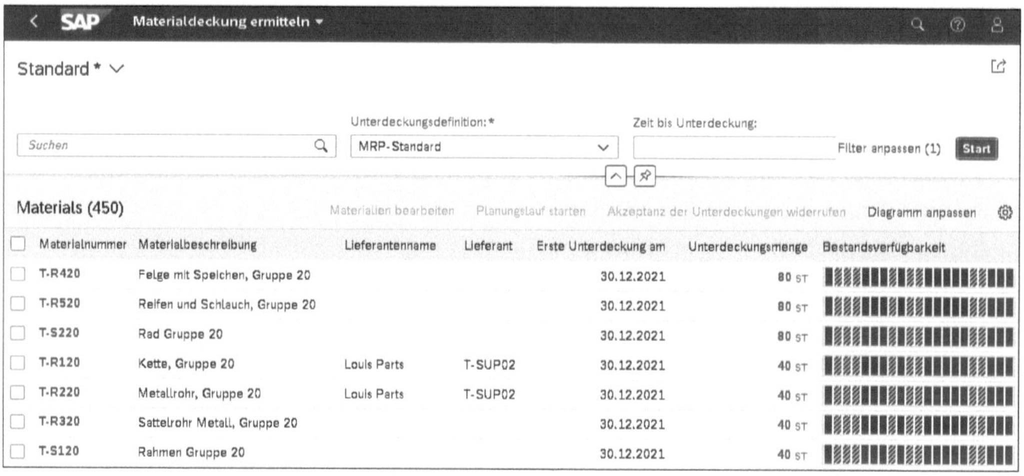

Abbildung 5.63 Materialdeckung ermitteln

- Ferner bietet die App u. a. die folgenden Funktionen an:
  - Start eines Planungslaufs für ausgewählte Materialien
  - Navigation in die SAP-Fiori-App **Materialdeckung bearbeiten**, um die Details zu dem ausgewählten Material anzeigen zu lassen und verschiedene Lösungen zur Unterdeckung zu prüfen.
  - Anpassen des Diagramms zur Bestandsverfügbarkeit
  - Quickview mit Materialinformationen öffnen
- **Materialdeckung ermitteln: Netto- und Einzelabschnitte**
  Das System berücksichtigt alle für die Lagerfertigung benötigten bzw. anonym geführten Materialien, Materialien für den Kundeneinzelbestand sowie Materialien für die Direktbeschaffung. Sie erhalten eine Liste aller Materialien mit Nettobedarfsabschnitt oder individuellen Planungsabschnitten, die die folgenden Planungsabschnitte berücksichtigen:
  - Nettoabschnitt: Planung für den gesamten Dispositionsbereich
  - Kundeneinzelabschnitt: über den Kundenauftragsbestand
  - Projekteinzelabschnitt: über den Projektbestand
  - Abschnitt für eine direkte Produktionsplanung: mit direktem Anlegen von Planaufträgen
  - Abschnitt für eine direkte Beschaffungsplanung: mit direkter Erstellung von Bestellanforderungen
- **Materialdeckung bearbeiten**
  Mit dieser SAP-Fiori-App können Materialunterdeckungen überprüft und bearbeitet werden. Die App zeigt zu jedem Material den Nettobedarfsabschnitt sowie eventuell vorhandene Kunden- oder Projekteinzelabschnitte. Das System unterstützt dabei die Beseitigung von Unterdeckungen, indem es unterschiedliche Lösungen vorschlägt. Diese Lösungen können zuerst simuliert werden, und anschließend kann die optimale Lösung angewendet werden.

Lösungsvorschläge

Das System schlägt ausschließlich Lösungen für fremdbeschaffte Materialien vor. Zudem werden Lieferpläne nicht unterstützt. Für diese müssen bestehende Einteilungen geändert oder manuell neu angelegt werden.

5.3.6 Planungsergebnis und Auswertung – klassisch

Die Anzeige der Planungsergebnisse ermöglicht es Ihnen, die Ergebnisse zu überprüfen und diese bei Bedarf anzupassen. Für die Auswertung des Planungsergebnisses stehen Ihnen die *Dispositionsliste* und die *aktuelle Bedarfs-/Bestandsliste (klassisch)* zur Verfügung:

- **Dispositionsliste**
  Die Dispositionsliste wird in Abhängigkeit vom Erstellungskennzeichen erzeugt (siehe Abschnitt 5.3.3, »Steuerungsparameter für den klassischen Planungslauf«).

  Dispositionslisten sind das zentrale Arbeitsinstrument des Disponenten. Sie zeigen für jedes Material die zukünftige Bestands- und Bedarfsentwicklung als Ergebnis des Planungslaufs. Veränderungen, die nach dem Planungstermin erfolgen, bleiben in der Dispositionsliste unberücksichtigt, bis eine neue Planung durchgeführt wird. Sie hält somit die Historie zwischen zwei Planungsläufen.

Dispositionslisten

Dispositionslisten werden nur noch bei der Nutzung des klassischen MRP-Laufs erzeugt. Bei der Nutzung von MRP Live werden *keine* Dispositionslisten mehr erzeugt.

- **Aktuelle Bedarfs-/Bestandsliste**
  Die Bedarfs-/Bestandsliste entspricht inhaltlich unmittelbar nach dem Planungslauf der Dispositionsliste. Aktuelle Veränderungen der Bedarfs-/Bestandssituation werden bei jedem Aufruf neu eingelesen und damit sofort sichtbar. Damit können sich der Disponent und die verantwortlichen Fachabteilungen jederzeit einen Überblick über die aktuelle Materialverfügbarkeit verschaffen. Den prinzipiellen Aufbau der Einzellisten zeigt Abbildung 5.64.

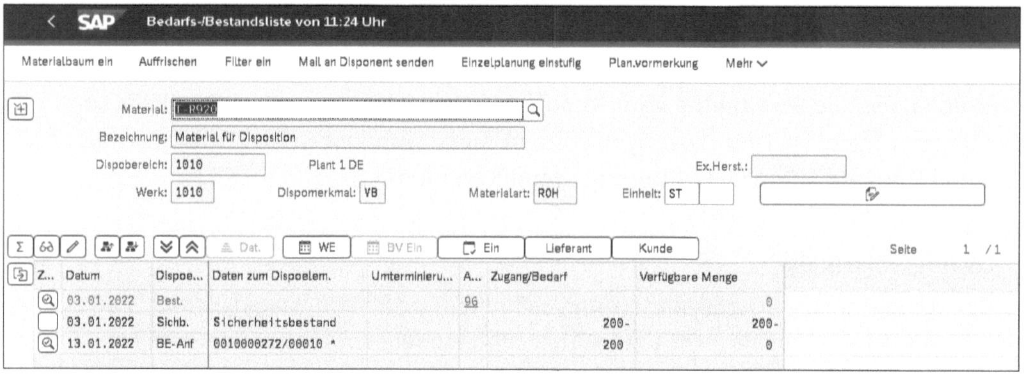

Abbildung 5.64 Prinzipieller Aufbau einer Einzelliste

Jede Dispositionsliste bzw. Bedarfs-/Bestandsliste enthält Kopf -und Positionsdaten. Im Dispositionslistenkopf stehen die Materialdaten, wie beispielsweise Materialnummer, Werk und Dispositionsparameter. Die Positionsdaten beinhalten Informationen zu den einzelnen Dispositionselementen (Bestellanforderungen, Planaufträge, Bestellungen, Reservierungen, Kundenaufträge usw.).

Die einzelnen Spalten innerhalb des Positionsblocks enthalten in der Grundeinstellung die Zugangs-/Bedarfstermine, Daten zum Dispositionselement (z. B. Kurztext, Nummer, Position usw.), den Schlüssel der Ausnahmemeldung, die Zugangs- oder Bedarfsmengen sowie die verfügbare Menge. Weitere Spalten (z. B. Lieferwerk, Lagerort und Lieferant) werden angezeigt, wenn die Daten dazu vorhanden sind. Sie können aber auch neue Spalten einfügen.

In Abhängigkeit von den verschiedenen Dispositionsverfahren, z. B. Lagerortdisposition mittels Dispositionsbereichen, werden in den Listen die Ergebnisse in gesonderten Abschnitten dargestellt. Hierzu müssen die Daten pro Dispositionsbereich selektiert werden (siehe Abbildung 5.65). In diesem Fall wird der Lagerort 101A – hier mittels Dispositionsbereich L1010_1 abgebildet – separat disponiert. Die entsprechende Festlegung ist im Produktstamm im Bereich **Disposition** getroffen worden.

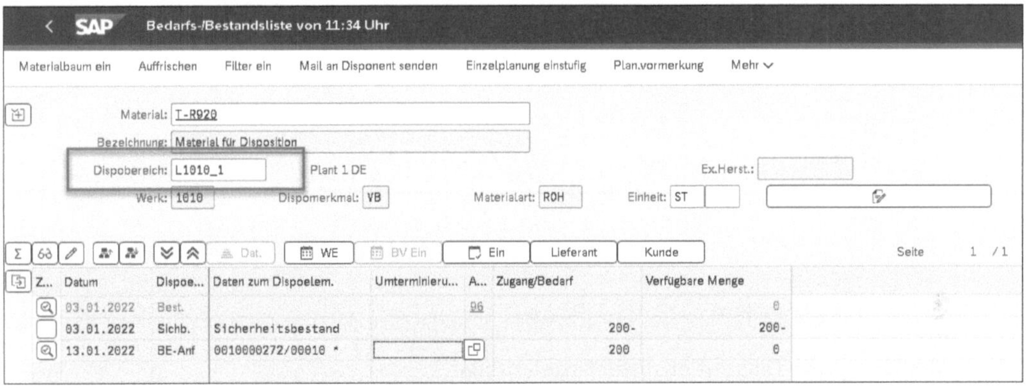

Abbildung 5.65 Abschnitt »Separat disponierter Lagerort«

Die Dispositionsliste rufen Sie über die SAP-Fiori-App **Einzelanzeige Dispositionsliste** oder **Sammelanzeige Dispositionsliste** auf (siehe Abbildung 5.66).

Geben Sie die Materialnummer, das Werk und – in Abhängigkeit von den gewählten Planungsebenen – den Dispositionsbereich ein, in dem die Planung durchgeführt wurde.

Klicken Sie auf die Schaltfläche **Weiter**, oder verwenden Sie die [↵]-Taste. Sie gelangen nun auf das in Abbildung 5.67 gezeigte Bild. Dort können Sie sich das Planungsergebnis anschauen und es bearbeiten. Sie erkennen, dass u. a. der Bedarfsdecker (die Bestellanforderung **BE-Anf**) als Ergebnis des Planungslaufs generiert worden ist.

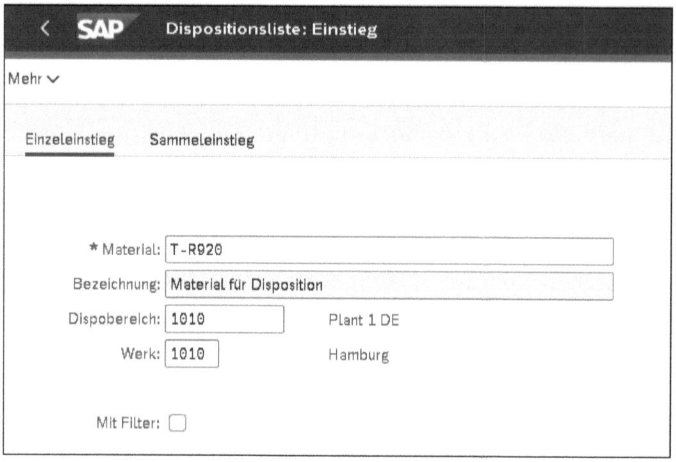

Abbildung 5.66 Einstiegsbild für die Dispositionsliste

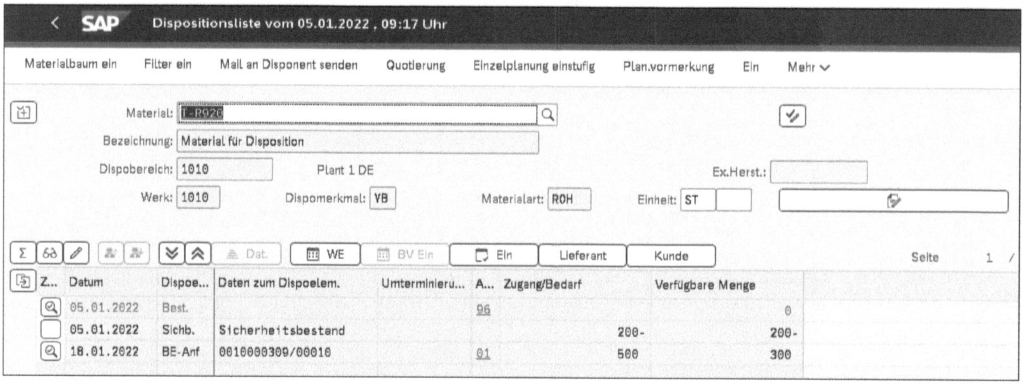

Abbildung 5.67 Dispositionsliste: Einzelanzeige

Die Bedarfs-/Bestandsliste rufen Sie über die SAP-Fiori-App **Bedarfs-/Bestandliste überwachen** auf. Geben Sie die gewünschten Selektionswerte analog zum Einstiegsbild der Dispositionsliste ein. Klicken Sie auf die Schaltfläche **Weiter**. Sie gelangen in die Einzelanzeige der Bedarfs-/Bestandsliste (siehe Abbildung 5.68).

Wenn Sie beide Listen vergleichen, erkennen Sie, dass die Bestellanforderung (**BE-Anf**) bearbeitet wurde, denn es wurde das Fixierungskennzeichen * gesetzt. In der Dispositionsliste bleibt dieses Dispositionselement bis zum nächsten Planungslauf unverändert.

Beachten Sie, dass die fixierte BANF beim nächsten Planungslauf als erwarteter Zugang berücksichtigt, aber trotz vorhandener Unterdeckung nicht verändert wird; es werden neue Bedarfsdecker erzeugt.

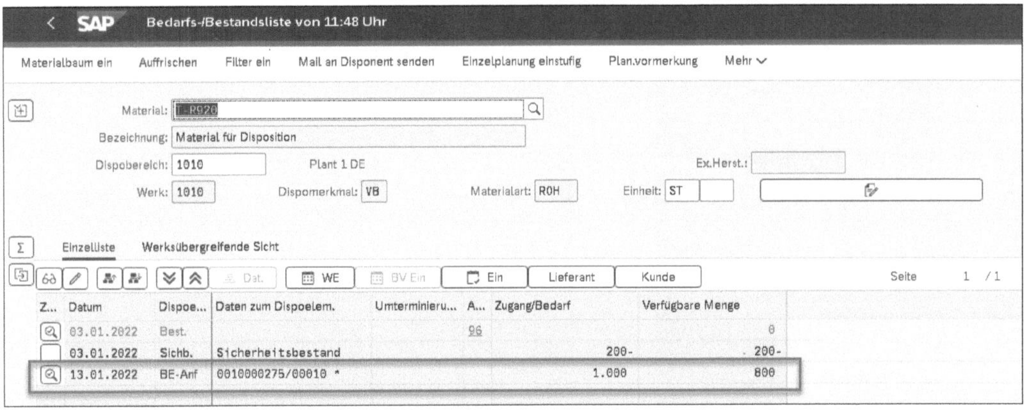

Abbildung 5.68 Bedarfs-/Bestandsliste: Einzelanzeige

> **Kurzbezeichnung der Dispositionselemente**
>
> Die Kurzbezeichnung der Dispositionselemente (z. B. **BE-Anf**-Bestellanforderung) können Sie ermitteln, indem Sie den Cursor in die Spalte **Dispoelement** setzen und die Online-Hilfe ([F1]) verwenden.

Sie können eine Vielzahl von Funktionen aufrufen, z. B. Dispositionselemente ändern, löschen oder umterminieren, das Umschalten von Verfügbarkeitsterminen auf den Wareneingangstermin, zu den Periodensummen wechseln usw. (siehe hierzu auch umfassend Gulyássy et al.: »Disposition mit SAP«, SAP PRESS 2022).

Sie können die Liste in Abhängigkeit vom Fachbereich (z. B. Einkäufer) konfigurieren, indem Sie die Listen mittels Navigationsprofil so aufbauen, dass Sie aus der Dispositionsliste bzw. der Bedarfs-/Bestandsliste Transaktionsaufrufe aktivieren können.

Eine Besonderheit soll noch genannt werden: das Suchen in den Listen. Hierzu rufen Sie in der Menüleiste **Mehr** und dann **Bearbeiten** und im sich öffnenden Untermenü **Suchen in der Liste** auf. Sie gelangen nun in ein Selektionsbild und können hier gezielt nach Ausnahmen bzw. nach Dispositionselementen in der Liste suchen (siehe Abbildung 5.69). Wählen Sie das Dispositionselement aus, und klicken Sie auf die Schaltfläche **Suchen nach Dispoelementen**. Die gefundenen Dispositionselemente werden in der Dispositionsliste farbig hervorgehoben.

Neben der Einzelanzeige der Listen können Sie auch für jede Liste die Sammelanzeige aufrufen; diese Listen sind das vorrangige Arbeitswerkzeug des Disponenten.

Sie erreichen die Sammelanzeige der Dispositionsliste über die SAP-Fiori-App **Sammelanzeige Dispositionsliste**, siehe Abbildung 5.70.

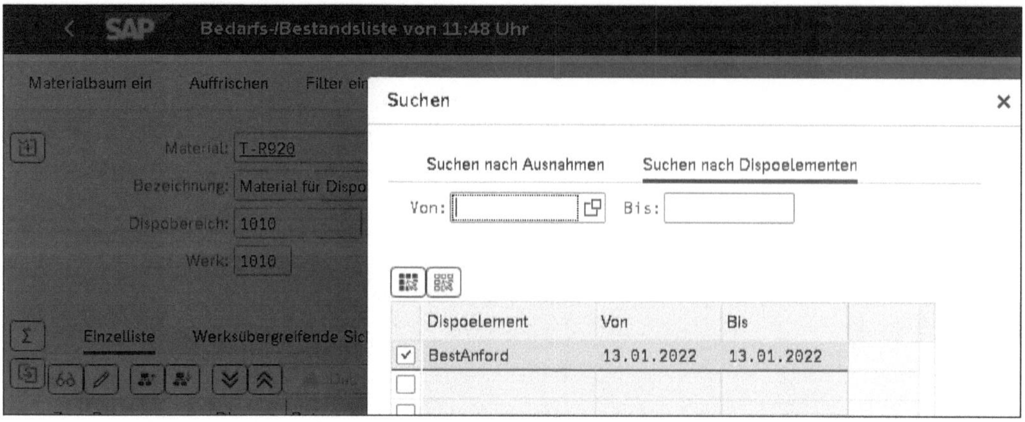

Abbildung 5.69 Nach Dispositionselementen suchen

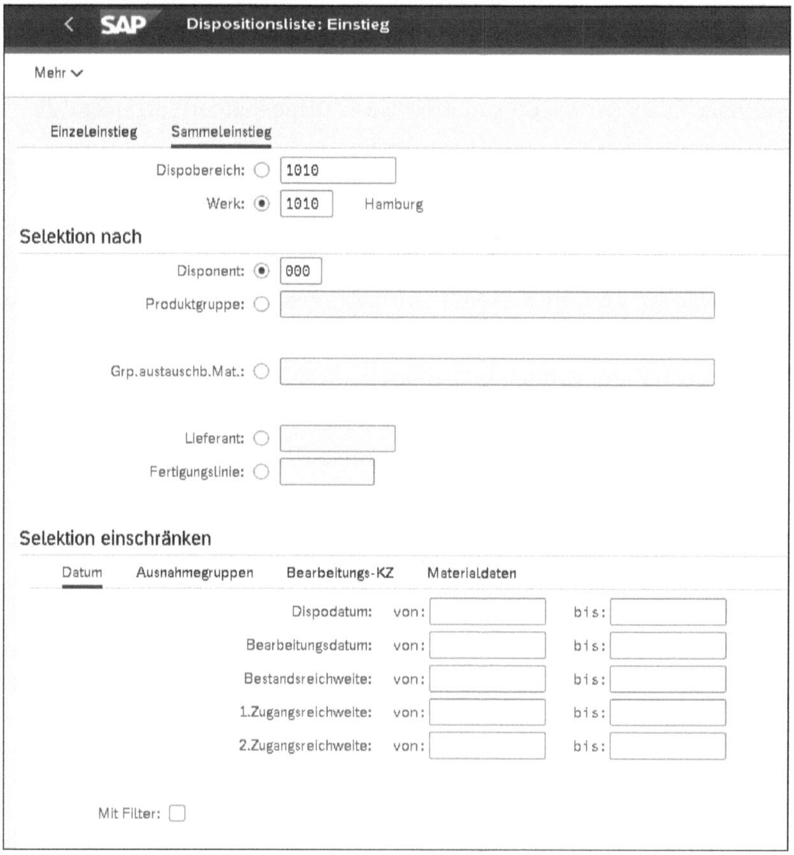

Abbildung 5.70 Dispositionsliste: Sammeleinstieg

Die Sammelanzeige der Bedarfs-/Bestandsliste erreichen Sie ebenfalls über die App **Bedarfs-/Bestandliste überwachen** und dort über den Eintrag **Sammeleinstieg**.

Sie können in den Kopfdaten durch Anklicken der Radiobuttons festlegen, ob Sie das Planungsergebnis auf der Dispositionsbereichs- oder auf der Werksebene auswerten möchten. Des Weiteren können Sie, wie aus Abbildung 5.70 ersichtlich, weitere Selektionsmöglichkeiten auswählen (z. B. **Disponent**) bzw. die Selektion einschränken (z. B. nach **Datum** oder Festlegung des **Bearbeitungs-KZ**).

Nach der Eingabe der gewünschten Selektionskriterien rufen Sie die Sammelanzeige durch Anklicken der Schaltfläche **Weiter** auf. Das Ergebnis ist Abbildung 5.71 dargestellt.

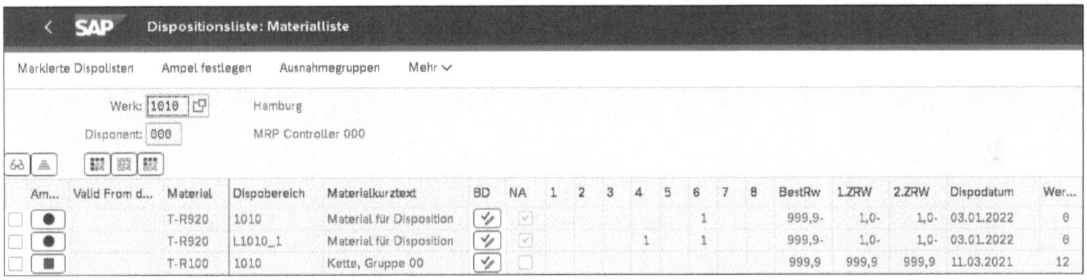

Abbildung 5.71 Dispositionsliste: Materialliste

Die Materialliste enthält – abhängig von den eingegebenen Selektionskriterien – die Informationen zur weiteren Bearbeitung des Planungsergebnisses. Für die Bearbeitung der einzelnen Materialien müssen Sie die entsprechende Zeile am Zeilenanfang markieren.

Durch einen Klick auf die Schaltfläche **Markierte Dispolisten** gelangen Sie in die Einzelanzeige. Nach der Bearbeitung der Daten des jeweiligen Materials müssen Sie das Bearbeitungskennzeichen in der Einzelliste setzen. Diese bearbeiteten Materialien werden am Ende der Sammelliste eingefügt. In der Spalte **BD** ist durch den gesetzten Bearbeitungshaken ersichtlich, dass das Material vom Disponenten bearbeitet wurde (siehe Abbildung 5.72).

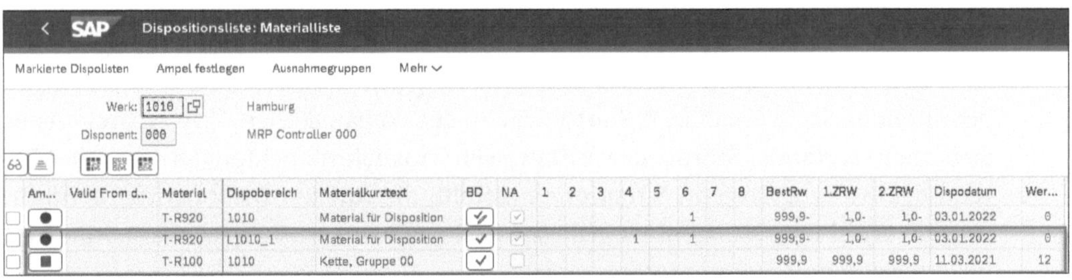

Abbildung 5.72 Block der vom Disponenten bearbeiteten Materialien

Die Einstellungen für Ampeln können Sie benutzerabhängig definieren, indem Sie die Schaltfläche **Ampel festlegen** anklicken (siehe Abbildung 5.71). Sie haben die Möglichkeit, die Farbe in Abhängigkeit von der Reichweite oder in Abhängigkeit von Ausnahmegruppen festzulegen (siehe Abbildung 5.73). Letzteres wird in der Praxis bevorzugt.

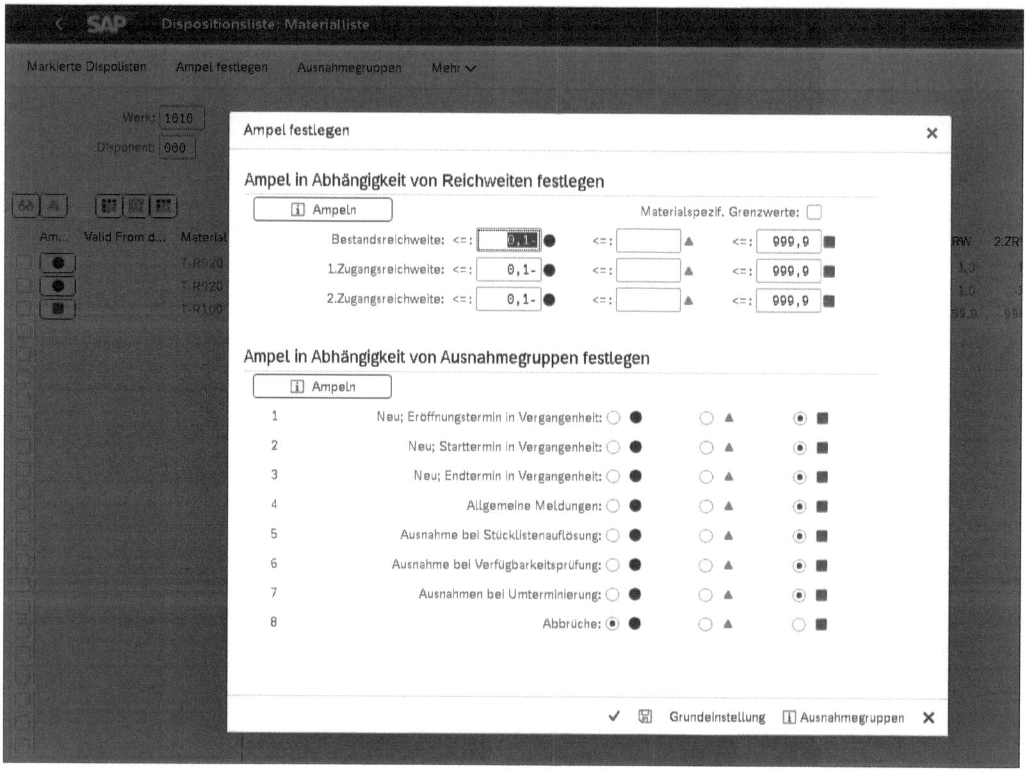

Abbildung 5.73 Dispositionsliste: Ampel festlegen

Durch Anklicken der Schaltfläche **Ausnahmegruppen** (siehe Abbildung 5.71) gelangen Sie auf das Bild, das die Ausnahmegruppen mit den zugeordneten Ausnahmemeldungen zeigt (siehe Abbildung 5.74).

Es gibt acht Ausnahmegruppen, denen mehrere Ausnahmemeldungen zugeordnet sind. Ausnahmemeldungen sind vorgangsabhängige Informationen, die auf einen zu beachtenden Sachverhalt (z. B. Starttermin in der Vergangenheit, Unterschreiten des Sicherheitsbestands, Storno usw.) hinweisen. Ausnahmemeldungen werden während des Planungslaufs in Situationen erstellt, die für den Disponenten überprüfungsrelevant sind. Meistens ist in diesen Fällen eine manuelle Nachbearbeitung des Planungsergebnisses erforderlich.

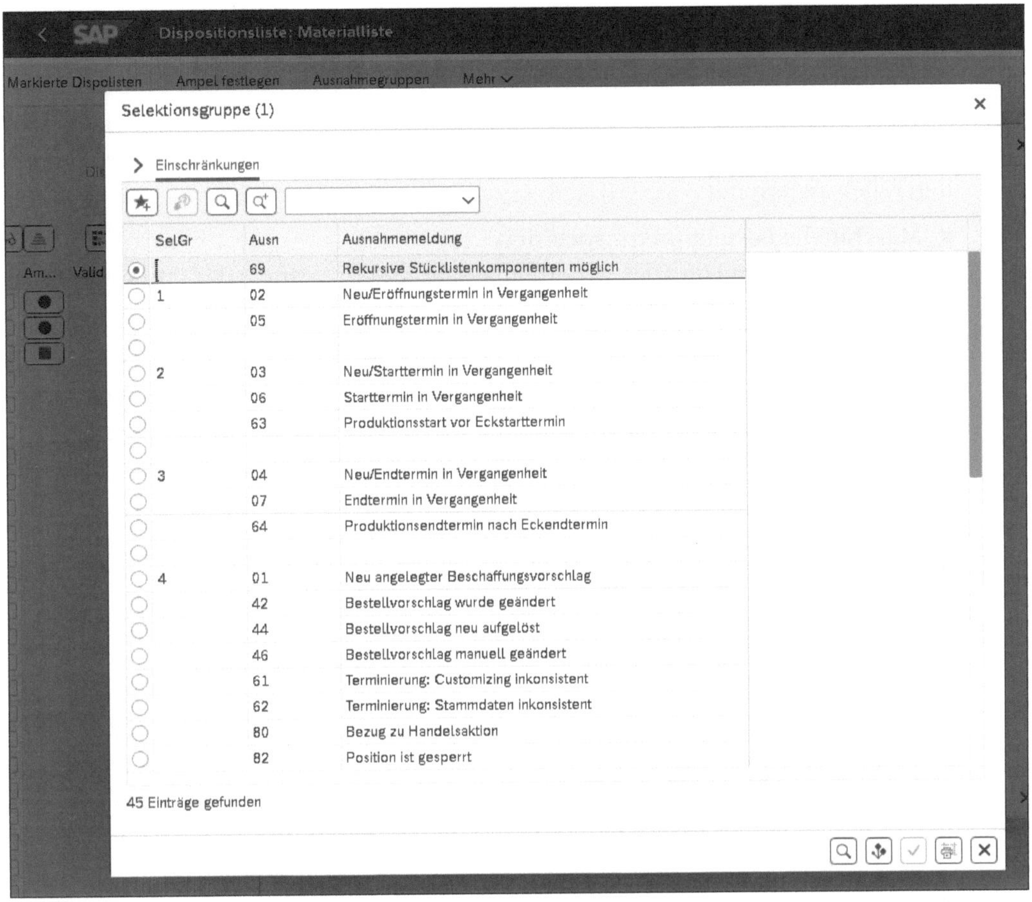

Abbildung 5.74 Ausnahmegruppen mit zugeordneten Ausnahmemeldungen

Interpretation der Ziffereinträge in den Ausnahmegruppen

Wenn sich z. B. in einer Ausnahmegruppe eine **1** in der Spalte **6** befindet (siehe Abbildung 5.72 und Abbildung 5.74), bedeutet dies, dass eine Ausnahmemeldung aus dieser Ausnahmegruppe für das betreffende Material zu beachten ist. In den Listen der Einzelanzeige ist aber nur eine Ausnahmemeldung zu einem Dispositionselement entsprechend der eingestellten Priorisierung erkennbar. Wenn Sie das Detail des Dispositionselements mit den Ausnahmemeldungen aufrufen, sehen Sie auch die weiteren Ausnahmemeldungen.

5.4 Disposition mit Prognose

Bei den verschiedenen Dispositionsverfahren wird zur Durchführung der Bedarfsplanung eine Prognose des zukünftigen Bedarfs auf der Basis der Verbräuche in der Vergangenheit benötigt. Die verschiedenen Prognoseverfahren werden in den folgenden Fällen angewendet:

- **Maschinelle Bestellpunktdisposition**
  Der Meldebestand und der Sicherheitsbestand werden durch das Prognoseprogramm berechnet.
- **Stochastische Disposition**
  Die durch das Prognoseprogramm erzeugten Prognosewerte werden direkt als Prognosebedarfe in der Bedarfsplanung wirksam, und der Sicherheitsbestand wird berechnet.
- **Rhythmische Disposition**
  Die Bedarfe müssen über die Prognose erzeugt werden. Die Materialbedarfsplanung findet nur zu bestimmten Terminen statt.

5.4.1 Ablauf und Modelle der Prognose

Es gibt verschiedene Möglichkeiten, um die Prognose für Materialien durchzuführen:

- anhand der Einzelprognose
- anhand der Gesamtprognose (online)
- anhand der Gesamtprognose im Hintergrund (Batch-Lauf)

Die Einzelprognose wird für ein Material, für ein Werk und/oder einen Dispositionsbereich durchgeführt.

Die Gesamtprognose wird für alle Materialien eines oder mehrerer Werke bzw. Dispositionsbereiche durchgeführt.

Für die Prognose stehen Ihnen verschiedene Modelle zur Verfügung, z. B. Konstant-, Trend-, Saison-, Trend-Saison-Modell, Modell des gleitenden Mittelwertes usw. Sie müssen vor der ersten Prognose festlegen, nach welchem Modell das SAP-System Prognosewerte ermitteln soll. Es stehen Ihnen hierzu drei Verfahren zur Auswahl:

- **Manuelle Modellauswahl**
  Hier sollten Sie die Verbrauchswerte zunächst genau analysieren, um das Modell für die Prognose auszuwählen.
- **Maschinelle Modellauswahl**
  Sie können vom SAP-System die Verbrauchswerte auf Trend-, Saison- und Trend-Saison-Verlauf hin untersuchen lassen.

- **Manuelle Modellauswahl mit zusätzlichem maschinellen Test**
  Sie geben manuell das Modell vor und stellen das SAP-System so ein, dass es zusätzlich auf Trend- und Saisonverlauf hin untersucht.

Auf weitere Details, wie das Pflegen der vom Prognosemodell unabhängigen Prognoseparameter, wird in diesem Buch nicht eingegangen. Es werden nachfolgend einige Prognoseparameter, die im Produktstamm zur Durchführung der Prognosen gepflegt werden müssen, beschrieben. Die Pflege dieser Parameter nehmen Sie im Produktstamm im Bereich **Prognose** vor (siehe Abbildung 5.75).

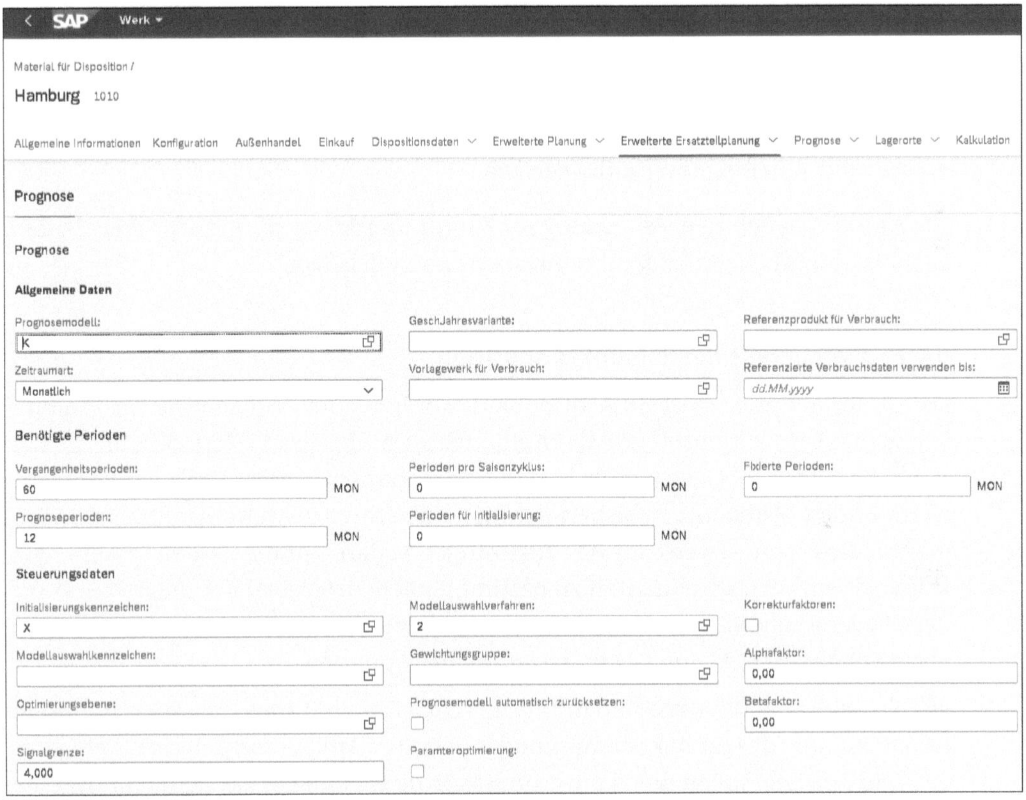

Abbildung 5.75 Produktstamm: Bereich »Prognose«

Die Prognoseparameter pflegen Sie für das im Datenbild angegebene Produkt und Werk. In dem Bereich **Allgemeinen Daten** legen Sie z. B. das Prognosemodell fest, hier **K** (Konstantmodell), mit dem die zukünftigen Bedarfswerte ermittelt werden und das Periodenkennzeichen, hier **M** (Monatsperiode), das angibt, in welchen Intervallen die Verbrauchs- und Prognosewerte geführt werden.

In dem Bereich **Anzahl der gewünschten Perioden** legen Sie die Anzahl der für die Verbrauchswerteermittlung gewünschten Vergangenheitsperioden (hier **60**), die zu erzeugenden Prognoseperioden (hier **12**) und die Anzahl der Vergangenheitswerte fest, die das SAP-System bei der Initialisierung berücksichtigen soll (hier **3**).

Die Parameter im Bereich **Steuerungsdaten** dienen u. a. zur Initialisierung sowie Modellauswahl und haben mit den Glättungsfaktoren entscheidenden Einfluss auf das Prognoseergebnis (siehe Gulyássy u. a.: »Disposition mit SAP«, SAP PRESS 2022).

Sie können die Stammdatenpflege vereinfachen, indem Sie wiederkehrende Parametereinstellungen in einem *Prognoseprofil* im SAP-System ablegen, das Sie dann dem jeweiligen Material zuordnen. Das Prognoseprofil legen Sie mit der SAP-Fiori-App **Prognoseprofil anlegen** an.

Die folgenden Apps stehen Ihnen zum Bearbeiten des Prognoseprofils zur Verfügung:

- SAP-Fiori-App **Prognoseprofil ändern**
- SAP-Fiori-App **Prognoseprofil anzeigen**

Die Zuordnung nehmen Sie – analog zur Zuordnung des Dispositionsprofils – in dem Organisationsebenenbild der Produktstammsatzpflege vor.

5.4.2 Maschinelle Bestellpunktdisposition

Damit ein Material *maschinell* disponiert werden kann, müssen Sie im Produktstamm das Dispositionsmerkmal **VM** eintragen. Damit legen Sie fest, dass die Berechnung des Melde- und Sicherheitsbestands automatisch auf der Basis der Prognosewerte erfolgt. Anhand der bisherigen Materialverbrauchswerte ermittelt das Programm die Prognosewerte für den zukünftigen Bedarf. Daraus werden in Abhängigkeit von dem vom Disponenten zu bestimmenden Lieferbereitschaftsgrad und von der Wiederbeschaffungszeit des Materials der Meldebestand und der Sicherheitsbestand errechnet und in den Produktstamm übernommen.

Für die folgenden Beispiele sind in Tabelle 5.2 die für die Disposition mit prognoserelevanten Daten des Produktstamms und in Tabelle 5.3 die Verbrauchswerte eingetragen. Die Beispiele sollen Ihnen die grundsätzliche Wirkungsweise der Prognose – bezogen auf die drei Dispositionsverfahren – zeigen.

Sichten	Maschinell	Stochastisch	Rhythmisch
Einkauf			
Basismengeneinheit	Stück	Stück	Stück
Einkäufergruppe	Z00	Z00	Z00
Warengruppe	L002	L002	L002

Tabelle 5.2 Produktstammdaten

Sichten	Maschinell	Stochastisch	Rhythmisch
Disposition 1			
Dispositionsmerkmal	VM	VV	R1
Meldebestand	200		
Dispositionslosgröße	EX	EX	EX
Disponent	001	001	001
Disposition 2			
Wareneingangsbearbeitungszeit	1 Tag	1 Tag	1 Tag
Horizontschlüssel	001	001	001
Planlieferzeit	5 Tage	5 Tage	5 Tage
Sicherheitsbestand	50		
Lieferbereitschaftsgrad	90 %	90 %	
Prognose			
Prognosemodell	Konstantmodell	Saisonmodell	Konstantmodell
Periodenkennzeichen	monatlich	monatlich	wöchentlich
VergangPerioden (Vergangenheitsperioden)	60	60	60
Prognoseperioden	12	12	12
Perioden für Init	3	3	3

Tabelle 5.2 Produktstammdaten (Forts.)

Verbrauchsperioden	Maschinell	Stochastisch
Vormonat	250	1480
Vormonat – 1	230	1430
Vormonat – 2	190	1390
Vormonat – 3	240	1370
Vormonat – 4	230	1350
Vormonat – 5	180	1310

Tabelle 5.3 Verbrauchswerte

Verbrauchsperioden	Maschinell	Stochastisch
Vormonat – 6	200	1350
Vormonat – 7	210	1360
Vormonat – 8	270	1370
Vormonat – 9	220	1380
Vormonat – 10	210	1440
Vormonat – 11	240	1450
Vormonat – 12	205	1490

Tabelle 5.3 Verbrauchswerte (Forts.)

Sie pflegen den Produktstamm und die Verbräuche mit den in Tabelle 5.2 und Tabelle 5.3 (Spalte **Maschinell**) angegebenen Daten. Die Verbrauchswerte können zum jetzigen Zeitpunkt nicht mit der SAP-Fiori-App **Produktstammdaten verwalten** gepflegt werden.

Um das Ergebnis der Prognose und damit die Auswirkungen auf den Melde- und Sicherheitsbestand zu erkennen, sind in Abbildung 5.76 der Wert des Meldebestandes vor der Prognose und in der Abbildung 5.77 der Wert des Sicherheitsbestands vor der Prognose dargestellt.

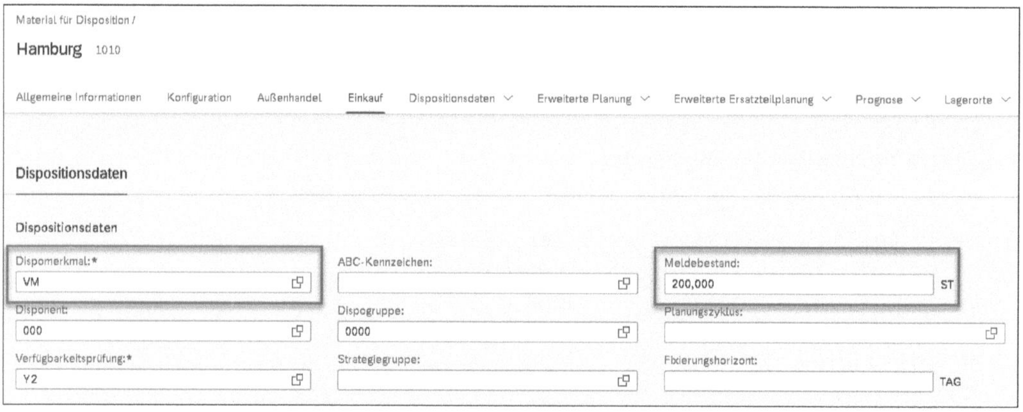

Abbildung 5.76 Meldebestand vor der Prognose

Die Prognose kann nur mittels der SAP-Fiori-App **Material ändern** durchgeführt werden. Sie klicken in der Sicht **Prognose** des Produktstammsatzes auf die Schaltfläche **Prognose durchführen** (siehe Abbildung 5.78).

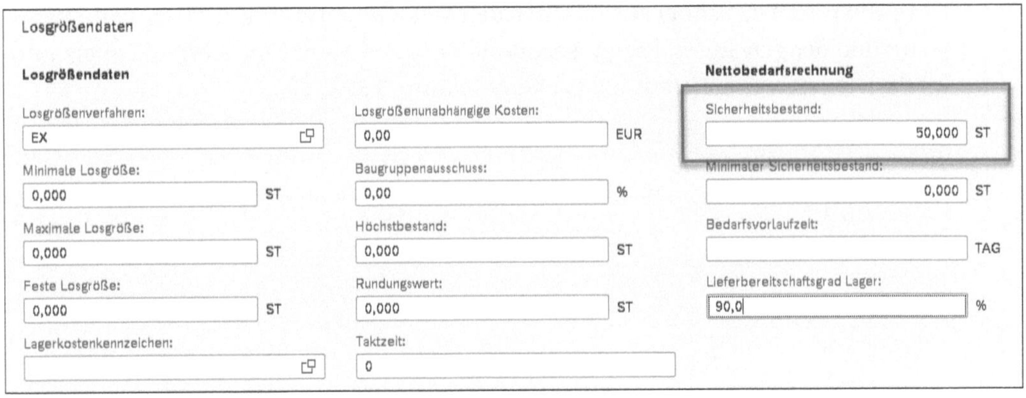

Abbildung 5.77 Sicherheitsbestand vor der Prognose

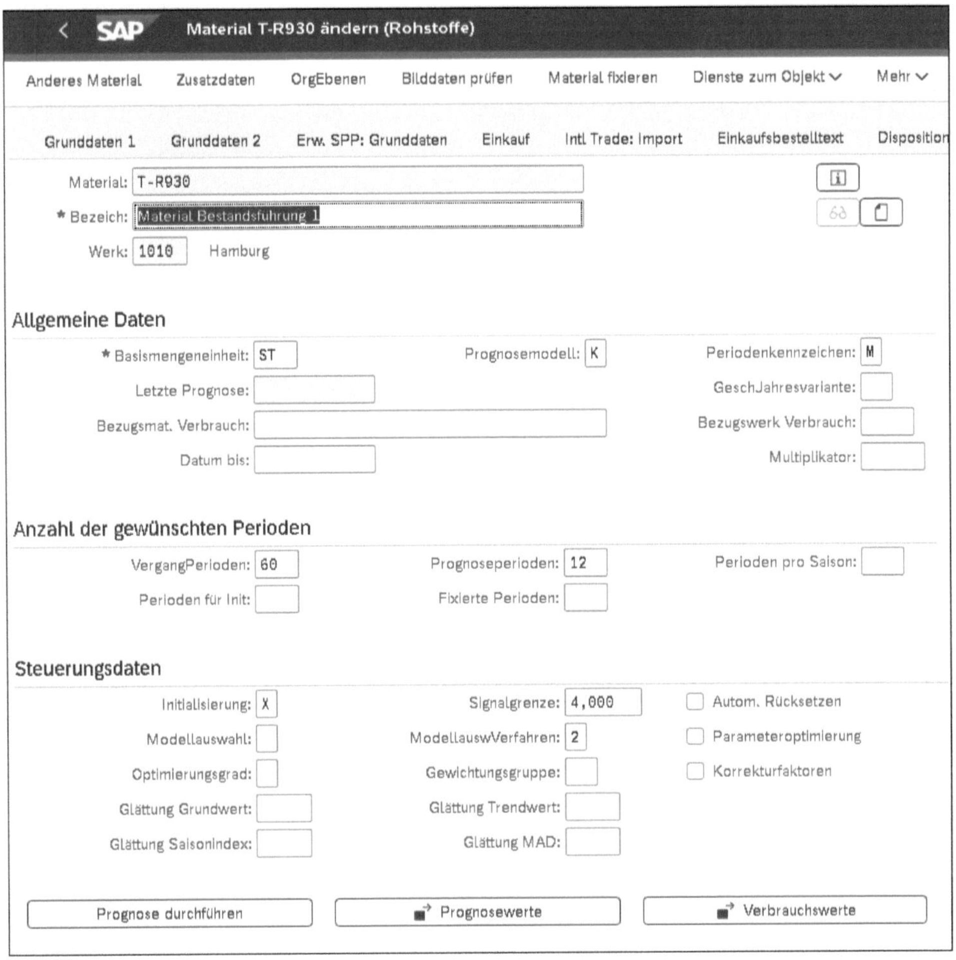

Abbildung 5.78 SAP-Fiori-App »Material ändern«: Prognose

Das SAP-System errechnet automatisch den Meldebestand aufgrund der Verbrauchswerte und der gewählten Prognoseparameter (siehe Abbildung 5.79) und auch automatisch den Sicherheitsbestand (siehe Abbildung 5.80).

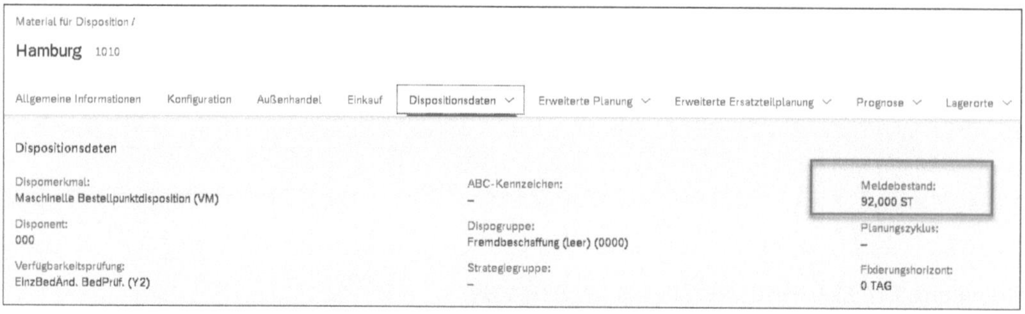

Abbildung 5.79 Meldebestand nach der Prognose

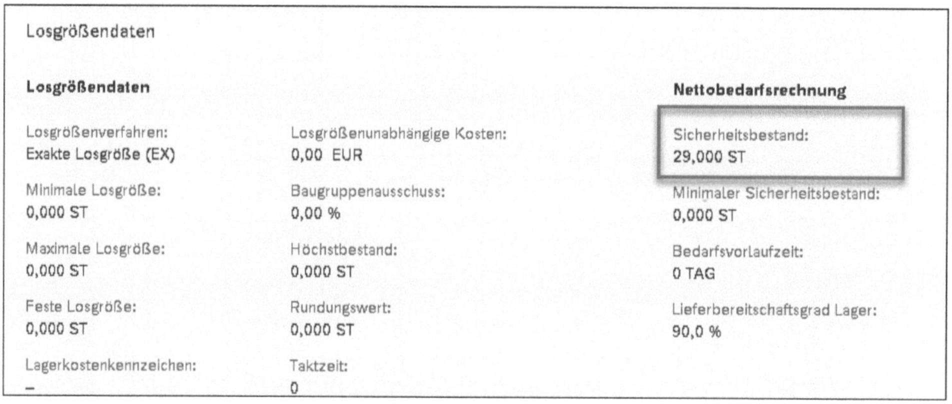

Abbildung 5.80 Sicherheitsbestand nach der Prognose

Sie erkennen eine Reduzierung beider Bestände, die zuvor manuell eingegeben wurden. Wenn Sie das Prognoseprogramm in regelmäßigen Abständen durchführen, passen sich der Melde- und Sicherheitsbestand an die jeweilige Verbrauchs- und Liefersituation an. Damit nehmen Sie Einfluss auf die Bestandssituation und können so gegebenenfalls eine Bestandsreduzierung erreichen und damit die Lagerhaltungskosten verringern.

5.4.3 Stochastische Disposition

Damit ein Produkt *stochastisch* disponiert werden kann, müssen Sie im Produktstamm das Dispositionsmerkmal **VV** eintragen. Die stochastische Disposition orientiert sich am Materialverbrauch, und durch die Prognose werden die zukünftigen Bedarfe ermittelt. Diese Werte sind die Bedarfsmengen für den Planungslauf. Die *Prognosewerte* werden also direkt als *Prognosebedarfe* in der Bedarfsplanung wirksam.

Zunächst pflegen Sie den Produktstamm und die Verbräuche mit den in Tabelle 5.2 und der Tabelle 5.3, Spalte **Stochastisch**, angegebenen Daten, und anschließend führen Sie die Prognose durch.

Das Ergebnis der Prognose können Sie sich in der SAP-Fiori-App **Materialdeckung bearbeiten** ansehen. Die Prognosebedarfe sind hier als Dispositionselement **PrognB** abgebildet (siehe Abbildung 5.81).

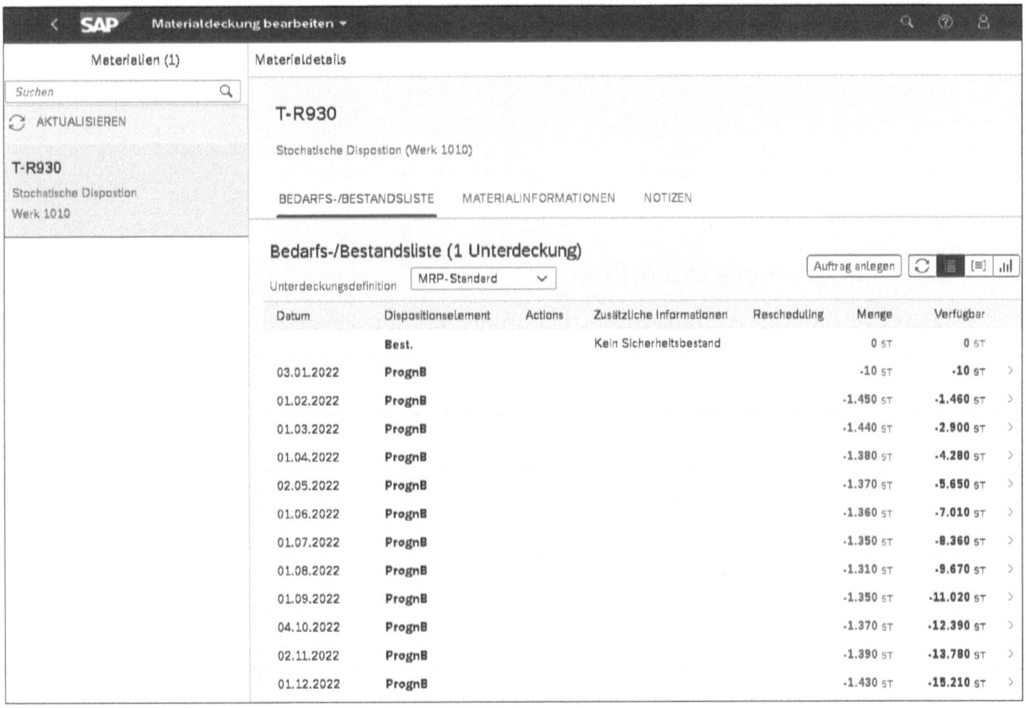

Abbildung 5.81 Materialdeckung mit Prognosebedarfen bearbeiten

Sie führen die einstufige Einzelplanung durch und schauen sich das Ergebnis wieder in der Bedarfs-/Bestandsliste an (siehe Abbildung 5.82).

Sie erkennen, dass zu allen Prognosebedarfen Beschaffungsvorschläge, hier Bestellanforderungen (**BE-Anf**), erzeugt wurden. Der Mengenvorschlag entspricht je Planungsperiode genau dem Prognosebedarf, da im Produktstamm die Losgröße **EX** (Exakte Losgröße) eingetragen ist. Sie können die monatlichen Bedarfe auf Wochen- bzw. Tagesbedarfe herunterbrechen.

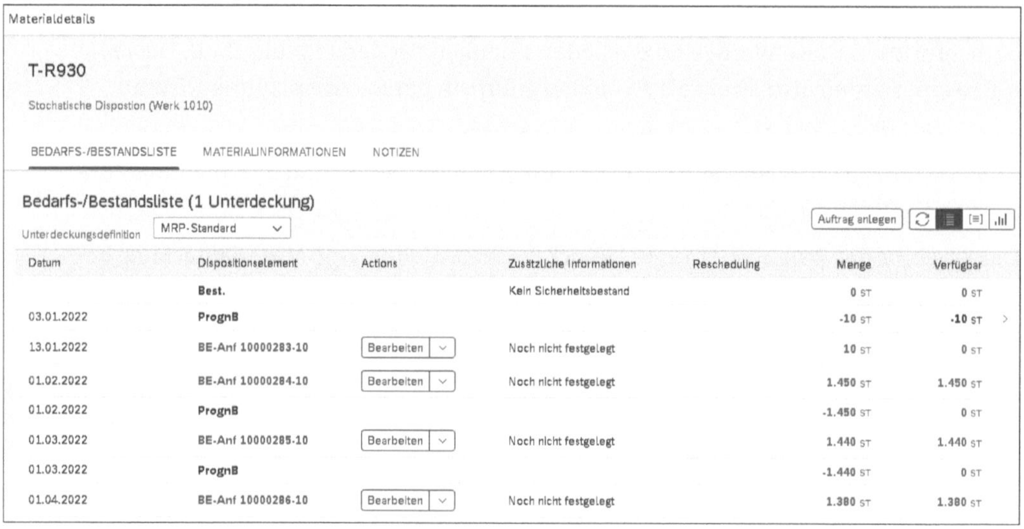

Abbildung 5.82 Materialdeckung nach Planungslauf bearbeiten

5.4.4 Rhythmische Disposition

Damit ein Material rhythmisch disponiert werden kann, müssen Sie im Produktstamm das Dispositionsmerkmal **R1** bzw. **R2** und den Wert für den Planungszyklus eintragen (siehe Abbildung 5.83).

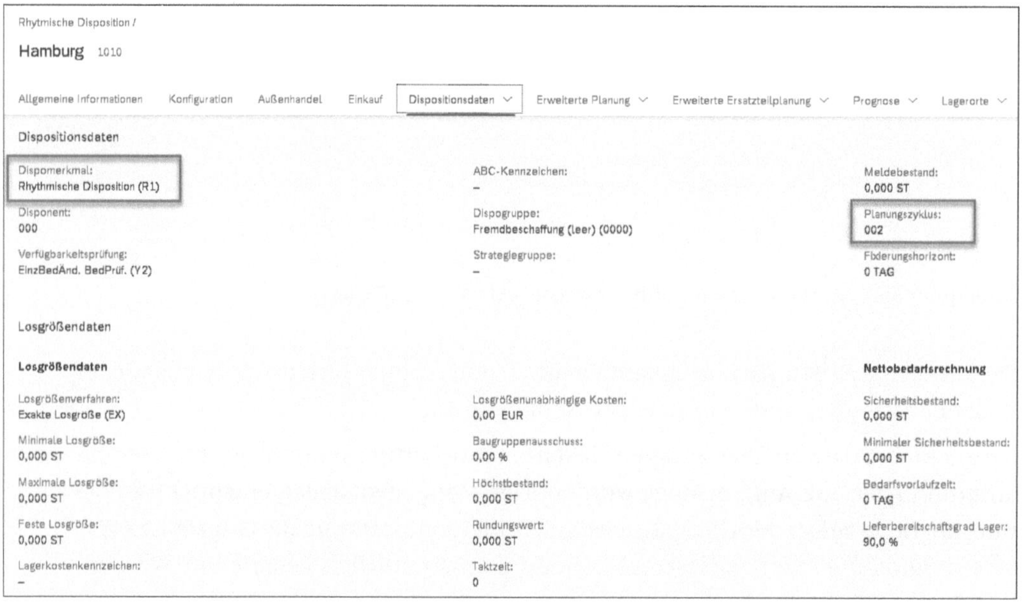

Abbildung 5.83 Dispositionsmerkmal und Dispositionsrhythmus

Anhand dieses Beispiels soll Ihnen der prinzipielle Ablauf der rhythmischen Disposition gezeigt werden.

Sie pflegen den Produktstamm mit den in Tabelle 5.2, Spalte **Rhythmisch**, angegebenen Daten. Sie tragen im Produktstamm die nachstehenden Verbrauchswerte ein (siehe Abbildung 5.84). In das Feld **Periodenkennzeichen** tragen Sie »W« für wöchentlich ein.

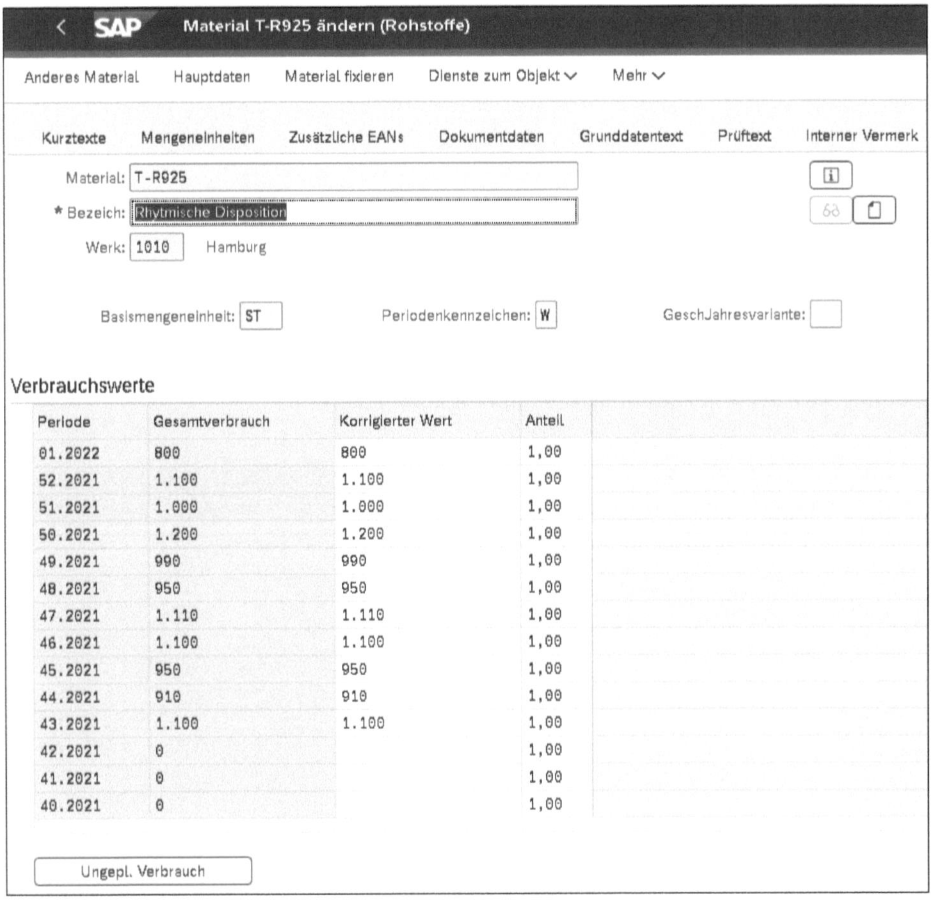

Abbildung 5.84 Manuell eingetragene Verbrauchswerte

Anschließend führen Sie die Prognose mit der SAP-Fiori-App **Prognose durchführen** durch. Danach sind die Prognosebedarfe (Dispositionselement **PrognB**) in der Bedarfs-/Bestandsliste eingetragen (siehe Abbildung 5.85).

In der Planungsvormerkdatei ist im Feld **DispoDatum** das Dispositionsdatum, **11.01.2022** (das ist ein Dienstag), für den ersten Planungslauf – entsprechend der Festlegung für den Dispositionsrhythmus und den Lieferrhythmus – im Planungskalender eingetragen (siehe Abbildung 5.86).

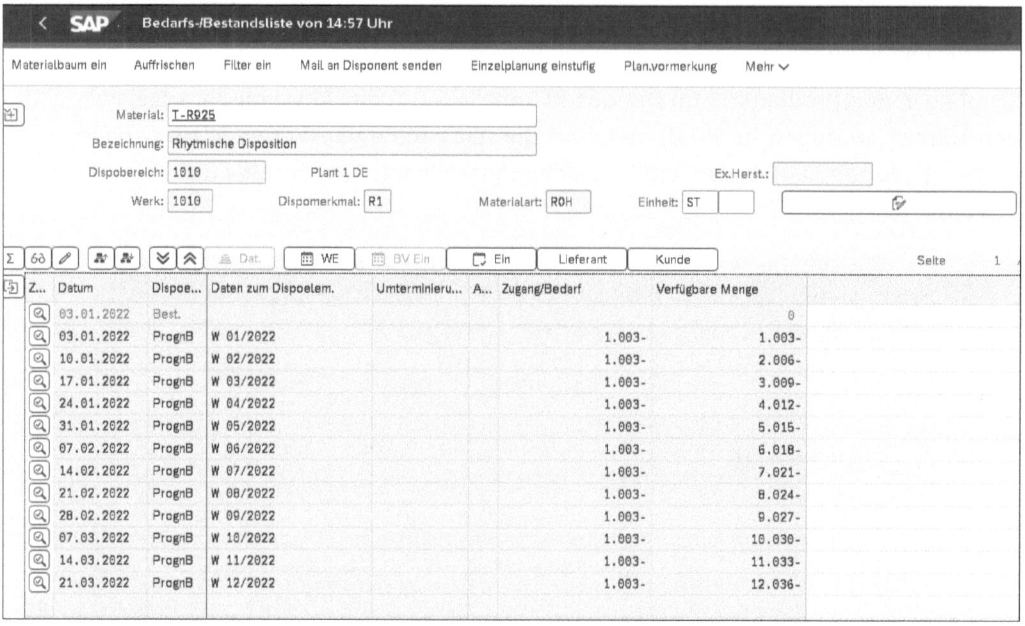

Abbildung 5.85 Bedarfs-/Bestandsliste mit Prognosebedarfen

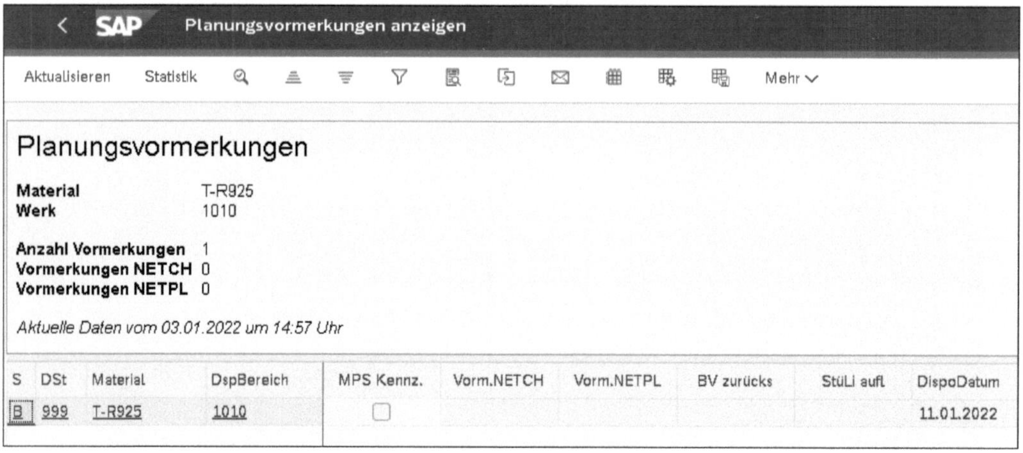

Abbildung 5.86 Dispositionsdatum in der Planungsvormerkdatei

Jetzt starten Sie den Planungslauf. Das SAP-System gibt Ihnen das aktuelle Tagesdatum als Dispositionsdatum vor. Sie erhalten die folgende Warnmeldung:

⚠ Das Material ist erst am 11.01.2022 zur Disposition vorgesehen

Diese Meldung erscheint, da das SAP-System sich an dem ermittelten Dispositionsdatum orientiert.

Sie ändern den Dispositionstermin und starten den Planungslauf. Das Ergebnis ist in der Bedarfs-/Bestandsliste ersichtlich (siehe Abbildung 5.87).

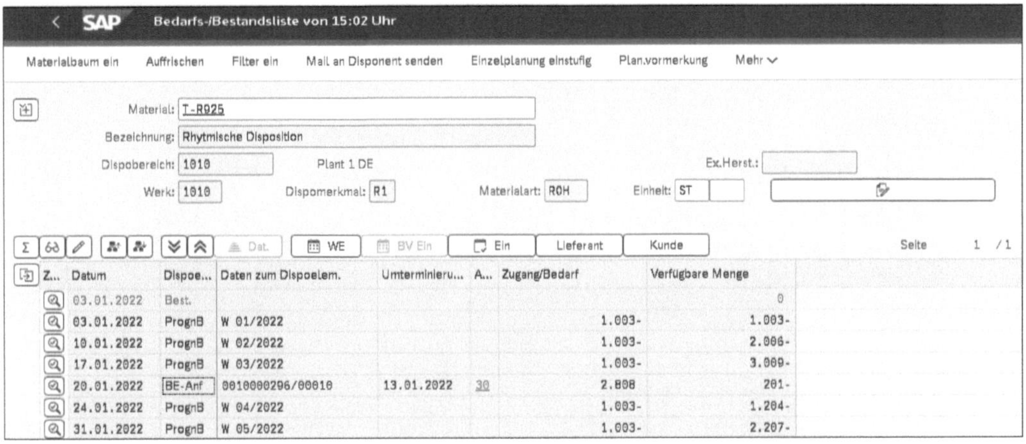

Abbildung 5.87 Bedarfs-/Bestandsliste nach dem Planungslauf vom 10.01.2022

Sie erkennen, dass zur Abdeckung der Bedarfe eine Bestellanforderung (**BE-Anf**) generiert wurde. In der Planungsvormerkdatei wird entsprechend dem Dispositions- und Lieferrhythmus das neue Dispositionsdatum, **18.01.2022**, (das ist wieder ein Dienstag, entsprechend dem eingestellten Dispositionsrhythmus und Zeitintervall) gesetzt (siehe Abbildung 5.88).

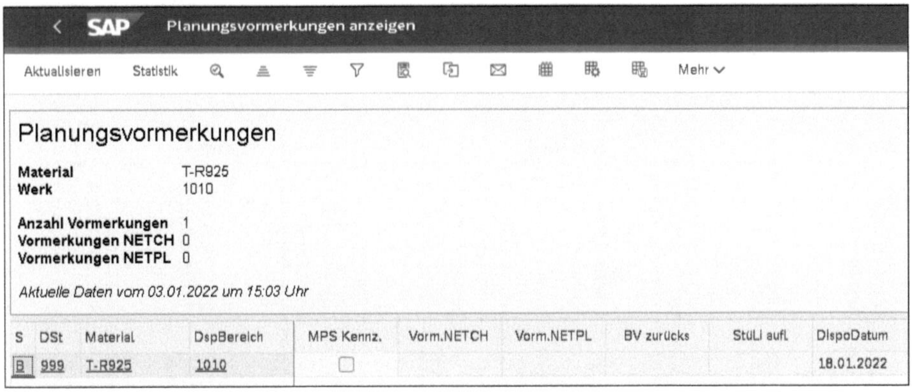

Abbildung 5.88 Planungsvormerkdatei mit neu gesetztem Dispositionsdatum

Nach dem nächstem Planungslauf erhalten Sie das aus Abbildung 5.89 ersichtliche Ergebnis. Sie erkennen, dass zur Abdeckung der Bedarfe wieder eine BANF mit dem neu ermittelten Termin generiert worden ist.

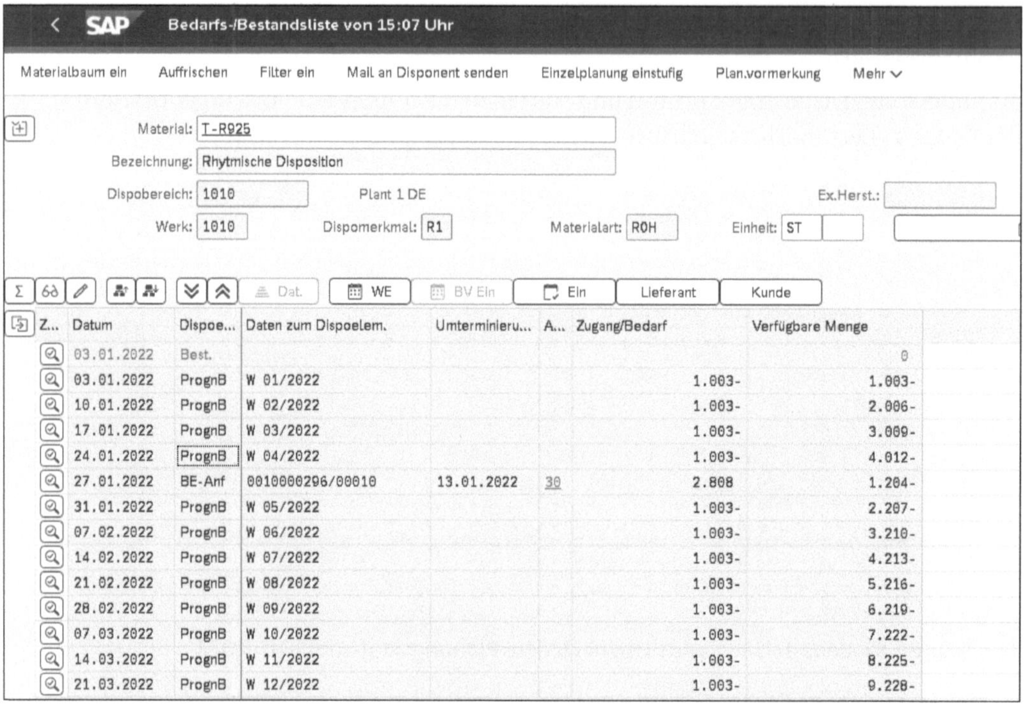

Z...	Datum	Dispoe...	Daten zum Dispoelem.	Umterminieru...	A...	Zugang/Bedarf	Verfügbare Menge
	03.01.2022	Best.					0
	03.01.2022	PrognB	W 01/2022			1.003-	1.003-
	10.01.2022	PrognB	W 02/2022			1.003-	2.006-
	17.01.2022	PrognB	W 03/2022			1.003-	3.009-
	24.01.2022	PrognB	W 04/2022			1.003-	4.012-
	27.01.2022	BE-Anf	0010000296/00010	13.01.2022	30	2.808	1.204-
	31.01.2022	PrognB	W 05/2022			1.003-	2.207-
	07.02.2022	PrognB	W 06/2022			1.003-	3.210-
	14.02.2022	PrognB	W 07/2022			1.003-	4.213-
	21.02.2022	PrognB	W 08/2022			1.003-	5.216-
	28.02.2022	PrognB	W 09/2022			1.003-	6.219-
	07.03.2022	PrognB	W 10/2022			1.003-	7.222-
	14.03.2022	PrognB	W 11/2022			1.003-	8.225-
	21.03.2022	PrognB	W 12/2022			1.003-	9.228-

Abbildung 5.89 Bedarfs-/Bestandsliste nach dem Planungslauf vom 17.01.2022

Abbildung 5.90 soll Ihnen noch einmal verdeutlichen, wie das SAP-System die Bedarfsmengen im festgelegten Zeitintervall berechnet (siehe Abschnitt 5.2.2, »Stochastische Disposition«).

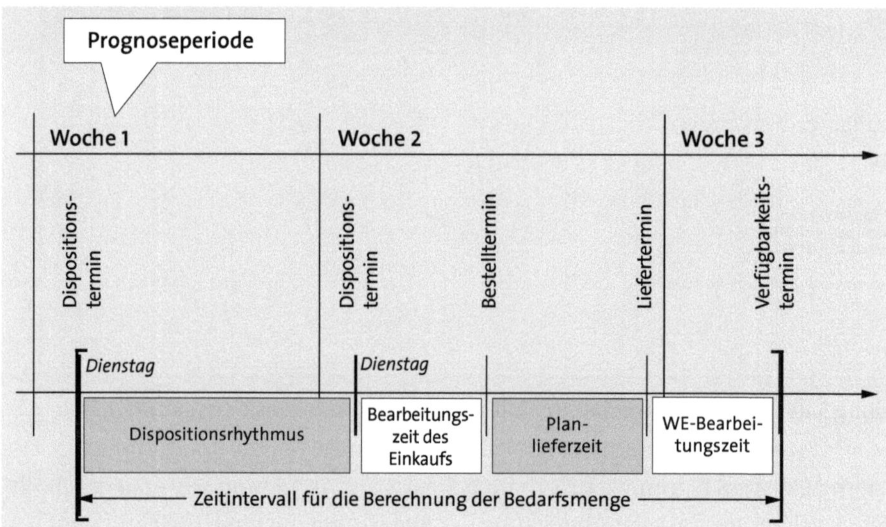

Abbildung 5.90 Zeitintervall für die Bedarfsmengenermittlung

Das SAP-System errechnet zuerst ein Zeitintervall, vergleicht dann den Prognosebedarf in diesem Zeitintervall mit dem Bestand und den festen und fixierten Zugängen in diesem Zeitintervall und berechnet daraus die Beschaffungsmenge. Beachten Sie, dass der Bedarf der Perioden, die vollständig in dem betrachteten Intervall liegen, für die Berechnung der Bedarfsmenge komplett berücksichtigt wird. Der Bedarf der Perioden, die über das betrachtete Intervall hinausgehen, wird nur anteilig einbezogen.

Der im Zeitintervall berechnete Bedarf wird dann in der Nettobedarfsrechnung um den Bestand und die festen Zugänge reduziert. Die Restmenge ergibt die Unterdeckungsmenge. Das SAP-System erstellt bei exakter Losgröße einen Bestellvorschlag in Höhe der Unterdeckungsmenge. Wenn Sie ein anderes Losgrößenverfahren gewählt haben, orientiert sich die Höhe des Bestellvorschlags am gewählten Losgrößenverfahren.

5.5 Automatische Lieferplaneinteilung und Quotierung

Soll die Beschaffung von Material durch einen Lieferplan erfolgen und das SAP-System beim Planungslauf automatisch Lieferplaneinteilungen als Bedarfsdecker erzeugen, können Sie dieses im Orderbuch festlegen. Möchten Sie, dass das Material *abwechselnd* von verschiedenen Bezugsquellen bezogen werden soll, müssen Sie die Quotierungsdatei pflegen (siehe Abschnitt 6.8, »Bezugsquellenermittlung«).

Verwenden Sie keine Orderbücher oder Quotierungen, berücksichtigt die Bezugsquellenfindung im Planungslauf Bezugsquellen nach der folgenden Priorisierung:

1. **Lieferpläne**
   Sind mehrere gültige Lieferpläne vorhanden, wählt die Disposition als Erstes einen Lieferplan mit aktiven Abrufen. Kann dieser nicht gefunden werden, wird der Lieferplan mit der kleinsten Nummer gewählt.
2. **Kontrakte**
   Sind mehrere gültige Kontrakte vorhanden, haben werksspezifische Kontrakte eine höhere Priorität als werkübergreifende Kontrakte. Sind mehrere Kontrakte auf der gleichen Organisationsebene gepflegt, wird der Kontrakt mit der niedrigsten Nummer gewählt.
3. **Einkaufsinfosätze mit dem Kennzeichen »automatische Bezugsquellenfindung« im Einkaufsinfosatz**
   Sind keine Orderbücher und keine Quotierungen gepflegt, kann seit SAP S/4HANA auch der Einkaufsinfosatz als Bezugsquelle zugeordnet werden, so er als relevant für die Bezugsquellenfindung gekennzeichnet ist. Gilt das Kennzeichen für mehr als einen Einkaufsinfosatz, gelten die folgenden Prioritäten:
   - Werksbezogene Infosätze haben eine höhere Priorität als Infosätze auf der Einkaufsorganisationsebene

- Kleinste Lieferantennummer
- Kleinste Einkaufsorganisationsnummer
- Kleinste Einkäufergruppennummer

[»]

Einkaufsinfosatz

In SAP S/4HANA kann im Einkaufsinfosatz das Kennzeichen **autom. Bezugsquellenfindung – Aut. BQF** gesetzt werden. Ist das Kennzeichen gesetzt, wird bei der Disposition der Einkaufsinfosatz berücksichtigt und die Einkaufsinformationen (Planlieferzeit, Lieferant usw.) werden in der Bestellanforderung berücksichtigt.

Die angegebene Reihenfolge kann durch die Verwendung von Orderbüchern und/oder Quotierungen übersteuert werden, wobei Quotierungen die höchste Priorität haben.

5.5.1 Automatische Lieferplaneinteilungen

Existieren mehrere Lieferpläne, und wird eine bestimmte Bezugsquelle gewünscht, pflegen Sie ein Orderbuch.

Sie haben im Orderbuch die für die Beschaffung eines Materials gewünschten Bezugsquellen für einen bestimmten Zeitraum gepflegt und mit den Lieferanten vereinbart, dass die Beschaffung des Materials mittels Lieferplan erfolgen soll. Im Planungslauf sollen entsprechend der Bedarfs- und Bestandssituation Lieferplaneinteilungen erzeugt werden. Hierzu müssen die folgenden Voraussetzungen erfüllt sein (siehe Abbildung 5.91):

- Der Lieferplan muss als Bezugsquelle im Orderbuch eingetragen sein.
- Das Orderbuchverwendungskennzeichen **Disposition** im Orderbuch muss automatische Lieferplaneinteilungen zulassen (Eintrag im Feld **Disposition: Satz ist disporelevant und autom. Lieferplaneinteil. Erfolgen (2)**).
- MRP Live erzeugt immer Lieferplaneinteilungen, falls ein Lieferplan vorhanden ist.
- Beim klassischen MRP-Lauf muss im Einstiegsbild des Planungslaufs das Kennzeichen **Lieferplaneinteilungen zulassen** (**Lieferplaneinteilungen** = **3**) gesetzt sein.

Zur Pflege des Orderbuches verwenden Sie die SAP-Fiori-App **Orderbücher verwalten**.

Im Orderbuch haben Sie vereinbarungsgemäß festgelegt, dass die Beschaffung in Form des Lieferplans beim Lieferanten T-BP20 erfolgen und das SAP-System automatisch Lieferplaneinteilungen bei Unterdeckung erzeugen soll. Das Ergebnis des Planungslaufs bei der Durchführung des gewählten Dispositionsverfahrens (manuelle Bestellpunktdisposition) sehen Sie in Abbildung 5.92.

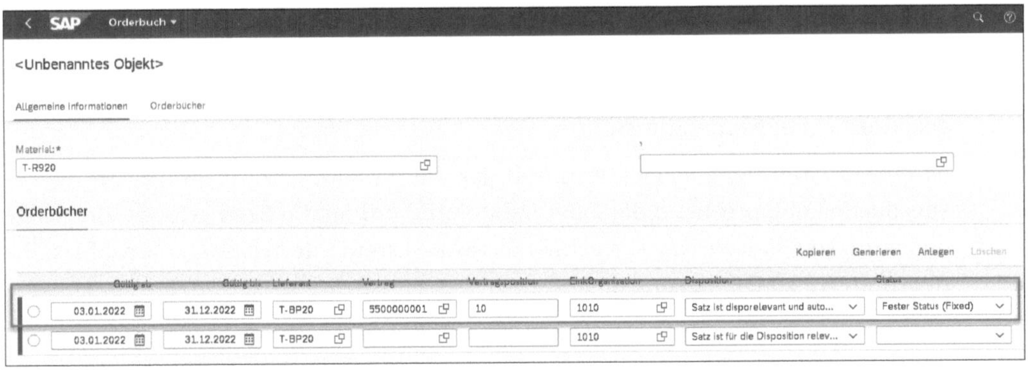

Abbildung 5.91 Orderbuch mit Lieferplan

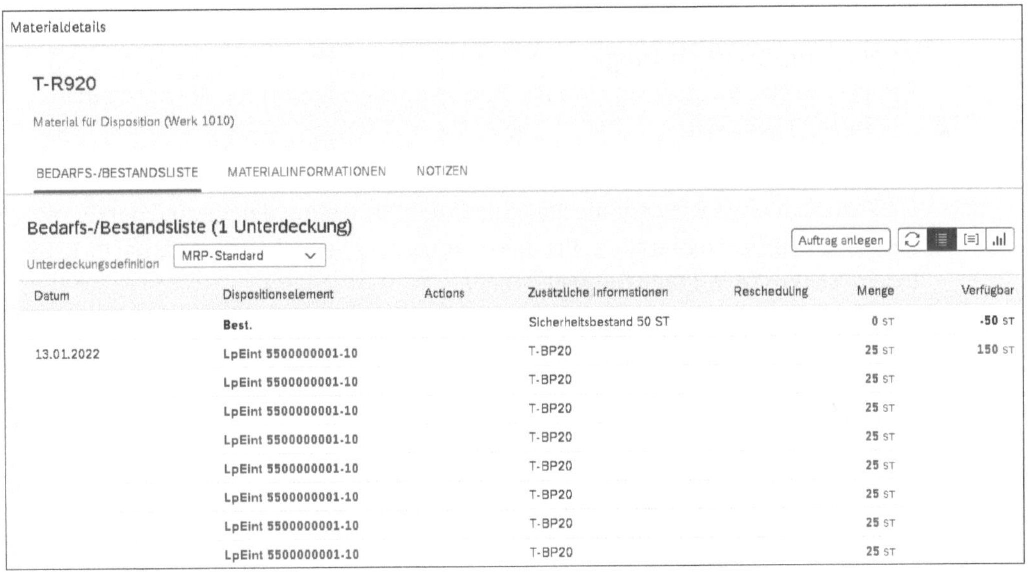

Abbildung 5.92 Materialdeckung mit Lieferplaneinteilungen bearbeiten

Das SAP-System hat die Unterdeckung erkannt und erzeugt entsprechend dem Orderbucheintrag Lieferplaneinteilungen, Dispositionselement **LpEint**. Die Bedarfsmengenvorschläge resultieren aus der im Produktstamm eingestellten Losgröße **FX** (Feste Losgröße = 25 Stück) und dem Meldebestand von 200 Stück.

5.5.2 Quotierung

In der Quotierungsdatei legen Sie die Reihenfolge der Bezugsquellen fest und versehen diese mit einer Quote. Die *Quote* gibt an, welcher Anteil des anfallenden Bedarfs in welchem Zeitraum von welcher Bezugsquelle beschafft werden soll.

Mit SAP S/4HANA hat man das Feld **Quotierung** im Produktstamm entfernt. Dies bedeutet, dass Quotierungen, wenn sie existieren, im Rahmen der Bezugsquellenfindung immer berücksichtigt werden und dies nicht mehr explizit am Produktstamm gekennzeichnet werden muss.

Ist eine Quotierung angelegt, ermittelt das SAP-System beim Planungslauf die Bezugsquellen entsprechend der Quotendatei und ordnet die Beschaffungsvorschläge den Bezugsquellen zu. Dazu errechnet das SAP-System intern eine Quotenzahl (siehe Abschnitt 6.8.1, »Quotierung«):

Quotenzahl = (Quotierte Menge + Quotenbasismenge) / Quote

Für jeden quotierten Beschaffungsvorschlag wird die Quotendatei fortgeschrieben, sodass die Quotierung immer auf dem aktuellen Stand erfolgt.

Es stehen zwei Verfahren zur Verfügung:

- **Quotierung ohne Splittung**
  Der Beschaffungsvorschlag wird der Bezugsquelle zugeordnet, die die kleinste Quotenzahl aufweist.
- **Quotierung mit Splittung**
  Die Bedarfsmenge wird auf die verschiedenen Bezugsquellen gemäß der Quote verteilt. Sie müssen hierzu im Produktstamm ein Dispositionsmerkmal (z. B. **ES-Exakte Losgröße mit Splittung**) eintragen.

Außerdem kann die Quotierung durch weitere Funktionen feingesteuert werden (siehe hierzu auch Gulyássy et al.: »Disposition mit SAP«, SAP PRESS 2022).

Anhand des folgenden Beispiels wird das Verfahren *Quotierung ohne Splittung* erläutert.

Fallbeispiel: Quotierung ohne Splittung

Die Daten in Abbildung 5.93 resultieren aus den bisher mit diesem Produkt durchgeführten Beschaffungsprozessen.

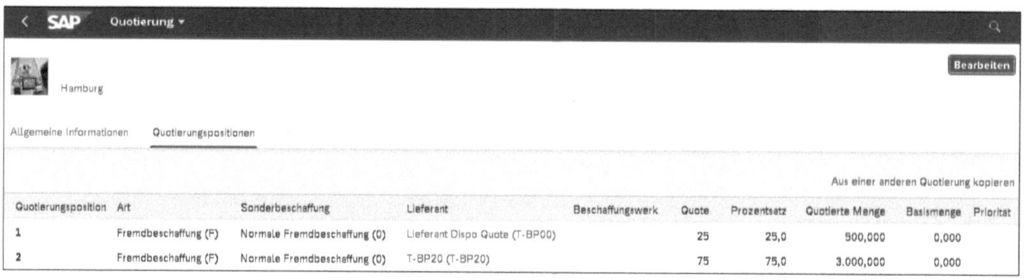

Abbildung 5.93 Quotierung: aktueller Stand

Die weitere Zuordnung der Beschaffungsvorschläge wird durch die Quotenzahl entschieden. Der Beschaffungsvorschlag wird der Bezugsquelle zugeordnet, die die kleinste Quotenzahl aufweist:

- Für die Bezugsquelle 1 (Lieferant T-BP00) errechnet sich die Quotenzahl 20.
- Für die Bezugsquelle 2 (Lieferant T-BP20) errechnet sich die Quotenzahl 40.

Bei einem angeforderten Bedarf von 1.000 Stück und exakter Losgröße ergibt sich nach dem Planungslauf der in Abbildung 5.94 dargestellte Inhalt.

Abbildung 5.94 Quotierung: nach Planungslauf

Sie erkennen, dass das SAP-System die Bezugsquelle beim Planungslauf entsprechend der Quotierung ermittelt hat – hier Bezugsquelle 1 (Lieferant T-BP00) – und die Beschaffungsmenge in der Spalte **Quotierte Menge** fortgeschrieben wurde.

5.6 Ausgewählte Parametereinstellungen im Customizing

Sie finden Parametereinstellungen im Customizing u. a. über den in Abbildung 5.95 dargestellten Menüpfad.

Nachfolgend stellen wir Ihnen notwendige und mögliche Einstellungen entsprechend der in der Abbildung 5.95 aufgeführten Menüeinträge vor:

- **Werksparameter**
  Hier pflegen Sie die Werksparameter.
- **Gesamtpflege der Werksparameter durchführen**
  Sie können die Parameter für Nummernkreise, Stammdaten, Planungslauf usw. pflegen.

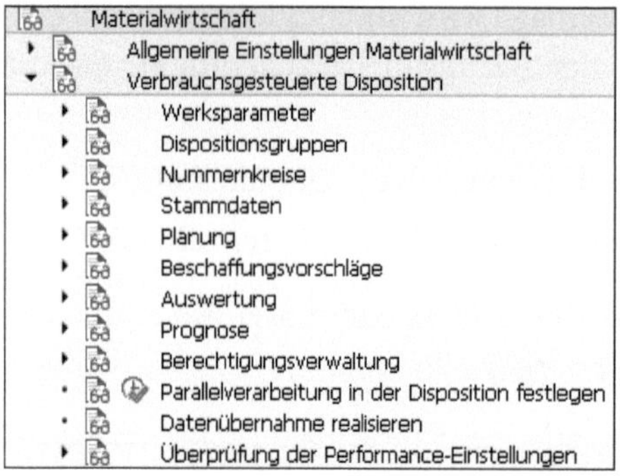

Abbildung 5.95 Parametereinstellmöglichkeiten im Customizing

- **Dispositionsgruppen**
  - **Gesamtpflege der Dispositionsgruppen durchführen**: Für die Kombination aus Werk und Dispositionsgruppe können Sie Parameter für Fremdbeschaffung und Planungslauf pflegen.
  - **Dispositionsgruppen pro Materialart festlegen**: Sie können auch die Dispositionsgruppen pro Materialart festlegen.
- **Stammdaten**
  Sie können den Disponentenschlüssel festlegen, Dispositionsmerkmale überprüfen bzw. diese neu hinzufügen, Sonderbeschaffungsarten werksbezogen zuordnen, den Planungskalender für z. B. rhythmische Disposition pflegen, Dispositionsbereiche für die Bedarfsplanung aktivieren und neue Dispositionsbereiche hinzufügen.
- **Planung**
  Sie können Steuerungsparameter für den Planungslauf pflegen, Parameter für die Dispositionsrechnung (z. B. Fehlerbehandlung beim Planungslauf) festlegen, Losgrößenverfahren für die Disposition einstellen, Bearbeitungszeiten für den Einkauf aus der Sicht der Disposition festlegen, usw.
- **Beschaffungsvorschläge festlegen**
  Sie können u. a. das Umsetzen der Planaufträge in Bestellanforderungen festlegen oder das Umsetzen der Bestellanforderungen in Bestellungen festlegen.

Weiterführende Customizing-Einstellungen

Weiterführende Customizing-Einstellungen finden Sie bei Maximilian Münkel: »Materialwirtschaft mit SAP S/4HANA – Customizing«, SAP PRESS 2021.

Im folgenden Kapitel 6, »Einkauf«, werden die Ergebnisdaten der Materialbedarfsplanung entsprechend dem Beschaffungszyklus weiterverarbeitet.

Kapitel 6
Einkauf

Dieses Kapitel beschreibt, wie die bedarfsgerechte und wirtschaftliche Versorgung mit Waren und Dienstleistungen im SAP-System mit geeigneten Belegarten, Positionstypen und Kontierungsinformationen innerhalb des Beschaffungsprozesses gelingen kann.

Bevor wir Ihnen die einzelnen Funktionen des SAP-Systems vorstellen, erläutern wir Ihnen einige Begriffe und geben einen Überblick über die wichtigsten Objekte, die Ihnen im Einkaufsbereich des SAP-Systems begegnen.

Die *externe Beschaffung* meint die Deckung eines Bedarfs anhand der Belieferung durch einen externen Lieferanten.

Die *interne Beschaffung* meint die Deckung eines Bedarfs mittels Umlagerung aus einem Werk in ein anderes Werk. Eine Umlagerung kann nur mithilfe von Materialstammsätzen durchgeführt werden.

Die Intercompany-Abwicklung ist eine Sonderform, in der die Unternehmensbereiche untereinander sowohl die Bedarfsdeckung als auch die externe Beschaffung abwickeln, allerdings unter besonderer Berücksichtigung der Werteflüsse innerhalb der Unternehmensbereiche. Die Intercompany-Abwicklung ist nicht Gegenstand dieses Buches.

Der Einkauf ist Teil der SAP-Komponente *Materialwirtschaft*. Sie finden die einzelnen Funktionen im SAP Fiori Launchpad in verschiedenen Kachelgruppen, z. B. **Bestellungsbearbeitung** und **Bezugsquellenverwaltung**, organisiert. Mittlerweile steht eine große Zahl von Fiori-Apps zur Verfügung, und hinter einzelnen Kacheln verbergen sich noch WebGUI Transaktionen. Im SAP-Menü des WebGUIs finden Sie die Transaktionen im Ordner **Logistik • Materialwirtschaft • Einkauf**.

In Abschnitt 6.6, »Positionstyp«, und in Abschnitt 6.7, »Kontierungstyp«, beschreiben wir Einstellungen im Customizing, die für das Verständnis der Einkaufsprozesse im SAP-System erforderlich sind. In der Abfolge der Beschreibung orientieren Sie sich an der Reihenfolge im SAP-Referenz-IMG.

Nachdem wir Ihnen in einem theoretischen Teil die Elemente, deren Einstellungen und die Individualisierung der SAP-Oberfläche gezeigt haben, stellen wir Ihnen in Abschnitt 6.9, »Geschäftsvorfälle in der operativen Beschaffung«, verschiedene Einkaufsprozesse vor.

Das zentrale Element im Einkauf ist die Bestellung, die den Einkaufsprozess anhand einer Nachricht (siehe Abschnitt 6.14, »Nachrichten«) an den Lieferanten mit einem externen Partner anstößt.

Bestellanforderungen dienen der internen Vorbereitung des Einkaufsprozesses. Sie können eine Bestellanforderung in eine Bestellung, in einen Rahmenvertrag oder in eine Anfrage/Angebot überführen.

Rahmenverträge können die Ausprägung Kontrakt mit Mengen- bzw. Wertgrenze oder Lieferplan mit regelmäßigen Abrufterminen haben.

Gibt es für einen Bedarf noch keine Bezugsquelle, können Sie mit einer Anfrage verschiedene potenzielle Lieferanten zu einem Angebot auffordern.

Erzeugen Sie im SAP-System eine Bestellung, eine Bestellanforderung oder einen Rahmenvertrag, werden in Abhängigkeit von den Customizing-Einstellungen die entsprechenden Werte im Controlling zur wirtschaftlichen Beurteilung Ihres Einkaufs erzeugt.

Abbildung 6.1 zeigt das Zusammenspiel von Belegfluss in der Komponente Materialwirtschaft und Wertefluss in der Komponente Controlling.

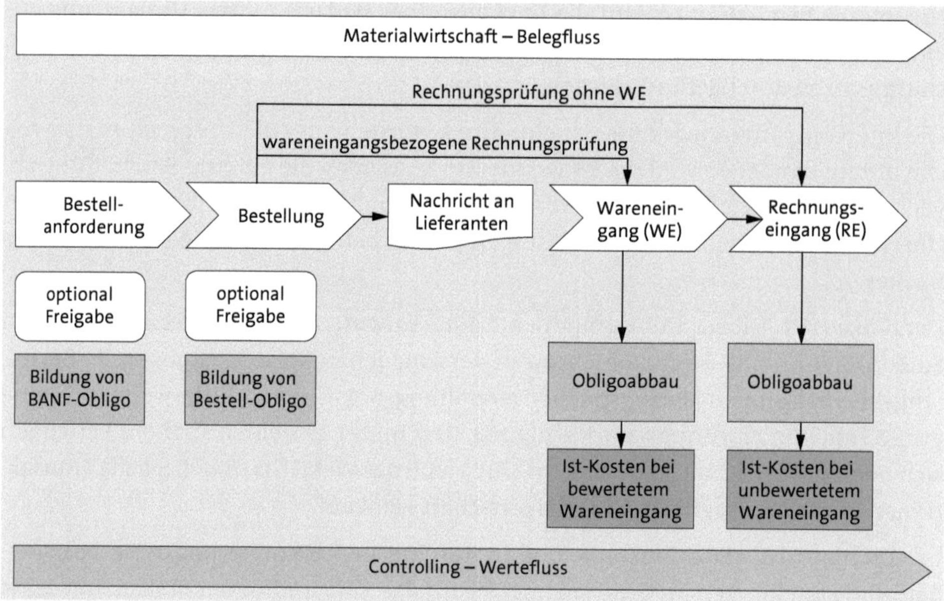

Abbildung 6.1 Beleg- und Wertefluss im Einkauf

Das SAP-System bildet in der Materialwirtschaft einen Belegfluss, den Sie in der Bestellung auf der Positionsebene auf der Registerkarte **Bestellentwicklung** nachvollziehen können.

Den Wertefluss im Controlling werten Sie über geeignete Transaktionen, z. B. S_ALR_87013620, oder über den Menüpfad **Rechnungswesen • Controlling • Kostenstellenrechnung • Infosystem • Berichte zur Kostenstellenrechnung • Plan/Ist-Vergleiche • Zusätzliche Kennzahlen • Kostenstellen • Ist/Plan/Obligo** aus.

6.1 Aufbau von Einkaufsbelegen

In diesem Abschnitt lernen Sie, wie Einkaufsbelege aufgebaut sind und wie Sie sie bearbeiten können.

6.1.1 Allgemeiner Aufbau eines Einkaufsbelegs

Ein Einkaufsbeleg besteht, wie es Abbildung 6.2. veranschaulicht, aus den Kopfdaten und einer oder mehreren Positionen:

- **Kopfdaten**
  Der Kopf enthält Daten, die sich auf den gesamten Beleg beziehen, wie z. B. Lieferant, Zahlungsbedingungen oder Incoterms.
- **Positionsdaten**
  Die Position repräsentiert die zu beschaffende Ware oder Dienstleistung. Die Ware oder Dienstleistung wird über eine Materialnummer oder über einen beschreibenden Kurztext erfasst und durch Daten zu Bestellpreis, Liefertermin, Kontierung sowie durch andere relevante Informationen ergänzt.

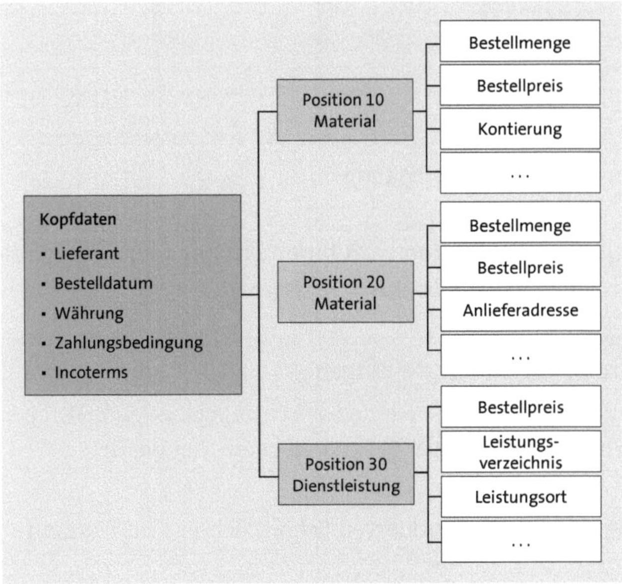

Abbildung 6.2 Aufbau eines Einkaufsbelegs

Die meisten gängigen Einkaufsbelege können über die entsprechenden SAP-Fiori-Apps angelegt und bearbeitet werden.

6.1.2 Einkaufsbelege bearbeiten

Im SAP Fiori Launchpad finden Sie verschiedene Apps zur Bearbeitung von Einkaufsbelegen.

[»]

SAP-Fiori-Apps zur Bearbeitung von Einkaufsbelegen

Die Bedienung der SAP-Fiori-Apps zur Anzeige und Bearbeitung der verschiedenen Einkaufsbelege (Anfrage/Angebot, Bestellanforderung, Kontrakt und Bestellung) ähnelt sich sehr. Wir stellen hier die Bedienung der SAP-Fiori-Apps **Bestellungen verwalten** und **Bestellung anlegen – Erweitert** ausführlicher vor.

Aktuell werden noch nicht alle Bestellbelegarten und Positionen in der SAP-Fiori-App **Bestellung verwalten** voll unterstützt. Im SAP Fiori Launchpad finden Sie daher neben der SAP-Fiori-App **Bestellungen verwalten** auch eine Kachel **Bestellung anlegen – Erweitert** (siehe Abbildung 6.3).

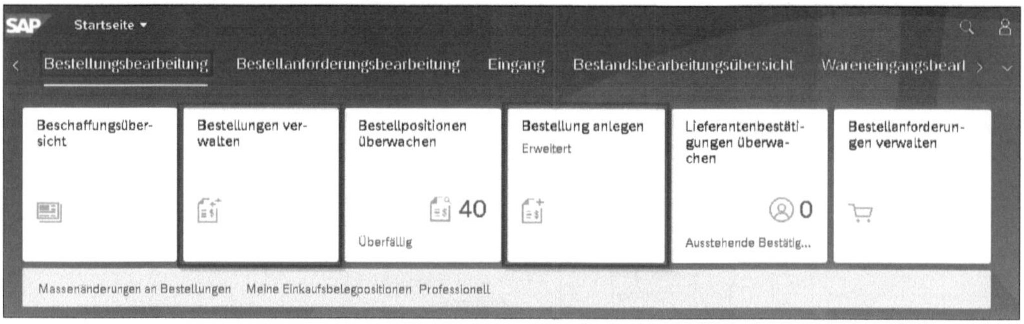

Abbildung 6.3 Kachelgruppe »Bestellungsbearbeitung«

In der SAP-Fiori-App **Bestellungen verwalten** wird Ihnen entsprechend Ihrer Selektion eine Liste der Bestellungen angezeigt (siehe Abbildung 6.4).

[»]

Unterschiede in der Bearbeitung von Bestellungen

In der SAP-Fiori-App **Bestellungen verwalten** werden alle Bestellbelege aufgelistet. Es können allerdings nur Normalbestellungen angelegt und bearbeitet werden.

Tabelle 6.1 erklärt die in der Abbildung markierten Schaltflächen und Elemente genauer.

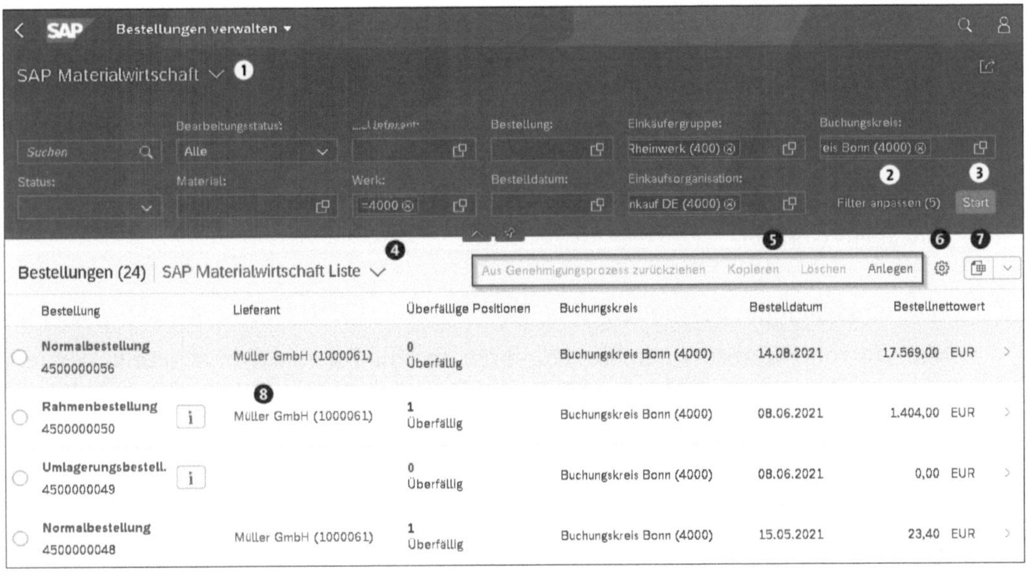

Abbildung 6.4 Listenanzeige in der SAP-Fiori-App »Bestellungen verwalten«

Nummer	Schaltfläche oder Element	Bedeutung
❶	**Filteransicht**	Dient zum Auswählen, Speichern und Verwalten der Filter/Auswahl der Belege (siehe Abbildung 6.5 bis Abbildung 6.7).
❷	**Filter anpassen**	Ermöglicht die Auswahl der Filterkriterien (siehe Abbildung 6.8).
❸	**Start**	Startet die Selektion der Belege entsprechend den gewählten Filterkriterien.
❹	**Layout**	Dient zum Auswählen, Speichern und Verwalten des Layouts der Liste (vgl. ❶).
❺	**Aktionen zum Beleg**	Führt die angegebene Aktion für die markierte Bestellung aus bzw. öffnet ein Fenster zur Anlage einer neuen Bestellung (siehe Abbildung 6.11).
❻	**Einstellungen der Liste**	Öffnet ein Dialogfenster zur Auswahl, Sortierung, weiteren Filterung und Gruppierung der angezeigten Belege (siehe Abbildung 6.10).
❼	**Export**	Exportiert die Liste.

Tabelle 6.1 Bildbereiche und Funktionen in der SAP-Fiori-App »Bestellungen verwalten«

Nummer	Schaltfläche oder Element	Bedeutung
❽	Kennzeichen **Erweitert**	Zeigt an, dass diese Bestellung nicht in der SAP-Fiori-App bearbeitet werden kann (siehe Abbildung 6.4).

Tabelle 6.1 Bildbereiche und Funktionen in der SAP-Fiori-App »Bestellungen verwalten« (Forts.)

Filtereinstellungen bearbeiten

Mithilfe von Filtern können Sie definieren, welche Datensätzen angezeigt werden. Dazu geben Sie in den Filtereinstellungen passende Kriterien an. Die genutzten Filterkriterien und deren Inhalte können bequem gesichert und wieder genutzt werden.

Abbildung 6.5 Filtereinstellungen auswählen, speichern und verwalten

In Tabelle 6.2 finden Sie eine Beschreibung der in Abbildung 6.5 gezeigten Funktionen rund um die Filtereinstellungen.

Nummer	Schaltfläche oder Element	Bedeutung
❶	**Auswahl bestehender Ansicht**	Wählt eine gespeicherte Ansicht aus. Nur Ansichten, die Sie unter Ansicht verwalten (siehe Abbildung 6.5) als Favorit gekennzeichnet haben, werden hier angezeigt.
❷	**Sichern als**	Öffnet den Dialog zum Sichern einer Ansicht (siehe Abbildung 6.6).
❸	**Verwalten**	Öffnet den Dialog zum Verwalten einer Ansicht (siehe Abbildung 6.5).

Tabelle 6.2 Bildbereiche und Funktionen in der SAP-Fiori-App »Bestellungen verwalten«

Wenn Sie eine neue Ansicht speichern, werden verschiedene Informationen abgefragt (siehe Abbildung 6.6).

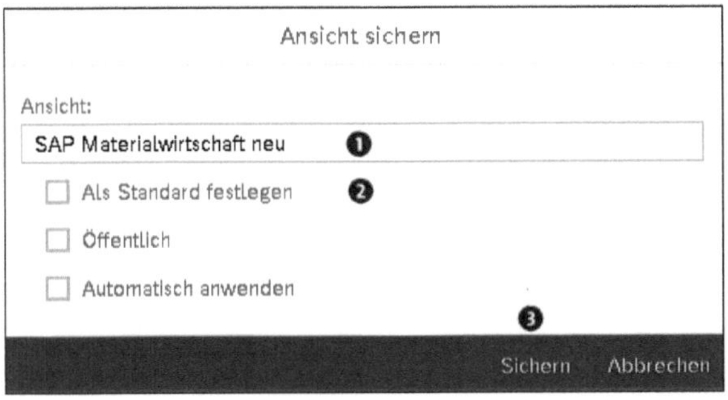

Abbildung 6.6 Dialog »Ansicht sichern« (Filtereinstellungen speichern)

Tabelle 6.3 erläutert die Funktionen im Detail.

Nummer	Schaltfläche oder Element	Bedeutung
❶	**Name der Ansicht**	Legt den Namen der Ansicht fest.
❷	**Eigenschaften**	Sie können hier die gewählte Ansicht zur Standardansicht erklären, sie für andere Nutzer nutzbar machen und bestimmen, dass nach Auswahl dieser Ansicht sofort eine entsprechende Liste angezeigt wird.
❸	**Sichern**	Sichert die Ansicht.

Tabelle 6.3 Funktionen im Dialog »Ansicht sichern« (Filtereinstellungen speichern)

In Abbildung 6.7 sehen Sie die verschiedenen Möglichkeiten, die Ihnen zur Verfügung stehen, um Ihre Ansichten zu verwalten.

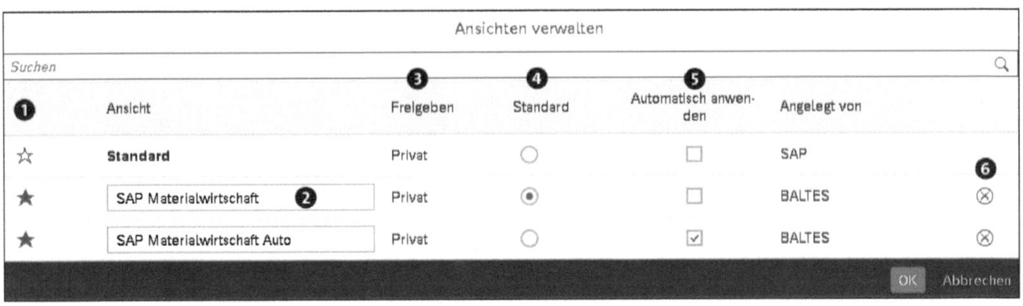

Abbildung 6.7 Dialog »Ansicht verwalten« (Filtereinstellungen verwalten)

Tabelle 6.4 stellt die Funktionen zum Verwalten der Filtereinstellungen dar.

Nummer	Schaltfläche oder Element	Bedeutung
❶	**Favoriten**	Nur als Favorit gekennzeichnete Ansichten werden in der Auswahl angeboten.
❷	**Name der Ansicht**	Zeigt den Namen der Ansicht an. Eigene Ansichten können hier umbenannt werden.
❸	**Freigegeben**	Zeigt den Freigabestatus der Ansicht (öffentlich/privat) an.
❹	**Standard**	Markiert die Standardansicht.
❺	**Automatisch anwenden**	Legt fest, ob nach Auswahl der Ansicht automatisch die entsprechenden Belege selektiert und angezeigt werden sollen.
❻	**Löschen**	Eigene Ansichten können hier gelöscht werden.

Tabelle 6.4 Funktionen im Dialog »Ansicht verwalten« (Filtereinstellungen verwalten)

Im Dialog zum Anpassen der Filter (siehe Abbildung 6.8) können Sie bestehende Filterwerte ändern, diese in der Ansicht der SAP-Fiori-App **Bestellungen verwalten** ausblenden und weitere Filterkriterien ergänzen.

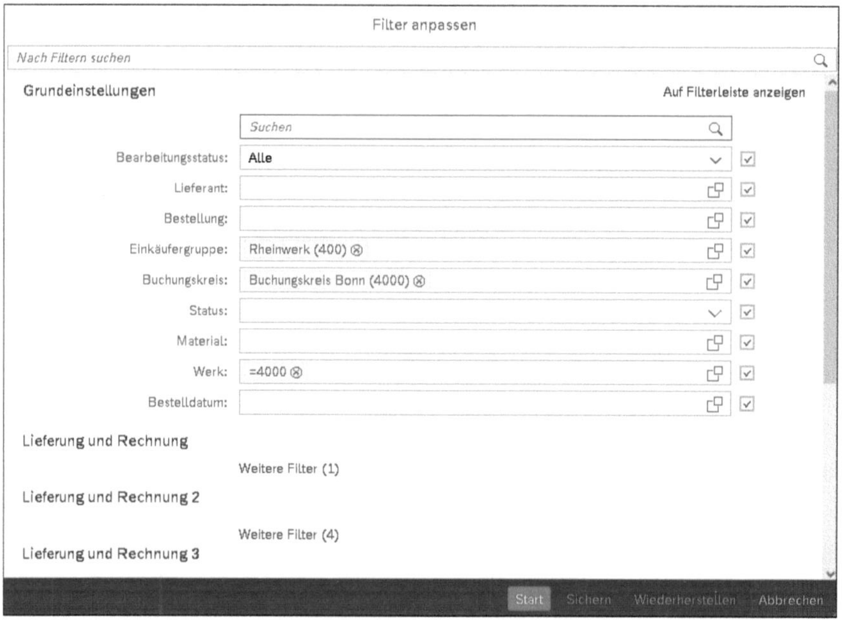

Abbildung 6.8 Filter anpassen

In Abbildung 6.9 sehen Sie, welche Filter Sie zusätzlich auswählen können.

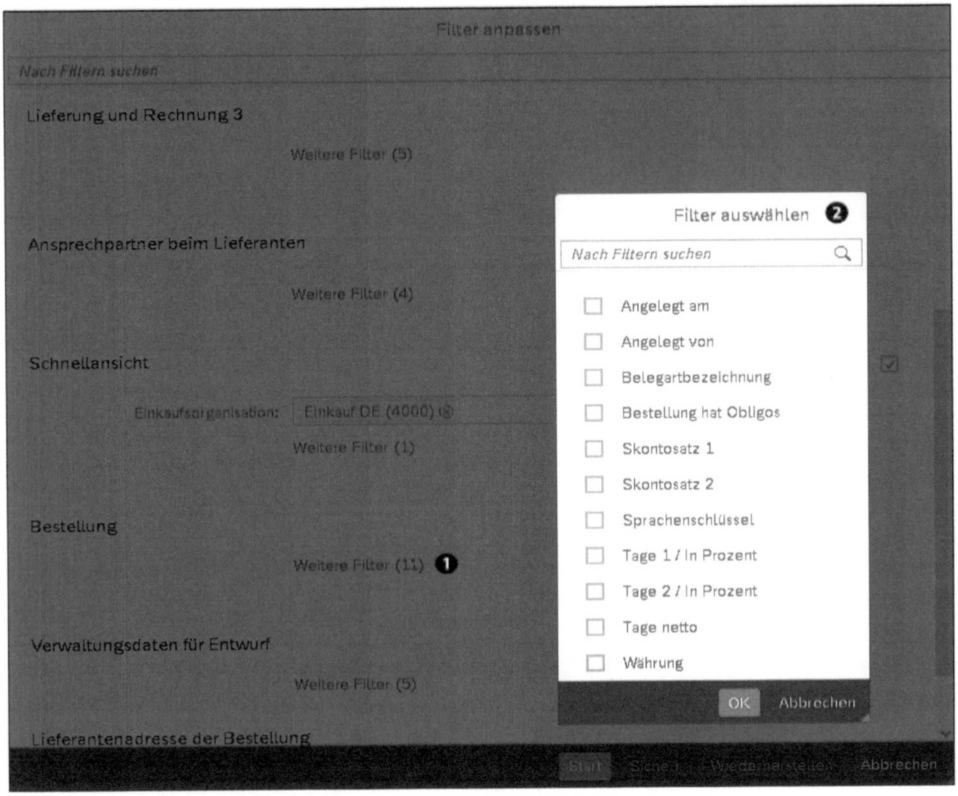

Abbildung 6.9 Weitere Filter nutzen

Die verschiedenen Filter sind thematisch gruppiert, weitere Kriterien zur Bestellung, z. B. Anlagedatum oder Währung, finden Sie in dem entsprechenden Unterabschnitt.

Listenlayout bearbeiten

Die Ansicht der Liste der Bestellungen kann über die Anzeigeeinstellungen eingestellt und gespeichert werden. Zum Sichern und Verwalten der Layouteinstellungen lesen Sie auch den Abschnitt »Filtereinstellungen bearbeiten«.

Im eigentlichen Listenlayout (Anzeigeeinstellungen) können Sie neben den angezeigten Spalten auch die Sortierung, die Filter innerhalb der Liste sowie Gruppierungen festlegen (siehe Abbildung 6.10).

Bestellung anlegen

Über die Schaltfläche **Anlegen** in der SAP-Fiori-App **Bestellungen verwalten** gelangen Sie zu der Seite zur Neuanlage einer Bestellung (siehe Abbildung 6.11).

Welche Funktionen sich hinter den Feldern verbergen, lesen Sie in Tabelle 6.5.

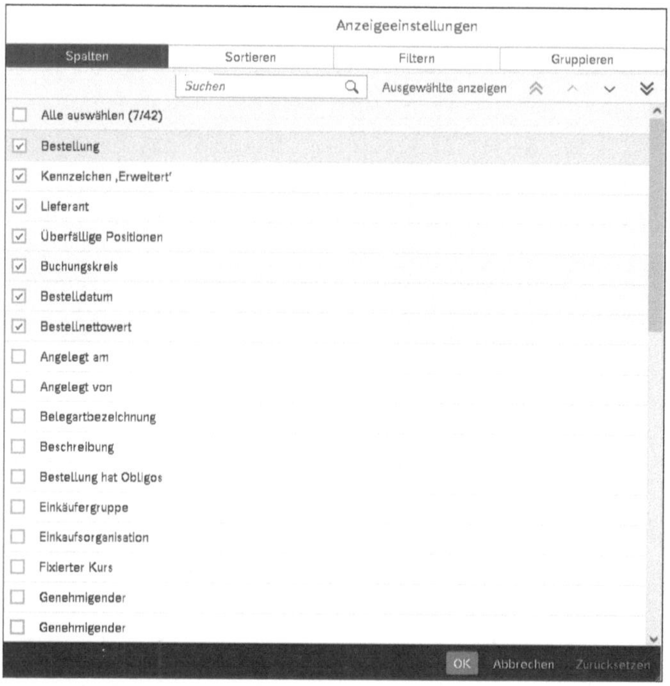

Abbildung 6.10 Layout einstellen

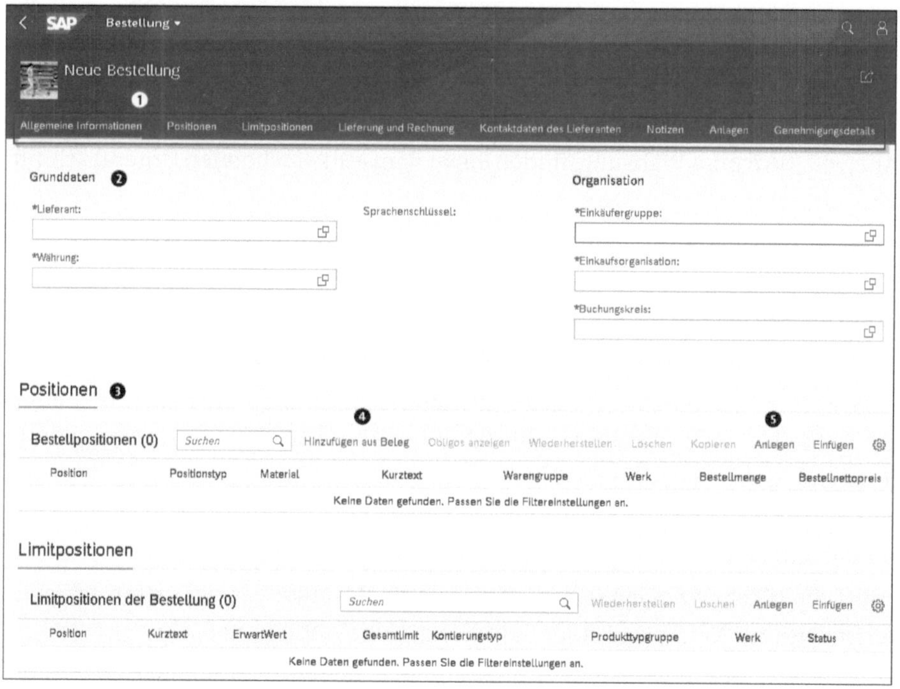

Abbildung 6.11 Bestellung anlegen

Nummer	Schaltfläche oder Element	Bedeutung
❶	**Arbeitsbereiche**	Ermöglicht schnellen Zugriff auf die verschiedenen Arbeitsbereiche (Grunddaten, Positionen usw.) der Bestellung.
❷	**Grunddaten**	Pflichtfelder auf der Kopfebene.
❸	**Positionen**	Tabelle der Positionen.
❹	**Hinzufügen aus Beleg**	Ermöglicht ein gezieltes Kopieren aus verschiedenen Belegarten (siehe Abbildung 6.13).
❺	**Anlegen**	Legt eine neue Position an.

Tabelle 6.5 Funktionen beim Anlegen einer Bestellung

Eingabefelder in SAP-Fiori-Apps sind generell als »intelligente Suchhilfen« (Eingabe von Schlüssel oder Bezeichnung) mit sofortiger Anzeige der gefundenen Werte ausgelegt (siehe Abbildung 6.12).

Abbildung 6.12 Intelligente Suchhilfen

Sie können einzelne Positionen aus anderen Bestellungen, Infosätzen und Einkaufskontrakten übernehmen (siehe Abbildung 6.13).

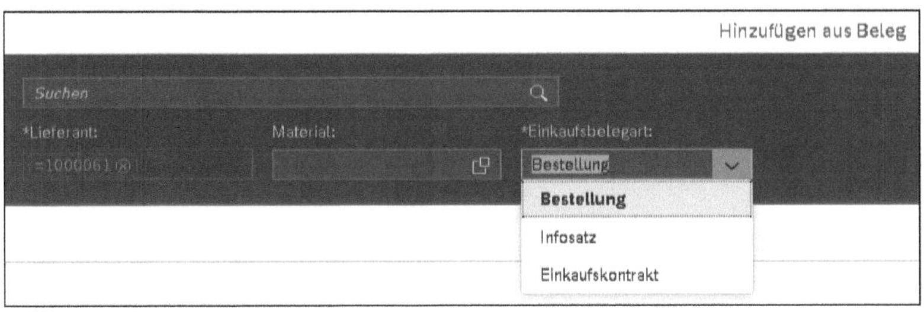

Abbildung 6.13 Bestellposition aus Vorlagebeleg hinzufügen

Auswahl der Vorlagepositionen

Der Lieferant für die Vorlagepositionen wird fest aus den Kopfdaten (Grunddaten) der Bestellung übernommen. Möchten Sie eine Position aus einer Bestellung bei einem anderen Lieferanten übernehmen, müssen Sie den Lieferanten in den Grunddaten zunächst leer lassen bzw. löschen und die Lieferantenummer manuell im Dialog eingeben.

Wenn Sie **Anlegen** wählen, wird der Bestellung eine neue leere Position hinzugefügt. Sie können die Daten direkt in der Positionsübersicht erfassen (siehe Abbildung 6.14).

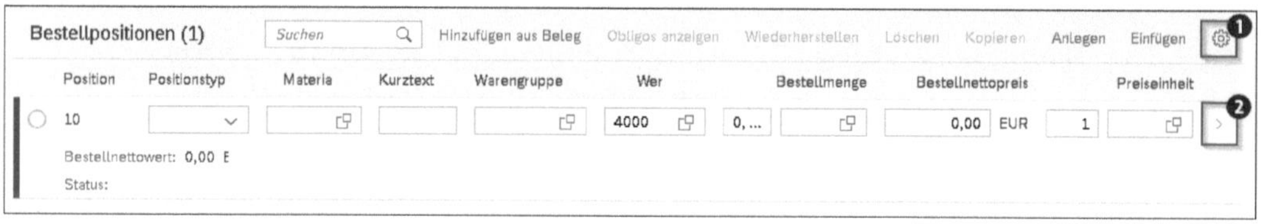

Abbildung 6.14 Neue Bestellposition

Die angezeigten Daten können Sie unter den Anzeigeeinstellungen ❶ konfigurieren (siehe den Abschnitt »Listenlayout bearbeiten«). Zur Detailseite der Positionsdaten gelangen Sie über das Erweitern-Symbol ❷ oder indem Sie einfach auf die Position klicken.

Die Leiste der Arbeitsbereiche oberhalb der Detaildaten ermöglicht eine schnelle Navigation zu den einzelnen Teilbereichen der Bestellposition (siehe Abbildung 6.15).

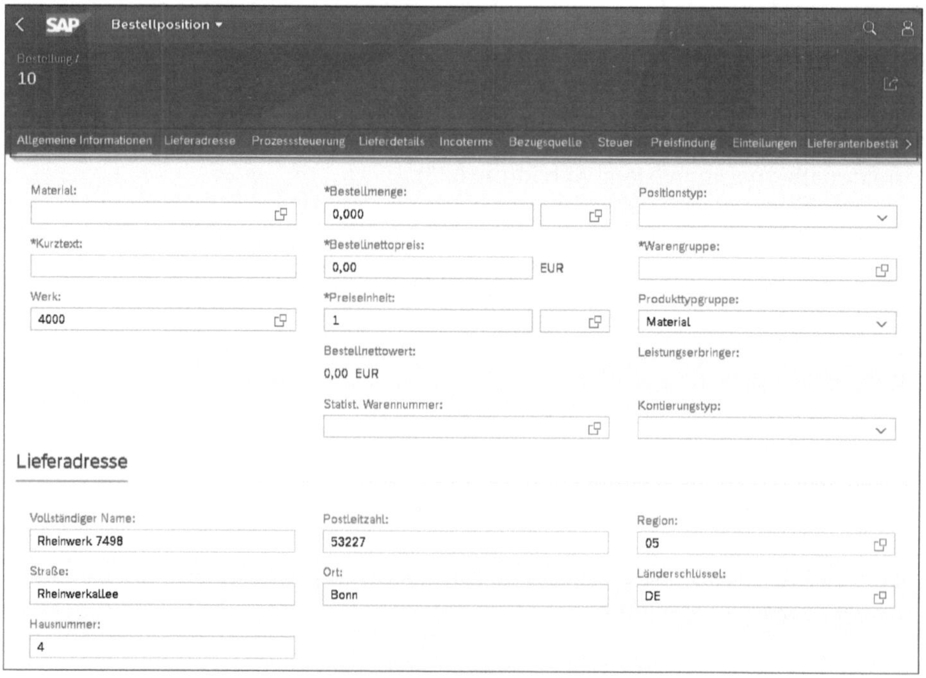

Abbildung 6.15 Neue Bestellposition (Detailseite)

Sind die Pflichtfelder der Bestellung gefüllt, wird automatisch ein Entwurf gespeichert (siehe Abbildung 6.16).

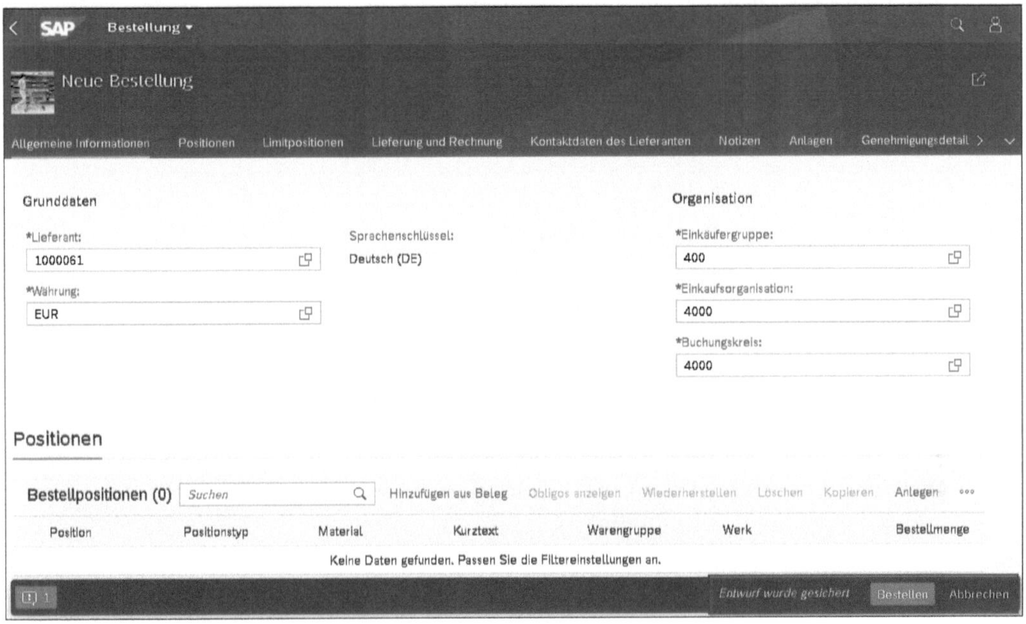

Abbildung 6.16 Entwurf speichern

Wenn Sie die Anlage der Bestellung verlassen, wird dieser Entwurf behalten und in der Liste der Bestellungen als Entwurf angezeigt (siehe Abbildung 6.17).

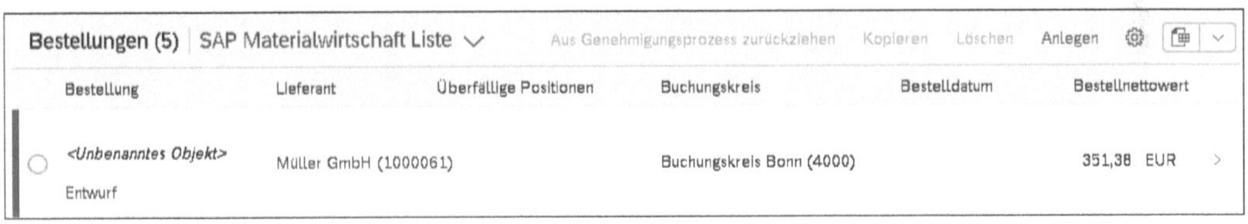

Abbildung 6.17 Entwurf einer Bestellung

Um diesen Entwurf zu löschen, müssen Sie die Bearbeitung explizit über die Schaltfläche **Abbrechen** verlassen (siehe Abbildung 6.18).

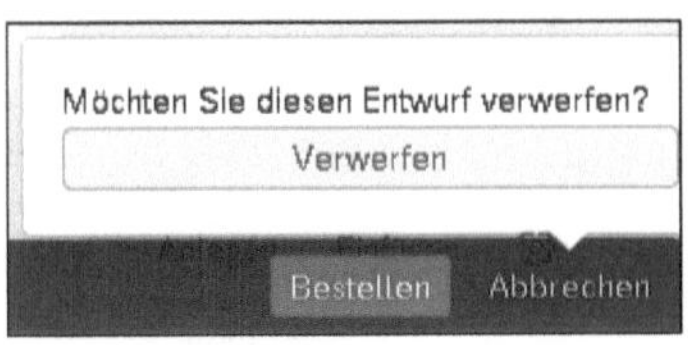

Abbildung 6.18 Entwurf verwerfen

Erweiterte Funktionen (»Bestellung – Erweitert«)

Nicht alle Bestellungen können aktuell in der SAP-Fiori-App nativ angelegt oder bearbeitet werden. Diese Belegarten sind in der SAP-Fiori-App **Bestellungen verwalten** mit dem Kennzeichen [i] (**Erweitert**) versehen (siehe Abbildung 6.19).

Abbildung 6.19 Informationen zum Kennzeichen »Erweitert«

Ein Klick auf das Kennzeichen zeigt die Gründe für die Bearbeitung in der App **Bestellung anlegen – Erweitert** an. Die entsprechende Bestellung wird in der erweiterten Bestellung angezeigt (siehe Abbildung 6.20).

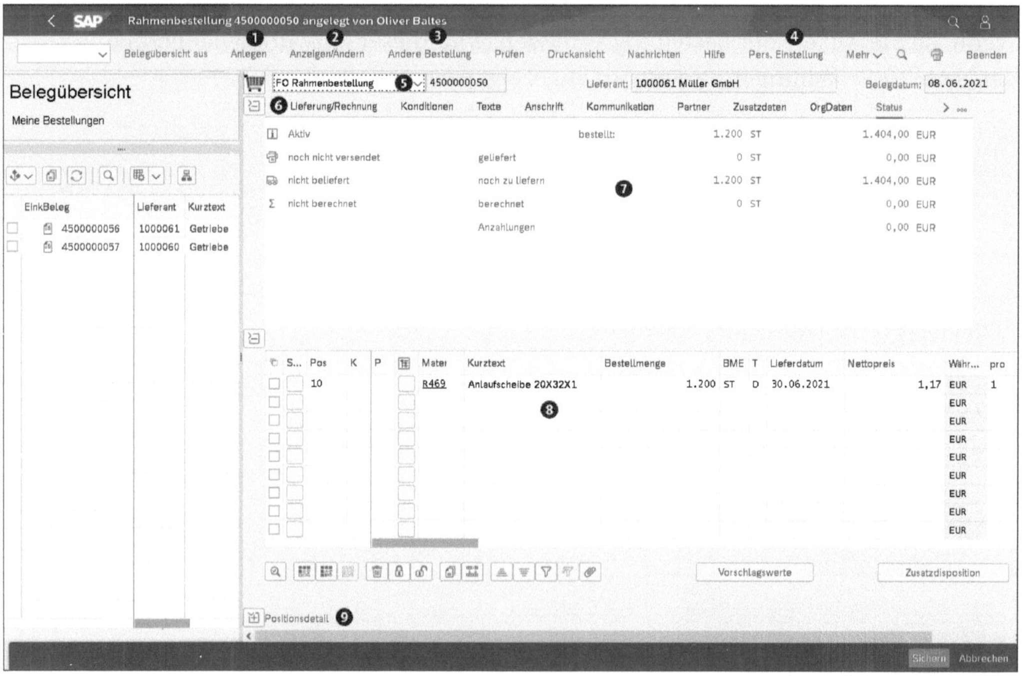

Abbildung 6.20 Erweiterte Bestellung

Bei der App **Bestellung anlegen – Erweitert** handelt es sich um die aus SAP ERP bekannten Transaktionen ME21N/ME22N/ME23N bzw. MEPO, die im WebGUI gestartet werden.

Im rechten Bildbereich, dem Dynpro- oder Arbeitsbereich, ist im Feld **Belegart** die Option **NB Normalbestellung** voreingestellt – zu den Voreinstellungen lesen Sie auch Abschnitt 6.2.2, »Persönliche Einstellungen im WebGUI«.

Die Dateneingaben zu Kopf, Positionsübersicht und Position sind zunächst eingeklappt. Klicken Sie auf die Schaltfläche [⊞] (**Objekt aufklappen**) links vor dem jeweiligen Bereich, um diesen zu öffnen. Mit der Schaltfläche [⊟] (**Objekt zuklappen**) schließen Sie den jeweiligen Bereich.

Erst wenn Sie in der Positionsübersicht in der Spalte **Material** eine Materialnummer oder in der Spalte **Kurztext** einen Eintrag erfasst und diesen mit der [↵]-Taste bestätigt haben, öffnet das SAP-System die Positionsdetails. In Abbildung 6.20 sehen Sie beispielhaft die WebGUI-Transaktion **Rahmenbestellung.** In Tabelle 6.6 erläutern wir Ihnen deren wesentliche Funktionen.

Nummer	Schaltfläche oder Element	Bedeutung
❶	**Anlegen**	Öffnet eine Funktion zum Anlegen eines neuen Belegs.
❷	**Anzeigen/Ändern**	Schaltet in den jeweils anderen Modus um, ohne die Transaktion zu verlassen.
❸	**Andere Bestellung**	Öffnet ein Dialogfenster zur Eingabe einer anderen Belegnummer oder zur Suche nach einem anderen Beleg.
❹	**Pers. Einstellung**	Öffnet ein Dialogfenster zur Erfassung persönlicher Vorschlagswerte oder Einstellungen.
❺	**Bestellart**	Drop-down-Liste zur Auswahl einer Belegart – der Vorschlagswert ist im Customizing vorbelegt und kann über die Schaltfläche **Pers. Einstellung** angepasst werden.
❻	**Objekt auf- oder zuklappen**	Bildbereich auf- oder zuklappen.
❼	**Kopf**	Bildbereich des Kopfes.
❽	**Positionsübersicht**	Bildbereich der Positionen.
❾	**Positionsdetail**	Bildbereich der Positionsdetails.

Tabelle 6.6 Bildbereiche und Funktionen der erweiterten Bestellung

Nummer	Schaltfläche oder Element	Bedeutung
⑩	**Belegübersicht**	Bildbereich der Belegübersicht, wenn diese eingeschaltet ist.

Tabelle 6.6 Bildbereiche und Funktionen der erweiterten Bestellung (Forts.)

[»]

Bildbereiche und Funktionen

Die in Tabelle 6.6 beschriebenen Bildbereiche und Funktionen haben wir Ihnen am Beispiel der Bestellung gezeigt; sie gelten in gleicher Weise für die Bestellanforderung.

Im Arbeitsbereich steht Ihnen eine Reihe von Funktionen zur Verfügung. In der WebGUI-Transaktion können Sie mit der Schaltfläche **Anzeigen/Ändern** und mit der Schaltfläche **Anlegen** hin- und herschalten, ohne die Transaktion zu verlassen.

Die WebGUI-Transaktion bietet außerdem die folgenden Funktionen:

- Haben Sie sich z. B. in den Feldern **Positionstyp** oder **Werk** vertippt, können Sie den Eintrag korrigieren, solange noch kein Folgebeleg erzeugt worden ist.
- Kennen Sie von einem Lieferanten, einem Lieferwerk, einem Material, einer Warengruppe, einem Lagerort oder einem Werk nicht die Nummer, sondern nur die Bezeichnung oder Teile der Bezeichnung, schlägt das SAP-System in der Einbildtransaktion nach der Eingabe von Daten und der Bestätigung der Eingaben mit der [↵]-Taste Daten zur Auswahl vor, die Ihren Eingaben im Feld entsprechen (siehe Abschnitt 6.2.2, »Persönliche Einstellungen im WebGUI«).
- Mit einem Doppelklick auf die Lieferanten- oder Materialnummer gelangen Sie in die Anzeige dieses Stammsatzes.

Möchten Sie einen anderen Beleg zur Anzeige bringen, klicken Sie auf die Schaltfläche **Anderer Beleg**, und das SAP-System öffnet ein Dialogfenster zur Eingabe oder Suche nach der anderen Belegnummer.

Mit der Schaltfläche **Pers. Einstellungen** passen Sie die Einbildtransaktion an Ihre persönlichen Bedürfnisse an. Lesen Sie hierzu auch Abschnitt 6.2.2, »Persönliche Einstellungen im WebGUI«.

Öffnen Sie das Bild nach dem Verlassen einer Einbildtransaktion erneut, wird es mit demselben Aufbau angezeigt, wie Sie es verlassen haben.

Über die Schaltfläche **Belegübersicht** listen Sie die Belege auf, die Sie für Ihre Arbeit benötigen. Aus der Belegübersicht übernehmen Sie per Drag & Drop Positionen aus den Referenzbelegen.

[!]

Automatisches Schließen von Bildbereichen durch das SAP-System

Das SAP-System schließt den Abschnitt der nicht aktivierten Kopf- oder Positionsdetaildaten automatisch, wenn die Bildgröße nicht ausreicht.

Einkaufskontrakte

Bei den SAP-Fiori-Apps für Bestellanforderungen und Einkaufskontrakte kann beim Anlegen eine Belegart ausgewählt und können alle Belegarten bearbeitet werden.

6.2 Arbeiten im SAP-System vereinfachen

In diesem Abschnitt zeigen wir Ihnen, wie Sie Ihre Aufgaben im SAP-System effizienter erledigen können. Definieren Sie Vorschlagswerte für Daten, die Sie immer wieder identisch erfassen müssen.

Die Vorbelegung ist abhängig von der Darstellung der jeweiligen Transaktion:

- Für SAP-Fiori-Apps nehmen Sie diese Vorbelegung in Ihrem Profil unter der Funktion **Standardwerte** vor.
- Für Einbildtransaktionen nehmen Sie die Vorbelegungen jeweils über einen Klick auf **Pers. Einstellungen** für Bestellungen und Bestellanforderungen vor.
- Für Mehrbildtransaktionen nehmen Sie die Vorbelegungen in Ihren Benutzerdaten über den Menüpfad **System • Benutzervorgaben • Eigene Daten** auf der Registerkarte **Parameter** vor.

Arbeiten Sie mit Transaktionen beider Darstellungsarten, müssen Sie die Vorbelegungen sowohl über **Benutzervorgaben** als auch über **Pers. Einstellungen** vornehmen.

6.2.1 Standardwerte in SAP-Fiori-Apps festlegen

Sie können für die verschiedenen Bereiche (Controlling, Finanzbuchhaltung, Materialwirtschaft) zentral Standardwerte für Ihr Benutzerprofil festlegen (siehe Abbildung 6.21).

Wenn Sie überwiegend für bestimmte Organisationseinheiten tätig sind, können Sie diese unter den Vorgaben für Werk, Lagerort usw. pflegen (siehe Abbildung 6.22).

Abbildung 6.21 Einstellungen zum Benutzerprofil

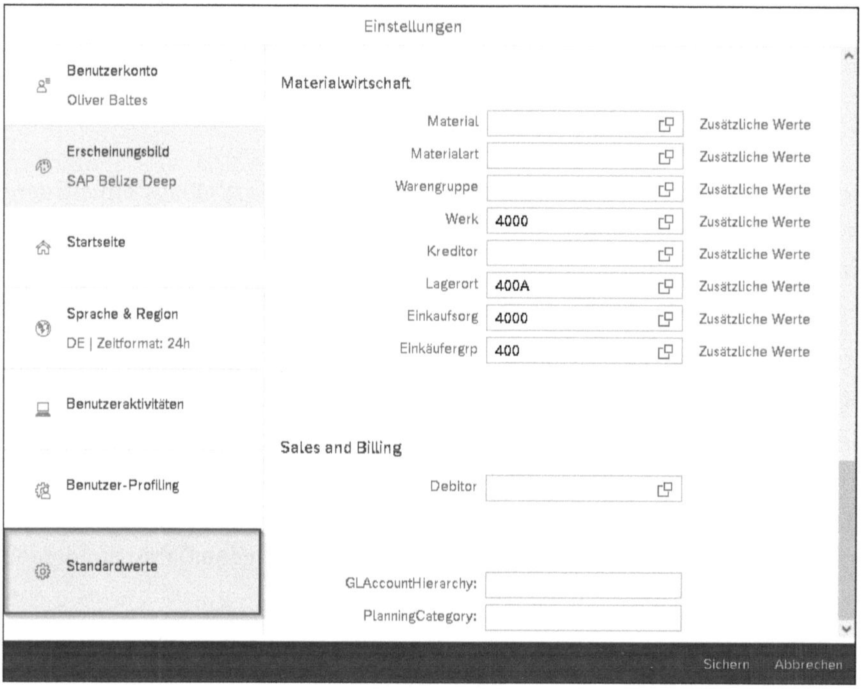

Abbildung 6.22 Einstellungen der Standardwerte

6.2.2 Persönliche Einstellungen im WebGUI

Für Bestellungen und Bestellanforderungen können Sie mit der Schaltfläche **Pers. Einstellungen** das System nach Ihren Wünschen gestalten. Folgendes können Sie mit den persönlichen Einstellungen beeinflussen:

- die Vorbelegungen und Darstellung von Feldeinträgen
- die Darstellung und Bearbeitungsmöglichkeiten in der Positionsübersicht
- den Aufbau der Belegübersicht

Die persönlichen Einstellungen sind jeweils separat für die Bestellung und die Bestellanforderung vorzunehmen. Über die Schaltfläche **Pers. Einstellungen** legen Sie auch die Einstellungen für die Belegübersicht in der Einbildtransaktion fest.

Bestellanforderung – Registerkarte »Grundeinstellungen«

Öffnen Sie die Funktion mit der Schaltfläche **Pers. Einstellungen** in der Anwendungsfunktionsleiste der Bestellanforderung.

Wie Sie Abbildung 6.23 entnehmen können, stellt das SAP-System die persönlichen Einstellungen auf den Registerkarten **Grundeinstellungen** und **Vorschlagswerte** dar.

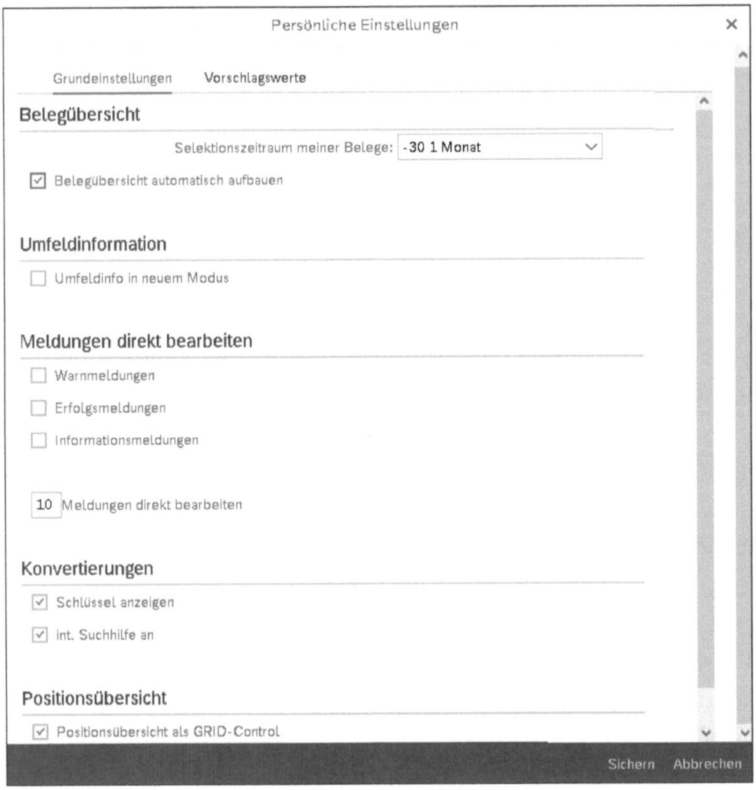

Abbildung 6.23 Das Dialogfenster »Persönliche Einstellungen«

Die Grundeinstellungen umfassen dabei die Bereiche **Belegübersicht**, **Kopfdaten Bestellung**, **Umfeldinformation**, **Meldungen direkt bearbeiten**, **Konvertierungen** und **Positionsübersicht**.

Diese sechs Bereiche stellen wir Ihnen im Folgenden näher vor:

- **Belegübersicht**
  Im Feld **Selektionszeitraum meiner Belege** legen Sie fest, aus welchem Zeitraum

Ihre Belege für die Selektionen **Meine Bestellanforderungen**, **Meine gemerkten Bestellungen** oder **Meine Bestellungen** in der Belegübersicht angezeigt werden sollen. Voreingestellt ist der Zeitraum **-7 eine Woche**. Basis ist das Datum, an dem der Beleg angelegt oder zuletzt geändert wurde. Wählen Sie bei Bedarf einen anderen Zeitraum aus der Liste aus. Es stehen Ihnen die in Abbildung 6.24 gezeigten Zeiträume zur Verfügung.

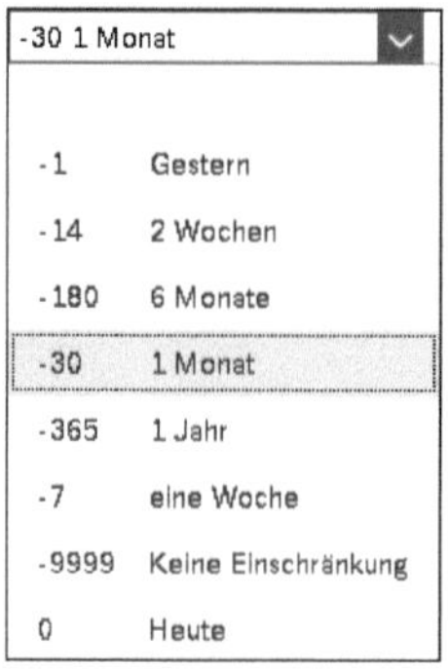

Abbildung 6.24 Zeiträume für den Aufbau der Belegübersicht

Wenn Sie das Kennzeichen **Belegübersicht automatisch aufbauen** nicht markieren, müssen Sie die Belege, die Ihnen in der Belegübersicht angezeigt werden sollen, zu einem späteren Zeitpunkt über eine Selektionsvariante in der Belegübersicht auswählen.

- **Kopfdaten der Bestellung**
  Sie können zwischen einer manuellen Eingabe (mit Suchhilfeanbindung) und der Auswahl über Listenfelder wählen (siehe Abbildung 6.32).
- **Umfeldinformation**
  Aus dem WebGUI können Sie den Lieferantenstammsatz oder den Materialstammsatz per Doppelklick auf den Eintrag im **Anzeigen**-Modus aufrufen. Mit dem Kennzeichen **Umfeldinfo in neuem Modus** legen Sie fest, dass der Stammsatz in einem eigenen Modus angezeigt werden soll.
- **Meldungen direkt bearbeiten**
  Die Voreinstellung ist so gewählt, dass Sie Meldungen sofort bei deren Erscheinen bearbeiten. Deaktivieren Sie das Kennzeichen **Meldungen direkt bearbeiten**, sammelt das SAP-System die Meldungen in einem Fehlerprotokoll, und Sie können die Meldungen nach der Eingabe aller Daten nacheinander abarbeiten.

Meldungen im Fehlerprotokoll

Auch bei aktiviertem Kennzeichen **Meldungen direkt bearbeiten** können Sie die Meldungen im Fehlerprotokoll aufrufen.

- **Konvertierungen**
  Feldeinträge bestehen im SAP-System oft aus einem Schlüssel und einer Bezeichnung, wie Sie es Abbildung 6.25 entnehmen können. Ist das Feld **Schlüssel anzeigen** deaktiviert, zeigt das SAP-System in der Positionsübersicht die Bezeichnung für **Werk**, **Warengruppe** und **Lagerort** an.

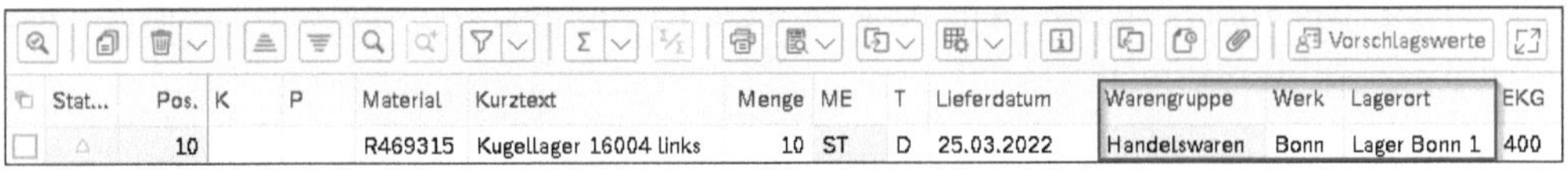

Abbildung 6.25 Bezeichnung anzeigen (Standard)

Setzen Sie das Häkchen im Ankreuzfeld **Schlüssel anzeigen**, zeigt das SAP-System in den Spalten der Positionsübersicht anstelle der Bezeichnungen die Schlüssel an (siehe Abbildung 6.26).

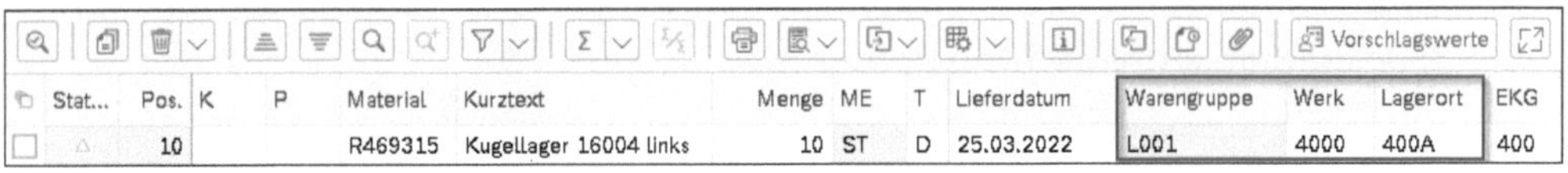

Abbildung 6.26 Schlüssel anzeigen

Das Kennzeichen **int. Suchhilfe an** ist im Standard aktiviert und bedeutet, dass das SAP-System die intelligente Suchhilfe für die Felder **Lieferant** und **Materialnummer** verwendet. Mit dieser Einstellung erhalten Sie für die Eingabefelder **Material** oder **Lieferant** eine Liste von Vorschlagswerten, wenn Sie z. B. einen Teil der Materialnummer oder des Materialkurztextes in das Feld **Material** eingegeben haben. Wie Sie es aus Abbildung 6.27 ersehen können, erhalten Sie mit aktivierter intelligenter Suchhilfe (siehe Abbildung 6.23) eine Auswahlliste zum Begriff **Getriebe** in der Spalte **Material**.

Abbildung 6.27 Trefferliste mit der Eingabe »Getriebe« im Feld »Material«

Ist das Kennzeichen **int. Suchhilfe an** nicht gesetzt, ist die intelligente Suchhilfe deaktiviert, was zu erheblichen Performanceverbesserungen führen kann. In diesem Fall müssen Sie die Matchcode-Suche nutzen, wenn Sie die Material- oder Lieferanten-/Lieferwerknummer nicht kennen.

- **Positionsübersicht**
  Die Positionsübersicht kann in den folgenden Tabellensichten angezeigt werden:
  - Die *GRID-Control-Sicht* bietet zahlreiche Bearbeitungsmöglichkeiten für die Tabelle der Positionsübersicht an, die Sie in der Bestellanforderung oder Bestellung mittels Schaltflächen direkt über der Positionsübersicht erreichen.
  - Die *Table-Control-Sicht* erlaubt lediglich die Bearbeitung der Daten innerhalb der Positionsübersicht.

Im nächsten Abschnitt beschreiben wir, wie Sie Vorschlagswerte in den WebGUI-Transaktionen definieren. Öffnen Sie hierzu die Registerkarte **Vorschlagswerte** (siehe Abbildung 6.23 weiter vorne).

Bestellanforderung – Registerkarte »Vorschlagswerte«

Definieren Sie Vorschlagswerte für Feldeinträge, in denen Sie stets identische Daten eingeben müssen, z. B. in den Feldern **Positionstyp** oder **Anforderer**. Abbildung 6.28 zeigt die Standardvorschlagswerte.

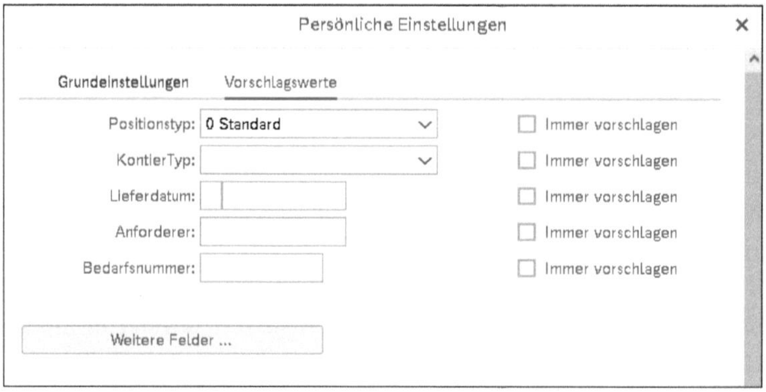

Abbildung 6.28 Standardvorschlagswerte in der Bestellanforderung

Möchten Sie z. B., dass Sie in allen Bestellanforderungen, die Sie anlegen, als Anforderer aufgeführt sind, können Sie Ihre Benutzerkennung im Feld **Anforderer** vorbelegen.

Ist das Ankreuzfeld **Immer vorschlagen** markiert, wird der im entsprechenden Feld vorbelegte Wert in jeden Beleg, den Sie erfassen, eingetragen. Einträge von Referenzbelegen werden in diesem Fall übersteuert, also durch den in den persönlichen Einstellungen gesetzten Eintrag ersetzt.

Mit der Schaltfläche **Weitere Felder ...** öffnen Sie ein Dialogfenster (siehe Abbildung 6.29), aus dem Sie weitere Felder zur Vorbelegung auswählen, indem Sie die Zeile im Bereich **ausgeblendete Felder** markieren und sie mit der Schaltfläche [<] (**sel. Felder einblenden**) in den linken Bereich **Anzeigefelder** übernehmen.

Abbildung 6.29 Weitere Felder zur Vorbelegung (Bestellanforderung)

Bestellungen – Registerkarte »Grundeinstellungen«

Ergänzend zu den im Abschnitt »Bestellanforderung – Registerkarte ›Grundeinstellungen‹« beschriebenen Bereichen umfassen die persönlichen Einstellungen für die Bestellung noch den Bereich **Kopfdaten Bestellung** (siehe Abbildung 6.30).

Mit dem Eintrag im Feld **Organisationsdaten pflegen über** legen Sie fest, in welcher Form die Organisationsdaten in der Kopfregisterkarte **Org.Daten** in der Bestellung angezeigt werden.

Die Standardeinstellung im Bereich **Kopfdaten Bestellung** entspricht der manuellen Eingabe und zeigt die Felder in der Kopfregisterkarte **Org.Daten** als eingabebereit an (siehe Abbildung 6.31).

Mit der Einstellung **2 Listenfeld** im Feld **Organisationsdaten pflegen über** erhalten Sie auf der Registerkarte **OrgDaten** die Ansicht, wie sie in Abbildung 6.32 gezeigt wird.

Aus den Einträgen in der Drop-down-Liste wählen Sie den relevanten Eintrag ohne das Öffnen der Suchhilfe aus.

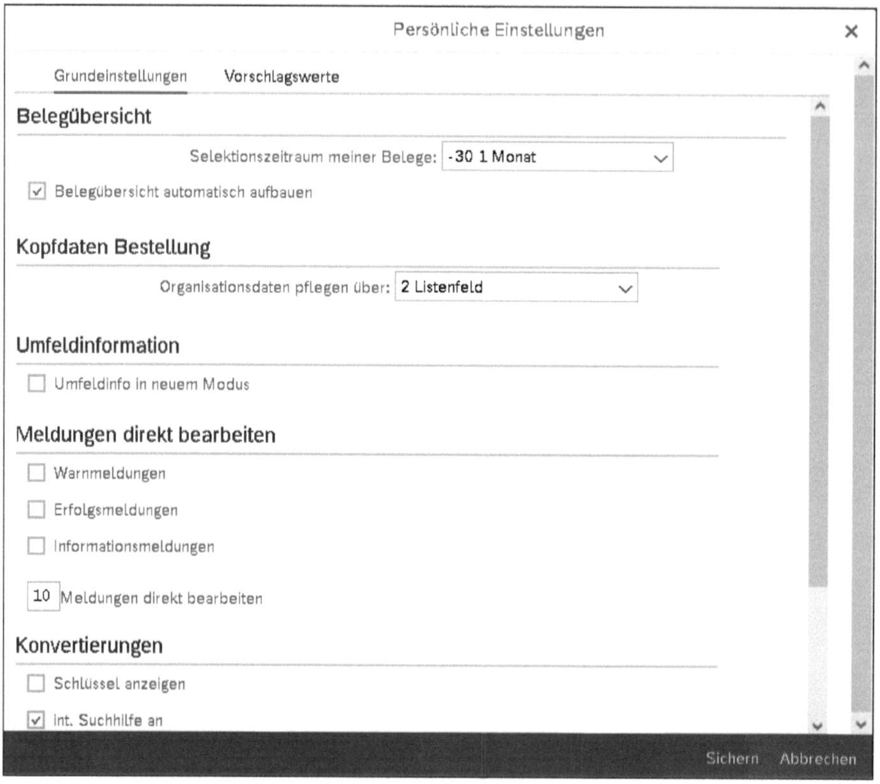

Abbildung 6.30 Persönliche Einstellungen: Grundeinstellungen

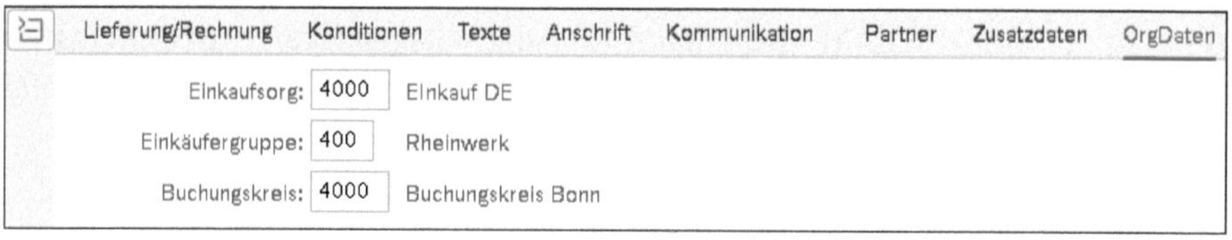

Abbildung 6.31 Manuelle Eingabe der Kopfdaten

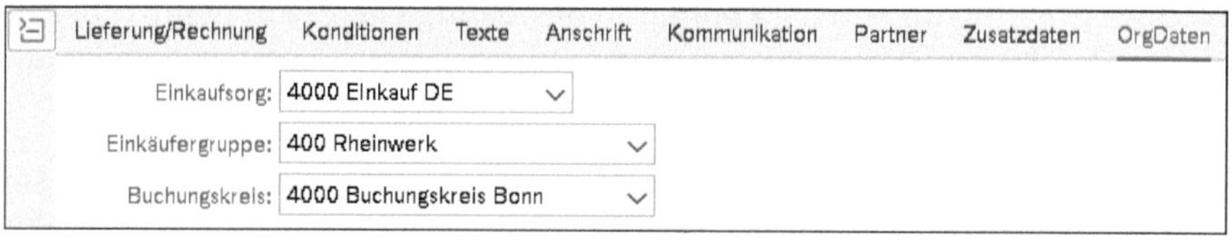

Abbildung 6.32 Eingabe der Kopfdaten über das Listenfeld

Bestellungen – Registerkarte »Vorschlagswerte«

Die Vorschlagswerte für Bestellungen werden in den Registerkarten **Bestellkopf** und **Bestellposition** dargestellt.

Die Belegart wird im Customizing unter **Materialwirtschaft • Einkauf • Vorschlagswerte für Belegart festlegen** eingestellt. Wählen Sie im Dialogfenster **Persönliche Einstellungen** eine andere Einstellung im Feld **Belegart**, falls die Voreinstellung nicht Ihren Anforderungen entspricht (siehe Abbildung 6.33).

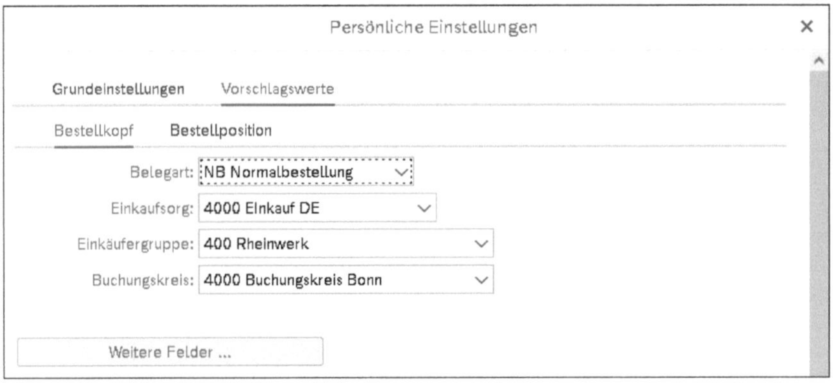

Abbildung 6.33 Vorschlagswerte im Bestellkopf

Ebenso wie in den persönlichen Einstellungen der Bestellanforderung besteht auch hier die Möglichkeit, mit der Schaltfläche **Weitere Felder ...** weitere Felder zur Vorbelegung dazu- oder wegzuschalten. Hier sehen Sie die Tabellen **Eingeblendete Felder** und **Ausgeblendete Felder** (nachdem Sie die Schaltfläche **Weitere Felder** angeklickt haben) im Bereich **Bestellanforderung** auf der Registerkarte **Vorschlagswerte**.

Mit einem Klick auf die Schaltfläche ✔ Übernehmen speichern Sie Ihre Voreinstellungen.

6.3 Einkaufsbeleg

In den vorangehenden Abschnitten haben wir Ihnen gezeigt, welche Einstellungen Sie in Ihrem SAP-System vornehmen können. In diesem und in den folgenden Abschnitten beschreiben wir die Belegtypen und Belegarten im Einkauf:

Der Einkaufsbeleg ist ein Instrument, das vom Einkauf verwendet wird, um Materialien oder Dienstleistungen extern oder intern zu beschaffen.

Das SAP-System bietet die Belegtypen **Bestellanforderung**, **Bestellung**, **Rahmenvertrag** sowie **Anfrage/Angebot** an. Abbildung 6.34 zeigt, wie die Belegtypen aufeinander referenzieren können.

Diese Belegtypen sind gleichartig aufgebaut: Alle umfassen Kopfdaten Positionsübersichtsdaten und Positionsdaten. Den Belegtypen sind im Customizing Belegarten zur weiteren Spezifizierung zugeordnet.

Zunächst stellen wir Ihnen die Charakteristika und die Verwendung der Belegtypen vor. Danach zeigen wir Ihnen zu den Belegtypen die wichtigsten Belegarten. Wir beschreiben, wie die Belegarten aufgebaut und welche die wichtigsten Felder sind.

Der Beschaffungsprozess (siehe Abschnitt 4.1, »Beschaffungsprozess«) wird unter der Verwendung von Stammdaten zum Lieferanten bzw. Lieferwerk durchgeführt. Für die Darstellung der Bedarfe können Materialstammdaten (siehe Abschnitt 3.2, »Produktverwaltung«) verwendet werden. Stehen keine geeigneten Materialstammsätze zur Verfügung, besteht die Möglichkeit, den Bedarf mithilfe des Kurztextes sowie mit den Positionstextfeldern im Beleg zu konkretisieren.

Beispielhaft zeigen wir Ihnen den Beschaffungsprozess in den folgenden Abschnitten anhand einer Normalbestellung mit Materialstammsatz.

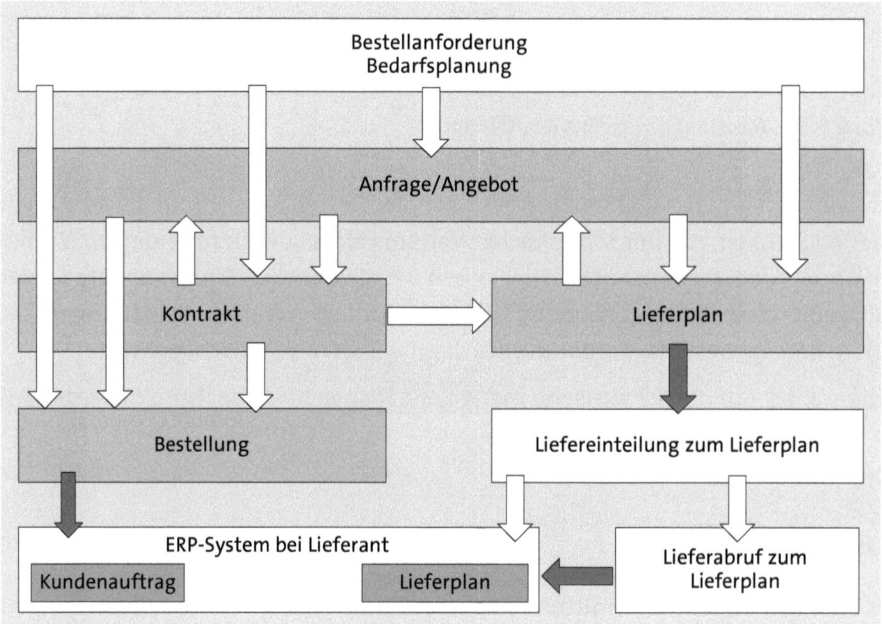

Abbildung 6.34 Einkaufsbelege im Bestellprozess (aus Ernst Greiner: SAP-Materialwirtschaft – Customizing, SAP PRESS 2016)

6.3.1 Voraussetzungen im Lieferantenstammsatz

Damit ein Lieferant in einem Einkaufsbeleg verwendet werden kann, muss der Lieferantenstammsatz mindestens die folgenden Voraussetzungen erfüllen:

- Der Stammsatz für den Lieferanten/das Lieferwerk muss für die Einkaufsorganisation zugelassen sein.
- Der Stammsatz für den Lieferanten/das Lieferwerk hat eine zugeordnete Nachrichtenart.

6.3.2 Voraussetzungen im Materialstammsatz

Wird die Beschaffung mit einem Materialstammsatz ausgeführt, muss dieser mindestens die folgenden Voraussetzungen erfüllen:

- Die Sicht **Einkauf** muss für die Kombination Einkaufsorganisation/Werk angelegt sein.
- Die Sicht **Disposition 1** muss im Feld **Beschaffungsart** den Eintrag **F** (Fremdbeschaffung) oder **X** (sowohl Eigenfertigung als auch Fremdbeschaffung) enthalten.

Lesen Sie hierzu auch Abschnitt 3.1, »Produktstammsatz«.

6.4 Belegtypen

Belegtypen stellen unterschiedliche betriebswirtschaftliche Vorgänge dar. Die Ausprägung der Belegtypen wird über die Belegarten vorgenommen. Diese dienen der Spezifizierung innerhalb der Belegtypen in Abhängigkeit von den Anforderungen des Unternehmens.

Der Einkaufsbelegtyp dient als Unterscheidungskriterium für betriebswirtschaftliche Prozesse. Die Eigenschaften sind vom SAP-System vorgegeben und können nicht geändert werden. Die folgenden Belegtypen sind eingestellt (siehe Tabelle 6.7).

Belegtyp	Bezeichnung	Verwendung	Transaktion
A	Anfrage/Angebot	Anfrage: Ermittlung potenzieller Lieferanten für einen definierten Bedarf Angebot: enthält die Konditionen und Lieferbedingungen des Lieferanten und bildet die Basis für die Auswahl von Lieferanten.	ME41 ME42 ME43
B	Bestellanforderung	Unternehmensinterne Kommunikation zur Mitteilung von Bedarfen an den Einkauf.	ME51N ME52N ME53N
F	Bestellung	Bedarfsdeckung für Materialien oder Dienstleistungen.	ME21N ME22N ME23N
K	Kontrakt	Vereinbarung über die Lieferung von Waren oder Dienstleistungen nach Bestellung mit Mengen- oder Wertgrenze.	ME31K ME32K ME33K

Tabelle 6.7 Einkaufsbelegtypen im Überblick

Belegtyp	Bezeichnung	Verwendung	Transaktion
L	Lieferplan	Vereinbarung über die Lieferung von Waren mit Abrufterminen.	ME31L ME32L ME33L

Tabelle 6.7 Einkaufsbelegtypen im Überblick (Forts.)

Die Daten der Einkaufsbelege werden im SAP-System in unterschiedlichen Tabellen verwaltet. Weitere Informationen finden Sie im Buch von Maximilian Münkel: Materialwirtschaft mit SAP S/4HANA – Customizing, SAP PRES 2021.

6.4.1 Bestellanforderungen (BANF)

Bestellanforderungen dienen der internen Unternehmenskommunikation. Es werden keine Druckbelege erzeugt oder Nachrichten versandt. Über geeignete Auswertungen, z. B. anhand der Belegübersicht, ermittelt der Einkäufer die Bedarfe, die mittels einer Bestellanforderung an den Einkauf adressiert sind. Bestellanforderungen, im Folgenden kurz BANFen genannt, können direkt oder indirekt erzeugt werden.

Direkt bedeutet, dass eine BANF in der anfordernden Abteilung manuell erfasst wird. Die Person, die die BANF anlegt, bestimmt, was in welcher Menge zu welchem Termin bestellt werden soll.

Kontierungsdaten müssen manuell korrekt erfasst werden. Indirekt bedeutet dies, dass die BANF von einer anderen SAP-Komponente, z. B. der Disposition ausgelöst wird.

Das Erstellungskennzeichen (dieses muss der Positionsübersicht der Bestellanforderung über **Layout ändern** hinzugefügt werden) der Bestellanforderung gibt an, ob die Bestellanforderung direkt oder indirekt angelegt worden ist. Es wird in den Auswertungen zu den Bestellanforderungen und in den Statistikdaten einer BANF-Position angezeigt (siehe Kapitel 9, »Auswertungen«).

Kontierungsdaten von indirekten BANFen werden maschinell ermittelt und in der Bestellanforderung hinterlegt.

6.4.2 Bestellungen

Die Bestellung wird für verschiedene Beschaffungsprozesse eingesetzt: Sie können Materialien für den direkten Verbrauch mit Kontierung oder für das Lager ohne Kontierungsinformationen oder Dienstleistungen beschaffen (siehe Abschnitt 4.1, »Beschaffungsprozess«).

Mit Bestellungen können Sie Bedarfe extern decken, d. h., dass ein Lieferant z. B. eine Leistung erbringt oder einen Rohstoff liefert. Ebenso können Sie mit einer Bestellung dafür sorgen, dass ein Material, das in einem Ihrer Werke benötigt wird, von einem anderen Werk Ihres Unternehmens intern beschafft, d. h. umgelagert wird. Die Folgeaktivitäten zu Bestellungen – wie Waren- und Rechnungseingänge – werden in der Bestellentwicklung protokolliert, sodass Sie den Beschaffungsvorgang überwachen können.

Wenn Sie erwägen, mit einem Lieferanten eine längerfristige Lieferbeziehungen einzugehen, empfiehlt sich die Beschaffung über Rahmenverträge, da Sie hierbei u. a. günstigere Konditionen erzielen können. Für die Beschaffung legen Sie dann die Bestellung mit Bezug zum Rahmenvertrag an.

CpD-Lieferanten

Soll ein Bedarf einmalig durch einen bestimmten Lieferanten gedeckt werden, besteht die Möglichkeit, einen CpD-Lieferantenstammsatz zu verwenden. In diesem Fall werden die für den Beschaffungsvorgang notwendigen Daten des Lieferanten in der Bestellung erfasst. Sie können die Beschaffungsvorgänge mit den CpD-Lieferanten nicht lieferantenspezifisch auswerten!

6.4.3 Rahmenvertrag

Einen Rahmenvertrag legen Sie an, wenn Sie eine längerfristige Lieferantenbeziehung über die Lieferung von Materialien und/oder Dienstleistungen eingehen möchten. Der Rahmenvertrag enthält Vereinbarungen zum Lieferumfang (Menge oder Wert) und zur Laufzeit. Es gibt zwei Arten von Rahmenverträgen: den Kontrakt und den Lieferplan.

Buchungskreisübergreifende Beschaffungen

Sie können für buchungskreisübergreifende Beschaffungen Zentralkontrakte anlegen. Hierzu ist eine buchungskreisübergreifende Einkaufsorganisation erforderlich.

Der Kontrakt ist eine Vereinbarung mit einem Lieferanten/Lieferwerk über die Lieferung von Waren oder Dienstleistungen zu festgelegten Konditionen innerhalb einer definierten Vertragslaufzeit. Die Bedarfsdeckung erfolgt über Bestellungen, die mit Bezug zum Kontrakt angelegt werden.

Ein Lieferplan ist eine längerfristige Vereinbarung mit einem Lieferanten/Lieferwerk über die Lieferung von Materialien zu festgelegten Konditionen. Die Konditionen gelten für einen definierten Zeitraum und eine definierte Gesamtabnahmemenge.

Der Fokus liegt hier auf den Lieferterminen – auch Einteilungen oder Abrufe genannt.

Der Lieferplan umfasst z. B. die Jahresmenge eines Materials für einen herstellenden Betrieb. Der Lieferant/Lieferwerk liefert die Ware, den Einteilungen (Lieferterminen) entsprechend, in mehreren Teilmengen, bis die Liefermenge des Lieferplans erfüllt ist.

Für Lieferungen auf der Basis eines Lieferplans sind keine Bestellungen erforderlich.

6.4.4 Anfrage/Angebot

Eine Anfrage legen Sie an, um von potenziellen Lieferanten Konditionen, Lieferzeit, Lieferbedingungen und Zahlungsbedingungen zu erfahren. Im Einkauf sind Anfrage und Angebot ein Beleg. Preise und Konditionen vom Lieferanten werden in der ursprünglichen Anfrage erfasst. Eine Anfrage an mehrere Lieferanten können Sie unter einer Submissionsnummer zusammenführen. Über den Preisspiegel des SAP-Systems können Sie im Preisspiegel das günstigste Angebot ermitteln lassen und automatisch Absagen an die Lieferanten versenden.

Nachdem wir Ihnen die Belegtypen vorgestellt haben, erklären wir Ihnen im folgenden Abschnitt die wichtigsten Belegarten zu den Belegtypen im SAP-Standard.

6.5 Belegarten

Jedem Belegtyp sind im SAP-Standard definierte Belegarten zugeordnet. In Abhängigkeit von den Unternehmensanforderungen legen Sie eigene Belegarten im Customizing an.

Die Einstellung der Belegarten finden Sie im Customizing zum jeweiligen Belegtyp, im folgenden Beispiel für die Bestellanforderung über den Menüpfad **Materialwirtschaft • Einkauf • Bestellanforderung • Belegart einstellen.**

Exemplarisch zeigen wir Ihnen für die Bestellanforderung, wie Sie unternehmensspezifische Belegarten anlegen:

1. Legen Sie eine Belegart als Kopie einer möglichst ähnlichen Belegart an.
2. Ordnen Sie der Belegart zulässige Positionstypen zu (siehe Abschnitt 6.6, »Positionstyp«).
3. Verknüpfen Sie die Kombination aus BANF-Belegart und BANF-Positionstyp mit den zulässigen Kombinationen aus Einkaufsbelegart und Positionstyp. Diese Verknüpfungen sind Voraussetzung für das Referenzieren von Einkaufsbelegpositionen auf BANF-Positionen. Sie werden in der Customizing-Tabelle T161A (Verknüpfung BANF-Belegart mit Einkaufsbelegart) verwaltet. Die Verknüpfung mit der jeweiligen Vorlagebelegposition ist nur für die Bestellanforderung als Vorgän-

gerbeleg einzustellen, nicht aber für Angebote, Kontrakte, Lieferpläne und Bestellungen als Vorlagebeleg.

In der Belegart stellen Sie Folgendes ein:

- Feldauswahlschlüssel für den Bildaufbau (siehe Abbildung 6.35)
- Belegnummernkreise
- Formulare für den Bestelldruck
- Berechtigungskonzepte
- Aufbau der Datenbilder
- zulässige Positionstypen
- zulässige Kontierungstypen
- Umlagerkennzeichen (Lieferwerk mit Lieferantenstammdaten)
- Kennzeichen für besondere Abwicklungen, wie Transportbestellung
- Positionsintervall für Unterpositionen
- Verknüpfung einer Dokumentart
- Versionsverwaltung
- Verknüpfung Bestellanforderung mit Folgebelegart und Positionstyp
- Partnerschema
- Freigabeverfahren

In der Belegart legen Sie fest, in welche Felder Daten eingegeben werden müssen, welche Felder mit Daten belegt werden können oder welche Felder lediglich angezeigt werden. Abbildung 6.35 zeigt exemplarisch für die Bestellanforderung die Festlegung von Muss-Eingaben, Kann-Eingaben oder Anzeigefeldern.

Berechtigungen einschränken

Möchten Sie verhindern, dass unbefugte Personen Informationen aus dem Einkaufsbeleg ermitteln können, stellen Sie Funktionsberechtigungen über den Menüpfad **IMG-Aktivität Materialwirtschaft • Einkauf • Berechtigungsverwaltung • Funktionsberechtigungen für Einkäufer** ein. Mit den entsprechenden Parametereinstellungen im Benutzerstamm kann gesteuert werden, welche Daten der einzelne Mitarbeiter sehen kann.

Den Belegaufbau für die Bestellanforderungen finden Sie im Customizing über den Menüpfad **Materialwirtschaft • Einkauf • Bestellanforderung • Belegaufbau für Belegart festlegen**.

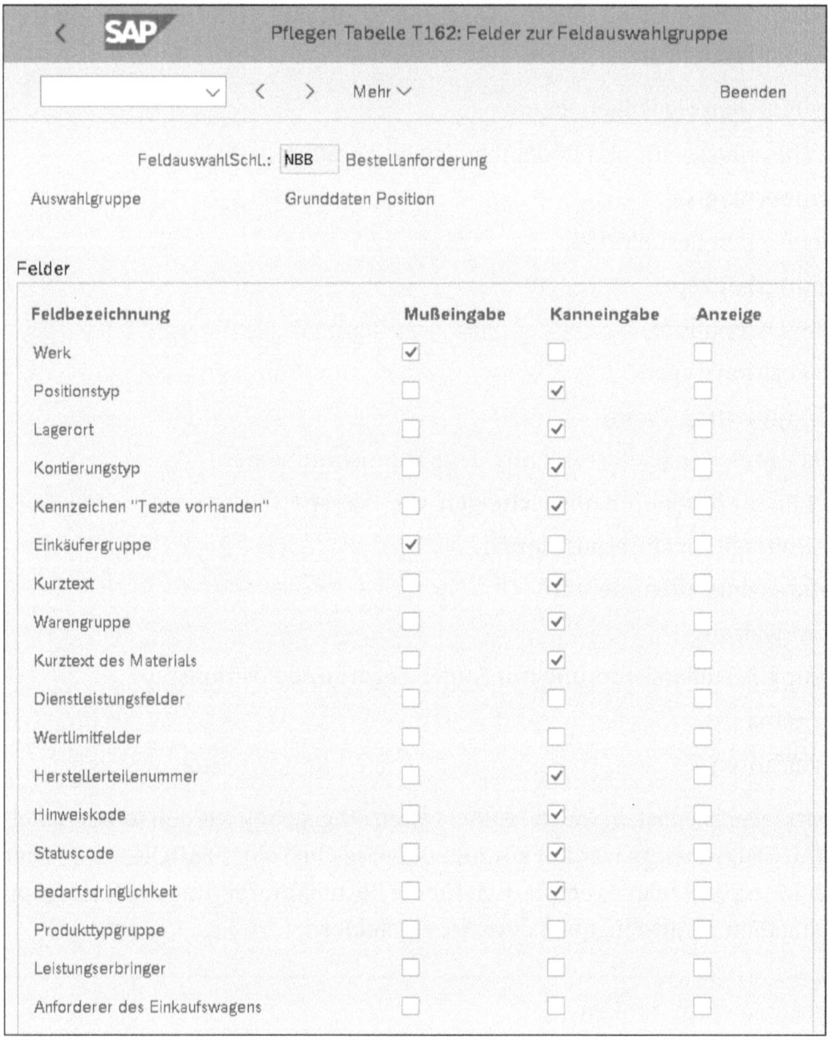

Abbildung 6.35 Belegaufbau im Customizing

In der Belegart legen Sie fest, welche Bestellanforderungsbelegart als Referenzbeleg für die Einkaufsbelege genutzt werden darf. Tabelle 6.8 zeigt exemplarisch für die Bestellanforderung mit dem Positionstyp **Blank** mögliche Referenzbeziehungen.

Jeden Positionstyp in der Bestellanforderungsbelegart verknüpfen Sie im Customizing über den Menüpfad **Materialwirtschaft • Einkauf • Bestellanforderung • Belegarten einstellen** mit einem Positionstyp des Einkaufsbelegs. Über das Kennzeichen in der Spalte **Dialog** (siehe Abbildung 6.36, hier abgekürzt mit **Di...**) legen Sie fest, ob für eine Kombination eine Warnmeldung ausgegeben werden soll.

Einkaufsbeleg / BANF	NB-Bestellung	FO-Rahmenbestellung	UB-Umlagerungsbestellung	LP-Lieferplan	RV-Rahmenvertrag	Anfrage/Angebot
NB-Bestellanforderung, normal	X		X	X		X
RV-Rahmenvertragsanforderung					X	X
FO-Rahmenbestellanforderung		X				X

Tabelle 6.8 Bestellanforderung mit dem Positionstyp »Blank« als Referenzbeleg

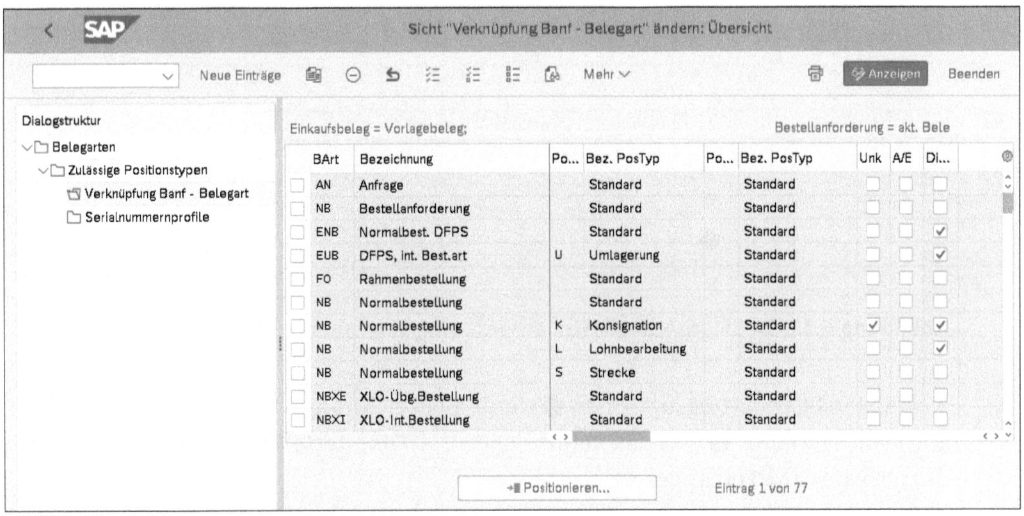

Abbildung 6.36 Customizing – BANF (NB) mit dem Einkaufsbeleg verknüpfen

6.5.1 Bestellanforderungen

Für die Bearbeitung von Bestellanforderungen stehen Ihnen verschiedene Apps zur Verfügung (siehe Abbildung 6.37).

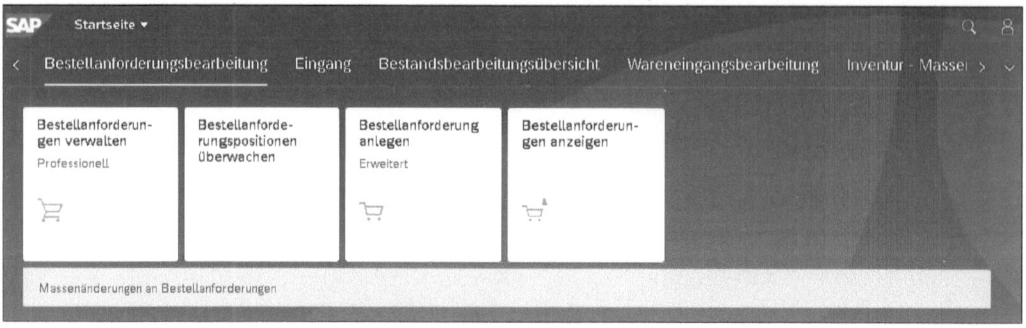

Abbildung 6.37 Kachelgruppe »Bestellanforderungsbearbeitung«

Über die SAP-Fiori-App **Bestellanforderungen verwalten – Professionell** können BANFen angelegt und bearbeitet werden (siehe Abbildung 6.38). Hinter der Anwendung **Bestellanforderung anlegen – Erweitert** verbirgt sich Transaktion ME51N, die im WebGUI gestartet wird.

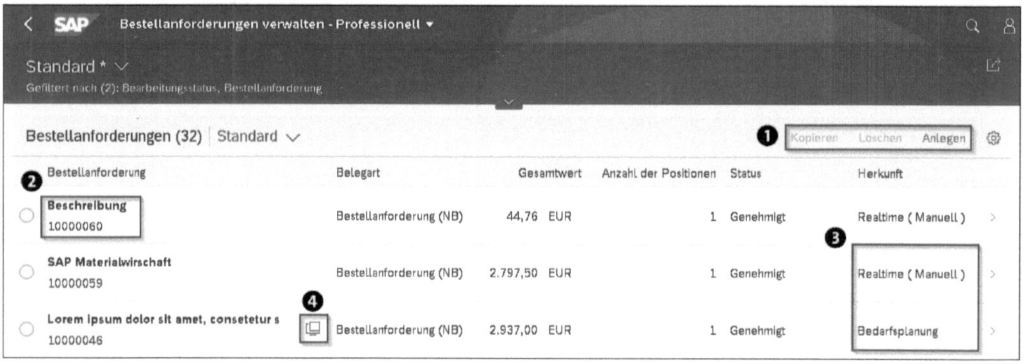

Abbildung 6.38 SAP-Fiori-App »Bestellanforderung verwalten – Professionell«

Neben den Bearbeitungsoptionen ❶ werden Bezeichnung und Nummer ❷ der BANF sowie die Herkunft ❸ und das Kennzeichen (**Erweiterte Bestellanforderung**) ❹ in der Liste der BANFen angezeigt.

Das Kennzeichen »Erweiterte Bearbeitung«

BANFen aus der automatischen Bedarfsplanung werden immer in der erweiterten Bearbeitung geöffnet.

SAP-Fiori-App »Bestellanforderungen verwalten – Professionell« – Anlegen

Nachdem Sie in der SAP-Fiori-App **Bestellanforderungen verwalten – Professionell** die Funktion **Anlegen** gewählt haben, gelangen Sie in die Sicht **Neue Bestellanforderung** (siehe Abbildung 6.39).

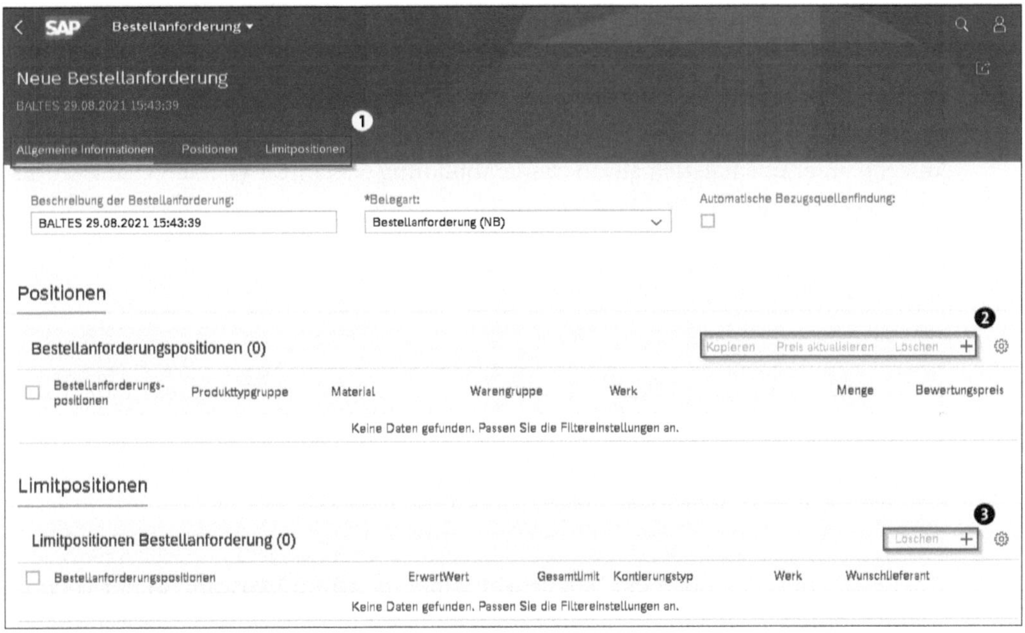

Abbildung 6.39 Neue BANF anlegen

Mithilfe des Navigationsbereichs ❶ können Sie zu den einzelnen Teilbereichen der BANF navigieren. In der App können Sie **Positionen** vom Typ **Standard** und **Strecke** sowie **Limitpositionen** anlegen und bearbeiten.

Normale Positionen können Sie unter ❷ – soweit vorhanden – aus dem aktuellen Beleg herauskopieren bzw. über die Schaltfläche [+] neu anlegen. Limitpositionen ❸ können hier nicht kopiert werden.

> **Weitere Positionstypen**
> Alle weiteren Positionstypen müssen in der SAP-Fiori-App **Bestellanforderung anlegen – Erweitert** bearbeitet werden (siehe Abbildung 6.37).

Auf der Registerkarte **Allgemeine Informationen** (Kopfdaten) können lediglich eine kurze **Beschreibung der Bestellanforderung**, die BANF-**Belegart** und das Kennzeichen **Automatische Bezugsquellenfindung** erfasst werden.

Beschreibung der Bestellanforderung vs. Kopfnotiz

In der SAP-Fiori-App **Bestellanforderungen verwalten – Professionell** können lediglich kurze Texte (40 Zeichen) erfasst werden. Diese werden in die bekannte Kopfnotiz der BANF geschrieben. Werden längere Texte benötigt, können diese in der WebGUI-Transaktion ME51N erfasst werden.

Neben der Möglichkeit, eine Material- oder Dienstleistungsposition auszuwählen, können Sie hier auch Daten aus eigenen und fremden Katalogen übernehmen. Beim Anlegen einer normalen Position (siehe Abbildung 6.39 unter ❷) haben Sie vier Auswahlmöglichkeiten (siehe Abbildung 6.40).

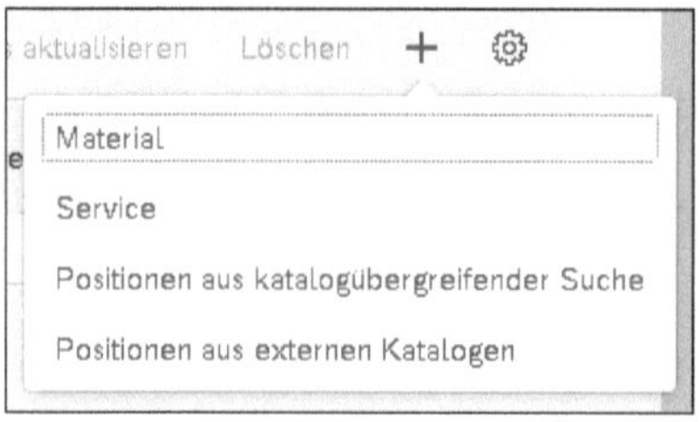

Abbildung 6.40 Optionen beim Anlegen einer BANF-Position

SAP S/4HANA bietet auch die Möglichkeit, über die Option **Position** in der katalogübergreifenden Suche bequem eigene Kataloge für die Suche von Material für die BANF zu nutzen (siehe Abbildung 6.41). Falls im Katalog eine Materialnummer hinterlegt ist, wird diese in die BANF übernommen.

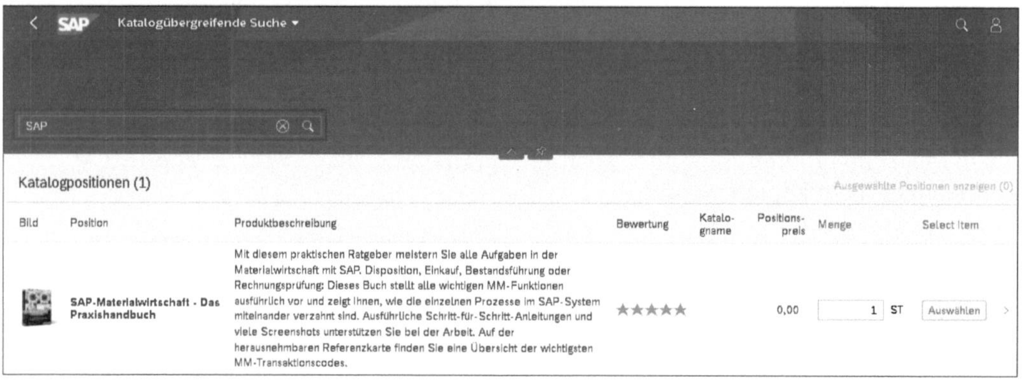

Abbildung 6.41 Katalogsuche mit Schlagwort

Kataloge können in der Kachelgruppe **Einkaufskonfiguration** gepflegt werden (siehe Abbildung 6.42).

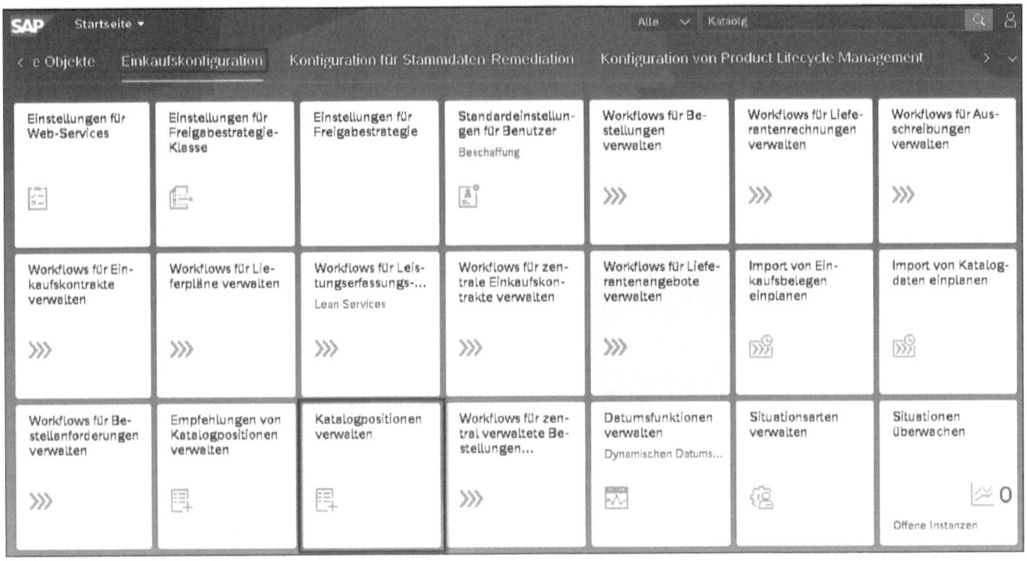

Abbildung 6.42 Kachelgruppe Einkaufskonfiguration (SAP-Fiori-App »Katalogpositionen verwalten«)

Business Catalog und Business Role

Die hier gezeigten Apps sind dem Business Catalog SAP_PRC_BC_CONFIG (Einkaufskonfiguration) und der Berechtigungsrolle SAP_BR_BPC_EXPERT (Konfigurationsexperte – Geschäftsprozesskonfiguration) zugeordnet.

Sie können Produktbilder, Schlagworte, Langtexte usw. zu einer Katalogposition pflegen (siehe Abbildung 6.43). Katalogpositionen können, müssen aber keiner Materialnummer zugeordnet sein. Es können auch Lieferanteninformationen mit einer entsprechenden Gültigkeit hinterlegt werden.

Nach der Auswahl der Produkttypgruppe (hier Material) gelangen Sie zur Erfassung der Bestellanforderungsposition (siehe Abbildung 6.44).

Mithilfe des Navigationsbereichs ❶ können Sie zu den einzelnen Teilbereichen der Bestellanforderungsposition wechseln. Wesentliche Informationen in der Bestellanforderungsposition sind in den Feldern **Positionstyp** ❷ und **Kontierungstyp** ❸ zu finden. In unserem Beispiel ist im Feld **Positionstyp** die Option **Standard** (WebGUI) gewählt, und das Feld **Kontierungstyp** bleibt leer.

Dies bedeutet, dass das Material ❹ mit der Wareneingangsbuchung den Lagerbestand des Lagers erhöht, das in dem verwendeten Materialstamm hinterlegt ist (siehe Abschnitt 4.3.3, »Wareneingang zur Bestellung«).

Abbildung 6.43 Katalogposition ohne Materialnummer

Abbildung 6.44 Normale Bestellanforderungsposition: Registerkarte »Allgemeine Informationen«

Verwenden Sie einen Materialstammsatz, werden eindeutige Feldbelegungen wie die Mengeneinheit oder Warengruppe aus dem Materialstammsatz in der Positionsübersicht vorbelegt, und diese Felder sind nicht eingabebereit. Die entsprechenden Werte sind im Beleg nicht änderbar.

Verwenden Sie zur Beschreibung des Bedarfs eine Textposition durch die Eingabe eines Textes in das Feld **Kurztext** (siehe 6.1.1, Allgemeiner Aufbau eines Einkaufsbelegs), müssen Sie alle relevanten Daten für die betreffende Position manuell erfassen.

Das Lieferdatum wird aus den Materialstammsatzdaten sowie dem Feld **Planlieferzeit (in Tagen)** ❷ (siehe Abbildung 6.45) und dem Feld **Wareneingangsbearbeitungszeit (in Tagen)** ❸ automatisch ermittelt und im Feld **Lieferdatum** ❶ vorbelegt. Dies ist in der Regel der frühestmögliche Liefertermin.

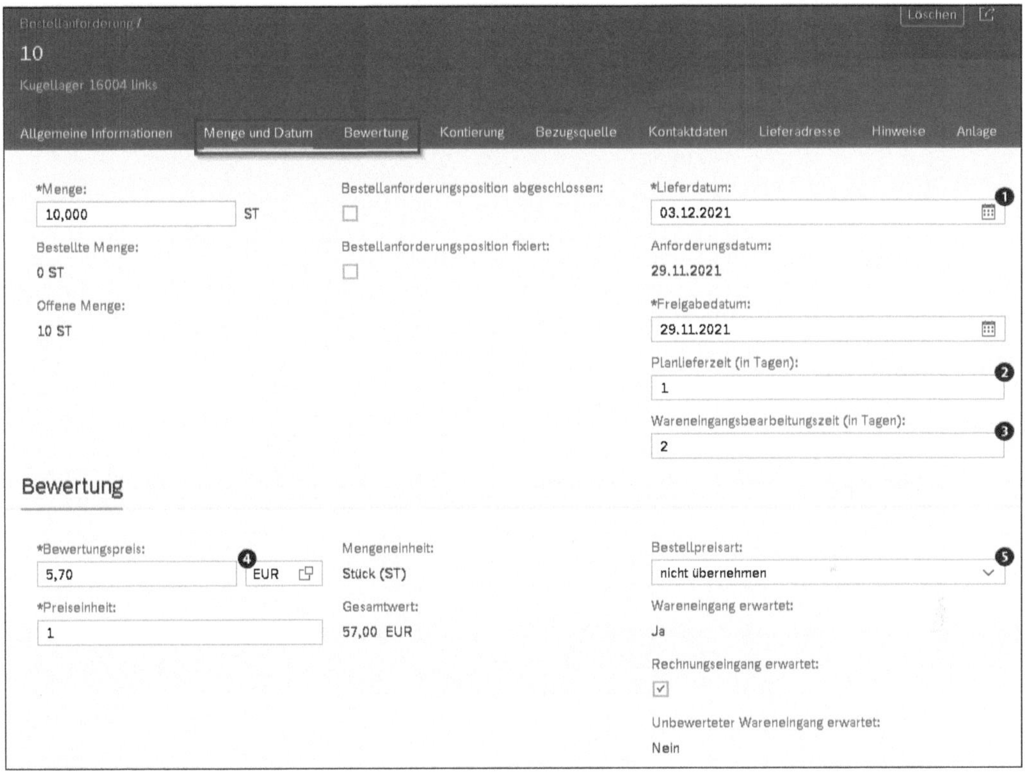

Abbildung 6.45 Normale Bestellanforderungsposition: Mengen und Datum, Bewertung

Der Inhalt des Feldes **Bewertungspreis** ❹ wird ebenfalls aus dem Materialstammsatz übernommen, es sei denn, unter **Bestellpreisart** ❺ ist die Option **nicht übernehmen** ausgewählt.

Die Felder auf der Registerkarte **Kontierung** sind bei einer Bestellung auf das Lager nicht eingabebereit (siehe Abbildung 6.46). Sie werden nur bei kontierten Bestellanforderungen (z. B. für eine Kostenstelle) benötigt.

Falls gewünscht, kann auf der Registerkarte **Bezugsquelle** bereits eine passende Bezugsquelle vorausgewählt werden (siehe Abbildung 6.47).

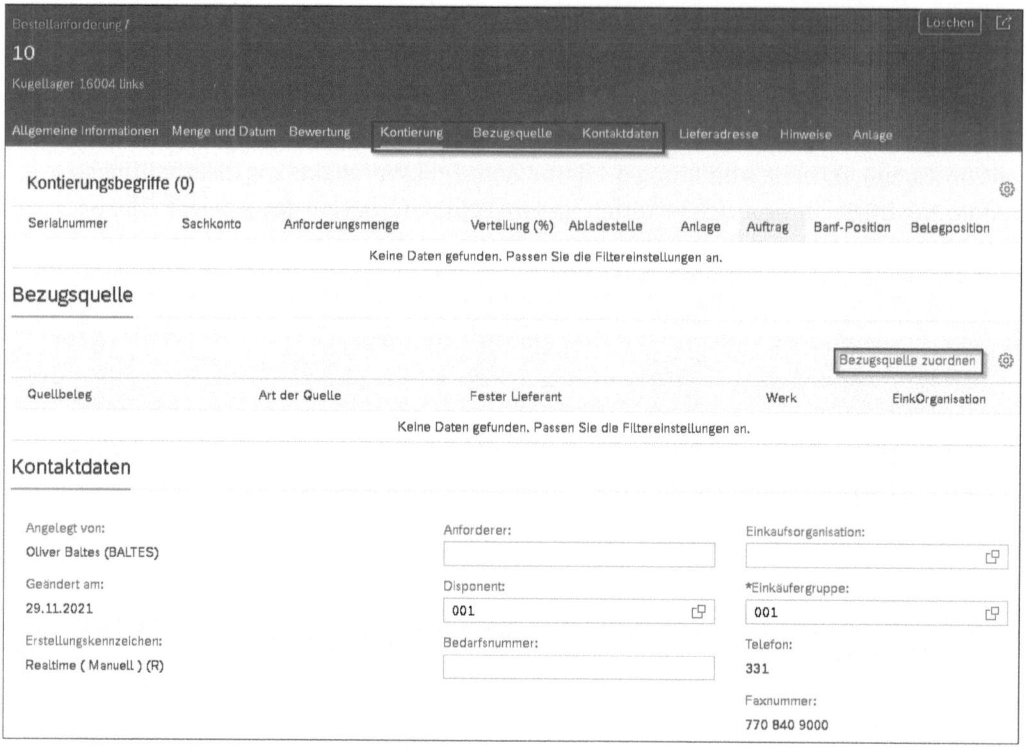

Abbildung 6.46 Normale Bestellanforderungsposition: Kontierung, Bezugsquelle, Kontaktdaten

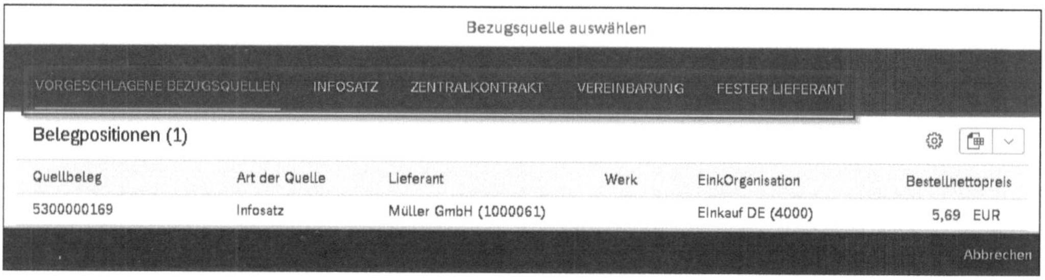

Abbildung 6.47 Bestellanforderungsposition: Auswahl der Bezugsquelle

Auf der Registerkarte **Kontaktdaten** können der ursprüngliche **Anforderer** usw. ergänzt werden. Die Inhalte der Felder **Disponent** und **Einkäufergruppe** werden aus dem Materialstamm übernommen.

Der Inhalt des Feldes **Lieferadresse** wird aus dem Werk übernommen (siehe Abbildung 6.48). Auf der Registerkarte **Hinweise** können verschieden Langtexte erfasst werden.

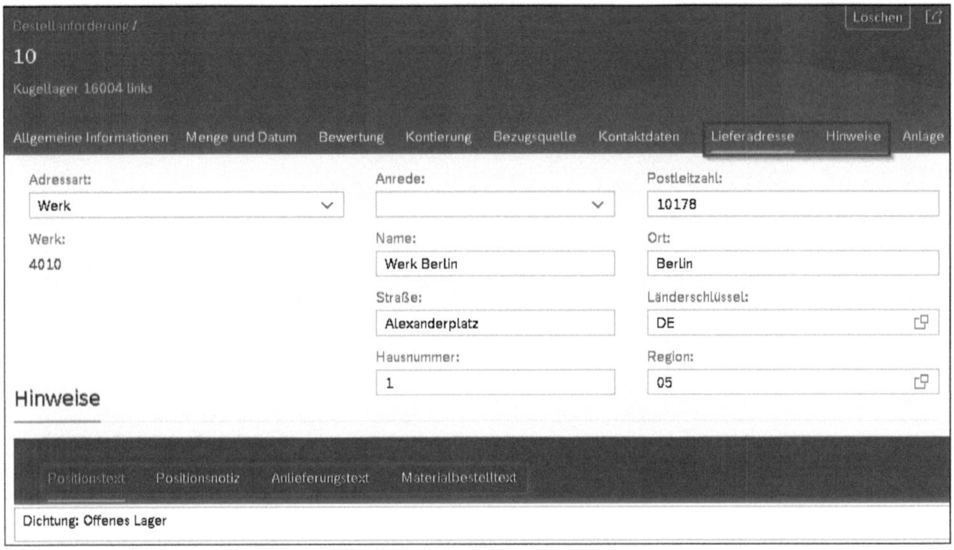

Abbildung 6.48 Normale Bestellanforderungsposition: Registerkarten »Lieferadresse« und »Hinweise«

Der Materialbestelltext wird aus dem Einkaufsbestelltext des Materials übernommen. Texte mit dem Namenszusatz »-notiz« werden in der Regel nicht angedruckt. Alle hier erfassten Texte werden entsprechend der Kopiersteuerung im Customizing (Menüpfad **Materialwirtschaft • Einkauf • Bestellung • Texte für Bestellungen**, hier **Kopierregeln für Positionstexte**) in die Bestellung übernommen (siehe Abbildung 6.49).

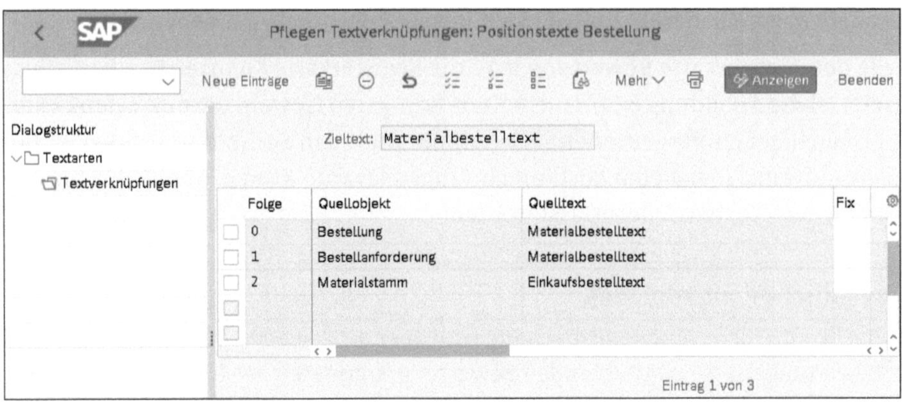

Abbildung 6.49 Kopierregeln für den Materialbestelltext der BANF: Bestellung

Für die Limitposition der Bestellanforderung stellen wir nur die abweichenden Bildbereiche und exemplarisch die Registerkarte **Kontierung** vor (siehe Abbildung 6.50).

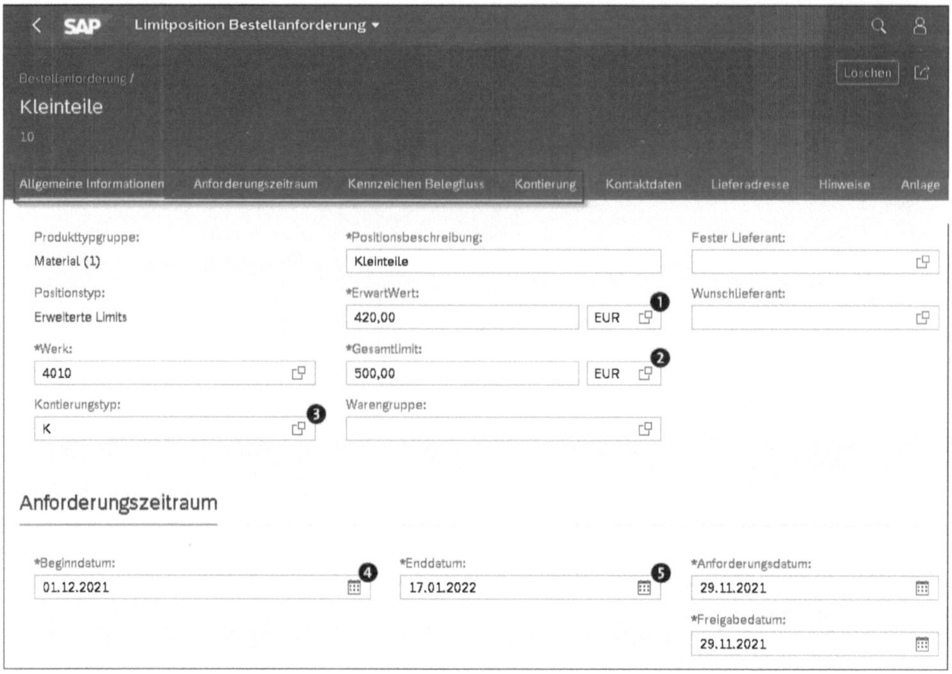

Abbildung 6.50 Limitposition der Bestellanforderung: Registerkarte »Allgemeine Informationen«, Bereich »Anforderungszeitraum«

Abweichend von der normalen Bestellanforderungsposition werden bei einer Limitposition der erwartete Wert (**ErwartWert**) ❶, das **Gesamtlimit** ❷ und der **Anforderungszeitraum** ❹ und ❺ erfasst. Um die Registerkarte **Kontierung** exemplarisch zu zeigen, haben wir bei dieser Limitposition den Kontierungstyp **K** ❸ gewählt.

Anstelle der Registerkarte **Bewertung** wird die Registerkarte **Kennzeichen Belegfluss** angezeigt (siehe Abbildung 6.51). Ist ein Kontierungstyp (sowohl bei normalen Positionen als auch bei Limitpositionen) ausgewählt, muss ein Sachkonto für den zu buchenden Aufwand sowie eine kostenrechnungsrelevante Kontierung (beim Kontierungstyp **K** eine Kostenstelle) erfasst werden.

[»]

Automatische Kontenfindung

Das Sachkonto für die Aufwandsbuchung wird über die Bewertungsklasse bestimmt. Die Bewertungsklasse wird unter den Bewertungskreisdaten des Produkts bzw. den Buchhaltungsdaten 1 des Materials gepflegt. Kann sie aus einem Materialstammsatz entnommen werden, muss zu der entsprechenden Bewertungsklasse die Kontenfindung für den Vorgang »Gegenbuchung zur Bestandsbuchung« (GBB) gepflegt sein. (Menüpfad **Materialwirtschaft • Bewertung und Kontierung • Kontenfindung • Kontenfindung ohne Assistent • Automatische Buchungen einrichten**).

Bei Positionen ohne Materialnummer kann für die Warengruppe eine Bewertungsklasse hinterlegt werden (Menüpfad: **Materialwirtschaft • Einkauf • Materialstamm • Erfassungshilfe für Positionen ohne Materialstammsatz**).

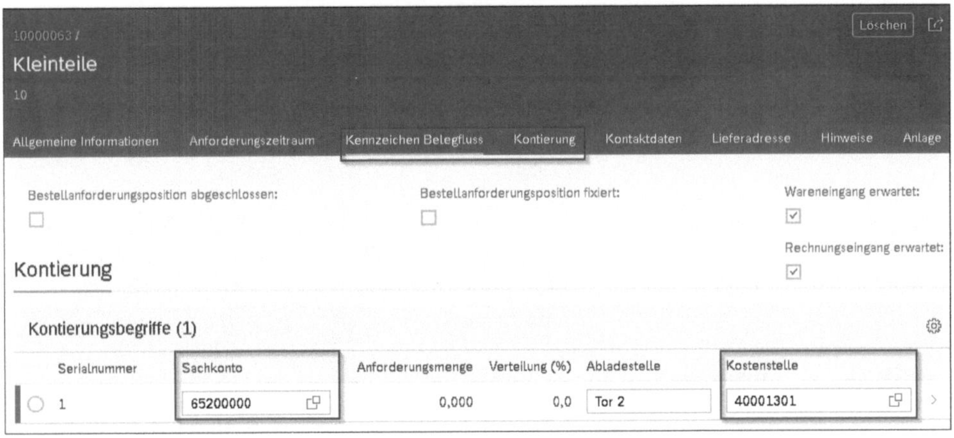

Abbildung 6.51 Limitposition in der Bestellanforderung: Registerkarten »Kennzeichen Belegfluss« und »Kontierung«

WebGUI-App »Bestellanforderungen anlegen – Erweitert«

Die erweiterten Bearbeitungen im WebGUI sind in die drei Teilbereiche **Kopf**, **Positionsübersicht** und **Positionsdetails** untergliedert (siehe Abbildung 6.52).

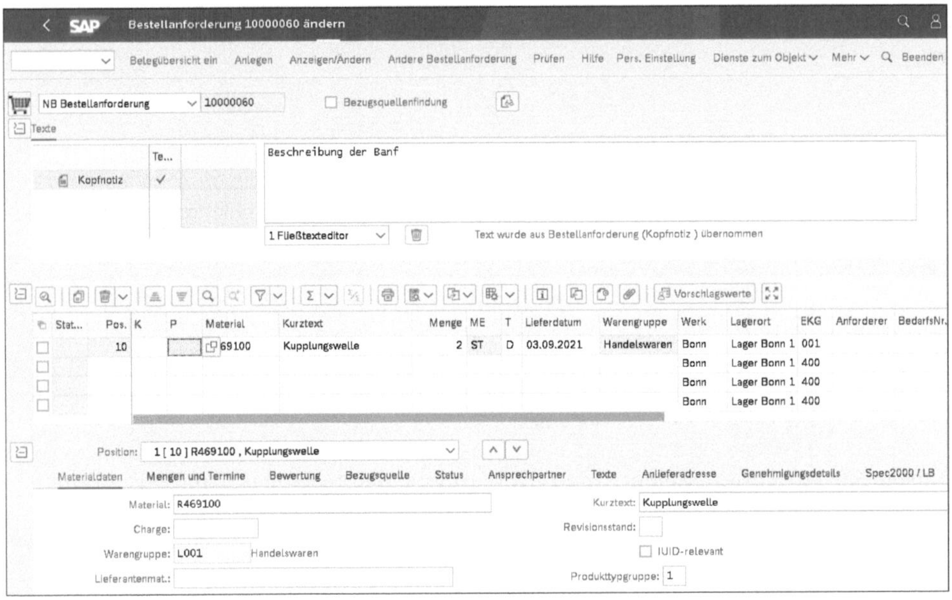

Abbildung 6.52 Bestellanforderung im WebGUI bearbeiten

Diese können einzeln ein- oder ausgeblendet werden. In Abhängigkeit des gewählten Positionstyps zeigt der Bereich **Positionsdetails** unterschiedliche Informationen auf verschiedenen Registerkarten an. Die Positionsdetaildaten in der Bestellanforderung werden in die in Tabelle 6.9 dargestellten Registerkarten gegliedert.

Registerkarte	Feldname	Bedeutung	Anmerkung
Limits	**Gesamtlimit**	Maximaler Wert, den die Abrufe auf dieser Position nicht überschreiten dürfen.	Die Registerkarte wird nur mit der Belegart **FO** und dem Positionstyp **B** angezeigt.
	Erwarteter Wert	Wert für die Obligo-Ermittlung im Controlling; Grundlage für die Freigabestrategie.	Die Registerkarte wird nur mit der Belegart **FO** und dem Positionstyp **B** angezeigt.
Materialdaten	**Material**	Nummer des Materialstammsatzes.	–
	Kurztext	Kurztext zum Materialstammsatz oder beschreibender Text, wenn kein Materialstammsatz verwendet wird.	Bei der Verwendung eines Materialstammsatzes wird dieses Feld automatisch gefüllt.
	Warengruppe	Zusammenfassung von Materialien oder Dienstleistungen mit denselben Eigenschaften.	Wird als Auswertungskriterium genutzt. Wird bei der Verwendung eines Materialstammsatzes automatisch mit dem Feldeintrag aus dem Materialstammsatz vorbelegt. Ist ein Muss-Feld, wenn kein Materialstammsatz genutzt wird.
	Lieferantenmat.-Nr.	Materialstammsatznummer, unter der das Material beim Lieferanten/Lieferwerk geführt wird.	Vorschlagswert aus dem Einkaufsinfosatz; manuelle Erfassung möglich.

Tabelle 6.9 Wesentliche Felder in den Positionsdetaildaten der Bestellanforderung im WebGUI

Registerkarte	Feldname	Bedeutung	Anmerkung
Mengen und Termine	**Planlieferzeit**	Aus dem Materialstammsatz übergeben – Angabe in Kalendertagen.	Dient der Ermittlung des frühestmöglichen Lieferterminvorschlags.
	WE-Bearbeitungszeit	Aus dem Materialstammsatz übergeben – Angabe in Arbeitstagen.	Dient der Ermittlung des frühestmöglichen Lieferterminvorschlags.
Bewertung	**Bewertungspreis**	In der Regel als Muss-Feld eingestellt: Preis aus dem Einkaufsinfosatz, wenn das Material/die Lieferantenbeziehung erfasst sind. Bei der Eingabe eines Kurztextes muss der Bewertungspreis manuell erfasst werden.	Grundlage für die Ermittlung der Freigabestrategie und des Obligo-Wertes.
	Aktion	Nummer zur Identifizierung einer Aktion, für die beschafft werden soll.	–
Kontierung	Kontierungsdaten, abhängig vom Kontierungstyp – siehe Abschnitt 6.7, »Kontierungstyp«.		
Bezugsquelle	**Vertrag**	Nummer und Positionsnummer des Vertrags.	–
	Zentraler Kontrakt	Nummer und Positionsnummer des Zentralkontrakts.	–
	Fst Lieferant	Lieferant, von dem der Bedarf gedeckt werden soll.	–
	Infosatz	Einkaufsinfosatz für das betreffende Material.	Nur für die Beschaffung mit Materialstammsatz.
	Wunschlieferant	Lieferant, den der Anforderer für die Bedarfsdeckung vorschlägt.	–

Tabelle 6.9 Wesentliche Felder in den Positionsdetaildaten der Bestellanforderung im WebGUI (Forts.)

Registerkarte	Feldname	Bedeutung	Anmerkung
	Lieferwerk	Werk, von dem das Material beschafft werden soll.	Nur bei einer Umlagerungsbestellanforderung.
Status	–	Anzeige des Status der Bestellanforderung.	Wurde die Bestellung ausgelöst, wird die Bestellnummer auf dieser Registerkarte in einer Liste angezeigt.
Ansprechpartner	**Angelegt von**	Name des Benutzers, der den Beleg angelegt hat.	Übernahme der Daten aus dem Namen und Vorname im Benutzerstamm des Anwenders.
	Erstellung	Art der Erstellung.	Manuell (direkt) oder maschinell (indirekt).
	Anforderer	Derjenige, für den die Bestellanforderung angelegt wurde.	12 Zeichen, freie Eingabe.
	Bedarfsnummer	Gibt die Nummer an, die zur Überwachung der Beschaffung eines Bedarfs dient – kann mehrere Bedarfe zusammenfassen.	10 Zeichen, freie Eingabe.
Texte	**Positionstext**	Beschreibender Text, der manuell zur Position erfasst werden kann.	Wird in Folgebelege übernommen und gedruckt.
	Positionsnotiz	Interner Text, der manuell erfasst werden kann.	Wird in Folgebelege übernommen, aber nicht gedruckt.
	Anlieferungstext	Text mit Lieferanweisungen.	Wird in Einkaufsbeleg und Anlieferungsschein übernommen und gedruckt.
	Materialbestelltext	Text, der aus den Einkaufsdaten des Materialstammsatzes übergeben wird.	Übergabe aus dem Einkaufsbestelltext im Materialstammsatz; wird im Einkaufsbeleg gedruckt.

Tabelle 6.9 Wesentliche Felder in den Positionsdetaildaten der Bestellanforderung im WebGUI (Forts.)

Registerkarte	Feldname	Bedeutung	Anmerkung
Anlieferadresse	In Abhängigkeit vom Positionstyp die Werksadresse, die Adresse des Kunden, die Adresse des Lohnbearbeiters (siehe Abschnitt 6.6, »Positionstyp«).		

Tabelle 6.9 Wesentliche Felder in den Positionsdetaildaten der Bestellanforderung im WebGUI (Forts.)

Layout der Positionsübersicht in der Einbildtransaktion

Die Spaltenanordnung in der Positionsübersicht können Sie anpassen. Dazu müssen Sie in **Pers. Einstellungen** die Einstellung **GRID-Control** in der Positionsübersicht vorgenommen haben.

Übersicht der Belegarten der Bestellanforderung

In der Bestellanforderung werden die folgenden Belegarten verwendet:

- **Normalbestellanforderung (NB)**
  Eine Bestellanforderung mit der Belegart **NB** kann als Referenzbeleg für jeden Einkaufsbelegtyp und jeden Positionstyp, außer Positionstyp **B**, eingestellt sein. Die Bestellanforderung **NB** dient im Customizing oft als Kopiervorlage für andere Bestellanforderungsbelegarten, z. B. für die maschinell erzeugte indirekte Bestellanforderung aus der Disposition.

  Zur Erfassung neuer Belegarten für Bestellanforderungen navigieren Sie im Customizing über den Pfad **Materialwirtschaft • Einkauf • Bestellanforderung • Belegarten einstellen**. Markieren Sie dort die Belegart **NB**, und klicken Sie auf die Schaltfläche (**Kopieren als**).
- **Rahmenbestellanforderung (FO)**
  Die Rahmenbestellanforderung mit der Belegart **FO** wird manuell in der Abteilung, die den Bedarf hat, angelegt. Sie wird genutzt, um regelmäßig wiederkehrende Bedarfe für Waren und/oder Dienstleistungen für den direkten Verbrauch zu decken. Beispielhaft seien hier Blumensträuße für Jubiläen oder die Dekoration des Empfangsbereichs genannt. In der Rahmenbestellanforderung kann kein Materialstammsatz verwendet werden.

  Der Einkauf nutzt die Bestellanforderung **FO** als Referenzbeleg für eine Anfrage oder eine Rahmenbestellung **FO** mit dem Positionstyp **B**.
- **Rahmenvertragsbestellanforderung (RV)**
  Eine Rahmenvertragsbestellanforderung mit der Belegart **RV** wird manuell in der Abteilung, die den Bedarf hat, angelegt. Diese Bestellanforderungsbelegart kann als Referenzbeleg für eine Anfrage, für einen Kontrakt oder für einen Lieferplan genutzt werden.

6.5.2 Bestellungen

Bestellungen können in der Kachelgruppe **Bestellungsbearbeitung** erfasst und bearbeitet werden (siehe Abbildung 6.53).

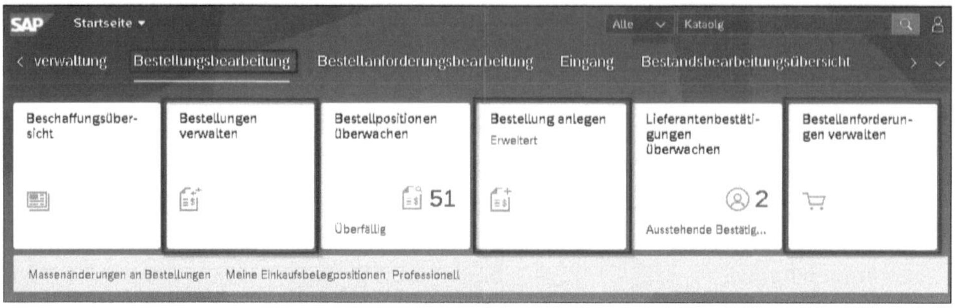

Abbildung 6.53 Kachelgruppe »Bestellungsbearbeitung« (SAP-Fiori-Apps »Bestellungen verwalten«, »Bestellungen anlegen – Erweitert« und »Bestellanforderungen verwalten«)

Zunächst erläutern wir die wichtigsten Feldeinträge und Funktionen der SAP-Fiori-App **Bestellungen verwalten**. An dieser zentralen Stelle können Normalbestellungen angelegt und alle anderen Bestellbelegarten bearbeitet werden. Wie Sie eine Bestellung aus einer BANF anlegen, zeigen wir Ihnen in Abschnitt 6.15, »Freigabeprozess«. Danach zeigen wir anhand einer weiteren gängigen Bestellbelegart kurz die Anlage in der WebGUI-Transaktion **Bestellungen anlegen – Erweitert**.

SAP-Fiori-App »Bestellungen verwalten«

Neben den Bearbeitungsoptionen ❶ werden Belegart und -nummer ❷ der Bestellung sowie das Kennzeichen [i] (**Erweiterte Bearbeitung**) ❸ in der Liste der Bestellungen angezeigt (siehe Abbildung 6.54).

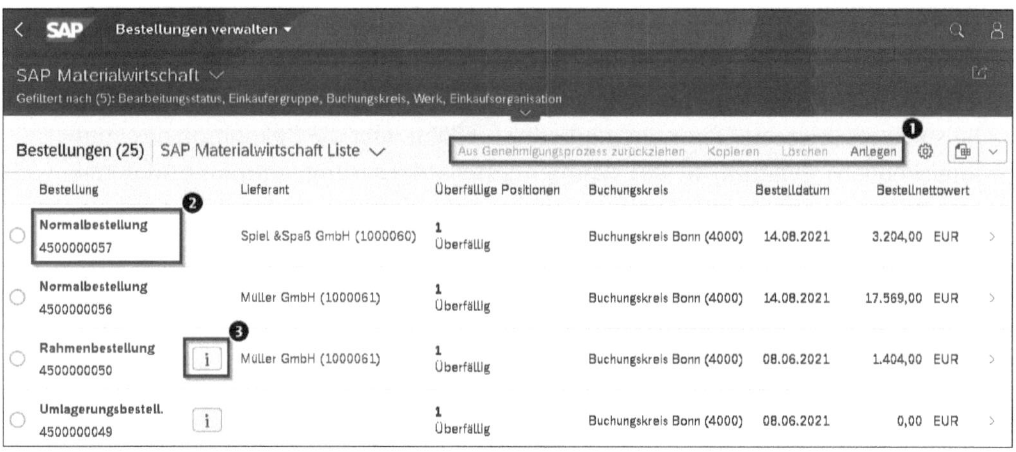

Abbildung 6.54 SAP-Fiori-App »Bestellungen verwalten«

Um eine neue Bestellung anzulegen, wählen Sie unter Bearbeitungsoptionen die Schaltfläche **Anlegen**.

Kennzeichen »Erweiterte Bearbeitung«

Derzeit (März 2022) können nur Normalbestellungen direkt in der SAP-Fiori-App bearbeitet werden. Alle anderen Belegarten werden immer in der erweiterten Bearbeitung geöffnet (WebGUI-App **Bestellungen anlegen – Erweitert**).

Mithilfe des Navigationsbereichs ❶ können Sie zu den einzelnen Teilbereichen der Bestellung navigieren (siehe Abbildung 6.55). In der SAP-Fiori-App können im Bereich **Positionen** Positionen vom Typ **Konsignation (K)**, **Lohnbearbeitung (L)**, **Standard** und **Strecke (S)** (siehe Abbildung 6.56) sowie im Bereich **Limitpositionen** solche angelegt und bearbeitet werden.

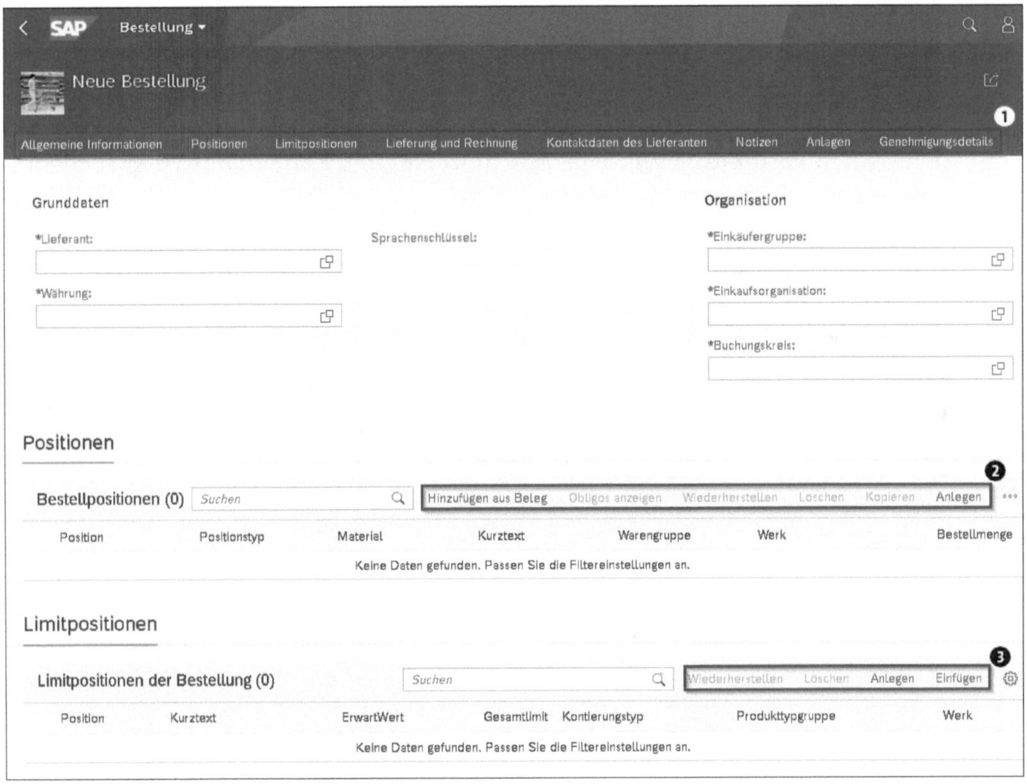

Abbildung 6.55 Neue Bestellung anlegen

Normale Positionen können Sie unter ❷ – soweit vorhanden – aus Belegen oder Infosätzen hinzufügen oder kopieren bzw. anlegen. Limitpositionen ❸ können hier nicht kopiert werden.

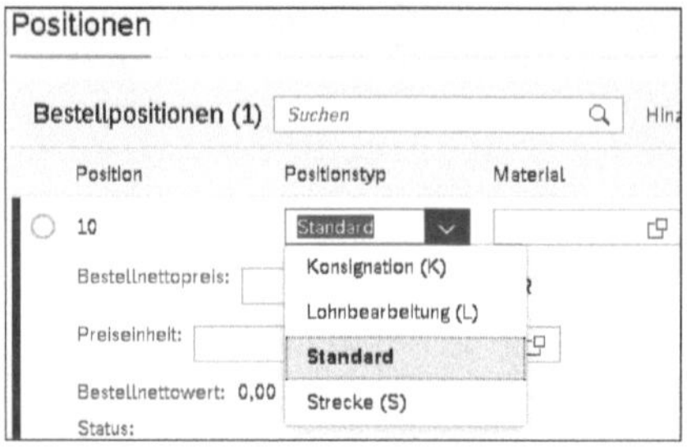

Abbildung 6.56 Bestellpositionstypen

Einschränkungen in der SAP-Fiori-App »Bestellungen verwalten«

In der SAP-Fiori-App **Bestellungen verwalten** können nur die gängigsten Positionstypen bearbeitet werden. Werden andere Positionstypen benötigt, muss die WebGUI-App **Bestellungen anlegen – Erweitert** genutzt werden.

Mithilfe des Navigationsbereichs ❶ können Sie zu den einzelnen Teilbereichen der Bestellposition navigieren. Wesentliche Informationen in der Bestellposition sind in den Feldern **Positionstyp** ❹ (siehe Abschnitt 6.6) und **Kontierungstyp** ❺ (siehe Abschnitt 6.7) zu finden (siehe Abbildung 6.57).

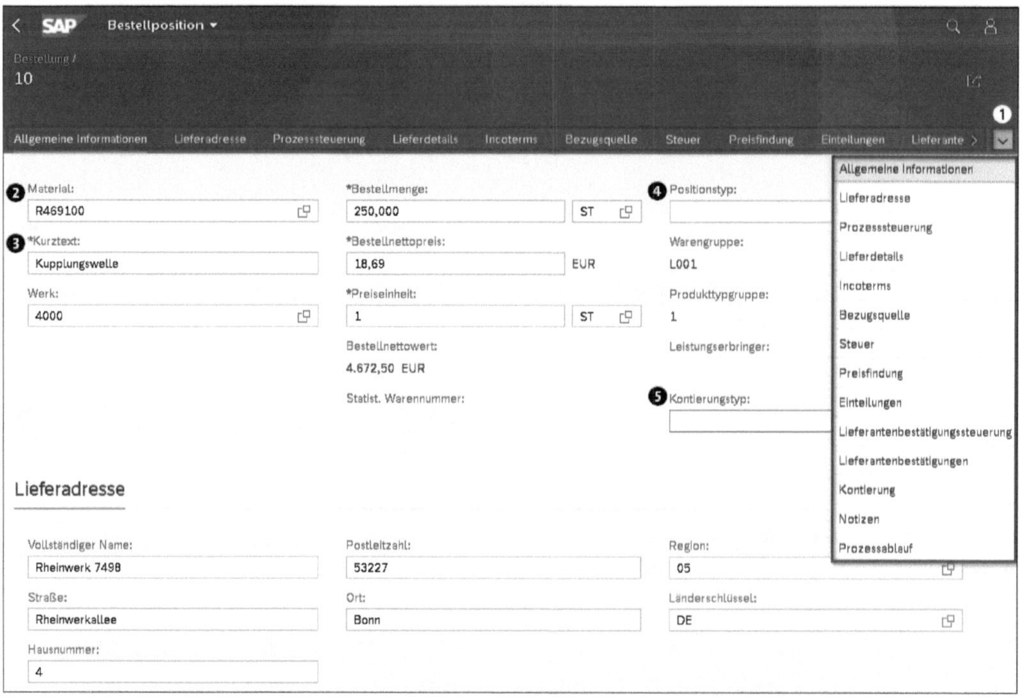

Abbildung 6.57 Normale Bestellposition: Registerkarte »Allgemeine Informationen«

In unserem Beispiel aus Abbildung 6.44 ist der Positionstyp **Standard** (im WebGUI ein leeres Feld) gewählt; das Feld **Kontierungstyp** bleibt leer.

Dies bedeutet, dass das Material ❷ mit der Wareneingangsbuchung den Lagerbestand des Lagers erhöht, das in dem verwendeten Materialstamm hinterlegt ist (siehe Abschnitt 4.3.3, »Wareneingang zur Bestellung«).

Verwenden Sie einen Materialstammsatz, werden eindeutige Feldbelegungen wie Mengeneinheit und Warengruppe aus dem Materialstammsatz in der Positionsübersicht vorbelegt, und die Felder sind nicht eingabebereit. Diese Werte sind im Beleg nicht änderbar.

Verwenden Sie zur Beschreibung der Bestellposition keine Materialnummer, müssen Sie im Feld **Kurztext** einen solchen ❸ und z. B. die Mengeneinheit manuell erfassen. Die Lieferadresse wird aus dem Werk übernommen und kann hier ergänzt werden.

Die Kennzeichen zur **Prozesssteuerung** ❶ (siehe Abbildung 6.58) werden aus dem Positions- und Kontierungstyp bzw. aus dem Lieferanten (wareneingangsbezogene Rechnungsprüfung) abgeleitet. Bei Positionen ohne Kontierungstyp (Lager) wird grundsätzlich ein bewerteter Wareneingang erwartet.

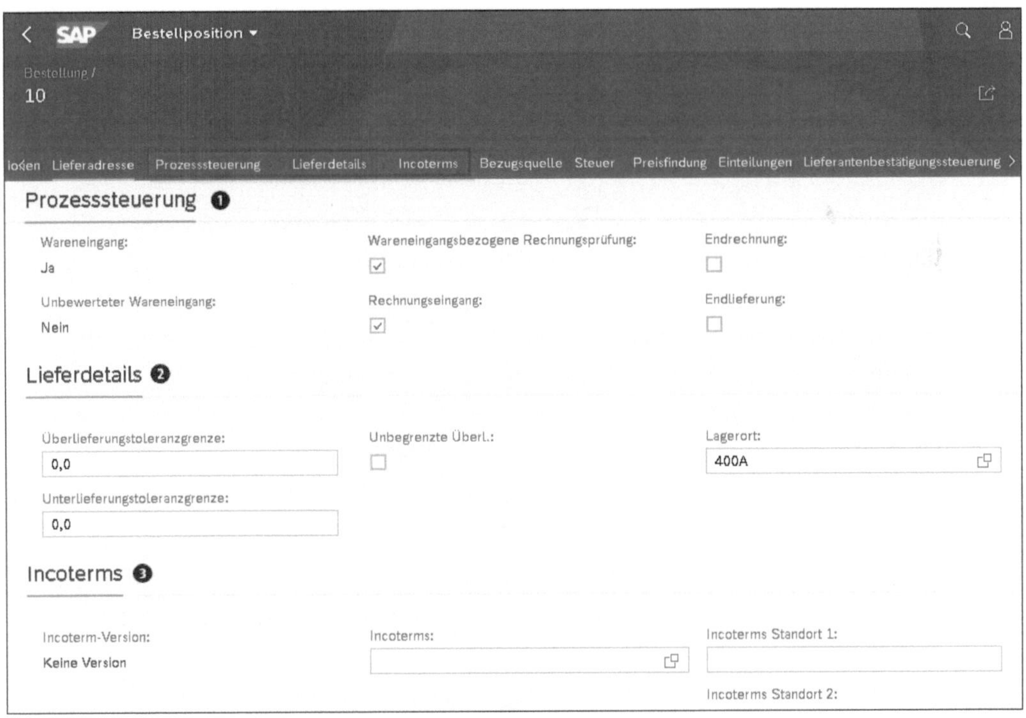

Abbildung 6.58 Normale Bestellposition: Prozesssteuerung

Die Informationen im Bereich **Lieferdetails** ❷ zur Über-/Unterlieferung werden aus dem Einkaufswerteschlüssel übernommen und können hier geändert werden. Ein Lagerort ist nur bei einer Bestellung in den Bestand (Lager, Projektbestand) Pflicht. Bei Bedarf können im Feld **Incoterms** ❸ Incoterms (International Commercial Terms) erfasst werden. In Abbildung 6.59 sehen Sie die Suchhilfe zu den Incoterms.

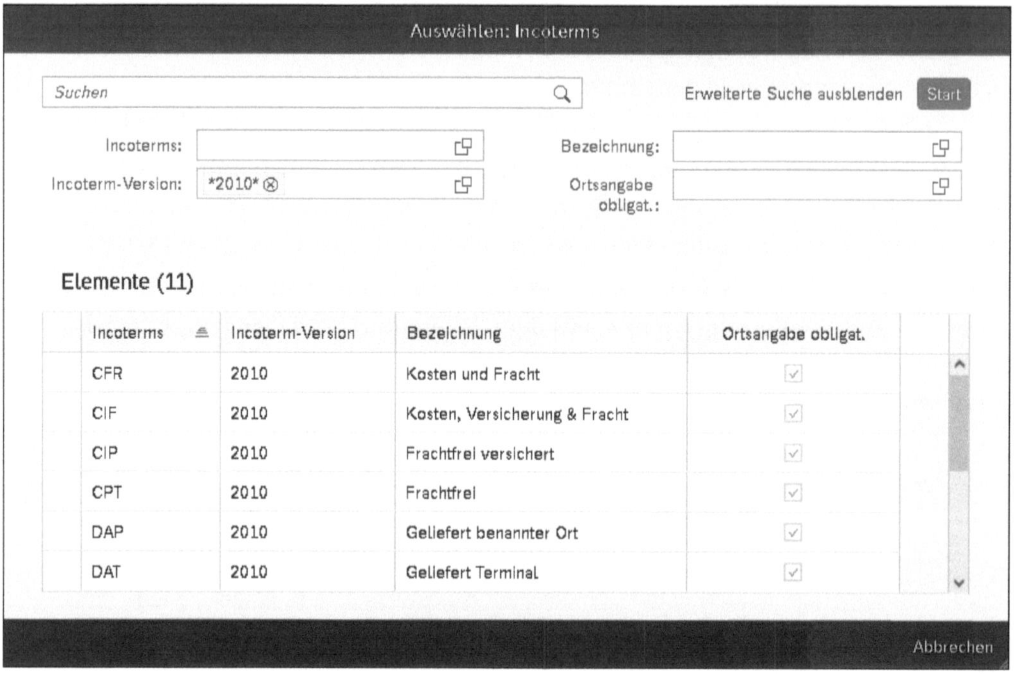

Abbildung 6.59 Suchhilfe: Incoterms in der Version 2010

Im Bereich **Bezugsquelle** ❶ (siehe Abbildung 6.60) werden ein verwendeter Infosatz und ein eventueller Kontraktbezug angezeigt bzw. eingepflegt. Ist das Infosatz-Update-Kennzeichen gesetzt, werden Texte sowie Preis- und Lieferinformationen aus dieser Bestellung in dem genutzten Infosatz fortgeschrieben.

Im Bereich **Steuer** ❷ kann bei Bedarf bereits bei der Bestellung das zu verwendende Steuerkennzeichen (**Log. Rechnungsprüfung**) vorgegeben werden.

Auf der Registerkarte **Preisfindung** werden die Standardkonditionen gemäß dem der Belegart zugewiesenem Konditionsschema angezeigt (siehe Abbildung 6.61).

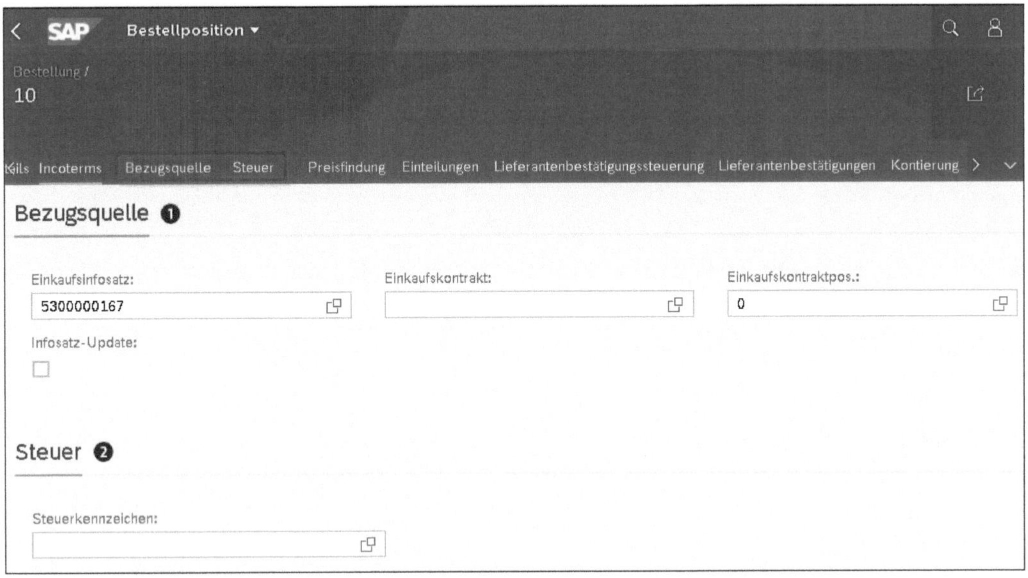

Abbildung 6.60 Normale Bestellposition: Bezugsquelle

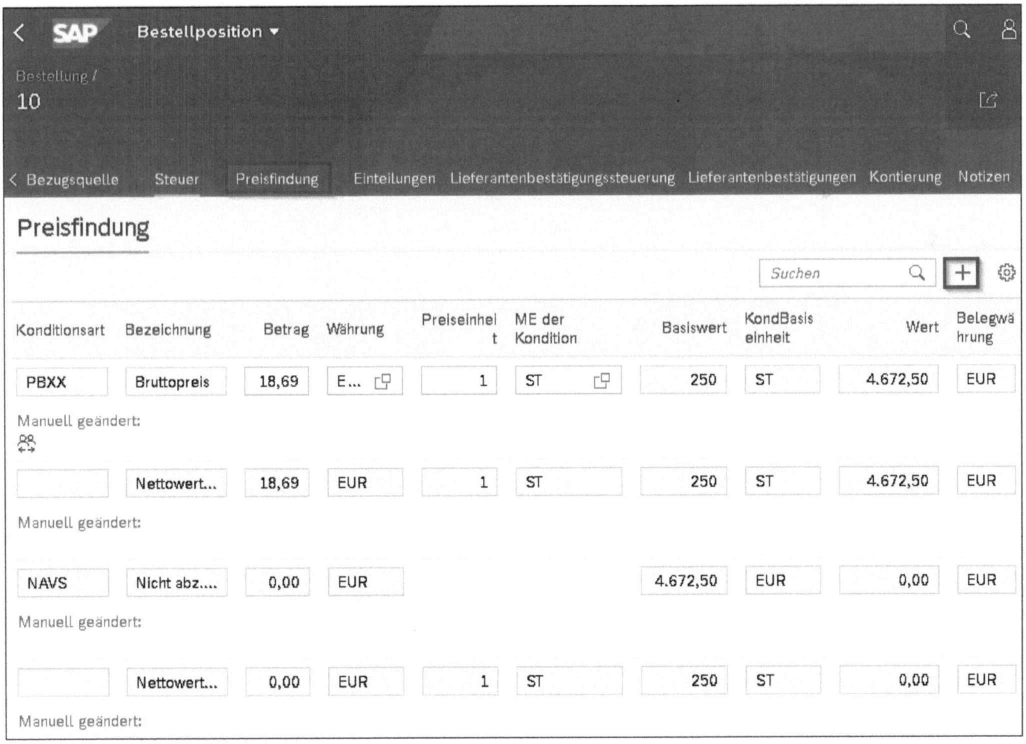

Abbildung 6.61 Normale Bestellposition: Preisfindung

Weitere zulässige Preiselemente (Konditionen) können über die Schaltfläche [+] eingefügt werden (siehe Abbildung 6.62).

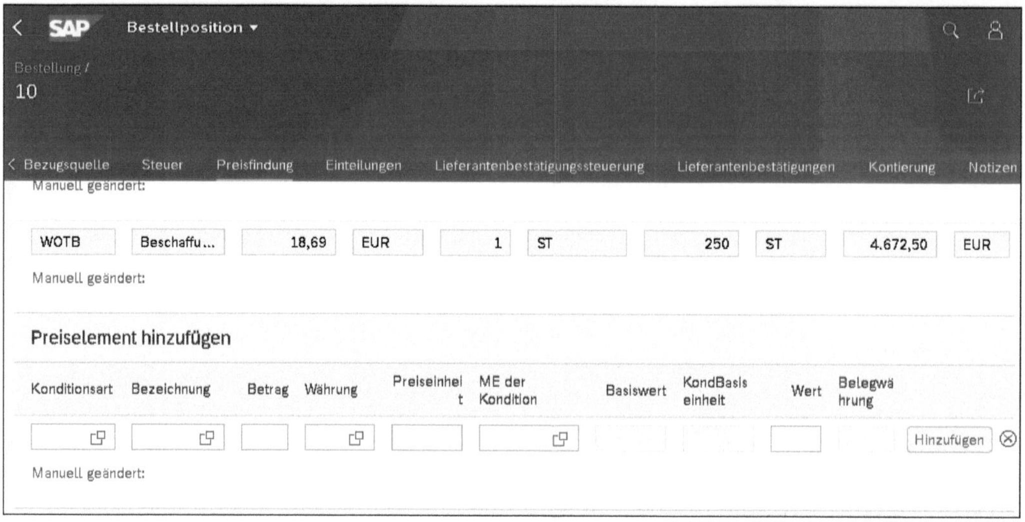

Abbildung 6.62 Normale Bestellposition: Preiselemente hinzufügen

Die zulässigen Konditionen können über eine entsprechende Suchhilfe ausgewählt werden (siehe Abbildung 6.63).

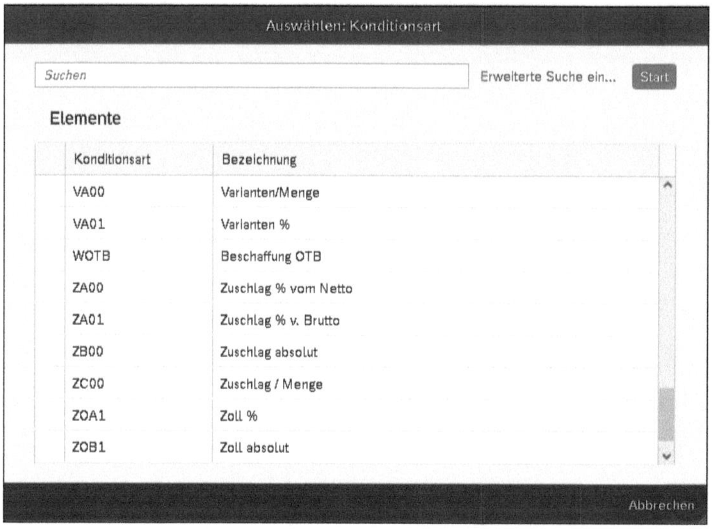

Abbildung 6.63 Suchhilfe: Konditionen auswählen

Im Bereich **Einteilungen** ❶ werden vereinbarte Liefertermine erfasst und bearbeitet (siehe Abbildung 6.64). In den Bereichen **Lieferantenbestätigungssteuerung** ❷ und

Lieferantenbestätigungen ❸ kann die Art der gewünschten oder der geforderten Bestätigung erfasst werden bzw. werden erhaltene Bestätigungen angezeigt.

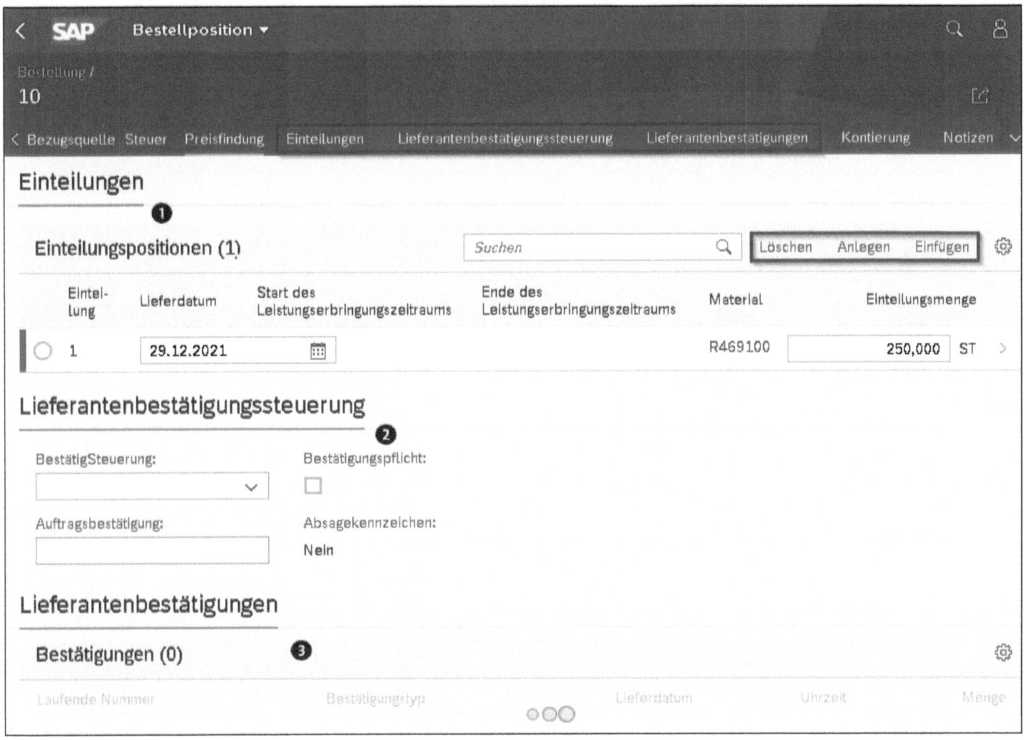

Abbildung 6.64 Normale Bestellposition: Einteilungen

Im Bereich **Kontierung** ❶ (siehe Abbildung 6.65) können eventuelle Kontierungsinformationen (Sachkonto, Kostenstelle o. Ä.) gepflegt werden (siehe Abschnitt 6.7, »Kontierungstyp«). Bei einer Bestellung ins Lager (wie in diesem Beispiel) wird hier nichts angezeigt.

Im Bereich **Notizen** ❷ werden die verschiedenen Texte gepflegt. Sie werden entsprechend den im Customizing gepflegten Regeln aus Vorlagebelegen oder Stammdaten übernommen (z. B. der Materialbestelltext aus dem Einkaufsbestelltext des Materials (**Materialbestelltext** ❸). Eventuelle Folgebelege werden im Bereich Prozessablauf ❹ dargestellt (siehe auch Abschnitt 4.1, »Beschaffungsprozess«).

WebGUI-App »Bestellungen anlegen – Erweitert«

Wenn statt der Bestellbelegart **NB** (Normalbestellung) eine andere Belegart angelegt werden soll, muss die SAP-Fiori-App **Bestellung anlegen – Erweitert** genutzt werden. Dahinter verbirgt sich Transaktion ME21N/MEPO, die im WebGUI ausgeführt wird (siehe Abbildung 6.66).

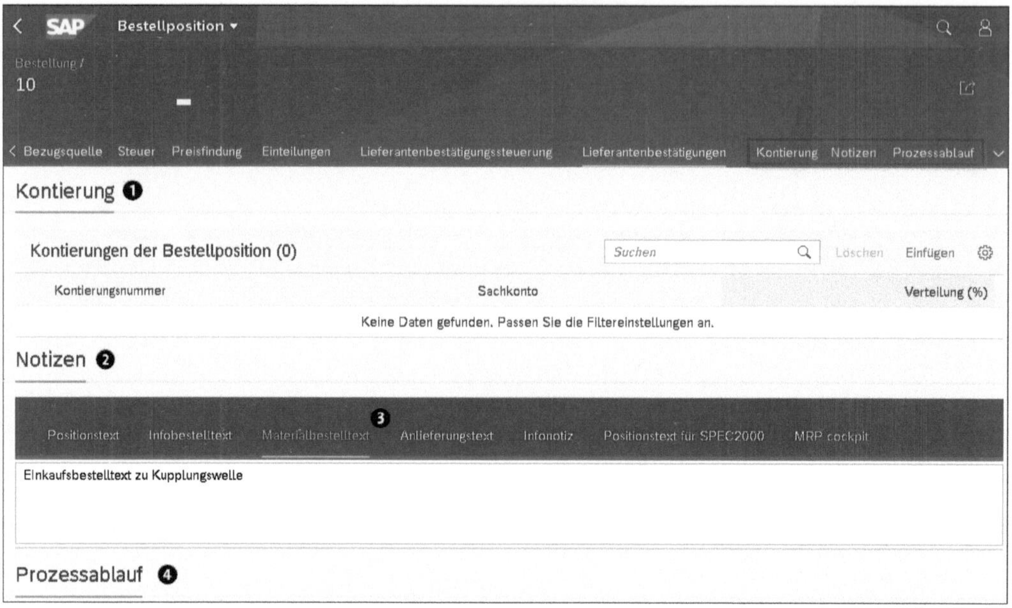

Abbildung 6.65 Normale Bestellposition: Kontierung

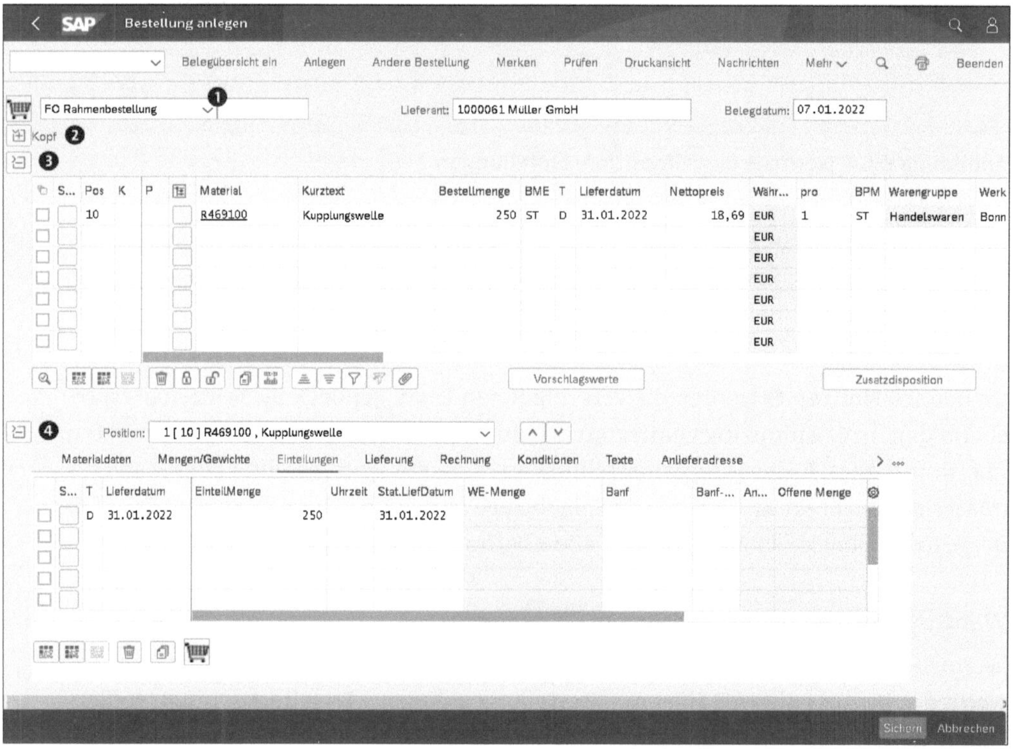

Abbildung 6.66 SAP-Fiori-App »Bestellung anlegen – Erweitert«

Die aus SAP ERP bekannte Einbildtransaktion zeigt alle Informationen zu einem Beleg in drei Bildbereichen. Mit dieser Transaktion können alle zur Verfügung stehenden Bestellbelegarten ❶ (hier z. B. Rahmenbestellung) ausgewählt und bearbeitet werden (siehe Abbildung 6.67).

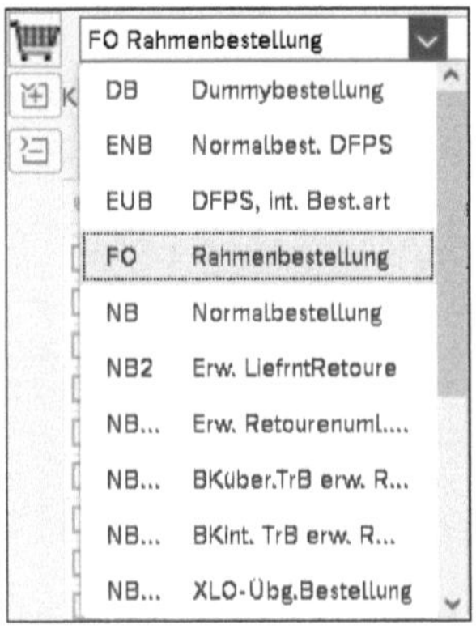

Abbildung 6.67 Bestellbelegart auswählen

In der Bestellung gibt es nur in der Einbildtransaktion darüber hinaus noch die Funktionen **Bestellung merken** und **Druckansicht**.

Identische Felder in Bestellanforderung und Bestellung

In den folgenden Tabellen zur Beschreibung des Belegtyps **Bestellung** werden nur noch die Felder genannt, die in der BANF noch nicht beschrieben wurden.

Die Kopfdaten ❷ eines Belegs gelten in der Regel für alle Positionen. In Ausnahmefällen ist der Wert ein Vorschlagswert und kann auf der Positionsebene angepasst werden. Die Kopfdaten der Bestellung werden auf den in Tabelle 6.10 dargestellten Registerkarten zusammengefasst.

Registerkarte	Feldname	Bedeutung	Anmerkung
Lieferung/ Rechnung	–	Daten zu Zahlungsbedingungen und Incoterms.	Übertrag aus dem Lieferantenstammsatz.
Konditionen	–	Zusammenfassende Darstellung des Bestellwertes; ermittelt als Summe der Werte in den Positionsdaten.	–

Tabelle 6.10 Wesentliche Kopfdaten in der Bestellung

Registerkarte	Feldname	Bedeutung	Anmerkung
Texte	**Textarten**	Es stehen verschiedene Textarten zur Verfügung.	Siehe Abschnitt 6.13, »Textarten im Einkaufsbeleg«.
Anschrift	–	Lieferantenanschriftsdaten.	Aus dem Lieferantenstammsatz übergeben; einmalige Änderungen zu der betreffenden Bestellung können über die Schaltfläche **Details Adresse** ergänzt oder angepasst werden.
Kommunikation	–	Daten des Lieferantenansprechpartners.	Aus dem Lieferantenstammsatz übergeben.
Partner	–	Partnerrollen des Lieferanten.	Aus dem Lieferantenstammsatz übergeben.
Zusatzdaten	**Laufzeitbeginn**	Beginn des Zeitraums, in dem die Leistung erbracht oder das Material geliefert werden soll.	–
	Laufzeitende	Ende des Zeitraums, in dem die Leistung erbracht oder das Material geliefert werden soll.	–
	Submission	Freie Eingabe	Dient der Bündelung von mehreren Einkaufsbelegen.
Orgdaten	–	Daten des Einkaufs	Verwendete Lieferanten/verwendetes Lieferwerk und Materialstammdaten müssen für diese Kombination angelegt sein.
Status	–	Zeigt aufsummiert über alle Bestellpositionen den Status.	Für den Status der einzelnen Positionen muss die Registerkarte **Status** in der Position geöffnet werden.

Tabelle 6.10 Wesentliche Kopfdaten in der Bestellung (Forts.)

Registerkarte	Feldname	Bedeutung	Anmerkung
Zahlungs-abwicklung	**Einbehalt**	Falls vertraglich ein Einbehalt vereinbart worden ist.	Das Feld für den Prozentwert des Einbehalts wird nur bei der Auswahl einer Einbehaltsart angezeigt.
	Anzah-lungstyp	Falls vertraglich eine Anzahlung vereinbart ist.	Es kann ein absoluter Wert oder ein Prozentwert mit Fälligkeitsdatum erfasst werden, wenn der Anzahlungstyp **V** oder **M** gewählt wurde.

Tabelle 6.10 Wesentliche Kopfdaten in der Bestellung (Forts.)

Die Positionsübersicht ❸ in der Bestellung ist identisch zur Positionsübersicht der Bestellanforderung aufgebaut (siehe Abschnitt 6.5.1, »Bestellanforderungen«).

Die Positionsdetaildaten ❹ der Bestellung werden in den in Tabelle 6.11 aufgeführten Registerkarten gepflegt.

Registerkarte	Feldname	Bedeutung	Anmerkung
Material-daten	**Infosatz-Update**	Ist das Kennzeichen aktiviert, wird in Abhängigkeit von der Customizing-Einstellung der Einkaufsinfosatz mit dem Eintrag der letzten Bestellnummer aktualisiert oder, falls keiner vorhanden ist, ein Einkaufsinfosatz (ohne Konditionen) angelegt.	–
	Charge	Mit der Schaltfläche [Symbol] (**Anlegen**) kann in der Bestellung eine Chargennummer vergeben werden. Das Material kann in verschiedenen Chargen im Bestand geführt werden.	Ordnet das Material, das in Chargen, Partien oder Produktionslosen hergestellt oder beschafft worden ist, eindeutig einer bestimmten Charge zu.

Tabelle 6.11 Wesentliche Positionsdaten in der Bestellung

Registerkarte	Feldname	Bedeutung	Anmerkung
Mengen/ Gewichte	–	Übertrag aus dem Materialstammsatz.	–
Einteilungen	**Lieferdatum**	Termin, zu dem das Material geliefert werden soll.	–
	Statistisches Lieferdatum	Basis für die Ermittlung der Lieferantenbeurteilung bezüglich Liefertreue; wird automatisch mit dem Lieferdatum belegt.	Siehe Abschnitt 6.11, »Lieferantenbewertung«.
Lieferung	–	Übertrag der Werte aus dem Materialstammsatz zu Toleranz, Mahnungen, Planlieferzeit, WE-Bearbeitungszeit, Bestandsart und Incoterms.	–
	Unbegrenzt	Warenannahme bei Überlieferung ohne Mengenbegrenzung.	Kennzeichen unbegrenzt: Für die Bestellung wird die unbegrenzte Überlieferung akzeptiert.
	Abnahme Lieferant	Die Ware wird beim Lieferanten abgenommen.	Bei aktiviertem Kennzeichen: ausgewählte Warenbewegungsarten im Wareneingang (siehe Abschnitt 4.3.3, »Wareneingang zur Bestellung«).
	Restlaufzeit	Anzahl der Perioden, die eine Ware beim Wareneingang mindestens noch haltbar sein muss.	Für Material mit Haltbarkeitsdatum; Zeitraum ist vom Periodenkennzeichen (**T**, **W**, **M**, **J**) abhängig.

Tabelle 6.11 Wesentliche Positionsdaten in der Bestellung (Forts.)

Registerkarte	Feldname	Bedeutung	Anmerkung
Lieferung (Forts.)	**Wareneingang**	Aktiviertes Kennzeichen; dies bedeutet, dass ein Wareneingang zu dieser Position gebucht werden muss.	Kennzeichen Wareneingang aktiv: Es wird ein Wareneingang erwartet; Ist-Werte werden im Controlling fortgeschrieben. In unserem Beispiel der Normalbestellung ist das Kennzeichen aktiviert. Die Wareneingangsbuchung erfolgt auf das zugeordnete Lager der Position (siehe Abschnitt 4.3.3, »Wareneingang zur Bestellung«).
	WE-unbewertet	Aktiviertes Kennzeichen; dies bedeutet, dass der Wareneingang unbewertet erfolgen soll.	Bei Mehrfachkontierung muss das Kennzeichen gesetzt sein. Im Controlling werden die Ist-Kosten erst mit dem Rechnungseingang fortgeschrieben.
	Endlieferung	Wird bei Erreichen der Bestellmenge im Wareneingang automatisch gesetzt.	Endlieferung: Wird von SAP automatisch gesetzt, wenn die Bestellwerte mit den Lieferwerten übereinstimmen. Kann manuell gesetzt werden, wenn kein weiterer Wareneingang erwartet wird: Noch offene Obligo-Werte werden zurückgesetzt.
Rechnung	**RechnEingang**	Legt fest, ob mit dieser Position ein Rechnungseingang verbunden ist.	Wenn das Kennzeichen nicht gesetzt ist, erfolgt die Lieferung der Waren kostenlos.

Tabelle 6.11 Wesentliche Positionsdaten in der Bestellung (Forts.)

Registerkarte	Feldname	Bedeutung	Anmerkung
Rechnung (Forts.)	**Endrechnung**	Das Endrechnungskennzeichen dient als Information für das Finanzwesen.	Setzen Sie das Endrechnungskennzeichen, wenn Sie zu dieser Bestellung keinen weiteren Rechnungseingang erwarten. Das Bestell-Obligo wird auf null gesetzt.
	WE-bez RE Prüfung	Bei aktiviertem Kennzeichen muss der Wareneingang zu dieser Position gebucht worden sein, bevor der Rechnungseingang gebucht werden kann.	Der Rechnungseingang wird mit Bezug zum Materialbeleg gebucht.
	Auto WE-Abrech	Setzen Sie das Kennzeichen, wenn Sie Bestell- oder Lieferplanpositionen zum betreffenden Lieferanten mit automatischer Wareneingangsabrechnung oder Dienstleistungen mit Bestellungen mit Rechnungsplan abrechnen möchten.	Der Lieferant stellt keine Rechnung – es wird auf der Basis der Bestellwerte und WE-Mengen abgerechnet.
	Steuerkennzeichen	Steuersatz, der zur betreffenden Bestellposition berechnet wird.	–
Konditionen	–	Materialpreis, der aus dem Materialstamm oder dem Einkaufsinfosatz übergeben wurde oder manuell erfasst worden ist.	Aus den Zahlungsbedingungen können weitere Konditionsarten abgeleitet werden. Es besteht die Möglichkeit, zur betreffenden Bestellposition manuell weitere Zu- oder Abschläge zu erfassen (siehe Abschnitt 6.12, »Preisfindung«).
Kontierung	Kontierungsdaten, abhängig vom Kontierungstyp – siehe Abschnitt 6.7, »Kontierungstyp«.		

Tabelle 6.11 Wesentliche Positionsdaten in der Bestellung (Forts.)

Registerkarte	Feldname	Bedeutung	Anmerkung
Bestell-entwicklung	**WE**	Wareneingangs-buchung(en) zur betreffenden Position.	Die Registerkarte wird erst nach der Buchung eines Folgebelegs in die Positionsdetaildaten eingefügt.
	RE-L	Rechnungseingangs-buchung(en) zur betreffenden Position.	–
Texte	**Textarten**	Es stehen verschiedene Textarten zur Verfügung.	Siehe Abschnitt 6.13, »Textarten im Einkaufsbeleg«.
Anliefer-adresse	In Abhängigkeit vom Positionstyp die Werksadresse, die Adresse des Kunden, die Adresse des Lohnbearbeiters – siehe Abschnitt 6.6, »Positionstyp«.		
Bestätigungen	Siehe Abschnitt 6.10, »Bestätigungssteuerung«.		
Konditions-steuerung	**Preisdruck**	Der Preis wird auf dem Beleg angedruckt.	Entmarkieren Sie das Kennzeichen, wenn Sie den Preisdruck auf dem Bestellbeleg unterdrücken möchten.
	Schätzpreis	Markieren Sie das Kennzeichen, wenn Sie den Nettopreis nicht genau kennen.	Bei aktiviertem Kennzeichen toleriert die Rechnungsprüfung eine größere Preisabweichung.

Tabelle 6.11 Wesentliche Positionsdaten in der Bestellung (Forts.)

Kennzeichen »WE-unbewertet«, »WE-Eingang«, »RE-Eingang«

Ist im Customizing das Kennzeichen mit dem Zusatz **verbindl** (verbindlich) eingestellt, ist das Ankreuzfeld in der Bestellung nicht änderbar (siehe Abbildung 6.93).

Sie können unvollständige oder fehlerhafte Bestellungen über die Schaltfläche **Merken** sichern. Gemerkte Bestellungen werden nicht an den Lieferanten übermittelt, können nicht freigegeben werden, und es werden keine Folgebelege erzeugt. Möchten Sie Ihre gemerkten Bestellungen wieder aufrufen, wählen Sie in der Belegübersicht die Selektionsvariante **Meine gemerkten Bestellungen**.

Sie können jederzeit die Druckansicht der Bestellung über die Schaltfläche **Druckansicht** aufrufen, unabhängig davon, ob der Beleg gesichert ist. Das SAP-System zeigt Ihnen immer den aktuellen Stand des Drucks, sodass Sie kontrollieren können, ob Sie alle relevanten Daten korrekt erfasst haben. In Abhängigkeit von den Einstellungen zur Nachricht wird der Druck entweder direkt mit dem Sichern der Bestellung erzeugt und ausgegeben, oder Sie müssen ihn mit einer anderen Funktion auslösen, siehe Abschnitt 6.14, »Nachrichten«.

Normalbestellung (NB)

Mit einer Normalbestellung beschaffen Sie Materialien mit oder ohne Materialstammsatz von einem externen Lieferanten; in Abbildung 6.66 sehen Sie eine Normalbestellung mit Materialstammsatz ohne Positions- und Kontierungstyp. In der Normalbestellung können Sie verschiedene Positionstypen und Kontierungstypen verwenden. Mit dem Positionstyp **Blank**, wie es in Abbildung 6.66 gezeigt wird, beschaffen Sie in der Regel Lagermaterialien.

Konsignations- (Positionstyp **K**) und Lohnbearbeitungsbestellungen (Positionstyp **L**) sind Abwandlungen der Normalbestellung, die Sie bei Bedarf im SAP-Referenz-IMG über den Customizing-Pfad **Materialwirtschaft • Einkauf • Bestellung • Belegarten einstellen** einstellen.

Prozessdarstellungen zur Lohnbearbeitung und zur Konsignation finden Sie in Abschnitt 6.9.4, »Lohnbearbeitung«, und in Abschnitt 6.9.5, »Konsignation«.

Umlagerungsbestellung (UB)

Mit einer Umlagerungsbestellung beschaffen Sie unternehmensintern Material von einem anderen Werk. Hierzu verwenden Sie den Positionstyp **U**. Für Umlagerungsbestellungen muss im abgebenden Werk Lagerbestand vorhanden sein (siehe Abschnitt 6.9.3, »Umlagerungsbestellung«).

Rahmenbestellung (Limitbestellung), FO

Mit einer Rahmenbestellung (Limitbestellung) beschaffen Sie Verbrauchsmaterial oder Dienstleistungen ohne Materialstammsatz innerhalb eines Wertlimits für eine vereinbarte Laufzeit. Der Rechnungseingang wird direkt auf die Bestellung gebucht. Die korrekte Kontierung muss spätestens bei Rechnungseingang (siehe Kapitel 8, »Logistik-Rechnungsprüfung«) erfasst werden. Sie verwenden hierzu den Positionstyp B.

[!]

Rahmenbestellung vs. Rahmenvertrag

Verwechseln Sie die Rahmenbestellung nicht mit dem Rahmenvertrag! Zur Rahmenbestellung erhalten Sie Rechnungseingänge, und zum Rahmenvertrag legen Sie Bestellungen an, die auf den Rahmenvertrag referenzieren.

6.5.3 Rahmenverträge

Rahmenverträge können Kontrakte oder Lieferpläne sein. Wir stellen Ihnen die beiden SAP-Fiori-Apps zur Bearbeitung von Rahmenverträgen, **Einkaufskontrakte verwalten** und **Lieferpläne verwalten**, kurz vor. Abbildung 6.68 zeigt die Kachelgruppe für die Einkaufskontraktbearbeitung.

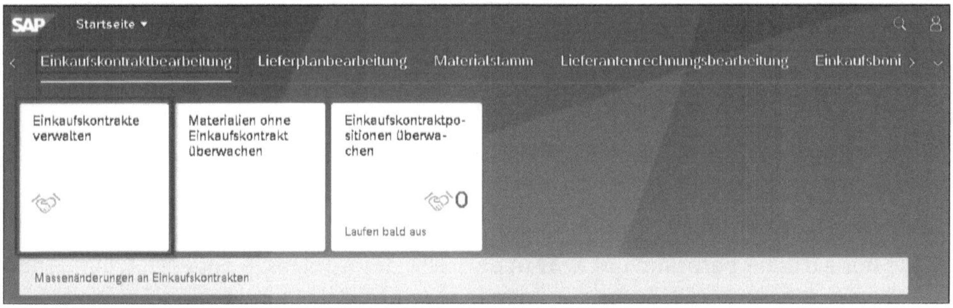

Abbildung 6.68 Kachelgruppe »Einkaufskontraktbearbeitung« (SAP-Fiori-App »Einkaufskontrakte verwalten«)

Abbildung 6.69 zeigt die Kachelgruppe für die Lieferplanbearbeitung.

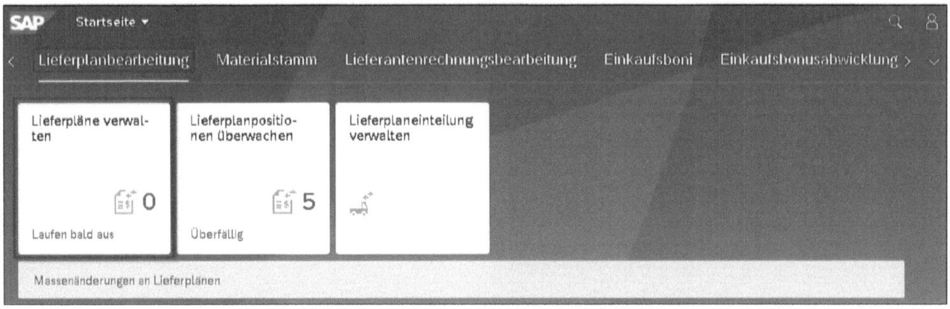

Abbildung 6.69 Kachelgruppe »Lieferplanbearbeitung« (SAP-Fiori-App »Lieferpläne verwalten«)

Da weite Teile dieser SAP-Fiori-Apps der SAP-Fiori-App **Bestellungen verwalten** sehr ähneln, gehen wir hier nur auf die Bereiche ein, die sich signifikant unterscheiden bzw. in der Bestellung nicht vorkommen.

SAP-Fiori-App »Einkaufskontrakte verwalten«

Abbildung 6.70 zeigt die SAP-Fiori-App **Einkaufskontrakte verwalten**.

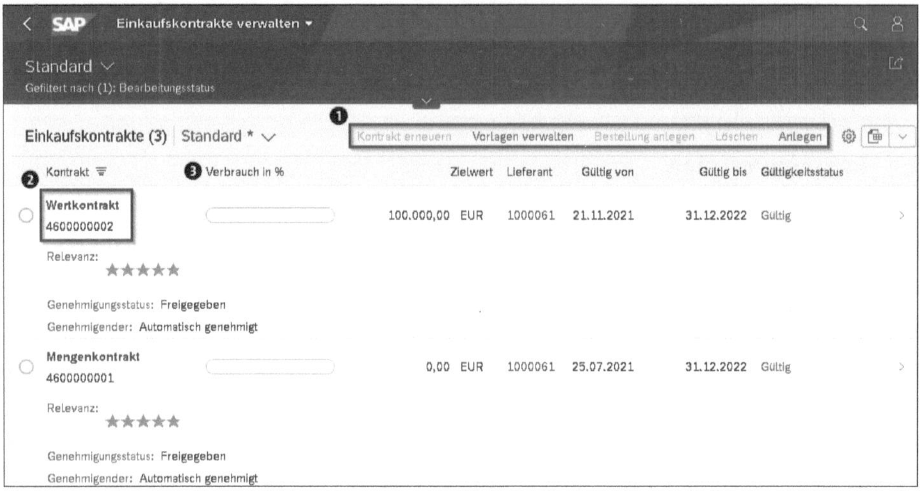

Abbildung 6.70 SAP-Fiori-App »Einkaufskontrakte verwalten«

Neben den Bearbeitungsoptionen ❶ werden Belegart und -nummer ❷ des Kontrakts sowie der aktuelle **Verbrauch in %** ❸ in der Liste der Kontrakte angezeigt. Um einen neuen Einkaufskontrakt anzulegen, wählen Sie die Schaltfläche **Anlegen**.

In der SAP-Fiori-App für die Verwaltung von Einkaufskontrakten können alle zur Verfügung stehenden Kontraktarten erfasst und bearbeitet werden. Daneben müssen Sie die Laufzeit des Kontrakts (**Gültig von/bis**) im entsprechenden Feld hinterlegen. Das Feld **Gültig von** ist mit dem Tagesdatum vorbelegt (siehe Abbildung 6.71).

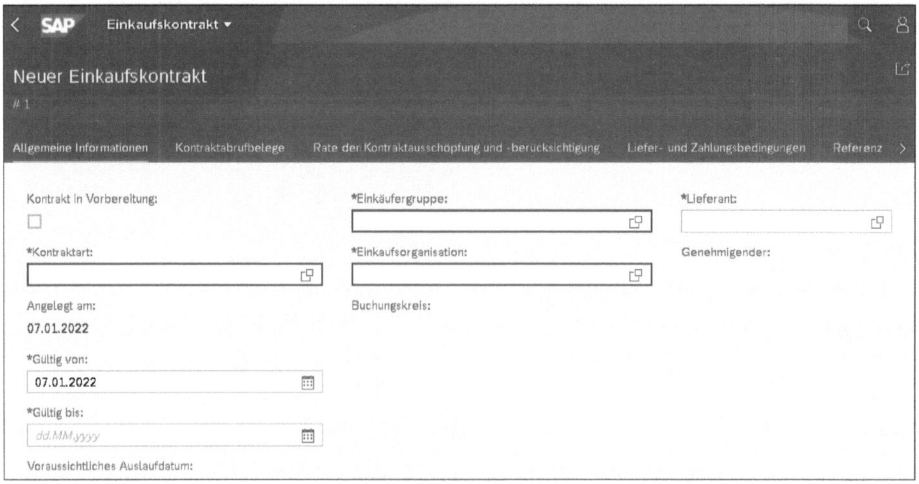

Abbildung 6.71 Einkaufskontrakt anlegen: Registerkarte »Allgemeine Daten«

Zusätzlich zu einer Bestellung zeigt ein Einkaufskontrakt das Bestellvolumen und die Zahl der abgerufenen Bestellpositionen grafisch (siehe Abbildung 6.72) und tabellarisch (siehe Abbildung 6.73) sowie die Gesamtausschöpfung mit einem einfachen Diagramm (siehe Abbildung 6.74) an.

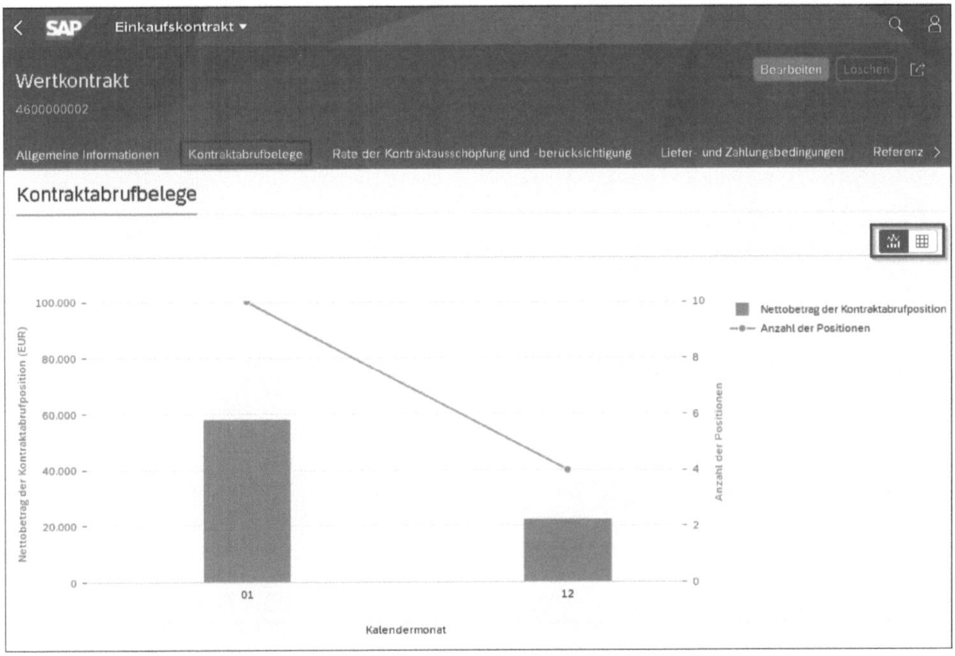

Abbildung 6.72 Kontraktabrufbelege: grafische Darstellung

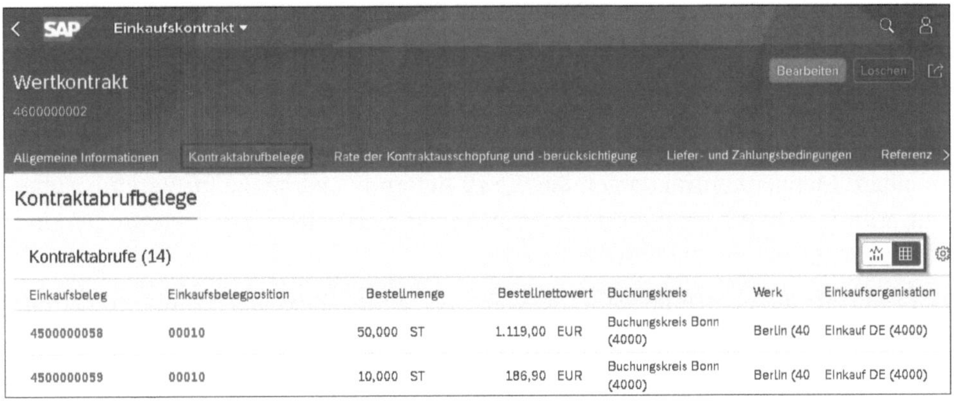

Abbildung 6.73 Kontraktabrufbelege: tabellarische Darstellung

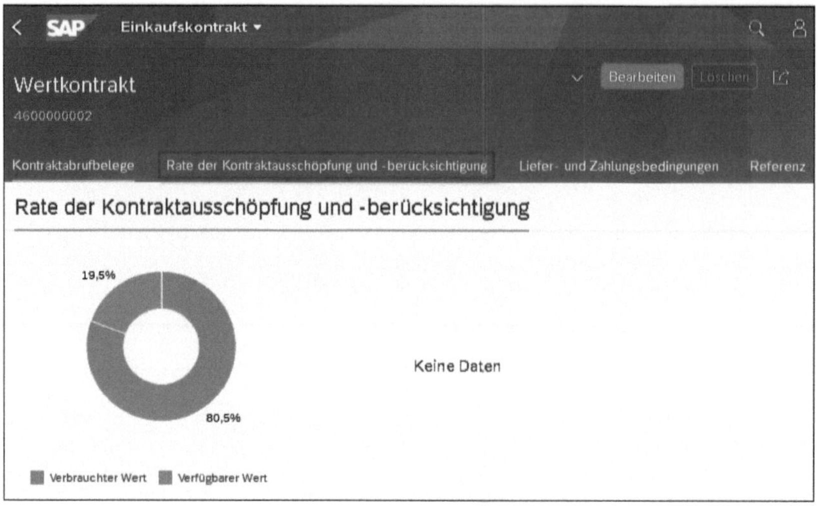

Abbildung 6.74 Rate der Kontraktausschöpfung

Kontrakte

Der SAP-Standard unterscheidet zwischen den folgenden Kontraktarten:

- Mengenkontrakt (MK)
- Wertkontrakt (WK)
- Zentralkontrakt (CCTR)
- verteilter Kontrakt (DC)

Positionen von Mengen- oder Wertkontrakten beziehen sich auf ein Werk, und Zentralkontrakte beziehen sich auf alle Werke einer Einkaufsorganisation. Verteilte Kontrakte sind Zentralkontrakte, die anderen SAP-Systemen für Abrufe zur Verfügung gestellt werden.

Mengen- oder Wertkontrakt

In einem Mengenkontrakt legen Sie die zu liefernde Zielmenge im Vereinbarungszeitraum fest. In einem Wertkontrakt legen Sie den Zielwert der Lieferungen und/oder Leistungen über die Vertragslaufzeit fest.

Der Kontrakt gilt als erfüllt, wenn die vereinbarte Menge (Mengenkontrakt) oder die vereinbarten Werte (Wertkontrakt) abgerufen worden sind.

Die Abrufe erfolgen über Bestellungen mit Bezug zum Kontrakt.

Einen Mengen- oder Wertkontrakt nutzen Sie für den unregelmäßigen Abruf mit unbekannten Lieferterminen von Waren. Für den regelmäßigen Abruf mit bekannten Lieferterminen von Waren nutzen Sie den Lieferplan (siehe den Abschnitt »Lieferplan«).

Zu jeder Bestellaktivität mit Bezug zum Kontrakt erstellt das SAP-System automatisch einen Eintrag in der Abrufdokumentation. Die Abrufdokumentation enthält Informationen zu Belegnummer, Bestelldatum, Bestellmenge und Bestellwert.

Werden Zielmenge oder Zielwert oberhalb der Toleranzwerte überschritten, gibt das SAP-System eine Warn- oder Fehlermeldung aus.

Zentralkontrakt

Benötigen Sie einen Kontrakt für mehrere Empfängerwerke, nutzen Sie den Zentralkontrakt. Ein Zentralkontrakt wird ohne Werkszuordnung angelegt. Erst beim Kontraktabruf legen Sie fest, welches Empfängerwerk beliefert werden soll.

Es handelt sich in den folgenden Fällen um einen Zentralkontrakt:

- Für die Beschaffung im gesamten Konzern ist nur eine einzige Einkaufsorganisation zuständig.
- Eine Referenzeinkaufsorganisation stellt anderen mit ihr verbundenen Einkaufsorganisationen einen Kontrakt für Abrufe zur Verfügung.

Um einen Zentralkontrakt mit unterschiedlichen Partnerrollen oder Konditionen nutzen zu können, erfassen Sie im Lieferantenstammsatz werksspezifische Partnerrollen, falls unterschiedliche Werke die Lieferungen ausführen sollen. Denkbar ist z. B, dass ein Werk in der Nähe von Berlin von einem Berliner Lieferanten beliefert und ein Hamburger Werk von einem Hamburger Lieferanten beliefert werden soll.

Falls für die Werke unterschiedliche Preise vereinbart wurden, erfassen Sie im Zentralkontrakt werksspezifische Konditionen.

Zunächst zeigen wir Ihnen, wie Sie im Lieferantenstammsatz werksspezifische Partnerrollen hinterlegen, und im nächsten Abschnitt erläutern wir, wie Sie im Zentralkontrakt werksspezifische Konditionen pflegen.

[«]

Lieferantenteilsortimente und werksspezifische Daten

Um Lieferantenteilsortimente und werksspezifische Daten nutzen zu können, muss im Customizing im Bereich **Datenhaltungsebenen: Einkauf** für die Kontengruppe des Lieferanten das Kennzeichen **LiefTeilsort. relevant** bzw. **Werksebene relevant** gesetzt sein (siehe Abbildung 6.75). Der Menüpfad lautet: **Logistik Allgemein • Geschäftspartner • Lieferant • Kontengruppe und Feldauswahl Lieferant festlegen**.

Abbildung 6.75 Customizing: Lieferantenkontengruppen

Im Lieferantenstamm können Sie je Werk unterschiedliche Bestelladressen oder Warenlieferanten pflegen.

Beim einzelnen Lieferanten müssen in der Geschäftspartnerrolle **Lieferant** auf der Registerkarte **Lieferant: allgemeine Daten** im Bereich **Zusätzliche allgemeine Daten** die entsprechenden Kennzeichen gesetzt werden (siehe Abbildung 6.76).

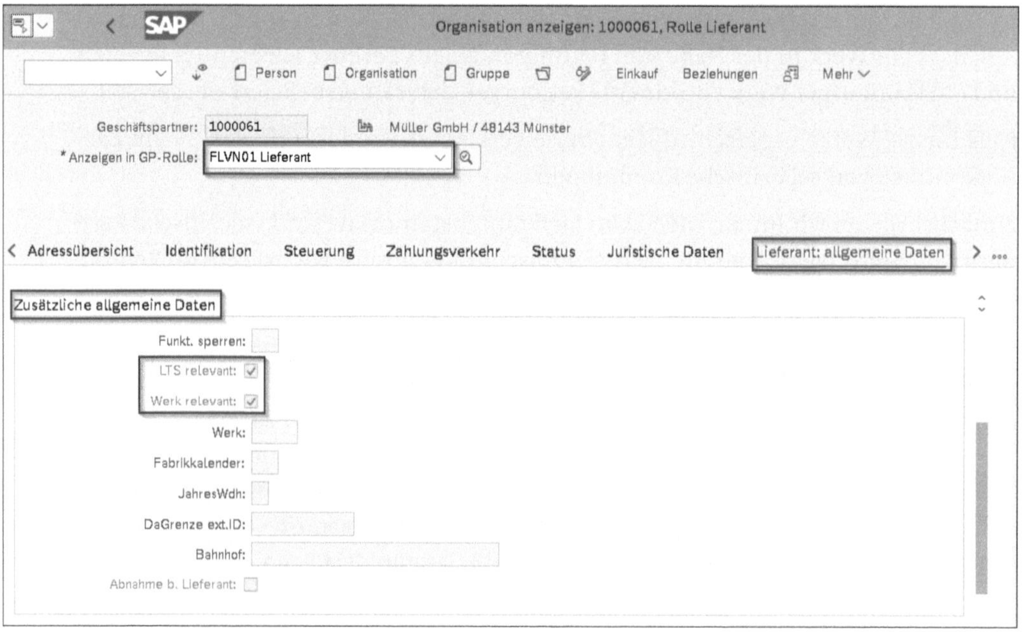

Abbildung 6.76 Kennzeichen »LTS relevant« und »Werk relevant« im Business Partner

Anschließend können die Lieferantenteilsortimente in den Einkaufsorganisationsdaten des Lieferanten erfasst und im Kontrakt genutzt werden (siehe Abbildung 6.77).

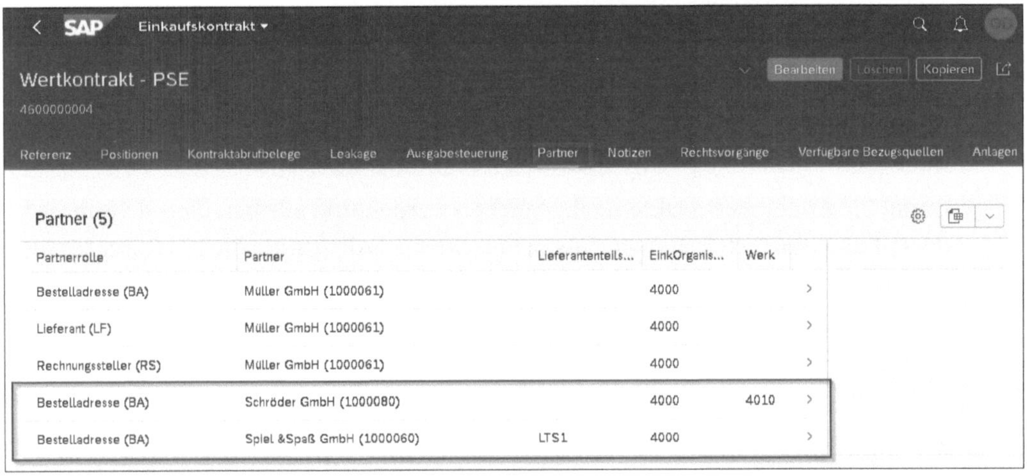

Abbildung 6.77 Abweichende Partnerdaten im Kontrakt

Das SAP-System greift auf die zum Werk hinterlegte Bestelladresse, wie in Abbildung 6.78 schematisch dargestellt, zu und fügt diese in die Abrufbestellung ein.

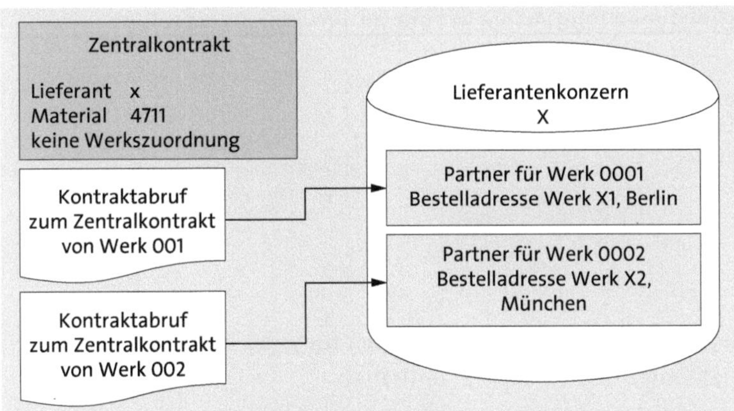

Abbildung 6.78 Abruf des Zentralkontrakts

Verteilter Kontrakt

Eine Sonderform des Zentralkontrakts stellt der verteilte Kontrakt dar. Sie legen den Kontrakt im zentralen System an und verteilen diesen per IDoc an andere Systeme – legen also eine Kopie davon in den dezentralen SAP-Systemen an.

Bei dem zentralen System, in dem der Kontrakt erstellt wurde, und den dezentralen Systemen, die ebenfalls über diesen Kontrakt beschaffen, handelt es sich um jeweils separate, eigenständige SAP-Systeme.

Die Daten (Einkaufsorganisation, Einkäufergruppe und Konditionen) müssen daher in jedem einzelnen System identisch gehalten werden.

Das SAP-System erstellt die Abrufdokumentation im jeweiligen dezentralen System; nur im zentralen System sind die Werte über alle Abrufe ersichtlich.

Damit die Änderungen laufend abgeglichen werden und alle beteiligten Systeme jederzeit über korrekte Daten verfügen, tauscht das SAP-System die Daten regelmäßig über Application Link Enabling (ALE) aus.

[»]

Bestellanforderung mit dem Eintrag einer Vertragsposition

Tragen Sie in der Bestellanforderung eine Kontraktnummer ein, wird die Bestellung als Abrufbestellung zum Kontrakt angelegt.

Lieferplan

Mit einem Lieferplan beschaffen Sie Materialien, die Sie über einen längeren Zeitraum regelmäßig benötigen.

Die folgenden Positionstypen können Sie in einem Lieferplan verwenden:

- **Blank** (normal)
- **K** (Konsignation)
- **L** (Lohnbearbeitung)
- **S** (Strecke)
- **T** (Text)
- **U** (Umlagerung)

Lieferplanpositionen mit dem Positionstyp **L** können für jeden Liefertermin die beizustellenden Materialkomponenten separat enthalten.

Lieferpläne sind immer werksbezogen. Die Positionstypen **M** (Material unbekannt) und **W** (Warengruppe) sind unzulässig. Auch der Kontierungstyp **U** (Unbekannte Kontierung) ist im Lieferplan nicht zulässig.

[»]

Wareneingang zu Lieferplaneinteilungen

Wareneingänge zu Lieferplaneinteilungen können nicht vor den Einteilungsterminen und nur innerhalb der eingestellten Toleranzwerte gebucht werden.

Das SAP-System bietet im Standard drei Lieferplanarten an:

- **LP** (Lieferplan)
- **LPA** (Lieferplan mit Abrufdokumentation)
- **LU** (Umlagerungslieferplan)

Lieferplan mit Bezug zu einem Zentralkontrakt

Wurde die Lieferplanposition mit Bezug zu einem Zentralkontrakt angelegt, sollten die Konditionen im Lieferplan nicht geändert werden, da das SAP-System immer auf die aktuellen Zentralkontraktkonditionen zurückgreift.

Die Preissteuerung ist so eingestellt, dass die Konditionen immer zum Zeitpunkt des Wareneingangs ermittelt werden.

Die in der Lieferplanposition festgelegte Gesamtmenge an zu lieferndem Material kann in den Einteilungen in verschiedene Teilmengen mit dazugehörigen Lieferterminen untergliedert werden (siehe Abbildung 6.79).

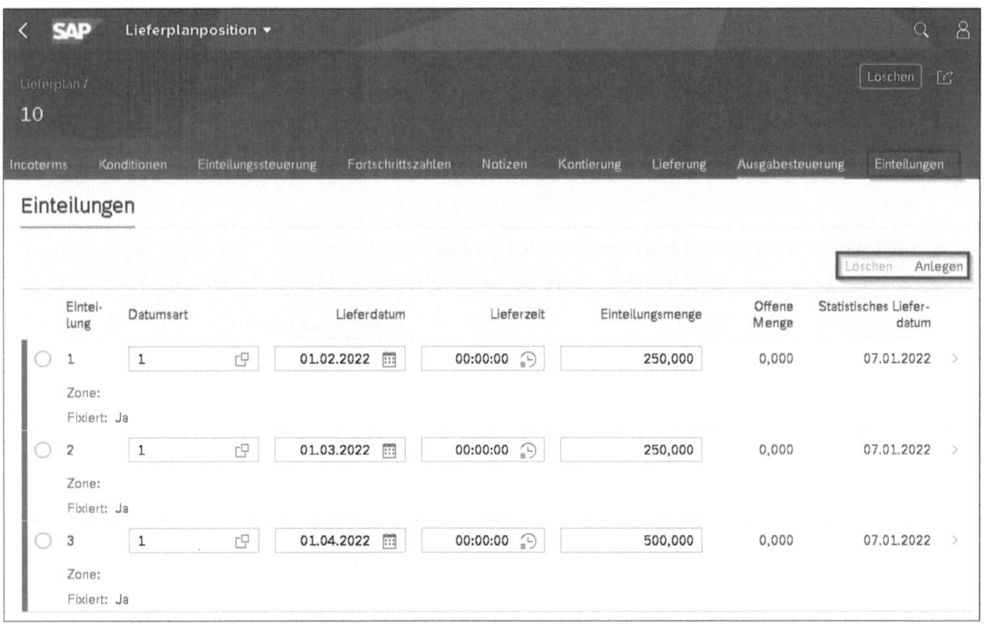

Abbildung 6.79 Lieferplaneinteilung pflegen

Lieferplaneinteilungen können Sie wie folgt erzeugen:

- ohne Bezug
- mit Bezug auf eine Bestellanforderung
- automatisch durch die Bedarfsplanung

Mit Lieferplanabrufen wird der Lieferant benachrichtigt, das Material an den in den Einteilungen aufgeführten Terminen zu liefern.

Die Anlage eines Lieferplans ähnelt der Anlage eines Kontrakts (siehe Abbildung 6.70). In der folgenden Beschreibung zeigen wir Ihnen deshalb nur noch, wie Sie Abruftermine zum Lieferplan erzeugen:

- **Lieferplan (LP)**
  Verwenden Sie den Lieferplan ohne Abrufdokumentation, entsprechen die Einteilungstermine den Abrufterminen und sind verbindlich.

  Die Einteilungen des Lieferplans pflegen Sie an der entsprechenden Position im Lieferplan (siehe Abbildung 6.79).

  Pflegen Sie die folgenden Daten:

  - Datumsart
  - Lieferdatum
  - Einteilungsmenge
  - Lieferzeit (optional)

  Das statistische Lieferdatum übernimmt das SAP-System aus dem Lieferdatum; dieses dient der Lieferantenbeurteilung zur Termintreue (siehe Abschnitt 6.11, »Lieferantenbewertung«).

  Mit dem Sichern des Lieferplans werden die Einteilungstermine erzeugt. In Abhängigkeit von den Einstellungen in der Nachricht wird der Beleg sofort erzeugt und versandt (siehe Abschnitt 6.14, »Nachrichten«).

- **Lieferplan mit Abrufdokumentation (LPA)**
  Verwenden Sie den Lieferplan mit Abrufdokumentation, haben die Einteilungen zunächst internen Charakter. Erst wenn Sie einen Lieferabruf (**LAB**) oder einen Feinabruf (**FAB**) erzeugen, werden die Einteilungen an den Lieferanten übermittelt.

  [»]

  Feinabruf

  Damit Sie im Lieferplan den Feinabruf verwenden können, muss das Feinabrufkennzeichen im Materialstammsatz (Sicht **Einkauf** oder Sicht **Disposition 2**) und in den Zusatzdaten der Lieferplanposition gesetzt sein.

  Die Abrufe werden in der Abrufdokumentation gesammelt.

  Weitere Informationen entnehmen Sie Abschnitt 6.9.8, »Lieferplan mit Abrufdokumentation«.

- **Umlagerungslieferplan (UL)**
  Mit dem Umlagerungslieferplan können Sie die Liefertermine einer Umlagerung einteilen.

6.5.4 Ausschreibungen/Lieferantenangebot

Ausschreibungen und Lieferantenangebote können über die Kachelgruppe Bezugsquellenverwaltung erfasst und bearbeitet werden (siehe Abbildung 6.80).

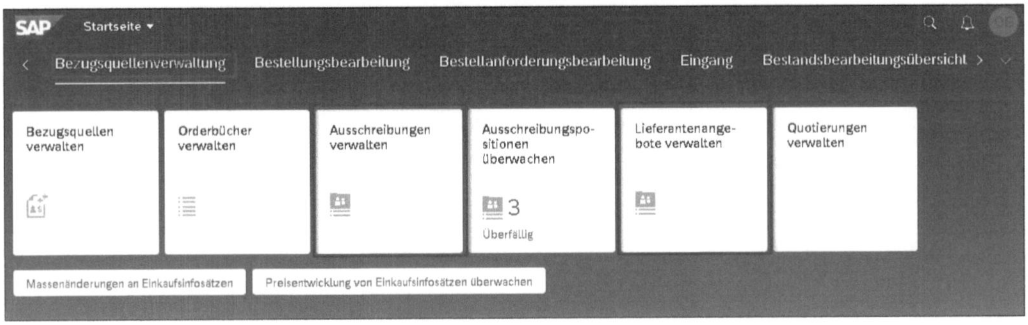

Abbildung 6.80 Kachelgruppe »Bezugsquellenverwaltung« (SAP-Fiori-Apps »Ausschreibungen verwalten« und »Lieferantenangebote verwalten«)

Bei Ausschreibunge und Lieferantenangeboten handelt es sich nicht um die aus SAP ERP bekannten Anfragen und Angebote ❶. Das Customizing dieser neuen Belegarten finden Sie unter **Materialwirtschaft Allgemein • Einkauf • Bezugsquellenfindung • Ausschreibung und Lieferantenangebot** ❷ (siehe Abbildung 6.81). Die alten Belegarten können über die bekannten Transaktionen ME41 (Anfrage anlegen) bis ME49 (Preisspiegel) bearbeitet und ausgewertet werden.

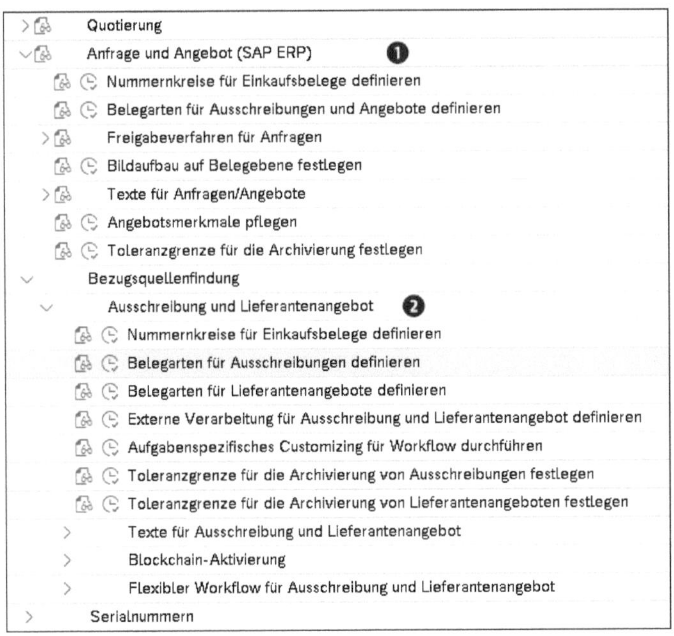

Abbildung 6.81 Customizing: Ausschreibung und Lieferantenangebot

Je nach Belegart kann eine externe Verarbeitung der Ausschreibung durch SAP Ariba vorgesehen sein (siehe Abbildung 6.82). Sie können dann keine Angebote in der SAP-Fiori-App **Lieferantenangebote verwalten** erfassen.

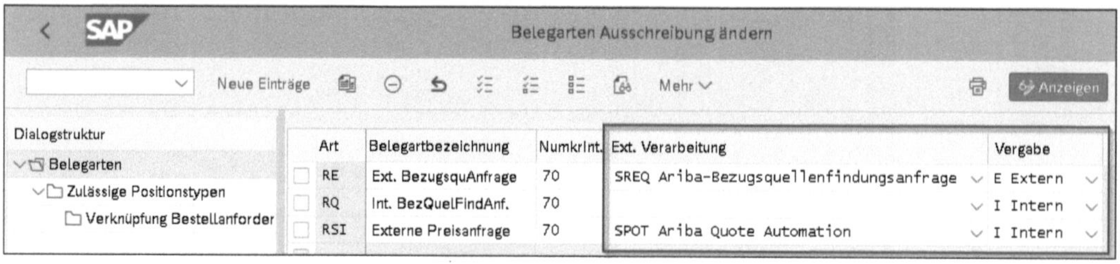

Abbildung 6.82 Customizing der Belegarten: Ausschreibung

Im folgenden Beispiel werden wir eine Ausschreibung mit der Belegart **Int. BezQuelFindAnf.** (RQ) erstellen und zwei Angebote im Bezug dazu erfassen und die Auswertung darstellen.

SAP-Fiori-App »Ausschreibungen verwalten«

Neben den Bearbeitungsoptionen ❶ werden Belegart und Nummer ❷ der Ausschreibung in der Liste der Bestellungen angezeigt (siehe Abbildung 6.83).

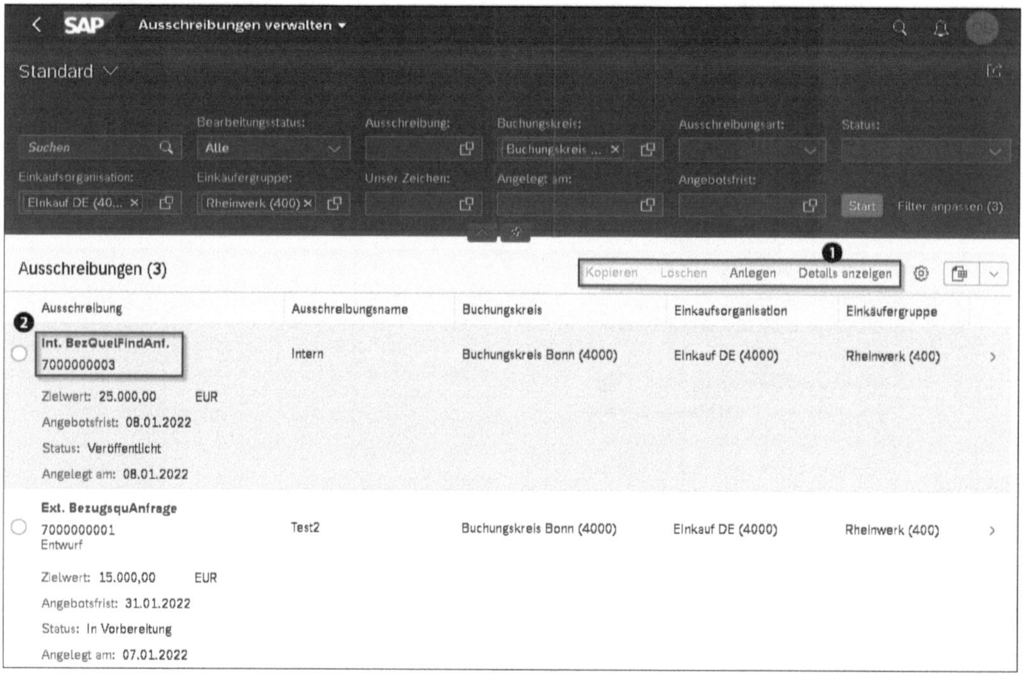

Abbildung 6.83 SAP-Fiori-App »Ausschreibungen verwalten«

Um eine neue Ausschreibung anzulegen, klicken Sie auf die Schaltfläche **Anlegen** und dann auf die gewünschte Belegart (siehe Abbildung 6.84).

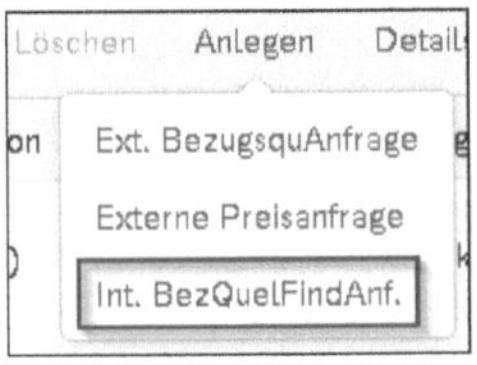

Abbildung 6.84 SAP-Fiori-App »Ausschreibung anlegen«: Auswahl der Belegart

Mithilfe des Navigationsbereichs ❶ können Sie schnell zu den einzelnen Teilbereichen der Ausschreibung springen (siehe Abbildung 6.85). In den Grunddaten erfassen Sie einen Namen ❷ (Submissionsnummer o. Ä.) für die Ausschreibung und nehmen Eingaben in den wichtigen Datums- ❸ und Organisationsfeldern vor ❹. Sie können hier bei Bedarf die Folgebelgart ❺ (Bestellung, Kontrakt) einschränken.

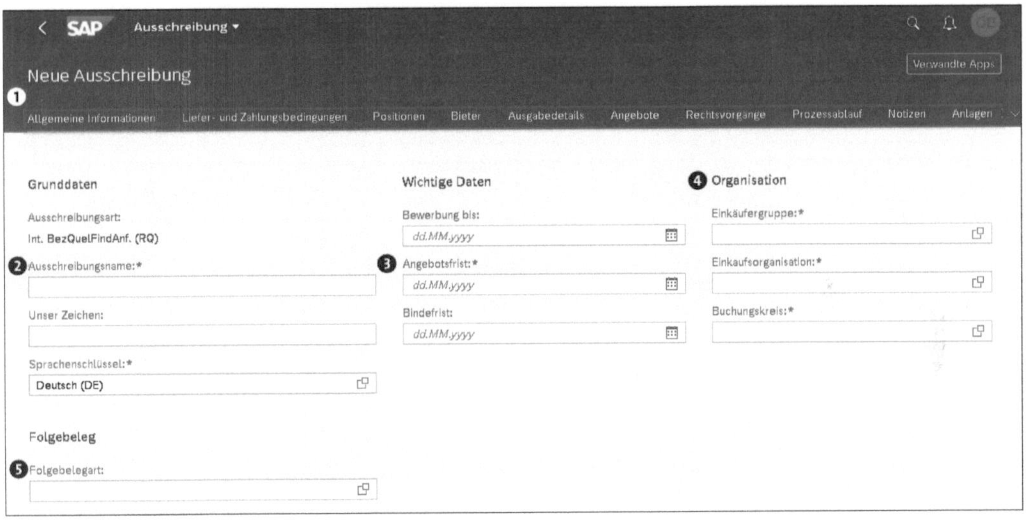

Abbildung 6.85 Ausschreibung anlegen

Nachdem Sie die Positionen erfasst haben, können Sie Ihrer Anfrage im Bereich **Bieter** solche aus dem Lieferantenstamm hinzufügen (siehe Abbildung 6.86). Nachdem die Ausschreibung veröffentlicht worden ist, können Sie Lieferantenangebote erfassen.

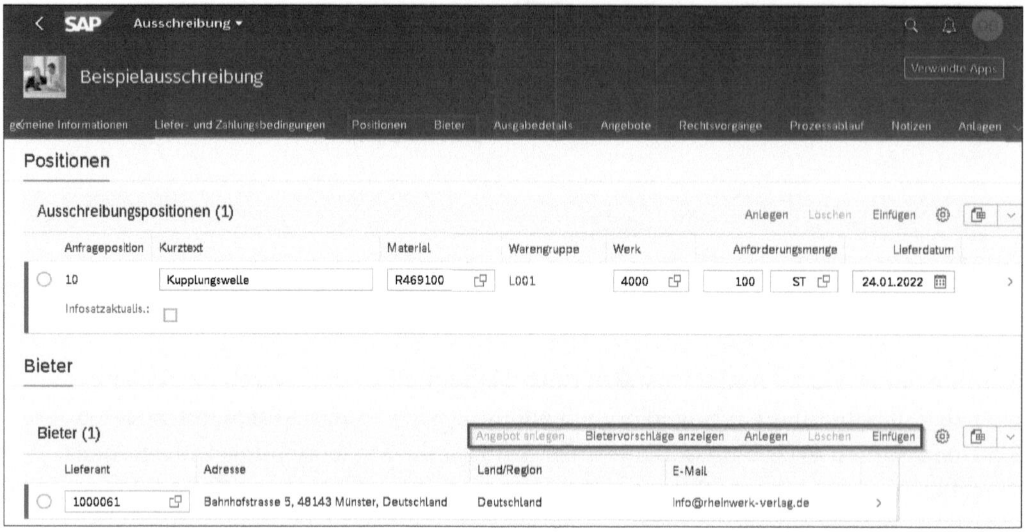

Abbildung 6.86 Ausschreibung anlegen: Positionen und Bieter

Angebot

Angebote werden aus der Ausschreibung heraus erfasst (siehe Abbildung 6.87).

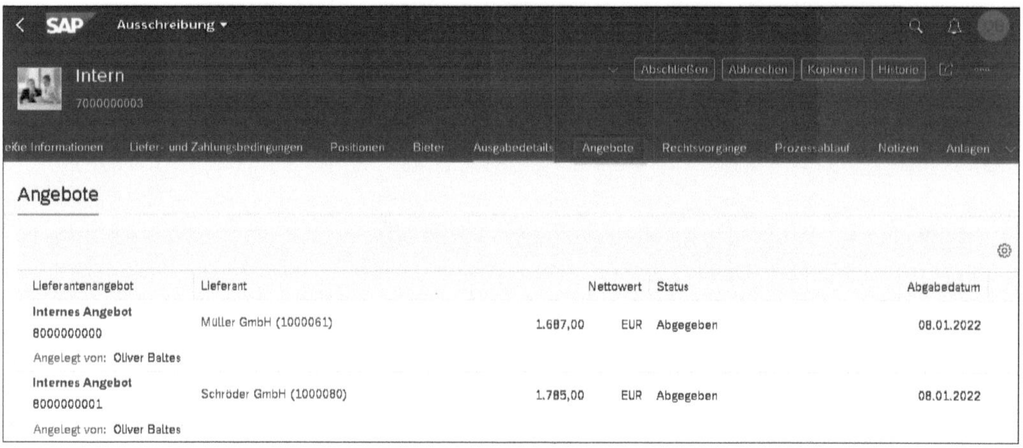

Abbildung 6.87 Ausschreibung: erfasste Angebote

Erfassen Sie die Konditionen der Lieferantenangebote (siehe Abbildung 6.88). Anschließend können Sie die Lieferantenangebote zu einer Ausschreibung mit der SAP-Fiori-App **Lieferantenangebote vergleichen** auswerten (siehe Abbildung 6.89).

Abbildung 6.88 Lieferantenangebot erfassen

Abbildung 6.89 Lieferantenangebote vergleichen: Auswahl

Markieren Sie die Lieferantenangebote ❶ zu einer Ausschreibung, und wählen Sie die Schaltfläche **Vergleichen** ❷. Das Ergebnis sehen Sie in Abbildung 6.90.

Anschließen können Sie mit einem Klick auf **Zuschlag erteilen** (❸ in Abbildung 6.89).

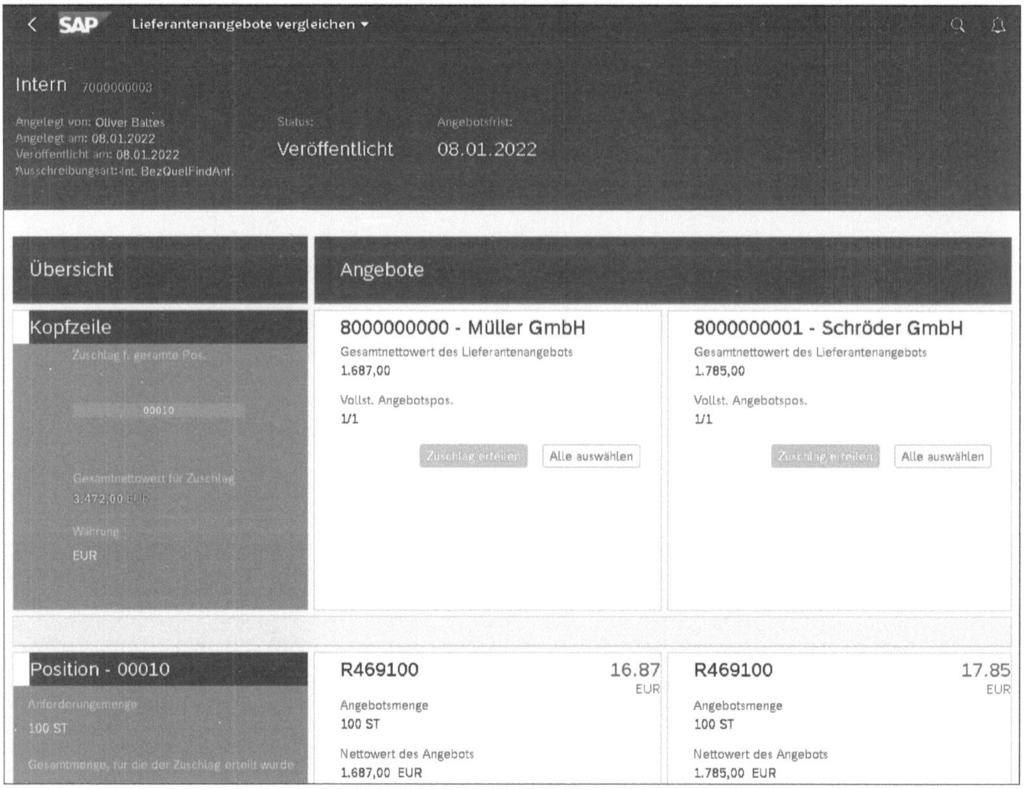

Abbildung 6.90 Lieferantenangebote vergleichen

6.6 Positionstyp

Die Steuerung der Belegarten nehmen Sie über den Positionstyp vor. Der Positionstyp legt fest, ob Materialnummer, Kontierung, Wareneingang und/oder Rechnungseingang für eine Position möglich bzw. erforderlich sind.

Der Positionstyp steuert die Art der Fremdbeschaffung, und der dem Positionstyp zugeordnete Kontierungstyp definiert die zu bebuchenden Konten und Kontierungsdaten, siehe Abschnitt 6.7, »Kontierungstyp«.

Positionstypen werden im Customizing über den Pfad **Materialwirtschaft • Einkauf • externe Darstellung der Positionstypen festlegen** eingestellt. Abbildung 6.91 zeigt die Einstellungsvarianten zum Positionstyp **Normal**.

Tabelle 6.12 zeigt, welche Steuerungen zu Kontierung, Wareneingang und Rechnungseingang im SAP-Standard je Positionstyp vorgesehen sind.

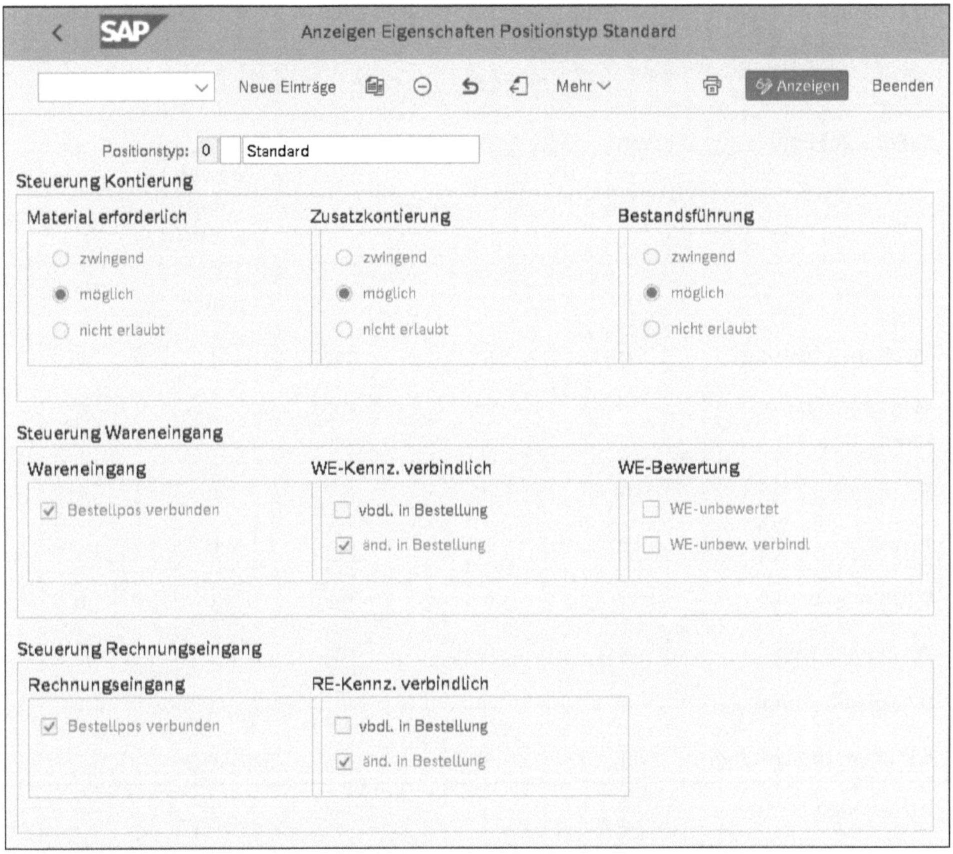

Abbildung 6.91 Sicht »Anzeigen Eigenschaften Positionstyp Normal«

Schaltfläche oder Element	Materialnummernpflicht	Bestandsführung	Kontierung	Wareneingang	Rechnungseingang
Blank (Normal)	m	m	m	m (bei Lagermaterial ja)	m
B (Limit)	n	n	j	n	j

Tabelle 6.12 Steuerung der Bestellbelegarten über den Positionstyp (Legende: m = möglich, j = ja, n = nein)

Schaltfläche oder Element	Materialnummernpflicht	Bestandsführung	Kontierung	Wareneingang	Rechnungseingang
K (Konsignation)	n	n	j	j (Bewertung erst bei Entnahme)	j
L (Lohnbearbeitung)	m	m	m	j	m
M (Material unbekannt)	n	m	m	j	m
S (Strecke)	m	m	j	n	m
T (Text)	n	n	n	n	n
U (Umlagerung)	j	m	m	j	n
W (Warengruppe)	n	m	m	j	j
D (Dienstleistung)	m	m	j	j	j
C (Kundenbeistellung)	j	m	j	n	j
P (Mehrweg Transportverpackung)	j	j	n	j	n

Tabelle 6.12 Steuerung der Bestellbelegarten über den Positionstyp (Legende: m = möglich, j = ja, n = nein) (Forts.)

Ein Positionstyp ist in einem Beleg nur dann auswählbar, wenn er im Customizing zugelassen ist. In Tabelle 6.13 sind die Standardeinstellungen je Belegart mit zulässigen Positionstypen dargestellt.

				Rahmenvertrag						
Belegart	Bestellung			Lieferplan			Kontrakte			
Positionstyp	NB	FO	UB	LP	LPA	UL	MK	WK	CCTR	DC
Blank (Normal)	X	X		X	X		X	X	X	X
B (Limit)		X								
K (Konsignation)	X			X	X		X	X	X	X

Tabelle 6.13 Positionstypen je Belegart

				Rahmenvertrag						
Belegart	Bestellung			Lieferplan			Kontrakte			
Positionstyp	NB	FO	UB	LP	LPA	UL	MK	WK	CCTR	DC
L (Lohnbearbeitung)	X			X	X		X			
M (Material unbekannt)							X	X	X	X
S (Strecke)	X			X	X					
T (Text)	X			X	X					
U (Umlagerung)	X		X			X				
W (Warengruppe)								X	X	X
D (Dienstleistung)	X						X	X	X	X
C (Kundenbeistellung)	X									
P (Mehrweg Transportverp.)	X									

Tabelle 6.13 Positionstypen je Belegart (Forts.)

Definieren Sie Belegarten z. B. für die Positionstypen **Limit**, **Konsignation**, **Lohnbearbeitung**, **Strecke**, **Dienstleistung** oder **Umlagerung**, lassen Sie bei der Definition der neuen Belegart nur den einen Positionstyp zu. Benennen Sie die Belegart eindeutig, sodass Sie bei der Auswahl der Belegart erkennen, um welche Art es sich handelt.

Im Folgenden stellen wir Ihnen die Positionstypen und deren Besonderheiten vor.

Kombination von Positions- und Kontierungstypen

Ein weiteres Steuerungselement in der Belegart ist der Kontierungstyp, der in Abschnitt 6.7, »Kontierungstyp«, beschrieben wird.

6.6.1 Sonderbeschaffungsschlüssel im Materialstammsatz

Der Sonderbeschaffungsschlüssel kurz SOBSL genannt, steuert im Materialstamm, zusätzlich zu Beschaffungsart und Positionstyp, werksabhängig die Beschaffung und Lagerung des Materials.

Den Sonderbeschaffungsschlüssel finden Sie im Materialstammsatz in der Sicht **Disposition 2**. Er enthält die folgenden Daten:

- **Sonderbestand**
  Unter dem Sonderbestand versteht man die Bestände eines Materials, die auf-

grund ihrer Besitzverhältnisse oder aufgrund des Ortes, an dem sie sich befinden, vom übrigen Bestand getrennt geführt werden. Es wird zwischen eigenen Sonderbeständen und fremden Sonderbeständen unterschieden.

- **Sonderbeschaffungsformen**
  Die Sonderbeschaffungsformen unterscheiden sich von dem Beschaffungszyklus »Kunde bestellt beim Lieferanten das Material → Lieferant liefert das Material an den Kunden → nach der Lieferung geht das Material in das Eigentum des Kunden über« dadurch, dass das Material nicht unbedingt direkt vom Lieferanten an den Kunden übergeht.

Im SAP-System gibt es die folgenden Sonderbestände und Sonderbeschaffungsformen:

- Lohnbearbeitung
- Konsignation
- Pipeline
- Mehrtransportverpackung
- Umlagerung mittels Umlagerungsbestellung
- Streckenabwicklung
- Kundenauftragsbestand
- Projektbestand

Die Bearbeitung der Sonderbeschaffung erfolgt in den Komponenten Einkauf, Bestandsführung und Rechnungsprüfung. In den folgenden Abschnitten werden einige Sonderbeschaffungsformen beschrieben.

Für die Sonderbeschaffungsvorgänge mit Bestellabwicklung gibt es spezielle Positionstypen im Einkaufsbeleg, auf die wir im Folgenden eingehen. Der Positionstyp ist im Customizing eingestellt und in seinen Steuerungen für den Einkaufsbeleg nicht änderbar.

6.6.2 Positionstyp im Einkaufsbeleg

Im Customizing finden Sie die Positionstypen über den Menüpfad **Materialwirtschaft • Einkauf • Externe Darstellung der Positionstypen** festlegen (siehe Abbildung 6.92). Sie können keine kundeneigenen Positionstypen anlegen.

Die folgenden Positionstypen stehen Ihnen zur Verfügung:

- **Standard**
  Den Standardpositionstyp **Blank** – kein Eintrag im Feld **PosTyp (extern)** – verwenden Sie für den normalen Beschaffungsprozess, der aus der folgenden Belegkette besteht: Bestellung → Wareneingang → Rechnungseingang.

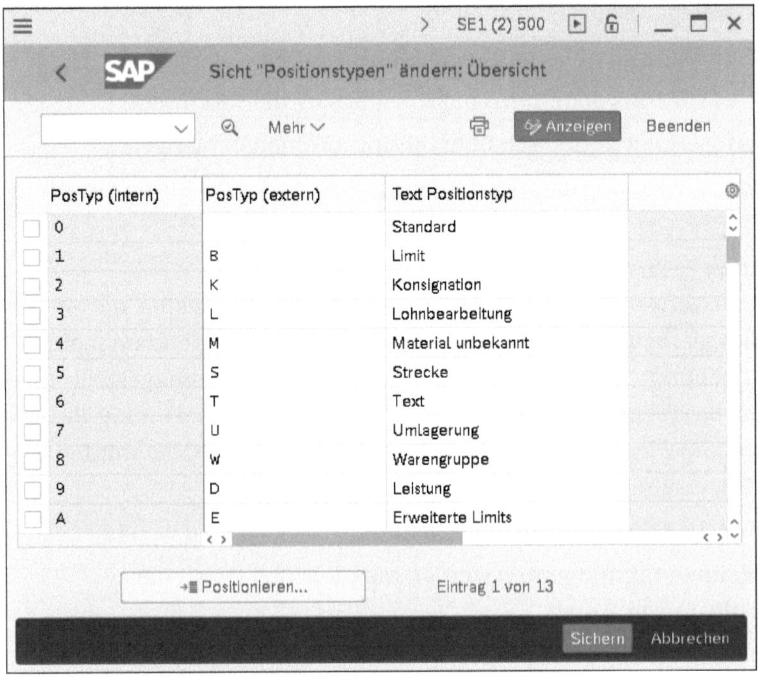

Abbildung 6.92 Positionstypen ändern

Wird dem Positionstyp **Blank** im Beleg kein Kontierungstyp zugeordnet, wird die Bestellung automatisch auf das Lager kontiert.

Bei der Verwendung des Kontierungstyps **U** (Unbekannt) muss spätestens beim Rechnungseingang eine korrekte Kontierungsinformation erfasst werden.

- **Limit**
  Mit dem Positionstyp **B** (Limit) beschaffen Sie Verbrauchsmaterialien oder Dienstleistungen, bei denen es sich nicht lohnt, für jeden einzelnen Beschaffungsvorgang eine eigene Bestellung zu erfassen (siehe Abschnitt 6.9.7, »Rahmenbestellung«).

  Die Steuerung erfolgt über den Positionstyp **B** (Limitbestellung) in Verbindung mit der Belegart **NB** (Normalbestellung), oder im Customizing ist eine Limitbestellung als Belegart angelegt.

  Die Rechnungen für die beschafften Materialien und Leistungen können innerhalb des Gültigkeitszeitraums direkt zu dieser Limitbestellung bis zum Erreichen des Wertlimits gebucht werden.

- **Konsignation**
  Den Positionstyp **K** verwenden Sie für die Sonderbeschaffungsart Konsignation (siehe Abschnitt 6.9.5, »Konsignation«).

Diese Position hat folgende Besonderheiten:

- Das verwendete Material muss bestandsgeführt werden.
- Der Bestellpreis wird aus dem Konsignationsinfosatz übernommen.
- Die Abrechnung erfolgt periodisch über die entnommenen Mengen.

Die Konsignationsabwicklung kann in die Quotierung und Disposition eingebunden werden.

- **Lohnbearbeitung**

  Den Positionstyp **L** verwenden Sie für die Beschaffung von Produkten, die ein Lieferant in der Lohnbearbeitung fertigstellt. Das Material, das der Lieferant (Lohnbearbeiter) hierzu benötigt, wird teilweise vom Besteller selbst bereitgestellt; man spricht hier von Beistellkomponenten. Zur automatischen Berechnung des Bedarfs an Beistellkomponenten können Materialstücklisten verwendet werden (siehe Abschnitt 6.9.4, »Lohnbearbeitung«).

  Diese Position hat die folgenden Besonderheiten:

  - Die beizustellenden Komponenten werden manuell oder durch die Stücklistenauflösung ermittelt.
  - Die Komponenten erzeugen dispositionsrelevante Reservierungen.
  - Leistungsverzeichnisse können in die Lohnbearbeitungspositionen eingebunden werden.

  Ein Mehr- oder Minderverbrauch an Komponenten kann bei der Abrechnung in der Rechnungsprüfung nachverrechnet werden.

- **Material unbekannt/Warengruppe**

  Die Positionstypen **M** (Material unbekannt) oder **W** (Warengruppe) verwenden Sie im Mengen- oder Wertkontrakt.

  Der Positionstyp **M** empfiehlt sich für gleichartige Materialien mit gleichem Preis, jedoch mit unterschiedlichen Materialnummern. Beim Erfassen der Kontraktposition geben Sie Kurztext, Warengruppe, Menge und Mengeneinheit ein, jedoch keine Materialnummer. Diese wird erst mit einer Abrufbestellung zur Kontraktposition angegeben.

  Positionstyp **W** empfiehlt sich für Materialien derselben Warengruppe, aber mit unterschiedlichem Preis. Beim Erfassen der Kontraktposition geben Sie lediglich Kurztext und Warengruppe ein, jedoch keinen Preis. Dieser wird, ebenso wie die Materialnummer, erst im Kontraktabruf eingegeben.

  Der Positionstyp **W** kann nur in Wertkontrakten verwendet werden.

  Im Kontraktabruf können Sie eine Materialnummer eingeben. Der entsprechende Materialstammsatz muss derselben Warengruppe zugeordnet sein wie die Kontraktposition, auf die Bezug genommen wird. Verfügt der Kontraktabruf über keine Materialnummer, muss er eine gültige Kontierung, wie z. B. eine Kostenstelle, enthalten.

[!]

Positionstyp M oder W in Abrufbestellung

In der Abrufbestellung sind die Positionstypen **M** und **W** unzulässig. Beim Anlegen mit Bezug auf die Kontraktposition muss der Positionstyp in der Abrufbestellung in einen geeigneten Positionstyp umgeändert werden.

- **Strecke**
  Den Positionstyp **S** (Strecke) verwenden Sie, wenn Sie ein Material vom Lieferanten direkt an eine Kundenadresse liefern lassen möchten. Die Rechnung geht an den Besteller. Die Adresse des Warenempfängers wird automatisch aus der Adresse des Kontierungselements – z. B. der Kundenauftragsadresse, dem Netzplanvorgang oder einem Instandhaltungsauftrag – in den Einkaufsbeleg übernommen (siehe Abschnitt 6.9.2, »Streckenbestellung«).
- **Text**
  Den Positionstyp **T** (Text) verwenden Sie im Einkaufsbeleg für Textpositionen, z. B. wenn Sie Ihrem Material eine kostenlose Gebrauchsanweisung beilegen möchten, die expliziter Bestandteil der Lieferung sein soll.

[«]

Textarten

Möchten Sie zu den Positionen im Einkaufsbeleg spezifische Informationen hinterlegen, nutzen Sie die Textarten (siehe Abschnitt 6.13, »Textarten im Einkaufsbeleg«).

- **Umlagerung**
  Den Positionstyp **U** (Umlagerung) verwenden Sie, wenn Sie Material innerhalb Ihres Unternehmens zwischen zwei Werken oder zwei Lagerorten umlagern möchten. Sie können die Umlagerung per Umlagerungsbestellung oder Umlagerungslieferplan vornehmen (siehe Abschnitt 6.9.3, »Umlagerungsbestellung«).
- **Warengruppe**
  Der Positionstyp **W** (Warengruppe) wird für die Beschaffung mit unbekanntem Material genutzt. Das Verhalten dieses Positionstyps ist identisch mit dem Positionstyp **M** (Material unbekannt).
- **Dienstleistung**
  Den Positionstyp **D** (Dienstleistung) verwenden Sie für die Beschaffung von komplexen Dienstleistungen. Diese Position hat die folgenden Besonderheiten:
  - Aufbau komplexer Leistungsverzeichnisse mittels Gliederungsfunktion.

- Große Flexibilität bei der Planung der Beschaffung dadurch, dass weder die genaue Leistungsbeschreibung, die Kontierung, noch die genaue Menge zum Bestellzeitpunkt angegeben werden müssen.
- Langtexte sind flexibel pro Gliederungsstufe und Leistungszeile zu hinterlegen.
- Der Beleg kann mit dem Kontierungstyp **U** (Unbekannte Kontierung) erfasst werden. In diesem Fall erfassen Sie die korrekte Kontierung erst mit dem Rechnungseingang.

[»]

Dienstleistungsbestellung mit Materialstammsatz

Für weniger komplexe Dienstleistungen können auch Materialstammsätze mit der Materialart **DIEN** angelegt oder im Einkaufsbeleg ein Kurztext erfasst werden. In diesem Fall werden die Dienstleistungen im Einkaufsbeleg mit dem Positionstyp **Blank** und einer Kontierung wie bei den Materialstammsätzen verwendet. Im Positionstextfeld prägen Sie die Dienstleistung in einem beschreibenden Text aus. Die Leistungserfassung erfolgt mit einer Wareneingangsbuchung.

Weitere Informationen entnehmen Sie Abschnitt 6.9.6, »Dienstleistung mit Leistungserfassung«.

6.7 Kontierungstyp

Bestellpositionen legen Sie mit oder ohne Kontierungstyp an. Der Kontierungstyp steuert, welche *Kontierungsobjekte* in der Bestellposition anzugeben sind. Ein Kontierungsobjekt entspricht dem Verbraucher des Materials bzw. der Dienstleistung.

Das Customizing des Kontierungstyps nehmen Sie in Transaktion SPRO oder im SAP-Referenz-IMG über den Customizing-Pfad **Materialwirtschaft • Einkauf • Kontierungstyp • Kontierungstyp pflegen** vor. Markieren Sie den gewünschten Kontierungstyp, und klicken Sie auf die Schaltfläche (**Detail**).

Wie es in Abbildung 6.93 zu sehen ist, definieren Sie mit dem Kontierungstyp nicht nur den Verbraucher, sondern auch Vorschlagswerte zu den Kennzeichen des Wareneingangs, des Rechnungseingangs und der Verteilung der Werte auf die Verbraucher.

[!]

Kennzeichen zu Waren- und Rechnungseingang

Hat das Kennzeichen die Ergänzung **verbindl**, kann der Eintrag in der Bestellposition nicht geändert werden.

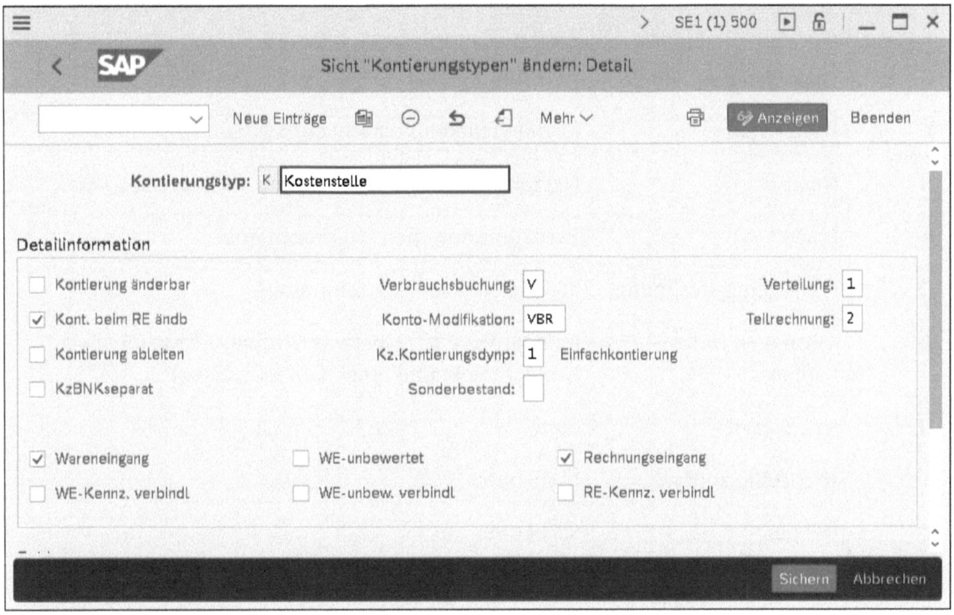

Abbildung 6.93 Kontierungstypen ändern

Der Kontierungstyp bestimmt Folgendes:

- den Typ der Kontierung, wie z. B. Kundenauftrag oder Projekt
- welches Kontierungsobjekt bei der Zahlung der Rechnung mit Kosten belastet wird
- welche Kontierungsdaten Sie im Einkaufsbeleg eingeben müssen

Tabelle 6.14 listet die Kontierungstypen mit den jeweiligen Kontierungsdaten.

Kürzel	Bezeichnung	Benötigte Kontierungsdaten
A	Anlage	Anlagenhauptnummer und -unternummer
B	Lagerfert./Abr.KDAUF	Abrechnung über Kundenauftrag
C	Kundenauftrag	Kundenauftrags- und Sachkontonummer
D	KD-Einzel/Abr.Proj.	Kundenauftrags- und Sachkontonummer/Abrechnung über das Projekt
E	Kundeneinzelbedarf	Kundenauftrags- und Sachkontonummer/Abrechnung über den Kundenauftrag
F	Auftrag	Innenauftrag oder Instandhaltungsauftrag und Sachkontonummer

Tabelle 6.14 Kontierungstypen in der Bestellung

Kürzel	Bezeichnung	Benötigte Kontierungsdaten
G	Lagerfertigung Abr.Prj	Abrechnung über das Projekt
K	Kostenstelle	Kostenstellen- und Sachkontonummer
N	Netzplan	Netzplanvorgangsnummer- und Sachkontonummer
P	Projekt	Sachkontonummer, Projekt optional
Q	Projekteinzelfertigung	Projekt- und Sachkontonummer
T	Alle neuen Nebenkonten	Innenauftrag oder Instandhaltungsauftrag und Sachkonto, Projekt und Profit-Center optional
U	Unbekannt	ohne
X	Alle Nebenkonten	Sachkonto
Z	Leihgut	Sachkonto

Tabelle 6.14 Kontierungstypen in der Bestellung (Forts.)

Im Kontierungstyp ist mit dem Kennzeichen im Feld **Verteilung** festgelegt, ob eine Mehrfachkontierung zugelassen werden soll und welche Verteilungsform bei der Mehrfachkontierung im Beleg vorgeschlagen werden soll. Ist das Feld leer, ist nur eine Einfachkontierung möglich.

Mit dem Eintrag **1** im Feld **Verteilung** schlägt das SAP-System im Beleg eine mengenmäßige Verteilung und mit dem Kennzeichen **2** eine prozentuale Verteilung vor.

Bestellpositionen ohne Kontierungstyp werden zunächst in den neutralen Materialbestand gebucht, und der Verbraucher wird erst bei der Materialentnahme erfasst.

Falls Material für das Lager beschafft wird, wird der Lagerbestand des Materials durch die Erfassung des Wareneingangs erhöht und durch die Erfassung des Warenausgangs abgebaut. Außerdem erfolgt bei jeder Warenbewegung die Fortschreibung der Bestands- und Verbrauchskonten in der Finanzbuchhaltung.

Bei der Beschaffung für den Verbrauch gilt das Material/die Dienstleistung mit dem Wareneingang als verbraucht. Falls ein Material oder eine Dienstleistung zu Verbrauchszwecken beschafft wird, legt der Einkauf durch die Eingabe eines Kontierungstyps und der dazu passenden Kontierungsdaten (siehe Tabelle 6.14), z. B. Kostenstelle oder Projektnummer, den Verbraucher fest.

Die in Tabelle 6.15 gelisteten Customizing-Aktivitäten zum Kontierungstyp finden Sie im IMG-Pfad **Materialwirtschaft • Einkauf • Kontierung**.

IMG-Aktivität	Bedeutung
Kontierungstypen pflegen	Definition der Kontierungstypen mit Vorschlagswerten zu den Kontierungselementen, zu Behandlung von Wareneingang, Rechnungseingang sowie Einstellung der Felder im Beleg als Muss-Felder, Kann-Felder, Anzeigefelder oder ausgeblendete Felder (siehe Abbildung 6.94).
Kombination Positionstypen – Kontierungstypen festlegen	Zuordnung der Kontierungstypen zu den Positionstypen (siehe Tabelle 6.16).
Subscreen für Kontierungsblock einstellen	Festlegung von Kontierungsfeldern, die in der Anwendung zum Kontierungstyp zur Bearbeitung angezeigt werden.
Vorschlagswerte für Anlagenklasse zuordnen	Vorschlagswert bei der Erfassung von anlagekontierten Beschaffungsvorgängen.

Tabelle 6.15 Customizing-Aktivitäten zum Kontierungstyp

Während der Positionstyp Aufschluss darüber gibt, ob es sich um eine besondere Form der Fremdbeschaffung handelt, bestimmt der Kontierungstyp die erforderlichen Kontierungsdaten und die zu bebuchenden Konten. Die Kombination von Positionstyp und Kontierungstyp ist im Customizing festgelegt und unterliegt den in Tabelle 6.16 gezeigten Restriktionen.

Kontierungstyp Positionstyp	A – Anlage	C – Kundenauftrag	D – KD-Einzel/Abr.Proj.	E – Kundeneinzelbedarf	F – Auftrag	H – Unbekannt_2	K – Kostenstelle	M – KD-Einzel ohne KDCO	N – Netzplan	P – Projekt	Q – Projekteinzelfertigung	T – Alle neuen NebKont.	U – Unbekannt	X – AlleNebenkont.	Y – AlleNebenkont.	Z – Leihgut
Blank (Normal)	X	X	X	X	X		X	X	X	X	X	X	X	X	X	
B (Limit)							X						X			
K (Konsignation)																
L (Lohnbearbeitung)				X	X		X				X	X		X		
M (Material unbekannt)																
S (Strecke)		X	X	X	X		X	X	X		X			X		X

Tabelle 6.16 Zuordnungen von Positionstyp zu Kontierungstyp

Kontierungstyp Positionstyp	A – Anlage	C – Kundenauftrag	D – KD-Einzel/Abr.Proj.	E – Kundeneinzelbedarf	F – Auftrag	H – Unbekannt_2	K – Kostenstelle	M – KD-Einzel ohne KDCO	N – Netzplan	P – Projekt	Q – Projekteinzelfertigung	T – Alle neuen NebKont.	U – Unbekannt	X – AlleNebenkont.	Y – AlleNebenkont.	Z – Leihgut
T (Text)																
U (Umlagerung)	X	X	X	X	X		X	X	X		X	X		X		
W (Warengruppe)													X			
D (Dienstleistung)	X	X		X		X	X		X	X			X	X		

Tabelle 6.16 Zuordnungen von Positionstyp zu Kontierungstyp (Forts.)

Im unteren Abschnitt des Customizings für Kontierungstypen legen Sie das Erscheinungsbild der Position fest. Wie in Abbildung 6.94 gezeigt, legen Sie hier fest, welche Felder im Beleg als **Musseing**, **Kanneing** oder zur **Anzeige** eingestellt sind. Felder, die Sie im Beleg nicht sehen können, sind im Bereich **Ausgebl.** gekennzeichnet.

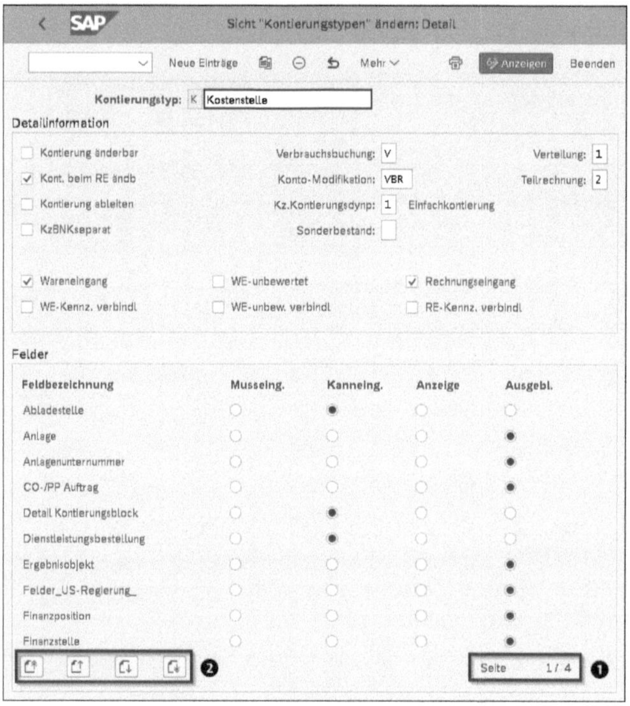

Abbildung 6.94 Kontierungstypen ändern: Felder

Tabelle 6.17 zeigt die Navigationsmöglichkeiten.

Nr.	Bedeutung
❶	Angabe der Seiten, in denen die Felder des Belegs gelistet sind.
❷	Schaltfläche zur Navigation in der Feldliste **(Erste Seite)**, **(Vorherige Seite)**, **(Nächste Seite)**, **(Letzte Seite)**.

Tabelle 6.17 Navigation in den Kontierungstypen ändern

6.7.1 Einfachkontierung in der Bestellung

Der Kontierungstyp wird unter den allgemeinen Daten der Bestellposition erfasst (siehe Abbildung 6.95). Der Kontierungstyp **Blank** entspricht einer Bestellung auf das Lager.

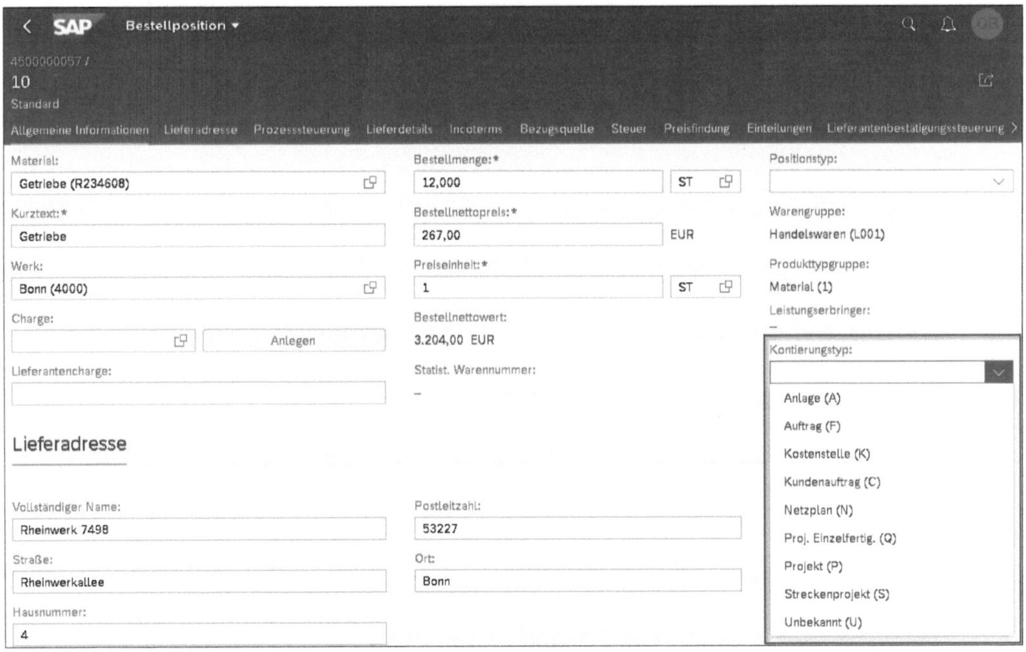

Abbildung 6.95 Kontierungstypen in der Bestellposition

Da hier nicht in den Aufwand, sondern in den Bestand gebucht wird, kann weder ein Sachkonto noch ein CO-Element (Kostenstelle, Auftrag) angegeben werden (siehe Abbildung 6.96).

Abbildung 6.97 zeigt eine Bestellung zum gleichen Material mit dem Kontierungstyp **K** (Kontierung). In diesem Fall verändert das SAP-System die Felder in der Positionsregisterkarte **Kontierung** zur Erfassung der Daten für Sachkonto und Kostenstelle.

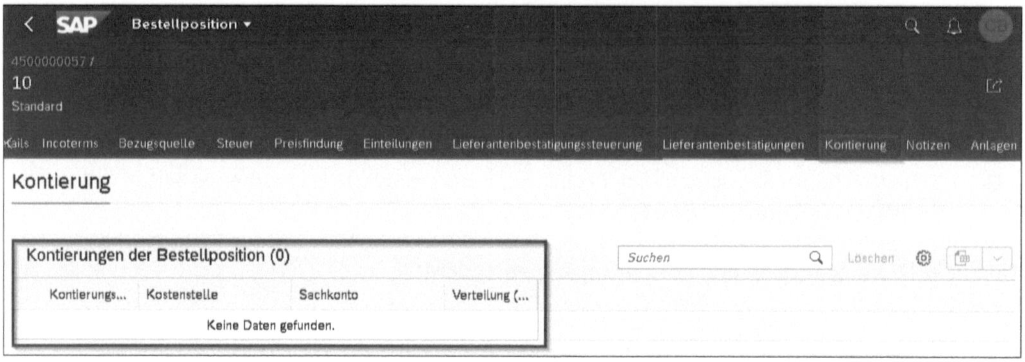

Abbildung 6.96 Kontierung auf das Lager

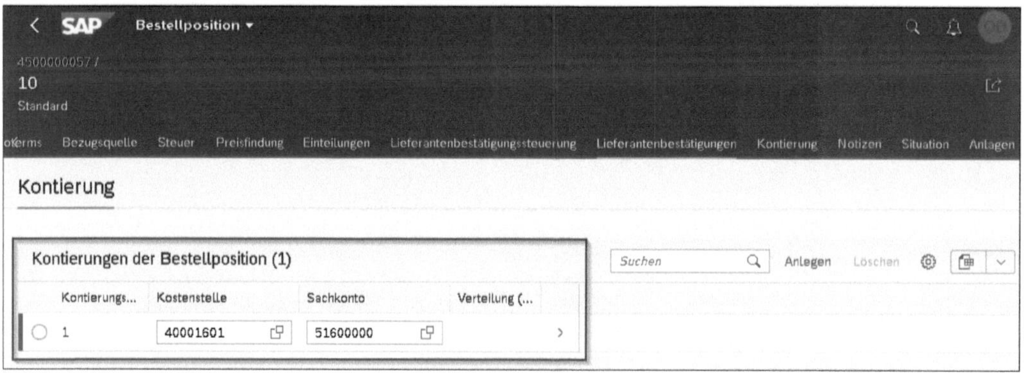

Abbildung 6.97 Einfachkontierung auf die Kostenstelle

In Abbildung 6.98 sehen Sie die ausgefüllten Felder zu Kostenrechnungskreis und Profit-Center, die das SAP-System automatisch zur Kostenstelle und zum Sachkonto ergänzt hat.

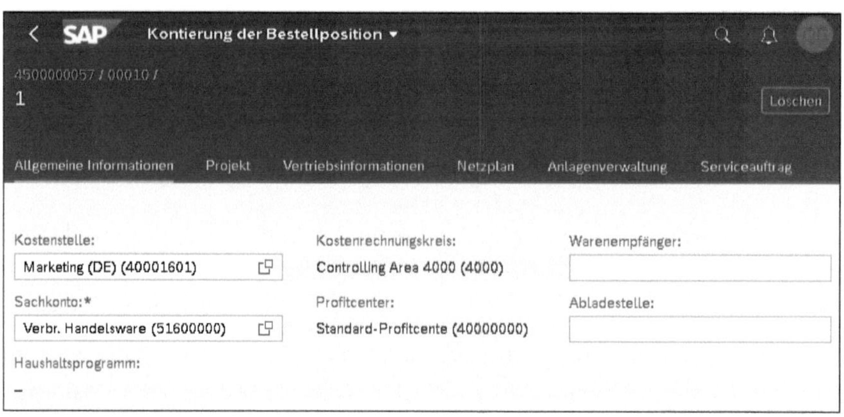

Abbildung 6.98 Detailinformationen: Kontierung auf die Kostenstelle

Buchen Sie zu diesem Material den Wareneingang oder den Rechnungseingang, bucht das SAP-System die Werte direkt in den Verbrauch zulasten der eingetragenen Kostenstelle.

6.7.2 Mehrfachkontierung in der Bestellung

Soll ein Material oder eine Dienstleistung in mehr als eine Kostenstelle gebucht werden, können Sie die Aufteilung der Kosten direkt in der Position erfassen. Klicken Sie hierzu im Bereich **Kontierung** der Position auf die Schaltfläche **Anlegen** (siehe Abbildung 6.99).

Abbildung 6.99 Mehrfachkontierung anlegen

> **Mehrfachkontierung innerhalb eines Kontierungstyps**
> Sie können nur innerhalb eines Kontierungstyps eine Mehrfachkontierung vornehmen, also z. B. nur auf mehrere Kostenstellen oder auf mehrere Kundenaufträge.

In der SAP-Fiori-App **Bestellungen verwalten** können Sie einfach eine weitere Kostenstelle oder ein weiteres Sachkonto eintragen und eine prozentuale Verteilung erfassen (siehe Abbildung 6.100).

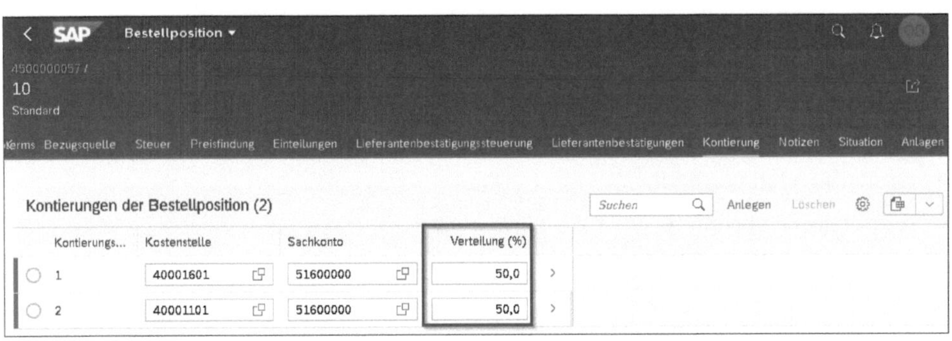

Abbildung 6.100 Mehrfachkontierung

Komplexere Verteilungen werden zurzeit noch nicht von der SAP-Fiori-App unterstützt und müssen über die SAP-Fiori-App **Bestellungen anlegen – Erweitert** angelegt und bearbeitet werden (siehe Abbildung 6.53 weiter vorne).

Nachdem über die Schaltfläche [≡] auf Mehrfachkontierung umgestellt wurde, öffnet das SAP-System eine Tabelle zum Erfassen der Kontierungsdaten (siehe Abbildung 6.101). Über die Schaltfläche ❶ können Sie wieder zur Einfachkontierung wechseln, und über die Schaltflächen und können Sie die Kontierungswiederholung ein- bzw. ausschalten. Sie können zwischen mengenmäßiger und prozentualer Verteilung über die Listenauswahl **Verteilung** ❷ wählen. In unseren Beispiel ist die mengenmäßige Verteilung ❸ eingetragen.

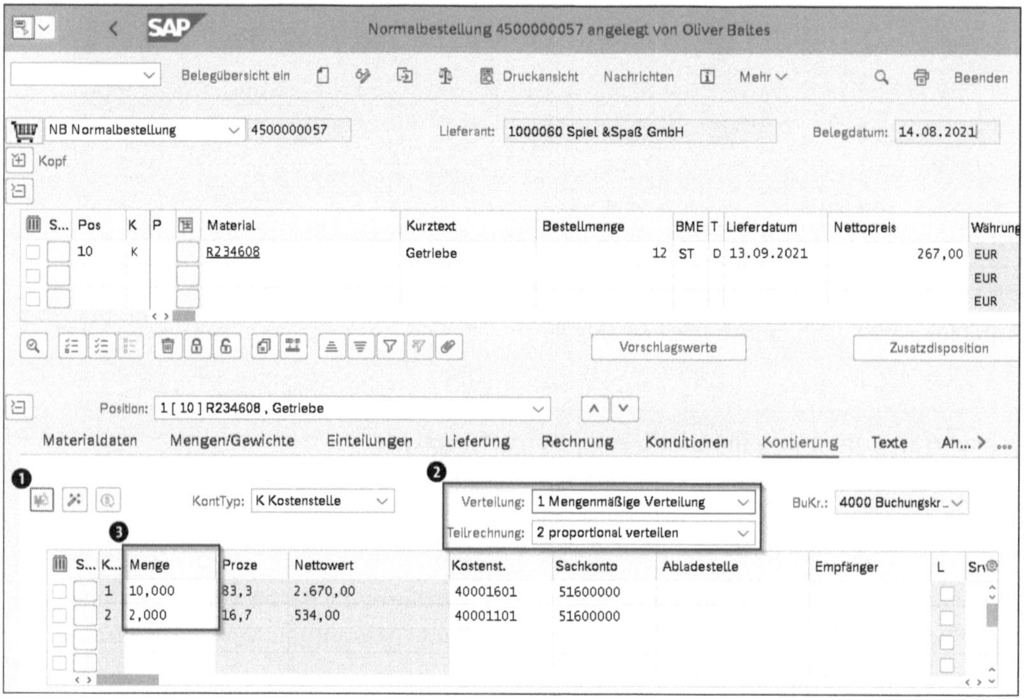

Abbildung 6.101 Bestellung erweitert: Mehrfachkontierung

Möchten Sie zur betreffenden Bestellung eine Teilrechnung erfassen, können Sie dies auf zwei Arten tun:

- der Reihe nach verteilen
- proportional verteilen

In diesem Beispiel ist die proportionale Verteilung eingestellt. Dies bedeutet, dass bei Rechnungseingang beide Kostenstellen mit dem proportionalen Anteil belastet werden. Mit der Einstellung **der Reihe nach verteilen** würde das SAP-System zunächst die erste Kostenstelle so lange belasten, bis deren Anteil erreicht ist und danach erst die Kosten auf die zweite Kostenstelle buchen.

Bei einem Rechnungseingang mit Teilrechnung berechnet das SAP-System in der Rechnungsprüfung automatisch die Verteilung der Kosten gemäß dem eingegebenen Teilrechnungskennzeichen und schlägt die dazugehörigen Werte für die einzelnen Konten vor. Diese Werte können Sie überschreiben, wenn Sie eine andere Verteilung wünschen, als es in der Bestellung geplant ist.

Von der Mehrfachkontierung zur Einfachkontierung

Möchten Sie von der Sicht **Mehrfachkontierung** wieder in die Sicht **Einfachkontierung** wechseln, müssen Sie zunächst die Kontierungszeilen bis auf eine Zeile löschen, indem Sie das Kennzeichen **L** in der Kontierungsübersicht hinter der Zeile markieren und mit der [↵]-Taste bestätigen. Somit ist die Schaltfläche (**Einfachkontierung**) wieder aktiv.

6.8 Bezugsquellenermittlung

SAP unterstützt Sie bei der Zuordnung einer Bezugsquelle im Einkaufsbeleg. Als Bezugsquelle können dienen:

- Quotierung
- Orderbuch
- Infosatz
- Rahmenvertrag

Abbildung 6.102 zeigt die Kachelgruppe **Bezugsquellenverwaltung** mit den SAP-Fiori-Apps **Bezugsquellen verwalten**, **Orderbücher verwalten** und **Quotierungen verwalten**).

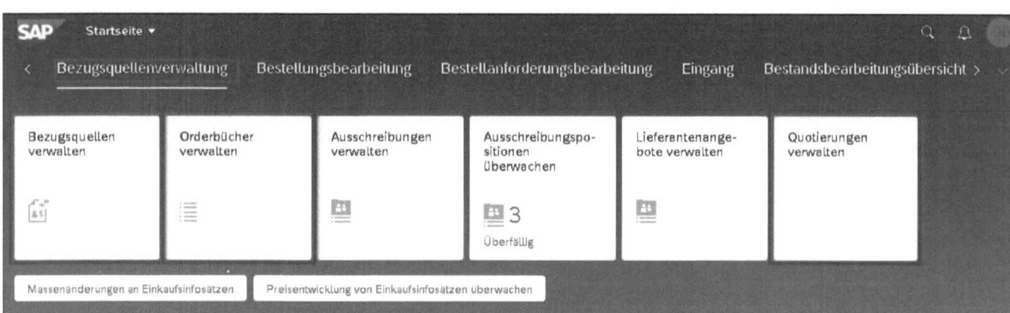

Abbildung 6.102 Kachelgruppe »Bezugsquellenverwaltung«

Über die SAP-Fiori-App **Bezugsquellen verwalten**, die Sie über die Kachelgruppe **Bezugsquellenverwaltung** ansteuern, können Sie verschiedene Arten von Bezugsquellen erfassen und bearbeiten (siehe Abbildung 6.103).

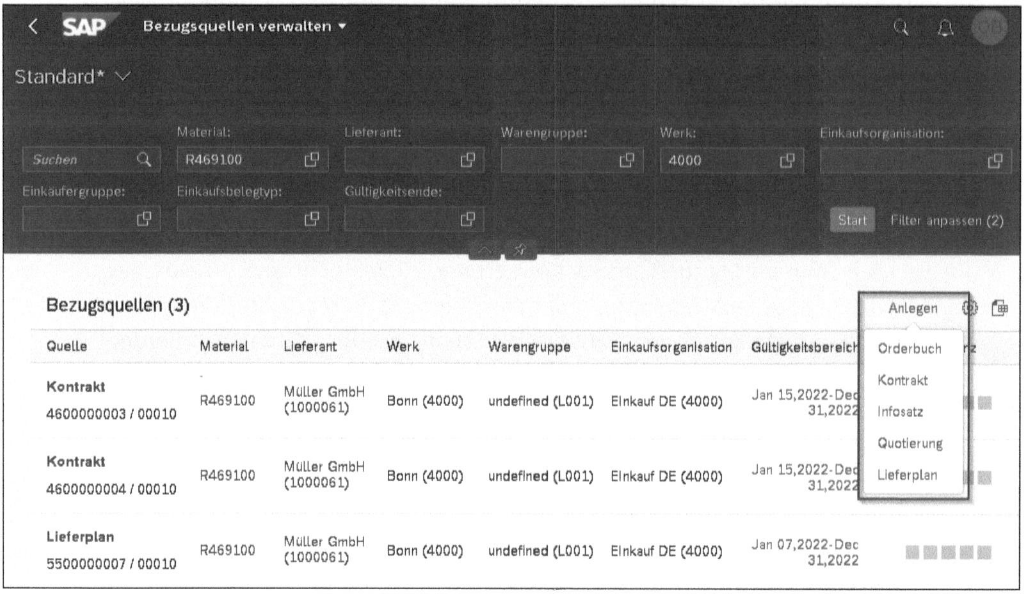

Abbildung 6.103 Bezugsquellen verwalten: anlegen

Mit dem Orderbuch definieren Sie die bevorzugten oder erlaubten Bezugsquellen eines Materials, und mit der Quotierung legen Sie fest, welcher Anteil des anfallenden Bedarfs von welchen Bezugsquellen beschafft werden soll.

Die Bezugsquellenermittlung hat zur Folge, dass einer Bestellanforderungsposition eine Bezugsquelle zugeordnet werden kann.

Das SAP-System durchsucht die Stammsätze zu den Bezugsquellen, wie in Tabelle 6.18 gezeigt, in einer festgelegten Reihenfolge.

Stammsatz	Voraussetzung	Bedeutung
Quotierung	Der Materialstammsatz enthält zum Werk einen Eintrag im Feld **Quotierungsverwendung**. Zur Quotierung ist mindestens ein Lieferantenstammsatz erfasst.	Findet das SAP-System eine Quotierung, berechnet es automatisch auf der Basis der vereinbarten Quoten, von welchem Lieferanten das Material bezogen werden soll.

Tabelle 6.18 Rangfolge der Bezugsquellenfindung

Stammsatz	Voraussetzung	Bedeutung
Orderbuch	Zum Material ist ein Orderbucheintrag mit einem festen Lieferanten oder ein Rahmenvertrag angelegt.	Liegt keine Quotierung vor, sucht das SAP-System nach einem Orderbucheintrag.
Rahmenvertrag	Zum Material ist ein zum Liefertermin gültiger Rahmenvertrag angelegt.	Findet das SAP-System keinen Orderbucheintrag, sucht es nach einer Rahmenvertragsposition. Der Liefertermin der Position muss innerhalb des Gültigkeitszeitraums des Rahmenvertrags liegen.
Infosätze	Zum Material gibt es Infosätze. ▪ Ist in einem Infosatz das Kennzeichen **Regellieferant** gesetzt, wird der betreffende Lieferant in den Beleg übernommen. ▪ Findet das SAP-System keine eindeutige Bezugsquelle, schlägt das SAP-System alle Bezugsquellen zur manuellen Auswahl vor.	Ist im Orderbuch weder ein fester Lieferant noch ein Rahmenvertrag hinterlegt, schlägt das SAP-System Einkaufsinfosätze als mögliche Bezugsquellen vor.

Tabelle 6.18 Rangfolge der Bezugsquellenfindung (Forts.)

Sie können die Zuordnung einer Bezugsquelle in der Bestellanforderung auf der Kopfebene für alle Positionen in der Bestellanforderung anfordern, indem Sie das Feld **Bezugsquellenfindung** anhaken. Existiert genau eine Bezugsquelle, schlägt das SAP-System diese vor.

Sie können in der Bestellanforderung Bezugsquellen automatisch oder manuell zuordnen. Um die Bezugsquellen automatisch zuzuordnen, setzen Sie das Kennzeichen **Automatische Bezugsquellenfindung** im allgemeinen Teil der Bestellanforderung (siehe Abbildung 6.104).

Möchten Sie die Bezugsquelle auf der Positionsebene zuordnen, navigieren Sie in der Bestellanforderung in den Positionsdetaildaten zum Bereich **Bezugsquelle** und klicken von dort auf die Schaltfläche **Bezugsquelle zuordnen** (siehe Abbildung 6.105).

Findet das SAP-System zur Position mehrere Bezugsquellen, wählen Sie die gewünschte Bezugsquelle per Einfachklick auf die entsprechende Zeile aus (siehe Abbildung 6.106).

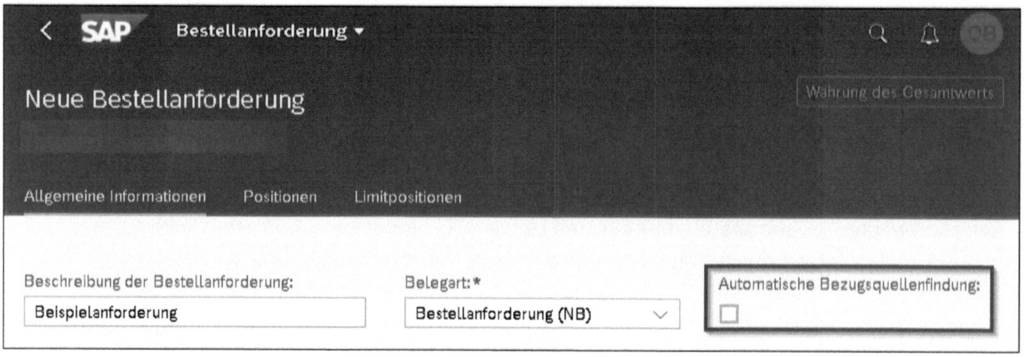

Abbildung 6.104 Bestellanforderung: Kennzeichen »Automatische Bezugsquellenfindung«

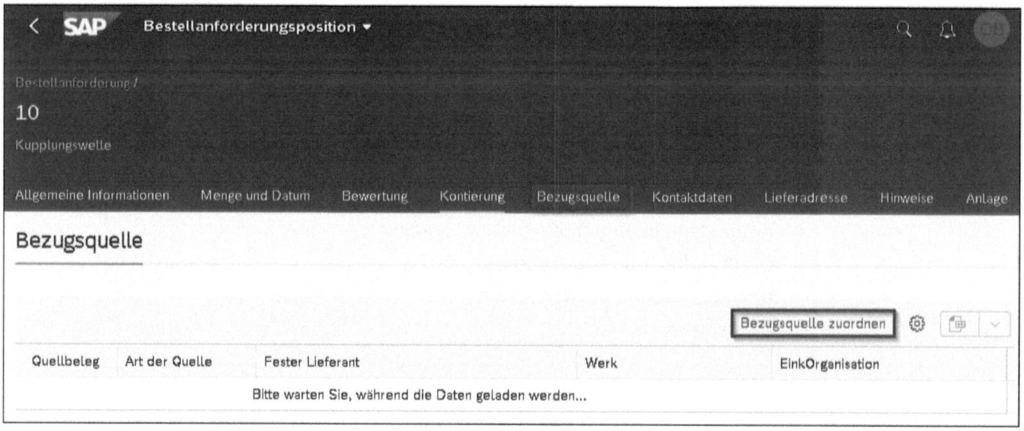

Abbildung 6.105 Bestellanforderung: Bezugsquelle zuordnen

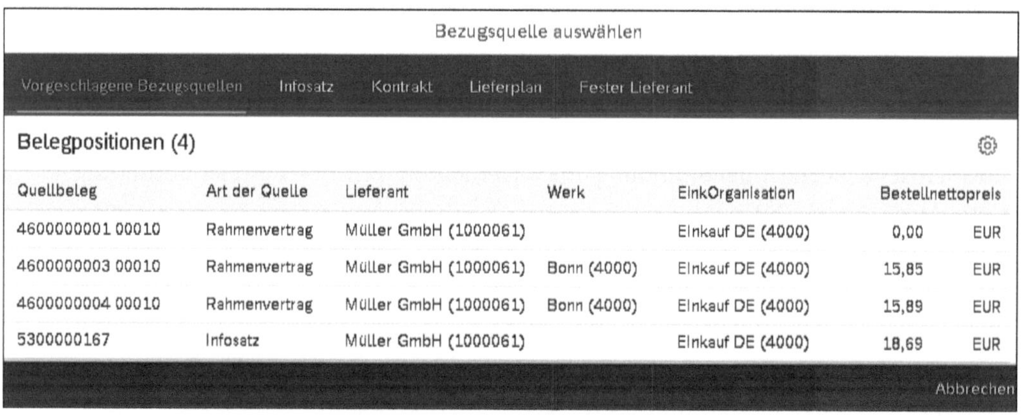

Abbildung 6.106 Bestellanforderung: Bezugsquelle auswählen

Sie können die Bezugsquelle direkt in der BANF oder zu einem späteren Zeitpunkt über die SAP-Fiori-App **Bestellanforderungen bearbeiten** (in älteren SAP-S/4HANA-Versionen **Bestellanforderungen verwalten**) zuordnen (siehe Abschnitt 6.16, »Bestellanforderung in Bestellung überführen«).

In den folgenden Abschnitten stellen wir Ihnen die möglichen Bezugsquellen in der Rangfolge, wie sie im SAP-System ermittelt werden, und deren Besonderheiten vor.

6.8.1 Quotierung

Bei der Ermittlung potenzieller Bezugsquellen für ein angefordertes Material prüft das SAP-System zunächst, ob für das betreffende Material eine Quotierung existiert.

Mit der Quotierung definieren Sie für einen bestimmten Zeitraum, von welcher Bezugsquelle Material beschafft werden soll. Sie können mit der Quotierung festlegen, ob ein Bedarf auf mehrere Lieferanten aufgeteilt oder komplett einer Bezugsquelle zugeordnet werden soll.

Quotierung pflegen

Sie können Quotierungen über die SAP-Fiori-App **Bezugsquellen verwalten** oder **Quotierungen verwalten** anlegen und pflegen. Erfassen Sie die Daten in den Feldern **Material** und **Werk**, wie es in Abbildung 6.107 gezeigt wird.

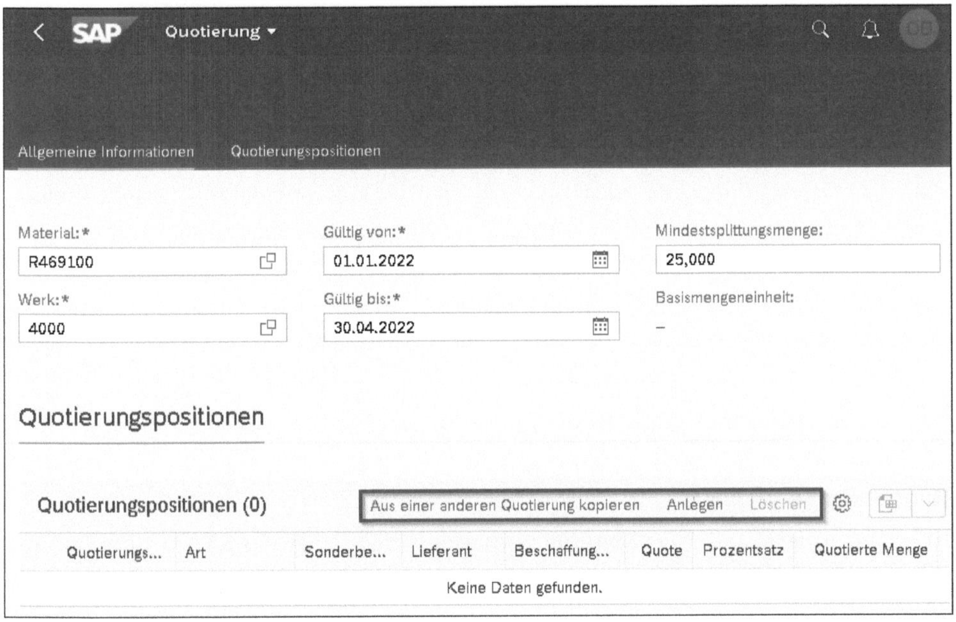

Abbildung 6.107 Quotierung anlegen

Erfassen Sie außerdem Werte in den Feldern **Gültig von** und **Gültig bis**. Legen Sie anschließend die entsprechenden Positionen an (siehe Abbildung 6.108).

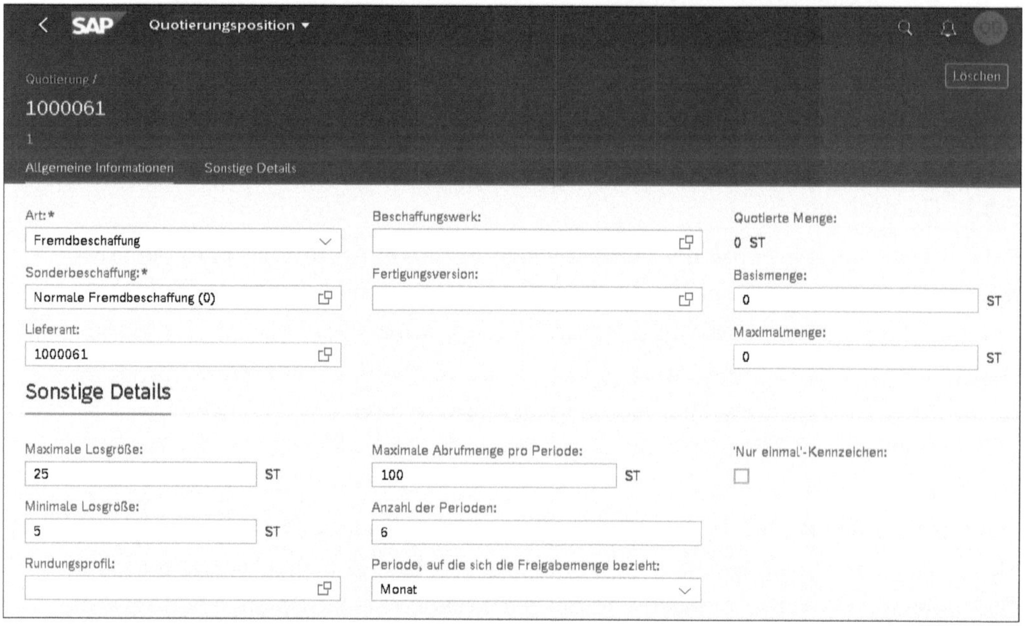

Abbildung 6.108 Quotierungsposition pflegen

Mindestmengensplittung

Beachten Sie, dass die Splittung nur für den Bedarfsplanungslauf (Disposition) gültig ist. Hierzu müssen die folgenden Voraussetzungen vorliegen:

- Im Materialstammsatz muss im Feld **Quotierungsverwendung** (Dispositionsdatenbild 2 oder Einkaufsbild) festgelegt sein, dass die Quotierung bereits beim Planungslauf durchgeführt wird.
- Das Losgrößenverfahren, mit dem das Material geplant wird, muss im Customizing mit dem Kennzeichen für die Splittungsquote versehen sein.

Nach der Eingabe einer Quote ist die Quotierung vollständig (siehe Abbildung 6.109).

Quotierung verwenden

Ist eine Quotierung für das Material vorhanden, berechnet das SAP-System anhand der vereinbarten Quoten, von welchem Lieferanten das betreffende Material bezogen werden soll und schlägt danach die Bezugsquelle vor. Den Vorschlag können Sie bei Bedarf überschreiben.

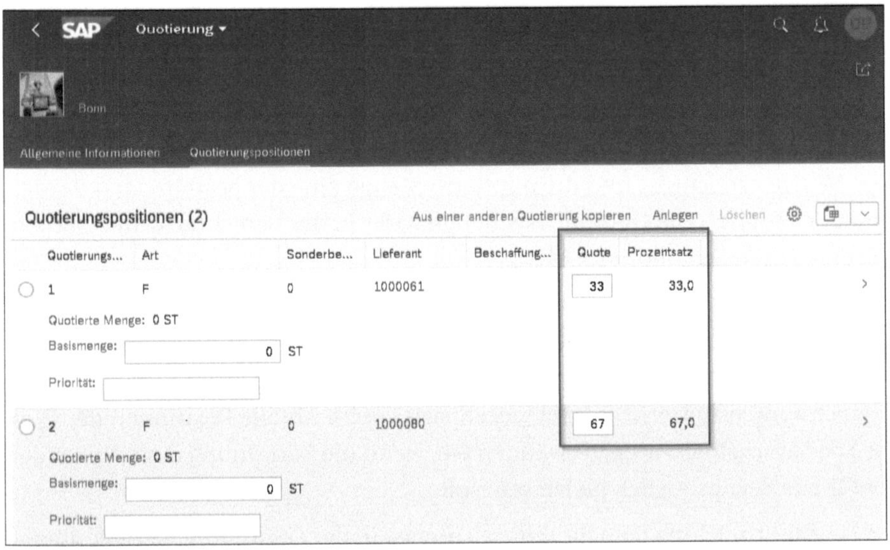

Abbildung 6.109 Quotierungspositionen

Quotierung

Das SAP-System berechnet für den Fall, dass mehrere Bezugsquellen in der Quotierung geführt werden, die Quoten automatisiert auf der Basis von quotierter Menge, Quotenzahl und Quote (Erläuterung siehe Tabelle 6.19). Die Bedarfsmenge wird immer der Bezugsquelle mit der niedrigsten Quotenzahl zugeordnet.

Bei der Quotierung wird nicht aufgeteilt. Das heißt, dass die gesamte angeforderte Menge einer Bestellanforderung gemäß der Quotierung einer Bezugsquelle zugeordnet wird.

Begriff	Definition
quotierte Mengen	Die Gesamtmenge aller Bestellanforderungen, Bestellungen, Kontraktabrufe und Lieferplaneinteilungen zu der Bezugsquelle. Auch die Menge der quotierten Planaufträge wird berücksichtigt.
Quotenbasismenge	Die Menge, die zur Steuerung der Quotierung bei der Aufnahme neuer Bezugsquellen dient.
Quotenzahl	Die Zahl, die festlegt, welcher Anteil eines anfallenden Bedarfs bei einer Bezugsquelle bezogen werden soll.

Tabelle 6.19 Begriffe in der Quotierung

Die Quotenbasismenge nutzen Sie, wenn Sie einer bestehenden Quotierung einen neuen Lieferanten zuordnen.

Die Quotenzahl wird mithilfe der folgenden Formel ermittelt:

Quotenzahl = (quotierte Menge + Quotenbasismenge) ÷ Quote

Mit der Quotenbasismenge können Sie vermeiden, dass der neuen Bezugsquelle alle Bedarfe (z. B. Bestellanforderungen bzw. Bestellungen) zugeordnet werden, bis deren anteilige Menge erreicht ist und die quotierte Menge eine der bestehenden Bezugsquellen überschreitet. Die Quotenbasismenge wirkt in der Berechnung der Quotenzahl wie eine zusätzlich quotierte Menge.

Das SAP-System stellt zwei Verfahren zur Ermittlung der Quotenbasismenge zur Verfügung: die Einzelrechnung und die Sammelrechnung. Mit der Einzelrechnung ermitteln Sie die Quotenbasiszahl für die markierte Position in der Quotierung. Mit der Sammelrechnung ermitteln Sie die Quotenbasiszahlen für alle Positionen der Quotierung. Die Sammelrechnung verwenden Sie, wenn die Zuordnung der anfallenden Bedarfe für alle Bezugsquellen gleich sein soll.

Wählen Sie zur Ermittlung der Quotenbasismenge in der Quotierung den Menüpfad **Bearbeiten • Basismengen • Einzelrechnung oder Sammelrechnung**.

6.8.2 Orderbuch

Mit dem Orderbuch legen Sie die Bezugsquellen fest, oder Sie schließen die Bezugsquellen aus. Sie müssen für jedes Orderbuch pro Bezugsquelle die Materialnummer und die Nummer des Werks eingeben. Das Orderbuch wird für einen definierten Gültigkeitszeitraum angelegt.

- **Materialbezogene Orderbuchpflicht**
  Eine materialbezogene Orderbuchpflicht definieren Sie im Materialstammsatz auf der Registerkarte **Einkauf** im Bereich **Sonstige Daten/Herstellerdaten** im Feld **Orderbuchpflicht**.
- **Werksbezogene Orderbuchpflicht**
  Eine werksbezogene Orderbuchpflicht definieren Sie im SAP-Referenz-IMG über den Customizing-Pfad **Materialwirtschaft • Orderbuch • Orderbuchpflicht auf Werksebene definieren**. Sie erhalten eine Liste aller Werke. Setzen Sie das Kennzeichen **Orderbuchpflicht zum Werk** für die Werke, für die die Orderbuchpflicht gelten soll.

Orderbuch anlegen

Sie können Orderbücher über die SAP-Fiori-App **Bezugsquellen verwalten** oder über die SAP-Fiori-App **Orderbücher verwalten** anlegen und pflegen (siehe Abbildung 6.110).

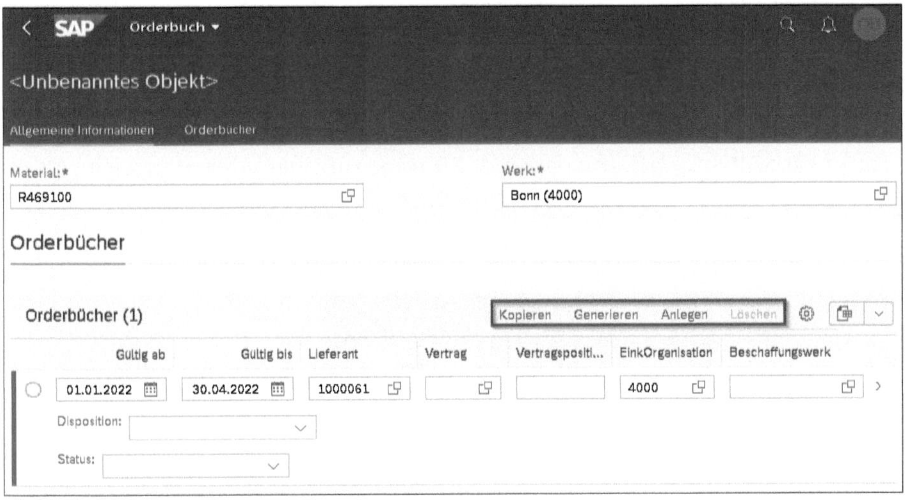

Abbildung 6.110 Orderbuch anlegen

Geben Sie den Materialstammsatz im Feld **Material** und das Werk im Feld **Werk** ein. Anschließend erfassen Sie den Gültigkeitszeitraum mit dem Datum in den Feldern **Gültig ab** und **Gültig bis** sowie den Lieferantenstammsatz.

Ist zu der Material-Lieferanten-Kombination ein Infosatz vorhanden, kann der Lieferant als fester Lieferant eingestellt oder ausgeschlossen werden (siehe Abbildung 6.111). Mit dem Kennzeichen in der Spalte **Status** definieren Sie, dass dieser Lieferant als fester Lieferant für das betreffende Material genutzt werden soll.

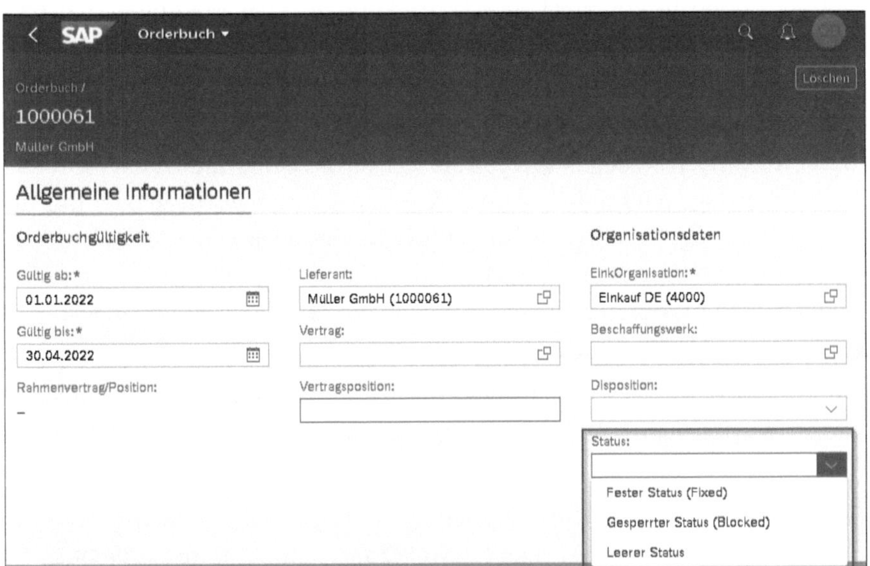

Abbildung 6.111 Orderbuch: Detailbild

Automatische Erzeugung des Orderbuchs

Neben der manuellen Anlage haben Sie die Möglichkeit, aus bestehenden Verträgen oder Infosätzen Orderbücher zu generieren. Wählen Sie dazu in der Anlage des Orderbuchs die Schaltfläche **Generieren** (siehe Abbildung 6.110). Entsprechend Ihren Eingaben schlägt das SAP-System dann passende Einträge zur Übernahme vor (siehe Abbildung 6.112).

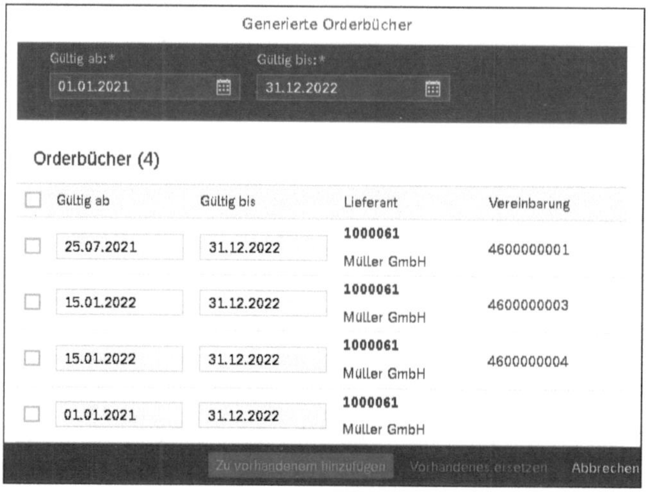

Abbildung 6.112 Orderbuch generieren

Daneben haben Sie im WebGUI die Möglichkeit, im Sammelverfahren Orderbücher zu erzeugen. Sie finden die entsprechende Transaktion über den Menüpfad **Logistik • Materialwirtschaft • Einkauf • Stammdaten • Orderbuch • Folgefunktionen • ME05 Erzeugen**.

Geben Sie das **Material** und **Werk** ❶ der zu erzeugenden Orderbücher ein (siehe Abbildung 6.113). Im Bereich **Erzeugen** ❷ legen Sie fest, ob das Orderbuch für alle Infosätze und Rahmenverträge oder nur für Infosätze (ohne Rahmenverträge) oder nur für Rahmenverträge erzeugt werden soll. Im Bereich **Steuerung** ❸ legen Sie den Gültigkeitszeitraum des Orderbuchs fest. Setzen Sie das Kennzeichen **Planlieferzeit addieren**, wird der Gültigkeitszeitraum um die Planlieferzeit des Materials verlängert.

Legen Sie im Bereich **Vorhandene Sätze** ❹ fest, wie das SAP-System mit bereits vorhandenen Orderbucheinträgen verfahren soll. Die Voreinstellung im Auswahlfeld ist **werden ungültig**.

[!]

Testlauf für Sammelverfahren Ordnerbuch

Achten Sie darauf, dass das Kennzeichen **Testlauf** ❺ angehakt ist, bevor Sie die Orderbucheinträge im Sammelverfahren erzeugen.

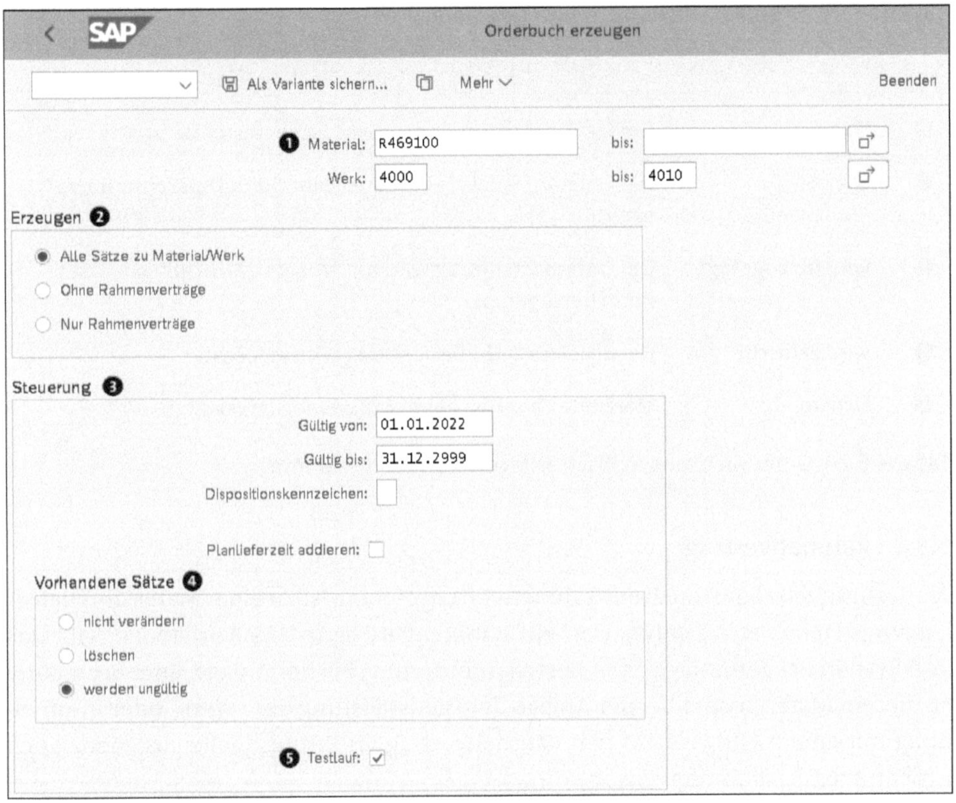

Abbildung 6.113 Orderbuch erzeugen: Sammellauf

Klicken Sie nach der Eingabe aller Daten auf die Schaltfläche **Sichern**. Sie erhalten eine Liste mit allen Orderbucheinträgen (siehe Abbildung 6.114).

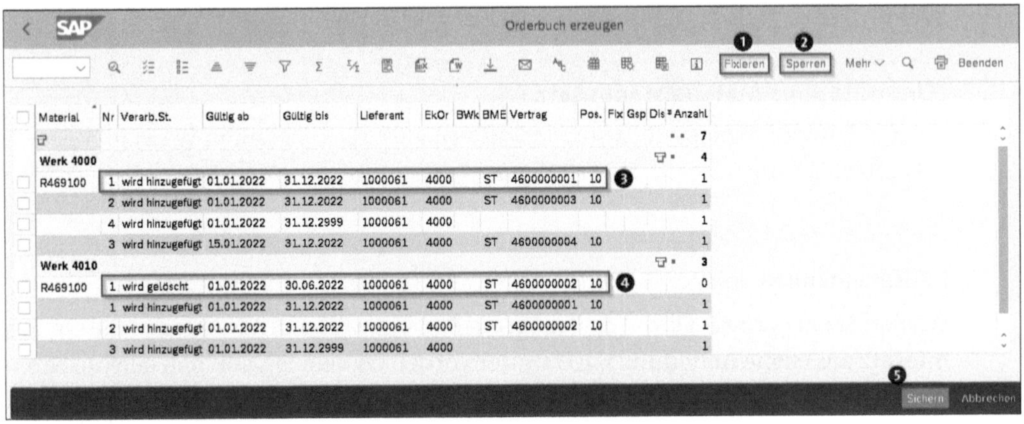

Abbildung 6.114 Orderbuch erzeugen: Ergebnis des Sammelaufs

Tabelle 6.20 erläutert die Funktionen der Liste.

Nr.	Schaltfläche/Zeile	Bedeutung
❶	**Fixieren**	Der Lieferant dieses Orderbuchs ist ein fester Lieferant.
❷	**Sperren**	Der Lieferant ist als Bezugsquelle im Gültigkeitszeitraum gesperrt.
❸	**wird hinzugefügt**	Der Orderbucheintrag wird mit einem neuen Gültigkeitszeitraum hinzugefügt.
❹	**wird gelöscht**	Der obsolete Orderbucheintrag wird gelöscht.
❺	**Sichern**	Markierte Orderbucheinträge werden angelegt.

Tabelle 6.20 Orderbuch automatisch anlegen: Sammelverfahren

6.8.3 Rahmenvertrag

Als Bezugsquelle kann auch ein Rahmenvertrag dienen. Ist zu einer Material-/Dienstleistungs-Lieferantenkombination ein Rahmenvertrag in SAP vorhanden, gibt das SAP-System bei der Anlage einer Bestellanforderung, bei der Anlage einer Bestellung zu diesem Material oder bei der Anlage der Dienstleistung eine Warn- oder Infomeldung mit einem Hinweis auf den Rahmenvertrag als Bezugsquelle aus (siehe auch Abschnitt 6.5.3, »Rahmenverträge«).

6.8.4 Infosatz

Der Infosatz dient als Informationsquelle im Einkauf; er enthält Daten zu einem Material und Lieferanten. Ein Infosatz kann für eine Einkaufsorganisation oder ein Werk gelten.

[»]

Infosatz ohne Materialstammsatz

Einen Infosatz ohne Materialstammsatz legen Sie zur Lieferanten-Warengruppen-Kombination an.

Infosatz manuell anlegen

Wählen Sie in der SAP-Fiori-App **Bezugsquellen verwalten** unter **Anlegen** die Option **Infosatz** aus (siehe Abbildung 6.103 weiter vorne). Wählen Sie nun den gewünschten Infosatztyp aus, und erfassen Sie die restlichen Kopfdaten (siehe Abbildung 6.115).

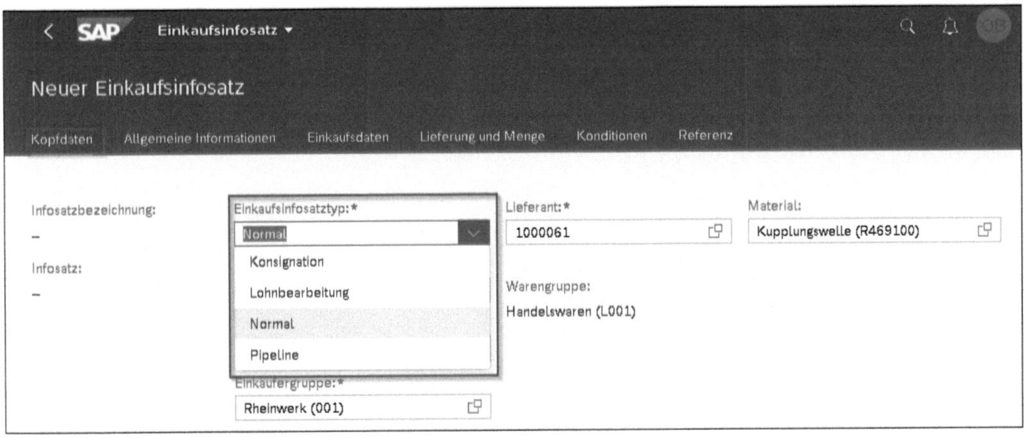

Abbildung 6.115 Infosatz anlegen: Kopfdaten erfassen

Tabelle 6.21 listet die möglichen Infotypen zum Infosatz auf.

Infotyp	Bedeutung
Konsignation	Ein Konsignationsinfosatz enthält Informationen zu einem Material, das der Lieferant auf seine Kosten beim Besteller bereithält. Der Infosatz enthält den Preis des Lieferanten für die Entnahme aus dem Konsignationsbestand. Sie können die Entnahmepreise für verschiedene Gültigkeitszeiträume hinterlegen.
Lohnbearbeitung	Ein Lohnbearbeitungsinfosatz enthält Bestellinformationen über Lohnbearbeitungsbestellungen. Wenn Sie beispielsweise die Montage einer Komponente von einem Lieferanten in der Lohnbearbeitung ausführen ließen, würde der Lohnbearbeitungsinfosatz den Preis des Lieferanten für die Montage enthalten.
Normal	Ein Normalinfosatz enthält Informationen für Normalbestellungen. Die Infosätze können für Materialien und Leistungen mit und ohne Stammsatz angelegt werden.
Pipeline	Ein Pipeline-Infosatz enthält Informationen zu einem Material des Lieferanten, das über eine Pipeline (Öl), über eine Rohrleitung (Wasser) oder aus anderen Leitungen (Strom) beschafft wird. Der Infosatz enthält den Preis des Lieferanten für die Entnahme. Sie können die Entnahmepreise für verschiedene Gültigkeitszeiträume hinterlegen.

Tabelle 6.21 Infotypen zum Infosatz

Auf der Registerkarte **Lieferung und Menge** werden entsprechende Daten erfasst (siehe Abbildung 6.116).

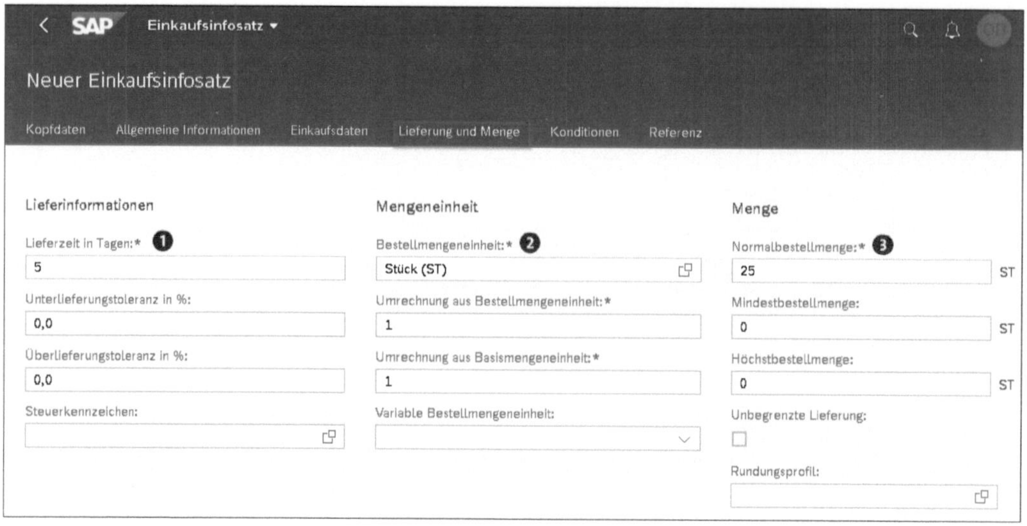

Abbildung 6.116 Infosatz anlegen: Lieferung und Menge

In dieser Sicht müssen die folgenden Daten gepflegt werden:

- **Lieferzeit in Tagen** ❶
  Die Anzahl von Kalendertagen, die der Lieferant normalerweise zur Lieferung benötigt.
- **Bestellmengeneinheit** ❷
  Die Mengeneinheit wird aus dem Materialstammsatz übernommen.
- **Normalbestellmenge** ❸
  Die Menge, die normalerweise bei dem betreffenden Lieferanten bestellt wird.

Die Preisinformationen werden auf der Registerkarte **Konditionen** erfasst (siehe Abbildung 6.117).

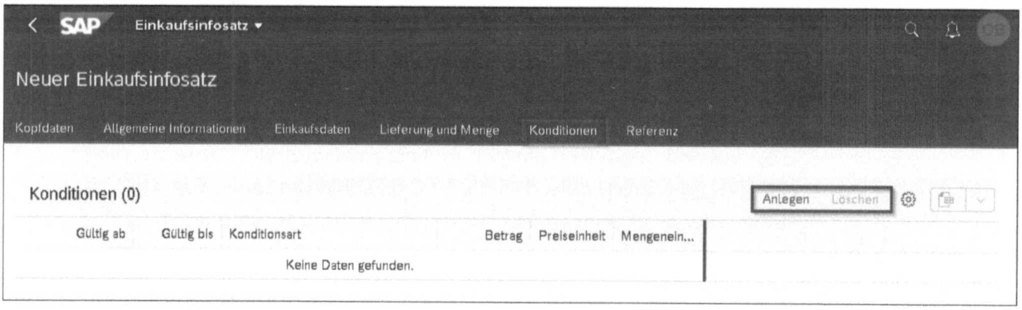

Abbildung 6.117 Infosatz anlegen: Registerkarte »Konditionen«

Nachdem Sie **Anlegen** gewählt haben, können Sie die Detaildaten der Kondition erfassen (siehe Abbildung 6.118).

- **Gültig ab** ❶
  Gültigkeitszeitraum der Konditionen.
- **Betrag** ❷
  Bezugspreis des Materials pro Einheit bei diesem Lieferanten.

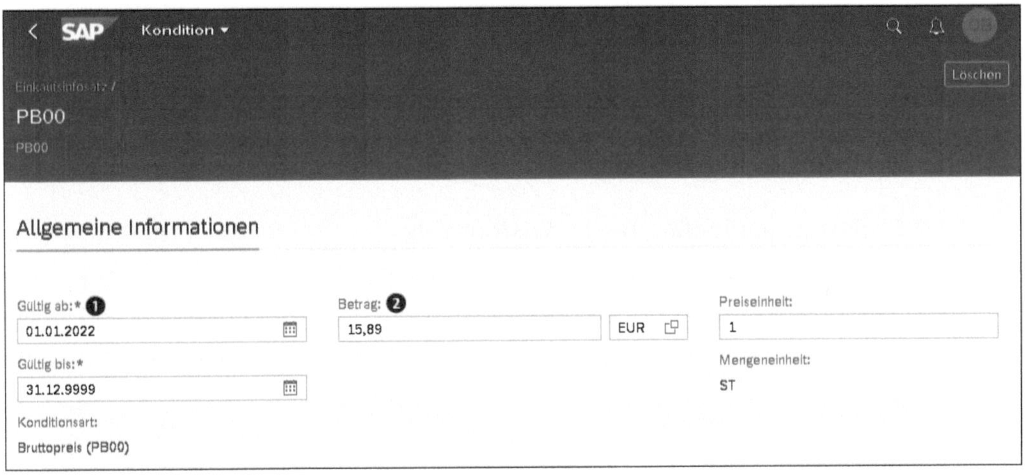

Abbildung 6.118 Infosatz anlegen: Bereich »Allgemeine Informationen« in den Konditionen

Infosatz automatisch anlegen

Beim Anlegen bzw. Ändern von Angeboten, Lieferplänen, Kontrakten und Bestellungen können Sie über das Feld **Infosatz-Update** festlegen, dass der Infosatz automatisch angelegt bzw. aktualisiert werden soll (siehe Abbildung 6.119).

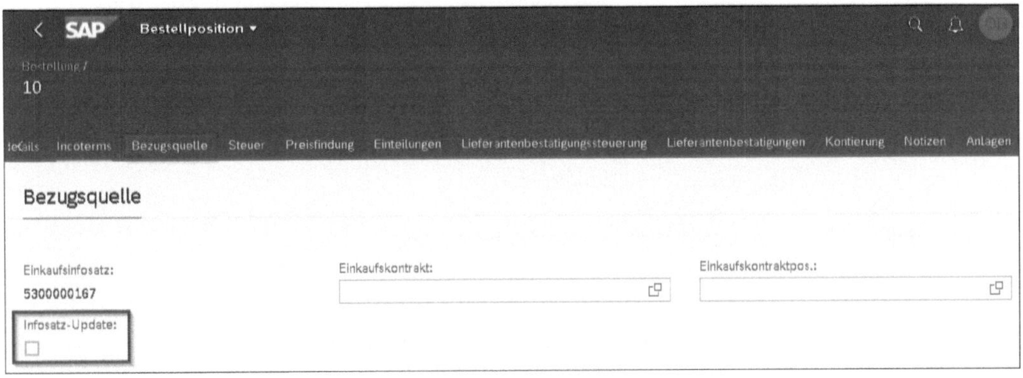

Abbildung 6.119 Infosatz-Update-Kennzeichen in der Bestellung

[»]

Infosatz-Update in Ausschreibung oder Bestellung

Das Infosatz-Update-Kennzeichen in der Ausschreibung oder Bestellung hat unterschiedliche Auswirkungen im Infosatz:

- Das Infosatz-Update-Kennzeichen (**Infosatzaktualis.**) in der Ausschreibung aktualisiert im Infosatz Preis und Konditionen.
- Das Infosatz-Update-Kennzeichen (**Infosatz-Update**) in der Bestellung überträgt die letzte Bestellnummer in den Infosatz.

In der WebGUI-Transaktion **Bestellung anlegen – Erweitert** setzen Sie das Kennzeichen **Infosatz-Update** auf der Positionsdetailregisterkarte **Materialdaten**.

6.8.5 Bezugsquellenfindung im Customizing

Weitere Bedingungen zur Bezugsquellenfindung definieren Sie im Customizing über den Menüpfad **Referenz IMG • Materialwirtschaft • Einkauf • Bezugsquellenfindung**. Tabelle 6.22 listet weitere Bedingungen zur Bezugsquellenfindung im Customizing auf:

Thema	Aktion	Bedeutung
Regellieferant	Ankreuzfeld je Werk markieren	Legt fest, ob zu einem Werk der Regellieferant als Bezugsquelle vorgeschlagen werden soll.
Lieferregion	Lieferregionen anlegen	Festlegung einer regionalen Zone, innerhalb derer der Lieferant liefert.
Werke den Lieferregionen zuordnen	Lieferregion in die Zeile des Werks eintragen	Zuordnung der Werke zu den Lieferregionen.
Findung des Lieferwerks über die Verfügbarkeitsprüfung einstellen	Verfügbarkeitsprüfung in einem APO-System (Advanced Planning and Optimization) nutzen	Nur nutzbar, wenn ein APO-System angeschlossen ist.

Tabelle 6.22 Customizing zur Bezugsquellenfindung

6.9 Geschäftsvorfälle in der operativen Beschaffung

In diesem Abschnitt zeigen wir Ihnen typische Geschäftsvorfälle in der Beschaffung. Die Beschreibung eines Prozesses beginnt immer mit der direkten Anlage einer Bestellung ohne Vorgängerbeleg.

Die entsprechenden SAP-Fiori-Apps finden Sie in der Kachelgruppe **Bestellungsbearbeitung** (siehe Abbildung 6.120).

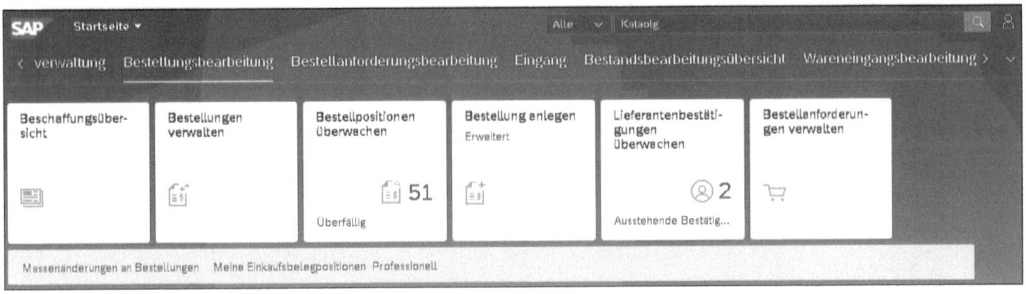

Abbildung 6.120 Kachelgruppe »Bestellungsbearbeitung«

Wir gehen in diesem Abschnitt nur noch auf die Besonderheiten ein. Wie eine Bestellung angelegt wird und welche Felder dort relevant sind, erläutern wir in Abschnitt 6.5.2, »Bestellungen«.

6.9.1 Normalbestellung

Mit einer Normalbestellung beschaffen Sie mit oder ohne Materialstammsatz Waren oder Dienstleistungen. Den Prozess einer Normalbestellung sehen Sie in Abbildung 6.121. Eine Normalbestellposition hat den Positionstyp **Blank**. Folgende Vorgehensweisen sind möglich:

- Für das Lagermaterial kombinieren Sie den Positionstyp **Standard** mit dem Kontierungstyp **Blank** (siehe Abbildung 6.57 weiter vorne).
- Für das Verbrauchsmaterial erfassen Sie den Kontierungstyp des Verbrauchers, z. B. **K** (Kostenstelle). Welche Kombinationen von Positions- und Kontierungstyp möglich sind, entnehmen Sie Tabelle 6.16 weiter vorne.

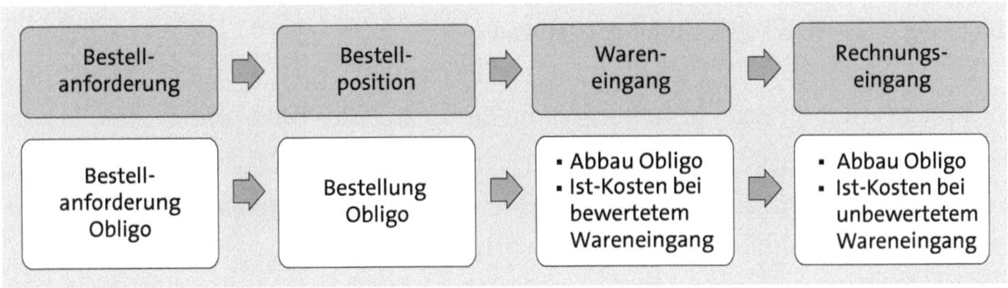

Abbildung 6.121 Prozess einer Normalbestellung

Zu einer Normalbestellposition erfassen Sie sowohl Wareneingang als auch Rechnungseingang.

6.9.2 Streckenbestellung

Eine Streckenbestellung zeichnet sich dadurch aus, dass die Bestellung nicht an die Anlieferadresse des Bestellers geliefert wird, sondern an einen anderen Adressaten. Es wird der Positionstyp **S** (Strecke) verwendet.

Wenn Sie einen Kundenauftrag sichern, der eine oder mehrere Streckenpositionen enthält, erzeugt das SAP-System automatisch eine Bestellanforderung im Einkauf. Für jede Streckenposition im Kundenauftrag wird dabei automatisch eine zugehörige Bestellanforderungsposition erzeugt. Das SAP-System kopiert automatisch die Anschrift des Kunden und die Kontierungsdaten aus dem zugehörigen Kundenauftrag in die BANF.

Die Nummer einer erzeugten Bestellung erscheint im Belegfluss des Kundenauftrags.

Legen Sie ohne Bezug zu einem Kundenauftrag eine Streckenbestellung an, wird das bestellte Material direkt an einen Dritten (engl. Third Party) geliefert; die Rechnung geht an den Besteller. Eine mögliche Anwendung ist es, dass es sich bei einem Dritten um einen Ihrer Lohnbearbeiter handelt, der Packmaterial benötigt. Der entsprechende Prozess ist in Abbildung 6.122 skizziert.

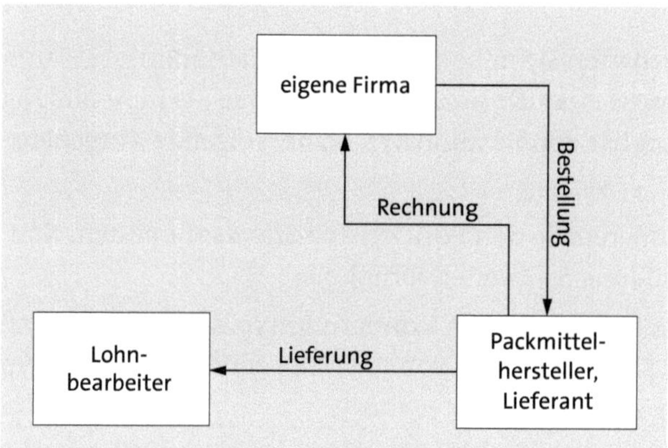

Abbildung 6.122 Streckenbestellung im Einkauf

Zur Anlage einer Streckenbestellung ohne Bezug zu einer BANF gehen Sie wie folgt vor:

1. Öffnen Sie SAP-Fiori-App **Bestellungen verwalten**, und wählen Sie die Schaltfläche **Anlegen** (siehe Abbildung 6.54 weiter vorne).
2. Erfassen Sie zu einer Materialposition den Positionstyp **S**.
3. Erfassen Sie den Kontierungstyp. Welche Kontierungstypen zum Positionstyp **S** zugelassen sind, entnehmen Sie Tabelle 6.16 weiter vorne.

4. Nach der Eingabe des Kontierungstyps pflegen Sie die Anlieferadresse im Bereich **Lieferadresse**.
5. Pflegen Sie bei Bedarf im Bereich **Kontierung** gegebenenfalls die erforderlichen Kontierungsdaten.
6. Sie entscheiden beim Erfassen der Bestellung, ob Sie einen Wareneingang buchen möchten oder nicht. Ist das Kennzeichen **Wareneingang** im Bereich **Prozesssteuerung** markiert, erfassen Sie lediglich einen statistischen Wareneingang, der den Erhalt der Ware dokumentiert. Mit dem statistischen Wareneingang werden keine Werte im Controlling fortgeschrieben.

[!]

Streckenbestellung mit Bezug zur BANF

Wenn Sie eine Streckenbestellposition mit Bezug auf eine Bestellanforderung erfassen, wird die Anschrift des Lieferanten übernommen und kann nicht geändert werden.

Der Lieferant sendet die Waren direkt an die angegebene Anlieferadresse.

Bei einer Streckenbestellung wird das Bestell-Obligo erst mit dem Rechnungseingang abgebaut und Ist-Kosten in gleicher Höhe aufgebaut.

6.9.3 Umlagerungsbestellung

Umlagerungsbestellungen können Sie nur mit Materialstammsätzen und der Lagerverwaltung verwenden. Es wird der Positionstyp **U** (Umlagerung) verwendet (siehe Abbildung 6.123).

Bei einer Umlagerungsbestellung ist der Lieferant ein Lieferwerk. Der Eintrag des abgebenden Werks steht im Feld **Lieferant**; das empfangende Werk steht in der Positionsübersicht in der Spalte **Werk**.

[«]

Buchungskreisübergreifende Umlagerung

Für buchungskreisübergreifende Umlagerungsbestellungen nutzen Sie die Belegart **NB** mit dem Positionstyp **Blank**. Welche Kontierungstypen zum Positionstyp **U** zugelassen sind, entnehmen Sie Tabelle 6.16 weiter vorne.

Die Umlagerungsbestellung kann auf drei Arten erfolgen:

- Umlagerungsbestellung ohne Lieferung
- Umlagerungsbestellung mit Lieferung über Versand
- Umlagerungsbestellung mit Lieferung und Faktura/Rechnung

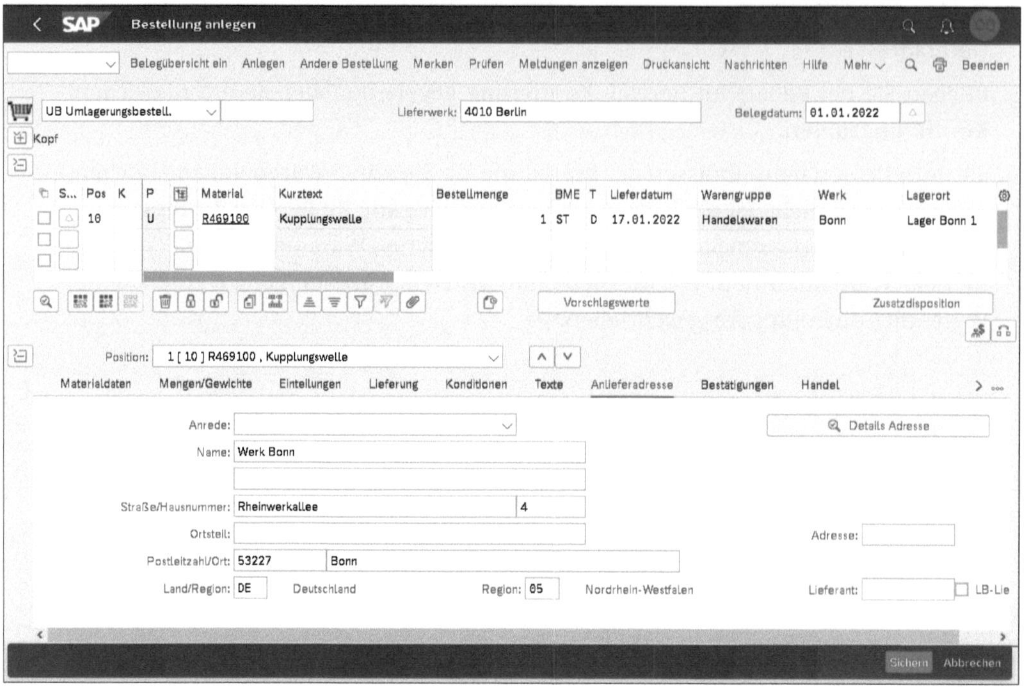

Abbildung 6.123 Umlagerungsbestellung

Sie können in der Bestellung Bezugsnebenkosten sowie Frachtkosten erfassen. Abbildung 6.124 zeigt eine Umlagerung mit Lieferung über den Versand.

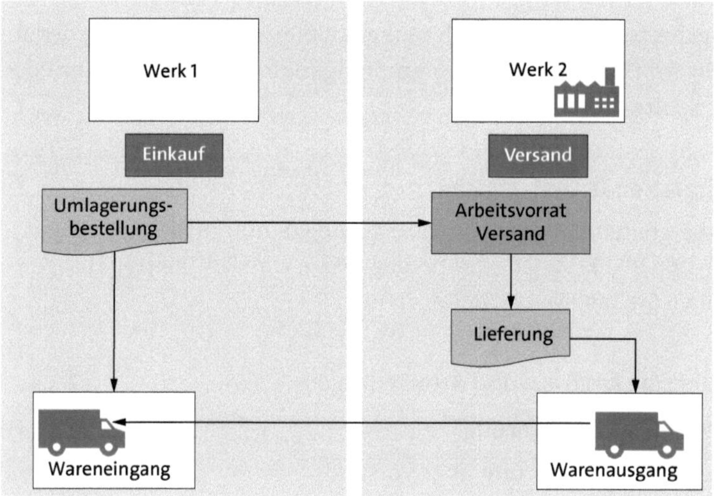

Abbildung 6.124 Prozess der Umlagerungsbestellung

In Tabelle 6.23 sind die Merkmale der Umlagerungsbestellung aufgelistet.

Merkmal	Umlagerungsbestellung ohne Lieferung	Umlagerungsbestellung mit Lieferung	Umlagerungsbestellung mit Lieferung und Faktura
Bestellart	**UB** Positionstyp **U**	**UB** Positionstyp **U**	**NB** Positionstyp **Blank** (buchungskreisübergreifend) **UB** Positionstyp **Blank** (buchungskreisintern ohne Faktura)
Bewegungsart	**WA 351** **WE 101** Einzelschrittverfahren, nicht unterstützt	**WA 641** (2 Schritte) **WA 647** (1 Schritt) **WE 101** (1 Schritt)	**WA 643** (2 Schritte) **WA 645** (1 Schritt) **WE 101**
Lieferart **SD**	–	**NL** Nachschublieferung	**NLCC** Nachschub, Crosscompany
Einteilungstyp **SD**	–	**NN** Nachschub, ohne Dispo	**NC** Nachschub, Crosscompany
Fakturaart **SD**	–	–	**IV** (Interne Verrechnung)
Belegart **Faktura**	–	–	**RE** (Rechnungseingang)
Preis	Bewertungspreis Lieferwerk	Bewertungspreis Lieferwerk	Preisfindung in SD und MM
Bestand nach Warenausgang	Transitbestand	Transitbestand	Transitbestand Buchungskreis
Bezugsnebenkosten	ja	ja	ja
buchungskreisübergreifend	Buchungskreisverrechnung	Buchungskreisverrechnung	Erlöskonto; WE-RE-Verrechnung

Tabelle 6.23 Merkmale der Umlagerungsbestellung

Den Warenausgang zur Umlagerungsbestellung können Sie wahlweise in der Materialwirtschaft (siehe Kapitel 7, »Bestandsführung und Inventur«) oder im Versand mit Logistics Execution erfassen.

Für die Warenausgangsbuchung einer Umlagerungsbestellung nutzen Sie die SAP-Fiori-App **Warenbewegung buchen** (siehe Abbildung 6.125).

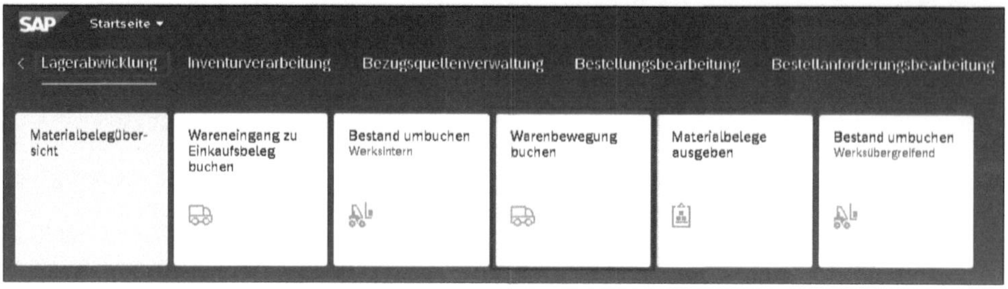

Abbildung 6.125 Kachelgruppe »Lagerabwicklung« (SAP-Fiori-App »Warenbewegung buchen«)

Wählen Sie **Warenausgang** zur **Bestellung.** Das System schlägt als Bewegungsart automatisch **351** vor (siehe Abbildung 6.126).

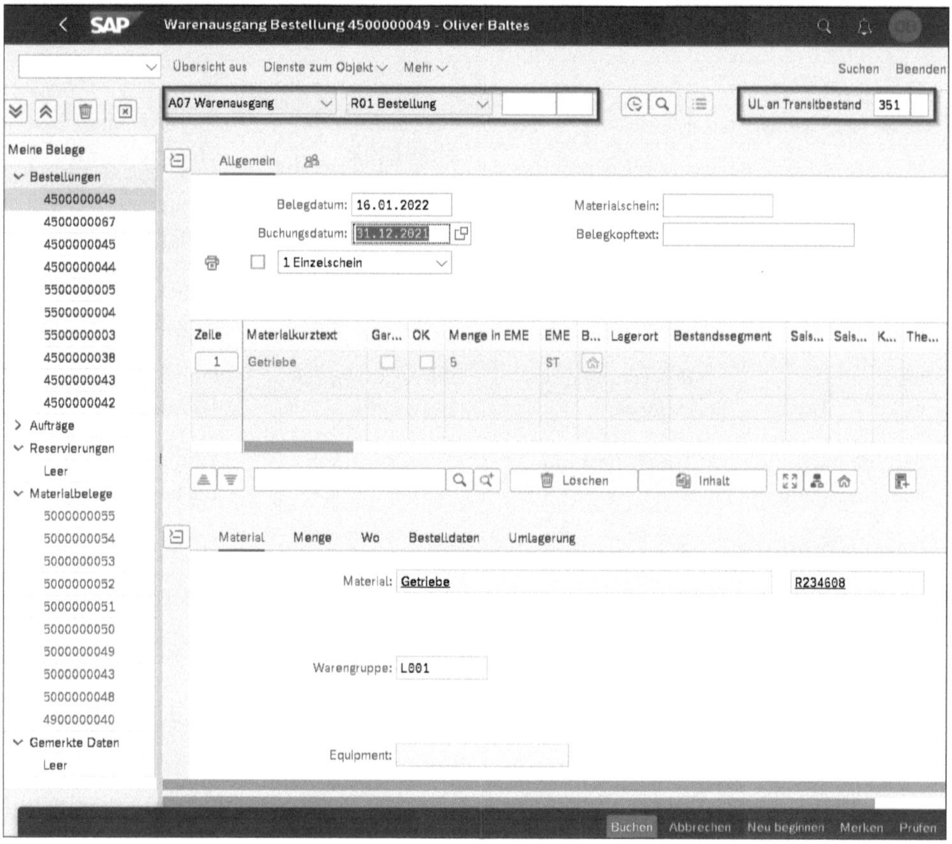

Abbildung 6.126 Warenausgang zur Bestellung erfassen

Der Warenausgang hat im SAP-System die in Tabelle 6.24 gelisteten Auswirkungen.

Wo	Auswirkung
Belege	Das SAP-System erzeugt einen Materialbeleg. Falls die Werke zu unterschiedlichen Bewertungskreisen gehören, wird parallel zum Materialbeleg ein Buchhaltungsbeleg erzeugt.
Bestandsveränderung	Die Menge wird aus dem abgebenden Werk abgebucht. Das empfangende Werk führt die Menge im Transitbestand auf der Werksebene, jedoch nicht im frei verwendbaren Bestand. Der empfangende Lagerort ist zu diesem Zeitpunkt noch nicht bekannt.
Bestellentwicklung	Mit der Warenausgangsbuchung wird automatisch ein Bestellentwicklungssatz angelegt.

Tabelle 6.24 Auswirkungen der Warenausgangsbuchung zur Umlagerungsbestellung

Den Wareneingang zur Umlagerungsbestellung im empfangenden Werk erfassen Sie zur Materialbelegnummer mit der Bewegungsart **101** (siehe Abschnitt 4.3.3, »Wareneingang zur Bestellung«).

6.9.4 Lohnbearbeitung

Die Lohnbearbeitung ist eine Form der Beschaffung, bei der das zu beschaffende Produkt durch einen Lieferanten, den Lohnbearbeiter, gefertigt wird. Abbildung 6.127 zeigt exemplarisch den Prozess der Lohnbearbeitung.

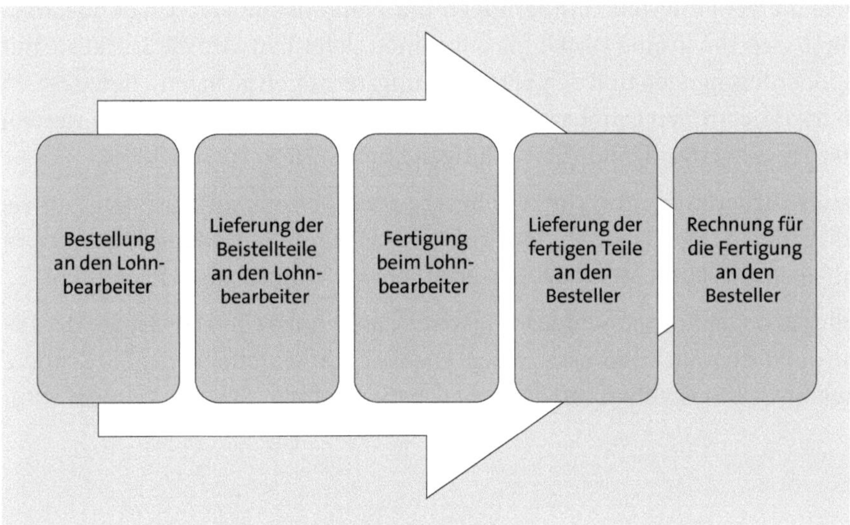

Abbildung 6.127 Prozess der Lohnbearbeitung

Die Lohnbearbeitung erfolgt in den nachfolgend aufgeführten Prozessschritten:

1. Die Lohnbearbeitung basiert darauf, dass einem Lieferanten (Lohnbearbeiter) Materialien als Beistellteile geliefert werden, aus denen er das Endprodukt fertigt.
2. Sie bestellen das zu fertigende oder zu veredelnde Produkt bei einem Lieferanten. Sie geben in der Bestellung an, welche Materialien (Komponenten) von Ihnen an den Lieferanten geschickt werden.
3. Sie erfassen die Ausgabe der Komponenten an den Lieferanten. Für das vom Lieferanten gefertigte Produkt erfassen Sie einen Wareneingang. Dabei wird der Verbrauch der Komponenten gebucht. Die dem Lieferanten beigestellten Komponenten werden in der Bestandsübersicht als Sonderbestand (Lieferantenbeistellung) auf der Werksebene geführt; dieser Sonderbestand ist für die Disposition verfügbar.
4. Die Rechnung des Lieferanten wird mit Bezug zur Bestellung erfasst. Dabei können Sie auch einen Mehr- oder Minderverbrauch der Komponenten nachverrechnen.
5. Eine Inventur des Lieferantenbeistellbestands kann durchgeführt werden.

Das Lohnbearbeitungsmaterial kann in den folgenden Bestandsarten geführt werden:

- frei verwendbarer Bestand
- Qualitätsprüfbestand

Eine mögliche Anwendung ist es, dass ein Motor bei einem Lohnbearbeiter zusammengebaut wird.

Im Materialstammsatz des zu fertigenden Teils ist der Sonderbeschaffungsschlüssel **30** im Materialstammsatz auf der Registerkarte **Disposition 2** im Feld **Sonderbeschaffung** hinterlegt (siehe Abbildung 6.128).

Der MRP-Lauf erzeugt Bestellanforderungen mit dem Positionstyp **L** (Lohnbearbeitung). Beim Umsetzen in eine Bestellung oder einen Lieferplan wird die Stückliste mit den Komponentenmengen und den Bereitstellungsterminen gezogen. Hierzu ist ein *Einkaufsinfosatz* vom Typ **Lohnbearbeitung** notwendig. Die Komponenten werden automatisch reserviert. Folgende Einstellungen können Sie vornehmen:

Die Bestands-/Bedarfssituation für Lohnbearbeitungsbestellungen überwachen Sie über den Menüpfad **Logistik • Materialwirtschaft • Einkauf • Bestellung • Auswertungen** oder über Transaktion ME2O (LB-Bestandsüberwachungen zum Lieferanten).

Für Bestellungen von Komponenten können Sie das Kennzeichen **LB-Lief** auf der Positionsregisterkarte **Anlieferadresse** setzen, sodass beim Wareneingang die Komponente direkt in den Beistellbestand des angegebenen Lohnbearbeiters gebucht wird.

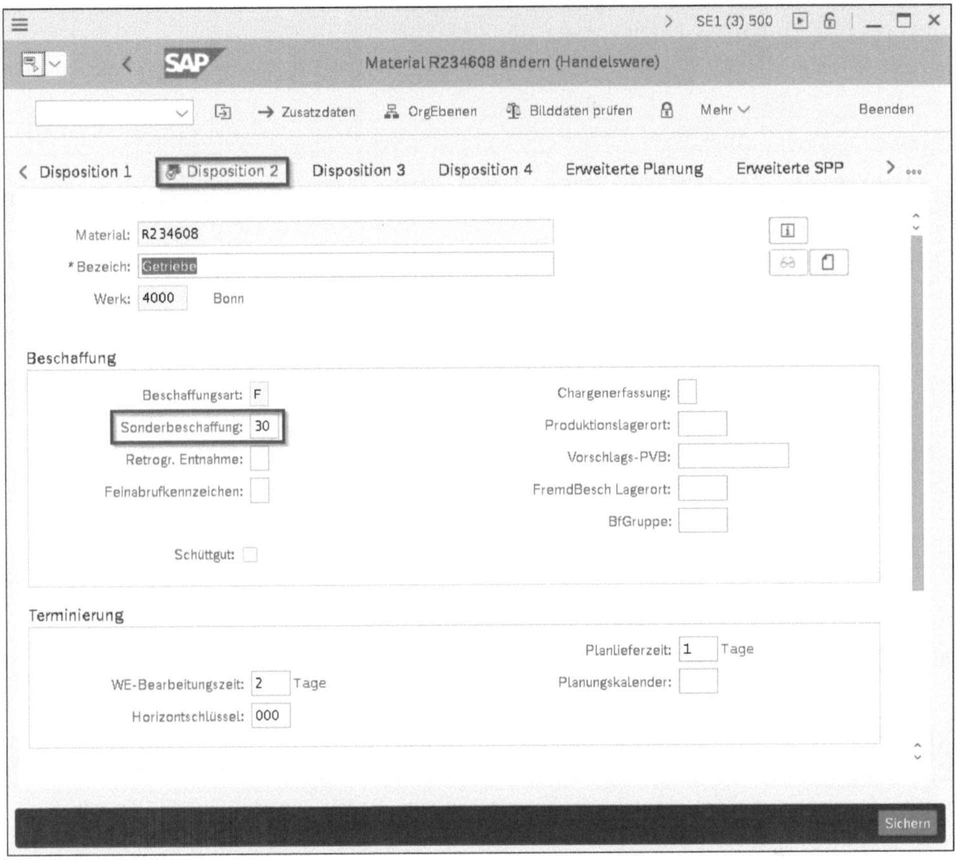

Abbildung 6.128 Sonderbeschaffungsschlüssel im Materialstammsatz

6

Merkmale des Beistellbestands

Der Beistellbestand ist bewertet; er unterliegt der Inventur.

Die Komponentenentnahme erfolgt retrograd beim Wareneingang zur Lohnbearbeitungsbestellung.

Mehr- oder Minderbedarfe können beim Wareneingang erfasst oder nachträglich gebucht werden.

Steht Ihnen keine Bestellart **Lohnbearbeitung** zur Verfügung, verwenden Sie in der Normalbestellung den Positionstyp **L**.

Erfassen Sie das Material mit gewünschter Menge und Lieferdatum, das der Lohnbearbeiter liefern soll, in der Positionsübersicht. Bestätigen Sie Ihre Eingaben mit der [↵]-Taste. Das SAP-System öffnet die Positionsregisterkarte **Materialdaten** (siehe Abbildung 6.129).

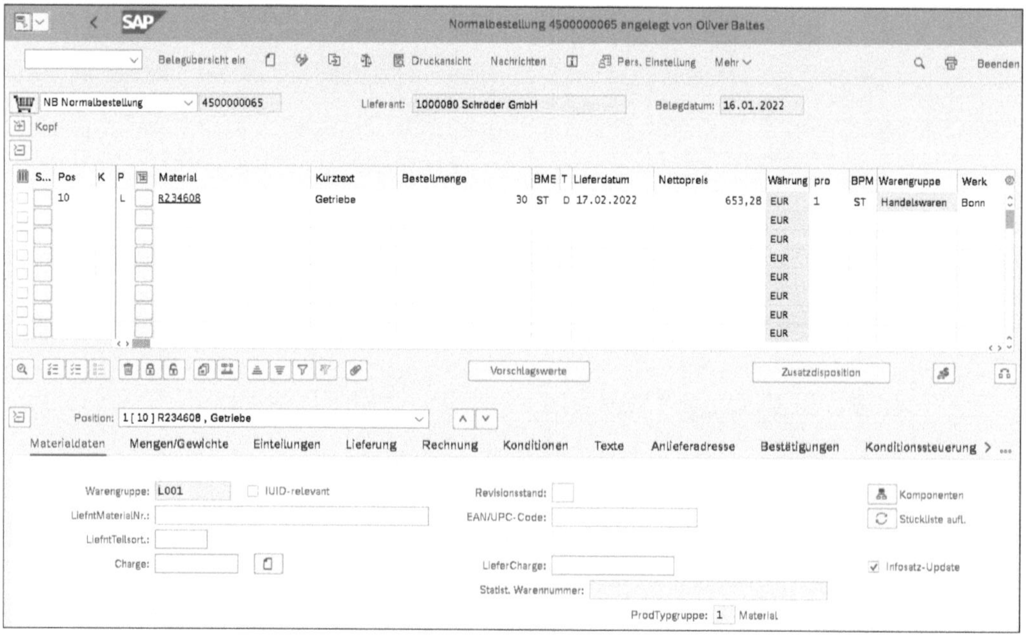

Abbildung 6.129 Lohnbearbeitungsbestellung anlegen

Klicken Sie auf die Schaltfläche [Icon] (**Komponenten**), öffnet das SAP-System die Sicht **Komponentenbearbeitung**, das Eingabebild zur Erfassung der Beistellteile (siehe Abbildung 6.130).

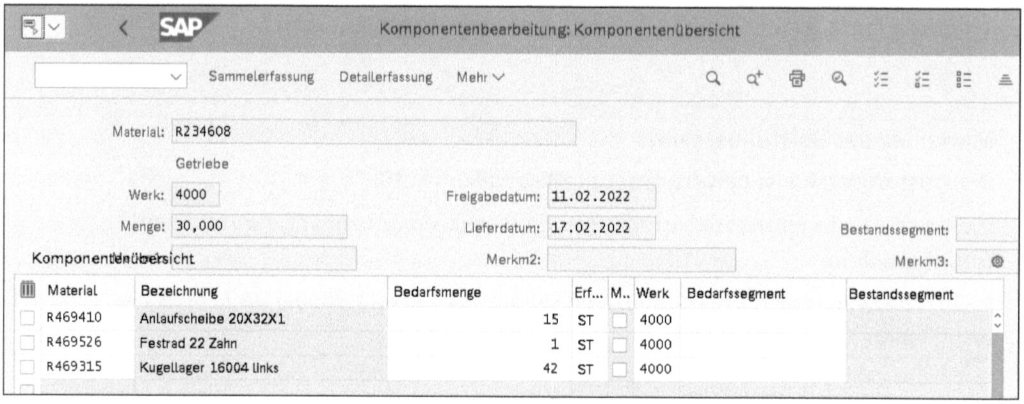

Abbildung 6.130 Sicht »Komponentenbearbeitung: Komponentenübersicht«

Falls Sie die Komponenten einer Stückliste zu einem späteren Zeitpunkt ermitteln möchten, z. B. weil die Stückliste nachträglich geändert wurde, klicken Sie auf die Schaltfläche [Icon] (**Neue Stücklistenauflösung**).

Sie müssen keine Liefertermine zu den Komponenten erfassen; diese ermittelt das SAP-System automatisch aus dem Lieferdatum des Endprodukts, abzüglich der Planlieferzeit.

Das SAP-System zeigt die Verfügbarkeit der Komponenten zum gewünschten Liefertermin (siehe Abbildung 6.131), wenn Sie aus der Komponentenübersicht den Menüpfad **Komponentenliste • Komponentenverfügbarkeit** aufrufen.

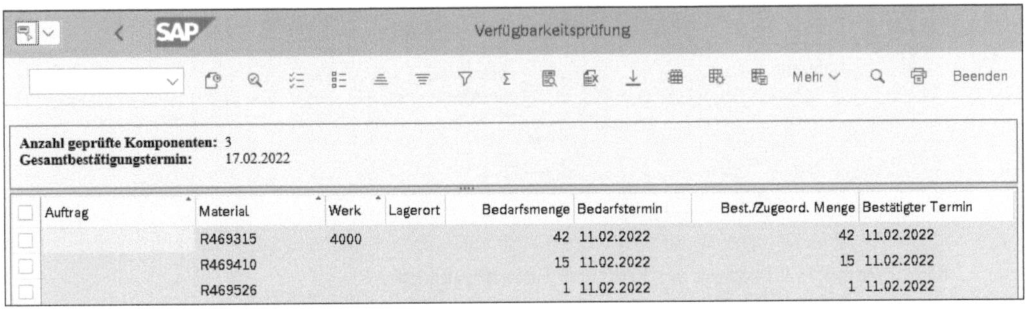

Abbildung 6.131 Sicht »Verfügbarkeitsprüfung«

Für die Lieferung eines Beistellteils müssen im SAP-System die folgenden Daten gepflegt sein:

- Dem Werk müssen eine Verkaufsorganisation, ein Vertriebsweg und eine Sparte zugeordnet sein.
- Für das Werk, aus dem geliefert werden soll, muss eine Lieferart definiert worden sein, z. B. die Lohnbearbeitungsbestellung.
- Der Lieferant für den Lohnbearbeitungsbestand muss als Kunde für die Organisationseinheiten Verkaufsorganisation, Vertriebsweg und Sparte des liefernden Werks angelegt sein.
- Das Beistellmaterial muss für die Organisationseinheiten der Verkaufsorganisation sowie für Vertriebsweg und Sparte des liefernden Werks angelegt sein.
- Der Kombination aus Versandbedingung des Kundenstammsatzes des Lohnbearbeiters, Ladegruppe des Materialstammsatzes der Beistellkomponente und Werk muss eine Versandstelle zugeordnet sein.

6.9.5 Konsignation

Konsignation bedeutet, dass Ihnen ein Lieferant Material zur Verfügung stellt, das bei Ihnen lagert, aber im Eigentum des Lieferanten bleibt, bis Sie es aus dem Konsignationslager entnehmen. Dadurch entsteht eine Verbindlichkeit gegenüber dem Lieferanten (siehe die exemplarische Abbildung 6.132). Die Rechnung wird nach vereinbarten Perioden fällig, z. B. monatlich.

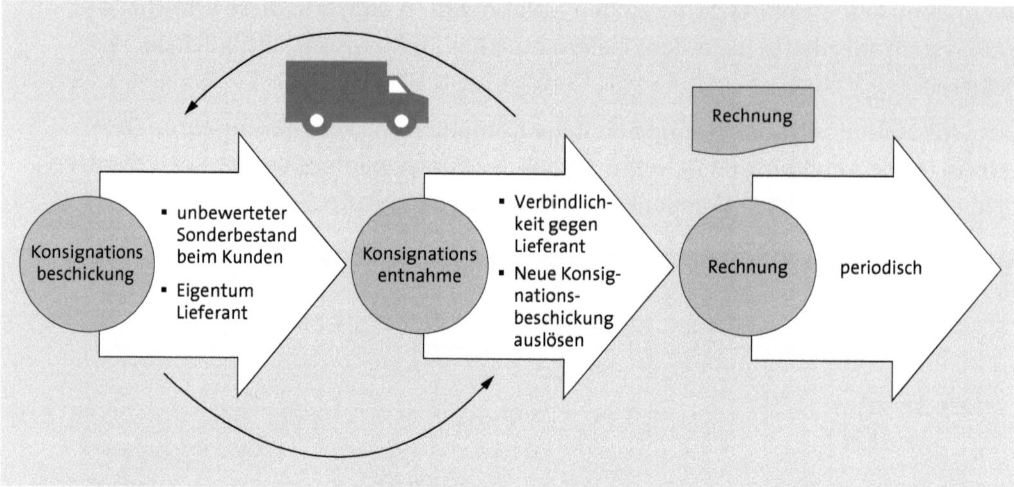

Abbildung 6.132 Prozess der Konsignationsabwicklung

Eine mögliche Anwendung ist die Führung eines Schraubenlagers, das vom Lieferanten selbständig aufgefüllt wird.

Die Konsignationsbearbeitung erfolgt in den folgenden Prozessschritten:

1. Der Lieferant liefert Material in ein Konsignationslager. Das Material im Konsignationslager bleibt bis zur Entnahme Eigentum des Lieferanten.
2. Die Materialentnahmen aus dem Konsignationslager werden dem Lieferanten regelmäßig mitgeteilt. Durch die Entnahme entsteht eine Verbindlichkeit gegenüber dem Lieferanten.
3. Die Abrechnung bezieht sich auf die in einem bestimmten Zeitraum entnommene Menge.
4. Der Konsignationspreis eines Lieferanten für ein Material ist werksweit gültig.
5. Eigene Bestände und Konsignationsbestände eines Materials an demselben Lagerort werden getrennt und unnummeriert einer Materialnummer zugeordnet. Der Konsignationsbestand wird in der Bestandsübersicht als Sonderbestand **Lieferantenkonsignation** auf der Lagerortebene geführt; er ist für die Disposition verfügbar.
6. Für die Konsignationsbestände eines Materials von einem Lieferanten kann eine Inventur durchgeführt werden.

Das Konsignationsmaterial kann in den folgenden Bestandsarten geführt werden:

- frei verwendbarer Bestand
- Qualitätsprüfbestand
- gesperrter Bestand

Eine Konsignationsbestellung legen Sie wie eine Normalbestellung an. Sie verwenden den Positionstyp **K** (Konsignation).

Der Positionstyp **K** hat die folgenden Besonderheiten:

- Das verwendete Material muss bestandsgeführt werden.
- Es kann kein Bestellpreis eingegeben werden, da dieser aus dem Konsignationsinfosatz übernommen wird (siehe Abbildung 6.133).
- Beim Rechnungseingang wird kein Bezug zu der Bestellposition aufgebaut, da die Abrechnung periodisch über die entnommenen Mengen erfolgt.

Abbildung 6.133 Bestellung anlegen: Positionstyp K

Die Konsignationsabwicklung kann in die Quotierung und Disposition eingebunden werden.

Der Positionstyp **K** bewirkt, dass der Wareneingang in das Konsignationslager gebucht wird und das SAP-System für die Position keinen Rechnungseingang zulässt. Das Material ist nicht bewertet, sondern wird nur mengenmäßig als Sonderbestand geführt.

Bei einer Entnahme aus dem Sonderbestand wird eine Verbindlichkeit gegenüber dem Lieferanten aufgebaut. Diese ist mit dem Preis aus dem Konsignationsinfosatz bewertet und kann periodisch über einen Report in der Rechnungsprüfung abgerechnet werden. Über die entnommenen Mengen kann der Lieferant mittels einer Auswertung regelmäßig informiert werden.

Der Lieferant kann den Konsignationsbestand nur über seine Lieferungen und Ihre Zahlungen verwalten.

[!]

Besonderheiten bei der Konsignationsabrechnung

Die Konsignationsabrechnung ist nicht an das Einkaufsinformationssystem angeschlossen, da die Bestellentwicklung in den Konsignationsabrechnungen nicht fortgeschrieben wird.

> Sie können im Rahmen der Konsignationsabrechnungen keine Nettobuchungen durchführen, d. h., hiermit auch kein Skonto berechnen. Um Skonto zu berücksichtigen, müssen Sie dieses bereits im Konsignationspreis erfassen; infolgedessen wird bei der Warenentnahme und Abrechnung implizit Skonto gebucht.
>
> Sie können keine Nebenkosten abrechnen.

Sie hinterlegen Einkaufskonditionen für die Konsignationsabwicklung in einem Konsignationsinfosatz. Hierbei stehen Ihnen alle Funktionen wie bei den normalen Infosätzen (siehe Abschnitt 6.8.4, »Infosatz«) zur Verfügung.

Konsignationsbestände können die folgenden Zustände annehmen:

- frei verwendbar
- Qualitätsprüfung
- gesperrt

Umbuchungen zwischen diesen Beständen sind jederzeit möglich. Den Konsignationsbestand rufen Sie z. B. über die SAP-Fiori-App **Bestand – mehrere Materialien** auf (siehe Abbildung 6.134).

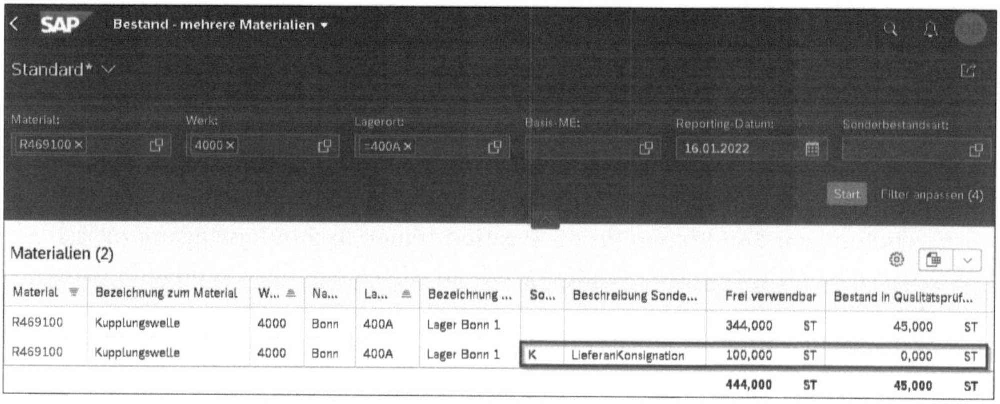

Abbildung 6.134 Bestand: mehrere Materialien

6.9.6 Dienstleistung mit Leistungserfassung

Die Abbildung 6.135 zeigt den Ablauf einer Dienstleistungsbeschaffung. Dieser Ablauf entspricht mit Ausnahme des Leistungsverzeichnisses und der Leistungserfassung/-abnahme dem Ablauf der Beschaffung von Verbrauchs-/Lagermaterial (siehe Abschnitt 6.9.1, »Normalbestellung«).

Das Leistungsverzeichnis dient zur genaueren Beschreibung der zu beschaffenden Leistung in Form einer hierarchischen Liste. Die Leistungserfassung/-abnahme entspricht dem Wareneingang der Dienstleistung.

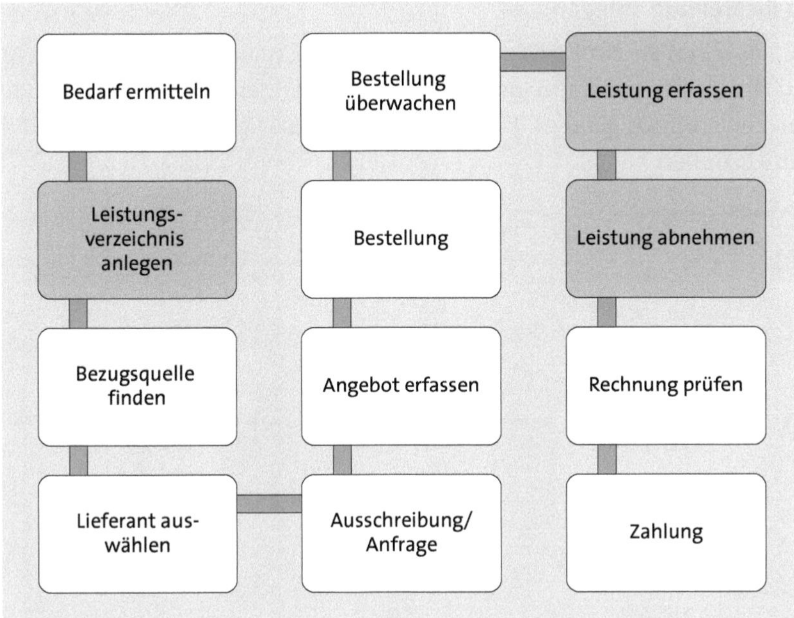

Abbildung 6.135 Prozess der Dienstleistungsbestellung mit Leistungserfassung

Mit der Dienstleistungsabwicklung können zwei Arten von Dienstleistungen beschafft werden:

- geplante Dienstleistungen
- ungeplante Dienstleistungen

Häufig steht bei der Bestellung von Dienstleistungen noch nicht fest, welche Leistungen konkret erbracht werden sollen. In diesen Fällen erfassen Sie zur Dienstleistungsposition einen Limitwert; das Leistungsverzeichnis füllen Sie erst mit der Leistungsabnahme aus.

Für regelmäßig zu beschaffende Dienstleistungen kann analog zum Materialstammsatz ein Dienstleistungsstammsatz angelegt werden, der als Quelle für die Vorschlagsdaten in der Dienstleistungsbeschaffung dient.

Langfristig gültige Preise für Dienstleistungen können Sie auf mehrere Arten im SAP-System festhalten:

- In Form von Leistungskonditionen auf der Ebene der Leistung im Leistungsverzeichnis.
- In Form von Kontrakten, wobei die festgelegten Preise automatisch in Leistungsverzeichnissen vorgeschlagen werden.

Dienstleistungsbestellung anlegen

In Abbildung 6.136 sehen Sie zur Position **Pumpenwartung** in der Positionsübersicht zwei Zeilen auf der Positionsdetailregisterkarte **Leistungen**, die die zu erbringende Leistung in Einzelleistungen gliedert. Der Preis wird je Einzelleistung vergeben und auf die Position kumuliert.

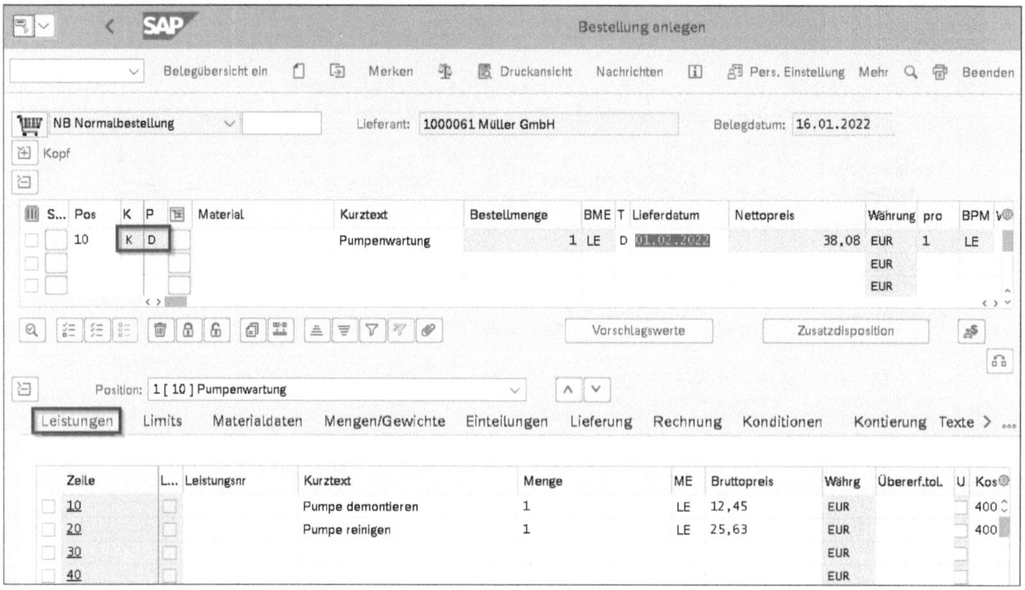

Abbildung 6.136 Leistungsverzeichnis in der Dienstleistungsbeschaffung

Um eine Dienstleistungsbestellung durchzuführen, werden im SAP-System dieselben Belege wie bei der Materialbeschaffung verwendet.

Durch die Eingabe des Positionstyps **D** (Dienstleistung) aktivieren Sie die besonderen Eigenschaften der Dienstleistungsposition.

Leistung erfassen

Öffnen Sie im WebGUI das Leistungserfassungsblatt über den Menüpfad **Logistik • Materialwirtschaft • Einkauf • Umfeld • Leistungserfassung • Pflegen** oder über Transaktion ML81N. Sie gelangen in das Leistungserfassungsblatt.

Klicken Sie auf die Schaltfläche Andere Bestellung, geben Sie die Bestellnummer ein, und bestätigen Sie Ihre Eingaben mit (**Weiter**). Leistungen aus der Bestellung können Sie selektieren, indem Sie eine neue Erfassung über die Schaltfläche starten und die Positionen über Leistungssel. auswählen (siehe Abbildung 6.137).

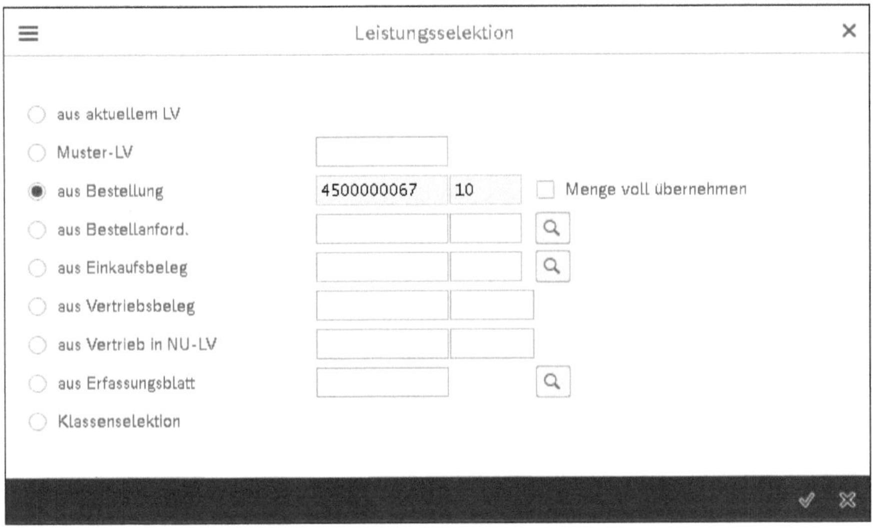

Abbildung 6.137 Leistungsselektion

Dann öffnet sich die Sicht **Leistungen aus Vorlage selektieren** (siehe Abbildung 6.138).

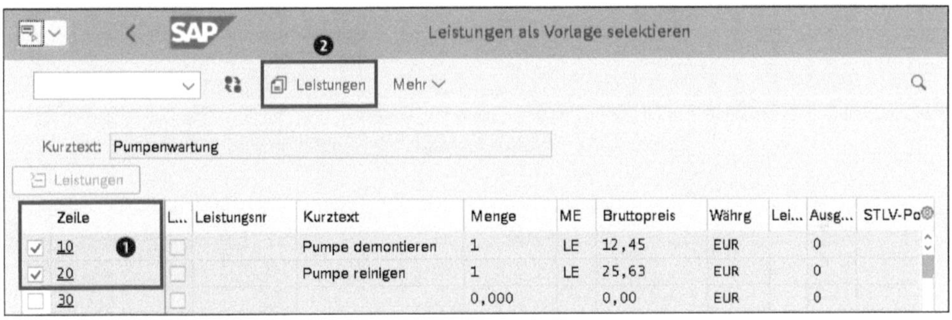

Abbildung 6.138 Leistungen aus der Vorlage selektieren

Nachdem Sie die gewünschten Leistungen ausgewählt ❶ haben, können Sie die Leistungen über die Schaltfläche [Leistungen] ❷ (**Leistungen**) übernehmen. Markieren Sie die Positionen, die Sie abnehmen möchten, und klicken Sie auf die Schaltfläche [⚑] (**Abnehmen**).

Sichern Sie die Leistungsabnahme über die Schaltfläche **Sichern**. Das SAP-System erzeugt eine Leistungserfassungsblattnummer und zeigt in der Übersicht eine grün markierte Zeile zur Leistungserfassung an (siehe Abbildung 6.139).

Die abgenommenen Positionen zeigt das SAP-System auf der Positionsregisterkarte **Bestellentwicklung** (siehe Abbildung 6.140).

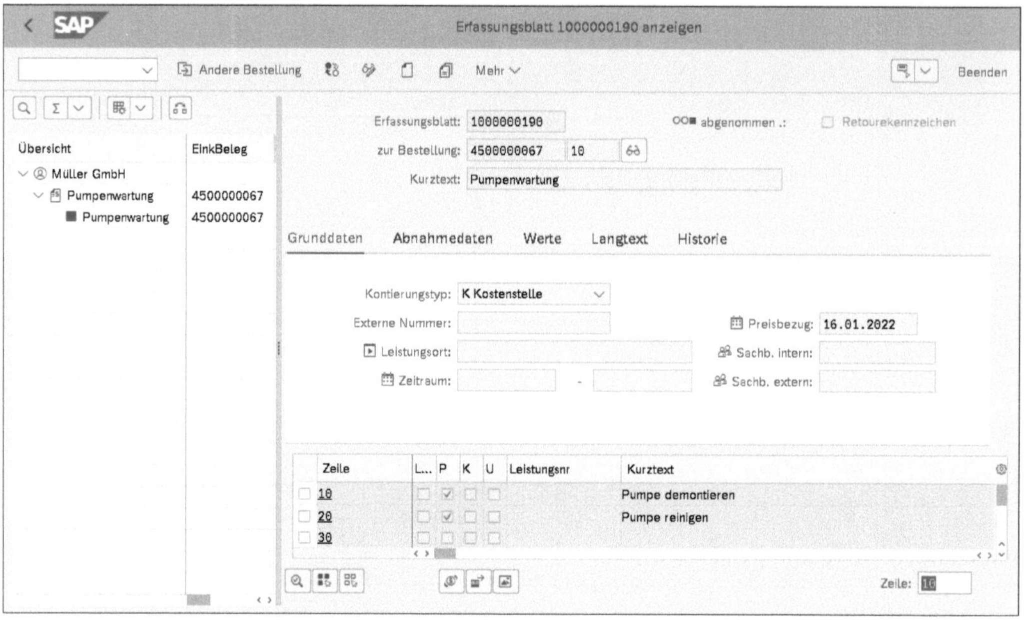

Abbildung 6.139 Leistungserfassungsblatt

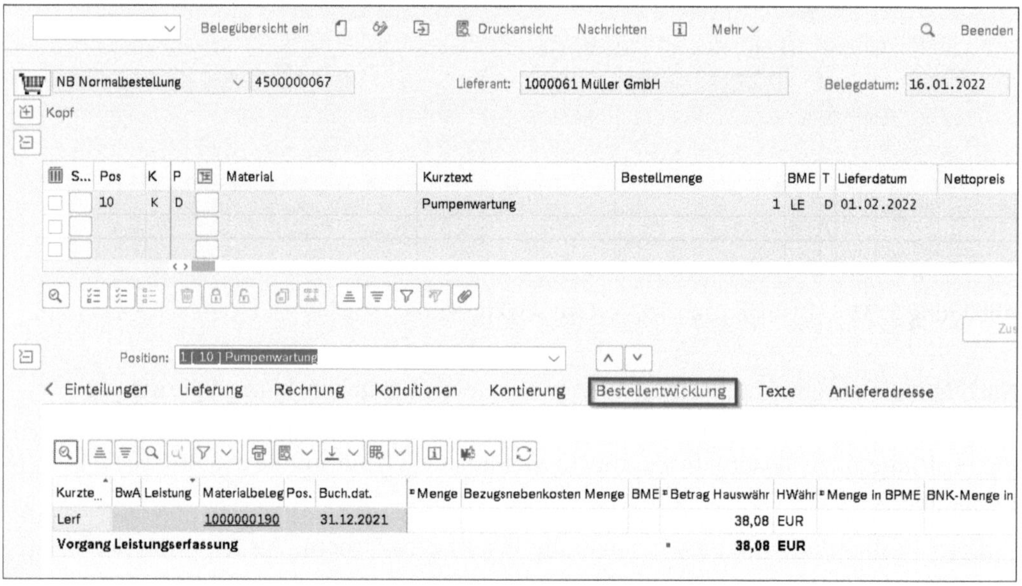

Abbildung 6.140 Bestellentwicklung: Leistungserfasssungsblatt

6.9.7 Rahmenbestellung

Eine Rahmenbestellung, auch Limitbestellung genannt, dient der Beschaffung von Verbrauchsmaterialien oder Dienstleitungen in Höhe eines festgelegten Wertlimits über eine definierte Laufzeit.

Eine mögliche Anwendung ist die Beschaffung von Blumen für Jubiläen oder kleinere Dienstleistungen, wie die Reinigung des Konferenzraums nach einer Veranstaltung.

Wählen Sie die Belegart **FO** (Rahmenbestellung). Erfassen Sie in der Position einen beschreibenden Kurztext für die Lieferungen oder Leistungen. Erfassen Sie den Positionstyp **E**. Weitere mögliche Kontierungstypen zum Positionstyp **E** entnehmen Sie Tabelle 6.16 weiter vorne.

Nach der Eingabe von Lieferant und Organisationsdaten öffnet das SAP-System die Kopfregisterkarte **Zusatzdaten** und fordert Sie auf, Eingaben in den Feldern **Laufzeitbeginn** und **Laufzeitende** vorzunehmen (siehe Abbildung 6.141).

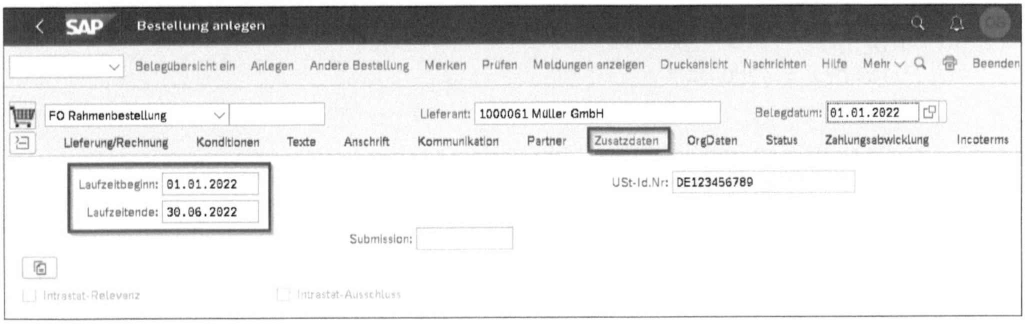

Abbildung 6.141 Rahmenbestellung anlegen: Laufzeit

In der Regel legen Sie die Rahmenbestellungen für das laufende Kalender- oder Geschäftsjahr an.

Öffnen Sie die Positionsübersicht, und erfassen Sie die Positionsdaten.

Nach der Bestätigung mit der [↵]-Taste, öffnet das SAP-System die Positionsregisterkarte **Erweiterte Limits** (siehe Abbildung 6.142).

Zu einer Rahmenbestellung erfassen Sie keinen Wareneingang. Rechnungen buchen Sie innerhalb der Laufzeit und des Limits direkt mit Bezug zur Rahmenbestellung.

Abbildung 6.143 skizziert den Ablauf einer Rahmenbestellung.

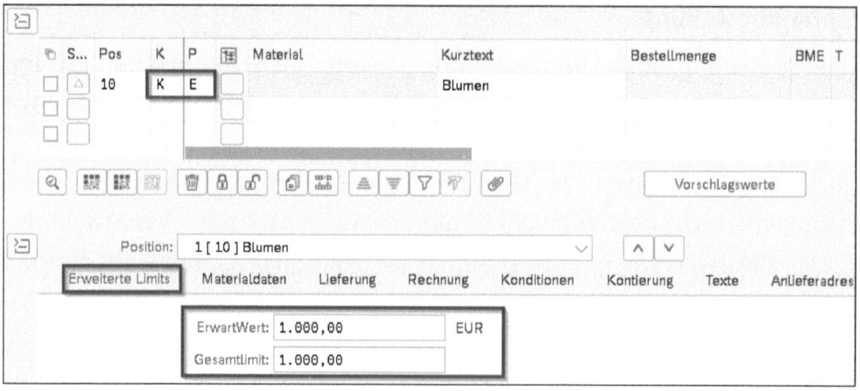

Abbildung 6.142 Rahmenbestellung anlegen: Limits

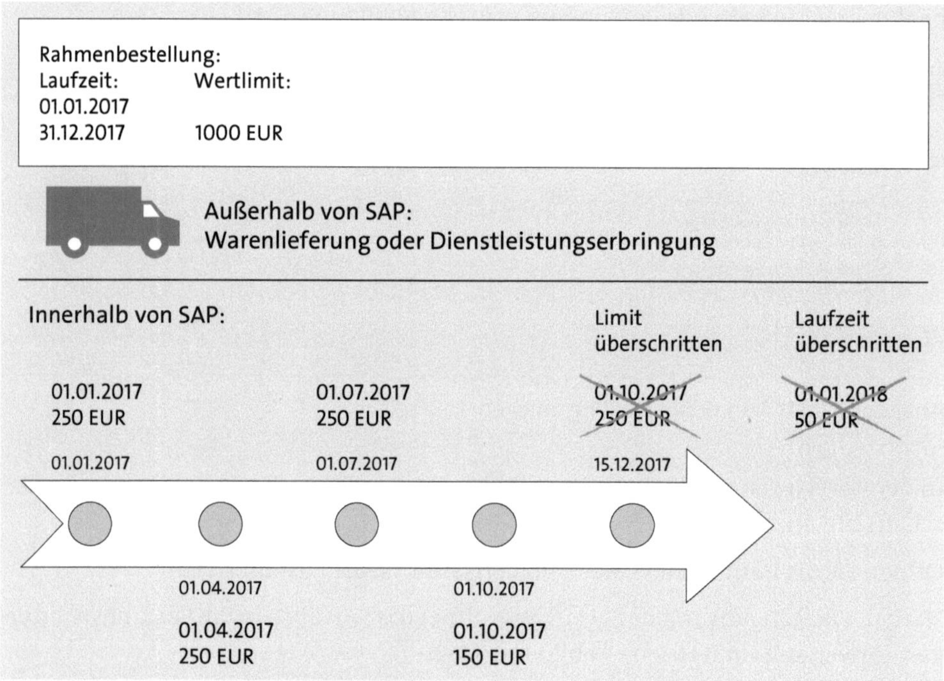

Abbildung 6.143 Ablauf einer Rahmenbestellung

6.9.8 Lieferplan mit Abrufdokumentation

Im SAP-System stehen Ihnen drei Arten von Lieferplänen zur Verfügung:

- Lieferplan – Vertragsart **LP** (siehe Abschnitt 6.4.3, »Rahmenvertrag«)
- Lieferplan mit Abruf – Vertragsart **LPA**
- Umlagerungslieferplan – Vertragsart **UL**

In diesem Abschnitt beschreiben wir den Lieferplan mit Abruf.

Sie können mit Lieferplänen mit und ohne Abrufdokumentation arbeiten. Abrufe sind Benachrichtigungen an den Lieferanten, zu welchem Termin das betreffende Material geliefert werden soll. Das Arbeiten mit Abrufdokumentation hat den Vorteil, dass Sie sich jederzeit anzeigen lassen können, wann Sie welche Einteilungsinformationen an Ihren Lieferanten übermittelt haben.

Wenn Sie mit Lieferplänen mit Abrufdokumentation arbeiten, werden die Einteilungen (Liefertermine) nicht automatisch nach ihrer Erstellung an den Lieferanten übermittelt, sondern Sie erzeugen Einteilungen, die endgültigen Charakter haben, erst mit einem Lieferabruf. Abbildung 6.144 zeigt die Lieferplanarten.

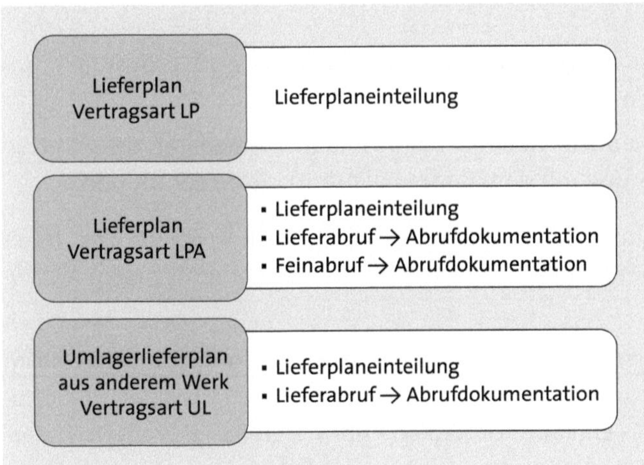

Abbildung 6.144 Lieferplanarten

Es gibt zwei Arten von Lieferplanabrufen:

- **Lieferabrufe**
  Lieferabrufe (LAB) werden verwendet, um dem Lieferanten einen mittelfristigen Überblick über den Bedarf zu geben.
- **Feinabrufe**
  Feinabrufe (FAB) werden verwendet, um den Lieferanten tages- oder sogar stundengenau über die Bedarfe der nahen Zukunft zu informieren.

Voraussetzung für die Anlage von Abrufen ist die Aktivierung des Kennzeichens **Abruf-Doku** (Abrufdokumentation) in der Vertragsart im Customizing über den Menüpfad **Materialwirtschaft • Einkauf • Einkaufslieferplan • Belegarten für Einkaufslieferpläne definieren**. Im Standard ist die Vertragsart **LPA** mit dem Kennzeichen **Abruf-Doku** eingestellt (siehe Abbildung 6.145).

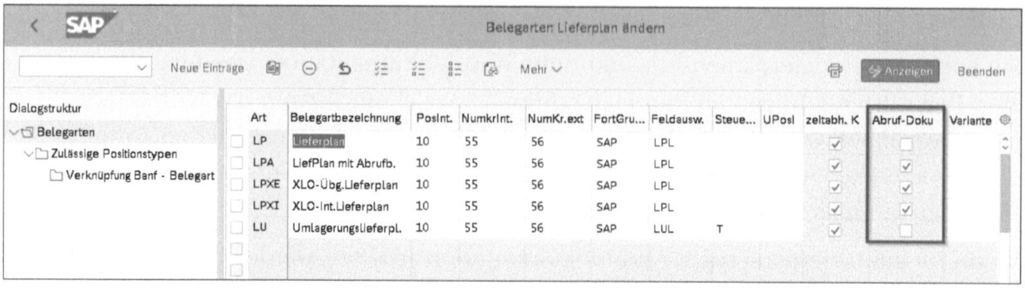

Abbildung 6.145 Kennzeichen »Abruf-Doku« in der Vertragsart LPA

Damit Sie im Lieferplan mit Feinabrufen arbeiten können, müssen die folgenden Voraussetzungen erfüllt sein:

- Im Materialstammsatz muss auf den Registerkarten **Einkauf** und **Disposition 2** das Feld **Feinabrufkennzeichen** mit **1** (automatisch) gefüllt sein.
- Im Lieferplan muss das Kennzeichen **FAB-Abruf** in den Zusatzdaten der Position im Bereich **Ausgabesteuerung** mit dem Eintrag **1** (automatisch) gefüllt sein.

Wenn Abrufe automatisch durch Bedarfsplanungsläufe erstellt werden sollen, muss der Einkauf mithilfe des Orderbuchs einen Lieferplan als eindeutige Bezugsquelle zuordnen.

Ein weiteres Kriterium zur Erstellung von Abrufen ist das Erstellungsprofil, das Sie im Customizing über Transaktion SPRO oder im SAP-Referenz-IMG über den Customizing-Pfad **Materialwirtschaft • Einkauf • Lieferplan • Abruferstellungsprofil für Lieferplan mit Abrufdoku** finden. Das Erstellungsprofil steuert Folgendes:

- welches Ereignis die Abruferstellung auslöst
  - Änderungen in den Einteilungen und/oder
  - das Erreichen des nächsten Übermittlungsdatums
- wie die Liefertermine aufbereitet werden
  - Aggregation
  - Abrufhorizont
- ob Rückstand und Sofortbedarf ermittelt und im Abruf ausgewiesen werden
- ob für Abrufe, die aufgrund von Änderungen erstellt werden, eine Toleranzprüfung durchgeführt werden soll

Im Materialstammsatz muss das Feinabrufkennzeichen in der Sicht **Disposition 2** gesetzt sein (siehe Abbildung 6.146).

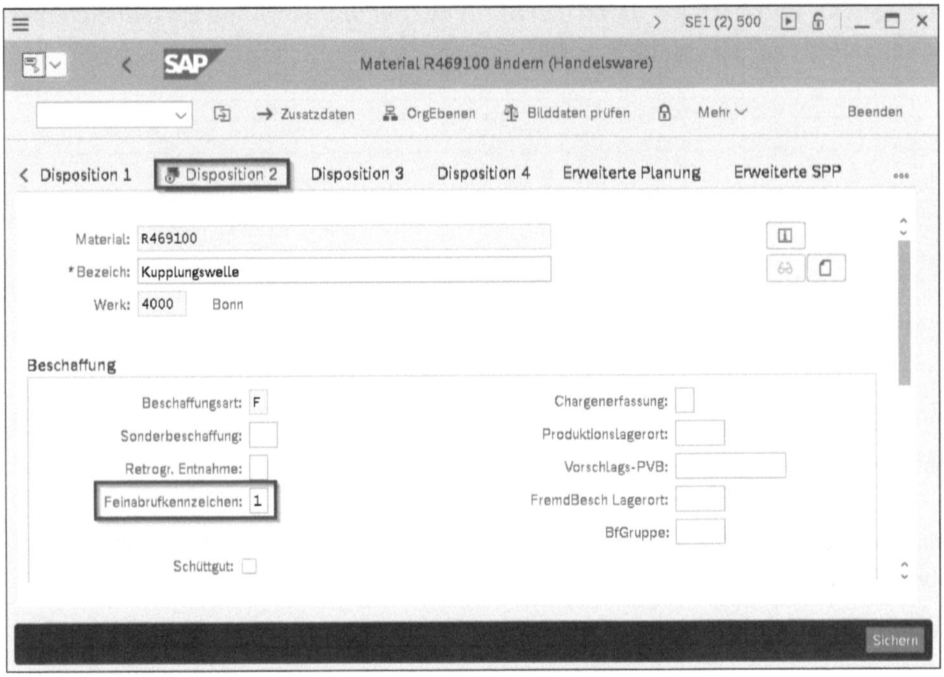

Abbildung 6.146 Feinabrufkennzeichen im Materialstammsatz

Zur manuellen Pflege von Lieferplaneinteilungen öffnen Sie die Positionsdaten. Im Bereich **Einteilungen** können Sie Einteilungen anlegen oder löschen (siehe Abbildung 6.147).

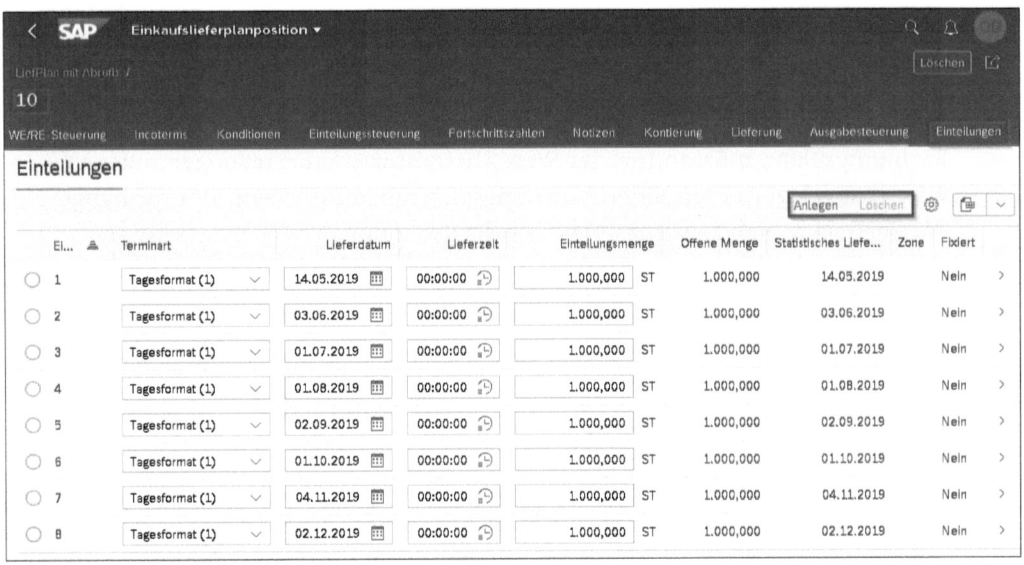

Abbildung 6.147 Lieferplaneinteilung pflegen

Erzeugen Sie im Anschluss daran den Abruf mit der SAP-Fiori-App **Einkaufslieferpläne verwalten** (siehe Abbildung 6.148).

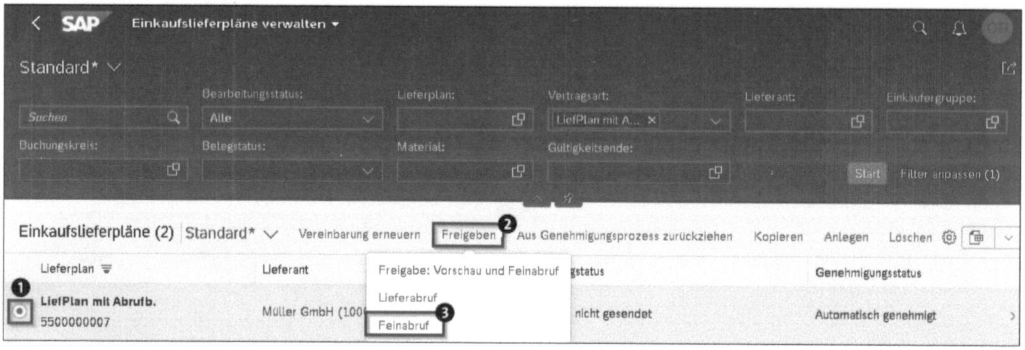

Abbildung 6.148 Lieferplan: Feinabruf

Markieren Sie einen Lieferplan ❶, und wählen Sie anschließen **Freigeben** ❷ und **Feinabruf** ❸.

Tabelle 6.25 zeigt die Abrufarten und deren Bedeutung.

Abrufart	Bedeutung
Lieferabruf	Lieferabrufe geben dem Lieferanten einen mittel- und längerfristigen Überblick über Liefertermine und Liefermengen.
Feinabruf	Feinabrufe geben dem Lieferanten einen Überblick über die in naher Zukunft liegenden Einteilungen.

Tabelle 6.25 Übersicht über die Abrufarten

6.9.9 Rechnungspläne

Rechnungspläne müssen mit der WebGUI-Transaktion **Bestellungen anlegen – Erweitert** angelegt werden. Einen Rechnungsplan nutzen Sie, wenn Sie unabhängig von Wareneingang oder Leistungserfassung die Rechnungen buchen möchten.

Für die Nutzung des Rechnungsplans muss daher auf der Positionsregisterkarte **Lieferung** das Kennzeichen **Wareneingang** entmarkiert sein.

Eine mögliche Anwendung ist die Bezahlung von Zeitschriftenabonnements, Telekommunikationsbedarfen oder regelmäßigen Reinigungsleistungen.

Rechnungsplan mit Rahmenbestellung

Nutzen Sie Rechnungspläne in Kombination mit einer Rahmenbestellung und dem Positionstyp **Blank**, da Sie hier die Laufzeit definieren können.

In Absprache mit Ihrem Lieferanten können Sie Rechnungen auf der Basis von Rechnungsplandaten automatisch vom SAP-System erstellen lassen und deren Zahlung einleiten.

Das SAP-System stellt die in Tabelle 6.26 beschriebenen Rechnungsplanarten zur Verfügung.

Rechnungsplanart	Nutzung	Nettopreis
periodischer Rechnungsplan	z. B. für Zeitschriftenabonnements oder Miet- und Leasingverträge	Der Nettopreis der Position entspricht einem Periodenbetrag.
Teilrechnungsplan	z. B. für preisintensive Verbrauchsmaterialien	Der Nettopreis der Position entspricht dem Gesamtbetrag und wird auf die Anzahl der Perioden heruntergebrochen.

Tabelle 6.26 Rechnungsplanarten

Im Folgenden stellen wir Ihnen einen periodischen Rechnungsplan vor.

Zur Rahmenbestellung (Belegart **FO**) ist, wie Sie der folgenden Abbildung 6.149 entnehmen können, eine Laufzeit eingestellt.

[!]

Preis in der Position

Der Nettopreis in der Positionsübersicht bzw. auf der Positionsregisterkarte **Konditionen** entspricht dem Rechnungsbetrag pro Periode, nicht aber dem Gesamtwert der Bestellung!

Der Gesamtwert ermittelt sich aus der Multiplikation der Periodenanzahl mit dem Nettowert und wird in den Kopfdaten der Bestellung ausgegeben.

Klicken Sie auf der Positionsdetailregisterkarte **Rechnung** (siehe Abbildung 6.149) auf die Schaltfläche **Rechnungsplan**, um die Rechnungsplantermine zu pflegen.

Das SAP-System öffnet ein Dialogfenster zur Auswahl der Rechnungsplanterminart. In Abhängigkeit von der gewählten Rechnungsplanart erzeugt das SAP-System die Termine für die Rechnungen. Abbildung 6.150 zeigt monatlich erzeugte Termine zur Rechnungsplanart **MM** (Period. Training MM).

Unterliegt die Bestellung einer Freigabestrategie, ist der zugrunde gelegte Freigabebetrag über die Gesamtzahl der Rechnungsperioden berechnet.

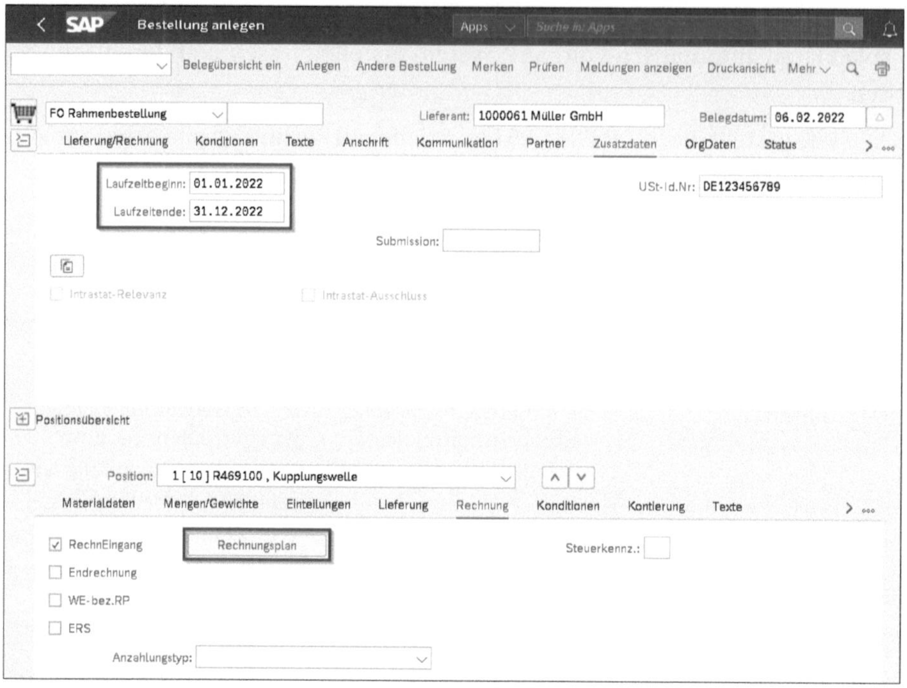

Abbildung 6.149 Bestellung anlegen: Rechnungsplan

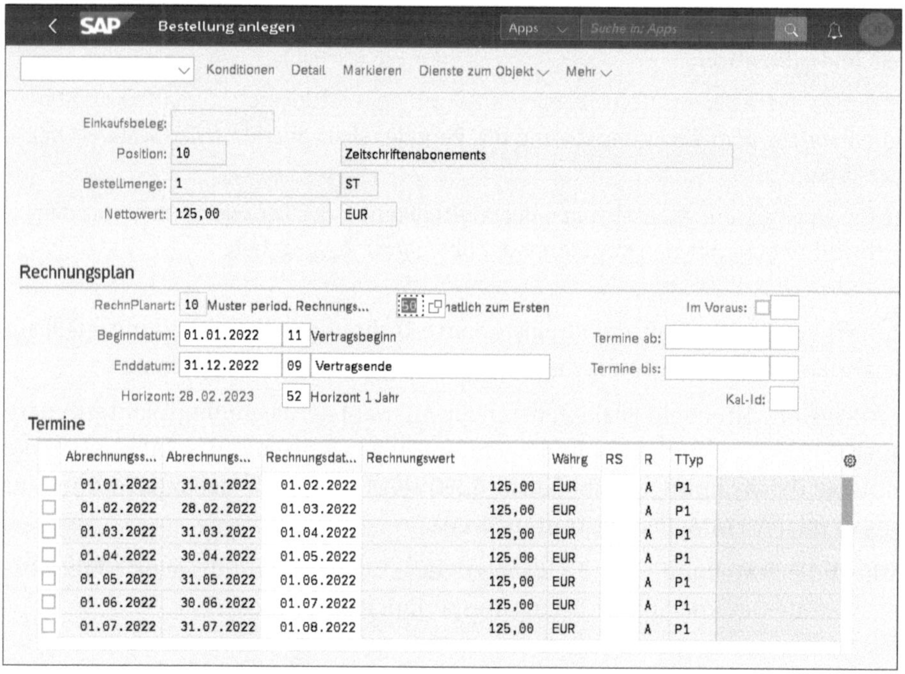

Abbildung 6.150 Rechnungsplantermine in der Bestellung

6.9.10 Pipeline-Abwicklung

Ein Pipeline-Material ist ein Material, das direkt aus einer Leitung in den Produktionsprozess einfließt, wie z. B. die folgenden Materialien:

- Öl aus einer Pipeline
- Leitungswasser aus einer Rohrleitung
- Strom aus einer Stromleitung

Die Pipeline-Bearbeitung ist dadurch gekennzeichnet, dass das Pipeline-Material weder bestellt noch gelagert wird. Ein Material aus der Pipeline ist immer verfügbar, d. h., dass es jederzeit in einer beliebigen Menge aus der Leitung entnommen werden kann.

Die Pipeline-Bearbeitung erfolgt in den folgenden Prozessschritten:

1. Sie legen einen Pipeline-Infosatz für das Pipeline-Material und einen Lieferanten an. In diesem Infosatz legen Sie den Preis für das Pipeline-Material fest. Gibt es nur einen Lieferanten für das Pipeline-Material, wird dieser bei Warenbewegungen vorgeschlagen. Besteht zwischen Material und Lieferanten eine 1:n-Beziehung, sollten Sie das Orderbuch pflegen.
2. Sie entnehmen das Pipeline-Material mittels Warenausgangsbuchung für eine Kostenstelle oder einen Auftrag. Damit entsteht eine Verbindlichkeit zu dem Lieferanten, die periodisch abzurechnen ist.
3. Über den Verbrauch wird eine Verbrauchsstatistik geführt.

Die Pipeline-Entnahme hat keine Auswirkung auf einen bestehenden Lagerbestand oder auf die Verfügbarkeit des Materials.

Je nach Customizing-Einstellung kann ein Material nur aus der Pipeline entnommen werden, oder es können neben der Pipeline auch normale Bestände des Materials geführt werden.

[«]

Rechnungsplan statt Pipeline-Abwicklung

Ist Ihnen die Einstellung der Pipeline-Abwicklung zu aufwendig, können Sie stattdessen auch eine Rahmenbestellung mit Rechnungsplan nutzen.

Für die Pipeline-Abwicklung benötigen Sie ein Material, das für die Pipeline-Abwicklung zugelassen ist. Beachten Sie in diesem Zusammenhang Folgendes:

- Materialien der Materialart **PIPE** werden weder beschafft noch disponiert. Sie können jederzeit in einer beliebigen Menge aus der Pipeline entnommen werden.
- Materialien der Materialart **PIPE** werden nicht gelagert und nicht im Bestand geführt; es wird keine Inventur durchgeführt.

- Pipeline-Bewegungen sind in allen Bewertungskreisen obligatorisch, d. h., dass mit der Materialart **PIPE** keine anderen Warenbewegungen gebucht werden dürfen.

Wenn Pipeline-Bewegungen nicht obligatorisch, aber zulässig sind, bedeutet dies, dass das Material im Bestand geführt werden kann und dass sowohl Pipeline- als auch andere Bewegungen gebucht werden können.

Ein Material dieser Art kann beispielsweise aus dem eigenen Bestand, aus dem Konsignationsbestand oder aus der Pipeline entnommen werden.

Sie können eine Pipeline-Entnahme für einen Auftrag oder für eine Kostenstelle erfassen. Pipeline-Entnahmen unterscheiden sich von anderen Warenbewegungen dadurch, dass sie mit dem Sonderbestandskennzeichen **P** erfasst werden. Die Entnahme wird mit dem im Pipeline-Infosatz festgelegten Preis bewertet.

6.9.11 Mehrwegtransportverpackung

Eine Mehrwegtransportverpackung (MTV) ist ein güteraufnehmendes Medium (z. B. Paletten, Container), das für mehrere Transporte von Bestellmaterialien zwischen Lieferanten und Kunden verwendet wird.

Die wesentlichen Merkmale einer Mehrwegtransportverpackung sind:

- Mehrwegtransportverpackungen von Lieferanten, die im Lagerort liegen, werden als Sonderbestand geführt und sind eindeutig dem jeweiligen Lieferanten zugeordnet. Sie sind Eigentum des Lieferanten und gehören daher nicht zum bewerteten Bestand.
- Um die MTV-Bestände eines Materials von verschiedenen Lieferanten getrennt verwalten zu können, sind zusätzlich zu den Materialstammdaten Sonderbestandsdaten erforderlich.
- Die Sonderbestandsdaten werden für jeden Lieferanten auf der Lagerortebene definiert.
- Die Sonderbestandsdaten werden beim ersten Zugang in den MTV-Bestand automatisch angelegt. Sie können nicht direkt vom Benutzer gepflegt werden, sondern werden bei jeder Warenbewegung (oder Inventur) automatisch fortgeschrieben.
- MTV-Bestände können nur frei verwendbar sein. Es gibt weder Qualitätsprüfbestände noch gesperrte Bestände. Je nach Systemeinstellung sind negative Bestände möglich.
- Sie können einen sonstigen Wareneingang im MTV-Bestand erfassen, die MTV-Menge beim Wareneingang zur Bestellung erfassen und eine Umbuchung »Lagerort an Lagerort« durchführen (jeweils mit Storno und Rückgabe).

[«]

Mehrwegtransportverpackung vs. Leihgutabwicklung

Eine der Verpackungsarten, die in einem Unternehmen vorkommen können, ist das Leihgut (siehe Abschnitt 6.9.12, »Leihgutabwicklung«). Dabei handelt es sich in der Regel um eine teure Mehrwegverpackung, die Sie an Ihre Kunden gegen eine Gebühr verleihen. Mit der Funktion **Leihgutabwicklung** können Sie die anfallenden Leihgebühren für das Ausleihen solcher Mehrwegverpackungen vom SAP-System ermitteln lassen. Die Leihgutabwicklung umfasst die Verwaltung der Leihgüter anhand der Leihgutkontoverwaltung sowie die Funktionen zur Berechnung der Leihgebühren.

6.9.12 Leihgutabwicklung

Bei Leihgut handelt es sich um Artikel, die beim Kunden auf Lager liegen, aber Eigentum Ihrer Firma sind. Der Kunde ist erst dann verpflichtet, das Leihgut mit Ihnen abzurechnen, wenn er es bis zu einem bestimmten Zeitpunkt nicht an Ihre Firma zurückgeschickt hat. So ist es z. B. möglich, die Verrechnung bzw. die Rückgabe von Europaletten oder Leergut mit dieser Funktion abzuwickeln.

Da die Leihgutbestände noch Teil Ihres bewerteten Bestands sind, müssen sie in Ihrem SAP-System geführt werden. Die Leihgutbestände müssen aber von den übrigen Beständen getrennt geführt werden, damit Sie den Überblick darüber behalten, was beim Kunden auf Lager liegt. Aus Bestandsführungssicht werden Leihgüter als Sonderbestand geführt und bestimmten Kunden zugeordnet.

Voraussetzung für die Leihgutabwicklung ist, dass bei den Leihgütern im Materialstammsatz in der Sicht **Vertrieb 2** im Feld **Positionstypengruppe** der Eintrag **LEIH** für Leih-/Leergut gepflegt ist. Über diesen Eintrag wird in Kombination mit der Belegart automatisch der in den jeweiligen Vorgängen passende Positionstyp ermittelt.

Bei der Abwicklung von Leihgutgeschäften sind drei Vorgänge von Bedeutung, die die getrennte Bestandsführung unterstützen (siehe Tabelle 6.27).

Abwicklungsart	Bedeutung
Leihgutbeschickung	Sie liefern Material in einem Leihgut, wie z. B. in einem Fass oder Getränke in Flaschen. Das Leihgut wird mit der Warenausgangsbuchung in den Sonderbestand Ihres Kunden gebucht. Der bewertete Bestand Ihres Unternehmens bleibt unverändert. Der Vorgang ist nicht fakturarelevant, da der Konsignationsbestand Eigentum Ihrer Firma bleibt.

Tabelle 6.27 Leihgutabwicklungen

Abwicklungsart	Bedeutung
Leihgutabholung	Das Leihgut wird wieder an Sie zurückgeschickt, und der Sonderbestand Ihres Kunden wird wieder in den normalen Bestand Ihres Unternehmens zurückgebucht. Der Vorgang ist nicht fakturarelevant.
Leihgutnachbelastung	Es kann eine Leihgutnachbelastung angelegt werden, wenn der Kunde das Leihgut behalten möchte, das Leihgut beschädigt wurde oder der Kunde das Leihgut an Dritte verkaufen möchte. Bei der Buchung des Warenausgangs wird die entsprechende Menge sowohl vom Kundensonderbestand als auch von Ihrem eigenen bewerteten Bestand abgezogen. Der Vorgang ist fakturarelevant, da die Waren nun in den Besitz des Kunden übergehen.

Tabelle 6.27 Leihgutabwicklungen (Forts.)

6.9.13 Einbehaltsabwicklung

Ein Einbehalt kann zur Absicherung der Leistungserbringung oder Lieferung vereinbart werden. Einen Einbehalt können Sie nur in der SAP-Fiori-App **Bestellung anlegen – Erweitert** erfassen (siehe Abbildung 6.53 weiter vorne). Wählen Sie zuerst den Einbehaltstyp ❶ und anschließen den Einbehalt als Prozentsatz ❷ (siehe Abbildung 6.151). Bei der Erfassung der Rechnung wird der Einbehalt separat auf eine Kreditorenposition mit einem Sonderhauptbuchkennzeichen gebucht.

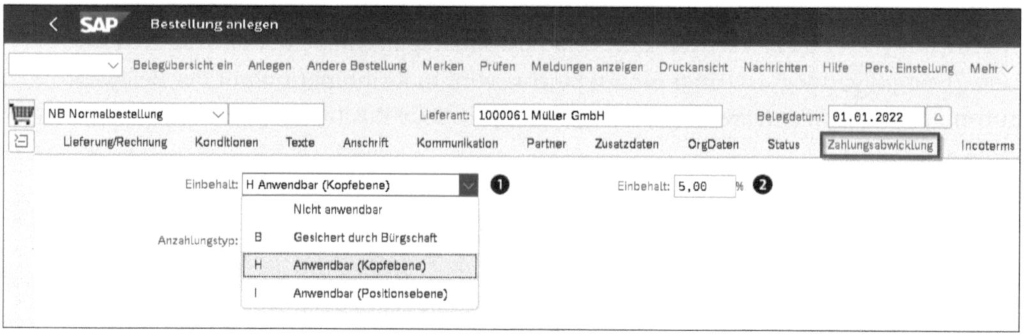

Abbildung 6.151 Einbehaltsabwicklung in der Bestellung

6.9.14 Anzahlungsabwicklung

Eine Anzahlung kann gesetzlich vorgeschrieben oder freiwillig vereinbart werden. Eine Anzahlung können Sie nur in der SAP-Fiori-App **Bestellung anlegen – Erweitert** erfassen (siehe Abbildung 6.53). Eine Anzahlung erfassen Sie in der Bestellung entweder auf der Kopfebene (Kopfregisterkarte **Zahlungsabwicklung**) oder auf der Positionsebene (Positionsdetailregisterkarte **Rechnung**). Abbildung 6.152 zeigt die Darstellung auf der Kopfebene der Bestellung.

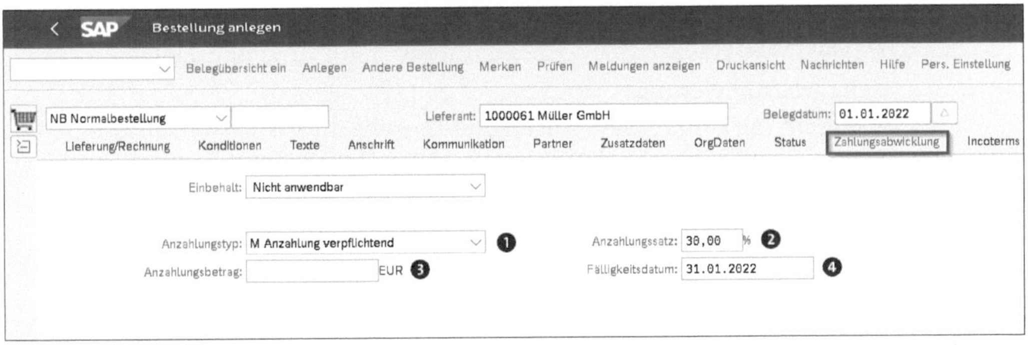

Abbildung 6.152 Anzahlungsabwicklung in der Bestellung

Außer dem **Anzahlungstyp** ❶ geben Sie entweder den Prozentwert der Anzahlung ein (**Anzahlungssatz**) ❷ oder den **Anzahlungsbetrag** ❸.

Mit dem **Fälligkeitsdatum** ❹ bestimmen Sie, bis wann der Anzahlungsbetrag beim Lieferanten eingegangen sein muss. Bei der Rechnungserfassung prüft das SAP-System, ob der Betrag bezahlt worden ist und verrechnet den Anzahlungsbetrag mit dem noch offenen Rechnungswert (siehe Abschnitt 8.2, »Rechnungserfassung«).

Im nächsten Abschnitt erläutern wir, wie Sie sicherstellen, dass die bestellte Ware oder Dienstleistung pünktlich bei Ihnen ankommt. Der SAP-Fachbegriff dafür ist *Bestätigungssteuerung*.

6.10 Bestätigungssteuerung

Wenn Sie mit Bestätigungen arbeiten, können Sie exakter disponieren, da Sie in der Zeitspanne zwischen Bestelltermin und gewünschtem Liefertermin vom Lieferanten immer verlässlichere Informationen über die zu erwartende Lieferung erhalten. Im Idealfall erhalten Sie zu jedem Bestätigungstyp die gewünschte Menge bestätigt, wie es in Abbildung 6.153 dargestellt ist.

Sie überwachen die Bestätigungen mit geeigneten Auswertungen (siehe Abschnitt 6.10.5, »Überwachen von Bestätigungen«).

Es gibt zwei Möglichkeiten für die Arbeit mit Bestätigungen:

- Sie arbeiten nur mit der Auftragsbestätigung und können keine Mengen und Termine erfassen.

- Sie arbeiten mit einem oder mehreren von Ihnen definierten Bestätigungstypen, wie z. B.:
  - Auftragsbestätigung
  - Verladebestätigung
  - Lieferavis/Anlieferung
    In diesem Fall können Sie Mengen und Termine im SAP-System erfassen.

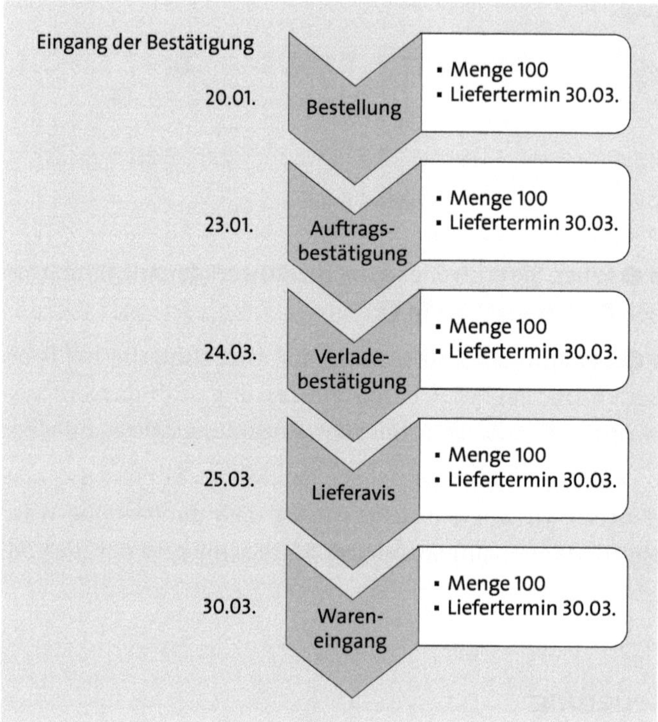

Abbildung 6.153 Bestätigungen im Lieferverlauf

Nutzen Sie nur die Auftragsbestätigung, müssen Sie im Customizing keine weiteren Einstellungen vornehmen.

Erwarten Sie detaillierte Informationen über den Lieferzyklus, müssen Sie mit verschiedenen Bestätigungstypen in der Disposition arbeiten. In diesem Fall muss die Bestätigungssteuerung im Customizing eingestellt sein.

In den folgenden Abschnitten stellen wir Ihnen zunächst die Bestätigungssteuerschlüssel und Bestätigungstypen vor und wie diese im Customizing eingestellt sein müssen. Dann zeigen wir Ihnen, wie der Bestätigungssteuerschlüssel in der Bestellung wirkt. Am Ende dieses Abschnitts erläutern wir Ihnen, unter welchen Bedingungen das SAP-System die Nachricht »Mahnen und Erinnern« erzeugt.

6.10.1 Bestätigungssteuerschlüssel

Im Bestätigungssteuerschlüssel definieren Sie, welche Bestätigungstypen Sie zu einer Bestellung oder einem Lieferabruf erwarten.

Der Bestätigungssteuerschlüssel ermöglicht das Erfassen von Mengen und Terminen für externe und interne Bestätigungstypen.

Die Zuordnung der externen und internen Bestätigungstypen unter **Materialwirtschaft • Einkauf • Bestätigungen • Interne Bestätigungstypen einstellen** eingestellt.

In dieser Aktivität wurde den internen Bestätigungstypen je ein externer Bestätigungstyp zugeordnet. An dieser Zuordnung erkennt das SAP-System, welcher Bestätigungstyp für Auftragsbestätigungen und welcher Bestätigungstyp für Anlieferungen/ Lieferavis steht. Beim EDI-Eingang einer Bestätigung aktualisiert das SAP-System automatisch den Einkaufsbeleg. Das Ergebnis sehen Sie auf der Positionsregisterkarte **Bestätigungen** (siehe Abbildung 6.155 im nächsten Abschnitt).

6.10.2 Bestätigungstypen

In der Bestätigungssteuerung sind die Bestätigungstypen definiert. In der Bestätigungsreihenfolge ist festgelegt, in welcher Reihenfolge die Bestätigungen zum Einkaufsbeleg eingehen sollen. Für alle Bestätigungstypen können Sie zudem festlegen, ob sie nur zur Information dienen (dann ist kein Ankreuzfeld markiert) oder ob sie für die Disposition und den Wareneingang relevant sein sollen (siehe Abbildung 6.154).

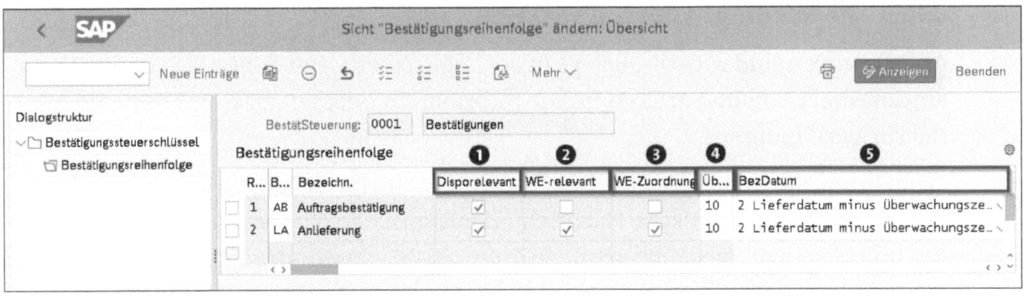

Abbildung 6.154 Bestätigungsreihenfolge

Tabelle 6.28 erläutert die in Abbildung 6.154 durch Ziffern hervorgehobenen Spalten.

Nr.	Kennzeichen	Bedeutung
❶	**Disporelevant**	Steuert, ob die Bestätigung von der Disposition berücksichtigt werden soll.

Tabelle 6.28 Bestätigungsreihenfolge: Einstellungen

Nr.	Kennzeichen	Bedeutung
❷	**WE-relevant**	Ist das Kennzeichen gesetzt, baut der Wareneingang die bestätigte Menge ab.
❸	**WE-Zuordnung**	Eine Zuordnung zur eingegangenen Bestätigungen beim Wareneingang (WE) bedeutet, dass beim WE die Menge aus der zugehörigen Bestätigung vorgeschlagen wird und der WE genau die zugehörige Bestätigung in der aktuellen Bedarfs-/Bestandsliste abbaut. Sie können die WE-Zuordnung nur für die Bestätigungstypen nutzen, die WE-relevant sind. Ist kein Kennzeichen markiert, dienen die Bestätigungen lediglich Informationszwecken.
❹	**Überwachungszeit**	Wenn Sie den Wert auf **10** (Tage) setzen und das Bezugsdatum auf **Lieferdatum minus Überwachungszeit** steht, muss die Bestätigung zehn Tage vor dem Lieferdatum eintreffen. Ist bis zu diesem Zeitpunkt noch keine Bestätigung eingetroffen, erscheint diese Bestellposition in den Auswertungen zur Überwachung von Bestätigungen.
❺	**BezDatum**	Datum, auf das sich die Zeitangabe im Feld **Überwachungszeit** bezieht.

Tabelle 6.28 Bestätigungsreihenfolge: Einstellungen (Forts.)

6.10.3 Anlieferung in der Logistikkette

Anlieferungen sind wichtige Belege in der Logistikkette, mit denen Sie vor der Wareneingangsbuchung im SAP-System die Information erfassen, dass das bestellte Material zur Verfügung steht.

Lieferanten, mit denen Sie über EDI (Electronic Data Interchange = elektronischer Datenaustausch) elektronische Nachrichten austauschen, können Auftragsbestätigungen und Lieferavis verschicken und in Ihrem SAP-System automatisch Anlieferungen mit Bezug zum entsprechenden Einkaufsbeleg anlegen.

Sind die notwendigen Voraussetzungen erfüllt, erzeugt der Warenausgang Ihres Lieferanten in Ihrem SAP-System automatisch einen Anlieferungsbeleg und stellt die entsprechenden Daten in der Bestellung auf der Registerkarte **Lieferantenbestätigungen** der Bestellposition zur Verfügung (siehe Abbildung 6.155).

Für Lieferanten ohne elektronische Anbindung legen Sie die Auftragsbestätigungen und Anlieferungen in Ihrem SAP-ERP-System manuell an (siehe Abschnitt 6.10, »Bestätigungssteuerung«).

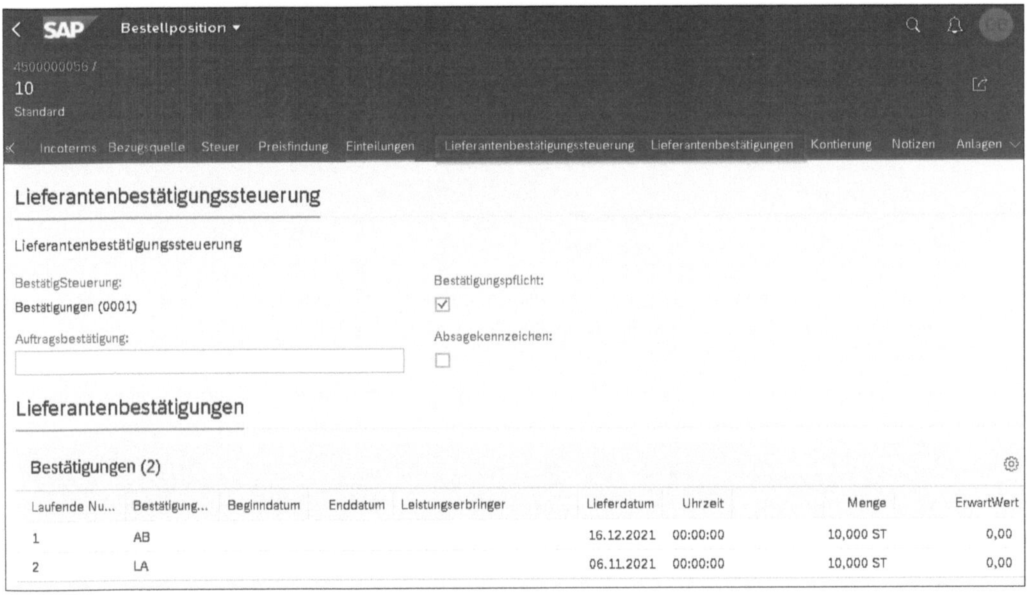

Abbildung 6.155 Bestätigungen in der Bestellung

> **Wareneingangsbuchungen mit Bezug**
>
> Haben Sie einen Anlieferungsbeleg zur Bestellung erfasst, kann der Wareneingang mit Bezug zur Bestellung oder mit Bezug zur Anlieferung gebucht werden. Ist in der Anlieferung ein von der Bestellmenge abweichender Wert erfasst und die Anlieferung im Customizing mit dem Kennzeichen **WE-relevant** versehen, schlägt der Wareneingang auch beim Vorliegen von Bezug zum Bestellbeleg nur die Menge aus dem Anlieferbeleg vor.

6.10.4 Mahnen und Erinnern

Sie möchten den Lieferanten anmahnen oder erinnern, weil noch keine Auftragsbestätigung bei Ihnen eingegangen ist.

> **Nachrichten im Rahmen von Bestätigungen**
>
> Sie können einen Lieferanten nur zur Versendung von Auftragsbestätigungen anmahnen oder erinnern. Für andere Bestätigungstypen stehen keine Nachrichtenarten zur Verfügung.

Im Rahmen der Nachrichtenermittlung prüft das SAP-System die in Tabelle 6.29 vorliegenden Kriterien.

Prüfung	Wo?	Bedeutung
Ist das Kennzeichen **Bestätigungspflicht** gesetzt?	Das Ankreuzfeld **Bestätigungspflicht** ist in der Bestellung in der Positionsregisterkarte **Bestätigungen** oder im Lieferplan in **Detail Position** markiert.	–
Wurde der Lieferant bereits über die Bestellung/Lieferabruf benachrichtigt?	Die Bestellung/der Lieferabruf – Nachricht ist grün beampelt.	Ist die Nachricht nicht erfolgreich verarbeitet (gelb oder rot beampelt), erzeugt das SAP-System keine Nachricht zum Mahnen und Erinnern der Auftragsbestätigung.
Welche Mahnfristen sind zu berücksichtigen?	▪ Bestellung: Positionsregisterkarte **Lieferung**, Felder: **1. Mahnung, 2. Mahnung, 3. Mahnung** ▪ Lieferplan: **Detail Position**, im Gruppenrahmen: **Sonstige Daten**	▪ Eine negative Anzahl an Tagen bedeutet, dass der Lieferant n Tage vor dem Liefertermin eine Mahnung bzw. Erinnerung erhalten soll. ▪ Eine positive Anzahl an Tagen bedeutet, dass die Mahnung bzw. Erinnerung n Tage nach Verstreichen des Liefertermins geschickt werden soll. ▪ Die Werte werden entweder aus dem Infosatz oder, falls dort kein Eintrag vorhanden ist, aus dem Materialstammsatz in den Einkaufsbeleg übernommen.

Tabelle 6.29 Nachrichtenermittlung: Mahnen und Erinnern

Zum Erzeugen der Nachricht **Mahnen und Erinnern** haben Sie folgende Möglichkeiten:

- Sie nutzen den folgenden Menüpfad zu einer Bestellung: **Logistik • Materialwirtschaft • Einkauf • Bestellung • Nachrichten • Mahnen und Erinnern** oder Transaktion ME92F (Auftragsbestätigung überwachen). Das SAP-System öffnet das Bild **Auftragsbestätigungen überwachen**.
- Sie nutzen den folgenden Menüpfad zu einem Lieferabruf: **Logistik • Materialwirtschaft • Einkauf • Rahmenvertrag • Lieferplan • Nachrichten • Mahnen und Erinnern** oder Transaktionscode ME92F. Das SAP-System öffnet das Bild **Auftragsbestätigungen überwachen**.

Im Folgenden zeigen wir Ihnen die Erzeugung einer Mahnung/Erinnerung am Beispiel einer Bestellung. Geben Sie in den Feldern **Einkaufsorganisation** und **Einkäufergruppe** die Daten Ihrer Einkaufsorganisation und Ihrer Einkäufergruppe ein (siehe Abbildung 6.156).

Das Feld **Bezugsdatum** ist mit dem Tagesdatum vorbelegt. Das Bezugsdatum ist das Lieferdatum ab- oder zuzüglich der in den Feldern **Mahnung 1**, **Mahnung 2** oder **Mahnung 3** ausgewiesenen Anzahl an Tagen.

So soll das betreffende Material z. B. am 16.01. geliefert werden. Das Feld **Mahnung 1** beinhaltet den Eintrag **3**. Wenn das Bezugsdatum der 18.01. ist, wird die Bestellposition nicht selektiert; wenn das Bezugsdatum der 19.01. ist, wird die Position zum Mahnen vorgeschlagen. Bestätigen Sie Ihre Auswahl mit der Schaltfläche **Ausführen** (siehe Abbildung 6.156).

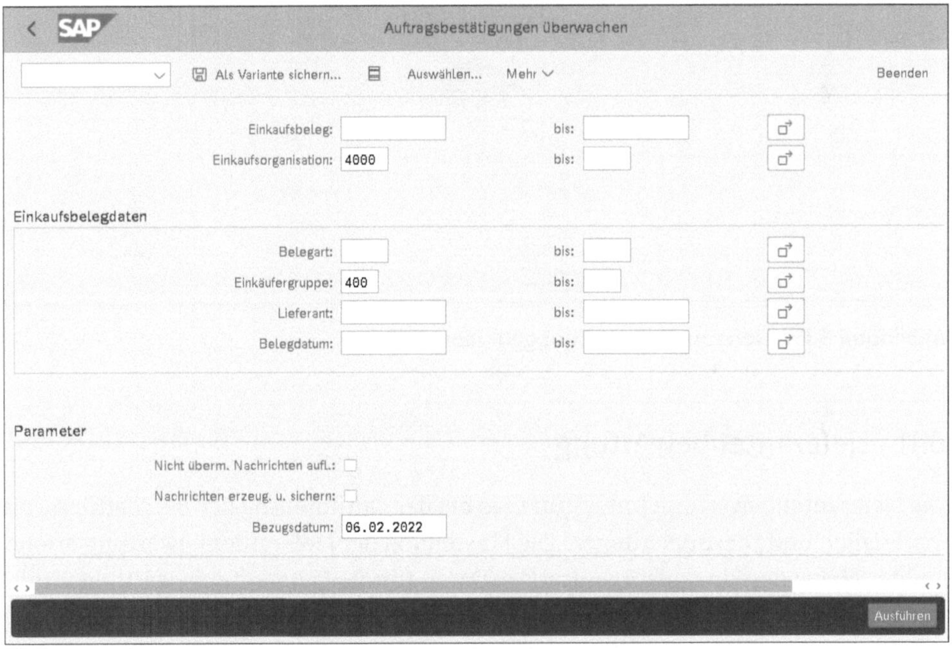

Abbildung 6.156 Auftragsbestätigungen überwachen: Selektion

Ist das Kennzeichen **Nicht überm. Nachrichten aufl.** (nicht übermittelte Nachrichten auflisten) markiert, zeigt das SAP-System in der Liste alle Einkaufsbelege, zu denen Mahnungen vorliegen, die aber noch nicht an den Lieferanten übermittelt wurden.

Das Ankreuzfeld **Nachrichten erzeug. u. sichern** können Sie markieren, wenn Sie alle Nachrichten erzeugen möchten, ohne sie vorher aus einer Liste auszuwählen (siehe Abbildung 6.156).

6.10.5 Überwachen von Bestätigungen

Zur Überwachung von Bestätigungen nutzen Sie die SAP-Fiori-App **Lieferantenbestätigungen überwachen** (siehe Abbildung 6.157) aus der Kachelgruppe **Bestellungsbearbeitung** (siehe Abbildung 6.53 weiter vorne).

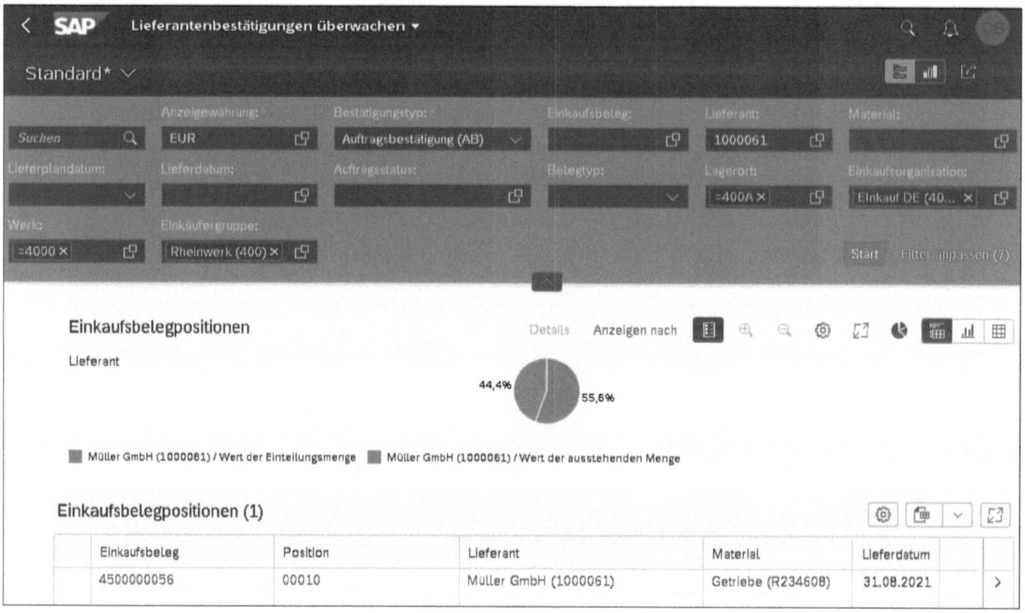

Abbildung 6.157 Lieferantenbestätigungen überwachen

6.11 Lieferantenbewertung

Die Lieferantenbewertung unterstützt Sie bei der Optimierung der Beschaffung von Materialien und Dienstleistungen. Die Einstellung der Lieferantenbewertung erfolgt auf der Ebene der Einkaufsorganisation. Daten für die Lieferantenbewertung ermittelt das SAP-System aus dem Einkauf, der Bestandsführung, dem Qualitätsmanagementsystem und dem Logistikinformationssystem.

SAP bietet zwei unterschiedliche Verfahren zur Beurteilung von Lieferanten an. Die Lieferantenbewertung auf Basis des Logistikinformationssystems behandeln wir im folgenden Abschnitt, die Lieferantenbewertung nach Einkaufskategorien gleich darauf.

6.11.1 Lieferantenbewertung auf Basis des Logistikinformationssystems

Die Lieferantenbewertung auf der Basis des Logistikinformationssystems hat folgende Eigenschaften:

- Die Bewertung findet auf der Einkaufsorganisationsebene statt
- Die verfügbaren Kriterien sind:
  - Menge
  - Zeit
  - Qualität
  - Preis
  - Nachhaltigkeit
  - Leistung
  - Rechnung
- Die Bewertungen sind nach einem Beurteilungslauf verfügbar.
- Die Bewertungen sind im Einkaufsverhandlungsblatt verfügbar.

Elemente der Lieferantenbewertung

Die Lieferantenbewertung auf Basis des Logistikinformationssystems besteht aus den in Tabelle 6.30 dargestellten Elementen.

Element	Verfahren	Bedeutung
Kriterien	manuell	Sie geben die Note selbst in das SAP-System ein, bevor Sie eine Beurteilung durchführen.
	teilautomatisch	Sie erfassen auf der Infosatzebene Noten für ein Material bzw. bei der Leistungserfassung Noten für die Qualität und die Termineinhaltung.
	automatisch	Sie erfassen selbst keine Daten. Das SAP-System ermittelt die Noten für automatische Teilkriterien aus Daten, die an anderer Stelle im Unternehmen, unabhängig vom Lieferantenbewertungssystem, erfasst wurden (z. B. beim Wareneingang oder im Qualitätsmanagement). Die Elemente sind nach den verschiedenen Methoden benannt, mit denen Noten für sie ermittelt werden. Die einzelnen Ermittlungsmethoden erfüllen unterschiedliche Zwecke und setzen eine unterschiedliche Pflege voraus (siehe Abbildung 6.158)
Gewichtung	gleich	Die Elemente werden gleichwertig bewertet.
	ungleich	Die Elemente werden mit Gewichtungsfaktoren bewertet. Ist Ihnen z. B. die Qualität wichtiger als der Preis, gewichten Sie die Qualität mit dem Faktor 2 und den Preis mit dem Faktor 1.

Tabelle 6.30 Elemente der Lieferantenbewertung auf Basis des Logistikinformationssystems

Die Lieferantenbewertung erfolgt nach Haupt- und Teilkriterien mit einem Punktesystem.

Die Punkte bzw. Noten werden in Abhängigkeit der Größe der Abweichung von der Norm vergeben. Im SAP-Standard sind 1 bis 100 Punkte eingestellt. Die Grundlage für die Punktevergabe ist entweder durch einen Eintrag im Einkaufsbeleg festgelegt, wie z. B. Menge oder Termin, oder durch eine Wertung von vergleichenden Daten des Marktes, wie z. B. Marktpreis.

Die Punkte können gleich verteilt oder gewichtet in die Auswertung eingehen.

Welche Methode genutzt werden soll, ist je Einkaufsorganisation im Customizing über Transaktion SPRO oder im SAP-Referenz-IMG über den Customizing-Pfad **Materialwirtschaft • Einkauf • Lieferantenbewertung • Einkaufsorganisationsdaten** festgelegt. Zur Anzeige wählen Sie die Einkaufsorganisation und öffnen per Doppelklick den Menüpunkt **Gewichtung**. Eintrag **1** steht für die Gleichgewichtung und Eintrag **2** für die Ungleichgewichtung der Kriterien.

Abbildung 6.158 zeigt die Standardeinstellung mit der Ermittlungsmethode und Abbildung 6.159 die automatischen Notenermittlung von Haupt- und Teilkriterien im SAP-System.

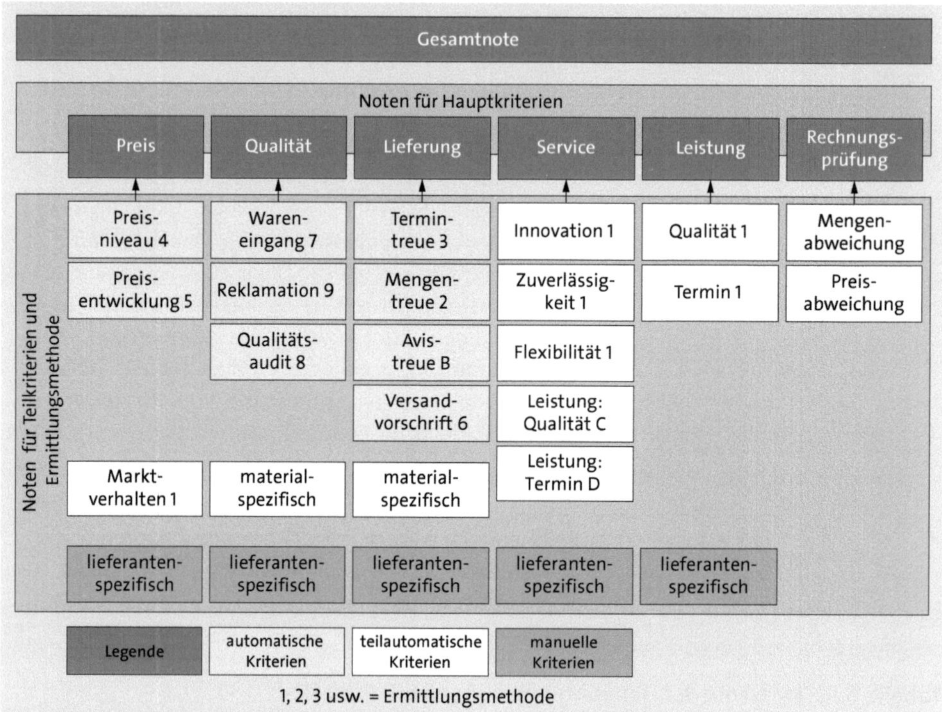

Abbildung 6.158 Kriterien der Lieferantenbewertung auf Basis des Logistikinformationssystems

Tabelle 6.31 listet die Definition der Teilkriterien auf.

Teilkriterium	Bedeutung
Preisniveau	Mit diesem Teilkriterium wird beurteilt, in welchem Verhältnis der Preis eines Lieferanten zum Marktpreis steht. Liegt sein Preis unter dem Marktpreis, erhält er eine bessere Note, liegt er darüber, eine schlechtere. Anhand des Teilkriteriums **Preisniveau** sehen Sie das Verhältnis des Preises eines Lieferanten zum Markt zu einem bestimmten Zeitpunkt.
Preisentwicklung	Mit diesem Teilkriterium wird beurteilt, wie sich der Preis eines Lieferanten im Verhältnis zum Marktpreis entwickelt. Anhand des Teilkriteriums **Preisentwicklung** erkennen Sie den Verlauf, den der Preis des Lieferanten über eine Zeitspanne im Verhältnis zur Entwicklung des Marktpreises in derselben Periode genommen hat.
Wareneingang	Mit diesem Teilkriterium wird die Qualität der Materialien beurteilt, die ein Lieferant liefert. Die Qualitätsprüfung findet beim Wareneingang statt.
Qualitätsaudit	Mit diesem Teilkriterium wird die Wirksamkeit des Qualitätssicherungssystems beurteilt, das ein Unternehmen bei der Herstellung seiner Produkte einsetzt.
Reklamation	Mit diesem Kriterium wird beurteilt, ob die Materialien, die ein Lieferant liefert, nach der Qualitätsprüfung beim Wareneingang, z. B. in der Fertigung, häufig als schadhaft erkannt werden und Ihnen dadurch Aufwand und Kosten für die Bearbeitung von Fehlleistungen entstehen. Die Note (QM-Qualitätskennzahl) wird in QM (Qualitätsmanagement) ermittelt und an MM (Lieferantenbewertung) übergeben und für das Notensystem der Lieferantenbewertung umgerechnet.
Termintreue	Mit diesem Teilkriterium wird beurteilt, wie genau ein Lieferant die Liefertermine einhält.
Mengentreue	Mit diesem Teilkriterium wird beurteilt, wie genau ein Lieferant die in der Bestellung vorgegebene Menge einhält.
Versandvorschrift	Mit diesem Teilkriterium wird beurteilt, wie genau ein Lieferant die Anweisungen einhält, die Sie für den Versand oder für die Verpackung eines Materials erteilt haben.

Tabelle 6.31 Teilkriterien in der Lieferantenbewertung auf Basis des Logistikinformationssystems

Teilkriterium	Bedeutung
Bestätigungsdatum	Mit diesem Kriterium wird beurteilt, ob ein Lieferant das in der Bestätigung zugesicherte Lieferdatum einhält, d. h., ob der Wareneingang tatsächlich zum bestätigten Termin eintrifft.
Mengenabweichung	Mit diesem Kriterium wird beurteilt, wie genau die abzurechnende Menge mit der tatsächlich abgerechneten Menge übereinstimmt.
Preisabweichung	Mit diesem Kriterium wird beurteilt, wie genau der abzurechnende Preis mit dem tatsächlich abgerechneten Preis übereinstimmt.

Tabelle 6.31 Teilkriterien in der Lieferantenbewertung auf Basis des Logistikinformationssystems (Forts.)

[»]

Mengen- und Termintreue

Termintreue und Mengentreue sind immer im Zusammenhang zu betrachten. Sie können pro Material im Materialstamm oder für alle Materialien in den Systemeinstellungen festlegen, wie viele der bestellten Materialien mindestens geliefert werden müssen, damit ein Wareneingang in die Beurteilung eingeht. So wird verhindert, dass ein pünktlicher Wareneingang mit einer geringen Menge der bestellten Materialien mit einer guten Note für die Termintreue in die Beurteilung aufgenommen wird. Falls diese Mindestmenge nicht erreicht wird, erhält der Lieferant keine, dafür aber für die Mengentreue eine schlechte Note.

Punktwerte

Sie benötigen einen Notenwert, wenn Sie Lieferanten miteinander vergleichen möchten. Im Standard ist die in Abbildung 6.159 gezeigte Punktevergabe eingestellt. Sie finden die Customizing-Einstellung unter Transaktion SPRO bzw. im SAP-Referenz-IMG über **Materialwirtschaft • Einkauf • Lieferantenbewertung • Einkaufsorganisationsdaten**. Markieren Sie die gewünschte Einkaufsorganisation, und doppelklicken Sie auf den Menüeintrag **Punktwerte zu den automatischen Kriterien**. Das SAP-System öffnet die Sicht **Punktwerte zu den automatischen Kriterien« ändern: Übersicht**.

Die Abweichung ist in Prozent angegeben und für die Mengentreue sowohl für Überals auch für Unterlieferung eingestellt. Keine Abweichung bewertet das SAP-System mit 100 Punkten. Haben Sie im Einkaufsbeleg Toleranzwerte erfasst, z. B. 5 % für eine Überlieferung, würde die Abweichung für die Lieferantenbewertung erst ab dem Überschreiten der Toleranzwerte unter 100 Punkte fallen. In Abbildung 6.159 sehen Sie also die Punktevergabe der Lieferantenbewertung in Abhängigkeit von den Prozentsätzen zur Abweichung von den bestellten Mengen.

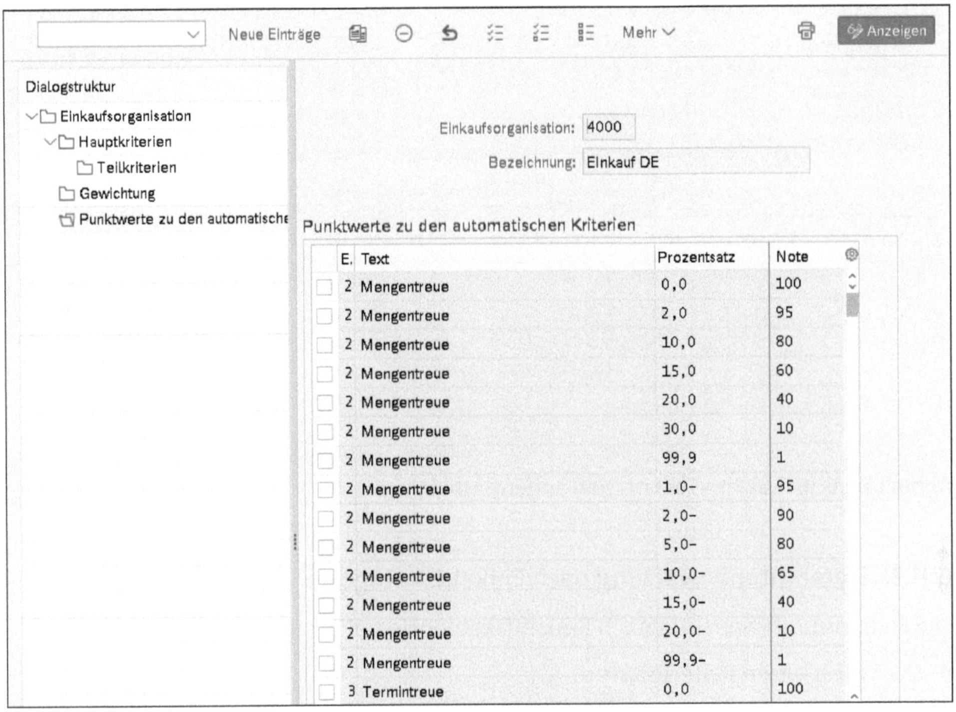

Abbildung 6.159 Punktwerte automatischer Kriterien

Die Standardeinstellung vergibt bei einer Überlieferung von 2 % noch 95 und bei einer Unterlieferung von 2 % nur noch 90 Punkte.

Gewichtung

Ist ein Kriterium besonders wichtig, z. B. innerhalb der Preisbeurteilung das Preisniveau, ist im Customizing ein Gewichtungsfaktor angegeben. Im Beispiel von Abbildung 6.160 gehen die Punkte für die Mengentreue mit 60 %, die Reklamationen mit 30 % und das Audit mit 10 % in die Wertung ein.

Die Einstellung dieser Teilkriterien finden Sie im Customizing in Transaktion SPRO oder im SAP-Referenz-IMG über **Materialwirtschaft • Einkauf • Lieferantenbewertung • Einkaufsorganisationsdaten**. Markieren Sie die gewünschte Einkaufsorganisation, und doppelklicken Sie auf den Menüeintrag **Teilkriterien**. Das SAP-System öffnet nun das Dialogfenster **Arbeitsbereich festlegen: Eingabe zur Auswahl des Hauptkriteriums**. Wählen Sie mit einem Doppelklick den Schlüssel für das Hauptkriterium aus.

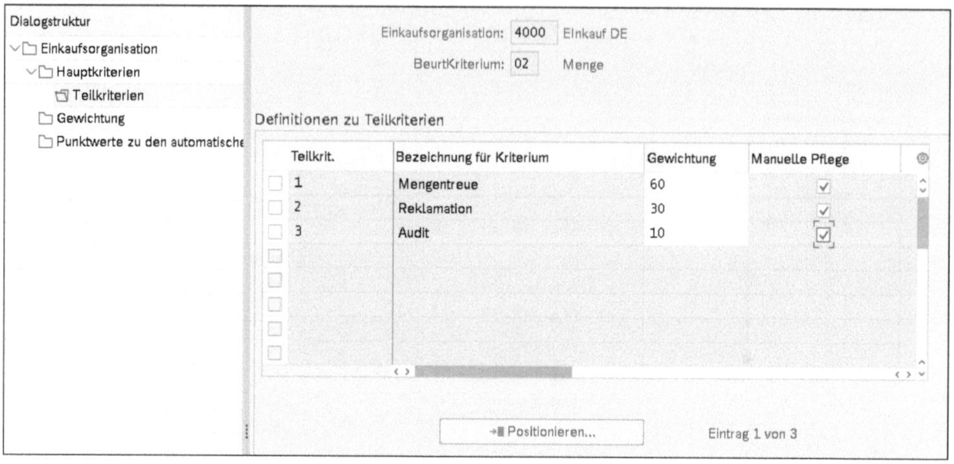

Abbildung 6.160 Sicht »Teilkriterien ändern: Übersicht«

6.11.2 Lieferantenbewertung nach Einkaufskategorie

Die Lieferantenbewertung nach Einkaufskategorie hat folgende Eigenschaften:

- Die verfügbaren Kriterien sind:
  - Menge
  - Zeit
  - Qualität
  - Preis
  - Fragebogen
- Die Bewertungen sind in Echtzeit verfügbar
- Das Einkaufsverhandlungsblatt wird *nicht* fortgeschrieben.

Um die Lieferantenbewertung nach Einkaufskategorie verwenden zu können, muss im Customizing in Transaktion SPRO bzw. im SAP-Referenz-IMG über **Materialwirtschaft • Einkauf • Lieferantenbewertung • Lieferantenbewertung nach Einkaufskategorie • Zur Lieferantenbewertung gemäß Einkaufskategorie wechseln** der entsprechende Punkt aktiviert worden sein (siehe Abbildung 6.161).

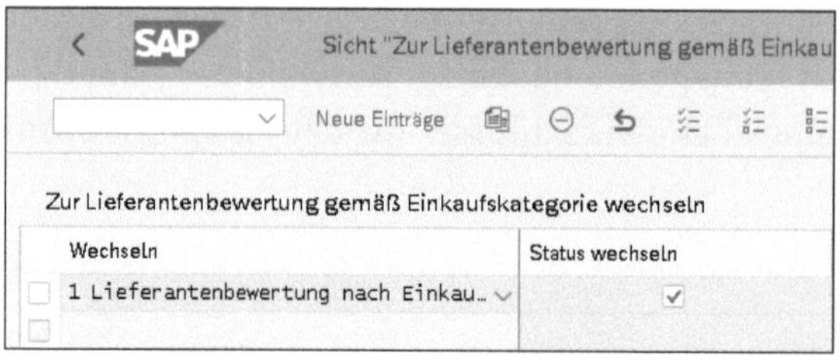

Abbildung 6.161 Zur Lieferantenbewertung gemäß Einkaufskategorie wechseln

Einkaufskategorien

In SAP S/4HANA wurden Einkaufskategorien eingeführt. In ihnen werden ähnliche Positionen gruppiert. Es bietet sich an, Warengruppen in Einkaufskategorien zusammenzufassen (z. B. Büroeinrichtungen), um Ausgaben besser zu planen und zu organisieren. Um »weiche Faktoren« (z. B. Rücksichtnahme auf Umwelt und Gesellschaft) in die Lieferantenbewertung einfließen zu lassen, sind Fragebögen zu erstellen. Somit steht eine Beurteilung aus einer Kombination von harten und weichen Faktoren in Echtzeit zur Verfügung.

Klassifikation und Segmentierung

Die Klassifikation und Segmentierung ist ein permanenter Prozess, in dem Lieferanten bewertet und klassifiziert werden. Diese im laufenden Prozess entstehenden Informationen der Klassifikation und Segmentierung werden dann Segmenten zugeordnet, deren Gewichtung im Vorfeld festgelegt worden ist. Dabei erleichtert eine logische Gruppierung gleichartiger Positionen das Organisieren von Ausgaben und Aufgabenträgern.

Zusammengefasst sind die Vorteile:

- Transparenz durch Klassifikation und flexible Suchoptionen
- geringeres Risiko durch die Identifizierung von Lieferanten mit geringer Leistung
- Analyse von Lieferantenleistung und Ausgaben auf der Basis von systemimmanenten Daten
- Echtzeitberichte in Einkaufskategorien

Die Klassifikation und Segmentierung wird, wie in Abbildung 6.162 dargestellt, nach verschiedenen Kriterien eingestellt. Damit wird die Segmentierung und Übersicht über die besten Lieferanten sehr einfach organisiert.

Um die Daten im Geschäftspartnerstammsatz zu erfassen, müssen Sie in der Lieferantenliste im Klassifikationsbild der Lieferantendetails auf die Schaltfläche **Neue Scorecard anlegen** klicken (App F1662).

Lieferantenbewertung

Die Bewertung der Lieferanten erfolgt, wie bereits erwähnt, anhand von weichen und harten Kriterien. Die weichen Kriterien werden mithilfe von Fragebögen festgelegt. Es können Bewerter, z. B. Einkäufer, festgelegt werden. Die Fragebögen sind vollständig individuell konfigurierbar. Inhalt können auch Ziel- oder Mindestwerte einer Bewertung sein. Die Antworten auf den Fragebögen können mit flexiblen Such- und Filterkriterien ausgewertet werden.

Das Feedback zu den Lieferanten liefert dem Einkäufer eine Scorecard, anhand derer er eine Bewertung vornehmen kann.

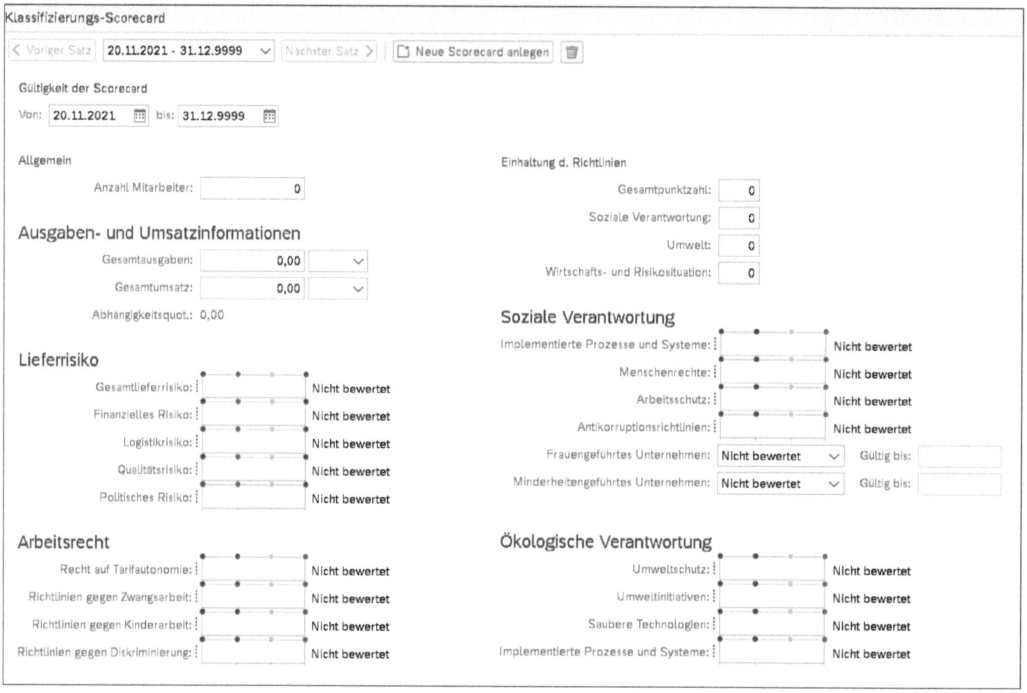

Abbildung 6.162 Klassifizierungs-Scorecard

6.12 Preisfindung

Die Preisfindung im Einkaufsbeleg besteht aus dem Kalkulationsschema und den zugeordneten Konditionsarten. Jeder Belegart ist ein Kalkulationsschema zugeordnet.

Konditionen können Sie in Infosätzen und Kontrakten als zeitabhängige Konditionen hinterlegen. Im Rahmen der Preisfindung durchsucht das SAP-System diese Daten und übernimmt sie in den Beleg. Werden keine gültigen Konditionen gefunden, erfasst der Einkäufer den Preis und andere Preisbestandteile wie Zu- und Abschläge im Einkaufsbeleg manuell.

Im nächsten Abschnitt zeigen wir Ihnen, wie das Kalkulationsschema im Customizing aufgebaut ist und welche Konditionsarten zugeordnet sind. Danach zeigen wir Ihnen beispielhaft, wie Konditionen in der Bestellung manuell erfasst werden und welche Auswirkungen manuell hinzugefügte Konditionen in einem Einkaufsbeleg haben. Weitergehende Informationen entnehmen Sie dem Buch Ursula Becker, et al., Preisfindung und Konditionstechnik in SAP, 2020.

6.12.1 Kalkulationsschema

Ein Kalkulationsschema fasst alle Konditionsarten zusammen, die bei der Preisfindung im Einkaufsbeleg eine Rolle spielen. Es legt die Reihenfolge fest, in der die Konditionsarten einberechnet werden. Darüber hinaus legt das Kalkulationsschema Folgendes fest:

- welche Zwischensummen gebildet werden.
- inwieweit eine manuelle Bearbeitung der Preisfindung möglich ist
- auf welcher Basis das SAP-System prozentuale Zu- und Abschläge berechnet
- welche Bedingungen erfüllt sein müssen, damit eine bestimmte Konditionsart berücksichtigt wird

Im SAP-Standard ist für Einkaufsbelege das Kalkulationsschema **RM0000 Einkaufsbeleg (groß)** eingestellt. Sie finden das Kalkulationsschema im SAP-Referenz-IMG über den Customizing-Pfad **Materialwirtschaft • Einkauf • Konditionen • Preisfindung festlegen • Kalkulationsschema festlegen.**

Wählen Sie das Kalkulationsschema **RM0000**, und doppelklicken Sie auf den Eintrag **Steuerung**. Das SAP-System öffnet das Bild **Sicht »Steuerung« ändern: Übersicht** Sicht »Steuerung ändern«:Übersicht (siehe Abbildung 6.163 und ergänzend dazu Tabelle 6.32).

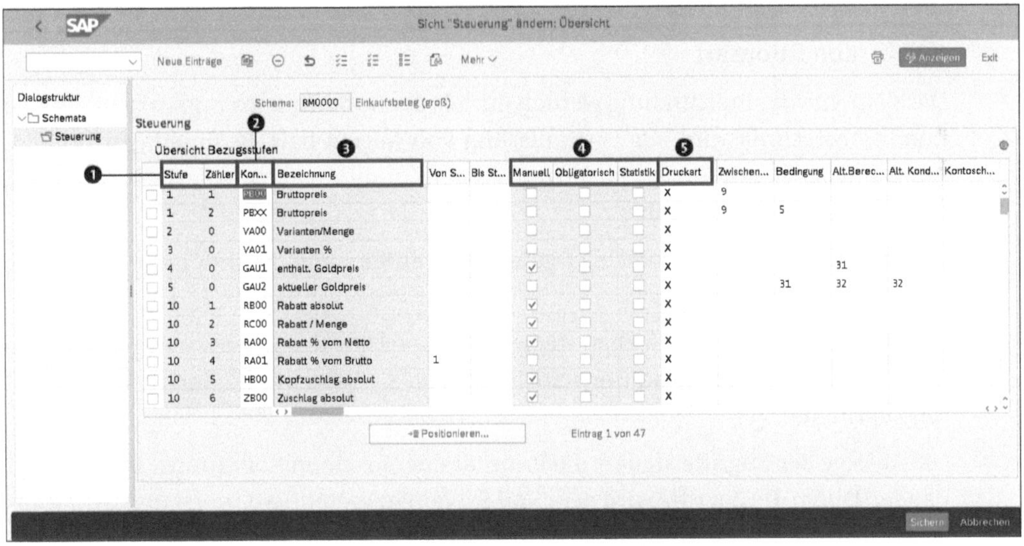

Abbildung 6.163 Konditionsarten im Kalkulationsschema RM0000

Nr.	Bedeutung	Anmerkung
❶	Stufe und Zähler	Steuert die Rangfolge des Konditionszugriffs.
❷	Konditionsart	Schlüssel der Konditionsart.
❸	Bezeichnung	Beschreibender Text zur Konditionsart.
❹	Manuell, Obligatorisch, Statistik	Kennzeichnung, ob die Konditionsart manuell erfasst werden soll, ob die Konditionsart eine Pflichteingabe im Konditionsbild sein soll oder ob die Konditionsart statistischen Charakter haben soll.
❺	Druck	Kennzeichnung, ob die Kondition im Einkaufsbeleg angedruckt werden soll.

Tabelle 6.32 Konditionsarten im Kalkulationsschema RM0000

Das Kalkulationsschema umfasst alle Konditionsarten, die in der Einkaufsbelegart genutzt werden können.

Die Preisfindung orientiert sich an der Stufe und dem Zähler. An erster Stelle steht entweder die Konditionsart **PB00** für die automatische Preisfindung oder **PBXX** für die manuelle Eingabe des Bruttopreises im Einkaufsbeleg.

6.12.2 Konditionsart

Die Elemente der Preisfindung werden mittels der Konditionstechnik abgebildet. Die Konditionstechnik wird zur Formulierung von Regeln bzw. Bedingungen genutzt. Aufgrund der Konditionsarten, die mittels der Konditionstechnik festgelegt werden, ergibt sich ein Preisvorschlag.

Damit der richtige Preisvorschlag gefunden werden kann, ist im Customizing eine Zugriffsfolge festgelegt.

Eine Zugriffsfolge ist eine Suchstrategie, mit deren Hilfe das SAP-System gültige Sätze in den verschiedenen Konditionstabellen sucht. Sie besteht aus einem oder mehreren Zugriffen.

Die Abfolge der Zugriffe steuert die Priorität der einzelnen Konditionssätze untereinander. Durch die Zugriffe wird dem SAP-System mitgeteilt, wo zuerst und wo jeweils als Nächstes nach einem gültigen Konditionssatz gesucht werden soll. Abbildung 6.164 zeigt die Zugriffsfolge für die Konditionsart **PB00**.

Bei diesem Zugriff wird der im Beispiel zur Konditionsart angelegte Konditionssatz im Einkaufsinfosatz gefunden und die Suche beendet.

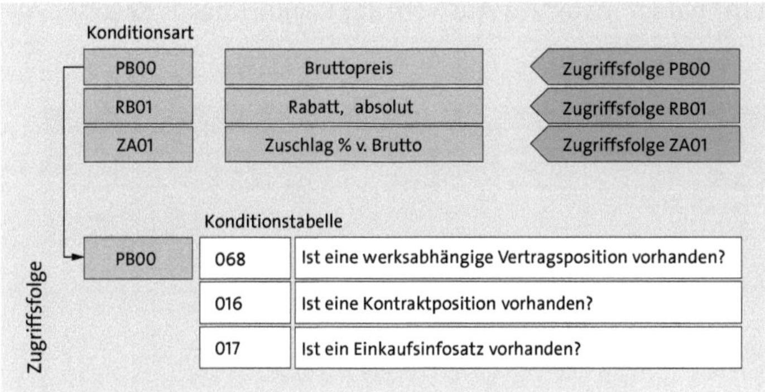

Abbildung 6.164 Preisfindung zur Konditionsart PB00

6.12.3 Konditionen im Einkaufsbeleg

Das SAP-System bildet die Konditionen auf der Positionsebene ab. Werden in einem Einkaufsbeleg mehr als eine Position erfasst, summiert das SAP-System die Werte auf der Kopfebene. Abbildung 6.165 zeigt die Positionskonditionen mit einem manuell erfassten Preis.

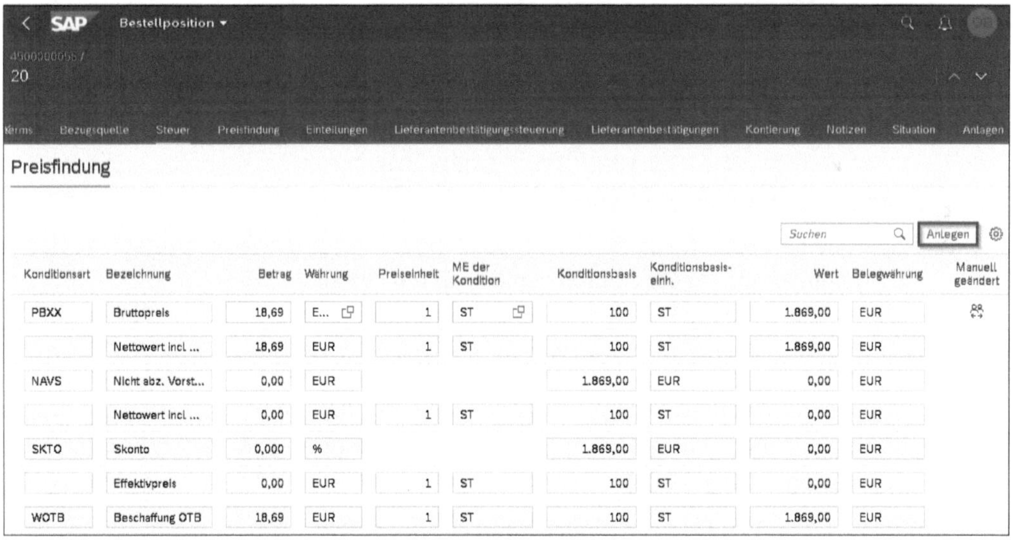

Abbildung 6.165 Positionskonditionen in der Bestellung

Im Einkaufsbeleg kann der Einkäufer gefundene Konditionen anpassen, z. B. wenn aufgrund von einer notwendigen Eillieferung die Frachtkosten in Rechnung gestellt werden sollen oder der Lieferant für diese Bestellung einen Rabatt gewährt.

Im Bereich der Preisfindung der Bestellposition wählen Sie **Anlegen** aus. Stellen Sie den Cursor auf das Feld **Konditionsart** ❶ im Bereich **Preiselemente hinzufügen**. Das

SAP-System öffnet nun ein Dialogfenster zur Auswahl der Konditionsart ❷ (siehe Abbildung 6.166).

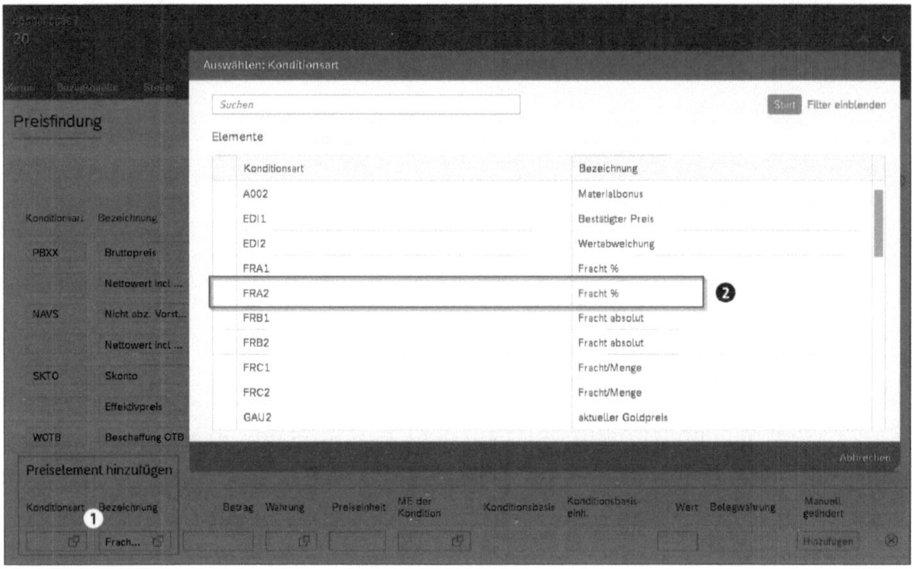

Abbildung 6.166 Positionskonditionen hinzufügen

Wählen Sie die gewünschte Konditionsart aus, und erfassen Sie den Betrag in der Spalte **Betrag**.

[»]

Konditionsart mit Prozentwert

Tragen Sie bei Prozentkonditionen nur den Prozentwert in die Spalte **Betrag** ein. Das SAP-System ermittelt automatisch den relevanten Betrag.

In der Regel werden manuelle Konditionen auf der Positionsebene erfasst.

Erfassen Sie Kopfkonditionen in der Bestellung, werden die Beträge anteilig auf alle Positionen heruntergebrochen und in der Position angezeigt. Kopfkonditionen sind in der Position nicht änderbar.

In Tabelle 6.33 sehen Sie verschiedene Berechnungsarten.

Berechnungsart	Beispielhafte Konditionsart	Bedeutung
Zu- oder Abschlag in % vom Brutto	**RA01** (Rabatt in % vom Brutto)	Das SAP-System ermittelt den Prozentwert auf der Basis des Konditionswertes **PB00** oder **PBXX**.

Tabelle 6.33 Berechnungsarten der Preisfindung

Berechnungsart	Beispielhafte Konditionsart	Bedeutung
Zu- oder Abschlag in % vom Netto	**ZA00** (Zuschlag in % vom Netto)	Das SAP-System ermittelt den Prozentwert auf der Basis eines errechneten Nettowertes, z. B. zu einem rabattierten Einkaufspreis.
Zu- oder Abschlag, absolut	**FRB1** (Fracht, absolut)	Das SAP-System addiert oder subtrahiert den absoluten Betrag zum bzw. vom Nettowert.

Tabelle 6.33 Berechnungsarten der Preisfindung (Forts.)

Während die Konditionsarten **RA01** (Rabatt in % vom Brutto) und **ZA00** (Zuschlag in % vom Netto) z. B. den Nettopreis der Position beeinflussen, hat die Konditionsart **FRA2** (Fracht in %) lediglich statistischen Charakter.

6.12.4 Statistische Konditionen

Die Frachtkosten sind Bezugsnebenkosten und werden erst bei der Buchung des Wareneingangs bzw. des Rechnungseingangs entweder auf ein Preisdifferenzenkonto oder auf das Materialverrechnungskonto gebucht.

Bei Material mit gleitendem Durchschnittspreis erfolgt die Buchung der ungeplanten Bezugsnebenkosten auf das Bestandskonto. Bei Material mit Standardpreis läuft die Buchung der ungeplanten Bezugsnebenkosten auf ein Preisdifferenzenkonto.

Skonto ist ebenfalls in der Bestellung eine statistische Kondition. Erst bei der Zahlung der Rechnung werden die Skonto-Bedingungen vorgeschlagen und können dort geändert werden.

Manuelle Konditionen in der Bestellung

Einkaufskonditionen, die in der Bestellung manuell erfasst werden, gelten nur für diese Bestellung. Das Kennzeichen **Infosatz-Update** (Positionsregisterkarte **Materialdaten**) in der Bestellung ändert keine Konditionen im Einkaufsinfosatz, sondern ergänzt im Einkaufsinfosatz lediglich die letzte Bestellnummer.

6.12.5 Neue Preisfindung

Eine neue Preisfindung stoßen Sie über die erweiterte Bearbeitung der Bestellung auf der Registerkarte **Konditionen** ❶ mit der Schaltfläche **Aktualisieren** ❷ an (siehe Abbildung 6.167).

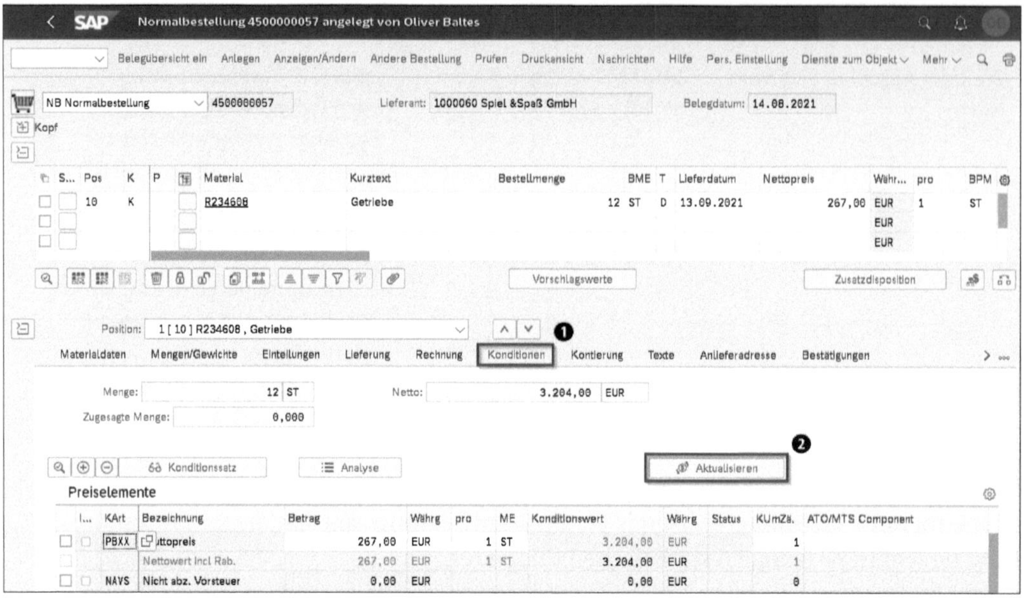

Abbildung 6.167 Erweiterte Bearbeitung der Bestellung

Das Anstoßen der neuen Preisfindung kann erforderlich sein, wenn Sie im Einkaufsinfosatz neue Staffelpreise hinterlegt haben oder die Preise aufgrund von geänderten Zu- oder Abschlägen in bereits angelegten Bestellungen aktualisiert werden müssen.

Das SAP-System öffnet das Dialogfenster **Preisfindungsart** (siehe Abbildung 6.168). Hier können Sie wählen, welche Preisbestandteile Sie aktualisieren möchten.

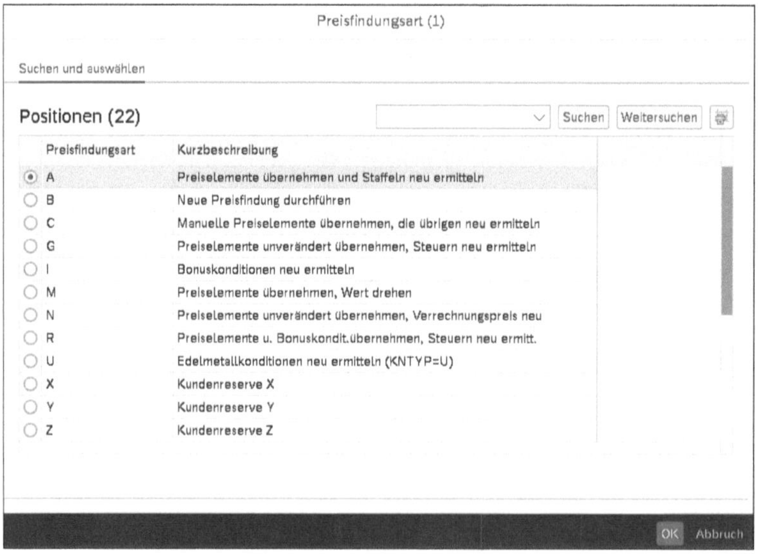

Abbildung 6.168 Preisfindungsart

Vorsicht bei Preisfindungsart B (Neue Preisfindung durchführen)

Beachten Sie, dass mit der Preisfindungsart **B** (Neue Preisfindung durchführen) alle manuellen Preisbestandteile entfernt werden.

[!]

6.12.6 Bestellpreisentwicklung

Einen guten Überblick über die Preisentwicklung eines Materials erhalten Sie z. B. mit der SAP-Fiori-App **Materialpreisabweichung** (siehe Abbildung 6.169), die z. B. in der Kachelgruppe der übergreifenden Einkaufsanalysen enthalten ist.

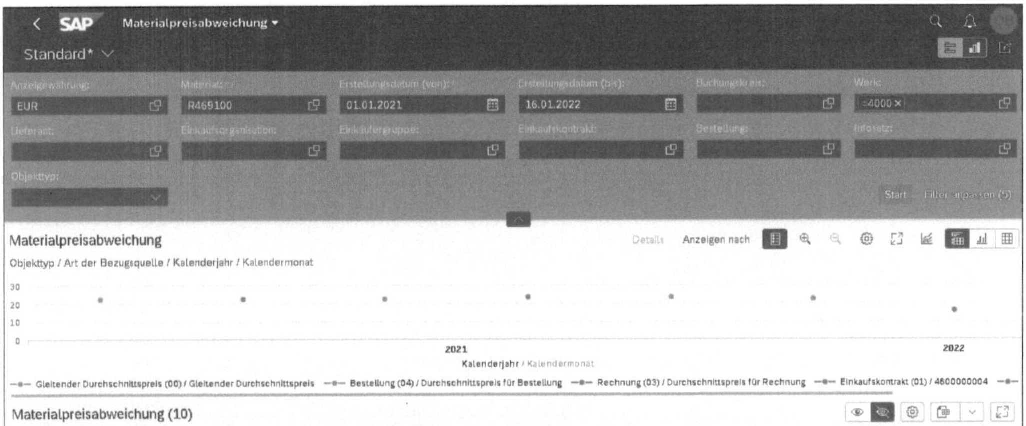

Einkaufsbeleg	Material	Lieferant	Werk	Buchungskreis	Preis		Bestellnetto
Bestellung (4500000026/00010)	Kupplungswelle (R469100)	Müller GmbH (1000061)	Bonn (4000)	Buchungskreis Bonn (4000)	22,38	EUR	2.797,50
Bestellung (4500000027/00010)	Kupplungswelle (R469100)	Müller GmbH (1000061)	Bonn (4000)	Buchungskreis Bonn (4000)	22,38	EUR	2.797,50
Bestellung (4500000027/00020)	Kupplungswelle (R469100)	Müller GmbH (1000061)	Bonn (4000)	Buchungskreis Bonn (4000)	22,38	EUR	2.238,00
Bestellung (4500000030/00010)	Kupplungswelle (R469100)	Müller GmbH (1000061)	Bonn (4000)	Buchungskreis Bonn (4000)	23,45	EUR	281,40
Bestellung (4500000054/00020)	Kupplungswelle (R469100)	Müller GmbH (1000061)	Bonn (4000)	Buchungskreis Bonn (4000)	23,45	EUR	469,00
					21,56	**EUR**	**8.583,40**

Abbildung 6.169 Materialpreisanalyse

6.13 Textarten im Einkaufsbeleg

In allen Einkaufsbelegen verwenden Sie Texte zur Beschreibung von Sachverhalten im Rahmen der Beschaffung von Waren und Dienstleistungen. Texte erfassen Sie in den Einkaufsbelegen entweder auf der Kopf- oder auf der Positionsebene.

Kopftexte beziehen sich auf den gesamten Beleg; Positionstexte beziehen sich auf die Position, auf die sich der betreffende Text bezieht. Im Customizing ist definiert, ob ein Kopftext vor oder nach den Positionen im Beleg angeordnet ist. Der Inhalt von Textfeldern, deren Bezeichnung mit »-notiz« endet, wird im Druck des Einkaufsbelegs nicht ausgegeben; solche Informationen dienen vielmehr der internen Kommunikation. Tabelle 6.34 zeigt die im Standard vorhandenen Textfelder.

Wo	Textart	Bedeutung
Kopf	Kopftext	Den Kopftext am Anfang des Ausgabebelegs sollten Sie für besonders wichtige Informationen an den Lieferanten reservieren. So könnten Sie z. B. im Kopftext einer Anfrage spezielle ausschreibungsrelevante Anweisungen erfassen, da diese zuerst gelesen werden sollten.
	Kopfnotiz	Die Kopfnotiz dient lediglich zur internen Verwendung; der Text erscheint nicht im Ausgabebeleg. In der Kopfnotiz können Sie einen Vermerk zu dem betreffenden Einkaufsbeleg festhalten, beispielsweise einen Hinweis darauf, dass sich bei diesem Lieferanten Qualitätsprobleme ergeben haben. Andere Benutzer haben zwar die Möglichkeit, sich diese Informationen anzeigen zu lassen, der Lieferant erlangt jedoch keine Kenntnis davon.
	Anhangtexte oder Schlusssätze	Beispiele für Anhangtexte sind Haftungsausschlussklauseln und Vertragsanmerkungen am Ende eines Kontrakts oder einer Bestellung.
Position	Positionstext	Der Positionstext wird im Anschluss an die Positionsdaten (Materialnummer, Kurztext, Menge usw.) ausgegeben. Den Positionstext können Sie zusätzlich zu dem aus dem Infosatz oder Materialstammsatz kopierten Materialbestelltext erfassen.
	Infobestelltext	Text aus dem Einkaufsinfosatz; dieser Text kann den Materialbestelltext entweder ersetzen oder ergänzen.
	Materialbestelltext	Übertrag des Textes aus den Einkaufsdaten des Materialstammsatzes.
	Anlieferungstext	Text mit Lieferanweisungen für die betreffende Position.

Tabelle 6.34 Textarten in den Einkaufsbelegen

Die Texte werden nicht automatisch mit dem Beleg gedruckt, sondern müssen im Bereich **Texte für Nachrichten** im SAP-Referenz-IMG über den Customizing-Pfad **Materialwirtschaft • Einkauf • Nachrichten • Texte für Nachrichten • Texte für Anfrage festlegen/Texte für Bestellung festlegen/Texte für Kontrakt festlegen/Texte für Lieferplan festlegen/Texte für Einkaufsorganisation festlegen/Änderungstexte** eingestellt werden (siehe Abbildung 6.170).

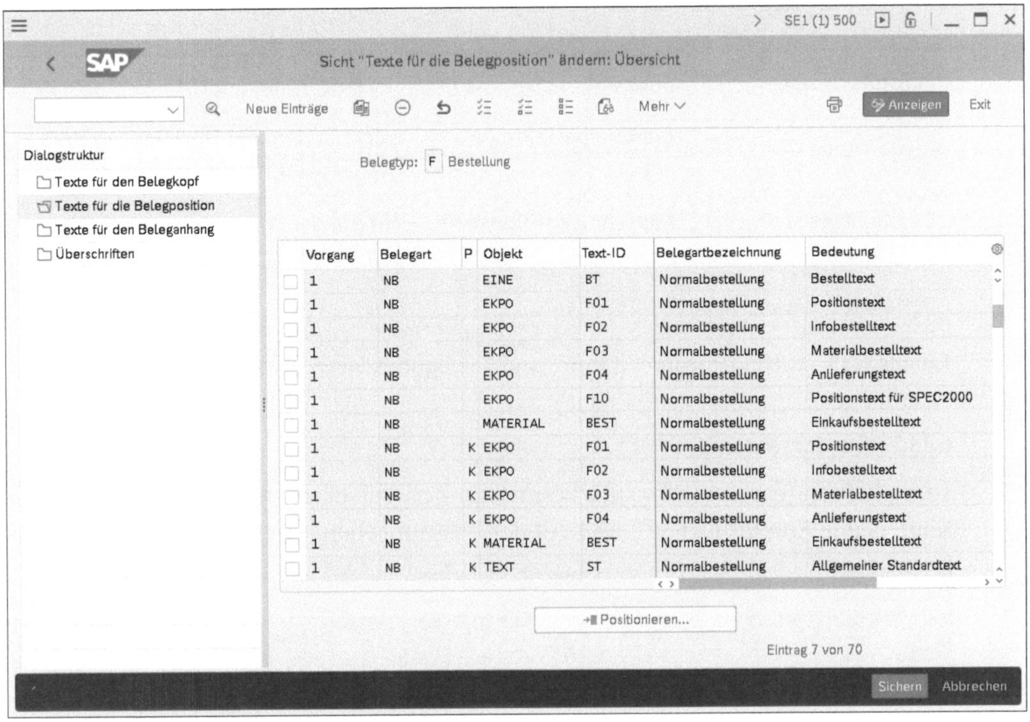

Abbildung 6.170 Texte für die Belegposition

Zulässige Texte zur Belegart

Die Texte selbst sind im Customizing in Abhängigkeit von der Belegart definiert, z. B. im SAP-Referenz-IMG über den Customizing-Pfad **Materialwirtschaft • Einkauf • Bestellung • Texte für Bestellung**. Hier können Sie auch die Kopierregel, z. B. von Stammdatentexten in den Beleg oder der Belege untereinander definieren.

In der Standardauslieferung sind bereits Textfelder in den in Tabelle 6.35 gezeigten Stamm- bzw. Bewegungsdaten vorhanden.

Wo	Textfeld	Anmerkung
Materialstammsatz	Einkaufsbestelltext	nicht änderbarer Übertrag in Einkaufsinfosatz und Einkaufsbeleg
Lieferantenstammsatz	Einkaufsnotiz	interne Information
	Bestelltext	Übertrag in den Einkaufsbeleg

Tabelle 6.35 Textfelder in den Stamm- und Bewegungsdaten

Wo	Textfeld	Anmerkung
Einkaufsinfosatz	Infonotiz	interne Information
	Materialbestelltext	nicht änderbarer Übertrag aus dem Materialstammsatz
Einkaufsbelege	Kopf- und Positionstexte	Textfelder in verschiedenen Editorformaten
Bestellanforderungen	Positionstexte	–

Tabelle 6.35 Textfelder in den Stamm- und Bewegungsdaten (Forts.)

6.13.1 Texterfassung

Texte heißen jetzt Notizen und können in den verschiedenen Belegarten auf der Kopf- (siehe Abbildung 6.171) und auf der Positionsebene (siehe Abbildung 6.172) erfasst werden.

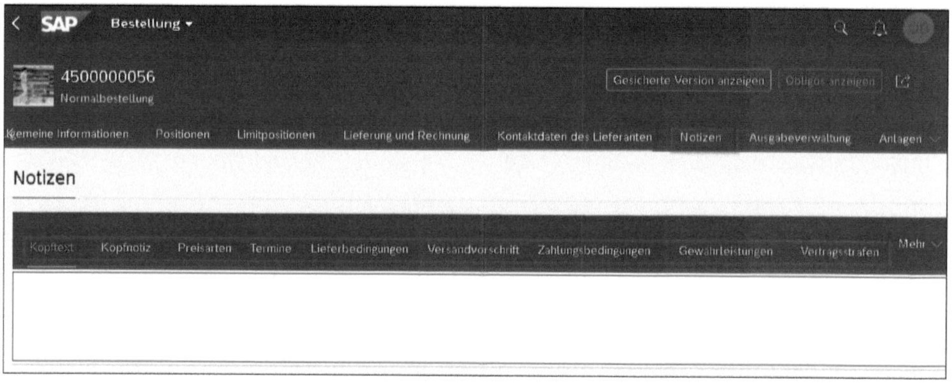

Abbildung 6.171 Notizen (Texte) auf Kopfebene (hier Bestellung)

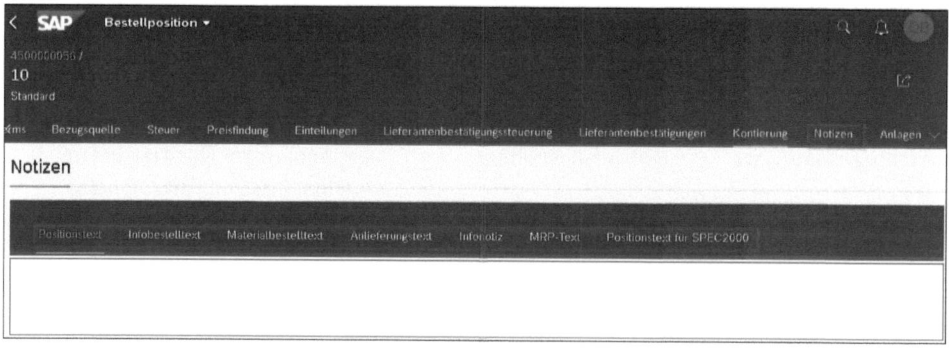

Abbildung 6.172 Notizen (Texte) auf Positionsebene (hier Bestellung)

6.13.2 Formular

Wie und an welcher Stelle im Formular die Textfelder im Beleg ausgegeben werden, ist im Customizing eingestellt.

Beispielhaft zeigt Abbildung 6.173 die Anordnung der Textfelder im Bestellbeleg für den Positionsabschnitt aus dem SAP-Standardbestellformular. Hierzu wurden die Textfeldbezeichnungen in das Textfeld eingetragen.

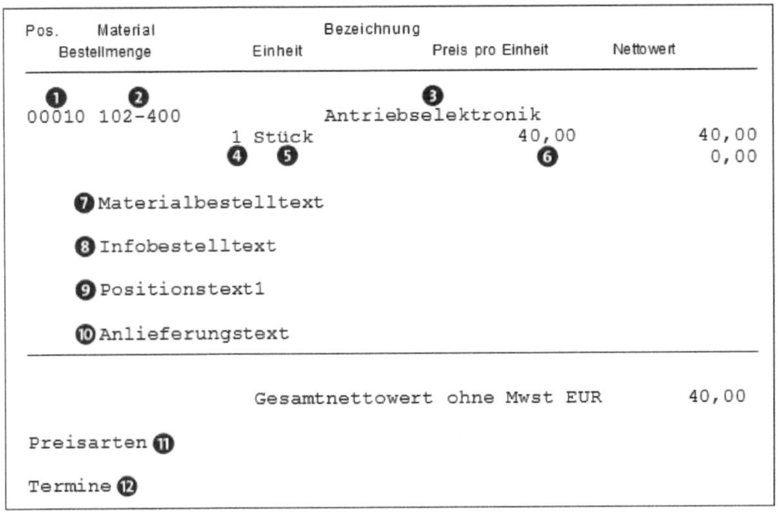

Pos. Material Bezeichnung
Bestellmenge Einheit Preis pro Einheit Nettowert

❶ ❷ ❸
00010 102-400 Antriebselektronik
1 Stück 40,00 40,00
❹ ❺ ❻ 0,00

❼ Materialbestelltext

❽ Infobestelltext

❾ Positionstext1

❿ Anlieferungstext

Gesamtnettowert ohne Mwst EUR 40,00

Preisarten ⓫

Termine ⓬

Abbildung 6.173 Texte im Bestellbeleg

> **Textfelder in den Einkaufsbelegen**
> Im SAP-Standard sind bereits Textfelder definiert. In der Prozessdefinition muss festgelegt werden, welches Textfeld zu welchem Zweck genutzt werden soll, damit die Textfeldverwendung einheitlich erfolgt.

Tabelle 6.36 erläutert Ihnen die Bedeutung der Textfelder.

Nr.	Herkunft	Zu finden in ...
❶	Positionsnummer	Positionsübersicht
❷	Materialnummer	Positionsübersicht
❸	Materialkurztext	Positionsübersicht
❹	Menge	Positionsübersicht

Tabelle 6.36 Texte im Bestellbeleg (Erläuterung)

Nr.	Herkunft	Zu finden in ...
❺	Einheit	Positionsübersicht
❻	Preis pro Einheit	Positionsübersicht
❼	Materialbestelltext	Positionsnotizen
❽	Infobestelltext	Positionsnotizen
❾	Positionstext 1	Positionsnotizen
❿	Anlieferungstext	Positionsnotizen
⓫	Preisarten	Kopfnotizen
⓬	Termine	Kopfnotizen

Tabelle 6.36 Texte im Bestellbeleg (Erläuterung) (Forts.)

Die Inhalte der Textfelder, die nicht mit »-notiz« enden, werden in den Nachrichten verarbeitet. Die Nachrichtenverarbeitung erläutern wir im nächsten Abschnitt.

6.14 Nachrichten

Eine Nachricht dient dem Austausch von Informationen zwischen den Partnern/Systemen, z. B. im Rahmen der Bestellabwicklung.

Im SAP-Standard sind die wichtigsten Nachrichtenarten für die Belegtypen **Bestellung**, **Rahmenvertrag**, **Lieferplan** und **Anlieferung** bereits eingestellt.

In diesem Abschnitt stellen wir vor, welche Einstellungen im Customizing für die Nachrichten bereits vorhanden sind.

Danach zeigen wir Ihnen, welche Einstellungen Sie vornehmen müssen, damit Nachrichten erzeugt werden. Im letzten Abschnitt erfahren Sie, wie Sie die Nachrichten im Beleg individuell beeinflussen können.

6.14.1 Nachrichten am Beispiel einer Bestellung

Die geläufigste Nachricht ist die Bestellung. Eine Bestellung ist eine verbindliche Aufforderung an den Lieferanten, eine Ware oder Dienstleistung zu einem definierten Preis zu liefern. Im SAP-System wird diese Aufforderung mittels einer Nachricht an den Lieferanten übermittelt.

Abbildungen zu Nachrichten

Alle Abbildungen und Erläuterungen in diesem Abschnitt zeigen beispielhaft die Nachrichtenart **NEU** für Bestellungen.

Für jeden Belegtyp sind im Customizing, im SAP-Referenz-IMG über den Customizing-Pfad **Materialwirtschaft • Einkauf • Nachrichten • Ausgabesteuerung • Nachrichtenarten für ... festlegen** erreichbar, bereits Nachrichtenarten angelegt (siehe Abbildung 6.174).

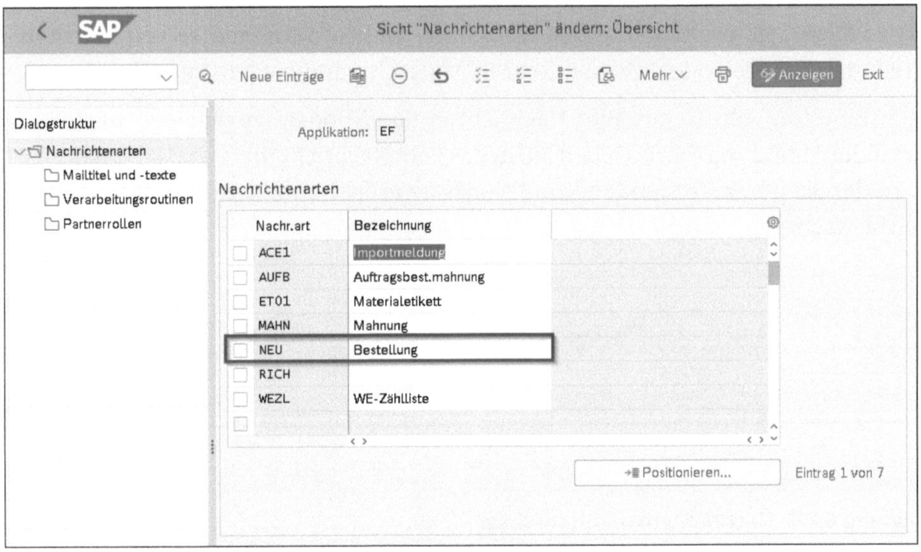

Abbildung 6.174 Nachrichtenarten in der Bestellung

Hier legen Sie fest, welche Texte den jeweiligen Nachrichten zugeordnet werden und in welchen Formularen die Nachrichten ausgegeben werden sollen. Im Bereich **Partnerrollen** ist definiert, an welche Partnerrolle die betreffende Nachricht versendet werden kann.

Nachrichten können auf unterschiedliche Arten, z. B. als Druck, als E-Mail-Anhang oder per EDI, an den Partner übermittelt werden.

Druckansicht in der Bestellung

In der Einbildtransaktion der Bestellung ME21N/ME22N/ME23N können Sie jederzeit die aktuelle Druckansicht des Belegs mit der Schaltfläche **Druckansicht** öffnen. Die Nachricht muss dazu lediglich angelegt sein (gelbe Ampel).

Der nächste Abschnitt zeigt, wie Sie einen Nachrichtenkonditionssatz anlegen.

6.14.2 Nachrichtenkonditionssatz

Jedem Einkaufsbeleg ist im SAP-Standard ein Nachrichtenschema zugeordnet. Wenn Sie mit dem Standard arbeiten möchten, müssen Sie im Customizing keine Änderungen vornehmen.

Um die Nachrichtenfindung einzuschalten, müssen Sie im Einkaufsmenü die Konditionssätze zu den gewünschten Nachrichtenarten pflegen.

Wie ein Nachrichtenkonditionssatz angelegt wird, zeigen wir Ihnen am Beispiel der Nachrichtenart **NEU** für Bestellungen (siehe Abbildung 6.174).

Wählen Sie zur Anlage eines Nachrichtenkonditionssatzes für Bestellungen im WebGUI den Menüpfad **Logistik • Materialwirtschaft • Einkauf Stammdaten • Nachrichten • Bestellung • Anlegen** oder Transaktion MN04 (Nachricht anlegen: Bestellung).

Das SAP-System öffnet das Bild **Nachrichten-Konditionssätze anlegen Bestellung NEU** (siehe Abbildung 6.175). Geben Sie in das Feld **Nachrichtenart** die Nachrichtenart ein, zu der Sie den betreffenden Konditionssatz erfassen möchten, in unserem Beispiel die Nachrichtenart **NEU**.

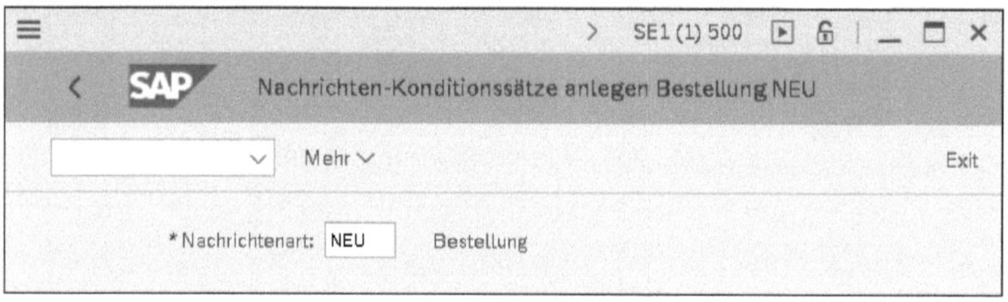

Abbildung 6.175 Nachrichtenkonditionssätze

Schlüsselkombination für Nachrichten

Sie können mehrere Nachrichtenkonditionssätze je Nachrichtenart anlegen. Wir empfehlen Ihnen, die Schlüsselkombination **Nachrichtenfindung Einkauf: EkOrg** für alle Nachrichtenarten anzulegen.

Das SAP-System öffnet die in Abbildung 6.176 gezeigte Schlüsselkombination zur Erfassung der Konditionssätze. Wählen Sie die geeignete Schlüsselkombination aus, z. B. **Nachrichtenfindung Einkauf: Belegart**.

Erfassen Sie die Daten für die Belegart und welche Partnerrolle die Nachricht erhalten soll, und bestätigen Sie Ihre Eingaben mit der [↵]-Taste. Das SAP-System ergänzt die Daten der Customizing-Einstellung als Vorschlagswerte für das Medium und den Zeitpunkt des Nachrichtenversands (siehe Abbildung 6.177).

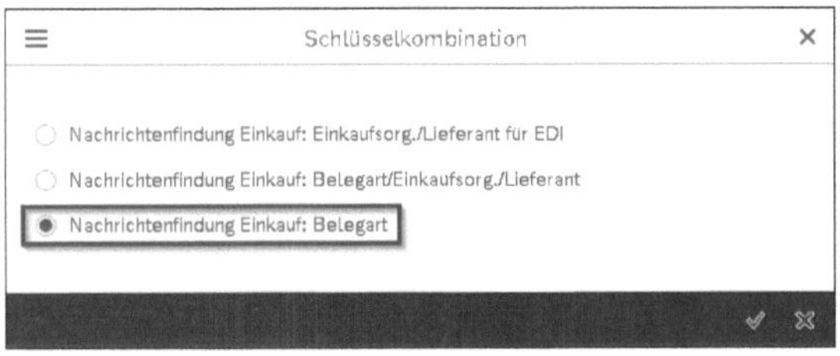

Abbildung 6.176 Schlüsselkombinationen: Nachrichtenkonditionssatz

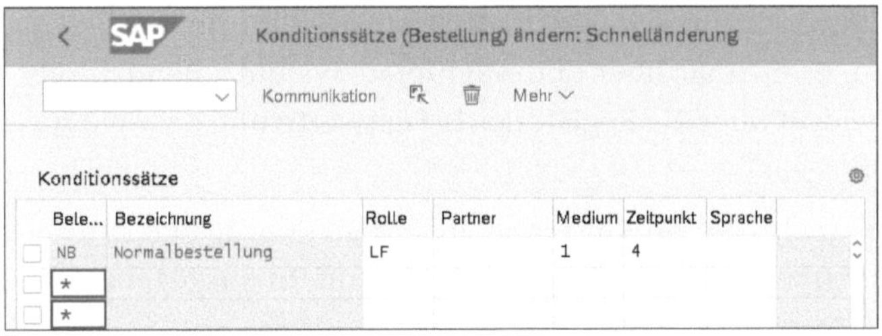

Abbildung 6.177 Konditionssätze: Bestellung

Im nächsten Abschnitt erläutern wir die Einstellungen für das Sendemedium und den Versandzeitpunkt – beides sind Elemente aus der Ausgabesteuerung.

Über die Schaltfläche **Kommunikation** ordnen Sie dem Konditionssatz ein Sendemedium zu.

6.14.3 Sendemedium

Mit dem Sendemedium definieren Sie, wie die Nachricht gesendet werden soll.

Die Ausgabe einer Nachricht ist im Standard auf **1** (Druckausgabe) eingestellt. Sie können die in Abbildung 6.178 gelisteten Medien auswählen.

Suchergebnis

Med	Med	Kurzbeschreibung
1		Druckausgabe
2		Telefax
4		Telex
5		externes Senden
6		EDI
7		einfaches Mail
8		Sonderfunktion
9		Ereignisse (SAP Business Workflow)
A		Verteilung (ALE)
T		Aufgaben (SAP Business Workflow)

Abbildung 6.178 Sendemedien für Einkaufsbelege

Die Ausgabe auf dem Drucker erfordert lediglich, dass dem Benutzer ein Drucker zur Verfügung steht.

Erzeugen einer Nachricht

Die Ausgabe des Drucks auf einem Drucker unterliegt den folgenden Rahmenbedingungen:

1. Das SAP-System prüft, ob im Konditionssatz ein Drucker angegeben ist, wenn ja, wird dieser verwendet.
2. Ist kein Drucker angegeben, wird in der Nachrichtenart geprüft, ob ein Eintrag in den Benutzervorgaben, erreichbar über den Menüpfad **System • Benutzervorgaben • Eigene Daten** und dort über die Registerkarte **Festwerte** und das Feld **Ausgabegerät**, vorhanden ist.
3. Ist ein Eintrag vorhanden, sucht das SAP-System gemäß dem Eintrag den Drucker. Wenn ein Drucker gefunden wird, wird auf diesem die Nachricht ausgegeben.
4. Ist kein Eintrag vorhanden oder wird der Drucker wird nicht gefunden, wird keine Nachricht erzeugt.

[»]

Standarddrucker in Windows

Drucken Sie Ihre Bestellungen auf Normalpapier aus, können Sie in den Benutzerparametern den Drucker LOCL (Großschreibung beachten) eintragen. Das SAP-System verwendet dann Ihren Windows-Standarddrucker.

[»]

PDF-Druck

Möchten Sie Ihre Einkaufsbelege elektronisch ablegen, stellen Sie einen PDF-Drucker als Standarddrucker in Ihrem Windows-Menü ein.

Für die anderen Medien gilt, dass die technischen Voraussetzungen im Customizing oder im Lieferantenstammsatz (z. B. E-Mail-Adresse oder Faxnummer) erfüllt sein müssen, damit das SAP-System die betreffende Nachricht erfolgreich verarbeiten kann.

Versandzeitpunkt

Das zweite wesentliche Element der Ausgabesteuerung ist der Versandzeitpunkt, zu dem die Nachricht ausgegeben wird. Sie haben die in Abbildung 6.179 gezeigten Möglichkeiten.

Suchergebnis

Zeitp	Zeitp	Kurzbeschreibung
1		Versenden durch periodisch eingeplanten Job
2		Versenden durch Job, mit zusätzlicher Zeitangabe
3		Versenden durch anwendungseigene Transaktion
4		sofort versenden (beim Sichern der Anwendung)

Abbildung 6.179 Versandzeitpunkt einer Nachricht

In Tabelle 6.37 werden die Möglichkeiten erläutert.

Nr.	Kurzbeschreibung	Bedeutung
1	Versenden durch periodisch eingeplanten Job	Alle erzeugten, aber noch nicht ausgegebenen Nachrichten werden periodisch, z. B. täglich, zu einem definierten Zeitpunkt ausgegeben.
2	Versenden durch Job, mit zusätzlicher Zeitangabe	Wie Versandzeitpunkt **1**, aber mit einer im Nachrichtenschema hinterlegten Uhrzeit, zu der die Nachrichten ausgegeben werden.
3	Versenden durch anwendungseigene Transaktion	Sie verarbeiten die erzeugte Nachricht mit einer eigenen Transaktion, z. B. Bestelldruck, über den Menüpfad **Logistik • Materialwirtschaft • Einkauf • Bestellung • Nachrichten • Nachrichten ausgeben** oder über Transaktion ME9F (Nachrichten ausgeben).
4	sofort versenden (beim Sichern der Anwendung)	Das SAP-System verarbeitet die Nachricht mit dem Sichern des Belegs und gibt die Nachricht auf dem gefundenen Drucker aus.

Tabelle 6.37 Versandzeitpunkt einer Nachricht

Ausgabegerät LOCL und Versandzeitpunkte 1 und 2

Ist nur der Drucker LOCL in den Benutzervorgaben des Anwenders definiert, muss sichergestellt sein, dass der Druck auf dem Windows-Drucker auch ausgegeben werden kann.

Den Vorschlagswert für den Versandzeitpunkt stellen Sie für jede Nachrichtenart im SAP-Referenz-IMG ein. Folgen Sie dafür dem Customizing-Pfad **Materialwirtschaft • Einkauf • Nachrichten • Ausgabesteuerung • Nachrichtenarten für ... festlegen** ein (siehe Abbildung 6.180).

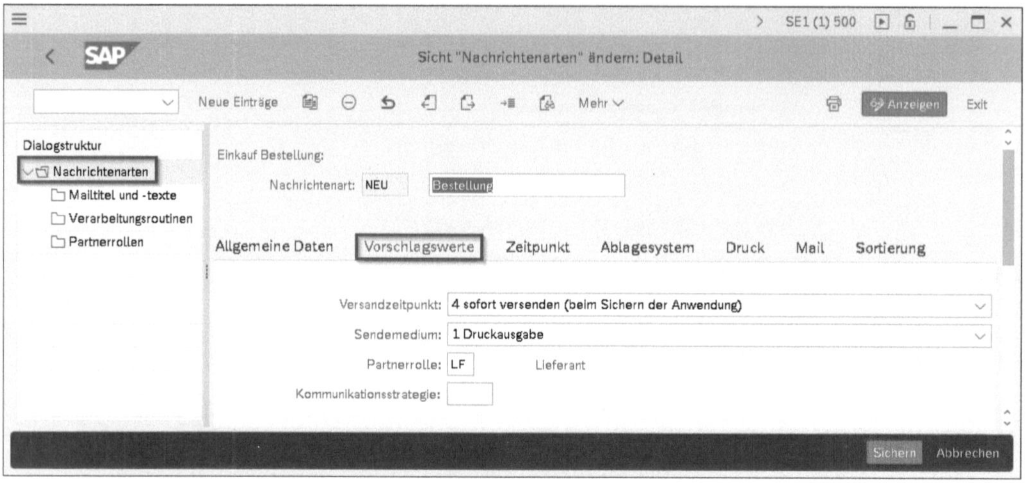

Abbildung 6.180 Vorschlagswert für den Versandzeitpunkt

[»]

Nachrichten im Spool

Erzeugte Nachrichten können Sie im WebGUI über den Menüpfad **System • Eigene Spoolaufträge** im Spool aufrufen. Markieren Sie die Spool-Nummer, und klicken Sie auf die Schaltfläche [68] (**Inhalt Anzeigen**).

Verarbeitete Nachrichten können Sie nur dann über den Spool erneut aufrufen, wenn in der Nachrichtensteuerung des Einkaufsbelegs das Kennzeichen **Freigabe nach Ausgabe** nicht markiert ist.

6.14.4 Änderungsnachricht im Customizing

Im Customizing legen Sie fest, welche Felder im Einkaufsbeleg bei der Änderung der Dateninhalte nach der Verarbeitung eine Änderungsnachricht erzeugen. Wählen Sie im SAP-Referenz-IMG den Customizing-Pfad **Materialwirtschaft • Einkauf • Nachrichten • Änderungsdruckrelevante Felder**. In Abbildung 6.181 sehen Sie einen Ausschnitt der Tabelle, die änderungsrelevante Felder für alle Belegtypen mit Belegausgabe auflistet. In den Spalten 3–6 kann für die folgenden Belegtypen ausgewählt werden, ob Änderungen im Beleg dazu führen, dass eine Änderungsnachricht erzeugt wird:

- **B** (Bestellung)
- **A** (Anfrage/Angebot)
- **K** (Kontrakt)
- **L** (Lieferplan)

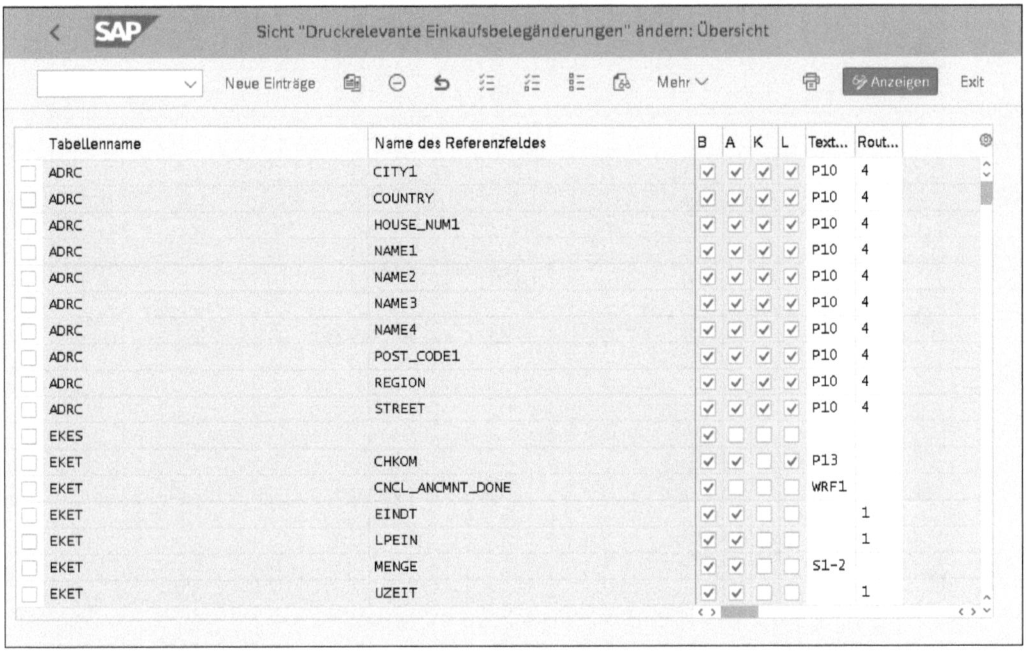

Abbildung 6.181 Auszug aus der Tabelle »Druckrelevante Einkaufsbelegänderungen«

Werden die Inhalte in den Belegen in den aktivierten Feldern geändert, erzeugt das SAP-System eine Änderungsnachricht. Im Beleg wird die Nachricht als Änderungsnachricht gekennzeichnet.

6.14.5 Formular am Beispiel der Bestellung

Nachrichten gibt das SAP-System immer über ein Formular aus. Im Customizing ist eingestellt, welcher Feldeintrag an welcher Stelle im Formular ausgegeben wird.

Nachdem wir Ihnen in Abschnitt 6.13.2, »Formular«, die Anordnung der Textfelder im Bestellbeleg gezeigt haben, zeigen wir Ihnen in diesem Abschnitt, welche Informationen aus der Bestellung ebenfalls im Formular gedruckt werden.

Abbildung 6.182 zeigt die Informationen aus der Bestellung, die im Bestellbeleg standardmäßig gedruckt werden.

Tabelle 6.38 zeigt Ihnen, welche Informationen Sie anpassen können und an welcher Stelle Sie einen Eintrag anpassen müssen, falls der Bestellbeleg fehlerhafte Informationen enthält.

Abbildung 6.182 Kopfdaten im Bestelldruck

Nr.	Herkunft	Ändern in ...
❶	Lieferantenanschrift	Die Adresse kann auf der Kopfregisterkarte **Anschrift** angepasst werden.
❷	Bestellnummer	Nicht änderbar.
❸	Ansprechpartnerin/Telefon	Der Eintrag wird aus den Zusatzinformationen zur Einkäufergruppe gebildet. Für Änderungen wählen Sie in der Kopfregisterkarte **OrgDaten** einen anderen Eintrag im Feld **Einkäufergruppe**. Ist der Eintrag der Einkäufergruppe korrekt, die Zusatzinformationen aber fehlerhaft, muss die Einkäufergruppe im Customizing geändert werden.
❹	Unsere UStIdentNummer	Informationen zum Buchungskreis. Dieser Eintrag kann nicht geändert werden.
❺	Ihre Lieferantennummer bei uns	Kann nicht geändert werden.

Tabelle 6.38 Informationen im Bestellbeleg

Nr.	Herkunft	Ändern in ...
❻	Ihr(e) SachbearbeiterIn	Vorgeschlagener Wert aus dem Lieferantenstammsatz. Kann in der Bestellung auf der Kopfregisterkarte **Kommunikation** geändert werden
❼	Bitte liefern Sie an:	Den Eintrag finden Sie in der Bestellung im Positionsdetail auf der Registerkarte **Anlieferadresse**. Adressdaten werden aus den Werksdaten vorgeschlagen und können über Änderungen in den Textfeldern direkt angepasst werden oder über den Eintrag eines Stammsatzes in das Feld **Adresse** oder **Lieferant** (z. B. bei Lohnbearbeitung)
❽	Liefertermin	Gibt es für eine Bestellung nur einen Liefertermin, druckt das SAP-System den Termin, wie in diesem Beispiel, im Kopf des Belegs. Gibt es mehrere Liefertermine, stehen die Liefertermine im Bestelldruck in der Positionsübersicht.
❾	Zahlungsbedingung	Eintrag auf der Kopfregisterkarte **Lieferung/Rechnung** im Feld **Zahlungsbedingung**. Der Eintrag kann geändert werden.
❿	Währung	Eintrag auf der Kopfregisterkarte **Lieferung/Rechnung** im Feld **Währung**. Der Eintrag wird als Vorschlagswert aus dem Lieferantenstammsatz gezogen und kann in der Bestellung geändert werden.

Tabelle 6.38 Informationen im Bestellbeleg (Forts.)

6.14.6 Änderungsnachricht im Beleg

In Abhängigkeit von den Einstellungen im Customizing, welche Feldinhalte zu einer Änderungsnachricht führen, erzeugt das SAP-System automatisch mit dem Sichern des Belegs eine Änderungsnachricht (sofern die Ursprungsnachricht erfolgreich verarbeitet wurde) und kennzeichnet diese als solche im Nachrichtenbild in der Spalte **Änderungsnachricht** (siehe Abbildung 6.183). Sie erreichen die Nachrichtenbearbeitung über den Bereich **Ausgabeverwaltung der Bestellung**.

Eine Änderungsnachricht erhält im Formular die Kennzeichnung **Änderung zur Bestellung**. In den Kopf- ❶ oder Positionsdaten ❷ wird die Änderung hervorgehoben (siehe Abbildung 6.184).

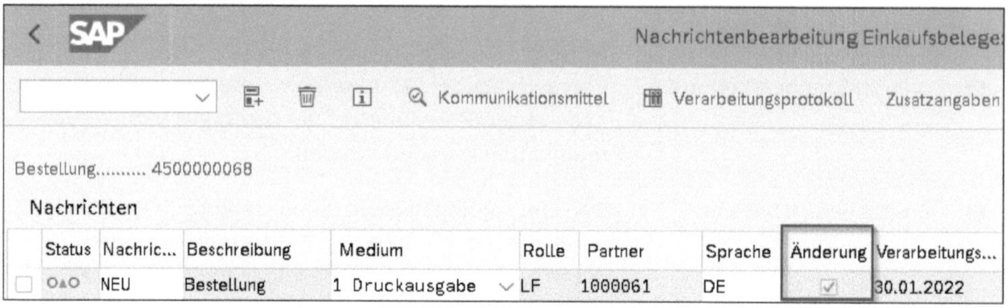

Abbildung 6.183 Nachrichtenbearbeitung: Einkaufsbeleg

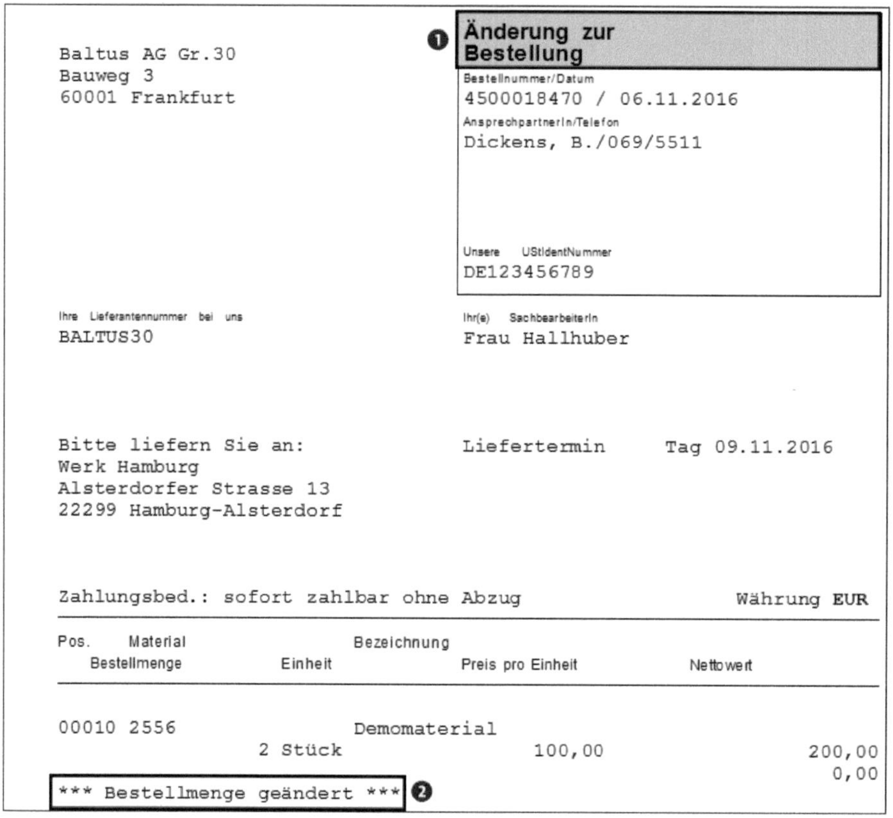
Baltus AG Gr.30
Bauweg 3
60001 Frankfurt

❶ **Änderung zur Bestellung**

Bestellnummer/Datum
4500018470 / 06.11.2016
AnsprechpartnerIn/Telefon
Dickens, B./069/5511

Unsere UStIdentNummer
DE123456789

Ihre Lieferantennummer bei uns
BALTUS30

Ihr(e) SachbearbeiterIn
Frau Hallhuber

Bitte liefern Sie an:
Werk Hamburg
Alsterdorfer Strasse 13
22299 Hamburg-Alsterdorf

Liefertermin Tag 09.11.2016

Zahlungsbed.: sofort zahlbar ohne Abzug Währung EUR

Pos.	Material	Bezeichnung		
	Bestellmenge	Einheit	Preis pro Einheit	Nettowert
00010	2556	Demomaterial		
	2	Stück	100,00	200,00
				0,00

*** Bestellmenge geändert *** ❷

Abbildung 6.184 Änderungsnachricht

6.15 Freigabeprozess

Ziel des Freigabeprozesses ist es, manuelle Unterschriftsverfahren durch elektronische Verfahren zu ersetzen und das Vier-Augen-Prinzip zu wahren. Die verantwortliche Person gibt die BANF bzw. den Einkaufsbeleg im SAP-System frei und kennzeichnet den Beleg dadurch als »gesehen durch den rechtlichen Verantwortlichen«, »i. V.« oder »ppa«. Elektronisch freigegebene Belege müssen nicht unterschrieben werden, um Rechtsgültigkeit zu erlangen.

Das Unternehmen legt in der Einführungsphase fest, für welche Belegarten Genehmigungen notwendig sein und welche Wertgrenzen zugrundegelegt werden sollen.

Für eine BANF kann eine Freigabe mit Klassifizierung (die Freigabe erfolgt auf der Positionsebene oder komplett) oder ohne Klassifizierung (die Freigabe erfolgt auf der Positionsebene) eingerichtet werden. Für den Einkaufsbeleg steht nur die Freigabe mit Klassifizierung zur Verfügung.

[«]

Freigabeaufforderung

Freigabeverfahren mit Klassifizierung können Sie auch an den SAP Business Workflow anbinden. Hierdurch wird ein Benutzer durch ein *Workitem* (Nachricht) in seinem Eingangskorb automatisch zur Freigabe aufgefordert. Um dies zu erreichen, müssen Sie im Customizing des SAP Business Workflows eine Aufbauorganisation und Standardaufgaben definieren.

In den folgenden Abschnitten stellen wir Ihnen vor, welche Voraussetzungen für die Freigabe eines Belegs erfüllt sein müssen, welche Möglichkeiten zur Freigabe eines Belegs zur Verfügung stehen und wie eine Freigabe vorgenommen werden kann.

6.15.1 Freigabebedingungen

Soll ein Beleg vor dem nächsten Bearbeitungsschritt von einer verantwortlichen Person freigegeben werden, muss dafür die Freigabe im Customizing eingerichtet worden sein. Freigabeverfahren werden zu den Belegarten eingerichtet. Dazu steht im Customizing zu jedem Belegtyp der Bereich **Freigabeverfahren** zur Verfügung.

Unterliegt ein Beleg einer Freigabe, fügt das SAP-System in den Einbildtransaktionen nach dem Sichern des Belegs die Registerkarte **Freigabestrategie in der BANF** entweder auf der Kopf- oder auf der Positionsebene ein. In die Bestellung fügt das SAP-System nach dem Sichern die Registerkarte **Freigabestrategie** auf der Kopfebene ein.

In Mehrbildtransaktionen rufen Sie die Freigabestrategie im Beleg über den Menüpfad **Kopf • Freigabestrategie** auf.

Vor der Erstellung eines Freigabeverfahrens im Customizing sollten Sie Antworten auf die in Tabelle 6.39 aufgeführten Fragen geben können.

Thema	Fragestellung
Freigabebedingungen oder Freigabekriterien	Welche Merkmalsausprägungen (z. B. Wert, Warengruppe, Lieferant, Werk) soll eine Bestellanforderung oder eine Bestellanforderungsposition aufweisen, damit ein bestimmtes Genehmigungsverfahren zur Anwendung kommt?
Freigabecode	Welche Personen im Unternehmen sollen über die Freigabe entscheiden können?
Freigabevoraussetzungen	Welche Voraussetzungen müssen erfüllt sein, damit eine Freigabe von einem Mitarbeiter durchgeführt werden kann?
Freigabekennzeichen oder Freigabezustand	Welche Folgeaktivitäten sollen durchführbar sein, wenn eine Freigabe erfolgt ist?
Freigabestrategie	Welche unterschiedlichen Freigabeverfahren können durch die Kombination von Freigabebedingungen, Freigabevoraussetzungen, Freigabecodes und Freigabezuständen definiert werden?
Freigabegruppe	Möchten Sie Bestellanforderungen auf der Positionsebene oder auf der Ebene des Gesamtbelegs freigeben?

Tabelle 6.39 Fragestellungen im Rahmen der Freigabe

Im in Abbildung 6.185 gezeigten Beispiel sind Bestellanforderungen nach Wertgrenzen freizugeben.

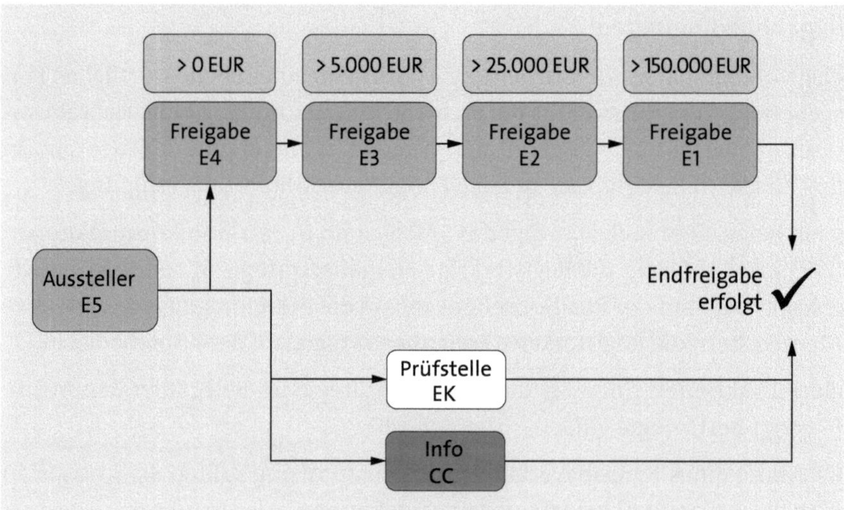

Abbildung 6.185 Beispielhafte Freigabestrategie

Der Aussteller gibt die BANF frei, sobald diese alle notwendigen Daten enthält. Im Beispiel müssen die Freigaben nach Wertgrenzen nacheinander vorgenommen werden. Die Freigaben für das Controlling und die Prüfstelle des Einkaufs können parallel zu den Freigaben nach Wertgrenze vorgenommen werden. Nachdem alle notwendigen Freigaben erfolgt sind (Endfreigabe) kann der Einkaufsbeleg weiterbearbeitet werden.

6.15.2 Sammelfreigaben

Für alle Belege stehen Ihnen Sammelfreigaben in zwei Anzeigevarianten zur Verfügung. Im Standard sind die Listen in der Materialwirtschaft in einem mehrzeiligen Modus eingestellt (siehe Abbildung 6.186).

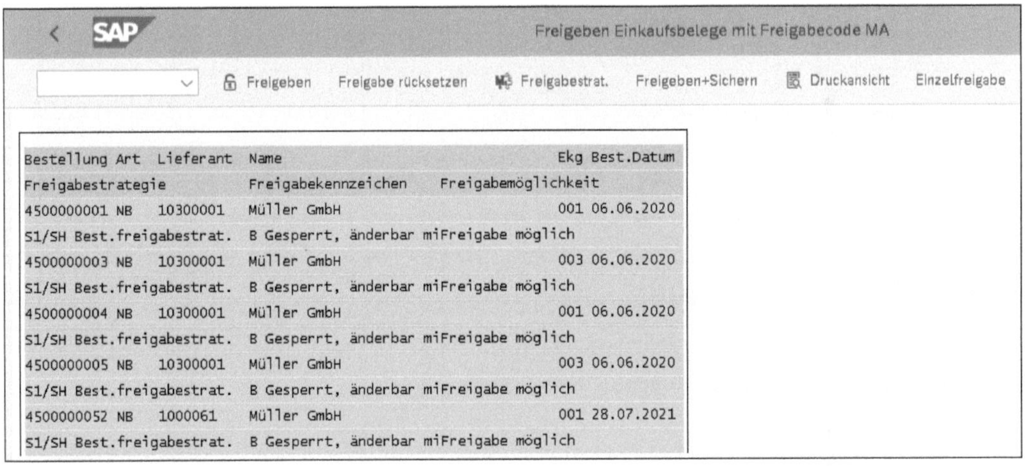

Abbildung 6.186 Sammelfreigabe: Standardlistanzeige

In der Liste stehen Ihnen die in Tabelle 6.40 aufgeführten Funktionen zur Verfügung.

Schaltfläche	Bedeutung
Freigeben	Färbt den markierten Beleg grün ein; die Freigabe muss gesichert werden.
Freigabe rücksetzen	Setzt die Freigabe zurück, sodass der Freigabeprozess ab der zurückgenommenen Freigabe erneut durchlaufen werden muss.
Freigabestrat.	Öffnet ein Dialogfenster mit Informationen zur Freigabestrategie.
Freigeben+Sichern	Gibt den markierten Beleg frei und sichert die Freigabe.

Tabelle 6.40 Funktionen in der Sammelfreigabe: Standardlistanzeige

Schaltfläche	Bedeutung
Druckansicht	Zeigt die Druckansicht des markierten Belegs (nur für Einkaufsbelege mit eingestellter Nachricht).
Einzelfreigabe	Öffnet den markierten Beleg in der Einzelfreigabe.

Tabelle 6.40 Funktionen in der Sammelfreigabe: Standardlistanzeige (Forts.)

Möchten Sie die Daten in der übersichtlicheren ALV-Grid-Liste, wie in Abbildung 6.187 dargestellt, anzeigen, müssen Sie in der Selektion im Feld **Listumfang** den Eintrag auf **ALV** für Bestellanforderungen oder **BEST ALV** für Bestellungen umstellen.

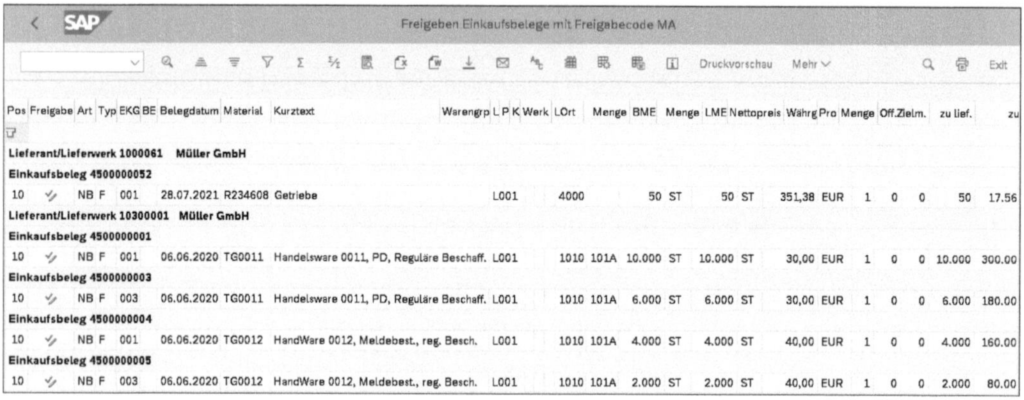

Abbildung 6.187 Sammelfreigabe: ALV-Grid-Anzeige

In der ALV-Grid-Liste finden Sie die gleichen Schaltflächen wie in der Einzelfreigabe (siehe Tabelle 6.41).

6.15.3 Einzelfreigabe durchführen

Ist für einen Beleg die Freigabe eingerichtet, steht Ihnen für Bestellungen die Einzelfreigabe im WebGUI über den Pfad **Logistik • Materialwirtschaft • Einkauf • Bestellung • Freigeben** bzw. über Transaktion ME29N (Bestellung freigeben) und für Bestellanforderungen über den Pfad **Logistik • Materialwirtschaft • Einkauf • Bestellanforderung • Freigeben** bzw. über Transaktion ME54N (Einzelfreigabe BANF) zur Verfügung.

Haben Sie die Berechtigung zur Freigabe des Belegs, nehmen Sie die Freigabe durch einen Klick auf die Schaltfläche (**Freigabe**) direkt vor.

Nachrichten im Einkaufsbeleg mit Freigabe

Unterliegen Einkaufsbelege mit Nachrichten einer Freigabe, bleiben die Nachrichten bis zur endgültigen Freigabe des Belegs gelb beampelt.

Tabelle 6.41 listet die verschiedenen Funktionen in der Einzelfreigabe auf.

Schaltfläche	Spalte Zustand oder Freigabe	Bedeutung
	Freigabe möglich	–
	Rücksetzen Freigabe	Setzt die Freigabe zurück, sodass der Freigabeprozess ab der zurückgenommenen Freigabe erneut durchlaufen werden muss.
	Freigabe durchgeführt	Freigabe erteilt.
	Zustand	Freigabe möglich.
	Kombination Endfreigabe	Zeigt an, mit welchen Freigabecodes die Bestellung freigegeben werden kann oder nimmt die Listanzeige wieder zurück.

Tabelle 6.41 Funktionen in der Freigabe

Änderungen nach der Freigabe

Werden an einem freigegebenen Beleg freigaberelevante Änderungen vorgenommen, setzt das SAP-System die bereits vorgenommene Freigabe automatisch zurück, und die Freigabe muss erneut vorgenommen werden.

6.16 Bestellanforderung in Bestellung überführen

Bestellanforderungen, die in einen Folgebeleg überführt werden sollen, müssen die folgenden Voraussetzungen erfüllen:

- Sie müssen freigegeben sein.
- Sie müssen über eine Bezugsquelle verfügen.

Die Bezugsquelle kann direkt in die Bestellanforderung in das Feld **Fst.Lieferant** (siehe Abschnitt 6.5.1, »Bestellanforderungen«) eingegeben werden, oder das SAP-System findet über die automatische Bezugsquellenfindung (siehe Abschnitt 6.8, »Bezugsquellenermittlung«) die relevante Bezugsquelle. Abbildung 6.188 zeigt, welche Folgebelege aus einer Bestellanforderung erzeugt werden können.

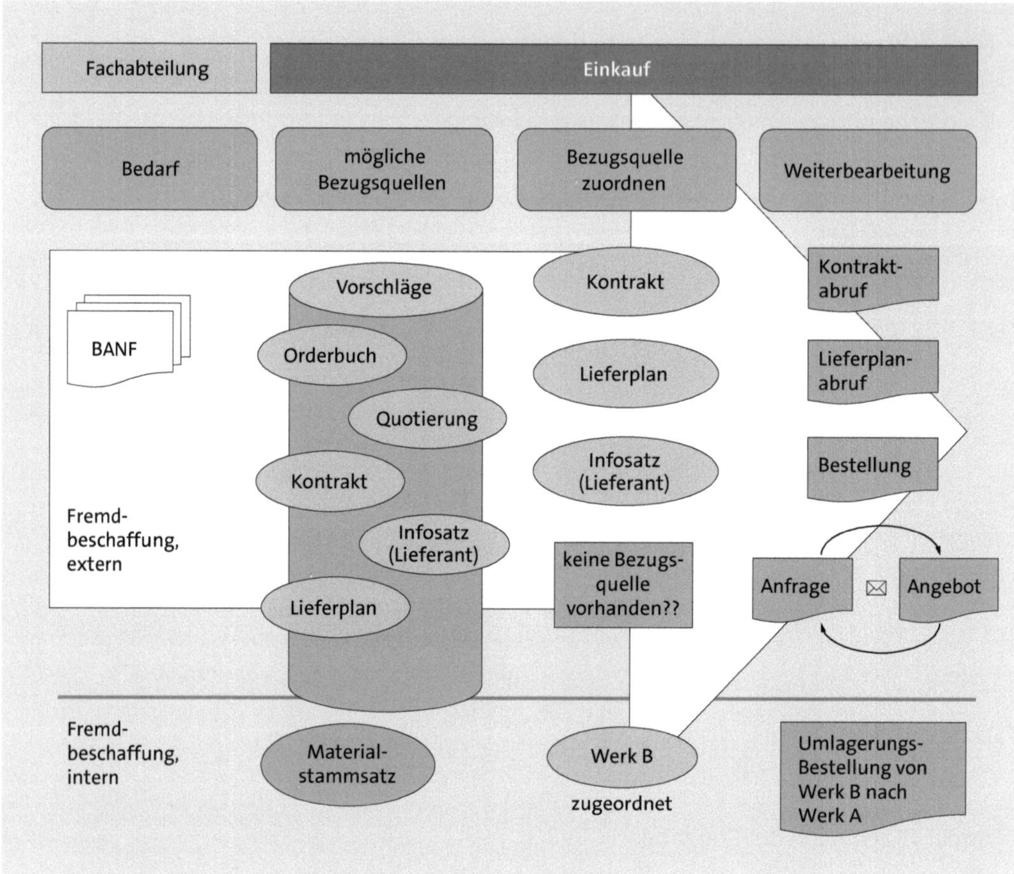

Abbildung 6.188 Prozess von der BANF zum Folgebeleg

Bei der Erstellung von Einkaufsbelegen aus Bestellanforderungen wählen Sie zwischen mehr oder weniger automatisierten Arbeitsschritten (siehe Tabelle 6.42).

Arbeitsschritt	Art der Durchführung	Automatisch	Manuell
Bezugsquelle ermitteln		X	
	mögliche Bezugsquelle für BANF ermitteln		
Bezugsquelle zuordnen			

Tabelle 6.42 Bezugsquellenzuordnung: automatisch oder manuell

Arbeitsschritt	Art der Durchführung	Automatisch	Manuell
	beim Anlegen/Ändern einer einzelnen BANF-Position		X
	gesammelt aus einer Liste zuzuordnender BANFen		X
	im Hintergrund	X	
Bestellanforderungen mit zugeordneter Bezugsquelle weiterbearbeiten			
	Bestellungen erstellen	X	X
	Abrufe von Kontrakten erstellen	X	X
	Einteilungen/Abrufe von Lieferplänen erstellen		X
	Anfragen erstellen		X

Tabelle 6.42 Bezugsquellenzuordnung: automatisch oder manuell (Forts.)

Die automatische Durchführung empfiehlt sich, wenn Sie über ein gut gepflegtes System mit Bezugsquellen verfügen, sodass einem Großteil der BANF-Positionen vom System ohne Zutun des Einkäufers eindeutige Bezugsquellen zugeordnet werden können und danach Folgebelege, z. B. ein Abruf vom Kontrakt oder eine Bestellung, erstellt werden können. Die manuelle Durchführung empfiehlt sich, wenn kaum mögliche Bezugsquellen vorhanden sind, oder wenn für einen bestimmten Bedarf mehrere Bezugsquellen infrage kommen. In diesen Fällen muss der Einkäufer eine eindeutige Bezugsquelle auswählen.

Wertefluss-Obligo

Ist in Ihrem System die Option **BANF-Obligo** eingestellt, erzeugt das SAP-System mit der Umsetzung der BANF in eine Bestellung das Bestell-Obligo. In gleicher Höhe baut das SAP-System das BANF-Obligo ab.

In den folgenden Abschnitten erläutern wir, welche Einstellungen erforderlich sind, um aus Bestellanforderungen automatisch Einkaufsbelege zu erzeugen. Im darauffolgenden Abschnitt zeigen wir Ihnen, wie Sie manuell Bestellungen erzeugen.

Ob eine Bestellung zur BANF bereits angelegt ist, sehen Sie in den Positionsdaten der BANF im Bereich **Prozessablauf** (siehe Abbildung 6.189).

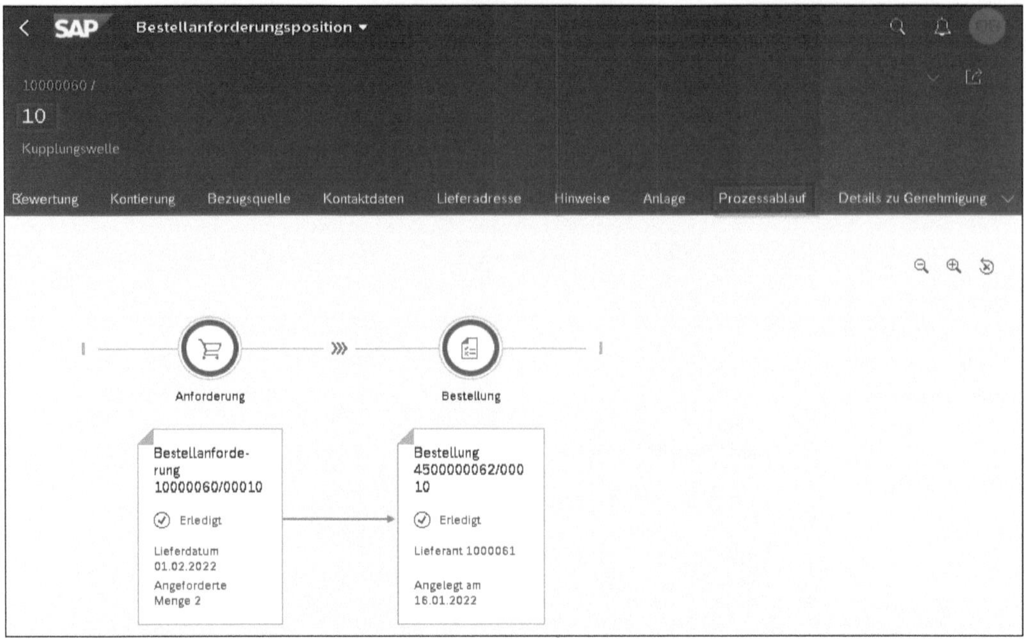

Abbildung 6.189 Bestellanforderungsposition: Prozessablauf

Per Klick auf die Bestellung gelangen Sie zu der Bestellung in der SAP-Fiori-App **Bestellungen verwalten** (siehe Abbildung 6.190).

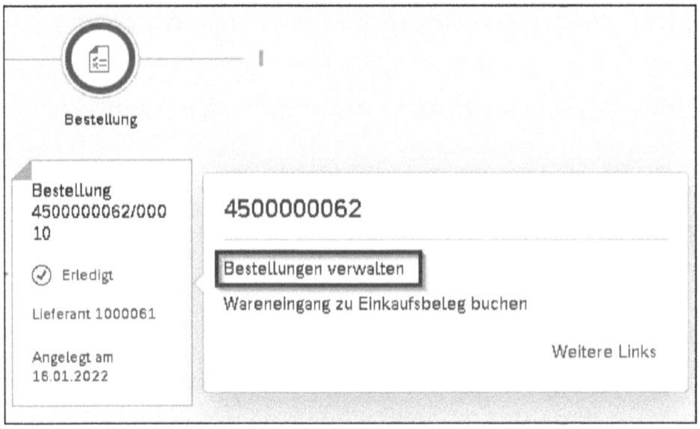

Abbildung 6.190 Bestellanforderung: Navigation zur Bestellung

In der Bestellung ermitteln Sie die BANF-Nummer ebenfalls aus der Positionsübersicht im Bereich **Prozessablauf** (siehe Abbildung 6.191).

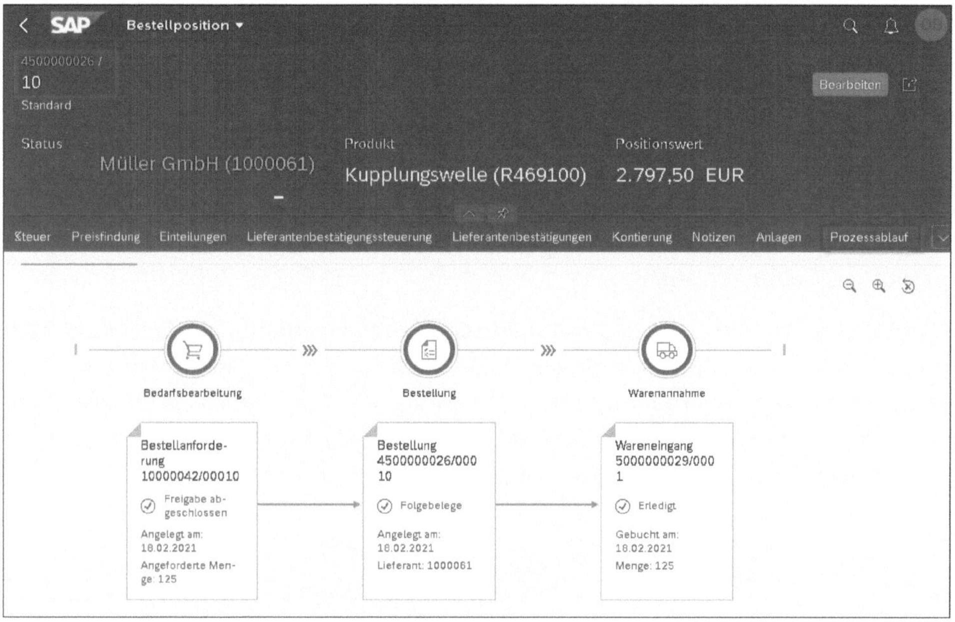

Abbildung 6.191 Bestellung: Vorgängerbeleg

6.16.1 Automatische Überführung einer BANF

Die automatische Überführung einer BANF in eine Bestellung wird häufig für automatisch erzeugte BANFen eingestellt.

Dies können BANFen aus der Disposition oder automatisch aus Vertriebsbelegen erzeugte BANFen sein. In solchen Fällen ist eine Freigabe, siehe Abschnitt 6.15, »Freigabeprozess«, der BANF nicht mehr erforderlich, da die Freigabe bereits im Vorgängerbeleg erfolgte.

Ist der Lieferant per EDI angebunden, erzeugt eine Bestellung in dessen System automatisch einen Auftrag.

Für automatisch angelegte Einkaufsbelege muss die Nachrichtensteuerung (siehe Abschnitt 6.14, »Nachrichten«), so eingestellt sein, dass die betreffende Nachricht mit dem Erzeugen des Einkaufsbelegs automatisch an den Lieferanten versandt wird.

Die folgenden Voraussetzungen müssen für eine automatische Belegerzeugung erfüllt sein:

- Im Materialstammsatz in der Sicht **Einkauf** (Bereich **Allgemeine Daten**) und im Lieferantenstammsatz in der Sicht **Einkaufsorganisation** (Bereich **Einkaufsdaten – Zusätzliche Einkaufsdaten**) muss jeweils das Kennzeichen **Automatische Bestellung erlaubt** markiert sein.
- Es muss eine eindeutige Bezugsquelle zugeordnet sein.

Damit eine automatische Umsetzung erfolgreich ist, benötigt das SAP-System eine eindeutige Bezugsquelle (siehe Abschnitt 6.8, »Bezugsquellenermittlung«). Dies kann ein Infosatz, ein Orderbucheintrag oder der Regellieferant (siehe Tabelle 6.18 weiter vorne) sein.

Die automatische Umsetzung einer BANF in eine Bestellung kann im WebGUI über Transaktion ME59N (Autom. über BANFen) oder über den Menüpfad **Logistik • Materialwirtschaft • Einkauf • BANF • Folgefunktionen • Bestellung anlegen • autom. über BANFen** angestoßen werden.

Das SAP-System öffnet das Bild **Automatische Bestellerzeugung aus Bestellanforderungen**. Erfassen Sie die notwendigen Selektionskriterien, z. B. **Einkäufergruppe**, **Einkaufsorganisation** und **Lieferant** (siehe Abbildung 6.192). Im Bereich **Neue Bestellung** definieren Sie, auf welcher Basis die Bestellungen angelegt werden sollen, in unserem Beispiel haben wir **je Buchungskreis** und **je Banf** markiert.

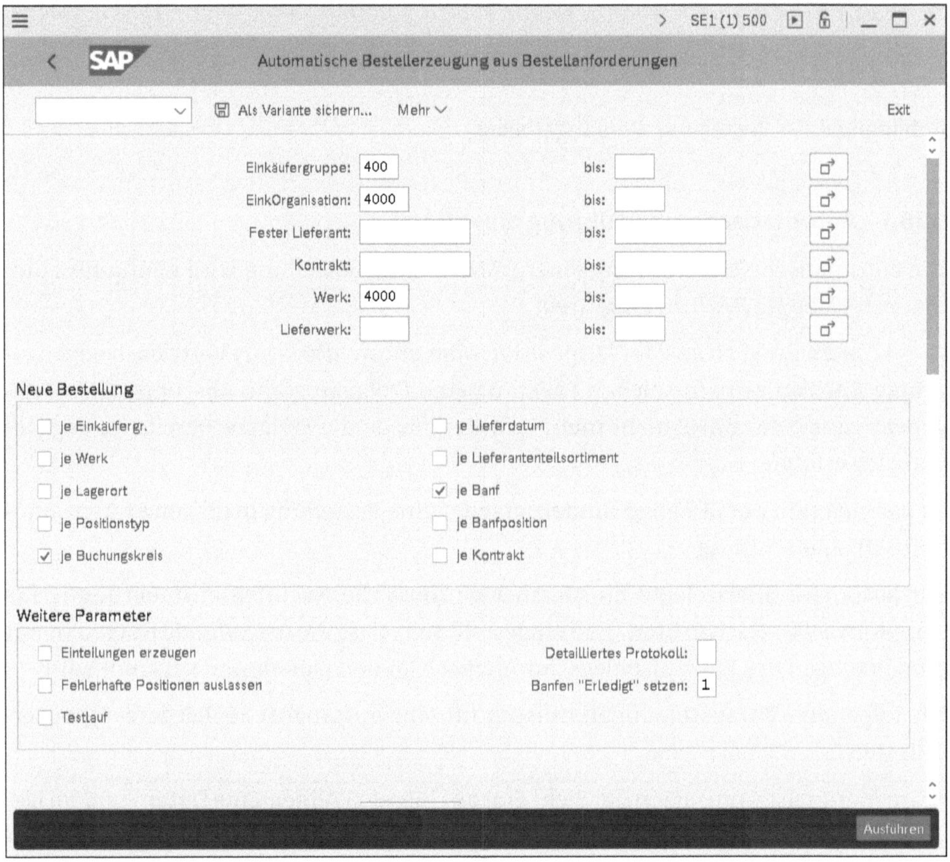

Abbildung 6.192 Automatische Bestellerzeugung aus den Bestellanforderungen: Selektion

Im Bereich **Weitere Parameter** nehmen Sie die in Tabelle 6.43 gezeigten Einstellungen vor.

Parameter	Bedeutung
Einteilungen erzeugen	Wenn Sie das Kennzeichen setzen, werden unkontierte Bestellanforderungen mit übereinstimmenden Positionsdaten in genau eine Bestellposition umgewandelt. Die Bestellposition enthält für jede Bestellanforderung eine Einteilung.
Fehlerhafte Positionen auslassen	Legt fest, dass fehlerhafte BANF-Positionen bei der Umsetzung in Bestellungen ausgelassen werden.
Testlauf	Führt die automatische Erzeugung von Bestellungen aus Bestellanforderungen als Test durch.
Detailliertes Protokoll	Zeigt in Abhängigkeit von der gewählten Funktion folgende Informationen im Protokoll: **keine Details** **1 nur Fehlermeldungen** **2 alle Meldungen** **3 nur fehlerhafte Umsetzungen**
Banfen »Erledigt« setzen	Setzt den Status in Abhängigkeit vom gewählten Eintrag auf *erledigt*: **nicht** **1 nach Runden** **2 immer**

Tabelle 6.43 Weitere Parameter in der automatischen Bestellerzeugung

Klicken Sie auf die Schaltfläche **Ausführen**. Das SAP-System verarbeitet die den Selektionskriterien entsprechenden BANFen und gibt das Ergebnis in der Liste **Automatische Bestellerzeugung aus Bestellanforderungen** aus (siehe Abbildung 6.193).

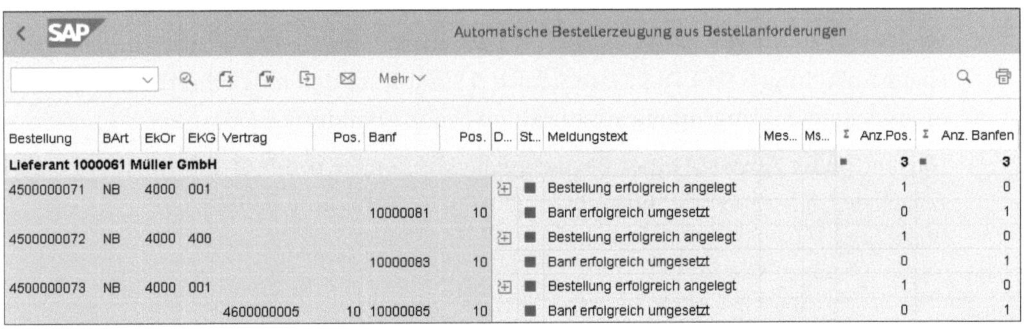

Abbildung 6.193 Automatische Bestellerzeugung aus den Bestellanforderungen: Ergebnisliste

Konnten die Bestellungen angelegt werden, zeigt das SAP-System die Nummer in der Spalte **Bestellung**.

Nicht überführte BANFen erkennen Sie an der rot beampelten Zeile. Markieren Sie eine Zeile, und wählen Sie in dem Bericht den Menüpfad **Bearbeiten • Protokoll • nur Fehlermeldungen** oder **alle Meldungen**. Sie erhalten detaillierte Informationen über fehlerhafte Daten.

Sie müssen fehlerhafte Positionen manuell nachbearbeiten, bevor Sie diese in eine Bestellung überführen können. Dies kann in der BANF erfolgen, oder Sie erzeugen die Bestellung in der Enjoy-Transaktion und vervollständigen die Position in der Bestellung (siehe Abschnitt 6.16.2, »Manuelle Überführung einer BANF«).

6.16.2 Manuelle Überführung einer BANF

Die manuelle Überführung einer BANF in eine Bestellung ist erforderlich, wenn keine oder keine eindeutige Bezugsquelle vorhanden ist. Nutzen Sie die SAP-Fiori-App **Bestellungen bearbeiten** (vormals **Bestellungen verwalten**) aus der Kachelgruppe **Bestellanforderungsbearbeitung** (siehe Abbildung 6.194).

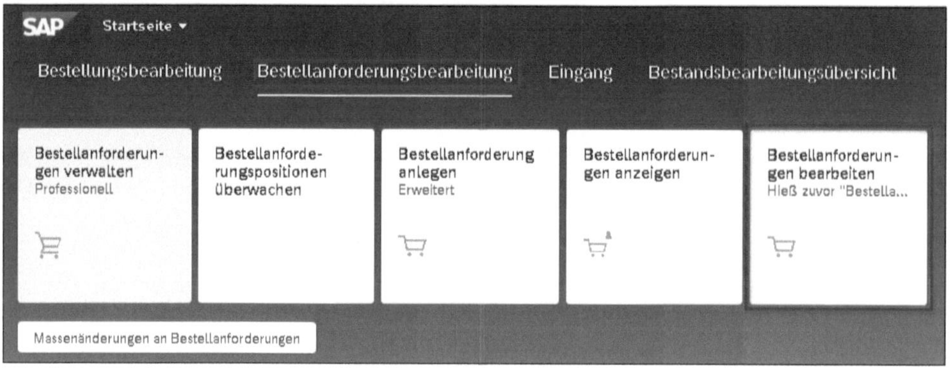

Abbildung 6.194 Kachelgruppe »Bestellanforderungsbearbeitung«

Wählen Sie unter ❶ eine BANF aus, und weisen Sie manuell eine Bezugsquelle ❷ zu (siehe Abbildung 6.196). Das System fordert Sie auf, aus den möglichen Bezugsquellen eine geeignete Bezugsquelle auszuwählen (siehe Abbildung 6.195).

Nach erfolgter Auswahl einer Bezugsquelle können Sie unter ❸ anschließend einen Folgebeleg, z. B. eine Bestellung, erzeugen (siehe Abbildung 6.196).

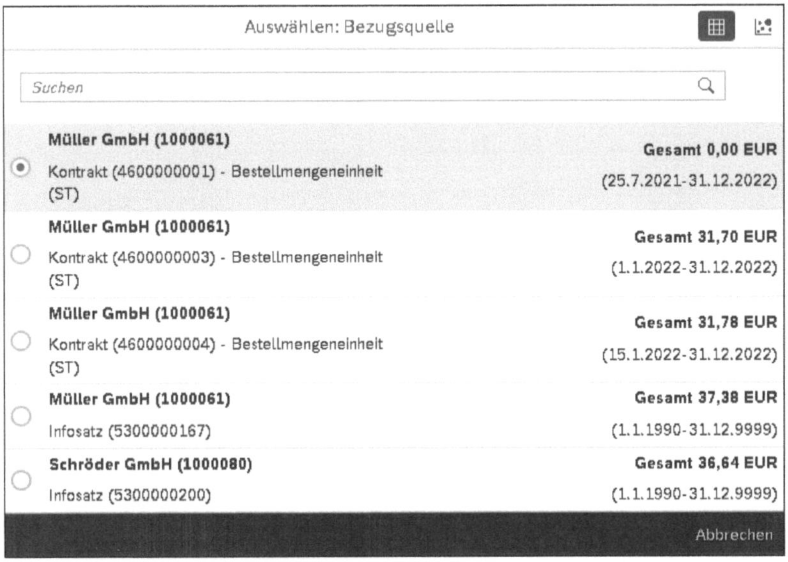

Abbildung 6.195 Bezugsquelle auswählen

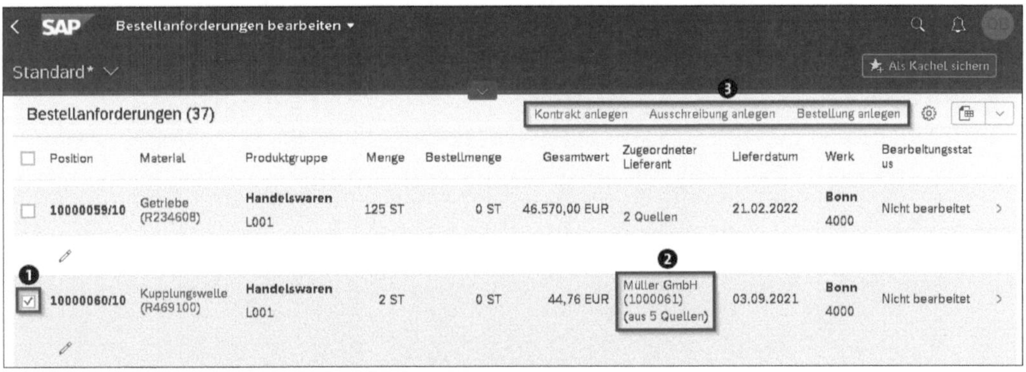

Abbildung 6.196 Bestellungen bearbeiten: Folgebeleg erzeugen

Kapitel 7
Bestandsführung und Inventur

Bestandsführung und Inventur sind von zentraler Bedeutung für alle Logistikprozesse. Lernen Sie in diesem Kapitel, was Sie beachten müssen, um Warenbewegungen jederzeit korrekt zu erfassen.

In diesem Kapitel werden Planung, Erfassung und Nachweis aller Warenbewegungen in der Komponente Bestandsführung beschrieben. Wir gehen nicht nur auf die Materialbewertung und Kontenfindung ein, sondern auch die Ausführungen zur Inventur sind immanenter Bestandteil dieses Kapitels.

Bestandsführung und Inventur sind als Bestandteile der Komponente Materialwirtschaft wichtig für alle Logistikprozesse.

Die Bestandsführung ist für die Verwaltung der Materialbestände sowie für Planung, Erfassung und Nachweis der Warenbewegungen für spätere Auswertungen zuständig. Eine Warenbewegung ist ein Vorgang, der eine Bestandsänderung bewirkt. Warenbewegungen beinhalten also Wareneingänge, Warenausgänge, Umlagerungen und Umbuchungen.

Die Inventur dient der Erfassung aller vorhandenen Bestände und ermittelt Abweichungen zwischen Soll- und Ist-Werten.

In SAP S/4HANA stehen für die Buchungen von Warenbewegungen »neue« SAP-Fiori-Apps zur Verfügung. Diese Apps ermöglichen es, zu bestimmten Geschäftsprozessen Warenbewegungen zu buchen. Da aber noch nicht für alle Prozesse neue SAP-Fiori-Apps entwickelt wurden, steht auch eine SAP-Fiori-App zur Verfügung, die auf die »alte« Transaktion MIGO zugreift. In Abbildung 7.1 sehen Sie einige der zur Verfügung stehenden SAP-Fiori-Apps zur Buchung von Warenbewegungen.

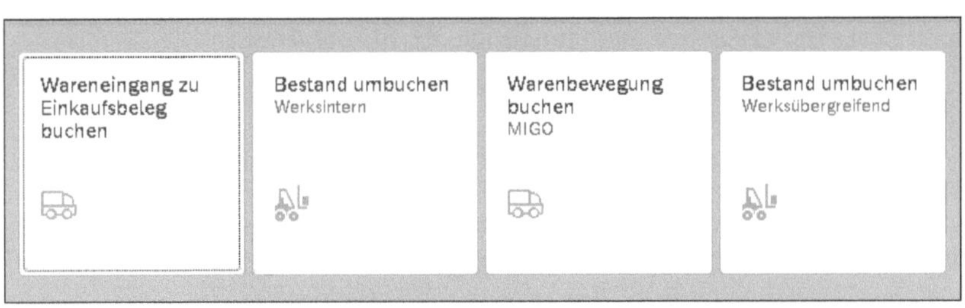

Abbildung 7.1 SAP-Fiori-Apps zur Buchung von Warenbewegungen

Die zentrale Transaktion zur Buchung von Warenbewegungen ist MIGO. Sie rufen diese Transaktion über die SAP-Fiori-App **Warenbewegung buchen – MIGO** auf.

Zur Identifizierung jeder möglichen Warenbewegung müssen Sie einen dreistelligen numerischen Schlüssel, die Bewegungsart, auswählen. Die Bewegungsart bestimmt damit die Art der Warenbewegung und hat wichtige steuernde Funktionen, z. B. bei der Fortschreibung der Mengen- und Wertfelder, als Parameter bei der Kontenfindung, bei der Gestaltung des Bildaufbaus, beim Erfassen der Warenbewegungen, dazu, ob eine Belegposition gedruckt werden kann, usw. Ausgewählte Bewegungsarten und ihre Bedeutung finden Sie in Tabelle 7.1.

Bewegungsart	Bedeutung
101	Wareneingang
102	Wareneingang – Storno
201	Verbrauch für Kostenstelle aus dem Lager
311	Umbuchung Lagerort in einem Schritt
321	Umbuchung »Qualitätsprüfung an frei verwendbar«
501	Umbuchung »Eingang ohne Bestellung an frei verwendbar«

Tabelle 7.1 Bewegungsarten und ihre Bedeutung

Sie sollten die im Standard angebotenen Bewegungsarten nutzen. Sind diese aufgrund der Gestaltung firmenspezifischer Prozesse nicht ausreichend, können Sie prozessspezifische Bewegungsarten im Customizing pflegen (siehe Maximilian Münkel: Materialwirtschaft mit SAP S/4HANA – Customizing, SAP PRESS 2021).

[»]

Berechtigung im Customizing

Die in den Abschnitten aufgeführten Pfade und die damit verbundenen Einstellmöglichkeiten im Customizing können Sie nur ausführen, wenn Sie über die Berechtigung hierzu verfügen. Die Angaben zum Customizing sollen dem Key User aufzeigen, dass nur bestimmte Einstellungen den gesicherten Ablauf der Anwendungsprozesse ermöglichen und prozessspezifische Einstellungen durchführbar sind.

7.1 Wareneingang

Der Wareneingang (WE) ist eine Warenbewegung, mit der Sie den Erhalt von Material von externen Lieferanten, den Erhalt von Material aus der Produktion oder aus Retouren erfassen. Sie können den Wareneingang mit oder ohne Bezug zu einem Referenzbeleg (Vorgängerbeleg) erfassen.

7.1.1 Wareneingang mit Bezug zu Referenzbelegen

Wenn Sie den Wareneingang mit Bezug zu Referenzbelegen erfassen möchten, können Sie als Referenzbelege Bestellungen, Aufträge, Reservierungen, Materialbelege usw. auswählen.

Mit der SAP-Fiori-App **Warenbewegung buchen – MIGO** wählen Sie sich in das Datenbild zur Erfassung des Wareneingangs ein. Sie wählen die gewünschte Bewegungsart, oder Sie erfassen den Wareneingang mit der vom SAP-System vorgeschlagenen Bewegungsart. Beim Erfassen des Wareneingangs zur Bestellung werden die Bestelldaten im Erfassungsbild des Wareneingangs vorgeschlagen. Sie prüfen, ob die gelieferte Menge der bestellten Menge entspricht und müssen diese bei einer Abweichung ändern.

Wenn es sich um eine Bestellung für Lagermaterial handelt, wird der Lagerort aus der Bestellung vorgeschlagen, sofern der Lagerort in der Bestellung gepflegt worden ist. Wird der Lagerort nicht vorgeschlagen, müssen Sie den für die Einlagerung vorgesehenen Lagerort eingeben. Sie legen des Weiteren fest, in welchen Bestand die Menge gebucht werden soll. Diese Festlegung nehmen Sie im Feld **Bestandsart** vor.

Die zur Auswahl möglichen Bestandsarten sind:

- Frei verwendbarer Bestand
- Qualitätsprüfbestand
- Gesperrter Bestand

Im Produktstamm und/oder in der Bestellung kann vorgeplant werden, ob das betreffende Material in den Qualitätsprüfbestand gebucht werden soll. Die Entscheidung, mit welcher Bestandsart das Material dann tatsächlich gebucht wird, treffen Sie zum Zeitpunkt der Erfassung des Wareneingangs.

Wenn Sie den Wareneingang buchen, wird die gelieferte Menge mengen- und wertmäßig erfasst, was zu einer Erhöhung des Lagerbestands sowie des verfügbaren Bestands führt.

Wenn es sich um eine Bestellung für Verbrauchsmaterial handelt – d. h., dass Sie den Wareneingang kontierter Bestellpositionen erfassen –, wird kein Lagerort vorgeschlagen, und es wird auch kein Lagerort vom SAP-System zugelassen. Auch diese Buchung erfolgt mengen- und wertmäßig, führt aber nicht zu einer Erhöhung von Lager- und verfügbarem Bestand.

[»]

Lieferung unter Vorbehalt

Eine Besonderheit des Wareneingangs zur Bestellung ist die Erfassung der Lieferung unter Vorbehalt, d. h., dass Sie die Menge in den WE-Sperrbestand buchen. Die in den WE-Sperrbestand gebuchte Menge wird noch nicht im Bestand geführt, sondern lediglich in der Bestellhistorie festgehalten.

Nach der Prüfung des Materialzustands kann über die weitere Materialverwendung entschieden werden. So können Sie mit dem Material, das sich im WE-Sperrbestand befindet, wie folgt verfahren:

- Sie können das Material an den Lieferanten zurückschicken; dabei wird ein Materialbeleg erstellt und die Bestellhistorie aktualisiert.
- Sie können das Material in den frei verwendbaren Qualitätsprüfbestand oder in den gesperrten Bestand buchen. Es werden Material- und Buchungsbelege erstellt sowie der bewertete Bestand, die Bestellhistorie und die Konten in der Finanzbuchhaltung aktualisiert.

Das Buchen des Lager- und Verbrauchsmaterials erfolgt mit der Bewegungsart **101**. Das Buchen in den WE-Sperrbestand erfolgt mit der Bewegungsart **103**. In Abbildung 7.2 sind ausgewählte Bewegungsarten zum Wareneingang mit Bezug zu einer Bestellung dargestellt; in Tabelle 7.2 ist die jeweilige Bedeutung aufgeführt.

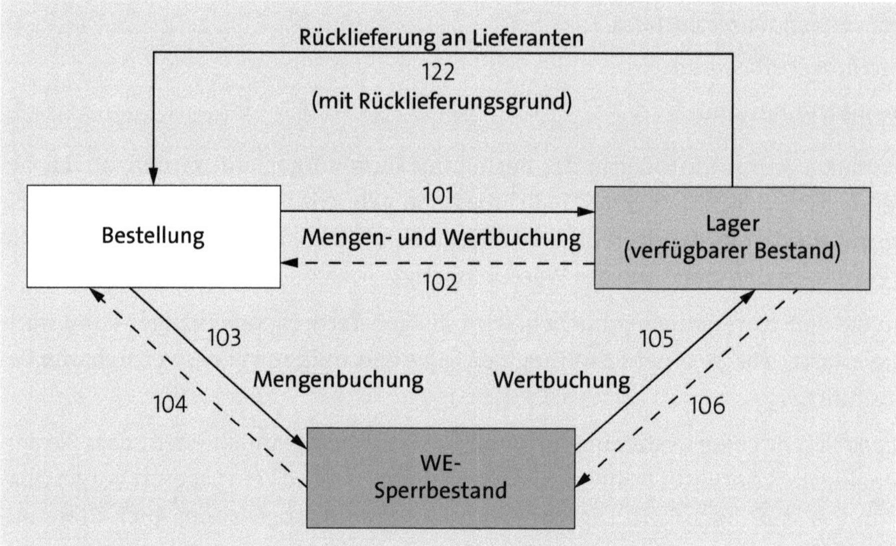

Abbildung 7.2 Bewegungsarten: Wareneingang zur Bestellung

Bewegungsart	Bedeutung
101	Wareneingang zur Bestellung
102	Wareneingang zur Bestellung – Storno
103	Wareneingang zur Bestellung in den WE-Sperrbestand
104	Wareneingang zur Bestellung in den WE-Sperrbestand – Storno
105	Freigabe des WE-Sperrbestands
106	Freigabe des WE-Sperrbestands – Storno
122	Rücklieferung an den Lieferanten

Tabelle 7.2 Ausgewählte Bewegungsarten

Nachfolgend stellen wir Ihnen anhand ausgewählter Fallbeispiele die grundsätzliche Vorgehensweise beim Erfassen von Warenbewegungen und die damit verbundenen systemtechnischen Auswirkungen und Auswertungen vor.

Fallbeispiel: Wareneingang zur Bestellung – Lagermaterial

In diesem Fallbeispiel zeigen wir Ihnen, wie Sie Informationen zu der Bestandsausprägung des angelieferten Materials erhalten. Des Weiteren sollen der Wareneingang zur Bestellung (Bestellposition) erfasst und das Ergebnis der Wareneingangsbuchung analysiert werden.

Die Informationen zur Bestandsausprägung des angelieferten Materials erhalten Sie mittels der SAP-Fiori-App **Bestand Einzelmaterial**. Im Selektionsbild der SAP-Fiori-App **Bestand Einzelmaterial** geben Sie die Materialnummer ein (siehe Abbildung 7.3).

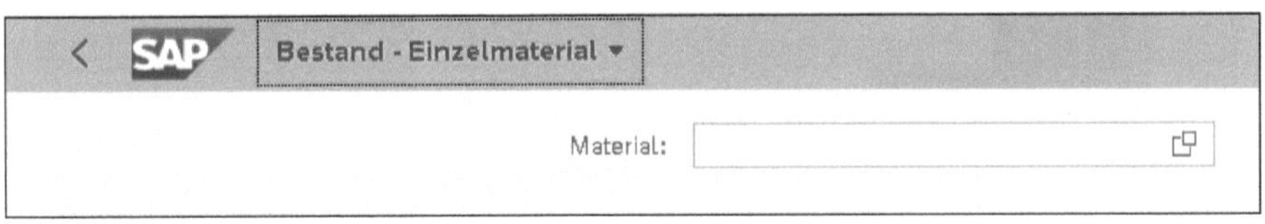

Abbildung 7.3 Selektion des Bestands: Einzelmaterial

Sie rufen die Liste mit [↵] auf und gelangen in die Grundliste; dort erhalten Sie Informationen zur Bestandssituation vor dem Buchen des Wareneingangs (siehe Abbildung 7.4).

In Abbildung 7.5 sehen Sie die Bestellung, die an den Lieferanten übermittelt wurde. Im Weiteren wird nur auf die die Warenbewegung entscheidend beeinflussenden Parameter – wie Kontierungs- und/oder Positionstyp – Bezug genommen (siehe Abschnitt 6.6, »Positionstyp«, und Abschnitt 6.7, »Kontierungstyp«).

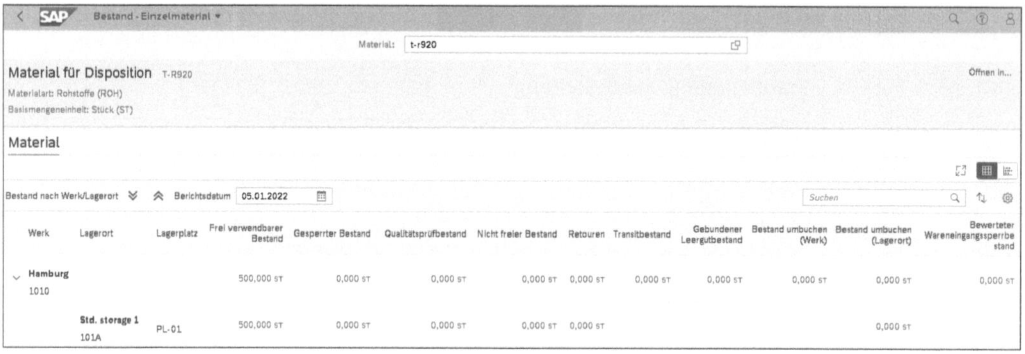

Abbildung 7.4 Bestandsübersicht vor der Wareneingangsbuchung

In unserem Fallbeispiel beziehen wir uns auf eine Bestellung (Bestellposition) ohne Kontierungs- und Positionstyp. Damit wird das Material im weiteren Prozessablauf als Lagermaterial interpretiert.

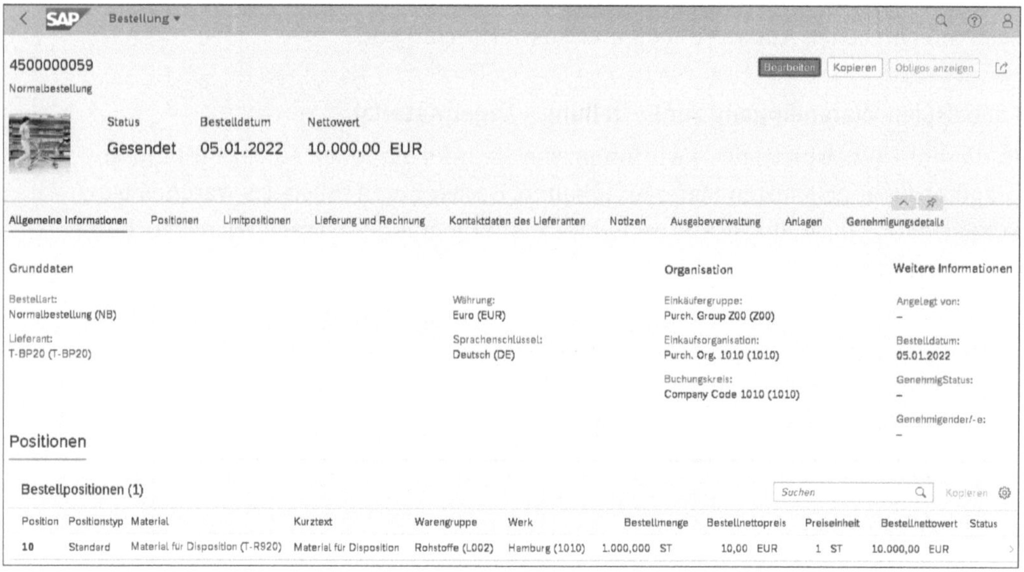

Abbildung 7.5 Bestellung von Lagermaterial

Zum Erfassen des Wareneingangs zur Bestellung rufen Sie die SAP-Fiori-App **Wareneingang zum Einkaufsbeleg buchen** auf. Geben Sie den Einkaufsbeleg oder den Lieferanten in das Feld **Einkaufsbeleg** ein.

Geben Sie den Lieferanten ein, werden Ihnen die möglichen Einkaufsbelege vorgeschlagen, und Sie können die passende Bestellung übernehmen. Danach gelangen Sie in die Erfassung der Wareneingangsdaten (siehe Abbildung 7.6).

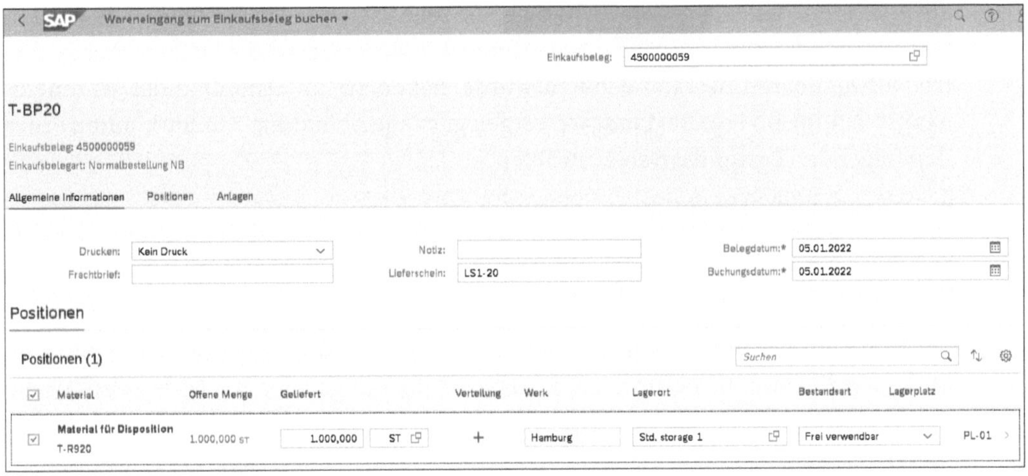

Abbildung 7.6 Wareneingang zur Bestellung

Das Feld **Lieferschein** ist im Standard als Kann-Feld konfiguriert. Es ist zu empfehlen, dieses Feld stattdessen als Muss-Feld zu deklarieren. Der Eintrag der Lieferscheinnummer ist z. B. hilfreich bzw. notwendig, wenn die Bestellmenge nicht komplett als Liefermenge vom externen Lieferanten geliefert, sondern gesplittet wird. Sie erfassen den Wareneingang zur Bestellung mit der gleichen Bestellnummer, aber die Teillieferung mit der der Lieferung zugeordneten Lieferscheinnummer. So ist eine eindeutige Rückverfolgung und Auswertung gegeben. Bei wareneingangsbezogener Rechnungsprüfung und Teillieferungen ist der Lieferschein ein Selektionskriterium für die Erfassung der Rechnung. Damit ist eine eindeutige Zuordnung zwischen Wareneingang und Rechnung gegeben.

Sie haben nun den Wareneingang mit Bezug zur Bestellung gebucht und erhalten nachstehendes Ergebnis (siehe Abbildung 7.7).

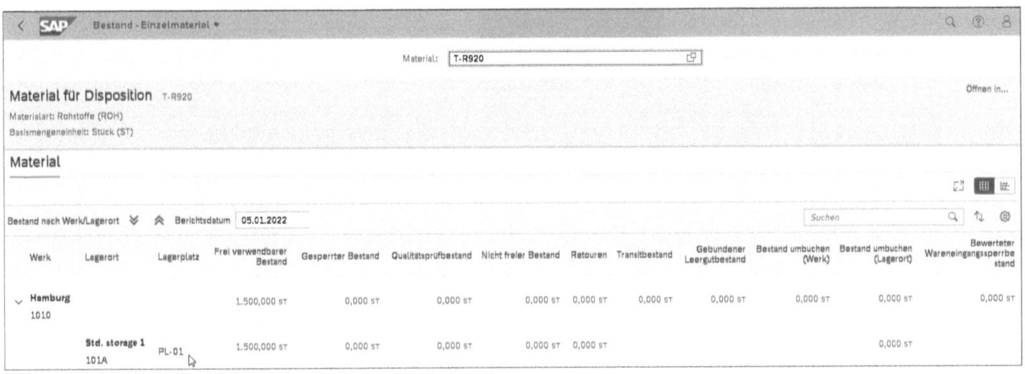

Abbildung 7.7 Bestandsübersicht nach Wareneingang

Sie erkennen, dass die gelieferte Menge, die identisch mit der Bestellmenge ist, den frei verwendbaren Bestand um diese Menge erhöht hat. Dass die Liefermenge in den frei verwendbaren Bestand gebucht wurde, haben Sie im Datenbild der Wareneingangsbuchung im Feld **Bestandsart** festgelegt (siehe Abbildung 7.6). Sie können unter den folgenden Bestandsarten auswählen:

- Frei verwendbarer Bestand
- Qualitätsprüfbestand
- Gesperrter Bestand

Bei dem betriebswirtschaftlichen Vorgang »Wareneingang zur Lagermaterialbestellung« werden zwei Belege (Materialbeleg und Buchungsbeleg) als Nachweise für die mengen- und wertmäßige Führung der Materialbestände im SAP-System erstellt. Der *Materialbeleg* bildet den mengenmäßigen Nachweis ab. Er dient als Informationsquelle für alle nachgelagerten Anwendungen. Er besteht aus einem Kopf, der allgemeine Daten zur Bewegung (z. B. das Datum) enthält, und aus ein oder mehreren Positionen (abhängig von der Anzahl und Ausprägung der Bestellpositionen), in denen die Mengen, der Lagerort, die Bewegungsart, die Bestandsart, das Werk und weitere Informationen abgebildet sind (siehe Abbildung 7.8).

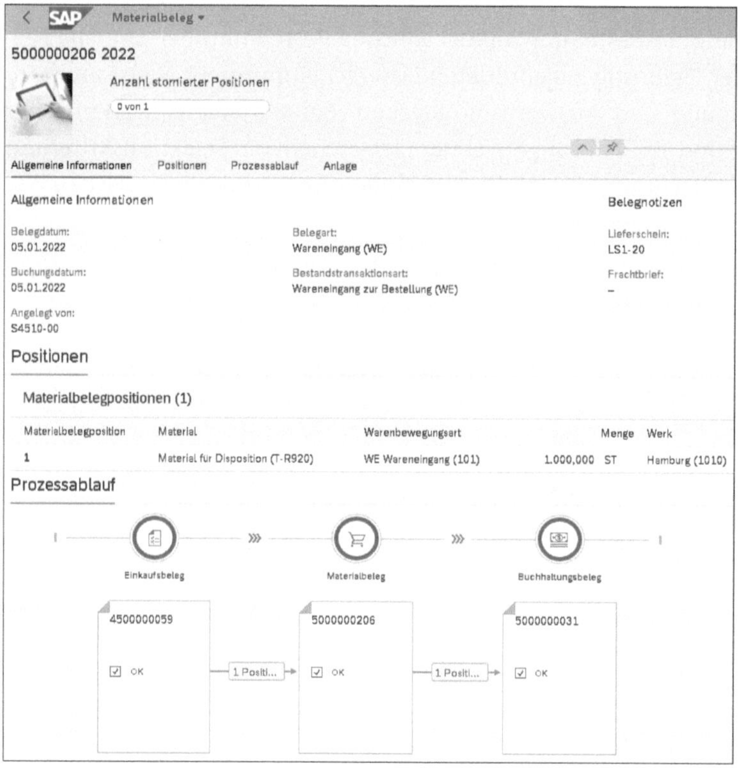

Abbildung 7.8 Materialbeleg anzeigen

Zur Anzeige der Materialbelege wählen Sie die SAP-Fiori-App **Materialbelegübersicht**. Die Belegliste kann mittels geeigneter Filterkriterien genutzt werden, um sich die Materialbelege anzeigen zu lassen.

[«]

Materialbeleg anzeigen

Sie können sich über die Auswirkungen des Wareneingangs zur Bestellung auch in der Bestellung informieren. Über die SAP-Fiori-App **Bestellungen verwalten** können z. B. Bestellungen zu einem Lieferanten selektiert werden. Klicken Sie in der Übersicht auf den Link **Normalbestellung** und dann in dem sich öffnenden Fenster wieder auf **Normalbestellung**, verzweigen Sie in die Anzeige der Bestellung. Im Bereich **Wareneingänge** sind dann die gebuchten Materialbelege sichtbar.

Parallel zum Materialbeleg erzeugt das SAP-System einen Buchungsbeleg, der den wertmäßigen Nachweis abbildet, vorausgesetzt dass die automatische Kontenfindung konfiguriert ist (siehe Abschnitt 7.8, »Automatische Kontenfindung«).

[«]

Buchhaltungsbeleg oder Buchungsbeleg?

Der Begriff *Buchhaltungsbeleg* wird immer noch im Zusammenhang mit den »alten« FI-Belegen und deren Darstellung mittels der »alten« Transaktionen verwendet. In SAP S/4HANA spricht man hingegen von einem Buchungsbeleg. Daher können diese Begriffe synonym verwendet werden. Wir benutzen in diesem Buch den Begriff *Buchungsbeleg*.

Im Materialbeleg kann man im Bereich **Prozessablauf** die erzeugten Belege inklusive des Buchhaltungsbelegs sehen. Klicken Sie auf die Nummer des Buchhaltungsbelegs, öffnet sich ein Fenster, in dem durch einen Link die SAP-Fiori-App **Buchungsbelege anzeigen** oder die SAP-Fiori-App **Buchungsbelege anzeigen – in T-Konto Sicht** aufgerufen werden kann (weitere Links stehen zur Verfügung).

Durch die SAP-Fiori-App **Buchungsbelege anzeigen – in T-Konto Sicht** werden Ihnen dann die Buchungen des Rechnungswesensbelegs angezeigt (siehe Abbildung 7.9).

Klicken Sie im Materialbeleg im Prozessablauf auf den Buchhaltungsbeleg, und wählen Sie den Link **Buchungsbeleg anzeigen** in der SAP-Fiori-App **Buchungsbeleg anzeigen**, gelangen Sie in die alte Anzeige des Buchungsbelegs (siehe Abbildung 7.10).

Der Buchungsbeleg enthält die Kopfdaten und die für diesen Vorgang ermittelten Buchungszeilen.

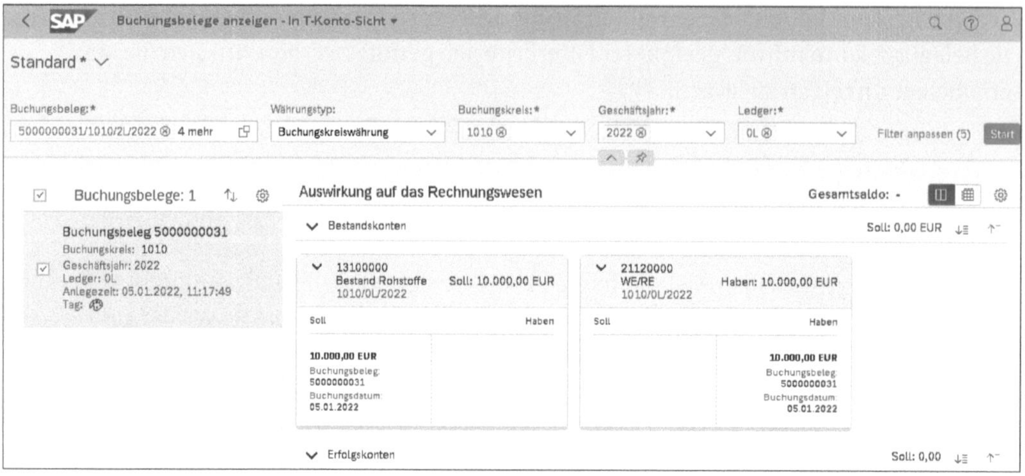

Abbildung 7.9 Buchungsbelege anzeigen: T-Konto-Sicht

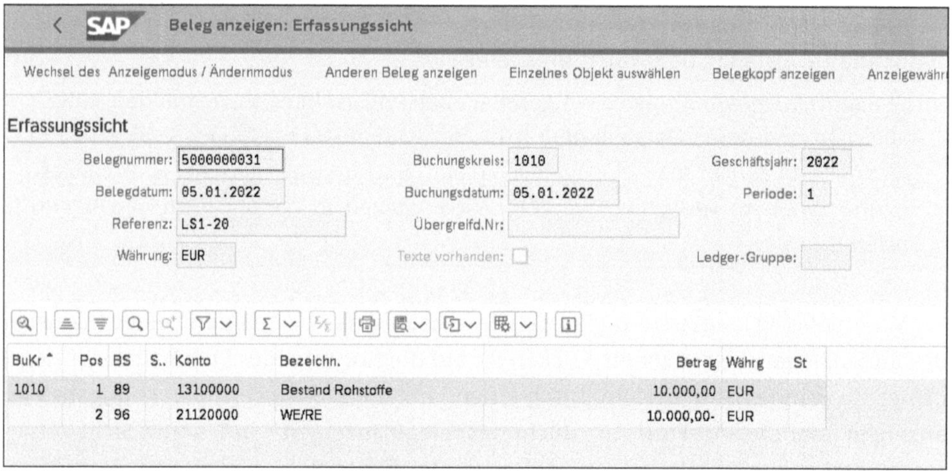

Abbildung 7.10 Buchungsbeleg anzeigen

Fallbeispiel: Wareneingang zur Bestellung – Verbrauchsmaterial

Wir zeigen Ihnen nun, wie Sie das gleiche Material als Verbrauchsmaterial erfassen. Damit der Wareneingang das Material als Verbrauchsmaterial erkennt, müssen Sie zunächst in der Bestellposition (siehe Abschnitt 6.7, »Kontierungstyp«) den entsprechenden Kontierungstyp – hier **K** (Kostenstelle) – eintragen (siehe Abbildung 7.11).

Erfassen Sie nun den Wareneingang zur Bestellung. Die Bestandssituation vor dem Erfassen des Wareneingangs hat sich nicht verändert (siehe Abbildung 7.7 weiter vorne). Sie informieren sich wieder über die Bestandssituation nach der Wareneingangsbuchung (siehe Abbildung 7.12).

Abbildung 7.11 Bestellung mit dem Kontierungstyp K

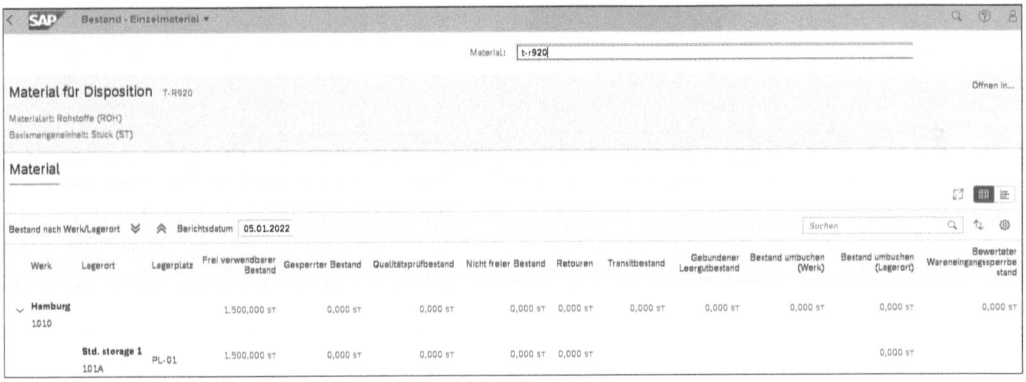

Abbildung 7.12 Bestandsübersicht nach Wareneingang

Sie erkennen, dass der frei verwendbare Bestand gleich geblieben ist, da es sich um ein Verbrauchsmaterial handelt und somit die Buchung »am Lager vorbei geht«. Dies bedeutet aus Sicht der Disposition, dass der verfügbare Bestand nicht erhöht wurde (siehe Abschnitt 5.3.4, »Prozessschritte des Planungslaufs«).

Als Ergebnis der Buchung des Wareneingangs zur kontierten Bestellposition werden die folgenden Belege erzeugt:

- Materialbeleg
- Buchhaltungsbeleg
- Material-Ledger-Beleg

Der Materialbeleg enthält wieder die mengenmäßigen Daten (siehe Abbildung 7.13). Es bleibt erwartungsgemäß das Lagerortsegment leer. Die kostenrechnungstechnischen Felder sind mit den signifikanten Inhalten gefüllt.

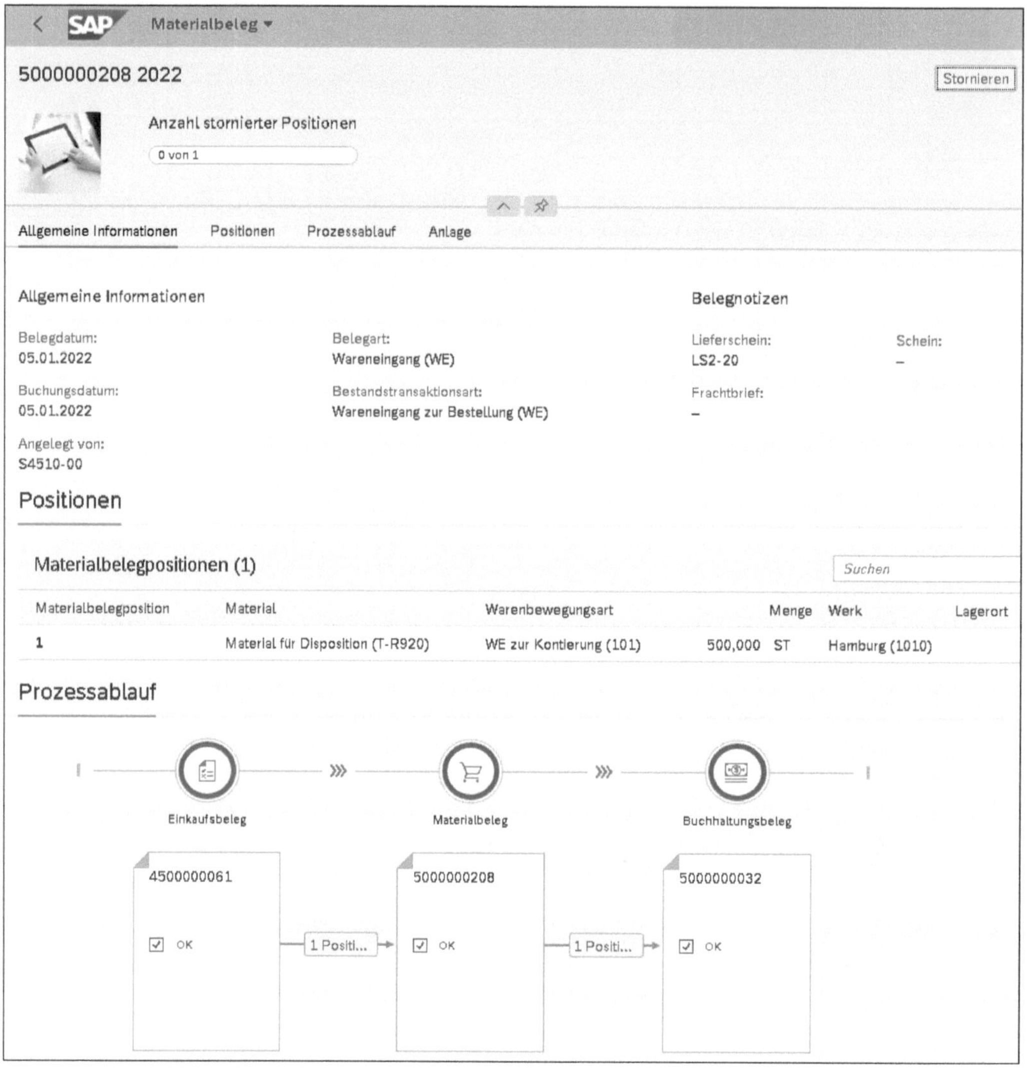

Abbildung 7.13 Materialbeleg

Der Buchungsbeleg enthält neben den Kopfdaten die für diese Buchung relevanten Buchungszeilen (siehe Abbildung 7.14). Es werden jetzt, entsprechend der im Customizing konfigurierten automatischen Kontenfindung, andere Konten (Verbrauchskonten) als bei der Wareneingangsbuchung des Lagermaterials angesprochen.

Da sich die Tabellen in Finanzwesen und Controlling geändert haben, wird im Gegensatz zu früher in der SAP-Fiori-basierten Anzeige kein Kostenrechnungsbeleg mehr angezeigt.

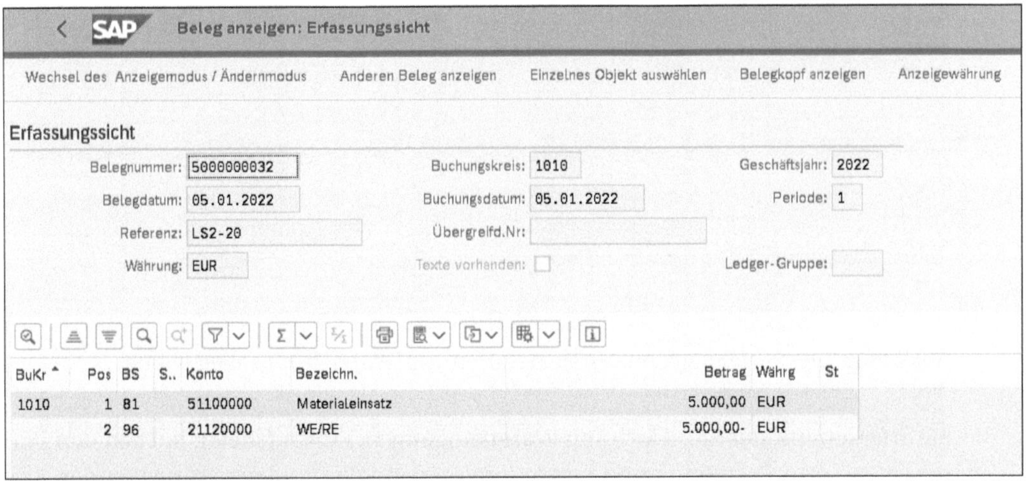

Abbildung 7.14 Buchungsbeleg

Kostenrechnungsbeleg

Aufgrund des in der Bestellposition eingetragenen Kontierungstyps wird im Hintergrund immer noch ein Kostenrechnungsbeleg erzeugt, der die für die Bestellposition(en) relevanten Daten – das Kontierungsobjekt, die Kostenart, den Wert und die Menge – abbildet (siehe Abbildung 7.15). In der WE-Buchung wird dieser Kostenrechnungsbeleg in den RW-Belegen nicht angezeigt. Der Kostenrechnungsbeleg ist nur über die »alte« Anzeige des Buchungsbelegs möglich.

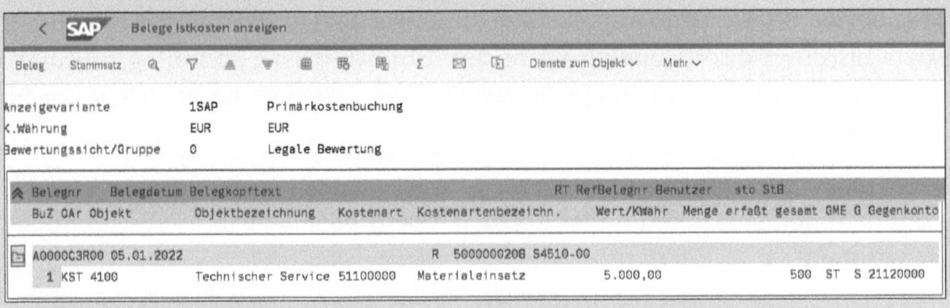

Abbildung 7.15 Kostenrechnungsbeleg

Fallbeispiel: Bestellung ohne Materialstammsatz (Warengruppenbestellung)

Wir zeigen Ihnen nun, wie eine Bestellung ohne Materialstammsatz aufgebaut ist und welche Auswertungsmöglichkeiten es gibt, wenn der Wareneingang zu dieser Bestellung gebucht ist. Diese Art der Bestellung wird häufig für sogenanntes *Gemeinkostenmaterial* genutzt (siehe Abbildung 7.16).

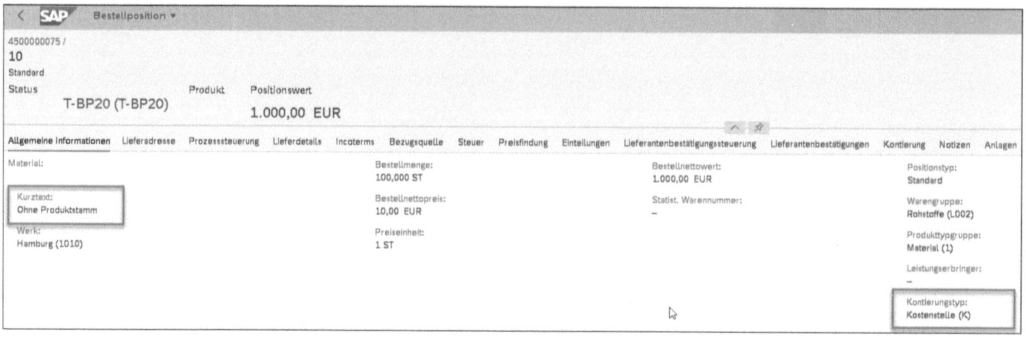

Abbildung 7.16 Bestellung ohne Produktstammsatz (Warengruppenbestellung)

Sie erfassen mit der SAP-Fiori-App **Wareneingang zu Einkaufsbeleg buchen** den Wareneingang zur Bestellung und informieren sich analog zu den vorangehenden Beispielen über die Auswirkungen der Buchung. Da es sich um eine kontierte Bestellposition handelt, werden wieder u. a. die drei oben genannten Belege – also Materialbeleg, Buchungsbeleg und Material-Ledger-Beleg (Kostenrechnungsbeleg nur in der »alten« Anzeige des Buchungsbelegs) – erzeugt. Sie können für die Auswertung der Bestandssituation nicht die Bestandsübersicht nutzen, da Sie keinen Produktstammsatz als Selektionskriterium verwenden können. Auswertungen zu Warengruppen können z. B. über die folgenden SAP-Fiori-Apps erfolgen:

- **Warenbewegungsanalyse**
- **Beschaffungsübersicht – Bestellpositionen überwachen**

Allgemein kann formuliert werden, dass die Bewertung und damit der Preis im Produktstamm durch die Wareneingangsbuchung und durch die Rechnungsprüfung beeinflusst werden. Darüber können Sie sich im Produktstamm im Bereich **Bewertung** informieren.

Bei wertmäßig geführten Materialien wird die Bewertung von der Preissteuerung, die für das betreffende Material im Produktstammsatz gepflegt wurde, bestimmt (Sicht **Buchhaltung 1**).

Sie können zwischen Standardpreis (S-Preis) und gleitendem Durchschnittspreis (V-Preis) wählen. Bei einem Wareneingang von bewerteten Materialien wird der im Produktstamm eingestellte Materialpreis unterschiedlich beeinflusst. Beim Wareneingang von Materialien mit gleitendem Durchschnittspreis ändert sich der V-Preis bei abweichendem Bestellpreis, und das Material wird mit dem V-Preis, multipliziert mit der Bestellmenge, bewertet. Der Standardpreis bleibt bei abweichendem Bestellpreis mindestens für eine Periode konstant. Die Abweichungen vom Bestellpreis werden dann auf ein Preisdifferenzenkonto gebucht.

7.1.2 Wareneingang ohne Bezug zu Referenzbelegen

Neben den Wareneingängen mit Bezug zu Referenzbelegen gibt es im SAP-System die Möglichkeit, Wareneingänge ohne Bezug zu Referenzbelegen zu erfassen. Wählen Sie hierzu die SAP-Fiori-App **Wareneingang ohne Referenz** oder die SAP-Fiori-App **Warenbewegung buchen – MIGO**.

Die SAP-Fiori-App **Wareneingang ohne Referenz** bucht einen Wareneingang zu einem Material mit der Bewegungsart 501 (Wareneingang ohne Bestellung). Alternativ kann hier auch die SAP-Fiori-App **Bestand verwalten** genutzt werden. Hier kann man im Detailbild den Eintrag **Bestandsaufnahme** auswählen. Diese entspricht auch der Bewegungsart 501.

[«]

SAP-Fiori-App »Wareneingang ohne Referenz«

Bei der SAP-Fiori-App **Wareneingang ohne Referenz** kann die Bewegungsart nicht verändert werden. Sind andere Bewegungsarten erwünscht und eine manuelle Änderung der Bewegungsart erforderlich, muss die SAP-Fiori-App **Warenbewegungen buchen** verwendet werden. Diese App funktioniert analog zu Transaktion MIGO.

In der SAP-Fiori-App **Warenbewegung buchen – MIGO** wird die »alte« Transaktion MIGO webbasiert dargestellt, und es gilt die folgende Vorgehensweise.

Wählen Sie im Aktionsfeld aus der Werteliste die Option **A01 Wareneingang**. Da Sie keinen Bezug zu einem Referenzbeleg herstellen möchten, geben Sie in das Referenzfeld **Sonstiges** ein. Die weiteren Daten müssen Sie aufgrund der fehlenden Referenzdaten manuell eingeben.

Vornahme von Warenbewegungen

Folgende Warenbewegungen können Sie ausführen:

- **Wareneingang ohne Bestellung – SAP-Fiori-App »Wareneingang ohne Referenz«**
  Sie erfassen den Wareneingang mit der Bewegungsart **501**. Die Werks- und Lagerbestände werden aktualisiert.
- **Bestandsaufnahme – SAP-Fiori-App »Warenbewegung buchen – MIGO«**
  Mit einer Bestandsaufnahme (Bewegungsart **561**) übernehmen Sie z. B. im Rahmen der Produktivsetzung Ihres SAP-Systems die physischen Lagerbestände bzw. die Buchbestände aus einem »Altsystem«. Die Bestandsaufnahme erfolgt in der Regel per Batch-Input.

  Die Bewertung der aufzunehmenden Bestände hängt von zwei Faktoren ab:
  - Welche Preissteuerung und welcher Preis im Produktstammsatz im Bereich **Bewertung** festgelegt sind.
  - Ob in der Bestandsaufnahme ein Wert für die aufzunehmende Menge eingegeben worden ist.

Bei einem Material mit Standardpreis wird die Bestandsaufnahme auf der Basis des Standardpreises bewertet. Wenn Sie bei der Bestandsaufnahme einen abweichenden Wert eingeben, wird die Differenz auf ein Preisdifferenzenkonto gebucht.

Bei einem Material mit gleitendem Durchschnittspreis wird die Bestandsaufnahme folgendermaßen bewertet:

- **Bestandsaufnahme mit Wert – SAP-Fiori-App »Warenbewegung buchen – MIGO«**
  Ist in der Bestandsaufnahme ein Wert eingegeben, wird die aufzunehmende Menge mit diesem bewertet. Wenn der Quotient aus Bestandsaufnahmewert und Bestandsaufnahmemenge vom gleitenden Durchschnittspreis abweicht, ändert sich der gleitende Durchschnittspreis durch die Bestandsaufnahme.
- **Bestandsaufnahme ohne Wert – SAP-Fiori-App »Warenbewegung buchen – MIGO«**
  Ist in der Bestandsaufnahme kein Wert eingegeben, wird die aufzunehmende Menge auf der Basis des gleitenden Durchschnittspreises bewertet; in diesem Fall ändert sich der gleitende Durchschnittspreis nicht.
- **Wareneingang ohne Fertigungsauftrag – SAP-Fiori-App »Warenbewegung buchen – MIGO«**
  Diesen Wareneingang erfassen Sie, wenn Sie ohne PP-Komponente im SAP-System arbeiten, mit der Bewegungsart **521**.
- **Wareneingang von Nebenprodukten – SAP-Fiori-App »Warenbewegung buchen – MIGO«**
  Nebenprodukte entstehen automatisch bei der Herstellung von Hauptprodukten. Nebenprodukte können ungeplante und geplante Nebenprodukte sein. Ungeplante Nebenprodukte buchen Sie mit der Bewegungsart **531**. Geplante Nebenprodukte können Sie in Verbindung mit einer Warenausgangsbuchung oder getrennt erfassen; Letzteres wieder mit der Bewegungsart **531**.
- **Kostenlose Lieferung – SAP-Fiori-App »Warenbewegung buchen – MIGO«**
  Erhalten Sie eine Materialanlieferung, ohne dass Sie eine Bestellung im SAP-System angelegt haben, müssen Sie diese mit der Bewegungsart **511** erfassen. Damit werden die Werks- bzw. Lagerbestände aktualisiert. Beachten Sie, dass mit dieser mengen- und wertmäßigen Buchung der gleitende Durchschnittspreis beeinflusst wird.
- **Retouren vom Kunden – SAP-Fiori-App »Warenbewegung buchen – MIGO«**
  Wenn für die Retoure keine Retourenanlieferung erfasst worden ist, weil die Retoure unerwartet kommt oder weil Sie die Komponente Verkauf nicht einsetzen, können Sie die Retoure in der Komponente Bestandsführung als sonstigen Wareneingang in den Retourensperrbestand buchen. Wählen Sie hierzu die Bewegungsart **451** (Retouren vom Kunden ohne Versand).

[«]

Erfassen von Sonderbeständen

Auf die Bewegungsarten für das Erfassen von Sonderbeständen – z. B. von einem Wareneingang zu einer Lohnbearbeitungsbestellung oder zu einer Bestellung von Konsignationsmaterial – wird hier nicht eingegangen.

Ausführungen zu Sonderbeständen und Sonderbestandsformen finden Sie aber in Abschnitt 6.9.4, »Lohnbearbeitung«, und in Abschnitt 6.9.5, »Konsignation«.

Fallbeispiel: Wareneingang ohne Bestellbezug – SAP-Fiori-App »Bestand verwalten«

Wird die Ware kurzfristig angeliefert, besteht die Möglichkeit, den Wareneingang ohne Bestellbezug zu buchen. Dies sollte nur in Ausnahmefällen oder bei unbedingt notwendigen Bestandskorrekturen vorgenommen werden. Des Weiteren sollten Sie beachten, dass die Erfassung der Rechnung mithilfe der logistischen Rechnungsprüfung so nicht möglich ist.

In diesem Fall wird die SAP-Fiori-App **Bestand verwalten** verwendet. Es könnte alternativ auch die SAP-Fiori-App **Wareneingang ohne Referenz** verwendet werden.

- **Bestandsübersicht vor Wareneingang – SAP-Fiori-App »Bestand verwalten«**
  Über die SAP-Fiori-App **Bestand verwalten** werden bei deren Aufruf sofort die Bestandsinformationen angezeigt.

  In Abbildung 7.17 ist die Bestandssituation vor dem Buchen des Wareneingangs dargestellt.

Abbildung 7.17 SAP-Fiori-App »Bestand verwalten« vor dem Wareneingang

- **Wareneingang buchen – SAP-Fiori-App »Bestand verwalten«**
  In dem Übersichtbild kann nun die Bestandsart gewählt werden. Durch das Anklicken der Schaltfläche [icon] öffnet sich ein Detailbild, in dem nun die Menge, die Bestandsänderung hier Bestandsaufnahme) und ein Kopf- und ein Positionstext eingeben werden können (siehe Abbildung 7.18).

  Sie buchen den Wareneingang mit einer Menge von 10.000 Stück.

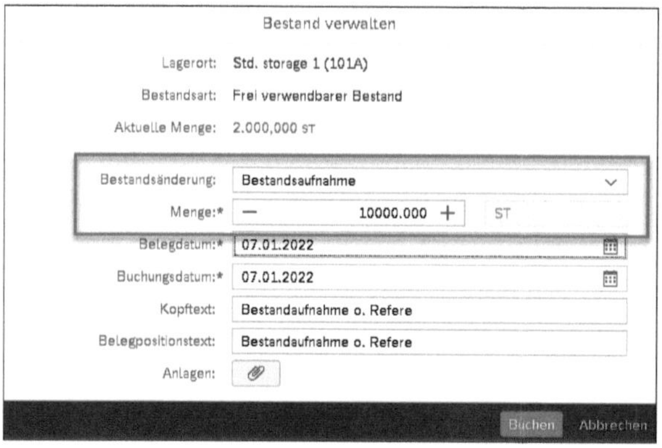

Abbildung 7.18 SAP-Fiori-App »Bestand verwalten«: Detailbild

- **Bestandsübersicht nach Wareneingang – SAP-Fiori-App »Bestand verwalten«**
  Die gelieferte Menge wird in den frei verwendbaren Bestand, so wie Sie es im Feld **Bestandsart** ausgewählt haben, gebucht. Der bewertete Bestand, und damit auch aus Sicht der Disposition der verfügbare Bestand des Materials, wird um die gelieferte Menge erhöht (siehe Abbildung 7.19). Es werden zum mengen- und wertmäßigen Nachweis ein Material- und ein Buchungsbeleg generiert.

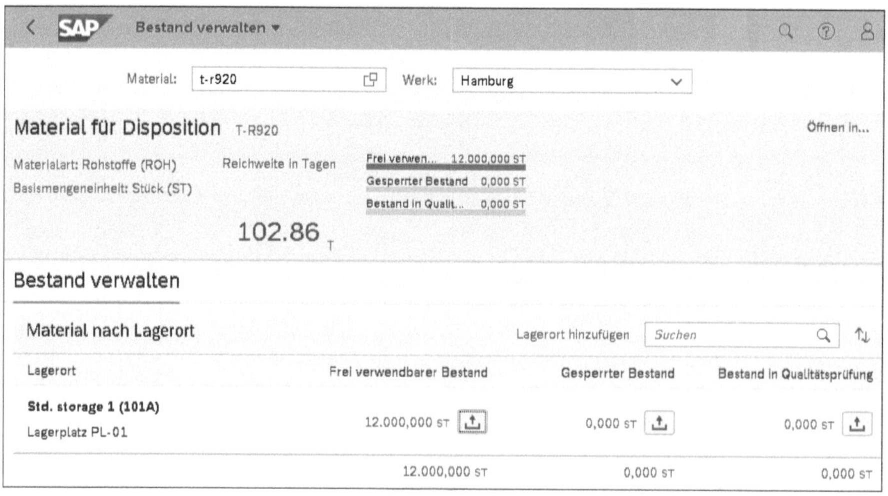

Abbildung 7.19 Bestandsübersicht nach Wareneingang

7.1.3 Storno, Rücklieferung, Retoure

Wenn Sie beim Erfassen einer Warenbewegung die Daten nicht korrekt erfasst haben, müssen Sie diese Buchung durch eine *Stornobuchung* korrigieren. Sie können die Korrektur nicht direkt im Materialbeleg vornehmen.

Möchten Sie die Warenbewegung stornieren, können Sie folgendermaßen verfahren:

- **Storno mit Bezug zum ursprünglichen Materialbeleg erfassen**
  Sie übernehmen dabei die zu stornierenden Positionen aus dem Beleg; eine Änderung der Positionsdaten ist nicht möglich. Um diesen Vorgang durchzuführen, wählen Sie im SAP-Menü den Pfad **Logistik • Materialwirtschaft • Bestandsführung • Warenbewegung • Warenbewegung (MIGO)** oder Transaktion MIGO und anschließend **Storno • Materialbeleg** bzw. Transaktion MBST. Die Stornobewegungsart wird automatisch in Abhängigkeit von der ursprünglichen Warenbewegungsart gefunden und eingetragen.
- **Storno mit Bezug zu einem Referenzbeleg erfassen**
  Sie wählen Transaktion MIGO und beziehen sich z. B. auf eine falsch gebuchte Bestellung. Sie wählen die entsprechende Stornobewegungsart aus (z. B. **102** bei Storno eines Wareneingangs zur Bestellung). Bei dieser Warenbewegung haben Sie die Möglichkeit, Teilmengen zu stornieren. Achten Sie auf das richtige Buchungsdatum.

In beiden Fällen müssen Sie die Warenbewegung nach der Stornierung mit den richtigen Daten erfassen. Sollten Sie sich wieder vertan haben, können Sie erneut stornieren und dann mit der notwendigen Sorgfalt die Warenbewegung erneut erfassen.

Wenn Sie ein bereits geliefertes Material aufgrund eines Mangels (mangelhafte Qualität, unvollständige Lieferung, falsches Material oder Beschädigung) an den Lieferanten zurückschicken möchten, können Sie dies mit der Funktion **Rücklieferung** durchführen. Sie können das Material mit dieser Funktion zurückliefern, auch wenn Sie den Wareneingang schon gebucht haben. Sie haben die Möglichkeit, die Rücklieferung mit Bezug zu einem Materialbeleg oder mit Bezug zu einer Bestellung zu erfassen.

Fallbeispiel: Rücklieferung mit Bezug zu einem Materialbeleg

Sie wählen die SAP-Fiori-App **Warenbewegung buchen – MIGO**. Sie wählen den Vorgang **Rücklieferung** und als Referenzbeleg die Option **Materialbeleg**. Dann geben Sie die Nummer des Materialbelegs zusammen mit dem Materialbelegjahr ein. Gegebenenfalls kann der Materialbeleg auch aus der Übersicht **Meine Belege** übernommen werden (siehe Abbildung 7.20).

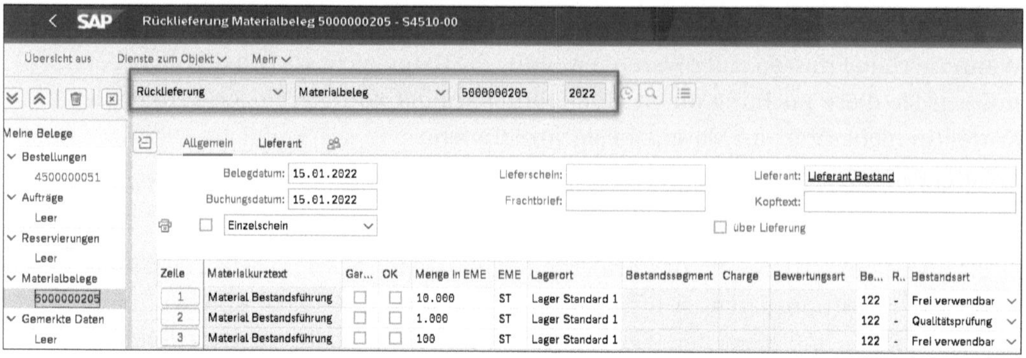

Abbildung 7.20 Rücklieferung mit Bezug zu einem Materialbeleg und Rücklieferungsgrund

Selektieren Sie die Position, die zurückgeliefert werden soll, und passen Sie gegebenenfalls die Menge an. In den Detaildaten zur Position geben Sie auf der Registerkarte **Wo** den Grund der Bewegung ein (siehe Abbildung 7.21). Falls gewünscht, können Sie einen erläuternden Text eingeben. Dann markieren Sie das Kennzeichen in der Spalte **OK** und buchen die Rücklieferung.

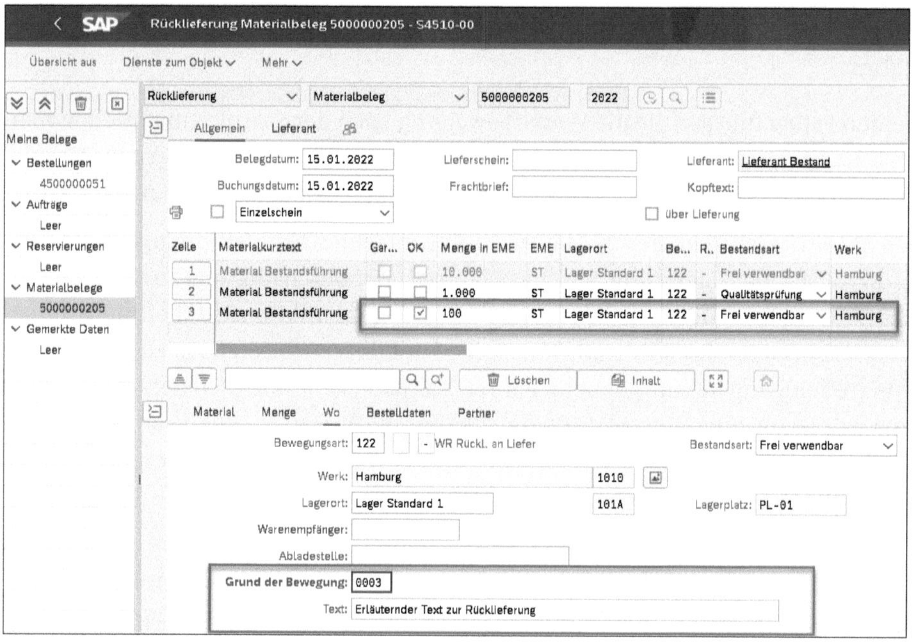

Abbildung 7.21 Rücklieferung mit Rücklieferungsmenge

Es werden der zurückzuliefernde Bestand um die eingetragene Rücklieferungsmenge reduziert sowie ein Material- und ein Buchungsbeleg erzeugt. Abbildung 7.22 zeigt den Materialbeleg zur Rücklieferung.

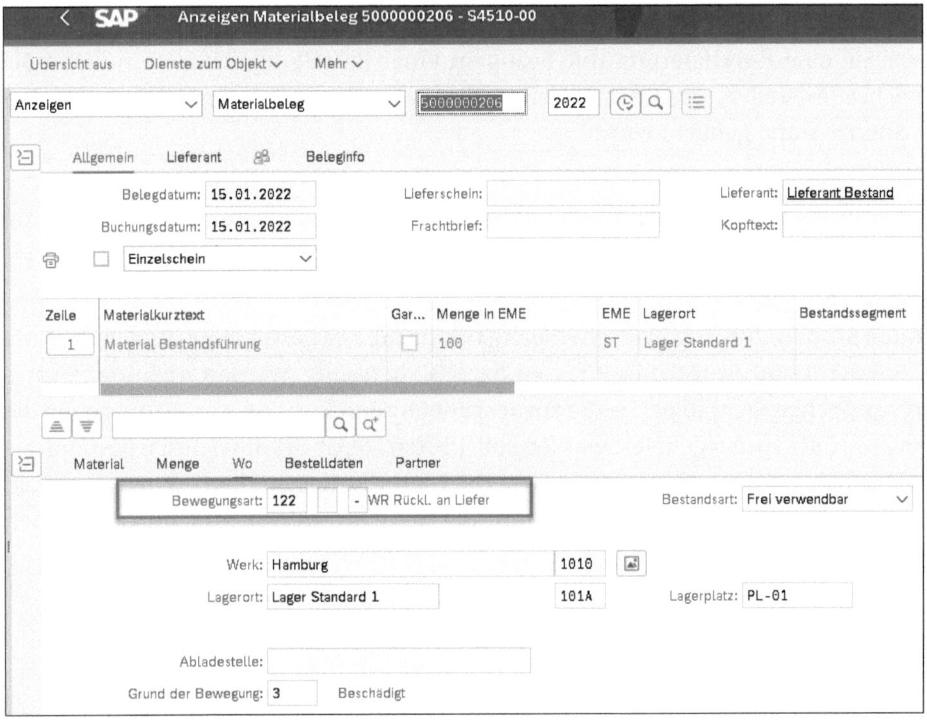

Abbildung 7.22 Materialbeleg zur Rücklieferung

Abbildung 7.23 zeigt den Buchungsbeleg zur Rücklieferung.

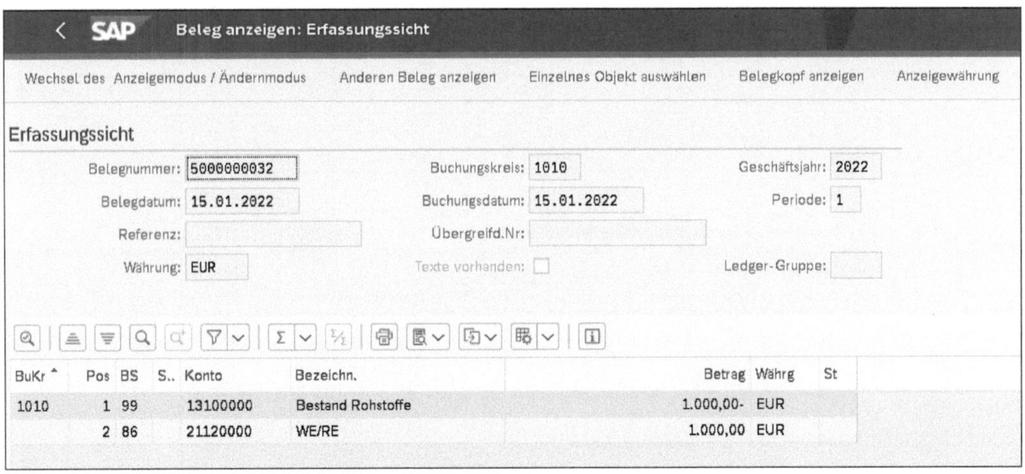

Abbildung 7.23 Buchungsbeleg zur Rücklieferung

Schickt Ihnen der Lieferant nach der Rücklieferung eine Ersatzlieferung, können Sie sich beim erneuten Wareneingang auf die Rücklieferung beziehen.

Fallbeispiel: Rücklieferung mit Bezug zu einer Bestellung

Bevor Sie eine Rücklieferung mit Bezug zu einer Bestellung erfassen, müssen Sie zunächst feststellen, ob das Material in das Lager, in den Verbrauch oder in den WE-Sperrbestand gebucht wurde.

Bei der Lagerbuchung ist zu beachten, in welche Bestandsart gebucht wurde. Bei der Rücklieferung muss aus derselben Bestandsart wie bei der Wareneingangsbuchung zurückgeliefert werden. Wählen Sie die SAP-Fiori-App **Warenbewegung buchen – MIGO** oder Transaktion MIGO.

Wählen Sie den Vorgang »Wareneingang mit Bezug zur Bestellung«, und ändern Sie die Bewegungsart in **122** zum Erfassen der Rücklieferung. Werden mehrere Positionen vorgeschlagen, wählen Sie die zurückzuliefernden Positionen aus und geben die Menge ein, die zurückgeliefert werden soll. Prüfen Sie, ob Sie die richtige Bestandsart gewählt haben, und geben Sie im Detailbild auf der Registerkarte **Wo** in das Feld **Grund der Bewegung** den Bewegungsgrund und in das Feld **Text** einen erklärenden Text ein (siehe Abbildung 7.24). Führen Sie nun die Buchung aus.

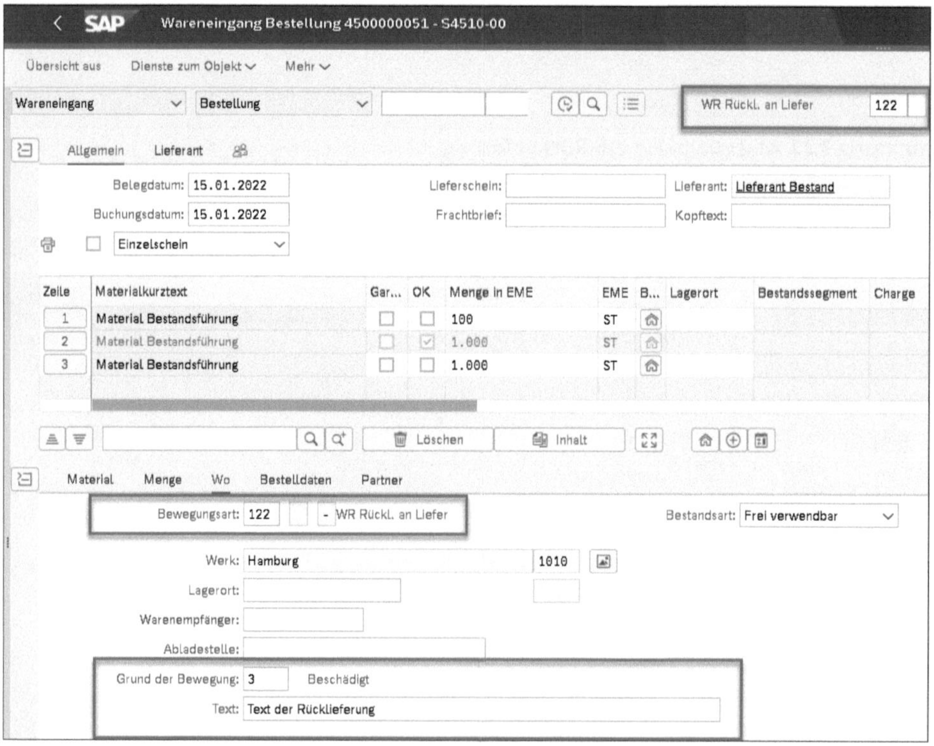

Abbildung 7.24 Rücklieferung zur Bestellung: Detailbild

Das Ergebnis der Buchung wird u. a. im Datenbild der Bestellentwicklung festgehalten (siehe Abbildung 7.25). Der Bestand wird um die Rücklieferungsmenge reduziert.

Die mengen- und wertmäßigen Änderungen werden in einem Material- und in einem Buchungsbeleg festgehalten.

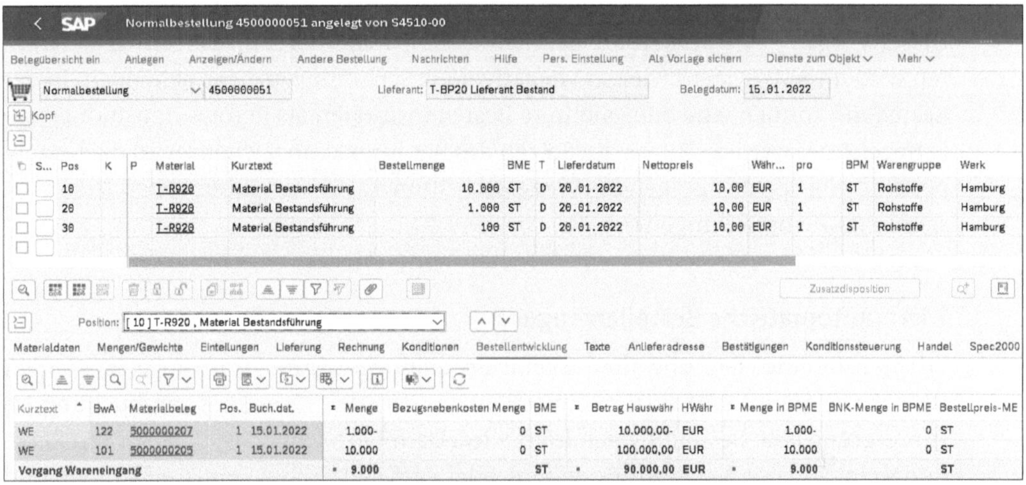

Abbildung 7.25 Bestellentwicklung: Rücklieferung zur Bestellung

Wenn Sie nach der Rücklieferung eines Materials eine Ersatzlieferung vom Lieferanten erhalten, ist es vorteilhaft, diese beim Erfassen des Wareneingangs mit einer Stornobewegungsart auf die dazugehörige Rücklieferung zu beziehen. Das SAP-System schlägt dann genau die Daten vor, die zu diesem betriebswirtschaftlichen Vorgang gehören. Dies ist wichtig, damit der Bezug zwischen Wareneingang, Rücklieferung und Rechnung erhalten bleibt.

In Tabelle 7.3 ist dargestellt, mit welchen Bewegungsarten für die Ersatzlieferung Sie sich auf die dazugehörigen Rücklieferungsbewegungsarten beziehen können.

Wareneingang	Rücklieferung	Ersatzlieferung
101	122	123
103	124	125
105	122	123

Tabelle 7.3 Bewegungsartenauswahl bei Ersatzlieferung

Nachlieferung

Bei der wareneingangsbezogenen Rechnungsprüfung können Sie den Wareneingang als Nachlieferung zu dem vorherigen Wareneingang buchen, indem Sie sich auf den ursprünglichen Materialbeleg bzw. Lieferschein beziehen. Dadurch bleibt die Zuordnung von Wareneingang und Rechnung erhalten.

Eine weitere Möglichkeit, um Material an den Lieferanten zurückzuliefern, das nicht den Qualitätsansprüchen Ihres Unternehmens entspricht, bietet der Vorgang »Rücksendung von Material an einen externen oder internen Lieferanten«.

Dieser Vorgang wird als *Retoure* bezeichnet. Eine Materialretoure an einen Lieferanten wird im SAP-System wie ein »negativer« Beschaffungsprozess behandelt. In der Bestellung können eine oder mehrere Bestellpositionen als Retourenpositionen gekennzeichnet werden. Durch das Setzen des Retourenkennzeichens wird die Bestellposition von den nachfolgenden Prozessschritten als Retoure interpretiert (siehe Abschnitt 6.5.2, »Bestellungen«).

7.1.4 Automatische Bestellerzeugung

Erhalten Sie eine Lieferung, für die keine Bestellung im SAP-System angelegt worden ist, können Sie im SAP-System einstellen, dass bei der Wareneingangsbuchung im Hintergrund eine Bestellung generiert wird. Damit erreichen Sie, dass Sie den Rechnungseingang mit Bezug zur Bestellung oder zum Lieferschein erfassen können und somit den gesamten Beschaffungsprozess analog zum Standardablauf abbilden können. Hierzu müssen einige Voraussetzungen im Customizing und auf der Anwendungsebene geschaffen werden:

- Im Customizing legen Sie für die Bewegungsart fest, ob bei der Wareneingangsbuchung automatisch eine Bestellung erzeugt werden soll. Diese Einstellung nehmen Sie im Customizing über den Menüpfad **Materialwirtschaft • Bestandsführung und Inventur • Wareneingang • Bestellung automatisch anlegen** vor (siehe Abbildung 7.26).

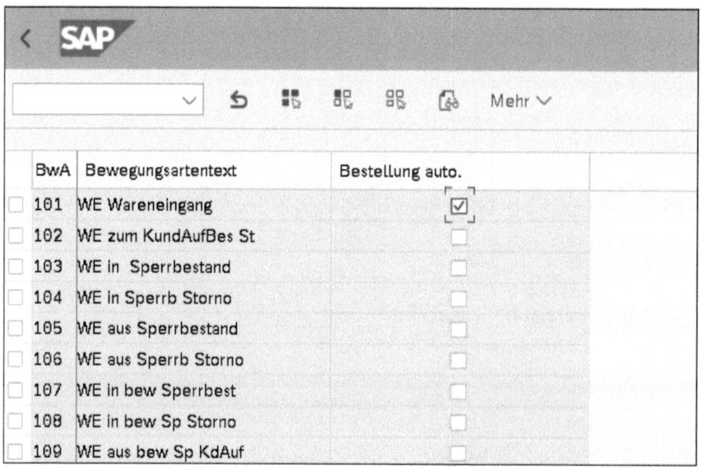

Abbildung 7.26 Bestellung automatisch für die Bewegungsarten 101 anlegen

- In der Anwendungsebene muss ein Einkaufsinfosatz vorhanden sein, denn das SAP-System benötigt für die Bewertung des Wareneingangs einen Preis. Dieser muss als Konditionssatz im Einkaufsinfosatz hinterlegt sein (siehe Abschnitt 6.8.4, »Infosatz«).

[«]

Automatische Bestellerzeugung

Die automatische Bestellerzeugung geht über die SAP-Fiori-App **Warenbewegung buchen – MIGO** vonstatten, die Transaktion MIGO entspricht.

7.1.5 Toleranzen, Endlieferungskennzeichen

Bei einem Wareneingang mit Bezug auf eine Bestellung schlägt das SAP-System die offene Bestellmenge einer Position für den Wareneingang vor. Diese Menge können Sie ändern, falls die gelieferte Menge davon abweichend ist.

Wenn Sie eine Wareneingangsposition erfassen, vergleicht das SAP-System die Wareneingangsmenge mit der offenen Bestellmenge. Dadurch kann es Unter- oder Überlieferungen feststellen.

[«]

Unterlieferungen, Überlieferungen und Endlieferungskennzeichen

- **Unterlieferungen**
  Unterlieferungen sind im Standardsystem grundsätzlich zugelassen. In der Bestellposition ist es außerdem möglich, eine prozentuale Unterlieferungstoleranz einzugeben. Eine Wareneingangsmenge, die kleiner als die Bestellmenge – abzüglich Unterlieferungstoleranz – ist, wird als Teillieferung interpretiert und akzeptiert; das SAP-System gibt in diesem Fall keine Warnmeldung aus. Unterschreitet die Unterlieferung hingegen die Toleranz, gibt das SAP-System eine Warnmeldung aus.
- **Überlieferungen**
  Überlieferungen sind im Standardsystem nicht zulässig. Daher gibt das SAP-System eine Fehlermeldung aus. Sollen Überlieferungen zulässig sein, können Sie in der Bestellposition eine prozentuale Überlieferungstoleranz angeben. Die Überlieferungstoleranzprüfung kann in der Bestellposition ausgeschaltet werden. Damit ist eine unbegrenzte Überlieferung möglich.
- **Endlieferungskennzeichen**
  Das Endlieferungskennzeichen gibt an, ob eine Bestellposition als erledigt gilt. Ist das Endlieferungskennzeichen gesetzt, bedeutet dies, dass zu dieser Bestellposition kein weiterer Wareneingang erwartet wird. Die offene Menge ist Null, auch wenn nicht die gesamte Menge geliefert wurde. Eventuelle Wareneingangsbuchungen sind noch möglich, verändern aber den offenen Bestellbestand nicht mehr.

Wenn Sie bei einer Lieferung die Menge einer bereits übernommenen Position nachträglich ändern, wird das Endlieferungskennzeichen nicht automatisch zurückgenommen. Sie erhalten eine Warnmeldung und können das Endlieferungskennzeichen manuell zurücknehmen.

Wird durch eine Rücklieferung bzw. durch ein Storno die gelieferte Menge auf eine Menge unterhalb der Toleranz vermindert, wird das Endlieferungskennzeichen zurückgenommen. Sie erhalten in diesem Fall eine Warnmeldung, dass das Endlieferungskennzeichen zurückgesetzt wurde. Nachdem Sie diese Meldung erhalten haben, können Sie das Endlieferungskennzeichen erneut setzen, wenn keine weitere Lieferung erwartet wird. Das manuell gesetzte Endlieferungskennzeichen wird danach vom SAP-System nicht mehr automatisch verändert.

Im Customizing können Sie festlegen, dass bei einer Wareneingangsbuchung zu einer Bestellung das Endlieferungskennzeichen automatisch vorgeschlagen wird. Dies betrifft die beiden folgenden Fälle:

- Es wurde die gesamte Bestellmenge geliefert.
- Die gelieferte Menge liegt innerhalb der Unter-/Überlieferungstoleranz.

Diese Einstellung nehmen Sie im Customizing durch die Wahl des Menüpfads **Materialwirtschaft • Bestandsführung und Inventur • Wareneingang • Endlieferungskennzeichen setzen** vor (siehe Abbildung 7.27).

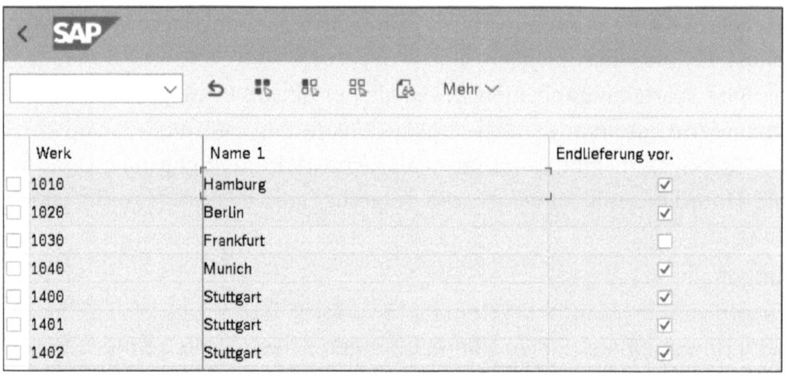

Abbildung 7.27 Endlieferungskennzeichen automatisch setzen

7.1.6 Mindesthaltbarkeitsdatum bei Wareneingang prüfen

Die Mindesthaltbarkeit wird nur geprüft, wenn die folgenden Voraussetzungen kumulativ erfüllt sind:

- Im Materialstammsatz oder in der Bestellung ist die Mindestrestlaufzeit gepflegt. Die Mindestrestlaufzeit ist die Anzahl an Tagen, die das Material noch mindestens haltbar sein muss, damit der Wareneingang vom SAP-System akzeptiert wird.

- Die Mindesthaltbarkeitsprüfung ist im Werk aktiviert.
- Die Mindesthaltbarkeitsprüfung ist für die Bewegungsart aktiviert.

Ist die Mindesthaltbarkeitsprüfung aktiv, müssen Sie bei einem Wareneingang das Mindesthaltbarkeitsdatum oder das Herstelldatum des Materials eingeben.

Beim Wareneingang prüft das SAP-System, ob die in der Bestellung bzw. im Materialstammsatz eingegebene Restlaufzeit ausreicht. Ist dies nicht der Fall, wird je nach Systemeinstellung eine Warn- oder Fehlermeldung ausgegeben.

Wird der Wareneingang gebucht, wird das Mindesthaltbarkeitsdatum (MHD) im Materialbeleg festgehalten. Das MHD wird auf den Warenbegleitschein gedruckt.

Die Einstellungen zur Prüfung der Mindesthaltbarkeit nehmen Sie im Customizing über den Menüpfad **Materialwirtschaft • Bestandsführung und Inventur • Wareneingang • Mindesthaltbarkeitsprüfung einstellen** vor. Abbildung 7.28 zeigt, wie man die Mindesthaltbarkeitsprüfung für das Werk aktiviert.

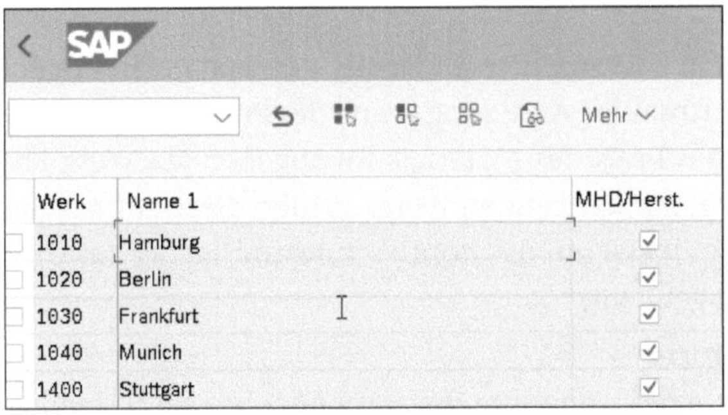

Abbildung 7.28 Mindesthaltbarkeitsprüfung für das Werk aktivieren

In Abbildung 7.29 sehen Sie, wie Sie Mindesthaltbarkeitsprüfung für die Bewegungsart aktivieren.

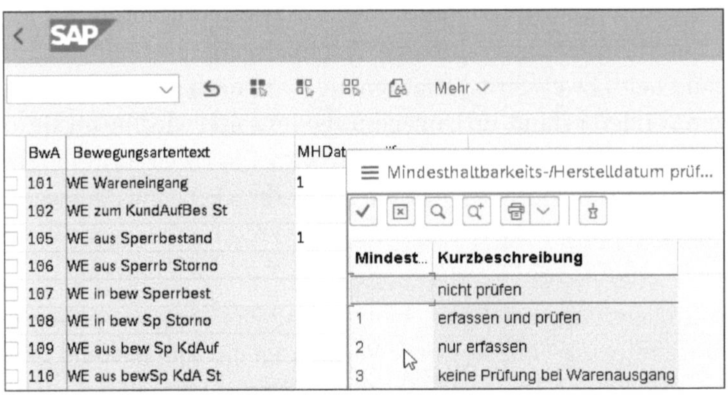

Abbildung 7.29 Mindesthaltbarkeitsprüfung für die Bewegungsart aktivieren

7.2 Umlagerungen und Umbuchungen

Weitere Formen von Warenbewegungen sind Umlagerungen und Umbuchungen. Umlagerungen beinhalten eine physische Warenbewegung, während Umbuchungen nicht unbedingt mit einer physischen Warenbewegung verbunden sind. Umbuchungen können z. B. die Änderung der Bestandsart, der Wechsel der Materialnummer usw. sein.

7.2.1 Umlagerungsebenen und Umlagerungsarten

Umlagerungen sind physische Bestandsveränderungen und können auf drei Organisationsebenen stattfinden:

- **Umlagerung »Buchungskreis an Buchungskreis«**
  Diese Warenbewegung entspricht einer Umlagerung »Werk an Werk«, bei der die Werke unterschiedlichen Buchungskreisen zugeordnet sind.
- **Umlagerung »Werk an Werk«**
  Diese Warenbewegung führt nicht nur zu einer Änderung der Bestandsmengen, sondern beinhaltet auch eine wertmäßige Änderung, wenn der Preis des Materials im empfangenden Werk von dem Preis des Materials im abgebenden Werk abweicht. Je nach Preissteuerung im empfangenden Werk, werden diese auf das Bestandskonto (bei Preissteuerung V) oder auf das Konto »Aufwand/Ertrag aus Umlagerung« (bei Preissteuerung S) gebucht.
- **Umlagerung »Lagerort an Lagerort«**
  Diese Warenbewegung führt zu einer Änderung der Bestandsmengen in beiden Lagerorten, vorausgesetzt, dass beide Lagerorte dem gleichen Werk zugeordnet sind. Bestandswerte werden unter der genannten Voraussetzung nicht verändert. Sind die Lagerorte nicht dem gleichen Werk zugeordnet, werden auch die Bestandswerte beeinflusst.

Umlagerungen können im Einschrittverfahren oder im Zweischrittverfahren gebucht werden. Beim Einschrittverfahren erfolgen Warenausgang und -eingang in einer Buchung, während beim Zweischrittverfahren die Ware nach dem Warenausgang zunächst in einem Sonderbestand »in Umlagerung« verwaltet wird, bevor sie in einem zweiten Schritt am Bestimmungsort eingelagert wird. Das Zweischrittverfahren eignet sich, wenn längere Transportwege/-zeiten zu überbrücken sind oder wenn aufgrund der Berechtigungen im SAP-System die Mitarbeiter nur für das eigene Werk berechtigt sind.

Für die Buchung von Umlagerungen stehen neben der SAP-Fiori-App **Warenbewegung buchen – MIGO** weitere SAP-Fiori-Apps zur Verfügung: die App **Bestand umbuchen – Werksintern** und die App **Bestand umbuchen – Werksübergreifend** (siehe

Abbildung 7.30). Für das Zweischrittverfahren nutzen Sie die SAP-Fiori-App **Warenbewegung buchen – MIGO**.

Abbildung 7.30 SAP-Fiori-Apps zur Buchung von Umlagerungen

Zusätzlich kann aus der SAP-Fiori-App **Bestand Einzelmaterial** auch in die SAP-Fiori-Apps zur Umbuchung verzweigt werden.

7.2.2 Werksbezogene Umlagerungen

In diesem Abschnitt werden Umlagerungen von einem Werk zu einem anderen Werk im gleichen Buchungskreis betrachtet. Diese Umlagerungen haben die folgenden Auswirkungen:

- **Buchhaltung**
  Wenn beide Werke unterschiedlichen Bewertungskreisen zugeordnet sind, erfolgen eine Mengenänderung und eine Wertfortschreibung.
- **Disposition**
  Eine Änderung des Werkbestands ist eine dispositive Änderung und hat somit Einfluss auf den verfügbaren Bestand.

Die Umlagerung können Sie im Einschrittverfahren, im Zweischrittverfahren oder mittels Umlagerungsbestellung (siehe Abschnitt 6.5.2, »Bestellungen«, und Abschnitt 6.9.3, »Umlagerungsbestellung«) durchführen. Das umzulagernde Material muss in den beteiligten Werken gepflegt sein.

Das Einschritt- und das Zweischrittverfahren sollen Ihnen im Folgenden kurz erläutert werden:

- **Einschrittverfahren**
  Bei der Anwendung des Einschrittverfahrens wird das Material in einem Schritt aus dem frei verwendbaren Bestand des abgebenden Werks in den frei verwendbaren Bestand des empfangenden Werks gebucht, d. h., dass Warenausgang und Wareneingang in einem Buchungsschritt erfolgen. Der frei verwendbare Bestand im abgebenden Werk wird um die Umlagerungsmenge verringert, und der frei verwendbare Bestand im empfangenden Werk wird gleichzeitig um diese Menge er-

höht. Es werden ein Materialbeleg und ein Buchungsbeleg erzeugt. Viele Firmen nutzen dieses Verfahren nicht, da es zu unerwünschten Wertänderungen führen kann, die vom abgebenden Werk beeinflusst werden. Beachten Sie, dass das Material in den Werken eventuell mit unterschiedlichen Preissteuerungsverfahren bewertet wurde. Sie können diese Umlagerung mit der SAP-Fiori-App **Bestand umbuchen – Werksübergreifend** oder mit der SAP-Fiori-App **Warenbewegung buchen – MIGO** durchführen. In der SAP-Fiori-App **Warenbewegung buchen – MIGO** wird in diesem Fall die Bewegungsart **301** verwendet.

[!]

Umlagerung »Werk an Werk« im Einschrittverfahren

Die Umlagerung »Werk an Werk« im Einschrittverfahren können Sie nur ausführen, wenn Sie für beide Werke die Berechtigung haben. Der Gesamtbestand beträgt nun 6.000.

Zweischrittverfahren

Bei der Anwendung des Zweischrittverfahrens wird das betreffende Material in einem ersten Schritt durch eine Warenausgangsbuchung in einen Sonderbestand »in Umlagerung« des empfangenden Werks gebucht, ist aber noch nicht frei verwendbar. Im zweiten Schritt buchen Sie den Wareneingang im empfangenden Werk, und damit ist das Material frei verwendbar.

[!]

Umlagerung »Werk an Werk« im Zweischrittverfahren

Eine Umlagerung mit dem Zweischrittverfahren ist nur mit der SAP-Fiori-App **Warenbewegung buchen – MIGO** (entspricht Transaktion MIGO) möglich.

Bei der Auslagerung erzeugt das SAP-System einen Materialbeleg und einen Buchungsbeleg. Im Materialbeleg werden für jede von Ihnen erfasste Position zwei Materialbelegpositionen erzeugt: eine Materialbelegposition für die Auslagerung aus dem abgebenden Werk und eine Materialbelegposition für die Einlagerung in den Umlagerungsbestand des empfangenden Werks. Bei der Einlagerung in das empfangende Werk erzeugt das SAP-System nur einen Materialbeleg, in dem für jede Position nur eine Materialbelegposition erzeugt wird. Denn bei diesem Schritt wird nur die Umlagerungsmenge aus dem Umlagerungsbestand in den frei verwendbaren Bestand des empfangenden Werks gebucht.

[»]

Beschädigung des Materials auf dem Transportweg

Mittels des Zweischrittverfahrens ist es möglich, die Bestände, die unterwegs sind, zu überwachen. Da das Material auf dem Transportweg beschädigt werden könnte, muss gegebenenfalls eine Korrektur des Umlagerungsbestands erfolgen. Sie erreichen dies, indem Sie den Warenausgang des abgebenden Werks stornieren und eine Verschrottung buchen, oder Sie buchen den Wareneingang im empfangenden Werk mit der gesamten Menge und anschließend die Verschrottung der Fehlmenge.

7

Fallbeispiel: Umlagerung »Werk an Werk« im Zweischrittverfahren

Um Ihnen das Prozedere beim Zweischrittverfahren transparenter zu machen, sind nachfolgend die einzelnen Prozessschritte mit konkreten Daten aufgeführt. Die folgenden Grundannahmen seien gegeben:

- Beide Werke sind dem gleichen Buchungskreis zugeordnet.
- In Lagerort 101A des abgebenden Werks 1010 ist ein ausreichend frei verwendbarer Bestand vorhanden.
- Im empfangenen Werk ist der Lagerort zugeordnet.
- User-Berechtigungen für diesen Prozess sind gegeben.
- Sie möchten die Menge von 1.000 Stück eines Materials von Werk 1010 in Werk 1020 umlagern.
- Das umzulagernde Material befindet sich in Lagerort 101A des Werks 1010 im frei verwendbaren Bestand (siehe Abbildung 7.31). Diese Information erhalten Sie, wenn Sie mittels der SAP-Fiori-App **Bestand Einzelmaterial** die Bestandsübersicht aufrufen.

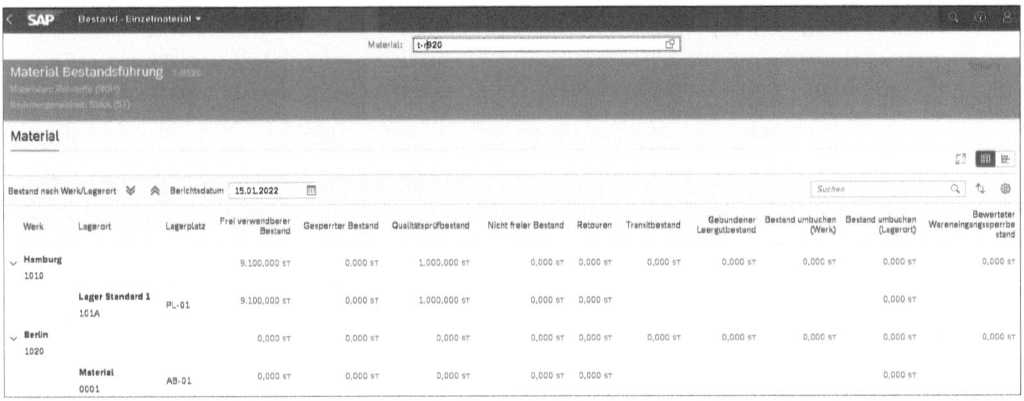

Abbildung 7.31 Bestandsübersicht vor der Umlagerung

Im ersten Schritt buchen Sie den Warenausgang mit der SAP-Fiori-App **Warenbewegung buchen – MIGO** und der Bewegungsart **303** (Umbuchung »Werk an Werk« – Auslagern). Geben Sie die geforderten Daten ein. Nach der Ausführung der Transaktion ergibt sich die folgende Bestandssituation: Der frei verwendbare Bestand, Spalte **Frei verwendbarer Bestand**, in Lagerort 101A des Werks 1010 ist um die Umlagerungsmenge verringert worden, und im empfangenden Werk 1020 wird die Menge als Umlagerungsbestand, Spalte **Bestand umbuchen (Werk)** auf der Werksebene ausgewiesen. Der empfangende Lagerort ist noch nicht bekannt (siehe Abbildung 7.32).

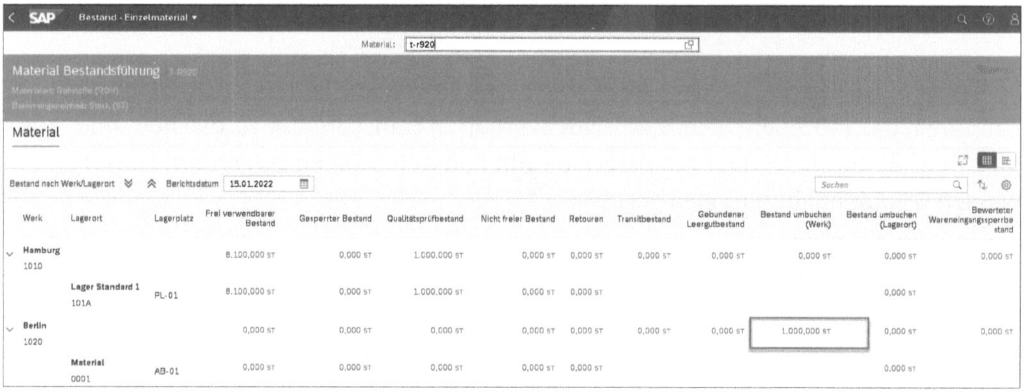

Abbildung 7.32 Bestandsübersicht nach der Auslagerung

Im zweiten Schritt nehmen Sie die Einlagerung im empfangenden Werk 1020 und im zugeordneten Lagerort 0001 vor. Sie buchen wieder mit der SAP-Fiori-App **Warenbewegung buchen – MIGO** und wählen als Bewegungsart **305** (Umbuchung »Werk an Werk« – Einlagern). Geben Sie die geforderten Daten ein, und buchen Sie anschließend. Das Ergebnis finden Sie nun in der Bestandsübersicht. Die Menge aus dem Umlagerungsbestand wurde in den frei verwendbaren Bestand des empfangenden Werks und in den zugeordneten Lagerort gebucht (siehe Abbildung 7.33).

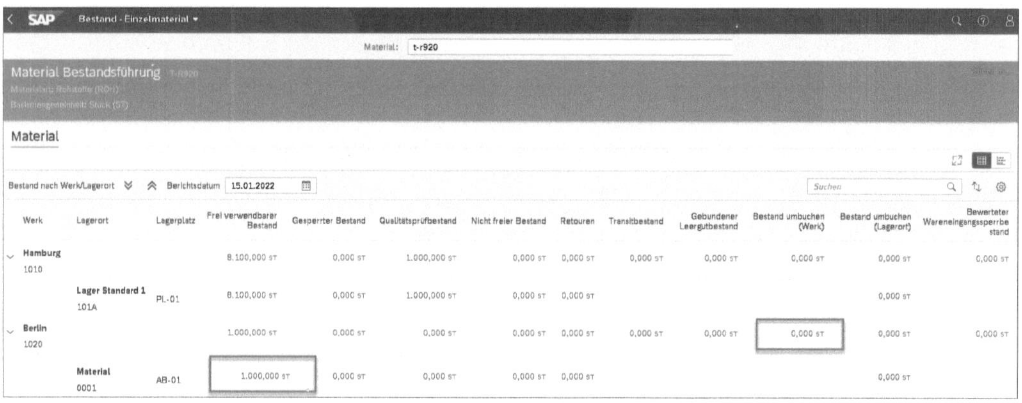

Abbildung 7.33 Bestandsübersicht nach der Einlagerung

Die bei diesem Umlagerungsprozess erzeugten Materialbelege können Sie sich über die SAP-Fiori-App **Materialbelegübersicht** in der Belegliste (Übersicht Materialbelege) anzeigen lassen. Sie erkennen in der Übersicht über die Materialbelege in Abbildung 7.34 in der ersten Zeile die Auslagerung aus Lagerort 101A des Werks 1010 und die avisierte Einlagerung (Werk (Umlagerung)) in Werk 1020 (ohne Lagerortangabe) und schließlich in der zweiten Zeile die Einlagerung in Lagerort 0001 des Werks 1020.

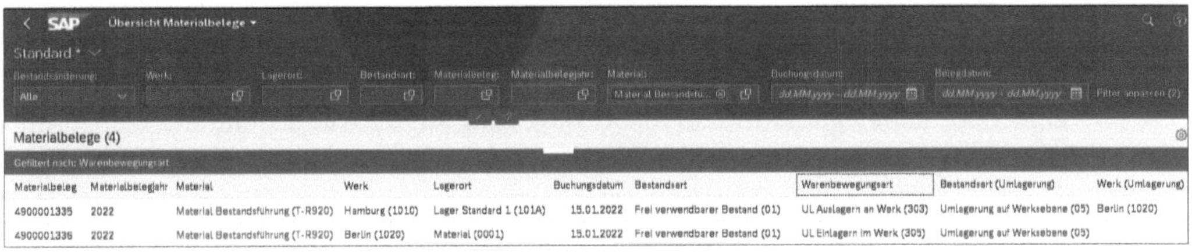

Abbildung 7.34 Materialbelegliste für die Umlagerung im Zweischrittverfahren »Werk an Werk«

[«]

Umlagerung »Buchungskreis an Buchungskreis«

Die Umlagerung »Buchungskreis an Buchungskreis« buchen Sie wie die Umlagerung »Werk an Werk«, wobei die Werke unterschiedlichen Buchungskreisen zugeordnet sind. Sie können im Einschritt- oder Zweischrittverfahren buchen.

7.2.3 Lagerortbezogene Umlagerungen

In diesem Abschnitt werden Umlagerungen von einem Lagerort zu einem anderen Lagerort im gleichen Werk betrachtet. Es findet im gleichen Werk ein physischer Transport statt, und damit wird das Material mit den gleichen Bewertungsdaten umgelagert. Dies bedeutet, dass es nur zu einer Fortschreibung der Bestandsmengen führt, ausgewiesen in dem oder den Materialbelegen, und der Bestandswert unverändert bleibt. Es wird also kein Buchungsbeleg vom SAP-System erzeugt. Die Umlagerung von getrennt bewertetem Material wird hier nicht betrachtet. Sie können die Umlagerung im Einschritt- oder Zweischrittverfahren durchführen:

- **Einschrittverfahren**
  Bei diesem Verfahren wird der Bestand in der gewählten Bestandsart im abgebenden Lagerort um die Umlagerungsmenge verringert und im empfangenden Lagerort in der gleichen Bestandsart um diese Menge erhöht. Da beide Lagerorte dem gleichen Werk zugeordnet sind, gibt es keine Bestandsveränderung auf der Werksebene.

  Sie nehmen diese Umlagerung mit der SAP-Fiori-App **Bestand umbuchen – Werksintern** oder mit der SAP-Fiori-App **Warenbewegung buchen – MIGO** und der Bewegungsart, z. B. **311** (»Umbuchung Lagerort an Lagerort« und »frei an frei«), vor.

- **Zweischrittverfahren**
  Sie buchen das Material im ersten Schritt aus dem abgebenden Lagerort aus und

im zweiten Schritt in den empfangenden Lagerort ein. Nach dem ersten Schritt ist die Menge aus dem frei verwendbaren Bestand des abgebenden Lagerorts ausgebucht und befindet sich im empfangenden Lagerort im Umlagerungsbestand. Bei der Einlagerung in den empfangenden Lagerort wird die Menge aus dem Umlagerungsbestand in den frei verwendbaren Bestand gebucht. Im Materialbeleg werden für jede von Ihnen erfasste Position zwei Materialbelegpositionen erzeugt: eine Materialbelegposition für die Auslagerung aus dem abgebenden Lagerort und eine Materialbelegposition für die Einlagerung in den Umlagerungsbestand des empfangenden Lagerorts. Bei der Einlagerung in den empfangenden Lagerort erzeugt das SAP-System wieder einen Materialbeleg, in dem für jede Position nur eine Materialbelegposition erzeugt wird. Dies liegt darin begründet, dass in diesem Schritt nur die Umlagerungsmenge aus dem Umlagerungsbestand in den frei verwendbaren Bestand des empfangenden Lagerorts gebucht wird.

Bei Transportschäden können Sie analog zu den Ausführungen zu den Werksumlagerungen verfahren. Sie beziehen sich dann auf die Lagerortebene.

[»]

Zweischrittverfahren – Werksintern

Wie bei dem werksübergreifenden Zweischrittverfahren ist auch beim werksinternen Zweischrittverfahren die SAP-Fiori-App **Warenbewegung buchen – MIGO** zu verwenden.

Fallbeispiel: Umlagerung »Lagerort an Lagerort« im Zweischrittverfahren

Beschäftigen wir uns näher mit dem Zweischrittverfahren. Dabei gehen wir von folgenden Grundannahmen aus:

- Beide Lagerorte sind dem gleichen Werk zugeordnet.
- Sie möchten die Menge von 100 Stück eines Materials in Werk 1010 von Lagerort 101A in Lagerort 101C, der dem gleichen Werk zugeordnet ist, umlagern.
- Das umzulagernde Material befindet sich in ausreichender Menge im frei verwendbaren Bestand des Lagerorts 101A in Werk 1010 (siehe Abbildung 7.35). Diese Information erhalten Sie, wenn Sie mit der SAP-Fiori-App **Bestand Einzelmaterial** die Bestandsübersicht aufrufen.

Im ersten Schritt buchen Sie den Warenausgang mit der SAP-Fiori-App **Warenbewegung buchen – MIGO** und der Bewegungsart **313** (Umbuchung »Lagerort an Lagerort« – Auslagern). Geben Sie die geforderten Daten ein. Nach der Ausführung der Transaktion ergibt sich die folgende Bestandssituation: Der frei verwendbare Bestand in Lagerort 101A in Werk 1010 ist um die Umlagerungsmenge verringert worden, und im empfangenden Lagerort 101C wird die Menge als Umlagerungsbestand in der Spalte **Bestand umbuchen (Lagerort)** ausgewiesen (siehe Abbildung 7.36).

Abbildung 7.35 Bestandsübersicht vor der Umlagerung

Abbildung 7.36 Bestandsübersicht nach der Auslagerung

Im zweiten Schritt nehmen Sie die Einlagerung in den empfangenden Lagerort vor. Sie buchen wieder mit der SAP-Fiori-App **Warenbewegungen buchen** und wählen als Bewegungsart **315** (Umbuchung »Lagerort an Lagerort« – Einlagern). Geben Sie die geforderten Daten ein, und führen Sie die Buchung durch. Das Ergebnis ist in der Bestandsübersicht zu sehen. Die Menge aus dem Umlagerungsbestand wurde in den frei verwendbaren Bestand des empfangenden Lagerorts 101C gebucht (siehe Abbildung 7.37).

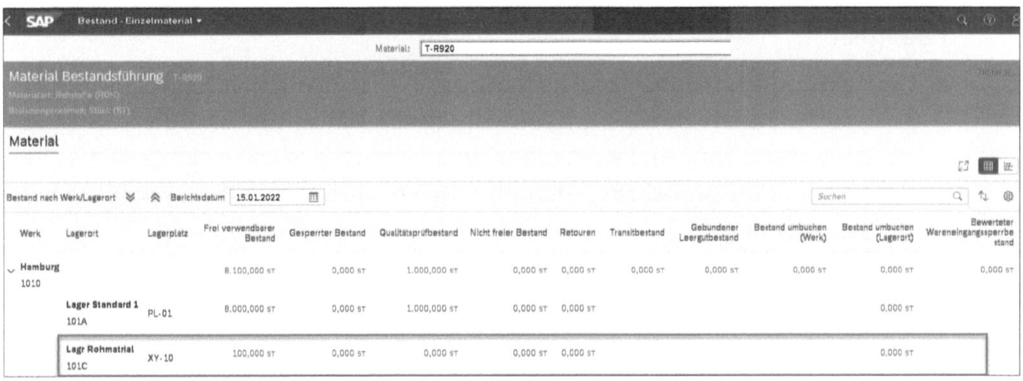

Abbildung 7.37 Bestandsübersicht nach der Einlagerung

Die bei diesem Umlagerungsprozess erzeugten Materialbelege können Sie sich über die SAP-Fiori-App **Materialbelegübersicht** in der Übersicht anzeigen lassen (siehe Abbildung 7.38) und von hier aus dann auch in den Einzelbeleg verzweigen.

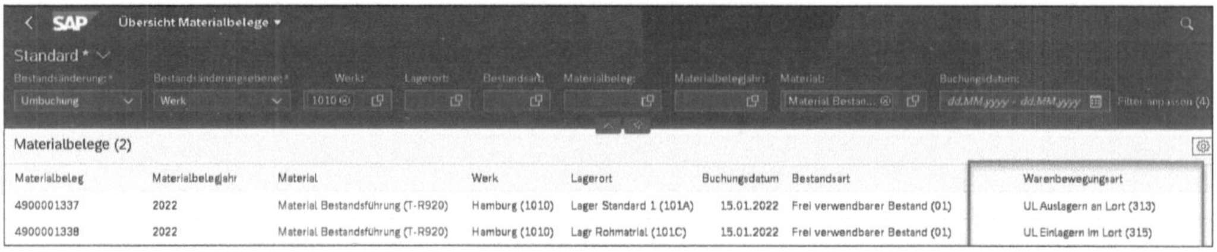

Abbildung 7.38 Übersicht Materialbelege: Materialbelegliste für die Umlagerung im Zweischrittverfahren »Lagerort an Lagerort«

7.2.4 Umlagerungsbestellung

Im Folgenden schildern wir Ihnen, wie Sie eine Umlagerung über die *Umlagerungsbestellung* vornehmen.

[»]

Vorteile der Umlagerungsbestellung

Eine Umlagerung über die Umlagerungsbestellung bietet gegenüber einer Umlagerung ohne Umlagerungsbestellung u. a. die folgenden Vorteile:

- Der Zugang kann im Empfangswerk geplant werden.
- Der Warenausgang kann mit einer Lieferung in der Versandkomponente erfasst werden. Damit können Sie die Funktionalitäten der Versandkomponente (Kommissionieren, Verpacken, Lieferschein drucken) nutzen.
- Die Umlagerung über die Umlagerungsbestellung kann in die Verfügbarkeitsprüfung einbezogen werden.
- Der Prozessablauf ist in der Bestellentwicklung zu sehen.

Für Umlagerungen mit Umlagerungsbestellung existieren drei verschiedene Verfahrensarten:

- **Umlagerungsbestellung ohne Lieferung**
  An dem Verfahren »Umlagerungsbestellung ohne Lieferung« sind die Komponenten Bestandsführung und Einkauf (im empfangenden Werk) beteiligt. Dieses Verfahren ist nur im Zweischrittverfahren möglich. Die folgende Prozessschritte müssen Sie durchführen:
  - Anlegen einer Umlagerungsbestellung mit Lieferwerk und den Positionen für das empfangende Werk (siehe Abschnitt 6.5.2, »Bestellungen«, und Abschnitt 6.9.3, »Umlagerungsbestellung«).

- Buchen des Warenausgangs im abgebenden Werk mit der SAP-Fiori-App **Warenbewegung buchen – MIGO** (Umbuchung) und der Bewegungsart **351** (Umbuchung an Transitbestand aus frei verwendbar).
- Buchen des Wareneinganges mit der SAP-Fiori-App **Wareneingang zur Bestellung** oder der SAP-Fiori-App **Warenbewegung buchen – MIGO** und der Bewegungsart **101** (Wareneingang zur Bestellung) in den frei verwendbaren Bestand des empfangenden Werks.

- **Umlagerungsbestellung mit Lieferung (Buchungskreis intern)**
Das Verfahren »Umlagerungsbestellung mit Lieferung« ist für eine buchungskreisinterne Umlagerung vorgesehen. An dem Verfahren sind die Komponenten Einkauf, Bestandsführung und Versand beteiligt. Diese Umlagerung kann im Einschritt- und im Zweischrittverfahren durchgeführt werden. Dieses Verfahren ist durch den folgenden Prozessablauf gekennzeichnet: Die Warenausgangsbuchung im liefernden Werk bewirkt, dass das Material in den Transitbestand des empfangenden Werks gebucht wird. Damit ist eine Überwachung der Bestände, die unterwegs sind, möglich. Im empfangenden Werk wird dann das Material mit einer Wareneingangsbuchung in den frei verwendbaren Bestand gebucht.
- **Umlagerungsbestellung mit Lieferung und Faktura (buchungskreisübergreifend)**
Das Verfahren »Umlagerungsbestellung mit Lieferung und Faktura« ist für die buchungskreisübergreifende Umlagerung zu verwenden, sofern im Prozessablauf die Funktionalitäten zur Versandabwicklung und Fakturierung genutzt werden sollen. Die Umlagerung zwischen Werken, die unterschiedlichen Buchungskreisen angehören, kann im Einschritt- oder Zweischrittverfahren durchgeführt werden. An diesem Verfahren sind die Komponenten Einkauf, Bestandsführung, Versand, Fakturierung und Rechnungsprüfung beteiligt.

  Dieses Verfahren weist folgende Besonderheiten auf: Die ausgebuchte Menge wird weder im abgebenden noch im empfangenden Werk geführt. Erst bei der Wareneingangsbuchung wird die Menge in den frei verwendbaren Bestand des empfangenden Werks gebucht. In der Bestandsübersicht wird die umgelagerte Menge nach dem Warenausgang als Transitbestand ausgewiesen. Dieser Bestand wird für die Bestandsanzeige dynamisch ermittelt.

  Bei der Umlagerung findet eine Preisfindung im Einkauf (z. B. aus dem Einkaufsinfosatz) und im Vertrieb (nach dem Verfahren in der Faktura) statt.

Fallbeispiel: Umlagerungsbestellung mit Lieferung

Im nachfolgenden Beispiel werden die Voraussetzungen, Einstellungen und Prozessschritte für eine Umlagerungsbestellung mit Lieferung (buchungskreisintern) im Einschrittverfahren dargestellt.

Angenommen seien zunächst die folgenden Voraussetzungen:

- Beide Werke (das abgebende Werk 1010 und das empfangende Werk 1020) gehören zum gleichen Buchungskreis.
- Das Material ist in beiden Werken für diesen Umlagerungsprozess gepflegt.

Die folgenden Einstellungen müssen Sie vornehmen:

Für die Durchführung der Umlagerungsbestellung im Einschrittverfahren müssen Sie im Customizing über den Menüpfad **Materialwirtschaft • Einkauf • Bestellung • Umlagerungsbestellung einstellen • Belegart, Einschrittverfahren, Unterlieferungstoleranzen zuordnen** für das Liefer- und Empfangswerk die in Abbildung 7.39 gezeigten Einstellungen vornehmen. Sie wählen in der Spalte **Art** die Einkaufsbelegart **UB**, und in der Spalte **Einschritt** setzen Sie den Haken für die Umlagerung im Einschrittverfahren.

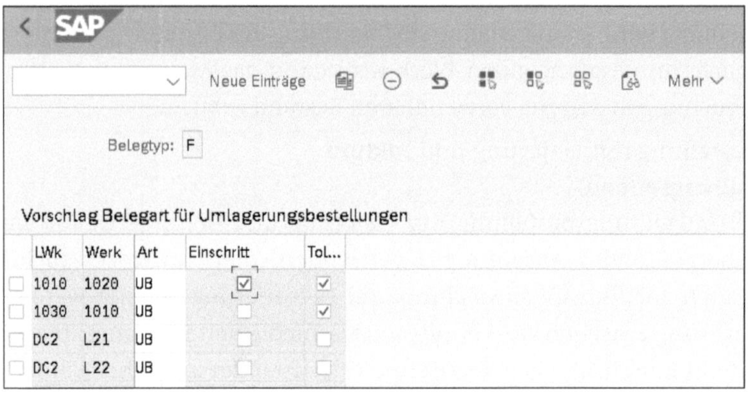

Abbildung 7.39 Einschrittverfahren für die Umlagerungsbestellung mit Lieferwerk 1010 und Empfangswerk 1020

Da an diesem Umlagerungsverfahren die Komponente Versand beteiligt ist, muss im Customizing die Zuordnung von Einkaufsbelegart **UB** und Lieferwerk 1010 zu einer Lieferart (Spalte **LFArt**) in diesem Fall **NL** (Nachschublieferung), vorgenommen werden. Diese Einstellung nehmen Sie im Customizing über den Menüpfad **Materialwirtschaft • Einkauf • Bestellung • Umlagerungsbestellung einstellen • Lieferart und Verfügbarkeitsprüfung nach Werk konfigurieren** vor (siehe Abbildung 7.40).

Bei der Umlagerung fungiert das empfangende Werk als Warenempfänger. Deshalb müssen Sie dem empfangenden Werk 1020 eine Kundennummer zuordnen. Damit gewährleisten Sie, dass bei dem Umlagerungsprozess Versanddaten aus dem Kundenstammsatz zur Verfügung stehen.

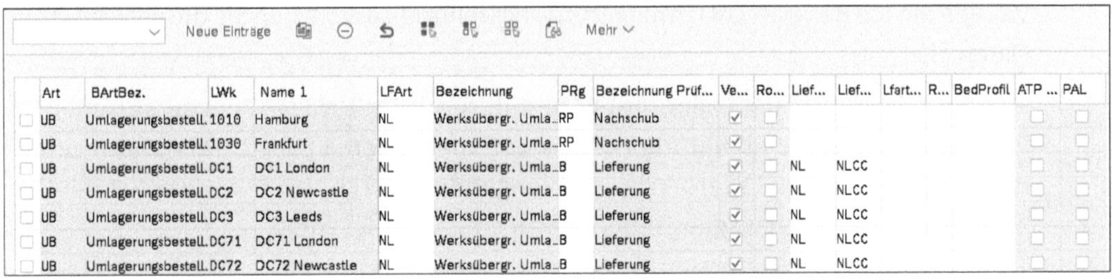

Art	BArtBez.	LWk	Name 1	LFArt	Bezeichnung	PRg	Bezeichnung Prüf...	Ve...	Ro...	Lief...	Lief...	Lfart...	R...	BedProfil	ATP ...	PAL
UB	Umlagerungsbestell.	1010	Hamburg	NL	Werksübergr. Umla...	RP	Nachschub	☑	☐						☐	☐
UB	Umlagerungsbestell.	1030	Frankfurt	NL	Werksübergr. Umla...	RP	Nachschub	☑	☐						☐	☐
UB	Umlagerungsbestell.	DC1	DC1 London	NL	Werksübergr. Umla...	B	Lieferung	☑	☐	NL	NLCC				☐	☐
UB	Umlagerungsbestell.	DC2	DC2 Newcastle	NL	Werksübergr. Umla...	B	Lieferung	☑	☐	NL	NLCC				☐	☐
UB	Umlagerungsbestell.	DC3	DC3 Leeds	NL	Werksübergr. Umla...	B	Lieferung	☑	☐	NL	NLCC				☐	☐
UB	Umlagerungsbestell.	DC71	DC71 London	NL	Werksübergr. Umla...	B	Lieferung	☑	☐	NL	NLCC				☐	☐
UB	Umlagerungsbestell.	DC72	DC72 Newcastle	NL	Werksübergr. Umla...	B	Lieferung	☑	☐	NL	NLCC				☐	☐

Abbildung 7.40 Lieferart NL der Einkaufsbelegart UB und dem Lieferwerk 1010 zuordnen

Diese Einstellung nehmen Sie im Customizing über den Menüpfad: **Materialwirtschaft • Einkauf • Bestellung • Umlagerungsbestellung einstellen • Versanddaten für Werke einstellen** vor (siehe Abbildung 7.41).

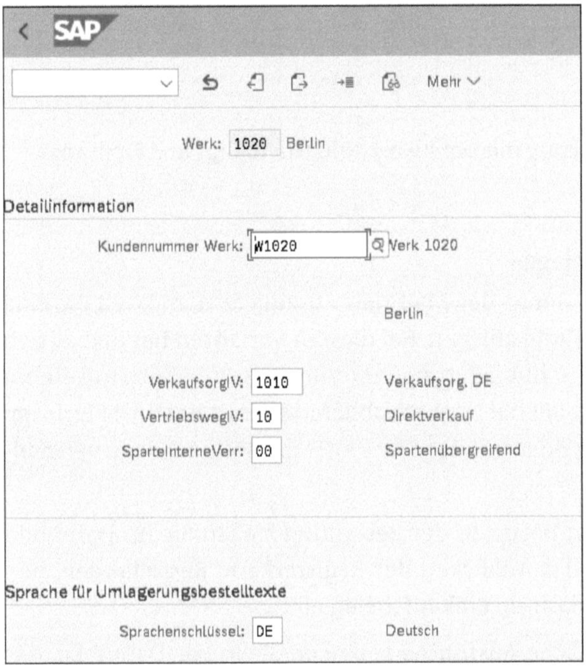

Abbildung 7.41 Kundennummer dem Empfangswerk zuordnen

Nachdem Sie alle Einstellungen vorgenommen haben, gestalten sich die Prozessschritte wie folgt:

Schritt 1: Umlagerungsbestellung anlegen

Sie legen die Umlagerungsbestellung mit der SAP-Fiori-App **Bestellung anlegen – Erweitert** an.

Wählen Sie die Belegart **UB** (Umlagerungsbestellung), und geben Sie die gewünschten Daten ein.

Der Positionstyp **U** (Umlagerung) wird aufgrund der Belegartenwahl automatisch vorgeschlagen (siehe Abbildung 7.42). Sie sollten bei dem Einschrittverfahren bereits in der Bestellung den Lagerort des empfangenden Werks angeben, da sonst der Prozessschritt der Warenausgangsbuchung zu einem Fehler führt.

Sie können auch kontierte Bestellpositionen erfassen, wenn das betreffende Material nicht für das Lager, sondern für den Verbrauch bestimmt ist. Voraussetzung ist, dass das Material im Empfangswerk nicht als unbewertetes Material geführt wird.

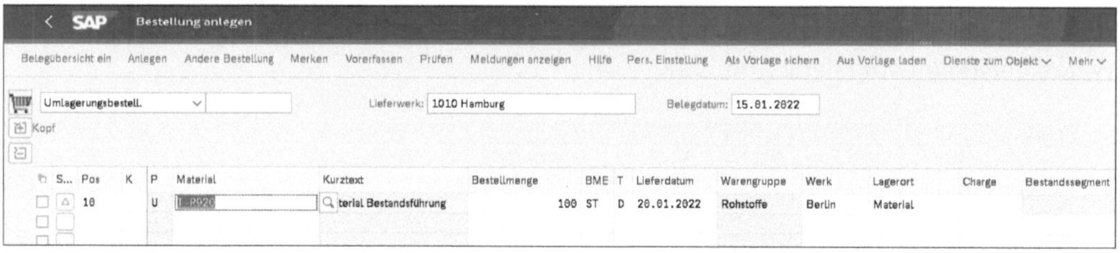

Abbildung 7.42 Umlagerungsbestellung mit Lieferwerk 1010 (Hamburg) und Empfangswerk 1020 (Berlin)

Schritt 2: Nachschublieferung anlegen

Um die von Werk 1020 bestellte Menge des Materials auszuliefern, müssen Sie eine Lieferung mit Bezug zu der Bestellung anlegen. Bei diesem Verfahren handelt es sich um eine *Nachschublieferung*. Nachschublieferungen werden ausschließlich mit einem Liefersammelgang erzeugt. Legen Sie die Nachschublieferung mit der SAP-Fiori-App **Meine Bestellungen versandfällig** oder mit der SAP-Fiori-App **Meine Belege versandfällig** an (siehe Abbildung 7.43).

Geben Sie die Kopfdaten ein. Den Bezug zu der Bestellung stellen Sie im Datenbild **Bestellungen**, aufzurufen durch das Anklicken der Registerkarte **Bestellungen**, her. Die Bestellnummer geben Sie in das Feld **Einkaufsbeleg** ein.

Nach dem Anklicken der Schaltfläche **Ausführen** gelangen Sie in das Datenbild, das die versandfälligen Belege anzeigt (siehe Abbildung 7.44).

Markieren Sie die Zeile, zu der Sie die Nachschublieferung anlegen möchten, und klicken Sie auf die Schaltfläche 

, die sich im Bild rechts unten in der Ecke befindet (in der Abbildung nicht sichtbar).

Um sich den Inhalt der erzeugten Nachschublieferung anzeigen zu lassen, gehen Sie folgendermaßen vor: Sie markieren die Zeile, zu der Sie sich den Inhalt der Nachschublieferung ansehen möchten, und klicken anschließend auf die Schaltfläche **Protokoll Lieferungserstellung**. Sie gelangen in das Datenbild **Protokoll Liefererzeugung** (siehe Abbildung 7.45).

Abbildung 7.43 Selektionsbild der Sammelverarbeitung mit Referenz auf die Umlagerungsbestellung

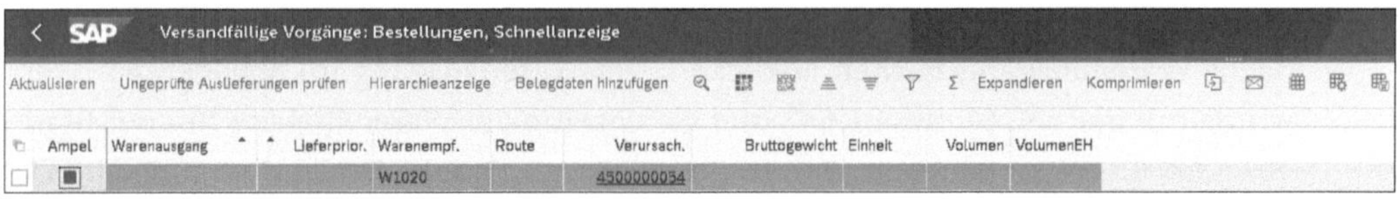

Abbildung 7.44 Versandfällige Belege

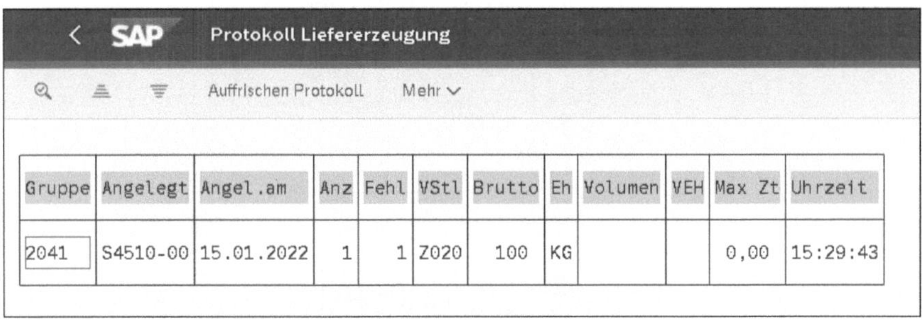

Gruppe	Angelegt	Angel.am	Anz	Fehl	VStl	Brutto	Eh	Volumen	VEH	Max Zt	Uhrzeit
2041	S4510-00	15.01.2022	1	1	Z020	100	KG			0,00	15:29:43

Abbildung 7.45 Datenbild »Protokoll Liefererzeugung«

Markieren Sie die Zeile, und folgen Sie dem Menüpfad **Mehr • Springen • Belege**. Sie gelangen nun in das Datenbild, das Ihnen den Inhalt der Nachschublieferung anzeigt (siehe Abbildung 7.46).

Abbildung 7.46 Versandfällige Belege: erzeugte Nachschublieferung

Schritt 3: Kommissionieren und Warenausgang buchen

Sie bearbeiten die Nachschublieferung mit den Versandfunktionen. Sie befinden sich noch in dem Datenbild der Nachschublieferung. Schalten Sie von **Anzeigen** auf **Ändern** um. Klicken Sie auf die Schaltfläche **Kommissionierung**, und geben Sie die Kommissioniermenge ein. Danach buchen Sie den Warenausgang, indem Sie die Schaltfläche **Warenausgang buchen** anklicken. Der Warenausgang im abgebenden Werk wurde mit der Bewegungsart **647** und gleichzeitig der Wareneingang mit der Bewegungsart **101** (Wareneingang zur Bestellung) im empfangenden Werk gebucht. Im Datenbild **Warenbewegungsdaten**, zu erreichen über die gleichnamige Registerkarte **Warenbewegungsdaten**, gibt der Eintrag **C** (Erledigt) im Feld **WarenbewStat** an, dass der Umlagerungsprozess erfolgreich abgeschlossen ist (siehe Abbildung 7.47).

Abbildung 7.47 Nachschublieferung nach Warenausgang

Das SAP-System erzeugt bei der Warenausgangsbuchung einen Materialbeleg, der die Abbuchung aus dem Lieferwerk, den Transitbestand und den Zugang im Empfangswerk anzeigt. Diese Information erhalten sie, indem Sie die Materialbelegliste mit der SAP-Fiori-App **Materialbelegübersicht** aufrufen (siehe Abbildung 7.48).

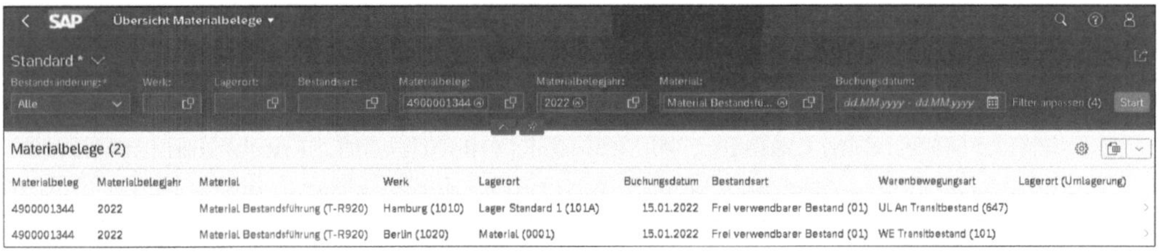

Abbildung 7.48 Materialbelegliste nach der Umlagerung

In der Umlagerungsbestellung werden für jede Position Bestellentwicklungssätze angelegt. Damit ist es dem empfangenden Werk möglich, den Stand der Umlagerung zu verfolgen (siehe Abbildung 7.49). Dieses Datenbild erreichen Sie mit der SAP-Fiori-App **Bestellungen verwalten**.

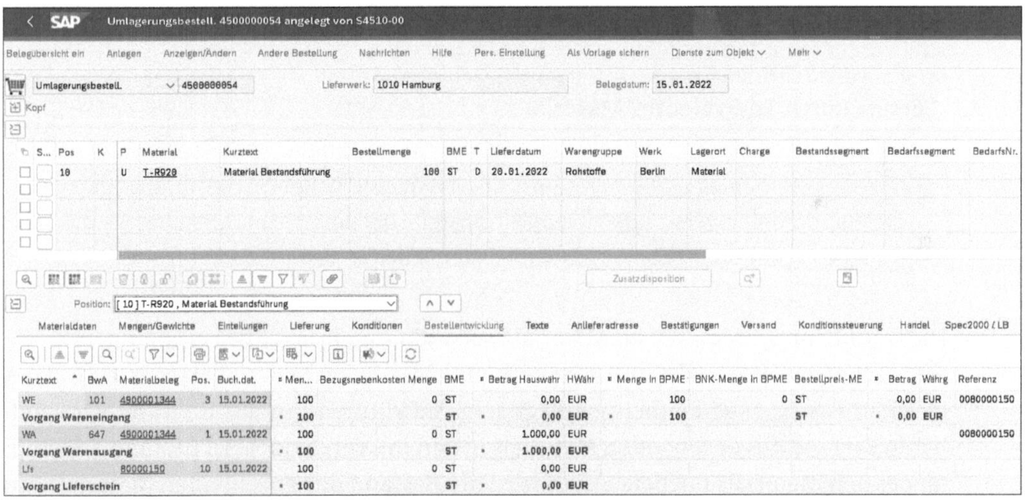

Abbildung 7.49 Bestellentwicklung der Umlagerungsbestellung

Umlagerungsbestellung und Disposition

Die Umlagerungsbestellung wird sowohl im abgebenden als auch im empfangenden Werk berücksichtigt. Damit wird der Wareneingang im empfangenden Werk vorgeplant. Der Umlagerungsprozess kann auch durch eine Bestellanforderung oder einen Umlagerungslieferplan eingeleitet werden. Wenn Sie im Produktstamm im Abschnitt **Disposition** des Empfangswerks einen Sonderbeschaffungsschlüssel, z. B. **40** (Umlagerung) eintragen, der die Beschaffung aus einem anderen Werk (Beschaffung aus Werk 1010) avisiert, werden bei einem Bedarfsplanungslauf der Positionstyp **U** (Umlagerung) und das Lieferwerk in der Bestellanforderungsposition eingetragen.

7.2.5 Umbuchung »Material an Material«

Eine Umbuchung »Material an Material« kann z. B. dann erforderlich werden, wenn sich ein Material im Laufe der Zeit ändert. Es entspricht nicht mehr den im Materialstammsatz definierten Eigenschaften, sondern denen einer anderen Materialnummer. Dies kann etwa in der chemischen und pharmazeutischen Industrie, in der Möbelbranche (Alterung von Eichenfurnierholz), in der Getränkebranche (Qualitätsveränderung alkoholischer Getränke nach längerer Lagerzeit), bei Qualitätsminderung eines Materials, das aber noch verwendbar ist (A-Ware zu B-Ware), der Fall sein.

Es kann aber auch andere Gründe für eine Umbuchung geben. Unter der Voraussetzung, dass in Ihrem Unternehmen die Komponente PP (Produktionsplanung und -steuerung) im Einsatz ist, kann es in der Produktion dazu kommen, dass ein Material, das in der Stückliste als Einsatzkomponente ausgewiesen ist, nicht vorrätig ist. Es muss dann durch ein äquivalentes Material ersetzt werden.

[zB]

Ersatz durch äquivalentes Material

Vergegenwärtigen Sie sich etwa den Fall, dass es Ihr Kunde bei der Bestellung eines Fahrzeugs oder eines Lkw Ihnen selbst überlässt, eine Reifenmarke auszuwählen. Er wäre also damit einverstanden, wenn Sie anstelle der Reifen von Hersteller A – die ursprünglich in der Stückliste vorgesehen waren – Reifen von Hersteller B einsetzen.

Die Umbuchung »Material an Material« setzt voraus, dass für das empfangende Material schon ein Materialstammsatz vorhanden ist. Beide Materialien müssen mit der gleichen Basismengeneinheit gepflegt sein. Sie können nur aus dem frei verwendbaren Bestand des abgebenden Materials in den frei verwendbaren Bestand des empfangenden Materials buchen. Dabei wird der Bestand des abgebenden Materials um die Umbuchungsmenge verringert, und entsprechend vermindert sich der Wert um den Wert der Umbuchung.

Der Bestand des empfangenen Materials wird durch die Umbuchungsmenge erhöht; der Wert hängt von dem Preissteuerungsverfahren ab. Wenn der Preis des empfangenden Materials vom Preis des abgebenden Materials abweicht, entstehen durch die Umbuchung Preisdifferenzen. Ist im empfangenden Material die V-Preissteuerung eingestellt, wird die Differenz auf das Bestandskonto gebucht; ist die S-Preissteuerung eingestellt, wird die Differenz auf das Konto »Aufwand/Ertrag aus Umlagerung« gebucht. Der abgebende Materialstammsatz bestimmt den Wert der Umbuchung.

Die Grundlage für alle Umrechnungen bei den Buchungen ist immer die Basismengeneinheit; die Erfassungsmengeneinheit im Materialbeleg ist dafür nicht relevant.

Wenn Sie bei der Umbuchung eine Lagerortänderung innerhalb des Werks für das empfangende Material vornehmen möchten und der Lagerort als Organisationseinheit dem Werk zugeordnet ist, aber das Material noch nicht mit den Lagerortdaten gepflegt ist, besteht die Möglichkeit, dass das SAP-System diese bei der Umbuchung anlegt. Sie müssen hierzu im Customizing für das Werk und die Bewegungsart die Einstellungen über den Menüpfad **Materialwirtschaft • Bestandsführung und Inventur • Warenausgang/Inventur • Lagerort automatisch anlegen** vornehmen.

Für die Umbuchung »Material an Material« wählen Sie die SAP-Fiori-App **Warenbewegung buchen – MIGO**. Geben Sie die Daten im Einstiegsbild ein. Wählen Sie die Bewegungsart **309** (Umbuchung »Material an Material«). Geben Sie das abgebende Werk und den abgebenden Lagerort ein. Verwenden Sie die Schaltfläche **Enter**, und Sie erreichen das Sammelerfassungsdatenbild. Geben Sie die Nummer des empfangenden Materials ein. Ein Werk und einen Lagerort geben Sie nur dann an, wenn mit der Umbuchung gleichzeitig eine Werks- oder Lagerortumbuchung erfolgen soll. Geben Sie das Material und die Menge in den einzelnen Positionen ein. Für jede Position können Sie das Werk und den abgebenden Lagerort noch ändern. Prüfen Sie die Daten, und nehmen Sie anschließend die Buchung vor. Die Bestandsübersicht wird aktualisiert, und es werden ein Material- und ein Buchungsbeleg erzeugt.

Fallbeispiel: Material an Material mit gleicher Preissteuerung

Im nachfolgenden Beispiel werden die Voraussetzungen, Einstellungen und Prozessschritte für die Umbuchung »Material an Material« dargestellt. Beide Materialien sind V-Preis-gesteuert:

- Umbuchung des Materials T-R930 an das Material T-R925.
- Material T-R930 hat einen V-Preis in Höhe von 95,00 EUR/Stück; Material T-R925 hat einen V-Preis in Höhe von 105,00 EUR/Stück.
- Die Umbuchungsmenge beläuft sich auf 4 Stück.
- Beide Materialien sind im gleichen Werk angelegt, aber in unterschiedlichen Lagerorten, die dem gleichen Werk zugeordnet sind.

Sie wählen die SAP-Fiori-App **Warenbewegung buchen – MIGO** und anschließend den Vorgang **Umbuchung** und die Referenz **Sonstige** und wählen die Bewegungsart **309**. Pflegen Sie die Daten im Erfassungsbild, und nehmen Sie die Buchung vor (siehe Abbildung 7.50).

Als Ergebnis der Umbuchung werden für die Position(en), die Sie in den Umbuchungsvorgang einbezogen haben, im Materialbeleg zwei Positionen (eine Position für das abgebende und eine Position für das empfangende Material) erzeugt (siehe Abbildung 7.51).

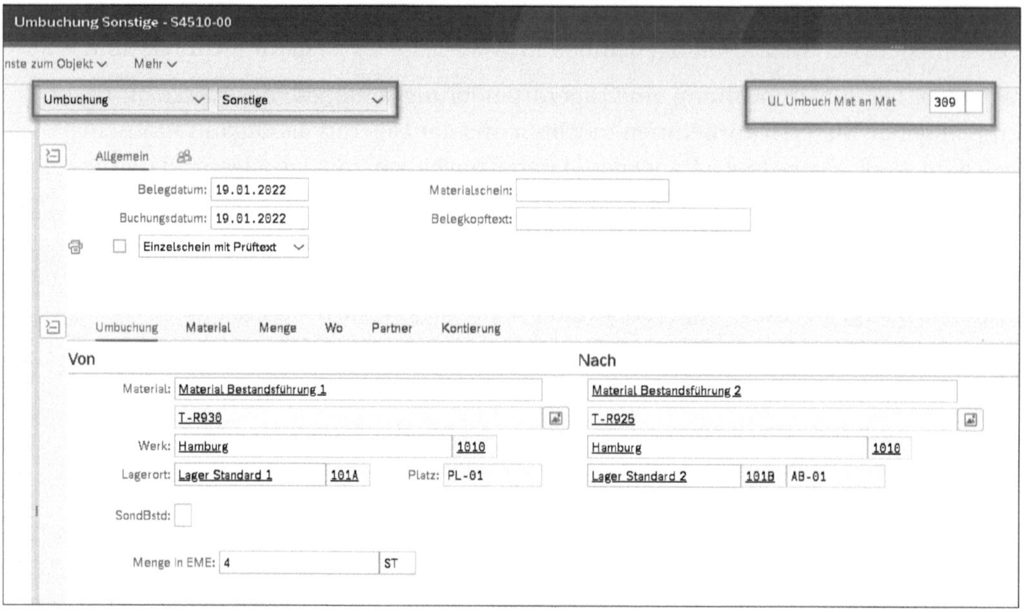

Abbildung 7.50 Umbuchung »Material an Material« erfassen

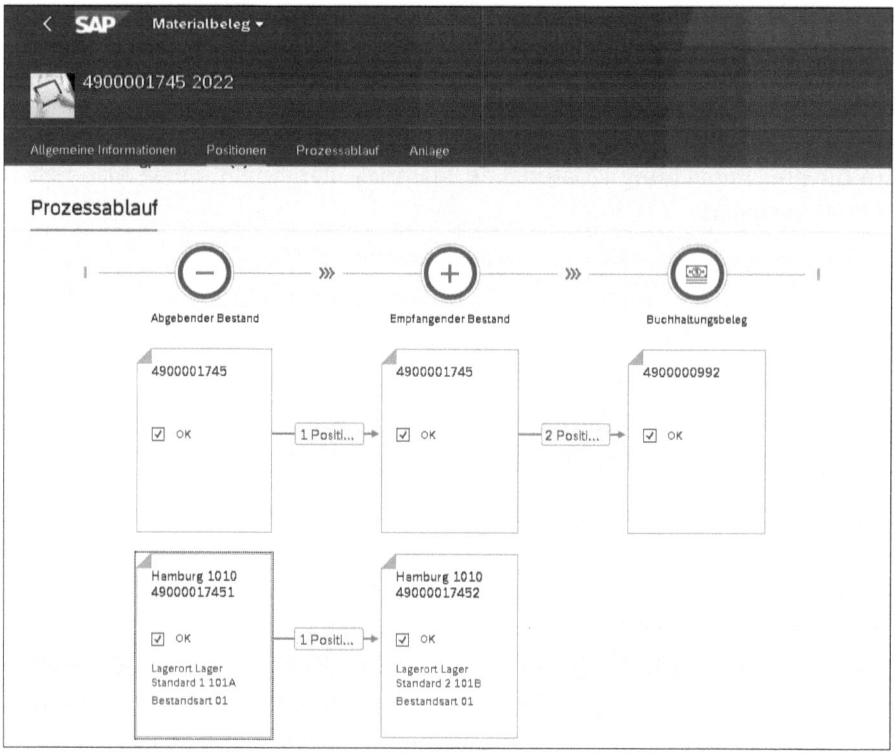

Abbildung 7.51 Materialbeleg der Umbuchung

Des Weiteren wird ein Buchungsbeleg erstellt (siehe Abbildung 7.52).

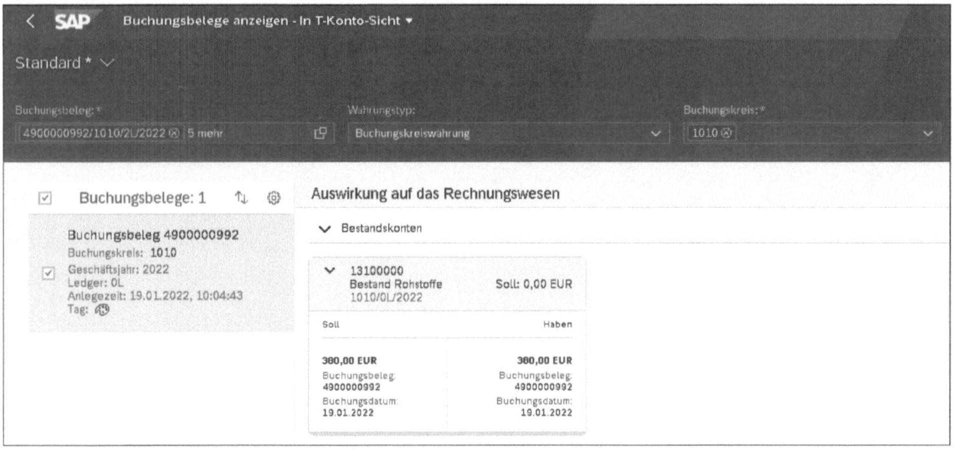

Abbildung 7.52 Buchungsbeleg der Umbuchung

Das SAP-System hat, da beide Materialien die V-Preissteuerung verwenden, folgende Berechnung vorgenommen:

Wert = Umbuchungsmenge × V-Preis des abgebenden Materials

Dies bedeutet, dass das abgebende Material den Preis des empfangenden Materials bestimmt hat. Der V-Preis des empfangenden Materials beträgt nach der Umbuchung 95,00 EUR/Stück.

Fallbeispiel: Material an Material mit unterschiedlicher Preissteuerung

In diesem Beispiel werden die Voraussetzungen, Einstellungen und Prozessschritte für die Umbuchung »Material an Material« gezeigt. Dabei verwendet ein Material eine V-Preissteuerung und das andere Material eine S-Preissteuerung:

- Material T-R930 hat einen V-Preis in Höhe von 95,00 EUR/Stück und Material T-R923 einen S-Preis in Höhe von 105,00 EUR/Stück.
- Die Umbuchungsmenge beläuft sich auf 4 Stück.
- Beide Materialien sind im gleichen Werk, aber in unterschiedlichen Lagerorten angelegt.

Sie gehen so vor, wie wir es im ersten Fallbeispiel beschrieben haben.

Das Ergebnis der Umbuchung ist wieder, dass für die Position(en), die Sie in den Umbuchungsvorgang einbezogen haben, im Materialbeleg zwei Positionen (eine für das abgebende und eine für das empfangende Material) erzeugt werden. In dem Buchungsbeleg erkennen Sie, dass hier nicht das abgebende Material den Preis des empfangenden Materials bestimmt; der Standardpreis des empfangenden Materials bleibt unverändert (siehe Abbildung 7.53). Der Differenzbetrag wird auf das Konto »Aufwand/Ertrag aus Umlagerung« gebucht (siehe Abschnitt 7.6, »Materialbewertung«).

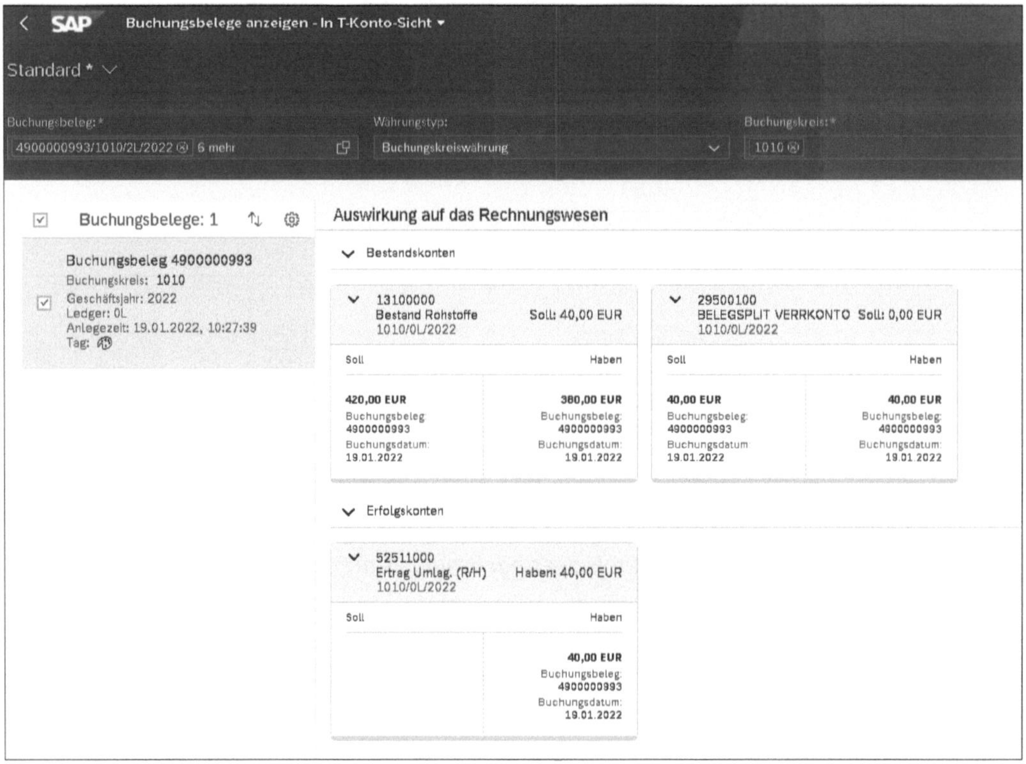

Abbildung 7.53 Buchungsbeleg der Umbuchung in T-Konten

7.2.6 Bestandsartenänderungen

In der Bestandsführung wird nicht nur nach den physischen Beständen in den Werken und Lagerorten unterschieden, sondern auch nach den verschiedenen Bestandsarten. Die Bestandsart ist – je nach Einstellung der Verfügbarkeitsprüfung – für die Ermittlung des verfügbaren Bestands in der Disposition sowie für die Entnahmen in der Bestandsführung relevant.

Die folgenden Bestandsarten werden im SAP-System unterschieden:

- Frei verwendbarer Bestand
- Qualitätsprüfbestand
- Gesperrter Bestand
- Wareneingangssperrbestand

- Retourenbestand
- Bestellbestand
- Reservierter Bestand
- Sonderbestand

Bei der Wareneingangsbuchung und zum Teil im Materialstamm entscheiden Sie, in welcher Bestandsart die Menge gebucht wird. Die ersten drei oben genannten Bestandsarten (frei verwendbarer Bestand, Qualitätsprüfbestand, gesperrter Bestand) geben u. a. Auskunft über die Verwendbarkeit eines Materials. Wenn sich die Verwendbarkeit eines Materials ändert, müssen Sie Umbuchungen zwischen den verschiedenen Bestandsarten vornehmen. Die Umbuchungen nehmen Sie mit der SAP-Fiori-App **Bestand umbuchen – Werksintern** vor. Sie wählen im Einstiegsbild das gewünschte Material und auch das Werk aus. Anschließend wählen Sie in der Zeile des Lagerortes die abgebende Bestandsart aus und dann die empfangende Bestandsart. Im sich öffnenden Detailbild wird die zu transferierende Menge angegeben.

Fallbeispiel: Umbuchung des Materials aus dem Qualitätsprüfbestand in den frei verwendbaren Bestand

Im nachfolgenden Beispiel werden die Voraussetzungen, Einstellungen und Prozessschritte für eine Umbuchung einer Menge eines Materials aus dem Qualitätsprüfbestand in den frei verwendbaren Bestand beschrieben.

Sie rufen die SAP-Fiori-App **Bestand umbuchen – Werksintern** auf. Geben Sie im Einstiegsbild die Materialnummer und das Werk ein, und Sie gelangen in die Übersicht Material Bestandsführung (siehe Abbildung 7.54).

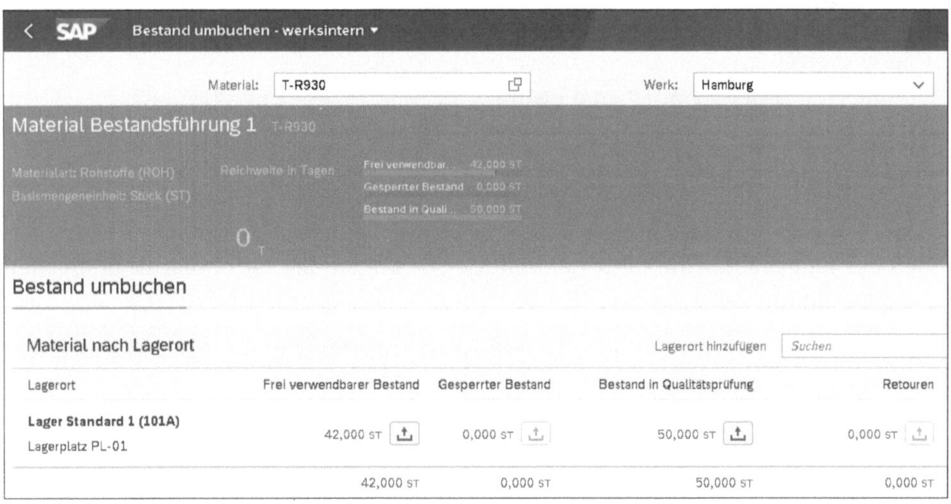

Abbildung 7.54 Umbuchung des Qualitätsprüfbestands an den frei verwendbaren Bestand erfassen: SAP-Fiori-App »Bestand umbuchen – Werksintern«

Aus der Übersicht ist nun ersichtlich, dass ein Bestand mit der Menge 50 Stück im Qualitätsprüfbestand des Werks 1010 in Lagerort 101A vorhanden ist.

Nun klicken Sie auf die Schaltfläche neben der Menge des Qualitätsbestands und anschließend auf die Schaltfläche neben der Menge des frei verwendbaren Bestands. Es öffnet sich ein Detailbild in dem neben der umzubuchenden Menge auch noch ein Kopf- oder Positionstext eingegeben werden kann (siehe Abbildung 7.55).

In der Praxis handelt es sich oft um eine Umbuchung aus einem Prüflager in ein Produktions- oder Auslieferungslager.

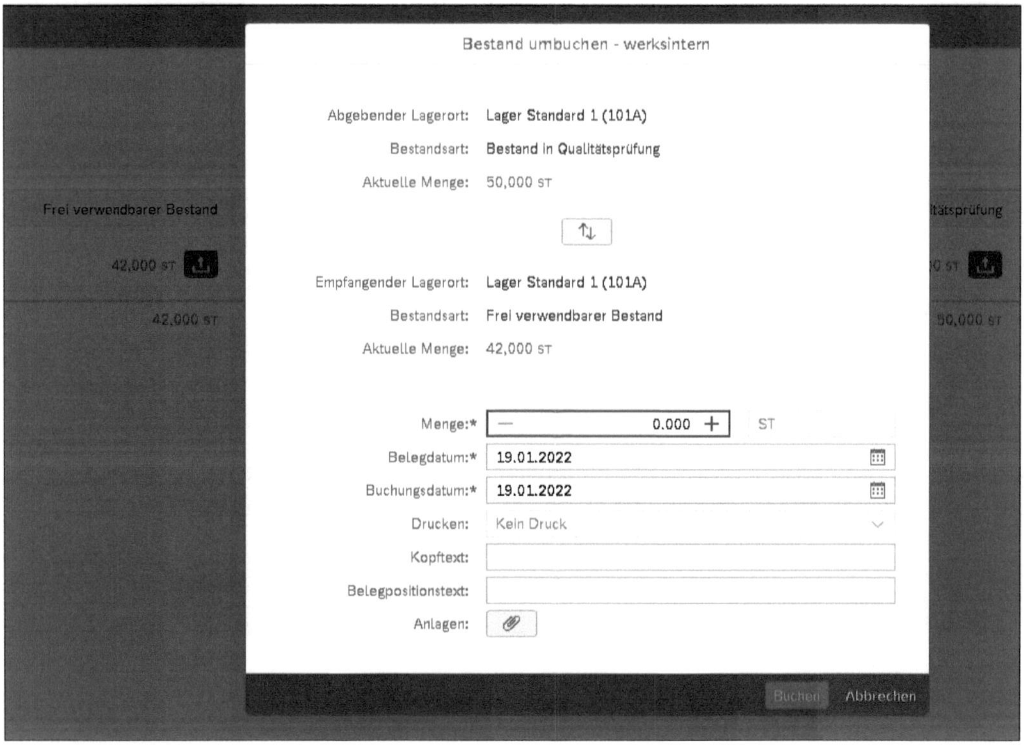

Abbildung 7.55 Detailbild der Umbuchung ohne Menge

Nach der Eingabe der umzubuchenden Menge wählen Sie die Schaltfläche **Buchen** (siehe Abbildung 7.56).

Nach dem Buchen wird die neue Bestandsituation sofort in der Bestandsübersicht angezeigt (siehe Abbildung 7.57).

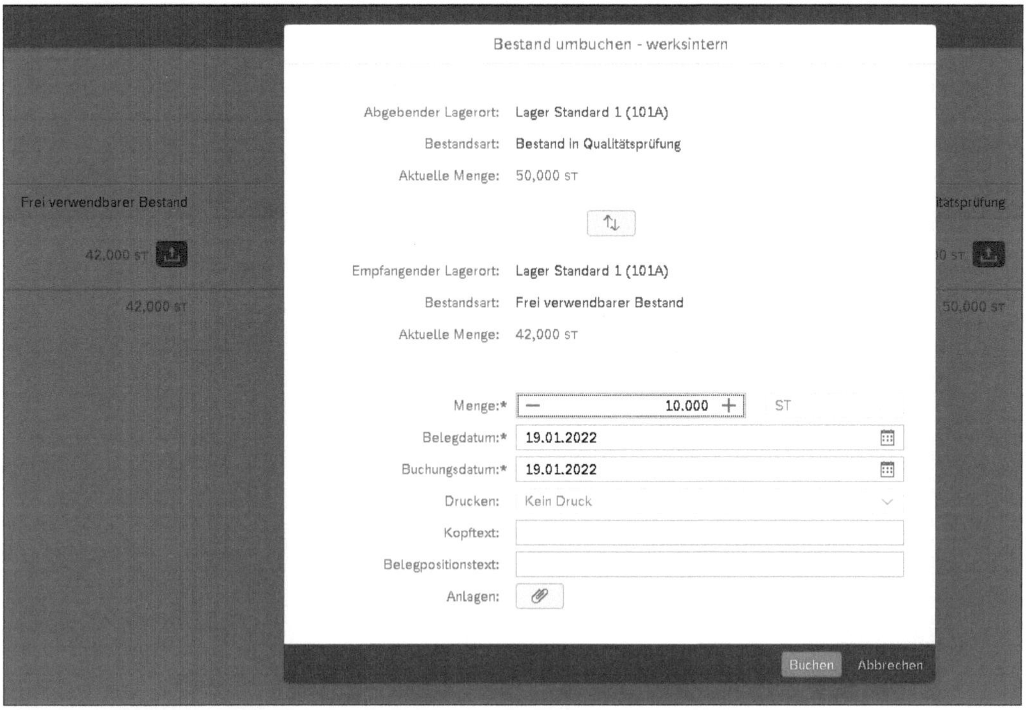

Abbildung 7.56 Detailbild der Umbuchung mit Menge

Abbildung 7.57 Bestandsartenänderung nach der Umbuchung

Des Weiteren wird ein Materialbeleg generiert, in dem für die Position(en), die Sie in den Umbuchungsvorgang einbezogen haben, zwei Positionen (eine Position für das abgebende und eine Position für das empfangende Material) abgebildet werden (siehe Abbildung 7.58). Es wird kein Buchungsbeleg erzeugt, da in diesem Fall die Bestandsartenänderung mit keiner Wertänderung verbunden ist.

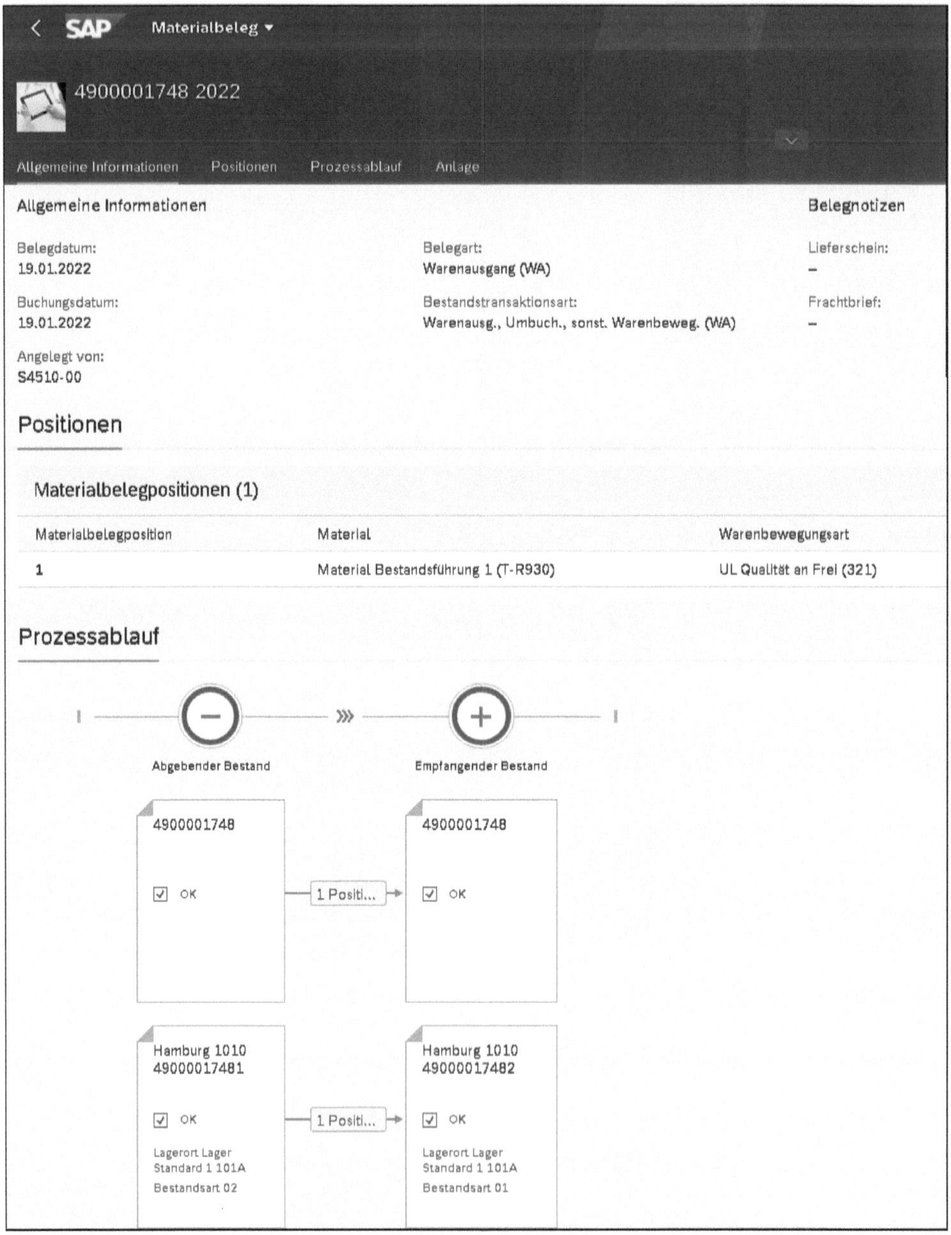

Abbildung 7.58 Materialbeleg der Umbuchung

In Tabelle 7.4 sind einige Umbuchungsbewegungsarten aufgeführt.

Bewegungsart	Bedeutung
321/322	Qualität an frei verfügbar – Storno
343/344	Gesperrt an frei verfügbar – Storno
349/350	Gesperrt an Qualität – Storno
453/454	Eigen aus Retoure – Storno
457/458	Qualität aus Retoure – Storno
459/460	Gesperrt aus Retoure – Storno

Tabelle 7.4 Bewegungsarten: Umbuchung

[«]

Qualitätsmanagement aktiv

Wenn die Qualitätsprüfung des Materials und damit der Verwendungsentscheid im Qualitätsmanagementsystem vorgesehen sind, wird die Umbuchung im Rahmen des Prüfprozesses vorgenommen.

7.3 Reservierung

Eine Reservierung ist die Vorplanung von Warenbewegungen. Reservierungen können sowohl auf geplante Warenausgänge als auch auf geplante Wareneingänge und geplante Umlagerungen angewendet werden. In der Reservierung legen Sie Daten fest, die für die gewählte Warenbewegung relevant sind. Bei der Durchführung der Warenbewegungen sollten Sie Bezug auf die Reservierungen nehmen, damit die reservierte Menge dispositiv abgebaut wird. Das SAP-System reserviert auf Werks- oder Lagerortebene.

Die Reservierung ist ein MM-Beleg mit Kopf- und Positionsdaten. Die Kopfdaten beinhalten neben der gewählten Bewegungsart weitere Daten in Abhängigkeit der Bewegungsart, z. B. Kontierungen. In der oder den Positionen pflegen Sie die Daten zu Material, Menge, Bedarfstermin, Werk, Lagerort und Charge.

Nachfolgend sehen Sie einige Apps, die zur Bearbeitung von Reservierungen verwendet werden können. Diese Apps rufen jedoch nur die »alten« Transaktionen auf, die dann in einer WebGUI-basierten Sicht prozessiert werden (siehe Abbildung 7.59).

Abbildung 7.59 Kachelgruppe »Reservierungen«

7.3.1 Funktionsumfang einer Reservierung

Mit der Reservierung stellen Sie sicher, dass das betreffende Material verfügbar ist, wenn es gebraucht wird. Sie müssen die Verfügbarkeitsprüfung in der Disposition so einstellen, dass die Reservierung beim Planungslauf berücksichtigt wird (siehe Abschnitt 5.3, »Planungslauf«).

In einer Reservierung müssen die folgenden Informationen hinterlegt sein, die für Warenbewegung und Disposition relevant sind:

- Der Bedarfstermin als Vorschlagstermin, abgeleitet vom Basistermin.
- Die Bewegungsart.
- Das Werk, das die Ware erhalten bzw. ausgeben soll; es wird als Vorschlagswert in jede Position übernommen.
- Das Kontierungsobjekt.
- Das zu reservierende Material.
- Die zu reservierende Menge.
- Der Lagerort, aus dem das Material entnommen bzw. eingelagert wird.
- Die Chargennummer bzw. die Bewertungsart, wenn das Material chargenpflichtig geführt wird bzw. die getrennte Bewertung aktiviert ist.
- Der Warenempfänger, für den das Material bestimmt ist.
- Das Kennzeichen **Bewegung erlaubt** (Warenbewegung zur Reservierung erlaubt), durch einen Haken in der Checkbox zu setzen, wenn Sie Warenbewegungen zu der betreffenden Reservierungsposition erlauben möchten.
- Das Feld **BD** (Bedarfsdringlichkeit) kann genutzt werden, wenn Sie die Bedarfsdringlichkeit, d. h. die Priorisierung der Materialanforderungen nutzen möchten. Diese muss jedoch separat aktiviert werden.

Sie können eine Reservierung nur für genau einen Zweck anlegen, d. h., dass Sie in eine Reservierung nur eine Bewegungsart eingeben und eine Kontierung (z. B. eine Kostenstelle) erfassen können. Reservierungen können mit oder ohne Bezug zu einer Vorlage mit Einzel- oder Sammelerfassung erfasst werden. Reservierungen können manuell angelegt oder durch einen Planungslauf automatisch erzeugt werden. Die manuellen Reservierungen (Dispositionselement **MR-RES**) legt der Anwender an. Die automatischen Reservierungen (Dispositionselement **AufRes**) werden zu Aufträgen, Netzplänen und bei Einsatz der Komponente PS zu PSP-Elementen angelegt. Nutzen Sie die Bestellpunktdisposition auf der Lagerortebene, erzeugt das SAP-System bei einer Unterdeckung, also wenn der verfügbare Bestand auf der Lagerortebene den Meldebestand unterschreitet, eine Umlagerungsreservierung (Dispositionselement **UMLRES**) im Werk.

Beim Erfassen einer Reservierung geschieht Folgendes:

- Es wird ein Beleg erzeugt, der die zu reservierende Menge zu einem bestimmten Zeitpunkt enthält.
- Der verfügbare Bestand wird um die reservierte Menge reduziert.
- Der frei verwendbare Bestand bleibt unverändert, und der reservierte Bestand wird um die Reservierungsmenge erhöht.

Diese Informationen können Sie in der Bestandsübersichtsliste und in der aktuellen Bedarfs-/Bestandsliste abrufen. In der Bestandsübersichtsliste wird der gesamte reservierte Bestand des Materials auf der Werksebene angezeigt. Von der Bestandsübersicht können Sie sich mit der Schaltfläche **Umfeld** und im sich öffnenden Menü mit dem Menüeintrag **Reservierungen** die Reservierungsliste »Bestandsführung« zu dem Material anzeigen lassen. In der Bedarfs-/Bestandsliste werden auf der Werksebene alle offenen Reservierungen zum Material mit dem Bedarfstermin und der reservierten Menge aufgeführt.

7.3.2 Manuelle Reservierung anlegen (ohne und mit Vorlage)

Die Reservierung legen Sie über die SAP-Fiori-App **Reservierung anlegen** an.

In den folgenden Fallbeispielen wird in den Auswertungen nur die Bestandssituation auf der Werks- und Lagerortebene betrachtet. Die Analyse der Bestände auf Mandanten- und Buchungskreisebene ist nicht vorgesehen und auch nicht notwendig.

Fallbeispiel: Reservierung für geplanten Warenausgang (ohne Vorlage)

In diesem Beispiel zeigen wir Ihnen die Erfassung einer Reservierung für einen geplanten Warenausgang, ohne Referenzierung auf eine inhaltlich ähnlich aufgebaute Reservierung. Rufen Sie die SAP-Fiori-App **Reservierung anlegen** auf.

Im Einstiegsbild geben Sie die folgenden Daten ein (siehe Abbildung 7.60):

1. Den Basistermin, also das Datum, für das die Warenbewegung geplant ist. (Der Basistermin wird vom SAP-System in den Positionen als Vorschlagswert in das Feld **Bedarfstermin** eingetragen, kann aber manuell geändert werden.)

2. Im Feld **Bewegungsart** fügen Sie »201« ein.
3. Im Feld **Werk** pflegen Sie »1010«.

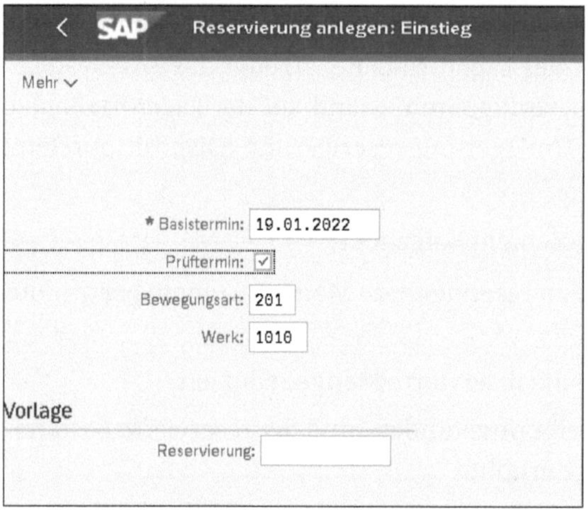

Abbildung 7.60 Reservierung für den geplanten Warenausgang anlegen

Mit dem Betätigen der [↵]-Taste gelangen Sie auf das Sammelerfassungsbild (siehe Abbildung 7.61).

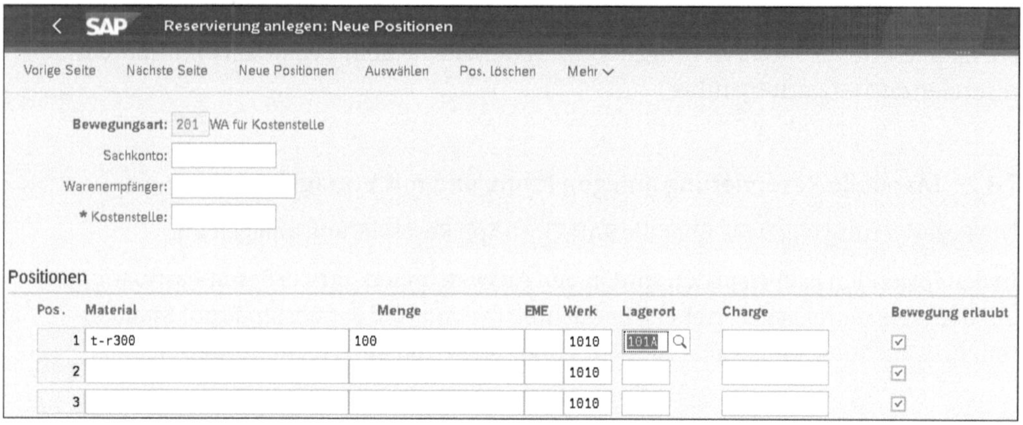

Abbildung 7.61 Reservierung anlegen: Sammelerfassungsbild

Geben Sie die gewünschten Daten ein. In Abhängigkeit von der eingetragenen Bewegungsart **201** müssen Sie das Kontierungsobjekt (Kostenstelle 1000) eingeben. Je nach Bewegungsart sind verschiedene Kontierungsobjekte zu pflegen. Wenn Sie in das Feld **Sachkonto** kein Konto eingeben, wird das Konto beim Erfassen der Warenbewegung über die automatische Kontenfindung ermittelt. Sie können es aber auch manuell eingeben. Achten Sie darauf, dass das Feld **Beweg. erlaubt** (Warenbewegung zur Reservierung erlaubt) aktiviert ist.

Warenbewegung erlaubt

In der Sammelerfassung lautet die Überschrift in der Spalte **Bewegung erlaubt**. Im Detailbild lautet die Bezeichnung **Beweg. erlaubt** für das Feld. In beiden Fällen wird für die entsprechende Position die Warenbewegung erlaubt.

Buchen Sie die Reservierung. Im Ergebnis der Buchung erzeugt das SAP-System einen Reservierungsbeleg (siehe Abbildung 7.62). Sie erkennen neben den schon bekannten Daten, dass in diesem Fall der Basistermin als Bedarfstermin übernommen wurde.

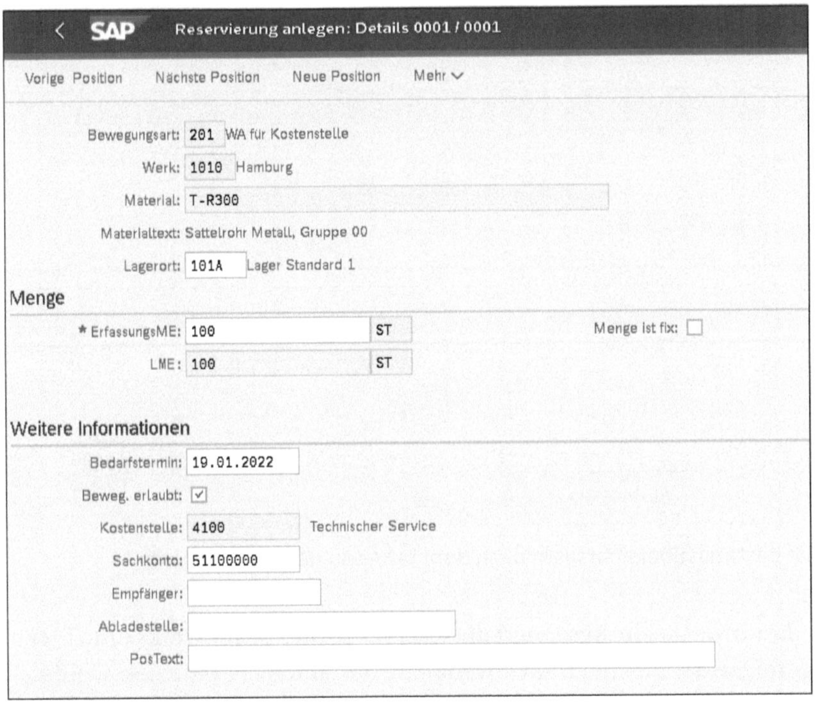

Abbildung 7.62 Reservierungsbeleg: Detailsicht

Mit dem Erfassen der Reservierung sind auch Bestandsveränderungen verbunden. Dies ist aus den nachfolgenden Abbildungen ersichtlich. In Abbildung 7.63 ist die Bestandssituation in der Bestandsübersicht, aufgerufen mit der SAP-Fiori-App **Bestand Einzelmaterial** vor der Reservierung abgebildet.

Abbildung 7.64 zeigt die Bestandssituation nach dem Erfassen der Reservierung, hier dargestellt mit der SAP-Fiori-App **Bestandsübersicht**.

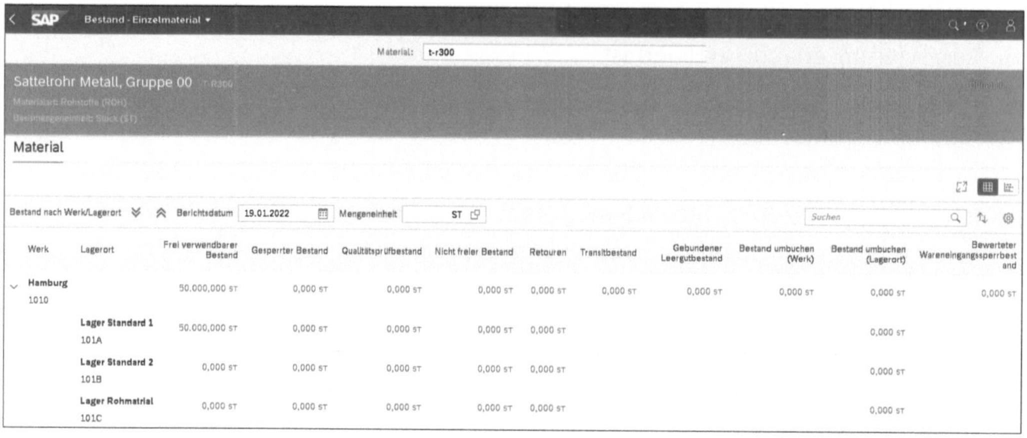

Abbildung 7.63 Bestandsübersichtsliste vor dem Erfassen der Reservierung.

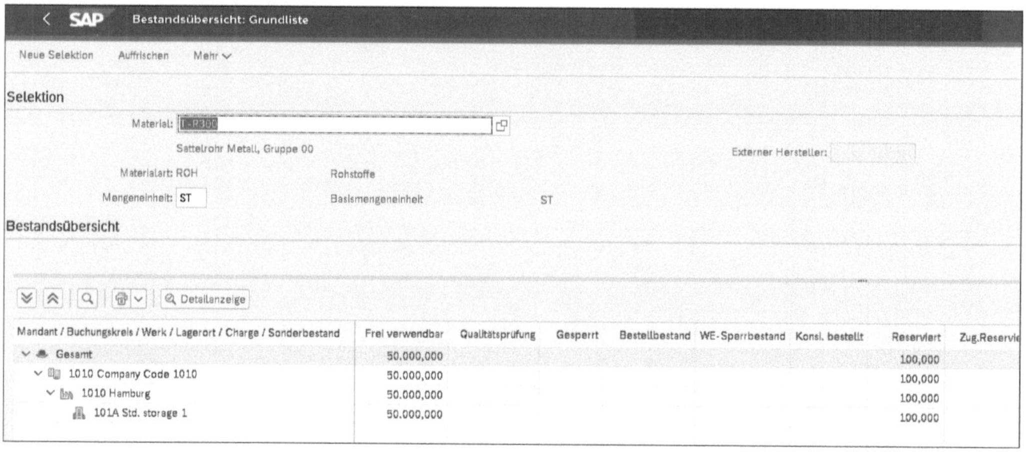

Abbildung 7.64 Bestandsübersichtsliste nach dem Erfassen der Reservierung

Sie erkennen, dass in der Spalte **Reserviert** die reservierte Menge auf Werks- und Lagerortebene eingetragen ist, aber der frei verwendbare Bestand nicht reduziert wurde.

[»]

Bestandsübersicht

In der aktuellen Version der SAP-Fiori-App **Bestand Einzelmaterial** ist die reservierte Menge als Spalte nicht vorhanden. Daher werden diese Informationen nur über die SAP-Fiori-App **Bestandsübersicht** oder über Transaktion MMBE angezeigt.

In der SAP-Fiori-App **Materialdeckung ermitteln: Netto- und Einzelabschnitte** wird die Bedarfsmenge als Dispositionselement **MR-RES** ausgewiesen und reduziert die verfügbare Menge um die reservierte Menge (siehe Abbildung 7.65).

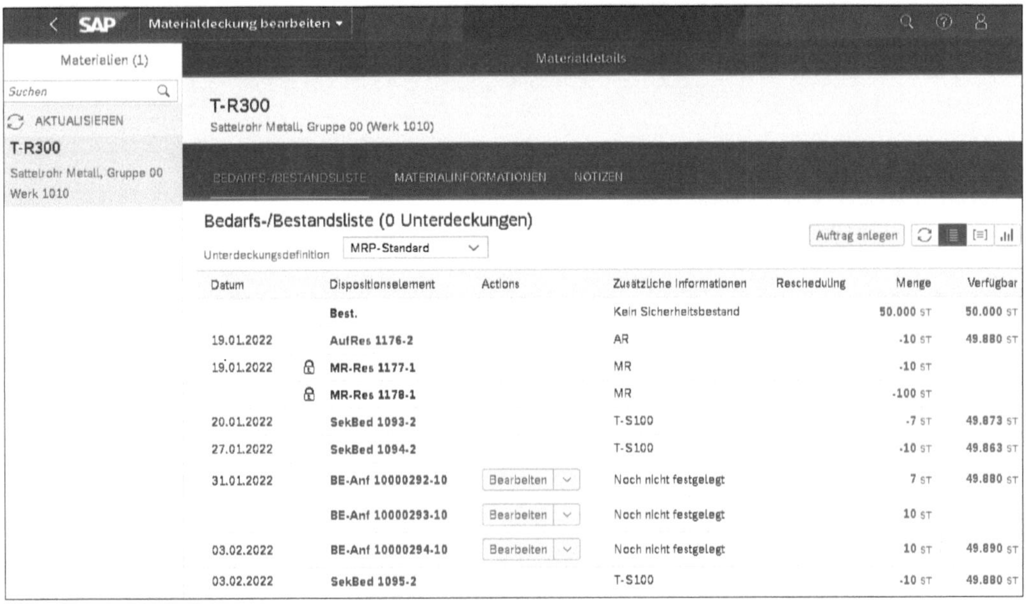

Abbildung 7.65 Bedarfs-/Bestandsliste

Fallbeispiel »Reservierung für Wareneingang (ohne Vorlage)«

In diesem Beispiel werden Sie sehen, wie die Reservierung eines Wareneingangs ohne Nutzung der Kopierfunktion direkt manuell erfasst wird. Sie gehen analog zum ersten Beispiel »Fallbeispiel: Reservierung für geplanten Warenausgang (ohne Vorlage)« vor.

Die für diese Reservierungsart vorzunehmenden Schritte und die nachfolgenden Auswertungen sind in den folgenden Prozessschritten dargestellt:

1. Einstiegsbild mit der Auswahl der Bewegungsart **501** (Eingang ohne Bestellung ins Lager), siehe Abbildung 7.66.

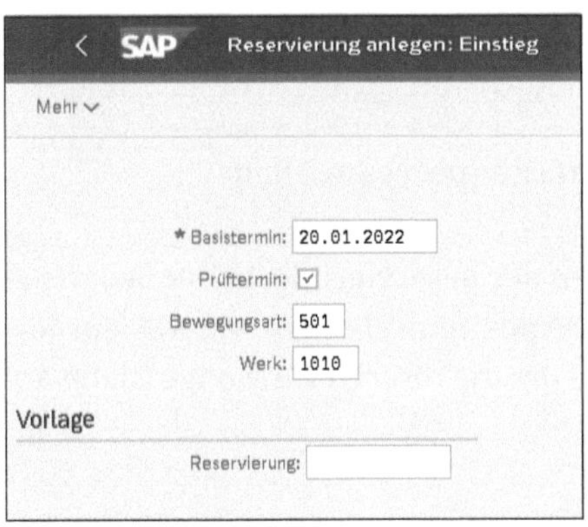

Abbildung 7.66 Reservierung für geplanten Wareneingang anlegen

2. Sammelerfassungsbild (siehe Abbildung 7.67).

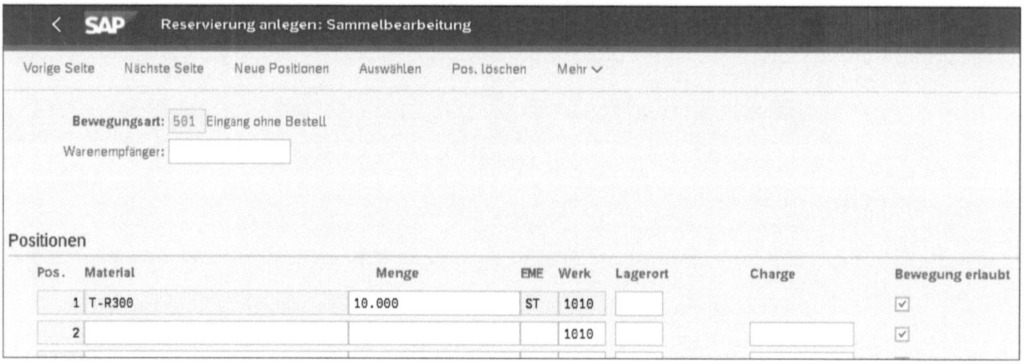

Abbildung 7.67 Reservierung anlegen: Sammelerfassungsbild

3. Bestandsübersicht nach dem Erfassen der Reservierung (siehe Abbildung 7.68). Die Bestandssituation vor der Buchung ist aus Abbildung 7.63 ersichtlich. In der Bestandsübersichtsliste wurde in der Spalte **Zug.Reservierung** die reservierte Menge nur bis auf die Werksebene eingetragen und nicht auf die Lagerortebene heruntergebrochen. Der frei verwendbare Bestand wird nicht reduziert.

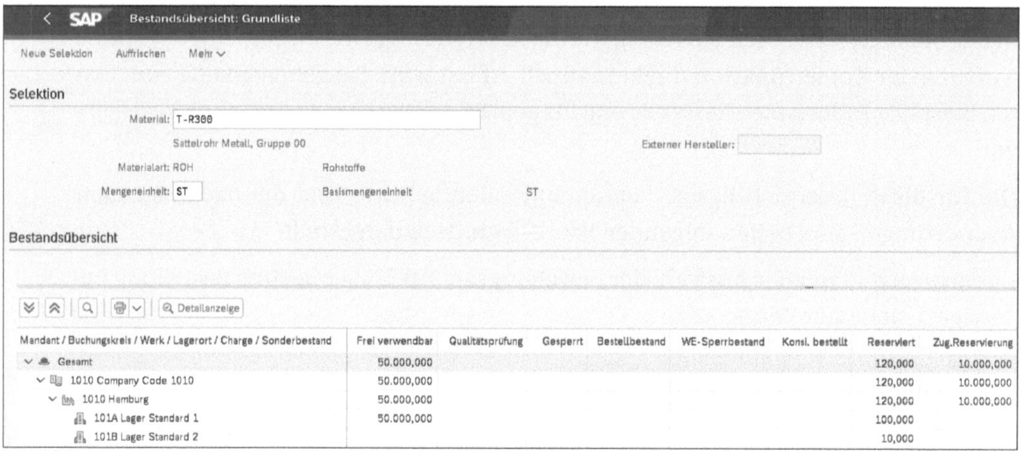

Abbildung 7.68 Bestandsübersicht nach dem Erfassen der Reservierung

4. Bedarfs-/Bestandsliste nach dem Erfassen der Reservierung. In der Bedarfs-/Bestandsliste wird die Bedarfsmenge als Dispositionselement **MR-RES** ausgewiesen und erhöht den verfügbaren Bestand um die reservierte Menge (siehe Abbildung 7.69).

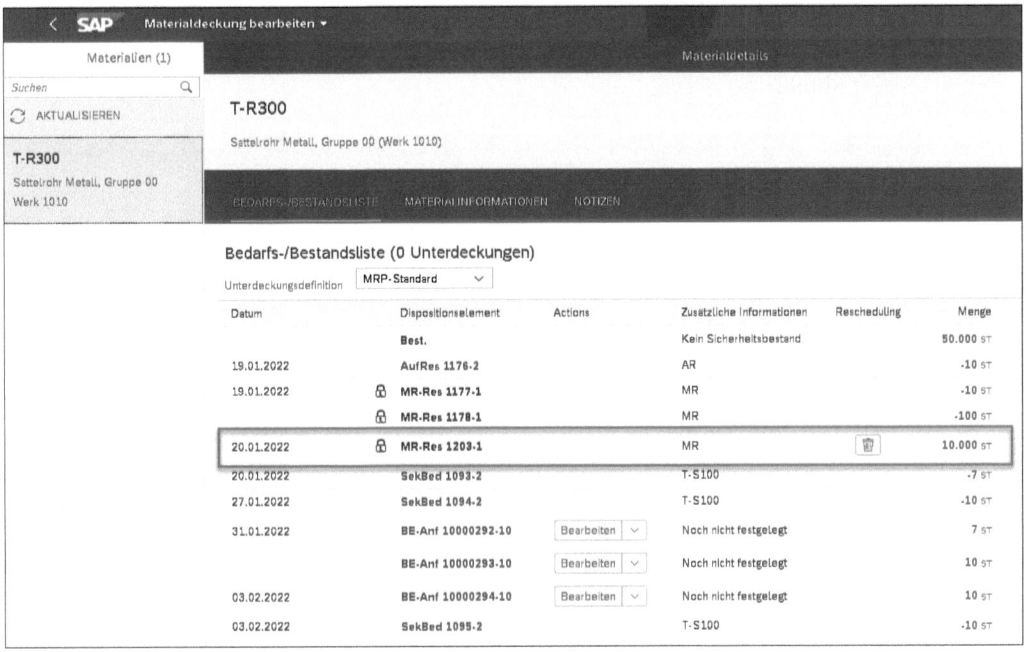

Abbildung 7.69 Bedarfs-/Bestandsliste nach dem Erfassen der Reservierung

Fallbeispiel »Reservierung für geplante Umlagerung (ohne Vorlage)«

In diesem Beispiel gehen Sie analog zum »Fallbeispiel: Reservierung für geplanten Warenausgang (ohne Vorlage)« vor.

Die für diese Reservierungsart vorzunehmenden Schritte und die nachfolgenden Auswertungen sind in den folgenden Prozessschritten dargestellt:

1. Einstiegsbild mit der Auswahl der Bewegungsart **301** (Umlagerung »Werk an Werk« in einem Schritt). Sie geben das abgebende Werk ein (siehe Abbildung 7.70).

Abbildung 7.70 Reservierung für geplante Umlagerung »Werk an Werk« anlegen

2. Sammelerfassungsbild
   Sie geben das empfangende Werk und den Lagerort sowie die Positionsdaten ein (siehe Abbildung 7.71).

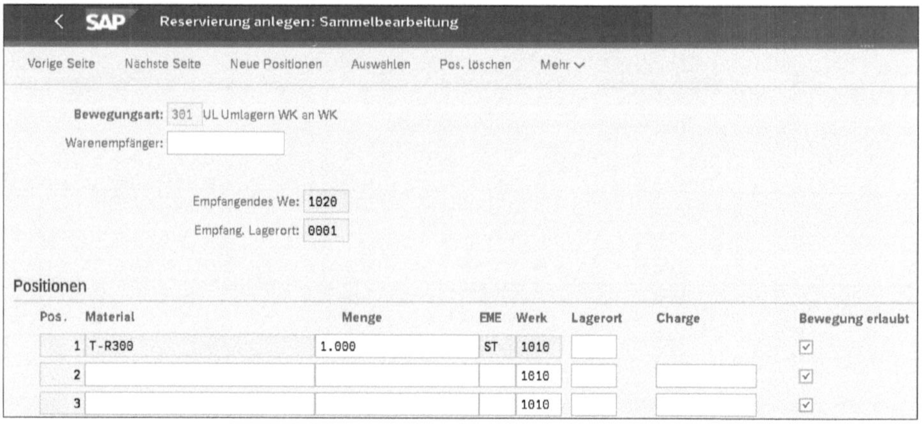

Abbildung 7.71 Reservierung anlegen: Sammelerfassungsbild

3. Bestandsübersicht nach dem Erfassen der Reservierung (siehe Abbildung 7.72). In der Bestandsübersichtsliste wurde in der Spalte **Zug. Reserviert** die reservierte Menge des Materials auf der Werks- und Lagerortebene des empfangenden Werks eingetragen. In der Spalte **Reserviert** wurde die reservierte abzugebende Menge auf der Werksebene (abgebendes Werk) eingetragen. Der frei verwendbare Bestand wurde nicht verändert.

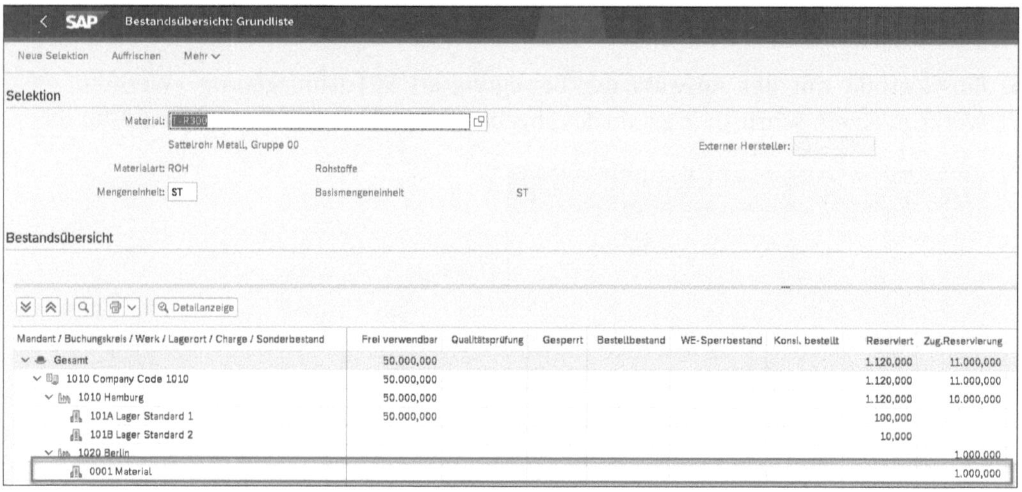

Abbildung 7.72 Bestandsübersicht nach dem Erfassen der Reservierung

4. Bedarfs-/Bestandsliste nach dem Erfassen der Reservierung. In Abbildung 7.73 sehen Sie in der Bedarfs-/Bestandsliste das Ergebnis der Umlagerung des abgebenden Werks 1010. Die Menge von 1.000 Stück des Materials T-R300 ist im abgebenden Werk als Dispositionselement **UMLRES** mit dem Bedarf von 1.000 Stück abgebildet.

Abbildung 7.73 Materialdeckung für das abgebende Werk 1010 bearbeiten

In Abbildung 7.74 sehen Sie in der Bedarfs-/Bestandsliste das Ergebnis der Umlagerung des empfangenden Werks 1020.

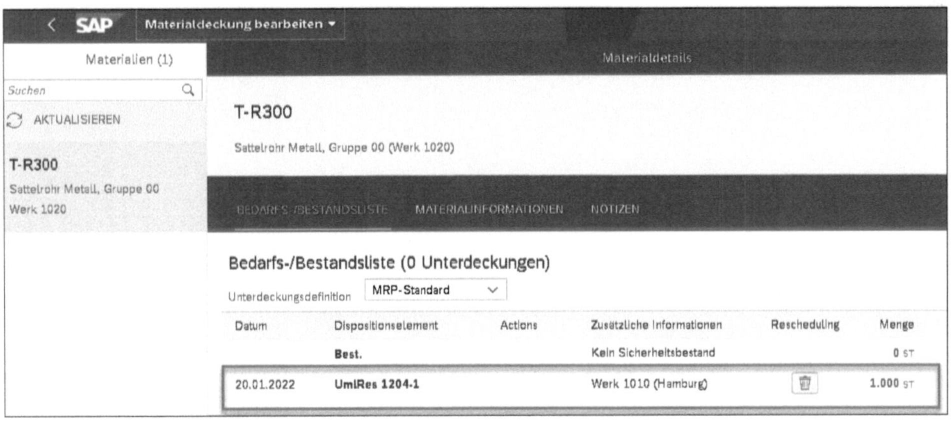

Abbildung 7.74 Materialdeckung für das empfangende Werk 1020 bearbeiten

Bei den Reservierungen in einem anderen Werk (Dispositionselement **UMLRES**) handelt es sich um Reservierungen, die den Warenausgang aus der abgebenden Stelle planen. Die reservierte Menge wird im frei verwendbaren Bestand und im reservierten Bestand der abgebenden Stelle geführt. Sie vermindert in der Disposition den verfügbaren Bestand des abgebenden Werks. Im empfangenden Werk wird die reservierte Menge als Reservierungszugang geführt, und der verfügbare Bestand wird erhöht.

Sie können die Reservierungen auch mit Vorlage anlegen, wenn Sie die Positionsdaten einer Reservierung kopieren und dann eventuell teilweise ändern bzw. mit neuen Positionen ergänzen möchten. Auch können Sie den Basistermin und die Kontierung ändern. Diese Funktion soll anhand der Reservierung für den geplanten Warenausgang nachfolgend beschrieben werden.

Fallbeispiel »Reservierung für einen geplanten Warenausgang (mit Vorlage)«

Sie gehen analog zu dem ersten Beispiel »Fallbeispiel: Reservierung für geplanten Warenausgang (ohne Vorlage)« vor.

Die für diese Reservierungsart vorzunehmenden Schritte und die nachfolgenden Auswertungen sind in den folgenden Prozessschritten dargestellt:

1. Einstiegsbild mit Bezug zu einer als Vorlage für das Anlegen der neuen Reservierung genutzten Reservierung (siehe Abbildung 7.75). Sie können den Basistermin und die Bewegungsart ändern.

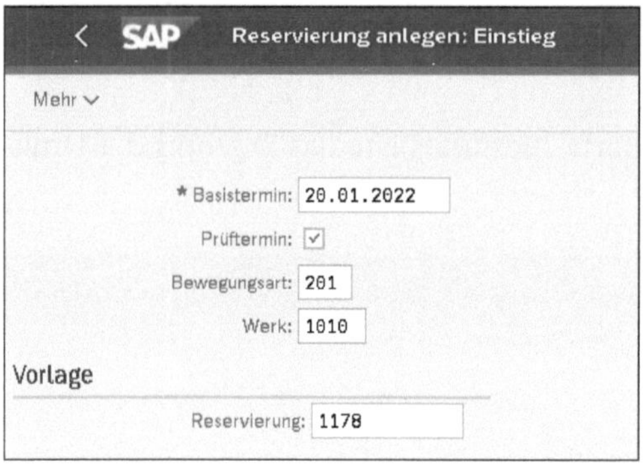

Abbildung 7.75 Reservierung mit Vorlage anlegen

2. Positionsauswahlbild mit aus der Vorlage übernommenen Positionen. Auch können Sie neue Positionen hinzufügen (siehe Abbildung 7.76).
3. Sie können die Kontierung und im Positionsbild die Mengen und das Kennzeichen **Bewegung erlaubt** ändern. Sie müssen die Positionen, die Sie übernehmen möchten, im Auswahlfeld **F** (im Bereich **Positionen**) markieren. Mit einem Klick auf **Übernehmen** werden die markierten Positionen übernommen. Über den Menüpfad **Mehr • Bearbeiten** können Sie im Untermenü den Eintrag **Neue Positionen** (Sammelerfassung) oder **Neue Position** (Einzelerfassung) auswählen und so neue Positionen in der Sammel- oder Einzelbearbeitung hinzufügen.

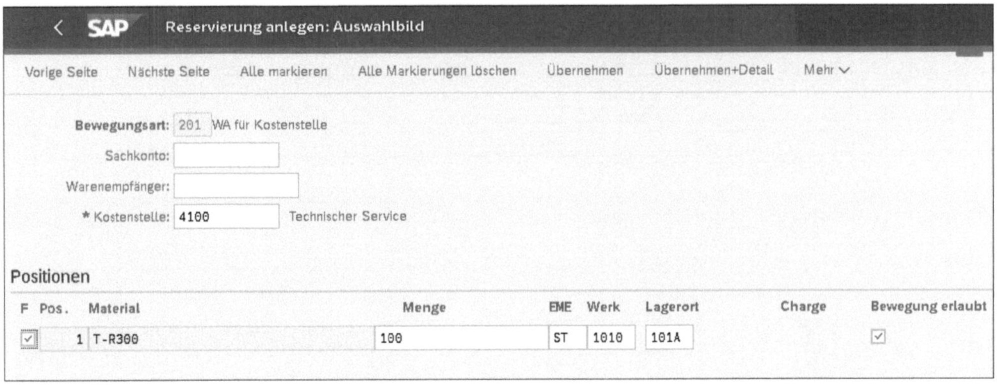

Abbildung 7.76 Positionsauswahlbild mit den Positionen der Vorlagereservierung

4. Geben Sie nun die Materialnummer und die zu reservierende Menge ein. Sie können den Bedarfstermin und das Kennzeichen **Beweg. erlaubt** anhaken (siehe Abbildung 7.77).

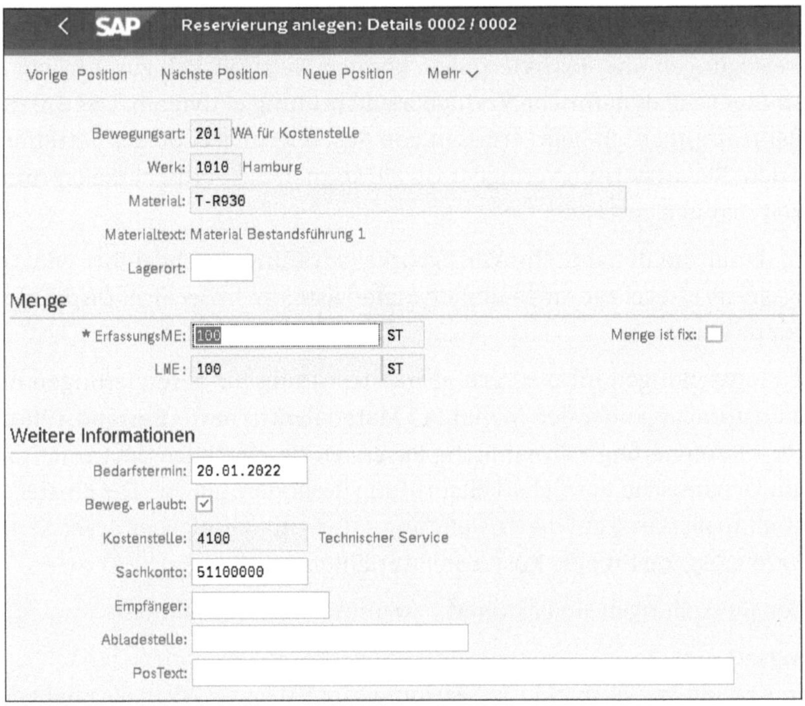

Abbildung 7.77 Detailbild der neuen Position

5. Erfassen Sie die Reservierung. Das Ergebnis sehen Sie in Abbildung 7.78. Die Menge in **Pos 1** haben Sie geändert und **Pos 2** hinzugefügt. Die andere Position haben Sie unverändert aus dem Vorlagebeleg übernommen.

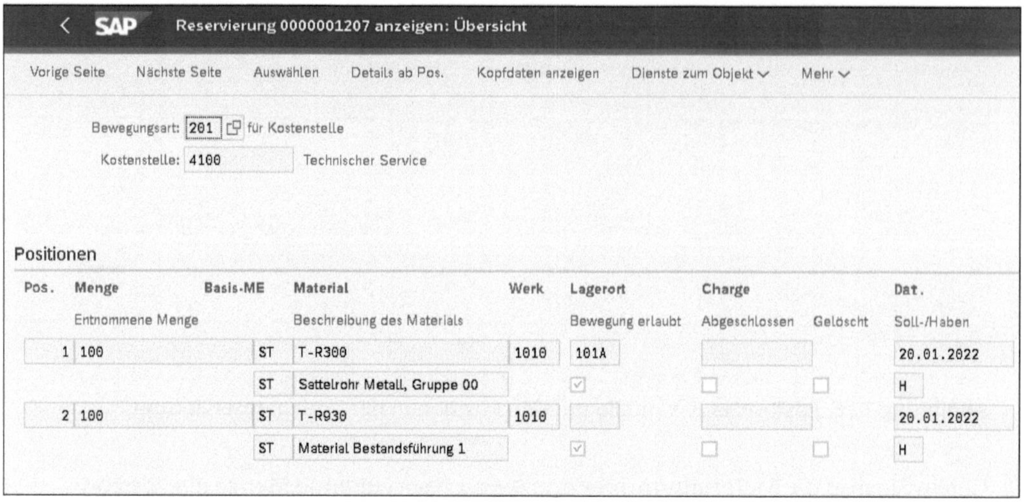

Abbildung 7.78 Reservierung mit der neuen Position

7.3.3 Verfügbarkeitsprüfung und Verwaltung

Für Warenbewegungen und Reservierungen können Sie zusätzlich zur Prüfung der Bestände im Lager die dynamische Verfügbarkeitsprüfung aktivieren. Das SAP-System prüft dann automatisch beim Erfassen von Reservierungen, ob das betreffende Material zu dem Bedarfstermin verfügbar ist. Sie können die Verfügbarkeitsprüfung auch jederzeit manuell anstoßen.

Sie müssen, damit die dynamische Verfügbarkeitsprüfung durchgeführt wird, der Anwendung eine Prüfregel zuordnen und im Materialstamm in der Sicht **Disposition 3** eine Prüfgruppe eintragen.

Die weiteren Einstellungen für die Verfügbarkeitsprüfung für Reservierungen nehmen Sie im Customizing über den Menüpfad **Materialwirtschaft • Bestandsführung und Inventur • Reservierung • Dynamische Reservierung einstellen** oder mit Transaktion OMB1 (Dynamische Verfügbarkeitsprüfung Reservierung) vor. Die Einstellungen und deren Auswirkung auf die Anwendung sollen am Beispiel der Reservierung für einen Warenausgang für eine Kostenstelle erläutert werden.

Die folgenden Einstellungen sind aktiviert bzw. müssen Sie vornehmen:

1. **Bewegungsart**
   Für die in Abbildung 7.79 markierte Bewegungsart **201** ist bei Nicht-Verfügbarkeit eingestellt, dass eine Warnmeldung ausgegeben werden soll.
2. **Prüfregel festlegen**
   Einstellung der Verfügbarkeitsprüfung für die Prüfgruppe **03** und die Prüfregel **03** (siehe Abbildung 7.80).

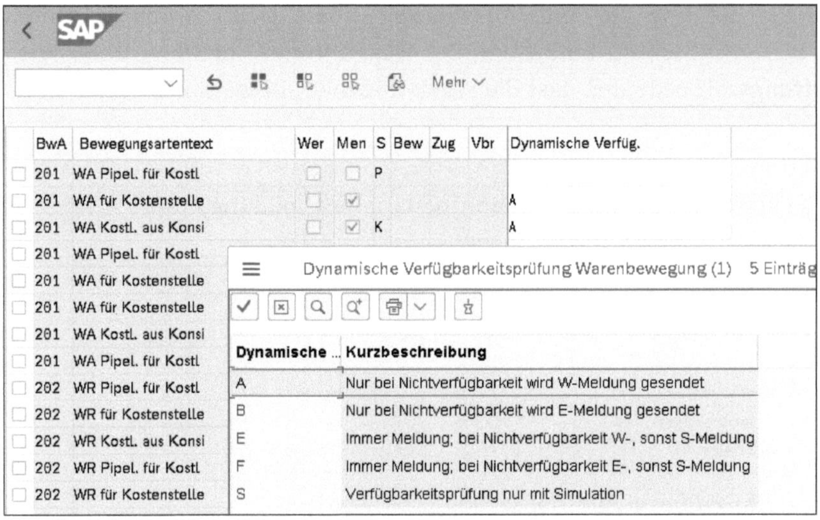

Abbildung 7.79 Zuordnung der Bewegungsart zur Art der Meldung

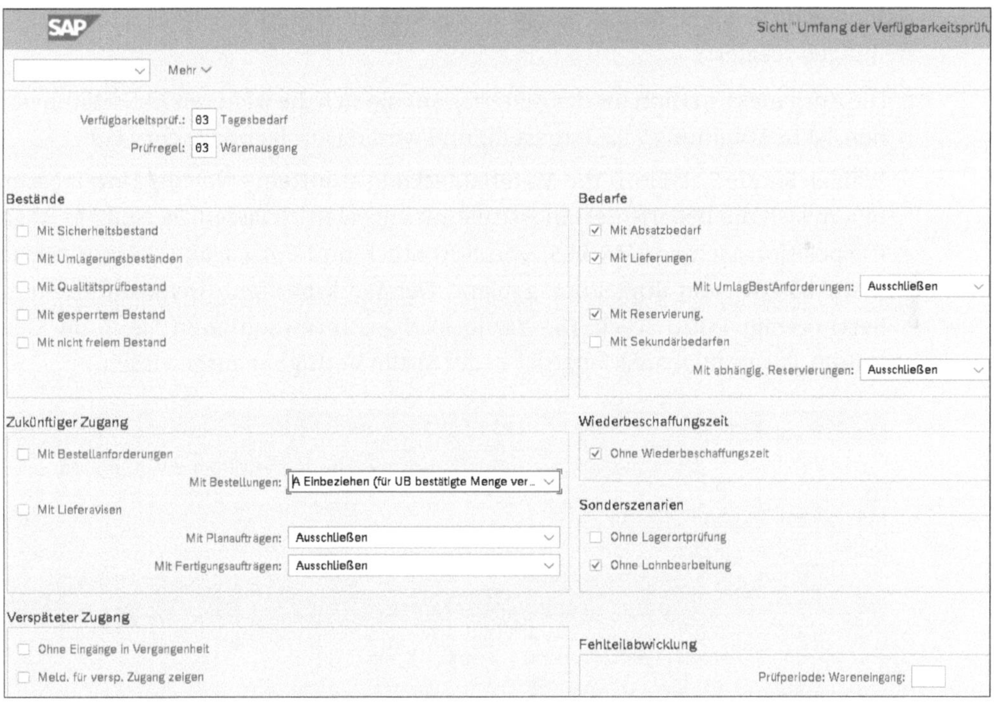

Abbildung 7.80 Detailbild der Einstellung der Verfügbarkeitsprüfung für Prüfgruppe 03 und Prüfregel 03

Sie erkennen, dass die bei der Verfügbarkeitsprüfung geplanten Abgänge (u. a. die Reservierung) und die Bestellung als geplanter Zugang berücksichtigt werden, und nur diese Einstellung und deren Auswirkung auf die Verfügbarkeitsprüfung werden in diesem Abschnitt betrachtet. Der Haken in der Checkbox **Ohne Wiederbeschaffungszeit** bedeutet, dass die Wiederbeschaffungszeit nicht berücksichtigt wird.

3. **Transaktionscode**
   Prüfregel dem Transaktionscode zuordnen (siehe Abbildung 7.81).

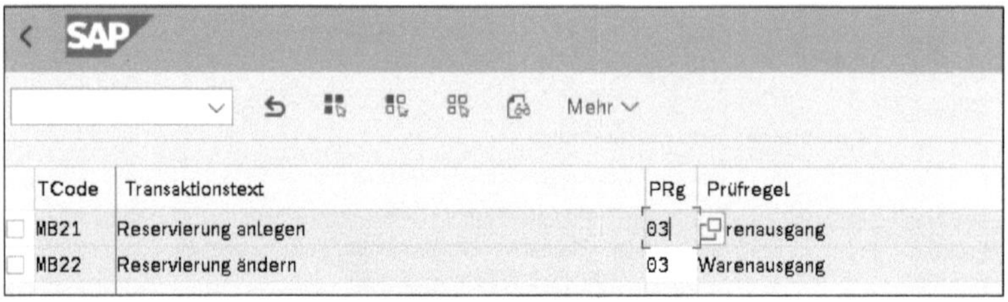

Abbildung 7.81 Prüfregel zum Transaktionscode zuordnen

Fallbeispiel »Dynamische Verfügbarkeitsprüfung«

Das folgende Beispiel soll Ihnen zeigen, wie das SAP-System auf die Customizing-Einstellungen reagiert:

1. Die Ausgangssituation für das Material, auf die sich die weiteren Aktivitäten beziehen, ist in Abbildung 7.82 dargestellt und wird nachfolgend beschrieben:

   Wählen Sie die SAP-Fiori-App **Materialdeckung ermitteln – Netto-/ Einzelabschnitte**, um sich die Bedarf-/Bestandssituation anzeigen zu lassen. Es sind ein Abgang (Dispositionselement **MR-RES**) von 800 Stück und ein Zugang (Dispositionselement **BS-EIN**) von 800 Stück geplant. Der Werksbestand (Dispositionselement **Best**) beträgt 1.000 Stück. Die dazugehörigen Termine finden Sie in der Spalte **Datum**. Die verfügbare Menge ist in der Spalte **Verfügbar** ausgewiesen.

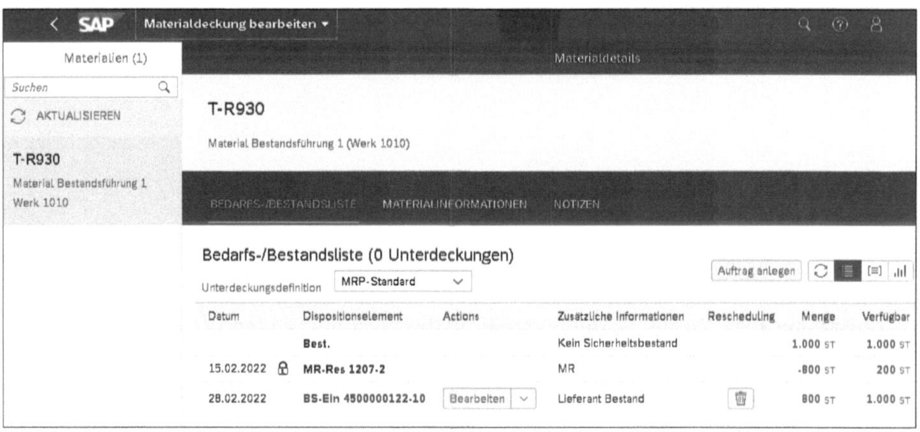

Abbildung 7.82 Materialdeckung ermitteln: Bedarfs-/Bestandsliste

2. Sie Erfassen eine Reservierung zum geplanten Warenausgang mit dem Bedarfstermin 14.02.2021 mit einer Menge von 400 Stück. Das SAP-System führt automatisch die Verfügbarkeitsprüfung durch und erkennt, dass nur 200 Stück und nicht die gesamte angeforderte Reservierungsmenge zur Verfügung stehen. Aufgrund der Einstellungen wird eine Warnmeldung ausgegeben (siehe Abbildung 7.83).

Abbildung 7.83 Warnmeldung als Ergebnis der Verfügbarkeitsprüfung

3. Für das Material ist eine Bestellung (Dispositionselement **BS-EIN**) mit dem Zugangstermin 28.02.2021 und der Bestellmenge von 800 Stück erfasst worden. Sie erfassen danach eine weitere Reservierung zum geplanten Warenausgang mit dem Bedarfstermin 15.03.2021 und einer Menge von 500 Stück. Die Verfügbarkeitsprüfung ergibt, dass der verfügbare Bestand durch die Reservierung (**MR-RES**) nicht unterschritten wird, da das SAP-System aufgrund der Einstellungen in der Verfügbarkeitsprüfung den erwarteten Zugang durch die Bestellung (**BS-EIN**) berücksichtigt; also wird keine Meldung ausgegeben.
4. Das Ergebnis ist in Abbildung 7.84 dargestellt.

Abbildung 7.84 Nach dem Erfassen der Reservierungen Materialdeckung ermitteln

Zur Bearbeitung und Verwaltung von Reservierungen stehen Ihnen weitere Funktionen zur Verfügung (siehe Abbildung 7.85):

- Anzeigefunktion mit der SAP-Fiori-App **Reservierung anzeigen**
- Änderungsfunktion mit der SAP-Fiori-App **Reservierung ändern**
- Reservierungsliste mit der SAP-Fiori-App **Reservierungsliste anzeigen**

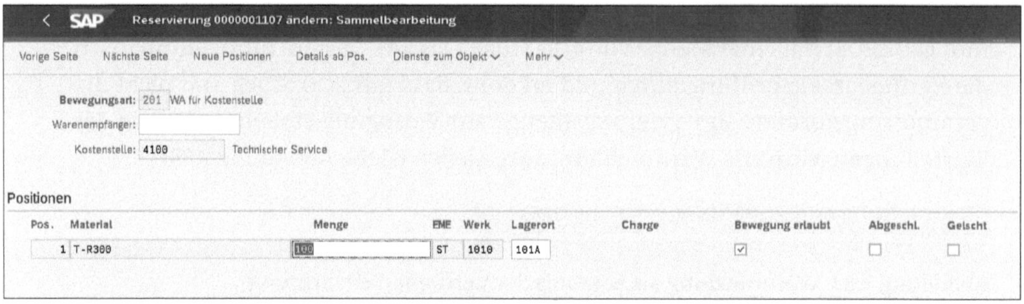

Abbildung 7.85 Reservierungen bearbeiten: Sammelbearbeitung

- Aktivieren/Deaktivieren des Kennzeichens **Bewegung erlaubt**, siehe Abbildung 7.85.
- Wirkung des Kennzeichen **Abgeschl** (Abgeschlossen – Endausgefasst), siehe Abbildung 7.78 weiter vorne.
- Löschen einer Position Kennzeichen **Gelscht** (Gelöscht), siehe Abbildung 7.85.
- Das Verwalten von Reservierungen mit der SAP-Fiori-App **Reservierungen verwalten**.

Es kann verschiedene Gründe dafür geben, dass Sie die betreffende Warenbewegung für eine Reservierung nicht erlauben möchten:

- Der Bedarfstermin für die Reservierung zum geplanten Warenausgang liegt in der Zukunft.
- Der Bedarfstermin für eine Reservierung für einen geplanten Wareneingang liegt in der Zukunft, obwohl noch Bestellungen offen sind.
- Der Lieferant befindet sich im Lieferverzug.
- Sie fordern eine Ad-hoc-Lieferung an, da Kapazitätsengpässe in der Produktion oder im Verkauf aufgetreten sind.

In diesen Fällen sollten Sie das Kennzeichen **Bewegung erlaubt** nicht aktivieren. Sie können das Kennzeichen manuell für einzelne Positionen im Sammelbearbeitungsbild (Ankreuzfeld **Bewegung erlaubt** (siehe Abbildung 7.85) oder im Detailbild (Ankreuzfeld **Beweg. erlaubt**, siehe Abbildung 7.77) aktivieren bzw. deaktivieren.

[»]

Aktivierung des Kennzeichens »Bewegung erlaubt« (Sammelbearbeitung) – »Beweg. Erlaubt« (Detailbild)

Sollten Sie das Kennzeichen **Bewegung erlaubt** deaktiviert haben, denken Sie daran, dass dieses Kennzeichen unbedingt vor dem ersten Wareneingang wieder aktiviert werden muss.

Das Kennzeichen **Abgeschl.** (Abgeschlossen – Endausgefasst) gibt an, ob eine Reservierungsposition erledigt ist. Dieses Kennzeichen wird automatisch gesetzt, wenn die gesamte reservierte Menge entnommen bzw. geliefert worden ist. Wenn die reservierte Menge nur als Teilmenge gebucht wurde, können Sie das Kennzeichen, wenn die Restmenge nicht mehr benötigt bzw. keine weitere Warenbewegung erwartet wird, manuell setzen. Das Endausfassungskennzeichen einer bestimmten Position können Sie direkt im Sammelbearbeitungsbild (Ankreuzfeld **Abgeschl.**, siehe Abbildung 7.85) oder im Detailbild (Ankreuzfeld **Pos.abgeschl.**) setzen bzw. zurücknehmen.

Das Löschkennzeichen **Gelöscht** gibt an, ob die Position bereits gelöscht worden ist. Wenn das Material in der Reservierungsposition nicht mehr verwendet werden soll, können Sie die Position manuell zum Löschen vormerken. Das Löschen selbst wird von einem Reorganisationsprogramm vorgenommen. Das Löschkennzeichen einer Position können Sie im Sammelerfassungsbild (Ankreuzfeld **Gelöscht**, siehe Abbildung 7.78 weiter vorne) oder im Detailbild der Position (Ankreuzfeld **Pos.Gelöscht**) setzen bzw. zurücknehmen.

Damit die Reservierungsdatei nicht zu umfangreich wird, ist es erforderlich, nicht mehr benötigte Reservierungen bzw. Reservierungspositionen periodisch zu prüfen und gegebenenfalls zu löschen. Dies können Sie mit einem Reorganisationsprogramm erreichen. Das Reorganisationsprogramm, aufgerufen über die SAP-Fiori-App **Reservierungen verwalten**, prüft ob die Bedarfstermine der Reservierungspositionen um eine bestimmte Anzahl von Tagen in der Vergangenheit liegen (hier 30 Tage). Ist dies der Fall, werden die Positionen zur Löschung vorgemerkt und in einem weiteren Verlauf physisch von der Datenbank gelöscht. Eine Archivierung der Belege ist nicht vorgesehen (siehe Abbildung 7.86).

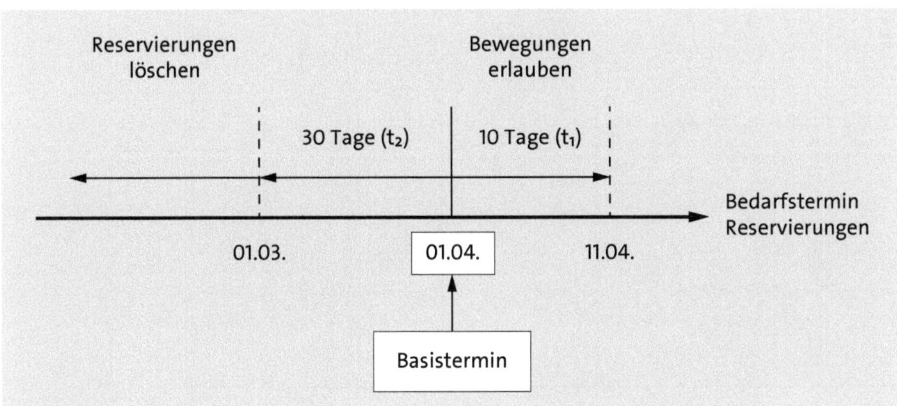

Abbildung 7.86 Zeitintervalle für das Verwaltungsprogramm

Reservierungspositionen, deren Bedarfstermine noch weit in der Zukunft liegen, dürfen zunächst nicht für Warenbewegungen verwendet werden. Der Report prüft, wann eine Reservierungsposition mit ihrem Bedarfstermin in einen definierten Zeithorizont kommt (hier 10 Tage), in dem Buchungen für die Reservierungspositionen erlaubt sind. Damit das SAP-System die Zeitintervalle berechnen kann, müssen Sie einen Basistermin als Bezugsgröße eingeben. Die Verwaltung von Reservierungen bezieht sich nur auf manuell angelegte Reservierungen (**MR-RES**), nicht aber auf die vom Dispositionslauf automatisch generierten Reservierungen (**AR-RES**).

Diese Einstellung von Tagen (**30** Tage im Feld **Verweildauer** und **10** Tage im Feld **Tage Bew. erlaubt**) für ein Werk finden Sie über den Customizing-Pfad **Materialwirtschaft • Bestandsführung und Inventur • Werksparameter** (siehe Abbildung 7.87).

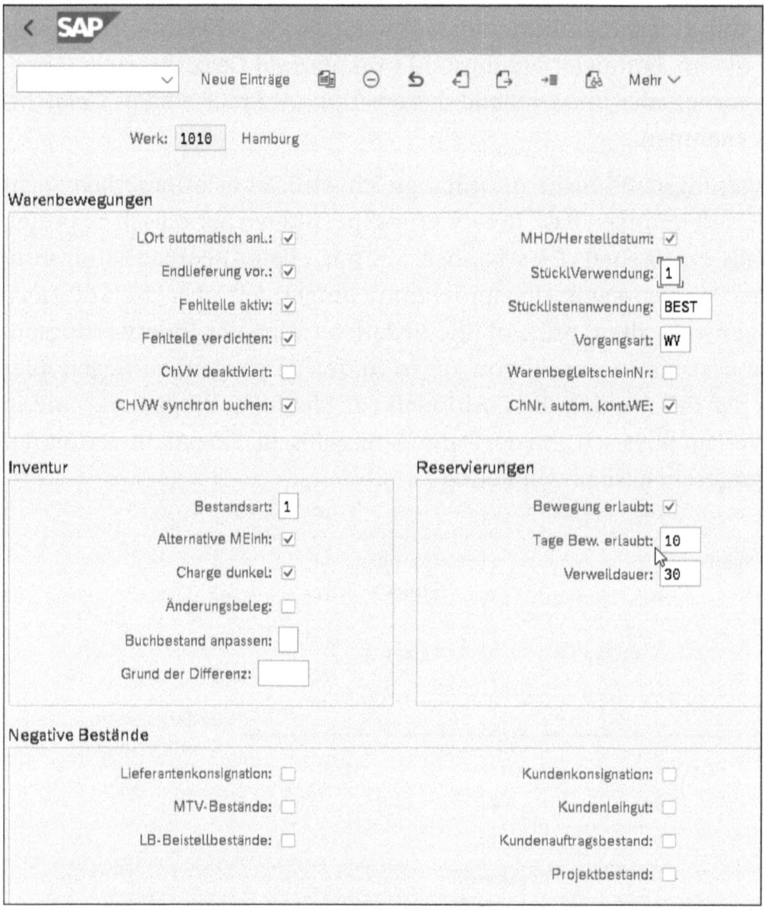

Abbildung 7.87 Einstellung der Tage für »Bewegung erlaubt« und das Feld »Verweildauer« für die Reservierungspositionen

7.4 Warenausgang

Ein Warenausgang ist ein physischer Abgang von Material aus dem Lager. Mit dem Warenausgang verringern sich der Materialbestand und die dispositiv verfügbare Menge. Bei jeder Warenbewegung erfolgt automatisch eine Verfügbarkeitsprüfung der Bestände (Werks-, Lagerort- und Sonderbestände), wenn es für das Material so vorgesehen ist. Die Verfügbarkeitsprüfung verhindert, dass der Buchbestand physischer Bestandsarten (z. B. frei verwendbarer Bestand) negativ wird. Wenn mehrere Materialentnahmen in einem Beleg erfasst werden (z. B. für unterschiedliche Kontierungen), prüft das SAP-System beim Erfassen jeder Position die Verfügbarkeit des Materials; es wird geprüft, ob die gewünschte Menge entnommen werden kann. Dabei werden die bereits für den Beleg erfassten, aber noch nicht gebuchten Positionen berücksichtigt. Bei nicht ausreichendem Bestand werden vom SAP-System Fehlermeldungen generiert. Bei einem Warenausgang von bewertetem Material werden, entsprechend der von Ihnen gewählten Bewegungsart, Materialbelege, Buchungsbelege und/oder Kostenrechnungsbelege erzeugt.

Es werden die folgenden Arten von Warenausgängen unterschieden:

- Materialentnahme für den Verbrauch an
  - Kostenstelle
  - Aufträge
  - Anlagen
  - Verkauf
  - Rücklieferung an Lieferanten
- Materialentnahme für
  - Verschrottung
  - Stichprobe

Warenausgänge für den Verbrauch können Sie nur aus dem frei verwendbaren Bestand, Warenausgänge für Verschrottung und Stichprobenentnahmen aus dem frei verwendbaren Bestand, dem Qualitätsprüfbestand und aus dem gesperrten Bestand buchen. Warenausgänge können mit oder ohne Bezug zu einem Referenzbeleg erfasst werden. Sie können somit sowohl geplant als auch ungeplant erfolgen. Die einzugebenden Daten hängen von der Art des Warenausgangs ab.

7.4.1 Warenausgang mit Bezug zu Referenzbelegen

Ein Warenausgang mit Bezug zu einem Referenzbeleg, man spricht dann von einem geplanten Warenausgang, hat den Vorteil, dass beim Erfassen des Warenausgangs die Daten aus dem Referenzbeleg in den zu erfassenden Beleg kopiert werden, die bei Bedarf geändert werden können. Dies ermöglicht eine Kontrolle der Daten und erleichtert deren Erfassung. Im Folgenden betrachten wir die Warenbewegung »Warenausgang mit Bezug auf eine Reservierung«. Damit Sie diese Warenbewegung ausführen können, muss für die Reservierungspositionen, auf die Sie Bezug nehmen möchten, die Bewegung erlaubt sein. Bei der Warenausgangsbuchung wird die entnommene Menge in der jeweiligen Reservierungsposition fortgeschrieben. Dies bedeutet, dass die reservierte Menge um die Entnahmemenge verringert und der dispositiv verfügbare Bestand aktualisiert wird. Entnehmen Sie die gesamte Menge einer Reservierungsposition, wird das Kennzeichen **Pos.abgeschl.** (endausgefasst) in dieser automatisch gesetzt. Wenn Sie eine Teilmenge entnehmen und keine weitere Warenbewegung zu dieser Reservierungsposition erwartet wird, können Sie das Kennzeichen **Pos.abgeschl.** manuell setzen.

Das Erfassen des Warenausgangs nehmen Sie über die SAP-Fiori-App **Warenbewegung buchen – MIGO** vor.

Fallbeispiel »Warenausgang mit Bezug zur Reservierung«

In diesem Beispiel zeigen wir Ihnen, welche Auswirkung eine Warenausgangsbuchung auf die Mengenentnahme der einzelnen Reservierungspositionen hat.

Die Daten der Reservierung, auf die bei der Warenausgangsbuchung referenziert wird, sind aus Abbildung 7.88 ersichtlich. Die Voraussetzung, dass für diese Positionen die Warenbewegung erlaubt ist, ist gegeben. Das Kennzeichen **Bewegung erlaubt** ist bei beiden Positionen gesetzt.

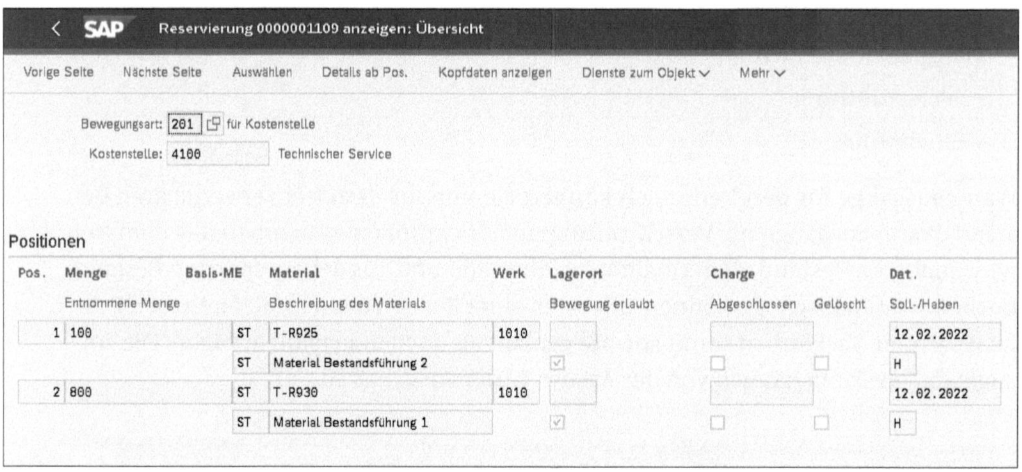

Abbildung 7.88 Reservierung vor der Warenausgangsbuchung

Sie rufen mit der SAP-Fiori-App **Warenbewegung buchen – MIGO** das Transaktionsbild auf und wählen im Aktionsfeld **A07 Warenausgang** und im Referenzbelegfeld

R09 Reservierung. Geben Sie die Reservierungsnummer der Reservierung ein, auf die Sie sich beziehen möchten.

Über die [↵]-Taste gelangen Sie in das Positionsbild. Es werden die Daten aus dem Referenzbeleg, hier **R09 Reservierung**, vorgeschlagen (siehe Abbildung 7.89). Sie können die Position(en) auswählen, zu denen der Warenausgang gebucht werden soll. Je Position können Sie Menge und Lagerort ändern. Ändern Sie die Menge der zweiten Position von 800 Stück in 400 Stück, und buchen Sie anschließend über die Schaltfläche **Sichern**.

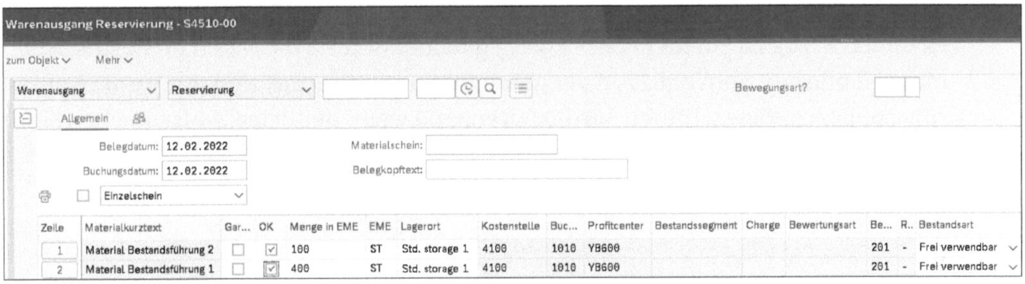

Abbildung 7.89 Warenausgang mit Bezug zur Reservierung

Die Warenausgangsbuchung bewirkt u. a., dass die Daten in der Reservierung fortgeschrieben werden. Zur Sicht des Datenbilds wählen Sie die SAP-Fiori-App **Reservierung anzeigen** (siehe Abbildung 7.90). Das Kennzeichen **Abgeschlossen** (endausgefasst) wurde in Position 2 nicht gesetzt, da nur eine Teilmenge (400 Stück) der reservierten Menge gebucht wurde. In Position 1 wurde es automatisch gesetzt, da die gesamte reservierte Menge gebucht worden ist.

Bei dieser Buchung werden die mengen- und die wertmäßige Fortschreibung im Material-, im Buchhaltungs- und im Kostenrechnungsbeleg festgehalten.

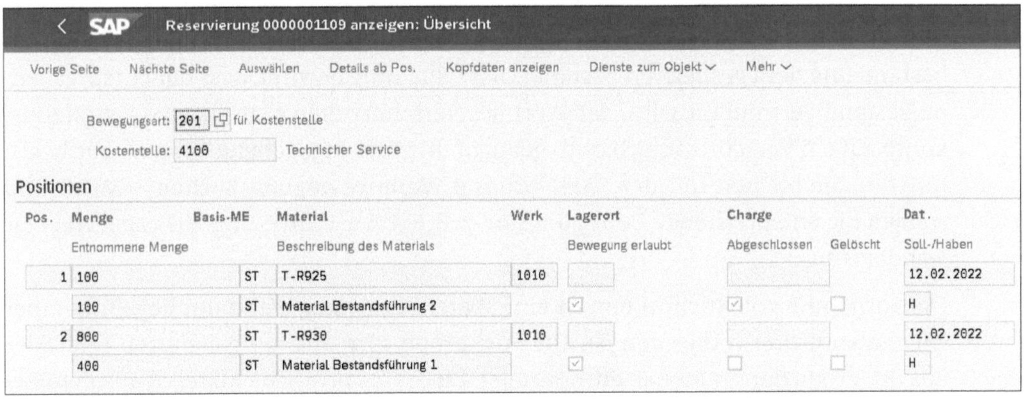

Abbildung 7.90 Reservierung nach Warenausgangsbuchung

7.4.2 Warenausgang ohne Bezug zu Referenzbelegen

Wenn kein Referenzbeleg vorhanden ist oder Sie ihn aus irgendeinem Grund nicht auf ihn beziehen möchten, können Sie den Warenausgang auch ohne Bezug erfassen. Dies kann z. B. bei dringend benötigtem Material, bei nicht geplantem Ausschuss oder bei einer Änderung der Lieferpriorität für den Kunden der Fall sein. Damit handelt es sich um einen ungeplanten Warenausgang.

Sie wählen sich über die SAP-Fiori-App **Warenbewegungen buchen** in das Transaktionsbild ein, und wählen im Aktionsfeld **A07 Warenausgang** und im Referenzbelegfeld **R10 Sonstige.** Geben Sie eine Bewegungsart für den avisierten Verbrauch ein. Da es keinen Bezug zu einem Referenzbeleg gibt, müssen Sie die Daten im Positionsbild manuell pflegen. Abhängig von der gewählten Bewegungsart müssen Sie die Kontierungsobjekte pflegen. Prüfen Sie die Daten, und wenn der Beleg OK ist, buchen Sie.

Tabelle 7.5 zeigt einige Bewegungsarten und das dazugehörige Kontierungsobjekt.

Bewegungsart	Verbrauch für	Kontierungsobjekt
201	Kostenstelle	Kostenstelle
241	Anlage	Anlagennummer
251	Verkauf	Kostenstelle
261	Auftrag	Auftragsnummer
291	alle Kontierungen	beliebiges Kontierungsobjekt

Tabelle 7.5 Bewegungsarten für den Warenausgang in den Verbrauch

Eine Verschrottung buchen Sie, wenn Sie von einem Material keinen Gebrauch mehr machen können. Dies kann der Fall bei Qualitätsverlust, bei Überlagerung, bei »nicht mehr dem technischen Stand entsprechend«, bei Transportschäden usw. sein. Verschrotten können Sie aus dem frei verwendbaren Bestand, dem Qualitätsprüfbestand und dem gesperrten Bestand. Diese Buchung bewirkt, dass der entsprechende Bestand vermindert wird, der Wert des verschrotteten Materials vom Bestandskonto auf ein Verschrottungskonto gebucht und die eingegebene Kostenstelle belastet wird. Sie buchen mit der SAP-Fiori-App **Warenbewegung buchen – MIGO** und wählen die entsprechende Bewegungsart, z. B. **551** (Verschrottung aus Lager frei verwendbar) aus.

Die Entnahme von Stichproben ist eine Warenbewegung, die in der Regel mit einer Qualitätsprüfung verbunden ist. Die Stichprobe wird aus der gelieferten und/oder aus der produzierten Menge entnommen. Da das zu prüfende Material aus dem Bestand entnommen wird, steht diese Menge eventuell für eine weitere Verwendung nicht mehr zur Verfügung. Dies entscheidet die Art der Prüfung: vernichtend oder nicht vernichtend.

Ist die Stichprobenprüfung vernichtend, wird davon ausgegangen, dass Sie das Material nach der Prüfung nicht mehr einsetzen können. Die Stichprobenentnahme kommt insofern dem Verbrauch bzw. einer Verschrottung des Materials gleich, nur dass der Wert des Stichprobenmaterials vom Bestandskonto auf ein Aufwandskonto der Qualitätsprüfung gebucht wird.

Sie buchen mit der SAP-Fiori-App **Warenbewegung buchen – MIGO** und wählen die entsprechende Bewegungsart aus, z. B. **333** (Stichprobe aus Lager frei verwendbar).

7.4.3 Bestandsfindung

Die Bestandsfindung bietet die Möglichkeit, anhand vordefinierter Einstellungen Strategien für eine Materialentnahme bei Warenausgängen und Umlagerungen/Umbuchungen zu hinterlegen. Diese Funktionalität betrifft mehrere Anwendungen und hat damit eine hohe integrative Bedeutung. Dabei ermittelt das SAP-System, ausgehend vom erfassten Materialbedarf, in welcher Reihenfolge aus welchen Lagerorten und Bestandsarten das gewünschte Material entnommen werden soll. Anhand vorher festgelegter Bestandsfindungsstrategien entscheidet das SAP-System, in Abhängig von Material, Werk und betriebswirtschaftlichem Vorgang über die Materialentnahme. Die Bestandsfindung können Sie automatisch im Hintergrund oder dialoggesteuert durchführen. Grundsätzlich sollten Sie jede Strategie gründlich ausarbeiten, in den Anwendungskomponenten sorgfältig konfigurieren und ausreichend testen, bevor Sie damit produktiv gehen.

Die Bestandsfindung können Sie für die folgenden Bestandsarten einsetzen:

- frei verwendbarer Bestand
- Lieferantenkonsignationsbestand
- Pipelinematerial
- Kundenauftragsbestand
- Projektbestand

Sie müssen für den Einsatz der Bestandsfindung die folgenden Einstellungen vornehmen:

1. Im Customizing legen Sie eine anwendungsübergreifende Strategie für die Bestandsfindung fest. Jede Strategie wird auf der Werksebene anhand einer Bestandsfindungsgruppe und einer Bestandsfindungsregel bestimmt. Diese Einstellung nehmen Sie über den Customizing-Pfad **Materialwirtschaft • Bestandsführung und Inventur • Bestandsfindung • Strategien für die Bestandsfindung definieren** vor.

Die Bestandsfindungsgruppe wird im Produktstamm auf der Werksebene im Abschnitt Allgemeine Daten eingetragen und steuert die materialbezogene Bestandsfindung.

Die Bestandsfindungsregel ordnen Sie im Customizing der Bewegungsart zu, mit der Sie den betriebswirtschaftlichen Vorgang ausführen möchten. Hierzu rufen Sie den folgenden Customizing-Pfad auf: **Materialwirtschaft • Bestandsführung und Inventur • Bestandsfindung • Bestandsfindungsregeln in den Anwendungen zuordnen • Bestandsführung.**

2. In der Anwendung geben Sie im Feld **Lagerort** das Zeichen * ein. Das SAP-System schlägt die zu entnehmenden Bestände vor, die Sie bei Bedarf ändern können.

In Tabelle 7.6 sind der Zusammenhang und die Kombinationsmöglichkeiten für die Bestandsfindung aufgeführt.

Material	Bestandsfindungs-gruppe	Bestandsfindungs-regel	Bewegungs-art	Bestandsstrategie
T-R920	BF01	MM01	201	1000/BF01/MM01
T-R925	BF02	MM01	201	1000/BF02/MM01
T-R930	BF01	MM02	221	1000/BF01/MM02

Tabelle 7.6 Bestandsfindungsstrategien

Sie erkennen, dass, abhängig vom Material, unterschiedliche Bestandsfindungsgruppen gefunden werden. Somit werden bei gleicher Bewegungsart und gleichen Bestandsfindungsregeln verschiedene Bestandfindungsstrategien ermittelt.

Andererseits wird jedoch für das gleiche Material bei einer anderen Bewegungsart eine neue Bestandsfindungsregel gefunden und damit auch eine andere Bestandsfindungsstrategie.

Zusammenfassend kann die folgende Aussage zur Bestandsfindung getroffen werden. Die Bestandsfindungsstrategie beschreibt, welche Bestände für den Vorgang infrage kommen (Sonderbestandskennzeichen, Lagerort), welche Präferenzen dabei zu berücksichtigen sind (Sortierkriterien) und welchen Vorrang diese Präferenzen beim Zusammentreffen mit anderen Strategien haben sollen.

7.4.4 Negative Bestände

Negative Bestände sind erforderlich, wenn aus organisatorischen Gründen Warenausgänge vor den entsprechenden Wareneingängen erfasst werden und das Material sich physisch bereits im Lager befindet. Wenn die Wareneingänge gebucht worden sind, muss der Buchbestand dem physischen Bestand wieder entsprechen, d. h., dass der Buchbestand nicht mehr negativ sein darf.

Wenn Sie mit negativen Beständen arbeiten, müssen Sie sicherstellen, dass zum Zeitpunkt der Inventur und zum Bilanzstichtag keine negativen Bestände mehr vorhanden sind.

Falls die erste Bewegung eines Materials ein Warenausgang ist, können Sie im Customizing der Bestandsführung das automatische Anlegen der Lagerortdaten bei Warenausgängen für Werk und Bewegungsart aktivieren.

Um mit negativen Beständen arbeiten zu können, müssen Sie die folgenden Schritte ausführen:

1. Im Customizing der Bestandsführung müssen Sie für den Bewertungskreis, das Werk und die Lagerorte das Kennzeichen **Neg.best.** (negative Bestände erlaubt) setzen. Diese Einstellungen nehmen Sie über den Customizing-Pfad **Materialwirtschaft • Bestandsführung und Inventur • Warenausgang/Umbuchungen • Negative Bestände erlauben** oder mit Transaktion OMJ1 vor.
2. Im Produktstammsatz der einzelnen Materialien im Abschnitt **Allgemeine Informationen** auf Werksebene müssen Sie das Kennzeichen **Neg. Bestände im Werk zulässig** setzen.

Negative Bestände sind in den Bestandsarten des frei verwendbaren Bestands und des gesperrten Bestands möglich. Für Sonderbestände sind negative Bestände bereits erlaubt, wenn dies im Bewertungskreis und für den betreffenden Sonderbestand im Werk aktiviert ist. Eine Aktivierung im jeweiligen Produktstammsatz ist nicht erforderlich.

Fallbeispiel »Erfassen und Bearbeiten negativer Bestände«

Im nachfolgenden Beispiel werden die Voraussetzungen, Einstellungen und Prozessschritte für Wareneingangsbuchungen, die zeitlich nach den Warenausgangsbuchungen erfasst werden, beschrieben. Dabei wird das Hauptaugenmerk auf die Bedeutung »negative Bestände zulassen« gelegt.

Es werden 10.000 Stück eines Materials geliefert und ohne Wareneingangsbuchung eingelagert. Dies bedeutet:

- physischer Bestand = 10.000 Stück
- Buchbestand = 0 Stück

Es werden 1.000 Stück aus dem Lager entnommen, und der Warenausgang wird im SAP-System sofort gebucht (siehe Abbildung 7.91).

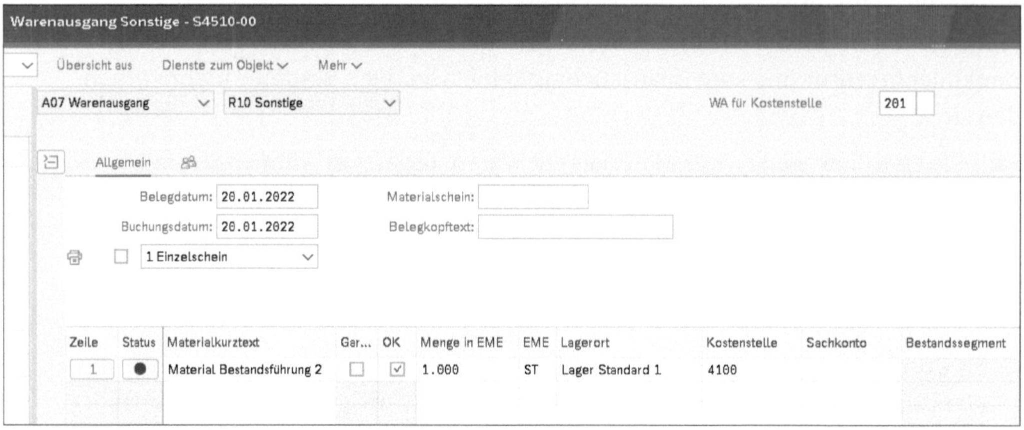

Abbildung 7.91 Warenausgangsbuchung

Das SAP-System erzeugt aufgrund des buchungsmäßig nicht vorhandenen Bestands eine Warnmeldung, die Sie mit der [↵]-Taste bestätigen, da Sie negative Bestände zulassen (siehe Abbildung 7.92).

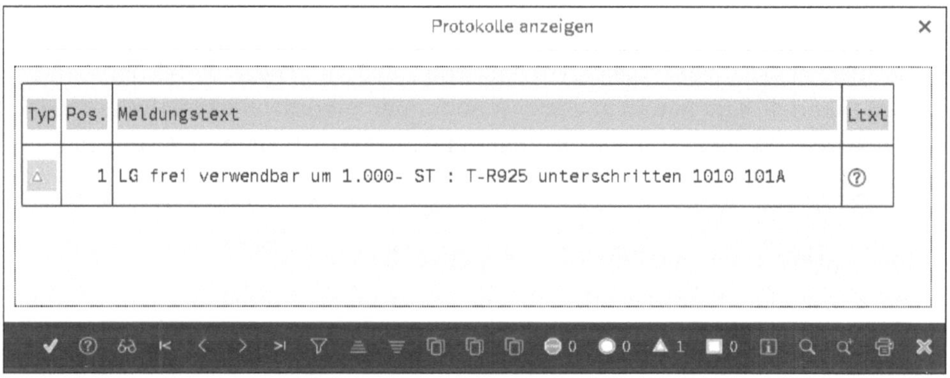

Abbildung 7.92 Warnmeldung bei Warenausgangsbuchung

Buchen Sie den Warenausgang. Das Ergebnis der Warenausgangsbuchung ist in Abbildung 7.93 dargestellt.

Damit ergibt sich Folgendes:

- Im physischen Bestand befinden sich 9.000 Stück.
- Im Buchbestand befinden sich 1.000 Stück.

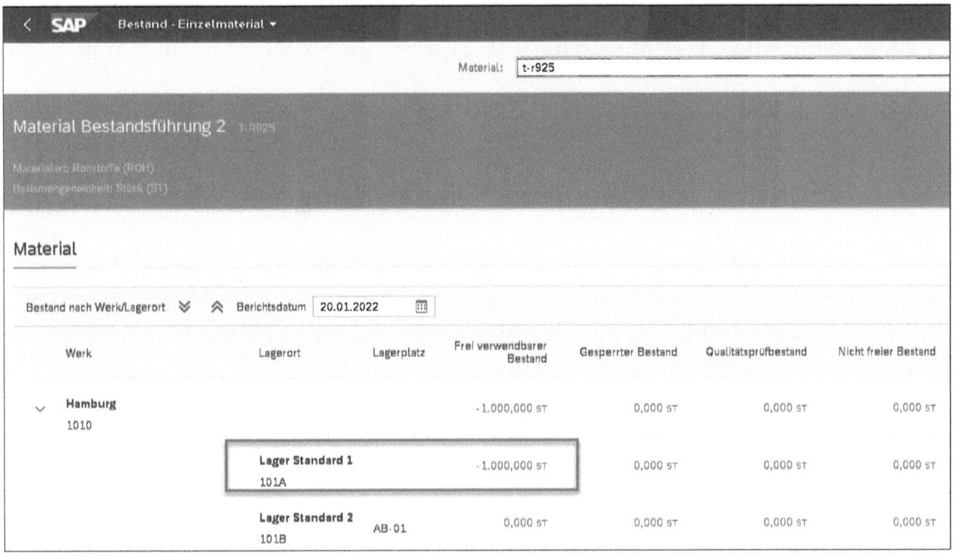

Abbildung 7.93 Bestandsübersicht nach Warenausgangsbuchung

Sie buchen den Wareneingang der schon physisch eingelagerten Menge (10.000 Stück). Das SAP-System verrechnet die schon entnommene Menge mit der Wareneingangsmenge (siehe Abbildung 7.94).

Damit lauten die Bestandszahlen wie folgt:

- Im physischen Bestand befinden sich 9.000 Stück.
- Im Buchbestand befinden sich 9.000 Stück.

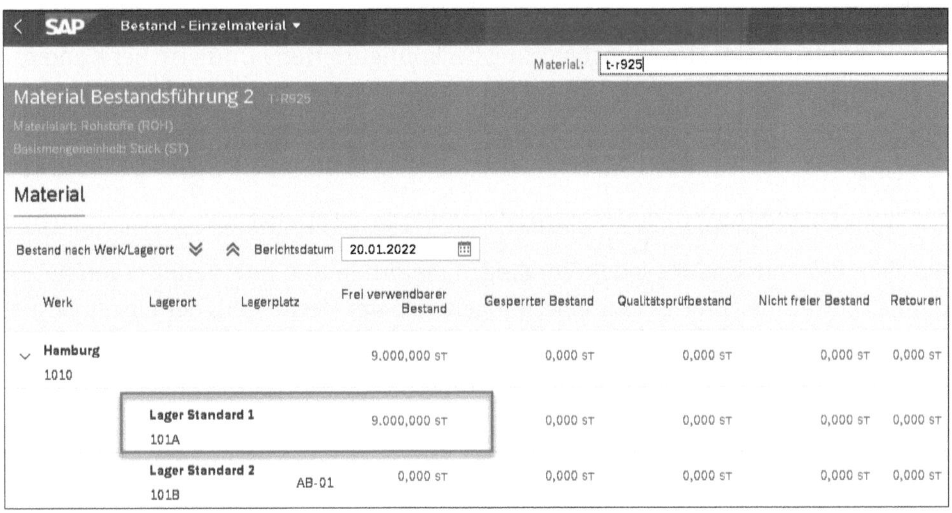

Abbildung 7.94 Bestandsübersicht nach Wareneingangsbuchung

Zusammenfassend kommen Sie zu dem Ergebnis, dass negative Bestände immer ein Zeichen dafür sind, dass physische Bewegungen im SAP-System buchungsmäßig noch erfasst werden müssen.

7.5 Bestandsfortschreibung und -auswertung

Bei der Erfassung der bestandsverändernden Vorgänge werden die Materialien mengen- und wertmäßig im SAP-System abgebildet. Die daraus in Echtzeit resultierende Bestandsfortschreibung können Sie auswerten, und somit haben Sie immer einen Überblick über die aktuelle Bestandssituation.

Sie können Bestände mengenmäßig wie folgt ermitteln:

- auf Mandanten- und Buchungskreisebene
- auf Werks- und Lagerortebene
- auf Chargen- und Sonderbestandsebene

Sie können auswerten:

- geplante Zu- und Abgänge
- reservierte Bestände
- Sonderbestände
- Bestände in den verschiedene Bestandsarten
- usw.

Bei der wertmäßigen Führung der Bestände werden die folgenden Daten fortgeschrieben:

- Sachkonten in der Finanzbuchhaltung bei konfigurierter automatischer Kontenfindung
- Kontierungsdaten in der Kostenrechnung – heute Bestandteil vom Buchungsbeleg
- Wertfortschreibung in den Materialstammdaten – nur Anzeige

Bei allen bestandsverändernden Vorgängen (externen und internen) werden neben dem Nachweis der physischen Bewegungen und der Verfolgung der einzelnen Bestände auf der Werks- bzw. Lagerortebene Belege erstellt. Diese Belege dienen als Nachweis der Bewegung und bilden die Mengen- und Wertfortschreibung ab.

Es gibt eine Vielzahl von Apps, die Sie zur Auswertung von Bestandsdaten nutzen können. Nachfolgend finden Sie einen exemplarischen Auszug aus den zur Verfügung stehenden Apps für Listen (siehe Abbildung 7.95) und Analysen (siehe Abbildung 7.96).

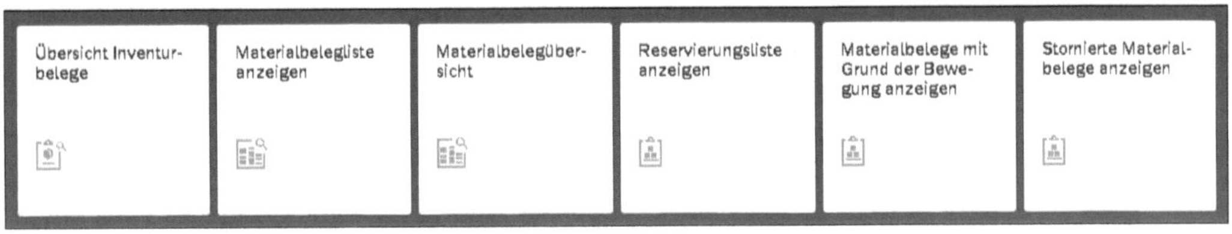

Abbildung 7.95 SAP-Fiori-Apps zu Listen

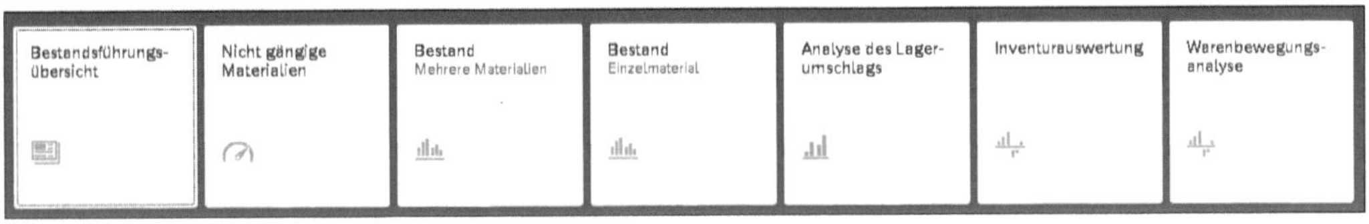

Abbildung 7.96 SAP-Fiori-Apps zu Analysen

In Tabelle 7.7 sind zu einigen Anforderungen ausgewählte SAP-Fiori-Apps und ihre Bedeutung dargestellt.

Anforderung	SAP-Fiori-App	Bedeutung
Listanzeigen Belege	**Materialbelegübersicht**	Materialbelegliste
	Materialbelegliste anzeigen	Materialbelege anzeigen – »alte« Transaktion MB51
	Stornierte Materialbelege anzeigen	Stornierte Materialbelege – »alte« Transaktion MBSM
	Reservierungsliste anzeigen	Reservierungsliste anzeigen – »alte« Transaktion MB25
Warenbewegungsanalyse		Analyse der Warenbewegungen mit Möglichkeiten der Anpassung und Absprung zu weiteren Apps.
Bestandsanzeigen	**Bestand Einzelmaterial**	Bestandsübersicht über alle Organisationsebenen
	Materialdeckung ermitteln	Aktuelle Bedarfs-/Bestandsliste
	Bestand mehrere Materialien	Lagerbestände zum Material anzeigen
	Lagerbestand anzeigen	Lagerbestände zum Material anzeigen – »alte« Transaktion MB52

Tabelle 7.7 SAP-Fiori-Apps zur Bestandsauswertung

Anforderung	SAP-Fiori-App	Bedeutung
Bestandsanzeigen	**Lohnbearbeitungsbestände beim Lieferant anzeigen**	Transaktion Lohnbearbeitungscockpit
	Überfällige Materialien Transitbestand	überfällige Materialien im Transitbestand
Auskunft	**Produktstammdaten verwalten**	Produktstamm verwalten
	Geschäftspartner verwalten	Geschäftspartner anzeigen/ändern und anlegen
Übersichten	**Bestandsführungsübersicht**	Übersicht zur Bestandsführung mit Möglichkeit des Absprungs zu Standardanalysen wie Bestandswert nach Sonderbestand, Bestandswert nach Bestandsart, Lagerdurchsatzhistorie usw.
	Bestandsbearbeitungsübersicht	Übersicht über die Bestandsbearbeitung mit der Möglichkeit des Absprungs zu Listen – Anlieferungsliste, Auslieferungsliste und weitere Listen sowie zur Analyse der Lagerdurchsatzhistorie.

Tabelle 7.7 SAP-Fiori-Apps zur Bestandsauswertung (Forts.)

[»]

SAP-Fiori-App »Bestandsübersicht anzeigen«

Bei dieser SAP-Fiori-App handelt es sich um die »alte« Transaktion MMBE. Da in den neuen Bestandsübersichten noch nicht alle Funktionen verfügbar sind, sollen die Möglichkeiten der »alten« Transaktion wie Selektionsvarianten, Anzeigeversion und der Absprung in weitere Auswertungen hier noch beschrieben werden.

Wir möchten Ihnen anhand der SAP-Fiori-App **Bestandsübersicht anzeigen** die wichtigsten, Ihnen zur Verfügung stehenden Funktionen erläutern.

In der Bestandsübersicht erhalten Sie einen Überblick über die Bestände eines Materials über alle Organisationsebenen.

Dafür wählen Sie die SAP-Fiori-App **Bestandsübersicht anzeigen**. Dort gelangen Sie in das Selektionsbild **Bestandsübersicht: Buchungskreis/Werk/Lager/Charge** (siehe Abbildung 7.97).

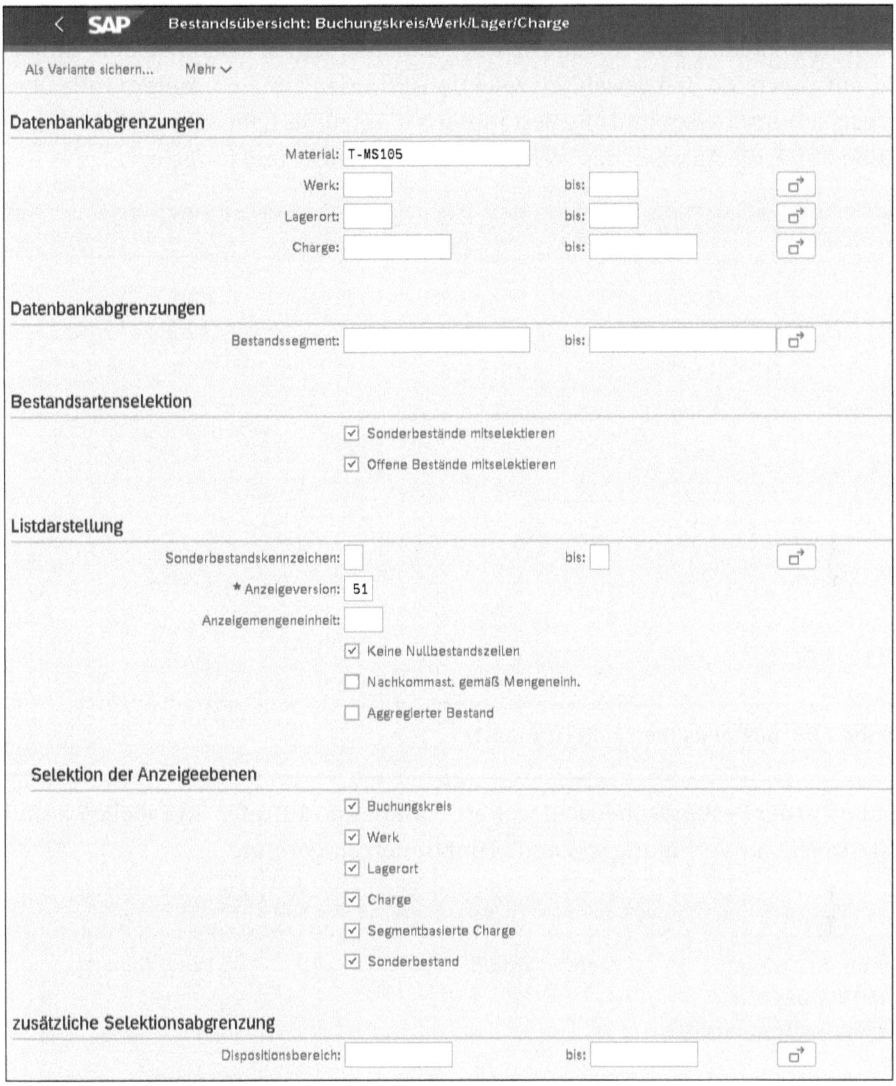

Abbildung 7.97 Bestandsübersicht: Selektionsbild

Geben Sie in die Felder im Bereich **Datenbankabgrenzungen** die für Ihre Auswertung gewünschten Selektionskriterien ein. Sie können wählen, ob Sie die Selektion als Einzel-, Intervall- oder Mehrfachselektion ausführen möchten. Geben Sie weitere Selektionskriterien ein. Sie können für diese Selektionseinträge eine Anzeigevariante festlegen. Wählen Sie hierzu die Schaltfläche **als Variante sichern**, vergeben Sie einen Variantennamen und die Bedeutung. Bei Bedarf legen Sie noch Objekte des Selektionsbildes fest und sichern anschließend die Variante. Über **Mehr • Springen • Varianten • holen** können Sie die gespeicherten Selektionseinträge aufrufen und die Selektion starten.

Klicken Sie auf die Schaltfläche **Ausführen**, und Sie gelangen in das Bild **Bestandsübersicht: Grundliste** (siehe Abbildung 7.98), die Ihnen einen Überblick über die Bestände, entsprechend den gewählten Selektionskriterien gibt, in unserem Falle über alle Organisationsebenen und alle Bestandsarten. Letzteres haben Sie im Feld **Anzeigeversion** durch die Auswahl des Wertes **51** (alle Bestandsarten) festgelegt.

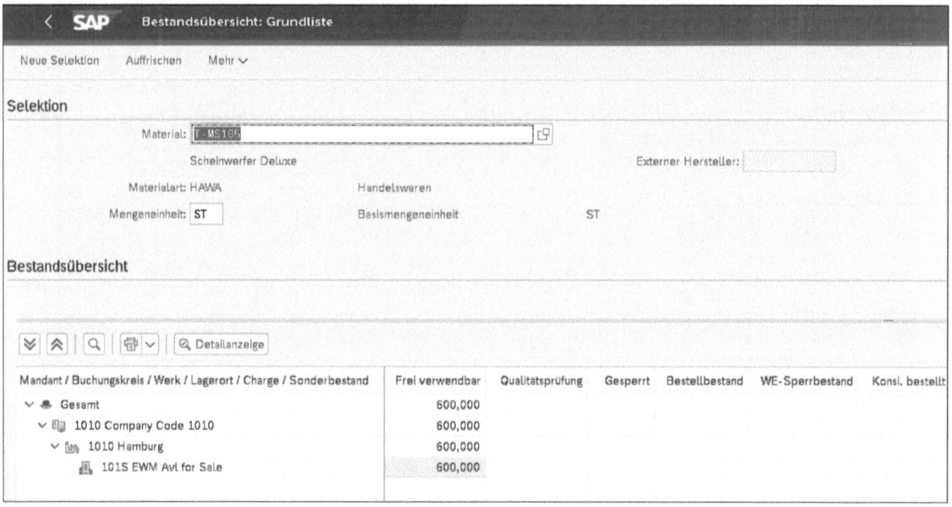

Abbildung 7.98 Bestandsübersicht: Grundliste

Sie können in der Bestandsübersicht weitere Funktionen aufrufen. In Tabelle 7.8 sind wichtige Ihnen zur Verfügung stehende Funktionen aufgeführt.

Funktion	Schaltfläche	Selektion
Absprung zu anderen Auswertungsreports, z. B. Bedarfs-/Bestandsliste	**Mehr • Umfeld**	ab Werk abwärts
Alternative Mengeneinheiten, Material anzeigen	**Mehr • Zusätze**	für alle Organisationsebenen möglich
Bestände in Alternativmengeneinheit anzeigen	**Neue Selektion**	in das Feld Mengeneinheit die Alternativmengeneinheit eingeben
Bestand einer bestimmten Organisationsebene anzeigen	Cursor auf der gewünschten Organisationsebene positionieren und einen Doppelklick auf die Organisationsebene ausführen	für alle Organisationsebenen möglich

Tabelle 7.8 Funktionen in der Grundliste

Funktion	Schaltfläche	Selektion
Ebenen (Teilbaum) komprimieren/expandieren	**komprimieren, expandieren**	für alle Organisationsebenen möglich
Anzeigen von Bestandsarten außerhalb des angezeigten Bildbereichs	Scrollbalken (horizontal oder vertikal) verwenden oder einen Doppelklick auf die Bestandsartenzeile ausführen	für alle Organisationsebenen möglich
Bestandsübersicht für ein anderes Material aufrufen	**Neue Selektion**	Eingabe des neuen Materials
Neue Bestandssituation für das gleiche Material aufrufen	**Auffrischen**	keine Eintragsänderung

Tabelle 7.8 Funktionen in der Grundliste (Forts.)

Über den Katalog SAP_TC_PRC_IM_BE_APPS (SAP Procurement Inventory Management – Classic Apps) steht auch weiterhin der Zugriff auf »alte« Transaktionen mittels SAP-Fiori-Apps zur Verfügung (siehe Abbildung 7.99). Dazu gehören u. a.:

- MBBU (Analyse Umrechnungsdifferenzen)
- MB5L (Bestandswertliste)
- MB5K (Konsistenzprüfung)
- MBPM (gemerkte Daten verwalten)

Abbildung 7.99 SAP-Fiori-Apps im Katalog SAP_TC_PRC_IM_BE_APPS

Bei den Reports, die mit dem SAP List Viewer (ALV) arbeiten, können Sie eine Anzeigevariante erstellen. Sie können die in den Standardlayouts angebotenen Informationen bearbeiten, d. h. Daten ausblenden, Daten einblenden, Datenfelder sortieren usw. Sie erstellen ein Layout, das genau die Informationen enthält, die für Sie und Ihren Aufgabenbereich relevant sind. Sie können die Anzeigevariante benutzerspezifisch anlegen oder allen Benutzern zugänglich machen.

7.6 Materialbewertung

Für die logistischen Prozesse selbst ist eine Materialbewertung nicht notwendig, aber für die Bilanzierung der Materialbestände in der Finanzbuchhaltung unabdingbar.

In diesem Abschnitt möchten wir Ihnen zeigen, wo Sie die Wertansätze für Materialien finden, wie diese fein gesteuert werden können und wo sie sich auswirken.

Zunächst beschäftigen wir uns grundsätzlich mit der Materialbewertung im SAP-System, um Ihnen anschließend die wichtigsten Bewertungsprinzipien in verschiedenen Rechtsgebieten sowie eine Sonderform der Bewertung – die getrennte Bewertung – vorzustellen.

7.6.1 Preise

Ein wesentliches Element der Materialbewertung ist der Preis. Dabei gibt es grundsätzlich zwei verschiedene Arten von Preisen: den gleitenden Durchschnittspreis und den Standardpreis.

Gleitender Durchschnittspreis

Der gleitende Durchschnittspreis resultiert aus den Preisen, die beim Einkauf von Materialien und Waren mit den Lieferanten vereinbart wurden. Je Wareneingang wird Material in einer gewissen Menge zum aktuell vereinbarten Preis zugebucht. Der gleitende Durchschnittspreis (V-Preis) ergibt sich dann, als Durchschnittspreis gerechnet, auf den gesamten Materialbestand. Bei steigenden Marktpreisen für ein Material ist dieses dabei tendenziell zu niedrig bewertet. Bei sinkenden Marktpreisen hätten Sie hier eine zu hohe Bewertung des gesamten Materialbestands.

In der Betriebswirtschaft kennt man deshalb zwei Methoden, die zu einer jeweils passenderen Bewertung führen sollen:

Die FIFO-Methode (First In – First Out) und die LIFO-Methode (Last In – First Out). Beide Methoden werden in Abschnitt 7.6.3, »Bewertungsprinzipien«, ausführlich beschrieben.

Beim Verfahren des gleitenden Durchschnittspreises wird nach jedem Waren- oder Rechnungseingang bzw. nach jeder Auftragsabrechnung ein neuer Materialpreis errechnet. Dieser ergibt sich nach der folgenden Formel:

$$\textit{V-Preis}_{neu} = (\textit{Bestand} \times \textit{V-Preis}_{alt} + \textit{Bestellmenge} \times \textit{Bestellpreis}) \div (\textit{Bestand} + \textit{Bestellmenge})$$

Fallbeispiel: Bestellpreis weicht vom gleitenden Durchschnittspreis ab

Das folgende Beispiel soll dies noch einmal verdeutlichen:

1. **Ausgangssituation**
   Angenommen sei die in Abbildung 7.100 erkennbare aktuelle Bewertungssituation. Das Material wurde demnach mit einem V-Preis von 89,63 EUR/Stück bewertet. Der Gesamtbestand beträgt 1.000 Stück und der Gesamtwert 89.630,00 EUR.

Abbildung 7.100 Materialbewertung vor Wareneingang

2. **Wareneingang und Ergebnis**
   Es folgt nun ein Wareneingang zur Bestellung mit einer Bestellmenge von 5.000 Stück und einem Bestellpreis von 84,15 EUR/Stück. In Abbildung 7.101 ist das Ergeb-

nis der durch die Wareneingangsbuchung beeinflussten neu berechneten V-Preise eingetragen. Dieses wurde entsprechend der o. g. Formel wie folgt berechnet:

$V\text{-}Preis_{neu}$ =
(1.000 St. × 89,63 EUR/St. + 5.000 St. × 84,15 EUR/St.) ÷ (1.000 St. + 5.000 St.)
= 85,06 EUR/St.

Bei einem abweichenden Rechnungspreis wird der V-Preis wieder neu berechnet.

Der Gesamtbestand beträgt nun 6.000 Stück, und der Gesamtwert beträgt 510.380,00 EUR. Der nun ausgewiesene neue V-Preis wird im Hintergrund mit mehr als 2 Nachkommastellen geführt und beträgt 85,06333 EUR. Die Darstellung erfolgt, kaufmännisch gerundet, in der Sicht **Buchhaltung 1** mit 85,06 EUR.

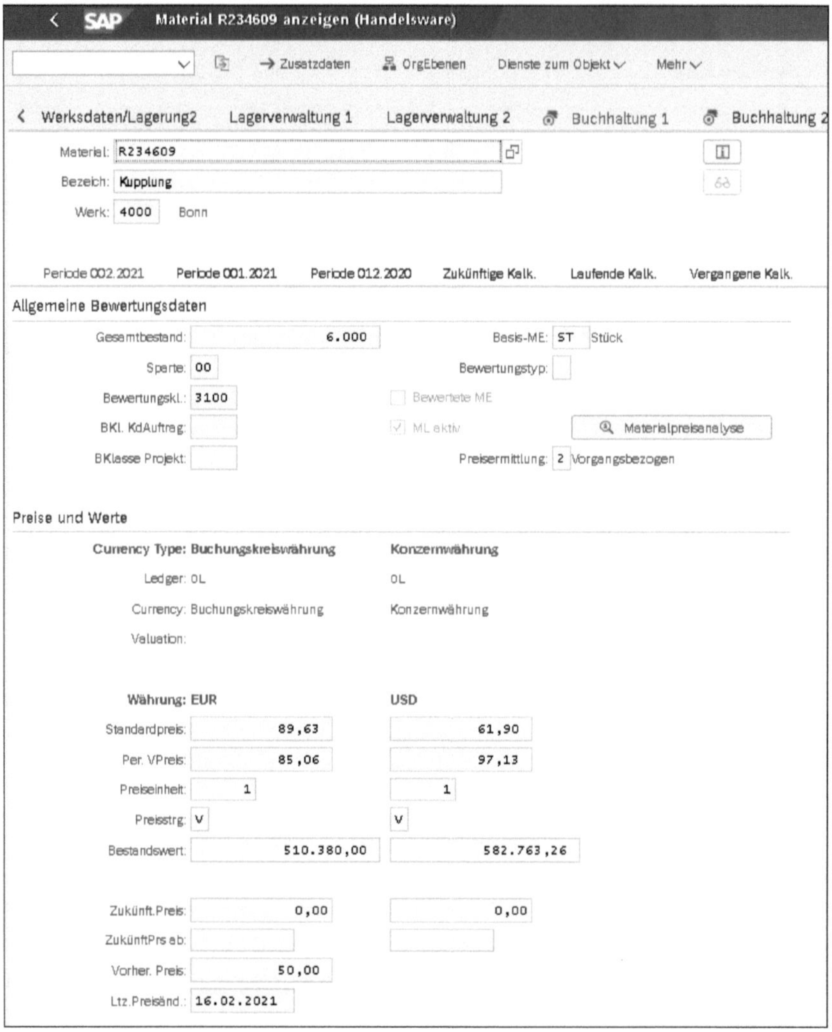

Abbildung 7.101 Materialbewertung nach Wareneingang

[«]

Merkmale der V-Preissteuerung

Bei der V-Preissteuerung sind die folgenden Besonderheiten zu beachten:

- Die Zugänge werden mit den Zugangswerten (aus Wareneingängen oder Rechnungen) bewertet.
- Zeitnahe Abweichungen (Preisschwankungen) werden in den Bestand gebucht.
- Der Preis im Materialstamm passt sich den Einstandspreisen (Zugangspreisen) an.
- Abgänge werden im Allgemeinen mit dem aktuellen Materialpreis bewertet.
- Für die Kostenrechnung bzw. das Controlling unterliegen die Auswertungsdaten damit Preisschwankungen.
- Preisschwankungen können nicht den gefertigten Erzeugnissen höherer Stufen (S-Preis) nachbelastet werden.
- Es erfolgt nur in Ausnahmefällen eine Buchung auf das Konto »Aufwand/Ertrag aus Preisdifferenzen«.
- Fehlbewertungen sind bei verzögertem Rechnungseingang mit Abweichungen möglich.
- Materialpreise können bei Bedarf (im Allgemeinen zum Periodenwechsel) geändert werden. Der Gesamtbestand des Bewertungskreises wird dadurch umbewertet.

[«]

Vor- und Nachteile der Bewertung mit gleitendem Durchschnittspreis

Der Vorteil der Bewertung mit gleitenden Durchschnittspreisen ist, dass Abweichungen, die durch abweichende Bezugspreise bei fremdbeschafften Materialien entstehen, sowie Abweichungen, die bei der Produktion von eigengefertigten Materialien (z. B. durch einen Mehrverbrauch an Rohstoffen) auftreten, zu einer Aktualisierung des Materialpreises führen und gleichzeitig eine entsprechende Veränderung des Materialbestandswertes bewirken.

Nachteilig ist es, dass der Preis, zu dem der Materialverbrauch gebucht wird, zeitabhängig ist. Wird z. B. der Warenausgang vor dem Buchen des Rechnungseingangs gebucht, fließt der Rechnungswert nicht in den Wert des entnommenen Materials ein. Das Material wird somit nicht zu seinen tatsächlichen Beschaffungskosten bewertet.

Standardpreis

Der Standardpreis ist ein für einen Zeitraum fester Preis für ein Material. Dabei meint Zeitraum hier nicht, dass von vornherein eine zeitliche Gültigkeit eines Preises festgelegt wurde. Der Standardpreis gilt vielmehr ab einem bestimmten Stichtag bis zu dem Zeitpunkt, an dem ein neuer Standardpreis gesetzt wird.

Der Standardpreis wird auch S-Preis genannt und ist unabhängig von den Zugängen zum Materialbestand. S-Preise werden im Rahmen von Materialkalkulationen ermittelt und in die Materialstammsätze fortgeschrieben. Dabei lässt das SAP-System auf diesem Weg nur eine einmalige Aktualisierung pro Monat zu. In der Regel wird der Standardpreis zum Monatsanfang jeweils neu kalkuliert, um Änderungen in der Kostenstruktur (wechselnde Einstandspreise von Rohmaterialien, geänderte Fertigungsbedingungen) im Preis abzubilden.

Standardpreise können auch manuell im Stammsatz gesetzt oder geändert werden. Dies ist eine Möglichkeit, wenn aufgrund von falscher Stammdatenpflege in den Materialkalkulationen falsche Preise ermittelt wurden, die nicht über die ganze Periode beibehalten werden sollen. Auch fehlerhafte Preiseinheiten (Preis pro 1.000 Stück statt Preis pro 100 Stück) können so korrigiert werden.

[»]

Merkmale der S-Preissteuerung

Die S-Preissteuerung weist die folgenden Merkmale auf:

- Sämtliche Bestandsbuchungen erfolgen zum Standardpreis.
- Die Preise bleiben über mindestens eine Periode konstant.
- Alle Abweichungen zum Standardpreis werden auf das Konto »Aufwand/Ertrag aus Preisdifferenzen« gebucht.
- Preisschwankungen belasten nicht die Kostenträger (z. B. Aufträge), also handelt es sich um konsistentes Controlling.
- Preisdifferenzen können den Endbeständen sowie den verbrauchten Erzeugnissen (Verkauf, Entnahme für die Produktion) nicht nachbelastet werden.
- Für die Kostenrechnung bzw. das Controlling stehen exakte Werte für die Auswertungen zur Verfügung.
- Eine Kalkulation der Standardpreise mit Komponentenschichtung ist möglich.
- Die Abweichungen des Standardpreises zu den Einstandspreisen sind als Informationen in der Buchhaltungssicht sichtbar.
- Materialpreise können bei Bedarf (im Allgemeinen zum Periodenwechsel) geändert werden. Der Gesamtbestand des Bewertungskreises wird dadurch umbewertet.

Abbildung 7.102 zeigt die unterschiedliche Herkunft von V- und S-Preis und stellt den Zusammenhang zwischen Materialpreis, Bestandsmenge und Bestandswert dar.

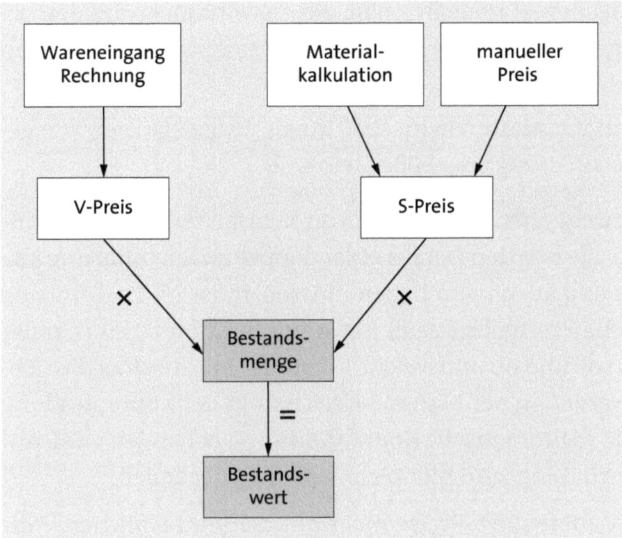

Abbildung 7.102 Berechnung des Bestandswertes

Grundsätzlich gilt, dass der Gesamtbestand eines Materials immer zum Materialpreis gemäß der Preissteuerung bewertet wird. Dies gilt für beide Preisarten. Dennoch gibt es einige Unterschiede, die wir hier kurz erwähnen:

- **V-Preis**
  Der V-Preis wird mit jedem Materialzugang neu bestimmt. Eine Neubewertung des Materialbestands findet hier in aller Regel nicht statt.
- **S-Preis**
  Der S-Preis ist – wie bereits dargestellt – so lange stabil, bis es einen neuen S-Preis gibt. Dies hat zur Folge, dass jede Änderung des Standardpreises zu einer Neubewertung des kompletten Bestands des betreffenden Materials führt!

  Auf der anderen Seite werden aber alle Materialzugänge ins Lager oder in einen Kundeneinzelbestand zunächst mit dem Standardpreis bewertet, auch wenn im konkreten Fertigungsauftrag erheblich höhere Kosten als die kalkulierten Kosten angefallen sind. Da die Fertigungsaufträge grundsätzlich alle Kosten weitergeben, führt dies dazu, dass die Differenzen als Preisdifferenzen auf separaten Sachkonten gebucht werden.

Das Rechnungswesen muss in der Bilanz alle Vermögenswerte eines Unternehmens vollständig darstellen. Zu diesen zählt auch der Materialbestand, seien es Roh-, Hilfs- und Betriebsstoffe, Zwischenfabrikate auf den verschiedenen Fertigungsstufen oder Fertigfabrikate. Die hierzu benötigten Informationen werden aus der Materialwirtschaft direkt an das Rechnungswesen über eigene Belege übergeben. Dies hat Folgendes zur Konsequenz:

- Für jede Warenbewegung in der Materialwirtschaft, die Auswirkungen auf den Bestand hat (Zu- oder Abgänge), müssen Belege über die wertmäßigen Änderungen an die Buchhaltung übergeben werden.
- Für jede Warenbewegung in der Materialwirtschaft muss festgelegt sein, wie genau die Übergabe an die Buchhaltung abgebildet sein soll.

Da die Erfassung der Warenbewegungen im Regelfall von Mitarbeiterinnen und Mitarbeitern vorgenommen wird, die von den Details einer doppelten Buchführung keine tieferen Kenntnisse haben und auch nicht haben müssen, muss im Customizing der Materialwirtschaft z. B. genau festgelegt sein, mit welchen Konten wann in der Buchhaltung gebucht werden soll und ob und welche Vorsteuer im Einzelfall die richtige ist. Diese Einstellungen werden in der Materialwirtschaft in der Kontenfindung eingestellt, die in Abschnitt 7.8, »Automatische Kontenfindung«, behandelt wird. Auf die Einzelheiten der Vorsteuerfindung wird hier nicht weiter eingegangen.

Im Einzelfall stimmen insbesondere die S-Preise nicht mit dem tatsächlichen Wert der Materialien überein. Bei Materialien mit V-Preissteuerung sind Preisanpassungen nur in Ausnahmefällen erforderlich. Ein Beispiel wäre hier, wenn für ein Material über einen längeren Zeitraum keine Bewegungen stattgefunden haben und die aktuellen Marktpreise deutlich unter den Einkaufspreisen zum Zeitpunkt des Materialbezugs liegen.

Bei einem Material mit S-Preissteuerung kann es notwendig sein, den aktuellen Bewertungspreis zu ändern, wenn der gleitende Preis, der die Entwicklung der Einstandspreise widerspiegelt, zu sehr vom Standardpreis abweicht. Der Anpassungsbedarf kann aber auch aus einem Eingabefehler bei manueller S-Preispflege oder aus einem Kalkulationsfehler resultieren. Kalkulationsfehler finden sich häufig nach dem Produktionsstart mit einem SAP-System, sollten aber im Laufe der Zeit deutlich weniger werden. Immer, wenn solche fehlerhaften Preise bekannt werden, sollten Sie umgehend korrigiert werden. Wie dies funktioniert, stellen wir Ihnen im folgenden Abschnitt vor.

7.6.2 Preisänderungen und Umbewertungen

Preisänderungen in der SAP-Komponente MM führen unmittelbar zu einer Umbewertung des gesamten Bestands an dem Material, für das die Preisänderung vorgenommen wird. Wir zeigen die Preisänderung nachfolgend an einem Beispiel. In Abbildung 7.103 sehen Sie das Material R234608 aus Werk 4000 mit seinem aktuellen Standardpreis von 168,57 EUR. Der Gesamtbestand des Materials beträgt 1.000 Stück und ist daher insgesamt 168.570,00 EUR wert.

Abbildung 7.103 Material vor Preisänderung

Nun stellt sich aber heraus, dass der Standardpreis nicht 168,57 EUR betragen darf, sondern 375,31 EUR betragen muss. Eine zeitnahe Preisänderung ist erforderlich, damit nicht weiterhin bei der Abrechnung von Fertigungsaufträgen aus der Produktion hohe Preisabweichungen verbucht werden. Denn Preisabweichungen müssen im Controlling regelmäßig begründet werden und sorgen dort für einen hohen Zeitaufwand.

Business Catalog und Business Role

Die nachfolgend gezeigten Apps sind dem Business Catalog `SAP_CMD_BC_PR_MAINT` (Stammdaten – Produkt) und der Berechtigungsrolle `Z_BR_PRODMASTER_SPECIALIST` (Master Data Specialist – Product Data) zugeordnet. Gezeigt wird die Kachelgruppe **Produktstamm**.

Für die Preisänderung wählen Sie im Menü des SAP GUI den Pfad **Logistik • Materialwirtschaft • Bewertung • Materialpreisänderung • Materialpreise ändern** oder Transaktion MR21. In Abbildung 7.104 sehen Sie die Kachelgruppe **Produktstamm**. Markiert ist dort die App zur Materialpreisänderung.

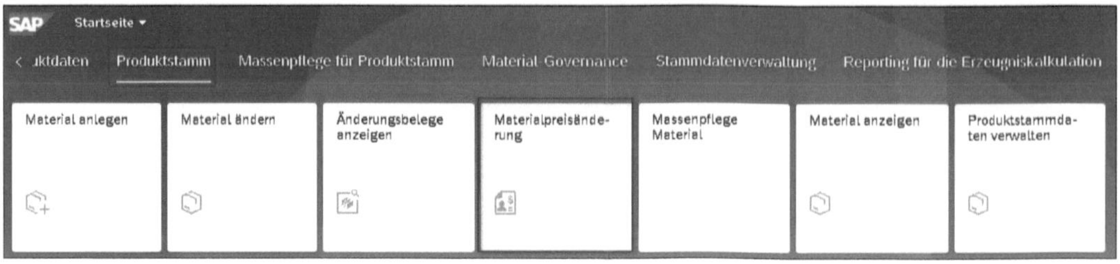

Abbildung 7.104 Kachelgruppe »Produktstamm« (SAP-Fiori-App »Materialpreisänderung«)

Im Einstiegsbild der transaktionalen SAP-Fiori-App **Materialpreisänderung** in Abbildung 7.105 müssen das Buchungsdatum (das SAP-System schlägt hier das aktuelle Tagesdatum vor), der Buchungskreis und das Werk eingetragen werden.

Im Feld **Referenz** können Sie gegebenenfalls eine Information hinterlegen, die Ihnen dabei hilft, den Grund der Preisänderung auch im Nachhinein noch zu verstehen. Der Inhalt sollte in Ihrem Unternehmen als Standard vereinbart werden. Auch das Feld **Belegkopftext** dient der internen sowie der externen Information im Beleg. Beide Felder werden auch an das Rechnungswesen weitergereicht.

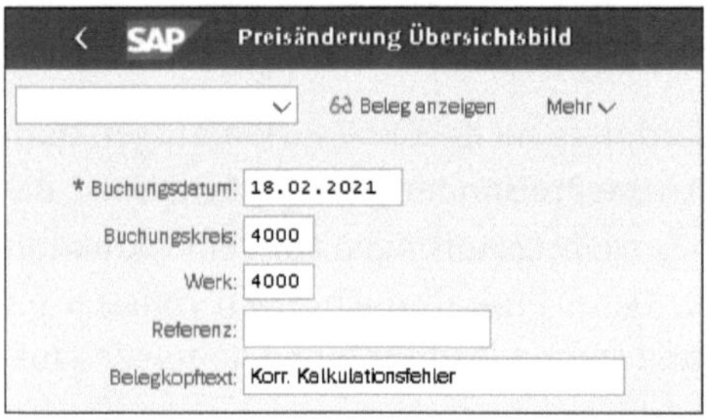

Abbildung 7.105 Preisänderung: Einstiegsbild

In Abbildung 7.106 sehen Sie das Bild, in das die Preisänderung eingegeben wird. Sie müssen lediglich die folgenden Felder ausfüllen:

- **Material**
- **Neuer Preis**
- **Neue Preiseinheit** (nur bei Korrektur der Preiseinheit)

Nach dem Betätigen der [↵]-Taste erscheint die Preisänderung in der in Abbildung 7.106 gezeigten Form, d. h., dass einige Felder gesperrt sind und Informationen zum Material aus dem Materialstammsatz enthalten. Die zu ändernden Felder – **Neuer Preis** und gegebenenfalls **Neue Preiseinheit** – sind eingabebereit.

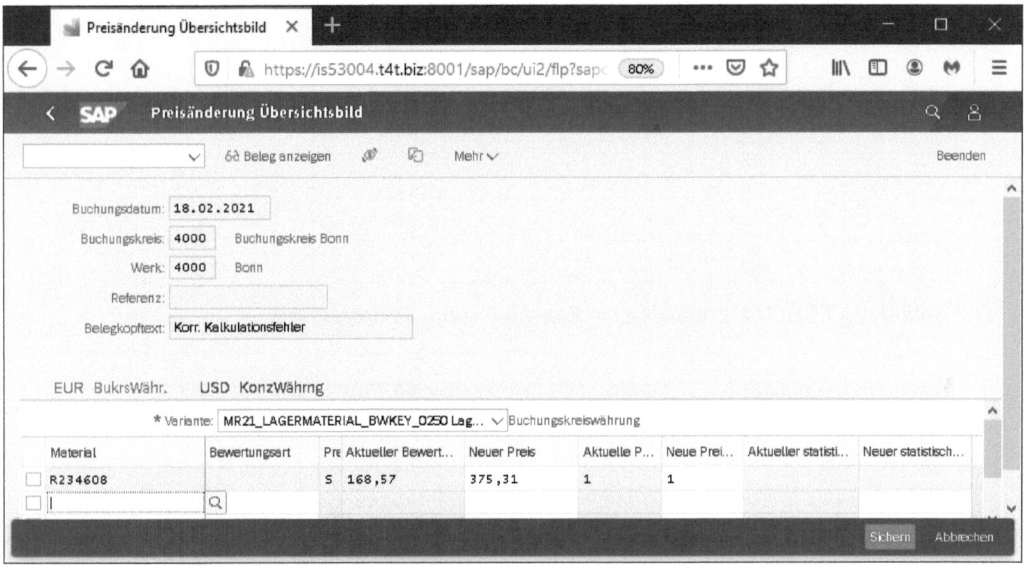

Abbildung 7.106 Preisänderung: Übersichtsbild

> **Preisänderung mit der SAP-Fiori-App »Materialpreis ändern«**
>
> Sie können bei einer Preisänderung auch mehrere Materialien gleichzeitig bearbeiten!

Nach dem Sichern einer Preisänderung wird diese mit der entsprechenden Belegnummer in der Materialwirtschaft und in der Buchhaltung gespeichert. Sowohl in der SAP-Fiori-App als auch in Transaktion MR21 (Materialpreise ändern) können Sie sich diese Belege nachträglich ansehen. In Abbildung 7.107 sehen Sie den Materialbeleg zu unserem Beispiel. Das Feld **Bestandswert** auf der ersten Registerkarte des Belegs zeigt Ihnen die Änderung laut Preissteuerung im Materialstammsatz, hier also den Wert nach dem S-Preis. Da der V-Preis nicht geändert wurde, enthält das Feld **Bstwert (stat.)** in unserem Beispiel nur den Wert 0,00 EUR.

In Abbildung 7.108 können Sie den alten und den neuen Preis für das Material erkennen.

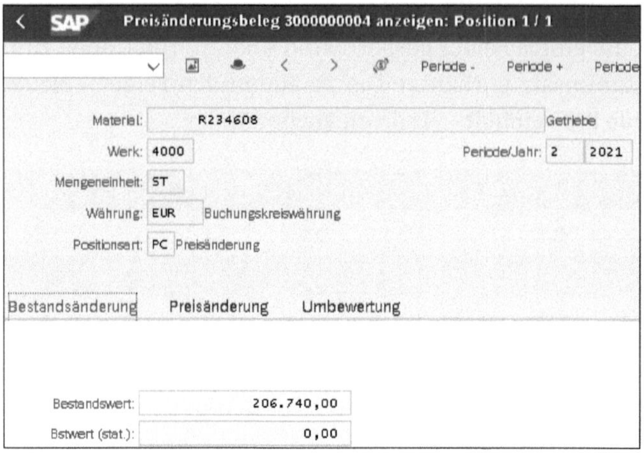

Abbildung 7.107 Materialbeleg zur Preisänderung: Bestandswert

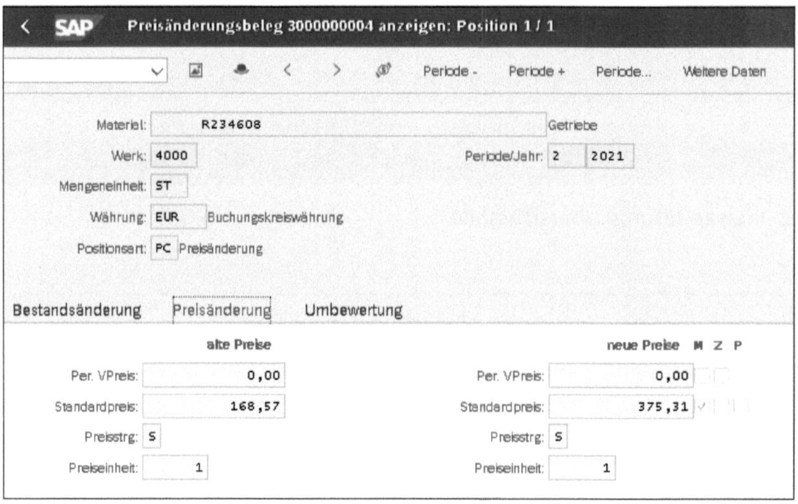

Abbildung 7.108 Materialbeleg zur Preisänderung: Preisänderung

In Abbildung 7.109 sehen Sie nochmals, dass der Bestandwert des Materials um 206.740,00 EUR gestiegen ist.

Abbildung 7.110 zeigt Ihnen den Buchungsbeleg zur Preisänderung, den Sie aus der Materialbelegübersicht aus Abbildung 7.106 mithilfe der Schaltfläche Beleg anzeigen aufrufen können. Auf dem Bestandskonto 13600000 (Bestand Handelsware) können Sie die Wertsteigerung in Höhe von 206.740,00 EUR erkennen.

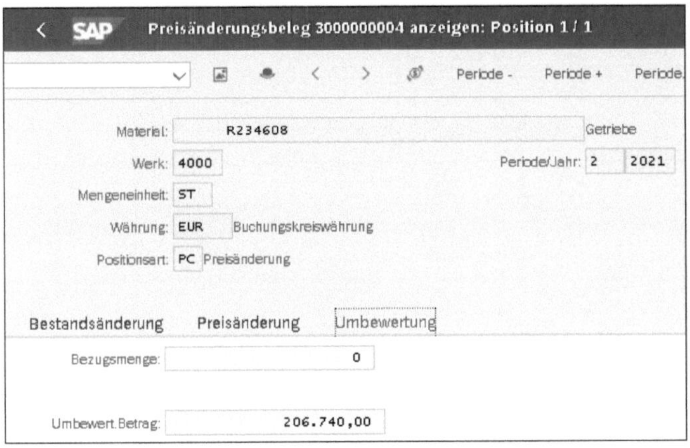

Abbildung 7.109 Materialbeleg zur Preisänderung: Umbewertung

Dieser Wertsteigerung steht ein Ertrag auf dem Sachkonto 52531000 (Ertr. Umbew. FrErz.) in gleicher Höhe gegenüber. Warum hier welches Sachkonto genau für diese Buchung herangezogen wird, erläutern wir in Abschnitt 7.8, »Automatische Kontenfindung«.

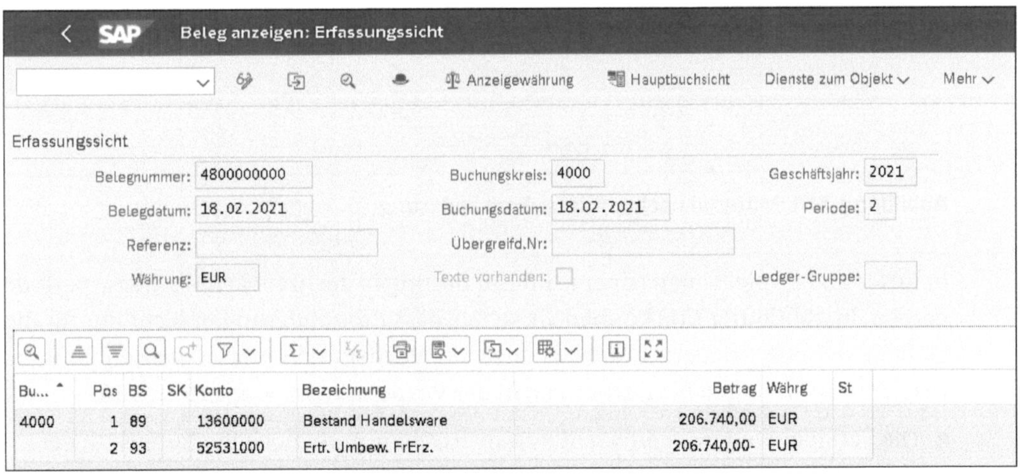

Abbildung 7.110 Preisänderung: Buchungsbeleg

In Abbildung 7.111 blicken wir nun erneut auf den Stammsatz des Materials R234608 nach erfolgter Preisänderung. Sie sehen den neuen Standardpreis von 375,31 EUR, der bei einem Gesamtbestand von 1.000 Stück zu einem Gesamtwert in Höhe von 375.310,00 EUR führt.

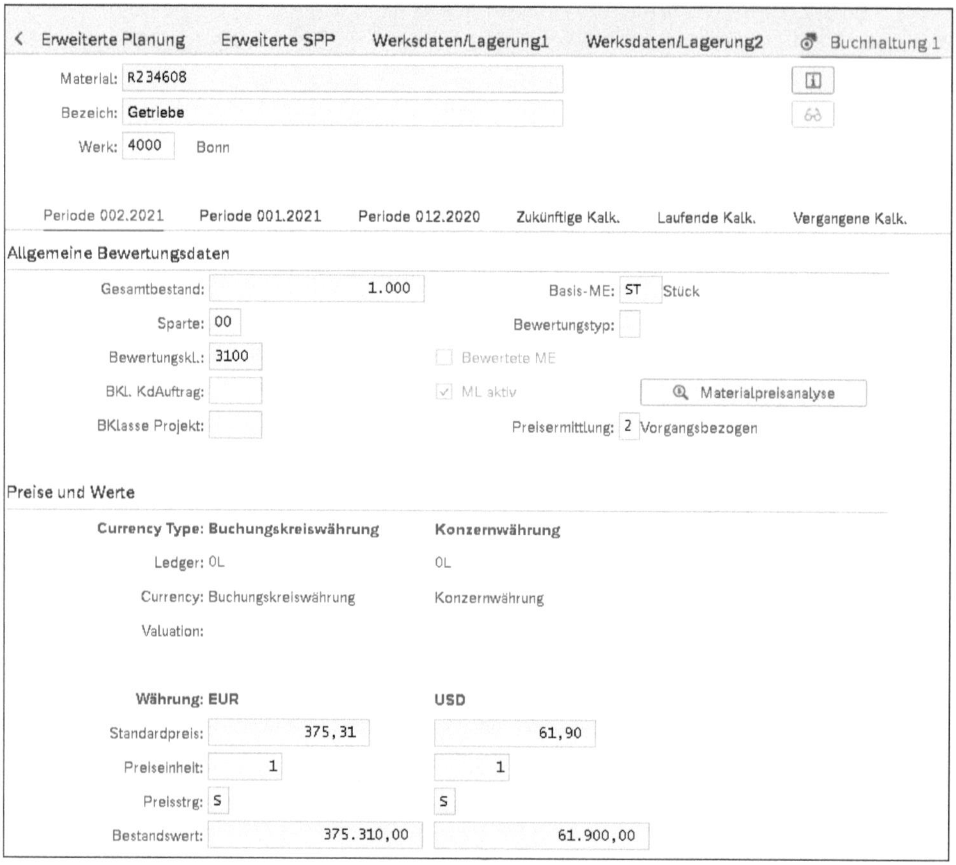

Abbildung 7.111 Material nach erfolgter Preisänderung

In unserem Beispiel haben wir eine Preisänderung in der aktuellen Buchungsperiode gezeigt. In Abbildung 7.112 können Sie sehen, dass Preisänderungen nicht nur für die aktuelle Periode, sondern durchaus auch für Vorperioden erfasst werden können. Drei Voraussetzungen für Buchungen in der Vorperiode müssen erfüllt sein:

- Die Periodensteuerung in der Materialwirtschaft muss noch Buchungen in der Vorperiode erlauben.
- Die Buchungsperiodensteuerung in der Buchhaltung muss noch Buchungen in der Vorperiode vorsehen.
- Die Vorperiode für diesen Vorgang muss auch im Controlling noch bebuchbar sein.

Grundsätzlich ist Ihr Unternehmen bei der Bewertung seiner Materialbestände an gewisse Regeln gebunden. Diese Bewertungsprinzipien stellen wir Ihnen im folgenden Abschnitt 7.6.3 vor.

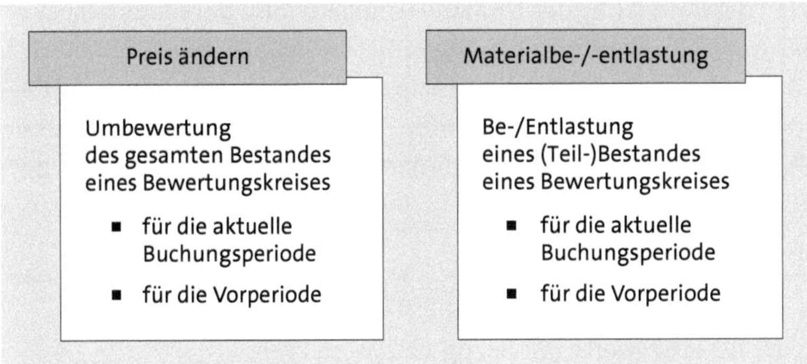

Abbildung 7.112 Auswirkungen von Preisänderungen auf den Bestandswert

7.6.3 Bewertungsprinzipien

Bewertungsprinzipien sind gesetzliche Rahmenbedingungen für die Bewertung von Anlage- und Umlaufvermögen im Rahmen von Abschlussarbeiten. Dabei wird das Ziel verfolgt, den Wert der Vermögensgegenstände möglichst aktuell in der Bilanz zu zeigen. Es dürfen keine Aufwertungen gegenüber den Anschaffungs- und Herstellkosten vorgenommen werden. Es dürfen auf der anderen Seite aber auch keine zu hohen Abwertungen vorgenommen werden, da dies natürlich den Gewinn Ihres Unternehmens senkt und Sie dementsprechend weniger Steuern zahlen müssten. Alle Abwertungen müssen deshalb auf einer vernünftigen und erklärbaren Basis vorgenommen werden. Nachfolgend stellen wir Ihnen kurz drei wesentliche Bewertungsprinzipien vor. Sehen wir uns im kommenden Abschnitt zunächst das Niederstwertprinzip an.

Niederstwertprinzip

Das Niederstwertprinzip ist in der Regel das Bewertungsprinzip nach Landesrecht, d. h., es wird für sowohl für die lokalen Abschlüsse als auch für die steuerrechtliche Bewertung herangezogen. Im Hintergrund stehen das Prinzip der Vorsicht und das Imparitätsprinzip. Das Prinzip der Vorsicht verlangt bei der Rechenschaftslegung, dass nur die Werte angesetzt werden, die auch realisierbar sind. Denn die Unternehmen sollen daran gehindert werden, ihren eigenen Unternehmenswert zu gut darzustellen.

Das Imparitätsprinzip bedeutet, dass nicht realisierte, aber bereits absehbare Verluste ausgewiesen werden müssen. Im Ergebnis werden dementsprechend Materialbestände abgewertet.

Bei der Anwendung des Niederstwertprinzips wird zwischen dem gemilderten Niederstwertprinzip für die Bewertung des Anlagevermögens und dem strengen Niederstwertprinzip bei der Bewertung des Umlaufvermögens (also der Materialbestände) unterschieden. Wie es in Abschnitt 7.7, »Inventurbewertung«, beschrieben wird, dient die Bewertung nach dem Niederstwertprinzip der korrekten Darstellung der Bestandswerte im Rahmen von Abschlussarbeiten (Monatsabschlüsse, Quartalsabschlüsse, Jahresabschlüsse) und wird im Zusammenhang mit der Inventur durchgeführt.

Ziele der Niederstwertermittlung sind hierbei:

- die Ermittlung des niedrigsten Marktpreises pro Material
- die Ermittlung der Bestandswerte mit Bezug zu diesem Preis.

Eine Abwertung von Materialbeständen kann nur in der Buchhaltung gebucht werden. Dann bleiben die Preise gemäß Preissteuerung im Materialstamm unberührt. Alternativ können Sie die Abwertungen aber auch mittels Preisanpassung vornehmen.

Nachfolgend werden zwei Spezialfälle der Niederstwertermittlung vorgestellt: Die FIFO- und die LIFO-Materialbewertung.

First In – First Out (FIFO)

Bei der FIFO-Materialbewertung wird der Materialbestand mit seinen tatsächlichen Beschaffungskosten bewertet. Dabei wird angenommen, dass das zuerst eingegangene Material auch zuerst verbraucht wird (First In – First Out). Die FIFO-Methode wird dann für das Niederstwertprinzip genutzt, wenn die Preise für die Materialien sinken. Wie das Beispiel in Abbildung 7.113 zeigt, führt die FIFO-Methode zu einem niedrigeren Bestandswert, als würden Sie nur den Preis bei einem Einkaufsmaterial berücksichtigen. In diesem Beispiel beträgt der V-Preis gerundet 1,20 EUR, und die Preise der Zugänge betragen pro Stück in Periode 10 1,20 EUR, in Periode 11 noch 1,10 EUR und in Periode 12 nur 1,00 EUR. Nachdem die zuerst erworbenen teureren Materialien auch zuerst entnommen worden sind, ist der Bestand nach der FIFO-Methode um 110,00 EUR niedriger zu bewerten als der Bestandswert nach der Preissteuerung.

Wird die FIFO-Methode bei sinkenden Preisen für die Materialbewertung genutzt, ist der Bestandswert nach dem FIFO-Prinzip niedriger als auf Basis der Preissteuerung im Materialstammsatz. Dann können Sie das Material abwerten. Diese Anpassung ist auch nach dem Steuerrecht zulässig, und zwar immer dann, wenn das Material auch tatsächlich gemäß diesem Prinzip das Lager verlässt. Sie können dann den Standardpreis sowie den V-Preis senken oder eine Bestandsumbewertung in der Buchhaltung buchen.

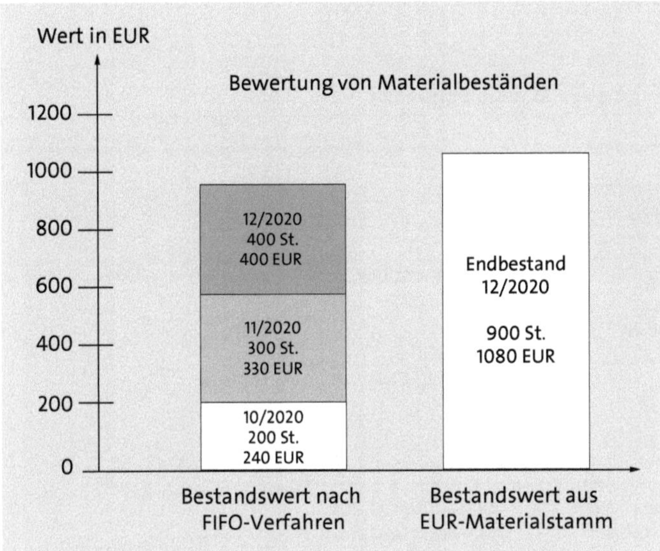

Abbildung 7.113 FIFO-Bewertung bei sinkenden Preisen

Wird die FIFO-Methode jedoch bei steigenden Preisen zur Materialbewertung herangezogen, führt dies zwar zu einer realistischen Bewertung des Bestands, würde aber im Rahmen der Bilanzbewertung zu einer gesetzlich unzulässigen Zuschreibung führen. In diesem Fall würde die Bewertung auf der Basis der Preise nach der Preissteuerung beibehalten und keine Anpassung der Preise in der Materialwirtschaft oder des Bestandswertes in der Buchhaltung vorgenommen.

Last In – First Out (LIFO)

Bei der LIFO-Methode werden die zuletzt dem Lager zugeführten Materialien zuerst entnommen. Für die Bewertung des Umlaufvermögens kann diese Methode auch steuerrechtlich genutzt werden; allerdings muss das einmal gewählte Bewertungsprinzip grundsätzlich beibehalten werden. Wenn ein Unternehmen von der einmal gewählten Methode abweichen möchte, muss es hierzu die Zustimmung des Finanzamts einholen.

Abbildung 7.114 zeigt ein Anwendungsbeispiel für die LIFO-Methode. Zugänge in den Jahren 2018 bis 2020 haben einen zunehmend höheren Preis. Aufgrund der vorrangigen Entnahme der zuletzt beschafften Materialien bleiben die Materialien mit den niedrigeren Anschaffungs- und Herstellkosten im Lager. Im Vergleich mit der Bewertung nach dem V-Preis kann nach der LIFO-Methode eine Abwertung in Höhe von 70,00 EUR erfolgen.

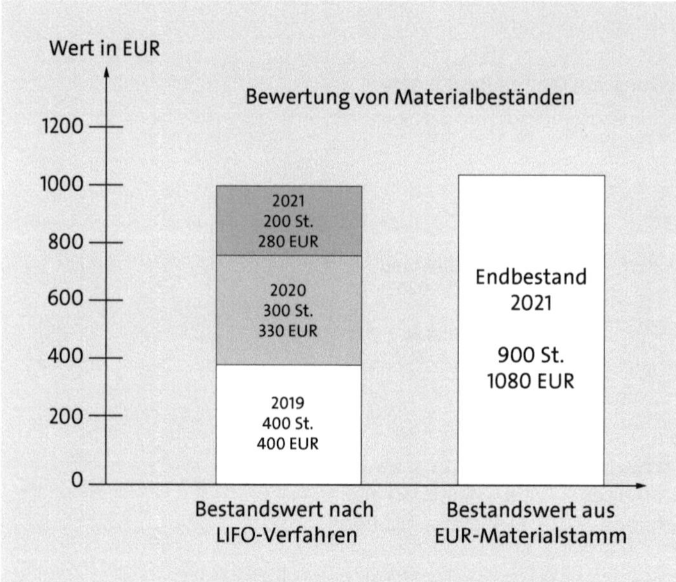

Abbildung 7.114 LIFO-Bewertung bei steigenden Preisen

Im folgenden Abschnitt stellen wir Ihnen einen speziellen Fall der Bewertung vor: die getrennte Bewertung. Dabei bleiben jedoch die grundsätzlichen Bemerkungen zur Bewertung richtig und wirken sich auch hier aus.

7.6.4 Getrennte Bewertung

Getrennte Bewertung heißt nicht mehr und nicht weniger, als dass ein Materialstammsatz für einen Bewertungskreis mehrere Ausprägungen haben kann. Bei gleicher Materialnummer können unterschiedliche Aktivitäten bzw. Bewertungen und Kontenfindungsdaten angesprochen werden, wenn die getrennte Bewertung genutzt wird. Aus Sicht der Bewertung können Sie über diese Möglichkeit demselben Material, je nach Herkunft, eine andere Preissteuerung und einen anderen Preis zuordnen. Wenn gewünscht, kann sogar die Kontenfindung über unterschiedliche Bewertungsklassen auf unterschiedliche Sachkonten gehen.

Im Materialstammsatz wird die getrennte Bewertung über den Bewertungstyp gesteuert. Der Bewertungstyp legt dabei das Kriterium fest, nach dem eine getrennte Bewertung für eine Materialart erfolgen kann. Im Einstieg zum Material können Sie dann eine Bewertungsart auswählen und damit ein einzelnes Merkmal für den Bewertungstyp des Materials selektieren. Dies können Sie aus Abbildung 7.115 ersehen.

Welche Gründe können vorliegen, um die getrennte Bewertung zu nutzen?

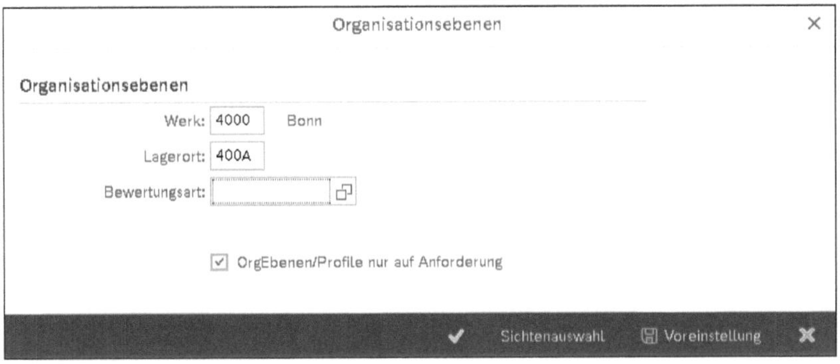

Abbildung 7.115 Bewertungsart zur Auswahl im Material

Ihr Unternehmen hat sich für die Aufteilung nach Bewertungstyp »Beschaffungsarten« entschieden:

- Sie halten dasselbe Material in unterschiedlichen Beschaffungsarten vor: Sie stellen das Material zum einen selbst her (Eigenfertigung), kaufen es aber auch gelegentlich von einem anderen Lieferanten zu (Fremdbeschaffung).
  - Das eigengefertigte Material wird über eine Materialkalkulation regelmäßig neu bewertet und mit einem S-Preis versehen.
  - Für das zugekaufte Material ist aber dieser S-Preis nicht passend. Hier sind die Einkaufspreise beim Lieferanten relevant. Das fremdbeschaffte Material wird deshalb mit einem V-Preis bewertet.

In Abbildung 7.116 sehen Sie ein Beispiel für ein Material, das als eigengefertigtes Material vom fremdbeschafften Material abgegrenzt wird. Die Bewertungsart ❶ lautet **FREMD**. Der Bewertungstyp ❷ lautet hier **B**, was auf das Unterscheidungskriterium (Bewertungstyp) nach Art der Beschaffung hinweist.

Ihr Unternehmen hat sich für die Aufteilung nach dem Bewertungstyp nach Herkunft entschieden. Die Herkunft, d. h. aus welchem Land das Material stammt, soll dokumentiert werden.

Wenn Sie wünschen, dass die Materialbestände für jedes Herkunftsland – oder lediglich nach Inland und Ausland unterschieden – auf unterschiedlichen Bestandskonten abgebildet werden, ist die getrennte Bewertung das Mittel der Wahl. Sie müssen dann für jedes Land spezifische Bewertungsklassen ausprägen.

Ein Beispielmaterial für die getrennte Bewertung nach Herkunft sehen Sie in Abbildung 7.117. Hier sehen Sie unter ❶ die Bewertungsart, die sich nach In- und Ausland unterscheidet, und unter ❷ den Bewertungstyp, der hier festlegt, dass das Unterscheidungskriterium die Herkunft sein soll.

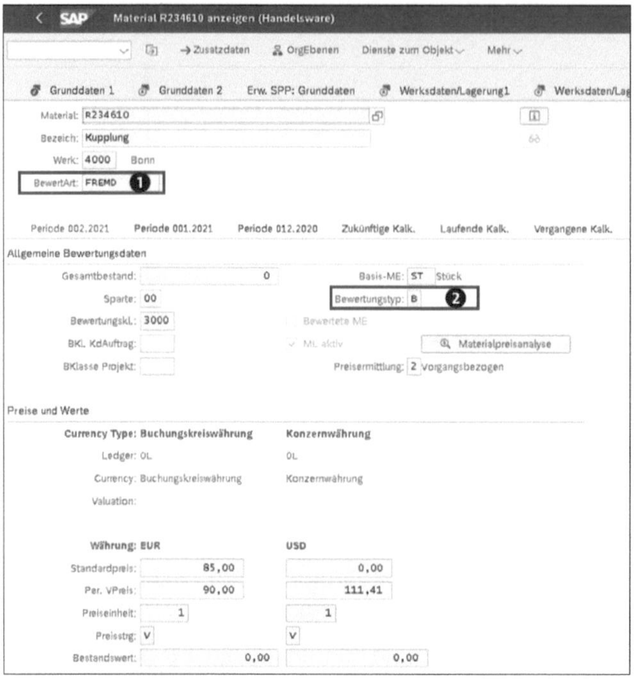

Abbildung 7.116 Materialstammsatz mit getrennter Bewertung nach Beschaffungsart

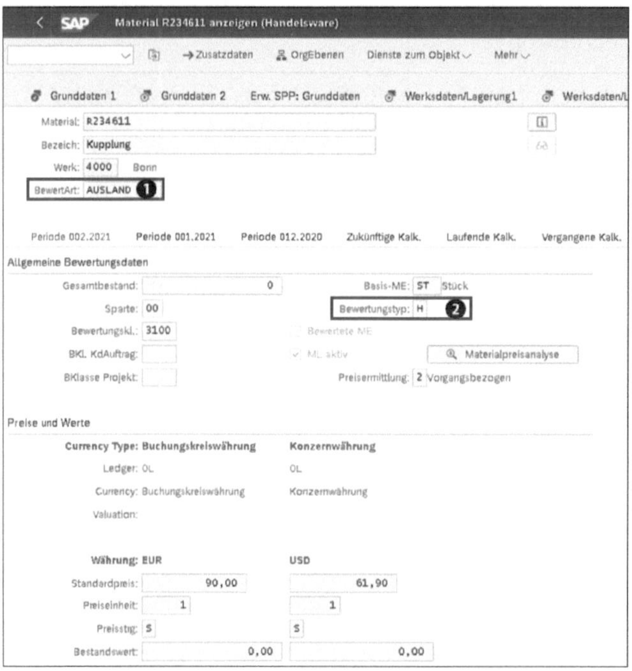

Abbildung 7.117 Materialstammsatz mit getrennter Bewertung nach Herkunft

Wie oben bereits dargestellt, stellen Sie über die Auswahl des Bewertungstyps zum Material ein, welches Unterscheidungskriterium Sie für Ihre Materialien nutzen möchten. Klassischerweise gibt es hier die folgenden Bewertungstypen:

- Beschaffungsart/Bezug
- Herkunft
- Zustand
- Charge

Sie können im Customizing über den Pfad **Materialwirtschaft • Bewertung und Kontierung • Getrennte Bewertung einstellen** eigene Bewertungstypen anlegen und für Ihre Materialien nutzen. Dabei werden alle Bewertungstypen, die in Ihrem Unternehmen genutzt werden sollen, zunächst allgemein als sogenannte *globale Typen* definiert. In einem nächsten Schritt werden diese Bewertungstypen dann Ihren Werken zugeordnet und werksspezifisch ausgeprägt.

Im Bewertungstyp kann festgelegt werden, dass die Bewertungsarten automatisch angelegt werden sollen. Dies ist für eine Chargeneinzelbewertung relevant, auf die wir hier aber nicht weiter eingehen.

Je Bewertungstyp können Sie im Customizing über den Pfad **Materialwirtschaft • Bewertung und Kontierung • Getrennte Bewertung einstellen** mögliche Merkmale definieren. Diese können von Ihnen kundenspezifisch vorgegeben werden. So könnten Sie z. B. den Bewertungstyp **Herkunft** wie folgt ausprägen:

- Inland
- Ausland

Eine andere Möglichkeit wäre es, noch stärker zu differenzieren, z. B. nach Erdteilen:

- Europa
- Asien
- Australien
- Amerika
- Afrika

Die Bewertungsarten haben auch eine Bedeutung für die Kontenfindung, die wir in Abschnitt 7.8, »Automatische Kontenfindung«, genauer beschreiben. Den Bewertungsarten werden dafür bestimmte Bewertungsklassen zugeordnet, um eine gesonderte Kontenfindung für die getrennt bewerteten Materialien zu erzielen.

Die Möglichkeit der getrennten Bewertung ist im Standard für einen Bewertungskreis aktiv. Soll die getrennte Bewertung keinesfalls genutzt werden, muss diese Funktion deaktiviert werden.

Trotz aktivierter getrennter Bewertung ist es jedoch immer möglich, Materialien auch ohne getrennte Bewertung zu führen. Die Entscheidung wird jeweils beim Anlegen der Materialstammdaten vorgenommen.

[!]

Vorsicht bei der Stammdatenpflege!

Ein Material, das falsch angelegt worden ist, d. h. ohne getrennte Bewertung, obwohl diese benötigt wird, und umgekehrt, kann nur mit erheblichem Aufwand korrigiert werden!

[»]

Wie bucht man Bewegungen mit getrennter Bewertung?

Bei Bewegungen mit Materialien, die einer getrennten Bewertung unterliegen, muss die Bewertungsart mitgegeben werden. Für die Bewertungsart gibt es in den Buchungstransaktionen kein eigenes Feld – Sie müssen das Feld **Charge** verwenden.

7.7 Inventurbewertung

Wie eine Inventur grundsätzlich in Ihrem Unternehmen durchgeführt wird und an welche Richtlinien und gesetzlichen Vorgaben Sie sich dabei zu halten haben, ist nicht Thema unseres Buches. In diesem Abschnitt geht es darum, Ihnen einige Hinweise auf die Möglichkeiten zu geben, die das SAP-System für Ihre Inventur bereithält. Im folgenden Abschnitt 7.7.1, »Voraussetzungen für die Inventurbewertung«, klären wir zunächst, welche Fragen Sie vorab in Ihrem Inventurkonzept beantworten müssen, bevor Sie loslegen können.

7.7.1 Voraussetzungen für die Inventurbewertung

Die Bewertung der Materialbestände erfolgt grundsätzlich gemäß der Preissteuerung im Materialstammsatz auf der Basis des V-Preises oder des S-Preises, wie es in Abschnitt 7.6, »Materialbewertung«, bereits dargestellt wurde. Im Rahmen der Inventurbewertung, die immer zum Bilanzstichtag stattfindet, werden die Bestände mit einem anderen Blickwinkel unter die Lupe genommen: Sie dürfen in der Regel nach dem sogenannten Niederstwertprinzip neu bewertet und in der Bilanz ausgewiesen werden. Selbstverständlich müssen Sie alle Wertkorrekturen Ihrem Wirtschafsprüfer und den Behörden erklären können!

Die folgenden Fragen können Sie sich hier stellen:

- Ist ein Material heute noch seinen Preis wert, oder sind aktuelle Marktpreise regelmäßig niedriger anzusetzen?

- Ist es erforderlich, bestimmte Materialien weiterhin in der vorgefundenen Menge vorzuhalten? Mit veränderten Produkten werden Einsatzmaterialien nicht mehr benötigt, kosten aber Lagerplatz und Manpower! Mit solchen Argumenten können Sie z. B. vertreten, dass ein Material auf einen Schrottpreis abgewertet werden kann bzw. tatsächlich verschrottet wird.
- Werden bei Ihnen Einsatzmaterialien entsprechend Ihrem Einsatz in der Produktion oder Ihrem Umschlag in zu hohen Mengen vorgehalten? Auch dies wäre ein Grund für eine Abwertung der entsprechenden Materialien aufgrund mangelnder Gängigkeit.
- Haben Sie Lagerbestände an Halb- und Fertigfabrikaten, deren aktuell erzielbare Verkaufspreise niedriger sind als die Anschaffungs- und Herstellkosten, mit denen diese Materialien auf der Basis der V- und/oder S-Preise bewertet wurden? Sie können hier eine Abwertung so vornehmen, dass der Verkauf zu erzielbaren Marktpreisen verlustfrei erfolgen kann!

In der Zielstellung für Ihre Inventurbewertung müssen Sie festlegen, für welche Materialgruppen welche der oben geschilderten Tatbestände zutreffend sein könnten. Wie wir es weiter unten sehen werden, stellt das SAP-System einige Transaktionen für die Inventurbewertung zur Verfügung, mit der Sie die Inventurwerte automatisch errechnen und die Korrekturen sogar automatisch verbuchen lassen könnten. Dies erfolgt in einem Stufenverfahren gemäß einer von Ihnen festzulegenden Reihenfolge. Da die Teilschritte nacheinander erfolgen und gegebenenfalls verbucht werden, müssen die neuen Zwischen- und Endpreise im SAP-System gespeichert werden. Dies erfolgt im Materialstammsatz. Das SAP-System stellt in der Sicht **Buchhaltung 2** eine Reihe von Preisfeldern zur Verfügung, die für diese Anforderung genutzt werden können (siehe Abbildung 7.118).

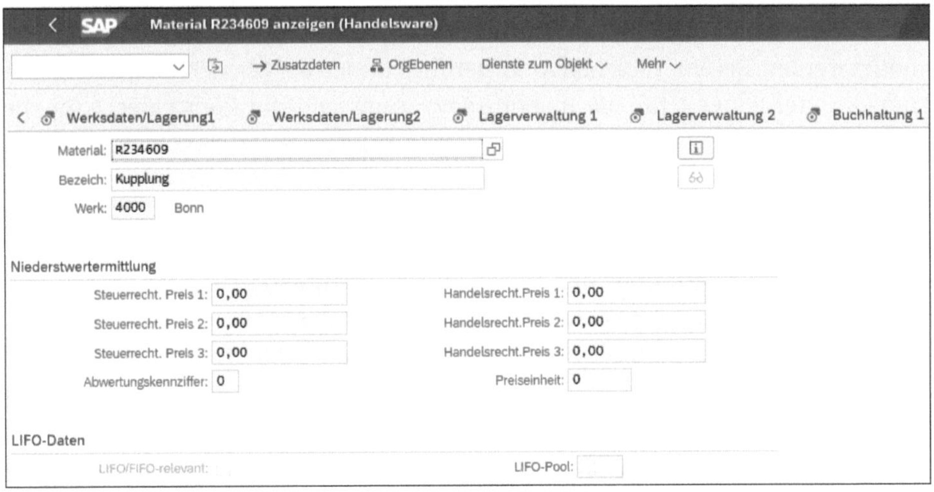

Abbildung 7.118 Preisfelder für die Inventurbewertung im Materialstammsatz

Die insgesamt sechs Preisfelder aus Abbildung 7.118 im Bereich **Niederstwertermittlung** sind benannt als **Steuerrechtl. Preis 1** bis **3** und **Handelsrechtl. Preis 1** bis **3**. Ihre weitere Nutzung ist im SAP-System an keiner Stelle festgelegt, d. h., die Felder können nach kundeneigenen Gesichtspunkten für die Inventurbewertung herangezogen werden. Dies ist insbesondere deshalb wichtig, da viele SAP-Anwender ihre Steuerbilanz nicht aus dem SAP-System erstellen, andererseits aber neben der handelsrechtlichen Bewertung, je nach Umfeld, eine Bewertung nach *IFRS* oder *US-GAAP* vornehmen möchten.

Die Preisfelder können sowohl manuell als auch über automatisierte Verfahren, gepflegt werden. Sie können aber auch aus Inventurkalkulationen oder den verschiedenen Inventurbewertungstransaktionen, die wir in Abschnitt 7.7.3, »SAP-Funktionen für die Inventurbewertung«, vorstellen, befüllt werden. Nachfolgend stellen wir Ihnen einige Ideen für die Nutzung der Felder vor:

- Die steuerrechtlichen Felder bilden eine IFRS-Bewertung und die handelsrechtlichen Felder die Bewertung nach lokalem Recht ab. Dabei steht jeweils in Feld **1** der Wert für die aktuelle Inventur, in Feld **2** der Inventurwert aus dem Vorjahr und in Feld **3** der Inventurwert aus dem Vorvorjahr. Eine solche Konstellation erfordert, dass vor Beginn der neuen Befüllung der Preisfelder die künftige heranzuziehenden Vor- und Vorvorjahreswerte in die Felder **2** und **3** umgesetzt werden müssen und das jeweilige Preisfeld **1** auf null gesetzt wird.
- Es wird keine Historie der Inventurpreise benötigt. Zu Beginn der Inventurbewertung werden alle vorhandenen Preise auf null gesetzt. Es wird nur das Preisfeld **1** für die aktuelle Inventurbewertung genutzt, und dabei werden steuerrechtliche Werte und HGB-Werte genutzt.
- Es wird nach einem Weg gesucht, um extern ermittelte Schrottpreise für Materialien zu hinterlegen. Hierzu können Sie ein oder zwei Preisfelder nutzen, je nachdem, ob je Bewertungsvorschrift unterschiedliche oder gleiche Schrottpreise benötigt werden. Bei einer solchen Anforderung können der Übersichtlichkeit halber nur die Preisfelder **1** für die Inventurbewertung und die Preisfelder **2** für die Schrottpreise genutzt werden.

Normalerweise werden die SAP-Bezeichnungen für die Inventurpreisfelder nicht geändert. Dies ist jedoch grundsätzlich möglich!

Im Bereich **Niederstwertermittlung** in Abbildung 7.118 finden Sie unterhalb der steuerrechtlichen Preisfelder das Feld **Abwertungskennziffer**. Hier wird für die betreffenden Materialien nach der Ermittlung der Gängigkeit ein Wert hinterlegt. Dem Wert ist im Customizing ein Prozentsatz zugeordnet, auf dessen Basis der Bestandswert im Rahmen der Inventurbewertung abgewertet wird.

Neben dem Feld **Abwertungskennziffer** befindet sich das Feld **Preiseinheit**. Hier wird hinterlegt, auf welche Materialmenge sich die Inventurpreise beziehen.

Lesen Sie im folgenden Abschnitt einige Bemerkungen zur Durchführung der Arbeiten bei der physischen Inventarisierung. Anschließend stellen wir Ihnen die Bewertungstransaktionen vor.

7.7.2 Durchführung der körperlichen Inventur

In der SAP-Komponente Materialwirtschaft ist ausschließlich eine materialbezogene Inventur möglich; nur auf diese beziehen wir uns in diesem Buch. Informationen über die lagerplatzbezogene Inventur, die beim Einsatz von WM (Warehouse Management) möglich wäre, würden im Rahmen dieses Buches zu weit führen. Nach der körperlichen Inventur ergeben sich erste Korrekturen des Bilanzwertes der Materialbestände aus den festgestellten Mehr- oder Mindermengen. 7

Als Erstes muss für Ihr Unternehmen an dieser Stelle eine Entscheidung über das Inventurverfahren getroffen werden. Auch hier spielen rechtliche Rahmenbedingungen und Konzernvorgaben neben rein praktischen Erwägungen eine Rolle. Die Inventurverfahren, die Sie in MM anwenden können, sehen Sie in Abbildung 7.119.

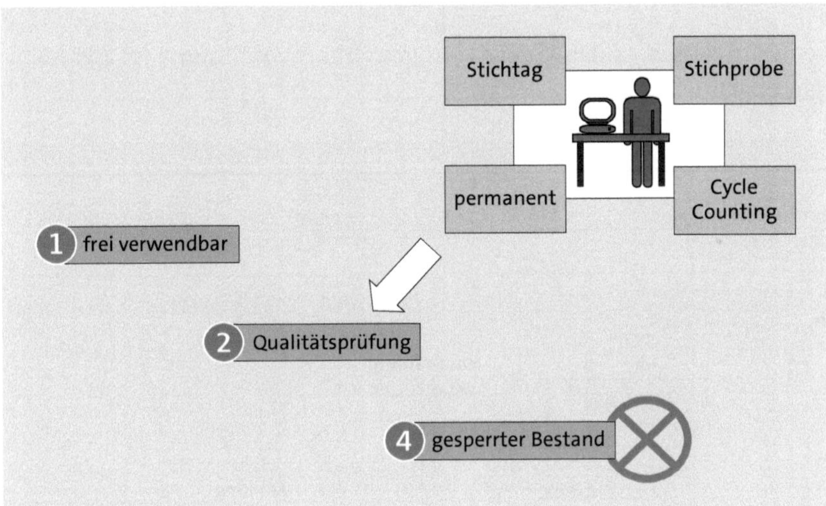

Abbildung 7.119 Inventurverfahren in MM

Nachfolgend beschreiben wir die verschiedenen Inventurverfahren:

- **Permanente Inventur**
  Die Inventur findet in einem rollierenden Verfahren ganzjährig statt. Jedes Material muss mindestens einmal im Jahr gezählt werden. Die jeweiligen Inventurstichtage können frei im Rahmen der Erfordernisse der Produktion gewählt werden.
- **Stichtaginventur**
  Zum jeweiligen Bilanzstichtag (letzter Tag des Geschäftsjahres) werden alle Bestän-

de gezählt. Für die Zeit, in der ein Material inventarisiert wird, dürfen damit keine Bewegungen gebucht werden. Je nach Produktionsprozess bedeutet die Stichtaginventur, dass eine Produktionspause eingelegt werden muss.

- **Cycle Counting**
  Beim Cycle Counting handelt es sich um eine Sonderform der permanenten Inventur, bei der nicht nur jährlich, sondern in kürzeren Zeitabständen inventarisiert wird. Die Zeitabstände oder Zyklen können dabei zwischen unterschiedlichen Materialarten variieren. Für Materialien mit hoher Gängigkeit oder hohem Preis, gegebenenfalls auch mit erheblichen Preisschwankungen, empfiehlt sich dabei die Einrichtung kürzerer Zyklen und damit häufigerer Inventuren.
- **Stichprobeninventur**
  Anstelle einer vollständigen Inventur kann auch eine Stichprobeninventur entweder als permanente oder als Stichtaginventur durchgeführt werden. Die Stichproben beziehen sich dabei auf zufällig ausgewählte Materialbestände. Das Verfahren ist nur zulässig, wenn die Inventurdifferenzen gering sind, sodass grundsätzlich davon ausgegangen werden kann, dass die Bestandswerte in der Bilanz korrekt sind.

Der Ablauf einer Inventur – unabhängig vom gewählten Verfahren – ist aus Abbildung 7.120 gut ersichtlich.

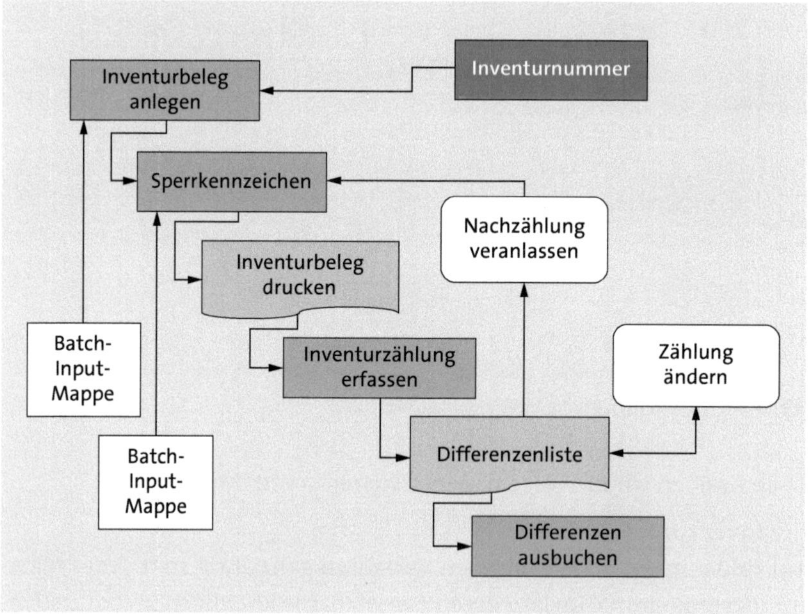

Abbildung 7.120 Inventurablauf

Im Einzelnen wird die Inventur nach Abbildung 7.120 in Ihrem SAP-System über das Menü **Logistik • Materialwirtschaft • Inventur** wie folgt durchgeführt:

1. **Inventurvorbereitung**
   - Inventurbeleg erstellen
     Dies kann sowohl manuell als auch maschinell, z. B. per Batch-Input-Mappe, wie es in Abbildung 7.120 dargestellt wird, erledigt werden.
   - Materialien für Buchungen sperren
     Auch dieser Schritt kann sowohl manuell als auch maschinell durchgeführt werden.
   - Inventurbeleg drucken und verteilen
2. **Inventurzählung**
   - Bestände zählen
     Dies ist die eigentliche physische Bestandsaufnahme.
   - Zählergebnis in den Ausdruck des Inventurbelegs eintragen
3. **Inventurauswertung**
   - Zählergebnis im System erfassen
   - eventuell: Nachzählung veranlassen
   - Inventurdifferenzen ausbuchen

Nachdem die oben kurz angerissenen Inventurschritte abgeschlossen sind, stehen die physischen Bestandsmengen der Materialien fest. Es kann nun im Anschluss im Rahmen des Jahresabschlusses die Inventurbewertung nach verschiedenen Bewertungsrichtlinien (z. B. *HGB* und/oder *IFRS*) vorgenommen werden. Diese Bewertung erfolgt nur einmal jährlich zum Bilanzstichtag über alle Materialbestände hinweg, unabhängig vom gewählten Inventurverfahren.

7.7.3 SAP-Funktionen für die Inventurbewertung

Nachfolgend stellen wir Ihnen einige SAP-Fiori-Apps und Transaktionen vor, die – in der richtigen Reihenfolge ausgeführt – dazu gedacht sind, den Materialbestand nach den von Ihnen gewünschten Regeln gemäß dem Niederstwertprinzip neu zu bewerten. Wir beschränken uns bei der Beschreibung der Funktionen auf die wesentlichen Aspekte. In allen Fällen gibt es die Möglichkeit, sogenannte User Exits zu nutzen und über eine Programmierung die Standards an Ihre besonderen Anforderungen anzupassen.

Wichtig ist es, dass Sie sich bei der Erarbeitung Ihres Inventurkonzepts bei jeder Funktion die Frage stellen, ob die Ergebnisse wirklich Ihrer gewünschten oder der Ihnen vorgegebenen Vorgehensweise entsprechen. Bei allen Apps und Transaktionen haben Sie die Möglichkeit, von einer Verbuchung abzusehen und die Ergebnisse lediglich als Auswertung zur Kenntnis zu nehmen. Alle Inventurbewertungen können auch manuell in der Hauptbuchhaltung gebucht werden. Die genannten Auswertungen können dann für die Wirtschaftsprüfung als Beleg herangezogen werden, um die vorgenommenen Buchungen zu plausibilisieren. Bei einer manuellen Verbuchung haben Sie jedoch die Chance, nicht gewünschte Effekte nochmals zu glätten!

Die Transaktionen für die Inventurbewertung finden Sie im SAP-Menü über den Menüpfad **Logistik • Materialwirtschaft • Bewertung • Bilanzbewertung • Niederstwertermittlung/Ergebnisse**. Sie werden in Abbildung 7.121. aufgelistet.

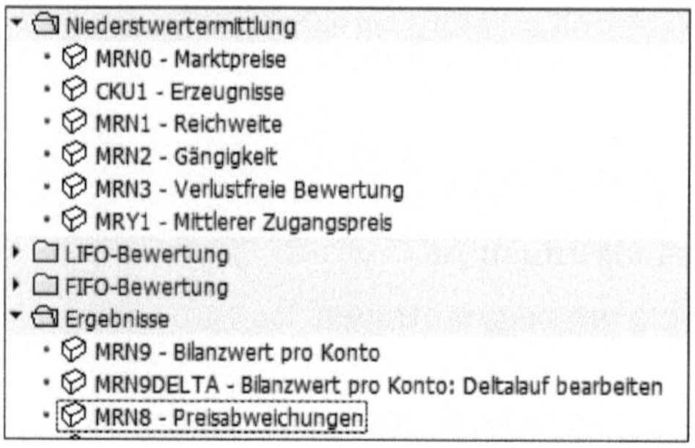

Abbildung 7.121 SAP-Transaktionen zur Inventurbewertung

SAP-Fiori-Apps gibt es zurzeit nur für einen Teil der gewohnten Funktionen zur Inventurbewertung.

Business Catalog und Business Role

Die nachfolgend gezeigten Apps sind dem Business Catalog SAP_SFIN_BC_IA_BSV_LCE (Stammdaten – Produkt) und der Berechtigungsrolle SAP_BR_INVENTORY_ACCOUNTANT (Cost Accountant – Inventory) zugeordnet. Gezeigt wird eine selbst konfigurierte Kachelgruppe.

Eine Kachelgruppe zur Inventurbewertung könnte z. B. so aussehen, wie es in Abbildung 7.122 gezeigt wird. Die Apps zur Inventurbewertung sind innerhalb des Business Catalogs SAP_SFIN_BC_IA_BSV_LCE auf mehrere Kachelgruppen verteilt.

SAP-Fiori-Apps wie diejenige, die in Abbildung 7.122 mit einer ❶ gekennzeichnet ist, verfügen gegebenenfalls über zusätzliche Funktionen gegenüber den aus SAP ERP bekannten Möglichkeiten. Auf der Kachel befindet sich jeweils ein spezielles App-Symbol. Auf die sogenannten *transaktionalen Apps* wie diejenige, die hier mit einer ❷ gekennzeichnet ist, wird speziell im Abschnitt »Analyse der Reichweite« eingegangen.

Abbildung 7.122 Eigene Kachelgruppe mit SAP-Fiori-Apps für die Inventurbewertung

Im Weiteren erläutern wir kurz die wesentlichen SAP-Fiori-Apps bzw. Transaktionen zur Inventurbewertung. Wir erklären Ihnen die Einstellmöglichkeiten im Selektionsbild sowie die Ergebnisse. Wir beginnen mit der Analyse der Marktpreise. Anhand dieser Transaktion zeigen wir, stellvertretend auch für die weiteren Inventurtransaktionen, die Bedienung der Selektionsbestandteile. Sie werden sehen, dass diese Transaktionen aus technischer Sicht ein einheitliches Design haben.

Mit welchem Ziel können Sie die Inventurbewertungstransaktionen nutzen?

Alle Inventurbewertungstransaktionen aus dem SAP-Menüpunkt **Niederstwertermittlung** zielen darauf ab, Inventurpreise im Materialstammsatz anzupassen, die später für die Bewertung der Materialien in der Inventurkalkulation genutzt werden. Legen Sie also vorab fest, welche Preisfelder im Materialstammsatz Sie für die jeweilige Transaktion nutzen möchten. Legen Sie danach fest, ob diese Preisfelder aus den Transaktionen heraus gefüllt werden sollen, oder ob Sie die Anpassungen manuell oder z. B. mit einem Datenimportprogramm wie der LSMW durchführen möchten.

Analyse der Marktpreise

Die Analyse der Marktpreise wird mit Transaktion MRN0 oder mit der SAP-Fiori-App **Niederstwertermittlung Marktpreise** durchgeführt. Mithilfe dieses Programms soll geklärt werden, ob die Materialpreise, die bis jetzt zur Ermittlung der Bestandswerte herangezogen wurden (V-Preis oder S-Preis) einem Vergleich mit den aktuellen Marktpreisen standhalten können. Dabei müssen Sie sowohl die Marktpreise aus den in Ihrem SAP-System hinterlegten Daten ermitteln als auch dem SAP-System mitteilen, mit welchem SAP-Preis der Abgleich erfolgen soll. Sehen Sie sich zunächst das Selektionsbild für die SAP-Fiori-App **Niederstwertermitlung Marktpreise** in Abbildung 7.123 an, die wir anschließend erläutern.

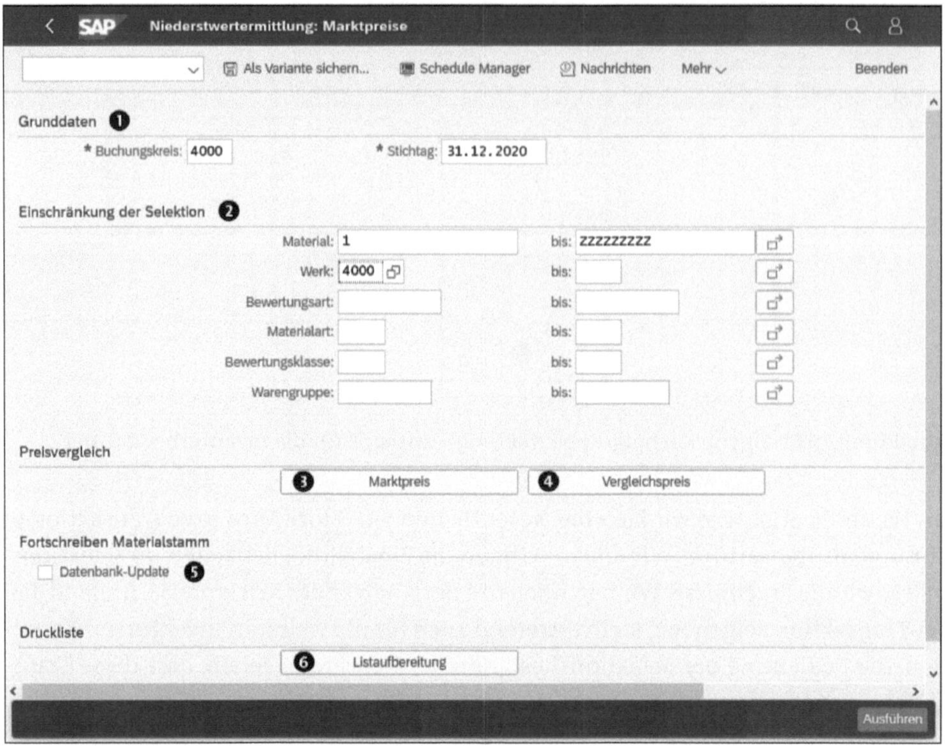

Abbildung 7.123 Selektionsbild: Niederstwert nach dem Marktpreis

Beginnen wir mit den Einträgen im Selektionsbild:

Im Bereich **Grunddaten** ❶ werden der Buchungskreis für die Inventurbewertung sowie der Stichtag der Bewertung (Bilanzstichtag) hinterlegt.

[»]

Inventurbewertung ist Aufgabe des Rechnungswesens

Die Organisationseinheit, für die die einzelnen Inventurbewertungsschritte durchgeführt werden, ist regelmäßig der Buchungskreis. Die Inventurbewertung zielt darauf ab, die Wertdarstellung des Materialbestands in der Bilanz zu korrigieren.

Im Bereich **Einschränkung der Selektion** ❷ kann auf Materialien, Materialarten, Bewertungsarten, Bewertungsklassen usw. eingeschränkt werden. Wenn die Wertanpassungen im Rahmen der Inventur für jedes Werk einzeln vorgenommen werden sollen, selektieren Sie hier auch über das Werk als weitere Einschränkung in Bezug auf den Buchungskreis.

Mit der Schaltfläche **Marktpreis** ❸ lösen Sie das Dialogfenster (siehe Abbildung 7.124) zur Einstellung der Marktpreise für Ihre Bewertung aus. Hier müssen Anpassungen vorgenommen werden, die in jeder Hinsicht unternehmensspezifisch geklärt werden müssen. Die Grundfrage ist hier, welche Preise in Ihrem Unternehmen für diese Analyse zur Verfügung stehen. Nur diese Preise dürfen Sie auf dem Deckblatt aktivieren und gegebenenfalls mit einer Rangfolge versehen. Die Rangfolge wird im Übrigen dazu benötigt, dass das SAP-System bei der Auswahl der Preise eine Vorgabe dazu hat, welcher Preis zu verwenden ist. Im gezeigten Beispiel in Abbildung 7.124 ist der Rang überall gleich, sodass alle Preise im Übersichtsbild herangezogen werden. Das Feld **Gemittelte Preise** hat die Aufgabe, einen Teiler für die Berechnung eines Durchschnittspreises zur Verfügung zu stellen. Das Programm erwartet hier einen manuellen Eintrag, der der Anzahl der aktivierten Preise entsprechen muss. Sollte aber einer der aktivierten Preise nicht gefunden werden, führt die Rechenoperation zu einem falschen gemittelten Preis!

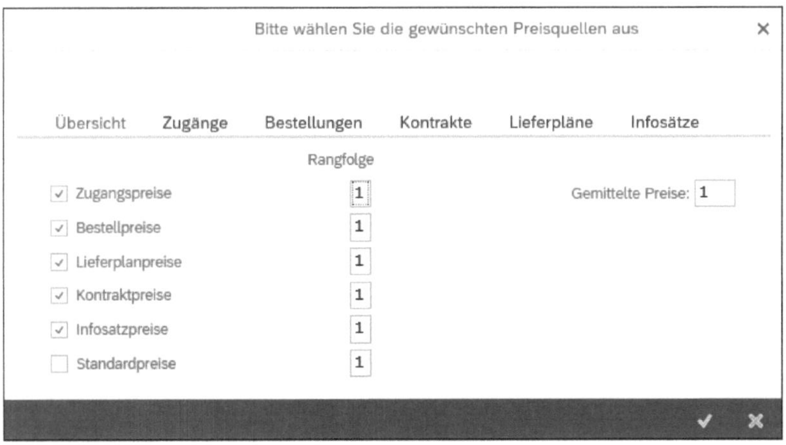

Abbildung 7.124 Vorgabe der Marktpreise: Übersicht

Die Preise auf der Registerkarte **Übersicht** bei den Marktpreisen aus Abbildung 7.124 sind in den nachfolgenden Registerkarten definiert. Anhand des Beispiels von **Bestellungen** wird dies in Abbildung 7.125 gezeigt. Hier wird je Preis eingegrenzt, aus welchem Zeitraum die Preise für die Bewertung herangezogen werden und mit welcher Strategie die Preise in Ihrem SAP-System ermittelt werden sollen. In Abbildung 7.125 soll im ausgewählten Zeitraum der niedrigste Bestellpreis ausgegeben werden. Alternativ kann hier auch der Preis der letzten Bestellung herangezogen werden. Die Entscheidung für die eine oder die andere Strategie hängt von der Beweglichkeit der Preise für die ausgewählten Materialien am Markt ab. Bei Belegen in Fremdwährung erfolgt die Umrechnung in die Buchungskreiswährung zum Belegkurs, d. h., dass keine Neubewertung zum Zeitpunkt der Inventur vorgenommen wird.

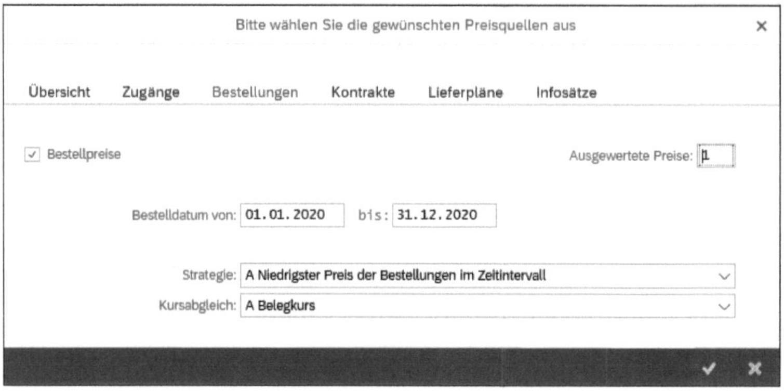

Abbildung 7.125 Vorgabe der Marktpreise aus den Bestellungen

Mit der Schaltfläche **Vergleichspreis** ❹ legen Sie fest, gegen welche Preise aus dem Materialstammsatz die Marktpreise abgeglichen werden sollen. Auch hier spielen unternehmensspezifische Besonderheiten eine Rolle. In Abbildung 7.126 sind der Materialpreis des Vorjahres, der aktuelle S-Preis und der aktuelle V-Preis für die Materialien ausgewählt.

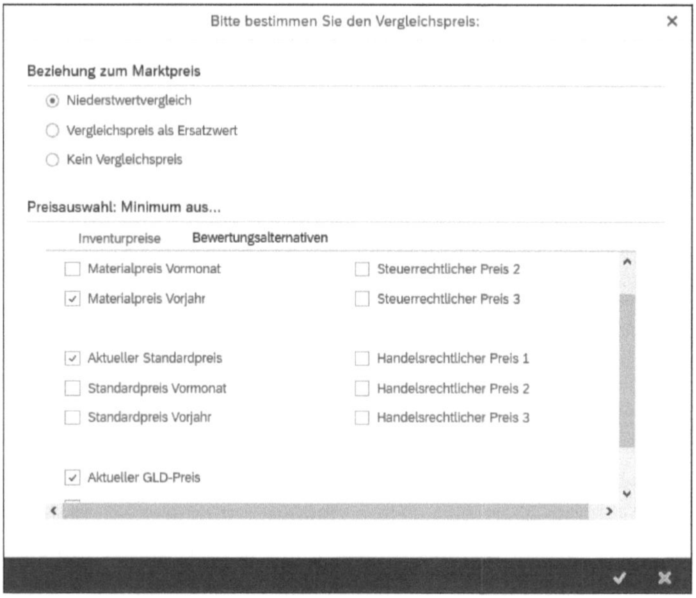

Abbildung 7.126 Vergleichspreis aus dem Materialstamm

Das Kennzeichen **Datenbank-Update** ❺ sorgt dafür, dass das Ergebnis der Niederstwertermittlung auf der Basis der Marktpreise als Preisanpassung gebucht wird. Wird das Feld aktiviert, erscheinen zwei zusätzliche Schaltflächen zur Hinterlegung von Vorgaben für die Verbuchung (siehe Abbildung 7.127).

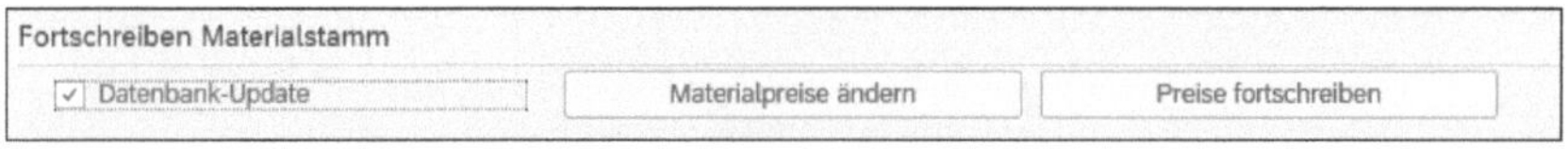

Abbildung 7.127 Marktpreise: Datenbank-Update

Die Schaltfläche **Materialpreise ändern** ermöglicht die Einstellung der Art des Updates. Dabei stehen Ihnen drei Optionen zur Verfügung:

- **Batch-Input generieren**
  Eine Verbuchung erfolgt erst nach dem Abspielen einer Batch-Input-Mappe. Hierdurch haben Sie gegebenenfalls die Möglichkeit, noch in die Buchungen einzugreifen oder sie doch manuell vorzunehmen.
- **Direkt-Update**
  Die Verbuchung erfolgt direkt online.
- **Kein Update**
  Es findet kein Update statt.

Über die Schaltfläche **Preise fortschreiben** legen Sie fest, welche Preisfelder im Materialstammsatz durch das Update fortgeschrieben werden sollen. Hierbei gibt es auch die Möglichkeit, vorhandene Preise auf null zu setzen. Aktivieren Sie hierzu das jeweilige Ankreuzfeld in der Spalte **Rücksetzen** (siehe Abbildung 7.128).

Abbildung 7.128 Marktpreisanalyse: Fortschreibung der Inventurpreise

Zuletzt kann noch die Schaltfläche **Listaufbereitung** ❻ im Bereich **Druckliste** (siehe Abbildung 7.129) genutzt werden, um Parameter für die ausgegebene Liste und den späteren Listendruck zu hinterlegen. Im Beispiel in Abbildung 7.129 wird eine ALV-Grid-Liste mit Preisen je Material erzeugt.

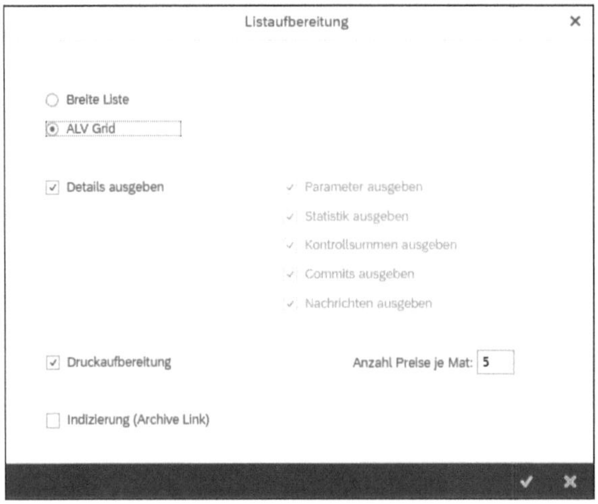

Abbildung 7.129 Listenaufbereitung in der Marktpreisanalyse

Nach dem Ausführen des Programms zur Marktpreisanalyse in der App mit der Schaltfläche **Ausführen** wird die Marktpreisanalyse auf der Basis der voreingestellten Parameter erzeugt. Das Ergebnis wird wunschgemäß als ALV-Grid-Liste ausgegeben. In Abbildung 7.130 können Sie für das Material R234609 in Werk 4000 sehen, dass insgesamt drei Preise gefunden wurden.

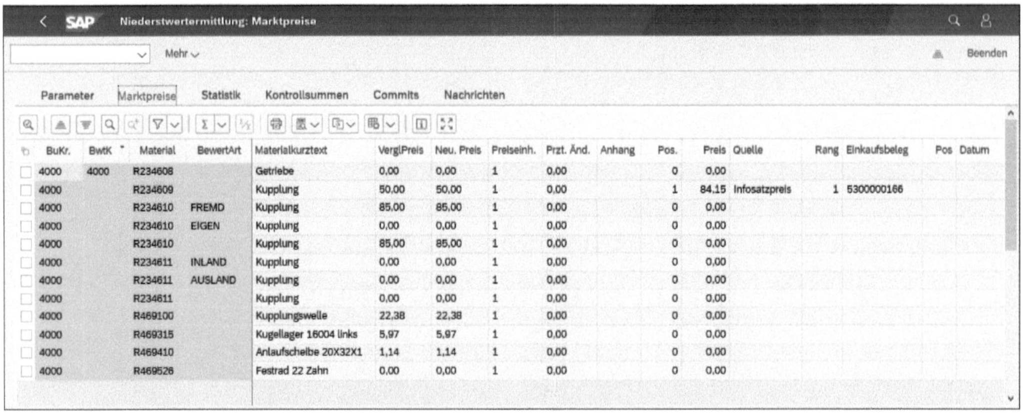

Abbildung 7.130 Ergebnis der Marktpreisanalyse

Dabei gibt es einen Vergleichspreis in Höhe von 50,00 EUR pro Stück aus, bei dem es sich um den Preis der Vorperiode handelt. Der Preis aus dem Infosatz in Höhe von 84,15 EUR pro Stück ist höher als der Vergleichspreis. Daher bleibt es nach Niederstwertprinzip hier bei der Bewertung 50,00 EUR pro Stück für die Inventur.

Damit haben wir die Funktionsweise der SAP-Marktpreisanalyse, inklusive ihrer Parameter, einmal von allen Seiten angerissen. Sie können nun auf dieser Basis für

Ihr Unternehmen prüfen, ob mit SAP-Mitteln eine Marktpreisanalyse vorgenommen werden kann. Wenn das SAP-System schon über lange Zeit eingesetzt wird, ist die Datenbasis für die Marktpreisanalyse natürlich besser, als wenn Sie erst seit Kurzem ein SAP-System einsetzen oder – wie wir für dieses Buch – mit einem Schulungssystem arbeiten würden.

Im nächsten Abschnitt stellen wir Ihnen als nächste Schritte in der Inventurbewertung zwei Transaktionen vor, die sich mit der Bewertung von Materialien beschäftigen, die entweder nicht mehr laufen oder von denen Sie zu viel im Bestand haben.

Analyse der Reichweite

Beginnen wir mit Transaktion MRN1 – der Niederstwertermittlung nach der Reichweite. Die Reichweite wird bei diesem Programm mit folgender Formel ermittelt:

$$\textit{Reichweite} = \textit{mittlerer Bestand} \div \textit{mittlerer Verbrauch}$$

Sowohl für die Errechnung des mittleren Bestands als auch für den mittleren Verbrauch geben Sie in den Selektionsparametern selbst die zu berücksichtigenden Zeiträume vor. Im Prinzip gilt: Je höher die Reichweite, desto höher der prozentuale Abschlag im Rahmen der Inventurbewertung. Die Prozentsätze für die Abschläge können in der Transaktion selbst und im Customizing vorgegeben werden.

Keine SAP-Fiori-App für die Analyse nach Reichweite im SAP Fiori Launchpad vorhanden

Wenn Sie diese Funktion nutzen und sie über das SAP Fiori Launchpad aufrufen möchten, müssen Sie die klassischen SAP-GUI-Transaktionen in Ihre Kachelgruppen im Launchpad einbinden. Hierzu müssen Sie den folgenden Weg gehen:

1. Suchen Sie die Transaktion über die SAP Fiori Apps Reference Library unter der URL *https://fioriappslibrary.hana.ondemand.com/sap/fix/externalViewer/*
2. Suchen Sie nach dem gewünschten Transaktionscode – hier MRN1. Wenn Sie im Ergebnis unter den App-Details den Hinweis »Application Type SAP GUI« (siehe Abbildung 7.131) finden, steht keine SAP-Fiori-App zur Verfügung.
3. SAP hat für diese Fälle technische Kataloge definiert, die für die klassischen SAP-GUI-Transaktionen Kacheln enthalten. Diese können die Transaktion aus dem SAP Fiori Launchpad per WebGUI starten. Es handelt sich dabei um einen Backend-Katalog, also einen Katalog, der SAP-GUI-Transaktionen des Backend-Systems enthält und keine SAP-Fiori-Apps. Im besten Fall ist Ihre gesuchte Transaktion in einem solchen technischen Katalog enthalten.
4. Die Transaktion wird dabei im Browser des WebGUI mit einer URL gestartet, die die Transaktion direkt im SAP-S/4HANA-Backend-System öffnet. Die Anwendung verhält sich dann genauso, als würde sie direkt im SAP GUI gestartet.

5. Um erstmalig klassische SAP-GUI-Transaktionen über technische Kataloge einbinden zu können, muss Ihre IT gegebenenfalls noch SAP-Hinweise implementieren.
6. Nicht zuletzt müssen noch der technische Katalog sowie die zugehörigen Kachelgruppen für Sie berechtigt werden.

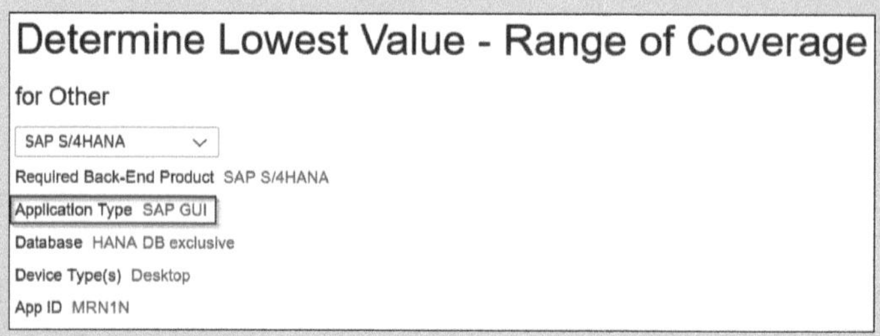

Abbildung 7.131 SAP Fiori Apps Reference Library: klassische Transaktion

In Abbildung 7.132 sehen Sie die Einstellmöglichkeiten für die Reichweitenanalyse. Alle Möglichkeiten sind im Text bereits beschrieben worden. Im Beispiel werden dieselben Materialien zu demselben Stichtag analysiert – wie in der Marktpreisanalyse.

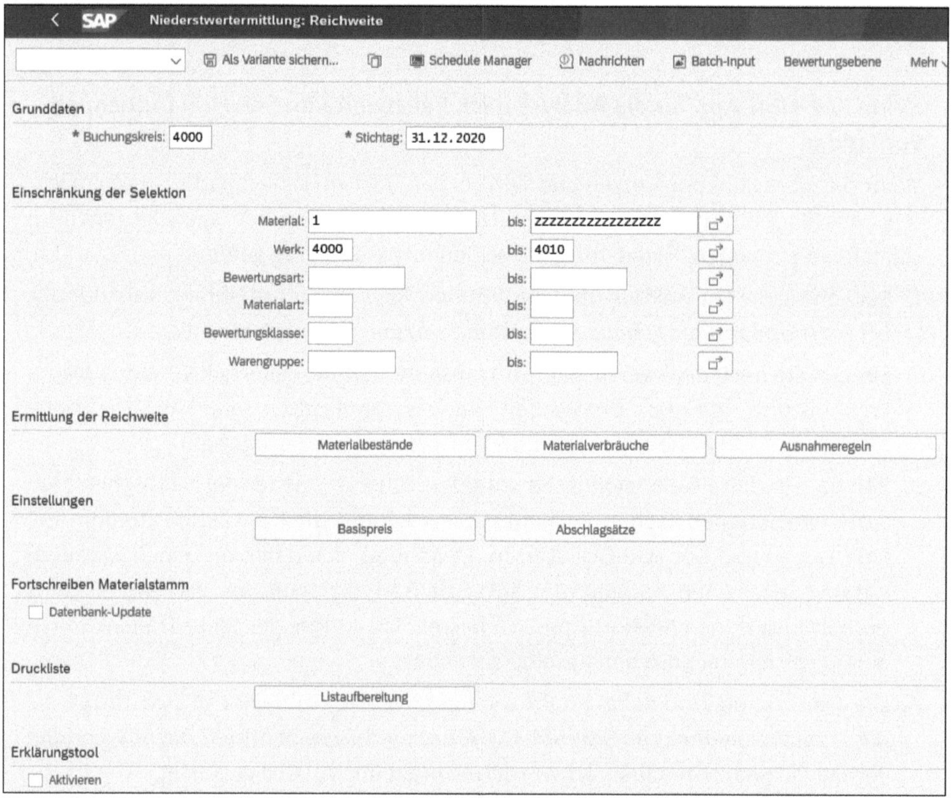

Abbildung 7.132 Analyse nach der Reichweite: Selektionsbild

Das Ergebnis der Analyse könnte so aussehen wie in Abbildung 7.133.

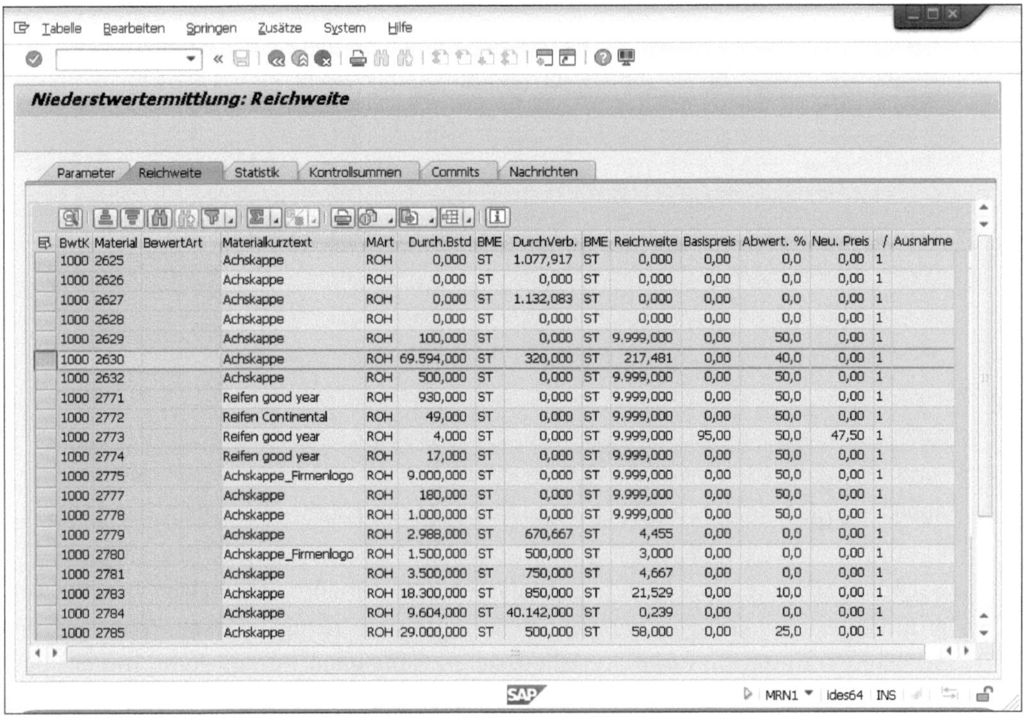

Abbildung 7.133 Liste »Analyse nach Reichweite«

Aufgrund der schlechten Datenbasis im SAP-S/4HANA-Übungsmandanten wurde mit Abbildung 7.133 auf einen entsprechenden Screenshot aus einem SAP-ERP-Release zurückgegriffen. Auch hier gibt die Abbildung sicher kein realistisches Bild ab. Für das markierte Material 2630 – eine Achskappe – können Sie aber sehen, dass aus dem hohen Durchschnittsbestand von knapp 70.000 Stück und einem Durchschnittsverbrauch von nur 320 Stück eine Reichweite von 217,481 ermittelt wurde. Es wird ein prozentualer Abschlag von 40,0 % auf den Bestandswert angezeigt.

Woher kommt jetzt dieser Prozentsatz? Die Antwort können Sie über das Selektionsbild von Transaktion MRN1 ermitteln. Klicken Sie dort entsprechend Abbildung 7.132 im Bereich **Einstellungen** auf die Schaltfläche [Abschlagsätze], und Sie erhalten nach der Auswahl von Bewertungskreis- oder Buchungskreisebene eine Liste von Abwertungssätzen je Reichweite. In Abbildung 7.134 wird ein beispielhaftes Ergebnis für Rohstoffe im Buchungskreis 1000 gezeigt. Die beiden markierten Reichweiten 240 und 96 haben jeweils einen zugeordneten Prozentsatz. In Abbildung 7.133 wurde für das Beispielmaterial eine Reichweite von 217,481 ermittelt. Es wird dann der Prozentsatz der nächstniedrigeren Reichweite genommen; in diesem Fall ist es für die Reichweite 96 ein Abwertungssatz von 40,0 %.

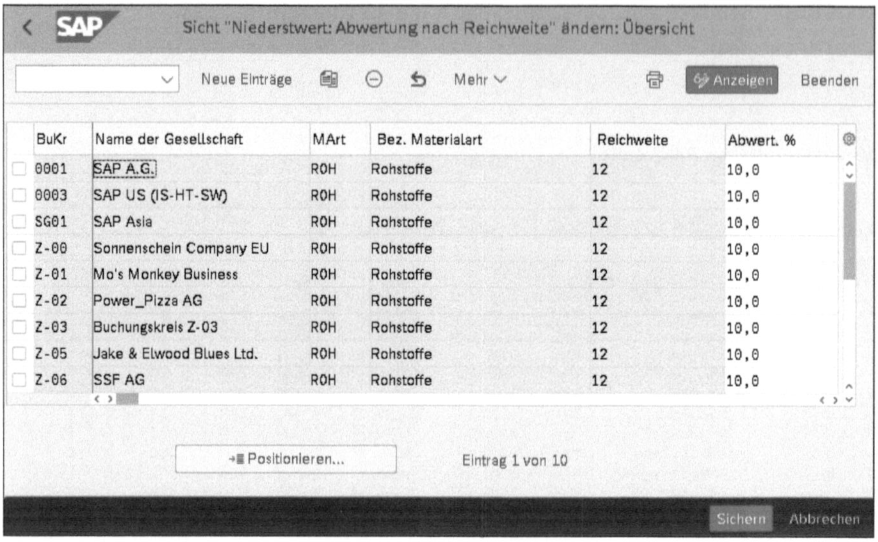

Abbildung 7.134 Analyse der Reichweite: Abschlagssätze

Nachdem sich die vorangehende Analyse mit Materialien beschäftigt hat, die aufgrund von zu hohen Lagermengen eine Bestandsabwertung auslösen, geht es bei der nächsten Transaktion um Materialien, deren Gängigkeit infrage steht. In der Regel handelt es sich hier um Materialien, die aktuell nicht mehr oder nur noch in geringem Umfang für den Produktionsprozess benötigt werden. Umgangssprachlich würde man hier über eine Abwertung auf den Schrottpreis sprechen und gegebenenfalls sogar eine Verschrottung ins Auge fassen, um Lagerplatz zu gewinnen und Lagerkosten zu sparen!

Die Gängigkeit wird mit der folgenden Formel ermittelt:

Gängigkeit = Gesamtmenge der Zu- oder Abgänge ÷ Materialbestand × 100

Analyse der Gängigkeit

Das SAP-System stellt für die Ermittlung der Gängigkeit Transaktion MRN2 zur Verfügung. In dieser Transaktion haben Sie die Möglichkeit, die Zu- und Abgänge über Materialbelege oder über den Materialstammsatz zu ermitteln. Die Ermittlung über den Stammsatz hat dabei den Vorteil, dass die Programmlaufzeit erheblich verkürzt wird. Es werden dabei aber auch nur die Abgänge berücksichtigt, was vermutlich zu verschmerzen ist, denn Zugänge wird es bei einem solchen Material und bei vernünftiger Lagerführung eher nicht mehr geben!

In Abbildung 7.135 sehen Sie die Selektionsmaske für die Niederstwertermittlung nicht gängiger Materialien mit Transaktion MRN2. Auch für diese Transaktion gibt es keine SAP-Fiori-App, sodass auf die Einbindung der klassischen Transaktion über technische Kataloge zurückgegriffen werden muss – wie es für die Transaktion MRN1 im Abschnitt »Analyse der Reichweite« weiter oben beschrieben wurde. Im Bereich **Kriterien zur Gängigkeit** werden die oben beschriebenen Vorgaben (Zeitraum und Datenbasis) für die Materialauswahl eingegeben.

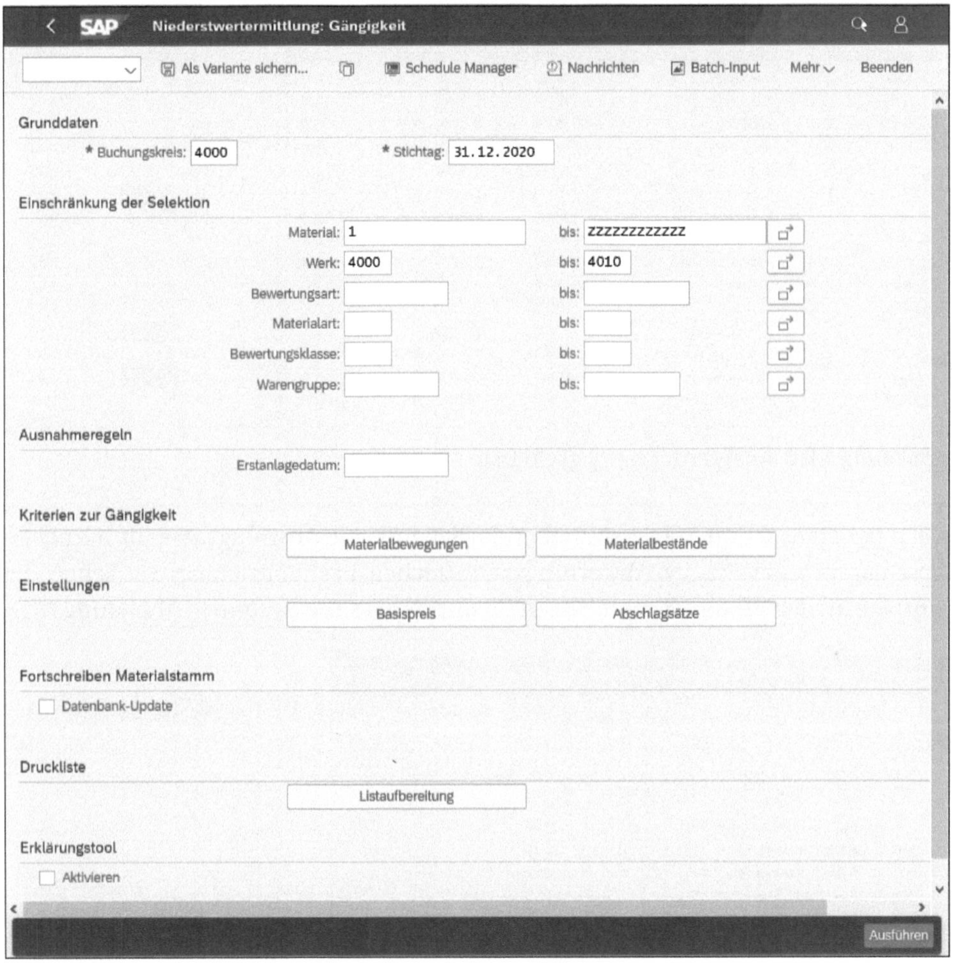

Abbildung 7.135 Analyse der Gängigkeit: Selektionsbild

Nach dem Ausführen des Programms mit den Vorgaben aus Abbildung 7.135 erhalten wir im Demo-System die in Abbildung 7.136 Liste. Das Demo-Material 2556 erhält tatsächlich das dunkel (rot) markierte Abwertungskennzeichen mit dem Wert **1**. Die Abwertungskennziffer erhöht sich für jedes Jahr der Nicht-Gängigkeit um den Wert **1**. Unser Beispielmaterial wurde demnach mit diesem Lauf erstmals als nicht gängig eingestuft.

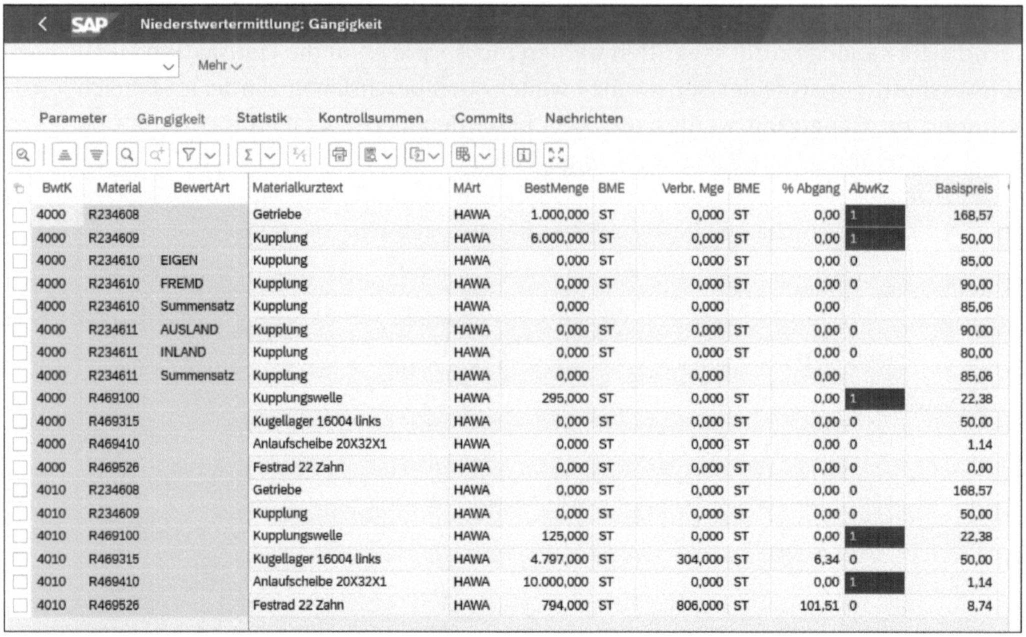

BwtK	Material	BewertArt	Materialkurztext	MArt	BestMenge	BME	Verbr. Mge	BME	% Abgang	AbwKz	Basispreis
4000	R234608		Getriebe	HAWA	1.000,000	ST	0,000	ST	0,00	1	168,57
4000	R234609		Kupplung	HAWA	6.000,000	ST	0,000	ST	0,00	1	50,00
4000	R234610	EIGEN	Kupplung	HAWA	0,000	ST	0,000	ST	0,00	0	85,00
4000	R234610	FREMD	Kupplung	HAWA	0,000	ST	0,000	ST	0,00	0	90,00
4000	R234610	Summensatz	Kupplung	HAWA	0,000		0,000		0,00		85,06
4000	R234611	AUSLAND	Kupplung	HAWA	0,000	ST	0,000	ST	0,00	0	90,00
4000	R234611	INLAND	Kupplung	HAWA	0,000	ST	0,000	ST	0,00	0	80,00
4000	R234611	Summensatz	Kupplung	HAWA	0,000		0,000		0,00		85,06
4000	R469100		Kupplungswelle	HAWA	295,000	ST	0,000	ST	0,00	1	22,38
4000	R469315		Kugellager 16004 links	HAWA	0,000	ST	0,000	ST	0,00	0	50,00
4000	R469410		Anlaufscheibe 20X32X1	HAWA	0,000	ST	0,000	ST	0,00	0	1,14
4000	R469526		Festrad 22 Zahn	HAWA	0,000	ST	0,000	ST	0,00	0	0,00
4010	R234608		Getriebe	HAWA	0,000	ST	0,000	ST	0,00	0	168,57
4010	R234609		Kupplung	HAWA	0,000	ST	0,000	ST	0,00	0	50,00
4010	R469100		Kupplungswelle	HAWA	125,000	ST	0,000	ST	0,00	1	22,38
4010	R469315		Kugellager 16004 links	HAWA	4.797,000	ST	304,000	ST	6,34	0	50,00
4010	R469410		Anlaufscheibe 20X32X1	HAWA	10.000,000	ST	0,000	ST	0,00	1	1,14
4010	R469526		Festrad 22 Zahn	HAWA	794,000	ST	806,000	ST	101,51	0	8,74

Abbildung 7.136 Analyse der Gängigkeit: Liste

Auch bei Transaktion MRN2 sind über die Schaltfläche **Abschlagsätze** die aktuellen Abschlagsprozentsätze je Abwertungskennzeichen nachvollziehbar. Sie sehen die Einträge für den Bewertungskreis 4000 in unserem Demo-System in Abbildung 7.137.

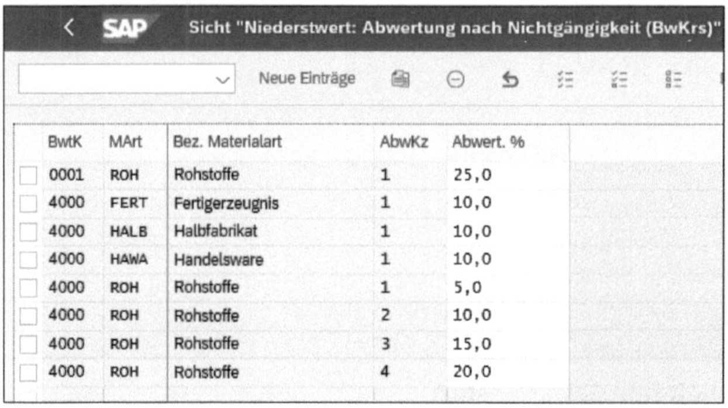

BwtK	MArt	Bez. Materialart	AbwKz	Abwert. %
0001	ROH	Rohstoffe	1	25,0
4000	FERT	Fertigerzeugnis	1	10,0
4000	HALB	Halbfabrikat	1	10,0
4000	HAWA	Handelsware	1	10,0
4000	ROH	Rohstoffe	1	5,0
4000	ROH	Rohstoffe	2	10,0
4000	ROH	Rohstoffe	3	15,0
4000	ROH	Rohstoffe	4	20,0

Abbildung 7.137 Analyse der Gängigkeit: Abschlagssätze

Prüfen Sie genau, ob die hier vorgestellten Transaktionen MRN1 und MRN2 für Ihr Unternehmen zu plausiblen Ergebnissen führen. Bevor Sie über die Nutzung des Datenbank-Updates nachdenken, sollten Sie auf jeden Fall eine Reihe von Testläufen für verschiedene Materialgruppen durchführen und zumindest stichpunktartig den Materialstatus von Ihren zuständigen Fachleuten bestätigen lassen.

Sollte die Programmlogik bei Ihnen nicht passend sein, können Sie die Inventurpreise für Materialien mit zu hoher Reichweite oder mangelnder Gängigkeit auch extern ermitteln.

Im nächsten Abschnitt geht es um die Bewertung von Verkaufsteilen, also von Halb- und Fertigfabrikaten. Dabei soll geprüft werden, wie das Verhältnis von Produktionskosten zu den Verkaufspreisen aussieht. Betriebswirtschaftlich spricht man davon, die Materialien verlustfrei zu bewerten, d. h. sie gegebenenfalls so weit abzuwerten, dass der Inventurpreis dem potenziellen Verkaufspreis entspricht.

Drohverlustbewertung – verlustfreie Bewertung

Das SAP-System stellt für die Niederstwertermittlung mit dem Ziel der verlustfreien Bewertung Transaktion MRN3 zur Verfügung. Auch diese Funktion können Sie über einen technischen Katalog Ihrer Kachelgruppe für die Inventurbewertung zuordnen – wie es für Transaktion MRN1 im Abschnitt »Analyse der Reichweite« weiter oben beschrieben wurde. In Abbildung 7.138 wird das Selektionsbild für diese Transaktion gezeigt.

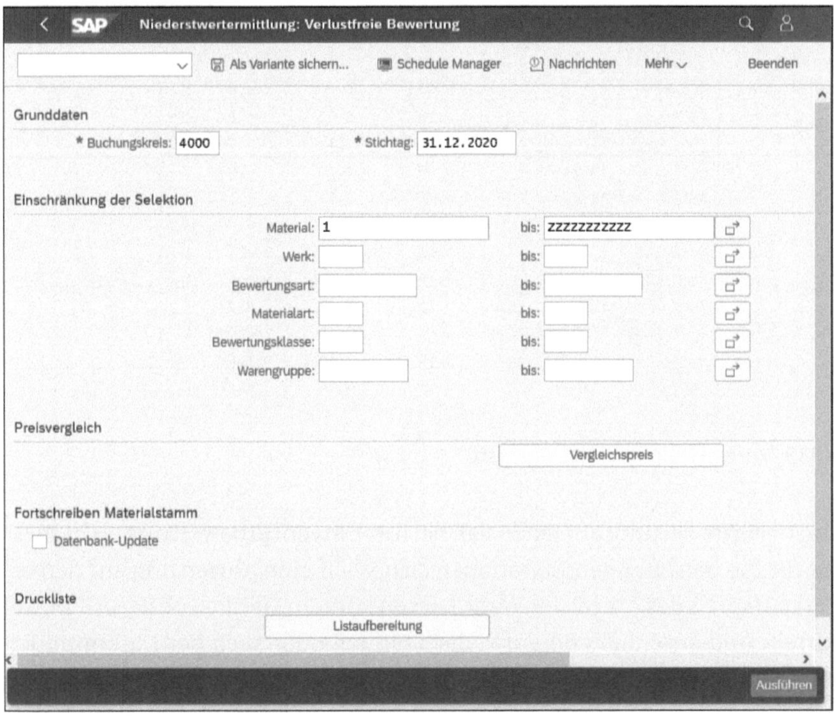

Abbildung 7.138 Verlustfreie Bewertung: Selektion

Als Vergleichspreis für die Marktpreise können alle üblichen Materialpreise herangezogen werden. Ein Problem in den Unternehmen besteht aber sicher darin, für diese

Auswertung einen realistischen Verkaufspreis zu ermitteln. Da es hier keinen branchenunabhängigen Standard gibt, stellt SAP hier eine Erweiterung zur Verfügung, in der das kundenspezifische Vorgehen für die Verkaufspreisermittlung ausprogrammiert werden kann. Wird diese Erweiterung nicht genutzt, kann das Programm nicht sinnvoll eingesetzt werden, da es zu einem ähnlichen Ergebnis kommen wird, wie wir es in Abbildung 7.139 zeigen. Die Spalte **Verkaufspreis** zeigt nur Nullwerte an!

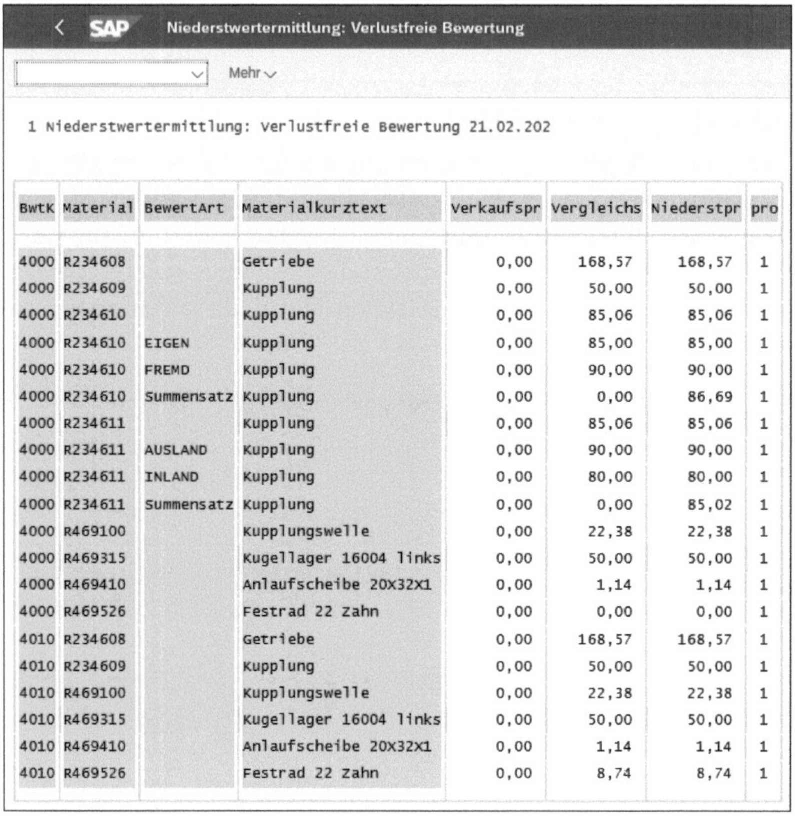

BwtK	Material	BewertArt	Materialkurztext	Verkaufspr	Vergleichs	Niederstpr	pro
4000	R234608		Getriebe	0,00	168,57	168,57	1
4000	R234609		Kupplung	0,00	50,00	50,00	1
4000	R234610		Kupplung	0,00	85,06	85,06	1
4000	R234610	EIGEN	Kupplung	0,00	85,00	85,00	1
4000	R234610	FREMD	Kupplung	0,00	90,00	90,00	1
4000	R234610	Summensatz	Kupplung	0,00	0,00	86,69	1
4000	R234611		Kupplung	0,00	85,06	85,06	1
4000	R234611	AUSLAND	Kupplung	0,00	90,00	90,00	1
4000	R234611	INLAND	Kupplung	0,00	80,00	80,00	1
4000	R234611	Summensatz	Kupplung	0,00	0,00	85,02	1
4000	R469100		Kupplungswelle	0,00	22,38	22,38	1
4000	R469315		Kugellager 16004 links	0,00	50,00	50,00	1
4000	R469410		Anlaufscheibe 20X32X1	0,00	1,14	1,14	1
4000	R469526		Festrad 22 Zahn	0,00	0,00	0,00	1
4010	R234608		Getriebe	0,00	168,57	168,57	1
4010	R234609		Kupplung	0,00	50,00	50,00	1
4010	R469100		Kupplungswelle	0,00	22,38	22,38	1
4010	R469315		Kugellager 16004 links	0,00	50,00	50,00	1
4010	R469410		Anlaufscheibe 20X32X1	0,00	1,14	1,14	1
4010	R469526		Festrad 22 Zahn	0,00	8,74	8,74	1

Abbildung 7.139 Verlustfreie Bewertung: Liste

Um die verlustfreie Bewertung auf jeden Fall bei Ihrer Inventurbewertung zu berücksichtigen, ist für die betreffenden Materialien sicherlich eine Abwertung auf den erzielbaren Verkaufspreis das Mittel der Wahl. Diesen können Sie auch ohne SAP-Mittel extern ermitteln und anschließend entweder manuell oder auch per Datenimport-Schnittstelle in die von Ihnen gewünschten Inventurpreisfelder schreiben.

Die Transaktionen MRN0, MRN1, MRN2 und MRN3 zielen alle darauf ab, Abwertungstatbestände zu ermitteln und Inventurpreisfelder mit den neuen Preisen zu füllen. Diese Aktivitäten sind Voraussetzung für die Inventurkalkulation, die im nächsten Abschnitt kurz angerissen wird.

Durchführung der Inventurkalkulation

In produzierenden Unternehmen wird häufig die SAP-Komponente PP (Produktionsplanung und -Steuerung) eingesetzt, die für die produzierten Materialien Arbeitspläne und Stücklisten bereithält. Um z. B. die Herstellkosten der Halb- und Fertigfabrikate im Materialstammsatz als Grundlage für die regelmäßige Bewertung des Materialbestands hinterlegen zu können, werden im Regelfall monatliche Produktkalkulationen in der Komponente CO-PC (Produktkostencontrolling) durchgeführt. Dabei werden die jeweils aktuellen Arbeitspläne und Stücklisten herangezogen (hier kann es schon einmal Änderungen geben), aber auch die Preise der verschiedenen Kalkulationsbestandteile aktuell berücksichtigt. Die folgenden Preise spielen in diesem Zusammenhang eine erhebliche Rolle:

- *Bestellpreise für hinzugekaufte Materialien*, die (je nach Branche und verwendeten Rohstoffen) Schwankungen unterliegen.
- *Leistungstarife* für die Bewertung der Personal- und Maschinenstunden.
- *Gemeinkostenzuschlagssätze*, die sich in Abhängigkeit von der Kostenstruktur der betreffenden Kostenstellen ändern können.

Die Ergebnisse der Produktkalkulationen werden zu Beginn eines Monats als S-Preise im Materialstammsatz hinterlegt.

Im Rahmen der Inventurkalkulation ist es nun möglich, von der Bewertung durch die Ist-Kalkulation abzuweichen. So können es rechtliche Vorgaben in den IFRS erforderlich machen, andere Leistungstarife in die Inventurbewertung einfließen zu lassen, da dort nicht alle Kostenbestandteile berücksichtigt werden dürfen. Es können möglicherweise auch andere Gemeinkostenzuschlagssätze angewandt werden.

Eine Inventurkalkulation wird dann genau wie die regelmäßige Produktkalkulation mit einer eigenen Kalkulationsvariante durchgeführt. Die Kalkulationsvariante beinhaltet dabei die Vorgaben für die genannten Preise, Leistungstarife und Zuschläge, und insbesondere auch die Preisfelder, in die die ermittelten Preise übernommen werden dürfen. Am Ende können Sie auch für die Inventurkalkulation ein Datenbank-Update durchführen, auch wenn dieses technisch anders umgesetzt wird als in den MRN*-Transaktionen, mit denen wir uns in diesem Abschnitt bereits beschäftigt haben.

Da die Einrichtung und Durchführung von Kalkulationen und Kalkulationsläufen ein sehr umfangreiches Thema ist, wollen wir es in diesem Buch nicht weiter ausführen. Bei Bedarf empfehlen wir Ihnen hierzu das Buch Hahn/Hölzlwimmer, Produktkosten-Controlling mit SAP, 2016.

Nach der Inventurkalkulation sind alle benötigten Inventurpreise in den Materialstammsätzen hinterlegt. Dann gilt es »nur« noch, die Abwertungen auf die ermittelten Inventurpreise im SAP-System zu erfassen. Vorab könnten Sie noch einmal eine

Analyse der Abweichungen vornehmen, die zwischen den Inventurpreisen und den V- und S-Preisen bestehen. Im folgenden Abschnitt möchten wir Ihnen hierzu einen geeigneten Report vorstellen.

Analyse von Preisabweichungen

Mit Transaktion MRN8 stellt das SAP-System Ihnen eine Möglichkeit der Kontrolle der ermittelten Preisabweichungen zur Verfügung. Diese Transaktion orientiert sich im Design an den oben beschriebenen Transaktionen für die verschiedenen Themen der Ermittlung von Abwertungen für die Inventur. Im Unterschied zu allen bisher gezeigten Transaktionen handelt es sich hier aber ausschließlich um einen Auswertungsreport.

Ein Datenbank-Update kann von hier aus nicht vorgenommen werden. In Abbildung 7.140 sehen Sie das Selektionsbild für die Analyse der Preisabweichungen. Als Vergleichspreise sind V- und S-Preise geeignet, die Sie mit allen Inventurpreisen abgleichen können. Im Bereich **Ausgabekriterien** sehen Sie, dass Sie z. B. vorgeben können, ab welcher Mindestabweichung Sie erst Daten in der Liste sehen können möchten.

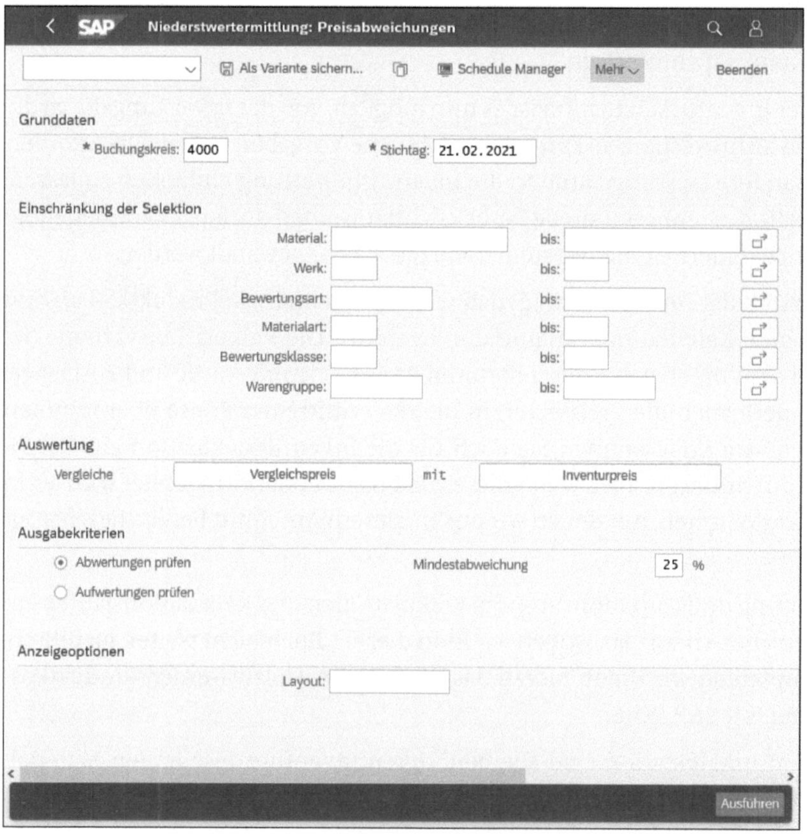

Abbildung 7.140 Analyse Preisabweichungen: Selektion

In unserem Demo-System erhalten wir mit den gezeigten Selektionskriterien aus Abbildung 7.140 aufgrund von fehlenden Daten leider keine Liste. Die in Abbildung 7.141 gezeigte Liste ist ein repräsentatives Beispiel aus einem SAP-ERP-System.

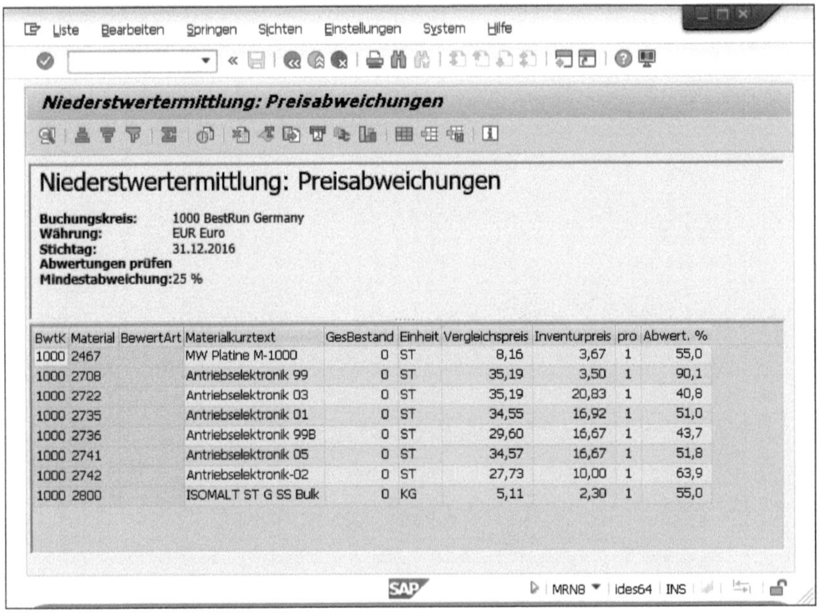

BwtK	Material	BewertArt	Materialkurztext	GesBestand	Einheit	Vergleichspreis	Inventurpreis	pro	Abwert. %
1000	2467		MW Platine M-1000	0	ST	8,16	3,67	1	55,0
1000	2708		Antriebselektronik 99	0	ST	35,19	3,50	1	90,1
1000	2722		Antriebselektronik 03	0	ST	35,19	20,83	1	40,8
1000	2735		Antriebselektronik 01	0	ST	34,55	16,92	1	51,0
1000	2736		Antriebselektronik 99B	0	ST	29,60	16,67	1	43,7
1000	2741		Antriebselektronik 05	0	ST	34,57	16,67	1	51,8
1000	2742		Antriebselektronik-02	0	ST	27,73	10,00	1	63,9
1000	2800		ISOMALT ST G SS Bulk	0	KG	5,11	2,30	1	55,0

Abbildung 7.141 Analyse der Preisabweichungen: Liste

Bewertung der Preisabweichungen

Wenn Sie in der Ergebnisliste der Preisabweichungen sehen, dass es für keines der Materialien einen Bestand gibt, können Sie die Liste komplett ignorieren. Preisabweichungen sind nur relevant, wenn damit auch eine Bewertungskorrektur verbunden ist.

Wenn alle Preisabweichungen analysiert, korrigiert und abgenommen sind, kommt als letzter Schritt die Buchung der Inventurabwertungen in die Finanzbuchhaltung. Dieses Thema wollen wir im nächsten Abschnitt nur kurz anreißen.

Buchung der Inventurabwertungen

SAP stellt für die Ermittlung der Abwertungen im Rahmen der Inventurbewertung Transaktion MRN9 zur Verfügung, die als SAP-Fiori-App **Bilanzwerte pro Konto** in unsere Beispielkachelgruppe aus Abbildung 7.122 eingebunden ist. Wie es in Abbildung 7.142 gezeigt wird, können Sie die bekannte Selektion durchführen. Über die Schaltfläche **Preise/Stufen** können Sie vorgeben, welche Inventurpreisfelder für die Liste herangezogen werden sollen.

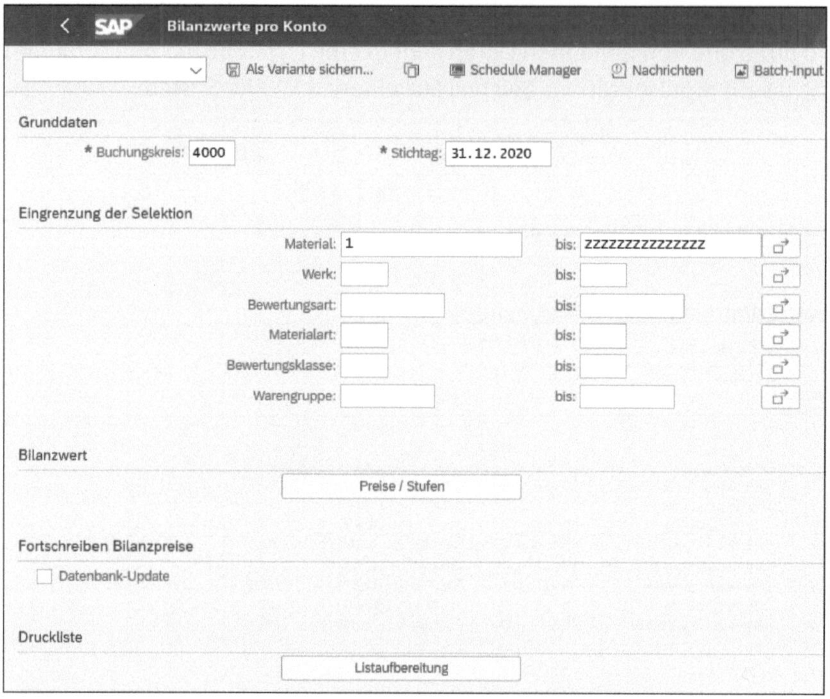

Abbildung 7.142 Ermittlung der Bilanzanpassungen: Selektion

Datenbank-Update bucht in der Finanzbuchhaltung

Transaktion MRN9 kann durchaus Preise im Materialstammsatz fortschreiben. Über die Aktivierung des Ankreuzfeldes **Datenbank-Update** kann eingestellt werden, welche Updates bei Materialpreisen vorgenommen werden sollen und wie direkt in der Finanzbuchhaltung gebucht werden soll. Damit dies möglich ist, müssen allerdings im Customizing die entsprechenden Buchungsparameter – wie z. B. die Sachkonten – gepflegt werden.

In Abbildung 7.143 sehen Sie die Aufstellung der gewählten Bestandswerte. Sie erhalten für jedes Material in den entsprechenden Summen die folgenden Informationen:

- Bestandsmengen
- Einheit
- aktuelle Bestands- oder Bilanzwerte
- Abwertungen
- Währungseinheit

Wie genau die Spalten **Bestwert** und **Bilanzwert** gefüllt werden, kann mithilfe der Schaltfläche Preise / Stufen gesteuert werden (siehe Abbildung 7.142).

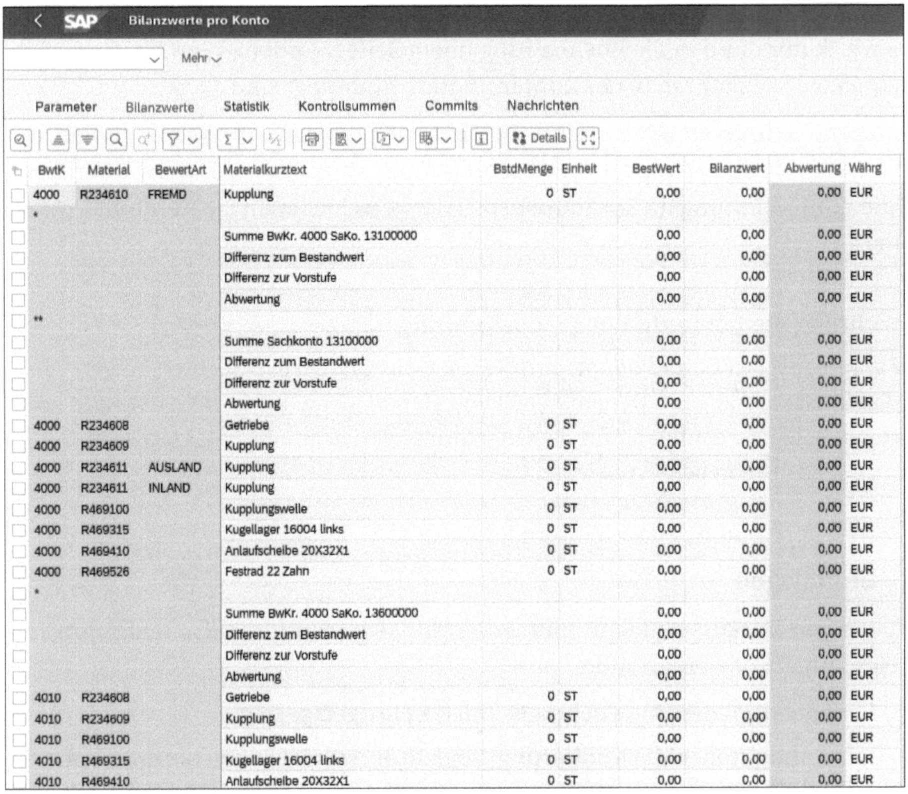

BwtK	Material	BewertArt	Materialkurztext	BstdMenge	Einheit	BestWert	Bilanzwert	Abwertung	Währg
4000	R234610	FREMD	Kupplung	0	ST	0,00	0,00	0,00	EUR
*									
			Summe BwKr. 4000 SaKo. 13100000			0,00	0,00	0,00	EUR
			Differenz zum Bestandwert			0,00	0,00	0,00	EUR
			Differenz zur Vorstufe			0,00	0,00	0,00	EUR
			Abwertung			0,00	0,00	0,00	EUR
**									
			Summe Sachkonto 13100000			0,00	0,00	0,00	EUR
			Differenz zum Bestandwert			0,00	0,00	0,00	EUR
			Differenz zur Vorstufe			0,00	0,00	0,00	EUR
			Abwertung			0,00	0,00	0,00	EUR
4000	R234608		Getriebe	0	ST	0,00	0,00	0,00	EUR
4000	R234609		Kupplung	0	ST	0,00	0,00	0,00	EUR
4000	R234611	AUSLAND	Kupplung	0	ST	0,00	0,00	0,00	EUR
4000	R234611	INLAND	Kupplung	0	ST	0,00	0,00	0,00	EUR
4000	R469100		Kupplungswelle	0	ST	0,00	0,00	0,00	EUR
4000	R469315		Kugellager 16004 links	0	ST	0,00	0,00	0,00	EUR
4000	R469410		Anlaufscheibe 20X32X1	0	ST	0,00	0,00	0,00	EUR
4000	R469526		Festrad 22 Zahn	0	ST	0,00	0,00	0,00	EUR
*									
			Summe BwKr. 4000 SaKo. 13600000			0,00	0,00	0,00	EUR
			Differenz zum Bestandwert			0,00	0,00	0,00	EUR
			Differenz zur Vorstufe			0,00	0,00	0,00	EUR
			Abwertung			0,00	0,00	0,00	EUR
4010	R234608		Getriebe	0	ST	0,00	0,00	0,00	EUR
4010	R234609		Kupplung	0	ST	0,00	0,00	0,00	EUR
4010	R469100		Kupplungswelle	0	ST	0,00	0,00	0,00	EUR
4010	R469315		Kugellager 16004 links	0	ST	0,00	0,00	0,00	EUR
4010	R469410		Anlaufscheibe 20X32X1	0	ST	0,00	0,00	0,00	EUR

Abbildung 7.143 Ermittlung der Bilanzanpassungen: Liste

Aufgrund des mangelnden Buchungsstoffes in unserem Demo-System ist es nicht möglich, aus dem gezeigten Bild einen Buchungsvorschlag ableiten und erklären zu wollen. Dies ist ein Thema für die Finanzbuchhaltung. Dort müssen Sie sich darüber im Klaren sein, welche Bedeutung die einzelnen Spalten haben, welche Bewertungsvorschriften jeweils dahinterstehen und in welchen rechenschaftslegungspflichtigen Bereichen Korrekturen erforderlich sind.

Grundsätzlich stellt Abbildung 7.143 aber durchaus dar, welche Werte in welchen Spalten zu sehen wären. Über Summen und Zwischensummen werden die jeweiligen Werte pro Sachkonto und/oder Buchungskreis kumuliert dargestellt. Auf dieser Basis wird die Buchung entweder automatisch vom System angestoßen (Datenbank-Update) oder sie kann manuell direkt in der Finanzbuchhaltung vorgenommen werden.

7.8 Automatische Kontenfindung

Im Rahmen eines SAP-Einführungsprojekts wird über den Aufbau der Kontenfindung die Systemeinstellung für automatische Buchungen aus der Materialwirtschaft in die Finanzbuchhaltung vorgenommen. Die Geschäftsprozesse in der Beschaffung können z. B. nur dann in die Buchhaltung übergeleitet werden, wenn für die jeweiligen Vorgänge Sachkonten in der Kontenfindung hinterlegt sind.

Nachfolgend definieren wir zunächst die Elemente, die das SAP-System im Rahmen der Kontenfindung verwendet. In Abschnitt 7.8.3, »Kontenfindung im Überblick«, wird die Kontenfindung im Zusammenspiel der verschiedenen Elemente als Prozess erläutert.

[»]

Einrichtung der Kontenfindung = Customizing

Die automatische Kontenfindung im SAP-S/4HANA-System einzurichten, ist eine reine Customizing-Aktivität. Dementsprechend stehen hierzu keine SAP-Fiori-Apps zur Verfügung. Die Berechtigung für die Einrichtung wird über eine entsprechende Customizing-Rolle vergeben.

7.8.1 Grundlagen

Die folgenden Voraussetzungen müssen erfüllt sein, damit die Kontenfindung erfolgreich aufgebaut werden kann:

- Die Materialarten des Unternehmens müssen festgelegt sein.
- Im Controlling stehen die Kontierungsobjekte bereit, auf denen die jeweiligen Bewegungen gezeigt werden sollen. Auch temporäre Objekte, wie z. B. Fertigungsaufträge, sind in einem Konzept beschrieben und vom Customizing her vorgesehen.
- Der Kontenplan ist definiert und die Kontenklassen für die Verbuchung von Materialbeständen, Eingängen und Ausgängen, Preisdifferenzen, Inventurdifferenzen, Umbewertungen usw. sind festgelegt.
- Das Unternehmen kennt seine Geschäftsprozesse in der Materialwirtschaft.
- Das Rechnungswesen weiß, wie die Abbildung der Werteflüsse in der Buchhaltung erfolgen soll.
- Ein besonderes Augenmerk muss auf die Konsequenzen der jeweiligen Entscheidungen bei der Abbildung von Intercompany-Prozessen und in der Konsolidierung gerichtet werden.

7.8.2 Kontenfindung – Kurzbeschreibung und Elemente

Zum besseren Verständnis der Kontenfindung zeigen wir Ihnen zunächst anhand eines vereinfachten Beispiels, wie das SAP-System bei der Kontenfindung vorgeht (siehe Abbildung 7.144).

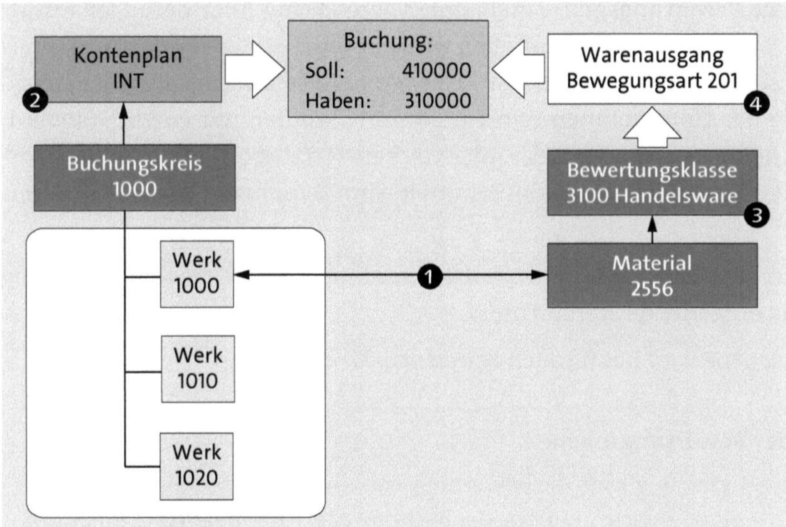

Abbildung 7.144 Übersicht: Kontenfindung ohne Bewertungsmodifikationskonstante

- In Werk 1000 ❶ verlässt eine Handelsware das Lager. In Abbildung 7.144 wird dies anhand der Handelsware mit der Materialnummer 2556 gezeigt.
- Über das Werk wird der Kontenplan gefunden, aus dem die Sachkonten zu nehmen sind. Abbildung 7.144 zeigt den Buchungskreis 1000 mit drei Werken. Buchungskreis 1000 arbeitet mit dem Kontenplan INT ❷.
- Dem Beispielmaterial aus Abbildung 7.144 wurde entsprechend der Materialart **HaWa** (Handelsmaterial) eine bestimmte Bewertungsklasse ❸ im Materialstammsatz zugeordnet.
- Über die Bewertungsklasse können nun mithilfe der Bewegungsart ❹ eindeutig die Sachkonten für Soll und Haben für den Kontenplan des Werks bestimmt werden. Im Beispiel sind dies das Materialeinsatzkonto 410000 und das Materialbestandskonto 310000.

Im Folgenden beschreiben wir die Elemente im Detail, die zur Kontenfindung beitragen. Zunächst erfahren Sie, welche Auswirkungen die Bewertungsebene hat.

Bewertungsebene

In einem integrierten System wie dem SAP-System sind grundsätzlich alle logistischen Vorgänge eng mit dem Rechnungswesen verknüpft. Wir sprechen hier von *mengenmäßiger Abbildung* in der Logistik und *wertmäßiger Abbildung* im Rechnungswesen. In der Buchhaltung muss der Materialbestand mit seinem Bestandswert in der Bilanz gezeigt werden. Die Bewertung erfolgt dabei nach der Formel

Menge × Preis

Dabei müssen die Bewertungspreise im Rahmen gesetzlicher Anforderungen festgelegt oder ermittelt werden. Bei Zukaufteilen wird der sogenannte Verrechnungspreis (V-Preis, Durchschnittseinkaufspreis des aktuellen Lagerbestands) zugrunde gelegt. Materialien, die das Unternehmen selbst produziert, werden mit einem Standardpreis bewertet, der im SAP-System oder mit externen Verfahren aus der Produktionsstruktur (Arbeitspläne und Stücklisten) ermittelt wird. Dieser wird landläufig S-Preis genannt.

Die Bewertungsebene bestimmt die Organisationseinheit, für die die Kontenfindung vorgesehen und eingerichtet werden muss.

Die Bewertungsebene wird häufig auch *Bewertungskreis* genannt.

[!]

Festlegung der Bewertungsebene

Nach der Produktivsetzung kann die Bewertungsebene nicht mehr einfach geändert werden! Die Grundsatzentscheidung, ob der Buchungskreis oder das Werk einheitlich bewertet werden soll, ist also sorgfältig zu treffen.

Materialien können auf Werks- oder auf Buchungskreisebene einheitlich bewertet werden.

Das SAP-System sieht im Standard die Bewertung von Materialien auf der Werksebene vor, wie es in Abbildung 7.145 dargestellt ist. Diese Einstellung bietet sich an, wenn je Werk eigenständige Einkaufsprozesse und Produktionsprozesse vorliegen. In aller Regel sind auch die Leistungstarife in der Fertigung für jedes Werk unterschiedlich. Zusätzlich kommt es auch aufgrund unterschiedlicher Produktionsvoraussetzungen (Maschinen, Prozesse) zu abweichenden Herstellkosten bei eigengefertigten Materialien. Wenn der Einkauf von Rohmaterialien und Einsatzmaterialien dezentral vorgenommen wird, kann es auch hier zu unterschiedlichen Preisen kommen.

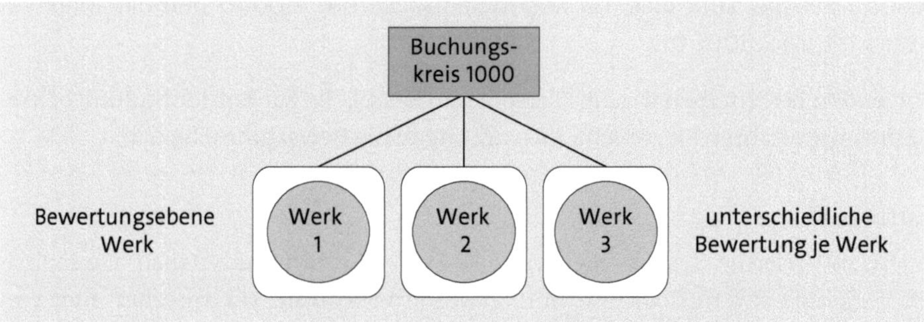

Abbildung 7.145 Bewertungsebene »Werk«: SAP-Standardeinstellung

Im Gegensatz dazu kann auch eine einheitliche Bewertung für alle Werke eines Buchungskreises angemessen sein, wie es in Abbildung 7.146 dargestellt ist. Bei dieser

Einstellung haben die Materialien, unabhängig vom Werk, denselben Preis. Dies bietet sich bei zentralen Einkaufsprozessen oder bei einer einheitlichen Produktions- und Tarifstruktur an.

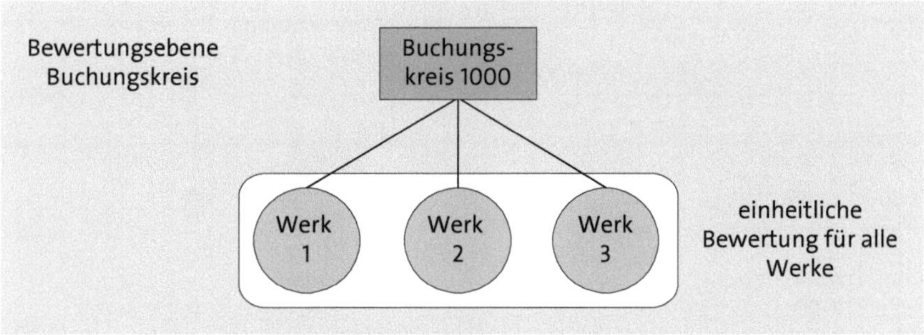

Abbildung 7.146 Bewertungsebene »Buchungskreis«

Wenn Ihr Unternehmen die SAP-Komponente PP oder CO-PC einsetzt, muss die Bewertung auf jeden Fall auf der Werksebene vorgenommen werden. Beim Einsatz der Branchenlösung SAP S/4HANA IS-Retail für Handelsunternehmen ist ebenfalls die Bewertung auf der Werksebene Voraussetzung.

Normalerweise würde man sich gerne für einen einheitlichen Weg bei der Kontenfindung entscheiden. Gesetzliche Vorgaben in den Ländern, in denen Ihr Unternehmen Werke hat, können Sie jedoch dazu zwingen, in den Kontenfindungen unterschiedliche Abbildungen vorzusehen. Sie können hierzu im SAP-System eine Bewertungsmodifikationskonstante nutzen, die im folgenden Abschnitt beschrieben wird.

Bewertungsmodifikationskonstante

Eine Bewertungsmodifikationskonstante wird als ein bis vierstelliger Schlüssel eingerichtet und den Bewertungskreisen zugeordnet. Die folgenden Möglichkeiten gibt es:

- Sie möchten die Kontenfindung für jeden Bewertungskreis separat pflegen. Dann wird keine Bewertungsmodifikationskonstante benötigt.
- Alle Bewertungskreise mit demselben Kontenplan nutzen dieselbe Kontenfindung. Bei dieser Variante ist die Nutzung einer Bewertungsmodifikationskonstante erforderlich, um die Bewertungskreise für die Kontenfindung zu gruppieren. In Abbildung 7.144 wird ein Beispiel hierzu gezeigt.
- Wenn Sie unterschiedliche Kontenfindungen für verschiedene Gruppen von Bewertungskreisen mit demselben Kontenplan benötigen, muss die Bewertungsmodifikationskonstante aktiviert und eingesetzt werden. Das Beispiel aus Abbildung 7.144 wurde in der nachfolgenden Abbildung 7.147 an diesen Fall angepasst: Das Material 2556 wird nun aus Werk 1020 entnommen; derselbe Kontenplan wird ge-

funden, aber aufgrund der abweichenden Bewertungsmodifikationskonstante **0002** wird der Geschäftsvorfall auf anderen Sachkonten verbucht.

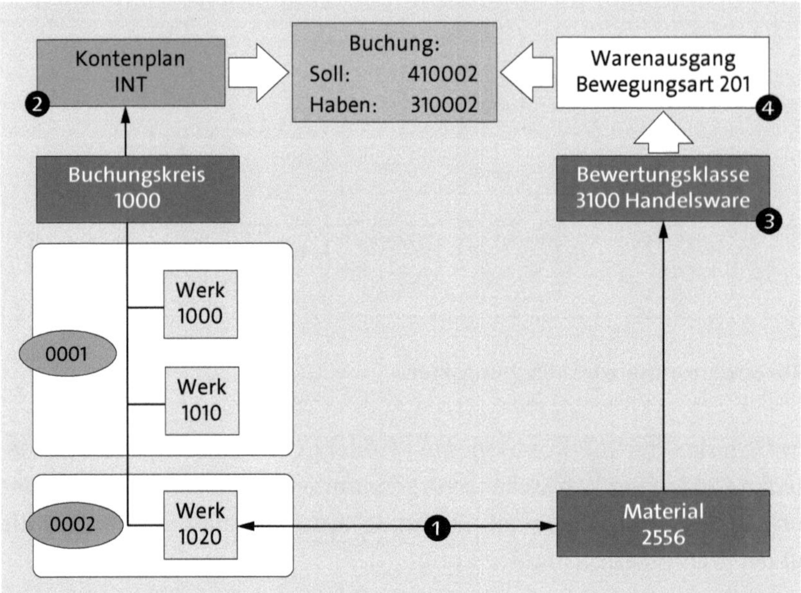

Abbildung 7.147 Übersicht: Kontenfindung mit Bewertungsmodifikationskonstante

[+]

Tipp für die Neueinführung

Um für die Zukunft auf der sicheren Seite zu sein, sollte von der Bewertungsmodifikationskonstante Gebrauch gemacht werden. Zunächst sollte die Einrichtung mit einer Bewertungsmodifikationskonstante vorgenommen werden, der Sie alle Bewertungskreise zuordnen.

Ohne die Aktivierung von Bewertungsmodifikationskonstanten muss die Kontenfindung für jeden Bewertungskreis eigenständig eingerichtet werden, auch wenn derselbe Kontenplan genutzt wird.

Nun ist Ihnen aber vielleicht noch unklar, was es mit dem schon so oft erwähnten Kontenplan auf sich hat. Diesen stellen wir Ihnen im nachfolgenden Abschnitt vor.

Kontenplan

In der Buchhaltung werden alle Geschäftsvorfälle, die sich wertmäßig auswirken, über Sachkonten abgebildet. Um dies zu illustrieren, werden im nachfolgenden Kasten zwei Beispielgeschäftsvorfälle zunächst allgemein beschrieben und später noch aufgegriffen und verfeinert.

Geschäftsvorfälle

Diese beiden Beispielfälle wollen wir nun mit Ihnen ansehen und erweitern:

1. **Die bestellte Ware trifft mit der Rechnung ein.**
   Für die Buchhaltung bedeutet dieser Sachverhalt, dass das Sachkonto »Warenbestand« gegen das Sachkonto »Verbindlichkeit aus Lieferungen und Leistungen« gebucht wird.
2. **Im Produktionsprozess wird Klebstoff aus dem Lager entnommen und verwendet.**
   Für die Buchhaltung bedeutet dieser Sachverhalt, dass das Sachkonto »Verbrauch Klebstoff« gegen das Sachkonto »Bestand Klebstoff« gebucht wird.

Der Kontenplan eines Unternehmens enthält alle Sachkonten, die dieses Unternehmen verwendet. Die Sachkonten erhalten in der Regel eine sechs- bis achtstellige Nummer. In Deutschland sind sechsstellige Sachkontonummern stark verbreitet; in den USA wird hingegen meist mit achtstelligen Sachkontonummern gearbeitet. Das SAP-System erlaubt bis zu zehnstellige Nummern.

Im Regelfall richten sich der Aufbau und die Logik der Kontonummernvergabe nach branchenspezifischen Standards. Beispiele hierzu sind der Industriekontenrahmen (IKR) oder verschiedene Standardkontenrahmen (SKR 03 – Kontenrahmen für publizitätspflichtige Firmen; SKR 04 – Kontenrahmen für publizitätspflichtige Firmen, der die Neuerungen des Bilanzrechtsmodernisierungsgesetzes (BilMoG) berücksichtigt, usw.).

Der Kontenrahmen gliedert sich meist in zehn Kontenklassen, die durch die führende Ziffer der Sachkontonummer gezeigt werden. Der typische Aufbau eines Kontenplans nach IKR sieht so aus, wie es in Abbildung 7.148 gezeigt wird.

Sachkonten Finanzbuchhaltung/sekundäre Kostenarten (nur CO)									
0	1	2	3	4	5	6	7	8	9
Anlage-ver-mögen-	Umlauf-ver-mögen, kurz-fristiges Kapital	Neutrale Aufwen-dungen und Erträge	Bestand Material Roh-, Hilfs-, Betriebs-stoffe	Auf-wands-konten	Sekundär-kosten-arten (nur CO)	Sekundär-kosten-arten (nur CO)	Produkte HALB und FERT	Erträge Bestands-verände-rung Eigen-leistung	Ab-schluss

Abbildung 7.148 Aufbau eines Kontenplans nach IKR mit zehn Kontenklassen

Die in Abbildung 7.148 gezeigte Sortierung der Sachkonten in zehn Gruppen nennt man *Kontenklassen*. Über die Kontenklasse können Sie schon einmal grob erkennen, was auf die zugeordneten Konten gebucht wird.

Angenommen, der IKR ist der Kontenplan, mit dem Ihr Unternehmen arbeitet, und die Sachkonten dort sind sechsstellig. Dann wird das Anlagevermögen dort auf Sachkonten mit den Kontonummern 000001–099999 verbucht (wobei das SAP-System die führenden Nullen in der Regel nicht anzeigt und damit die Kontenklasse **0** im Beispiel dadurch erkannt werden kann, dass die Konten weniger als fünf Stellen haben). Bestandskonten in der Materialwirtschaft, wie z. B. das Sachkonto »Roh-, Hilfs- und Betriebsstoffe«, werden im Nummernintervall 300000–399999 angelegt. Der Verbrauch von Materialien wird auf Sachkonten im Nummernintervall von 400000–499999 abgebildet.

Nachfolgend wird für unsere Beispielgeschäftsvorfälle gezeigt, wie z. B. mit einem sechsstelligen Kontenplan gebucht werden könnte.

[zB]

Geschäftsvorfälle – Umsetzung im Kontenplan

Die folgenden Geschäftsvorfälle können vorkommen:

1. **Bestellte Ware trifft mit Rechnung ein.**
   Buchhaltung: Sachkonto »Warenbestand« (310000) wird gegen das Sachkonto »Verbindlichkeit aus Lieferungen und Leistungen« (160000) gebucht.
2. **Entnahme von Klebstoff aus dem Lager und Verwendung im Produktionsprozess.**
   Buchhaltung: Sachkonto »Verbrauch Klebstoff« 400000 wird gegen das Sachkonto »Bestand Klebstoff« 300000 gebucht.

Jeder Buchungskreis ist fest mit einem bestimmten Kontenplan verbunden, und Werke sind den Buchungskreisen eindeutig zugeordnet. Damit hat auch jedes Werk seinen festen Kontenplan, für den die Sachkontenfindung einzustellen ist!

In Abbildung 7.149 wird beispielhaft gezeigt, wie mit Kontenplänen im SAP-System gearbeitet wird. Hier gibt es zwei Kontenpläne, den Kontenplan INT und den Kontenplan SKR. Die beiden Buchungskreise 1000 und 2000 nutzen die Sachkonten des Kontenplans INT, und der Buchungskreis 3000 arbeitet mit dem Kontenplan SKR. Geschäftsvorfälle, die in den Werken 1010, 1020, 1030, 2010 und 2020 stattfinden, werden demnach auf den Sachkonten des Kontenplans INT verbucht, während Geschäftsvorfälle des Werks 3010 in den Konten des SKR abgebildet werden.

Was sind nun aber diese Sachkonten? Damit beschäftigen wir uns im nächsten Abschnitt.

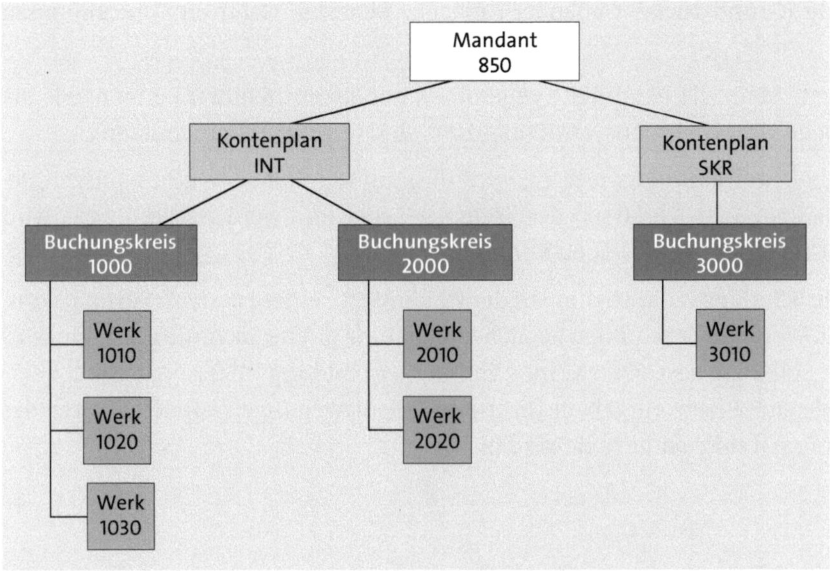

Abbildung 7.149 Werke, Buchungskreise und Kontenpläne zuordnen

Sachkonten

Für die wertmäßige Abbildung der Geschäftsvorfälle in der Materialwirtschaft werden jeweils mindestens zwei *Sachkonten* benötigt, wie es im Beispiel »Umsetzung im Kontenplan« bereits gezeigt wurde. Grundsätzlich wird hierbei die Technik der doppelten Buchführung angewandt.

Doppelte Buchführung

Die doppelte Buchhaltung (auch doppelte Buchführung genannt) ist das System der kaufmännischen Buchführung gemäß § 238 HGB (Buchführungspflicht), das die Ermittlung des Periodenerfolgs zweifach ermöglicht: (1) durch die Bilanz und (2) durch die Gewinn- und Verlustrechnung (GuV). Zugleich ist »doppelt« auch im technischen Sinn der Buchung als Erfassung eines Geschäftsvorfalls auf Konto und Gegenkonto zu verstehen (siehe Gabler Wirtschaftslexikon, *http://wirtschaftslexikon.gabler.de/Archiv/7935/doppelte-buchhaltung-v10.html*).

Bei den Sachkonten wird zunächst einmal zwischen Bestandskonten und Erfolgskonten unterschieden.

Bestandskonten dienen der Darstellung und Zusammenfassung von Unternehmenswerten (Bestände an Rohmaterialien, vorhandene Handelswaren, Anlagegüter) und fließen in die Bilanz ein. Dabei sind die meisten dieser Bestandskonten auf der sogenannten Aktivseite der Bilanz anzutreffen, die zeigt, über welche dinglichen Wertgegenstände (Grundstücke, Gebäude, Anlagen, Material, Geld) ein Unternehmen verfügt.

Der Aktivseite steht die Passivseite gegenüber, der Sie entnehmen können, wie die verschiedenen Unternehmenswerte finanziert sind (Eigenkapital, Schulden).

Nehmen die Unternehmenswerte zu, wird dies auf der Soll-Seite eines aktiven Bestandskontos gebucht. Verlassen Bestände das Lager und werden verbraucht, wird dies auf der Haben-Seite desselben Kontos verbucht.

Nehmen die Schulden zu, wird dies auf der Haben-Seite eines passiven Bestandskontos gebucht. Werden die Schulden beglichen oder eine offene Rechnung bezahlt, wird dies auf der Soll-Seite desselben Kontos verbucht. Abbildung 7.150 zeigt einmal übersichtlich, wie eine Bilanz aufgebaut ist und wie die Bewegungen auf den Konten der Aktiv- oder Passivseite dargestellt werden.

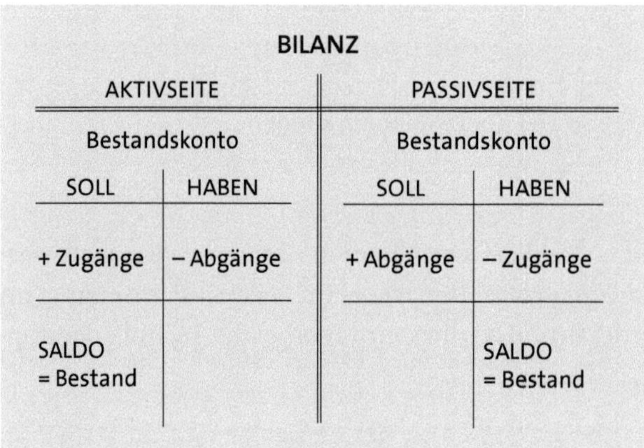

Abbildung 7.150 Bestandskonten in der Bilanz

Die Darstellung ist stark vereinfacht und zeigt für die Konten der jeweiligen Seite nur den Normalfall. Auf beiden Seiten der Bilanz tragen eine Vielzahl von Sachkonten zum Ergebnis bei, die ihrerseits wieder in Bilanzpositionen gegliedert sind. Es gelten die folgenden Regeln:

- Die Summen auf der Aktiv- und Passivseite sind gleich. Diese Summe nennt man *Bilanzsumme*.
- Die Bilanzpositionen fassen ihrerseits eine Vielzahl gleichartiger Sachkonten zusammen.
- Die Sortierung der Bilanzpositionen auf der Aktivseite erfolgt nach dem Grad der Liquidität. Positionen, die nicht oder weniger liquide sind, stehen hier ganz oben (Grundstücke, Gebäude, Anlagevermögen); Positionen von hoher Liquidität (Bankbestände, Kassenbestände) befinden sich ganz unten in der Bilanz.

- Die Sortierung der Bilanzpositionen auf der Passivseite wird nach ihrer Fälligkeit vorgenommen. Ganz oben steht hier das Eigenkapital – denn dieses ist überhaupt nicht fällig! Ganz unten stehen kurzfristige Lieferantenverbindlichkeiten, also die aktuell offenen Rechnungen, die mit einem der nächsten Zahlläufe beglichen werden.

Die folgenden Arten von Bestandskonten werden für die Abbildung der Materialwirtschaft benötigt:

1. Sachkonten für unterschiedliche Arten von Roh-, Hilfs- und Betriebsmitteln
2. Sachkonten für verschiedene Arten von Produkten (Handelswaren, Fertigprodukte, Halbfertigwaren)
3. Wareneingangs-/Rechnungseingangs-Verrechnungskonto (WE/RE-Konto)
4. Sachkonten für die Verbuchung der gezahlten Mehrwertsteuer (im SAP-Sprachgebrauch heißt diese Vorsteuer)

Erfolgskonten fließen in die Gewinn- und Verlustrechnung (kurz GuV) eines Unternehmens ein, deren Aufgabe es ist, den Unternehmenserfolg in seiner Höhe darzustellen. In der GuV werden die Aufwendungen und Erträge einander gegenübergestellt (siehe Abbildung 7.151).

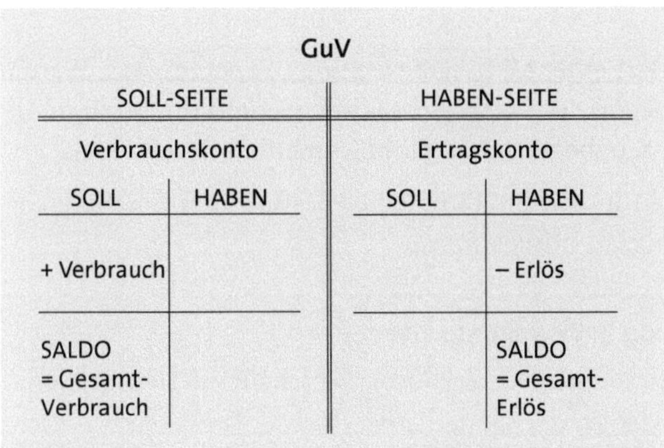

Abbildung 7.151 Erfolgskonten in der Gewinn- und Verlustrechnung

Gewöhnungsbedürftig ist für den rechnungswesenungeübten Laien, dass das, was gemeinhin als Kosten verstanden wird, mit positivem Vorzeichen und die Erlöse hingegen mit negativem Vorzeichen gebucht werden. In der IT ist dies jedoch Standard. Um Rechenwerke intuitiv verständlicher zu machen, können viele SAP-Berichte mit Vorzeichenumkehr ausgeführt werden.

Die folgenden Arten von Erfolgskonten werden für die Abbildung der Materialwirtschaft benötigt:

1. Sachkonten für die Verbräuche von Roh-, Hilfs- und Betriebsmitteln
2. Sachkonten für die Verbräuche von Handelswaren, Halb- und Fertigfabrikaten
3. Sachkonten für den Einsatz von Fremdleistungen und Dienstleistungen
4. Sachkonten für Preisdifferenzen
5. Sachkonten für Inventurdifferenzen
6. Sachkonten für Kursdifferenzen
7. Aufwand/Ertrag aus dem Konsignationsmaterialverbrauch
8. Bestandsveränderungskonten

Alle diese Sachkonten werden im Customizing der Kontenfindung in einer zentralen Tabelle hinterlegt und anhand der oben beschriebenen Logik (siehe Abbildung 7.144 weiter vorne) gefunden.

Dies soll als erster Überblick über Kontenpläne, Sachkonten und die Wertdarstellung in Bilanz und GuV genügen. Nachfolgend erfahren Sie etwas über Bewegungsarten in der Materialwirtschaft.

Bewegungsarten

Über Bewegungsarten wird die Art einer Materialbewegung (Wareneingang, Warenausgang, Umlagerung usw.) kategorisiert. Bewegungsarten werden im Detail in Abschnitt 7.8.2, »Kontenfindung – Kurzbeschreibung und Elemente«, beschrieben.

Welches Sachkonto das richtige für die Abbildung eines bestimmten Geschäftsvorfalls ist, wird durch die Bewegungsart mitbestimmt.

[zB]

Geschäftsvorfälle – Umsetzung in Bewegungsarten

Nachfolgend sehen Sie die oben beschriebenen einfachen Geschäftsvorfälle mit ihren Bewegungsarten:

1. Bestellte Ware trifft mit der Rechnung ein.

   Abbildung in der Materialwirtschaft: Über die Bewegungsart **101** (Wareneingang) werden die Sachkonten gefunden.
2. Entnahme von Klebstoff aus dem Lager und Verwendung in der Produktion.

   Abbildung in der Materialwirtschaft: Über die Bewegungsart **201** (Warenausgang für die Kostenstelle) können die Sachkonten gefunden werden.

Die Bewegungsarten werden z. B. bei der Erfassung von Bestellungen oder Verbrauchsbuchungen automatisch zugeordnet.

Bewertungsklasse

Beschäftigen wir uns nun mit den Bewertungsklassen. Diese tragen dazu bei, die Kontenfindung für eine Reihe von Materialien in gleicher Art und Weise vorzunehmen. Sie werden im Customizing den Materialarten zugeordnet. Damit werden je Materialart nur die Bewertungsklassen angeboten, die grundsätzlich für diese Materialart zulässig sind.

Aus Vereinfachungsgründen kann zwischen die Materialarten und die Bewertungsklassen noch die Kontoklassenreferenz gestellt werden. In Abbildung 7.152 wird dies beispielhaft gezeigt; die Kontoklassenreferenz besteht in diesem Fall lediglich aus dem vierstelligen Schlüssel **0001** und der Bezeichnung **Referenz für Rohstoffe**. Sie wird zum einen den Materialarten zugeordnet, die dieselben Bewertungsklassen bei der Stammdatenpflege anbieten sollen; an einer anderen Stelle werden die Bewertungsklassen selbst der Kontenklassenreferenz zugeordnet.

Bewertungsklassen

Sicht: V025
Mandant: 100

BewKl	KRef	Bezeichnung
3000	0001	Rohstoffe 1
3001	0001	Rohstoffe 2
3002	0001	Rohstoffe 3
3003	0001	Rohstoffe 4

Kontoklassenreferenz/Materialart

Sicht: V_134_K
Mandant: 100

MArt	Materialartenbezeichnung	KRef	Bezeichnung
HERB	Austauschbares Material	0001	Referenz für Rohstoffe
INTR	Intramaterial	0001	Referenz für Rohstoffe
MCRO	Mill-Kabel Rohstoff	0001	Referenz für Rohstoffe
MRM1	Mill-Trommel	0001	Referenz für Rohstoffe
MR01	Mill-Trommel ohne t.Daten	0001	Referenz für Rohstoffe
PIPE	Pipeline-Material	0001	Referenz für Rohstoffe
ROH	Rohstoff	0001	Referenz für Rohstoffe

Abbildung 7.152 Beziehung von Materialart und Bewertungsklasse

Im Ergebnis führt die beiderseitige Zuordnung der Kontoklassenreferenz im Beispiel dazu, dass die Bewertungsklassen **3000–3003** bei insgesamt sieben Materialarten zur Auswahl stehen. Die verwendeten Sachkonten lassen somit keinen Rückschluss auf die Materialart zu.

Tipp für die Neueinführung

Die folgenden Entscheidungen müssen im Rahmen der SAP-Einführung getroffen werden:

- **Welche Materialarten werden benötigt?**
  Die SAP-Standardmaterialarten können verwendet werden; es können jedoch auch eigene Materialarten zusätzlich oder alternativ angelegt werden.
- **Welche Materialbestandskonten sollen in der Bilanz geführt werden?**
  Je Materialbestandskonto muss eine eigene Bewertungsklasse angelegt werden. Für diese werden ein- bis zu vierstelliger alphanumerischer Schlüssel (in der Regel

numerisch) und eine Bezeichnung benötigt. Die Bewertungsklassen sollten zunächst in einer tabellarischen Liste außerhalb des SAP-Systems aufgebaut werden.

- **Welche Bestandskonten sollen je Materialart geführt werden können?**
  Aus dieser Entscheidung ergibt sich, welche Bewertungsklassen je Materialart auswählbar sein sollen.

  Für jede gleichartige Auswahl von Bewertungsklassen muss eine Kontoklassenreferenz (vierstelliger alphanumerischer Schlüssel und Bezeichnung) angelegt werden.

Nachdem wir bis hierhin die verschiedenen Merkmale erläutert haben, die zur Kontenfindung herangezogen werden, erhalten Sie im nächsten Abschnitt eine Übersicht über den Vorgangsschlüssel (auch Vorgang genannt) in der Kontenfindung, über den die Identifizierung der Geschäftsvorfälle technisch vorgenommen wird.

Kontenfindung über Vorgänge

Aus den Geschäftsvorfällen der Materialwirtschaft müssen die Sachkonten der Buchungsbelege abgeleitet werden. Dies geschieht mithilfe der dreistelligen Vorgangsschlüssel, die den Transaktionen über Programme zugeordnet sind. Über diese Vorgangsschlüssel werden die Buchungsregeln gefunden, nach denen kontiert wird.

Die aktuell (März 2022) nutzbaren Vorgangsschlüssel können Sie Tabelle 7.9 entnehmen.

Vorgangsschlüssel	Bezeichnung
OP1	Einkaufsbonus
OP2	EinkBonus warenbez.
AG1	Ertrag Agenturges.
AG2	Umsatz Agenturges.
AG3	Aufwand Agenturges.
BAC	VF: Bonusrückstell.
BO1	Bonusrückstellung
BO2	Bonusertrag
BO3	Bonusrückst. abger.

Tabelle 7.9 Vorgangsschlüssel für die Buchungen der Materialwirtschaft

Vorgangsschlüssel	Bezeichnung
DEL	Delkredere
EIN	Einkaufskonto
ESA	Erwerbsteuer Haben
ESE	Erwerbsteuer Soll
FR1	Frachtverrechnung
FR2	Frachtrückstellung
FR3	Zollverrechnung
FR4	Zollrückstellung
FRE	Frachteinkaufskonto
MWS	Ausgangssteuer
NAV	Ni. abzugsf. Vorst.
NVV	Ni. abzugsf. Vorst.
RUE	Neutr. Rückstellung
VST	Vorsteuer Einkauf

Tabelle 7.9 Vorgangsschlüssel für die Buchungen der Materialwirtschaft (Forts.)

[!]

Keine weiteren Vorgangsschlüssel möglich

Beachten Sie, dass die Liste der Vorgangsschlüssel abschließend ist. Es ist also nicht möglich, weitere Vorgangsschlüssel hinzuzufügen. Im Customizing der Vorgangsschlüssel gibt es noch wenige weitere Vorgangsschlüssel, die zurzeit aber noch nicht weiter ausgeprägt sind und deshalb noch keine Bezeichnung haben.

Vorgangsschlüssel tragen zur Kontenfindung im Zusammenspiel mit den Bewegungsarten bei. Die eigentliche Steuerung der Buchung ist hierbei in den Bewegungsarten festgelegt. Darauf gehen wir im Abschnitt »Bewegungsarten« näher ein.

In Abbildung 7.153 finden Sie zunächst eine einfache Darstellung des Zusammenhangs von Transaktion, Bewegungsart und Vorgangsschlüssel. Als Beispieltransaktion wird hier MIGO genutzt, die als transaktionale App im Business Catalog `SAP_MM_BC_IM_PROCESS` z. B. in der Berechtigungsrolle `SAP_BR_WAREHOUSE_CLERK` zur Verfügung gestellt wird.

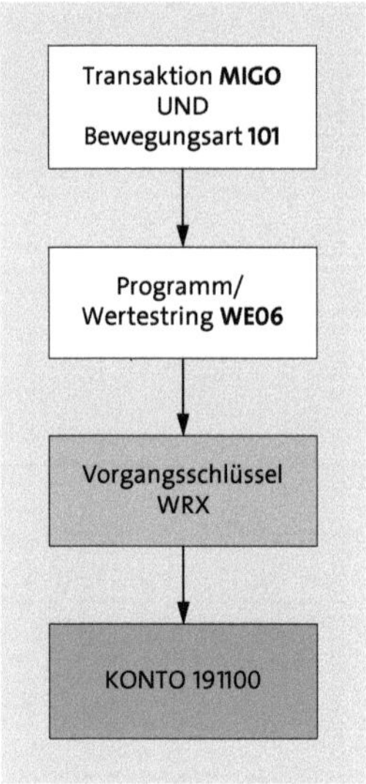

Abbildung 7.153 Zuordnung eines Sachkontos über einen Vorgangsschlüssel

Sollen Geschäftsvorfälle noch weiter differenziert werden, kann dies über ein zusätzliches Merkmal geschehen, das den Vorgang ergänzt. Dieses Merkmal nennt sich *Kontomodifikation* und wird nachfolgend beschrieben.

Kontomodifikation

Über Kontomodifikationen kann die Kontenfindung noch feiner gesteuert werden (siehe z. B. Tabelle 7.10). Der Vorgangsschlüssel **GBB** (Gegenbuchung zur Bestandsbuchung) wird z. B. sowohl bei Warenausgängen und Verschrottung als auch für die Einbuchung von Inventurdifferenzen genutzt. Über die Kontomodifikation kann hier auf unterschiedliche Bestandskonten gebucht werden.

Kontomodifikation	Bezeichnung
AUA	für Auftragsabrechnung
AUF	für Wareneingänge zu Aufträgen (ohne Kontierung) und bei Auftragsabrechnung, wenn **AUA** nicht gepflegt ist
AUI	Ist-Tarif-Nachverrechnung von der Kostenstelle direkt an das Material (mit Kontierung)
BSA	für Bestandsaufnahmen
INV	für Aufwand/Ertrag aus Inventurdifferenzen

Tabelle 7.10 Kontomodifikationen im SAP-Standard

Kontomodifikation	Bezeichnung
VAX	für Warenausgänge für Kundenaufträge ohne Kontierungsobjekt (das Konto ist keine Kostenart)
VAY	für Warenausgänge für Kundenaufträge mit Kontierungsobjekt (das Konto ist eine Kostenart)
VBO	für Verbräuche aus dem Lieferantenbeistellbestand
VBR	für interne Warenausgänge (z. B. für Kostenstelle)
VKA	für Kundenauftragskontierung (z. B. bei Einzelbestellung)
VKP	für Projektkontierung (z. B. bei Einzelbestellung)
VNG	für Verschrottung/Vernichtung
VQP	für Stichprobenentnahmen ohne Kontierung
VQY	für Stichprobenentnahmen mit Kontierung
ZOB	für Wareneingänge ohne Bestellungen (Bewegungsart **501**)
ZOF	für Wareneingänge ohne Fertigungsaufträge (Bewegungsarten **521** und **531**)

Tabelle 7.10 Kontomodifikationen im SAP-Standard (Forts.)

Es können weitere kundenspezifische Kontenmodifikationen nach Bedarf angelegt werden.

Kontenmodifikationen sind allerdings nicht für alle Vorgangsschlüssel möglich. Im Standard werden sie regelmäßig nur für **GBB** (Gegenbuchung zur Bestandsbuchung) eingesetzt. Darüber hinaus können sie zur Ausdifferenzierung der Verbuchung bei Preisdifferenzen (Vorgang **PRD**) oder Konsignationsverbindlichkeiten (Vorgang **KON**) genutzt werden.

Ein Beispiel für die Nutzung von Kontomodifikationen wäre, wenn Sie unterschiedliche Verbrauchskonten nutzen möchten, je nachdem, ob ein Warenausgang auf eine Kostenstelle oder auf einen Auftrag gebucht werden soll. Ein weiteres Beispiel, die Zuordnung unterschiedlicher Bestandskonten je Kontomodifikation, zeigen wir Ihnen in Abbildung 7.154.

Nachdem jetzt die wesentlichen Elemente der Kontenfindung zusammengetragen und definiert worden sind, möchten wir Ihnen im nächsten Abschnitt anhand eines Beispiels demonstrieren, wie das SAP-System nun im Einzelfall die richtigen Sachkonten zu einer logistischen Bewegung findet.

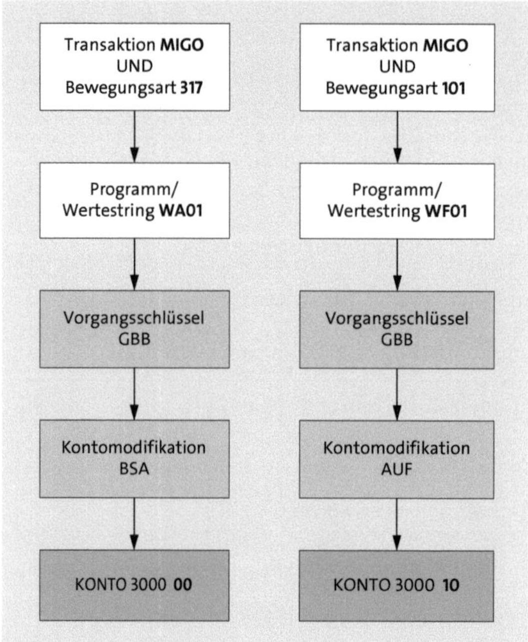

Abbildung 7.154 Unterschiedliche Gegenkonten über die Kontomodifikation zuordnen

7.8.3 Kontenfindung im Überblick

In diesem Abschnitt beschränken wir uns auf die Beschreibung der Kontenfindung selbst, d. h., es wird nachfolgend vorausgesetzt, dass diese entweder für ein Werk, einen Buchungskreis oder für alle Bewertungskreise einer Bewertungsmodifikationskonstante gilt! Es wird darüber hinaus vorausgesetzt, dass ein Kontenplan für die Kontenfindung genutzt wird, der über den Buchungskreis eindeutig bestimmt wird.

In Abbildung 7.155 ist der Weg zum Sachkonto im Überblick dargestellt.

Zunächst betrachten wir die linke Seite von Abbildung 7.155. Ausgangspunkt für die Erfassung von Geschäftsvorfällen sind die Transaktionen und SAP-Fiori-Apps, mit denen Warenbewegungen oder Rechnungsprüfungsbelege erfasst werden. Aus der gewählten Transaktion werden im Zusammenspiel verschiedener Einflussgrößen die Vorgangsschlüssel für die Verbuchung abgeleitet. Die folgenden Kennzeichen werden hierbei genutzt:

- **Werte-String**
  Dieser wird aus der Applikation oder Transaktion abgeleitet und ist mit einem Programm zur wertmäßigen Verbuchung des Geschäftsvorfalls verknüpft.
- **Mengen- und Wertfortschreibung**
  Im Customizing wird je Materialart eingestellt, ob eine Mengen- und/oder Wertfortschreibung gewünscht ist.

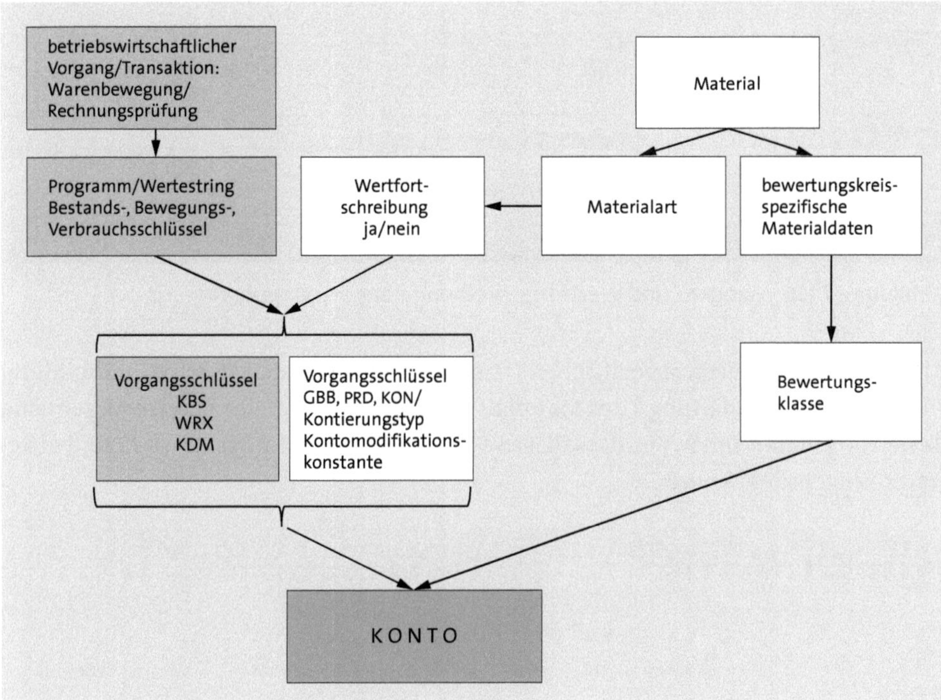

Abbildung 7.155 Einflussgrößen der Kontenfindung

- **Vorgangsschlüssel/Kontomodifikation**
  Über Vorgangsschlüssel oder die Kombination aus Vorgangsschlüssel und Kontomodifikation werden Sachkonten für die Verbuchung zugeordnet.
- **Kontomodifikationskonstante**
  Die Kontomodifikationskonstante erlaubt eine Differenzierung der zu buchenden Sachkonten für verschiedene Werke eines Buchungskreises, wie es in Abbildung 7.147 zu sehen ist.

Wir wenden uns im Rahmen der Erläuterung der rechten Seite der Grafik in Abbildung 7.155, also dem Material zu: Das Material F500500X ist mit der Materialart **FERT** angelegt worden. Damit soll für dieses Material eine Mengen- und eine Wertfortschreibung vorgenommen werden, wie es in Abbildung 7.156 gezeigt wird. Das Kennzeichen **Mengen-/Wertfortschreibung** wirkt sich nicht direkt auf die Kontenfindung aus, sondern wird im Zusammenspiel mit der Transaktion bei der Zuordnung der Sachkonten wirksam.

Aus der Kombination von allen bis hierhin geschilderten Merkmalen werden die Vorgangsschlüssel eindeutig abgeleitet. Je nach Vorgangsschlüssel ist eine direkte Sachkontenzuordnung vorgesehen, oder es kann nochmals über eine Kontomodifikation differenziert werden.

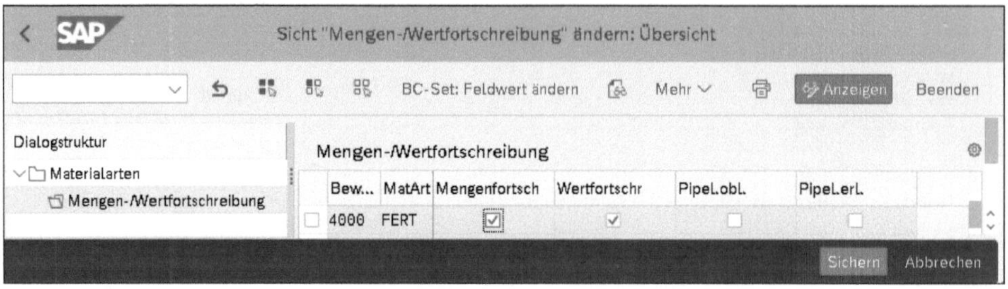

Abbildung 7.156 Mengen- und Wertfortschreibung über die Materialart

Als Beispiel für die werksspezifischen Daten des Beispielmaterials wird in Abbildung 7.157 die Sicht **Buchhaltung 1** des Materials F500500X gezeigt. Im Bereich **Allgemeine Bewertungsdaten** sehen Sie, dass dieses Material der Bewertungsklasse **7920** (Fertigwaren) zugeordnet wurde.

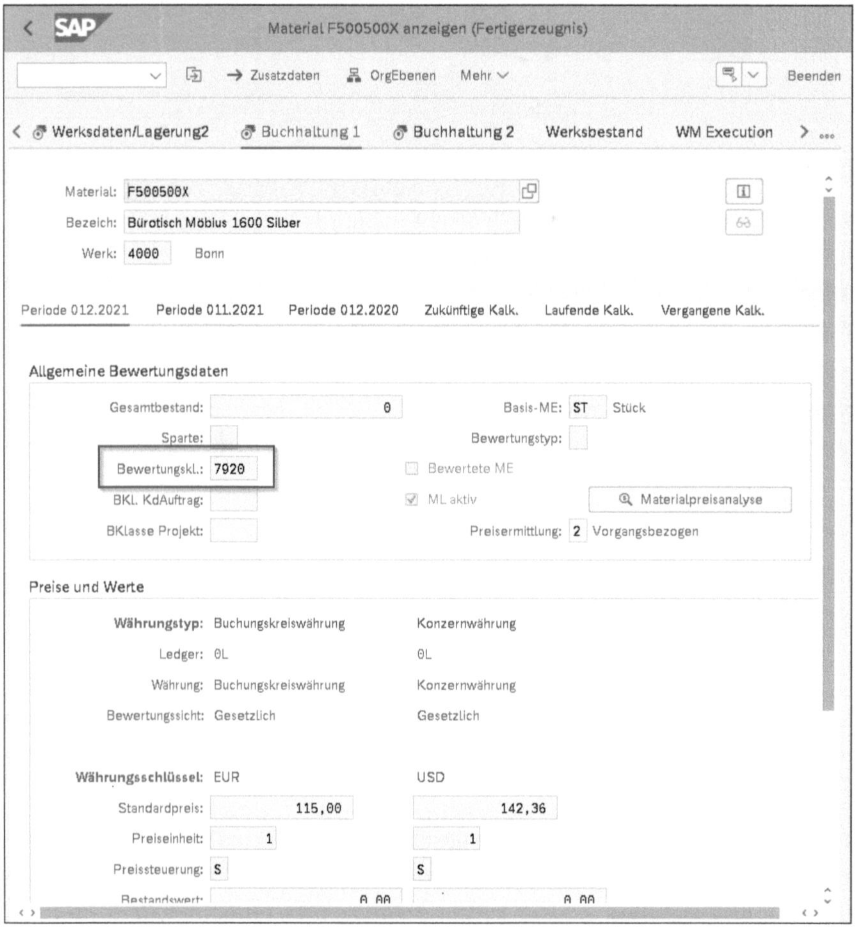

Abbildung 7.157 Werksspezifische Materialsicht »Buchhaltung 1«

Die Bewertungsklasse kann grundsätzlich und wird in unserem Beispiel durchgängig als zusätzliche Differenzierungsmöglichkeit bei der Kontenfindung eingesetzt.

Beispielhaft für die direkte Sachkontenzuordnung sehen Sie für einen Wareneingang mit der Bewegungsart **101** (Wareneingang) (Bewegungskennzeichen **F** – Warenbewegung zum Auftrag) mit Wertfortschreibung in Abbildung 7.158 die dazugehörigen Einstellungen in der Kontenfindung. Wie Sie dort sehen können, wird direkt geprüft, ob in der Bestellung alle erforderlichen Kontierungen (Auftragsnummern) eingegeben worden sind.

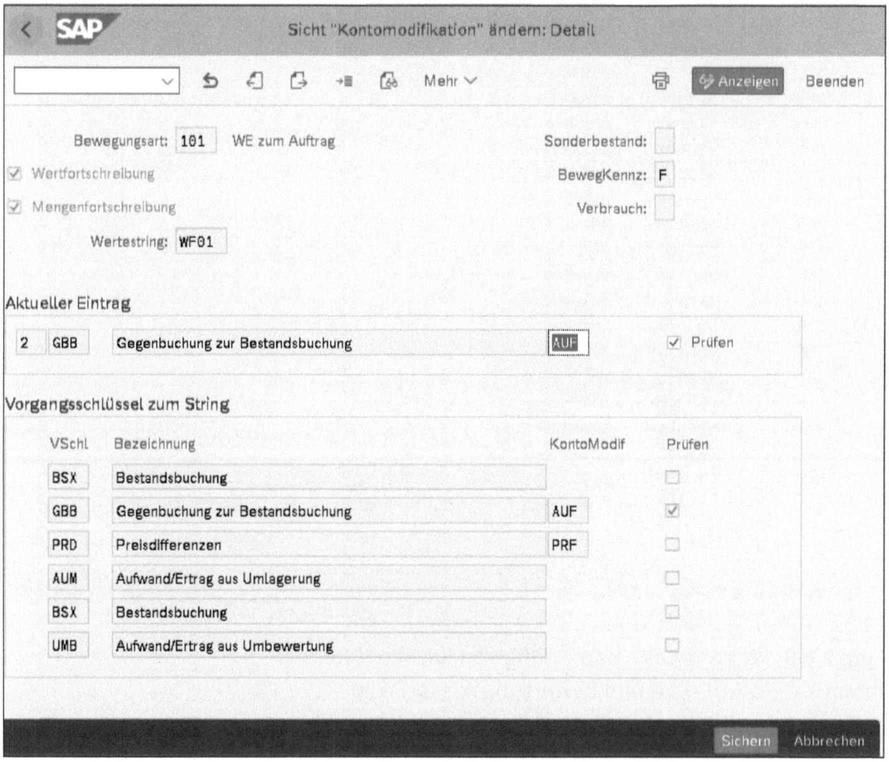

Abbildung 7.158 Vorgangsschlüssel GBB

Aktuell wird der Vorgangsschlüssel **GBB** genutzt, der – wie bereits erwähnt – bereits im Standard über Kontomodifikationen differenziert wird. In Abbildung 7.159 sehen Sie, wie hier für die Bewertungsklasse **7920** unterschiedliche Bestandskonten im Soll und Haben angesprochen werden, je nachdem, ob die Kontomodifikation **AUF** oder **BSA** aus dem Geschäftsvorfall abgeleitet wird.

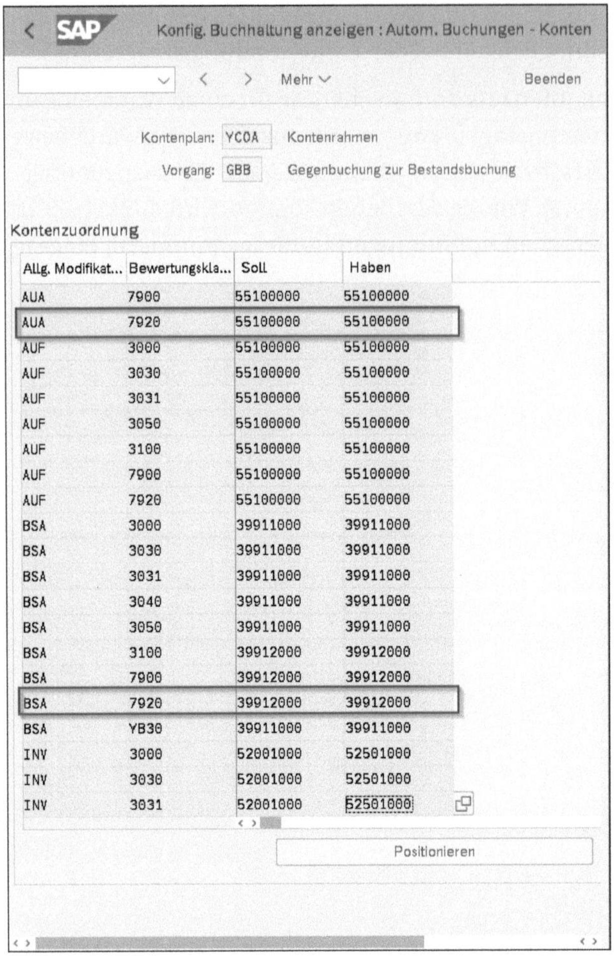

Abbildung 7.159 Vorgang GBB: Zuordnung von Sachkonten über Kontomodifikation AUF/BSA und Bewertungsklasse 7920

Die Bestandsbuchung zur Bestellung wird über den Vorgangsschlüssel **BSX** vorgenommen, wie es hier in Abbildung 7.160 gezeigt wird. Es wird über die verschiedenen Bewertungsklassen differenziert, sodass grundsätzlich je Bewertungsklasse auf ein eigenes Bestandskonto gebucht werden kann, unabhängig davon, ob es sich um einen Zugang oder einen Abgang beim Material handelt.

Für den möglichen Fall von Preisdifferenzen, wie sie im Produktionsprozess durch abweichende Fertigungskosten entstehen können, wird auch der Vorgangsschlüssel **PRD** in unserem Geschäftsvorfall berücksichtigt. Hier werden, wie Sie es aus Abbildung 7.161 ersehen können, unterschiedliche Sachkonten im Soll (Aufwand aus Preisdifferenzen) oder Haben (Ertrag aus Preisdifferenzen) hinterlegt, auch diese in Abhängigkeit von der Bewertungsklasse.

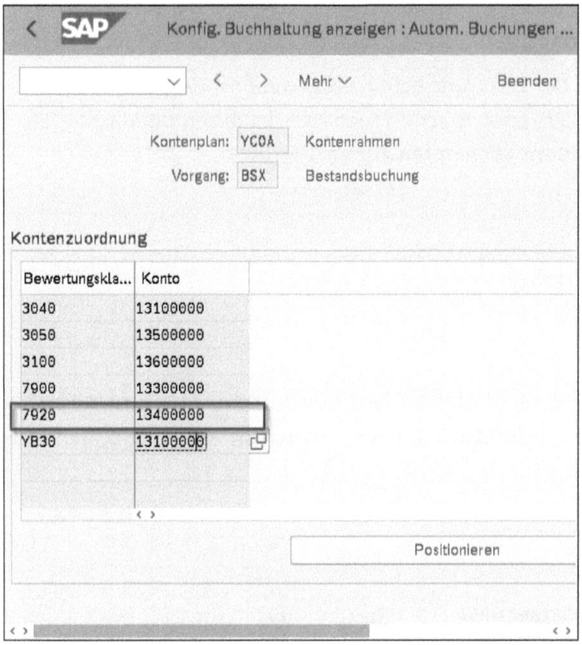

Abbildung 7.160 Vorgangsschlüssel BSX: Zuordnung der Sachkonten über die Bewertungsklasse

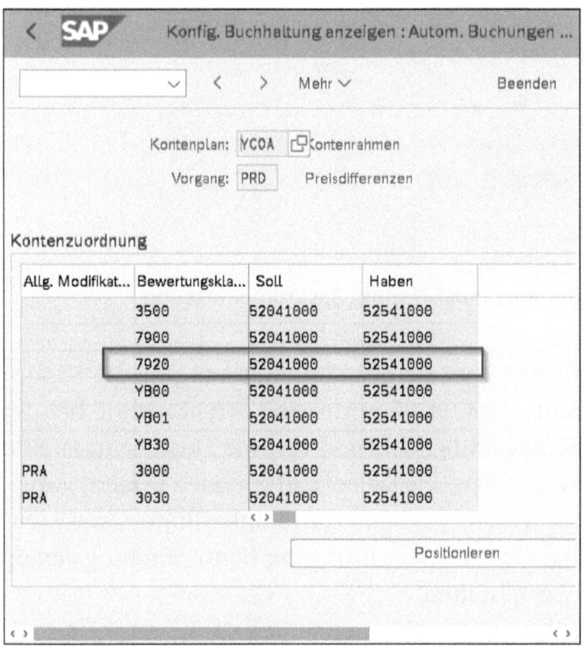

Abbildung 7.161 Vorgangsschlüssel PRD: Zuordnung der Sachkonten über die Bewertungsklasse in Soll und Haben

[»]

Differenzierung über Regeln pflegbar

Ob und in welcher Tiefe Sie von der differenzierten Kontenzuordnung bei den verschiedenen Vorgangsschlüsseln Gebrauch machen möchten, ist Ihnen überlassen. Es stehen Ihnen die folgenden Einstellmöglichkeiten zur Verfügung:

- Soll/Haben
- Kontomodifikation
- Bewertungsmodifikationskonstante
- Bewertungsklasse

In Abbildung 7.162 haben wir die verschiedenen Elemente und ihr Zusammenspiel für die Kontenfindung in der Bestandsführung noch einmal in einer Übersicht zusammengefasst.

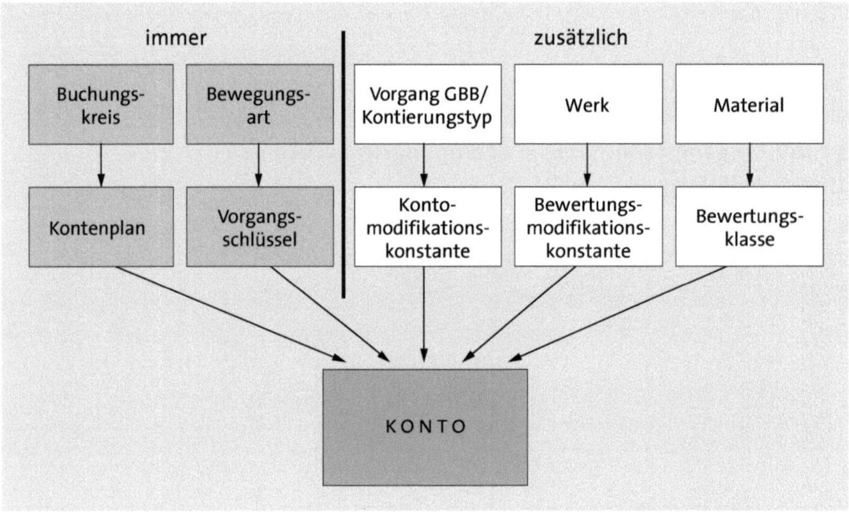

Abbildung 7.162 Kontenfindung in der Bestandsführung: Zusammenfassung

Damit haben wir nun die wesentlichen Aspekte der Kontenfindung für Sie zusammengestellt. Im folgenden Abschnitt 7.8.4, »Hilfsmittel und Fehleranalyse bei der Kontenfindung«, stellen wir Ihnen noch Möglichkeiten vor, wie Sie die eingestellte Kontenfindung überprüfen, und simulieren, wie Sie bei auftretenden Fehlern vorgehen können. Am Ende steht noch ein kleiner Exkurs zum Kontenfindungsassistenten, ein Tool, das SAP entwickelt hat, um die Einrichtung der Kontenfindung gerade für Key User etwas übersichtlicher zu gestalten.

7.8.4 Hilfsmittel und Fehleranalyse bei der Kontenfindung

Über die Transaktionen OMRO und OMWB können automatische Buchungen simuliert und die Sachkonten je Geschäftsvorfall entsprechend der Kontenfindung abgeleitet werden. Dies ist bei der grundsätzlichen Einrichtung der Kontenfindung hilfreich. Über beide Transaktionen können Sie aber auch eine Fehleranalyse betreiben, wenn sich die Geschäftsvorfälle nicht buchen lassen.

Dabei dient Transaktion OMRO der Einrichtung und Analyse der automatischen Kontenfindung im Rahmen der Rechnungsprüfung und ist über den Customizing-Pfad **Materialwirtschaft • Logistik-Rechnungsprüfung • Automatische Buchungen einstellen** zu erreichen. Transaktion OMWB bildet dies für Warenbewegungen ab und ist über den Customizing-Pfad **Materialwirtschaft • Logistik-Rechnungsprüfung • Automatische Buchungen einstellen** zu erreichen.

[«]

Zugriff auf die Transaktionen OMRO und OMWB

Die Transaktionen OMRO und OMWB gehören zwar zum Customizing, sollten Ihnen als Key User jedoch unbedingt zur Verfügung stehen. Die beiden Transaktionen helfen Ihnen dabei, Kontenfindungsfehler zu finden und zu sehen, wie diese korrigiert werden können. In SAP S/4HANA wird Ihnen die Berechtigung für die beiden Transaktionen entweder über eine generelle Customizing-Rolle oder über eine spezifische Rolle, die ausgewählte Customizing-Aktivitäten zugänglich macht, zugeordnet.

Im Einstieg zu den beiden Transaktionen OMRO bzw. OMWB suchen Sie die organisatorischen Daten aus, für die Sie die Kontenfindung einstellen bzw. simulieren und prüfen wollen. Dabei wählen Sie Bewertungskreis, Buchungskreis, Kontenplan, Bewertungsmodifikationskonstante sowie gegebenenfalls die Werksdaten aus.

[!]

Kein Wechsel von Bewertungskreis oder Bewertungsmodifikationskonstante möglich

Die Auswahl von Bewertungskreis oder Bewertungsmodifikationskonstante wirkt sich nur für die Funktion **Simulation** aus, die in diesem Kapitel erläutert wird.

Ein Wechsel des Bewertungskreises oder der Bewertungsmodifikationskonstante ist innerhalb der beiden Kontenfindungsprogramme nicht mehr möglich. Für einen Wechsel müssen Sie die jeweilige Transaktion verlassen und neu einsteigen.

Schließen Sie die Auswahl mit der Schaltfläche **Abbrechen** ab, und Sie erhalten damit die Sicht aus Abbildung 7.163.

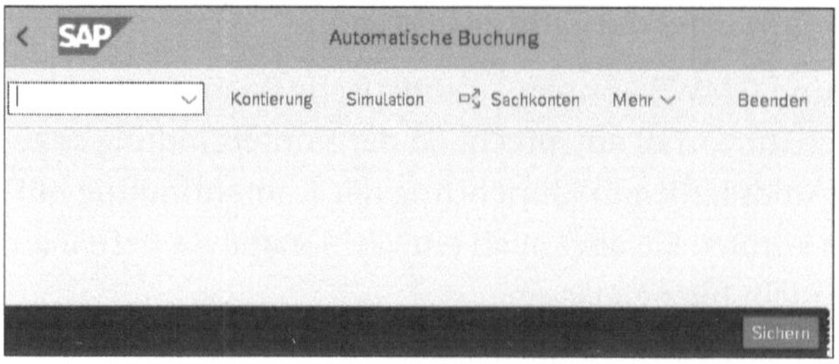

Abbildung 7.163 Einstiegsbild: automatische Buchungen einstellen

In der Anwendungsfunktionsleiste werden Ihnen drei Programme zur Information und Analyse angeboten: **Kontierung**, **Simulation** und **Verwendungsnachweis Sachkonten**.

Kontierung

Klicken Sie im Einstiegsbild in Abbildung 7.163 auf die Schaltfläche **Kontierung**. Sie erreichen die Übersicht der verschiedenen Vorgangsschlüssel, über die in der Materialwirtschaft die Kontenfindung realisiert wird; diese sehen Sie in Abbildung 7.164.

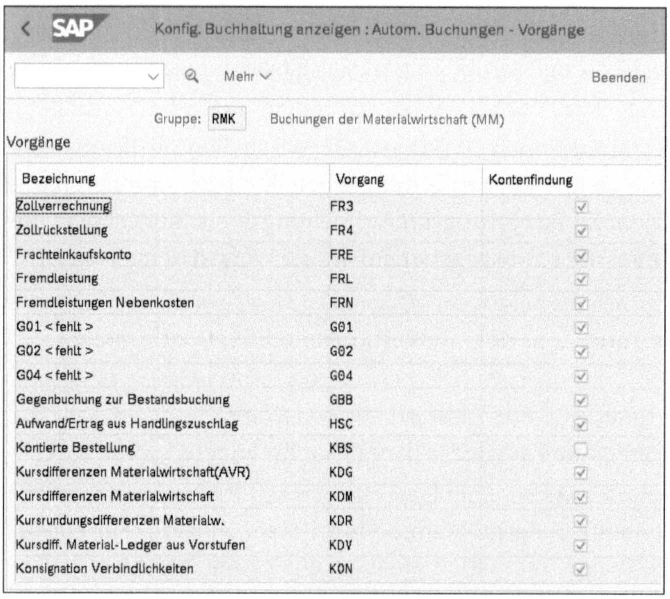

Abbildung 7.164 Kontierungen pflegen

Die Liste dieser Buchungsvorgänge ist in der mittleren Spalte **Vorgang** alphabetisch aufsteigend sortiert. In der Spalte **Kontenfindung** rechts daneben können Sie erkennen, ob eine Pflege vorgenommen wurde oder nicht. Wenn keine Sachkonten zugeordnet wurden, ist das betreffende Ankreuzfeld zur **Kontenfindung** nicht aktiviert.

Mit einem Doppelklick auf einen Vorgang starten Sie die Pflege der Kontenfindung. Je nach Differenzierung bei den einzelnen Vorgangsschlüsseln (siehe Abschnitt 7.8.3, »Kontenfindung im Überblick«) beim ersten Einstieg werden Sie dabei nach dem Kontenplan gefragt, für den Sie die Pflege vornehmen möchten. Danach erhalten Sie ein Bild, wie es beispielhaft in Abbildung 7.165 gezeigt wird.

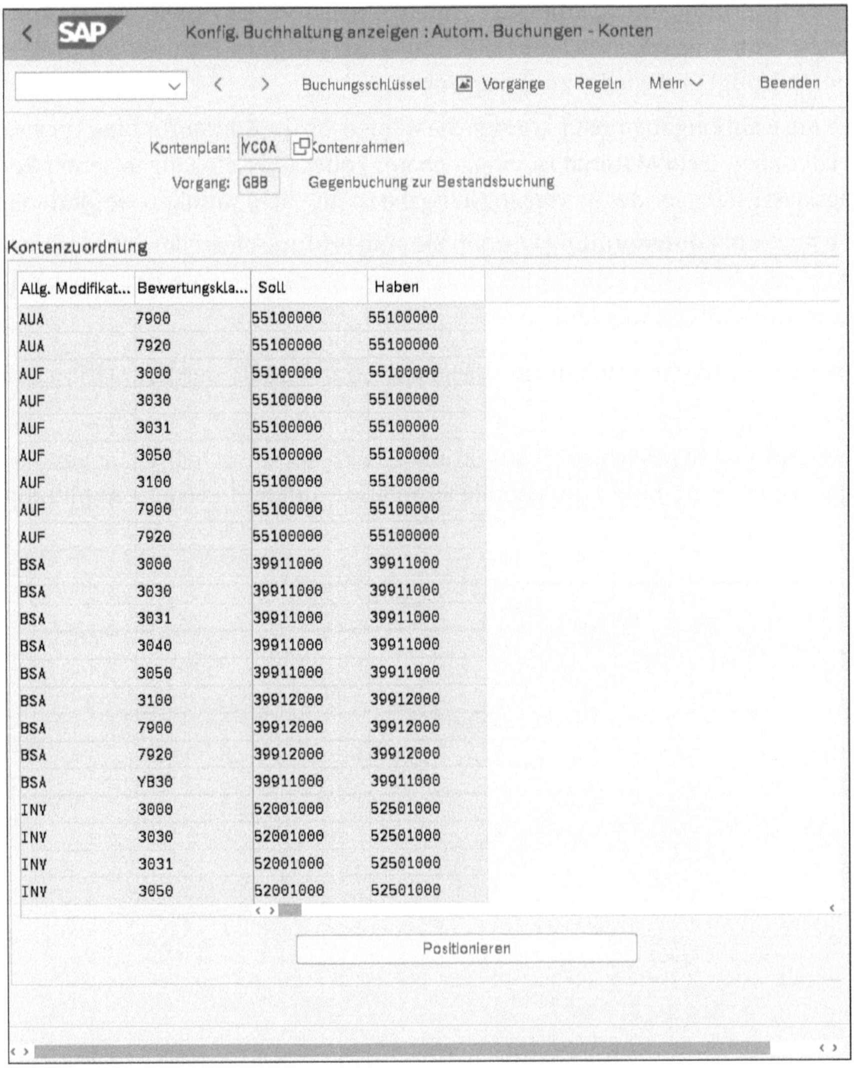

Allg. Modifikat...	Bewertungskla...	Soll	Haben
AUA	7900	55100000	55100000
AUA	7920	55100000	55100000
AUF	3000	55100000	55100000
AUF	3030	55100000	55100000
AUF	3031	55100000	55100000
AUF	3050	55100000	55100000
AUF	3100	55100000	55100000
AUF	7900	55100000	55100000
AUF	7920	55100000	55100000
BSA	3000	39911000	39911000
BSA	3030	39911000	39911000
BSA	3031	39911000	39911000
BSA	3040	39911000	39911000
BSA	3050	39911000	39911000
BSA	3100	39912000	39912000
BSA	7900	39912000	39912000
BSA	7920	39912000	39912000
BSA	YB30	39911000	39911000
INV	3000	52001000	52501000
INV	3030	52001000	52501000
INV	3031	52001000	52501000
INV	3050	52001000	52501000

Abbildung 7.165 Automatische Buchungen: Sachkonten pflegen

Als Key User hilft Ihnen Transaktion OMRO dabei, sich über die Einrichtung Ihres SAP-Systems einen Überblick zu verschaffen. Liegt jedoch ein Buchungsproblem vor oder gar ein Fehler, benötigen Sie ein Instrument für Ihre Fehleranalyse. Dieses finden Sie mit der Simulation, die wir im nächsten Abschnitt erläutern.

Simulation

Nur für die Simulation haben Sie im Einstiegsbild aus Abbildung 7.163 die Möglichkeit, über den Menüpfad **Einstellungen • Simulation** einige Voreinstellungen zu treffen:

- Über die Auswahl **Arbeitsgebiet** können Sie wählen, ob Sie die Option **Simulation für Bewegungen der Bestandsführung** oder die Option **Simulation für Vorgänge der Rechnungsprüfung** nutzen möchten. Mit dem Wechsel des Arbeitsgebiets können Sie also von Transaktion OMRO (Rechnungsprüfung) zu Transaktion OMWB (Bestandsführung) und wieder zurückspringen.
- Über die Auswahl **Eingabemodus** können Sie wählen, ob die Kontenfindung für einzelne Materialien (Feld **Material** ist eingabebereit) oder über die Eingabe einer Bewertungsklasse (Eingabe der Bewertungseingabe ist möglich) simuliert werden soll.
- Über die Auswahl **Kontenprüfung** können Sie eine Prüfung einstellen, die das Vorhandensein der in der Kontenfindung hinterlegten Sachkonten für die ausgewählte Organisationseinheit meldet.

Diese Einstellmöglichkeiten stehen im Übrigen auch innerhalb der Simulation zur Verfügung.

Nachdem Sie im Einstiegsbild von Transaktion OMWB auf die Schaltfläche **Simulation** geklickt haben, wird die entsprechende Simulation aufgerufen (siehe Abbildung 7.166).

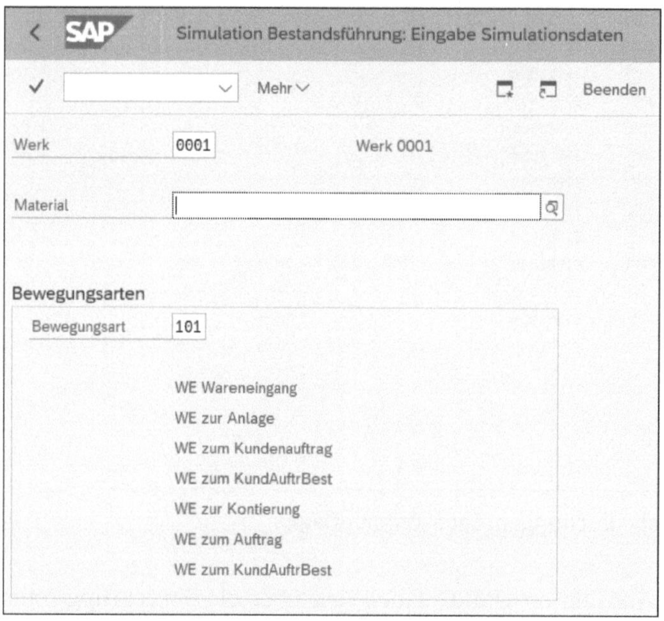

Abbildung 7.166 Simulation: Bestandsführung

Die weißen Felder sind in Abhängigkeit von der Bewertungsmodifikationskonstante und der Voreinstellung **Material** oder **Bewertungsklasse** eingabebereit. Werk 0001 wird normalerweise vorgeschlagen, da beim Einstieg in die Transaktion die Auswahl eines Werks ohne Bewertungsmodifikationskonstanten vorgenommen wurde. Bestimmen Sie zunächst im Feld **Werk** ein Werk, und wählen Sie einen Materialstammsatz im Feld **Material** aus, für den Sie die Kontenfindung überprüfen möchten. Anschließend geben Sie im Bereich **Bewegungsarten** im Feld **Bewegungsart** die Bewegungsart ein, die Sie überprüfen möchten. Klicken Sie anschließend auf die Schaltfläche **Kontierungen**, um die Kontenfindung zu simulieren. In Abbildung 7.167 können Sie die Simulation der Kontenfindung für das Demo-Material 2556 in Werk 1000 mit der Bewegungsart **261** sehen.

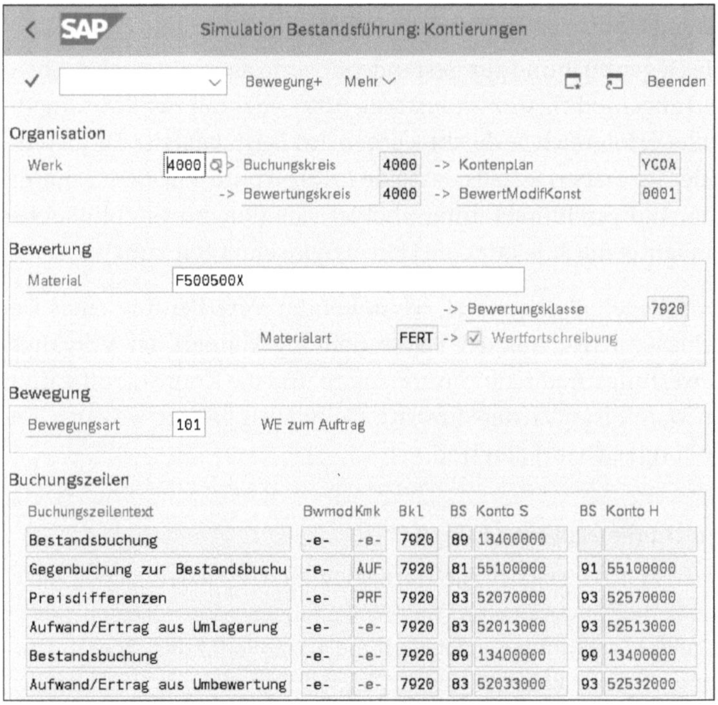

Abbildung 7.167 Kontenfindung: Simulationsansicht

Im Bereich **Organisation** des Simulationsergebnisses erhalten Sie Informationen über die organisatorischen Zuordnungen. Ausgehend von Werk 4000 wird gezeigt, dass dieses dem Buchungskreis 4000 zugeordnet ist, der wiederum mit dem Kontenplan YCOA arbeitet. Werk 4000 ist außerdem dem Bewertungskreis 4000 zugeordnet, (da die Bewertungsebene das Werk ist, heißt es hier Werk 4000 = Bewertungskreis 4000), der hier beispielhaft der Bewertungsmodifikationskonstante **0001** zugeordnet ist.

Im Bereich **Bewertung** erhalten Sie Auskunft über das ausgewählte Material. Das Material ist der Bewertungsklasse **7920** zugeordnet und verwendet die Materialart **FERT**. Die Wertfortschreibung wird für dieses Material genutzt.

Außerdem wird die ausgewählte Bewegungsart im Bereich **Bewegung** gezeigt.

Darunter befindet sich dann im Bereich **Buchungszeilen** das Simulationsergebnis. In den einzelnen Buchungszeilen wird gezeigt, für welchen Vorgang aufgrund welcher Steuerungselemente welches Sachkonto und gegebenenfalls auch welcher Buchungsschlüssel gefunden wird. Zur Erläuterung hier zwei Beispiele:

- Zeile 1 weist die Konten für die Bestandsbuchung aus. Hier greifen weder die Bewertungsmodifikationskonstante noch die Kontomodifikation. Damit werden der Buchungsschlüssel **89**, der eine Buchung auf der Soll-Seite des Sachkontos veranlasst, sowie das Bestandskonto 13400000 zugeordnet.
- Zeile 2 zeigt, wie die Gegenbuchung zur Bestandsbuchung abgebildet wird. Ebenfalls ohne die Bewertungsmodifikationskonstante **0001**, aber mit der Kontomodifikation **AUF** kann hier erfolgreich verbucht werden. Im Beispielfall ist für die Verbuchung im Soll oder im Haben jeweils dasselbe Erfolgskonto 55100000 hinterlegt; lediglich der Buchungsschlüssel unterscheidet sich (Buchungsschlüssel bestimmen immer eindeutig die Soll- oder die Haben-Seite einer Buchung).

Die Simulation wird im Regelfall eingesetzt, wenn bei der Verarbeitung eines Geschäftsvorfalls ein Fehler auftritt. Aus der Fehlermeldung können der Vorgangsschlüssel sowie die Bewertungsmodifikationskonstante und die Kontomodifikation herausgelesen werden. Damit ist nach der Simulation eindeutig geklärt, wo noch Einträge in der Kontenfindung nachzuholen sind.

Simulation ersetzt nicht die echte Buchung!

Die Aufgabe der Simulation ist lediglich die Unterstützung der Fehleranalyse. Anschließend muss eine Korrektur der Customizing-Einstellungen vorgenommen werden. Nach Abschluss aller Korrekturen und Übernahme in Ihr Produktivsystem muss noch die Buchung vorgenommen werden!

Fallbeispiel »Analyse einer Fehlermeldung«

Wir möchten Ihnen nun ein Beispiel für mögliche Fehler zeigen. Bei der Erfassung eines Geschäftsvorfalls mit Transaktion MIGO (Warenbewegung) zeigt Ihnen die Statusleiste den Fehler aus Abbildung 7.168.

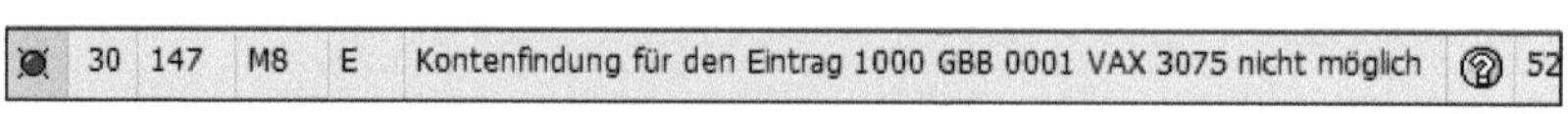

Abbildung 7.168 Fehlermeldung 1000_GBB_0001_VAX 3075

Eine erste Analyse können Sie bereits vornehmen, indem Sie die Fehlermeldung selbst lesen. Die entsprechenden Informationen finden Sie im Folgenden:

- Eintrag 1000 = Buchungskreis 1000 bzw. Ihr Buchungskreis.
- Vorgang **GBB** wurde aus den Eingaben (Transaktion und Dateneingaben) abgeleitet.
- Bewertungsmodifikationskonstante **0001** – darüber wird Ihr Bewertungskreis identifiziert, der hier sicher eine gemeinsame Kontenfindung mit anderen Organisationseinheiten nutzt.
- Der Fehler entsteht bei der Kontomodifikation **VAX** (für Warenausgänge für Kundenaufträge ohne Kontierungsobjekt); das Konto ist keine Kostenart.
- Und zuletzt finden Sie in der Meldung die Bewertungsklasse **3075**.

Damit haben Sie im Grunde alle Angaben, die Sie benötigen, um sich über die Simulation ein Bild des Fehlers zu verschaffen und anschließend zu klären, was zu tun ist! Die Vorgehensweise bei der Simulation wurde in diesem Kapitel bereits umfänglich gezeigt und findet hier deshalb nur kurz Erwähnung.

Alternativ und wenn Ihre Berechtigungen dazu ausreichen, können Sie natürlich auch direkt in die Pflege der Kontenfindung einsteigen und für den Vorgangsschlüssel **GBB** die Rahmenbedingungen prüfen. Das Fehlen der Bewertungsklasse **3075** für die Kontomodifikation **VAX** des Vorgangs **GBB** erkennen Sie gut in Abbildung 7.169.

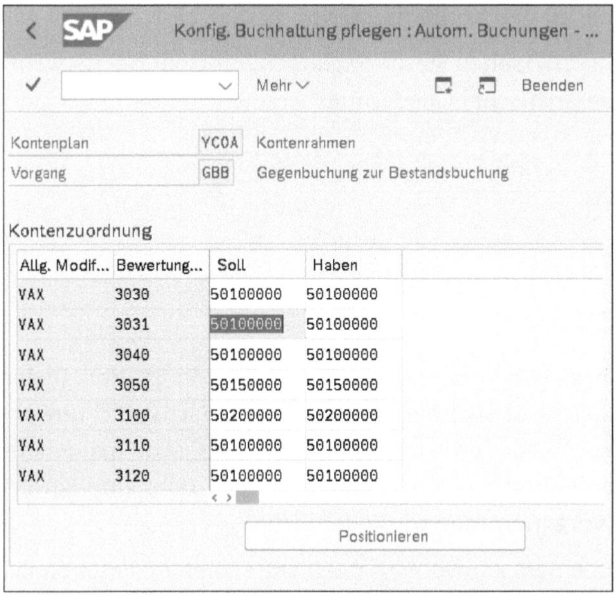

Abbildung 7.169 Vorgangsschlüssel GBB: fehlender Eintrag für die Bewertungsklasse 3075

In diesem Fall sind für die Kontomodifikation **VAX** zwar mehrere Einträge vorgesehen, es fehlt jedoch ein Eintrag für die Bewertungsklasse **3075**. Die folgenden Prüfungen sollten Sie nun vornehmen:

- Wird die Kontomodifikation **VAX** üblicherweise in Ihrem Unternehmen verwendet?
- Ist der Buchungsprozess, der die Fehlermeldung verursacht hat, einer Ihrer Standardprozesse, oder soll er eventuell bewusst nicht genutzt werden?
- Welche Sachkonten werden im Zusammenhang mit der Bewertungsklasse **3075** üblicherweise genutzt? Diese Frage müssen Sie mit der Buchhaltung klären, die Ihnen auch das Konto nennen sollte, das Sie dann für künftige Buchungen im SAP-System hinterlegen.

Wenn alle Fragen geklärt sind, kann der fehlende Eintrag in der Kontenfindung nachgeholt werden. Diese Arbeiten werden in Ihrem Entwicklungssystem vorgenommen und müssen im Anschluss in das Produktivsystem transportiert werden, damit die Einstellungen dort zur Verfügung stehen.

Verwendungsnachweis Sachkonten

Wenn Sie im Einstiegsbild aus Abbildung 7.163 die Schaltfläche Sachkonten anklicken, erhalten Sie eine Gesamtübersicht über die Sachkonten, die für den Kontenplan Ihrer Auswahl für die MM-Kontenfindung genutzt werden. In Abbildung 7.170 sehen Sie einen Ausschnitt aus dieser Liste für den Kontenplan INT.

In der ersten Spalte in Abbildung 7.170 sehen Sie die folgenden Informationen – wenn relevant und vorhanden – in hierarchischer Gliederung:

- Kontenplan
- Sachkonto
- Bewertungsklasse
- Vorgangsschlüssel
- Kontomodifikation

Die zweite Spalte enthält die jeweiligen Texte zu den Merkmalen aus Spalte 1. In der dritten Spalte können Sie sehen, ob es sich bei dem jeweiligen Sachkonto um ein Bilanzkonto, um ein Bestandskonto oder um ein GuV- oder Erfolgskonto handelt. In der vierten Spalte erhalten Sie die Information, ob die Ableitung über eine Bewertungsmodifikationskonstante vorgenommen wird oder nicht.

Die beiden letzten Spalten dienen dem Hinweis auf mögliche Fehler an dieser Stelle. Hier könnte z. B. stehen, dass für den ausgewählten Buchungskreis bzw. das Werk das angesprochene Sachkonto noch nicht angelegt wurde.

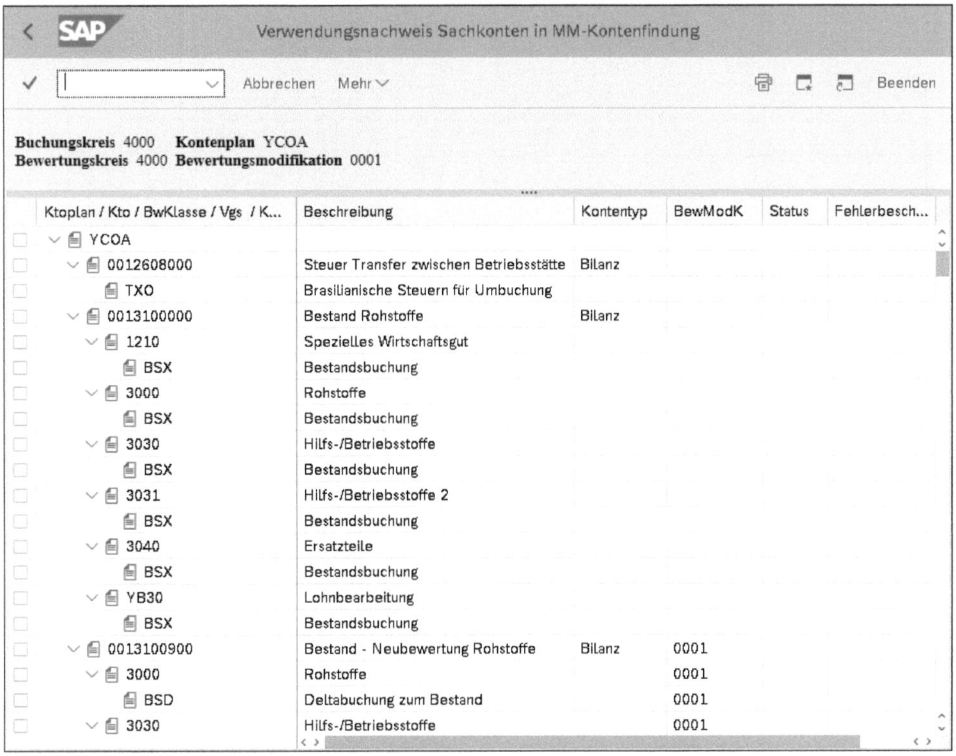

Abbildung 7.170 Liste »Verwendungsnachweis Sachkonten in MM-Kontenfindung«

Der Kontenfindungsassistent

Die Kontenfindung wird im Regelfall während des SAP-Einführungsprojekts durch eine MM-Beraterin oder einen MM-Berater im Zusammenspiel mit der Fachabteilung Rechnungswesen und einer Person aus der FI-Beratung vorgenommen. Hierbei können Sie im besten Fall davon ausgehen, dass auf der Basis der oben genannten Voraussetzungen Ihr Unternehmenskonzept für die Kontenfindung umgesetzt wurde. Die Einstellungen werden dann normalerweise ohne Kontenfindungsassistent vorgenommen. Der Kontenfindungsassistent ist im Customizing über den Menüpfad **Materialwirtschaft • Bewertung und Kontierung • Kontenfindung • Kontenfindungsassistent** zu finden.

Der Kontenfindungsassistent kann auch über Transaktion OMWW aufgerufen werden und soll Ihnen grundsätzlich die Möglichkeit bieten, ohne umfassende Vorkenntnisse in die Kontenfindung einzugreifen. Er führt durch dieselben Arbeitsschritte, die auch bei der manuellen Einrichtung der Kontenfindung durchlaufen werden müssen.

In Abbildung 7.171 sehen Sie die Navigation durch den Kontenfindungsassistenten.

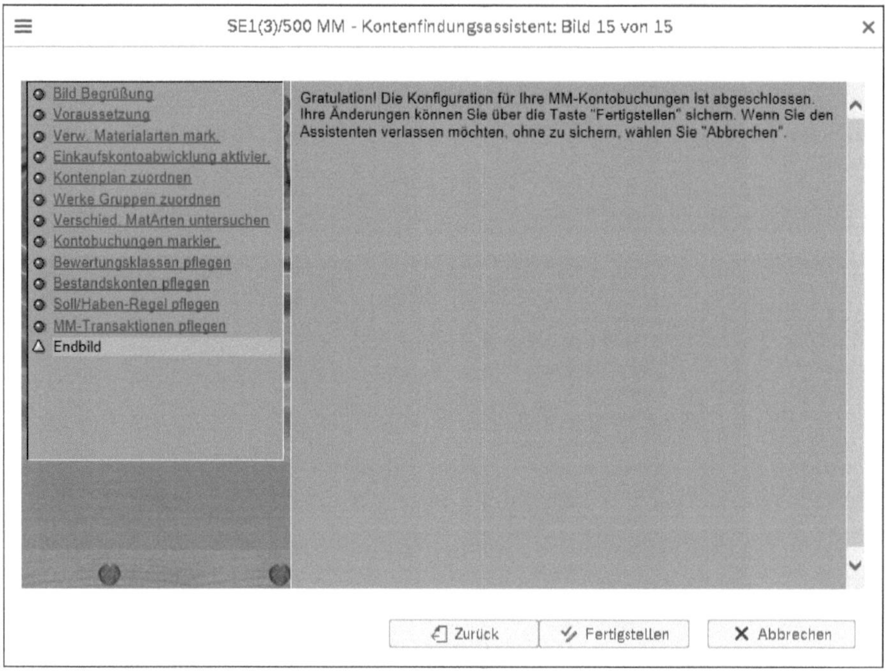

Abbildung 7.171 Der Kontenfindungsassistent: alle Punkte abgearbeitet

Über die Schaltfläche **Fertigstellen** bzw. **Zurück** navigieren Sie durch den Assistenten. Jeder Schritt beinhaltet umfangreiche Erläuterungen sowie die Möglichkeit, auf einzelne Customizing-Schritte abzuspringen. Hierüber können Sie sich ein Bild von den bisher vorhandenen Einstellungen in Ihrem SAP-Mandanten machen bzw. Korrekturen selbst vornehmen. In den einzelnen Arbeitsschritten sehen Sie auch die bisher vorgenommenen Einstellungen zur Kontenfindung selbst.

7.9 Verschiedene Einstellmöglichkeiten

In den folgenden Abschnitten werden Ihnen einige ausgewählte Einstellungsmöglichkeiten in der Komponente Bestandsführung aufgezeigt, ohne vertiefend auf das Customizing einzugehen. Hierzu steht Ihnen ein umfangreiches Literaturangebot zur Verfügung. Empfohlen sei etwa Ernst Greiner: SAP-Materialwirtschaft – Customizing, SAP PRESS 2016.

7.9.1 Warenbewegungen

Alle Warenbewegungen erzeugen Belege in den unterschiedlichsten Ausprägungen. Zur Identifizierung der Belege vergibt das SAP-System Belegnummern. Hierzu müssen die entsprechenden Einstellungen im Customizing vorhanden sein (im SAP-Auslieferungssystem ist dies eingestellt) bzw. vorgenommen werden.

Die Einstellungen für die Nummernvergabe erreichen Sie im Customizing über den Menüpfad **Materialwirtschaft • Bestandsführung und inventur • Nummernvergabe**. Bei der Nummernvergabe ist zwischen zwei Fällen zu unterscheiden:

- **Buchungsbelege**
  Die Nummernvergabe für Buchungsbelege ist abhängig von der Belegart. Den Belegarten ist ein Nummernkreis zugeordnet, den Sie, abhängig vom Geschäftsjahr, definieren können. Jedem Nummernkreis ist ein Nummernkreisintervall zugeordnet. Die Belegarten müssen den Transaktionen zugeordnet sein, mit denen Sie die Warenbewegungen erfassen möchten.
- **Material- und Inventurbelege**
  Die Nummernvergabe für Material- und Inventurbelege erfolgt mittels Gruppierung. Die Gruppierung wird in Abhängigkeit der Vorgangsart erstellt, und dieser werden die Nummernkreisintervalle unter Beachtung des Geschäftsjahrs zugeordnet. Jeder Vorgangsart ist der für die Warenbewegung gültige Transaktionscode zugeordnet.

Sie können die Feldauswahl beim Erfassen von Warenbewegungen konfigurieren, d. h., Sie können für die Einstiegs-/Kopfbilder festlegen, welche Ausprägung die einzelnen Felder (Muss-Felder, Anzeigefelder usw.) haben sollen.

Weitere Einstellungen

Weitere Einstellungen finden Sie im Customizing über die folgenden Menüpfade:

- **Materialwirtschaft • Bestandsführung und Inventur • Warenausgang/ Umbuchung**
- **Materialwirtschaft • Bestandsführung und Inventur • Wareneingang**
- **Materialwirtschaft • Bestandsführung und Inventur • Automatische Bewegungen**

7.9.2 Bewegungsarten

Die Bewegungsart ist ein zentraler Steuerungsparameter für Warenbewegungen. Sie können die vorhandenen Bewegungsarten entsprechend den betriebswirtschaftlichen Erfordernissen einstellen und/oder neue Bewegungsarten anlegen. Beim Anlegen neuer Bewegungsarten nehmen Sie Bezug auf eine der Standardbewegungsarten.

Sie wählen hierzu den Customizing-Pfad **Materialwirtschaft • Bestandsführung und Inventur • Bewegungsarten • Bewegungsarten kopieren, ändern**.

Die Steuerparameter der Bewegungsart sind in einer Dialogstruktur, die aus mehreren Teildialogen besteht, hinterlegt. Sie können sich in das Detailbild jedes Teildialogs einwählen. Die Detailbilder werden als Sicht mit dem entsprechenden Dialog im SAP-System dargestellt. In Tabelle 7.11 sind ausgewählte Sichten und grundsätzliche Einstellungen für die Steuerung der Felder aufgeführt.

Sicht	abhängig von	Einstellungen für
Bewegungsart	Bewegungsart	Erfassungssteuerung, Fortschreibungssteuerung
Kurztexte	Sprache, Bewegungsart, Sonderbestandskennzeichen, Bewegungskennzeichen, Zugangskennzeichen, Verbrauchskennzeichen	Kurztexte der Bewegungsart
Erlaubte Transaktionen	Bewegungsart	erlaubte Transaktionen für die Bewegungsart
Hilfetexte	Sprache, Bewegungsart, Sonderbestand, Transaktionscode	Suchhilfe, Liste der erlaubten Bewegungsarten
Feldauswahl ab 201, Feldauswahl Enjoy	Bewegungsart, Sonderbestandskennzeichen	Feldstatusgruppe pflegen, Suchschema zur Chargenfindung
Verbuchungssteuerung/ WM-Bewegungsarten	Bewegungsart, Wert-/Mengenfortschreibung, Sonderbestand, Bewegungskennzeichen, Zugangskennzeichen, Verbrauchskennzeichen	Mengen- und Wertfortschreibung, Verfügbarkeitsprüfung bei Warenbewegungen und Reservierung, Fehlteilprüfung, LIFO-/FIFO-Bewertung, Referenzbewegungsart für WM-Anbindung, Werte- und Mengen-String, Anbindung an das QM
Kontomodifikation	Bewegungsart, Wert-/Mengenfortschreibung, Sonderbestand, Bewegungskennzeichen, Verbrauchskennzeichen, Vorgangsschlüssel aus Werte-String	Kontomodifikationskonstante
Storno-/Folgebewegungsarten	Bewegungsart, Funktionscode	Stornobewegungsart, Art der Buchung

Tabelle 7.11 Einstellungen für die Bewegungsarten

Sicht	abhängig von	Einstellungen für
Grund der Bewegung	Bewegungsart, Grund	Text zum Grund der Bewegung
Deaktivieren QM Prüfung/Liefertyp	Bewegungsart, Sonderbestand, Bewegungskennzeichen, Zugangskennzeichen, Verbrauchskennzeichen	Deaktivierung der QM-Prüfung (keine Prüfloserzeugung), Liefertyp (z. B. Anlieferung, Rücklieferung zum Lieferanten usw.)
Statistikgruppe LIS	Bewegungsart, Sonderbestand, Bewegungskennzeichen	Fortschreibungssteuerung LIS, Auswertungen zur Bewegungsart

Tabelle 7.11 Einstellungen für die Bewegungsarten (Forts.)

7.9.3 Reservierungen

Für die Verwaltung von Reservierungen müssen die folgenden Einstellungen vorhanden sein:

- **Nummernkreis mit Nummernkreisintervall**
  - Sie wählen hierzu im Customizing den Menüpfad: **Materialwirtschaft • Bestandsführung und Inventur • Nummernvergabe • Nummernvergabe für Reservierung festlegen** oder Transaktion OMC2.
  - Sie legen den Nummernkreis fest und ordnen das Intervall zu.
  - Sie legen fest, ob das Nummernkreisintervall extern oder intern sein soll.
- **Vorschlagswerte festlegen**
  Hierzu wählen Sie den Customizing-Pfad **Materialwirtschaft • Bestandsführung und Inventur • Reservierung • Vorschlagswerte festlegen** oder Transaktion OMBN. Sie können die folgenden werksbezogenen Einstellungen pflegen:
  - Warenbewegung zur Reservierung erlaubt
  - Tage für Bewegung erlaubt
  - Verweildauer, bevor Reservierung gelöscht wird
  - Lagerortbestandsdaten automisch anlegen
- **Kopierregeln festlegen**
  Das Festlegen der Kopierregeln erfolgt über den Customizing-Pfad **...Kopierregeln für Referenzbelege pflegen**.

  Es handelt sich um eine Transaktion, die Positionen eines Referenzbelegs auf der Positionsauswahlliste als markiert vorschlägt.

- **Dynamische Verfügbarkeit einstellen**
  Hier wählen Sie den Customizig-Pfad **...Dynamische Verfügbarkeitsprüfung einstellen** oder Transaktion OMB1.
  Sie müssen die folgenden Objekte pflegen:
  - **Bewegungsart**: Festlegen der Art der Meldung im Ergebnis der dynamischen Verfügbarkeitsprüfung
  - **Prüfregel**: Festlegen einer Prüfvorschrift für die einzelnen Anwendungen
  - **Prüfregel festlegen**: Steuerung, welche Bestände, Zu- und Abgänge für die Verfügbarkeitsprüfung in Abhängigkeit von der Kombination aus Prüfgruppe und Prüfregel relevant sind
  - **Transaktionscode**: Prüfregel den Transaktionscodes zuordnen

7.9.4 Nachrichten

Die Nachrichtenfindung in der Komponente Bestandsführung erfolgt – wie in der Komponente Einkauf – mithilfe der Konditionstechnik. Die Nachrichtenfindung wird durch eine Warenbewegung angestoßen. Der Ablauf ist in Abbildung 7.172 dargestellt.

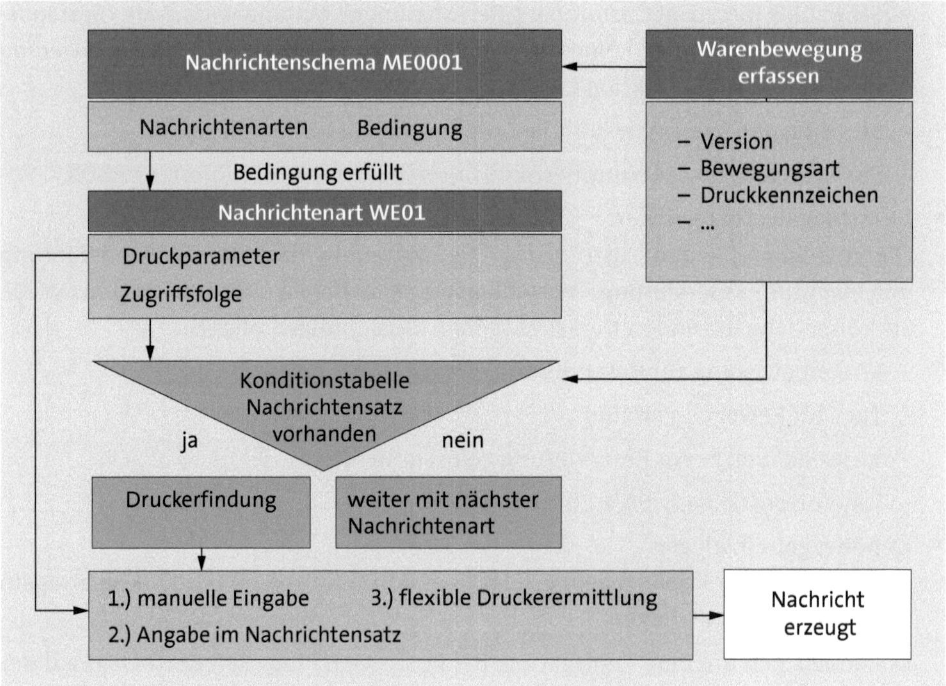

Abbildung 7.172 Nachrichtenfindung

Die Einstellungen für die Nachrichtenfindung erreichen Sie über den Customizing-Pfad **Materialwirtschaft • Bestandsführung und Inventur • Nachrichtenfindung • ...**

Die Einstellungen für die Drucksteuerung finden Sie über den Customizing-Pfad **Materialwirtschaft • Bestandsführung und Inventur • Drucksteuerung • ...**

7.10 Schnittstelle zu WM und QM

In der SAP-Komponente *Bestandsführung* werden die Materialbestände mengen- und wertmäßig in mehreren Lagerorten geführt. Bei der Anbindung der SAP-Komponente Warehouse Management (WM) an IM (Inventory Management, deutsch: Bestandsführung) können Sie Ihren gesamten Lagerkomplex bis auf die Lagerplatzebene abbilden. Sie können somit immer genau ermitteln, wo sich ein bestimmtes Material in dem Lagerkomplex befindet.

Hierzu müssen Sie die entsprechende Organisationsstruktur, die Sichten im Produktstamm und die WM-spezifischen Daten pflegen.

Bei der Anbindung der SAP-Komponente Qualitätsmanagement (QM, Quality Management) an IM können Sie für die Warenbewegungen Qualitätsprüfungen vornehmen und im Ergebnis der Prüfung über die weitere Verwendung entscheiden. Sie können die qualitätsrelevanten Lieferanten-Material-Informationen zur Steuerung der Lieferantenbeziehung verwenden, wie z. B. die Lieferantenbeurteilung. Hierzu müssen Sie die Produkt- und die Lieferantenstammdaten pflegen, siehe Kapitel 3, »Stammdaten«, sowie die Einstellungen in der Komponente Qualitätsprüfung vornehmen.

7.10.1 Transportbedarf/Transportauftrag

Transportbedarfe und Transportaufträge werden in Abhängigkeit von den Warenbewegungen generiert, wenn Sie WM aktiviert haben und die dafür notwendigen Daten gepflegt sind.

Transportbedarfe dienen dazu, Informationen über Warenbewegungen, die in der Bestandsführung gebucht werden, an WM weiterzuleiten. Transportbedarfe werden u. a. für Folgendes genutzt:

- Warenbewegungen im WM planen und anstoßen
- über die Transportbedarfsauswertung eine Übersicht über alle anstehenden Warenbewegungen erhalten

Transportaufträge werden auf der Grundlage von Transportbedarfen erstellt. Sie dienen dazu, die physischen Warenbewegungen im Lager durchzuführen. Das SAP-System schreibt den Transportbedarf fort, wenn Sie folgende Aktivitäten vornehmen:

- einen Transportauftrag erstellen, quittieren oder stornieren
- eine Wareneingangs- oder Warenausgangsbuchung in der Bestandsführung stornieren, bevor in WM der entsprechende Transportauftrag generiert wurde

Wenn Sie einen Transportauftrag quittieren, teilen Sie dem SAP-System mit, dass der Auftrag bearbeitet wurde und das Material am Bestimmungsort (Lagerplatz) eingetroffen ist. Weicht die Soll-Menge von der transportierten Ist-Menge ab, entsteht eine Differenzmenge, die Sie über eine Differenzenbuchung ausgleichen müssen.

Abschließend folgt noch die Pfadangabe (Einstiegspfad) für den Anwender und den Customizer:

- Der Menüpfad für die Anwendung lautet: **SAP-Menü • Logistik • Logistics Execution • ...**
- Für die Einstellungen im Customizing wählen Sie den Menüpfad: **Logistics Execution • Lagerverwaltung • ...**

7.10.2 Prüflosbearbeitung

In der Komponente QM werden die Prüfungen mittels Prüflosen durchgeführt. Das Prüflos bezeichnet die Aufforderung an ein Werk, an einer bestimmten Menge eines Materials eine Qualitätsprüfung durchzuführen. Prüflose werden aufgrund von Warenbewegungen gebildet. Sie können sie aber auch manuell anlegen. Das Prüflos enthält Prüfvorschriften, die die Voraussetzung für die Durchführung der Prüfung sind. Sie erfassen die Prüfergebnisse und treffen anschließend den Verwendungsentscheid.

Sie legen fest, ob die Prüflosmenge ohne Einschränkung oder mit Einschränkungen verwendet werden kann, vernichtet wurde oder zum Lieferanten zurückgeschickt werden muss. Das Ergebnis fließt in die Lieferantenbeurteilung und in das QM-Infosystem ein.

Für die Bearbeitung nutzen Sie im SAP-Menü den Pfad: **Logistik • Qualitätsmanagement • ...**. Die erforderlichen Einstellungen können Sie im Customizing im Menüpunkt **Qualitätsmanagement** vornehmen.

[»]

Weitere Informationen zum Qualitätsmanagement

Eine umfassende Darstellung des Themas »Qualitätsmanagement« finden Sie bei Yvonne Lorenz: Qualitätsmanagement mit SAP S/4HANA, SAP PRESS 2021.

Kapitel 8
Logistik-Rechnungsprüfung

Dieses Kapitel beschreibt den letzten Teil des Beschaffungsprozesses: die Verarbeitung der Eingangsrechnungen. Sie lernen die SAP-Applikationen zur Rechnungsprüfung mit ihren wesentlichen Feldern kennen und erfahren, wie Sie mit diesen SAP-Fiori-Apps gut arbeiten können. Es werden verschiedene Konstellationen und einige Sonderfälle sowie weitere Apps im Umfeld beschrieben.

Die Logistik-Rechnungsprüfung schließt den Beschaffungsprozess ab. Nach den in Kapitel 6, »Einkauf«, beschriebenen Einkaufsaktivitäten und den in Kapitel 7, »Bestandsführung und Inventur«, beschriebenen Prozessschritten in der Bestandsführung führt die Erfassung der vom Lieferanten übersandten Rechnung am Ende zur Bezahlung des Rechnungsbetrags. Bevor eine Zahlung ausgelöst werden darf, muss sichergestellt sein, dass eine Rechnung für bestellte Waren oder Dienstleistungen sachlich und rechnerisch richtig ist.

[«]

Business Catalog und Business Role

Die hier gezeigten Apps sind dem Business Catalog SAP_PRC_BC_INVOICER_PR (Kreditorenbuchhaltung – Lieferantenrechnungen) und der Berechtigungsrolle SAP_BR_AP_ACCOUNTANT_PROCUREMT (Kreditorenbuchhalter – Beschaffung) zugeordnet.

In diesem Kapitel beschäftigen wir uns nur mit der Rechnungserfassung selbst und ihren verschiedenen Ausprägungen. In einem SAP-S/4HANA-System mit SAP-Fiori-Apps finden Sie die Kachel für die App **Lieferantenrechnung anlegen** in der Kachelgruppe **Lieferantenrechnungsbearbeitung**, die Sie in Abbildung 8.1 sehen können.

Die Aktivitäten zur Rechnungserfassung und Rechnungsprüfung im SAP-System befindet sich im Hinblick auf die SAP-Komponenten zwischen den Bereichen der Logistik und dem Rechnungswesen. In der genannten Rollenzuordnung wird in SAP S/4HANA deutlicher, dass die Funktion eher in den Bereich der Buchhaltung als in den Einkauf gehört. Am Ende der Erfassung einer Lieferantenrechnung werden gleichzeitig mehrere Belege erzeugt: ein Beleg in der Materialwirtschaft sowie ein oder sogar mehrere Belege im Rechnungswesen, d. h. in Buchhaltung und Controlling.

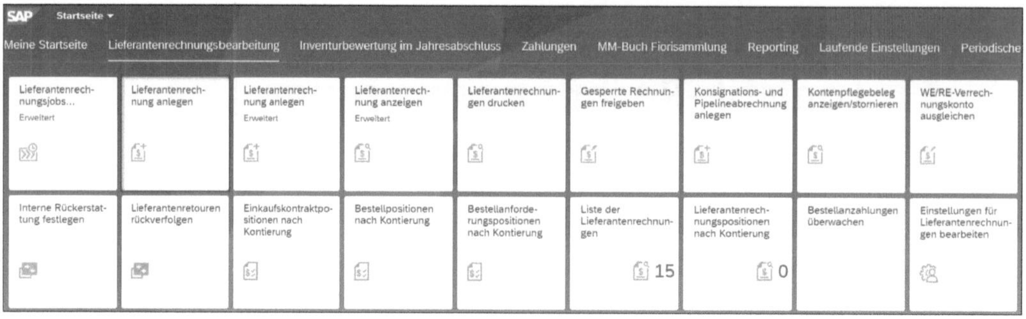

Abbildung 8.1 Kachelgruppe »Lieferantenrechnungsbearbeitung«

Für die Belege in der Finanzbuchhaltung müssen dabei alle zwölf Anforderungen an eine ordnungsgemäße Rechnung erfüllt sein. Diese Anforderungen sind im Folgenden aufgelistet:

1. Vollständiger Name und vollständige Anschrift des liefernden oder leistenden Unternehmens sowie des Abnehmers oder Leistungsempfängers (= Kunde).
2. Die dem leistenden Unternehmer vom Finanzamt erteilte Umsatzsteueridentifikationsnummer (UID-Nummer) oder Steuernummer.
3. Das Ausstellungsdatum der Rechnung.
4. Die Rechnung muss über eine fortlaufende Nummer eindeutig identifizierbar sein. Kombinationen aus Ziffern und Buchstaben sind zulässig. Es dürfen auch mehrere Nummernkreise genutzt werden, um z. B. Rechnungen verschiedener Filialen abzugrenzen oder um eine Unterscheidung zwischen Rechnungen, die ins Inland gehen und Rechnungen, die ins Ausland gehen, zu treffen.
5. Die Menge und genaue (handelsübliche) Bezeichnung der gelieferten Waren (Artikelnummer, soweit vorhanden) bzw. Art und Umfang der erbrachten sonstigen Leistung.
6. Monat der Lieferung bzw. sonstigen Leistung oder Zeitraum, über den sich die sonstige Leistung erstreckt.
7. Das Entgelt für die angeführte Lieferung bzw. sonstige Leistung, aufgeschlüsselt nach Steuersätzen bzw. ein Hinweis auf eine vorliegende Steuerbefreiung. Auch die Währung sollte angeführt werden.
8. Angabe des Steuersatzes bzw. der Steuersätze sowie des auf das Entgelt entfallenden Umsatzsteuerbetrags.
9. Im Voraus vereinbarte Entgeltminderungen, d. h. Skonti, Boni oder Rabatte müssen benannt werden. Der Ausweis eines entsprechenden Betrags ist nicht nötig.
10. Bei Abrechnung per Gutschrift der Begriff *Gutschrift*.
11. Gegebenenfalls ein Hinweis auf die Steuerschuld durch den Leistungsempfänger.

Gerade die Überprüfung der vom Lieferanten vorgesehenen Umsatzsteuer erfordert einigen Sachverstand, der im Einkauf nicht selbstverständlich ist. Zudem gilt es hier gegebenenfalls zu prüfen, ob es sich um einen innergemeinschaftlichen Erwerb handelt. Auch dafür muss dann das jeweils passende Umsatzsteuerkennzeichen ausgewählt werden.

[«]

Entscheidungshilfe: Rechnungsprüfung in Einkauf oder Buchhaltung?

Der Einkäufer hat mit seinem Lieferanten über Preise und Konditionen verhandelt. Diese kann die Buchhaltung nicht unbedingt kennen. Wird die Rechnungsprüfung vom Einkauf durchgeführt, wird diesbezüglich unnötiger Abstimmungsbedarf vermieden.

Die Mitarbeiterinnen und Mitarbeiter der Kreditorenbuchhaltung sind die Fachexperten im Unternehmen für die Ordnungsmäßigkeit von Rechnungen. Der Buchungsstoff der Finanzbuchhaltung wird letztlich sowohl durch die Finanzbehörden als auch durch die Wirtschaftsprüfer auf Ordnungsmäßigkeit geprüft. Dies spricht dafür, die Rechnungsprüfung von der Buchhaltung durchführen zu lassen.

Die Funktion **Vorerfassung** in der App **Lieferantenrechnung anlegen**, die wir Ihnen in Abschnitt 8.2.5, »Beleg merken, vorerfassen und vollständig sichern«, vorstellen, könnte dabei helfen, die fachliche Prüfung im Einkauf anzusiedeln. Mit der anschließenden *Verbuchung* des vorerfassten Belegs wäre dann die formale Prüfung sowie die Prüfung auf rechnerische Richtigkeit in der Buchhaltung verortet. Dieses Vier-Augen-Prinzip in der Rechnungsprüfung zieht mit Sicherheit eine höhere Qualität der Prüfung nach sich.

8.1 Einführung in die Logistik-Rechnungsprüfung

Beschäftigen wir uns zunächst mit der Bedienung der logistischen Rechnungsprüfung und deren Grundfunktionen.

Die Logistik-Rechnungsprüfung ist Teil der Materialwirtschaft. Dabei wird eine Reihe von Applikationen und Programmen zur Verfügung gestellt, mit deren Hilfe die Rechnungsprüfung komfortabel durchgeführt werden kann. Einen Überblick über die entsprechenden SAP-Fiori-Apps entnehmen Sie Abbildung 8.1. Dort finden Sie auch weitere Prozessschritte im Zusammenhang mit der Rechnungsprüfung. Die als SAP-Fiori-App neu entwickelte Rechnungsprüfung, auf die nachfolgend zunächst eingegangen wird, kann über die Kachel **Lieferantenrechnung anlegen** aufgerufen werden, die in Abbildung 8.2 gezeigt wird.

Abbildung 8.2 Neue Rechnungserfassung unter SAP S/4HANA

Die allseits bekannte Transaktion MIRO steht weiterhin auch als SAP-Fiori-App zur Verfügung und kann über die Kachel **Lieferantenrechnung anlegen – Erweitert** ebenfalls aus der Kachelgruppe **Lieferantenrechnungsbearbeitung** aufgerufen werden (siehe Abbildung 8.3).

Abbildung 8.3 Transaktion MIRO als SAP-Fiori-App in SAP S/4HANA

Über die beiden Apps **Lieferantenrechnung anlegen** und **Lieferantenrechnung anlegen – Erweitert** ist auch eine Vorerfassung möglich, wie wir es in Abschnitt 8.2.3, »Materialbeleg, Buchungsbeleg und Kostenrechnungsbeleg«, zeigen. Eine separate App für die Vorerfassung gibt es in SAP S/4HANA nicht. Die Kachelgruppe **Lieferantenrechnungsbearbeitung** enthält außerdem Möglichkeiten, um Lieferantenrechnungen anzuzeigen und zu drucken, gesperrte Rechnungen freizugeben, sowie Funktionen für die Kontenpflege und Listfunktionen. Darüber hinaus finden Sie hier Apps für eine automatisierte Verarbeitung von Rechnungen.

8.2 Rechnungserfassung

Wir zeigen Ihnen nun anhand eines Beispiels die grundsätzliche Vorgehensweise bei der Rechnungserfassung mit der SAP-Fiori-App **Lieferantenrechnung anlegen**. Sie erhalten das in Abbildung 8.4 gezeigte Einstiegsbild der App.

Zunächst möchten wir Ihnen die drei Hauptbestandteile des Einstiegsbilds erläutern. Sie können sich dabei an der Nummerierung in Abbildung 8.4 orientieren.

Im Kasten mit der Ziffer ❶ sehen Sie alle Bereiche der SAP-Fiori-App **Lieferantenrechnung anlegen**. Das Einstiegsbild ist letztlich größer, als Sie es zunächst im Bild sehen. Durch Scrollen erreichen Sie die weiteren Bestandteile **Sachkontopositionen**, **Steuer**, **Zahlung**, **Ungeplante Bezugsnebenkosten** und **Anlagen**.

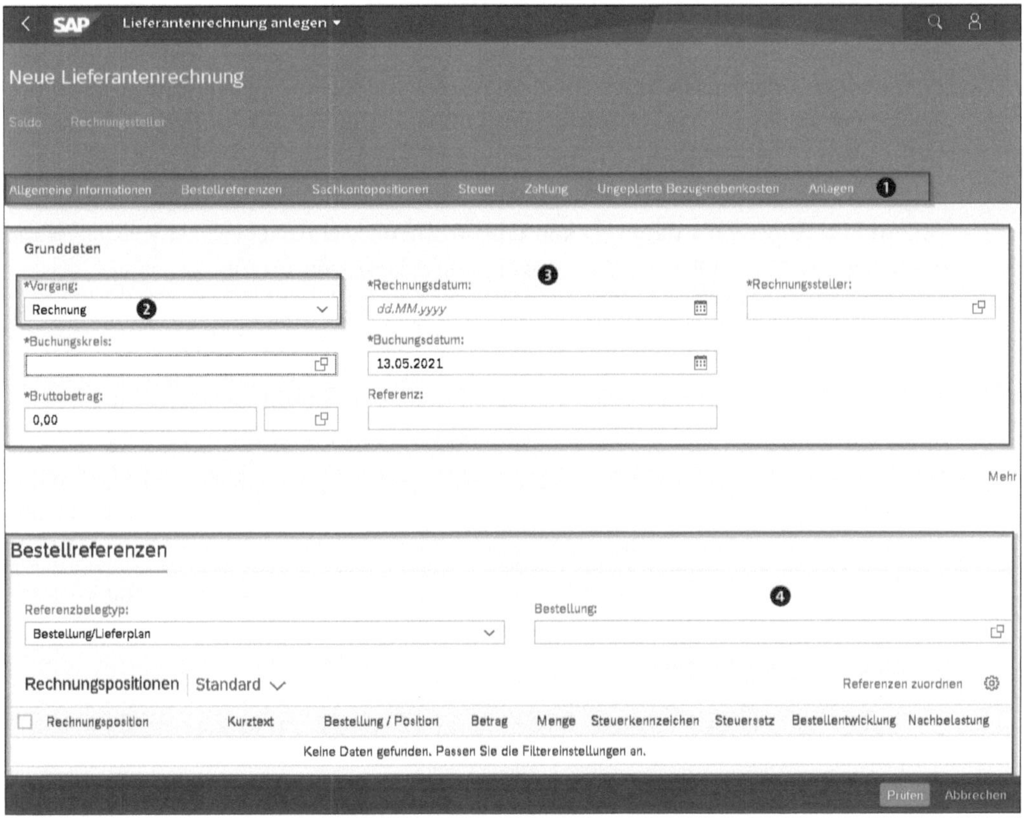

Abbildung 8.4 SAP-Fiori-App »Lieferantenrechnung anlegen«: Einstiegsbild

Im Kasten mit der Ziffer ❷ können Sie wählen, welche Art von Vorgang Sie über die App verarbeiten möchten. Sie haben dabei die folgenden Auswahlmöglichkeiten:

- Rechnung
- Gutschrift
- Nachträgliche Belastung
- Nachträgliche Entlastung

Über diese Auswahl legen Sie zunächst den tatsächlichen Vorgang fest, den Sie verarbeiten möchten. An diesem Vorgang können, je nach Customizing-Einstellung, verschiedene Belegarten und Nummernkreise hängen. Hierauf gehen wir bei der Präsentation von Beispielfällen zu Rechnungen, Gutschriften, nachträglicher Belastung und nachträglicher Entlastung jeweils detailliert ein.

Im Kasten mit der Ziffer ❸ erfassen Sie die Daten zum sogenannten *Belegkopf* im Bereich **Grunddaten**.

Hier werden über die Felder **Rechnungsdatum** und **Buchungsdatum** selbige hinterlegt. Details zu diesen Datumsangaben können Sie Tabelle 8.1 »Datumsfelder im SAP-System« entnehmen. Die Felder **Buchungskreis** und **Rechnungssteller** müssen ebenfalls gefüllt werden. Im Feld **Referenz** wird üblicherweise die Rechnungsnummer des Lieferanten eingegeben. Bei Kreditorenrechnungen muss dieses Feld in aller Regel gefüllt werden. Im Feld **Bruttobetrag** geben Sie den gesamten Bruttorechnungsbetrag ein, und im Feld rechts daneben kann der Währungsschlüssel erfasst werden, wenn der Beleg nicht in der Buchungskreiswährung erfasst werden soll.

Wird bei der Rechnung ein Bestellbezug eingegeben, werden viele Felder im Bereich **Grunddaten** automatisch gefüllt.

Außerdem können Sie vorgeben, ob und auf welcher Basis die Vorsteuer für die Rechnung automatisch vom SAP-System errechnet werden soll. Der Eintrag im Feld **Steuerbetrag** kann auch manuell vorgenommen werden. Im Feld **Text** hinterlegen Sie einen möglichst allgemeinverständlichen Text, der bei Belegauswertungen dabei hilft, schnell zu erkennen, um was für eine Art von Beleg es sich handelt.

Über die Verwendung der verschiedenen Datumsfelder gibt es regelmäßig Missverständnisse und Unklarheiten. Die kleine Übersicht in Tabelle 8.1 soll Ihnen helfen, den Überblick zu behalten.

SAP-Feld und Feldbezeichnung	Bedeutung
Belegdatum, Rechnungsdatum	Informatives Feld, das dazu gedacht ist, das auf einer Lieferantenrechnung ausgewiesene Datum aufzunehmen.
Buchungsdatum	Leistungsdatum, d. h. das Datum, zu dem der Wareneingang in Ihrem Unternehmen erfolgt ist bzw. zu dem eine Leistung erbracht wurde. Wenn eine Rechnung Leistungen fakturiert, die über einen Zeitraum erbracht worden sind, ist das Datum der letzten Leistungserbringung oder der Monatsletzte ein geeignetes Buchungsdatum. Für das Controlling wird über das Buchungsdatum die Periode bzw. der Monat ermittelt, in dem der Buchungsstoff fortgeschrieben wird. In der App **Lieferantenrechnung anlegen** wird die Periode nie manuell eingegeben. Das Feld ist deshalb nicht eingabebereit.
Erfassungsdatum	Hier handelt es sich um ein Datumsfeld, das vom SAP-System automatisch mit dem Systemdatum zum Zeitpunkt der Erfassung gefüllt wird. Es kann nicht manuell gefüllt werden, steht aber für Auswertungen immer zur Verfügung.

Tabelle 8.1 Datumsfelder im SAP-System

SAP-Feld und Feldbezeichnung	Bedeutung
Fälligkeitsdatum	Datum, zu dem eine Rechnung zur Zahlung fällig ist. Das Datum wird in der Regel automatisch aus den Zahlungsbedingungen abgeleitet.
Basisdatum	Datum, ab dem über die Zahlungsbedingung die Fälligkeit berechnet wird. Das Basisdatum kann über das Customizing vorbelegt, aber auch manuell gepflegt werden. Das Basisdatum wird häufig auch *Zahlungsfristenbasisdatum* genannt.

Tabelle 8.1 Datumsfelder im SAP-System (Forts.)

Die Liste der Datumsfelder ist hier auf die für die Logistik-Rechnungsprüfung relevanten Felder beschränkt.

Der Kasten mit der Ziffer ❹ in Abbildung 8.4 zeigt Ihnen den Bereich **Bestellreferenzen**, in dem die Erfassung der Belegpositionen erfolgt. Hier haben Sie die Möglichkeit, über die Erfassung einer Rechnung mit Bestellbezug Daten aus vorherigen Belegen in die Rechnungsprüfung zu übernehmen. Sie können sich im SAP-Standard nicht nur auf eine Bestellung oder einen Lieferplan, sondern auch auf weitere Belege aus dem Einkaufsprozess beziehen, wie z. B. Lieferschein, Frachtbrief oder Leistungserfassungsblatt. Die Auswahl kann über die Einstellungen des entsprechenden Referenzbelegtyps gesteuert werden.

Je nach Auswahl können Sie anschließend nur Waren- und Dienstleistungspositionen, nur geplante Bezugskosten oder beides in die Belegpositionen übernehmen und bearbeiten.

Welche Felder Ihnen in der Positionsliste angezeigt werden, können Sie über die Auswahl einer geeigneten Anzeigevariante selbst steuern. Für Ihr Unternehmen können Sie hier Anzeigevarianten selbst konfigurieren. Aus den Informationen in diesem Bereich muss mindestens ein Lieferant ermittelt werden können, damit die weiteren Felder, die für die Rechnungsprüfung erforderlich sind, gefüllt werden können.

Abbildung 8.5 zeigt Ihnen die beiden Bereiche **Sachkontopositionen** und **Steuer**.

Im Kasten mit der Ziffer ❺ sehen Sie den Bereich **Sachkontoposition**. Hier können Sie die Erfassung einer Rechnung auf einem Sachkonto vornehmen. Hierbei wird kein Bezug zu einem Material oder einem Vor Beleg in der Materialwirtschaft hergestellt. In der Regel erfolgt die Buchung hier im Soll. Sie müssen das Sachkonto und den Betrag der Rechnungsposition vorgeben. Über das [+]-Zeichen oben rechts können weitere Sachkontopositionen hinzugefügt werden.

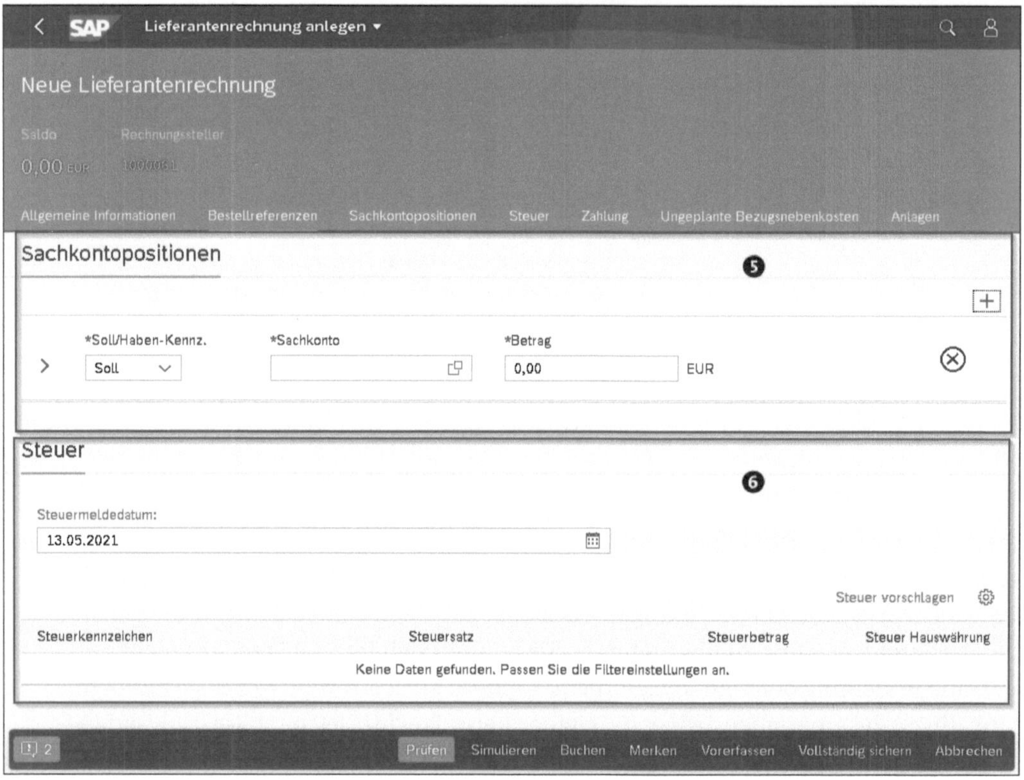

Abbildung 8.5 SAP-Fiori-App »Lieferantenrechnung anlegen«: weitere Bereiche (1)

Im Kasten mit der Ziffer ❻ im Bereich **Steuer** können Angaben für die zu verbuchende Mehrwertsteuer für die Rechnung hinterlegt werden. Sind auf einer Rechnung mehrere Steuersätze enthalten, können Sie hier je Steuersatz das passende Steuerkennzeichen sowie den anteiligen Vorsteuerbetrag hinterlegen oder automatisch rechnen lassen. Sind die Steuerkennzeichen in den zuvor angegebenen oder abgeleiteten Sachkonten fest hinterlegt, werden diese hier angezeigt.

Die letzten drei Bereiche der SAP-Fiori-App **Lieferantenrechnung anlegen** können Sie in Abbildung 8.6 sehen.

Im Bereich **Zahlung** im Kasten mit der Ziffer ❼ werden Angaben zu Zahlungsbedingungen und Fälligkeit aus dem Lieferantenstamm übernommen und gegebenenfalls geändert. Es kann hier eine Zahlsperre gesetzt und der Zahlweg (**ZW**) bestimmt werden.

Der Kasten mit der Ziffer ❽ zeigt Ihnen den Bereich **Ungeplante Bezugsnebenkosten**, die Sie hier entsprechend der vorliegenden Rechnung erfassen können.

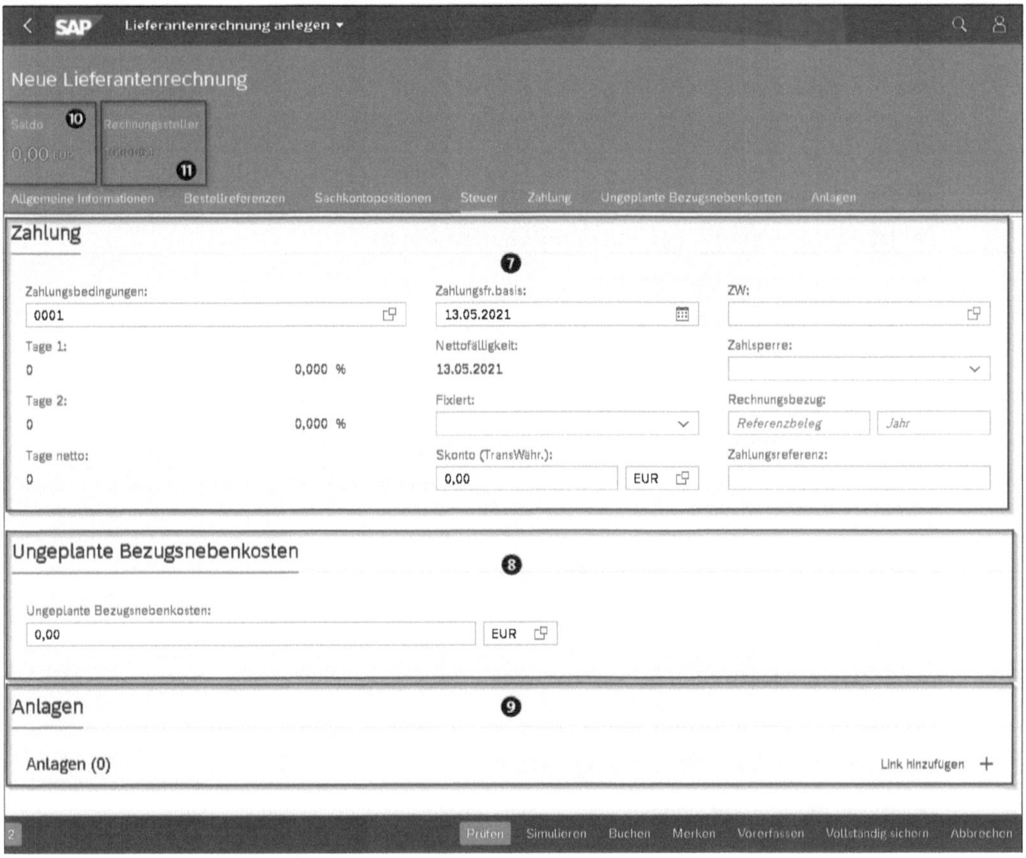

Abbildung 8.6 SAP-Fiori-App »Lieferantenrechnung anlegen«: weitere Bereiche (2)

Es gibt die Möglichkeit, zu einer Rechnung entsprechende Anlagen in elektronischer Form hinzuzufügen. Dies geschieht über die Schaltfläche **Link hinzufügen** oder das [+]-Zeichen am rechten Rand im Kasten mit der Ziffer ❾.

Der Kasten mit der Ziffer ❿ in Abbildung 8.6 dient dazu, sich während der Rechnungserfassung ein Bild über den Status des Belegs machen zu können. Hier wird der jeweilige Saldo des Rechnungsbelegs angezeigt.

Ein Rechnungsbeleg kann nur gebucht werden, wenn der Saldo null beträgt. Voraussetzung dafür ist, dass sowohl Belegpositionen erfasst als auch ein Betrag im Belegkopf eingegeben worden ist. Die Summe der Belegpositionen, inklusive Vorsteuer, muss dabei den Betrag im Belegkopf ergeben.

Der Kasten mit der Ziffer ⓫ in Abbildung 8.6 zeigt Ihnen an jeder Stelle der App unabhängig vom jeweils bearbeiteten Bereich den Lieferanten, der die Rechnung ausgestellt hat.

[»]

Systemprüfungen bei der Verbuchung einer Eingangsrechnung

Bevor eine Eingangsrechnung über eine App vom SAP-System verarbeitet und gebucht wird, durchläuft sie eine Anzahl von Prüfungen, die im Folgenden aufgeführt sind:

- Passt der voreingestellte Buchungskreis zum Bestellbezug?
- Ist der Lieferant für den Buchungskreis angelegt?
- Überprüfung der Belegwährung
- Prüfung auf doppelte Rechnungserfassung
- Überprüfung von Kontierungsdaten. (Existiert die Kostenstelle oder der Auftrag? Welches Profit-Center ist richtig? Ist das Sachkonto im Buchungskreis angelegt?)
- Nullsaldoprüfung

Eine Fortschreibung des Rechnungseingangsbelegs erfolgt an den folgenden drei Stellen:

- Ein MM-Beleg wird erzeugt, der in der Bestellentwicklung sichtbar wird.
- In der Buchhaltung wird die Verbindlichkeit als offener Posten beim Lieferanten gebucht.
- Wenn ein Bestell-Obligo besteht, wird dieses abgebaut.

Es gibt immer mindestens zwei Belege bei der Rechnungseingangserfassung; es können aber auch drei Belege erzeugt werden:

- Materialwirtschaftsbeleg
- Buchungsbeleg
- Controlling Beleg (wenn bei der Rechnungserfassung ein Erfolgskonto genutzt wird).

8.2.1 Rechnung mit Bezug (Bestellung, Lieferplan, Lieferschein)

Gehen Sie in diesem Abschnitt mit uns durch drei einfache Fallbeispiele für eine Rechnungserfassung mit der SAP-Fiori-App **Lieferantenrechnung anlegen**:

- eine Rechnung mit Bezug auf eine Bestellung (Fallbeispiel 1: Rechnung mit Bezug auf eine Bestellung)
- eine Rechnung mit Bezug auf einen Lieferplan (Fallbeispiel 2: Rechnung mit Bezug auf einen Lieferplan)
- eine Rechnung mit Bezug auf einen Lieferschein (Fallbeispiel 3: Rechnung mit Bezug auf einen Lieferschein)

Fallbeispiel 1: Rechnung mit Bezug auf eine Bestellung

In diesem Beispiel zeigen wir Ihnen, wie die manuelle Rechnungsprüfung für eine Normalbestellung erfolgt. In Abbildung 8.7 sehen Sie eine solche Bestellung, in der 50 Stück des Materials R234608 (Getriebe) zum Preis von 351,38 EUR pro Stück bestellt wurden. Für diese Bestellung ist bereits ein Wareneingang erfolgt.

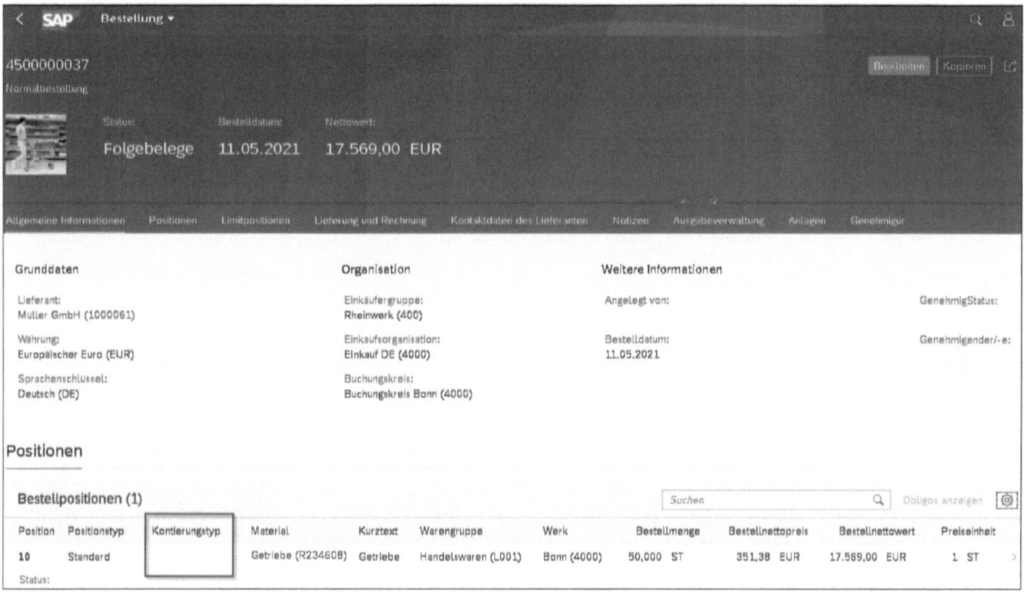

Abbildung 8.7 Normalbestellung: Übersicht

Im Unterschied zu den Bestellpositionen in Abschnitt 8.2.2, »Rechnungen zu kontierten Bestellungen«, handelt es sich hier um eine unnotierte Bestellposition. Sie erkennen dies daran, dass in der Spalte **Kontierungstyp** kein Kontierungstyp angegeben wurde.

Wir zeigen Ihnen jetzt einen Weg, wie Sie möglichst effizient eine Rechnung zu dieser Bestellung erfassen können.

In Abbildung 8.8 sehen Sie den Einstieg in die Erfassung des Rechnungseingangs mit der SAP-Fiori-App **Lieferantenrechnung anlegen**.

Die folgenden Daten wurden in der Reihenfolge der Ziffern 1–4 in die entsprechenden Felder in Abbildung 8.8 eingegeben:

- **Rechnungsdatum** ❶ im Belegkopf
- **Buchungsdatum** (Datum des Wareneingangs) ❷ im Belegkopf
- **Referenz** (Rechnungsnummer) ❸ im Belegkopf
- Bestellnummer im Bereich **Bestellreferenzen** ❹ bei den Belegpositionen

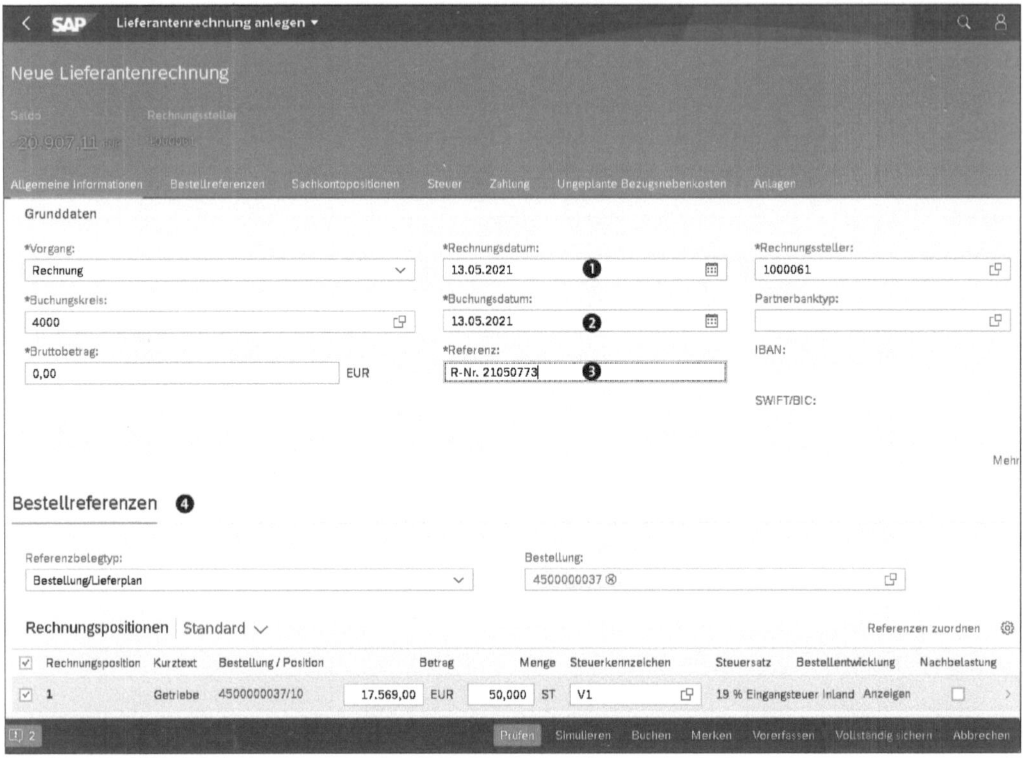

Abbildung 8.8 Eingangsrechnung 1 mit Bezug zu einer Bestellung

Im Anschluss an diese Eingaben wurde die [↵]-Taste der Tastatur betätigt. Dadurch zieht das SAP-System die Bestellposition aus der Bestellung in Abbildung 8.7 in die Belegpositionen der Rechnungserfassung. Der Betrag in Höhe von 17.569,00 EUR entspricht dem Nettobetrag, der in der Bestellung ausgewiesen wird. Das Steuerkennzeichen **V1** (19 % Eingangssteuer Inland) wird aus der Bestellung in die Belegposition abgeleitet. Im Bereich **Steuer** wird hieraus der Steuerbetrag bei einem Vorsteuersatz von 19 % automatisch berechnet und hinterlegt (siehe Abbildung 8.9, ❶). Gleichzeitig wird ein Saldo von insgesamt 20.907,11 EUR ausgewiesen, da im Belegkopf noch kein Gesamtbetrag der Rechnung eingetragen wurde (siehe Abbildung 8.9, ❸). Die Zahlungsbedingung aus dem Lieferantenstamm wird im Bereich **Zahlung** mit einigen weiteren Informationen angezeigt (siehe Abbildung 8.9, ❷).

Währungsschlüssel

In einer Rechnung muss angegeben werden, in welcher Währung diese gebucht werden soll. Der Währungsschlüssel wird in der SAP-Fiori-App **Lieferantenrechnung anlegen** in der Regel aus dem Bestellbezug übernommen. Im Einzelfall kann einmal eine manuelle Eingabe erforderlich sein.

Bei einer Buchung in Fremdwährung (alle Währungen, die nicht der Währung des Buchungskreises entsprechen) wird im Hintergrund eine Umrechnung zum aktuell gültigen Umrechnungskurs in die Hauswährung (= Währung des Buchungskreises) vorgenommen.

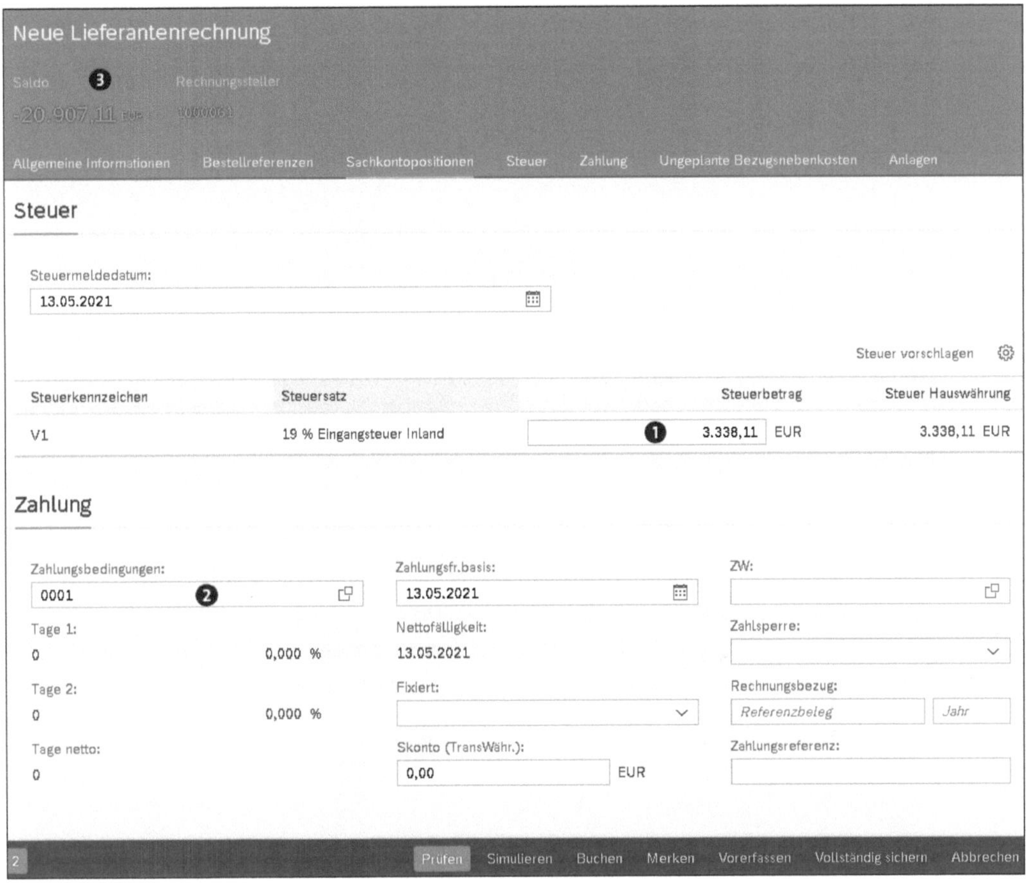

Abbildung 8.9 Eingangsrechnung 1 mit Steuerbetrag und Zahlungsbedingungen

Über die Schaltfläche **Prüfen** kann im Rahmen der Rechnungserfassung eine erste Fehlerprüfung vorgenommen werden. Sie sehen in Abbildung 8.10 das Ergebnis.

Auch hier können Sie wieder die Reihenfolge der Eingaben nachvollziehen:

1. Zunächst wird der Gesamtbetrag (Feld **Bruttobetrag** ❶) aus der Rechnung übernommen. In dem hier beschriebenen Idealfall entspricht dieser dem noch offenen Saldo aus Abbildung 8.9. Die Erfassung erfolgt ohne Vorzeichen!
2. Idealerweise färbt sich der Betrag im Feld **Saldo** ❷ grün. Um erfolgreich buchen zu können, muss hier ein Saldo in Höhe von 0,00 EUR ausgewiesen sein.

Abbildung 8.10 Eingangsrechnung 1 vervollständigen

3. Bevor die Buchung durchgeführt wird, können Sie sich Informationen zum Lieferanten ❸ anzeigen lassen. In Abbildung 8.11 sehen Sie die Auswertungen, die hier im Standard angeboten werden. Über **weitere Links** können weitere Funktionen und Auswertungen in die Liste übernommen werden. Ein Absprung in den Lieferantenstamm ist an dieser Stelle allerdings nicht möglich.

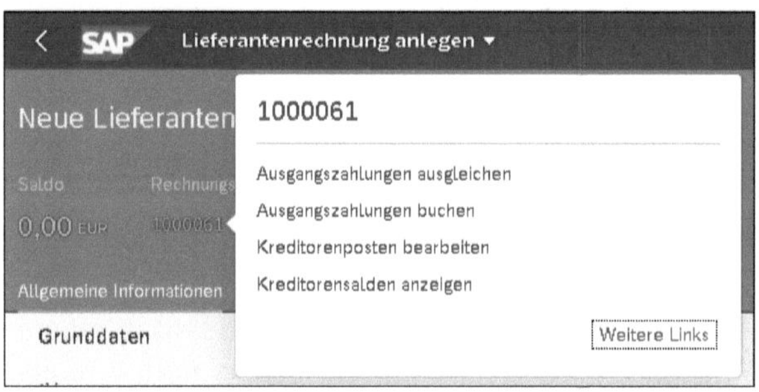

Abbildung 8.11 Lieferantenauswertungen aus der Rechnungserfassung

4. In Bereich ❹ wird Ihnen die Organisationseinheit angezeigt, für die die Buchung erfolgt. In aller Regel wird der Buchungskreis aus den Bestellreferenzen automatisch korrekt abgeleitet. In der SAP-Fiori-App **Lieferantenrechnung erfassen** kann der Buchungskreis im entsprechenden Feld aber auch einfach überschrieben oder über die Werthilfe gesucht und übernommen werden.

In dem Feld **Partnerbanktyp** können Sie eine Bankverbindung Ihres Lieferanten auswählen (wenn Ihnen von Ihrem Lieferanten mehrere Bankverbindungen genannt wurden) und damit die Bank, an die Sie die Zahlung vornehmen möchten, fest eintragen. Diese Möglichkeit kann zur Optimierung Ihres Zahlungsverkehrs genutzt werden. Hierauf wird in diesem Buch nicht weiter eingegangen.

Buchungskreis voreinstellen

Für das SAP Fiori Launchpad können Sie Organisationseinheiten als Vorschlagswerte in Ihren Benutzereinstellungen hinterlegen. Das wäre z. B. für den Buchungskreis von Vorteil, den Sie am häufigsten für Ihre Erfassungen verwenden.

Im Bereich **Steuer**, der in Abbildung 8.12 zu sehen ist, wird aus dem Customizing des eingegebenen Steuerkennzeichens der Steuerbetrag automatisch errechnet. Generell können hier die Vorsteuerbeträge je Steuerkennzeichen (bei mehreren Rechnungspositionen mit unterschiedlichen Steuerkennzeichen) ausgewiesen werden.

Sie können hier überprüfen, ob die automatisch ermittelten Beträge mit den Beträgen auf dem Papierbeleg übereinstimmen. Abweichungen vom Papierbeleg sind nach den Regeln der ordnungsgemäßen Buchführung nicht zulässig. Wenn es sich lediglich um Cent-Beträge handelt, entstehen diese aus den unterschiedlichen Rechenmethoden im SAP-System und in dem System, in dem der Lieferant seine Rechnung erstellt hat. Die automatisch errechneten Beträge können überschrieben werden. Je nach Einstellungen im Steuerkennzeichen werden Abweichungen von der automatischen Berechnung vom System akzeptiert. Bei größeren Abweichungen sollte jedoch die ausgewiesene Mehrwertsteuer mit dem Lieferanten abgestimmt werden. Gegebenenfalls sollte dieser seine Rechnung korrigieren.

Als Steuermeldedatum wird regelmäßig das Buchungsdatum vorgeschlagen. Dieses sollte auch nicht geändert werden.

In Abschnitt 8.2.7, »Steuern«, gehen wir noch intensiver auf dieses Thema ein.

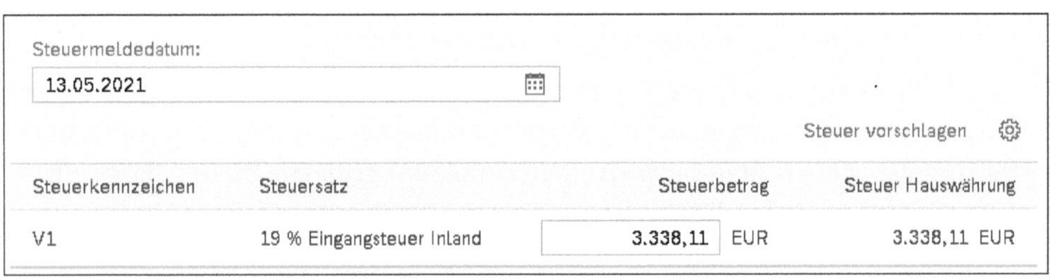

Abbildung 8.12 Einstellungen zur Steuer

Wir möchten im weiteren Fortgang auf den Bereich **Zahlung** eingehen, der Ihnen in Abbildung 8.13 gezeigt wird.

Abbildung 8.13 Einstellungen zur Zahlung: Zahlungsbedingung, Basisdatum und Fälligkeitsdatum

Im Feld **Zahlungsbedingungen** ❶ können Sie die Zahlungsbedingung aus dem Lieferantenstammsatz sehen oder diese durch eine rechnungsspezifische Zahlungsbedingung überschreiben. Die Aussteuerung der Zahlungsbedingung sehen Sie in den Zeilen unterhalb dieses Feldes. In Abbildung 8.13 sehen Sie, dass die vordefinierte Zahlungsbedingung 0002 für diese Rechnung hinterlegt wurde. Die Zuordnung der Zahlungsfristen von 14 und 30 Tagen sowie der Prozentsatz werden dabei nicht manuell eingegeben, sondern aus der Zahlungsbedingung nach dem Betätigen der [↵]-Taste abgeleitet. Zahlungsbedingungen werden fest im Customizing vordefiniert. Sie können bei der Rechnungserfassung mit der SAP-Fiori-App **Lieferantenrechnung anlegen** nicht manuell eingegeben werden. Weitere Informationen zu Zahlungsbedingungen erhalten Sie in Abschnitt 8.4.3, »Skonto«, in diesem Kapitel.

Im Feld **Zahlungsfr.basis** ❷ wird je nach Customizing-Einstellung ein Vorschlagsdatum vorgegeben. Das Vorschlagsdatum kann aus dem Belegdatum, dem Buchungsdatum oder dem Erfassungsdatum generiert werden. Im Beispiel ist es das Belegdatum (hier **Rechnungsdatum**) aus dem Einstiegsbild (siehe Abbildung 8.8). Das Feld ist eingabebereit und kann von Ihnen geändert werden.

Das Feld **Nettofälligkeit** ❸ ist hingegen ausgegraut; dessen Inhalt wird aus dem Basisdatum und der Zahlungsbedingung automatisch ermittelt.

Das Feld **ZW** ❹ ermöglicht die Hinterlegung eines besonderen Zahlweges für eine Rechnung. Zahlwege werden im Customizing vordefiniert. Sie werden im Zahllauf benötigt, um die fälligen Zahlungen zu einem Zahllauf zu selektieren und dabei ein geeignetes Datenformat für die Übermittlung der Zahlungsdaten an Ihre Bank zu übermitteln. Wenn Sie Ihrem Lieferanten eine Einzugsermächtigung erteilt haben, kann das Feld **ZW** leer bleiben. Sie können aber auch einen Zahlweg für Einzugsermächtigungen definieren und diesen in die Rechnungen eintragen. Dann können Sie in den Auswertungen zu den Einzelposten deutlich sehen, mit welchen Lastschrifteinzügen Sie rechnen können.

Zahlwege können bereits im Lieferantenstammsatz fest hinterlegt werden; sie werden dann bei der Rechnungserfassung aus dem Stammsatz übernommen. Die Zahlwege können im Einzelfall überschrieben werden, wenn ein anderer Weg der Zahlung gewünscht wird. Der in der Rechnung eingetragene Zahlweg gilt nur für die betreffende Rechnung; der Lieferantenstammsatz bleibt dabei unberührt.

Bei der Rechnungserfassung kann eine **Zahlsperre** ❺ gesetzt werden. Hierauf wird in Abschnitt 8.5, »Sperren und Freigaben«, weiter eingegangen. Eine gesetzte Zahlsperre führt im Zahllauf dazu, dass der entsprechende Beleg nicht für eine Auszahlung vorgesehen wird.

Das Feld **Rechnungsbezug** ❻ wird in den Rechnungen nicht gefüllt. Es dient z. B. bei der Gutschriftsabwicklung dazu, den Bezug zum ursprünglichen Rechnungsbeleg abzubilden.

Skonto

Das Feld **Skonto** wird im Beleg erst ausgefüllt, wenn im Zahlungsvorgang tatsächlich Skonto gezogen wurde; es kann aber auch für die direkte Betragseingabe genutzt werden, wenn die Skonto-Bedingung einen festen Betrag anstelle eines Prozentsatzes vorsieht.

Unsere Eingangsrechnung zur Bestellung aus Abbildung 8.7 ist nun vollständig erfasst. Um vor der Verbuchung noch auf eventuelle Fehler hingewiesen zu werden bzw. das Buchungsergebnis vorab überprüfen zu können, haben Sie die Möglichkeit, den Beleg zu simulieren. Hierzu nutzen Sie die Schaltfläche **Simulieren**. Das Ergebnis können Sie in Abbildung 8.14 sehen.

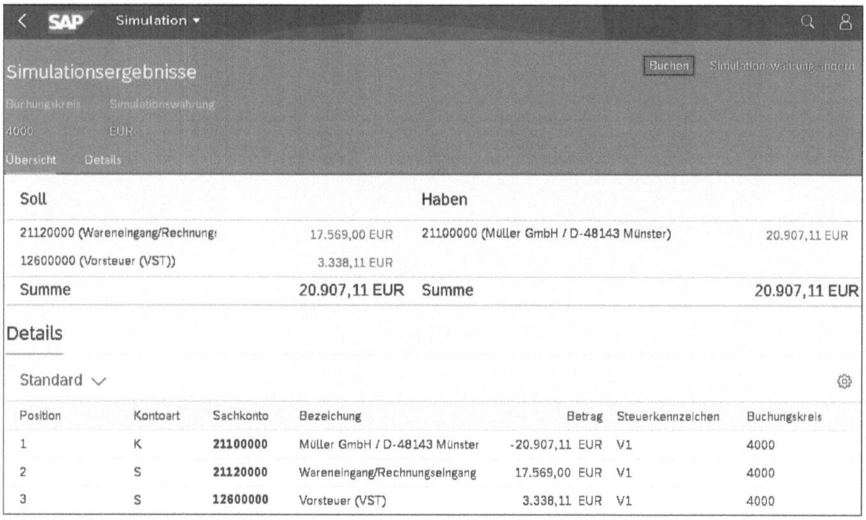

Abbildung 8.14 Eingangsrechnung 1: Simulation

Es werden drei Belegpositionen angezeigt:

1. Die Kreditorenposition in der ersten Zeile der Spalte **Betrag** weist die gesamte Verbindlichkeit gegenüber Ihrem Lieferanten in Höhe von 20.907,11 EUR aus. Der Betrag wird hier mit negativem Vorzeichen angezeigt, was bedeutet, dass der Beleg auf der Haben-Seite gebucht und auf der Soll-Seite der Bilanz ausgewiesen wird.
2. Der Nettobetrag (in der zweiten Zeile) der Rechnung wird auf das WE/RE-Verrechnungskonto gebucht. Hier ist der Bezug zur Bestellung (Einkaufsbeleg) und zum Material sichtbar. Der Betrag wird hier positiv dargestellt – die Buchung erfolgt auf der Soll-Seite und wird auf der Haben-Seite der Bilanz gezeigt.
3. Der Eingangssteuerbetrag (Vorsteuer) wird in der dritten Belegposition gebucht. Die Darstellung dieses Betrags erfolgt analog zu Position 2. Damit ergibt sich in der Summe der Saldo null für den kompletten Beleg.

Simulation

Eine Simulation von Belegen ist nicht unbedingt erforderlich. Führen Sie diese durch, wenn Sie vor dem Buchen eines Belegs das Ergebnis kontrollieren und gegebenenfalls noch eingreifen möchten. In allen anderen Fällen können Sie direkt aus SAP-Fiori-App **Lieferantenrechnung anlegen** heraus mit der entsprechenden Schaltfläche buchen.

Sind Sie mit dem Simulationsergebnis zufrieden, können Sie die Buchung über die Schaltfläche **Buchen** vornehmen. Andernfalls springen Sie zurück, nehmen die erforderlichen Änderungen vor und buchen gegebenenfalls nach der erneuten Simulation.

Sie erhalten vom SAP-System eine Rückmeldung mit der Belegnummer in der Statusleiste, wenn die Buchung erfolgreich war. Für den Beispielfall sehen Sie dies in Abbildung 8.15.

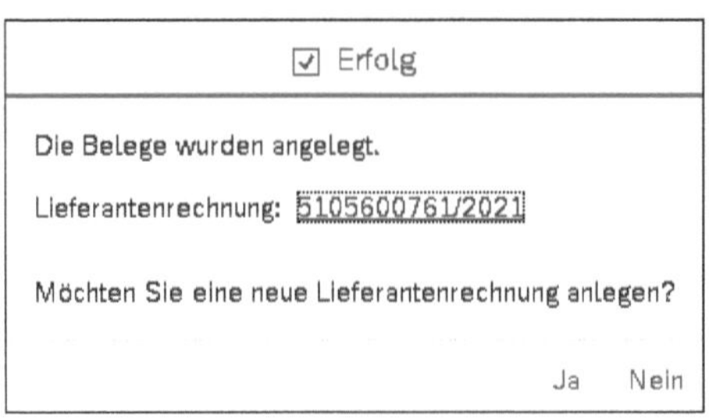

Abbildung 8.15 Eingangsrechnung 1: gebuchter Beleg

Mit **Ja** können Sie nun die nächste Lieferantenrechnung erfassen. Mit **Nein** verlassen Sie die SAP-Fiori-App **Lieferantenrechnung anlegen**.

Fallbeispiel 2: Rechnung mit Bezug auf einen Lieferplan

Lieferpläne sind Gegenstand von Abschnitt 6.4.3, »Rahmenvertrag«, und Abschnitt 6.5.3, »Rahmenverträge«. Nachfolgend möchten wir Ihnen zeigen, wie die Rechnungsstellung in Bezug auf einen Lieferplan funktioniert. Zunächst zeigen wir Ihnen den Lieferplan, der die Grundlage für unser Beispiel darstellt (siehe Abbildung 8.16).

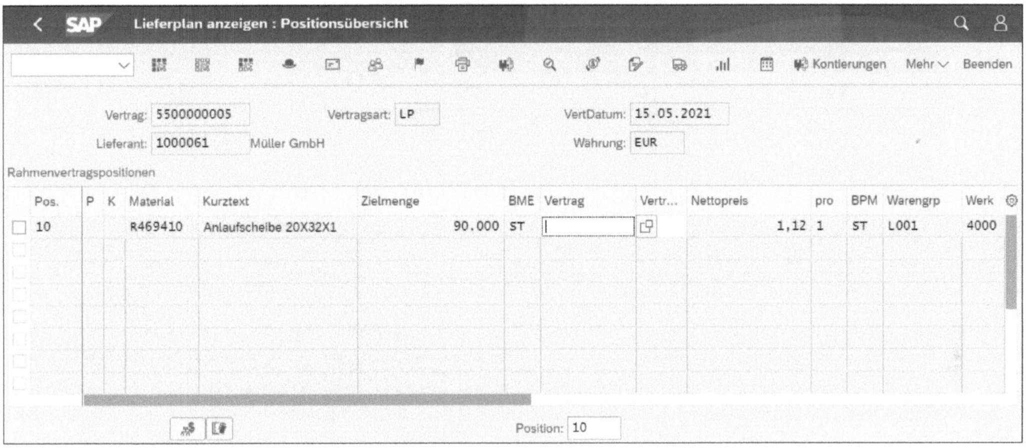

Abbildung 8.16 Eingangsrechnung 2: Lieferplan

Der Lieferplan in Abbildung 8.16 hat nur eine Bestellposition über eine Gesamtmenge von 90.000 Stück einer Anlaufscheibe mit der Materialnummer R469410. Gemäß Bestellentwicklung sind hierzu bereits 22.500 Anlaufscheiben eingegangen (siehe Abbildung 8.17). Zu diesem Wareneingang erhalten Sie nun die Rechnung.

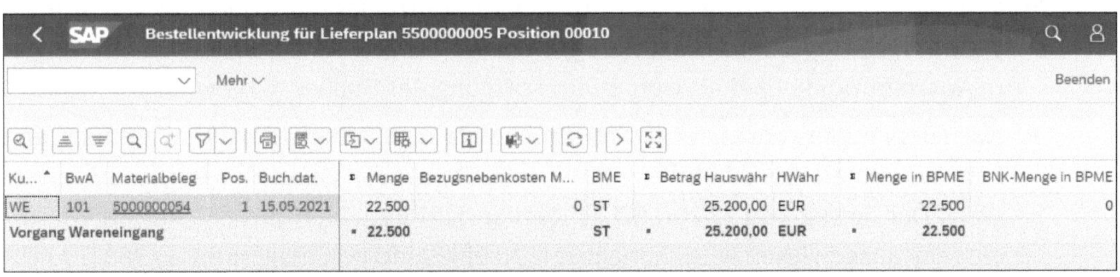

Abbildung 8.17 Wareneingang zum Lieferplan

Im Grunde genommen können Sie die Erfassung einer Rechnung auf einen Lieferplan genauso angehen, wie es im Fallbeispiel 1: Rechnung mit Bezug auf eine Bestellung), gezeigt wurde. In Abbildung 8.18 wurde deshalb der gesamte Erfassungsprozess in einem Bild zusammengefasst.

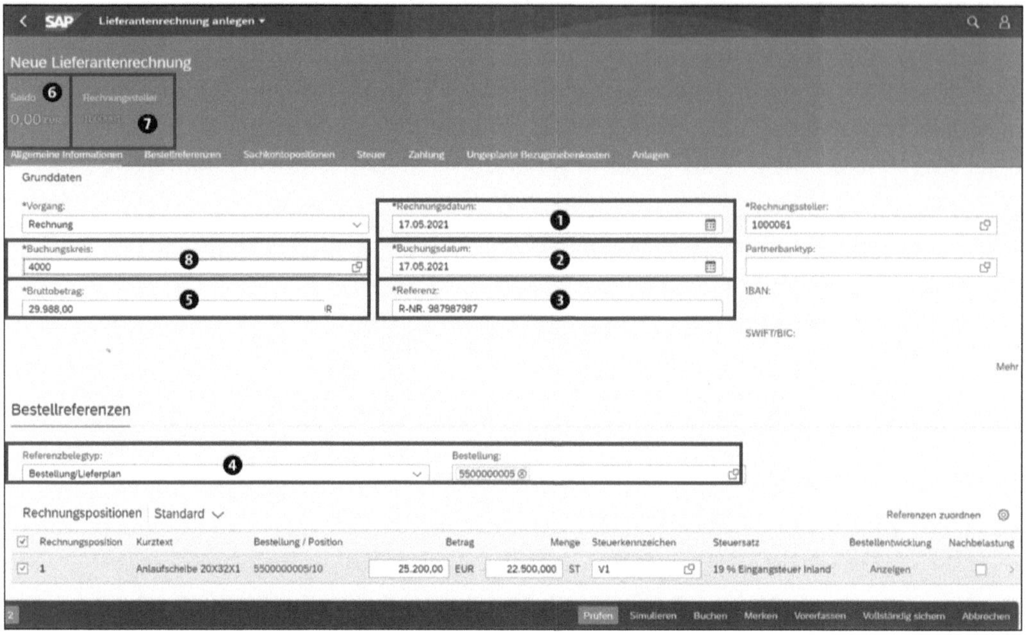

Abbildung 8.18 Eingangsrechnung 2, Bestellbezug: Lieferplan

So nehmen Sie die Erfassung vor:

- Eingabe im Feld **Rechnungsdatum** ❶ im Belegkopf.
- Eingabe im Feld **Buchungsdatum** (Datum des Wareneingangs) ❷ im Belegkopf.
- Eingabe im Feld **Referenz** (Rechnungsnummer) ❸ im Belegkopf.
- Eingabe der Lieferplannummer im Feld **Referenzbelegtyp** ❹ bei den Rechnungspositionen. Die Auswahl **Bestellung/Lieferplan** kann hier bestehen bleiben. Weitere Auswahlmöglichkeiten werden im Fortgang des Buches dargestellt.
- Nach der Eingabe der Lieferplannummer zieht das SAP-System den Wareneingang zum Lieferplan aus Abbildung 8.17 in die Belegpositionen der Rechnungserfassung. Der Betrag von 25.200,00 EUR entspricht dem Nettobetrag, der im Wareneingang ausgewiesen wird. Zunächst wird ein Saldo von insgesamt 29.988,00 EUR ausgewiesen (hier nicht gezeigt).
- Nachdem Sie den Gesamtbetrag (Feld **Bruttobetrag** ❺) aus der Rechnung eingegeben haben...
- ... ändert sich der Saldo zu 0,00 EUR ❻. Im hier beschriebenen Idealfall entspricht der Bruttorechnungsbetrag dem Nettobetrag zuzüglich einer Vorsteuer von 19 %. Die Erfassung der Beträge erfolgt jeweils ohne Vorzeichen!
- Der Lieferant 1000061 zum Lieferplan wird sowohl im Belegkopf als auch im Bereich oberhalb der Grunddaten ❼ angezeigt.

- Im Feld **Buchungskreis** ❽ wird der Buchungskreis aus dem Lieferschein abgeleitet, im Beispielfall der Buchungskreis 4000.

Der Ausweis des Saldos und des Lieferanten oberhalb der Grunddaten der neuen Lieferantenrechnung dienen der Kontrolle des Belegs während der Rechnungserfassung. Über die blau hervorgehobene Lieferantennummer kann auf Informationen zum Lieferanten aus dem SAP-Mandanten abgesprungen werden. Sie erreichen hier sowohl Auswertungen als auch Funktionen wie z. B. Ausgleichsmöglichkeiten von offenen Posten, die Verbuchung von Zahlungen und Anzahlungen usw. Die Standardmöglichkeiten an dieser Stelle können von Ihnen individuell konfiguriert werden.

Selbstverständlich wird auch bei diesem Beleg geprüft, ob die Zahlungsbedingungen stimmen, ob der richtige Zahlweg eingestellt ist, ob beim Lieferanten die passende Bankverbindung hinterlegt ist und wie es um die offenen Posten beim Lieferanten bestellt ist. Wenn alles in Ordnung ist, gegebenenfalls nach einer Simulation des Belegs, können Sie diesen nun mit der Schaltfläche **Buchen** buchen. Sie erhalten anschließend eine Meldung in der Statusleiste, wie es in Abbildung 8.19 dargestellt ist.

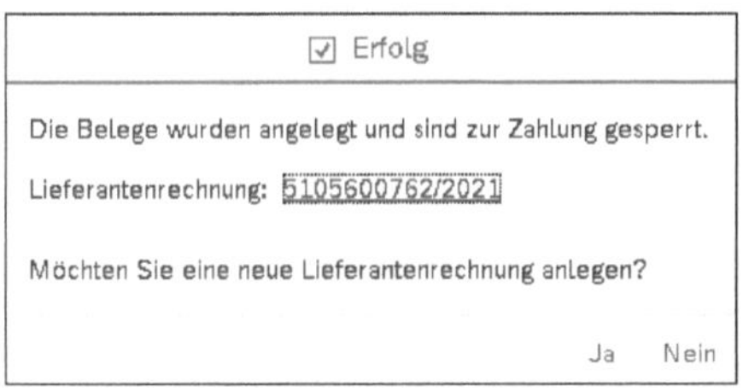

Abbildung 8.19 Eingangsrechnung 2, Bestellbezug: gebuchter Lieferplan.

Unterschiedliche Bestellbezüge – unterschiedliche Verarbeitung

Wird eine Rechnung mit Bezug auf einen Lieferplan gebucht, kann die Buchung nur erfasst werden, wenn bereits ein Wareneingang erfolgt ist. Der Bezug wird erst zum Wareneingang hergestellt.

Wird eine Rechnung mit Bezug auf eine Bestellung erfasst, ist der Wareneingang nicht unbedingt Voraussetzung. Ist in der Bestellposition der Haken zu **WE-bez. RP** nicht aktiv, können Wareneingang und Rechnung unabhängig voneinander und in beliebiger Reihenfolge erfasst werden. Die SAP-Fiori-App **Bestellungen verwalten** weist diese Information in den Positionsdetails allerdings nicht aus. Über die SAP-Fiori-App **Bestellung anzeigen** (WebGUI) lassen sich die Einstellungen analog zur SAP-GUI-Transaktion ME23N jedoch anzeigen.

Als weiteres Beispiel für die Bestellbezüge in der SAP-Fiori-App **Lieferantenrechnung anlegen** zeigen wir Ihnen nachfolgend die Erfassung einer Eingangsrechnung mit Bezug auf einen Lieferschein.

Fallbeispiel 3: Rechnung mit Bezug auf einen Lieferschein

In Abschnitt 7.1.1, »Wareneingang mit Bezug zu Referenzbelegen«, wurden Ihnen Wareneingänge mit Bezug (z. B auf einen Lieferschein) gezeigt. Auch ein Lieferschein ist ein möglicher Bezug bei der Erfassung einer Eingangsrechnung mit der SAP-Fiori-App **Lieferantenrechnung anlegen**.

Bei Bezug auf einen Lieferschein können Sie die Erfassung einer Eingangsrechnung genauso angehen wie es im Fallbeispiel 2: Rechnung mit Bezug auf einen Lieferplan) gezeigt wurde. In Abbildung 8.20 wurde deshalb wiederum der gesamte Erfassungsprozess in einem Bild zusammengefasst.

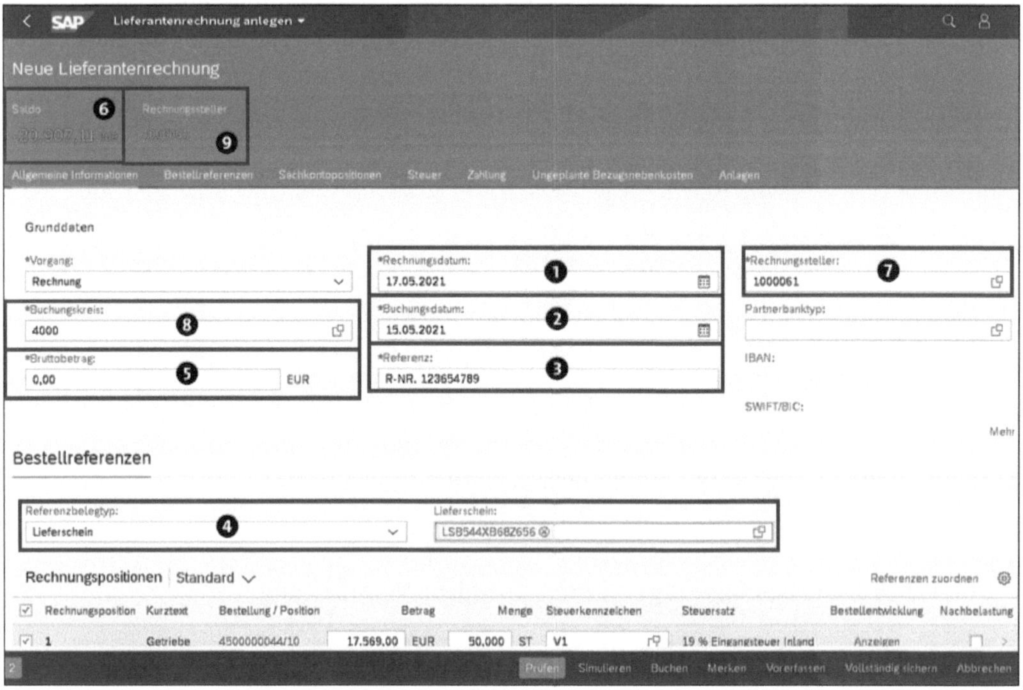

Abbildung 8.20 Eingangsrechnung 3, Bestellbezug: Lieferschein

Die Erfassung nehmen Sie am besten in der folgenden Reihenfolge vor:

- Eingabe im Feld **Rechnungsdatum** ❶ im Belegkopf.
- Eingabe im Feld **Buchungsdatum** (Datum des Wareneingangs) ❷ im Belegkopf.
- Eingabe im Feld **Referenz** (Rechnungsnummer) ❸ im Belegkopf.
- Auswahl des Bestellbezugs **Lieferschein** ❹ und Eingabe der Lieferscheinnummer auf der Registerkarte **Bestellreferenzen** bei den Belegpositionen.

- Nach der Eingabe der Lieferscheinnummer zieht das SAP-System den Wareneingang zum Lieferschein in die Belegpositionen der Rechnungserfassung. Der Betrag von 17.569,00 EUR entspricht dem im Wareneingang ausgewiesenen Nettobetrag. Zunächst wird ein **Saldo** von insgesamt 20.907,11 EUR ❻ ausgewiesen.
- Nun können Sie den Gesamtbetrag (Feld **Bruttobetrag**) ❺ aus der Rechnung übernehmen. Im Idealfall, den wir hier beschreiben, entspricht dieser dem noch offenen Saldo von **20.907,11 EUR**. Diese Erfassung erfolgt ohne Vorzeichen! Nachdem Sie Ihre Eingabe vorgenommen haben...
- ... ändert sich der **Saldo** ❻ zu 0,00 EUR. Im hier beschriebenen Idealfall entspricht der Bruttorechnungsbetrag dem Nettobetrag zuzüglich einer Vorsteuer in Höhe von 19 %. Die Erfassung der Beträge erfolgt jeweils ohne Vorzeichen!
- Der Lieferant 1000061 zum Lieferplan wird sowohl im Belegkopf (Feld **Rechnungssteller**) ❼ als auch im Bereich ❾ oberhalb der Grunddaten angezeigt.
- Im Feld **Buchungskreis** ❽ wird der Buchungskreis aus dem Lieferschein abgeleitet, im Beispielfall der Buchungskreis 4000.
- Der Ausweis des Saldos ❻ und des Lieferanten ❾ oberhalb der Grunddaten der neuen Lieferantenrechnung dienen der Kontrolle des Belegs während der Rechnungserfassung. Über die blau hervorgehobene Lieferantennummer kann auf Informationen zum Lieferanten aus dem SAP-Mandanten abgesprungen werden. Sie erreichen hier sowohl Auswertungen als auch Funktionen, wie z. B. Ausgleichsmöglichkeiten von offenen Posten, die Verbuchung von Zahlungen und Anzahlungen usw. Die Standardmöglichkeiten an dieser Stelle können von Ihnen individuell konfiguriert werden.

Auch bei diesem Beleg wird geprüft, ob die Zahlungsbedingungen stimmen, ob der richtige Zahlweg eingestellt ist, ob beim Lieferanten die passende Bankverbindung hinterlegt ist und wie es um die offenen Posten beim Lieferanten bestellt ist. Wenn alles in Ordnung ist, gegebenenfalls nach einer Simulation des Belegs, können Sie diesen nun mit der Schaltfläche **Buchen** buchen. Sie erhalten anschließend eine Meldung in der Statusleiste, wie es in Abbildung 8.21 dargestellt ist.

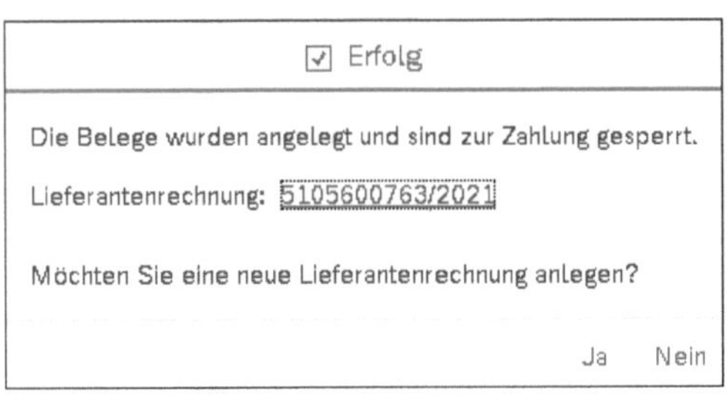

Abbildung 8.21 Eingangsrechnung 3, Bestellbezug: gebuchter Lieferschein

8.2.2 Rechnungen zu kontierten Bestellungen

In diesem Abschnitt zeigen wir Ihnen, wie die Rechnungen für kontierte Bestellpositionen erfasst werden. Dabei handelt es sich um Bestellungen, deren Bestellpositionen nicht ins Lager, sondern direkt in den Verbrauch auf ein sogenanntes Kontierungsobjekt eingehen, z. B. auf Kostenstelle, Fertigungsauftrag oder Kundenauftrag. Wie es in Abschnitt 6.7, »Kontierungstyp«, beschrieben wurde, wird die Art des Kontierungsobjekts über den Kontierungstyp der Bestellposition festgelegt. Dabei kann es eine Einfach- oder eine Mehrfachkontierung geben.

Bei der Bearbeitung von kontierten Bestellungen unterscheiden wir zwei Fälle: das Erfassen einer Rechnung für eine kontierte Bestellposition mit Material und das Erfassen einer Rechnung für eine solche kontierte Bestellposition, wenn kein Material in der Bestellposition enthalten ist.

Rechnung zu kontierter Bestellung mit Stammsatz

Die in Abbildung 8.22 gezeigte Bestellung unterscheidet sich von der bisher besprochenen Normalbestellung alleine durch den Kontierungstyp. Im Beispiel sehen Sie eine Einfachkontierung mit dem Kontierungstyp **Kostenstelle (K)**. Details zu den Kontierungstypen in Bestellungen können Sie in Abschnitt 6.7, »Kontierungstyp«, nachlesen.

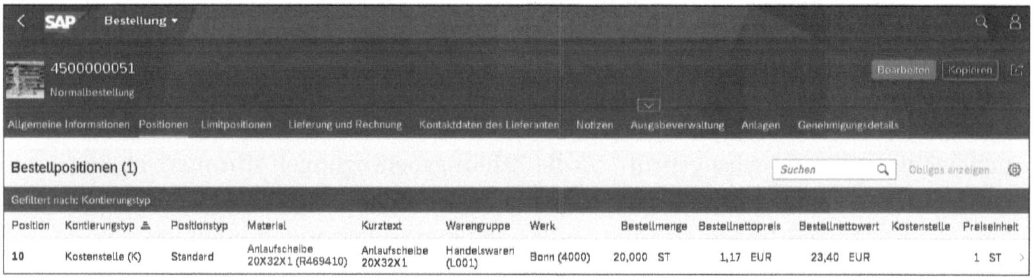

Abbildung 8.22 Kontierte Bestellung mit Material

Durch einen Einfachklick auf die Bestellposition der Bestellung aus Abbildung 8.22 gelangen Sie in die Detailsicht zur Bestellposition. In Abbildung 8.23 können Sie erkennen, dass die kontierte Kostenstelle »Eink. & Lager 1 (DE)« heißt und mit der Nummer 40001201 versehen ist.

Im Beispiel erfolgt die Rechnungsstellung vor der Verarbeitung des Wareneingangs. Nachdem die üblichen Eingaben in der SAP-Fiori-App **Lieferantenrechnung anlegen** vorgenommen worden sind, sehen Sie, dass die Mengen- und Betragsangaben nicht aus der Bestellung übernommen werden (siehe Abbildung 8.24).

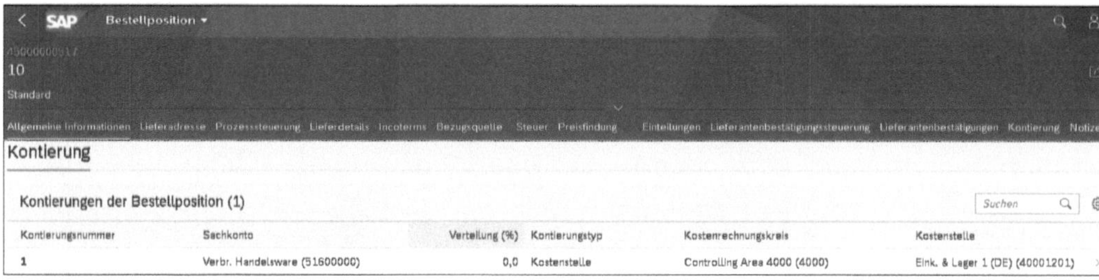

Abbildung 8.23 Bestellposition mit Kontierung Kostenstelle

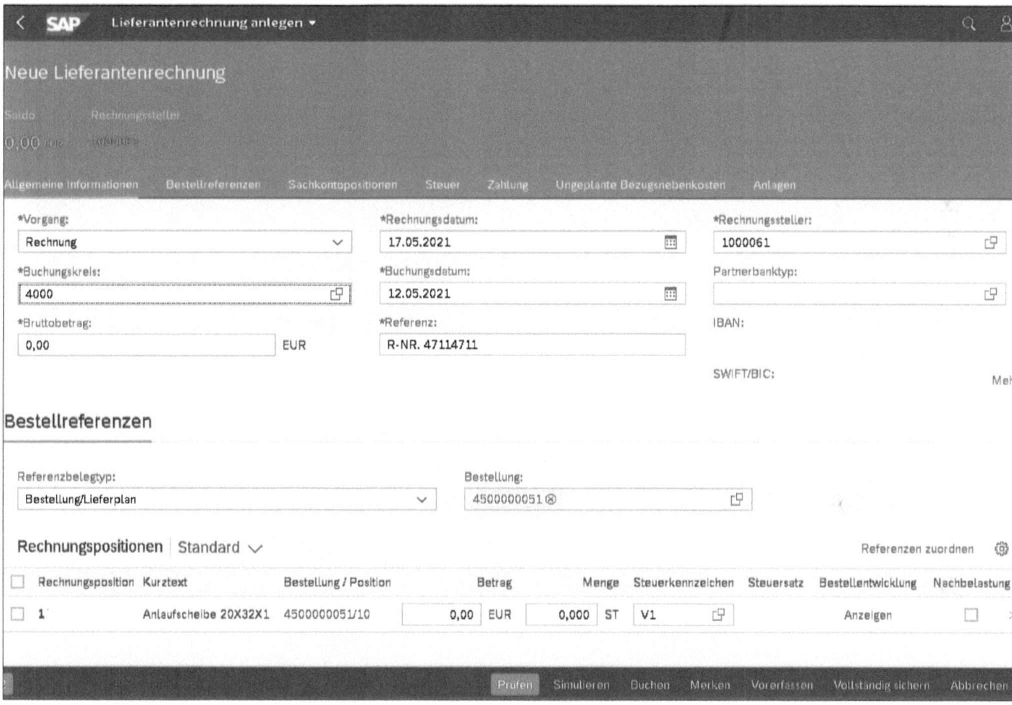

Abbildung 8.24 Eingangsrechnung 4: kontierte Bestellung

Sie müssen nun die entsprechenden Angaben aus der vorliegenden Rechnung manuell in das Erfassungsbild übernehmen, wie es in Abbildung 8.25 zu sehen ist.

Die weiteren Anpassungen können, genau wie im vorangegangenen Fallbeispiel 1: Rechnung mit Bezug auf eine Bestellung), vorgenommen werden. Am Ende wird die Rechnung gebucht und erzeugt einen Buchungsbeleg, der, ebenso wie in den vorangehenden Beispielen, eine Verbindlichkeit gegenüber dem Lieferanten gegen das WE/RE-Verrechnungskonto und die Vorsteuer bucht. Sie sehen diesen Beleg in Abbildung 8.26.

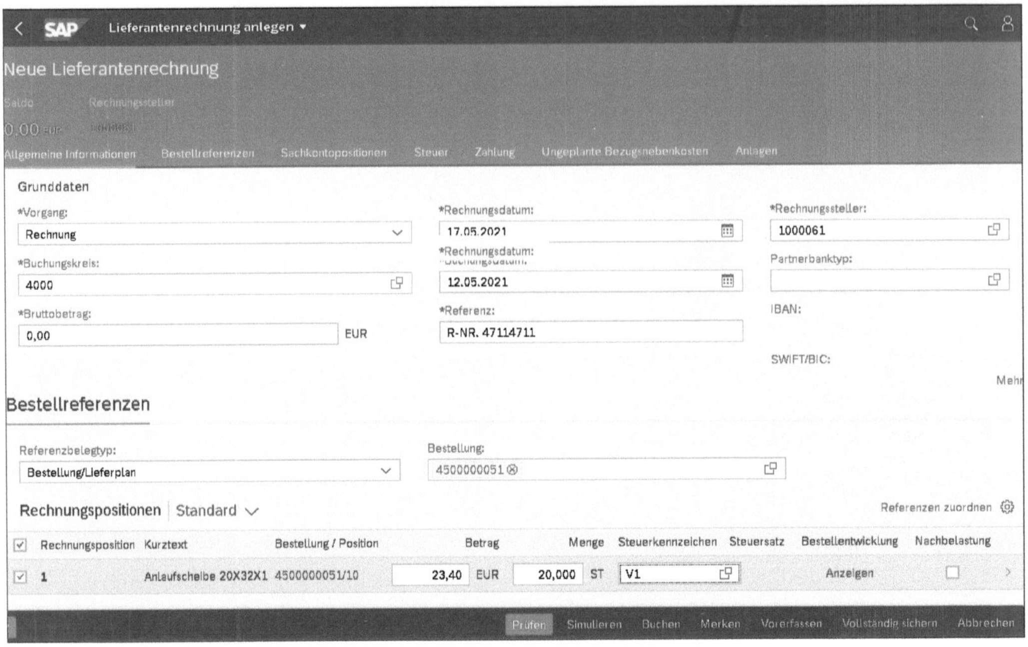

Abbildung 8.25 Eingangsrechnung 4: kontierte Bestellung mit manueller Eingabe von Menge und Betrag

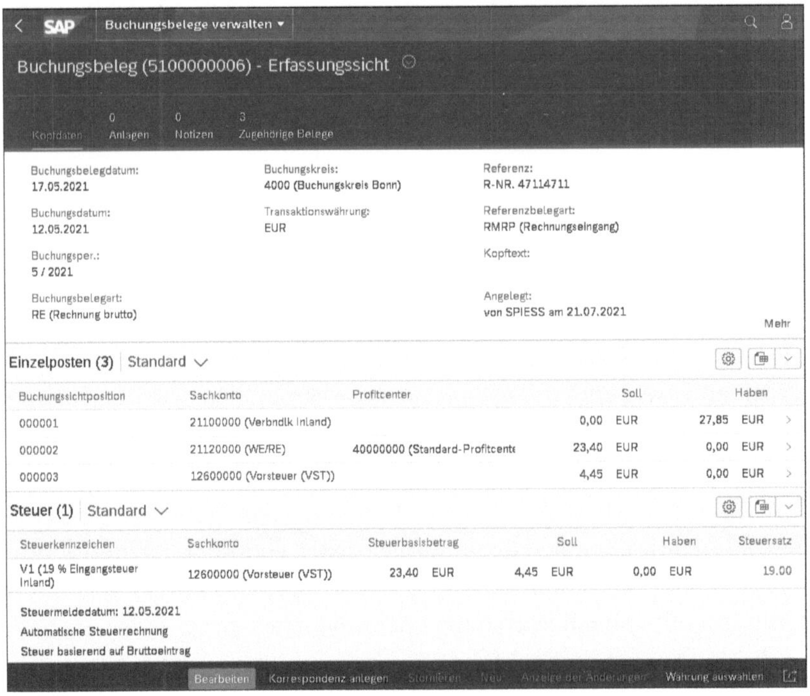

Abbildung 8.26 Eingangsrechnung 4: Buchungsbeleg

Aufgrund des fehlenden Wareneingangs ergibt sich aber doch noch eine Besonderheit: Beim Speichern des MM-Rechnungsbelegs erscheint mit der Erfolgsmeldung auch der Hinweis auf eine Zahlsperre (siehe Abbildung 8.27).

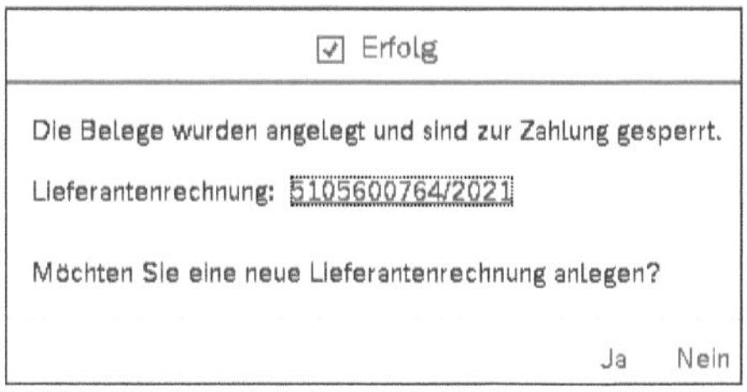

Abbildung 8.27 Eingangsrechnung 3: Erfolgsmeldung und Zahlsperre

Aus Abbildung 8.28 können Sie ersehen, dass der MM-Rechnungsbeleg den Zahlungsstatus **Zur Zahlung gesperrt** hat. Diese Zahlsperre wurde über die Customizing-Einstellungen ermittelt und sorgt dafür, dass die Rechnung nicht ohne Weiteres bezahlt wird. Mit den Rechnungssperren befassen wir uns in Abschnitt 8.5, »Sperren und Freigaben«. Hier zeigen wir Ihnen dann auch, wie gesperrte Rechnungen freigegeben werden können.

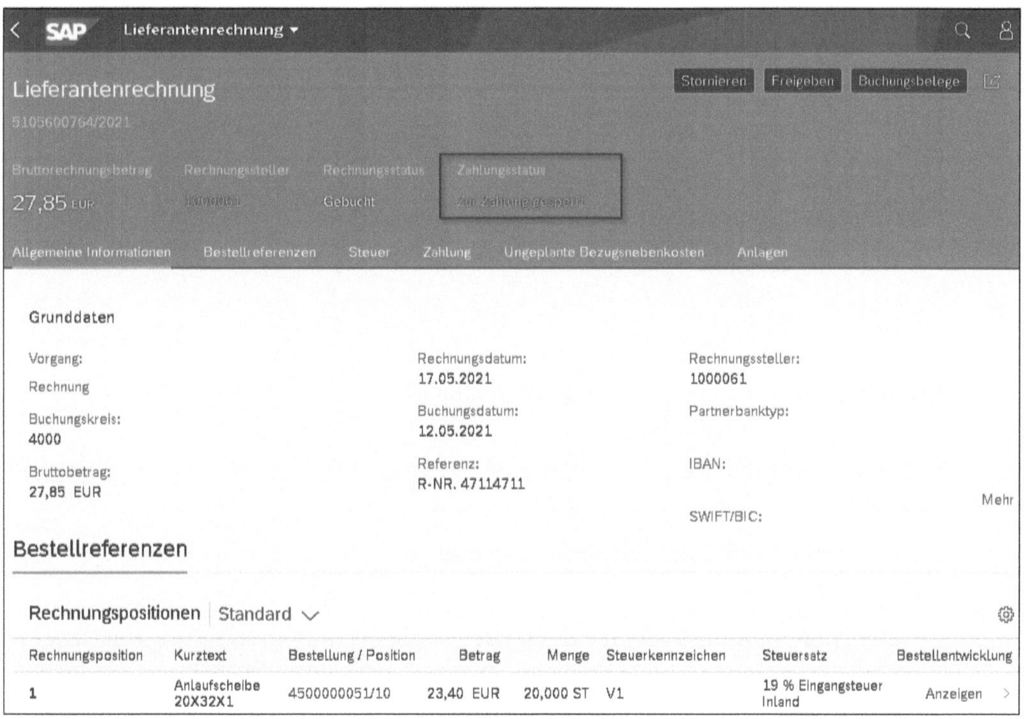

Abbildung 8.28 Eingangsrechnung 4: Zahlsperre

Ein Sonderfall der kontierten Bestellung ist es, wenn es zum bestellten Material keinen Produktstammsatz gibt. Das Material wird dabei lediglich über seinen Text beschrieben, und der Nettopreis muss neben den anderen erforderlichen Daten manuell eingegeben werden. Wir zeigen Ihnen hierzu ein Beispiel im nachfolgenden Abschnitt.

Rechnung zu kontierter Bestellung ohne Stammsatz

In Abbildung 8.29 sehen Sie die Beispielbestellung ohne Material. Der Nettopreis in der Bestellposition 10 wurde manuell eingegeben.

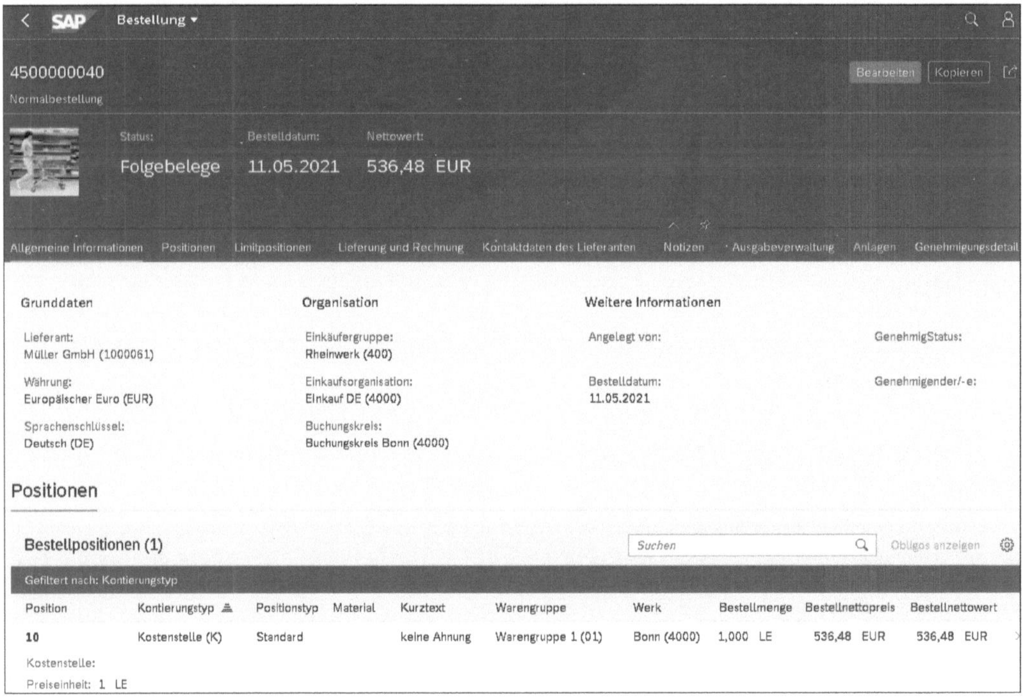

Abbildung 8.29 Kontierte Bestellung ohne Material

Im Bereich **Preisfindung** zur Position in Abbildung 8.30 sehen Sie die Umsetzung dieses Preises.

Zur kontierten Bestellung aus Abbildung 8.29 gibt es bereits einen Wareneingang in voller Höhe.

Sie sehen in Abbildung 8.31 nur den Einstieg in die Rechnungserfassung mit der SAP-Fiori-App **Lieferantenrechnung anlegen**. Durch den Bezug auf Bestellung und Bestellposition werden in der App direkt die Materialmenge und der Nettopreis in der Bestellposition vorgeschlagen. Die weiteren Anpassungen, bevor gebucht werden kann, erfolgen entsprechend, z. B. wie in Abbildung 8.18 weiter vorne.

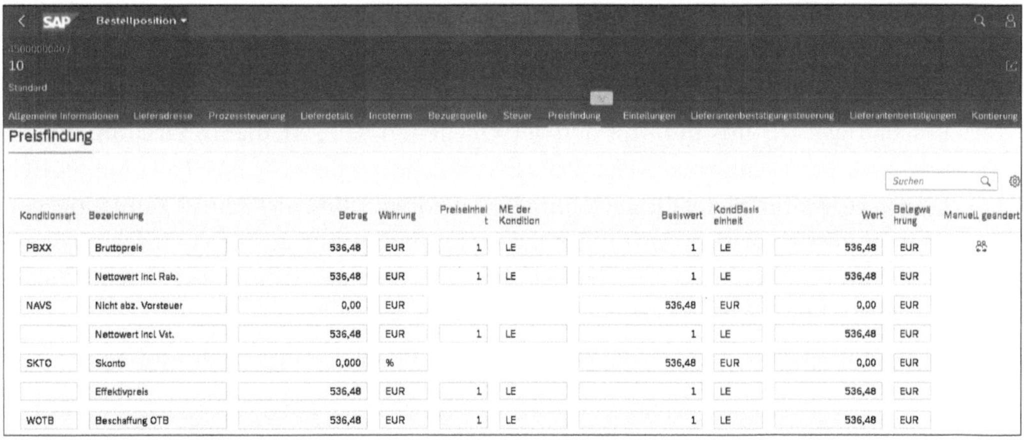

Abbildung 8.30 Bestellposition ohne Material: Preisfindung

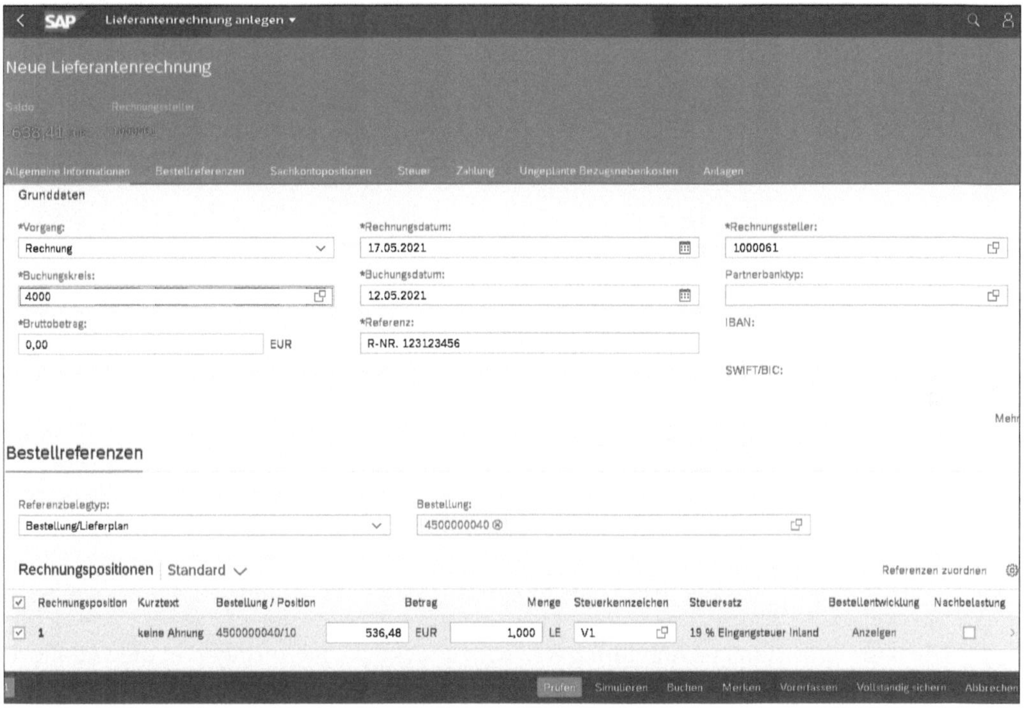

Abbildung 8.31 Eingangsrechnung 5: kontierte Bestellung ohne Stammsatz

8.2.3 Materialbeleg, Buchungsbeleg und Kostenrechnungsbeleg

Im Folgenden zeigen wir Ihnen die Belege, die beim Buchen von Wareneingängen und Rechnungseingängen entstehen. Je nach Geschäftsvorfall entstehen mindestens ein MM-Beleg und ein FI-Beleg. Werden Erfolgskonten über die Kontenfindung angesprochen (siehe Abschnitt 7.8, »Automatische Kontenfindung«), gibt es zusätzlich, je nach eingesetzten CO-Komponenten in Ihrem SAP-Mandanten, mindestens einen CO-Beleg.

Beschäftigen wir uns nun mit den verschiedenen Belegen, die im Zusammenhang mit der Verarbeitung eines Lieferscheins erzeugt wurden. Die SAP-Fiori-App **Bestellungen verwalten** bietet die gewohnte Bestellentwicklung nicht an. Es kann hingegen über die Bestellposition und die Details zur Bestellposition auf eine grafische Darstellung zum Prozessablauf navigiert werden. Von dort aus können Sie sich die Folgebelege erschließen. Diese Schritte werden Ihnen nachfolgend gezeigt.

In Abbildung 8.32 sehen Sie die Bestellposition aus Bestellung 4500000040.

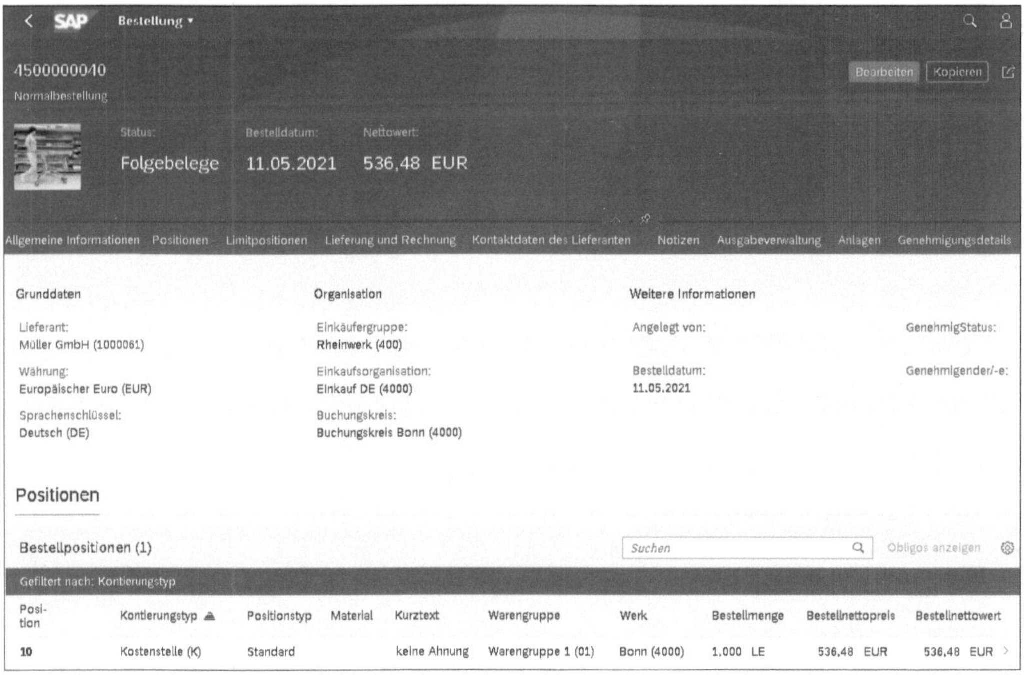

Abbildung 8.32 Prozessablauf: Einstieg über die Bestellung

Die Bestellposition aus Abbildung 8.32 wird angeklickt. Sie springen in die SAP-Fiori-App **Bestellpositionen verwalten** ab und sehen die Details zur Bestellposition. In Abbildung 8.33 wird direkt der Prozessablauf gezeigt.

Sie sehen im oberen Bereich der Darstellung der Folgeprozesse in Abbildung 8.33 den groben Ablauf des Prozesses für die Bestellposition. Zunächst wurde eine Bestellung erfasst, dann die Warenannahme gebucht und zuletzt fakturiert. Im unteren Bereich der Grafik werden die zugehörigen Belege dargestellt. Klicken Sie auf einen Beleg, werden hierzu Aktionen angeboten.

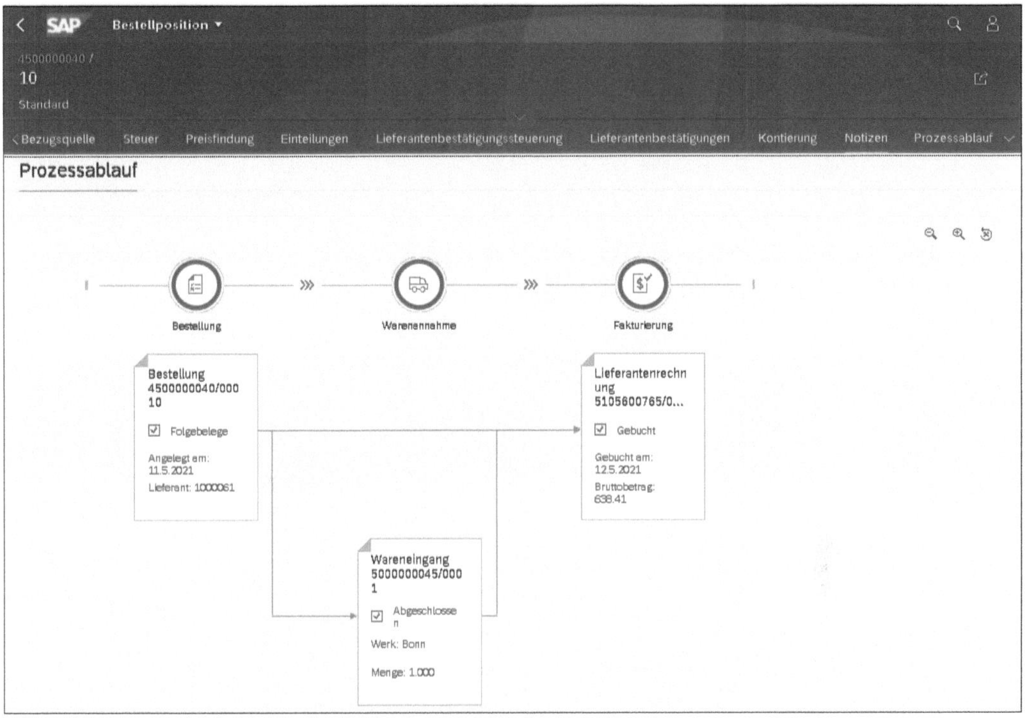

Abbildung 8.33 Prozessablauf: Bestellposition

Dies wird Ihnen nachfolgend anhand des Wareneingangsbelegs erläutert. In Abbildung 8.34 sehen Sie das Kontextmenü, das Ihnen beim Anklicken des Wareneingangsbelegs angeboten wird. Hier wählen Sie die **Materialbelegübersicht**.

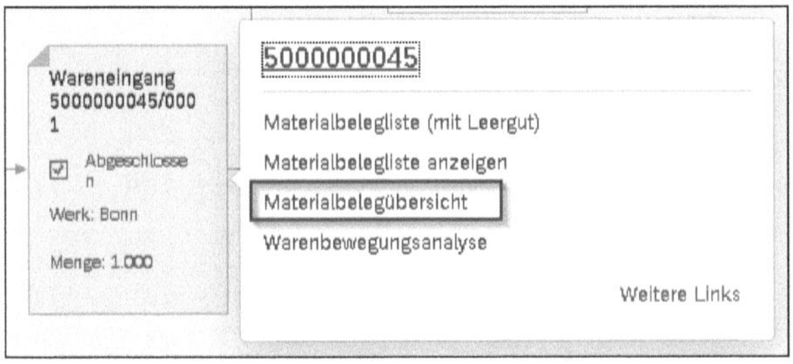

Abbildung 8.34 Belegfluss der Folgeprozesse (Bestellposition – Wareneingangsbeleg)

Der Beleg wird nun in der SAP-Fiori-App **Übersicht Materialbelege** gezeigt (siehe Abbildung 8.35).

Per einfachem Klick auf die Zeile des Materialbelegs gelangen Sie in die Detailsicht, wie es in Abbildung 8.36 gezeigt wird. Der Prozessablauf wird hier rein aus der Sicht des Materialbelegs dargestellt und mit **OK** bewertet.

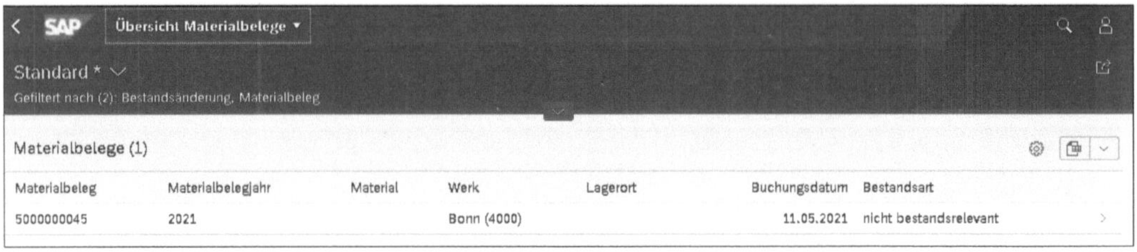

Abbildung 8.35 Belegfluss der Folgeprozesse (Bestellposition – Wareneingangsbeleg) in der SAP-Fiori-App »Übersicht Materialbelege«

Abbildung 8.36 Belegfluss der Folgeprozesse (Bestellposition – Materialbeleg) mit Prozessablauf

Per Klick auf den Materialbeleg aus Abbildung 8.36 kann aus dem Kontextmenü, ebenso wie in Abbildung 8.34, weiterverzweigt werden. Über den Zwischenschritt über die Materialbelegliste (Selektion über die Materialnummer und das Werk) können Sie sich den Materialbeleg zum Wareneingang anschauen (siehe Abbildung 8.37).

Ein Klick auf den Buchungsbeleg in Abbildung 8.36 führt direkt zu Selbigem. Für den Wareneingangsbeleg wird hier zunächst ein anderer Weg zum Buchungsbeleg gezeigt. Es kann hier aber auch analog zur Lieferantenrechnung direkt in den FI-Beleg im Buchungsbeleg oder in die T-Konten-Sicht verzweigt werden.

Abbildung 8.37 Materialbeleg zum Wareneingang zur Bestellung 4500000040: Registerkarte »Menge«

Sie können aus Abbildung 8.37 ersehen, dass die Informationen zum Materialbeleg hier in vier verschiedene Bereiche eingeteilt sind:

- Der Bereich mit der Ziffer ❶ zeigt Ihnen, ob Sie im Anzeige- oder Änderungsmodus auf den Beleg zugreifen, und dass es sich um einen Materialbeleg mit einer bestimmten eindeutigen Nummer aus einem bestimmten Geschäftsjahr handelt.
- Der Bereich mit der Ziffer ❷ zeigt Ihnen auf der Registerkarte **Allgemein** die Datumsangaben (Beleg- und Buchungsdatum, siehe Tabelle 8.1) sowie Informationen zu Lieferschein und Lieferant. Details zum Lieferanten gibt es auf der eigenen Registerkarte **Lieferant**. Weitere Infos zum Beleg erhalten Sie über die Schaltfläche Registerkarten (**Mitarbeiter**) sowie über die Registerkarte **Beleginfo**. Über die Registerkarte **Beleginfo** können Sie dann auch auf die Folgebelege im Rechnungswesen verzweigen.
- Der Bereich mit der Ziffer ❸ ist die Positionsübersicht des Materialbelegs. Im Beispiel ist hier nur eine Position erfasst.
- Im Bereich mit der Ziffer ❹ sind die im Bereich mit der Ziffer ❸ erfassten Positionsdaten im Detail auf verschiedene Registerkarten aufgeteilt. Die Registerkarten entstehen dabei interaktiv – sind also für eine Registerkarte noch keine Daten vorhanden, erscheint diese auch nicht. In Abbildung 8.38 zeigen wir Ihnen die Registerkarte **Wo.** Im Beispiel ist zu sehen, dass das Material im Lager 400A (Bonn 1) im Werk 4000 (Bonn) zugegangen ist.

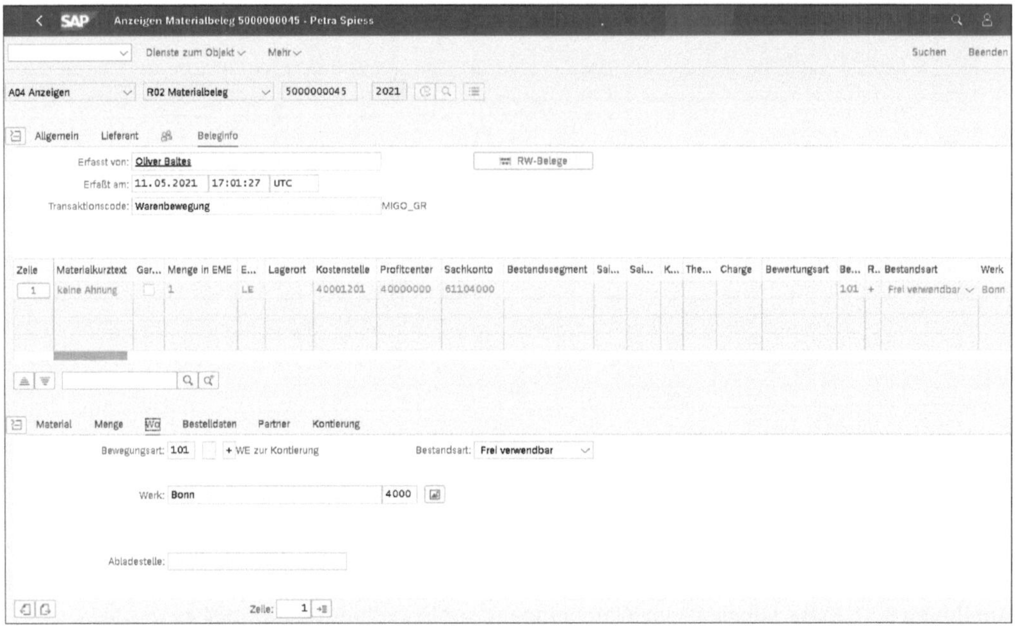

Abbildung 8.38 Materialbeleg »Wareneingang« zur Bestellung 4500000040: Registerkarte »Wo«

Wir zeigen Ihnen nun die zum Materialbeleg gehörigen Rechnungswesenbelege. In Abbildung 8.39 sehen Sie aus dem Belegkopf die Registerkarte **Beleginfo**.

Abbildung 8.39 Materialbeleg zur Bestellung 4500000040: Absprung in das Rechnungswesen

Aus der Beleginfo können Sie mithilfe der Schaltfläche [RW-Belege] ins Rechnungswesen abspringen. Immer dann, wenn es mehr als einen zugehörigen Beleg im Rechnungswesen gibt, erhalten Sie zunächst eine Belegliste, wie es in Abbildung 8.40 zu sehen ist.

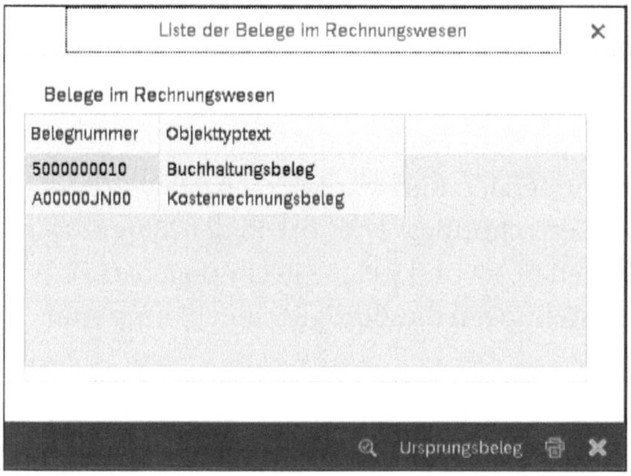

Abbildung 8.40 Materialbeleg »Wareneingang« zur Bestellung 4500000040: Übersicht der Rechnungswesenbelege

Im Beispiel werden Ihnen hier zwei Rechnungswesenbelege angeboten:

- Buchungsbeleg
- Kostenrechnungsbeleg

Der Buchungsbeleg wird auch als FI-Beleg bezeichnet. Er repräsentiert die korrekte Darstellung des Wareneingangs in der Buchhaltung. In Abbildung 8.41 sehen Sie den FI-Beleg zu unserem Beispiel. Auch dieser Beleg besteht aus Belegkopf und Belegpositionen. Dabei enthält der Belegkopf die übergreifenden Informationen, wie z. B. Datumsangaben, Belegnummer oder übergreifenden Text. Im Belegkopf steht außerdem, wann und von wem der betreffende Beleg gebucht wurde. Aus der Anwendungsfunktionsleiste können Sie über die Schaltfläche [icon] (**Belegkopf anzeigen**) weitere Details erfahren, die zu den Kopfdaten gehören.

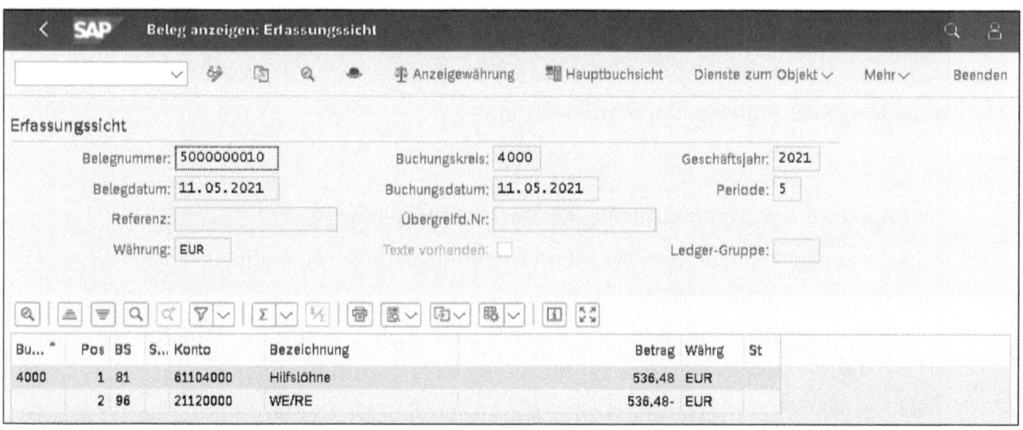

Abbildung 8.41 Materialbeleg zur Bestellung 4500000040: FI-Beleg

Die Positionsdaten des FI-Belegs in Abbildung 8.41 enthalten den Buchungssatz, der aus Buchhaltungssicht den Geschäftsvorfall des Wareneingangs beschreibt. Um es einmal für Nicht-Buchhalter verständlich zu formulieren, könnten Sie den Buchungssatz von oben nach unten wie folgt lesen: »Aufwand für Hilfslöhne im Wert von 536,48 EUR ist dem Unternehmen entstanden und wurde gegen das WE/RE-Verrechnungskonto gebucht.« Das WE/RE-Verrechnungskonto hat in der Materialwirtschaft die Aufgabe, übersichtlich darzustellen, ob und welche Rechnungen es zu Wareneingängen schon gibt und welche Bestellungen diesbezüglich noch offen sind.

Wie Sie es Abbildung 8.42 entnehmen können, enthalten die Kopfdaten zusätzliche Informationen über die verwendete Belegart, die Belegwährung, den Erfasser, das Erfassungsdatum sowie die Transaktion, mit der die Erfassung vorgenommen wurde. Je nach Beleg werden gegebenenfalls weitere Felder in den Kopfdaten angezeigt.

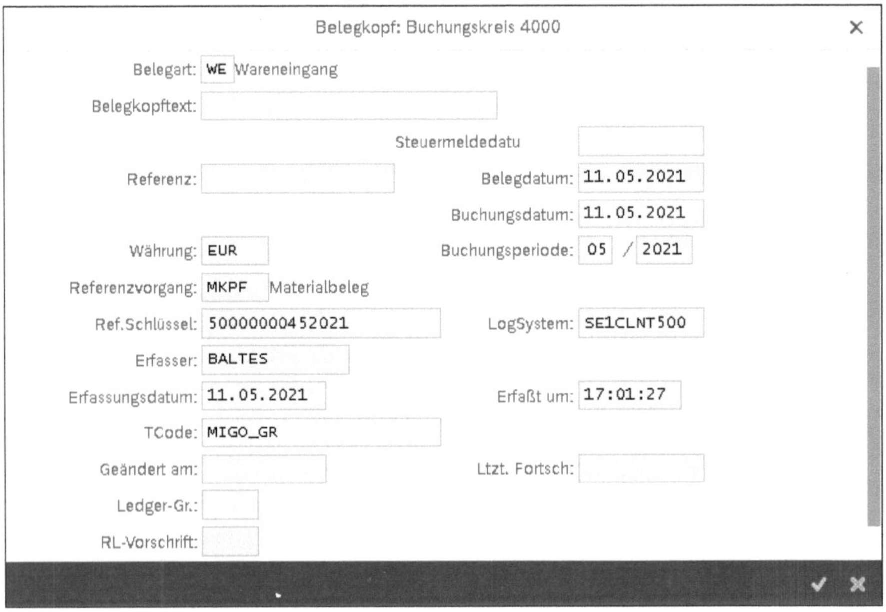

Abbildung 8.42 FI-Beleg: Kopfdaten im Detail

[»]

Einige Bemerkungen zum WE/RE-Verrechnungskonto

Beachten Sie in Bezug zum WE/RE-Verrechnungskonto Folgendes:

- Sie können alle Waren- und Rechnungseingänge über ein einziges WE/RE-Verrechnungskonto abbilden. Sie können aber auch, z. B. für unterschiedliche Materialarten, jeweils separate WE/RE-Verrechnungskonten anlegen.
- Das WE/RE-Verrechnungskonto wird über die MM-Kontenfindung automatisch gefunden (siehe Abschnitt 7.8, »Automatische Kontenfindung«).

- WE/RE-Verrechnungskonten gehören zu den Konten der Materialwirtschaft. Dies bedeutet, dass ein solches Konto so lange nicht gelöscht werden kann, wie es in der Kontenfindung an irgendeiner Stelle hinterlegt ist. Dies gilt auch, wenn das Konto noch nie genutzt wurde!
- WE/RE-Verrechnungskonten sind normalerweise OP-geführt (OP steht hier für offene Posten), d. h., dass sie erwarten, dass Rechnungen und Wareneingänge, die zu einer Bestellung gehören, entweder manuell oder maschinell untereinander ausgeglichen werden. Diese Aufgabe wird üblicherweise in der Buchhaltung erledigt. Es gilt, diese Pflege zeitnah vorzunehmen, damit die OP-Führung am Ende zu einer größtmöglichen Übersichtlichkeit auf dem Verrechnungskonto führt.
- Wird die OP-Führung lange vernachlässigt, müssen die verspäteten Ausgleiche mit großer Sorgfalt durchgeführt werden. Offene Posten sollten möglichst mit Ausgleichsdatum in demselben Jahr wie die gebuchten Waren- und Rechnungseingänge gebucht werden.

In unserem Beispiel gibt es als nächsten relevanten Beleg einen Kostenrechnungsbeleg, wie er in Abbildung 8.43 gezeigt wird.

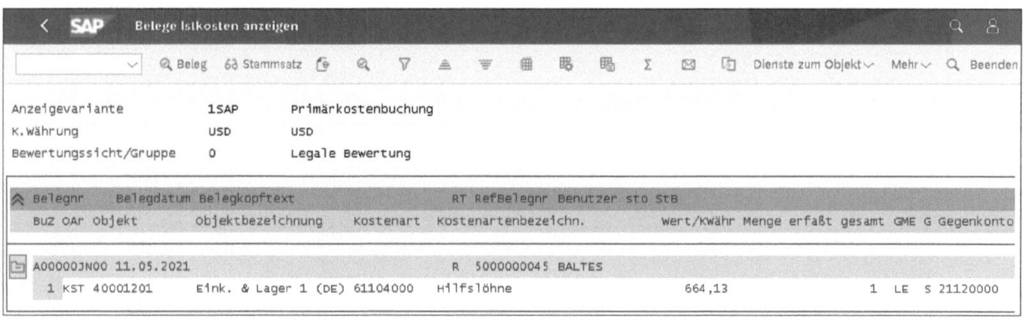

Abbildung 8.43 Kostenrechnungsbeleg zum Materialbeleg der Bestellung 4500000040

Der Kostenrechnungsbeleg beinhaltet nur eine Buchungszeile. In unserem Beispiel wird der Aufwand für Hilfslöhne der Kostenstelle 40001201 zugeordnet. Der Betrag in Höhe von 664,13 USD entspricht dem erfassten Bestellbetrag von 538,48 EUR. Dies hilft in der Kostenrechnung auszuwerten, wo welche Kosten innerhalb eines bestimmten Zeitraumes entstanden sind.

Warum wird der Kostenrechnungsbeleg in USD dargestellt?

Der Kostenrechnungskreis 4000 im Demo-System wird in der Währung USD (US Dollar) geführt. Die Umrechnung erfolgt auf Basis der im Demo-System hinterlegten Tageskurse.

Aus dem weiter vorne gezeigten Prozessablauf zu unserem Beispiel (siehe Abbildung 8.33) können wir auch auf den Rechnungseingangsbeleg abspringen. Über das Kontextmenü zur Lieferantenrechnung springen wir mithilfe der Aktivität **Lieferantenrechnung anzeigen** (siehe Abbildung 8.44).

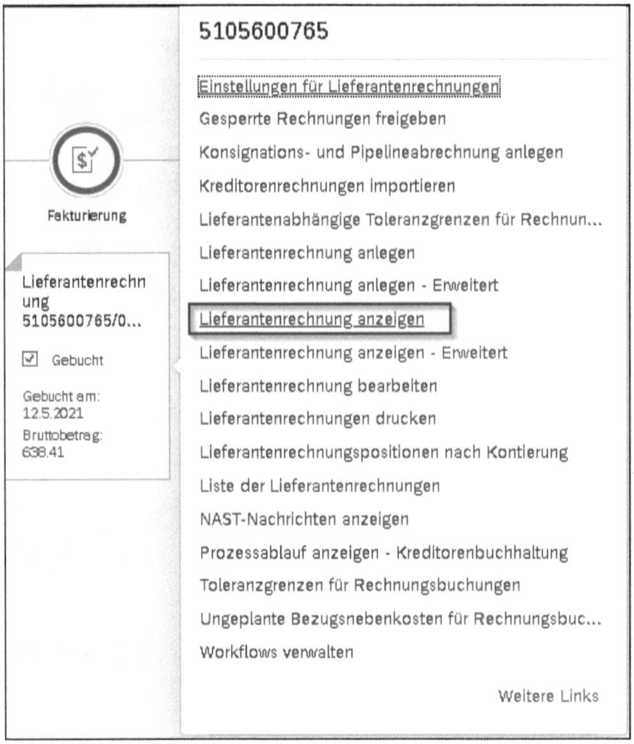

Abbildung 8.44 Prozessablauf Kontextmenü: Absprung zur Lieferantenrechnung

Sie sehen den Rechnungseingangsbeleg zur Rechnung aus Sicht der Materialwirtschaft in Abbildung 8.45.

Auf die Details zur Lieferantenrechnung gehen wir an dieser Stelle nicht weiter ein, da diese ab Abschnitt 8.2, »Rechnungserfassung«, ausführlich beschrieben wurden.

Aus dem rechten Kopfbereich der Lieferantenrechnung können Sie über die Schaltfläche **Buchungsbelege** auf die Rechnungswesenbelege abspringen (siehe Abbildung 8.45). In unserem Beispiel erscheint nun der Prozessablauf zur Kreditorenbuchhaltung, den Sie in Abbildung 8.46 sehen können.

Über den Prozessschritt **Fakturierung** können Sie erneut zur Lieferantenrechnung navigieren, und der Prozessschritt **Buchhaltung** leitet uns zum FI-Beleg.

Abbildung 8.45 Lieferantenrechnung: Absprung zu den Buchungsbelegen

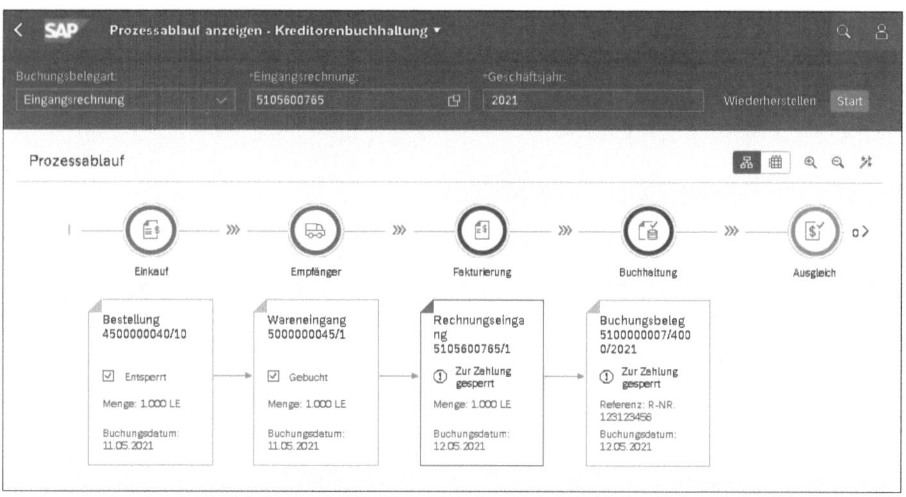

Abbildung 8.46 Prozessablauf zur Lieferantenrechnung

Wie Sie in Abbildung 8.47 sehen können, bietet die SAP-Fiori-App **Prozessablauf anzeigen – Kreditorenbuchhaltung** eine Vielzahl von möglichen Aktivitäten zum Buchungsbeleg an. Wir wollen uns nachfolgend mit den mit ❶ und ❷ markierten Aktivitäten beschäftigen.

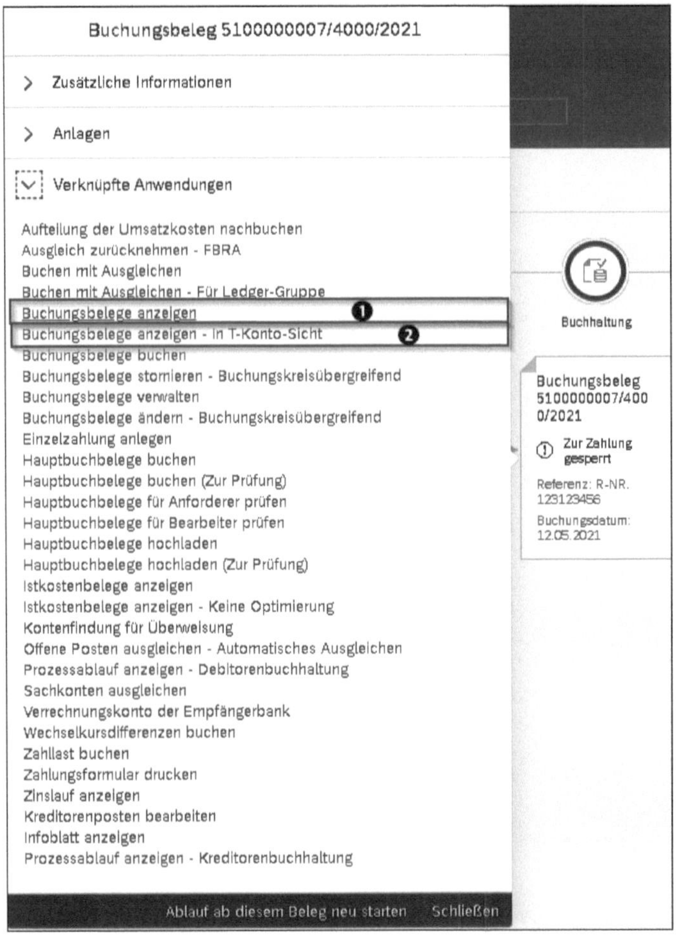

Abbildung 8.47 Prozessablauf im Kontextmenü: Absprungmöglichkeiten zum Buchungsbeleg

In Abbildung 8.48 sehen Sie den FI-Beleg zur Lieferantenrechnung in unserer Beispielbestellung. Der Belegkopf enthält die generellen Informationen zum gesamten Beleg.

Dieser Beleg hat insgesamt drei Belegpositionen, die Sie, frei interpretiert, wie folgt lesen können: »Sie haben bei dem Unternehmen Müller GmbH eine Verbindlichkeit von insgesamt 638,41 EUR, die sich in einen Wareneingang (hier repräsentiert durch das WE/RE-Verrechnungskonto, siehe hierzu nochmals den vorangehenden Hinweiskasten »Einige Bemerkungen zum WE/RE-Verrechnungskonto«) und eine Eingangssteuer unterteilt (siehe Abschnitt 8.2.7, »Steuern«). Die Anzeigefunktion für Buchungsbelege erfolgt noch im WebGUI.

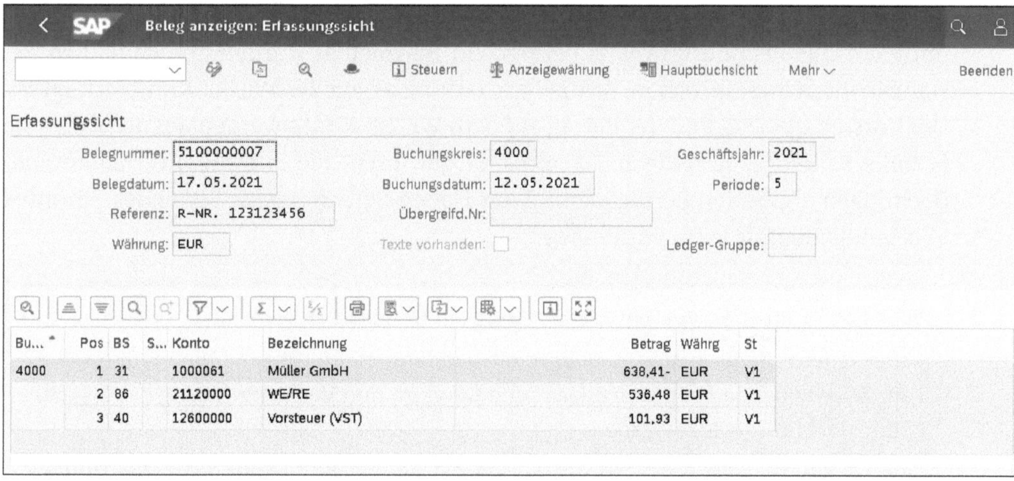

Abbildung 8.48 Lieferantenrechnung: FI-Beleg in der Erfassungssicht

Abbildung 8.49 zeigt Ihnen nun eine der Neuerungen, die das SAP-S/4HANA-System über SAP-Fiori-Apps anzubieten hat: Die sogenannte *T-Konto-Sicht*. Der Übersichtlichkeit halber haben wir auf der linken Seite nur das Ledger 0L aktiviert. Damit wird die Buchung in der T-Konto-Sicht nur für dieses Ledger gezeigt.

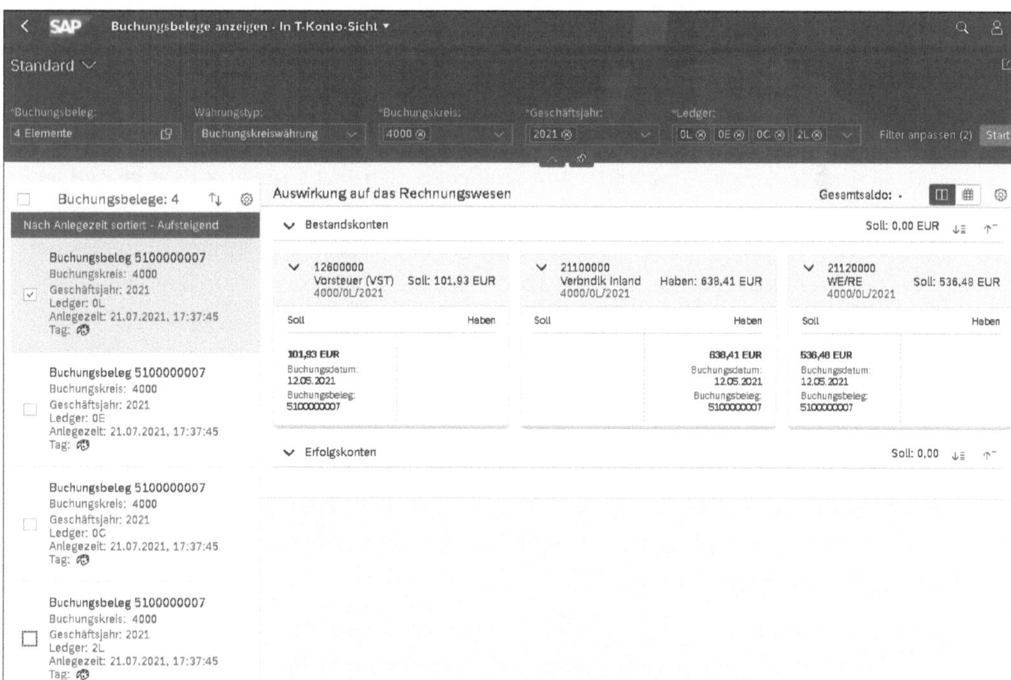

Abbildung 8.49 Lieferantenrechnung: FI-Beleg in den T-Konten

Über die T-Konten werden die Auswirkungen der Verbuchung der Lieferantenrechnung auf das Rechnungswesen gezeigt. Im Beispielfall wurden ausschließlich Bestandskonten angesprochen, da die Beschaffung gegen das WE/RE-Konto erfolgt ist. Der Vorsteuerbetrag und der Betrag auf dem WE/RE-Konto werden auf der Soll-Seite (= linke Seite) des jeweiligen T-Kontos ausgewiesen; die Summe aus beiden Soll-Buchungen ergibt den Betrag, der auf der Haben-Seite (= rechte Seite) des T-Kontos »Verbindlk.Inland« ausgewiesen wird.

[»]

Was hat es mit den verschiedenen Ledgern im FI-Beleg auf sich?

Unter einem *Ledger* wird ein *Hauptbuch* verstanden. Innerhalb eines Hauptbuches kann in der Buchhaltung eine Bilanz- und Gewinn- und Verlustrechnung (GuV) je Buchungskreis aufgestellt werden.

Diese Dokumente können jedoch nach unterschiedlichen rechtlichen Vorschriften aufgestellt und veröffentlicht werden. Beispiele für Rechnungslegungsvorschriften sind HGB (Handelsgesetzbuch, in Deutschland maßgeblich), IFRS (International Financial Reporting Standards, innerhalb Europas für Konzernrechnungslegung gebräuchlich) und US-GAAP (United States Generally Accepted Accounting Principles; diese müssen bedient werden, wenn ein Konzern auf dem US-amerikanischen Markt rechenschaftspflichtig ist.)

Dabei gibt es z. B. Unterschiede in der Bewertung von Anlagegütern je Rechnungslegungsvorschrift. Diese Abweichungen wurden in der klassischen Hauptbuchhaltung über verschiedene Sachkonten abgebildet. Seit der neuen Hauptbuchhaltung und auch mit SAP S/4HANA werden hierzu eigenständige Ledger genutzt. Damit sind keine zusätzlichen Sachkonten mehr erforderlich.

Die Prozesse der Materialwirtschaft brauchen sich nicht um die richtige Ledger-Zuordnung zu kümmern. Die Übergabe der Belege in die Buchhaltung erfolgt normalerweise unterjährig, ausgehend vom sogenannten führenden Ledger 0L in gleicher Weise für alle Ledger. Im Rahmen von Abschlussarbeiten werden dann die abweichenden Tatbestände nur in der Buchhaltung in die betroffenen Ledger eingebucht.

Abschließend möchten wir Ihnen noch einen Material- und einen FI-Beleg zum Wareneingang der Bestellung 4500000046 zeigen, in unserem Beispiel zu einer Rechnung zu einer kontierten Bestellung mit Stammsatz. In Abbildung 8.50 sehen Sie den entsprechenden Materialbeleg zum Wareneingang. Auf der Registerkarte **Kontierung** ist hinterlegt, dass diese auf dem Sachkonto 51600000, in der Kostenstelle 40001201 und im Profit-Center 40000000 vorgenommen wird.

Über die Schaltfläche [RW-Belege] aus der Beleginfo im Belegkopf können Sie vom Materialbeleg in das Rechnungswesen abspringen. Sie erhalten in diesem Beispiel eine Liste von vier Rechnungsbelegen, wie es in Abbildung 8.51 zu sehen ist.

Auch hier beschränken wir uns auf den FI-Beleg und den Kostenrechnungsbeleg.

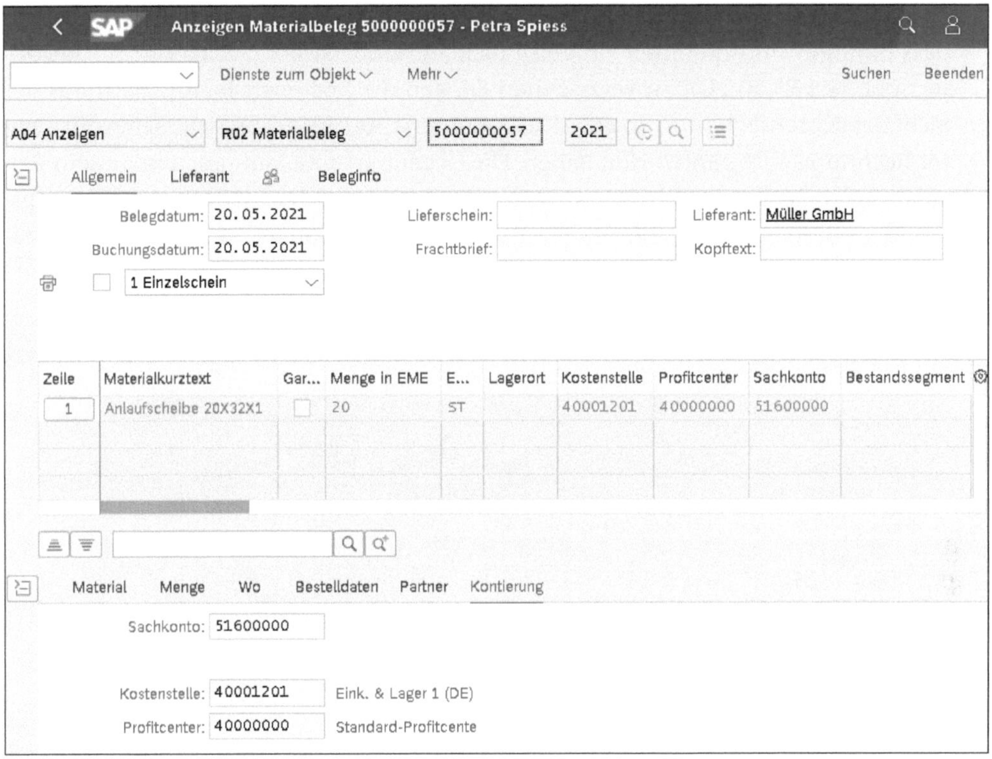

Abbildung 8.50 Wareneingang der kontierten Bestellung: Materialbeleg

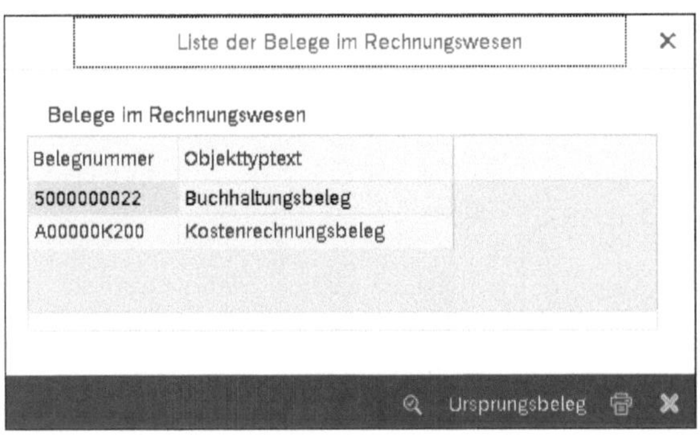

Abbildung 8.51 Rechnungswesenbelege zum Wareneingang: kontierte Bestellung

Neu in SAP S/4HANA: Profit-Center-Rechnung ist Teil von FI

Die Profit-Center-Rechnung ist bereits bei Einsatz der neuen Hauptbuchhaltung aus der SAP-Komponente Controlling in die SAP-Komponente Finance übergegangen. In SAP S/4HANA gibt es keine Wahl mehr. Dadurch entfallen die gewohnten Profit-Center-Belege!

Den FI-Beleg sehen Sie in Abbildung 8.52. Es wird in zwei Belegpositionen dargestellt, dass in Ihrem Unternehmen ein Verbrauch an Handelsware (Sachkonto 51600000) in Höhe von 23,40 EUR zu verzeichnen ist, den die Kostenstelle 40001201 aus der Sicht der Kostenrechnung und das Profit-Center 40000000 aus Sicht der Profit-Center-Rechnung zu verantworten haben. Die Gegenbuchung läuft auch in diesem Beispiel gegen das WE/RE-Verrechnungskonto. Dabei wird dem WE/RE-Verrechnungskonto als Bestandskonto in unserem Fall das Profit-Center 40000000 ebenfalls zugeordnet.

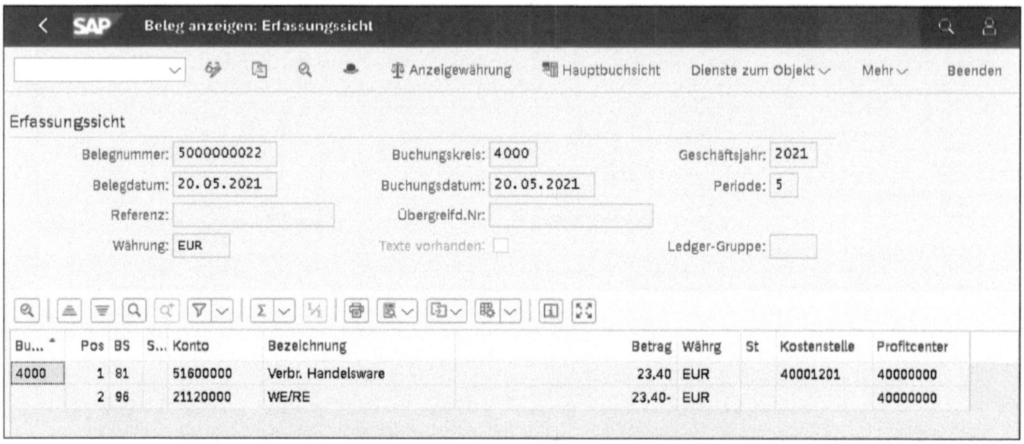

Abbildung 8.52 FI-Beleg zum Wareneingang: kontierte Bestellung

Mit Abbildung 8.53 rundet sich das Bild aus Sicht der Kostenrechnung ab. Der Verbrauch in Höhe von 28,97 USD (23,40 EUR) geht zulasten der Kostenstelle 40001201.

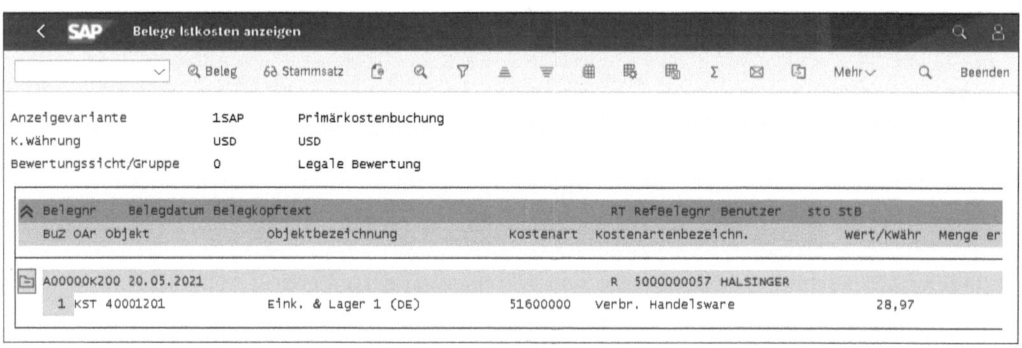

Abbildung 8.53 Kostenrechnungsbeleg zum Wareneingang: kontierte Bestellung

[«]

Warum gibt es so viele Rechnungswesenbelege?

In den verschiedenen Beispielen für die Darstellung von Wareneingängen und Rechnungseingängen haben Sie gesehen, dass im Rechnungswesen jeweils mehrere Belege erzeugt wurden. Diese dienen in unterschiedlichen Abteilungen des Rechnungswesens dazu, jeweils ein unabhängiges Berichtswesen mit Blick auf die jeweils spezifischen Fragestellungen zu ermöglichen:

- Es ist Aufgabe der *Buchhaltung*, die Geschäftsvorfälle nach gesetzlichen Anforderungen aufzubereiten. Die FI-Belege beinhalten die dafür erforderlichen Informationen.
- In der *Kostenrechnung* wird dargestellt, wo und wann welche Kosten angefallen sind. Hier ist die Zuordnung zu einem Kontierungsobjekt, d. h. zu einer Kostenstelle, einem Auftrag oder einem PSP-Element maßgeblich.
- Das *Konzerncontrolling* interessiert sich wiederum für die Gewinnsituation in den verschiedenen Sparten Ihres Unternehmens. Dabei werden häufig Profit-Center zur Darstellung der Sparten in der SAP-Software herangezogen. Das Profit-Center-Reporting in SAP S/4HANA greift auf die Buchungsbelege zurück.

8.2.4 Prüfung auf doppelte Rechnung

Beschäftigen wir uns nun mit einer Kontrollfunktion, die das SAP-System anbietet, um die versehentliche Mehrfacherfassung und -zahlung von Rechnungen zu verhindern.

Um zu vermeiden, dass Rechnungen doppelt erfasst werden, ist bei den meisten Unternehmen das Kennzeichen **Doppelte Rechnung prüfen** in den buchungskreisspezifischen Daten des Kreditorenstammsatzes ein Muss-Feld. Sie sehen die entsprechende Registerkarte aus dem Beispiellieferanten für die bisher gezeigten Eingangsrechnungen mit dem Prüfkennzeichen in Abbildung 8.54.

Die Prüfung auf doppelte Rechnungen greift in aller Regel nur für Rechnungen; in manchen Ländern wird sie aber auch für Gutschriften genutzt. Bei der Rechnungserfassung mit der SAP-Fiori-App **Lieferantenrechnung anlegen** werden dabei zunächst MM-Belege geprüft. In einem zweiten Schritt werden FI-Belege geprüft. Dabei prüft das SAP-System, ob zu einem bestimmten Lieferanten in der Währung des aktuell eingegebenen Rechnungsbelegs in diesem Buchungskreis mit diesem Rechnungsbruttobetrag und dieser Rechnungsnummer (Feld **Referenz**) sowie diesem Belegdatum schon eine Rechnung gebucht wurde.

Wird eine in wesentlichen Punkten vergleichbare Rechnung ein zweites Mal erfasst, erscheint in der SAP-Fiori-App für die Erfassung der Lieferantenrechnung eine Meldung wie in Abbildung 8.55.

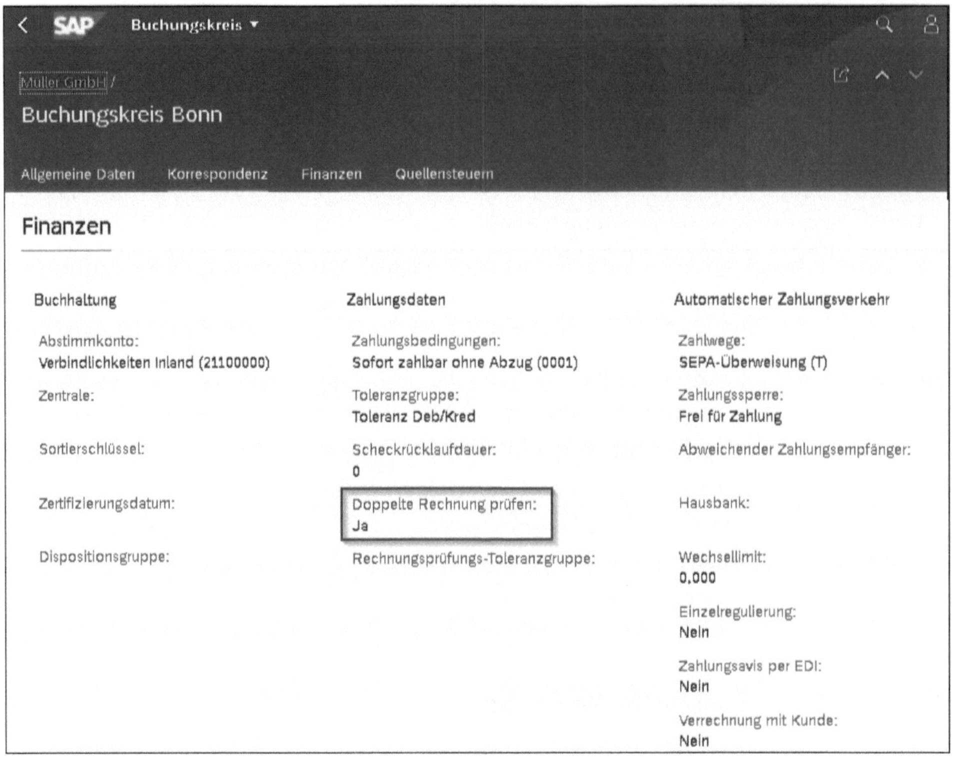

Abbildung 8.54 Kennzeichen für die Prüfung auf doppelte Rechnungen

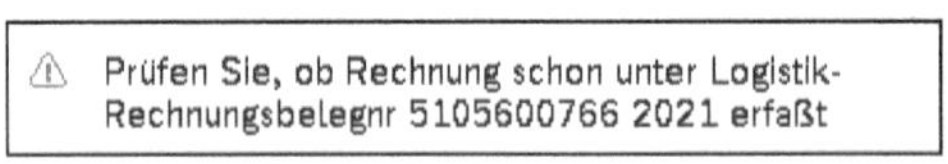

Abbildung 8.55 Warnmeldung aus der Prüfung auf doppelte Rechnung

[»]

Einstellungen für die Prüfung auf doppelte Rechnung

Im Standard prüft das SAP-System im ersten Prüfschritt in der Materialwirtschaft die folgenden Felder auf Übereinstimmung bei der Rechnungserfassung:

- **Lieferant**
- **Währung**
- **Buchungskreis**
- **Rechnungsbruttobetrag**
- **Referenzbelegnummer** (Rechnungsnummer des Lieferanten)
- **Belegdatum**

Stellt das System Übereinstimmungen mit bereits gebuchten Rechnungen fest, erscheint eine Warnmeldung.

Im Customizing können Sie pro Buchungskreis einstellen, dass Referenzbelegnummer, Belegdatum und/oder Buchungskreis nicht mit abgeprüft werden. Durch das Ausschalten von Prüffeldern steigt die Wahrscheinlichkeit von Übereinstimmungen. Damit erhöhen Sie die Häufigkeit von Warnmeldungen aufgrund der Prüfung auf doppelte Rechnung!

Die FI-Prüfung weicht dabei minimal von der Prüfung der MM-Belege ab:

- Bei einer Rechnungserfassung mit Referenznummer (dies ist normalerweise der Standard, wenn für die entsprechenden Belegarten das Feld **Referenz** als Muss-Feld gesteuert wird) wird der Bruttobetrag nicht mit abgeprüft.
- Lässt die Belegart zu, dass das Feld **Referenz** leer bleibt, wird stattdessen der Bruttobetrag in der Belegwährung abgeprüft.

8.2.5 Beleg merken, vorerfassen und vollständig sichern

Wir zeigen Ihnen jetzt, wie Sie von Ihnen erfasste Daten schon einmal sichern können, obwohl Ihnen noch nicht alle Informationen vorliegen und diese mithin noch unvollständig sind. Dabei wird zwar schon eine Belegnummer erzeugt, nicht aber unbedingt schon Rechnungswesenbelege. Wenn Ihnen im Zuge der Erfassung einer Eingangsrechnung auffällt, dass Sie noch nicht über alle Informationen verfügen, nutzen Sie die Funktion **Beleg merken**, die wir Ihnen zu Beginn dieses Abschnitts erläutern.

Wenn Sie bei der Rechnungserfassung das Vier-Augen-Prinzip wahren müssen, weil z. B. eine in Ihrem Unternehmen festgelegte Betragsgrenze überschritten wird, gibt es dafür die Funktion **Vorerfassung**, die wir im zweiten Teil dieses Abschnitts zeigen.

Beleg merken

Stellen Sie sich folgendes Szenario vor: Sie wundern sich über die Zahlungsbedingung auf der Rechnung, die großzügig Skonto gewährt. Üblicherweise haben Sie mit diesem Lieferanten keine Skonto-Vereinbarung getroffen. Zur Sicherheit möchten Sie dies noch einmal mit dem Einkäufer abklären, der aber leider heute Urlaub hat. Um Ihre bisher vorgenommenen Eingaben behalten zu können, gibt es für solche Fälle die Möglichkeit, die betreffende Rechnung über die Schaltfläche **Merken** zwischenzusichern (siehe Abbildung 8.56). Sie erhalten die in Abbildung 8.57 gezeigte Meldung.

Die Belegnummer aus Abbildung 8.57 sieht wie eine gewöhnliche Belegnummer aus der Materialwirtschaft aus. Sie können sich diesen Beleg über die SAP-Fiori-App **Liste der Lieferantenrechnungen** ansehen. Da es sich bei diesem Beleg noch nicht um einen echten Materialbeleg handelt, sondern nur um einen vorläufigen Beleg, gibt es hier keine Möglichkeit, weiter auf Folgebelege zu navigieren. In Abbildung 8.58 sehen Sie den gemerkten Beleg in der Liste der Lieferantenrechnungen.

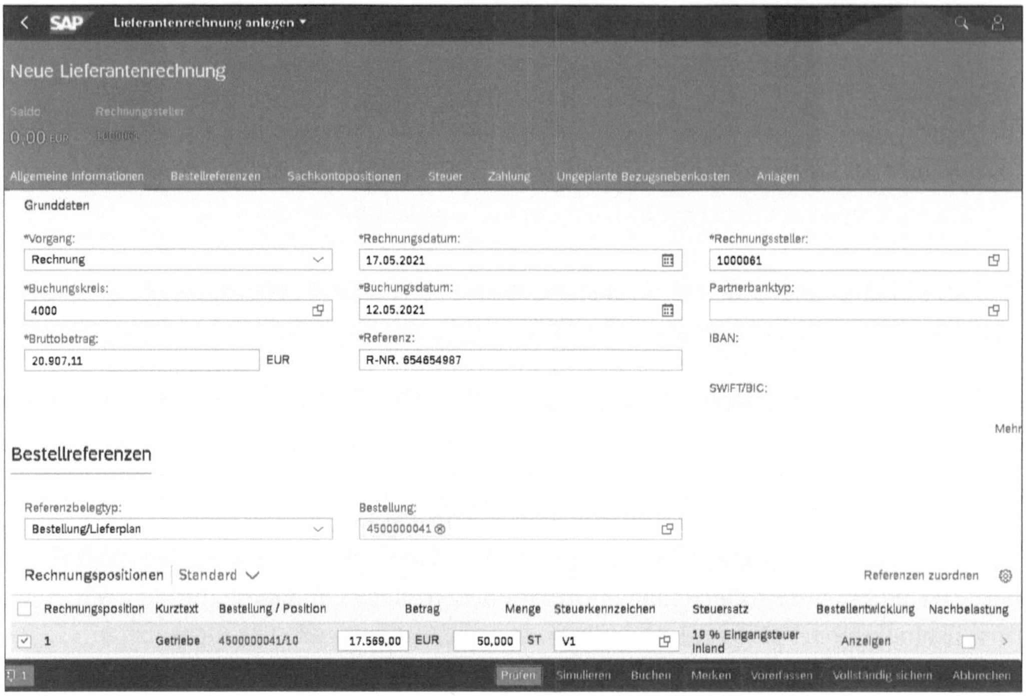

Abbildung 8.56 Eingangsrechnung 6: Einstiegsbild

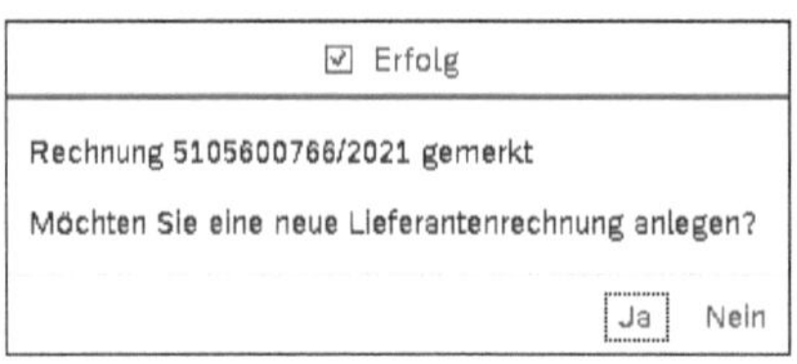

Abbildung 8.57 Eingangsrechnung 6: Statusmeldung »gemerkt«

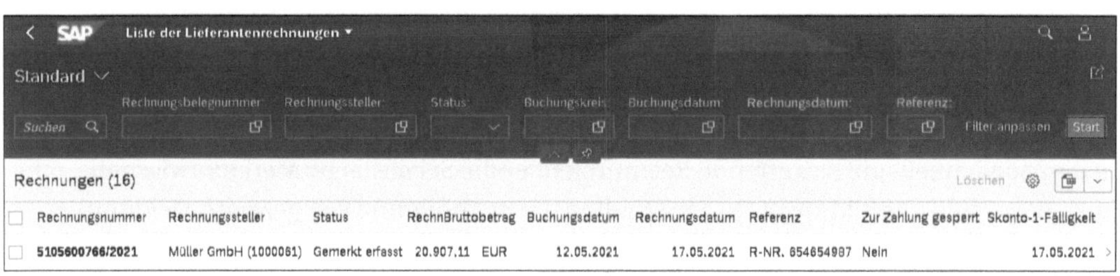

Abbildung 8.58 Gemerkte Eingangsrechnung in Liste der Lieferantenrechnung

Am nächsten Tag haben Sie mit dem Einkäufer Ihre Frage klären können: Für diese Rechnung ist tatsächlich die auf der Rechnung genannte Zahlungsbedingung vereinbart worden. Sie möchten nun auf Ihren gemerkten Beleg zurückgreifen. Wenn Sie nun den gemerkten Beleg aus der Liste in Abbildung 8.58 anklicken, gelangen Sie in die Belegansicht in Abbildung 8.59. Über die Schaltfläche Bearbeiten können Sie nun in die Bearbeitung des Belegs übergehen, die gewünschten Anpassungen und Ergänzungen vornehmen und den Beleg am Ende buchen.

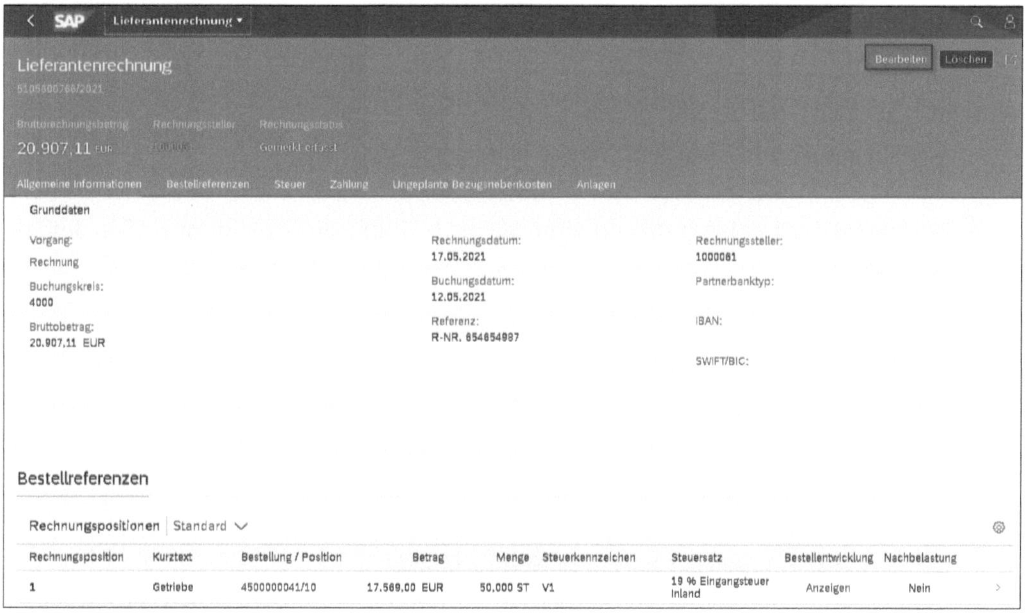

Abbildung 8.59 Gemerkten Beleg bearbeiten

Wenn Sie alle Anpassungen an dem gemerkten Beleg vorgenommen haben, können Sie diesen ganz normal buchen. Die Buchung erfolgt dann unter der bisher vorläufigen Belegnummer als endgültiger MM-Beleg und wird auch in die Buchhaltung fortgeschrieben.

Wenn Sie einen gemerkten Beleg nicht weiterverarbeiten dürfen, weil z. B. der Lieferant eine fehlerhafte Rechnung geschickt hat, die nun erst noch korrigiert werden muss, können Sie diesen auch löschen. Sie wählen hierzu den gemerkten Beleg aus Ihrem Arbeitsvorrat aus (siehe Abbildung 8.60).

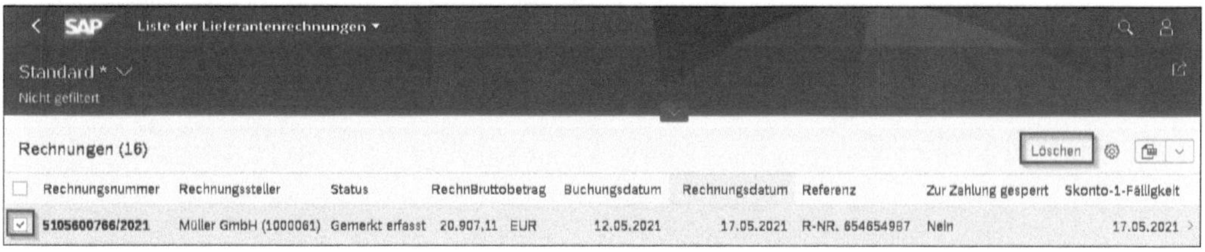

Abbildung 8.60 Gemerkter Beleg zum Löschen in Liste der Lieferantenrechnungen

Dann können Sie über die Schaltfläche **Löschen** die Löschung auslösen. Sie erhalten zunächst eine Rückfrage vom System wie in Abbildung 8.61, die Sie mit einem Klick auf **Löschen** beantworten müssen.

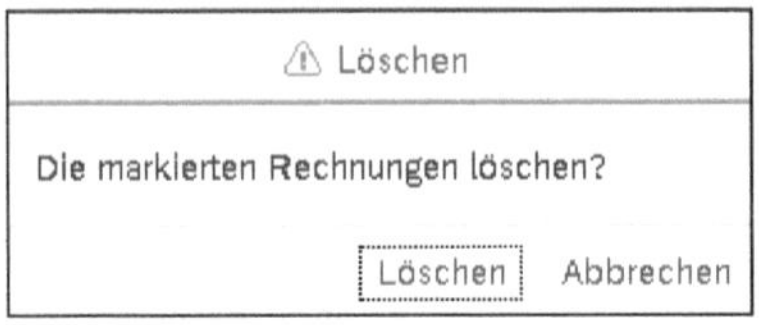

Abbildung 8.61 Rückfrage zum Löschen eines gemerkten Belegs

Nach erfolgreicher Löschung erhalten Sie die Meldung aus Abbildung 8.62 in der Statusleiste.

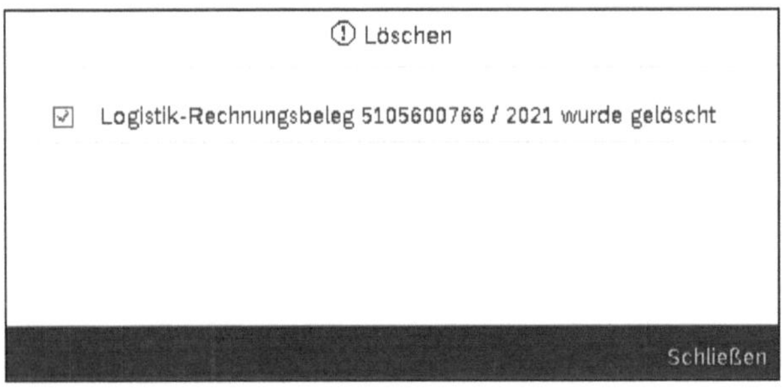

Abbildung 8.62 Erfolgsmeldung zum Löschen eines gemerkten Belegs

Systemprüfungen bei der Nutzung der Funktion »Merken«

Bevor eine Eingangsrechnung über die SAP-Fiori-App **Lieferantenrechnung anlegen** vom SAP-System gemerkt wird, durchläuft sie eine Anzahl von Prüfungen. Im Einzelnen sind dies:

- Passt der voreingestellte Buchungskreis zum Bestellbezug?
- Ist der Lieferant für den betreffenden Buchungskreis angelegt?
- Stimmt die Belegwährung?

Hinsichtlich aller anderen Prüfungen kann der gemerkte Beleg unvollständig sein.

Eine Fortschreibung des Rechnungseingangsbelegs erfolgt nicht.

Der MM-Beleg ist der einzige erzeugte Beleg. Dieser wird jedoch noch nicht im Prozessablauf gezeigt.

[«]

Belegnummernvergabe und gemerkte Belege

Für gemerkte Belege werden Belegnummern aus dem normalen Belegnummernintervall für MM-Rechnungen vergeben.

Wird der gemerkte Beleg gebucht, wird er unter dieser Belegnummer gebucht und zusätzlich ein Folgebeleg in der Buchhaltung erzeugt.

Wird der gemerkte Beleg gelöscht, verschwindet auch die bereits vergebene Belegnummer. Die Nummer kann nicht für einen künftigen Beleg erneut vergeben werden; Sie haben dann eine Lücke in der Belegnummernvergabe. Dies ist allerdings bei MM-Belegen nicht kritisch. In der Buchhaltung ist hingegen die Lückenlosigkeit der Belegnummernvergabe gewahrt, da dort Belege erst erzeugt werden, wenn sie in der Materialwirtschaft ordentlich gebucht werden.

Vorerfassen und Buchen von Belegen

Wir zeigen Ihnen nun, wie Sie Belege vorerfassen und freigeben können.

Belege werden zunächst vorerfasst, wenn die Berechtigungen eines SAP-Users eine direkte Durchbuchung nicht zulassen. Der vorerfasste Beleg wird dann von einem zweiten SAP-User nochmals geprüft und anschließend durch vollständiges Sichern freigegeben. Nach dem vollständigen Sichern hat ein solcher Rechnungsbeleg denselben Zustand wie ein Beleg, der direkt mit der SAP-Fiori-App **Lieferantenrechnung anlegen** durchgebucht wurde.

Die Vorerfassung kann direkt aus der SAP-Fiori-App **Lieferantenrechnung anlegen** vorgenommen werden. Der Beleg wird hier zunächst normal gepflegt. Unter Umständen ist der Beleg bei der Vorerfassung noch nicht vollständig. Unser Beispiel in Abbildung 8.63 zeigt Ihnen eine solche Situation. Die Vorerfassung wird über die Schaltfläche **Vorerfassen** abgeschlossen. Sie erhalten dann die Meldung, die Sie in Abbildung 8.64 sehen.

In Abbildung 8.63 können Sie erkennen, dass in dem Feld für den Gesamtbetrag bei den Grunddaten noch ein Betrag von 0,00 EUR ausgewiesen wird. Es wird auch noch ein Saldo in Höhe von -20.907,11 EUR gezeigt. Der Beleg ist also zurzeit nicht ausgeglichen und konnte dennoch schon mit seiner späteren Belegnummer gesichert werden!

Aus dem vorerfassten Lieferantenrechnungsbeleg können Sie – ebenso wie bei einem gemerkten Beleg – nicht auf Folgebelege abspringen. Ein Beleg, der in MM den Status **Vorerfasst** angenommen hat, wird dennoch bereits als vorerfasster Beleg in die Finanzbuchhaltung gebucht, ob dieser vollständig oder unvollständig ist, ist dabei nicht von Belang.

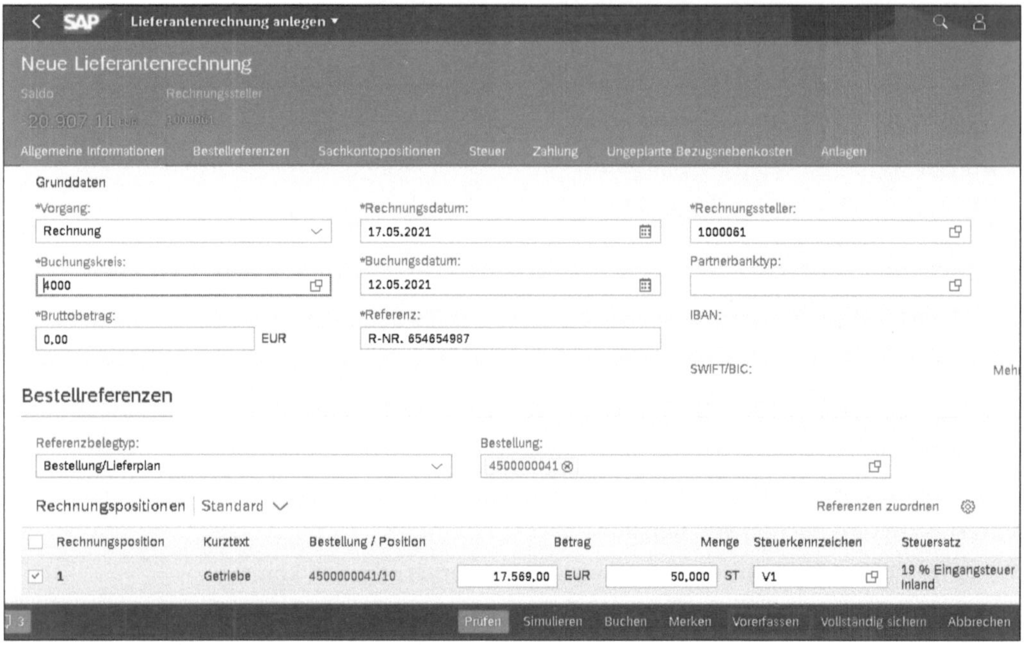

Abbildung 8.63 Unvollständige Lieferantenrechnung vorerfassen

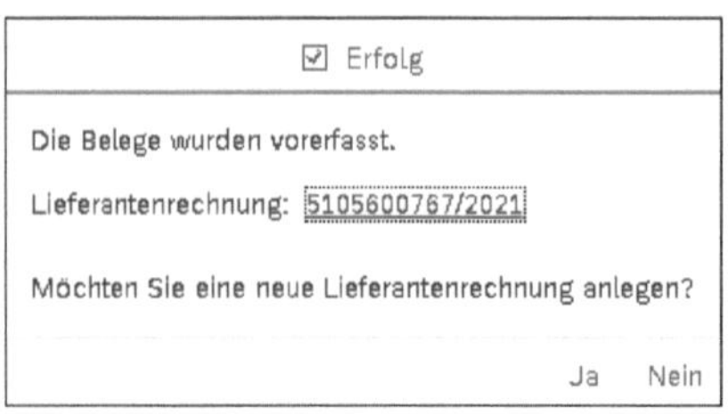

Abbildung 8.64 Statusmeldung: vorerfasster Beleg

Diesen vorerfassten Buchungsbeleg können Sie sich über die transaktionale App **Lieferantenrechnung anzeigen erweitert** über die Schaltfläche Folgebelege ... anzeigen lassen (siehe Abbildung 8.65).

Abbildung 8.66 zeigt Ihnen den vorerfassten Buchungsbeleg zur Lieferantenrechnung. Es wird hier zunächst nur eine Belegzeile ausgewiesen. Der Status **Vorerfasster Beleg** ist neben der Belegart zu erkennen.

Vorerfasste Belege in der Finanzbuchhaltung dürfen im legalen Berichtswesen noch nicht ausgewiesen werden und werden deshalb normalerweise über den Status **Vorerfasst** aus den Auswertungen (wie Bilanz und GuV) ausgeschlossen.

Über die SAP-Fiori-App **Liste der Lieferantenrechnungen** ist keine Navigation aus vorerfassten Belegen zu Folgebelegen möglich.

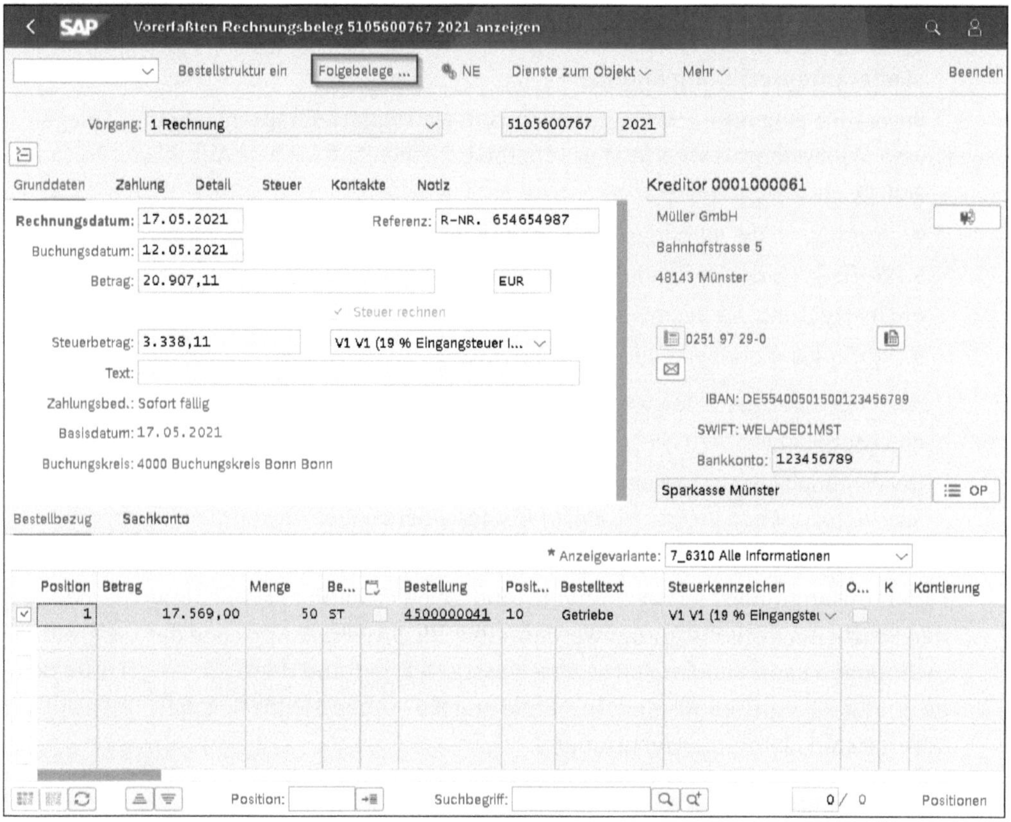

Abbildung 8.65 Vorerfasste Lieferantenrechnung in der transaktionalen App »Lieferantenrechnung anzeigen erweitert«

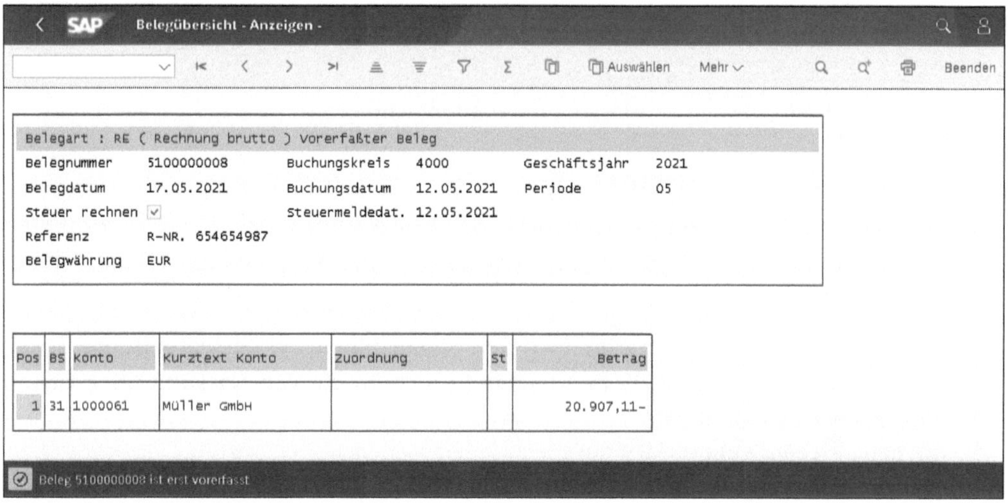

Abbildung 8.66 Vorerfasste Lieferantenrechnung: vorerfasster Buchungsbeleg

[»]

Systemprüfungen bei der Nutzung der Funktion »Vorerfassen« mit der App »Lieferantenrechnung anlegen«

Bevor eine Eingangsrechnung über die SAP-Fiori-App **Lieferantenrechnung anlegen** vom SAP-System als vorerfasst gesichert wird, durchläuft sie eine Anzahl von Prüfungen. Im Einzelnen sind dies:

- Prüfung, ob der voreingestellte Buchungskreis zum Bestellbezug pass?
- Prüfung, ob der Lieferant für den Buchungskreis angelegt ist
- Überprüfung der Belegwährung
- Prüfung auf doppelte Rechnungserfassung

Auch der vorerfasste Beleg kann demnach noch unvollständig sein und braucht keinen Nullsaldo auszuweisen.

Der Materialbeleg ist der einzige erzeugte Beleg. Auch unvollständig vorerfasste Belege werden schon im Prozessablauf fortgeschrieben und angezeigt.

Der in unserem Beispiel noch unvollständige Beleg kann anschließend von demselben Bearbeiter vervollständigt werden. Über die SAP-Fiori-App **Liste der Lieferantenrechnungen** kann auf den Status **Vorerfasst** selektiert und dann auf vorerfasste Belege erneut zugegriffen werden. In Abbildung 8.67 sehen Sie im Beispiel eine Liste der vorerfassten Lieferantenrechnungen.

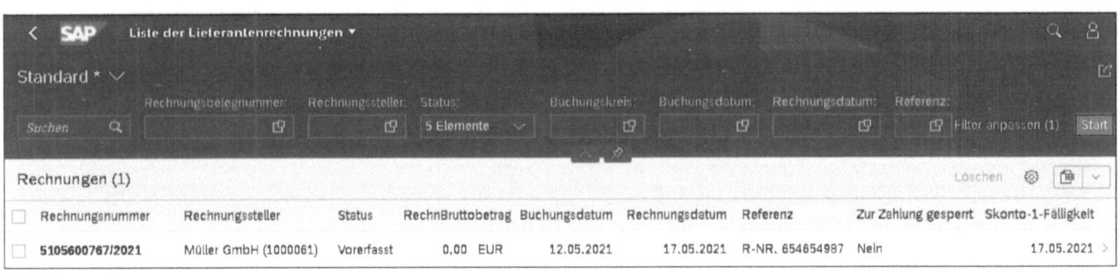

Abbildung 8.67 Liste der vorerfassten Lieferantenrechnungen

Über die Schaltfläche Bearbeiten steigen Sie dann in die Bearbeitung des vorerfassten Belegs ein. In Abbildung 8.68 sehen Sie das Bearbeitungsbild für den vorerfassten Beleg, in der der noch fehlende Bruttobetrag ergänzt wurde (vergleiche mit Abbildung 8.63).

Wenn der Beleg vollständig erfasst worden ist, beendet der erste Bearbeitende in diesem Schritt mit der Schaltfläche **Vollständig sichern** die Vorerfassung. Sie erhalten dann die Statusmeldung über die erfolgreiche Sicherung des vollständigen vorerfassten Belegs (siehe Abbildung 8.69).

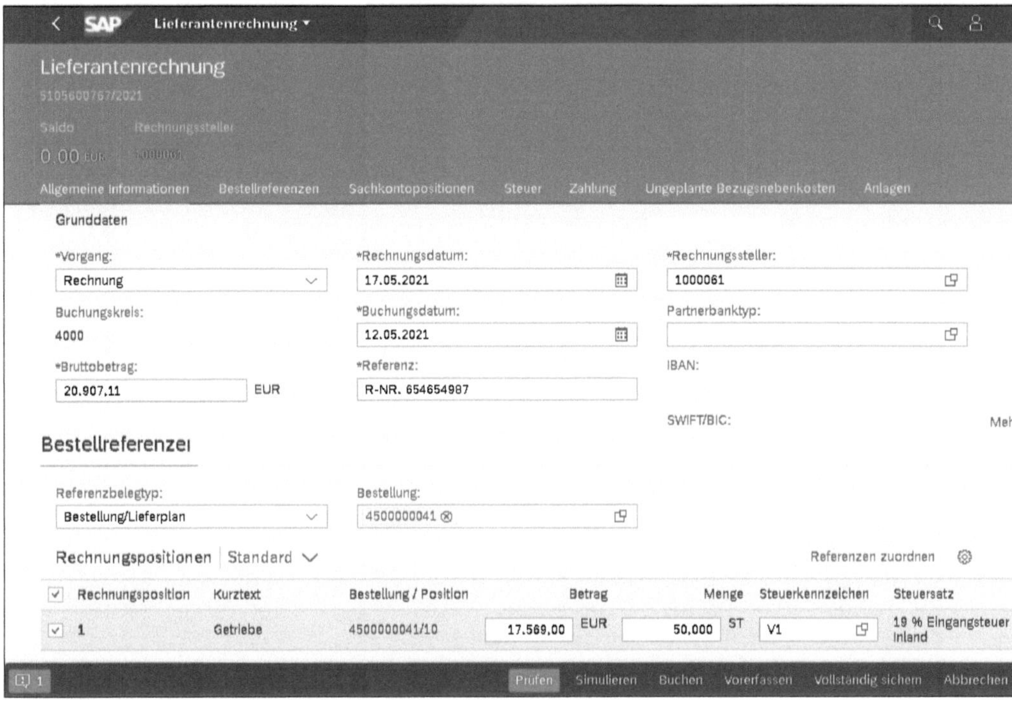

Abbildung 8.68 Vorerfasste Lieferantenrechnung bearbeiten

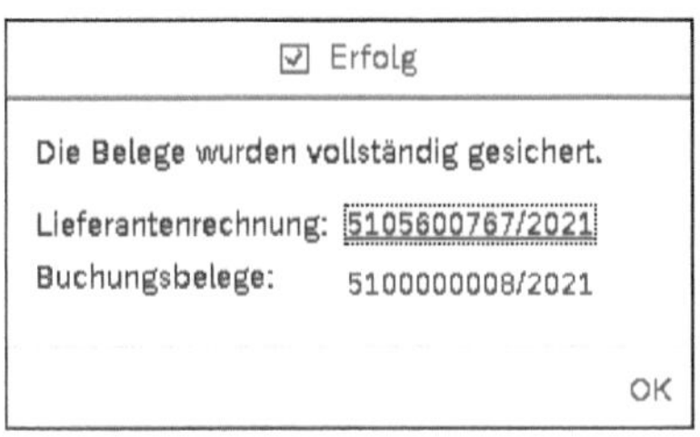

Abbildung 8.69 Statusmeldung: vollständiger vorerfasster Beleg

Aus den genannten Belegnummern in der Erfolgsmeldung aus Abbildung 8.69 können Sie auf den jeweiligen Beleg abspringen. In Abbildung 8.70 sehen Sie die Lieferantenrechnung aus MM-Sicht im Rechnungsstatus **Vorerfasst vollständig**.

Per Klick auf den Buchungsbeleg in der Dialogbox in Abbildung 8.69 öffnen Sie die SAP-Fiori-App **Buchungsbelege verwalten**. Zunächst sehen Sie hier die Kopfdaten des Buchungsbelegs (siehe Abbildung 8.71).

Abbildung 8.70 Lieferantenrechnung im Status »Vorerfasst vollständig«

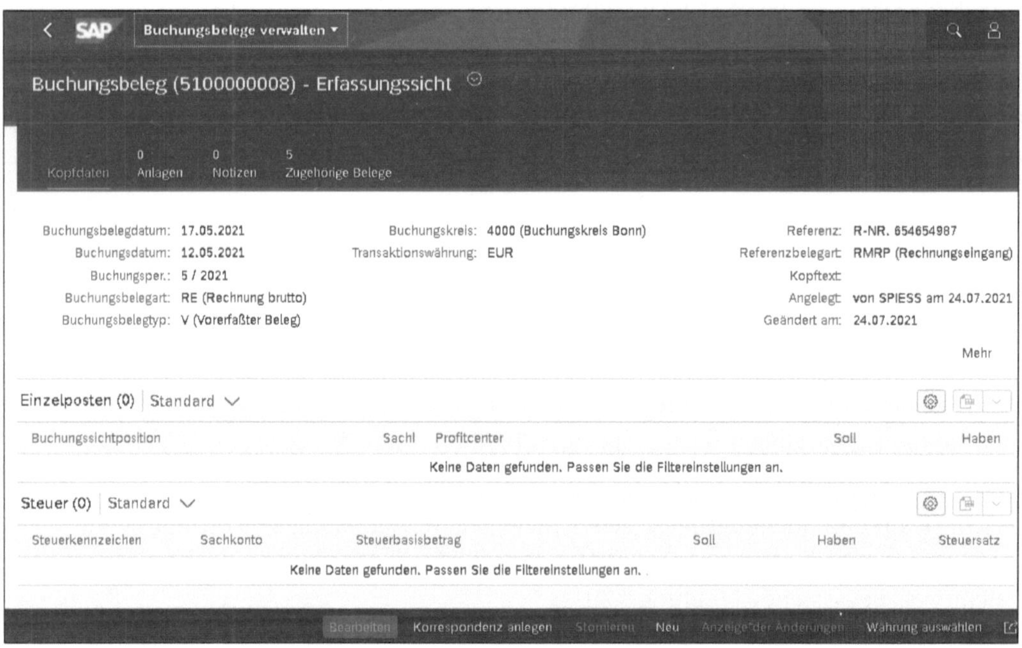

Abbildung 8.71 Buchungsbeleg zur vollständig vorerfassten Lieferantenrechnung: Kopfdaten

Auf der Registerkarte **Zugehörige Belege** in Abbildung 8.72 erhalten Sie den Belegfluss im Zusammenhang mit dem Buchungsbeleg vollständig aufgerissen dargestellt. Es gibt hier erneut die Möglichkeit, auf blau hervorgehobene Belegnummern abzuspringen. Je nach Art des Belegs gibt es unterschiedliche Kontextmenüs, die Sie wiederum für sich individuell konfigurieren können. Auf diese Möglichkeiten wird an dieser Stelle jedoch nicht weiter eingegangen.

Der Buchungsbeleg 5100000008 in Abbildung 8.72 selbst ist nicht blau hervorgehoben und erlaubt keinerlei weitere Navigation. Diese ist in der SAP-Fiori-App **Buchungsbelege verwalten** erst möglich, wenn aus dem vorerfassten Beleg ein echter Beleg wurde.

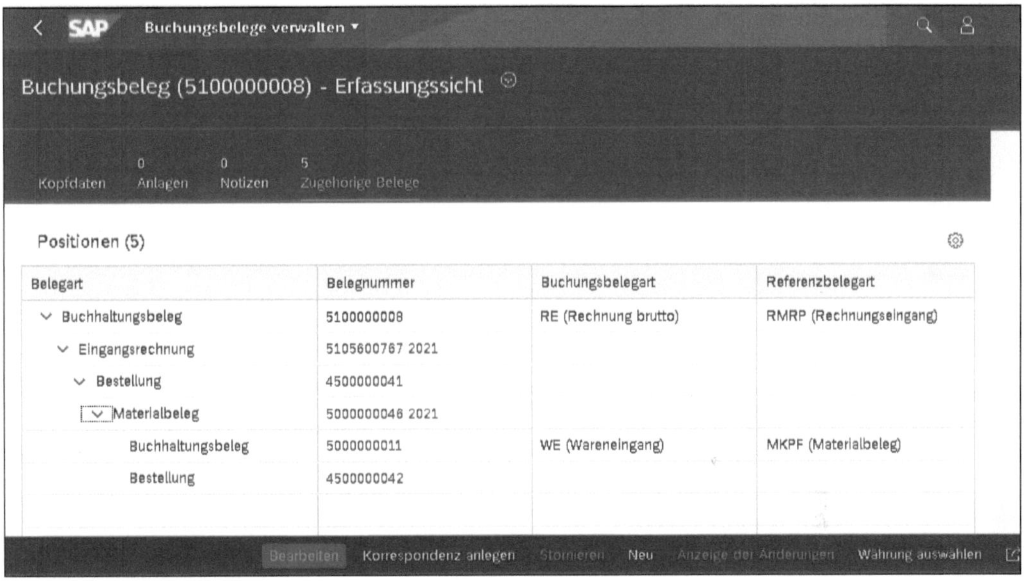

Abbildung 8.72 Buchungsbeleg zur vollständig vorerfassten Lieferantenrechnung: Hierarchie der zugehörigen Belege

Abbildung 8.73 zeigt Ihnen den vollständigen Buchungsbeleg zur Lieferantenrechnung.

Über die Schaltfläche in Abbildung 8.73 können Sie zum Belegkopf des Buchungsbelegs springen. In Abbildung 8.74 können Sie erkennen, dass der Beleg mit dem Transaktionscode MIRO (Feld **TCode**) erfasst worden ist. Die SAP-Fiori-App **Lieferantenrechnung anlegen** benutzt im Hintergrund Transaktion MIRO.

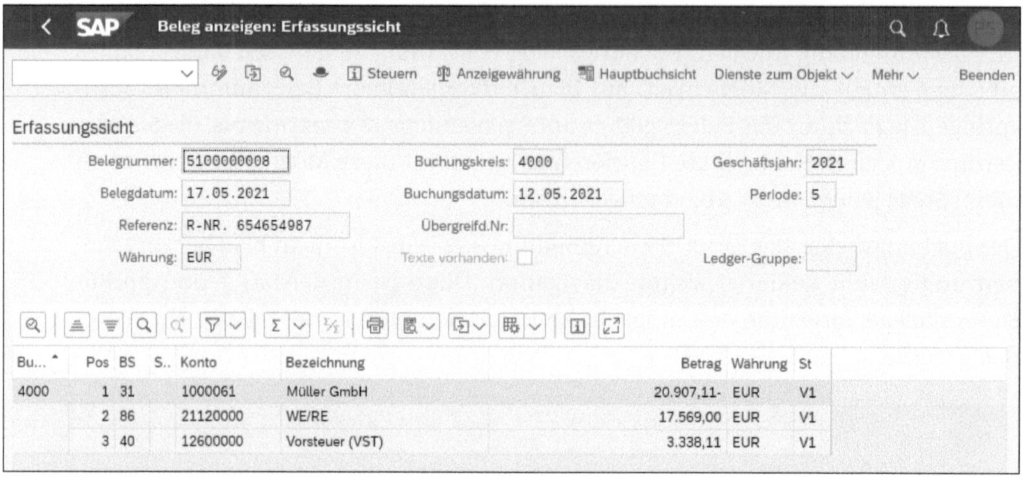

Abbildung 8.73 Lieferantenrechnung: vollständig gebuchter Buchungsbeleg

Abbildung 8.74 Vorerfasste Lieferantenrechnung: Belegkopf zum vollständig gebuchten Buchungsbeleg

Systemprüfungen bei der Nutzung der Funktion »Vollständig sichern über die SAP-Fiori-App »Lieferantenrechnung anlegen««

Bevor eine Eingangsrechnung mit der SAP-Fiori-App **Lieferantenrechnung anlegen** vom SAP-System als vollständig gesichert verarbeitet wird, durchläuft sie eine Anzahl von Prüfungen. Im Einzelnen sind dies:

- Prüfung, ob der voreingestellte Buchungskreis zum Bestellbezug passt
- Prüfung, ob der Lieferant für den Buchungskreis angelegt ist
- Überprüfung der Belegwährung
- Prüfung auf doppelte Rechnungserfassung
- Überprüfung von Kontierungsdaten: Existiert die Kostenstelle oder der Auftrag? Welches Profit-Center ist richtig? Ist das Sachkonto im Buchungskreis angelegt?
- Nullsaldoprüfung

Eine Fortschreibung des Rechnungseingangsbelegs erfolgt immer an mindestens zwei Stellen:

- Ein MM-Beleg wird erzeugt, der im Prozessablauf als vorerfasster Beleg sichtbar wird.
- In der Buchhaltung wird die Verbindlichkeit als vorerfasster offener Posten beim Lieferanten gebucht.

Es können bei der Rechnungseingangserfassung auch drei Belege erzeugt werden. Dies geschieht immer dann, wenn bei der Rechnungserfassung ein Erfolgssachkonto benutzt wird. Dann erhalten Sie die folgenden drei Belege:

- vorerfasster MM-Beleg
- vorerfasster Buchungsbeleg
- vorerfasster Kostenrechnungsbeleg

Für die Abbildung eines Vier-Augen-Prinzips muss die Buchung der Eingangsrechnung nach nochmaliger Prüfung durch eine zweite Person durchgeführt werden. Der Einstieg erfolgt hier wiederum durch die SAP-Fiori-App **Liste der Lieferantenrechnungen**. Auch den vollständig vorerfassten Beleg können Sie hier sehen, wie es die Abbildung 8.75 zeigt.

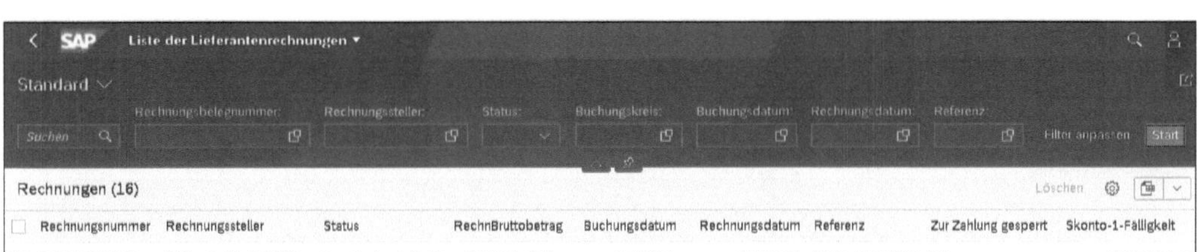

Abbildung 8.75 Eingangsrechnung 7: Arbeitsvorrat zum Buchen

Für die Bearbeitung der Buchung wird der Beleg aus der SAP-Fiori-App **Liste der Lieferantenrechnungen** per Einfachklick übernommen. Mit der Schaltfläche **Bearbeiten** wechseln Sie in den Bearbeitungsmodus und können dann die endgültige Buchung mit der Schaltfläche **Buchen** auslösen. Sie erhalten dann eine Statusmeldung, wie z. B. in Abbildung 8.76. Diese Rechnung wurde im Übrigen nach dem Zufallsprinzip gesperrt – einen sonstigen erklärbaren Sperrgrund gibt es hier nicht. Weitere Informationen dazu lesen Sie in Abschnitt 8.5, »Sperren und Freigaben«.

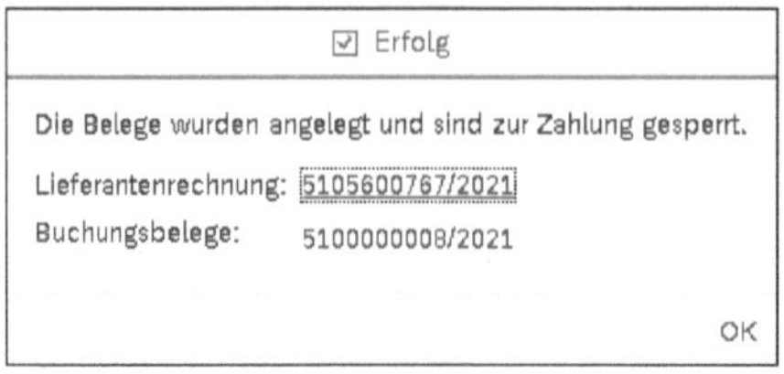

Abbildung 8.76 Statusmeldung: gebuchter Beleg

Klicken Sie auf die blau hervorgehobene Nummer der Lieferantenrechnung in Abbildung 8.76, gelangen Sie zur Darstellung der Lieferantenrechnung in Abbildung 8.77. Der Rechnungsstatus wird als **Gebucht** ausgewiesen. Zudem befindet sich die Rechnung im Status **Zur Zahlung gesperrt**.

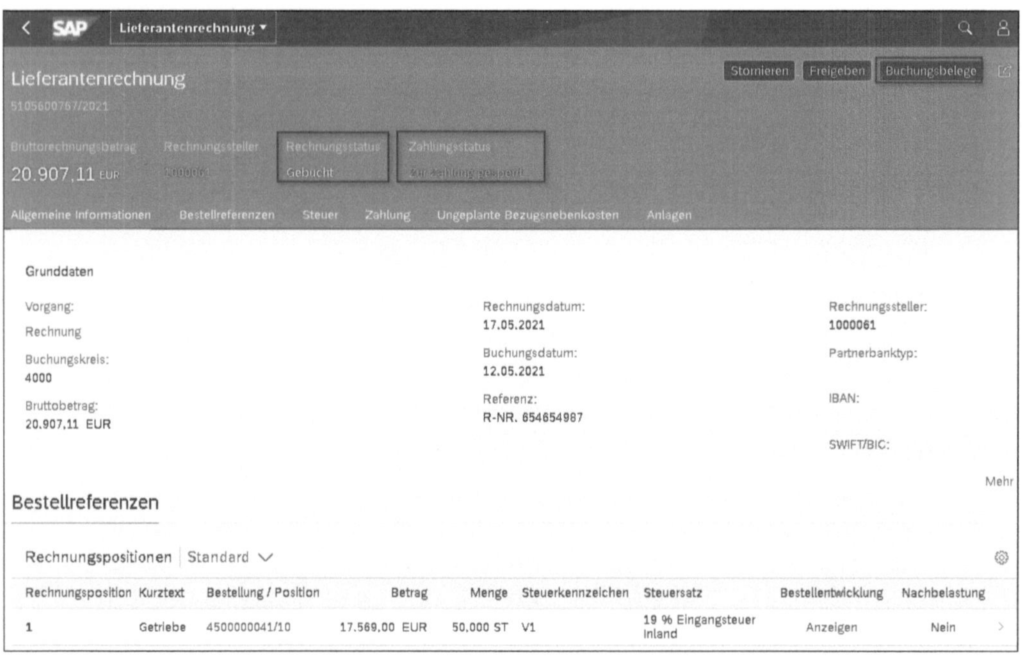

Abbildung 8.77 Lieferantenrechnung: gebucht und zur Zahlung gesperrt

Über die Schaltfläche **Buchungsbelege** erreichen Sie den Prozessablauf für die Kreditorenbuchhaltung, wie Sie ihn in Abbildung 8.78 sehen können.

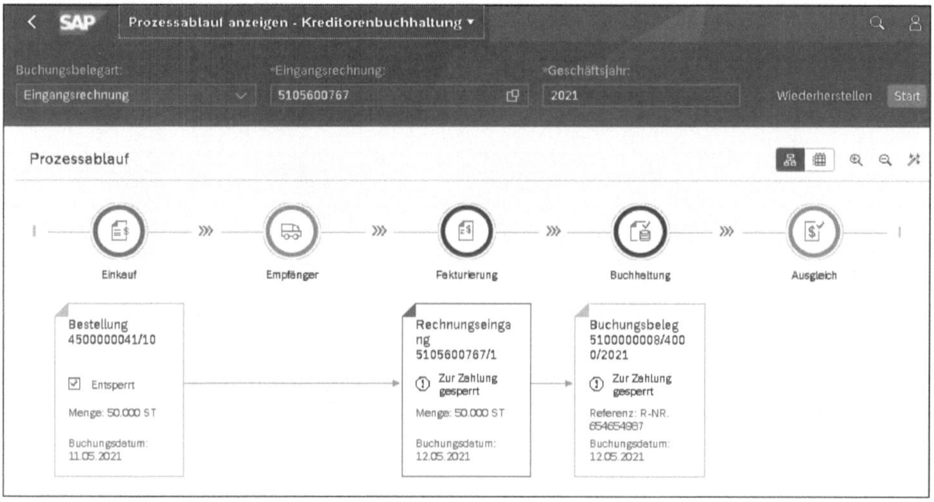

Abbildung 8.78 Prozessablauf in der Kreditorenbuchhaltung

Klicken Sie in der Statusmeldung in Abbildung 8.76 auf die Nummer des Buchungsbelegs, springen Sie in die SAP-Fiori-App **Buchungsbelege verwalten**, und Sie gelangen in die Erfassungssicht des FI-Belegs (siehe Abbildung 8.79).

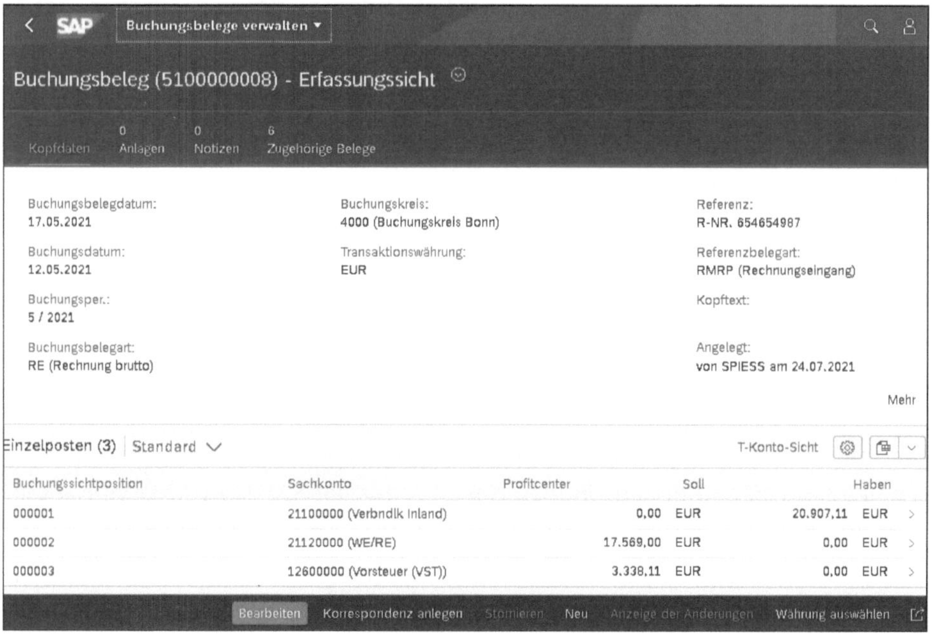

Abbildung 8.79 Buchungsbeleg in der Erfassungssicht

Über die Schaltfläche **Zugehörige Belege** springen Sie in den entsprechenden Bereich ab, den Sie in Abbildung 8.80 sehen können. Die Hierarchie der zugehörigen Belege ist hier bereits komplett aufgerissen. Über die blau hervorgehobenen diversen Belegnummern können Sie auf die jeweiligen Belege abspringen. Im unteren Bereich können Sie die drei Einzelposten sehen, die die Belegpositionen des Buchungsbelegs bilden.

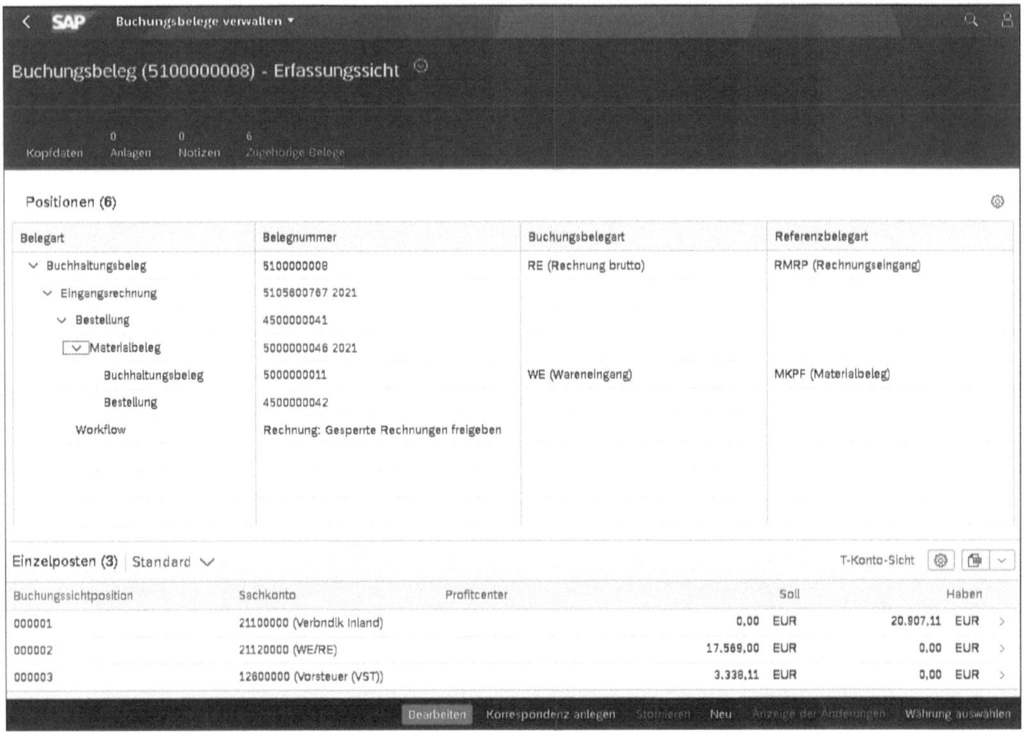

Abbildung 8.80 Belegpositionen und zugehörige Belege zum Buchungsbeleg

Über die Schaltfläche **T-Konto-Sicht** rechts oberhalb der Belegpositionen in Abbildung 8.80 wechseln Sie in die T-Konto-Sicht. Im Beispiel in Abbildung 8.81 war bereits ein Filter auf das Ledger 0L voreingestellt. Die drei Belegpositionen sind jetzt je Sachkonto im T-Konto auf der Soll-Seite (linke Seite) oder auf der Haben-Seite (rechte Seite) übersichtlich dargestellt.

Beim abschließenden Buchen eines Belegs erfolgen dieselben Prüfungen, wie sie oben beim Einstieg in die Rechnungserfassung mit der SAP-Fiori-App **Lieferantenrechnung anlegen** in Abschnitt 8.2, »Rechnungserfassung«, beschrieben wurden.

Im nächsten Abschnitt zeigen wir Ihnen, was Sie tun können, wenn ein Beleg fehlerhaft erstellt worden ist.

Abbildung 8.81 Buchungsbeleg in der T-Konto-Sicht

8.2.6 Belegstorno

Sie lernen nun die Stornofunktion in der logistischen Rechnungsprüfung kennen. Doch zunächst noch ein paar Vorbemerkungen zum Stornieren:

Wie ein Beleg storniert werden kann, hängt u. a. davon ab, ob das Storno in derselben Periode wie die ursprüngliche Buchung erfolgen kann. Als Buchungsdatum für den Stornobeleg wird in der Regel das Buchungsdatum des zu stornierenden Belegs vorgeschlagen. Ist aber die Periode des zu stornierenden Belegs bereits geschlossen, müssen Sie das Buchungsdatum in ein Datum in einer noch offenen Periode ändern.

Offene und geschlossene Buchungsperioden

In der Materialwirtschaft sind immer nur zwei Perioden zum Buchen geöffnet. In der Regel sind dies der Vormonat und der aktuelle Monat. Dies wird über den Periodenverschieber erzielt, der jeweils zu Beginn eines neuen Monats um einen Monat vorgeschoben wird. Den Periodenverschieber können Sie mit der transaktionalen App **Perioden schließen** (entspricht der SAPGUI-Transaktion MMPV) auslösen.

Auch im Rechnungswesen sind nicht immer alle Perioden geöffnet. Für das Tagesgeschäft ist normalerweise der aktuelle Monat geöffnet. Zu Monatsbeginn werden noch Abschlussarbeiten für den Vormonat durchgeführt. Damit dabei noch Buchungen möglich sind, ist der Vormonat für diesen Zeitraum noch für einen begrenzten User-Kreis geöffnet.

Für erfolgswirksame Buchungen kennt das Controlling zusätzlich nochmals eine eigene Periodensteuerung.

Zusätzlich zum Buchungsdatum geben Sie dem Stornobeleg noch einen Stornogrund mit. Im SAP-Standard finden Sie üblicherweise die folgenden Stornogründe:

- 01 (Storno in laufender Periode)
- 02 (Storno in geschlossener Periode)
- 03 (echtes Storno in laufender Periode)
- 04 (echtes Storno in geschlossener Periode)
- 05 (Abgrenzungsbuchung)
- 06 (Storno, Anlagenbewegung)
- 07 (falsche Belegdaten)
- RE (Storno, falsche Originaldaten)

Ein Stornogrund ist zunächst einmal eine reine Information zum Beleg. Er kann aber darüber hinaus auch Auswirkungen auf den Beleg selbst haben. So führt beispielsweise der Stornogrund 01 (Storno in laufender Periode) zu einer Umkehrbuchung mit demselben Buchungsdatum wie der ursprüngliche Beleg. Sie buchen damit also eine Gutschrift.

Der Stornogrund 03 (echtes Storno in laufender Periode) wird hingegen nicht als Umkehrbuchung, sondern als gleiche Buchung mit negativen Vorzeichen ausgeführt.

[»]

Stornogründe

Stornogründe können im Customizing individuell definiert werden. Diskutieren Sie deshalb bei Ihrer SAP-Einführung, welche Art von Storno Sie in Ihrem Unternehmen tatsächlich nutzen möchten. Sehen Sie nur die Stornogründe vor, die Sie auch wirklich benötigen. Nur so stellen Sie sicher, dass über den Stornogrund auch die gewünschten Informationen im Beleg hinterlegt werden.

Der zu stornierende Beleg wird über die SAP-Fiori-App **Liste der Lieferantenrechnungen** ausgewählt. In Abbildung 8.77 können Sie eine solche Lieferantenrechnung sehen. Über die Schaltfläche **Stornieren** im oberen rechten Bereich der Rechnungsansicht starten Sie die Stornobuchung. Sie erhalten die Dialogbox aus Abbildung 8.82.

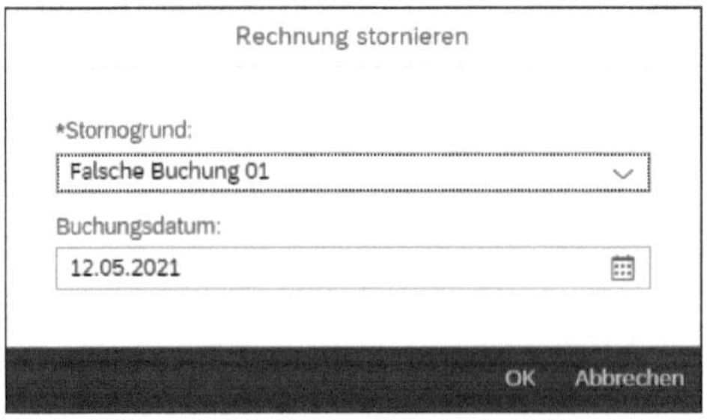

Abbildung 8.82 Dialogbox »Rechnung stornieren«

Im Feld **Stornogrund** wird immer der erste mögliche Stornogrund aus einer Liste angezeigt. Im Demo-System gibt es die Stornogründe aus Abbildung 8.83.

Die Auswahl erfolgt durch einfachen Klick auf das Feld **Stornogrund** und dann per Klick auf den gewünschten Grund. Je nach Wunsch belassen Sie das Buchungsdatum beim Vorschlagswert oder ändern dieses. Die Stornobuchung lösen Sie nun durch die Schaltfläche **OK** aus. Sie erhalten eine kurze Meldung »Rechnung wurde storniert« im Bild.

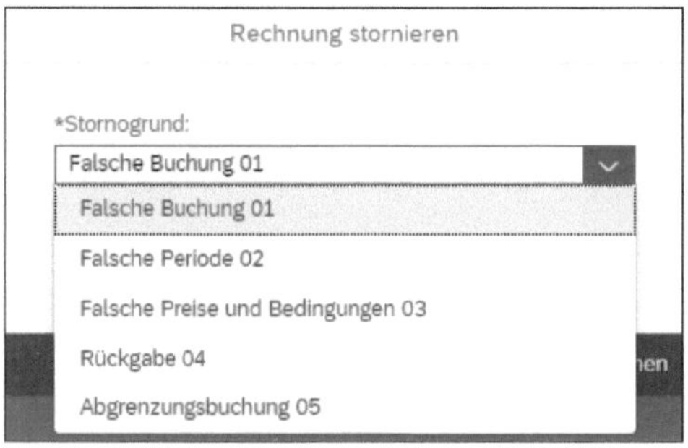

Abbildung 8.83 Stornogründe

Nachdem diese Meldung wieder ausgeblendet worden ist, hat sich der Status der stornierten Lieferantenrechnung auf **Storniert** geändert, und es wird die Belegnummer des Stornobelegs im Belegkopf der SAP-Fiori-App **Lieferantenrechnung** angezeigt (siehe Abbildung 8.84).

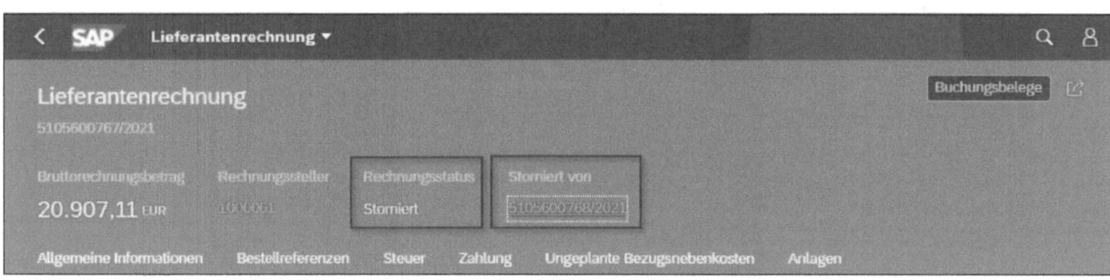

Abbildung 8.84 Stornierte Lieferantenrechnung: geänderter Status

Den Stornobeleg können Sie sich durch einen einfachen Klick auf die blaue Belegnummer unter **Storniert von** in Abbildung 8.84 anschauen. Zunächst wechseln Sie hierüber zum Stornobeleg, den Sie in Abbildung 8.85 sehen können. Über die Schaltfläche **Buchungsbelege** erreichen Sie den schon bekannten Prozessablauf.

Im Prozessablauf können Sie den Buchungsbeleg anklicken (siehe Abbildung 8.86).

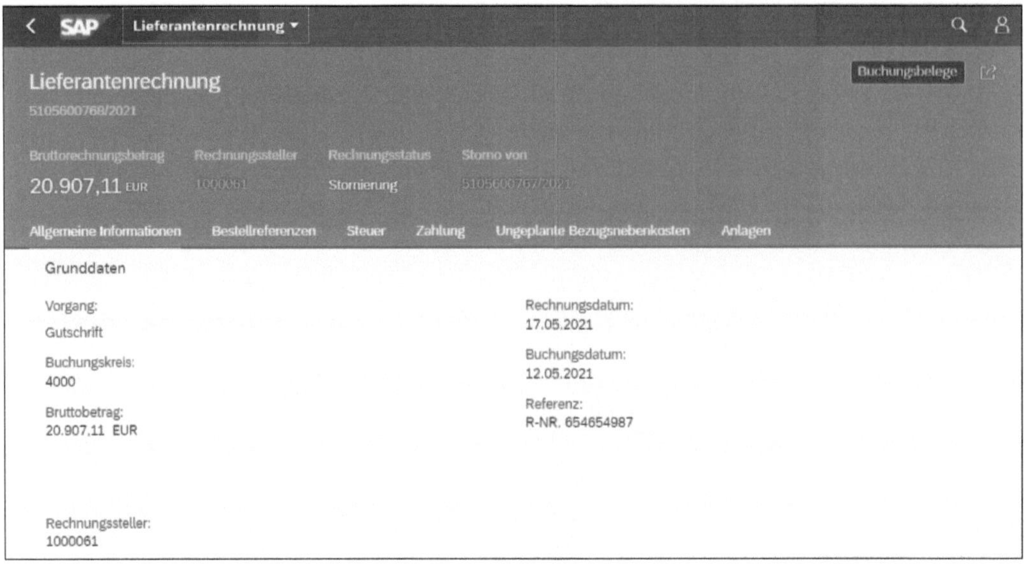

Abbildung 8.85 Stornobeleg

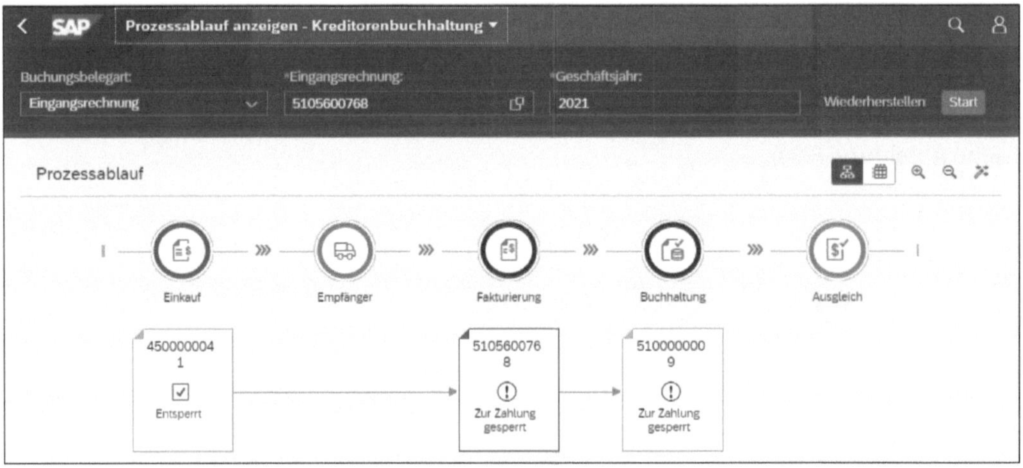

Abbildung 8.86 Stornobeleg: Prozessablauf

Über das Kontextmenü im Bereich der verknüpften Anwendungen (siehe Abbildung 8.87) auf die Buchungsbeleganzeige oder in die T-Konto-Sicht abspringen.

In Abbildung 8.88 wird nur der Buchungsbeleg gezeigt. Die T-Konto-Sicht ist bereits an anderer Stelle gezeigt worden (siehe Abbildung 8.49 weiter vorne).

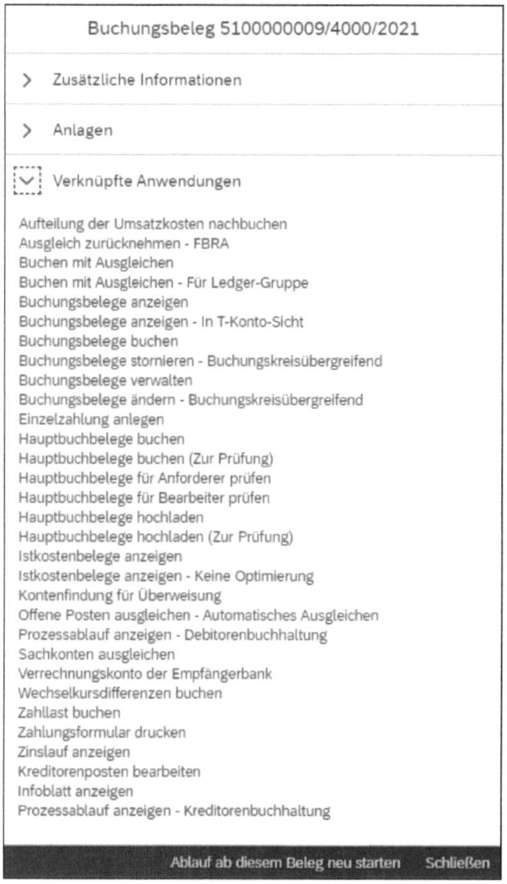

Abbildung 8.87 Kontextmenü zum Storno-Buchungsbeleg – verknüpfte Anwendungen

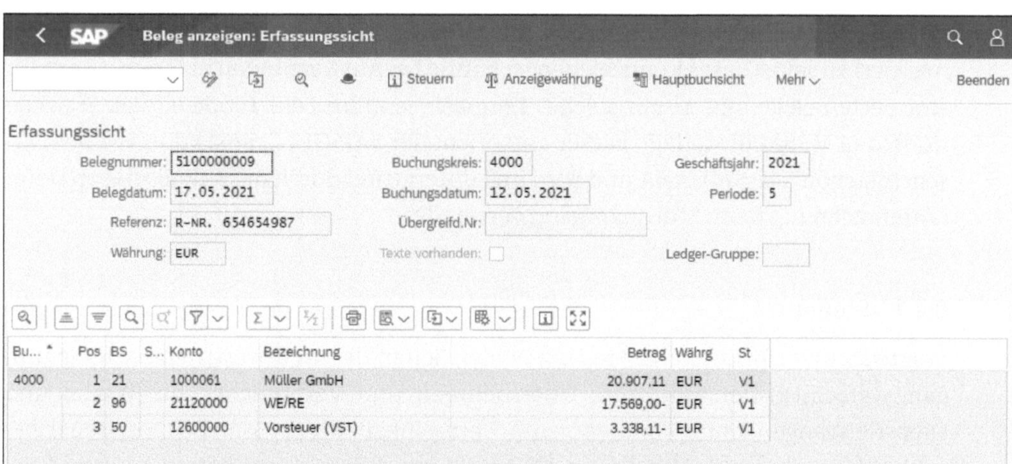

Abbildung 8.88 Buchungsbeleg der stornierten Lieferantenrechnung

Über die Schaltfläche [Button] in Abbildung 8.88 können Sie die vollständigen Belegkopfinformationen zum Buchungsbeleg erschließen, die in Abbildung 8.89 gezeigt werden. Im Feld **St. Ref.** finden Sie die Belegnummer des stornierten Belegs.

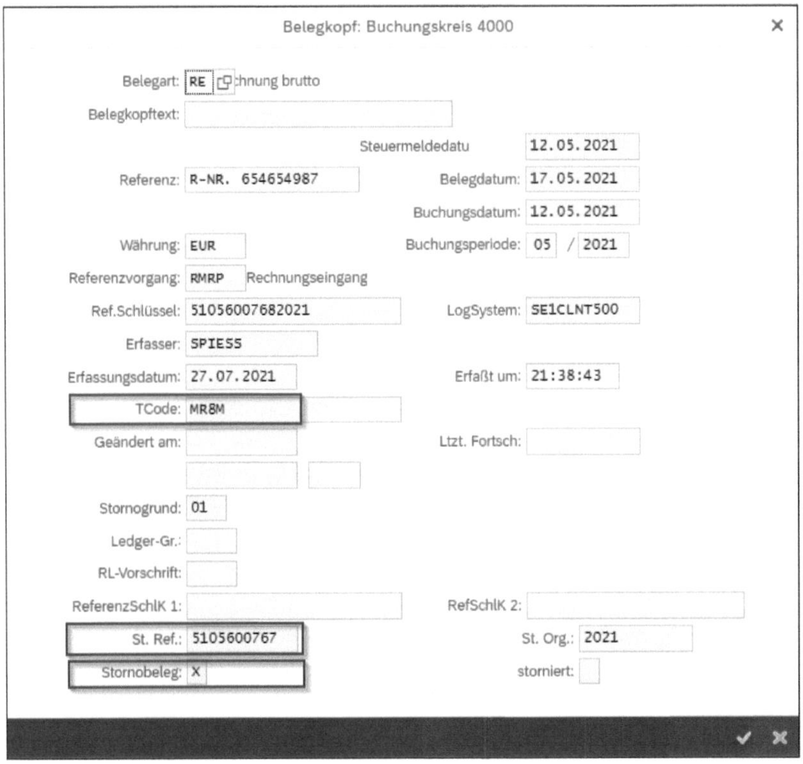

Abbildung 8.89 Belegkopf des Stornobelegs

Darüber hinaus befindet sich im Feld **Stornobeleg** das Kennzeichen **X**, um als solcher markiert zu sein. Dieses Kennzeichen ist häufig bei Auswertungen hilfreich. (Auch für stornierte Belege gibt es ein solches Kennzeichen.) Im Feld **TCode** ist der Transaktionscode MR8M hinterlegt. Dieser entspricht der SAP-GUI-Transaktion vor dem Erscheinen von SAP S/4HANA und wird im Hintergrund durch die SAP-Fiori-App **Lieferantenrechnung** beim Stornovorgang verwendet.

8.2.7 Steuern

Vorsteuer und *Umsatzsteuer* sind die beiden Seiten der Mehrwertsteuer, wie sie umgangssprachlich genannt wird. Unternehmen und Verbraucher, die Waren und Dienstleistungen kaufen, müssen zum Nettoeinkaufswert zusätzlich Vorsteuer bezahlen. Unternehmen, Händler und Dienstleister müssen zum Nettowert Ihrer Leistungen Umsatzsteuer hinzurechnen. Die Berechnung von Mehrwertsteuer ist über alle Landesgrenzen hinweg ein übliches Verfahren der Besteuerung. Unterschiedlich ist in den verschiedenen Staaten lediglich die Höhe des Steuersatzes, d. h. des auf die Waren und Dienstleistungen aufzuschlagenden Prozentsatzes.

Im SAP-System werden die Steuersätze über Steuerkennzeichen abgebildet. Im SAP-Standard werden für Deutschland z. B. die folgenden *Steuerkennzeichen* ausgeliefert:

- **A0** (Ausgangssteuer Inland 0 %)
- **AA** (Ausgangssteuer Inland 19 %)
- **A2** (Ausgangssteuer Inland 7 %)
- **V0** (Vorsteuer Inland 0 %)
- **VA** (Vorsteuer Inland 19 %)
- **V2** (Vorsteuer Inland 7 %)

Die Liste der Steuerkennzeichen in Ihrem Unternehmen kann vollkommen anders aussehen, da die Steuerkennzeichen kundenindividuell angelegt werden können. Die Steuerkennzeichen werden je Land gepflegt – d. h., dass der Steuersatz, ebenso wie die Bezeichnung und die Aussteuerung, des Steuerkennzeichens **VN** in anderen Ländern anders sein kann als in Deutschland. Zusätzlich zur allseits bekannten Mehrwertsteuer gibt es innerhalb der Europäischen Union Steuerkennzeichen, die nicht nur die Besteuerung zwischen den EU-Ländern abbilden, sondern darüber hinaus für die Umsatzsteuermeldung genutzt werden können. Damit können die Finanzämter prüfen, ob die Unternehmen jeweils in ihrem Land die richtigen Steuerbeträge abführen.

Neben der Ermittlung oder Überprüfung der eingegebenen Steuerbeträge dienen die Steuerkennzeichen dazu, die für die Buchung in der Finanzbuchhaltung nötigen Sachkonten abzuleiten. Diese sind im FI-Customizing fest hinterlegt.

Wir beschränken uns nachfolgend auf zwei einfache Beispiele, anhand derer wir Ihnen grundsätzlich die Behandlung von Steuern in der Rechnungseingangserfassung vorstellen möchten. Zunächst zeigen wir Ihnen die Verarbeitung der Steuer für eine Rechnung mit Bezug zu einer Bestellung mit einer Bestellposition. Der Wareneingang zu dieser Bestellung wurde noch nicht erfasst. Beginnen wir mit der Bestellung. Üblicherweise werden Bestellungen ohne Angabe von Steuerinformationen eingebucht. Denn die Einkäufer müssen nicht unbedingt über die fachlichen Kenntnisse verfügen, die es Ihnen ermöglichen, den jeweils richtigen Steuersatz auszuwählen. Häufig finden Sie deshalb in einer Bestellung die Situation so vor, wie sie in Abbildung 8.90 gezeigt wird. Das Feld **Steuerkennzeichen** ist leer.

Im Einstiegsbild der SAP-Fiori-App **Lieferantenrechnung anlegen** wird, anders als in der altbekannten SAP-GUI-Transaktion MIRO, im Belegkopf kein Steuerkennzeichen vorgeschlagen. Das Steuerkennzeichen wird aus dem Produktstammsatz und dem Lieferantenstammsatz abgeleitet. In Abbildung 8.91 sehen Sie das für die Rechnungsposition vorgeschlagene Steuerkennzeichen.

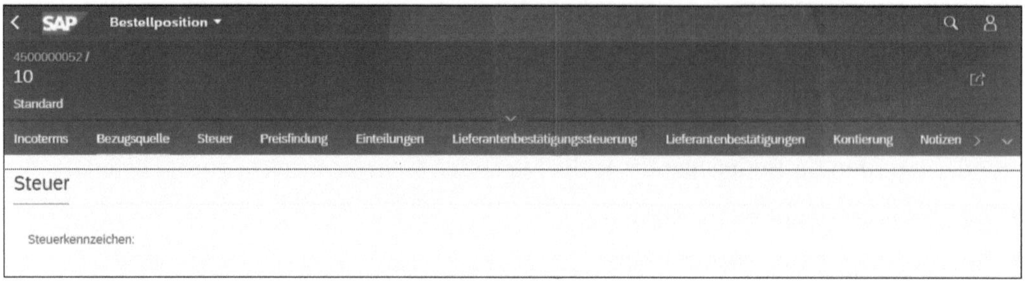

Abbildung 8.90 Bestellposition ohne Steuerkennzeichen

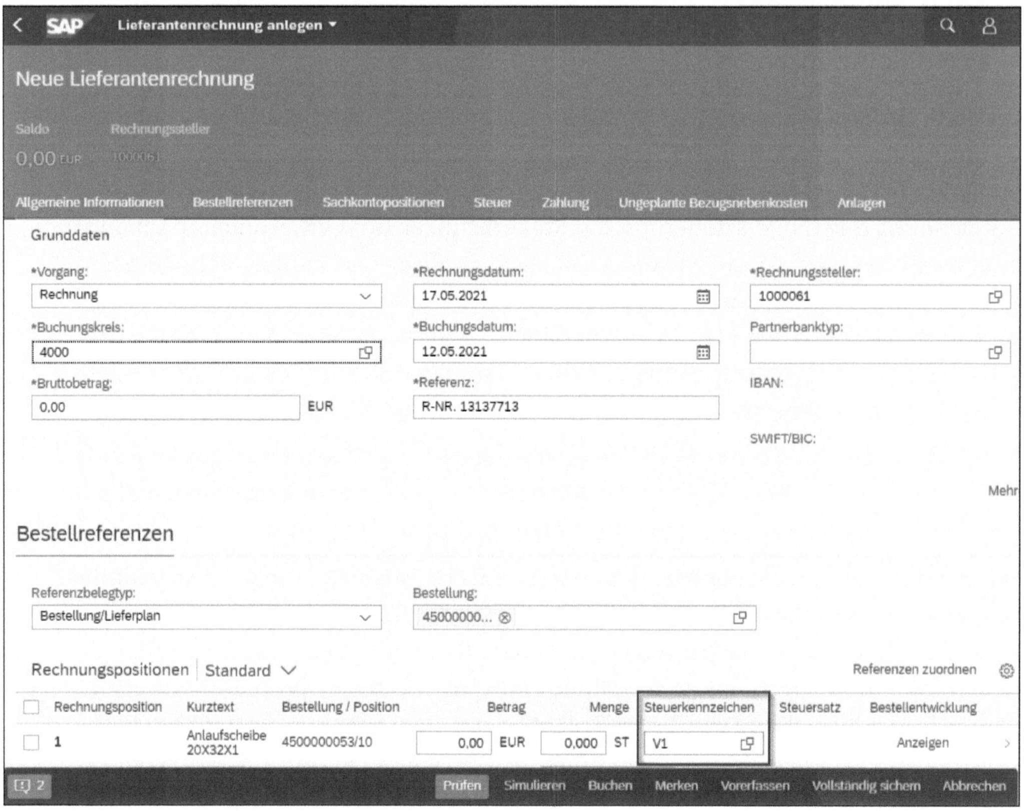

Abbildung 8.91 Erfassung einer Eingangsrechnung: Steuerverarbeitung

Nach der Hinterlegung von Nettobetrag und Wareneingangsmenge (im Beispielfall ist der Wareneingang noch nicht erfolgt oder noch nicht erfasst) sowie des Bruttobetrags im Belegkopf, kann die formale Prüfung des Belegs erfolgen. Dabei wird bereits der Steuerbetrag aus dem Steuerkennzeichen ermittelt und unter Berücksichtigung dieses Steuerbetrags der Saldo für die Gesamtrechnung ausgewiesen. Sehen Sie selbst in Abbildung 8.92.

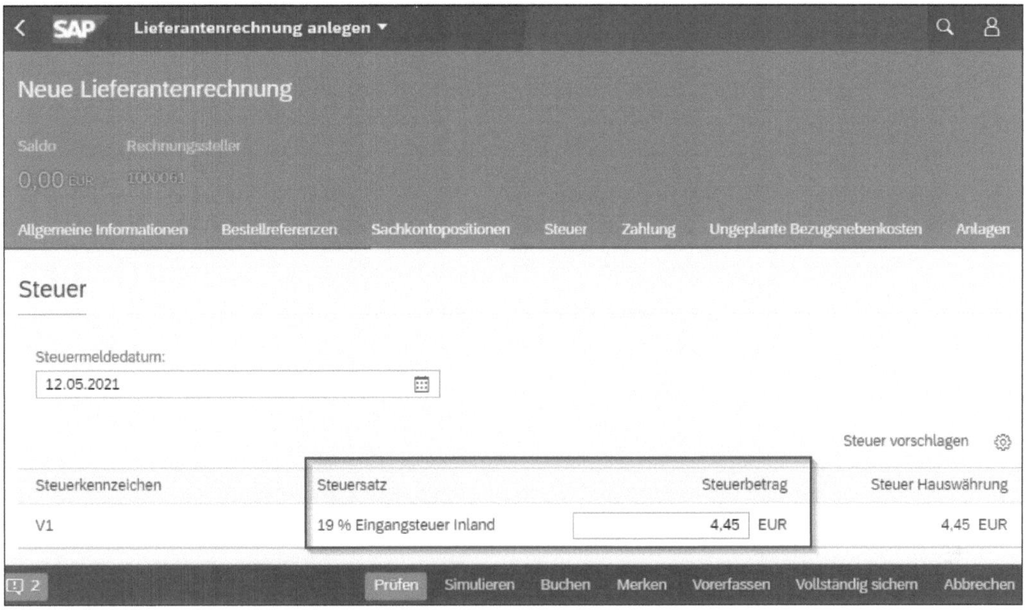

Abbildung 8.92 Lieferantenrechnung anlegen: Steuerposition mit Steuerbetrag

Steuer automatisch rechnen

Bei der Rechnungseingangserfassung mit der SAP-Fiori-App **Lieferantenrechnung anlegen** ist es nicht mehr erforderlich und auch nicht möglich, einen Haken zu **Steuer rechnen** zu setzen. Dennoch wird der Steuerbetrag vom SAP-System automatisch auf Basis des jeweiligen Steuerkennzeichens ermittelt und im Bereich **Steuer** angezeigt. Nun liegt die Voraussetzung für eine ordentliche Rechnung vor, da die Steuerbeträge dort entsprechend den gesetzlichen Rahmenbedingungen korrekt angegeben sind. Im Rahmen der Rechnungsprüfung muss dann sichergestellt werden, dass diese Daten genauso in das SAP-System übernommen wurden. Stellen Sie also eine Differenz zwischen dem vom SAP-System ermittelten Steuerbetrag und dem auf der Rechnung ausgewiesenen Betrag fest, darf die Rechnung so nicht verbucht werden. Es liegt dann im Ermessen des Rechnungsprüfers, die Rechnung mit der Bitte um korrekte Ausstellung an den Lieferanten zurückzuschicken oder diese dennoch einzubuchen. Bei kleinen Differenzen kann der Steuerbetrag im Bereich **Steuer** auch manuell eingegeben werden.

In Abbildung 8.93 können Sie in der Simulation des in Abbildung 8.91 begonnenen Rechnungsbelegs sehen, dass eine zusätzliche Buchungszeile für die Verarbeitung der Vorsteuer mit dem Steuerkennzeichen **V1** erzeugt wurde. Das abgeleitete Sachkonto ist das Konto 12600000.

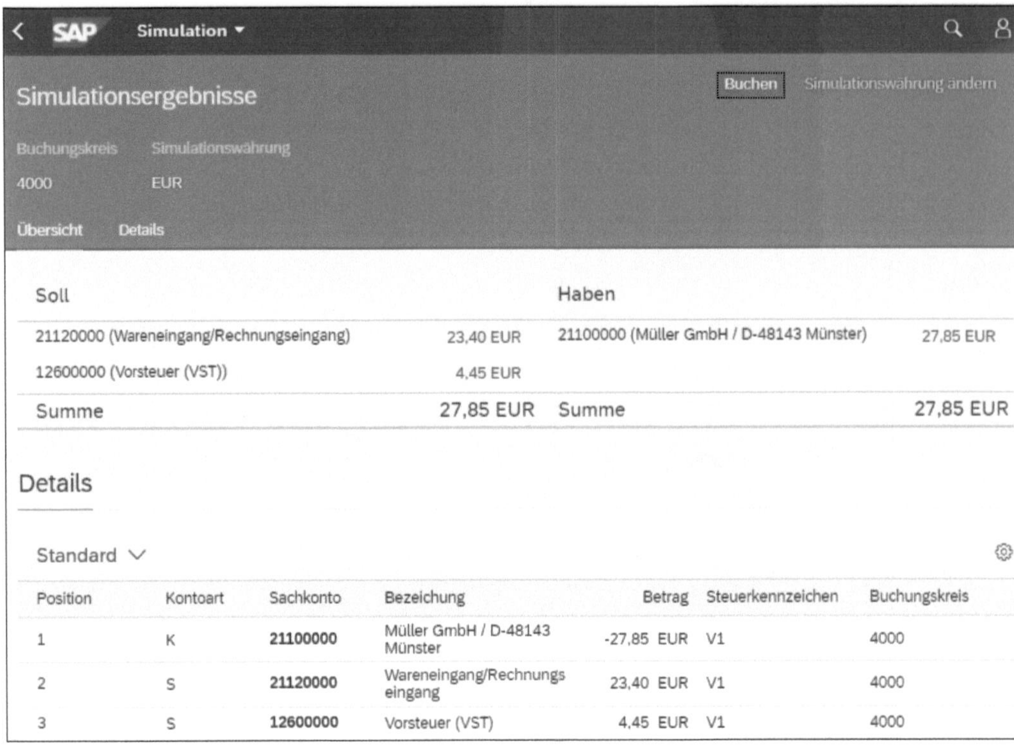

Abbildung 8.93 Simulation des Rechnungsbelegs: Ableitung des Vorsteuersachkontos

Im zweiten Beispiel zu diesem Abschnitt zeigen wir Ihnen, wie die Verarbeitung der Steuer erfolgt, wenn in Ihrer Bestellung mehrere Bestellpositionen mit unterschiedlichen Steuerkennzeichen enthalten sind. In Abbildung 8.94 sehen Sie die Erfassung einer Lieferantenrechnung für eine Bestellung mit insgesamt fünf Bestellpositionen. Für Position 1 ist das Steuerkennzeichen **V1** hinterlegt, Position 2 hat das Steuerkennzeichen **V2**, Position 3 das Kennzeichen **V0**, Position 4 das Kennzeichen **V9** und Position 5 das Steuerkennzeichen **V1**.

Die Erfassung der Eingangsrechnung mit der SAP-Fiori-App **Lieferantenrechnung anlegen** unterscheidet sich nicht nach der Anzahl der Bestellpositionen. Sie hätten lediglich die Wahl, nur bestimmte Bestellpositionen direkt in Ihrer Rechnung über die Eingabe der Positionsnummer neben der Bestellnummer auszuwählen. Zudem können Bestellpositionen deaktiviert werden, wenn sie nicht in der Rechnung enthalten sind. In Abbildung 8.94 wurden alle fünf Bestellpositionen übernommen.

Die Verarbeitung einer Rechnung mit mehreren Steuerkennzeichen erfolgt in der SAP-Fiori-App **Lieferantenrechnung anlegen** grundsätzlich genauso wie bei der Erstellung einer Rechnung mit nur einem Steuerkennzeichen.

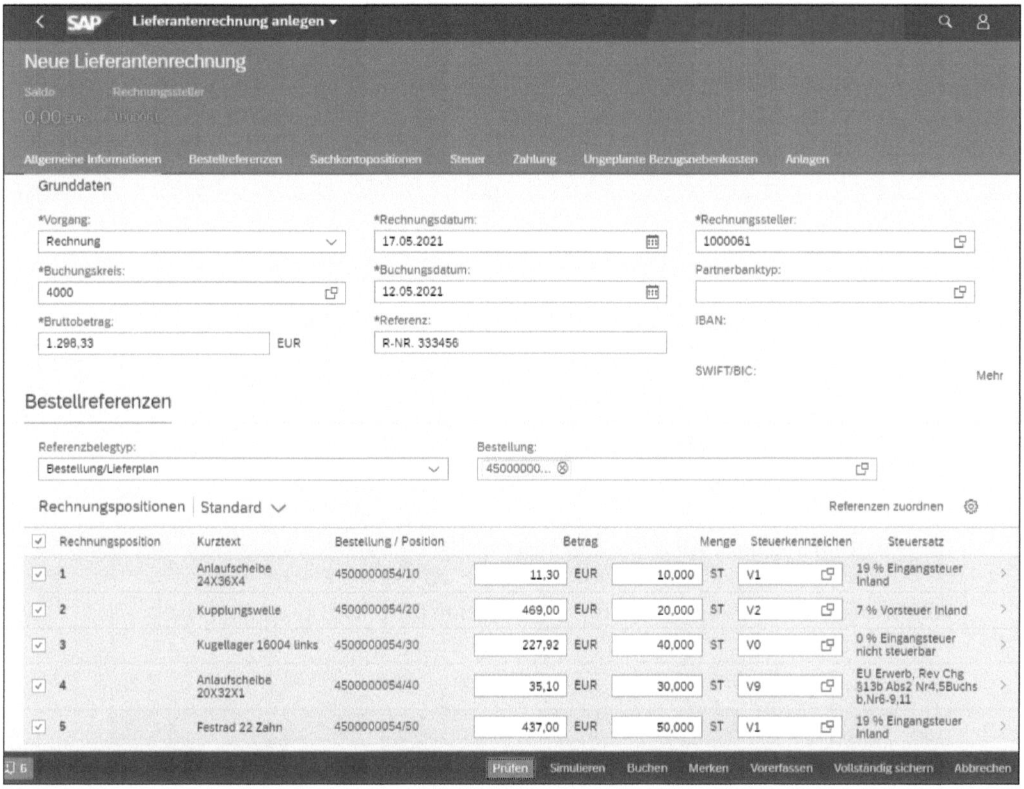

Abbildung 8.94 Bestellung mit mehreren Bestellpositionen: unterschiedliche Steuerkennzeichen

Die Steuerinformationen werden im Bereich **Steuer** angezeigt, wie Sie es aus Abbildung 8.95 ersehen können. Stimmen die vom SAP-System gerechneten Steuerbeträge nicht mit den Steuerbeträgen auf der Rechnung überein, können Sie genau hier einfach überschrieben werden.

Nach der Anpassung der Steuerbeträge ist innerhalb gewisser Toleranzen eine Verbuchung der Rechnung möglich. Sehen wir uns nachfolgend den FI-Beleg an, sehen Sie in Abbildung 8.96 je Steuerkennzeichen eine eigene Buchungsposition mit dem jeweiligen Betrag aus der Erfassung der Lieferantenrechnung. Buchungsposition 7 zeigt Ihnen den leicht geänderten Steuerbetrag in Höhe von 87,00 EUR (gegenüber 85,18 EUR aus Abbildung 8.95).

Im nächsten Abschnitt zeigen wir Ihnen, wie Sie Ihre erfassten Rechnungen mit den Standardberichten der Logistik-Rechnungsprüfung auswerten können.

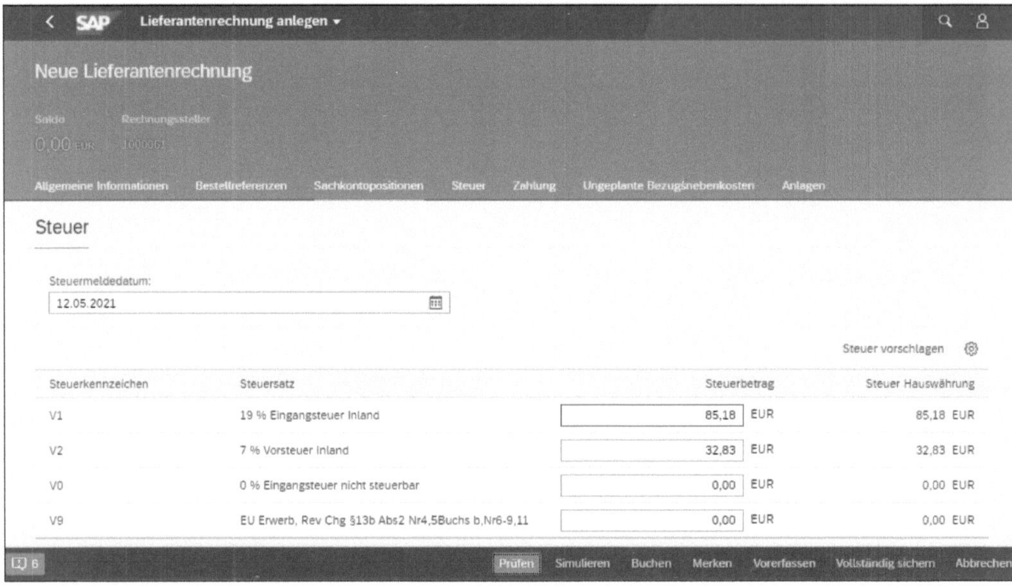

Abbildung 8.95 Eingangsrechnung mit mehreren Bestellpositionen erfassen: Steuerverarbeitung

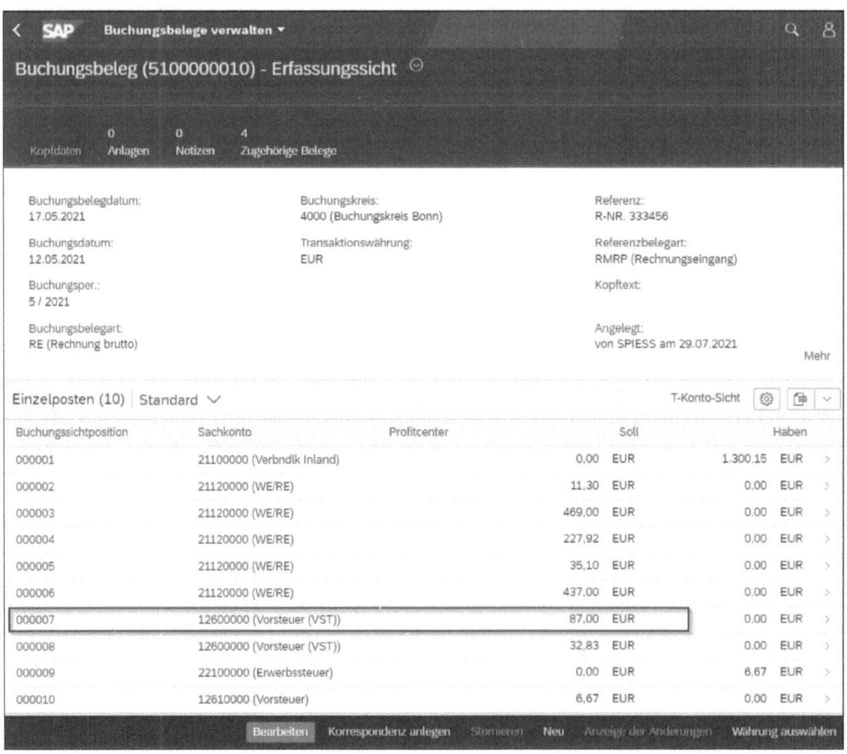

Abbildung 8.96 Buchungsbeleg bei mehreren Steuerkennzeichen

8.3 Auswertungen: Liste der Lieferantenrechnungen

In diesem Abschnitt lernen Sie eine Auswertungsmöglichkeit kennen: die Anzeige einer Liste von Lieferantenrechnungen. Diese Liste wird mithilfe der SAP-Fiori-App **Liste der Lieferantenrechnungen** erzeugt und wurde bisher in diesem Kapitel auch schon mehrfach angesprochen. Nachfolgend wird diese App detailliert beschrieben.

Im SAP GUI gibt es auch unter SAP S/4HANA die beiden Auswertungen **Liste Rechnungswesenbelege anzeigen** und **Übersicht Rechnungen**. Beide Auswertungen sind in die SAP-Fiori-App **Liste der Lieferantenrechnungen** eingeflossen.

Nach dem Start der App **Liste der Lieferantenrechnungen** erscheint zunächst eine leere Liste. Das Selektionsbild im oberen Bildbereich kann mit Selektionskriterien gefüllt werden, muss aber mindestens mithilfe der Schaltfläche **Start** angestoßen werden. In Abbildung 8.97 sehen Sie eine mögliche Belegauswahl mitsamt einem ersten Ergebnis.

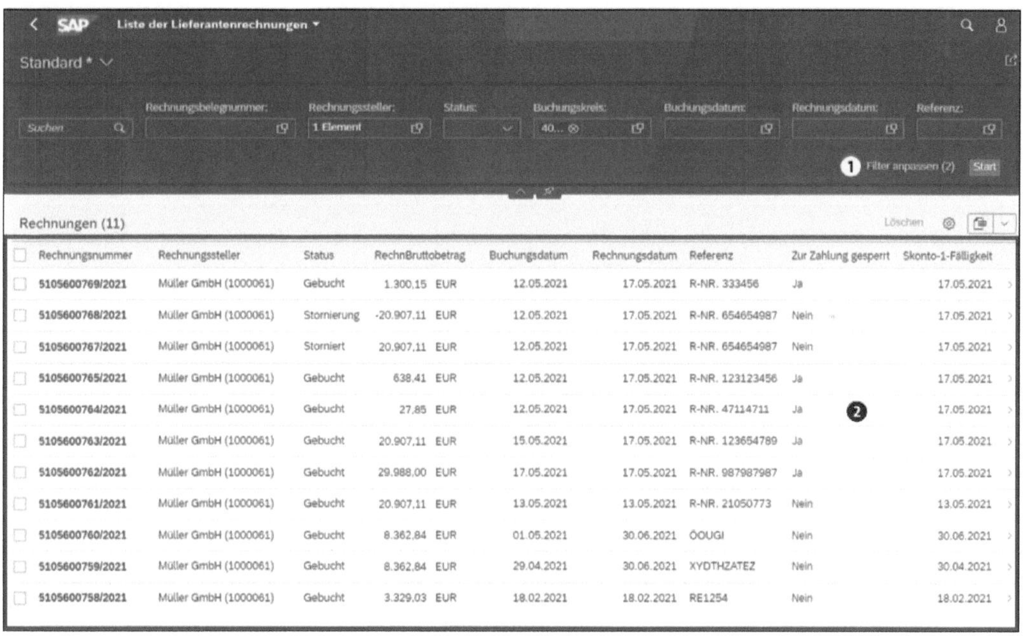

Abbildung 8.97 Selektionsbild »Liste der Lieferantenrechnung« mit Ergebnis

Im Kasten mit der Ziffer ❶ aus Abbildung 8.97 sehen Sie den Selektionsbereich der Auswertung, und im Kasten mit der Ziffer ❷ können Sie schon das Ergebnis aus unserem Demo-Mandanten sehen.

Je nachdem, wie viele Belege Sie auswählen möchten, müssen Sie gröber oder feiner selektieren. Nutzen Sie die Selektionsfelder im Kasten mit der Ziffer ❶. Wenn Sie nur in wenigen Feldern Eingaben vornehmen, erhalten Sie mit größerer Wahrscheinlichkeit ein Berichtsergebnis. Wenn dieses zu unübersichtlich ist, können Sie über die Hinzunahme von weiteren Selektionsfeldern das Listenergebnis auf eine bearbeitbare Länge reduzieren.

Das Ergebnis der Selektion ist die Liste im Kasten mit der Ziffer ❷. Diese Liste können Sie entsprechend Ihres Informationsbedarfs anpassen, und es stehen Ihnen dabei Layoutfunktionen zur Verfügung, wie sie in Abschnitt 9.1.3, »Sichten definieren und verwalten«, beschrieben werden. Sie haben die Möglichkeit, eine markierte Rechnung mithilfe der Schaltfläche **Löschen** zu löschen (siehe im Abschnitt 8.2.5, »Beleg merken, vorerfassen und vollständig sichern«, im Rahmen der Beschreibung des Arbeitens mit vorerfassten Belegen). Über die Schaltfläche ⚙ (**Einstellungen**) können Sie die angezeigten Spalten und deren Reihenfolge beeinflussen. In Abbildung 8.98 sehen Sie die Liste mit den selektierten Rechnungsstellern in der ersten Spalte. Über einen einfachen Klick auf eine hier angezeigte Belegnummer können Sie sich die jeweilige Lieferantenrechnung aus Sicht der Materialwirtschaft anzeigen lassen.

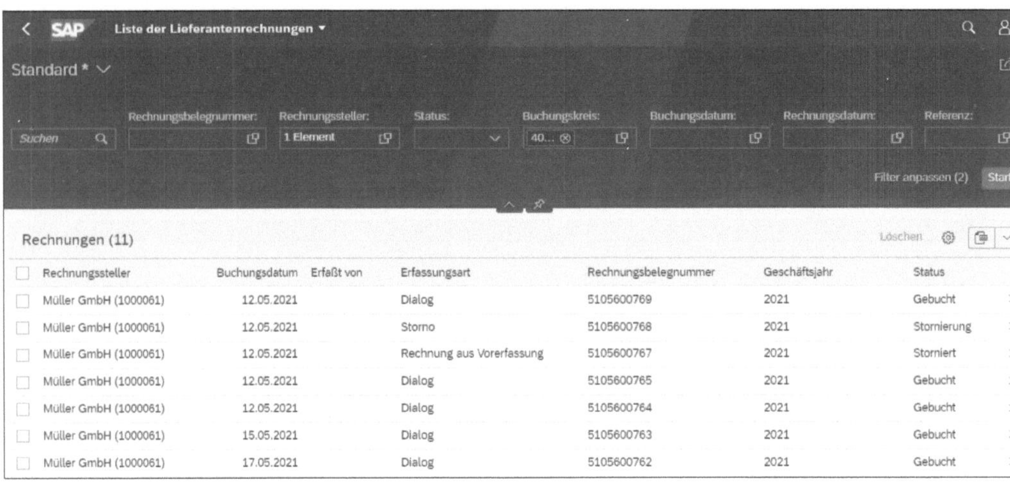

Abbildung 8.98 Liste der Lieferantenrechnungen mit verändertem Spaltenaufbau

Wie es oben bereits ausführlich gezeigt wurde, ist über die Liste der Lieferantenrechnungen eine Navigation zu den Belegen in allen im jeweiligen Geschäftsvorfall angesprochenen SAP-Komponenten möglich.

In diesem Abschnitt haben wir uns auf die Auswertungen beschränkt, die direkt mit der Rechnungseingangserfassung zusammenhängen. Weitere Auswertungen stellen wir Ihnen in Kapitel 9, »Auswertungen«, vor.

Im folgenden Abschnitt geht es um den Umgang mit Rechnungsabweichungen. Darüber hinaus beschäftigen wir uns mit Skonto im Zahllauf sowie mit Rechnungskürzungen.

8.4 Abweichungen

In diesem Abschnitt stellen wir Ihnen verschiedene Arten von Abweichungen vor, die zwischen einer Eingangsrechnung und der zugehörigen Bestellung und dem Wareneingang liegen können. Im folgenden Abschnitt geht es dabei zunächst um Abweichungen, die bereits im logistischen Prozess entstanden sind.

In diesem Abschnitt befassen wir uns zunächst mit Beispielen für Mengen- und Preisabweichungen. Zunächst einmal kann die im Wareneingang erfasste oder auch die in der Rechnung ausgewiesene Liefermenge die Bestellmenge über- oder unterschreiten – aus welchen Gründen auch immer. Im Customizing können Sie für Mengenabweichungen positive oder negative Toleranzen einstellen, die dazu führen, dass eine Rechnung trotz Abweichung auf normalem Wege durchgebucht oder mit einer Rechnungssperre versehen werden kann.

Dies gilt auch im Fall von Preisabweichungen, wenn der auf der Rechnung ausgewiesene Preis niedriger oder höher ist als der Preis aus der Bestellung.

8.4.1 Mengenabweichungen

Wir beginnen mit einem Beispiel für eine Warenlieferung, bei der eine größere Menge als bestellt geliefert wurde (siehe Abbildung 8.99, Kasten mit der Ziffer ❶).

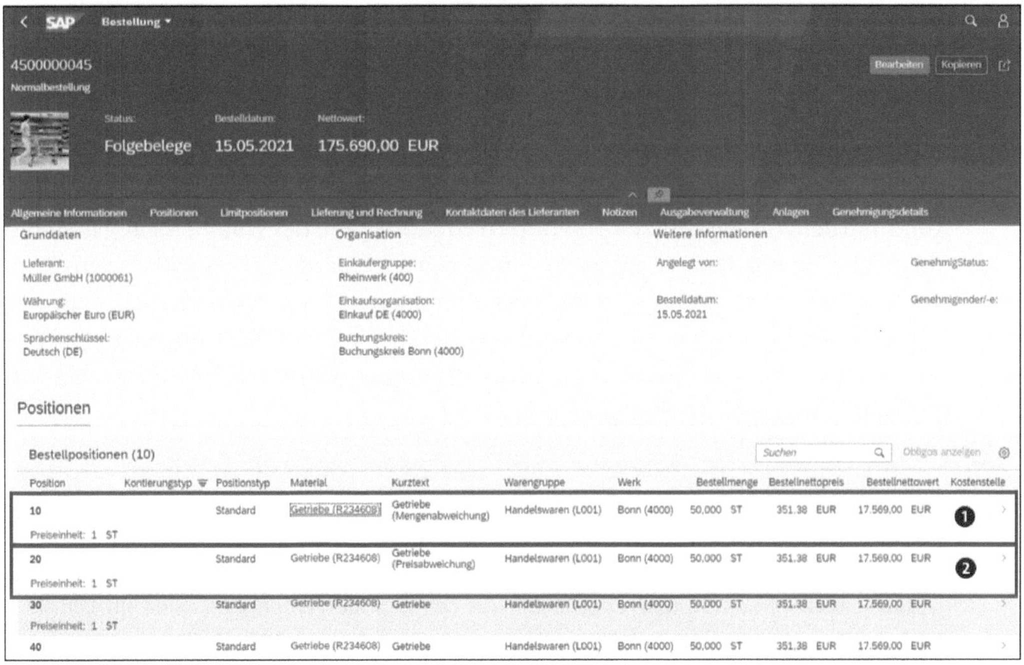

Abbildung 8.99 Bestellpositionen mit Mengenabweichung (10) und Preisabweichung (20)

Die gesamte gelieferte Menge von 55 Stück des Bestellmaterials wird berechnet. In Abbildung 8.100 sehen Sie das Erfassungsbild der SAP-Fiori-App **Lieferantenrechnung anlegen**, in der bereits die Zuordnung der Bestellposition vorgenommen und der Bruttorechnungsbetrag übernommen wurde. Die Abwicklung ist insoweit genauso, wie es in Abschnitt 8.2.1, »Rechnung mit Bezug (Bestellung, Lieferplan, Lieferschein)«, beschrieben wurde.

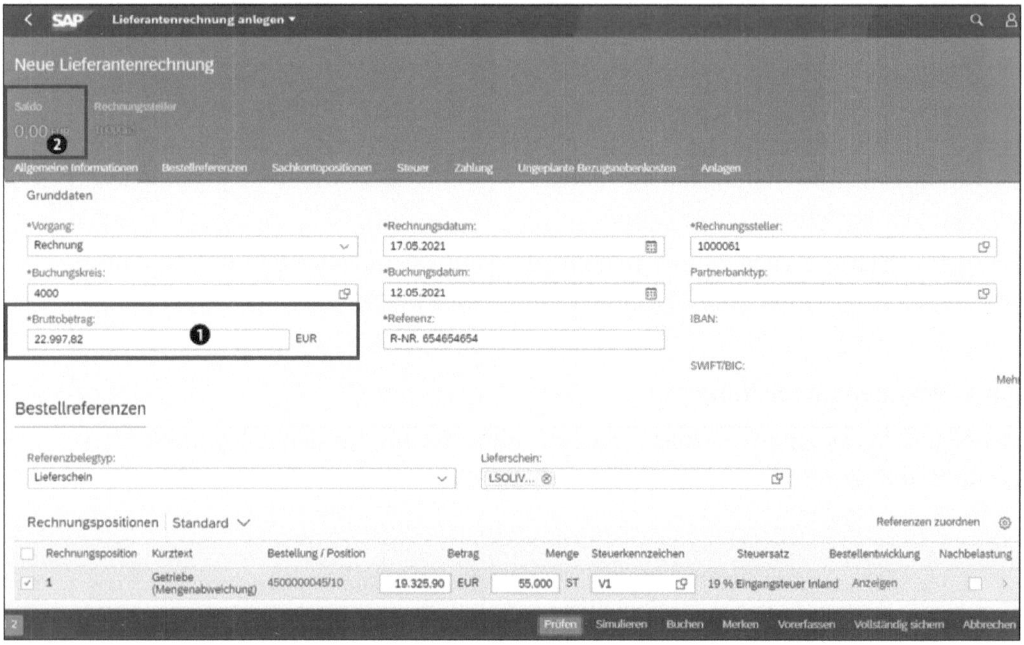

Abbildung 8.100 Rechnungserfassung mit höherer Wareneingangsmenge

Aufgrund der voreingestellten Toleranzen von 10 % kann der Wareneingang in Abbildung 8.100 ohne Rechnungssperre durchgebucht werden. Dies gilt in unserem Demo-System auch, wenn statt der Bestellmenge von 10 Stück eines Materials nur 9 Stück geliefert wurden. Die Abweichung beträgt in beide Richtungen 10 % – das Demo-System lässt aufgrund der im Customizing eingestellten Toleranzgrenzen in beide Richtungen Abweichungen von 10 % zu.

[»]

Toleranzgrenzen

Toleranzgrenzen für Mengen- und Preisabweichungen werden im Customizing eingestellt. So erscheinen Sie als Vorschlag bei der Erfassung einer Bestellung. Es können jedoch abweichende Toleranzgrenzen in die Bestellungen eingegeben werden. Damit wird z. B. gesteuert, ob ein Wareneingang mit abweichender Menge eingebucht werden kann und ob dazu auch eine Rechnungserfassung möglich ist.

Außerhalb der Toleranzgrenzen werden die Rechnungen hinsichtlich der Abweichungen gesperrt.

8.4.2 Preisabweichungen

In diesem Abschnitt zeigen wir Ihnen ein Beispiel für Preisabweichungen. Unser Demo-System lässt auch Preisabweichungen von plus 10 % oder minus 20 % zu. Wir buchen eine Rechnung zur Bestellposition 2 aus Abbildung 8.99 ein. Die Bestellung wurde über 50 Getriebe zum Preis von 351,38 EUR je Stück erstellt.

Die Eingangsrechnung weist jedoch einen Preis von 19.325,90 EUR netto für die 50 Getriebe aus, d. h., dass das einzelne Getriebe 386,52 EUR statt 351,38 EUR kosten würde (siehe Abbildung 8.101).

Auch hier wurde wieder zunächst der Belegkopf gefüllt und dann die Belegposition mit Bezug zur Bestellung eingegeben. Der Betrag in der Belegposition wurde auf 19.325,90 EUR angepasst. Wie im Kasten mit der Ziffer ❶ zu sehen ist, ist hier ein Betrag in Höhe von 22.996,75 EUR zu sehen – der Nettovorschlagswert von 17.569,00 EUR aus der Bestellposition wurde manuell gemäß der vorliegenden Rechnung überschrieben. Nach der Eingabe des Rechnungsbruttobetrags im Feld **Betrag** (Kasten mit der Ziffer ❶) änderte sich der Belegsaldo auf 0,00 EUR (Kasten mit der Ziffer ❷).

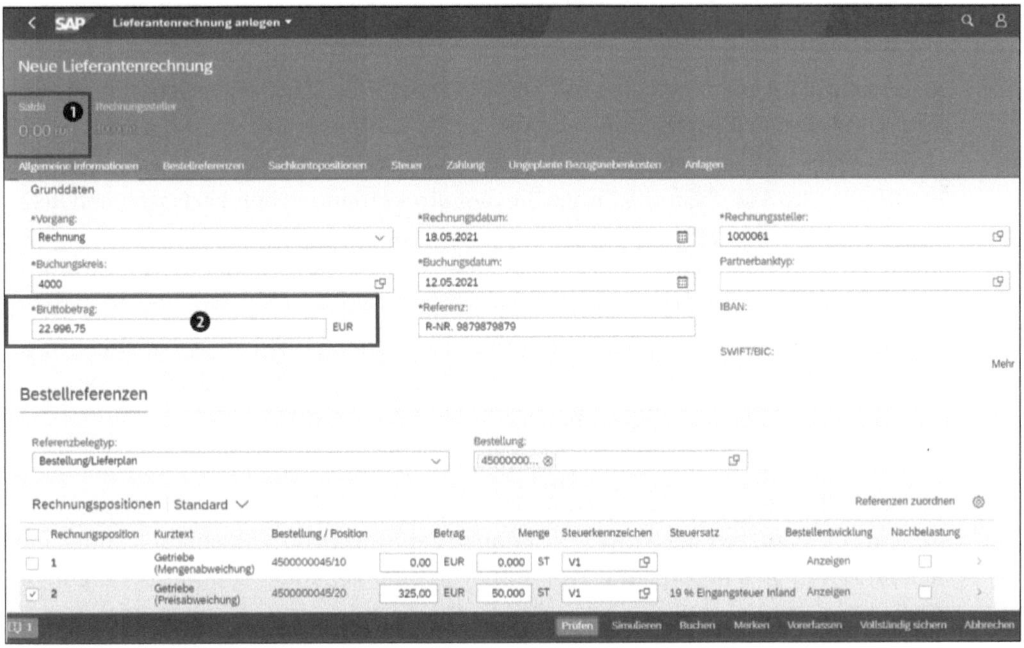

Abbildung 8.101 Rechnungserfassung mit Preisabweichung

Nach dem Buchen der Lieferantenrechnung mithilfe der Schaltfläche **Buchen** erscheint die Erfolgsmeldung gemäß Abbildung 8.102.

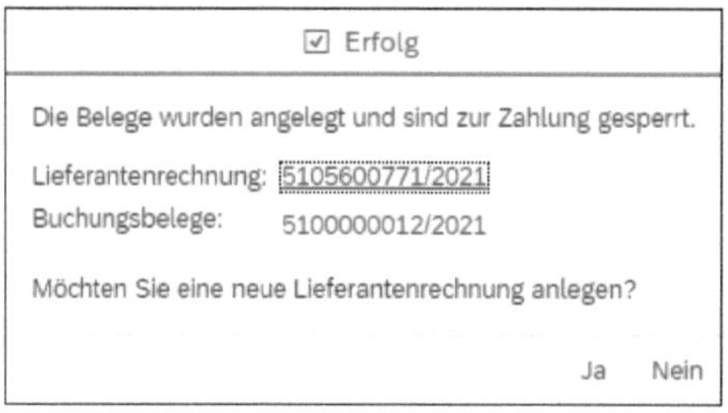

Abbildung 8.102 Zahlsperre infolge der Betragsprüfung

Der Beleg lässt sich trotz der Preisabweichung buchen. Der höhere Preis je Getriebe liegt noch innerhalb der Toleranzgrenze von 10 %. Sie erhalten dennoch die Meldung, dass der Beleg eine Zahlsperre erhält. Informationen zum weiteren Vorgehen finden Sie in Abschnitt 8.5, »Sperren und Freigaben«.

8.4.3 Skonto

Wir zeigen Ihnen nun, wie Sie mithilfe von Zahlungsbedingungen im SAP-System dafür sorgen, dass das vom Lieferanten eingeräumte Skonto beim Bezahlen von Rechnungen einbehalten wird.

Im Einkauf wird üblicherweise mit einem Lieferanten darüber verhandelt, zu welchen Konditionen jenseits vom vereinbarten Preis eine Lieferung erfolgt. Bestandteil einer solchen Vereinbarung können Zahlungsfristen und gegebenenfalls auch das Skonto sein. Im SAP-System können Sie dies direkt manuell beim Erfassen von Rechnungen mit der SAP-Fiori-App **Lieferantenrechnung anlegen** im Bereich **Zahlung** eingeben. Häufig beziehen Sie Leistungen aber über einen längeren Zeitraum immer wieder von demselben Lieferanten und profitieren dann immer in gleicher Weise von den vereinbarten Zahlungskonditionen. SAP bietet deshalb die Möglichkeit, feste Zahlungsbedingungen über einen Zahlungsbedingungsschlüssel im SAP-System zu hinterlegen. Ein Beispiel dafür sehen Sie in Abbildung 8.103.

Die entsprechenden Einstellungen werden im Customizing und damit in aller Regel im SAP GUI vorgenommen. Eine SAP-Fiori-App für das Pflegen von Zahlungsbedingungen gibt es zurzeit noch nicht. Sie können Zahlungsbedingungen für Kunden und Lieferanten in gleicher Art und Weise pflegen oder separate Zahlungsbedingungen für Ihre Lieferanten und Kunden anlegen. Die Beispielzahlungsbedingung lässt für Zahlungen innerhalb von 14 Tagen ab Rechnungsdatum (**Belegdatum**) 2 % Skonto zu. Die Rechnung wird erst nach 30 Tagen fällig; ab dem 14. Tag nach Rechnungsstellung ist aber kein Skonto-Abzug mehr möglich.

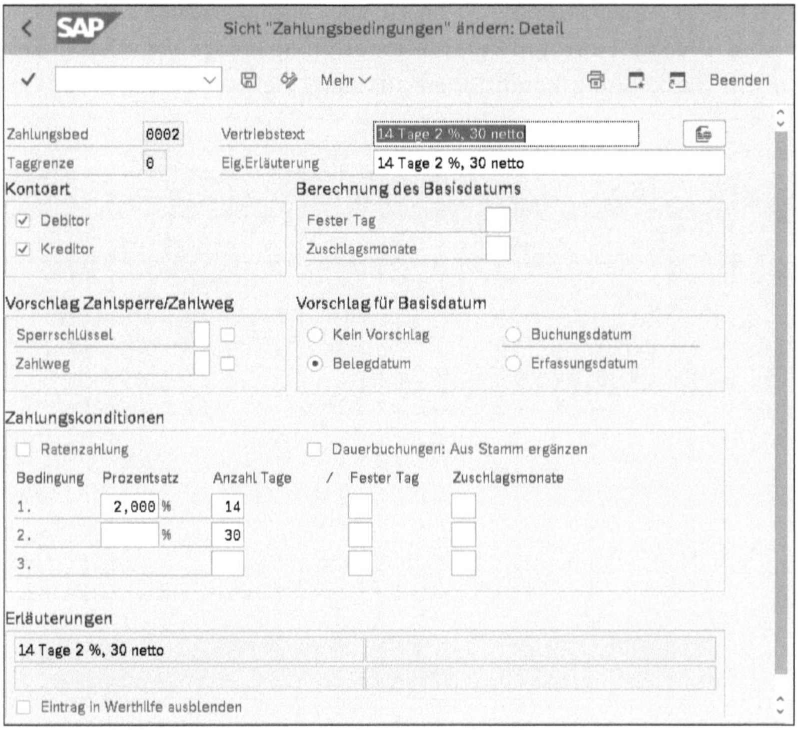

Abbildung 8.103 Zahlungsbedingungen

Zahlungsbedingungen können bei der Rechnungserfassung im Bereich **Zahlung** in der App **Lieferantenrechnung anlegen** über Ihren vierstelligen Schlüssel eingegeben werden. Sie können diese aber auch im Lieferantenstammsatz hinterlegen (siehe Abschnitt 3.4, »Geschäftspartner«). Die Zahlungsbedingung aus der Einkaufssicht beim Lieferanten wird bei der Rechnungserfassung über die SAP-Fiori-App **Lieferantenrechnung anlegen** im Rechnungsbeleg vorgeschlagen. Wird eine Eingangsrechnung ohne Materialbeleg direkt in der Buchhaltung erfasst, wird die Zahlungsbedingung aus der Buchhaltungssicht vorgeschlagen.

Zahlungsbedingungen

Zahlungsbedingungen in der Einkaufssicht und in der Buchhaltungssicht eines Lieferanten sollten gleichgehalten werden.

In Abbildung 8.104 zeigen wir Ihnen den Bereich **Zahlung** aus dem Belegkopf während der Erfassung der Lieferantenrechnung mit der SAP-Fiori-App **Lieferantenrechnung anlegen**. Hier wird Ihnen die Zahlungsbedingung aus dem Kreditorenstammsatz mit allen Ausprägungen angezeigt (Zahlungsfristenbasisdatum, Nettofälligkeit, mögliche Skonto-Fristen).

Hier sehen Sie, dass die eingetragenen Werte zu den Zahlungskonditionen nicht überschreibbar sind. Die SAP-Fiori-App **Lieferantenrechnung anlegen** beinhaltet keine Möglichkeit, um die Zahlungskonditionen aus dem Lieferantenstammsatz zu überschreiben.

Abbildung 8.104 Zahlungsbedingung in der Lieferantenrechnung

In Abbildung 8.104 sehen Sie außerdem das vorgeschlagene Zahlungsfristenbasisdatum (Feld **Zahlungsfr.basis**). Wie es in Abbildung 8.103 gezeigt wird, schlägt die verwendete Zahlungsbedingung 0001 das Belegdatum als Basisdatum vor. Das Feld **Nettofälligkeit** beinhaltet dann gemäß Zahlungsbedingung das Basisdatum, zuzüglich der Anzahl an Tagen, bis zu denen die Rechnung nettofällig wird, im Beispiel also zuzüglich 0 Tage.

In der SAP-Fiori-App **Lieferantenrechnung anlegen** ist es nicht mehr möglich, einen fixen Skonto-Betrag zu erfassen. Der Skonto-Betrag wird erst mit der Durchführung des Zahllaufs ermittelt und in den Beleg geschrieben.

Ob Skonto gezogen wird oder nicht, entscheidet sich letztlich erst beim Zahllauf, den die Buchhaltung durchführt. Üblicherweise laufen die Bemühungen in die Richtung, maximales Skonto zu ziehen. Es kann jedoch verschiedene Gründe geben, warum ein Unternehmen das gewährte Skonto nicht in Anspruch nimmt, wie im Folgenden aufgelistet:

- Die Bearbeitung der Rechnung bis zur Freigabe für die Zahlung dauert zu lange, sodass die Skonto-Frist überschritten ist.
- Die Rechnung wird aufgrund mangelnder Liquidität zu einem Zeitpunkt, zu dem noch Skonto möglich wäre, zurückgestellt.

Bei der Skonto-Abwicklung wird der maximal mögliche Skonto-Betrag in der Buchhaltung aus den genannten Gründen zunächst nur zurückgestellt. Dieser zurückgestellte Betrag wird dann entweder beim Zahlen ausgenutzt, oder er wird bei der Verbuchung des Zahllaufs automatisch korrigiert.

Beim Skonto handelt es sich um eine Rechnungskürzung, die Sie mit Ihrem Lieferanten fest vereinbart haben. Im folgenden Abschnitt geht es um Rechnungskürzungen, die Sie – entweder in Absprache mit dem Lieferanten oder aufgrund eines Mangels an der gelieferten Ware – zusätzlich vornehmen.

8.4.4 Rechnungskürzung

In Ihrem Unternehmen wurde festgelegt, dass eine Lieferantenrechnung zwar bezahlt, aber der Rechnungsbetrag gekürzt werden soll. Sie erfassen die Rechnung, wie gewohnt, mit der SAP-Fiori-App **Lieferantenrechnung anlegen**. Lediglich bei der Übernahme der Belegposition gibt es hier einen Unterschied; diesen zeigen wir Ihnen anhand von Abbildung 8.105.

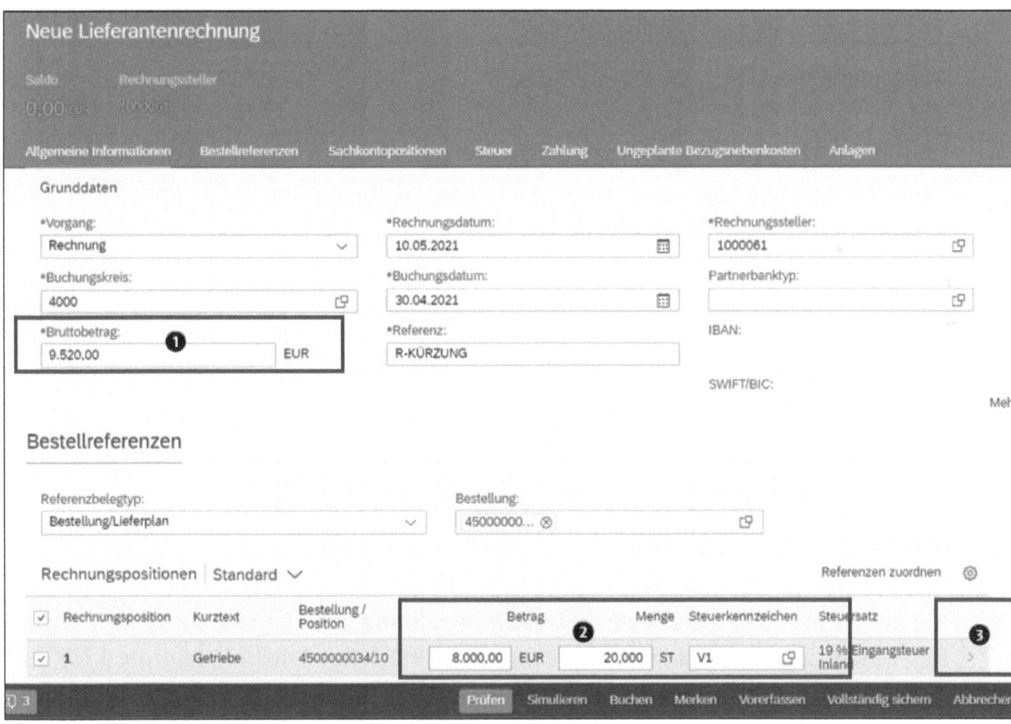

Abbildung 8.105 Rechnungserfassung mit Rechnungskürzung

Zunächst tragen Sie den Rechnungsbetrag auf der Lieferantenrechnung im Feld ❶ **Bruttobetrag** ein. Dann erfassen Sie im Bereich mit der Ziffer ❷ die auf der Lieferantenrechnung ausgewiesene Gesamtnettosumme im Feld **Betrag** sowie die gelieferte Menge im Feld **Menge**. Nach einem Klick auf die Schaltfläche **Prüfen** wird natürlich ein Saldo ausgewiesen, wie es in Abbildung 8.105 auch zu sehen ist. Anschließend kann die Schaltfläche [>] (**Vorwärts**) im Bildbereich mit der Ziffer ❸ ausgelöst werden, und Sie erhalten eine Sicht wie in Abbildung 8.106.

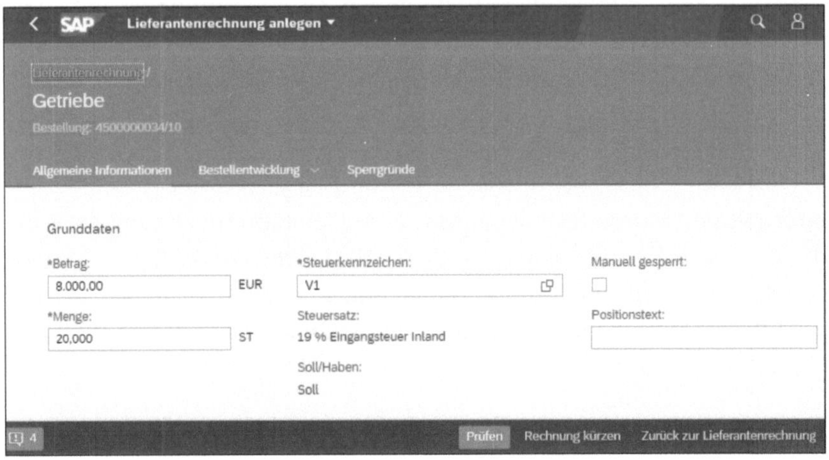

Abbildung 8.106 Dialog »Rechnung kürzen«

Über die Registerkarte **Rechnung kürzen** unten rechts in Abbildung 8.106 gelangen Sie in die Bearbeitungsmöglichkeit für unterschiedliche Beträge in Abbildung 8.107 und können anschließend mit **OK** bestätigen.

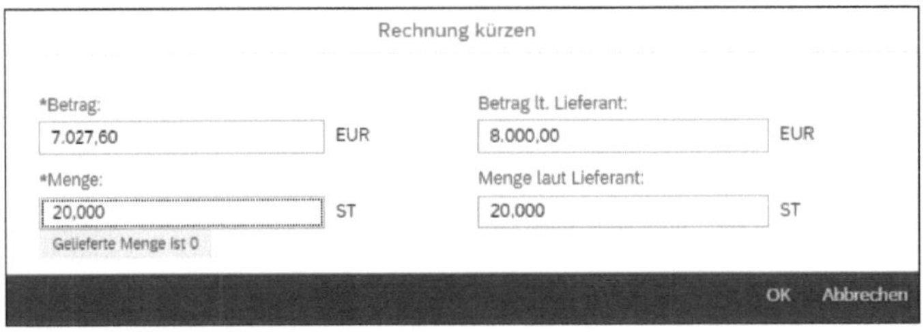

Abbildung 8.107 Beträge pflegen bei der Rechnungskürzung

Mit der Schaltfläche **Zurück zur Lieferantenrechnung** gelangen Sie aus dem nächsten Bild wieder zurück zur Lieferantenrechnung, die sich nun wie in Abbildung 8.108 darstellt. Es werden im oberen Bildbereich sowohl der Nullsaldo des Belegs als auch ein Rechnungskürzungsbetrag im Beispiel in Höhe von 1.157,16 EUR in gelber Schrift angezeigt.

Abbildung 8.108 Gekürzte Lieferantenrechnung

Eine solche gekürzte Rechnung lässt sich anschließend ohne weitere Prüfung oder Zahlsperre über die Schaltfläche **Buchen** einfach buchen. Wenn der Lieferant die Rechnungskürzung akzeptiert, müsste bei Materialien mit S-Preissteuerung im nächsten Schritt noch der Bestandswert des Materials korrigiert werden, da der Wareneingang mit dem ursprünglichen Bestellwert bewertet wurde. Auf solche Korrekturen wird hier nicht weiter eingegangen. Bei mit V-Preis gesteuerten Materialien ist keine Korrektur erforderlich, und das Material wird mit dem gekürzten Rechnungsbetrag bewertet.

In den bisherigen Beispielfällen gab es gelegentlich Zahlsperren, die beim Buchen der Rechnungen automatisch gesetzt wurden. Auf diese Thematik gehen wir im nächsten Abschnitt ein.

8.5 Sperren und Freigaben

In den meisten Unternehmen werden die anstehenden Zahlungen aus Lieferantenrechnungen automatisiert ausgeführt. Dabei wählt das Zahlprogramm die offenen und fälligen Rechnungen aus und schlägt sie zur Zahlung vor. Auf die Details der Zahlungsvorschlagsbearbeitung gehen wir hier nicht weiter ein, da diese Arbeiten zu den Aufgaben der Buchhaltung zählen.

Um im Zahlungsvorschlag nicht regelmäßig Rechnungen mit aufzulisten, die noch ungeklärt sind und damit noch nicht bezahlt werden dürfen, gibt es im SAP-System die Möglichkeit, Zahlsperren zu setzen. Dabei handelt es sich, technisch gesehen, lediglich um das Feld **Zahlsperre** im Bereich **Zahlung** einer Rechnung. Zahlsperren können sowohl manuell gesetzt als auch automatisch ausgelöst werden, z. B. bei einer Preisabweichung, wie es in Abschnitt 8.4, »Abweichungen«, gezeigt wurde. Zusätzlich zu den automatischen Zahlsperren aufgrund von Abweichungen kann das SAP-System – wenn dies im Customizing eingestellt ist – Sperren nach dem Zufallsprinzip setzen, die sogenannten stochastischen Sperren.

Wird eine Rechnung mit der SAP-Fiori-App **Lieferantenrechnung anlegen** erfasst und gespeichert, ist eine Zahlsperre sowohl in der Liste der Lieferantenrechnungen (siehe Abbildung 8.109) als auch im Belegkopf der Rechnung (siehe Abbildung 8.110) erkennbar.

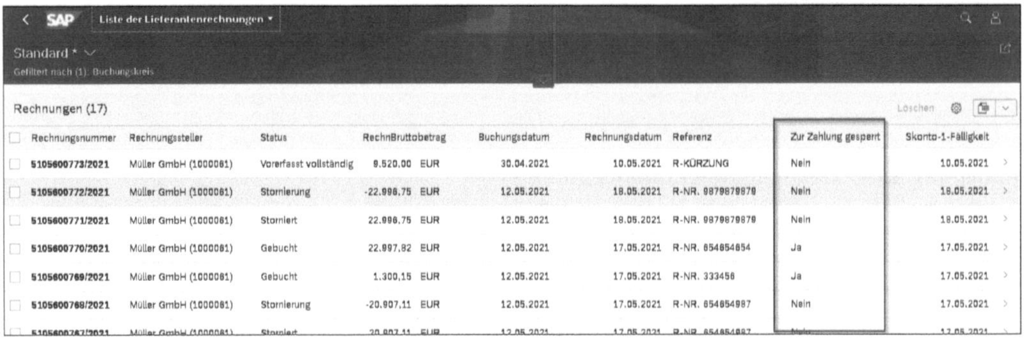

Abbildung 8.109 Liste der Lieferantenrechnungen mit Zahlungsstatus

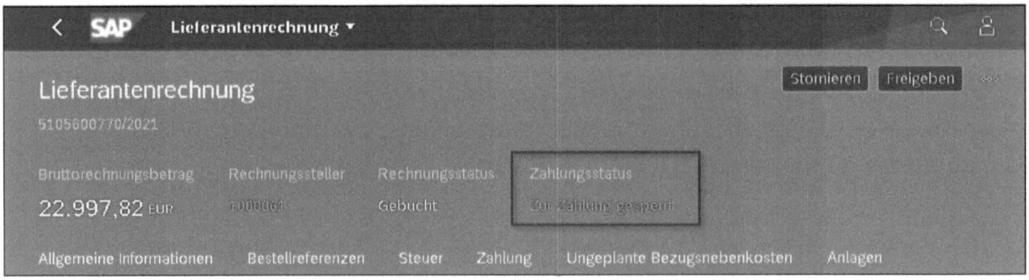

Abbildung 8.110 Lieferantenrechnung mit Zahlungsstatus »Zur Zahlung gesperrt«

Wenn Sie im Belegkopf einer Lieferantenrechnung auf den Zahlungsstatus **Zur Zahlung gesperrt** klicken, erhalten Sie Detailinformationen zum Zahlungsstatus. In Abbildung 8.111 sehen Sie diese Details, aufgeteilt in eine generelle **Information** (»Diese

Rechnung ist für die Zahlung gesperrt und hat den Status ›offen‹«), in Vorschläge für **Aktionen** (Links zu verschiedenen möglichen Ansprechpartnern) sowie im Bereich **Gesperrte Rechnungspositionen** die Auskunft über den Sperrgrund. Die **Rechnungschronik** informiert über Termine im Zusammenhang mit der Rechnung.

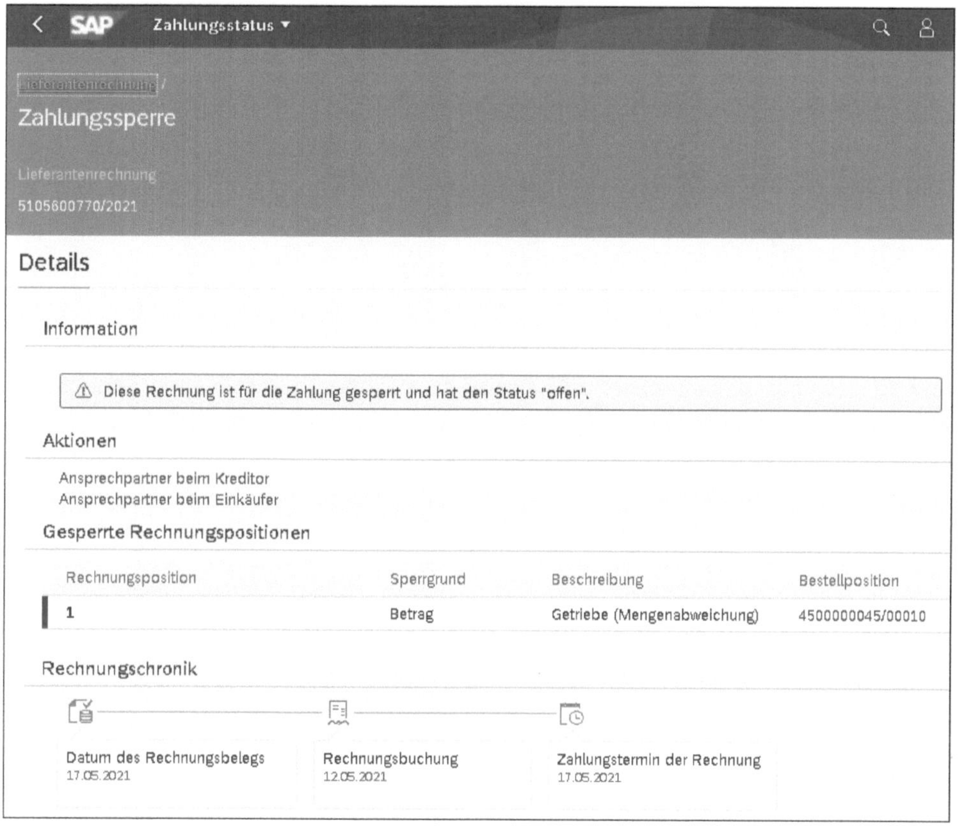

Abbildung 8.111 Details zum Zahlungsstatus – Sperre aufgrund von Betragsabweichungen

Wenn Sie im Bild des Zahlungsstatus nach ganz unten scrollen, finden Sie statistische Angaben zum Kreditor der Rechnung. In Abbildung 8.112 sehen Sie grafische Aufbereitungen zu Rechnungen mit Zahlungssperren des jeweiligen Lieferanten.

Die aus SAP ERP bekannten Zahlsperrgründe sind über den Zahlungsstatus der SAP-Fiori-App nicht zu erkennen. Das zugrundeliegende Customizing ist jedoch in SAP S/4HANA unverändert. Über die SAP-Fiori-App **Lieferantenrechnung anzeigen - Erweitert** (WebGUI) werden Sie die bekannten Zahlsperren wiederfinden.

Auch die Bedeutung der Zahlsperrgründe ist gleich geblieben: Wenn im Feld ein Zahlsperrgrund eingetragen ist, wird die Rechnung nicht automatisch beim Zahllauf bezahlt. In Abbildung 8.113 sehen Sie das Feld **Zahlsperre** mit dem Zahlsperrgrund **R** (Rechnungsprüfung).

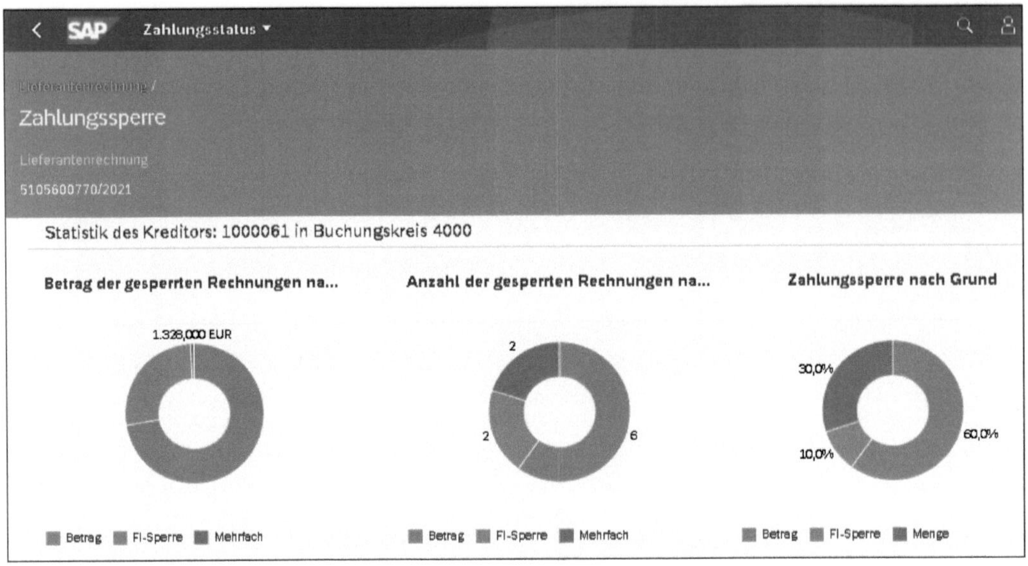

Abbildung 8.112 Statistik des Kreditors bezüglich Zahlsperren

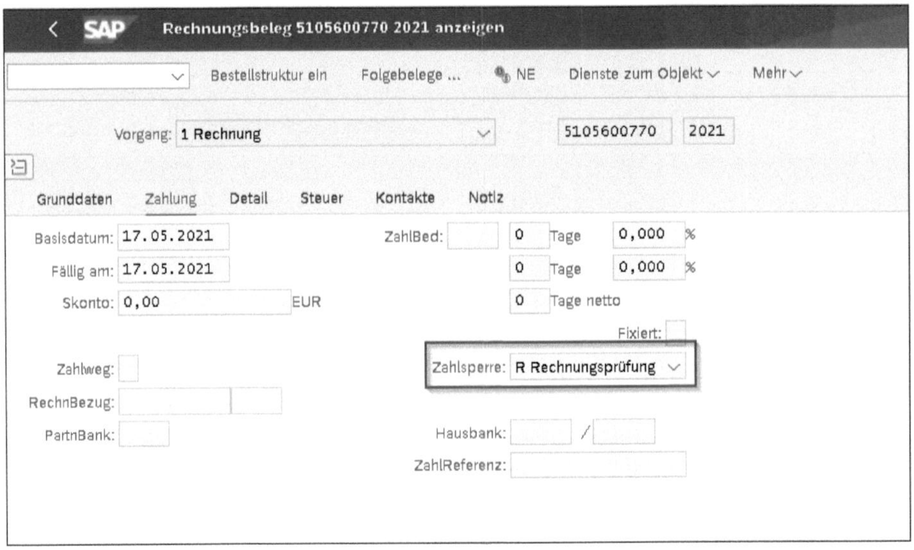

Abbildung 8.113 Zahlsperrgrund im WebGUI in der SAP-Fiori-App »Lieferantenrechnung anzeigen – Erweitert«

Die unterschiedlichen Zahlsperrgründe dienen lediglich der unternehmensinternen Kommunikation. Über die unterschiedlichen Zahlsperrgründe wird im SAP-Standard nichts gesteuert. Dies kann natürlich bei der Nutzung von Programmanpassungen anders sein und hängt deshalb von Ihren unternehmensspezifischen Prozessen ab. Im SAP-Standard werden normalerweise die folgenden Zahlsperrgründe angeboten:

- * (Konto übergehen)
- **A** (zur Zahlung gesperrt)
- **P** (Payment Request)
- **R** (Rechnungsprüfung)
- **V** (Auszahlungsverrechnung)

Sie können diese Liste für Ihr Unternehmen anpassen. Die Zahlsperre funktioniert zunächst so, dass jeder Eintrag im Feld **Zahlsperre** zu einer solchen führt.

Zahlsperren können sich nur auf einen Beleg beziehen. Zahlsperren können aber auch im Lieferantenstammsatz direkt gesetzt werden und damit gegebenenfalls alle Zahlungen an einen Lieferanten unterbunden werden.

Normalerweise bleiben Zahlsperren nur so lange in einer Rechnung, bis ihr Grund beseitigt ist und eine Auszahlung erfolgen soll. Das SAP-System unterstützt Sie bei der Überwachung von Rechnungen mit Zahlsperre mit den in Abschnitt 8.3, »Auswertungen: Liste der Lieferantenrechnungen«, gezeigten Auswertungen und zusätzlich mit der transaktionalen App **Gesperrte Rechnungen freigeben**. In Abbildung 8.114 sehen Sie das Selektionsbild zur Auswahl der Belege mit Zahlsperre.

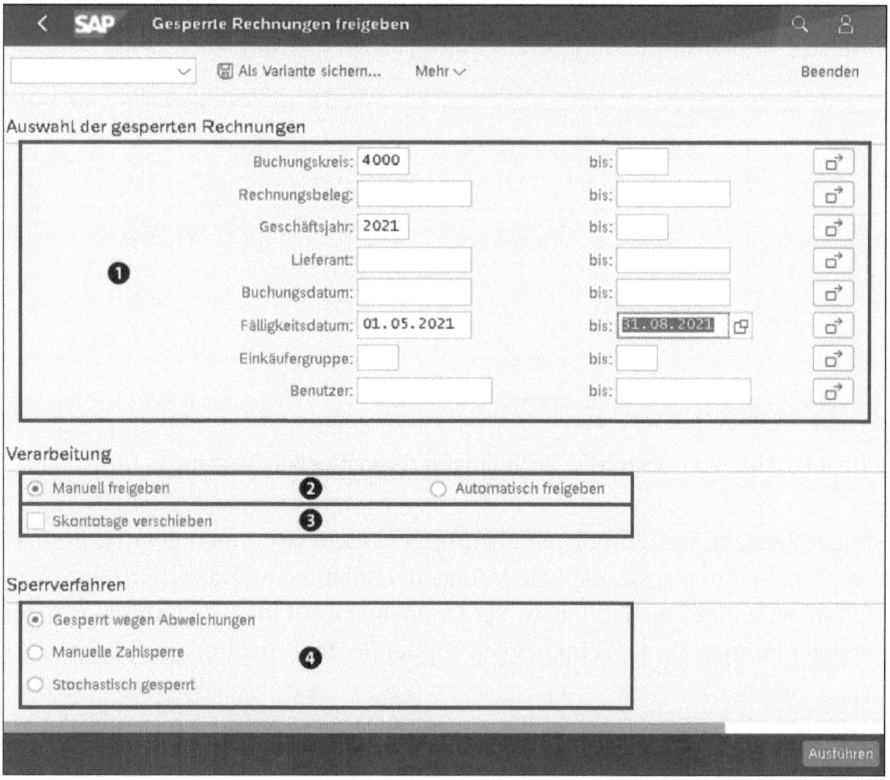

Abbildung 8.114 Selektionsbild »Gesperrte Rechnungen freigeben«

Im Kasten mit der Ziffer ❶ in Abbildung 8.114 selektieren Sie die freizugebenden Belege zunächst nach organisatorischen Gesichtspunkten, wie Buchungskreis, Geschäftsjahr, Fälligkeit oder Bearbeiter. Gerade die Fälligkeit ist dabei ein wichtiges Kriterium, da Sie ja vermeiden möchten, dass Belege aufgrund von Zahlsperren angemahnt werden.

Im Kasten mit der Ziffer ❷ müssen Sie dann vorgeben, ob die Bearbeitung der Rechnungen manuell erfolgen soll oder automatisch. Die automatische Verarbeitung erfolgt dabei sofort mit dem Ausführen der Transaktion, und Sie erhalten lediglich eine Liste, die die freigegebenen Belege zur Ihrer Information anzeigt.

Die Option **Skontotage verschieben** im Kasten mit der Ziffer ❸ führt dazu, dass der FI-Beleg verändert wird. Nach der Freigabe mit dieser Option wirkt die Zahlungsbedingung ab dem Freigabedatum, und damit ist gegebenenfalls auch bei einem älteren Beleg noch ein Skonto-Abzug möglich.

Im Kasten mit der Ziffer ❹ treffen Sie die Wahl, welche Art von Zahlsperren Sie in einem Lauf bearbeiten möchten.

Mit der Schaltfläche **Ausführen** erzeugen Sie die Liste gemäß Ihren Auswahlkriterien, wie z. B. die Liste in Abbildung 8.115.

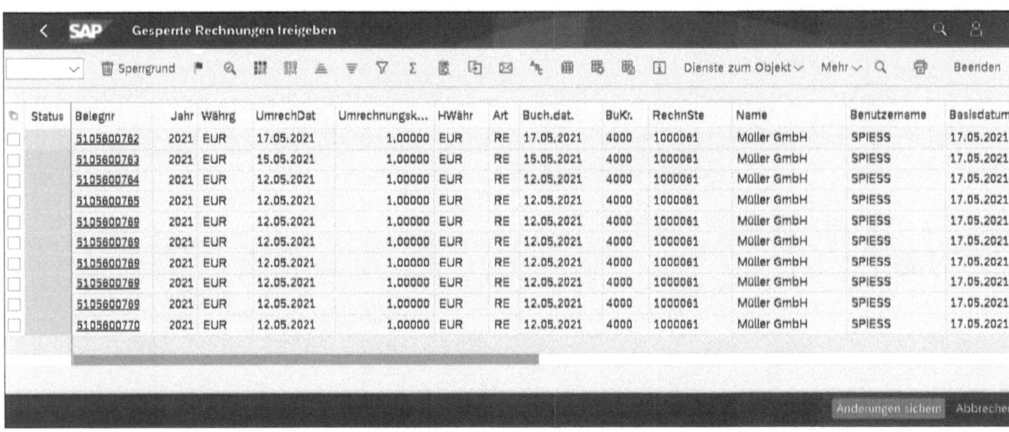

Status	Belegnr	Jahr	Währg	UmrechDat	Umrechnungsk...	HWähr	Art	Buch.dat.	BuKr.	RechnSte	Name	Benutzername	Basisdatum
	5105600762	2021	EUR	17.05.2021	1,00000	EUR	RE	17.05.2021	4000	1000061	Müller GmbH	SPIESS	17.05.2021
	5105600763	2021	EUR	15.05.2021	1,00000	EUR	RE	15.05.2021	4000	1000061	Müller GmbH	SPIESS	17.05.2021
	5105600764	2021	EUR	12.05.2021	1,00000	EUR	RE	12.05.2021	4000	1000061	Müller GmbH	SPIESS	17.05.2021
	5105600765	2021	EUR	12.05.2021	1,00000	EUR	RE	12.05.2021	4000	1000061	Müller GmbH	SPIESS	17.05.2021
	5105600769	2021	EUR	12.05.2021	1,00000	EUR	RE	12.05.2021	4000	1000061	Müller GmbH	SPIESS	17.05.2021
	5105600769	2021	EUR	12.05.2021	1,00000	EUR	RE	12.05.2021	4000	1000061	Müller GmbH	SPIESS	17.05.2021
	5105600769	2021	EUR	12.05.2021	1,00000	EUR	RE	12.05.2021	4000	1000061	Müller GmbH	SPIESS	17.05.2021
	5105600769	2021	EUR	12.05.2021	1,00000	EUR	RE	12.05.2021	4000	1000061	Müller GmbH	SPIESS	17.05.2021
	5105600769	2021	EUR	12.05.2021	1,00000	EUR	RE	12.05.2021	4000	1000061	Müller GmbH	SPIESS	17.05.2021
	5105600770	2021	EUR	12.05.2021	1,00000	EUR	RE	12.05.2021	4000	1000061	Müller GmbH	SPIESS	17.05.2021

Abbildung 8.115 Liste von gesperrten Rechnungen zur manuellen Freigabe

Die Liste zur Freigabe von gesperrten Rechnungen kann von Ihnen genutzt und gestaltet werden, indem Sie z. B. die Reihenfolge der Spalten verändern, einzelne Spalten ausblenden, anders sortieren usw. Per Doppelklick auf die Belegnummer in der Spalte **Belegnr** können Sie sich einen Beleg vor der Bearbeitung nochmals ansehen.

Zur manuellen Bearbeitung haben Sie jetzt zwei Möglichkeiten:

- Wenn sich der Sperrgrund erledigt hat, können Sie diesen löschen, indem Sie die betreffenden Rechnungen in der Liste markieren und die Schaltfläche Sperrgrund nutzen. Sie erkennen solche Rechnungen an der grünen Markierung in der Liste.
- Alle anderen Rechnungen geben Sie mit der Schaltfläche (**Freigeben**) frei, nachdem Sie sie markiert haben.

Eine manuell freigegebene Rechnung wie in Abbildung 8.116 wird sofort mit dem Symbol (**Freigegeben**) in der Liste markiert. Die Freigabe wird jedoch erst wirksam, wenn Sie am Ende der Bearbeitung Ihrer Liste auf die Schaltfläche **Änderungen sichern** klicken.

8

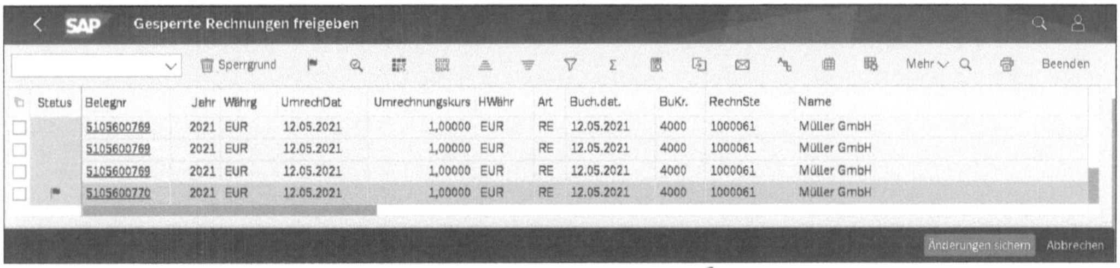

Abbildung 8.116 Manuell freigegebene Rechnung

Die automatische Freigabe von gesperrten Rechnungen bearbeitet nur solche Rechnungen, deren Sperrgrund sich erledigt hat. Eine Freigabe von Rechnungen mit noch gültigem Sperrgrund kann nicht automatisch durchgeführt werden.

Im folgenden Abschnitt zeigen wir Ihnen die Bearbeitung von Gutschriften, nachträglichen Be- oder Entlastungen und die Erfassung von Bezugsnebenkosten.

8.6 Gutschrift, Nachbelastung und Nebenkosten

Zunächst zeigen wir Ihnen in diesem Abschnitt die Bearbeitung von Gutschriften.

8.6.1 Gutschriften

Gutschriften werden in Ihrem Unternehmen z. B. erfasst, wenn nach Erhalt und gegebenenfalls nach der Zahlung einer Rechnung, festgestellt wird, dass die Ware nicht in Ordnung ist. Ursächlich kann auch sein, dass nachträglich Fehler in der gesamten Abwicklung festgestellt werden. Die Gutschrift wird vom Lieferanten erstellt und mit der SAP-Fiori-App **Lieferantenrechnung anlegen** auf dem gewohnten Weg mit Bezug zur Bestellung eingebucht. Ein Beispiel hierzu sehen Sie in Abbildung 8.117.

Vor der Erfassung einer Gutschrift wird anstelle des Vorgangs **Rechnung** (Standardeinstellung in der SAP-Fiori-App **Lieferantenrechnung anlegen**) der Vorgang **Gutschrift** eingestellt. Sie sehen das betreffende Feld im Kasten in Abbildung 8.117. Die übrige Bearbeitung erfolgt genauso wie die Erfassung einer Rechnung. Allerdings sollten Sie bei der Erfassung einer Gutschrift die Zahlungsbedingung beachten.

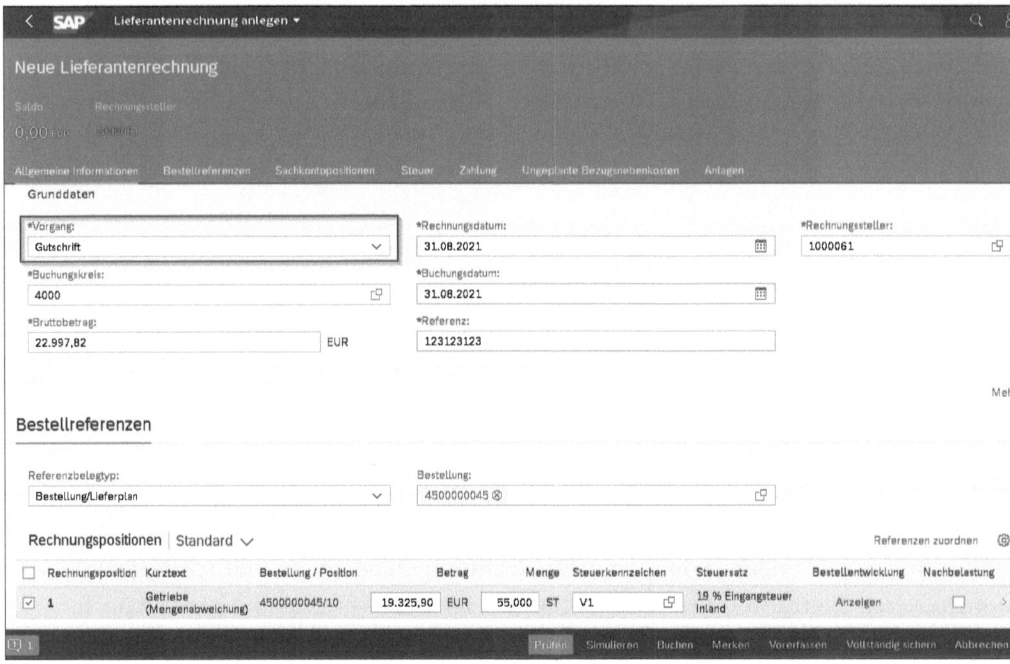

Abbildung 8.117 Gutschrift mit der SAP-Fiori-App »Lieferantenrechnung anlegen« verarbeiten

Nachträgliche Be- oder Entlastungen können über die SAP-Fiori-App **Lieferantenrechnung anlegen** erfasst werden, auch wenn mit der ursprünglichen Rechnung bereits das Endrechnungskennzeichen gesetzt wurde. Dies zeigen wir im nachfolgenden Abschnitt anhand eines kleinen Beispiels.

8.6.2 Nachträgliche Be- oder Entlastung

Eine nachträgliche Entlastung entspricht, technisch gesehen, einer Gutschrift, und eine nachträgliche Belastung entspricht einer zusätzlichen Rechnung für einen Vorgang. Hierbei ist zu beachten, dass jeweils ein entsprechendes Kennzeichen in der Belegposition gesetzt wird. Wir demonstrieren dies anhand einer nachträglichen Belastung in Abbildung 8.118.

Wie Sie es aus Abbildung 8.118 ersehen können, wird auch bei einer nachträglichen Be- oder Entlastung vorab ein eigener Vorgang eingestellt. Hierdurch verändern sich die in den Belegpositionen angebotenen Felder. Im Falle der nachträglichen Belastung wird das Kennzeichen **Nachbelastung** (im roten Kasten gezeigt) eingeblendet und dann auch gleich automatisch bei der Übernahme der Bestellpositionen aktiviert. Um die Simulation sowie die Verbuchung des Belegs anzustoßen, müssen Sie die betreffende Bestellposition nach der Eingabe des Betrags mit Bezug auf die angegebene Menge und des Steuerkennzeichens vorne noch aktivieren.

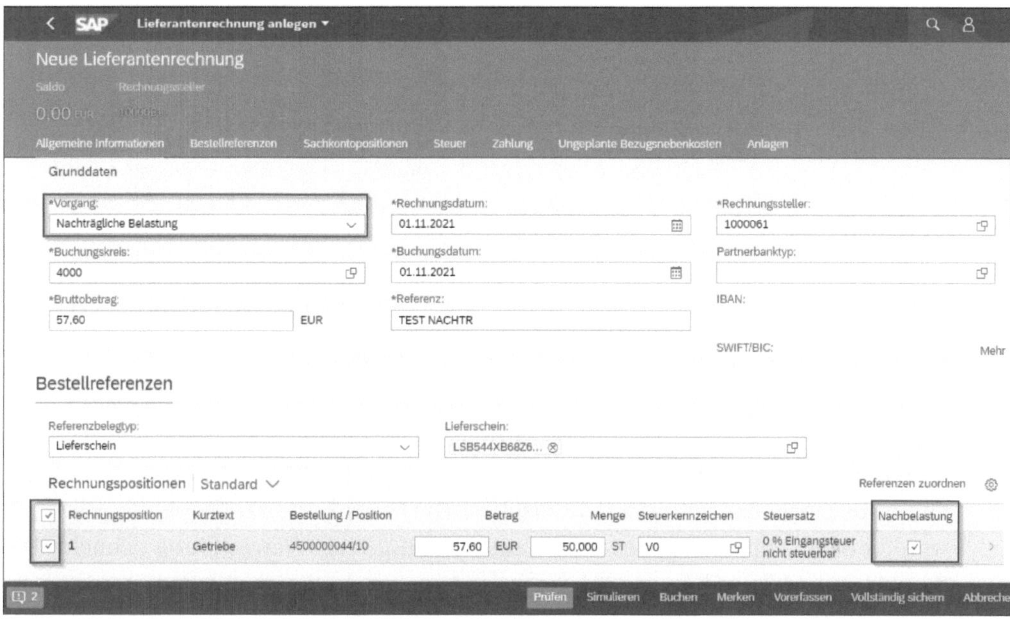

Abbildung 8.118 Lieferantenrechnung anlegen: nachträgliche Belastung erfassen

Die Materialmenge wird aus der Bestellung bzw. aus dem Wareneingang übernommen und darf nicht verändert werden. Die weitere Verarbeitung hat keine Besonderheiten. Der FI-Beleg entspricht dem Beleg der ursprünglichen Rechnung. Dabei wird die Nachbelastung auch auf das Material kontiert.

8.6.3 Geplante und ungeplante Bezugsnebenkosten

Im letzten Abschnitt dieses Kapitels beschäftigen wir uns mit den Bezugsnebenkosten.

Frachtkosten zu einer Lieferung sind, je nach Material und Versandweg, zum Zeitpunkt einer Bestellung bekannt oder nicht bekannt. Die bekannten Frachtkosten werden bei der Bestellung gleich miterfasst; diese werden dann als *geplante Bezugsnebenkosten* bezeichnet. Ein Beispiel dafür sehen Sie in Abbildung 8.119. Die Kondition **Fracht absolut** wurde hier manuell eingepflegt.

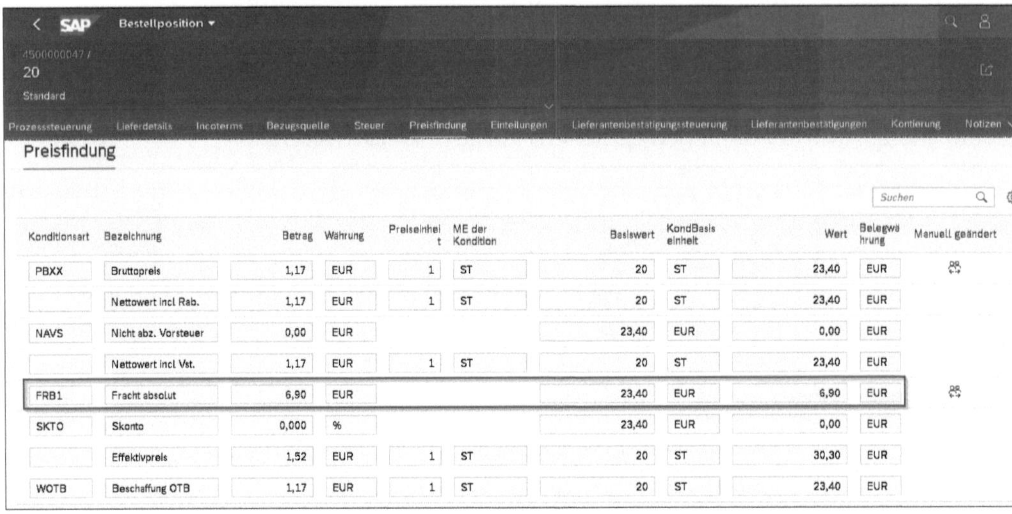

Abbildung 8.119 Geplante Bezugsnebenkosten in einer Bestellung

Bei der Buchung eines Wareneingangs zu einer Bestellung werden die Frachtkosten bereits mitgebucht. Dies können Sie aus Abbildung 8.120 in der Anzeige des Buchungsbelegs in der T-Konto-Sicht ersehen. Die Frachtkosten in Höhe von 6,90 EUR werden dabei auf ein eigenes Verrechnungskonto **Frachtverrechnung** gebucht. Die Summe aus Materialkosten und Frachtkosten wird im Beispiel auf das Aufwandskonto »Verbr. Handelsware« gebucht.

Für die Erfassung einer Rechnung mit geplanten Bezugsnebenkosten steigen Sie in die SAP-Fiori-App **Lieferantenrechnung anlegen** ein, wie es in Abbildung 8.121 gezeigt wird.

Das Erfassungsbild wird zunächst im Belegkopf gefüllt, d. h., dass die Schritte ❶ bis ❹ im jeweiligen schwarzen Kasten in derselben Reihenfolge wie in allen bisherigen Beispielfällen abgearbeitet werden:

- Das Feld **Rechnungsdatum** ❶ zeigt das eingegebene Belegdatum.
- Das Feld **Buchungsdatum** ❷ zeigt das eingegebene Datum der Buchung.
- Die **Referenz** ❸ ist die Rechnungsnummer der Lieferantenrechnung.
- Im Feld **Bestellung** ❹ erfolgt die Eingabe dieser und gegebenenfalls noch die Eingabe einer Bestellposition. Nach dem Betätigen der [↵]-Taste erscheinen die ausgewählten Bestellpositionen als Vorschlag für die Rechnungspositionen.

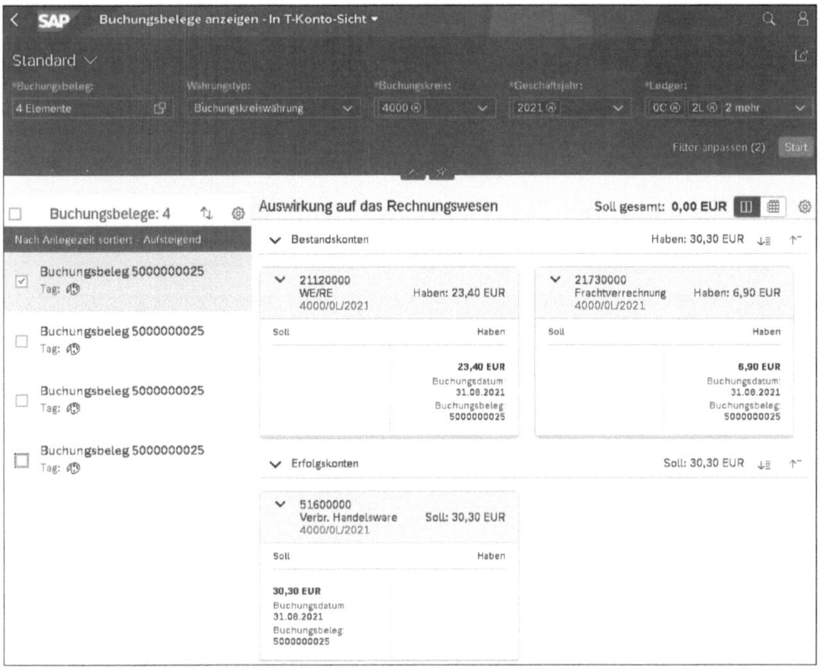

Abbildung 8.120 Wareneingang zur Bestellung: FI-Beleg mit Frachtkosten

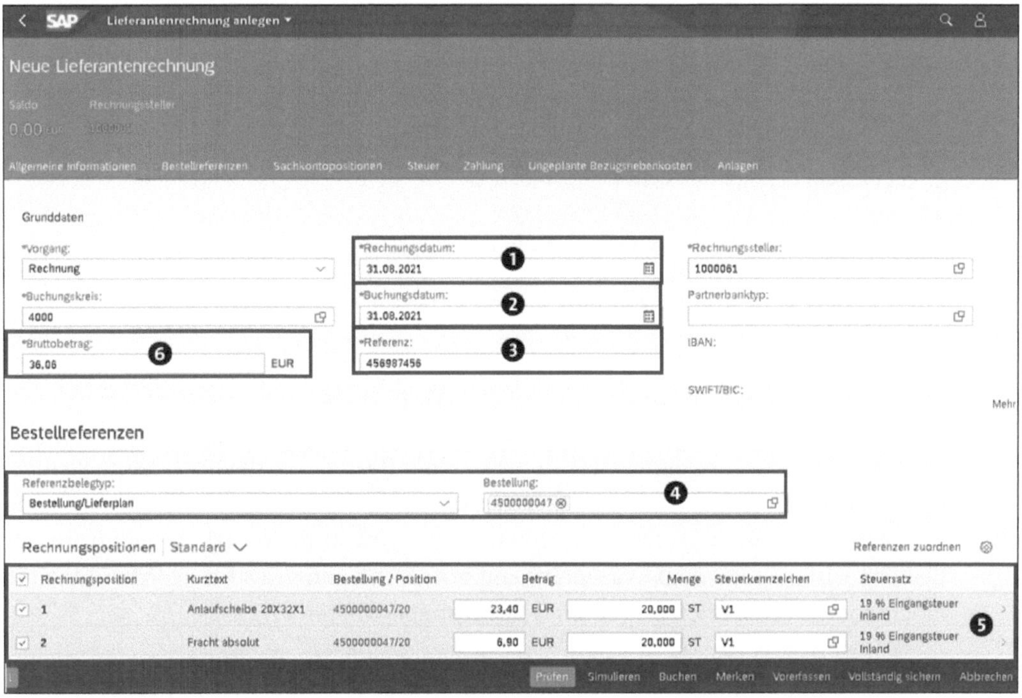

Abbildung 8.121 Lieferantenrechnung mit den geplanten Bezugsnebenkosten erfassen

Im Kasten mit der Ziffer ❺ können Sie erkennen, dass sowohl der Wareneingang selbst als auch die Bezugsnebenkosten für die Rechnungserfassung angeboten werden. Der Betrag in Höhe von 6,90 EUR für die Frachtkosten aus Position 2 ist im Feld **Bruttobetrag** im Kasten mit der Ziffer ❻ enthalten, damit nach nochmaliger Betätigung der [↵]-Taste der Belegsaldo im Belegkopf den Wert 0,00 EUR ausweisen kann.

In Abbildung 8.122 zeigen wir Ihnen den FI-Beleg zur Rechnung mit den geplanten Bezugsnebenkosten.

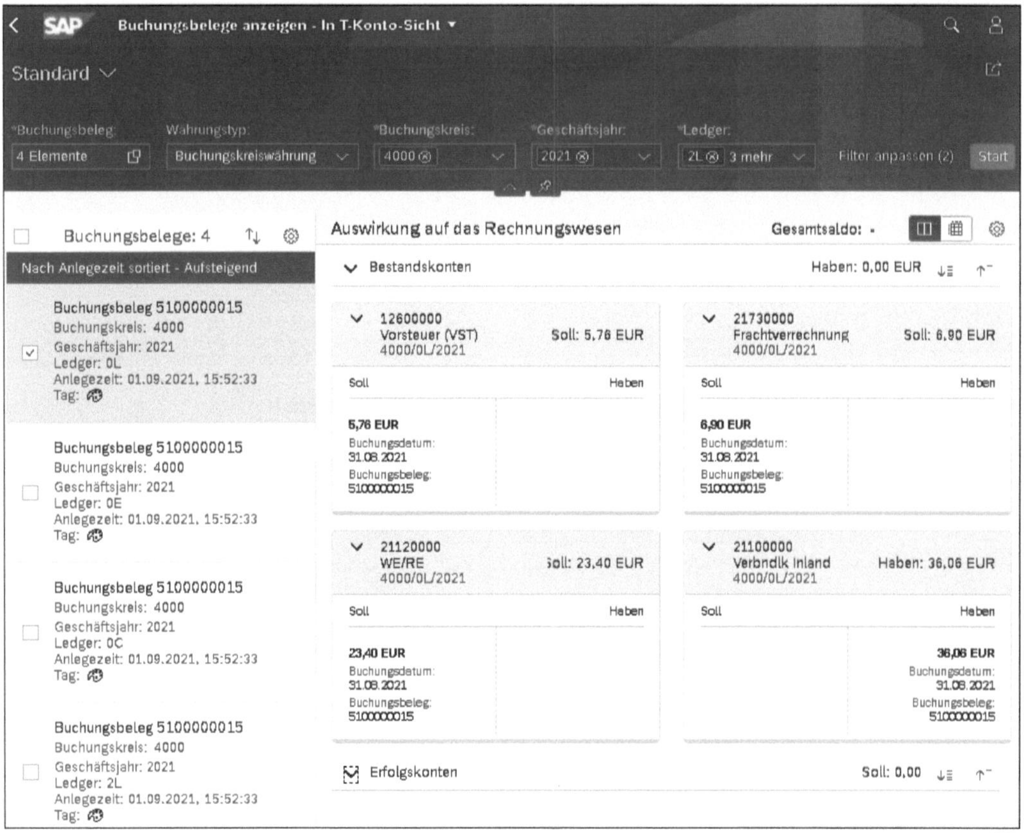

Abbildung 8.122 FI-Beleg zum Rechnungseingang mit geplanten Bezugsnebenkosten

Auch bei der Erfassung einer Rechnung zu einer Bestellung, die noch keine Bezugsnebenkosten ausweist, erfolgt die Erfassung der Rechnung mit Bezug auf eine Bestellung oder einen Lieferschein zunächst wie gewohnt. Zusätzlich zu den aus der Bestellposition oder dem Wareneingang vorgeschlagenen Daten werden nun die Frachtkosten im Bereich **Ungeplante Bezugsnebenkosten** erfasst.

In Abbildung 8.123 sehen Sie zunächst den Einstieg in die Rechnungserfassung mit den gewohnten Eingaben (Feld **Rechnungsdatum** ❶, Feld **Buchungsdatum** ❷, Feld **Re-**

ferenz ❸, Feld **Bestellung** ❹, Bestellposition (Daten werden automatisch aus der Bestellung übernommen) ❺ und Feld **Bruttobetrag** ❻. Über den Schritt mit der Ziffer ❼ springen Sie in den Bereich **Ungeplante Bezugsnebenkosten** ab.

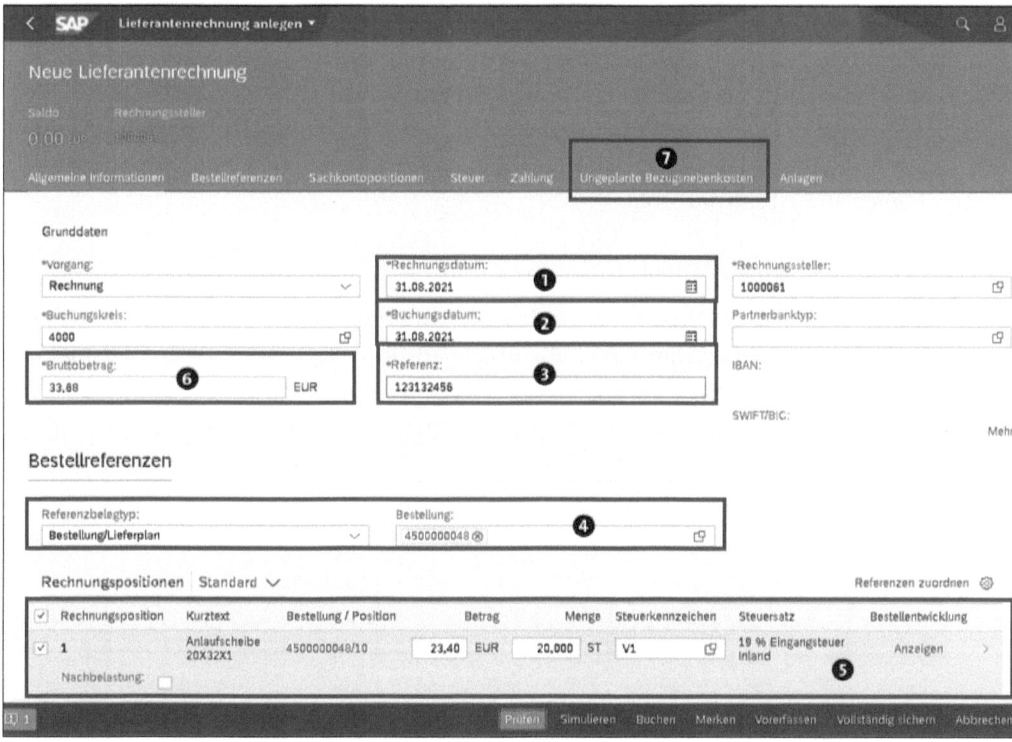

Abbildung 8.123 Rechnungserfassung mit ungeplanten Bezugsnebenkosten – Einstieg

Sie sehen dann in Abbildung 8.124, mit welchen Werten dieser in unserem Beispiel gefüllt wurde.

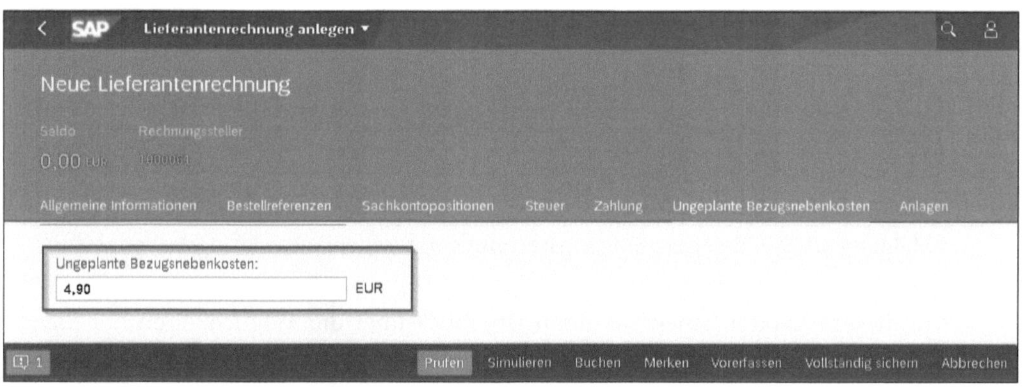

Abbildung 8.124 Bereich »Ungeplante Bezugsnebenkosten«

[»]

Bezugsnebenkosten

Bezugsnebenkosten gehören normalerweise zu den Anschaffungskosten für ein Material. Sie müssen deshalb in den Bestandswert der Materialien einbezogen werden. Bei in der Bestellung bereits geplanten Bezugskosten geschieht dies automatisch. Häufig sind die Bezugsnebenkosten jedoch zum Zeitpunkt der Erfassung der Bestellung noch nicht bekannt. Dann werden sie erst bei der Rechnungserfassung direkt oder sogar in einer eigenen Rechnung erfasst und dabei lediglich als Kosten geführt. Der Bestandswert resultiert dann alleinig aus dem Materialpreis, multipliziert mit der Menge an Bestandsmaterial.

In Abbildung 8.125 sehen Sie den FI-Beleg zur Rechnung mit ungeplanten Bezugsnebenkosten. Die Frachtkosten werden hier in beide Erfolgskonten auf dem Sachkonto »Verbr. Handelsware« im Soll aufgeführt und vermehren wie im Beispiel mit den geplanten Bezugsnebenkosten den Aufwand (siehe Abbildung 8.122). Dies ist das Resultat einer Customizing-Einstellung. Alternativ könnten die ungeplanten Frachtkosten beispielsweise anteilig auf verschiedene Bestellpositionen aufgeteilt werden und damit den V-Preis erhöhen.

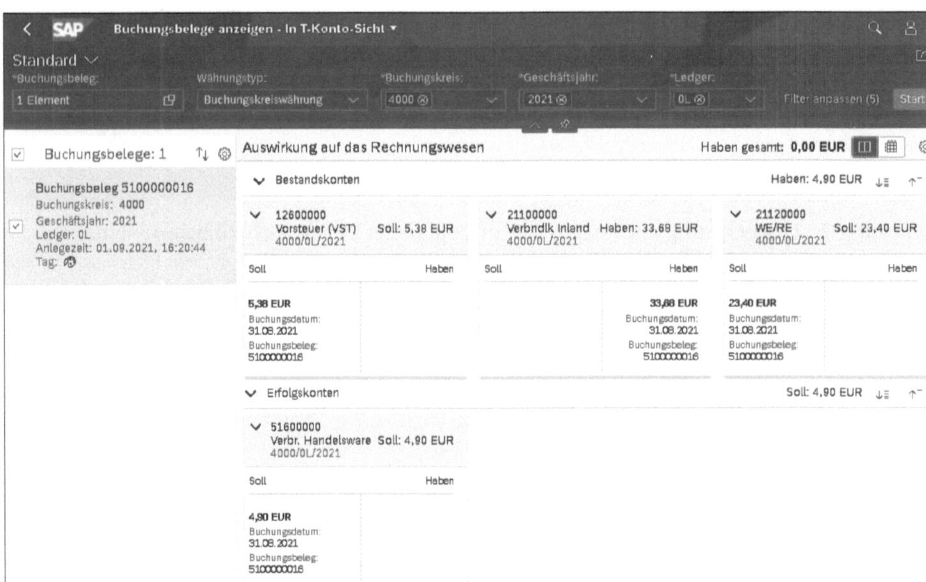

Abbildung 8.125 FI-Beleg zur Eingangsrechnung mit ungeplanten Bezugsnebenkosten

Mit diesem Kapitel haben Sie einen Überblick über die Möglichkeiten der logistischen Rechnungsprüfung erhalten. Damit sollten Sie jetzt insgesamt ein gutes Bild vom Beschaffungsprozess in der Materialwirtschaft haben. Im nächsten Kapitel stellen wir Ihnen hierzu noch einige Auswertungen vor.

Kapitel 9
Auswertungen

Das SAP Fiori Launchpad hält zahlreiche Möglichkeiten bereit, um Standardauswertungen von Belegen und Stammdaten im Einkauf vorzunehmen. Diese möchten wir Ihnen in diesem Kapitel vorstellen.

In diesem Kapitel zeigen wir Ihnen anhand exemplarischer Auswertungen im SAP Fiori Launchpad, welche unterschiedlichen Arten von Auswertungen, Selektionsmöglichkeiten und Bedientechniken es in SAP S/4HANA gibt.

Business Catalog und Business Role

Die Apps für Auswertungen sind folgenden Business Catalogs zugeordnet (siehe Tabelle 9.1).

SAP-Fiori-App	App-ID	Business Catalog	Bezeichnung	Business Role
Meine Einkaufsbelegpositionen (SAP S/4HANA)	F0547B	SAP_PRC_BC_PURCHASER_PO	Einkauf – Auftragsbearbeitung	SAP_BR_PURCHASER
Bestellpositionen nach Kontierung	F2420	SAP_PRC_BC_INVOICER	Kreditorenbuchhaltung – Bearbeitung von Lieferantenrechnungen	SAP_BR_AP_ACCOUNTANT_PROCUREMT
Bestellpositionen überwachen	F2358	SAP_PRC_BC_PURCHASER_PO	Einkauf – Bestellungsbearbeitung	SAP_BR_PURCHASER
Übersicht Kreditorenbuchhaltung	F2917	SAP_SFIN_BC_AP_ANALYTICS	Kreditorenbuchhaltung – Analytik	SAP_BR_AP_MANAGER

Tabelle 9.1 Übersicht über Fiori-Apps für Auswertungen im Einkauf

Wir haben die Beispielauswertungen so ausgewählt, dass Sie dabei folgende drei unterschiedliche Arten von Apps kennenlernen können (siehe Abbildung 9.1):

- Auswertungskachel mit statischem Text zum Start einer App ❶
- Dynamische Auswertungskachel mit Anzeige einer Kennzahl ❷
- Analytische Auswertungskachel, die auf ein Dashboard mit grafischen Anzeigekacheln führt ❸

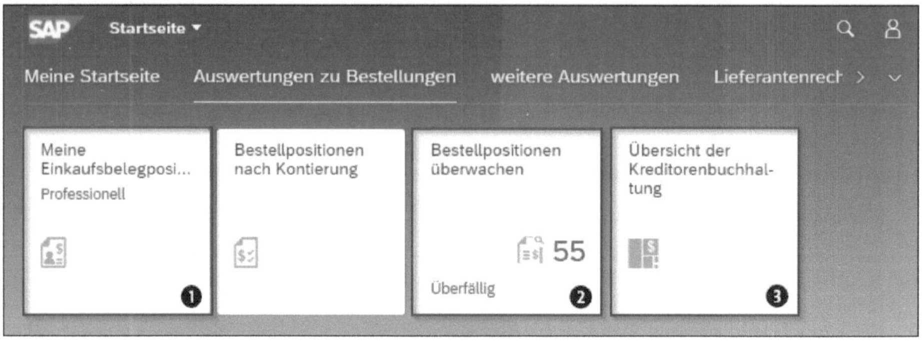

Abbildung 9.1 Beispiel-SAP-Fiori-Apps für Auswertungen im Einkauf

Wir starten mit der SAP-Fiori-App **Bestellpositionen überwachen**, mit der Sie erste Grundtechniken für die Bedienung der neuen Auswertungsapplikationen kennenlernen.

9.1 Die SAP-Fiori-App »Meine Einkaufsbelegpositionen«

Mit der SAP-Fiori-App **Meine Einkaufsbelegpositionen** können Sie Ihre Einkaufsbelege – Bestellanforderungen, Bestellungen, Wareneingänge und Lieferantenrechnungen – schnell durchsuchen.

In Abbildung 9.2 sehen Sie das Einstiegsbild der App **Meine Einkaufsbelegpositionen**.

Wie in jeder SAP-Fiori-App sehen Sie im Feld mit der Ziffer ❶ den Titel der gestarteten App. Im Rahmen mit der Ziffer ❷ finden Sie die im Standardeinstieg zu dieser App vorgesehenen Selektionsfelder. Im Rahmen mit der Ziffer ❸ haben Sie die Möglichkeit, die Selektionsfelder um weitere Felder zu ergänzen. Klicken Sie dazu auf die Schaltfläche **Filter anpassen**. Wenn alle Selektionsfelder festgelegt und die gewünschte Auswahl vorgenommen worden ist, lösen Sie über die Schaltfläche **Start** im Rahmen mit der Ziffer ❹ den Bericht auslösen.

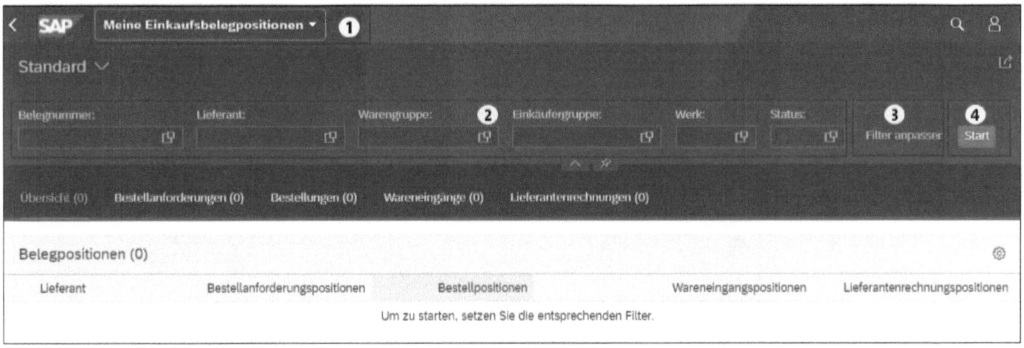

Abbildung 9.2 SAP-Fiori-App »Meine Einkaufsbelegpositionen«: Einstieg

Ein- und Ausschalten der Selektionskriterien

Unterhalb der Selektionsfelder für eine Auswertung befindet sich immer die Schaltfläche (**Kopfbereich komprimieren**), die Sie per einfachem Klick betätigen können, um über das Ausblenden des Selektionsbereichs im Bild mehr Platz für Ihre Auswertung zu gewinnen.

Ist der Selektionsbereich ausgeblendet, können Sie diesen über die Schaltfläche (**Kopfbereich expandieren**) wieder einblenden.

Ist der Selektionsbereich eingeblendet, und Sie scrollen durch längere Listen nach unten, verschwindet dieser aus der Bildansicht. Wollen Sie die Selektionskriterien immer im Bild sehen, können Sie diese per Klick auf die Schaltfläche (**Kopfbereich anheften**) fixieren.

9.1.1 Selektieren und Suchen

Wir erläutern Ihnen nun die Suchfunktionen innerhalb des Selektionsbildes am Beispiel der Suche nach einem Lieferanten. Sehen Sie sich hierzu Abbildung 9.3 an. Die Suche wird – wie gewohnt – durch einen einfachen Klick auf die Werthilfe-Schaltfläche ❶ gestartet. Es öffnet sich eine Dialogbox, die ihrerseits zwei Registerkarten enthält: die Registerkarte **Aus Liste auswählen** ❷ und die Registerkarte **Bedingungen definieren** ❺, auf die wir später noch eingehen.

Die Registerkarte **Aus Liste Auswählen** startet mit der Funktionalität der erweiterten Suche. Dabei steht im Feld ❸ in Abbildung 9.3 eine allgemeine Suche zur Verfügung. Sie können hier mit einfachen Zeichenfolgen (Strings) suchen, ohne dass Sie sich um die bekannten Maskierungen mit * oder + kümmern müssen. Die Suche starten Sie dann über die Schaltfläche **Start** ❻.

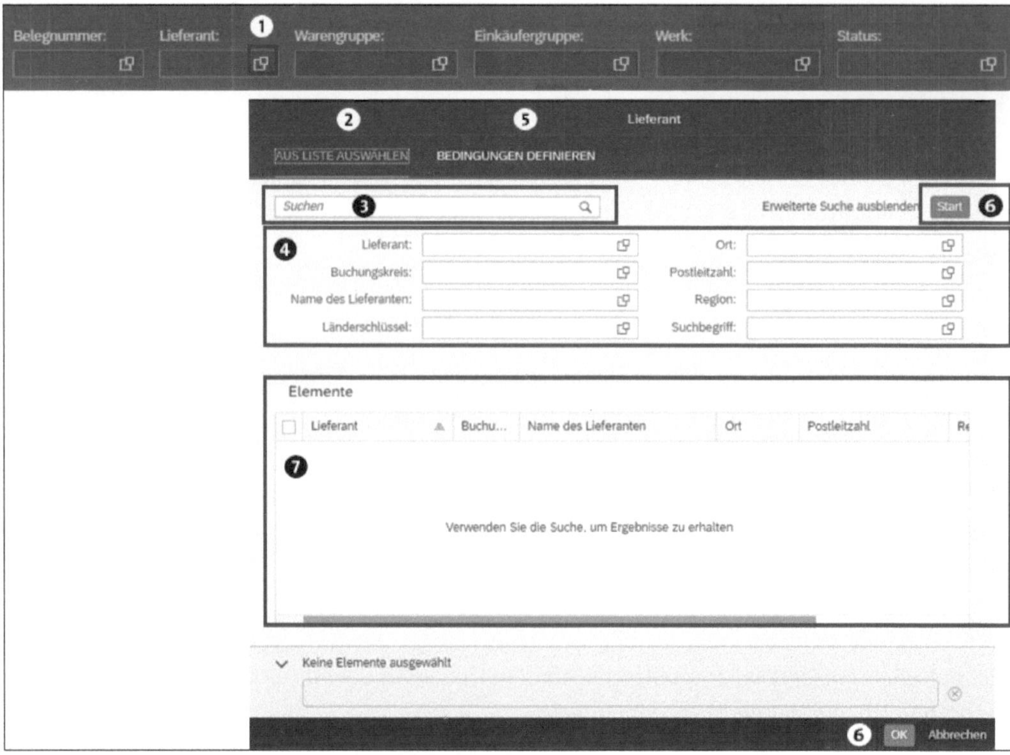

Abbildung 9.3 Bereiche einer Suchhilfe

Alternativ können Sie die Felder im Bereich mit der Ziffer ❹ aus Abbildung 9.3 nutzen und dabei in jedem der angezeigten Felder Vorgaben für die Suche erfassen. Eine beispielhafte Suche sehen Sie in Abbildung 9.4. Im Bereich mit der Ziffer ❼ in Abbildung 9.3 sehen Sie jeweils nach dem Auslösen der Schaltfläche **Start** die Ergebnisse Ihrer Suche, die Sie dann durch die Aktivierung der Kontrollkästchen in der ersten Spalte der Ergebnisliste auswählen und mit der Schaltfläche **OK** in das Selektionsbild übernehmen können.

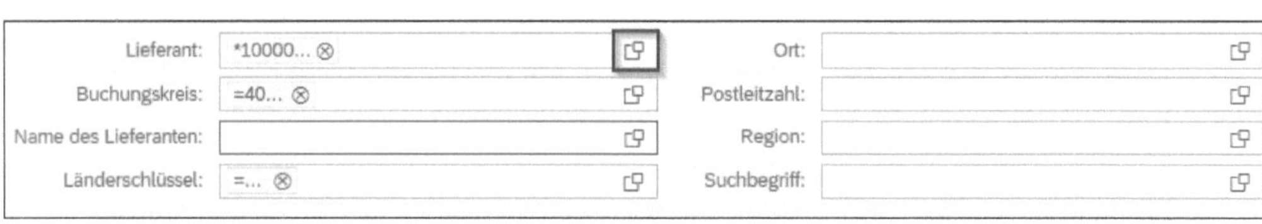

Abbildung 9.4 Suchkriterien der erweiterten Suche

Wird weitere Unterstützung beim Suchen benötigt, können Sie die Werthilfe-Schaltfläche zu den einzelnen Suchfeldern der erweiterten Suche zu Hilfe nehmen. Über einen einfachen Klick auf die umrahmte Werthilfe-Schaltfläche in Abbildung 9.4 erhalten Sie zum Feld **Lieferant** die Möglichkeit, die Suche nach einem Lieferanten über definierte Bedingungen einzugrenzen. Sie können hier eines der angebotenen Felder oder aber auch mehrere Felder gleichzeitig verwenden. Die Nutzung von Maskierungen über das Zeichen * (mehrere Zeichen) oder das Zeichen + (einzelnes Zeichen) ist möglich.

Wie Sie in Abbildung 9.5 sehen, können Sie die Definition so gestalten, dass die vorgegebenen Werte zu einer positiven Suche nach diesen Werten führen, oder Sie können Lieferanten mit entsprechenden Werten ausgrenzen. Beispielsweise können Sie festlegen, ob die Zeichenfolge im Wertefeld im Lieferantenschlüssel (Nummer des Lieferantenstammsatzes) enthalten sein, damit identisch sein, zu dessen Beginn oder am Ende liegen soll. Auch hier wird eine reine Zeichenfolge ohne Maskierungen genutzt. Über die Schaltfläche **OK** werden die definierten Bedingungen dann in das vorangehende Suchbild übernommen.

Abbildung 9.5 Suchkriterien definieren: Bedingungen

Registerkarte »Bedingungen definieren«

Wechseln Sie mit einem einfachen Klick auf die Registerkarte **Bedingungen definieren**, erhalten Sie die Möglichkeit, zum jeweils ersten Feld des Bereichs mit der Ziffer ❹ Bedingungen zu definieren. Im Beispielfall ist das erste Feld im Bereich mit der Ziffer ❹ das Feld **Lieferant**. Für alle weiteren Felder ist der Absprung auf die Bedingungspflege nur über die Werthilfe-Schaltfläche möglich.

In Abbildung 9.6 sehen Sie nun das Ergebnis der Suche. Beide Lieferanten in dieser Liste entsprechen den vordefinierten Suchkriterien und sind bereits mittels Haken im Kontrollkästchen in der ersten Spalte aktiviert. Über die Schaltfläche **OK** werden diese beiden Lieferanten in das Selektionsbild für die Auswertung übernommen.

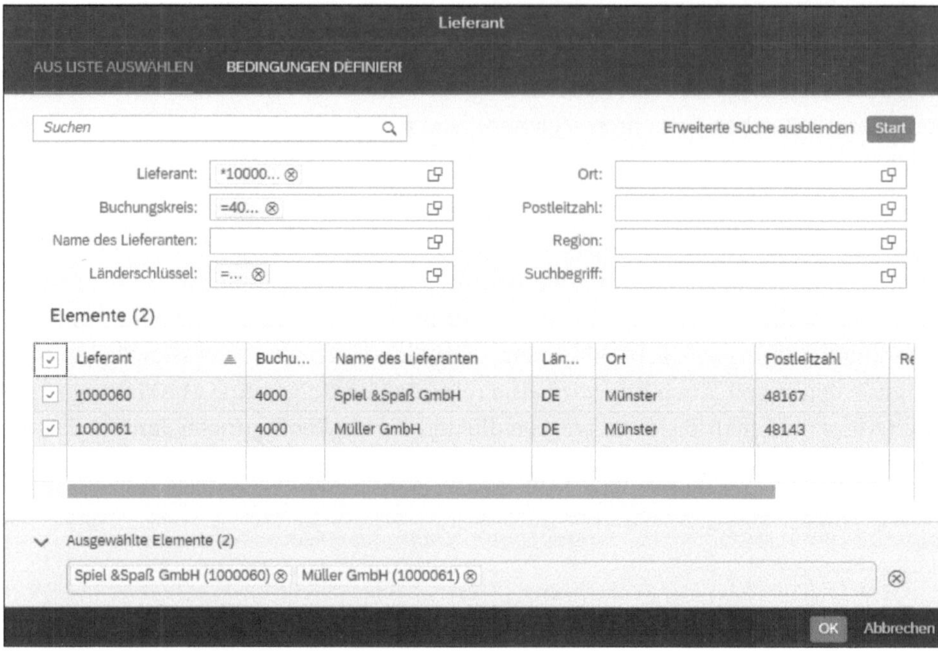

Abbildung 9.6 Suchkriterien mit Ergebnisliste

Abschließend ist zum Thema »Suchen« noch zu ergänzen, dass es auch eine einfache Suche gibt. Wenn Sie die erweiterten Suche über die Schaltfläche **Erweiterte Suche ausblenden** ausblenden, stehen Ihnen die einzelnen Suchfelder nicht mehr zur Verfügung. Es wird lediglich noch das Feld für die allgemeine Suche angeboten, das Sie im markierten Feld in Abbildung 9.7 sehen.

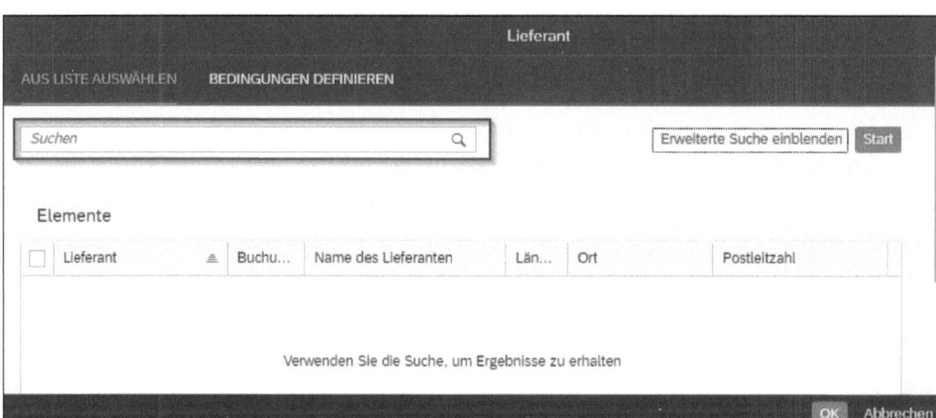

Abbildung 9.7 Suchkriterien der einfachen Suche

Mit den vorbereiteten Filtern wollen wir die Auswertung starten. Sie können aus Abbildung 9.8 ersehen, dass das Filterfeld für die beiden Lieferantennummern zu klein ist. Deshalb wird dort nur der erste Lieferant mit Namen und einem Teil der Lieferantennummer angezeigt. Zusätzlich wird mit **1 mehr** darauf hingewiesen, dass weitere Lieferanten ausgewählt sind.

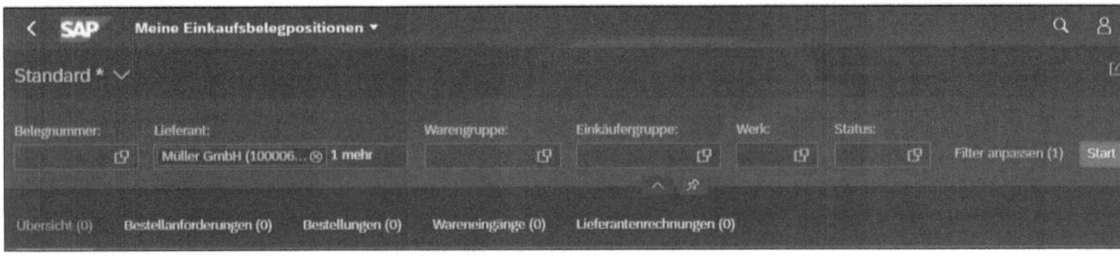

Abbildung 9.8 Selektion mit voreingestelltem Filter

9.1.2 Liste ausführen und benutzen

Per Klick auf die Schaltfläche **Start** wird die Auswertung gestartet und führt zu dem Ergebnis in Abbildung 9.9.

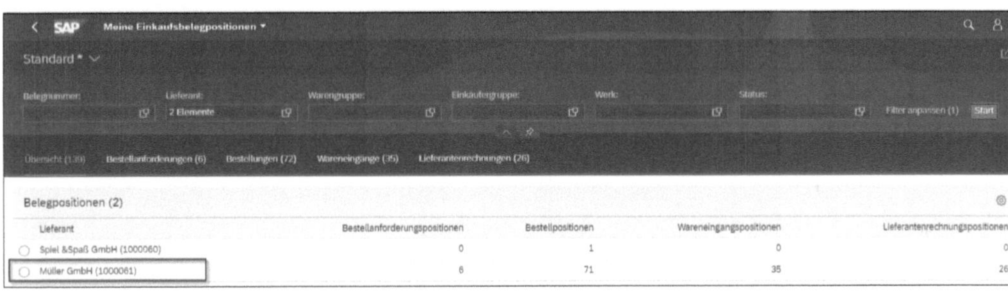

Abbildung 9.9 SAP-Fiori-App »Meine Einkaufsbelegpositionen«: Ergebnisliste der Lieferanten

Sie können in Abbildung 9.9 sehen, dass zwei Lieferanten in blauer Schrift als Hyperlinks gelistet sind. Zu jedem dieser Lieferanten gibt es hier bereits die Information, wie viele Bestellanforderungspositionen, Bestellpositionen, Wareneingangspositionen und Lieferantenrechnungspositionen es im System gibt.

Durch einen einfachen Klick auf den Hyperlink zum Lieferanten Müller GmbH (in Abbildung 9.9 umrahmt) erhalten Sie die Dialogbox in Abbildung 9.10, die eine Reihe von Vorschlagsapplikationen enthält. Diese können über einen einfachen Klick ausgelöst werden. Es werden dann jeweils weitere Auswertungen gestartet (Achtung: Hier muss wieder auf die Selektionen geachtet werden!) oder Buchungstransaktionen ausgelöst.

Abbildung 9.10 SAP-Fiori-App »Meine Einkaufsbelegpositionen«: App-Angebote zum Lieferanten

Über die Schaltfläche **Weitere Links** in Abbildung 9.10 erhalten Sie eine längere Vorschlagsliste für Buchungs- und Auswertungsapplikationen, wie Sie sie in Abbildung 9.11 sehen können. Sie können von hier aus die gewünschte App über einen einfachen Klick auslösen. Sie können hier aber auch Apps aktivieren, die Sie häufiger im Zusammenhang mit der Analyse von Bestellpositionen benötigen, und diese über die Schaltfläche **OK** in die ursprüngliche Applikationsauswahl aus Abbildung 9.10 dauerhaft übernehmen.

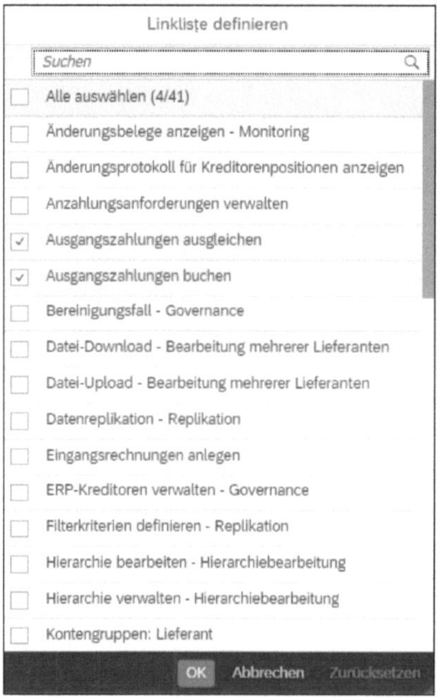

Abbildung 9.11 SAP-Fiori-App »Meine Einkaufsbelegpositionen«: Weitere App-Angebote zum Lieferanten

Auf die Details der angebotenen Apps und zusätzlichen Auswertungen gehen wir hier nicht weiter ein.

Die Liste der Bestellpositionen selbst liefert aber auch noch einige zusätzliche Auswertungsmöglichkeiten (siehe Abbildung 9.12). Über einen einfachen Klick auf die Registerkarte **Bestellanforderungen** ❶, **Bestellungen** ❷, **Wareneingänge** ❸ oder **Lieferantenrechnungen** ❹ erhalten Sie jeweils eine entsprechende Positionsliste. Über die Schaltfläche [⚙] (**Einstellungen**) ❺ können Sie die angezeigten Spalten der Liste und deren Reihenfolge beeinflussen.

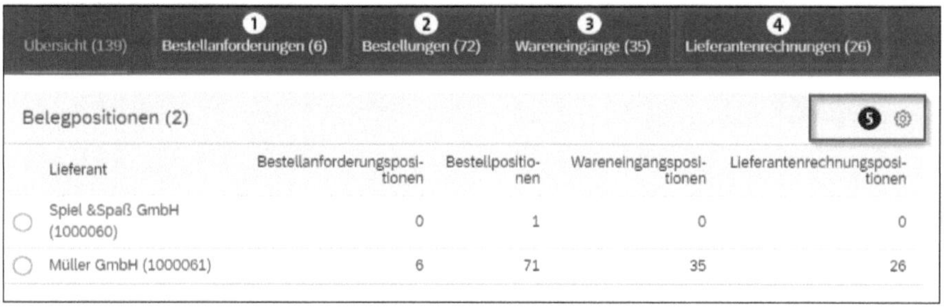

Abbildung 9.12 SAP-Fiori-App »Meine Einkaufsbelegpositionen«: Funktionen der Ergebnisliste

Wir zeigen Ihnen nun anhand des Beispiels der Liste der Bestellanforderungen weitere Funktionen der Ergebnisliste. In Abbildung 9.13 stehen Ihnen im Bereich mit der Ziffer ❶ Hyperlinks zu Warengruppen-, Material-, Einkäufergruppen- und Werksinformationen zur Verfügung. Über die Schaltfläche [>] (**Vorwärts**) ❷ können Sie auf den jeweiligen Einzelbeleg (hier in die Bestellanforderung) abspringen.

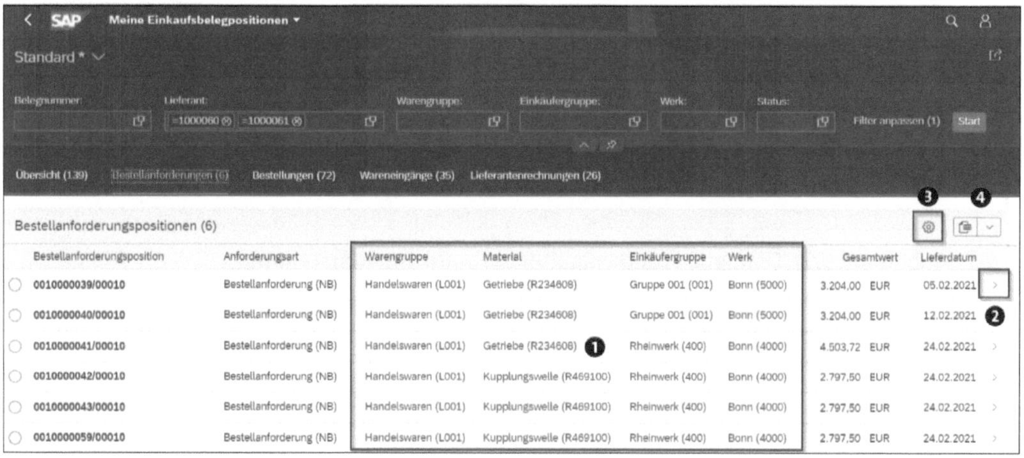

Abbildung 9.13 SAP-Fiori-App »Meine Einkaufsbelegpositionen«: weitere Funktionen der Ergebnisliste

Über die Schaltfläche [⚙] (**Einstellungen**) ❸ in Abbildung 9.13 können Sie auch hier wieder Einstellungen für den Spaltenaufbau der Liste vornehmen. Die in den Kontrollkästchen in Abbildung 9.14 aktivierten Felder werden aktuell angezeigt, und die anderen Felder stehen noch für die Liste zur Verfügung. Die Reihenfolge des Aktivierens bestimmt über die Reihenfolge der Spalten in der Liste. Auf weiteren Registerkarten stehen Möglichkeiten zur Verfügung, um die Liste zur sortieren, einen zusätzlichen Filter zu setzen sowie für eine Gruppierung zu sorgen. Auf diese Funktionen wird hier nicht weiter eingegangen, da sie mit den Bedienmöglichkeiten in SAP ERP im Prinzip übereinstimmen.

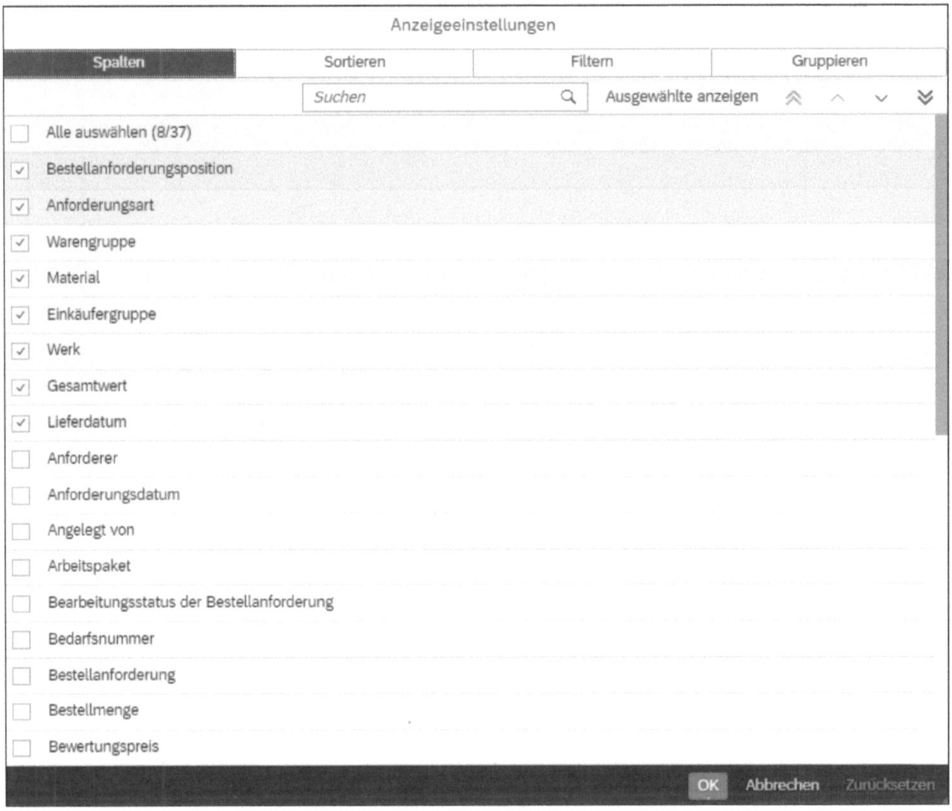

Abbildung 9.14 Dialogbox für die Spaltenauswahl und -darstellung

9.1.3 Sichten definieren und verwalten

Aus SAP ERP kennen Sie die Möglichkeit, Anzeigevarianten für Ihre Listen sowohl benutzerspezifisch als auch für alle SAP-User anzulegen. Die Funktion steht auch in Listen zur Verfügung, die Sie mittels SAP-Fiori-Apps erzeugt haben. SAP nutzt hier die Begriffe *Sicht*, *View* oder *Layout-Variante*.

Nachdem Sie eine Liste nach Ihren Wünschen gestaltet haben, klicken Sie auf den Bereich **Standard** ❶ in Abbildung 9.15. Sie erhalten dann die ebenfalls in Abbildung 9.15

gezeigte Schaltfläche **Sichern als** ❷, mit der Sie Ihre Sicht anlegen können, und die Schaltfläche **Verwalten** ❸, mit der Sie vorhandene Sichten als Standard auswählen, die zugehörigen Selektionen zur automatischen Anwendung kennzeichnen sowie Varianten löschen können.

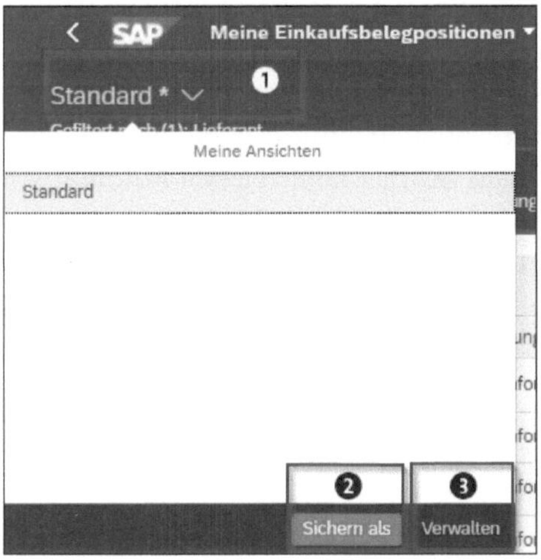

Abbildung 9.15 Sicht für eine Liste anlegen

Mithilfe der Schaltfläche **Sichern als** erhalten Sie eine Dialogbox, wie Sie sie in Abbildung 9.16 sehen können. Im Beispiel wird eine benutzerspezifische Sicht angelegt. Wenn Sie das Kontrollkästchen zu **Öffentlich** aktivieren, muss dem Namen der Sicht ein / vorangestellt werden. Dieses Vorgehen ist bereits aus SAP ERP bekannt.

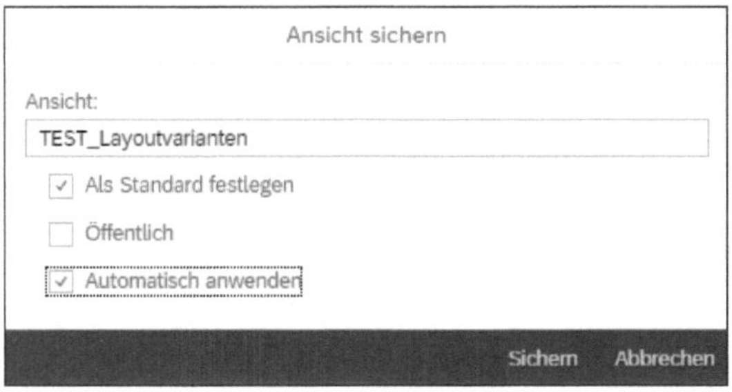

Abbildung 9.16 Dialogbox zum Anlegen einer Sicht

Mit der Aktivierung des Kontrollkästchens zu **Als Standard festlegen** sorgen Sie dafür, dass die Liste jeweils automatisch in dieser von Ihnen voreingestellten Form für Sie erscheint. Dieser festgelegte Standard ist mit der aus SAP ERP gewohnten benutzerdefinierten Voreinstellung für Listaufbereitungen vergleichbar. Mit diesem Standard wird zunächst nur der Listaufbau gesichert.

Wenn Sie auch den Haken zu **Automatisch anwenden** setzen, bedeutet dies, dass die Selektionskriterien zusätzlich mitgespeichert werden. Bei Aufruf der Auswertung wird die Liste mit den voreingestellten Selektionskriterien und dem gewünschten Listaufbau direkt gestartet.

Wenn Sie alle Sichten für eine Auswertung sehen oder bearbeiten möchten, ist dies über die Schaltfläche **Verwalten** aus Abbildung 9.15 möglich. Sie erhalten eine weitere Dialogbox, wie Sie sie in Abbildung 9.17 sehen können. Genau eine der vorhandenen Sichten kann über die Aktivierung des entsprechenden Optionsfeldes als Standard für den Berichtsaufbau gesetzt werden (Rahmen ❶). Das Kennzeichen **Automatisch anwenden** kann für beliebig viele Sichten mittels Kontrollkästchen gesetzt werden (Rahmen ❷). Die Schaltfläche ⊗ (**Löschen**) ❸ muss angeklickt werden, um eine Sicht zu löschen. Alle hier vorgenommenen Einstellungen werden über die Schaltfläche **OK** bestätigt und gesichert.

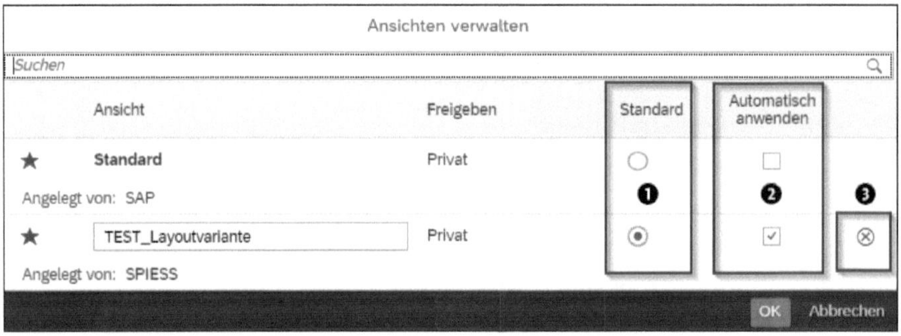

Abbildung 9.17 Dialogbox zum Verwalten von Sichten

[!]

Achtung bei Sichten mit der Einstellung »Automatisch anwenden«

Haben Sie mit dem Kennzeichen **Automatisch anwenden** eine Sicht als Standard gespeichert, wird die entsprechende Liste in Zukunft immer mit dieser Sicht und ohne vorherige Abfrage von Selektionskriterien ausgeführt. Allerdings wird es immer Fälle geben, in denen diese Einstellungen dann doch nicht passen. Über den Bereich ❶ aus Abbildung 9.15 können Sie dann andere vorhandene Sichten auswählen. Beachten Sie, dass Sie bei Sichten, die nicht mit festen Selektionskriterien verbunden sind, zum einen die Selektionskriterien wieder einblenden und diese nach deren Festlegung über die Schaltfläche Start wieder auslösen müssen. Andernfalls erscheint das Bild wie eingefroren.

Wählen Sie die Möglichkeit der automatischen Verwendung daher mit Bedacht und nur für wenige Auswertungen, die Sie wirklich immer mit den entsprechenden festen Selektionen ausführen möchten!

9.1.4 Export in die Tabellenkalkulation

Wollen Sie z. B. die Liste der Bestellanforderungspositionen aus der SAP-Fiori-App exportieren, um sie mit einem anderen Programm weiter bearbeiten zu können, steht Ihnen hierzu die Schaltfläche (**Exportieren**) zur Verfügung. Klicken Sie auf den linken Bereich dieser Schaltfläche, wird direkt ein Export in das .xslx-Format von Microsoft Office durchgeführt. Die entsprechende Datei wird im voreingestellten Download-Ordner Ihres Browsers gespeichert und ist im unteren Bereich der Auswertung per einfachem Klick zum Öffnen bereit (siehe Abbildung 9.18).

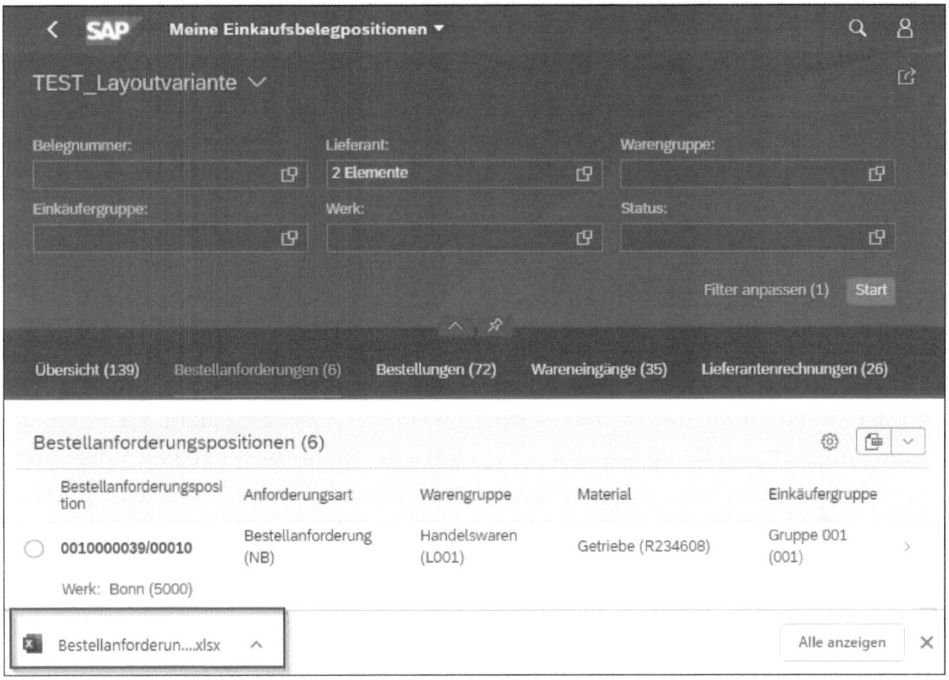

Abbildung 9.18 SAP-Fiori-App »Meine Einkaufsbelegpositionen«: Excel-Export der Bestellanforderungen

Die Darstellung der erzeugten Excel-Liste entspricht dem von Ihnen eingestellten Listaufbau in der SAP-Fiori-App.

Wenn Sie auf den rechten Bereich der Schaltfläche (**Exportieren**), also auf den Teil klicken, erhalten Sie die beiden Optionen **Exportieren** und **Exportieren als ...** zur Auswahl. Die Auswahl **Exportieren** führt zu demselben Ergebnis wie die Schaltfläche.

Die Auswahl **Exportieren als ...** öffnet eine Dialogbox, wie sie in Abbildung 9.19 gezeigt wird. Sie können hier Einfluss auf den Dateinamen nehmen und haben die Möglichkeit auszuwählen, dass Zellen mit mehreren Werten aufgeteilt und gegebenenfalls in der Liste gesetzte Filter beim Export berücksichtigt werden. Auch in diesem Fall wird im Format .xslx von Microsoft Office im gewählten Listaufbau exportiert.

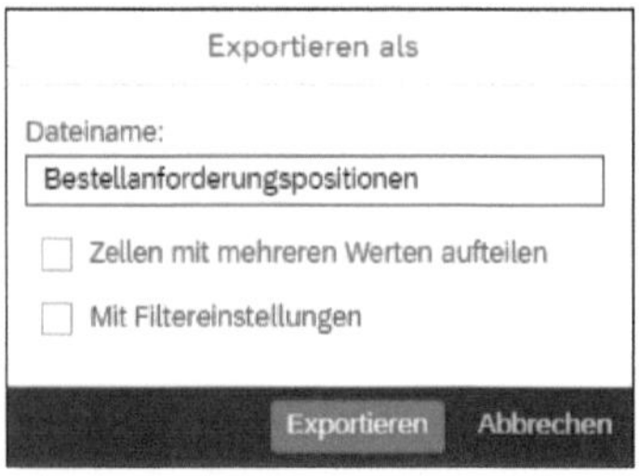

Abbildung 9.19 Dialogbox »Exportieren als ...«

Wenn es für Sie erforderlich ist, dass Ihnen aus einer App exportierte Daten in anderen Formaten zur Verfügung stehen, müssen Sie die Umkonvertierung mit Excel-Mitteln vornehmen.

9.1.5 Auswertung teilen

Wir möchten Ihnen nun als letzte Funktion der SAP-Fiori-App **Meine Einkaufsbelegpositionen** die Funktion des Teilens vorstellen. Nach der Festlegung der Selektionskriterien und dem Ausführen und Bearbeiten einer Auswertung dient das Teilen dazu, eine Auswertung durch das Starten einer Kachel in Ihrem Startbild immer sofort auszuführen. Sie erreichen dieses Ziel, indem Sie die umrahmte Schaltfläche (**Teilen**) in Abbildung 9.20 anklicken.

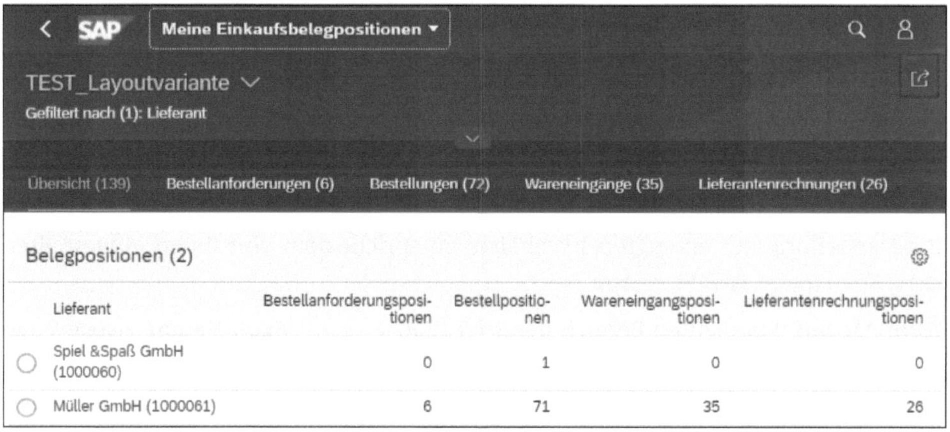

Abbildung 9.20 SAP-Fiori-App »Meine Einkaufsbelegpositionen«: Auswertungsergebnis teilen

Per Klick auf die Schaltfläche [icon] erscheint die Auswahl, die Auswertung per E-Mail zu senden oder als Kachel zu sichern. Wenn Sie die E-Mail-Option wählen, öffnet sich Ihr Standard-E-Mail-Programm, und Sie können die Auswertung adressieren und an einen beliebigen Empfänger schicken.

Wählen Sie die Möglichkeit, die Auswertung als Kachel zu sichern, erhalten Sie eine Dialogbox, wie sie in Abbildung 9.21 gezeigt wird. Hier müssen Sie einen Titel für die Kachel hinterlegen (als Vorschlag erscheint der Name der Sicht im Eingabefeld). Im unteren umrahmten Feld in Abbildung 9.21 wird das Startbild als Gruppe voreingestellt. Hier sollten Sie die Kachelgruppe hinterlegen, in der Sie die Auswertung künftig starten wollen.

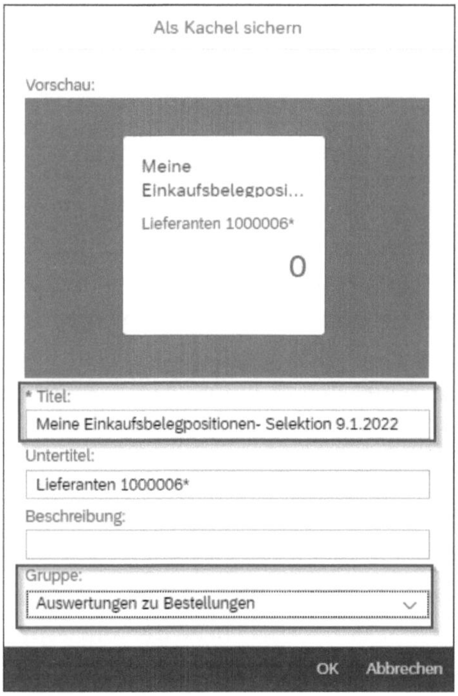

Abbildung 9.21 Auswertung teilen: Kachel für das eigene Startbild anlegen

In Abbildung 9.22 sehen Sie die Kachel, die für den Beispielfall angelegt wurde. Beachten Sie dabei, dass nicht alle Texte auf die Kachel passen. Im Beispiel ist der Titel viel zu lang und wird auf der Kachel abgeschnitten. Da ein Untertitel vorgesehen wurde, ist dieser auch auf der Kachel zu sehen. Hätten wir das Feld **Beschreibung** mit einer solchen gefüllt, würde diese am unteren Rand der Kachel mit angezeigt.

Die Kachel wird als dynamische Kachel angelegt und zeigt schon im Startbild die Anzahl der Positionen an, die in der Auswertung enthalten sind.

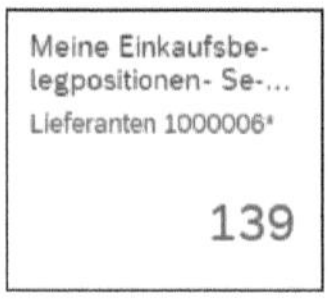

Abbildung 9.22 SAP-Fiori-App »Meine Einkaufsbelegpositionen«: geteilte Kachel im Startbild

Die SAP-Fiori-App **Bestellpositionen überwachen** wurde nun von einigen Seiten beleuchtet, und Sie haben einiges über die grundlegende Berichtstechnik in SAP-Fiori-Apps gelesen. Bei der Vorstellung der weiteren SAP-Fiori-Apps gehen wir jeweils nur noch auf zusätzliche Funktionen dieser Applikationen ein. Als Nächstes zeigen wir Ihnen die SAP-Fiori-App **Bestellpositionen nach Kontierung**.

9.2 Die SAP-Fiori-App »Bestellpositionen nach Kontierung«

Wie Sie in Kapitel 8, »Logistik-Rechnungsprüfung«, erfahren haben, können Bestellpositionen unterschiedlichen Arten von Kontierungen zugeordnet werden. Diese Kontierungen dienen z. B. dem Controlling (u. a. Gemeinkostencontrolling mit Kostenstellen, Aufträgen und PSP-Elementen, Vertriebscontrolling mit Kundenaufträgen, Lagerfertigung für Kundenaufträge) sowie auch der Anlagenbuchhaltung. Eine Liste der Kontierungstypen finden Sie in Abschnitt 6.7, »Kontierungstyp«.

Die SAP-Fiori-App **Bestellpositionen nach Kontierung** erlaubt es nun, nach unterschiedlichsten Kontierungen auszuwerten. Wir gehen kurz auf die Selektionsmöglichkeiten der SAP-Fiori-App ein und zeigen darüber hinaus die bereits erwähnte Funktion **Filter anpassen** für die Selektion.

In Abbildung 9.23 sehen Sie im Rahmen mit der Ziffer ❶ den Einstieg in die Selektion des Kontierungstyps und im Rahmen mit der Ziffer ❷ die Möglichkeit der Anpassung der Selektionskriterien (Feldauswahl) mithilfe der Schaltfläche **Filter anpassen**.

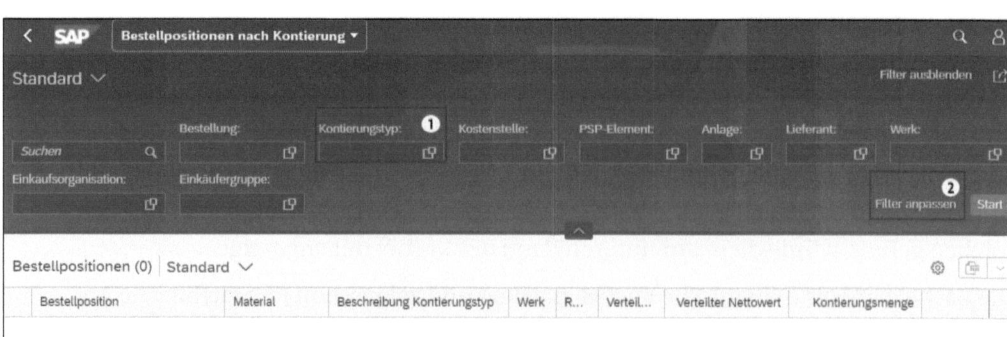

Abbildung 9.23 SAP-Fiori-App »Bestellpositionen nach Kontierung«: Einstieg

9.2.1 Selektion

Über die Werthilfe-Schaltfläche des Feldes **Kontierungstyp** in Abbildung 9.23 steigen Sie in die Dialogbox in Abbildung 9.24 ein. In dieser Abbildung wurde die Suche bereits gestartet, und mithin wird eine Liste aus 20 Elementen bereits angezeigt. Die Auswahl wird durch das Setzen von Haken in der Spalte vor den Kontierungstypen getroffen. Im Beispiel werden die Kontierungstypen **F** (Auftrag) und **K** (Kostenstelle) ausgewertet.

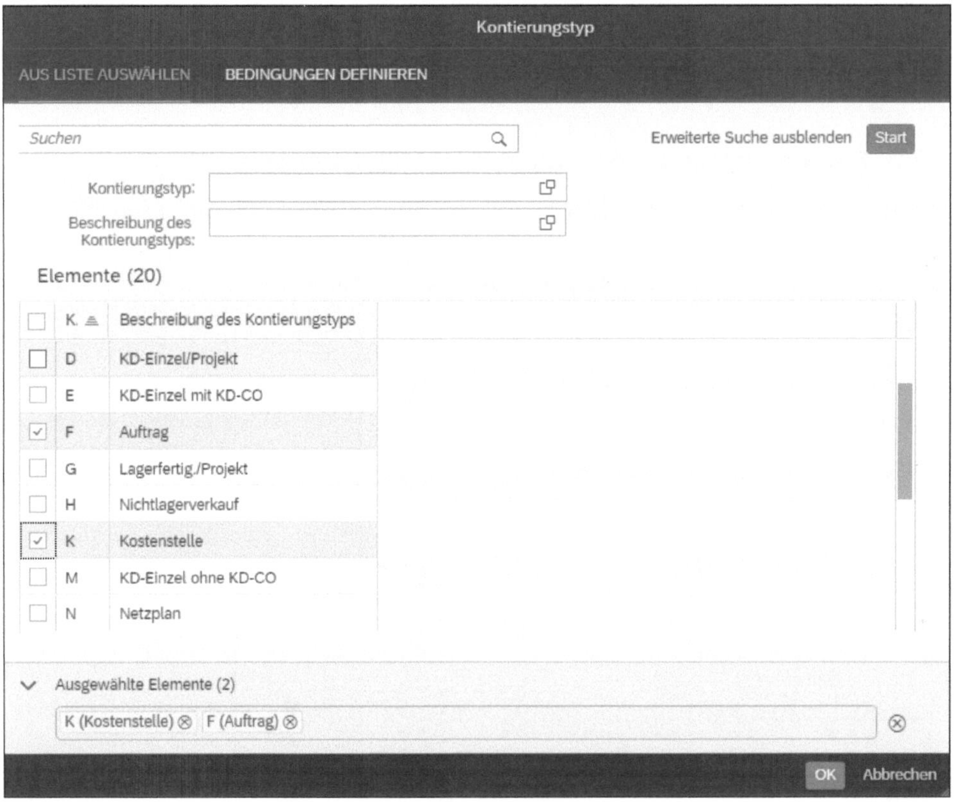

Abbildung 9.24 SAP-Fiori-App »Bestellpositionen nach Kontierung«: Kontierungstyp auswählen

In Abbildung 9.25 können Sie in den Selektionskriterien sehen, dass zusätzlich zu den beiden Kontierungstypen noch das Werk 4000 selektiert wird. Das Ergebnis zeigt nur Bestellpositionen zur Kostenstelle 40001201. Die Kontierungen werden hier jeweils komprimiert dargestellt. Über die Schaltfläche [>] (**Vorwärts**) können die Einzelpositionen zur Kontierung aufgerissen und sichtbar gemacht werden. Von dort aus können Sie dann auf die jeweiligen Bestellpositionen abspringen (siehe Abschnitt 9.1.2, »Liste ausführen und benutzen«).

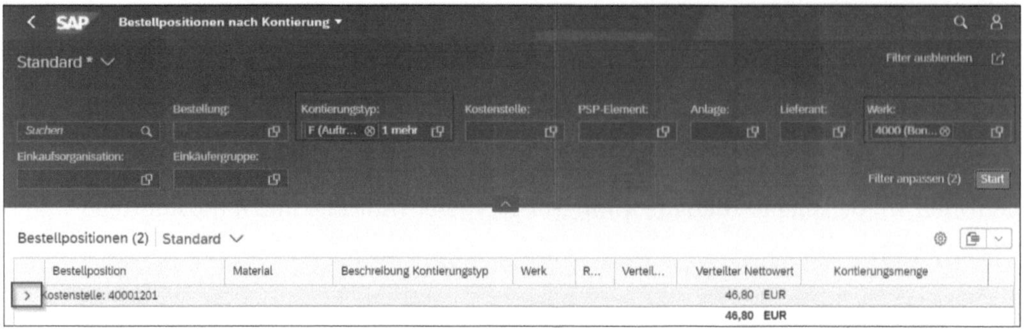

Abbildung 9.25 SAP-Fiori-App »Bestellpositionen nach Kontierung«: Ergebnisliste

9.2.2 Erweiterung der Selektionskriterien – Filter anpassen

Wenn Sie weitere Selektionsfelder benötigen, können Sie die Schaltfläche **Filter anpassen** (siehe Abbildung 9.23 weiter vorne) nutzen. Nach einem einfachen Klick auf diese Schaltfläche erscheint die Dialogbox aus Abbildung 9.26.

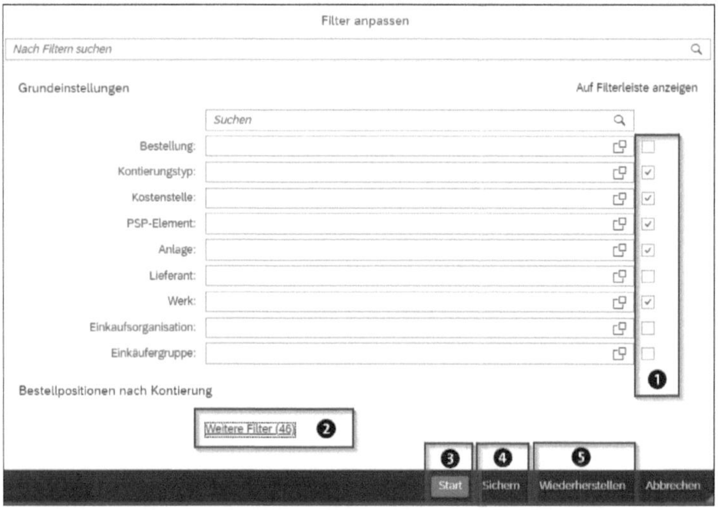

Abbildung 9.26 SAP-Fiori-App »Bestellpositionen nach Kontierung«: Selektionsfelder erweitern

Im Rahmen mit der Ziffer ❶ haben Sie die Möglichkeit, die Standardselektionsfelder der SAP-Fiori-App **Bestellpositionen nach Kontierung** mithilfe der Deaktivierung der entsprechenden Kontrollkästchen abzuwählen. Je nach Auswertung finden Sie hier eine andere Liste von Selektionsfeldern vor. Über den Link **Weitere Filter (xx)** ❷ können Sie die Dialogbox in Abbildung 9.27 erreichen, in der alle möglichen weiteren Selektionsfelder aufgelistet sind. Die gewünschten Felder selektieren Sie mittels Haken im vorangestellten Kontrollkästchen.

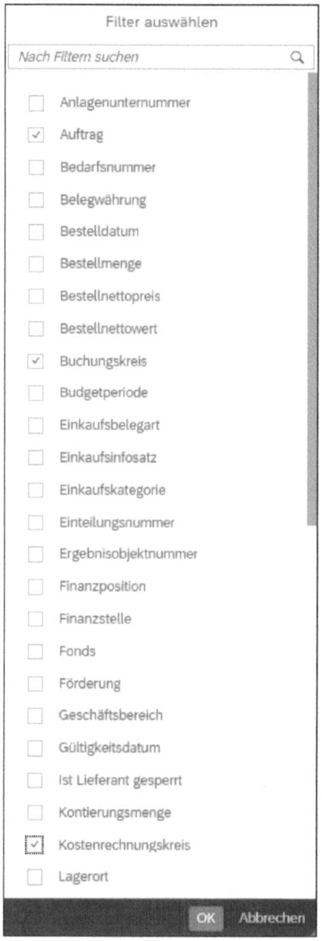

Abbildung 9.27 SAP-Fiori-App »Bestellpositionen nach Kontierung«: weitere Filter

In Abbildung 9.28 sehen Sie nun das Berichtsergebnis unter der Anwendung der oben geschilderten Filter. Die neu hinzugekommenen Selektionsfelder sind durch einen Rahmen markiert. Das Feld **Buchungskreis** enthält 1 Filterelement – den Buchungskreis 4000.

In Abbildung 9.26 sind noch die folgenden drei Funktionen markiert:

- Per Klick auf die Schaltfläche **Start** ❸ lösen Sie die Auswertung mit den gewünschten Filtern aus.
- Mit dem Befehl **Sichern** ❹ können Sie die ausgewählten Selektionsfelder in einer Sicht speichern.
- Mit dem Befehl **Wiederherstellen** ❺ können Sie die von Ihnen vorgenommenen Anpassungen wieder rückgängig machen. Es wird jeweils der vorherige Zustand der ausgewählten Sicht wiederhergestellt.

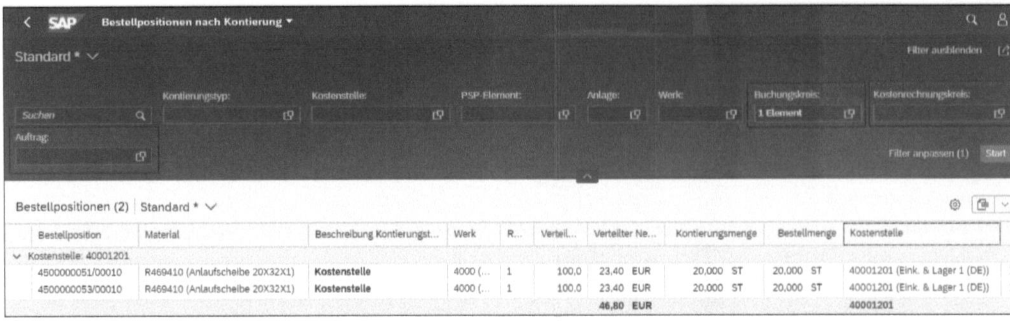

Abbildung 9.28 SAP-Fiori-App »Bestellpositionen nach Kontierung«: Ergebnis mit geänderten Filtern

Im folgenden Abschnitt stellen wir Ihnen nun die dynamische SAP-Fiori-App **Bestellpositionen überwachen** vor.

9.3 Die SAP-Fiori-App »Bestellpositionen überwachen«

Die SAP-Fiori-App **Bestellpositionen überwachen** können Sie die Fälligkeit Ihrer Bestellpositionen im Auge behalten.

Die App wird mit der Kachel in Abbildung 9.29 geöffnet. Auf der Kachel wird neben dem Symbol die Anzahl der über alle Lieferanten überfälligen Posten angezeigt. Im Beispielfall in Abbildung 9.29 sind dies 55 überfällige Positionen.

Abbildung 9.29 Kachel der SAP-Fiori-App »Bestellpositionen überwachen«

9.3.1 Selektion

Die SAP-Fiori-App **Bestellpositionen überwachen** bietet im Einstieg die Selektionsfelder aus Abbildung 9.30 an.

Die **Anzeigewährung** im Rahmen mit der Ziffer ❶ ist in der App ein Muss-Feld. Wenn Sie üblicherweise mit der Währung EUR arbeiten, sollten Sie diese in den benutzerspezifischen Einstellungen in Ihrem Launchpad hinterlegen. Dann wird die Währung grundsätzlich vorbelegt, kann aber angepasst werden, wenn Sie die Auswertung mit einer anderen Währung vornehmen möchten.

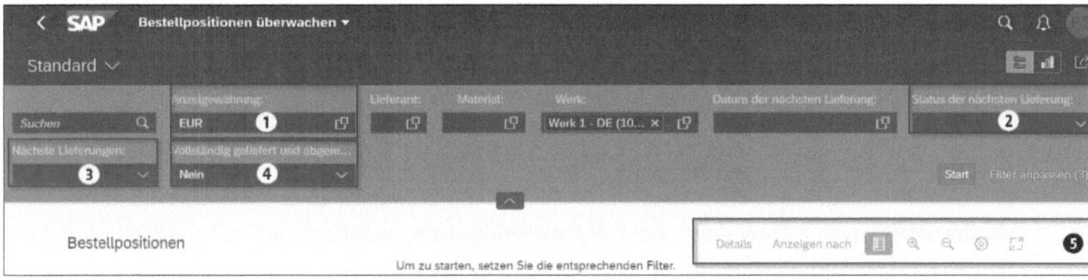

Abbildung 9.30 SAP-Fiori-App »Bestellpositionen überwachen«: Einstiegsbild

Neben den üblichen Selektionsfeldern **Lieferant**, **Material**, **Werk** usw. haben Sie in dieser Auswertung die Möglichkeit, nach **Status der nächsten Lieferung** zu selektieren. Über die Werthilfe-Schaltfläche im mit der Ziffer ❷ versehenen Rahmen können folgende mögliche Werte über Kontrollkästchen ausgewählt werden:

- Heute fällig
- Später fällig
- Überfällig

Das Feld **Nächste Lieferungen** bietet im Rahmen mit der Ziffer ❸ über Kontrollkästchen die Auswahlmöglichkeit, Lieferungen der kommenden sieben Tage genauer zu bestimmen. Sehen Sie in Abbildung 9.31 ein Beispiel für diese Auswahl.

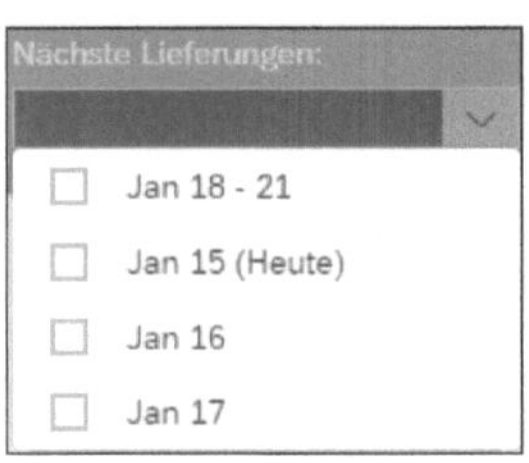

Abbildung 9.31 SAP-Fiori-App »Bestellpositionen überwachen«: die nächsten Lieferungen auswählen

Die App bietet darüber hinaus die Möglichkeit, alle Bestellpositionen, unabhängig vom Lieferungs- und Rechnungsstatus, oder nur die bereits gelieferten und in Rechnung gestellten Bestellpositionen zu zeigen oder – als dritte Möglichkeit – gerade diese Bestellpositionen nicht anzuzeigen.

Die SAP-Fiori-App **Bestellpositionen überwachen** bietet darüber hinaus die Möglichkeit, alle Bestellpositionen unabhängig vom Lieferungs- und Rechnungsstatus zu zeigen. Es können jedoch auch nur die bereits gelieferten und in Rechnung gestellten Bestellpositionen selektiert oder – als dritte Möglichkeit – gerade diese Bestellpositionen ausgeschlossen werden (siehe den Rahmen mit der Ziffer ❹ in Abbildung 9.30). In Abbildung 9.32 können Sie die Auswahl sehen.

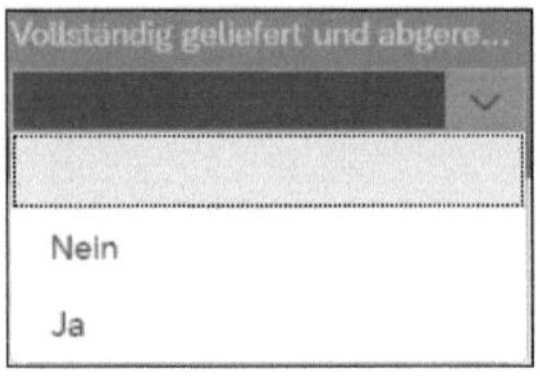

Abbildung 9.32 SAP-Fiori-App »Bestellpositionen überwachen«: die gelieferten und abgerechneten Positionen auswählen

9.3.2 Bearbeitung der Aufbereitung der Auswertung

Wir zeigen Ihnen in diesem Abschnitt das Ergebnis einer Auswertung mit der App **Bestellpositionen überwachen** und werden damit auch die verschiedenen Funktionen aus dem Rahmen mit der Ziffer ❺ aus Abbildung 9.30 erläutern.

In Abbildung 9.33 sehen Sie zunächst, wie die Auswertung aussieht, nachdem sie mit den voreingestellten Selektionskriterien gestartet wurde. Innerhalb der Auswertung haben Sie nun die Möglichkeit, in die Details der Auswertung abzutauchen und diese zu analysieren oder die grafische Darstellung zu ändern.

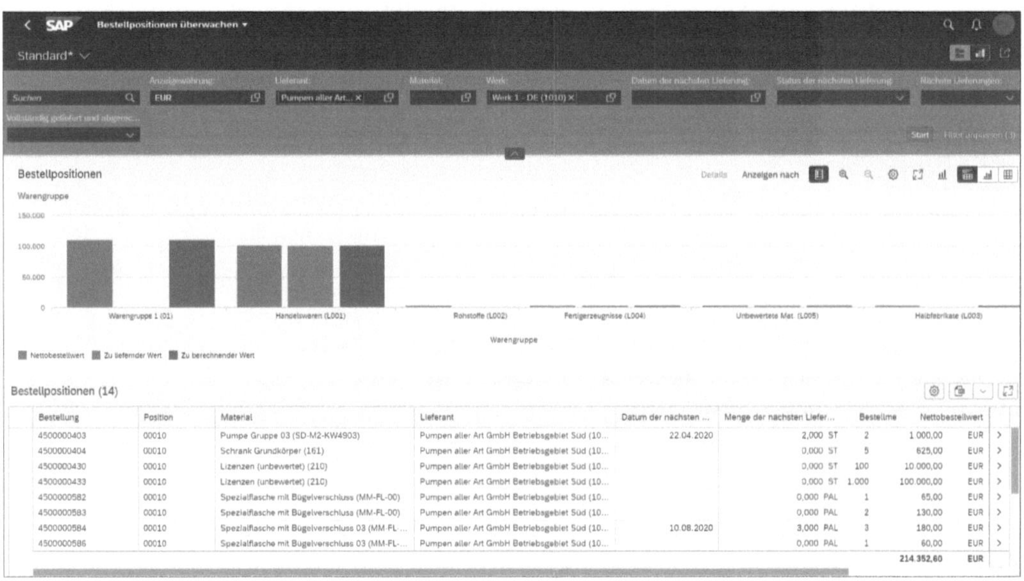

Abbildung 9.33 SAP-Fiori-App »Bestellpositionen überwachen«: erstes Ergebnis

Dabei haben Sie im Einzelnen die Einstellmöglichkeiten, die wir Ihnen anhand von Abbildung 9.34 systematisch vorstellen und anschließend mit der Anwendung demonstrieren wollen.

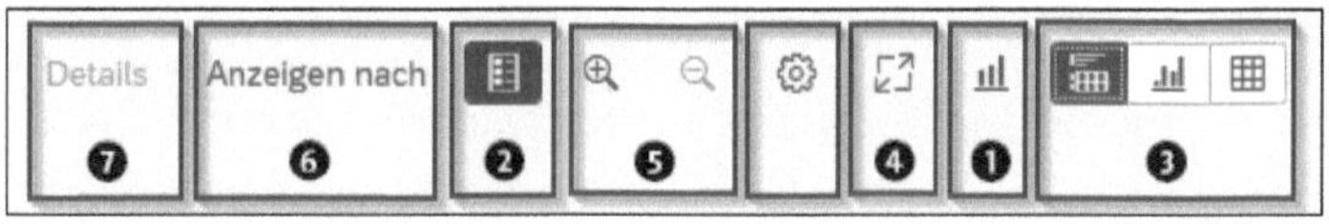

Abbildung 9.34 SAP-Fiori-App »Bestellpositionen überwachen«: Bedienleiste zur Bearbeitung der Grafik- und Listdarstellung

1. Mit der Schaltfläche (**Diagramm**) können Sie bestimmen, mit welchem Diagrammtyp das grafische Ergebnis der Auswertung dargestellt werden soll. Es stehen die in Abbildung 9.35 gezeigten Auswahlmöglichkeiten zur Verfügung.

   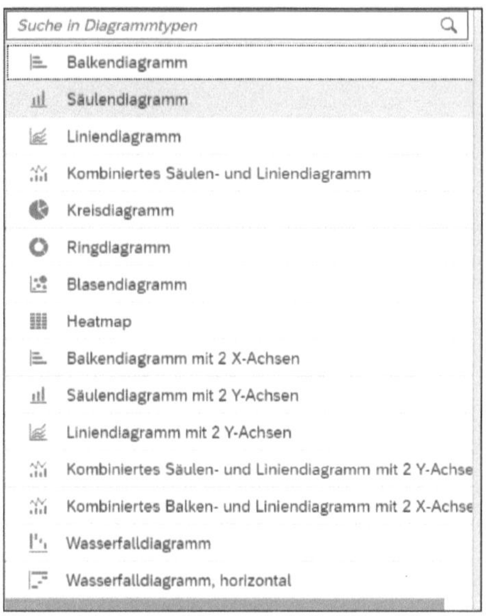

   Abbildung 9.35 SAP-Fiori-App »Bestellpositionen überwachen«: Diagrammtypen auswählen

   Nicht jeder Diagrammtyp ist für jede Art von Auswertung geeignet. Für die Beispielauswertung ist unserer Meinung nach noch ein Balkendiagramm geeignet (siehe Abbildung 9.36).

2. Mit einem Klick auf diese Schaltfläche können Sie die Legende zur Grafik ein- und ausschalten .
3. Es ist möglich, zwischen Grafik mit Liste, Grafik oder Liste zu wechseln.
4. Sie können die Grafik maximieren. Über die Schaltfläche (**Zurück**) kann wieder zur vorangehenden Sicht zurückgekehrt werden. Innerhalb der maximierten Grafik stehen wiederum Schaltflächen zum Anpassen der Grafik zur Verfügung. Eine Beispielgrafik sehen Sie in Abbildung 9.36.

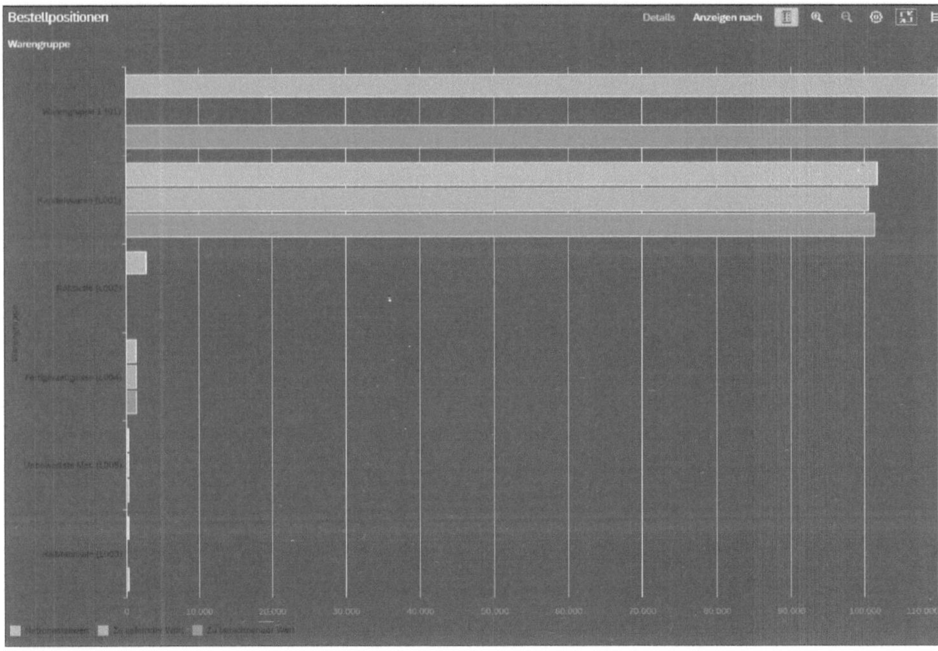

Abbildung 9.36 SAP-Fiori-App »Bestellpositionen überwachen«: maximiertes Balkendiagramm

Ob die Möglichkeit der Maximierung der Grafiken für Sie einen Gewinn bringt oder ob Sie es überhaupt vorziehen, die Auswertungsliste auszublenden, ist Geschmackssache!

5. Sie können die Listdarstellung vergrößern und verkleinern.
6. Über die Schaltfläche **Anzeigen nach** können Sie die Darstellung der Grafik nach den verschiedenen Dimensionen von Abbildung 9.37 aufbereiten.

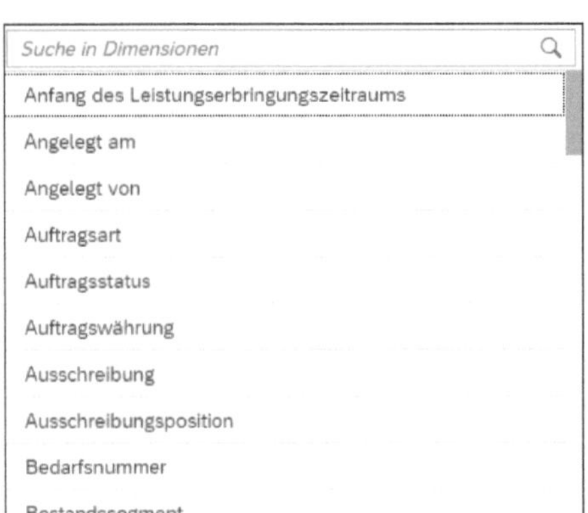

Abbildung 9.37 SAP-Fiori-App »Bestellpositionen überwachen«: Dimensionen auswählen

7. Details zur Grafik werden über der Grafik angezeigt. Dies geschieht über einen einfachen Klick auf einen Balken des Säulendiagramms (siehe Abbildung 9.38).

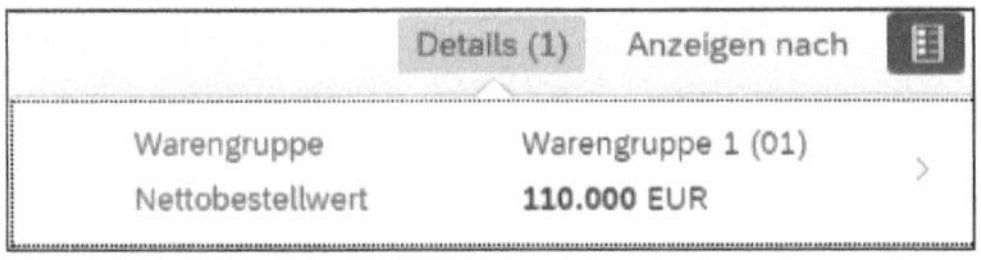

Abbildung 9.38 SAP-Fiori-App »Bestellpositionen überwachen«: Detailpositionen zur Grafik

In Abbildung 9.39 können Sie sehen, wie sich die Auswertung nach dem Anklicken des blauen Balkens **Nettobestellwert** der Warengruppe 1 (01) angepasst hat. Der ausgewählte Balken ist farbig klar und schwarz umrandet dargestellt, und die übrigen Balken haben eine etwas unklarere Darstellung. Wie es schon beschrieben wurde, weist die Schaltfläche **Details** mindestens die Anzahl der ausgewählten Details aus und kann durch Anklicken weitere Informationen dazu liefern. Die Liste der Bestellpositionen wird im Beispiel von 14 auf 2 Bestellpositionen reduziert (siehe Abbildung 9.33 weiter vorne).

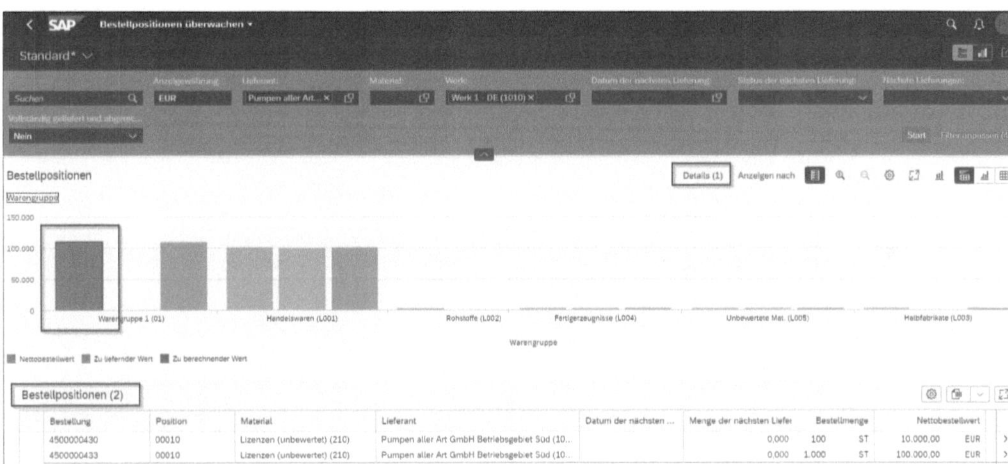

Abbildung 9.39 SAP-Fiori-App »Bestellpositionen überwachen«: Detailauswahl

Durch einen einfachen Klick auf einen anderen Balken der Grafik können Sie die Selektion auf die entsprechenden Bestellpositionen verändern. Ein einfacher Klick auf denselben Balken führt wieder zur Gesamtdarstellung über alle Bestellpositionen nach der ursprünglichen Selektion gemäß Abbildung 9.30.

Grundsätzlich sind die Grafiken zur SAP-Fiori-App **Bestellpositionen überwachen** nach verschiedenen Warengruppen gegliedert. Für jede Warengruppe werden die Bestellpositionen dann nach den folgenden Kriterien dargestellt:

- **Nettobestellwert**: Dieser wird für alle Bestellpositionen angezeigt.
- **Zu liefernder Wert**: Hier steht die Lieferung noch aus.
- **Zu berechnender Wert**: Hier steht die Rechnung noch aus.

Die Liste der Bestellpositionen in der SAP-Fiori-App **Bestellpositionen überwachen** ist aus technischer Sicht bereits grundsätzlich bekannt. Gegenüber den technischen Möglichkeiten, die bisher in diesem Kapitel beschrieben worden sind, gibt es hier keine Neuerungen, und deshalb verzichten wir hier auf die weitere Darstellung von Details.

Zuletzt möchten wir Ihnen im nächsten Abschnitt die SAP-Fiori-App **Übersicht Kreditorenbuchhaltung** vorstellen.

9.4 Die SAP-Fiori-App »Übersicht Kreditorenbuchhaltung«

Die analytische SAP-Fiori-App **Übersicht Kreditorenbuchhaltung** vereint eine Vielzahl weiterer Apps. Applikationen, die die wichtigen Kennzahlen der Kreditorenbuchhaltung aufbereiten, sind hier zusammengefasst.

Im Einstieg werden die Ergebnisse für Ihren kompletten Kreditorenbestand auf den einzelnen Kacheln angezeigt. Wie in den anderen von uns vorgestellten SAP-Fiori-Apps können Sie auf die für Sie interessanten Lieferanten selektieren.

Ein mögliches Ergebnis der App **Übersicht Kreditorenbuchhaltung** sehen Sie in Abbildung 9.40.

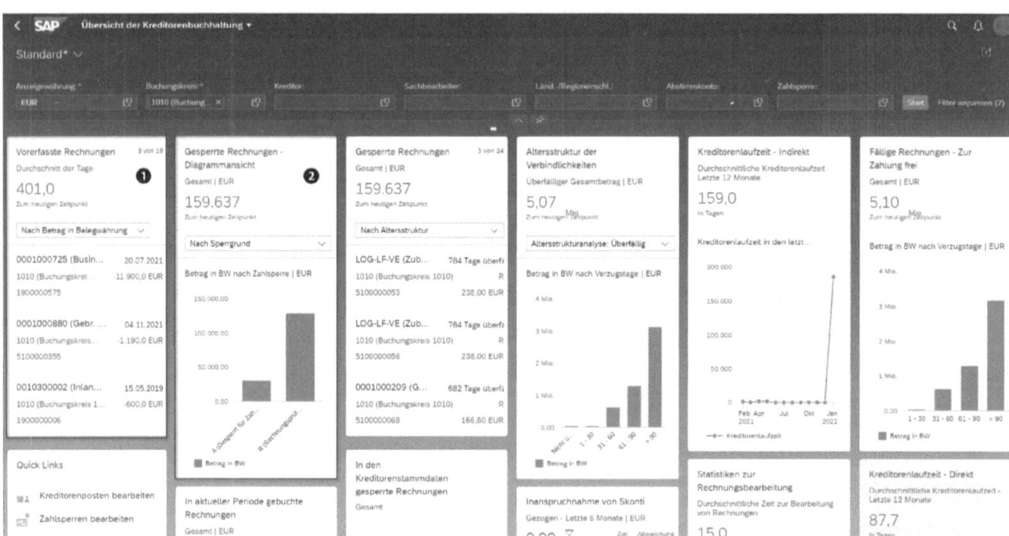

Abbildung 9.40 SAP-Fiori-App »Übersicht der Kreditorenbuchhaltung«

Dabei ist die Anordnung der Apps individuell gestaltbar. Sie können die Apps mit der linken Maustaste anklicken und sie bei gedrückter Maustaste an den von Ihnen gewünschten Ort verschieben. Die Darstellung in Abbildung 9.40 kann also von der Darstellung in Ihrem SAP Fiori Launchpad abweichen.

Über einen einfachen Klick auf die einzelnen Apps der Übersicht können Sie in die jeweilige App einsteigen. Wir möchten dies im Folgenden anhand von zwei App-Beispielen zeigen: **Vorerfasste Rechnungen** ❶ und **Gesperrte Rechnungen** ❷.

SAP-Fiori-App »Vorerfasste Rechnungen«

Sie können bereits direkt auf der Kachel erkennen, wie lange Rechnungen durchschnittlich in Tagen vorerfasst sind und erhalten eine vollständige Liste der betreffenden Rechnungen angezeigt. Letztere können Sie nach unterschiedlichen Kriterien (Erfassungsdatum, Betrag, Betrag in Belegwährung) sortieren. Wenn Sie hier per einfachem Klick ins Detail abspringen, erhalten Sie eine Liste, wie Sie sie als Beispiel in Abbildung 9.41 sehen können.

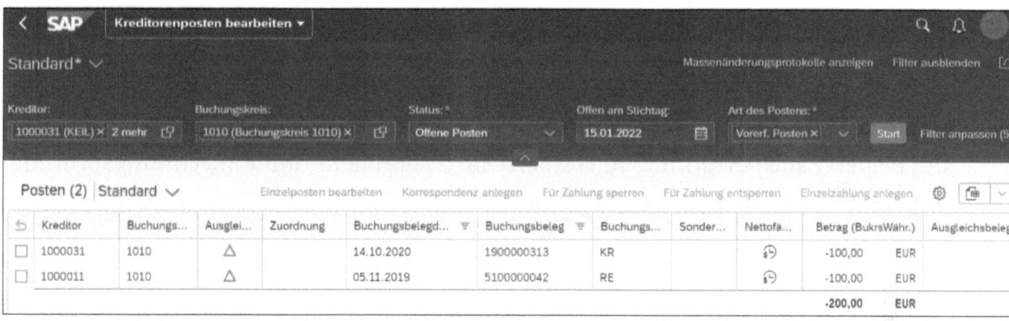

Abbildung 9.41 SAP-Fiori-App »Vorerfasste Rechnungen«: Liste der Rechnungspositionen

SAP-Fiori-App »Gesperrte Rechnungen– Diagrammansicht«

Sie können auf der Kachel dieser App direkt sehen, in welcher Höhe Rechnungen zum heutigen Zeitpunkt gesperrt sind. Auch hier gibt es eine Möglichkeit, um die Sortierung zu beeinflussen. Im Standard wird die Grafik nach Sperrgrund aufgebaut, es sind Darstellungen nach Altersstruktur, mit Skonto-Verlust nach Sperrgrund, mit verfügbarem Skonto nach Sperrgrund sowie mit Skonto nach Altersstruktur möglich. Alle Darstellungen verändern zunächst die grafische Sicht in der Kachel. Zusätzlich wird im Standard der Gesamtbetrag aller gesperrten Rechnungen und nach der Selektion **Nach Sperrgrund (Anzahl)** ihre Anzahl angezeigt.

In Abbildung 9.40 wird die Kachel **Gesperrte Rechnungen** mit der Selektion **Nach Sperrgrund** nach Betrag dargestellt. In Abbildung 9.42 sehen Sie dieselbe Kachel, ebenfalls nach Sperrgrund dargestellt, aber nun wird die Anzahl angezeigt.

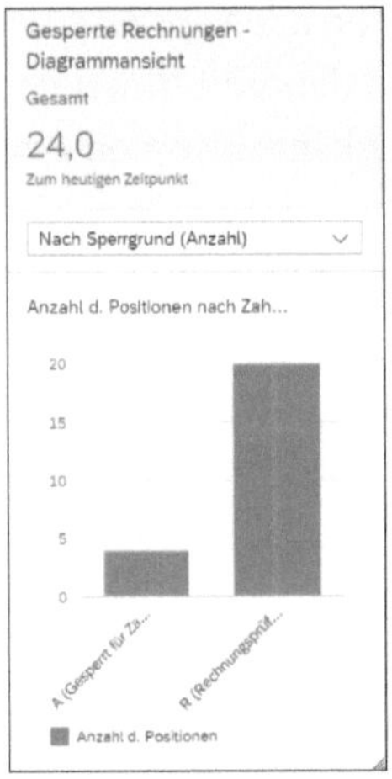

Abbildung 9.42 Gesperrte Rechnungen nach Sperrgrund (Anzahl)

Die SAP-Fiori-App **Gesperrte Rechnungen** erlaubt, ebenso wie die SAP-Fiori-App **Vorerfasste Rechnungen**, über einen einfachen Klick auf die Kachel auf eine Ergebnisliste abzuspringen. Hier wird die App **Kreditorenposten bearbeiten** gestartet. Dabei werden die Selektionen aus der analytischen App **Übersicht Kreditorenbuchhaltung** übernommen. In Abbildung 9.42 werden im Balkendiagramm die beiden Balken für die beiden Zahlsperrgründe **A** (Gesperrt für Zahlungen) und **R** (Rechnungsprüfung) angezeigt.

Wenn Sie nun z. B. auf den Balken **R** (Rechnungsprüfung) einfach klicken, wird der Zahlsperrgrund als Filter für die App **Kreditorenposten bearbeiten** mit übernommen. Im Ergebnis können Sie in Abbildung 9.43 sehen, dass der Zahlsperrgrund **R** im Feld **Zahlsperre** hinterlegt ist. Die Kreditorenposten der Liste zeigen natürlich alle die Zahlsperre **R**, wenn Sie das Feld Zahlsperre über die Listeneinstellungen mit auswählen.

Abbildung 9.43 SAP-Fiori-App »Übersicht der Kreditorenbuchhaltung«: Übernahme der Filter in die SAP-Fiori-App »Kreditorenposten bearbeiten«

Anhang A
Glossar

Abrufdokumentation Eine Abrufdokumentation ist eine Statistik zu einer Rahmenvertrags- oder Lieferplanposition, die Informationen über die Zielmenge bzw. über die offene Zielmenge enthält.

Abruftermin Im Lieferplan ist dies der Termin, zu dem Ware geliefert werden soll oder geliefert worden ist. In der Bestellanforderung oder in der Bestellung entspricht dieser Eintrag den Einteilungen.

ALV, ALV Grid Control, Grid Control Das ALV (SAP List Viewer) Grid Control ist ein Instrument zur Darstellung von tabellarischen Daten in verschiedenen Anwendungsprogrammen. Mit dem ALV Grid Control lassen sich z. B. Daten summieren, sortieren und filtern (siehe *SAP List Viewer*).

Änderungsnachricht Die Änderungsnachricht ist eine Nachricht aus dem Einkaufsbeleg, sobald änderungsnachrichtenrelevante Einträge im Einkaufsbeleg erfasst und gesichert worden sind.

Anforderer Ein Anforderer ist ein Eintrag in der BANF oder in der Bestellung, vorbelegt mit dem Erfasser des Belegs. Er kann vom Erfasser abweichen, wenn der Anforderer nicht identisch mit dem Erfasser der BANF ist.

Anfrage Die Anfrage übermittelt den in der Bestellanforderung definierten Bedarf an potenziellen Lieferanten.

Angebot Das Angebot enthält die Konditionen des Lieferanten und bildet die Basis zur Auswahl von Lieferanten.

Anlieferadresse Die Anlieferadresse ist die Adresse, an die das betreffende Material geliefert werden soll. In Lohnbearbeitungsbestellungen oder Streckenbestellungen weicht die Anlieferadresse in der Regel von der Adresse des Bestellers ab.

APO Siehe *SAP Advanced Planning and Optimization*.

Arbeitsbereich In den Einbildtransaktionen befindet sich der Arbeitsbereich im rechten Bildbereich.

Aufriss Der Aufriss beschreibt die Sortierung der Daten in Auswertungen nach gewählten Merkmalen.

Ausgabegerät Das Ausgabegerät ist der Drucker, mit dem der Beleg aufgegeben werden soll.

Belegfluss Der Belegfluss ist eine Abbildung aufeinanderfolgender Belege und deren Status, die direkt zu einem Geschäftsvorgang gehören. Die einzelnen Belege bilden Belegketten. Zu jedem Beleg, den Sie aufrufen, werden immer alle Vorgänger- und Nachfolgebelege angezeigt.

Belegübersicht In der Belegübersicht (Funktion in der Einbildtransaktion) können Sie sich unterschiedliche Einkaufsbelege anzeigen lassen, die Sie bei der täglichen Arbeit benötigen, z. B. Bestellungen, Bestellanforderungen, Lieferpläne usw. Gleichzeitig können Sie Ihre Bestellungen oder Bestellanforderungen im rechten Bildbereich bearbeiten.

Benutzerparameter Benutzerparameter sind Einstellungen, die für einen bestimmten Benutzer definiert werden. Über Benutzerparameter können Sie benutzerbezogen bestimmte Eingabefelder oder Kennzeichen mit Werten vorbelegen bzw. die Bearbeitung der Daten steuern (z. B. Aufruf von bestimmten Funktionen).

benutzerspezifisch Layouts von Listen können nur für einen Benutzer (benutzerspezifisch) oder für eine Organisationseinheit angelegt werden.

Beschaffungsprozess Ein Beschaffungsprozess wird im Produktkostencontrolling benutzt, um die Kosten der Beschaffung von Materialien zu ermitteln und darzustellen. Beschaffungsprozesse kennzeichnen den Vorgang der Beschaffung, eventuell für mehrere Materialien, z. B. bei der Kuppelproduktion, während die Beschaffungsalternative die Beschaffung für genau ein Material darstellt. Je nach Prozesstyp gibt es einstufige und mehrstufige Beschaffungsprozesse; beispielsweise ist die Bestellung eine einstufige und die Fertigung eine mehrstufige Beschaffung. Der Detaillierungsgrad eines Beschaffungsprozesses kann durch die Wahl der Controllingebene bestimmt werden.

Beschaffungsvorgang Der Beschaffungsvorgang ist ein Vorgang innerhalb des Beschaffungsprozesses – z. B. der Wareneingang zu einer Bestellung.

Bestellanforderung Die Bestellanforderung (BANF) ist ein Belegtyp im Einkauf, mit dem Sie einen Bedarf an Materialien oder Dienstleistungen dokumentieren und die Einkaufsabteilung zur Beschaffung auffordern. Die Bestellanforderung ist ein interner Beleg und wird entweder manuell angelegt oder über die Disposition oder über Fertigungsaufträge automatisch erzeugt.

Bestellentwicklung Die Bestellentwicklung ist eine Registerkarte in den Positionsdetaildaten der Bestellung, die mit der Buchung eines Folgebelegs (Wareneingang oder Rechnungseingang) erzeugt wird.

Bestellpreis Der Bestellpreis ist der Preis, zu dem die Ware oder Dienstleistung bei der Bezugsquelle bezogen werden soll.

Bestellpreismengeneinheit Die Bestellpreismengeneinheit ist die Mengeneinheit, auf die sich die Bestellkonditionen beziehen. Eine von der Bestellmengeneinheit abweichende Bestellpreismengeneinheit kann im Einkaufsinfosatz hinterlegt werden. In der Bestelldetailposition können Sie auf der Registerkarte **Mengen/Gewichte** die Umrechnung zwischen Bestellmenge und Bestellpreismenge pflegen.

Bestellung Die Bestellung ist die formelle und verbindliche Willenserklärung gegenüber einem Lieferanten zur Abnahme eines Materials gegen einen vereinbarten Preis.

Bewertungspreis Der Bewertungspreis wird im Materialstammsatz (Buchhaltungssicht 1) geführt und ist die Grundlage für die Bewertung des Materials in der Bilanz. Für den Bewertungspreis sind die Preisteuerungsverfahren S (Standardpreis) und V (gleitender Durchschnittspreis) möglich. Der Bewertungspreis und das gewählte Preissteuerungsverfahren beeinflussen die automatischen Buchungen in der Finanzbuchhaltung bei der Verbuchung von Waren- und Rechnungseingängen.

Bezeichnung Die Bezeichnung ist ein Texteintrag in den Einkaufsbelegen zur Beschreibung eines Bedarfs, wenn der Bedarf nicht mit einem Materialstammsatz oder einem Leistungsverzeichnis dokumentiert wird.

Bezugsquelle Eine Bezugsquelle repräsentiert eine interne Quelle (Lieferwerk) oder eine externe Quelle (Lieferant) für die Beschaffung eines Materials oder einer Dienstleistung.
Externe Bezugsquellen werden in SAP S/4HANA in Form von Einkaufsinfosätzen oder als Rahmenvertragspositionen geführt.

Bezugsquellenfindung Die Bezugsquellenfindung dient der Zuordnung von Bezugsquellen zu Bedarfen. Als Bezugsquellen kommen sowohl interne Bezugsquellen (Verteilzentren) als auch externe Bezugsquellen (externe Lieferanten) in Betracht. Das SAP-System nutzt die Bezugsquellenfindung, z. B. in den Anwendungen Disposition, Bestellwesen, Aufteilung und Filialauftrag. Jede Anwendung kann den Ablauf der Bezugsquellenfindung über Eingangsparameter steuern und die Ergebnisse unterschiedlich auswerten.

Bildaufbau Der Bildaufbau ist ein im Customizing festgelegter Aufbau der Belege mit Anzeigefeldern oder bearbeitbaren Feldern.

Charge Eine Charge besitzt Eigenschaften, durch die sie eindeutig identifiziert ist. Alle reproduzierbaren Kriterien sind Kriterien, die das Material betreffen, dem diese Charge angehört, und nicht Kriterien, die die Charge selbst betreffen. Um z. B. wiederholt Chargen zu produzieren, die in einem bestimmten Viskositätsintervall liegen, muss deshalb ein Materialstammsatz mit dem betreffenden Viskositätsbereich angelegt werden – mit Rezepturen, die dieses steuern.

Controlling Das Controlling stellt Informationen für Entscheidungen des Managements bereit. Es dient der Koordination, Überwachung und Optimierung aller ablaufenden Prozesse innerhalb eines Unternehmens. Dazu werden der Verbrauch an Produktionsfaktoren sowie die vom Unternehmen erbrachten Leistungen erfasst.

CpD-Lieferant Ein CpD-Lieferant (CpD = Conto pro Diverse) ist ein Sammellieferantenstammsatz, der für Anfragen oder Bestellungen an Lieferanten genutzt wird, mit denen Sie keine dauerhaften Geschäftsbeziehungen pflegen oder deren Leistungsfähigkeit Sie testen möchten, bevor für den entsprechenden Lieferanten ein Lieferantenstammsatz erstellt wird.

Customizing Mit dem Customizing passen Sie die unternehmensneutral und branchenspezifisch ausgelieferte SAP-Funktionalität den spezifischen betriebswirtschaftlichen Anforderungen Ihres Unternehmens an.

Dialogfenster Ein Dialogfenster ist ein Fenster innerhalb einer Anwendung, das das SAP-System zur Eingabe von Daten oder zur Bestätigung einer Meldung automatisch öffnet.

Dienstleistung Als Dienstleistung bezeichnet man eine Leistung, die beschafft werden soll. Dienstleistungen können mit einem Kurztext, einem Materialstammsatz oder einem Leistungsverzeichnis für den Einkaufsprozess spezifiziert werden.

direkt Als direkt bezeichnet man die manuelle Anlage einer BANF, Erstellungskennzeichen **R** (Realtime). Alle anderen Erstellungskennzeichen entsprechen einer indirekten (automatisierten) Anlage einer BANF aus einer anderen SAP-Komponente.

Dispositionsbereich Für einen Dispositionsbereich ist eine vom Werk abweichende Bedarfsplanung möglich. Dispositionsbereiche werden innerhalb eines Werks gepflegt und können einzelne oder mehrere Lagerorte oder einen bestimmten Lohnbearbeiter umfassen.

Drop-down-Liste Die Drop-down-Liste ist eine Liste auswählbarer Einträge des Feldes.

Druckansicht Die Druckansicht ist eine Funktion in der Bestellung zur Ausgabe einer Druckansicht des Bestellbelegs, bevor die Bestellung gesichert ist.

Druckausgabe Als Druckausgabe bezeichnet man die Ausgabe des Einkaufsbelegs auf einem dafür vorgesehenen Ausgabegerät.

Einbildtransaktion Mit einer Einbildtransaktion können Sie Informationen mit einer möglichst kleinen Anzahl von Eingaben auf einem Bild erfassen (z. B. in den Enjoy-Transaktionen zur Bestellanforderung und der Bestellung).

Einkauf Der Einkauf stellt die interne oder externe Deckung der Bedarfe einer Organisation dar.

Einkäufer Der Einkäufer ist ein Mitarbeiter, der für bestimmte Beschaffungsvorgänge verantwortlich ist.

Einkäufergruppe Die Einkäufergruppe ist eine Gruppe von Mitarbeitern, die für bestimmte Einkaufstätigkeiten zuständig ist.

Einkaufsbeleg Der Einkaufsbeleg beinhaltet die Bestellung, den Rahmenvertrag, den Lieferplan oder den Kontrakt im SAP-System.

Einkaufsinfosatz Der Einkaufsinfosatz ist der Stammsatz, der eine Lieferanten-Materialstammsatz-Beziehung oder eine Lieferantenstammsatz-Warengruppen-Beziehung im SAP-System dokumentiert und damit eine Bezugsquelle repräsentiert.

Einkaufsorganisation Eine Einkaufsorganisation ist in SAP S/4HANA für die Abwicklung aller Einkaufsvorgänge verantwortlich. Die organisatorische Gestaltung des Einkaufs wird über die Zuordnung der Einkaufsorganisation zu anderen Organisationsebenen vorgenommen.

Einteilungen Einteilungen sind Liefertermine in einem Einkaufsbeleg.

Favoriten Favoriten sind eine Zusammenstellung häufig genutzter Transaktionen im SAP-Standardmenü.

Filter Der Filter ist eine ähnliche Funktion wie in Microsoft Excel zur Anzeige der Daten, die dem Filterwert entsprechen.

Formulare Zur Ausgabe von Dokumenten benötigen SAP-Anwendungsprogramme sogenannte Formulare. In SAPscript beschreibt ein Formular einerseits das Seitenlayout der einzelnen Druckseiten, und andererseits stellt es mit Textelementen definierbare Ausgabeblöcke zur Verfügung, die von einem Druckprogramm aufgerufen werden können. Übliche Anwendungsformulare sind Bestellungen, Auftragsbestätigungen, Rechnungen, Mahnungen usw.

Freie Abgrenzungen Freie Abgrenzungen sind eine Auswahl von zusätzlichen Selektionskriterien, die nicht direkt auswählbar sind, sondern über eine Schaltfläche im Selektionsbild hinzugefügt werden müssen.

Freigabe Eine Freigabe sind Genehmigungen von Bestellanforderungen oder Einkaufsbelegen, die einer elektronischen Unterschrift entsprechen.

Freigabeprozess Der Freigabeprozess beinhaltet die Freigabecodes und deren Genehmigungsreihenfolge, mit denen eine Bestellanforderung oder ein Einkaufsbeleg freigegeben werden muss. Freigabekriterien bestimmen die anzuwendende Freigabestrategie.

Freigabezustand Der Freigabezustand ist der Status der Freigabe des Einkaufsbelegs innerhalb des Freigabeprozesses bzw. der Freigabestrategie.

Incoterms Incoterms sind handelsübliche Vertragsformeln, die den von der Internationalen Handelskammer (ICC) aufgestellten Regeln entsprechen.

indirekt Siehe *direkt*.

Infosatz Siehe *Einkaufsinfosatz*.

Interaktionsdesign Einstellungen zur SAP-Oberfläche und deren Elementen. In diesem Bereich können Sie die Einstellungen für die Tastatur, das audiovisuelle Erscheinungsbild und für andere Optionen vornehmen.

Kennzahl Die Kennzahl definiert eine zu berichtende Größe, z. B. Bestellwert, Rechnungswert.

Kommunikationsmittel Das Kommunikationsmittel legt die der Art und Weise fest, wie und wann ein Einkaufsbeleg ausgegeben werden soll.

Kontextmenü Das Kontextmenü (rechte Maustaste) ermöglicht das Anzeigen von kontextabhängigen Menüs. Der Kontext wird über die Position des Mausanzeigers definiert, an der der Benutzer das Kontextmenü aufgerufen hat. Der Benutzer kann über das Kontextmenü Funktionen auswählen, die für den aktuellen Kontext relevant sind.

Kontierungsdaten Festlegung der Kontierungsobjekte (z. B. Kostenstelle, Kundenauftrag, Projekt), die bei einer Bestellung für ein Material, das direkt in den Verbrauch geht, bebucht werden.

Kontierungstypen Kontierungstypen steuern, welche Art von Kontierung für den Beleg relevant ist und welche Kontierungsdaten für den Beleg erforderlich sind.

Kontrakt Ein Kontrakt ist ein Rahmenvertrag über den Abruf von Materialien oder Dienstleistungen zu bestimmten Konditionen innerhalb eines bestimmten Zeitraums. Kontrakte werden in Wert- und Mengenkontrakte und in Zentral- und Werkskontrakte unterteilt. Zudem können Sie Zentralkontrakte mit spezifischen Werkskonditionen pflegen. Kontraktpositionen können für Lagermaterial, Verbrauchsmaterial oder Dienstleistungen erstellt werden. Für besondere Geschäftsabwicklungen stehen, je nach Vertragsart, verschiedene Positionstypen zur Verfügung (z. B. **Konsignation, Lohnbearbeitung** oder **Material unbekannt**).

Kopfdaten Kopfdaten sind Daten in einem Beleg, die für alle Positionen gültig sind.

Kopfkondition Die Kopfkondition ist eine Konditionsart, die für den gesamten Beleg gültig ist, z. B. Frachtkosten.

Laufzeit Die Laufzeit definiert die Gültigkeit eines Rahmenvertrags.

Layout Das Layout ist die Einstellung der Spaltenansicht in den Einbildtransaktionen oder Listen.

Leistung Die Leistung beschreibt eine zu erbringende Dienstleistung. Eine Leistung kann als Materialstammsatz oder als Leistungsverzeichnis angelegt sein.

Leistungsverzeichnis Ein Leistungsverzeichnis besteht aus einer Zusammenfassung von Leistungen, die im Rahmen des Einkaufsprozesses beschafft werden sollen. Jede Zeile wird durch einen Leistungsstamm(satz) abgebildet. Der Leistungsstamm enthält Leistungsbeschreibungen, die bei verschiedenen Geschäftsvorgängen bzw. Projekten immer wieder als Vorlage herangezogen werden können.

Lieferant Der Lieferant ist die Bezugsquelle für ein Material oder eine Dienstleistung.

Lieferdatum Das Lieferdatum ist das Datum, an dem die Ware geliefert wird bzw. die Dienstleistung erbracht werden soll.

Lieferplan Ein Lieferplan ist eine Form des Rahmenvertrags. In einem Lieferplan werden – im Unterschied zu einem Kontrakt – bereits Liefertermine und Liefermengen in Form von Einteilungen festgehalten. Der Abruf des im Lieferplan vereinbarten Materials erfolgt, je nach Lieferplanart, durch die Übermittlung der Einteilungen an den Lieferanten oder über Lieferplanabrufe und optional über Feinabrufe.

Limit Eine Limitbestellung eignet sich zur vereinfachten Beschaffung von Verbrauchsmaterial. Eine Limitbestellung weist die Belegart **FO** (Rahmenbestellung) und den Positionstyp **B** (Limit) auf. Auf der Kopfebene enthält die Limitbestellung die Laufzeit. Auf der Positionsebene kann keine Materialnummer eingegeben werden, sondern stattdessen muss eine Kontierung erfolgen und ein Limit gepflegt werden. Wareneingänge oder Leistungserfassungen sind für Limitbestellungen nicht möglich. Bei der Verbuchung von Eingangsrechnungen zur Limitbestellung prüft SAP S/4HANA die Einhaltung des Limits und der Laufzeit.

Lokale Daten Steuerung der lokalen Datenspeicherung Ihres SAP GUIs durch Anpassen der Optionen für die Eingabehistorie und den internen Cache.

Materialnummer Die Materialnummer ist die Nummer des Materialstammsatzes; der Materialstamm ist das zentrale Datenobjekt in der Logistik von SAP S/4HANA. Der Materialstammsatz enthält, in Fachbereiche (Sichten) gegliedert, alle Informationen, Vorschlagswerte und Steuerungsdaten zu einem Material. Bei der Anlage eines Materialstammsatzes erfolgt die Zuordnung des betreffenden Materials zu einer Materialart (z. B. Fertigerzeugnis oder Rohstoff), die wiederum über Customizing-Einstellungen zahlreiche Steuerungsparameter aufweist. Mit der Festlegung der zu pflegenden Fachbereiche (Sichten) muss auch die Zuweisung zu den Organisationsebenen vorgenommen werden. Die Organisationsebenen für die einkaufsrelevanten Daten des Materialstammsatzes sind Mandant, Werk und Lagerort.

Mehrbildtransaktion Die Mehrbildtransaktion ist eine Anzeige eines Objekts im SAP-System in mehreren Bildern, auch Sichten, Reiter, Karteireiter oder Registerkarten genannt.

Mehrfachkontierung Bei einer Mehrfachkontierung gibt es mehrere gleichartige Kontierungsobjekte (z. B. Kostenstellen) zu einer Position.

Meldungen Meldungen sind Info-, Warn-, oder Fehlermeldungen bei der Bearbeitung von SAP-Objekten. Während Info- und Warnmeldungen mit einer Bestätigung übersteuert werden können, müssen Ursachen von Fehlermeldungen behoben werden, bevor der betreffende Beleg weiterbearbeitet werden kann.

Menübaum Als Menübaum bezeichnet man die Zusammenfassung und Aufbau der Transaktionen nach Komponenten. Auch SAP-Standardmenü oder Benutzermenü.

Merken **Merken** ist eine Funktion in der Bestellung, die verhindert, dass der Beleg an den Lieferanten übermittelt wird. Sie wird genutzt, um einen Beleg zu erzeugen und unvollständig sichern zu können.

Merkmal Das Merkmal ist ein Kriterium, nach dem in Auswertungen Daten selektiert werden, z. B. Lieferant oder Warengruppe.

Nachrichten Zu Einkaufsbelegen, die an Lieferanten übermittelt werden sollen, werden Nachrichten erzeugt.

Nachrichtenarten Für unterschiedliche betriebswirtschaftliche Vorgänge werden unterschiedliche Nachrichtenarten, z. B. »Bestellneudruck« oder »Mahnschreiben zur Auftragsbestätigung« erzeugt.

Nachrichtenkonditionssatz Ein Nachrichtenkonditionssatz beschreibt innerhalb einer Nachrichtenkonditionstabelle die Inhalte der Schlüsselfelder, zu denen eine Nachricht ausgelöst wird und die Nachrichtenattribute (Sendemedium, Partner, Zeitpunkt, Sprachenschlüssel, Kommunikationsdaten).

Nachrichtenschema Das Nachrichtenschema wird auch Nachrichtenfindungsschema genannt. Nach der Definition der zulässigen Nachrichtenarten ordnen Sie die Nachrichten einem Schema zu. Das Nachrichtenschema RMBEF1 ist für Bestellungen definiert.

Nummernkreis Der Nummernkreis legt die Nummernvergabe für jeden Beleg des Einkaufs und für jeden Stammsatz fest. Die Nummernvergabe kann intern – innerhalb des Nummernkreises – automatisch vom SAP-System oder extern durch den Anwender vergeben werden.

Orderbuch Im Orderbuch werden werks- und zeitabhängig die zulässigen, gesperrten, fixen und für die Disposition relevanten Bezugsquellen für ein Material aufgeführt. Das Orderbuch dient zur Steuerung der automatischen Bezugsquellenfindung.

Orderbuchpflicht Die Pflicht zur Führung eines Orderbuches kann materialabhängig im Materialstammsatz oder werksabhängig für alle Materialien eines Werks im Customizing des Einkaufs vereinbart werden.

Parameter-ID Die Parameter-ID ist der Feldname einer Tabelle, einer Struktur oder eines Views. Sie wird genutzt, um Feldvorbelegungen in den Benutzereinstellungen vorzunehmen.

Parameterwert Der Parameterwert gibt einen Vorschlagswert für ein Feld an, für das der Parameter steht. Der Wert gilt nur für den aktuellen Benutzer.

Partnerrollen Partnerrollen können im Lieferantenstammsatz gepflegt werden und bestimmen die Funktion, die ein Partner im Rahmen einer Geschäftsabwicklung einnimmt. Im Einkauf kann ein Lieferant beispielsweise die Rollen **Bestelladressat**, **Warenlieferant**, **Rechnungssteller** und **Zahlungsempfänger** einnehmen. Jede Rolle kann auch oder zusätzlich von anderen Lieferanten eingenommen werden. Voraussetzung hierzu ist, dass für diese Lieferanten ein eigener Stammsatz existiert.

Partnerschema Im Customizing des Einkaufs können Sie durch Partnerschemata einstellen, für welche Kontengruppen welche Partnerrollen möglich und gegebenenfalls auch obligatorisch sind.

Persönliche Einstellungen In der Einbildtransaktion nehmen Sie Vorbelegungen für Feldeinträge und Auswertungskriterien für die Belegübersicht in den persönlichen Einstellungen vor.

Positionsdaten Ein Beleg kann eine oder mehrere Positionen beinhalten. Die Daten der Belegposition gelten nur für diese Position und haben keinen Einfluss auf die anderen Positionen.

Positionskondition Positionskonditionen sind Konditionen, die ausschließlich auf der Positionsebene verwendet werden können. Die Werte der Positionskonditionen werden auf die Kopfebene kumuliert. Positionskonditionen können nur in der Position angepasst werden.

Positionstyp Der Positionstyp in den Bestellanforderungen und Einkaufsbelegen steuert den weiteren Verlauf des Beschaffungsprozesses auf der Ebene der Belegposition. Beispiele für Positionstypen sind:

- **Blank** (Normal)
- **K** (Konsignation)
- **S** (Strecke)
- **B** (Limit)

Der Positionstyp hat steuernde Funktionen in Bezug auf:

- die Eingabe einer Materialnummer
- die Verbuchung von Waren- und Rechnungseingängen
- die Bestandsführung
- die Kontierung
- die Feldauswahl und die Einblendung zusätzlicher Datenfelder

Quotierung Die Quotierung ist ein Instrument zur Verwaltung von Bezugsquellen. Den Bezugsquellen werden werks- und materialabhängig Quoten zugeteilt. Die Bedarfe werden den Bezugsquellen im Rahmen der Bezugsquellenzuordnung gemäß ihrer Quote zugeteilt.

Rahmenvertrag Oberbegriff für Kontrakte und Lieferpläne: Ein Rahmenvertrag ist eine zeitraummäßig festgelegte Vereinbarung über die Lieferung von Materialien oder die Erbringung von Dienstleistungen zu bestimmten Konditionen.

Rechnungsplan Ein Rechnungsplan ist ein Instrument zur automatischen Erstellung von Rechnungen bei wiederkehrenden oder in Teilen abzurechnenden Beschaffungsvorgängen. Beispiele für die Verwendung:

- Leasingverträge für einen periodischen Rechnungsplan
- Bauvorhaben für einen Teilrechnungsplan

SAP Advanced Planning and Optimization SAP Advanced Planning and Optimization (SAP APO) ist eine Komponente zur Planung von Produktionsprozessen.

SAP List Viewer Der SAP List Viewer (ALV) vereinheitlicht und vereinfacht die Bedienung von Listen im SAP-System. Für alle Listen wird eine einheitliche Oberfläche und Listenaufbereitung zur Verfügung gestellt, siehe auch *ALV Grid*.

Schlüssel Ein Schlüssel ist ein Kürzel für ein SAP-Objekt, z. B. **NB** für Normalbestellung. Der Schlüssel wird in zahlreichen Fällen nur angezeigt, wenn in den SAP-Optionen der Schlüssel aktiviert ist.

Selektion Eine Selektion ist eine Auswahl von Daten anhand eingetragener Selektionskriterien im Einstiegsbild zur Auswertung einer Liste.

Selektionsvariante Eine Selektionsvariante ist ein Instrument zur Arbeitserleichterung bei der Durchführung von Reports, indem Selektionskriterien in einer Selektionsvariante gespeichert werden und somit nicht wiederholt im Selektionsbild eingegeben werden müssen.

Sendemedium Das Sendemedium ist die Einstellung in der Nachricht, mit welchem Medium (Drucker, FAX, EDI usw.) die Nachricht erzeugt werden soll.

SOBSL Sonderbeschaffungsschlüssel weisen nicht den klassischen Beschaffungsprozess aus Bestellung, Wareneingang und Rechnungseingang auf, sondern haben Besonderheiten in Bezug auf die Eigentumsverhältnisse des Materials, auf die Wareneingangsbuchung oder auf die Abrechnung der Materialbeschaffung. Zu den Sonderbeschaffungsformen zählen beispielsweise die Konsignationsbeschaffung, die Lohnbearbeitung und die Streckenabwicklung. Entsprechend existieren zu diesen Sonderbeschaffungsformen auch eigene und fremde Sonderbestandsarten, die die Trennung von Besitz und Eigentum dokumentieren. Zu den eigenen Sonderbeständen zählt beispielsweise der Lieferantenbeistellbestand, und zum fremden Sonderbestand gehört beispielsweise die Lieferantenkonsignation.

Sonderbeschaffungsschlüssel Siehe *SOBSL*.

Sortierkriterium Das Sortierkriterium ist das Kriterium, nach dem die Daten einer Liste sortiert werden; Funktion in ALV-Grid-Listen.

Spoolauftrag Das SAP-System unterscheidet beim Drucken zwischen folgenden Auftragsarten:

- *Spoolauftrag*: Ein Spool-Auftrag ist ein Dokument, für das eine Druckfunktion ausgewählt wurde. Es wurde jedoch noch nicht auf einem Drucker oder einem anderen Gerät ausgegeben. Die Ausgabedaten des Druckdokuments werden dabei in teilweise aufbereiteter Form in einer Datenablage aufbewahrt, bis aus ihnen ein Ausgabeauftrag erstellt wird, d. h., bis sie an ein bestimmtes Ausgabegerät geschickt werden. Das Spool-System verwendet einen Spool-Auftrag, um die Druckdaten temporär zu speichern und auf sie zugreifen zu können. Die Daten werden in einem Zwischenformat gespeichert. Der Spool-Auftrag kann als Druckvorschau genutzt werden.
  Einem Spool-Auftrag wird vom System automatisch eine zehnstellige Kennnummer zugewiesen.
- *Ausgabeauftrag*: Ein Ausgabeauftrag weist das SAP-Spool-System an, die Druckdaten eines Spool-Auftrags über ein bestimmtes Ausgabegerät auszugeben. Zu einem Spool-Auftrag kann es mehrere Ausgabeaufträge geben. Es handelt sich dabei immer um die Ausgabe desselben Spool-Auftrags. Jeder dieser Ausgabeaufträge kann bezüglich des Zieldruckers andere Attribute aufweisen, der Anzahl an Exemplaren usw. Durch die Unterscheidung zwischen Spool-Aufträgen und Ausgabeaufträgen bietet das Spool-System eine temporäre Ablagemöglichkeit für die Daten.

Submission Die Submissionsnummer ist eine Nummer oder Bezeichnung in den Kopfdaten einer Anfrage zur Bündelung einer Anfrageaktion. Durch die Submissionsnummer wird die Verwaltung mehrerer Anfragen erleichtert, indem beispielsweise die Selektion der eingegangenen Angebote im Rahmen eines Preisspiegels durch die Eingabe der Submissionsnummer erfolgen kann.

Technische Namen Technische Namen sind Transaktionscodes und können zusätzlich zu den Menüpunkten im Menübaum angezeigt werden.

Variantenattribut Wenn Sie zu einer Selektion ein variables Kriterium – z. B. das Anforderungsdatum – erfassen möchten, wählen Sie über das Variantenattribut die Art der Variablen aus.

- T (Tabellenvariable aus TVARVC)
- D (dynamische Datumsberechnung (lokales Datum))
- X (dynamische Datumsberechnung (Systemdatum))

Variantenkatalog Sind für eine Selektion mehrere Varianten angelegt, werden diese im Variantenkatalog gelistet.

Verarbeitungsprotokoll Das Verarbeitungsprotokoll ist ein Protokoll, in dem die Verarbeitung eines Vorgangs protokolliert wird, in der Regel mit Datum und Benutzer.

Versandzeitpunkt Der Versandzeitpunkt besteht aus dem Datum und der Uhrzeit, zu denen eine Nachricht versandt wurde.

Vorschlagswerte Vorschlagswerte sind Werte, die in den persönlichen Einstellungen oder in den Benutzerdaten vorbelegt werden. Sie können im aktuellen Beleg überschrieben werden.

Warengruppe Zusammenfassung von Waren oder Dienstleistungen nach Eigenschaften, z. B. Werkstoffe, Büroausstattung und Instandhaltungsarbeiten.

Werk Ein Werk ist eine Organisationseinheit im SAP-System.

Wertefluss Der Wertefluss ist die parallele Abbildung der Geschäftsvorfälle in der Logistik mit Belegen im Rechnungswesen, d. h. FI und CO.

Wertgrenze Die Wertgrenze ist eine Grenze, bis zu der ein Wertkontrakt oder eine Limitbestellung bebucht werden kann.

Zahlungsbedingung Eine Zahlungsbedingung ist ein Belegkopfeintrag in Einkaufs- und Vertriebsbelegen. In Zahlungsbedingungen wird vereinbart, wann die Zahlung zu einer Lieferung erfolgen soll. Dabei kann neben den Zahlungsfristen auch Skonto vereinbart werden.

Anhang B
Literaturverzeichnis

Becker, Ursula et al.: Preisfindung und Konditionstechnik in SAP. 3., aktualisierte und erweiterte Auflage. Bonn: SAP PRESS 2020.

Fitznar, Wolfgang et al.: SAP S/4HANA – Der Grundkurs für Einsteiger und Anwender. Bonn: SAP PRESS 2021.

Greiner, Ernst: SAP-Materialwirtschaft – Customizing. 3., aktualisierte und erweiterte Auflage. Bonn: SAP PRESS 2016.

Gulyássy, Ferenc et al.: Disposition mit SAP. 3., aktualisierte und erweiterte Auflage. Bonn: SAP PRESS 2022.

Käber, André: Warehouse Management mit SAP. 4., aktualisierte und erweiterte Auflage. Bonn: SAP PRESS 2021.

Lorenz, Yvonne: Qualitätsmanagement mit SAP S/4HANA. Bonn: SAP PRESS 2021.

Münkel, Maximilian: Materialwirtschaft mit SAP S/4HANA – Customizing. Bonn: SAP PRESS 2021.

Springer Gabler Verlag (Herausgeber), Gabler Wirtschaftslexikon, Stichwort: Doppelte Buchhaltung, online: *http://wirtschaftslexikon.gabler.de/Archiv/7935/doppelte-buchhaltung-v10.html*

Then, Tobias: Einkauf mit SAP – Der Grundkurs für Einsteiger und Anwender. 2., aktualisierte und erweiterte Auflage. Bonn: SAP PRESS 2014.

Das Autorenteam

Oliver Baltes ist seit 1996 freiberuflicher Berater und Trainer für SAP mit dem Schwerpunkt SAP-Logistik (MM, SD, WM). Er hat langjährige Erfahrung in verschiedenen Projekten in unterschiedlichen Branchen und in der Gestaltung kundenspezifischer, prozessorientierter Schulungen.

Martin Daniel ist Leiter eines SAP-Logistik-Teams in einem internationalen Konzern. Er ist seit dem Jahr 2000 in den Bereichen Support und Anwenderschulungen in der SAP-Materialwirtschaft und angrenzenden Bereichen tätig. Darüber hinaus hat er Erfahrung in der Entwicklung von SAP-Anwendungen und -Erweiterungen sowie im Customizing in diesen Bereichen.

Jens Rosenhauer war 25 Jahre als selbstständiger Berater und Geschäftsführer der apb Consulting in zahlreichen Logistik-Projekten tätig. Zurzeit arbeitet der Diplom-Wirtschaftsingenieur bei der SAP als Trainer im MM-Umfeld.

Petra Spieß ist seit mehr als 20 Jahren als freiberufliche Beraterin und Trainerin für SAP-Finanzwesen und -Controlling tätig. Sie hat Erfahrung in den Branchen Automotive, Öffentlicher Sektor, Medien, Chemie/Healthcare, Werkzeuge und Lebensmittel. Ihre Schwerpunkte sind die Durchführung von Prozessberatung und -optimierung, von Schulungsveranstaltungen und Workshops sowie die kundenindividuelle Gestaltung von Trainings- und Anwenderdokumentationen.

An der Vorauflage haben mitgewirkt: Dr. Heribert Lakomy und Elke Wörmann-Wiese.

Index

C

D

E

F

Q

R

S

T

U

V

W

Z

Der QM-Bestseller zu SAP S/4HANA!

So behalten Sie das Qualitätsmanagement für den gesamten Wertschöpfungsprozess im Griff! Sie lernen die Stammdaten, ihr Zusammenwirken und wichtige Steuerinstrumente in SAP S/4HANA kennen. Anhand zahlreicher Praxisbeispiele erfahren Sie Schritt für Schritt, wie Sie Ihre Unternehmensprozesse in QM abbilden und die notwendigen Customizing-Einstellungen vornehmen. Aktuell zu SAP S/4HANA zeigt Ihnen dieser Bestseller, welche neuen Funktionen und Fiori-Apps SAP für das Qualitätsmanagement bereitstellt.

827 Seiten, gebunden, 79,90 Euro, ISBN 978-3-8362-7990-1

www.rheinwerk-verlag.de/5220